LE NOUVEAU THEATRE D'AGRICULTURE, ET MENAGE DES CHAMPS

AVIS.

COmme l'Agriculture univerſelle eſt un Art ſur lequel on trouve toûjours quelque choſe à dire, & qu'il ſe pratique differemment ſelon les différentes Contrées, & qu'on ne doute point que cet Ouvrage ne paſſe avec le temps en bien des ſortes de Pays: on a cru devoir avertir les Curieux, pour tâcher d'y donner un jour la derniere main, qu'ils feront plaiſir, en quelqu'endroit qu'ils puiſſent être, de nous faire part de leur maniere d'agir en fait d'Agriculture, au cas qu'elles différent de celles qu'on a introduites dans cet Ouvrage, & qu'il y ait des choſes qu'on y ait omiſes pour n'en avoir peut-être pas la connoiſſance: ils marqueront, s'il leur plaît, les Pays d'où ils écriront, la nature des terres, les Outils differens dont on s'y ſert, & en donneront même, s'il ſe peut quelques Figures deſſinées, afin qu'à la premiere impreſſion de ce Livre, on puiſſe y mettre tout ce qu'on envoyera d'utile. L'Auteur de ſon côté avertit auſſi qu'il eſt Architecte pour les Jardins, & que tous ceux qui voudront luy faire l'honneur de l'y employer pour leur ſervice, il tâchera de répondre dans la conduite qu'il y tiendra, à l'idée que ſon Ouvrage leur aura donné de ſon ſçavoir faire en cet Art. S'ils veulent même quelque plan deſſiné, ou quelque Parterre ſimplement, ſans qu'il ſoit beſoin que l'Auteur y aille, à cauſe de l'éloignement des Pays qu'il pourroit y avoir, ils n'auront qu'à envoyer un plan de l'aſſiette des lieux, le toiſé, & de quel côté enviendront les vûës, afin de les y ménager, & tout cela par un trait groſſier qu'ils en tireront, enſuite il fera en ſorte de les rendre contens ſur tout ce qu'ils ſouhaiteront. On ſçaura toûjours ſa demeure chez les Libraires qui débitent ſon Ouvrage, auſquels auſſi on pourra adreſſer toutes les lumieres qu'on voudra donner ſur toutes les matieres dont on vient de parler.

THEATRE

LE NOUVEAU
THEATRE
D'AGRICULTURE
ET
MENAGE
DES CHAMPS,

CONTENANT

La maniere de cultiver & faire valoir toutes sortes de Biens à la Campagne; Avec une Instruction générale sur les Jardins Fruitiers, Potagers, Jardins d'Ornemens & Botanique, & sur le Commerce de toutes les Marchandises qui proviennent de l'Agriculture; le tout suivi d'un Traité de la Pêche, & de la Chasse : Extrait de Fouilloux, & des meilleurs Auteurs. Ouvrage tres-utile dans toutes les Familles.

Par le Sieur LIGER.

Enrichi d'un grand nombre de Figures en Taille douce.

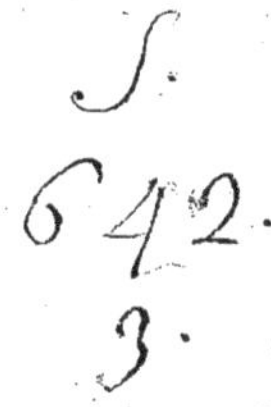

A PARIS, AU PALAIS,
Chez DAMIEN BEUGNIE', dans la grand' Salle, au Pillier des Consultations, au Lion d'or.

M. DCCXIII.

AVEC PRIVILEGE DU ROY.

A MONSIEUR
DE COTTE,
CONSEILLER DU ROY,

Intendant & Contrôleur général des Bâtimens, Jardins, Arts & Manufactures de Sa Majesté.

ONSIEUR,

Puisque vous avez bien voulu que vôtre Nom parût à la tête de ce Livre, permettez, s'il vous plaît, que par reconnoissance mon zéle ne reste point muet, pendant que vôtre conduite force tous ceux qui ont l'honneur de vous connoître à parler si avantageusement de vous. Ma raison, qui sçait ce qu'elle doit faire en cette occasion, pour ne point blesser vôtre modestie, eût souhaité que le peu que j'ay de talent eût sçû proportionner l'hommage que je vous fais à ce que vous avez de mérite; mais quoiqu'il ne me soit pas possible de mettre de la proportion entre ce que je vous offre & ce que vous valez; cependant j'espere que ce present, tout médiocre qu'il est, aura prés de vous un accüeil favorable, & que le regardant comme une matiere à laquelle les gens les plus distinguez n'ont point refusé leur attention, vous le recevrez comme un effet de mon zele, qui voudroit vous offrir tout ce qu'il a de meilleur.

Il est vray, MONSIEUR, *que vous y trouverez une nature défrichée, une recherche exacte des causes qui la font agir, des secrets dont cette mere commune a besoin pour nous enrichir de ses trésors; en un mot, une Agriculture universelle, qu'une pratique de longue main dans tout ce qu'elle contient, m'a fait mettre au jour; & comme tout ce qui y est rapporté a toûjours fait la noble occupation des plus grands Hommes, j'ose me flatter qu'aimant tout ce qui est utile & honnête, pour peu que vôtre loisir vous permette d'y jetter les yeux, vous trouverez dans cette lecture quelque espece de satisfaction.*

Aprés cela, MONSIEUR, *n'attendez pas que j'entreprenne icy de faire vôtre éloge, il suffit que le Roy qui n'a mérité le Nom de Grand que par ses actions & ses vertus, & qui jusques icy n'a jamais fait que des choix judicieux, vous ait jugé digne de l'Employ important que vous exercez. Il n'auroit pas la confiance qu'il a en vous, s'il ne vous connoissoit pour un homme d'une probité à l'épreuve de tout, d'une capacité consommée dans son Art, & d'un attachement incroyable à executer promptement ses Ordres: ce Prince a de l'estime pour vous, il sçait trop bien de quel prix elle est pour la donner à un mérite commun, & si je tais à vôtre égard bien d'autres choses que vôtre modestie ne pourroit souffrir & que tout le monde sçait, quoiqu'on ne pourroit vous donner que des loüanges légitimes, du moins je souhaiterois que mon silence, qui vous loüera mieux que mes paroles, pût vous persuader avec combien de respect je suis,*

MONSIEUR,

Vôtre tres-humble & tres-obeïssant serviteur.
LIGER.

PREFACE.

N peut dire que de tous les Ouvrages qui ont paru jusques-icy sur l'Agriculture & le Ménage des Champs, on n'en a point vû de plus complet que celuy-cy ; c'est un Théatre à la vérité où la Nature represente bien des scenes différentes, & où l'Art qui vient à son secours, contribuë beaucoup à rendre ses ouvrages parfaits. On a voulu icy qu'il n'y ait eu plus rien à souhaiter là-dessus ; & pour donner à cet Ouvrage un certain ordre qui plût, on l'a divisé en cinq Livres. Voicy la distribution des Matieres qu'on y a observées, & dont on a jugé à propos de rendre compte au Public, qui souvent est bien aise de trouver dans une Préface, qui est l'analyse de tout le Livre, un avant-goût de ce que luy promet le titre.

Comme les travaux de la campagne ne conviennent pas à tout le monde, & que de même que dans tous les autres Arts il est absolument nécessaire de se sonder, pour voir si on est capable d'y réüssir, on a d'abord dans le prémier Livre étably comme une espéce de connoissance de soy-même pour ne se point mal à propos embarquer sur une mer où souvent on fait naufrage pour n'y pas avoir sçu conduire son vaisseau. On est aprés cela descendu dans un détail de toutes les terres qui se peuvent cultiver, on a approfondy la nature de chacune, tant en particulier qu'en général, en quelque endroit qu'elles puissent être scituées, afin de pouvoir se les rendre utiles par ses travaux, qui est le point principal & l'objet qu'on se doit proposer dans l'Agriculture. On a aussi donné la maniere de les mesurer selon le différent usage de chaque pays, ce qui n'est pas une chose de peu d'importance à sçavoir.

Non content de cette premiere idée, on est tombé sur celle qu'on pouvoit se former dans la construction d'une Maison de Campagne; & considerant avec attention tout ce qui pouvoit généralement y entrer, on a tâché d'applanir les difficultez qui se trouvent quand on veut bâtir pour ne s'y point enfourner inconsiderément ; on a même pour cela marqué les prix de tous les materiaux qui servent aux bâtimens, ainsi que de plusieurs autres choses qui les regardent : on a parlé du choix & de l'usage qu'on en devoit faire, de ce que c'étoit qu'un bon Oeconôme à la Campagne, & comment il falloit qu'il s'y comportât pour joüir du fruit de ses peines ; on a encore donné icy l'art de bien régler une maison par rapport à toutes sortes d'états, afin que tout s'y passe avec œconomie, & que la dépense n'en excede pas les revenus. Le choix qu'on doit sçavoir faire des Domestiques n'y est point oublié, ainsi que plusieurs réfléxions tres-utiles sur la maniere d'affermer les biens de campagne ; & comme il n'est rien tel que d'avoir les provisions du ménage autant qu'on le peut, on a dit quelles elles étoient, & comment on pouvoit s'en pourvoir & les conserver, afin non seulement de se servir de chacune dans leur saison, mais encore de faire de l'argent de celles qu'on croît superfluës : tel est l'ordre qu'on a suivi dans le premier Livre de nôtre Théatre d'Agriculture, passons à l'examen du second, & voyons ce qu'il contient.

On y enseigne la maniere de nourrir & élever toutes sortes d'Animaux domestiques tant oyseaux que bêtes à quatre pieds ; on y traite de leurs maladies, & des moyens de les en guérir ; on commence par les Poules, & le profit qu'elles rendent pendant toute l'année, lorsqu'elles sont bien nourries : les autres oyseaux de la basse-cour viennent aprés, tels sont les Poulets Dinde, Dindons, Oyes, Canes & Canards domestiques, Pigeons de Colombier & autres. On traite encore icy de la maniere d'élever les Canes sauvages, Canes Dinde, Cygnes, Paons, Tourterelles, Cailles & Faisans ; ces derniers oyseaux à la vérité regardent plus la curiosité & le plaisir des sens que la véritable œconomie ; mais comme dans un ouvrage de la nature dont est celuy-cy, on est absolument obligé d'écrire en général pour tous ceux qui se plaisent à l'Agriculture, & qui ne veulent rien épargner pour paroître avec un certain éclat dans le monde, on a cru qu'on auroit manqué icy en un point principal, si on eût obmis les matieres dont on vient de parler.

Aprés la Volaille viennent les bestiaux qui sont les Vaches, Bœufs, Taureaux, Brebis, Moutons, Agneaux, Chévres, & Cochons : on ne s'est pas contenté dans cet ouvrage d'insinuer comment il falloit les nourrir ; on y a examiné à fond tout le profit qu'on en pouvoit tirer, & cela par un détail exact qu'on a fait presque de toutes les parties qui composent ces animaux ; on a dit comment il falloit les engraisser, parce que ce n'est que la graisse qui les fait valoir, & au cas qu'il leur survint quelque accident, étant tous sujets aux infirmitez de la nature, on a donné le moyen de les en guérir, ce qui y est détaillé fort au long & d'une maniere tres-facile à pratiquer ; on s'est étendu aussi sur la véritable méthode de sçavoir gouverner le laitage, afin d'en faire son profit, soit pour l'utilité de la maison, soit par l'argent qu'on en peut tirer ; les Chevaux ne sont point là une matiere qui remplisse le moins cette partie de nôtre Théatre d'Agriculture ; on s'est étendu autant que cet Ouvrage a pû le permettre sur tout ce qui concernoit ces animaux, & on peut dire que là-dessus, quoiqu'en abregé, on a donné tout ce qu'il est à souhaiter pour bien gouverner des Chevaux tant en santé que malade ; le Lecteur jugera de cette vérité qu'on avance par la lecture qu'il en fera, & la satisfaction qu'il y trouverra ; & comme le Haras est l'origine d'où on tire les Chevaux, on n'a rien omis de ce qui le regarde, tant sur ce que l'expérience en a appris, que sur tout ce que les meilleurs Auteurs en cet Art en ont dit. Le Mulet & l'Ane tiennent encore icy chacun leur place, comme les Mouches à miel & les Vers à soye, dont les Traitez qu'on en a fait sont tres-amples ; on n'y a point oublié les Etangs, ny autres pieces d'eau capables de contenir du Poisson ; on y a parlé de la Garenne & du Clapier, & le tout en telle sorte qu'on aura lieu d'en être content.

Le troisiéme Livre est la partie qu'on peut icy véritablement appeller le Théatre de l'Agriculture, on y apprend tout ce qu'un Laboureur doit faire pendant toute l'année, & tous les outils dont ils faut qu'il se munisse pour travailler à la terre : le labourage y est défini & décrit avec toutes les circonstances qui le regardent ; on y parle amplement des labours, & du temps auquel on les donne ; on y fait une espece de Dissertation tant sur les Fumiers que sur la maniere de les employer : la Semaille, la Moisson, la Fauchaison, la Vendange, tout cela y est touché de maniere que pour peu qu'on veüille le lire avec application, on y verra tout ce qu'il y faut faire pour réüssir dans le travail que ces recoltes exigent de nous chacun en particulier. Ce Livre contient encore des instructions sur la culture des bois en général, tant haute Futaye, Bois taillis, Bois aquatiques & autres sauvages qui croissent ailleurs que dans les Forêts, & l'on peut dire que tout cela y est détaillé d'une maniere à ne rien laisser à souhaiter à une personne curieuse d'apprendre tout ce que l'Agriculture renferme pour en faire son profit.

Voicy maintenant les Jardinages de toutes sortes, ce sont eux qui font la matiere du quatriéme Livre; & comme le principal but qu'on s'est proposé dans cet Ouvrage ne regarde particulierement que l'utilité qu'on en pouvoit tirer, on a commencé par les Jardins potagers & fruitiers, & on peut assurer qu'on a dit là dessus tout ce qu'une matiere aussi féconde en circonstances que celle-là peut le demander; on n'y a rien laissé échapper, non plus que de ce qu'il convient faire pour sçavoir parfaitement conduire des pépinieres de fruits. On tombe ensuite sur la taille des arbres qu'on peut appeller une véritable Philosophie naturelle, puisque pour y réüssir, il faut absolument étudier la nature & s'y appliquer pour connoître les mouvemens d'un suc nourricier qui circule dans les arbres; sans cette connoissance on tombe souvent dans des défauts qu'il est tres-difficile de corriger aprés; & pour tâcher d'en donner une idée complette, aprés s'être étendu beaucoup sur cet Art, on en a donné des figures. Les curieux pour les fruits de toutes sortes y trouverront leur compte; on en a donné des listes suffisantes pour cela, & comme la vigne n'est pas un des moindres objets de l'Agriculture, on a enseigné dans cet Ouvrage la maniere de la cultiver, de faire les Vendanges, & le vin de plusieurs couleurs avec d'autres boissons dont on use dans le ménage.

On y traite aprés cela des Jardins d'ornemens, où on n'a rien oublié de tout ce qui les concerne pour les rendre tres-agréables; c'est une étude toute particuliere qu'il faut se faire pour ces sortes d'ouvrages, un certain goût que tout le monde n'a pas d'abord & qu'on trouvera icy; on y a donné plusieurs desseins de Parterres tant en broderie qu'à l'Angloise; des figures de Boulingrins, Bosquets, Salles, Salons & d'autres pieces d'ornemens qui contribuënt à rendre ces Jardins tout des plus magnifiques; c'est pourquoy on peut dire que cette partie de nôtre Théatre a son agrément particulier, & renferme une matiere qui a lieu de plaire à ses véritables amateurs; on y donne aussi des instructions sur la conduite des Eaux jaillissantes, & de tout ce qu'on en peut faire pour la beauté de ces jardins: ensuite on y traite de la culture de toutes sortes de fleurs & des simples pour s'en servir dans les médicamens.

Enfin, le cinquiéme Livre contient les plaisirs ordinaires qu'on prend à la campagne; on y parle de la Cuisine, de la maniere de faire toutes sortes de Confitures, seiches & liquides; Pâtes, Pâtisseries, & généralement de tout ce qui regarde l'Office; des Chasses de plusieurs

manieres,

maniere, de la Pêche. Voilà donc ce qui compose tout le corps de nôtre Théatre, & qu'on peut appeller sans contredit un ouvrage complet sur l'Agriculture, puisqu'on n'y traite rien qui ne soit fondé sur la pratique & l'experience.

Il est vray que depuis certain temps on a mis au jour quelques Ouvrages de cette nature. Nous en avons un qui porte pour Titre; *Les Observations sur l'Agriculture*, qui n'est redevable de ce qu'il vaut si tant est qu'il vaille quelque chose, qu'aux dépoüilles de plusieurs autres Livres en ce genre que son Auteur a ravies impunément de tous côtez; il en est ainsi de quelques autres Ouvrages de cette nature, dont nous ne parlerons point icy: c'est pourquoy on peut dire que nôtre *Théatre d'Agriculture* a quelque chose de bien plus avantageux que tout cela; vingt-cinq Chapitres d'augmentation écrits fort amplement sur des matieres qui interessent de plus en plus à mesure qu'on les lit, y donnent un grand relief, joints à quantité de Planches en taille douce, sur tout ce qui regarde l'Agriculture & le Jardinage, & dont on a été bien aise d'enrichir cet Ouvrage, ainsi que de tout ce qu'il contient d'ailleurs, pour s'attirer universellement les suffrages de tout les curieux.

Non content de toutes les recherches exactes qu'on a faites de tous les Auteurs qui ont traité de l'Agriculture, afin de les consulter, & des soins qu'on s'est donné pour ranger icy le tout en bon ordre, on a voulu encore ménager la bourse du Public, en leur donnant beaucoup plus dans un seul volume, qu'il n'en a trouvé dans deux jusques-icy; c'est pourquoy sur toutes ces considérations on est sans doute persuadé que cet Ouvrage-cy l'emportera sur tous les autres.

TABLE
DES CHAPITRES
Contenus au premier Livre.

LIVRE II.

LIVRE III.

LIVRE IV.

LIVRE VI.

Fin de la Table des Chapitres.

PRIVILEGE

APPROBATION.

J'Ay lû par ordre de Monseigneur le Chancelier un Manuscrit intitulé, *Nouveau Théatre d'Agriculture & Ménage des Champs*. Fait à Paris ce dixiéme Décembre 1711. Signé, LA MARQUE-TILLADET.

PRIVILEGE DU ROY.

LOUIS PAR LA GRACE DE DIEU ROY DE FRANCE ET DE NAVARRE: A nos amez & feaux Conseillers les Gens tenans nos Cours de Parlement, Maîtres des Requêtes ordinaires de nôtre Hôtel, grand-Conseil, Prévôt de Paris, Baillifs, Sénéchaux, leurs Lieutenants Civils & autres nos Justiciers qu'il appartiendra, Salut. DAMIEN BEUGNIE' Libraire à Paris nous ayant fait remontrer qu'il désireroit donner au Public le *Nouveau Théatre d'Agriculture & Ménage des Champs*, s'il nous plaisoit luy accorder nos Lettres de Privilége sur ce nécessaires; Nous avons permis & permettons par ces Présentes audit Beugnié de faire imprimer & graver ledit Livre en telle forme, marge, caractére, conjointement ou séparément, & autant de fois que bon luy semblera, & de le faire vendre & débiter par tout nôtre Royaume pendant le temps de huit années consécutives, à compter du jour de la datte desdites Présentes; Faisons défenses à toutes personnes de quelque qualité & condition qu'elles soient d'en introduire d'impression étrangére dans aucun lieu de nôtre obéïssance, & à tous Graveurs, Imprimeurs, Libraires & autres, d'imprimer, faire imprimer, ou graver; vendre, faire vendre, débiter ny contrefaire ledit Livre en tout ni en partie, sous quelque prétexte que ce soit d'augmentation, correction de gravûre & impression étrangére, ny autrement, sans le consentement par écrit dudit Exposant, ou de ceux qui auront droit de luy, à peine de trois mil livres d'amande contre chacun des Contrevenans, dont un tiers à Nous, un tiers à l'Hôtel-Dieu de Paris, l'autre tiers audit Exposant, de confiscation tant des Planches ou Estampes contrefaites, que des utenciles qui auront servi à ladite contrefaçon, que nous entendons être saisis en quelque lieu qu'ils soient trouvez, de tous dépens, dommages & interêts; à la charge que ces Présentes seront enregistrées tout au long sur le Registre de la Communauté des Imprimeurs & Libraires de Paris, & ce dans trois mois de la datte d'icelles; que la gravûre & impression dudit Livre sera faite dans nôtre Royaume & non ailleurs en bon papier & beaux carractéres, conformément aux Reglemens de la Librairie; & qu'avant que de l'exposer en vente, il en sera mis deux Exemplaires dans nôtre Bibliotéque publique, un dans celle de nôtre Château du Louvre, & un dans celle de nôtre tres-cher & féal

Chevalier, Chancelier de France le Sieur Phelypeaux, Comte de Pontchartrain, Commandeur de nos Ordres, le tout à peine de nullité des Présentes : du contenu desquelles Vous mandons & enjoignons de faire joüir l'Exposant ou ses ayans cause pleinement & paisiblement, sans souffrir qu'il leur soit fait aucun trouble ou empêchement. Voulons que la copie desdites Présentes, qui sera imprimée au commencement ou à la fin dudit Livre, soit tenuë pour duëment signifiée, & qu'aux copies collationnées par l'un de nos amez & féaux Conseillers & Secretaires, foi soit ajoûtée comme à l'original : Commandons au premier nôtre Huissier ou Sergent de faire pour l'éxécution d'icelles tous Actes requis & nécessaires, sans demander autre permission, & nonobstant clameur de Haro, Charte Normande, & Lettres à ce contraires : CAR tel est nôtre plaisir. DONNÉ à Versailles le troisiéme jour du mois de Janvier, l'an de grace mil sept cens douze, & de nôtre Regne le soixante-neuviéme. Par le Roy en son Conseil, DE S. HILAIRE.

Je reconnois avoir cédé à Monsieur Michel David, Libraire à Paris, la moitié dudit Privilége cy-dessus suivant l'accord fait entre nous. Fait à Paris ce sixiéme Janvier 1712. Signé BEUGNIE'.

Registré sur le Registre N° 269. de la Communauté des Imprimeurs & Libraires de Paris, page 299. conformément aux Réglemens, & notamment à l'Arrêt du 13. Août 1703. Fait à Paris ce dix-neuf Janvier 1712. Signé, L. JOSSE, Syndic.

LE NOUVEAU THEATRE D'AGRICULTURE.

LIVRE PREMIER.

CHAPITRE PREMIER.

De la necessité absoluë de se connoître soy-même pour bien réüssir au Ménage des Champs, & comment regarder les Terres telles qu'elles soient, pour se les rendre utiles par ses travaux.

LA connoissance de soy-même est une science qu'il faudroit qui fût plus commune à tout le monde qu'elle n'est pas. On ne tomberoit point comme on fait tous les jours, dans tant de défauts tres-considerables, & tout ce qu'on entreprend, réüssiroit bien mieux, parce que tout n'y seroit que proportionné aux forces, & aux lumieres dont on seroit pourvû.

Chaque employ demande, pour ainsi dire, un talent particulier, sans lequel on ne l'exerce qu'imparfaitement; l'Agriculture en general exige des talens que tout le monde n'a pas; elle a ses peines à essüier, & ses douceurs à recüeillir pour récompense: des secrets à développer, & des inventions qui doivent faire plaisir à rechercher pour la perfectionner de plus en plus: Tout cela, comme on voit, veut beaucoup d'attention sur soy-même.

Les travaux de l'Agriculture sont pénibles, il faut de la force de corps, & d'esprit pour s'en tirer avantageusement: on doit toûjours être en action, & s'attendre par là à s'exposer en tout temps à toutes les injures de l'air.

Une vigilance endormie est la perte de la plûpart de ceux qui vivent à la Campagne, l'esprit tout préoccupé des soins qui y sont attachez, doit se les repasser souvent en lui-même, afin qu'aprés y avoir établi un ordre qui y conviene, il s'en acquitte avec succés.

Et comme tous ces travaux ne sont propres que pour des personnes robustes, on sondera son temperamment pour juger si l'on est capable de les entreprendre. On parle ici de ces gens qui forment de grands projets pour le commerce de la Campagne, & qui n'y demeurant point ordinairement, prennent la résolution d'y faire leur séjour, soit dans des Fermes étrangeres, ou des Domaines qui leur appartiennent, & qui veulent exploiter par leurs mains.

Ce n'est pas le tout que d'avoir du genie, si tant est que le Ciel ait voulu nous favoriser jusqu'à ce point, il faut que ce soit un genie né pour cette sorte d'employ, un genie vigilant pour ne s'y point laisser surprendre, actif pour se promener sans cesse sur tout ce qui l'y regarde, & entreprenant, puisque ce n'est que par les entreprises, lorsqu'elles sont bien concertées, qu'on se dédommage abondamment de tous les soins qu'on se donne à la Campagne.

Il seroit à souhaitter que tous ceux qui y ont pris naissance, & qui y demeurent toujours, fussent capables de faire toutes les réfléxions dont on vient de parler, ou plutôt que le Ciel, par une faveur speciale, les eut fait naître avec eux, tout leur y seroit bien plus avantageux; mais un pareil bonheur n'est pas commun à tout le monde, heureux celui qui le possede! & plus heureux encore qui sçait en user comme il faut.

Ces Campagnarts d'origine, & qui vivent ainsi actuellement, ne sont pas moins exemts que les premiers de s'examiner interieurement sur l'employ auquel leur état les destine, & même on peut dire, quand ils y manquent, que c'est un reproche qu'ils s'attirent avec d'autant plus de raison, que la perte de leur bien qu'ils en souffrent, en est certaine.

On ne dit pas qu'il faille absolument qu'ils aïent en partage tous les talens necessaires pour réüssir au ménage des Champs, puisque c'est un avantage qui ne dépend point de nous: mais à cela prés, il est bon toûjours de se sonder & de n'entreprendre que cequ'on peut faire. Un serieux examen sur soy-même, sur ses forces, & sur ses moyens, pourvû qu'il n'y ait point de prévention mêlée, nous conduit en cela toûjours assez heureusement au port où nous voulons surgir.

Un petit ménage des Champs sçait donner à son maître dequoy vivre doucement, quand il est bien conduit; s'il est plus fort, les fruits en sont plus abondans, & tout cela par l'œconomie, la vigilance, & le sçavoir faire qu'on a dans cet exercice.

C'est ce *sçavoir faire*, principalement sur qui tout roule, sur lequel il faut se consulter; c'est la pierre de touche pour ainsi parler, qui nous rend heureuses toutes les tentatives que nous faisons, & sans laquelle nous donnons souvent du nez en terre.

Il est certain que c'est de-là que nous voïons sortir tout ce qui peut récompenser nos peines, nous enrichir, & nous satisfaire à la Campagne dans nos travaux; mais ce point important doit être accompagné d'une volonté suivie d'une grande réflexion.

On ne parle pas ici seulement de ceux qui cherchant à s'employer, entreprennent des Domaines à forfait ; on y comprend encore les personnes privées, qui par un esprit de ménage font valoir leurs terres eux-mêmes, tous ces gens ont également besoin l'un & l'autre de se tâter sur le projet qu'ils méditent.

On convient que l'Art de se connoître à fonds ne s'acquiert pas aisément, qu'il demande beaucoup d'attention sur nous-mêmes, & que cet égard sous lequel l'Agriculture nous oblige à nous considerer, nous engage, pour nous y rendre habiles, à emprunter quelquefois des autres sciences, certains principes que l'on prend de ce qu'elles ont de plus évident ; car pour bien connoître un employ, il faut necessairement comprendre quelle est sa nature, sa fin & son excellence.

Si ce qu'on a dit sur ce sujet paroît en quelque façon un peu difficile à pratiquer, éloigné de la portée ordinaire du vulgaire, & embarassant pour bien des gens, qui pourroient s'en accommoder facilement, s'ils vouloient s'en faire une étude ; on doit sçavoir qu'on traite de ce qui est essentiel pour réüssir dans le commerce de tout ce qui croît, & qu'on éleve à la Campagne, & considerer qu'on n'a point ici dessein de respecter les préjugez, & qu'on n'écrit que pour établir un fondement, sans lequel toutes nos idées, en fait d'Agriculture, s'en vont en fumée.

Du jugement qu'on doit porter des differens Terroirs, pour en tirer du profit.

IL est constant qu'il n'y a point de terres en Europe qu'on ne puisse habiter, & qui ne soient même habitées de quelque nature qu'elles soient; ce qui fait juger qu'il faut bien qu'elles ayent chacune certaines proprietez particulieres qui les rendent fécondes en quelque façon, & qui donnent à leurs habitans dequoy se nourrir & s'entretenir ; il est vrai qu'il y en a de plus recommandables les unes que les autres, & qu'on prendroit par préference, si l'on étoit au choix de toutes dans une même Contrée ; Mais comme cet avantage ne se trouve pas, & qu'on est obligé de s'en tenir à celles qui sont le plus à nôtre portée, on se contente de voir quelle est l'utilité qu'on en peut tirer, & de faire aprés son possible pour ne s'y point endormir.

C'est à tort qu'on se plaint qu'une terre est infertile, & qu'on impute cette infertilité au Ciel, à la mauvaise constitution de l'air, & à l'épuisement de substance de cette terre. C'est nous uniquement qu'il faut accuser de ce défaut, c'est nôtre nonchalance, & rien autre chose ; ainsi dans le choix qu'on en fera, qu'on s'applique donc à la faire valoir autant qu'il sera possible : voici quelles sont les diférentes especes de terres qu'on pourra considerer chacune par rapport à son utilité.

Columel. l. 1. c. 1. Traité des Terres.

Tous les Auteurs qui, jusqu'à présent, ont parlé de la connoissance des terres, les ont traitées dans un esprit tout autre que le demande la matiere de ce Chapitre, où elles ne doivent être regardées que sur l'idée du profit qu'on peut tirer de chacune, & non pas de la bonne ou mauvaise constitution dont elles sont : on se reserve à approfondir ces connoissances dans un lieu qui conviendra mieux à ce sujet.

Supposons donc qu'on veuille s'établir à la Campagne, & que par un esprit d'œconomie on projette de vouloir travailler pour y amasser du bien ; en quelque contrée qu'on puisse demeurer, il y a des terres meilleures les unes que les autres, & tout le monde n'a pas l'avantage de posseder celles du premier ordre, de maniere que c'est une necessité de s'accommoder aux lieux où l'on est.

Il faut considerer pour lors quelle est la nature des Terres, c'est-à-dire, en quoi elles abondent ; car, par exemple, les unes sont fertiles en Bleds, les autres en Bois, celles-ci en bons Pâturages, & celles-là en d'autres denrées tres propres à augmenter ses revenus, & sur le tableau qu'on s'en est tracé, se former une idée d'un commerce qui y soit conforme.

Il y a des Terroirs secs & pierreux, qui sont propres pour les Vignes, d'autres de même nature où il y croît merveilleusement bien des Bois, & en quantité, d'autres qui sont humides, & marécageux, & convenables par consequent aux Peupliers, aux Saules, aux Aunes, & aux Oziers ; ces marchandises ne sont pas celles qu'on doive le plus considerer pour s'enrichir.

On voit des Terres fortes, ce sont celles qui rapportent du Bled en plus grande abondance, & pour lesquelles on doit avoir le plus d'égard. Les Terres sablonneuses y sont tres-propres aussi, particuliérement quand il y a beaucoup de substance ; car quand ce n'est que du sablon pur, on n'en peut jamais rien tirer de bon, ainsi que des Landes qu'on ne cultive point, parce que le terroir en est trop ingrat.

Si neanmoins on veut entrer dans un plus grand détail sur cette matiere, pour s'assûrer davantage le succés qu'on se promet de ses peines à la Campagne, on dira qu'il y a des Terres d'Argile qui sont toûjours steriles, des novalles qui sont des Terres nouvellement défrichées. Il seroit à souhaiter qu'il y en eût beaucoup de cette espece dans un Domaine, il ne faudroit que cela pour enrichir en peu de temps son maître, parce que n'ayant jamais porté, elles donnent du grain quatre fois plus que les autres, sans être obligé d'y mêler aucun fumier.

Nous ne parlerons point ici des qualitez qu'il faut approfondir pour juger en particulier d'une Terre, nous avons déja dit que ce seroit ailleurs, & selon que l'occasion nous le fourniroit, ainsi donc si l'on veut demeurer aux Champs en vûë de s'y enrichir, qu'on examine serieusement tout ce qui vient d'être dit, afin de se former un plan de commerce, ou de ménage simplement qui y convienne.

La maniere la plus sûre de juger d'un pays, s'il est bon ou mauvais, consiste à le parcourir des yeux en s'y promenant, & voir si tout ce qu'il contient y croît bien : si cela est, on ne peut qu'en esperer tres-avantageusement, & si au contraire les productions y paroissent chétives, ce n'est pas une bonne marque.

On dira encore, & comme il est vrai, qu'il y a des lieux tels que sont ceux de Montagnes découvertes qui nourrissent beaucoup de troupeaux à laine, & qui ne rapportent point de bled, mais aussi d'ailleurs, on peut dire que les bestiaux qui y sont nourris dédommagent ceux qui les habitent, des grains ou d'autres denrées qu'ils en pourroient tirer, si leur situation le leur permettoit.

Outre le commerce de Bois qu'on fait en certaines contrées, celui de Bêtes à cornes n'yest pas moins considerable ; la Glandée dans les grandes Forêts est encore d'un tres-grand profit, par rapport aux Cochons qu'on y engraisse ; enfin la terre a une infinité d'autres productions avantageuses qu'on doit avoir pour objet, lorsqu'on se détermine de se donner de l'employ à la Campagne, soit qu'on commence à y vouloir demeurer, ou qu'on y demeure actuellement.

Aprés un examen fort exact sur tout ce qui vient d'être dit, & s'être connu soy-même en quelque façon, au sujet des talens qu'on peut avoir, & qui conviennent à la vie champêtre, on est, pour ainsi parler, certain de réüssir dans son entreprise, pour peu d'ailleurs que le Ciel les seconde.

Si l'on veut pousser plus avant ses considérations, & que par rapport à sa santé on consulte la situation du Païs qu'on choisit pour faire son séjour ordinaire, on fera attention au temperamment du climat, si l'air y est sain : parce qu'autrement certaines particules grossieres qui en émanent, étant reçuës dans nos corps, les alterent, & particuliérement la masse du sang, qui fermente de plus en plus à mesure qu'elles s'y multiplient ; c'est donc une réflexion qui est bonne à faire, si on souhaite joüir d'une parfaite santé.

Un climat marécageux cause de dangereux inconveniens, à cause des broüillards qui y regnent presque continuellement ; il faut que le Ciel y soit pur, point trop subtil, parce qu'un tel air dissipe trop d'esprits, ce qui n'est point propre pour se conserver long-temps en santé.

On n'est pas long-temps à connoître la bonne ou mauvaise constitution de l'air d'un pays, la plûpart des visages des habitans le démontre, & bientôt par sa propre experience, pour peu qu'on y demeure, on ressent soy-même ce qu'il y a de malin

Un pays dont l'air est veritablement sain, ne change point de temperamment en quelque saison que ce soit, au lieu qu'un autre est toûjours estimé grossier & malfaisant, quand il cause communément des Catarres, des Fluxions, & autres maladies de cette sorte.

Les eaux sont aussi à examiner, il y en a de bonnes ou de mauvaises, ces dernieres sont dangereuses pour les corps, & y engendrent certains maux qu'on a souvent de la peine à guérir.

On tombe d'accord que toutes les observations qu'on vient de faire ne regardent pas tant les naturels des contrées où regne la grossiereté d'un tel pays, que les étrangers qui viennent pour y habiter, dautant que les premiers y sont accoûtumez d'origine, & que l'habitude est une seconde nature, au lieu que les autres y deviennent sujets à de tres-grandes incommoditez ; C'est donc pour les étrangers de ces pays principalement qu'on parle ici, c'est à eux à s'examiner là-dessus, & à consulter leur temperamment.

Veut-on jetter les yeux sur quelque endroit pour y bâtir, il est encore bon là-dessus de réflechir sur la situation, quand on en est maître ; c'est-à-dire de choisir toûjours un bon endroit de terre pour cela. Nous laissons ici, bien d'autres choses à dire là-dessus, & dont nous parlerons à l'article de la Construction d'une Maison champêtre. Cette portion de terre sera suffisante pour y placer tout ce qui dépend ordinairement de ces sortes d'édifices.

Il faut prendre garde à se donner de bons voisins ; un grand Seigneur, une Riviere & un grand Chemin, en sont de fort incommodes: un mauvais Particulier, ou un Hobereau, est encore à craindre, & avant que de finir ce Chapitre, qu'on se souvienne de ce qu'a dit fort judicieusement un des plus fameux Poëtes de l'antiquité: quand il nous avertit de faire cas d'un Domaine qui aît beaucoup d'étenduë en Terres labourables, mais de n'en labourer qu'un petit nombre, parce qu'on les cultive toûjours avec bien plus de soin, & que par consequent elles en rapportent davantage de grain.

Laudato ingentia rura, exiguum colito. Virg. Georg. II.

CHAPITRE II.

Connoissance de chaque Terre en particulier, avec la maniere de les mesurer, selon le different usage de chaque Pays.

IL n'y a rien de plus necessaire à une personne qui veut cultiver la terre, que d'en sçavoir approfondir le bon ou mauvais temperamment; on en compte de plusieurs sortes, qui demandent par consequent diverses considerations.

Col. l. 2. c. 2.

Columelle les distingue en six especes differentes, sçavoir en Terre grasse ou maigre, Terre forte, legere, argilleuse, & Terre humide.

Sous *Terre grasse*, on entend ces Terres substancielles, bonnes & où tout croît à souhait; il y en a de la noirâtre & de la jaune de ce temperamment, & pour la connoître telle, il n'y a qu'à en prendre dans les doigts, la presser, & voir si elle forme un corps compacte, sans faire la pâte, ni rendre de l'eau.

La *Terre maigre*, est celle dont les sels sont si volatiles, & en si petite quantité, qu'ils se dissippent dans l'action sans presque produire aucun effet. Telles sont certaines Terres noirâtres, qui étant maniées, & pressées, s'échappent de tous côtez, sans que les parties qui la composent, puissent se lier l'une à l'autre; nous avons aussi quelque Terre rougeâtre & jaunâtre de ce genre, & à moins que ces Terres ne soient bien amandées & souvent, on court risque de perdre une partie de ce qu'on leur commet.

Nous appellons *Terre forte*, celle dont le corps est fort pressé naturellement, ce qui la rend difficile à manier; ces Terres sont ordinairement tres-fertiles en Bleds, & en Pâturages gras, on ne sçauroit trop en avoir dans une Maison de Campagne.

A l'égard des *Terres legeres*, elles se connoissent lorsqu'en les remuant elles s'ameublissent aisément sous l'outil qui les remuë; on en trouve de noirâtres & de grisâtres, les unes plus remplies de substance que les autres, ce qu'on remarque quand en les éprouvant avec les doigts, elles ont plus ou moins de corps, sans qu'il y paroisse trop d'humidité.

On se tromperoit souvent dans la connoissance de ces Terres, si pour en approfondir la bonne ou mauvaise qualité, on alloit en Eté en prendre sur la superficie, qui étant beaucoup dessechée par les ardeurs du Soleil, tomberoit toûjours toute en poussiére, il faut en essayer de celle qui est à deux doigts au dessous.

Quant aux *Terres Argilleuses*, elles ne sont propres à donner aucune production ; ce sont des terres à Potier, elles sont grasses & gluantes, on en fait aussi des Tuiles, des Briques, & des vaisseaux de terre.

Nous n'avons plus que les *Terres humides* à considerer, & pour dire ce qui en est, elles ne valent rien pour les Grains, on ne les employe seulement que pour y dresser des Saussaïes, ou des Ozeraïes, ou Saulcis, comme on dit en certains Pays ; la connoissance de ces sortes de Terres n'est pas difficile à acquerir, l'eau dont elles abondent, en est la veritable marque.

Nous avons encore des *Terres sablonneuses*, abondantes en beaucoup de sels fixes, d'où vient que leur fertilité se reconnoît dans tout cequ'elles produisent. Il en est d'autres de même espece, dont le grain est plus gros, & moins substantiel, celles-cy ne valent pas les premieres, mais elles sont encore meilleures que les *Sablons*, qui ne sont propres qu'à écurer la vaisselle.

Les épreuves des Terres sablonneuses, se font de la même maniere qu'on l'a dit à l'égard des Terres précedentes.

Les *Terrains pierreux*, ne sont gueres propres que pour les Vignes ; il est vray qu'on y seme du Bled, il n'y vient point en abondance. On en voit dont la terre est rouge & le cailloutage blanc, & d'autre dont le cailloutage est de même couleur, & la terre grisâtre, cette derniere terre rend le vin meilleur que l'autre : on en voit encore dont les pierres sont de veritables pierres à fusil ; ces terres ordinairement ne sont propres à rien, elles manquent de cet humide radical qui est necessaire pour la germination des plantes, & de cette nourriture qui est le principe de la vegetation.

On ne désapprouve point la maniere des Anciens Agriculteurs pour éprouver, si une Terre est grasse ou maigre, c'est-à-dire, bonne ou médiocrement bonne. Ils prenoient une petite motte de terre, & jettoient de l'eau par dessus, puis ils la broïoient & la paîtrissoient dans leurs doigts, ensuite, s'ils voyoient que cette terre ainsi paîtrie, étoit tenace pour peu qu'on y touchât, ou qu'étant jettée contre terre elle ne se rompoit point, ils jugeoient de-là que cette terre étoit substancielle, & pleine d'une humeur capable par ses parties huileuses, de concourir abondamment à la production des Plantes.

Epreuves des Anciens pour voir si la Terre est bonne ou mauvaise. *Colum. l. c. c.* 2.

Ils agissoient encore d'une autre maniere pour faire cette épreuve ; voici comment. Ils tiroient une certaine quantité de terre d'un petit trou, & l'y remettoient incontinent, en la pressant fortement, & si elle n'y pouvoit toute entrer, & qu'elle excedât les bords du trou, s'enflant comme si elle fermentoit, c'étoit une marque de la bonté d'une terre. La raison physique en est toute apparente, cette grande abondance de sels qui y sont en mouvement, ne permettant pas aux parties détachées de s'unir les unes aux autres, il faut de necessité que cette terre se gonfle jusqu'à ceque l'agitation en soit rallentie, & qu'elle retourne en son premier état.

Si au contraire cette terre tirée du trou en remplissoit la capacité, c'étoit une indice de la mauvaise qualité, qu'elle étoit maigre & peu capable de nourrir beaucoup de choses. Ils avoient principalement la terre noire en recommandation, c'est aussi la meilleure pour l'ordinaire.

On éprouvoit encore la terre par le goût : nos Auteurs modernes sur l'Agriculture, sont encore imbus de cette opinion, mais ne leur en déplaise, on retranchera ici cette experience, qui n'est qu'une vetille, qui ne merite pas qu'on s'y arrête, la vûë & le toucher sont les deux sens qu'il faut seulement consulter en matiere de terres, pour les bien approfondir, la saveur est inutile ; car supposé qu'on trouvât une terre qui eût un goût extraordinaire, comme on le prétend, en ce que les sels qui en émaneroient, communiqueroient ce goût aux fruits qui y naîtroient ; & diroit-on qu'une charogne mise au pied d'un arbre, n'auroit en aucune façon alteré la saveur ordinaire des Poires, cela est neanmoins vray par l'épreuve qu'on en a faite ; à plus forte raison d'une terre qui n'aura qu'un goût extraordinaire tres-mediocre.

Et s'il y a du vin qui sent la craye, parce que des Vignes sont situées dans des terres de crayon, cette saveur ne provient point de la terre, mais des corpuscules qui exhallent de cette pierre, & dont les parties trop sulphureuses se portent avec trop de vehemence, & s'introduisent en trop grande quantité dans les pores du sarment, & qui venant à se mêler au suc qui y monte, luy communiquent ce goût, ce qui ne peut pas arriver aux terres, à cause des parties huilleuses dont elles sont remplies.

La *Glaise*, est une Terre morte, c'est la même que l'argilleuse dont nous avons déja parlé, on s'en sert pour faire des Bâtardeaux, des Bassins de Fontaines, des Réservoirs, & des Chaussées d'Etang : parce que l'eau ne peut passer à travers, quand elle est bien paîtrie & bien trépignée, outre que c'est un fossile avec le *Tuf*, qui ne se trouve point à portée de la Charruë, ny d'autre instrument à labourer la terre, à moins qu'on ne creuse beaucoup la terre de superficie.

Telles sont les connoissances qu'on acquiert par rapport aux terres, quand on en veut approfondir le temperamment, & sur les indices qu'on en a donné, il est constant que les observant avec soin, on pourra esperer quelque chose d'avantageux de son travail.

Maniere de mesurer les Terres selon l'usage de chaque Pays.

CE n'est pas assez que d'avoir la connoissance de Terres propres à l'Agriculture, soit qu'on les posséde par l'acquisition qu'on en a faite, ou qu'elles nous viennent de patrimoine ou autrement, il est bon encore de n'en point ignorer la quantité ; car la veritable œconomie, & le bon sens veulent qu'on sache au juste ce qu'on achete, & ce qu'on a de terres, afin de se regler là-dessus pour la dépense, & les Domestiques qu'il faut pour les faire valoir ; car de s'en rapporter à la foy d'autruy, c'est bien souvent suivre le chemin de se ruiner. Il faut donc les faire mesurer, & pour cela on se sert d'un Arpenteur ; quelques petits avis sur les divers noms des Mesures qui sont en usage en differentes Provinces, ne seront point ici hors de propos. On écrit pour tout le monde, & les Habitans d'un pays ne peuvent pas sçavoir les Coutumes d'un autre, si on ne les en instruit, ou qu'ils n'aillent eux-mêmes sur les lieux pour les apprendre ; on dira aussi quelque chose de l'Arpentage legerement, & comme en courant, afin d'en donner quelque teinture à ceux qui voudront qu'on ne leur impose point sur cette matiere.

Il faut sçavoir que parmi les peuples, il y a diverses Mesures selon la diversité des Pays ;

Par Exemple,

L'Arpent, contient dix Perches en longueur, & cent Perches quarrées en danrées, selon la maniere de parler, en certains pays; une danrée étant la sixiéme partie de cent perches, faisant par consequent seize perches treize pieds deux pouces, chacune à raison de vingt pieds la perche.

La Perche mesure de la Prevôté & Vicomté de Paris, contient dix-huit pieds.

Et en d'autres endroits selon la diversité des lieux, elle est de dix-neuf, vingt, vingt-deux, vingt-quatre, &c.

Au pays du Perche & pays Chartrain, la Perche est estimée vingt-deux pieds de long, qui étant multipliez par vingt-deux, qui est la mesure de l'autre côté, font en quarré de superficie quatre cens quatre-vingt quatre pieds.

Dans l'Anjou, Poitou, Touraine, le Maine & autres lieux circonvoisins, la Chaîne dont on se sert pour mesurer les heritages, contient vingt-cinq pieds en longueur, & en son quarré six cent vingt-cinq pieds.

Au pays de Bretagne, la Chaîne contient vingt-quatre pieds de longueur & cinq cens soixante-seize pieds en quarré.

Il faut remarquer, qu'en la plûpart des Provinces, les cens Chaînes quarrées de vingt-cinq pieds de long chacune, sont comptées pour un arpent, les vingt-cinq pour un quartier, desorte que les dix Chaînes en longueur sur autant de largeur, composent un arpent ou vingt-cinq en longueur sur quatre de largeur font la même chose, ainsi que les cinq en longueur sur autant de largeur, contiennent un quartier.

On appelle *Journal*, dans le Duché de Bretagne, comme qui diroit une mesure de terre qu'on peut labourer en un jour, elle contient en ce pays vingt-deux sillons un tiers, ou quatre mille vingt pieds, le sillon contient six rayes, ou cent quatre-vingt pieds, & la raye deux gaules & demie ou trente pieds, & la gaule douze pieds.

Le Journal du Duché de Bourgogne, selon l'Ordonnance du Duc Philippes, contient trois cens soixante perches quarrées, le demi Journal cent quatre-vingt, & le quart quatre-vingt dix, la perche dix-neuf pieds de long, & trois cens soixante-un en quarré.

On dit aussi un Journal au Duché de Lorraine, & cette piece de terre contient deux cens cinquante Toises, la Toise dix pieds de long, & le pied dix pouces, c'est l'usage du Pays.

Les Normans disent un *Acre*. Il contient cent soixante perches, ou quatre vergées, la vergée est de quarante perches, la perche de vingt-deux pieds, le pied de vingt-quatre pouces, & le pouce de douze lignes.

La *Saumée* en Languedoc, contient quatre sesterées, ou seize cens cannes quarrées, la canne contient huit pans en longueur, & le pan contient huit pouces neuf lignes.

Toutes ces mesures se divisent en autant de parties qu'on veut, & aprés en avoir parlé selon la difference qui se rencontre, par rapport à la diversité des pays, il n'est plus question maintenant qu'à venir à la pratique de l'Arpentage, qui a pour objet la piece de terre qu'on veut mesurer ou arpenter, selon l'usage du pays où l'on est.

Tous les Arpentages qui se font dans toutes les Provinces, ne different entr'eux que par rapport à la mesure qui est plus courte & plus longue en un lieu qu'en un autre, quant aux figures Geometriques, c'est aussi la même chose : car il y en a par tout de quarrées, d'oblongues, de triangulaires, trapezes, circulaires, & autres que la Geometrie enseigne.

On voit par là de quelle necessité il est qu'un homme qui veut demeurer à la Campagne, apprenne l'Arithmetique, sur tout les quatre principales Regles, qui sont le fondement de toute cette Science; aprés cela il est aisé de mesurer une terre, pour peu qu'on s'acquiere de lumieres dans l'Arpentage.

Si l'on veut s'y appliquer soy-même, il faut avoir tous les instrumens qui y sont propres, sçavoir une Equierre simple ou composée.

Une Chaîne de fil de fer, longue de dix-huit, vingt pieds ou plus, selon la perche ou mesure du lieu, & enfin douze ou quinze piquets ferrez par le bout, & davantage même pour sa plus grande commodité.

Quand on a tout ces instrumens, & auparavant que d'en venir à la pratique, on doit considerer trois choses.

1°. La Coûtume du lieu au sujet de la mesure des terres, 2°. le circuit de la terre à mesurer, 3°. les bornes qui la partagent d'avec ses voisins, avec les alignemens du chemin & fossez selon la Coûtume du lieu.

Pour marcher sûrement dans ces operations, il faut d'abord se représenter à l'esprit la figure de la piece de terre qu'on veut arpenter ; cela fait, examiner quelle elle est, puis la mesurer selon les regles, & ensuite en venir à la pratique.

On sçaura pour regle générale, que dans telle figure que ce soit, il faut toûjours tirer des lignes droites avec l'équierre, & les piquets, les fichant actuellement en terre autour de la piece, cette regle observée, l'operation donne la superficie qu'on demande.

Si les lignes se trouvent courbes, rentrantes, ou sortantes, en coude ou en S, il faut toûjours alligner droit, rasant ce qui rentre & ce qui sort, & par ce moyen-là, il restera du vuide à mesurer; mais celuy qui sort, compense ce qui rentre, & ainsi réciproquement l'un répare le défaut de l'autre.

Quand on arpente quelque piece de terre, on est deux personnes, qui tiennent la corde, ou chaîne chacun par un bout. Le premier, c'est-à-dire celuy qui marche devant, tient d'une main la chaîne, & quand elle est tenduë, il fiche un piquet en terre, & marche toûjours, pendant que l'autre le leve; on continuë ainsi jusqu'à ce que la piece soit entiérement mesurée, & quand cela est fini le dernier, qui est pour l'ordinaire l'Arpenteur, compte les piquets qu'il a levez & ce sont autant de perches qu'il calcule, avec ce qui peut rester de pieds.

Pour rendre ce que nous allons écrire icy de l'Arpentage plus aisé à concevoir, & presque tout d'un coup, on a jugé à propos de proposer six tables, avec des réductions en fractions sur les mesures les plus usitées.

PREMIERE TABLE de Réductions en Fractions à 22 Pieds pour Perches.

Pieds.	Pouces.	Perches.
11	0	valent une demie.
7	4	un tiers.
5	6	un quart.
4	$4\frac{3}{4}$	un cinquiéme.
3	8	un sixiéme.
3	$1\frac{3}{7}$	un septiéme.
2	9	un huitiéme.
2	$5\frac{8}{9}$	un neuviéme.

SECONDE TABLE à 20 Pieds pour Perches.

Pieds.	Pouces.	Perches.
10	0	valent une demie.
6	8	un tiers.
5	0	un quart.
4	0	un cinquiéme.
3	4	un sixiéme.
2	$10\frac{2}{7}$	un septiéme.
2	6	un huitiéme.
2	10	un neuviéme.

TROISIEME TABLE à 18 Pieds 4 Pouces pour Perches.

Pieds.	Pouces.	Perches.
9	2	valent une demie.
6	$1\frac{1}{3}$	un tiers.
4	7	un quart.
3	8	un cinquiéme.
3	$0\frac{2}{3}$	un sixiéme.
2	$7\frac{3}{7}$	un septiéme.
2	$3\frac{1}{2}$	un huitiéme.
2	$0\frac{4}{9}$	un neuviéme.

QUATRIEME TABLE à 19 Pieds 4 Pouces pour Perches.

Pieds.	Pouces.	Perches.
9	8	valent une demie.
6	$5\frac{1}{3}$	un tiers.
4	10	un quart.
3	$10\frac{2}{5}$	un cinquiéme.
3	$2\frac{2}{3}$	un sixiéme.
2	$7\frac{1}{7}$	un septiéme.
2	5	un huitiéme.
2	1 [illegible]	un neuviéme.

CINQUIEME TABLE à 19 Pieds pour Perche.

Pieds.	Pouces.	Perches.
9	6	valent une demie.
6	4	un tiers.
4	9	un quart.
3	$9\frac{3}{5}$	un cinquiéme.
3	2	un sixiéme.
2	$6\frac{6}{7}$	un septiéme.
2	$4\frac{1}{2}$	un huitiéme.
2	$1\frac{1}{3}$	un neuviéme.

SIXIEME TABLE à 18 Pieds pour Perches.

Pieds.	Pouces.	Perches.
9	0	valent une demie.
6	0	un tiers.
4	6	un quart.
3	$7\frac{1}{5}$	un cinquiéme.
3	0	un sixiéme.
2	6	un septiéme.
2	3	un huitiéme.
2	0	un neuviéme.

Aprés avoir tiré les Fractions des six differentes mesures, dont on vient de donner les Tables, il sera facile de faire le calcul de toutes sortes de pieces d'heritages qu'on voudra mesurer selon l'usage des lieux.

B ij

Explication de la Table à 20 Pieds pour Perche.

ON a mesuré une piéce de Terre à cette mesure, elle contient 25 Perches 11 Pieds de longueur, puis consultant la Table de la mesure de 22 Pieds, on trouve que 11 Pieds valent une demie Perche, on écrit dont $\frac{1}{2}$ Perche, au lieu de 11 Pieds, tellement que cette piece contient 25 Perches $\frac{1}{2}$ de long.

A l'égard de la largeur, elle est de 13 Perches 3 Pieds 1 Pouce $\frac{1}{7}$ de largeur, on trouve dans la même Table de 22 Pieds, que 3 Pieds 1 Pouce $\frac{1}{7}$ est $\frac{1}{7}$ de Perche, j'écris donc $\frac{1}{7}$ au lieu de 3 Pieds 1 Pouce $\frac{1}{7}$ de sorte que cette piece contient 13 Perches $\frac{1}{7}$ de Perche de largeur.

Pratique.

Réduction des Fractions.

$$\begin{array}{r} 25\frac{1}{2} \\ \text{sur } 13\frac{1}{7} \\ \hline 75 \\ 256\frac{1}{2} \\ 3\frac{4}{7}\ \frac{1}{14} \\ \hline 334\frac{1}{2}\ \frac{4}{7}\ \frac{1}{14} \\ \hline 335 \text{ Perches } \frac{1}{7} \end{array}$$

$$\frac{1}{2}\quad \frac{4}{7}\quad \frac{1}{14}$$
$$\frac{98}{196}\quad \frac{112}{196}\quad \frac{14}{196}$$

Addition.

$$\begin{array}{r} 98 \\ 112 \\ 14 \\ \hline 224 \end{array}$$

$$\begin{array}{r} 2 \\ 238 \\ 224 \\ \hline 196 \end{array} \;[\; 1 \text{ Perche } \frac{28}{196}\ \frac{14}{98}\ \frac{7}{49}\ \frac{1}{7}$$

Aprés avoir fait la Multiplication précedente, il est venu 335 Perches & $\frac{1}{7}$ de Perche qui contient la piece d'heritage qu'on a mesurée, ce qui vaut 3 Arpens 35 Perches $\frac{1}{7}$ de Perche.

On voit par le petit échantillon de preceptes qu'on vient de donner sur l'Arpentage, qu'il est necessaire de bien sçavoir les quatre principales Regles d'Arithmetique, & quelques Regles de Fractions, & qu'aprés cela on vient aisément à bout de mesurer une piece de Terre, de Pré ou autre; si l'on avoit encore quelque teinture de la Géometrie, on ne seroit que plus sûr dans la pratique.

Oüy, l'Arithmetique est absolument necessaire à une personne qui veut demeurer à la Campagne; car pour lors elle se passe & d'Arpenteur, & de tout autre secours qui regarde cet Art, & dont on a besoin à tout moment pour arrêter des comptes.

Et sans entrer ici en de plus grandes speculations au sujet de l'Arpentage, il suffit de couper tellement les pieces d'heritage qu'on veut mesurer, en portant la chaîne, qu'on les rende des quarrez parfaits, quelqu'autre figure qu'elles puissent avoir d'ailleurs, & pour en venir à bout, il faut toûjours les prendre des côtez qui conviennent le mieux, les divisant en une ou plusieurs parties, ainsi qu'on le jugera à propos; c'est par ce moyen qu'on réüssira à arpenter toutes sortes d'héritages. Passons à present à ce qui regarde la Maison dont on a besoin pour se loger à la Campagne; ce sujet à la verité nous emportera un peu loin; mais la matiere qui doit la remplir en est si necessaire pour l'œconomie, que ç'auroit été faire tort aux bons Ménagers que de la leur dérober.

CHAPITRE III.

Où l'on voit en quelque façon, l'assiette qu'il faut donner à une Maison de Campagne. Les considerations que doit avoir celuy qui entreprend de la faire bâtir avant qu'on la commence, & de l'importance qu'il y a qu'il sache à peu prés à quoy luy pourra revenir ce Bâtiment.

CE n'est point ici une Architecture complette, ce n'est qu'une idée qu'on donne d'une Maison de Campagne, au cas qu'on en voulût faire bâtir. La disposition d'abord regardera plutôt les commoditez qui y conviendront, que la magnificence qu'on y pourroit apporter. Le premier objet n'a pour but que le ménage, c'est ce que nous cherchons ici, au lieu que l'autre ne tend qu'à satisfaire l'ambition de ceux qui veulent en faire la dépense; on en dira pourtant quelque chose, afin qu'il n'y ait rien dans cet Ouvrage qui ne soit à la portée de tout le monde; & comme pour fonder un Bâtiment, il en faut chercher l'assiéte; c'est à quoy nous allons commencer à travailler.

De l'Assiete d'une Maison de Campagne.

IL faut d'abord en considerer le lieu, c'est-à-dire, voir si l'air y est sain; cet avantage dépend de la pureté de l'air qu'on y respire, au lieu que lorsqu'il est grossier, & sujet à beaucoup de broüillards; ce qui se remarque dans les endroits marécageux, on y est toujours indisposé. Les mauvaises eaux contribuënt aussi aux incommoditez du corps. Il est bon de les éviter autant qu'il est possible.

Il est toûjours avantageux de bâtir dans un endroit fertile & commode pour bien des necessitez de la vie, & où l'on puisse aisément trouver des materiaux propres aux bâtimens; un bon voisinage est à rechercher; mais on ne voudroit pas de ces grandes Villes, à cause des visites frequentes qui en viennent, & qui n'accommodent point un Campagnard; car sa cuisine en est souvent si chargée, qu'elle abîme sous le poids.

C'est encore un point tres-considerable que de bâtir, quand on le peut, non loin de quelque riviere navigable, ou capable seulement de jetter du bois à bois perdu, cela facilite beaucoup le commerce qu'on peut faire de tout ce qui croît à la Campagne.

Pour ce qui regarde l'assiette, & l'enceinte de cette Maison, il sera bon de la placer en un lieu plein, ferme, & uni, & où l'on puisse facilement foüiller les fondations, parce que lorsqu'ils est montueux, il en coûte trop pour en applanir la superficie, sur tout lorsqu'il y a bien des appartenances qui demandent un juste niveau.

Les mi-côtes ont quelque chose d'avantageux pour l'assiette d'un bâtiment champêtre, elles ne sont point sujettes aux grandes affluences d'eau, ni à cet air épais qu'exhale ordinairement un marécage. On prendra garde encore quand on asseoit ce bâtiment, de ne luy point donner une vûë estropiée, & bornée par quelque objet désagreable, mais raisonnablement étenduë, & où l'œil se promene avec plaisir

Il y en a, quand ils construisent une Maison de cette sorte, qui choisissent toûjours l'endroit pour ainsi dire, le plus sterile du Terroir, par ce, ajoûtent-t'ils, qu'il n'est pas necessaire d'employer une bonne terre pour y bâtir, outre que les dépendances étant prés du logis, on peut aisément les ameliorer par le moyen des fumiers; mais cette maxime trouve des sentimens opposez, à cause des Jardins qui doivent necessairement accompagner cette maison, & d'où l'on pretend, quand on veut en faire la dépence, tirer également du profit & du plaisir.

L'assiette en sera encore agreable, si elle est en un lieu sec, pour la commodité des promenades & des avenuës, si elle est un peu élevée, & comme on a déja dit, bornée de Montagnes d'un côté, à deux ou trois lieuës de distance, ou d'autres où l'œil s'aille perdre agreablement, & lorsque son paysage est diversifié par des Plaines, Collines, Forests, Rivieres, Prairies, Terres labourables, Vignes, Villes, Villages, & Hameaux, tout cela ne fait qu'augmenter la beauté de sa situation.

Autrefois on affectoit d'asseoir les Châteaux dans des fonds, & de les isoler de grands & larges Fossez à fond de cuve, qui étoient la plûpart remplis d'eau par le confluent de quelques ruisseaux qui venoient s'y décharger; mais comme une veuë agreable, & éloignée, & un air salubre est preferable, à une autre où l'on n'auroit pour aspect que quelque bois, qui feroit un casse nez, ou des broüillards à respirer, on s'est petit à petit deffait de cette fantaisie, & l'on a raison.

Ce n'est pas que souvent on est bien empeché d'asseoir une Maison de Campagne comme on voudroit, soit par rapport aux lieux qui sont mal disposez, soit à l'air qui n'a pas toute la salubrité possible; mais comme pour de bonnes raisons on est souvent contraint de s'asservir à ces sortes d'endroits, on fait alors tout ce qu'on peut de mieux, pour corriger ces deffauts.

On sçaura pour maxime qu'on doit toûjours proportionner la maison à la quantité de terres qui en dépendent, un grand Domaine demande un plus grand bâtiment, qu'un autre qui est mediocre, parce que le revenu en est plus considerable; mais commencez toûjours à bâtir par la Cuisine, dit un Ancien, c'est-à-dire, faites d'abord attention à ce que vous avez de bien, & bornez-vous-y pour bâtir; n'allez pas, ainsi que ces deux Romains, tomber en cela dans deux extremitez, de construire trop de Bâtimens, ou d'en élever

Cato, l. 3. c. 2.

Quint. Scevola, & Lucius Lucullus.

trop peu, l'une & l'autre conduite, est incommode & préjudiciable au ménage.

Il faut donc quand on veut bâtir, rapporter tout à ses forces, & pour ce qui regarde l'ordonnance de la Maison cela est libre, & dépend de la fantaisie; les uns la souhaitent tournée de telle maniere, & les autres de l'autre: celuy-ci y cherche de l'ornement, celuy-là n'y demande que de la simplicité; mais parmi tout cela on recommande toûjours qu'il y ait un goût qui plaise & une symetrie qui frappe agreablement: il n'y a rien de si aisé que de prendre les commoditez d'un Bâtiment, mais de les disposer commodement & avec symetrie, c'est où paroît l'industrie, l'esprit & l'honneur de l'Architecte, & en quoy celuy qui fait bâtir, doit s'entendre en quelque façon.

Considerations qu'on doit avoir avant que de commencer à bâtir.

IL ne suffit pas d'avoir la connoissance, & d'entendre tout ce qu'on vient de dire, sur l'assiette d'une Maison de Campagne, il faut être un peu versé en cet Art; il faut se plaire à l'Architecture, & quoyqu'on ne soit pas Architecte, s'étudier à ce qui concerne les Bâtimens. L'étude en est noble, & convient à tout ce qu'il y a de gens du premier rang.

Celuy qui veut bâtir, doit reflêchir long-temps sur ce qu'il entreprend, avant, comme on dit, de faire mettre les marteaux en œuvre; sa prudence veut qu'il se consulte plus d'une fois, qu'il voïe ses amis sur son projet, & le communique à des personnes entenduës aux bâtimens, & qui luy disent leurs pensées sans déguisement. C'est ainsi qu'on commence à aller de pied ferme dans ces sortes d'entreprises, au lieu, que lorsque de son pur mouvement, & sans avoir la moindre teinture de l'Art de bâtir, on veut s'y fourrer pour soy: on a tout le loisir aprés de s'en repentir; mais c'est trop tard.

Quand on sçait un peu raisonner Architecture, un Architecte ne vous en fait pas tant accroire là-dessus, & les ouvriers vous trompent moins, ils vous écoutent avec plus de circonspection, & travaillent plus fidellement; cette connoissance outre cela empêche qu'on ne bâtisse, puis qu'on n'abatte, manque d'avoir bien pris d'abord ses mesures, ou par la faute de l'Architecte, qui aura ordonné sans réflexion, & tout cela coûte de grandes dépenses à un Particulier qui fait bâtir, s'il n'y prend garde.

Outre les considerations dont on vient de parler, on fera encore attention aux Ordonnances, Statuts, & Coûtumes des lieux où l'on bâtit; c'est une réflexion tres-importante, non seulement pour un Architecte, mais encore bien plus pour un Particulier qui veut se jetter dans les Bâtimens: c'est luy qui en souffre le premier, au lieu que souvent l'ouvrier en lave ses mains, & prend toûjours à bon compte l'argent du Bourgeois.

Celuy qui conduit un bâtiment, dit Vitruve, ou celuy qui le fait construire à ses dépens, doit sçavoir ce que les loix ordonnent là-dessus, ou s'en faire instruire avec soin; sans cette précaution on est quelquefois obligé à en venir à de grandes discussions avec ses voisins. Vitruve l. 1.

Qu'il est bon de sçavoir à peu près à quoy peut revenir un Bâtiment, pour ne point être trompé dans son entreprise.

APrés avoir fait un serieux examen sur tout ce qui vient d'être dit, les particuliers qui veulent faire bâtir, doivent, outre cela, avant que de l'entreprendre, considerer mûrement à quelle dépense leur projet les peut conduire; car de s'y aller jetter inconsiderément, & sans consulter ses revenus, c'est vouloir s'abîmer dans les fondemens de l'édifice, pour ne s'en pouvoir aprés quelquefois retirer.

Le moyen donc de connoître à peu prés, à combien reviendra le bâtiment qu'on projette, on entrera d'abord en connoissance du prix des foüilles, vuidanges, & transport des terres des fondations, de la pierre de Moëllon, & de Taille, de la Chaux, du Sable, du gros & menu Pavé, des Carreaux, Tuîles & Ardoises, de la Latte, de la Contrelatte, du Cloud, du Verre, du Plomb, du Fer, du Bois, tant de Charpente que de Ménuiserie, de la Peinture de chaque travée, de celle des portes & croisées, de la Toise des Materiaux mis en œuvre, & du Toisé même. On acquiert cette connoissance-cy, par le secours de l'Arithmetique, qu'on ne sçauroit trop recommander à une personne qui veut s'établir à la Campagne, pour y faire son profit.

Et comme les prix de toutes ces choses varient selon les differens pays, & le changement des temps, il faut, pour bien faire s'y regler, s'étant étudié attentivement à se faire un Devis de tout ce qui peut entrer dans le bâtiment qu'on projette, on calcule le tout, & l'on voit par-là à peu prés à combien la dépense peut monter.

Il est bon en passant de remarquer ce que voici. L'estimation que l'on peut faire en gros des parties du Bâtiment se peut concevoir en cette maniere, la moitié du prix passe pour la dépense de la Maçonnerie, le quart ou peu s'en faut pour la Charpente, & le reste de la somme pour toutes les autres dépenses, sçavoir la Couverture, Menuiserie, Serrurerie, Peinture, s'il y en a, Vitres, Pavé, & le reste.

Telles sont les idées qu'on peut prendre d'abord, pour se faire en quelque façon un plan de la dépense qu'on estimera à peu prés devoir être faite pour la construction de la Maison qu'on souhaitte faire bâtir; si le calcul, comme il est vray, n'est pas tout à fait juste, on peut dire du moins que c'est un grand obstacle aux Entrepreneurs, ou Ouvriers, pour empêcher qu'ils ne trompent de beaucoup les particuliers qui les employent; cette connoissance qu'ils remarquent, les tient en respect, & les obligent à ne demander qu'un prix raisonnable pour se récompenser de leurs peines.

CHAPITRE

CHAPITRE IV.

Prix de la vuidange des Terres massives, des tranchées & rigoles faites pour les fondations, & de ce que coûte la Pierre de taille, le Moëllon, le Plâtre, la Chaux, le Sable & les autres Materiaux necessaires à un Bâtiment, avec quelques remarques sur ce qu'il en faut pour faire une toise de Mur.

TOut ce qu'on a dit jusqu'icy seroit comme inutile, si l'on ne sçavoit les prix de tout ce qui peut entrer dans un Bâtiment, pour en faire un calcul à peu prés de la dépense à laquelle il reviendra. Commençons par les foüilles des terres, & l'on sera averti que sous le nom de Bâtiment, on comprend les Jardins dépendans de la Maison.

Foüilles des Terres.

Les foüilles, vuidanges & transports des Terres massives, & rigolles qu'on fait pour les fondations, sont plus ou moins cheres, selon qu'elles sont plus ou moins profondes, ou qu'on les transporte plus ou moins loin.

Quand il ne faut jetter la terre que sur le bord des tranchées, la toise cube coûte ordinairement vingt à vingt-cinq sols, cela se regle selon leur profondeur; mais s'il y a du transport qui soit éloigné, comme par exemple, à vingt ou vingt-cinq Toises, elle vaut à Paris & aux environs trente à trente-cinq sols, & quelquefois quarante sols, si les fondemens sont profonds; ainsi on peut juger du reste à proportion de l'éloignement, & selon que le terrain est plus ou moins uni.

Quand ce ne sont que des foüilles de jardin pour en ameliorer la terre, & où il n'y a qu'à la jetter devant soy, il faut sçavoir d'abord à combien de profondeur on veut la foüiller, & selon que le terroir est plus ou moins difficile à manier; on ne fait guéres foüiller alors à moins d'un pied & demi, & en ce cas on donne aux environs de Paris, & à Paris trois ou quatre sols de la Toise courante avec un Labour dans le fond.

Si c'est à deux pieds, cinq sols; à deux pieds & demi ou trois pieds, six sols, on peut aller jusqu'à sept: mais il faut que le terrain soit bien rude. On ne foüille gueres plus avant pour des Jardins, & s'il y en a qui veulent le faire, c'est une dépense superfluë.

On ne doute pas que dans les Provinces, ces sortes d'Ouvrages ne se fassent à meilleur marché, c'est pourquoy on en peut regler les prix à proportion de ceux dont on vient de parler.

Il faut encore remarquer, géneralement parlant, que tous ces prix augmentent ou diminüent, selon que le pain est plus ou moins cher, parce que comme cet aliment est un des principaux fondemens de la vie, & qu'on ne peut s'en passer, cela fait que lorsqu'il est cher, il faut plus d'argent pour en achetter, & par consequent il faut gagner davantage.

Si l'on veut quelquefois mettre à uni un terrain à un fer de Besche seulement, on donnera un sol de la Toise courante, si la terre n'est pas bien rude, au lieu que si elle se manie difficilement, on en donnera un sol six deniers.

Prix du Moëllon.

QUant au Moëllon, la Toise cube prise sur le bord de la Carriere, aux environs de Paris, coûte six ou sept livres, selon qu'il est bon, & quand il faut le charrier, & rendre en place, dix, douze, & quatorze livres, suivant qu'on est prés ou loin de la Carriere.

Il y a des endroits en Province où la Toise cube de Moëllon, ne revient qu'à trois ou quatre livres prise sur la Carriere : il ne reste plus aprés cela que le charroy qui coûte plus ou moins, selon les lieux, de sorte qu'il y en a où il ne revient qu'à six livres la Toise renduë, d'autre à huit ou à dix, & selon que le Moëllon est estimé.

Prix de la Pierre de Taille.

LA Pierre de Taille aux environs de Paris vaut cent sols le charriot, qui contient deux Voyes, quelquefois six jusqu'à sept livres, suivant la distance des lieux. Il doit y avoir cinq Carreaux & quinze Pieds de Pierre ou environ à la Voye. Quand le chemin est mauvais, il faut trois Chevaux pour tirer une voye, au lieu que deux suffisent quand il est beau.

La Pierre de S. Leu, & de Vertgelé, se vendent au Tonneau ; il contient quatorze pieds de pierre cube, & revient à trois livres, quelquefois à quatre ou quatre livres dix sols, même sur le Port, quand la Riviere n'est pas navigable : outre cela on donne ordinairement pour voiture du tonneau vingt-cinq & trente sols, & une voiture méne depuis quatorze jusqu'à vingt-deux pieds de pierre cube.

Les Pierres de Tailles se prisent & s'achetent encore au pied, selon l'échantillon ; car si ce sont par exemple, quartiers de trois sur trois en quarré, ou s'ils sont oblongs, ayant neanmoins les angles quarrez, ils en sont plus chers, si bien qu'alors le pied de Cliquart & de Liais se vendent seize à dix-huit sols : quand il est propre à faire Platte-bandes ou Jambages de Cheminées, il coûte vingt sols ; si l'on en peut faire des Corniches, il s'achete depuis trente jusqu'à cinquante sols.

Si les quartiers de Liais sont cornus & de tout appareil, & qu'on en prene une bonne quantité, le Pied peut ne revenir qu'à dix ou douze sols ; si l'on n'en prend que peu, il vaut quelquefois quatorze ou quinze sols.

Le haut Liais & le reste des autres Pierres qui se tirent aux environs de Paris, quand elles sont de grand appareil, ne se vendent qu'environ douze sols le pied, il y en a à present de cet échantillon qui vaut vingt sols le pied ; on peut neanmoins marchander entre l'un & l'autre de ces prix, afin de tirer le meilleur marché qu'on pourra ; mais si ces Pierres sont de tout appareil, le pied ne vaut que huit ou dix sols.

Il y a du Franc-Liais, & du Liais Farault, de celuy-cy on fait les Fours, les Atres, les Fourneaux, parce qu'il résiste au feu ; on appelle Cliquart, le Liais de tout appareil, du haut Liais, du bon Banc.

La Pierre de S. Leu qui est d'appareil propre pour faire des Armes & Figures, vaut cinq, six ou sept livres le tonneau, selon la grandeur de l'appareil, autrefois on ne la vendoit que quatre livres ou environ.

Les Pierres des Carrieres de S. Cloud ne se vendent gueres au tonneau, ce n'est qu'à la Voye, comme les autres Pierres.

On ne doit point se regler sur ces prix-cy pour acheter de même les autres Pierres de Taille, parce qu'il est constant que tout coûte bien plus à Paris que dans les Provinces, où les quartiers de Pierres de trois à quatre Pieds de longueur, sur deux Pieds & deux Pieds & demi de largeur sur tous sens, ne coûtent que vingt sols sur la Carriere, reste le Charroy à payer, & une Charrete à trois bons Chevaux en menent toûjours trois à quatre quartiers de cet échantillon; il y a même des lieux, où ces Pierres se vendent encore moins, l'usage du Pays où l'on est, nous rend en peu de temps sçavant là-dessus.

Prix du Plâtre.

LE prix du Plâtre est quelquefois de sept livres dix sols, & d'autrefois il monte depuis huit jusqu'à neuf livres le Muid, qui contient trente-six sacs, & le sac quatre boisseaux. Il est rare, si on n'y prend garde de prés, que les Plâtriers donnent la mesure juste; car le plus souvent il ne s'y en trouve que trois boisseaux & demi. On compte pour l'ordinaire le Plâtre à la voye, qui fait douze sacs, & trois voyes par consequent composent le Muid.

Le Plâtre dans les Provinces où il n'y a point de Carriere à Plâtre, se vend bien plus cher qu'à Paris: car il faut encore avec le prix dont on vient de parler, compter la voiture qui est plus ou moins éloignée, ce qui fait qu'on ne peut rien dire de fixe là-dessus. C'est à faire aux Particuliers de Province, qui en veulent employer, de tabler sur cette voiture, & le prix marqué.

Prix de la Chaux.

LA Chaux se vend au Muid à Paris, ou au boisseau, c'est la même mesure que celle du Plâtre; le Muid de Chaux pris sur le Port à Paris, coûte quelquefois depuis vingt-quatre livres, jusqu'à trente-deux livres, on l'a vû même dans la cherté du pain, monter jusqu'à quarante-deux; & quelquefois quarante-quatre livres, sans la voiture, qui est ordinairement de trois livres, ajoûtez aux sommes précedentes, font quarante-cinq ou quarante-sept livres.

Dans bien des endroits en Province on vend la Chaux dans des futailles, c'est-à-dire en Muids ou en Feüillettes. Le Muid contient vingt-trois Boisseaux mesure de Paris, qui pese cinquante-six livres, si bien qu'il en faut six Muids futailles pour un Muid, qui est une estimation de plusieurs septiers & non pas un vaisseau.

Le Muid vaisseau ne vaut quelquefois que quatre livres, quelquefois cent sols en Eté, & la Feüillette quarante ou cinquante sols, en d'autres endroits, la Chaux peut valoir un peu plus ou moins, selon que la distance des lieux en augmente le prix du charroy, & quelquefois en Hyver le Muid dans ces mêmes endroits ne coûte que cinquante sols.

Prix du Sable.

ON se sert de deux sortes de Sable à Paris pour la Maçonnerie, sçavoir le Sable de Terrain, ou de Sabloniere, & le Sable de Riviere. Le Sable qu'on tire de terre est plus estimé que l'autre, il se vend au Tombereau; on le vend depuis douze jusqu'à seize sols, & depuis cinq sols jusqu'à huit, dans bien des endroits de Provinces, pris sur le lieu sans compter la voiture.

Prix du Pavé.

ON employe du Pavé de plusieurs échantillons differens, de Grais & de Pierre, le premier est de deux sortes, sçavoir l'un gros & l'autre menu, le gros ne sert que pour les Passages publics, & se place seulement avec du Sable, on l'appelle aussi *Pavé de Ruë*. Il a six à sept Pouces en quarré, il coûte la Toise depuis six, jusqu'à neuf livres, mis en œuvre.

Le menu Pavé est aussi de deux sortes, & n'est propre que pour paver des Cours; le premier est un Pavé commun de tout échantillon, il s'employe à Chaux & Sable, & la Toise quarrée tout employé, vaut depuis cent dix sols la Toise jusqu'à huit & neuf livres, lorsqu'il est avec bonne quantité de Chaux & de Sable de Riviere, & qu'il y faut beaucoup de hausses.

S'il y faut des Bornes on le paye dix livres la Toise, & il faut qu'il soit de bonne épaisseur & de bon échantillon étant fait, comme on dit, *à bain de Mortier* dont on se sert pour paver sur les Caves.

L'autre espece de menu Pavé est quarré & taillé d'échantillon, il s'employe à Chaux & à Ciment, il n'a que quatre à cinq Pouces en quarré, & coûte quarante ou cinquante sols plus que le précedent: il y a encore le petit Pavé noir, qui vaut encore mis en œuvre, quatre ou cinq sols davantage, & qui peut revenir à douze livres la Toise. Plus ce Pavé est menu plus il est beau, mais il ne tient pas si ferme.

Nous avons encore une autre sorte de Pavé nommé *Rabot*, qui se fait de Pierre de Liais, ou d'autre Pierre dure; on l'employe à Chaux & à Sable aux endroits où il n'y passe point de voitures, & où l'on ne veut pas faire de dépense; ce Pavé, selon le temps, est toûjours moins cher que l'autre, c'est-à-dire, qu'il vaut ordinairement cent ou cent dix sols la Toise quarrée.

On ne doute pas que dans les Provinces la Toise quarrée de toutes ces sortes de Pavez ne coûte un tiers moins qu'à Paris & aux environs.

On donne ordinairement pour asseoir le gros Pavé, & ne rien fournir par l'Ouvrier, vingt-cinq sols de la Toise quarrée.

Le petit Pavé à tout fournir la Chaux, Sable, ou Ciment coûte pour le Paveur vingt sols la Toise; le Pavé de Pierre, & prendre le Sable ou la Terre aux environs, vingt sols aussi.

Prix du Carreau.

ON compte de trois sortes de Carreaux, le grand, le moyen & le petit. Le grand est tout quarré, on l'employe dans des Foyers, & des Cuisines, & vaut huit livres la Toise mis en œuvre, & trente-trois livres le Millier sur la place, & en Province vingt, ou vingt-trois livres.

Le Carreau moyen est quarré, & à six pans avec six Pouces de diametre; la Toise, l'un & l'autre employé, coûte sept livres dix sols.

Le petit quarré & à six pans de quatre pouces de diametre, vaut quatre livres la toise, ou quatre livres cinq sols ou quatre livres dix sols lorsqu'il est d'échantillon; ce qu'on vient de dire s'entend à tout fournir par les Ouvriers.

On achette le millier de moyen Carreau, vingt livres aux environs de Paris, & quelquefois ne vaut que dix-huit livres, en Province depuis huit jusqu'à dix livres, & le petit six livres.

Prix de la Brique.

LE millier de Brique épaisse de deux pouces & longue de huit, vaut, rendu sur le port de Paris, douze livres des années, mais on l'achette présentement quinze & seize livres; on en charge ordinairement cinq cens sur un harnois, & pour cela on donne vingt sols ou davantage, si le chemin est long. Dans les Provinces le millier de Brique de cet échantillon, coûte huit à dix livres rendu sur l'Attelier.

Cette Brique s'employe à élever des Cheminées, à orner des Pans de Murs à la face de devant, & à remplir des Panneaux de Cloison.

Il y a une autre espece de Brique, qui n'est qu'à moitié de la précedente en épaisseur seulement, on l'appelle *Brique de Chantignolle*, elle coûte moitié moins, & l'on s'en sert pour paver dans une Maison de Campagne; son usage aussi est pour élever des Cheminées.

Prix de la Tuile.

ON compte de trois sortes de Tuile à Paris, sçavoir la *Tuile du grand Moule*, celle du *Moule bâtard*, & l'autre *Tuile du petit Moule*.

La premiere a treize pouces de long & huit de large & quatre pouces de Pureau, le millier coûte depuis trente jusqu'à trente-six livres, quand elle vient du Faubourg saint Germain, celle du Faubourg saint Antoine ne vaut que depuis vingt-quatre jusqu'à trente livres, & quelquefois davantage; la Tuile de Passy qui est la meilleure de toutes, s'achette quarante-deux, & quelquefois quarante-quatre livres. Le Moule bâtard n'est plus en usage.

Pour la Tuile du petit Moule, qui est de neuf à dix pouces de long, large de six & de trois pouces & demi ou trois pouces trois quarts de Pureau, se vend huit livres le millier, & quelquefois neuf à dix livres, & ne fait qu'environ trois Toises de couverture, au lieu que celle du grand moule en fait environ sept toises, ainsi on voit que c'est un ménage que d'employer celle-cy.

On en a dans les Provinces à six, sept, jusqu'à dix livres de fort belle, & lorsqu'elle est mise en œuvre, en fournissant par le Couvreur la Tuile, Plâtre, Cloud, & Latte, elle coûte depuis six jusqu'à huit livres la Toise quarrée.

On donne pour Toise de couverture de Tuile à neuf, pour la peine du Couvreur seulement, depuis quatorze jusqu'à vingt sols: pour la Toise de recherche de Tuile pour peine seulement depuis six jusqu'à douze sols, & en fournissant tout par l'Ouvrier, depuis seize jusqu'à vingt sols & pour la Toise de remaniment à bout, en fournissant tout par le Couvreur, depuis quarante-cinq jusqu'à cinquante sols.

Prix de la Latte.

LA Latte, sans aubier, coûte douze, treize, & quatorze sols la botte, il y en a à huit sols, mais il s'y trouve de l'aubier, & ne dure guere; la botte contient cinquante Lattes, & chaque Latte a quatre pieds de longueur. Il faut vingt-huit ou trente Lattes à chaque Toise de couverture, quand il n'y a que trois chevrons à la Latte pour la Tuile de grand moule: Car pour l'autre Tuile qui n'a que trois pouces de Pureau, il en faut trente-six, & un cent & demi pour un millier de Tuile du petit moule, & moins pour le grand.

Prix de la Contre-Latte.

LA Contre-Latte coûte six blancs la Toise, c'est un bois de sciage, dont il faut trois Toises à chaque Toise de couverture, quand il n'y a que trois chevrons à la Latte; car quand il y en a quatre, on ne s'en sert point, & on fait la Contre-Latte de la Latte même; la Contre-Latte à Ardoise est de sciage, & semblable à celle de la Tuile.

Prix du Cloud.

LE millier de Cloud à Latte s'achette douze, jusqu'à quinze sols; on en employe du moins cinq pour chaque Latte, & cent quarante pour latter une Toise quarrée sur des chevrons de trois à la Latte, & pour latter sur un comble, dont les chevrons seront espacez de quatre à la Latte, il faut environ cent quatre-vingt Clouds. Le Cloud à Ardoise coûte dix sols le millier.

Prix de la Latte à Ardoise.

LA Latte à Ardoise coûte quatorze sols la botte, contenant vingt-cinq Lattes, le millier revient à vingt-cinq ou vingt-six livres; il faut que chaque Latte se touche presque l'une l'autre, parce qu'elle est bien plus large que celle de la Tuile; la botte peut faire une Toise & demie de couverture, ou approchant. Il faut un cent & demi de Lattes pour le millier d'Ardoise, & dix ou douze Toises de Contre-Lattes, & chaque Latte est attachée par dix Clouds, quand elle est étroite; mais quand elle est large, il en faut quinze, & deux clouds à chaque Ardoise & quelquefois trois.

Prix de l'Ardoise.

L'Ardoise coûte trente, trente-deux, trente-quatre, & quelquefois jusqu'à trente-six livres le millier selon le temps, ellé a un pied de long, & cinq à sept pouces de large. Le millier fait quatre Toises & quatre Toises & demie de couvertures, quand on sçait bien la ménager. On luy donne de Pureau trois pouces trois quarts ou trois pouces & demi, cette mesure-cy est la meilleure.

L'Ardoise doit toûjours être employée sur de la Latte & Contre-Latte sans aubier; car ce bois est sujet à devenir vermoulu en peu de temps. On la clouë à deux clouds au moins, & on donne de la Toise à tout fournir par le Couvreur, depuis neuf jusqu'à onze livres.

L'Ardoise de l'échantillon dont on parle, vient d'Angers; il y en a une autre plus petite qui se tire de Mezieres, on ne s'en sert presque point à Paris; elle ne coûte que dix livres le millier & peut revenir à plus haut prix dans les lieux qui en sont plus éloignez.

La Toise de couverture d'Ardoise forte de Carrelettes pour les Dômes, depuis deux pouces de Pureau jusqu'à trois avec Lattes & Contre-Lattes, seize livres la Toise quarrée. *Pureau*, en terme de maçonnerie, signifie la partie de la Tuile ou de l'Ardoise, qui demeure découverte aprés qu'elle est mise en œuvre, le reste est couvert par les superieures & les laterales.

Prix du Verre.

ON employe de deux sortes de Verre pour les fenêtrages, sçavoir celuy de France, & de Lorraine; le premier est le plus beau quand il est bien choisi, bien droit & éloigné du bossage du plat; il vaut en ce cas sept ou huit sols le pied selon les temps; il n'en coûte quelquefois que six, & celuy de Lorraine cinq tout employé, sans y comprendre les verges de fer.

Les panneaux de Verre mis & posez en place valent sept sols le pied, de douze pouces sur douze pouces; le *Verre blanc*, vaut quinze sols le pied quarré; il n'y a que les gros Seigneurs qui s'en servent pour les fenêtrages.

Les carreaux de Verre de sept à huit pouces en quarré, valent chacun trois sols, s'ils ont dix pouces, on les paye à Paris quatre à cinq sols: ils doivent moins coûter en Province.

Prix des Verges de fer.

LEs Verges de fer peuvent valoir à Paris dix-huit deniers ou deux sols, & un sol ou quinze deniers en Province, selon qu'elles sont plus ou moins grandes.

Prix du Plomb.

LE Plomb est fort en usage pour les couvertures; il sert aux enfaîtemens, aux chêneaux des Goutieres, aux cuvettes, & aux descentes. Il vaut deux sols la livre mis en œuvre. Le pied de Plomb propre à ces ouvrages, pese environ huit livres, ainsi on peut voir combien il en faut de pieds, & se regler là-dessus pour le prix.

Les Plombiers, si on veut les en croire, feront payer aujourd'huy le cent pesant de plomb employé depuis douze jusqu'à quinze livres; mais il faut avec eux tirer le meilleur marché qu'on peut.

Quand on a du vieux plomb on en donne ordinairement trois livres pour deux de neuf, & quelquefois même deux de vieux pour une de neuf; c'est selon les lieux où l'on fait travailler, & que le plomb coûte plus ou moins de voiture. Cela se regle selon l'usage des lieux.

Prix du Fer.

LA livre du Fer mis en œuvre coûte deux sols à Paris & deux sols six deniers même, si bien que le cent pesant vaut depuis dix jusqu'à douze livres dix sols; on ne le paye qu'à un sols six deniers en Province, & revient par consequent à sept livres dix sols. On entend sous ce fer mis en œuvre, tout le gros fer pour les Bâtimens; sçavoir les Ancres, Tirans, Harpons, Etriers, Equierres, Grilles & mi-Murs, avec Traverses, Grilles en saillies, Corbeaux & autres Fers.

Toutes les chevilles, tant pour la Maçonnerie que pour la Charpenterie, pour Bâtimens ordinaires, & Fantons pour les Cheminées, à treize livres dix sols le cent pesant; on peut en Province, & sur tout où les Mines de Fer ne sont pas éloignées, l'avoir à beaucoup meilleur marché.

Les dents de Loup pour servir à la Charpente cinq sols la douzaine; on peut ailleurs qu'à Paris l'avoir à trois sols six deniers ou quatre sols, ainsi que les crochets pour chênaux de Plomb.

Les crochets à enfaîter le plomb des combles coûtent deux sols, ou deux sols trois deniers la piece.

Prix de la Serrurerie.

LA ferrure d'une Porte à placards à deux venteaux garnis de deux fiches à gonds de neuf à dix pouces de haut, targettes à Panaches, Crampons, une Serrure, une Gâche, un Bouton, une Rosette, une entrée, le tout poli, dix-huit livres dix sols à Paris, & treize ou quatorze livres en d'autres endroits, & la Porte à un seul venteau à proportion.

La ferrure d'une porte Cochere à l'ordinaire, ferrée de quatre grosses fiches à gonds, & une grosse Serrure, deux grosses targettes à crampon, deux fiches pour le Guichet, de quatorze pouces de haut, une boucle & un fleau quatre-vingt livres; on peut l'avoir en Province pour soixante ou soixante & dix livres.

Pour la ferrure d'une Porte de quinze lignes, garnie comme dessus, ferrée de pentures, deux verroux montez sur platine, une Serrure, & un bouton avec la rosette, six livres dix sols piece à Paris; on peut l'avoir pour quatre ou quatre livres dix sols ailleurs.

Les Targettes fortes & non communes attachées en place & étamée à la la Poële, cinq sols piece, trois sols six deniers ailleurs qu'à Paris. Les Targettes communes en ovale à la feuille, six blancs, ou trois sols mises en place.

Les ferrures des portes de Caves avec deux gonds, une forte Serrure à bosse, trois livres dix sols piece. Il s'en fait à bien meilleur marché ailleurs qu'à Paris; pour quarante ou cinquante sols on en est quitte.

Pour la ferrure des Portes des lieux, quarante-cinq sols à Paris & aux environs, & trente sols en Province, & les pattes en bois ou en plâtre depuis six jusqu'à huit pouces de long, deux sols six deniers; elles peuvent ne revenir ailleurs qu'à Paris qu'à un sols six deniers ou deux sols tout au plus, & celles qui n'ont que quatre à six pouces, un sol neuf deniers ou un sols trois deniers.

Prix de la Charpente.

LE bois de Charpente se vend au cent de pieces, la piece doit avoir douze pieds de long & six pouces en quarré, de maniere qu'elle contient trente-six pouces sur douze pieds de longueur.

Le cent de Bois neuf, vaut trois cent trente, & quelquefois trois cent quarante livres mis en œuvre à l'ordinaire, & lorsque c'est en ouvrage de comble ceintré, il monte à trois cens quatre-vingt, ou quatre cens livres à Paris; on l'a ailleurs à bien meilleur prix. Il faut marchander en Province sur ce pied-là & diminuer à peu prés la voiture & les entrées.

Le vieux bois pour le remploy aux ouvrages coûte le cent, cinquante-cinq & soixante livres à Paris & aux environs, si l'on en veut croire les Charpentiers, ils en auront soixante & dix & soixante & quinze livres; mais il ne faut pas y ajoûter foy: en Province le cent de bois vieux mis en œuvre pour remploy vaut quarante à quarante-cinq livres.

Le Bois de sciage à Paris comme Poteaux, Solives, Chevrons & le reste, vaut le cent de Toises, depuis cent quatre-vingt, jusqu'à deux cent livres pris sur le Port, en d'autres lieux éloignez de Paris, il vaut un tiers moins, & sur tout où les voitures sont assez à portée.

Le Bois de brin, depuis huit pouces jusqu'à quinze, vaut depuis deux cens cinquante jusqu'à trois cens livres, pris sur le Port, & un tiers moins où les Bois ne sont pas éloignez; il faut remarquer que le cent de bois marchand se compte cent quatre.

Prix de la Menuiserie.

ON n'estime point la Menuiserie à la piece de bois employée, c'est à la piece d'un ouvrage entier, comme Portes, Croisées, Parquets & Lambris.

Les Croisées à panneau de Verre avec Chassis dormans, Chassis à panneaux, Volets brisez derriere à boüement de quatre pieds & demi de large, avec dormant de trois pouces, valent le pied trois à quatre livres.

Il faut remarquer, que les croisées se mesurent au pied de hauteur sur leur largeur de quatre pieds & quatre pieds & demi, & pour les payer le prix cy-dessus, il faut que ces croisées soient bonnes, fortes & à boüement avec leurs guichets; si elles ont huit pieds de haut, on les compte pour huit écus, c'est le prix pour Paris & des environs, au lieu que dans bien des Provinces on n'estime le pied que quarante-cinq ou cinquante sols.

On fait des Chassis à carreaux de Verre au même prix; mais on en fait aussi qui ont un rond entre deux quarrez dehors & dedans avec baguettes en dedans, de prés de cinq pieds de large, qui valent à Paris & aux environs, quatre livres dix sols & cinq livres le pied, & trois livres ou trois livres dix sols ailleurs: on estime à proportion celles qui sont plus ou moins larges & hautes, qui ont plus ou moins d'ouvrages, & dont le bois est plus ou moins choisi, & bienfait.

Les Croisées sans volets de pareille largeur & hauteur, pour mettre sur les Escaliers, & autres endroits, à trente sols le pied à Paris, toisé sur la hauteur seulement, & à vingt dans bien d'autres endroits qui en sont éloignez.

Les Portes à placards de six pieds neuf pouces de haut, sur trois pieds d'ouverture avec deux Chambranles & revêtemens, tant des murs de dix-huit pouces d'épaisseur que dans les Cloisons, coûtent trente-deux livres à Paris & aux environs, on peut les avoir à meilleur marché, en marchandant; & en Province vingt jusqu'à vingt-cinq livres.

Les Lambris à hauteur d'appuy de deux pieds huit pouces de haut avec Pilastres & Socles, ornez de Cadres avec un Talon, & une Baguette le paneau ravalé, vaut à Paris douze livres la Toise courante, & sept à huit livres en bien des endroits où le bois de Chêne n'est point rare.

On donne à Paris treize livres pour chaque Chambranle de Cheminée avec revêtement de jambages par les dehors & une tablette d'un pouce & demi d'épaisseur posée en place; il y a des endroits où un Chambranle de cette sorte ne coûte que neuf à dix livres, & même meilleur marché.

Les Menuisiers estiment à Paris & aux environs vingt-quatre livres la Toise de parquet ordinaire à vingt panneaux, dont le bâtis sera d'un pouce & demi, les panneaux d'un pouce posez & attachez sur les Lambourdes de trois pouces en quarré, posez & attachez en place, on en fait de même espece en Province à quatorze & quinze livres la Toise.

Les Portes de bois de Chêne d'un pouce d'épaisseur, emboëttées par les deux bouts, avec trois clefs dans les joints & languettes de six pieds neuf pouces de haut sur trois pieds de large, valent six livres piece, & quatre livres ailleurs qu'à Paris.

Celles qui sont de même bois, & qui ont quinze lignes d'épaisseur & six pieds & demi de haut sur trois de largeur, coûtent à Paris sept livres dix sols piece, en bien d'autres lieux éloignez, cent ou cent dix sols.

Les Portes Cocheres de huit pieds & demi de large sur douze pieds de haut à l'ordinaire, tant pour grosseur, & épaisseur, de bois sec, cinquante livres chacune; on les fait à moins ailleurs qu'à Paris.

Les Portes de Caves de quinze à seize lignes d'épaisseur de bois de Chêne, garnies par derriere de trois barres de quatre à cinq pouces de large, coûtent quatre livres dix sols piece à Paris, & aux environs; & trois livres en Province.

Les Portes à placards à deux venteaux de neuf pieds de haut, de quatre

& demi de large, avec embrasemens doubles, paremens, cadres & corniches audessus, dont les bâtis seront d'un pouce & demy & le reste à proportion, soixante & dix & quinze livres la piece à Paris ; cinquante-cinq livres ailleurs.

Prix de la Peinture.

LA Peinture jaune, grise ou en couleur de bois avec huile de noix, ne valoit autrefois que cent dix sols la travée, mais aujourd'huy à cause de la perte considérable des Noyers, elle en vaut plus de sept, mais les Peintres qui se servent d'autre huile, telle qu'est celle de Lin, peuvent la faire au même prix à Paris, & à moins où l'huile ne coûte gueres de voiture.

La Peinture avec du verd de gris est beaucoup plus chere, la Toise à plein peut valoir cent sols ; on comprend sous la travée six toises quarrées.

Le blanc à huile coûte sept livres dix sols la travée, & la peinture à détrempe cinquante, si l'on toise des solives, il en faut toiser le joug.

AVERTISSEMENT.

SUr l'idée des prix qu'on vient d'établir par rapport à chacun des materiaux qui entrent dans les Bâtimens, soit mis en œuvre, ou non employez, il semble qu'avec un peu de travail d'esprit, une attention serieuse, & un calcul médité, on peut à peu prés juger à quoy un Bâtiment peut revenir.

On doit être averti aussi qu'on ne prétend pas avoir ici fixé positivement ces prix, pour s'y arrêter absolument, on les a marquez comme ceux qui sont les plus courans, & ausquels il est neanmoins loisible de ne se point tenir, en pouvant appeller, & demander meilleur marché si l'on veut.

Outre cela, il est constant qu'il n'y a point de Pays qui n'ait certains prix d'usage, par rapport aux marchandises qui y sont plus ou moins à portée, & qui par consequent y sont de plus ou moins de valeur ; on laisse à la prudence de ceux qui veulent faire bâtir, d'entrer dans le détail de tout ce qui est necessaire pour y réüssir, & ne s'en point laisser imposer par les Ouvriers, qui ne cherchent qu'à surprendre les Particuliers, & à en trouver qui soient leurs dupes : qu'on tire donc avec eux le meilleur marché qu'on pourra. Il y a encore certains prix d'ouvrages qui regardent les Jardins, tant d'ornemens, fruitiers & potagers, & dont nous ne parlons point ici : nous les réservons pour le Traité que nous ferons de ces sortes d'édifices, afin d'avoir toûjours l'idée présente des choses qui y conviendront, & à quelles sommes elles pourront monter.

REMARQUES

De ce qu'il faut de Materiaux pour une Toise de Mur.

UNe Toise cube de Moilon fait trois Toises de mur à dix-huit pouces d'épaiseur ; c'est pourquoi il est facile de juger par-là combien il faut de Moilon pour vingt, trente & davantage de Toises de muraille à cette épaisseur, à deux pieds on en employe un peu davantage, ainsi on peut juger du reste à proportion.

On donne pour Toise de Maçonnerie ou gros Mur en plâtre pour façon seulement à l'Ouvrier, depuis quarante sols jusqu'à trois livres, à dix-huit pouces d'épaisseur. En fournissant tout par l'Ouvrier, cent sols & six livres. Elle vaut huit ou neuf livres, quand ce n'est point dans Paris, & que le Moilon n'est pas éloigné, & dix à onze livres dans la Ville, à cause des droits & du coût des Voitures.

A l'égard de la Toise de gros Mur en Terre, Chaux & Sable en fournissant les Etayemens, Chaux & Sable par l'Ouvrier, elle vaut jusqu'à trois livres.

Il y a des endroits où pour façon de Toise de Mur à dix-huit ou vingt pouces d'épaisseur en fournisant tout par les Particuliers, on ne donne pour le Maçon que vingt ou vingt-cinq sols.

Pour une Toise quarrée dont la face de devant est de Pierre de Taille, le derriere étant de Moilon, il faut quarante-huit pieds de pierre, à cause, pour les bien enlier avec le Moilon qu'il faut qu'il y ait quatre pierres à chaque assise, chaque pierre ayant deux pieds de long, dont deux doivent être en face & les autres en boutisse, alternativement placées. Il faut pour une Toise d'un pied & demi d'épaisseur, le tiers d'un poinçon de Chaux, qui dit environ cinq boisseaux, sur trois Tombereaux de Sable, le Tombereau a deux pieds de haut, autant de large, & quatre pieds & demi de long: on peut voir à combien revient le tout, en ramassant les prix de chacun des materiaux & selon qu'ils ont été marquez.

Il y en a qui ont éprouvé qu'un Muid de Chaux peut suffire pour construire vingt-cinq ou trente Toises de murailles de Moilon, à dix-huit pouces ou deux pieds d'épaisseur, à prendre au muid quarante-huit minots, & pour chaque minot trois boisseaux, mesure de Paris, pesant seize livres.

Prix du Ciment.

IL faut pour un Septier de Ciment un minot de Chaux, & cela suffit pour construire une Toise d'ouvrage.

Prix du Chaume.

LE cent de Chaume coûte pour façon trente sols au plus, & vingt-cinq sols au moins sans l'arrivage; ce qu'on appelle Chaume, est la grande paille non battuë au fleau; on l'appelle *Gluis*, en certains endroits; il seroit à propos qu'on ne se servît point de ces sortes de couvertures à la Campagne, & encore moins dans les Villes, à cause qu'il est dangereux que le feu s'y mette aisément, mais quand on n'a pas dequoy faire mieux, il faut s'en tenir à ce qu'on a.

CHAPITRE V.

Où l'on connoît quels doivent être les Materiaux pour être estimez bons, l'usage qu'il en faut faire, ainsi que de ceux dont on a parlé dans le Chapitre précedent, avec quelques Calculs des prix pour une quantité plus ou moins grande d'ouvrages, dont on voudra sçavoir le montant.

C'Est beaucoup, il est vray, que de savoir à peu prés les prix des materiaux necessaires à bâtir, cela fait que les Ouvriers vous en font moins accroire, & que vôtre bourse n'est pas tant en proye à leur avidité insatiable ; mais cela ne suffit pas encore pour se garder entierement d'en être trompé, il faut connoître la bonne ou mauvaise qualité des marchandises qui conviennent aux Bâtimens, sans cette connoissance on risque toûjours son argent quand elles sont mauvaises, à quel prix modique qu'on les puisse acheter ; car, comme dit le proverbe, on n'a jamais bon marché de méchante marchandise. C'est donc un détail dans lequel il est à propos de descendre, nous commencerons par la Chaux.

Du choix de la Chaux.

LA *Chaux*, la meilleure est celle qui est faite de marbre, ou de pierre la plus dure ; car plus elle est dure, plus la Chaux est grasse & glutineuse. La Chaux faite avec les pierres les plus dures, est la meilleure pour la maçonnerie, au lieu que celle qu'on fait de pierre spongieuse, convient mieux pour les enduits ; la Chaux de marbre est rare en France, mais on trouve des pierres qui en approchent, & qui seroient merveilleuses pour cela ; si on vouloit s'en servir. Il y en a de cette espéce à Château saint Ange. Vitru. liv. c. 5.

On connoît que la Chaux est bonne, quand elle est fort pesante, qu'elle sonne comme un pot de terre cuit, quand on le frappe, qu'étant moüillée sa vapeur & sa fumée est fort épaisse, & s'éleve incontinent en haut ; & qu'en la détrempant elle s'attache aussi-tôt au rabot. Phil. de Lorme.

Du Mortier.

« LA meilleure maniere de détremper la Chaux, pour faire d'excellent mortier, c'est d'en amasser, lorsqu'elle sort du Fourneau, telle quantité qu'on veut dans une place fort unie, & la mettre de deux à trois pieds de haut. Idem liv. 2. c. 17.

« Aprés cela on la couvre également par tout de bon Sable environ un bon pied & demi ou deux d'épaisseur, puis jettant de l'eau par dessus, on en verse par tout une assez grande quantité pour faire que le Sable en soit si bien moüillé, que la Chaux qui est dessous se puisse infuser & dissoudre sans se brûler.

„ Si l'on voit que le sable s'ouvre en quelque endroit & que la fumée
„ y passe, il faut d'abord jetter du sable dessus pour boucher ces passages,
„ afin d'empêcher que la vapeur ne sorte.

„ Ces petites observations qu'il faut faire en détrempant du mortier, font
„ que le sable étant abreuvé, ainsi qu'on a dit, & la Chaux bien couverte,
„ elle devient comme une masse de graisse, qui, lorsqu'on l'entâme au bout
„ de deux, trois, ou dix ans pour s'en servir, ressemble à un fromage de
„ crême.

Un mortier fait de cette maniere est si gras & si glutineux que le rabot ne s'y manie qu'à force de bras, & consommant beaucoup de sable, il devient un mortier des plus propres pour les incrustations, & enduits des murs, pour les ouvrages de stuc & les peintures à fraisque. Il n'est pas hors de propos que des particuliers qui veulent faire de la dépense en Bâtimens, étudient ces petites remarques, & se les impriment dans l'esprit, afin qu'au besoin ils puissent s'en servir avantageusement.

Felib. de l'Arch. l. 1. c. 12.

Car il est certain, selon un Auteur moderne, que les couleurs des peintures à fraisque se conservent bien mieux sur un mortier fait de cette maniere, que sur celui dont la Chaux est fraîchement éteinte, parce qu'elle fait fendre, & crevasser les enduits, changer, & alterer la beauté des couleurs, ce qui en ôte tout le lustre.

Quant aux ouvrages qui se font dans l'eau, il faut employer la Chaux toute chaude, & sortant du fourneau avec Sable de riviere, ou Ciment fait de tuiles cassées : car dans la suite du temps ce mortier se conglutine de maniere, que toute la maçonnerie ne fait qu'un corps tres dur; & comme il arrive souvent à la Campagne, d'avoir besoin d'un mortier de cette nature, & qui faute souvent d'y avoir apporté toute l'attention necessaire, on fait dans l'eau des ouvrages ausquels il faut toûjours retoucher, & par consequent dépenser de l'argent; il est donc tres à propos de retenir cette methode de faire du mortier, afin de s'en servir dans le besoin, & que les Ouvriers ne vous trompent point, soit par ignorance ou autrement.

Du choix du Sable.

Il y a des *Sables* si gras, & si excellens, qu'on en mette cinq parties, & même jusqu'à sept, contre une partie de Chaux, & d'autres qui sont si secs & si mauvais, qu'il faut presque autant de Chaux que de Sable.

La veritable maniere pour connoître le bon Sable d'avec le mauvais, est de le mettre sur de l'étoffe, s'il ne la salit point & n'y demeure point attaché comme fait la terre, c'est une marque de la bonté du Sable.

Le Sable terrein, appellé autrement *Sable de Cave*, est celuy qu'on estime le plus, lorsqu'il a de gros grains comme de petit cailloux, & qu'il fait du bruit quand on le manie; celuy qui est mêlé de terre n'est pas si bon; on voit des Sables de plusieurs couleurs, les uns blancs, les autres jaunes, les autres rouges & les autres noirs, lesquels ont chacun leur bonté en particulier, & pour les connoître tels, on les éprouve comme on a dit. Le Sable de riviere est bon pour les enduits, & dans le corps de la maçonnerie. On tient qu'il consomme plus de Chaux que le Sable de Cave.

Des Eaux propres à faire du Mortier.

TOutes sortes *d'eaux* ne sont pas propres à détremper de la Chaux pour faire du Mortier, car par exemple, l'eau de Mer n'y vaut rien, ainsi que les eaux de marais. Les premieres sont remplies de sels trop volatiles, ce qui empêche que le mortier ne s'aglutine, & ne fasse bon corps avec les pierres, & les autres sont trop grossieres pour que tous ces materiaux mis ensemble, fassent une masse qui ne se crevasse point; il faut pour bien faire de l'eau de puits, de fontaine, de riviere ou de pluye, ce sont les plus subtiles & les meilleures.

Du Plâtre.

LE meilleure *Plâtre* qu'on employe, est celuy qu'on tire des Carrieres de Montmartre; cette sorte de pierre, est fort connuë & d'un grand usage à Paris; Il y a un Plâtre transparent, qu'on appelle *Gyp.* On l'employe pour mettre les vîtres en blanc lorsqu'il est bien & nettement cuit, il n'y a rien de si propre que le Plâtre pour prendre telle forme, ou figure qu'on veut luy donner.

Tuile de differentes sortes; marque de leur bonté.

IL y a de deux sortes dé *Tuiles* en general, sçavoir les plattes, & les rondes, ou courbées. Les rondes sont encore de deux sortes, sçavoir celles qui sont courbées simplement en canal & en demi cercle, & celles qui sont courbées en S. Les premieres sont propres pour des toits fort bas, parce qu'il n'y a point de clouds qui les y arrête, & s'appellent à cause de cela *Faîtieres*, ou Goutieres.

Pour connoître la bonne qualité de la Tuile, Brique ou Carreau, c'est lorsqu'étant suspenduë & frappée de quelque chose de dur, elle rend un son clair, c'est une marque qu'elle est bien cuite, & bien conditionnée, & point cassée. Blondel, sur Savot, c. 40. p. 289.

Du choix de la Latte & contre-Latte.

IL faut que la *Latte*, & contre-Latte soit de bois de Chêne, & sans aubier, autrement, l'une & l'autre sont sujettes à la vermoulure, & ne dure gueres.

Du choix de l'Ardoise.

L'*Ardoise* est une sorte de pierre tendre & brune qui se leve par feüillets fort minces, il y en a de deux sortes, sçavoir celle de Mezieres, & d'Angers, la derniere est plus belle & meilleure que l'autre, principalement celle qu'on appelle *Roussenoire* du grand échantillon. Les Marchands ont de trois sortes d'Ardoises d'Angers, sçavoir, la fine, la forte, & la quarrée forte; reste à prendre de l'échantillon dont on a besoin. Le même p. 293.

Remarque sur le Plomb.

IL n'y a point de choix à faire à l'égard du *Plomb*, il faut seulement remarquer qu'il est sujet à se tourmenter sur les couvertures, & qu'il se casse d'ordinaire aux endroits où il est soudé; c'est pourquoi il est bon d'ordonner aux Plombiers, quand nous voulons en faire mettre en œuvre pour couvrir, qu'ils le reployent l'un dans l'autre, & qu'ils le coudent, ou qu'ils le travaillent avec couture en ourlet; cette maniere d'employer le Plomb, est la meilleure pour la durée.

Du choix du Fer, & ce qu'il y a à remarquer lorsqu'on l'employe.

IL nous vient du *Fer* de plusieurs endroits, & dont la fabrique & la matiere le rendent plus ou moins recommendable; & comme c'est une chose des plus importantes dans les ouvrages où le fer doit entrer, de n'en employer que de bon; on observera pour le bien connoître ce qui suit, & l'on commencera à s'instruire d'où il vient.

Car par exemple, il nous vient un fer de *Senonches*, qui est doux & pliant, nous en tirons de *Vibray* qui est plus ferme: celui de S. Dizier est plus cassant, & a le grain plus gros.

Le Fer qui nous vient du *Nivernois* est un fer doux, & propre à fabriquer des armes, celui de *Bourgogne* ne l'est pas tant, le Fer de *Champagne* est plus cassant, celui de la Roche est doux & fin.

La *Normandie* nous en fournit dont la plûpart sont fort cassans; il nous en vient de *Suede* & d'Allemagne qui sont excellens, ainsi que d'Espagne: ces dernieres especes de fer ne s'employent gueres que pour des outils, & autres instrumens qui demandent plus de politesse que celui qu'on considere pour les Bâtimens.

Quand on est bien informé de la Mine d'où le fer est tiré, on en peut connoître la qualité, ou bien si on veut l'éprouver, on prend une barre de fer, & si l'on voit qu'il y ait de petites veines noires qui aillent en long, que cette barre ploye sous le marteau, & sur tout qu'il n'y ait point de gersûres, c'est-à-dire de petites fentes ou découpûres qui traversent, c'est signe que le fer est bon & pliant, mais s'il y paroît des gersûres, il casse ordinairement à chaud, & est par consequent difficile à forger.

On connoît encore si le fer est doux à la couleur qu'il a en le cassant; s'il est noir dans la fente, c'est une marque de bonté; il y a d'autre fer, qui lorsqu'il est cassé, paroît gris, noir, & tirant sur le blanc, celui-là est plus rude à employer que le precedent, & convient aux Maréchaux, Taillandiers, & à ceux qui travaillent de grosses œuvres noires, comme sont les gros fers qui entrent dans les Bâtimens, & ceux dont nous avons ici besoin.

Les Ouvriers & ceux qui ont accoûtumé à travailler en fer, en connoissent bien la qualité en le forgeant; car s'il est doux sous le marteau, il cassera à froid, au lieu que s'il est ferme, il ployera à froid, ainsi c'est par malice ou par ignorance quand ils ne donnent pas du fer tel qu'on leur demande,

mande & convenable aux ouvrages qu'ils entreprennent pour les particuliers.

Le fer est quelquefois dangereux dans les Bâtimens, lorsqu'il est mis dans la Maçonnerie, & dans les Pierres de Taille; parce qu'il se roüille, & en se roüillant, il s'enfle, fait casser les pierres, & rompre les murailles. Le remede à cet inconvenient, est de le bien étamer pour le garantir de la roüille, ou y mettre plusieurs couches de peintures.

Remarque sur le Bois de Charpente.

LE Chêne est le bois qu'on estime le plus pour bâtir, soit qu'on l'employe sur terre ou dans l'eau, où il n'est point sujet à la pourriture. Le Châtaigner a son merite, pourvû qu'il soit à couvert & non exposé aux injures de l'air, & on se sert de l'autre pour faire des Pilotis dans les endroits aquatiques.

Le bois où il y a le plus d'aubier, est le plus mauvais de tous, parce qu'il se pourrit bientôt, & devient tout vermoulu; c'est pourquoy il faut prendre garde quand on achette du bois pour bâtir, ou qu'un Charpentier. Ou un Menuisier vous le fournit, qu'il n'y ait point d'aubier. On peut voir ce que c'est dans le Commerce du Bois.

Le bois roulé ne vaut encore rién quand il est mis en œuvre, & un bois est encore vitié, quand il est échauffé, venté ou sur le retour, cela lui cause par tout de petites taches blanches, noires & rousses qui dégenerent peu de temps aprés en pourriture. On fera un détail dans le Chapitre du Commerce du Bois, de toutes les Pieces de bois de Charpente qui sont propres à bâtir, n'étant pas ici l'endroit où l'on juge à propos d'y descendre.

On employe encore le Sapin pour bâtir, mais il n'est bon qu'en solives ou en Poutres, pourvû, dit un Architecte moderne, que les bouts soient enfermez ou entourez de morceaux de dosses autour des portées dans les murs, de peur que le mortier de Chaux ne les échauffe.

Remarques sur la Menuiserie.

IL entre dans la Menuiserie plusieurs sortes de bois, comme le Chêne, qui doit être aussi sans aubier, bien sec quand on l'employe, crainte qu'il ne se travaille, ou comme disent les Ouvriers, qu'il ne se *déjette*, aprés avoir été mis en œuvre; c'est le bois dont on se sert le plus en cet Art.

Les Menuisiers employent aussi beaucoup de Noyer pour les ouvrages délicats & qui demandent de la varieté sur leur superficie.

Il faut observer, quand un Menuisier s'oblige à vous fournir les bois, qu'il n'y ait point trop de nœuds ou de fentes, & souvent pour dérober ces vices aux yeux, ils prennent de la poudre ou sciûre de bois avec de la Colleforte dont ils remplissent les défauts, & nomment cette composition de la *Futée*: Il y en a qui font du Mastic avec de la Cire, de la Raisine & de la Brique pilée, ce secret est meilleur que le précedent, parce qu'il n'est point si sujet à gerser. On tâchera donc le plus qu'on pourra de développer ces défauts, afin que la Menuiserie en soit meilleure ; tout bois vitié est à rejetter, parce qu'on n'en sçauroit rien faire qui soit de durée.

Aprés avoir donné à connoître quels doivent être les materiaux propres à bâtir, pour être estimez bons à employer, il est constant qu'on ne peut douter qu'une pareille connoissance ne soit tres-importante pour tous ceux qui aiment à faire dépense en Bâtimens, c'est le vray secret, comme on a déja dit, de ne se rien laisser imposer par les Ouvriers, sur tout ce qui regarde cet Art.

Le peu d'application qu'on a pour ces sortes de choses, & la confiance aveugle qu'on donne aux Ouvriers, qui la plûpart ne cherchent qu'à épuiser vôtre bourse, sont cause tous les jours de la ruine de beaucoup de familles; on se sent quelque argent, on veut faire bâtir pour le besoin même qu'on croit en avoir, tout cela est bon, mais ce qu'on y trouve de fâcheux, est de ne vouloir point entrer en détail, ni en connoissance de tout ce qu'il convient pour une entreprise de cette nature : souvent aussi, manque de cette précaution, on succombe sous le poids du Bâtiment.

Il faut donc, quand on veut bâtir, user de toute sa prudence, voir avant que de commencer, à quoi à peu prés, l'édifice pourra revenir, & étudier avec application les prix des Materiaux, afin d'en faire aprés un calcul le plus exact qu'il sera possible. Voici la methode qu'on pourra suivre, pour profiter de tout ce qu'on a dit dans le Chapitre précedent.

Usage de ce qu'on a dit dans le Chapitre précedent.

On suppose donc qu'on veüille faire bâtir ; on examine d'abord l'étenduë du terrain qui doit servir d'assiette au Bâtiment, & l'on en prend ensuite les alignemens pour y creuser les fondemens, puis raisonnant en soi-même sur les prix établis des materiaux ; on dit, j'ay tant de foüilles de fondemens à tant la Toise, tant de murs à élever, qui produisent tant en long qu'en large, tant de Toises, à un tel prix la Toise, tant de couverture pour la Tuile, selon la grandeur du Bâtiment, tant de Menuiserie, & de Charpente, ainsi du reste ; aprés cela on fait une addition de tout, & l'on voit à quoy à peu prés le tout peu monter, & sur ce Calcul tiré avec beaucoup d'examen, on ne s'enfourne point inconsidérement dans son entreprise; quoyqu'il en coûte toûjours plus qu'on ne se l'est imaginé ; mais enfin on s'y attend en quelque façon, on compte là-dessus, & on ne se ruine pas, parce qu'on n'entreprend rien audessus de ses forces. Et pour aider ceux qui voudront entrer en cette connoissance & y parvenir aisément, on a crû que quelques Calculs concernant des Marchandises, à tant la Toise, le Boisseau, ou autre mesure, étoient necessaires, pour voir à combien reviendra le tout, & pour cela passons à l'Operation.

A 3 Sols la Toiſe courante de Foüilles de Terres.

2 Valent		6 ſ	12 Valent	1 L	16 ſ
3		9 ſ	13	1 L	19 ſ
4		12 ſ	14	2 L	2 ſ
5		15 ſ	15	2 L	5 ſ
6		18 ſ	16	2 L	8 ſ
7	1 L	1 ſ	17	2 L	11 ſ
8	1 L	4 ſ	18	2 L	14 ſ
9	1 L	7 ſ	19	2 L	17 ſ
10	1 L	10 ſ	20	3 L	
11	1 L	13 ſ			

Les trois quarts donneront 2 ſols 3 deniers. La moitié 1 ſol 6 deniers. Le quart 9 deniers. Le huitiéme 4 ½ deniers. Les deux tiers 2 ſols, & le tiers 1 ſol.

A 4 Sols la Toiſe courante de Foüilles de Terres.

2 Valent		8 ſ	12 Valent	2 L	8 ſ
3		12 ſ	13	2 L	12 ſ
4		16 ſ	14	2 L	16 ſ
5	1 L		15	3 L	
6	1 L	4 ſ	16	3 L	4 ſ
7	1 L	8 ſ	17	3 L	8 ſ
8	1 L	12 ſ	18	3 L	12 ſ
9	1 L	16 ſ	19	3 L	16 ſ
10	2 L		20	4 L	
11	2 L	4 ſ			

Les trois quarts donneront 3 ſols. La moitié 2 ſols. Le quart 1 ſols. Le huitiéme 6 deniers. Les deux tiers 2 ſols 8 deniers, & le tiers 1 ſol 4 deniers.

A 5 Sols la Toiſe de Foüilles de Terre, ou le Pied de Verre de Lorraine.

2 Valent		10 ſ	12 Valent	3 L	
3		15 ſ	13	3 L	5 ſ
4	1 L		14	3 L	10 ſ
5	1 L	5 ſ	15	3 L	15 ſ
6	1 L	10 ſ	16	4 L	
7	1 L	15 ſ	17	4 L	5 ſ
8	2 L		18	4 L	10 ſ
9	2 L	5 ſ	19	4 L	15 ſ
10	2 L	10 ſ	20	5 L	
11	2 L	15 ſ			

Les trois quarts donneront 3 ſols 9 deniers. La moitié 2 ſols ſix deniers. Le quart 1 ſols 3 deniers. Le huitiéme 7 ½ deniers. Les deux tiers 3 ſols 4 deniers. Le tiers 1 ſols 8 deniers.

A 6 Sols le Pied de Verre.

2 Valent	12 ſ	12 Valent	3 L 12 ſ
3	18 ſ	13	3 L 18 ſ
4	1 L 4 ſ	14	4 L 4 ſ
5	1 L 10 ſ	15	4 L 10 ſ
6	1 L 16 ſ	16	4 L 16 ſ
7	2 L 2 ſ	17	5 L 2 ſ
8	2 L 8 ſ	18	5 L 8 ſ
9	2 L 14 ſ	19	5 L 14 ſ
10	3 L	20	6 L
11	3 L 6 ſ		

Les trois quarts 4 ſols 6 deniers. Le demy 3 ſols. Le quart 1 ſol 6 deniers. Le huitiéme 9 deniers. Les deux tiers 4 ſols. Le tiers 2 ſols.

A 8 Sols la Botte de Latte.

2 Valent	16 ſ	7 Valent	2 L 16 ſ
3	1 L 4 ſ	8	3 L 4 ſ
4	1 L 12 ſ	9	3 L 12 ſ
5	2 L	10	4 L
6	2 L 8 ſ	20	8 L

Les trois quarts 6 ſols. La moitié 4 ſols. Le quart 2 ſols. Le huitiéme 1 ſol. Les deux tiers 5 ſols 4 deniers. Le tiers 3 ſols 8 deniers.

A 1 Livre 5 Sols la Toiſe de Pavé, pour façon ſeulement.

2 Valent	2 L 10 ſ	7 Valent	8 L 15 ſ
3	3 L 15 ſ	8	10 L
4	5 L	9	11 L 5 ſ
5	6 L 5 ſ	10	12 L 10 ſ
6	7 L 10 ſ	20	25 L

Les trois quarts 19 ſols 3 deniers. La moitié 12 ſols 6 deniers. Le quart 6 ſols 3 deniers. Les deux tiers 16 ſols 8 deniers. Le tiers 8 ſols 4 deniers.

A 5 Livres le Charriot de Pierre de Taille.

2 Valent	10 L	7 Valent	35 L
3	15 L	8	40 L
4	20 L	9	45 L
5	25 L	10	50 L
6	30 L	20	100 L

Les trois quarts 3 livres 15 ſols. La moitié 2 Livres 10 ſols. Le quart 1 livre 5 ſols. Les deux tiers 3 livres 6 ſols huit deniers. Le tiers 1 livre 13 ſ. 4 deniers.

A 7 Livres 10 Sols la Toise Cube de Moilon.

2 Valent	15 L	7 Valent	52 L 10 ſ
3	22 L 10 ſ	8	60 L
4	30 L	9	67 L 10 ſ
5	37 L 10 ſ	10	75 L
6	45 L	20	150 L

Les trois quarts 5 livres 12 ſols 6 deniers. La moitié 3 livres 15 ſols. Le quart 1 livre 17 ſols 6 deniers. Le huitiéme 18 ſols 9 deniers. Les deux tiers 5 livres. Le tiers 2 livres 10 ſols.

Les huit Calculs qu'on vient de donner ſuffiſent pour aider beaucoup une perſonne qui voudra calculer l'un aprés l'autre, à combien lui pourra revenir tous les Materiaux & Toiſes d'ouvrages qui conviendront entrer dans un Bâtiment. Il n'y a qu'à ſçavoir avec cela l'Arithmetique, & ſuppoſé qu'on ait des choſes à achetter, qui valent plus que le prix qu'on a marqué dans ces Calculs, il n'y aura qu'à ramaſſer par parties les quantitez, & voir à tant la choſe, à quelle ſomme cela montera, & une addition tirera aiſément de peine là-deſſus.

CHAPITRE VI.

Deſſein d'une Maiſon de Campagne, de ſes fondemens, commoditez, & piéces generalement qui doivent l'accompagner, avec ce qu'on y doit obſerver.

IL ſemble qu'avant que de deſcendre dans l'examen de chaque prix en particulier des Materiaux propres à bâtir, on auroit dû donner un Devis de quelque Bâtiment, ſur lequel on auroit pû établir, mais comme il n'importe que cette idée ſoit placée devant ou aprés ce que nous avons dit, n'étant point celle à laquelle il faille abſolument s'arrêter, ſi l'on veut bâtir, on aura ſoin de dreſſer ſoy-même, ou de ſe faire dreſſer un Devis de la Maiſon qu'on a deſſein de faire conſtruire, pour aprés avec mûre réflexion, entrer dans le détail, de tout ce qui regarde la dépenſe, afin de n'y point être ſurpris.

On ne ſçauroit trop avertir de prendre garde toûjours que la Maiſon ſoit proportionnée à la quantité de Terres qui en dépendent, c'eſt ce qui doit ſervir de regle à un homme qui veut bâtir à la Campagne. Nous ne donnerons point ici de deſcription d'une Maiſon magnifique, le deſſein en ſera ſimple, & rempli de toutes les commoditez neceſſaires pour mettre à couvert tout ce qu'on peut tirer de la culture des terres, & les animaux qui y ſont propres. Cela doit ſuffire pour un bon ménager, & un homme qui n'a pas aſſez de bien pour mener gros train.

Nous avons déja en quelque façon choisi l'assiette du Bâtiment Champêtre, & pour y être logé commodément, & un peu au dessus du commun, nôtre Maison aura de face vingt Toises, avec deux petits Pavillons aux deux bouts, & enclavez à moitié dans le maître Corps de Logis, qui sera directement opposé à l'entré principale, ayant sa vûë sur une belle court pardevant, & par derriere, sur quelques Jardins d'ornemens, ou autres, qui en rendent l'aspect agreable.

On entrera d'abord par un Vestibule qui aura à droite une petite Salle, & le Cabinet du Maître, avec une Chambre à coucher dans le Pavillon où il entrera, s'il veut, par un escallier de deux marches seulement, qui y sera posé en dedans la Cour.

A gauche de ce Vestibule, on entrera dans un salon destiné pour y manger, puis sera la Chambre du Maître, ensuite la Cuisine, & dans l'autre aîle du Bâtiment le Fournil.

Chaque Chambre pour bien faire, sera accompagnée d'une Garde-robe, & la Cuisine de quelque Cabinet pour servir de Garde-manger. Il y aura sous ce Bâtiment une Cave assez spacieuse pour y mettre du vin, & dessus des Chambres distribuées dans toute l'étenduë de la Maison, avec des Cabinets, & Gardes-robes pour la commodité de ceux qui y logeront, & des Greniers dessus.

La Cour sera spacieuse autant que le terrein le permettra, & ce sera la Cour principale; à gauche paroîtra la Basse-court, séparée d'elle par un mur & environnée, de la Grange, Ecuries, Etables pour toutes sortes de Bestiaux, Pressoir, Vinée, Colombier, ou Voliere, Remises de Carosses, Hangards, Appentis, & Greniers dessus pour mettre les Foins; derriere la Maison seront les Jardins d'ornemens, Fruitiers & Potagers, Revenons à la Maison, & parlons de ses Fondemens, en la connoissance desquelles celuy qui fait bâtir, doit entrer.

Des Fondemens.

LEs Fondemens sont naturels, ou artificiels; les premiers c'est lorsqu'on bâtit sur le Roc, sur le Tuf, ou sur une terre solide; lorsque le terrein est tel, il est inutile de creuser pour chercher d'autre chose qui soit plus ferme; & l'on peut en sureté y asseoir un mur.

Mais si ce terrein est sablonneux, ou que ce soit une terre remuée, ou une terre dont la masse ne soit pas bien ferme; ou bien un marais, il faut alors foüiller jusqu'à ce qu'on ait trouvé un terrein solide, autrement les fondemens ne subsisteroient pas long-temps, & entraîneroient avec eux toute la maison.

L'épaisseur des fondemens doit toûjours être le double de celle du mur, sur tout quand on le bâtit pour porter un poids qui soit bien pesant.

Quelque édifice qu'on puisse élever, il faut toûjours faire des Pilotis quand le terrein n'est pas ferme, ou bien remplir le fonds de la tranchée de grosses planches de bois, & mettre dessus de bon *Libage*, qui sont de grosses pierres dures, & qui s'employent comme le Moilon.

Assiette du Bâtiment.

IL seroit à propos, selon la pensée d'un ancien Architecte, que les quatre encoignures du Bâtiment fussent directement opposées aux quatre Vents Cardinaux, afin qu'étant les plus violents de tous, ils ne pussent frapper qu'obliquement, & de biais, les faces de la Maison. Mais comme on n'est pas toûjours maître de scituer son Bâtiment, ainsi qu'on voudroit, il faut s'assujettir à l'assiette du lieu telle qu'elle est, & bâtir à la Campagne le plus commodement qu'il est possible, & selon à peu prés les regles que voici. Vitruve.

Nous avons donc dit d'abord qu'il y auroit un *Vestibule*, cette piece de Bâtiment sert pour mettre à couvert ceux qui sont obligez d'attendre le Maître du Logis, & de Passage, & de commodité, soit pour s'y promener, ou y manger l'Eté, principalement dans ces Vestibules qui ont leur vûë sur des Jardins.

Les *Salles* & *Sallons* sont bâtis exprés pour y recevoir les Personnes de consideration qui viennent voir le Maître du Logis, soit pour luy rendre visite, ou parler d'affaires particulieres avec lui. Vestibule.

Et il est à propos que la *Chambre* & *Cabinet* principal du Maître, ait quelque échappée secrette, soit par un escalier ou entrée en d'autres Chambres, d'où il puisse sortir sans être vû, si bon lui semble. Chambre & Cabinet principal.

Les *Caves* doivent être ouvertes, s'il est possible, du côté du Septentrion, parce que cet aspect ne peut corrompre, ny causer la moindre alteration à tout ce qu'on y enferme, les *Celliers*, *Magazins à Bois*, *Greniers*, *Fenils*, *Garde-manger*, & *Boulangeries*, seront tres-bien scituées au même aspect. Caves.

Il est bon que la *Cuisine* regarde le Levant ou le Midi, & qu'elle soit accompagnée d'un Garde-manger, d'un Bûcher, d'un Fournil, d'un Puits, ou d'un Tuyau de Fontaine, pour y donner de l'eau. Cuisine.

La Fosse des *Privez*, est ordinairement placée sous l'escalier, & la chausse est conduite dans l'épaisseur du mur au coin du même escalier, depuis le fond jusqu'au siege, qui doit être au galetas, afin que la puanteur de ces lieux ne se communique point dans le maître-logis. Lieux communs, ou privez.

Autrefois l'usage de bâtir à la Campagne étoit de faire des Bâtimens fortifiez, flanquez de Tours, & tout isolez d'eau, ce qui s'étoit introduit pendant les Guerres Civiles, mais comme il n'y a plus rien à craindre dans le cœur du Royaume, on a suivi pour y bâtir une methode plus dégagée, & qui sent mieux le bon goût, dont les François sont remplis, quand il s'agit de bâtir.

On place aujourd'huy l'*Escalier* principal dans une des aîles du Bâtiment, où l'on peut lui donner autant d'étenduë que l'on veut pour la Rampe: il laisse là le logement tout entier, libre & dégagé, ce qui fait qu'on y peut faire plusieurs pieces l'une aprés l'autre de plain pied & sans être entrecoupées. Escalier.

On observera de donner toûjours moins de hauteur à un Bâtiment de Campagne, qu'à ceux qu'on construit dans les Villes, crainte que l'impetuosité des vents ne les endommage.

Chapelle. Il ne faut pas oublier une *Chapelle* dans une Maison de Campagne, c'est une piece de Bâtiment trés-necessaire pour la commodité de ceux qui y logent; on y entend la Messe, quand on veut. Elle sera construite selon les regles Canoniques, c'est-à-dire dans un endroit où il n'y ait point de Chambre à lit dessus ny dessous; pour son Architecture elle sera telle que voudront lui donner ceux qui la feront bâtir.

Observations sur les pieces de Bâtiment dont on vient de parler.

LEs Caves doivent être étroites & basses, c'est-à-dire avoir tout au plus quinze ou seize pieds de large; pour leur longueur, elle sera proportionnée au besoin qu'en aura le Maître du logis; pour leur hauteur, elle ne sera pour les plus grandes que de neuf à dix pieds sous clef. Elles seront voutées en ance de panier, & l'on agira tres-utilement, si dans l'épaisseur de leurs murs, aux endroits qui ne sont point empêchez par les tonneaux, on y construisoit des armoires, dont le fond sera plus haut d'un pied & demi ou de deux que l'aire de la Cave: elles auront de hauteur quatre pieds, & trois de large; la descente en sera aisée, afin d'obliger le Maître ou la Maîtresse du logis d'y descendre souvent, pour y visiter ce qui sera dedans, & faire en sorte par là qu'on ne le dissipe point mal à propos.

La Cuisine sera plus ou moins grande, que le principal Bâtiment, ou les revenus du Maître, le permettront. Il y aura un potager haut de deux pieds pour le plus, afin qu'on puisse plus commodément voir ce qu'on met dessus, il y aura aussi pour la même raison, quelque jour au dessus ou à côté.

La *Salle du Commun*, s'il y en a une, joindra la Cuisine; elle doit être bien éclairée, le Fournil & la Boulangerie seront proche l'un de l'autre; il y aura un ou deux Fours, l'un pour cuire le pain, & l'autre la pâtisserie; on suppose que la dépense de la Maison le demande, sinon il n'y aura qu'un Four.

Dans tout le Bâtiment qu'on éleve, il faut faire en sorte que les jours soient de symetrie, aussi bien en dedans qu'en dehors, quand cela se peut pratiquer commodément, & que les chambres soient percées des deux côtez, les pieces d'une maison en sont plus éclairées, & on y respire un air plus propre pour la santé.

Ecuries. Les Ecuries seront placées dans la Basse-court, & un peu éloignées du maître-logis crainte que par accident le feu ne s'y prenne, ce qui est la désolation de ceux qui ont des maisons. Ces Ecuries seront bien percées, afin d'y pouvoir bien donner de la fraîcheur en Eté: on les élevera au dessus du rez de chaussée le plus haut qu'il sera possible, pour éviter qu'elles ne soient trop humides. Le ratelier sera large de quinze pouces & élevé droit à plomb, & non pas en penchant. La Mangeoire aura même largeur, & l'aire de la place où sont les Chevaux doit être élevée de deux pouces ou environ au dessus du reste de l'écurie, & descendre en pente dans une goutiere, ou rigolle de pavé, qui sera au bout, afin que l'urine des Chevaux se puisse mieux écouler par ce moyen.

Grange. Pour ce qui regarde le reste des autres membres du Bâtiment de la Basse-court nous avons la Grange, qu'on bâtit plus ou moins grande que le

Domaine

Domaine contient plus ou moins de terres; cette sorte de Bâtiment dépend de la fantaisie de l'Architecte qui la conduit; il faut toujours une travée à chaque côté, au milieu desquelles est l'aire pour battre le bled, qui doit être faite d'une bonne terre glaise bien battuë à plusieurs volées, de maniere qu'elle fasse un sol qui soit ferme, & qui ne se crevasse point; Il y a des Granges à Porche, d'autres qui n'en ont point; les premieres sont fort commodes, à cause qu'on y peut mettre à couvert bien des harnois & autres utenciles servant au labourage.

Etables.

Les Etables pour les bêtes à cornes seront d'alignement ou en équierre aux Ecuries & à la Grange, selon que le terrain aura permis de les placer; elles seront autant spacieuses qu'il sera necessaire, un peu plus enfoncées en terre que les écuries, afin que les pailles puissent mieux retenir l'urine des animaux, & par là contribuer à ce qu'elles en pourrissent mieux & rendent un fumier bien gras.

Bergerie.

On bâtira la Bergerie attenant: il faut, ainsi que les étables, qu'elle soit chaude pour faire en sorte que les troupeaux à laine ne s'y morfondent point en hyver: car il ne faudroit que cet inconvenient pour perdre presque toutes les Brebis, & les Agneaux, qui veulent être establez chaudement. Il n'est pas besoin de beaucoup de jour pour ces membres de bâtiment, une petite fenêtre de deux pieds de large, & autant de haut suffit, avec celuy qui vient de la porte.

Poulailler.

Il ne faut pas oublier le Poulailler, comme un membre de la basse cour, qui n'apporte pas le moins de profit; on peut le placer proche la maison du Fermier, dont nous parlerons dans la suite, afin d'être plus à portée de soigner la volaille & d'en tirer les revenus. On le bâtira aussi spacieux qu'on le jugera à propos; il faut que le dedans soit bien enduit d'un mortier à Chaux & à Sable, & blanchi par dessus d'un blanc de Chaux: le plancher sera un plafond de planches, ou d'autres matieres, de sorte que nulle bête ennemie de la volaille ne puisse s'y introduire. Ce Poulailler sera garni dans le fond d'un bout à l'autre de Perches pour y faire jucher les volailles, & il est bon qu'il soit plus long que large, & que les perches n'occupent que les deux tiers de l'enfoncement, afin, dans ce qui reste du côté de la porte, qu'on puisse le long des murs y dresser des nids pour les faire pondre & couver dans la saison.

Toît aux Oyes & aux Canes. Poulaillers pour les Poules Dindes. Voliere. Colombier. Greniers.

Les Canes vont quelquefois se coucher sous les Poules, quelquefois aussi, on leur bâtit un toît exprés, & un autre pour les Oyes, ces pieces sont petites, & il peut y avoir sur leur plancher, une autre Poulailler pour les Dindes ou quelque Voliere pour des Pigeons privez: nous dirons dans son lieu comment ce membre de basse-cour pourra être construit, ainsi que le Colombier, que nous reservons pour l'article des *Pigeons fuyards*, autrement appellez *Bizets*.

Sur toutes les Ecuries, & Etables, il y aura des Greniers pour serrer les Fourrages, les Foins, Pailles & autres choses servans de nourriture aux bestiaux pendant toute l'année. Venons maintenant à la maison du Fermier.

Maison du Fermier.

Il est bon toûjours à la Campagne de bâtir une petite maison séparée du Maître-logis, & qu'on destinera pour un Fermier au cas qu'on veuille donner son bien à ferme; afin de ne point avoir de communication de logement l'un avec l'autre : un tel appartement suppose qu'on exploite soy-même son Domaine, soit pour y faire des Magazins de Bleds, de fruits & d'autres choses necessaires pour la vie, & propres pour le commerce des Champs.

Cette Maison aura une chambre pour le fermier, une Cuisine où tous les Domestiques mangeront, & quelquefois le Maître, afin d'avoir l'œil sur tout; une autre chambre pour coucher les Servantes : car pour ce qui est des Valets, on place ordinairement leur lit à l'Ecurie, afin d'être promts la nuit à secourir les Chevaux au cas qu'ils se battent, ou qu'il leur arrive quelque autre chose de fâcheux.

Laiterie.

Il faut que cette maison soit accompagnée d'une Laiterie qui soit bonne, c'est-à-dire, voûtée, s'il se peut, bien blanchie, fraîche en Eté, & chaude en Hyver, c'est ce qui convient au lait pour rendre beaucoup de Crême, qui est un des plus grands avantages qu'on en peut tirer.

Les tables sur lesquelles on mettra les utenciles pour le lait, seront tres propres, & toûjours bien lavées, & pour cela il seroit à souhaitter (ce qui peut se faire dans les maisons de particuliers qui sont riches) qu'il y eût un tuyau qui y donnât de l'eau par le moyen d'un robinet; cela feroit aussi que les terrines & autres vaisseaux destinez pour le laitage, seroient entretenus tres-proprement. Au défaut de cette commodité, on se servira d'eau de puits, de fontaine ou autre qui sera le plus à portée.

Hangard.

A côté de cette petite maison sera un Hangard ou Hallage, ou quelques Remises de Carosses, si le Maître est assez puissant pour en avoir. Ces lieux ordinairement servent pour mettre à couvert les Carosses du Maître & de ceux qui viennent luy rendre visite, les Charriots, Charretes & Charruës, Tombereaux, & autres meubles generalement dont on se sert pour le labourage. Ce sont encore des commoditez en Hyver & en temps de pluye pour y fendre du bois, éguiser les Echalats, élire les Osiers pour baisser les Vignes, ou les lier, comme on voudra dire, & y faire plusieurs autres ouvrages, plus commodément que lors qu'on est exposé aux injures de l'air.

Fumier.

Et comme les Fumiers sont les secours veritables qu'on apporte aux terres, pour réparer en elles l'épuisement de substance qu'elles ont souffertes en nous donnant leurs productions, on les placera proche les Etables dans deux ou trois endroits un peu creusez dans le milieu & pavez dans le fond, afin d'y retenir certaine eau grasse par la fiente des animaux, & qui donne beaucoup de sels aux fumiers qui sont dessus : lorsqu'ils sont pourris, on y porte les balieures de la maison, les coslats, les herbages, & autres vilenies de cette nature, qui se consommant, font corps avec les fumiers, & servent comme eux d'un tres bon amandement.

Ce sera un avantage pour la volaille, si les fumiers sont mis à couvert du Nord, ou de la Bise, parce que quelque froid qu'il fasse elle y trouve toûjours quelque vermine à manger; nous parlerons dans le Chapitre de la Volaille d'un certain fumier fait exprés pour sa nourriture.

L'eau est encore fort necessaire à la Campagne, il faut en avoir de quelque maniere que ce puisse être, ou par le moyen d'un Puits, d'une Cisterne, ou autrement. Nous dirons ici quelque chose de leur construction, qui ne pourra être que tres utile aux curieux, aprés que nous aurons parlé des cheminées & des moyens de les empêcher de fumer.

CHAPITRE VII.

Des Cheminées ; moyens de les empêcher de fumer, d'éteindre le feu qui s'y est mis, & d'échauffer une Chambre avec peu de bois. Construction d'un Puits, d'une Cisterne & d'une Glaciere, avec une legere idée du Toisé.

POUR revenir à nôtre bâtiment, cette matiere-cy merite bien qu'on la reprene. Nous avons encore les Cheminées à bâtir; ce sont des parties de chambres fort necessaires, & dont on ne sçauroit se passer en hyver & dans des cuisines.

La méthode ordinaire de faire les Cheminées, est d'en faire passer les tuyaux à côté l'un de l'autre, afin d'empêcher les jambages d'avancer, au lieu que selon la nouvelle invention, le biais qu'on leur donne dans la hotte, les fait rejoindre & s'acôter pour sortir ensemble hors du toît dans un même tuyau, qui les contient tous, separé neanmoins par des languettes dans sa longueur. Cheminées

Il faut prendre garde que le tuyau n'ait rien dans son étenduë qui arrête la fumée, il ne faudroit que cela pour l'obliger à descendre, & à sortir par le manteau, ce qui est une incommodité tres-grande.

On tâchoit autrefois d'adoucir la diformité des avances des Cheminées, en les chargeant de beaucoup d'ornemens. Cette dépense est inutile aujourd'huy, & comme le manteau avance peu, on se contente d'un seul chambranle & de quelque tableau au dessus. Pour les Cheminées de cuisine, elles n'ont pas besoin de ces décorations.

Les parties d'une Cheminée sont l'âtre ou foyer, le contre-cœur, le manteau, la hotte, les pieds droits, la montée & le tuyau. Expliquons chacun de ces termes pour l'intelligence du Lecteur, & le plaisir qu'il prendra à faire bâtir une Cheminée.

L'Atre ou *Foyer* est l'endroit où l'on allume le feu, le *Contre-cœur* est la plaque de fer qu'on met au milieu pour conserver le mur & repercuter la chaleur; on appelle *Manteau* de Cheminée ce qui couvre la Hotte, c'est aussi le haut de la Cheminée qui empêche que la fumée n'entre dans la chambre. Pour la *Hotte*, on nomme ainsi la pente du dedans des Cheminées; elle commence de dessus la barre de fer qui porte sur les jambages, & va finir contre le haut du plancher. Les *Pieds droits* sont les jambages de la Cheminée; la *Montée*, l'élevation, & le *Tyau*, l'endroit par où la fumée monte & sort. Cette explication est necessaire pour parler un peu Architecture.

On fait à present les Manteaux de Cheminées fort bas, crainte que le feu ne gâte la vûë, & que la fumée ne sorte par la chambre, parce que la Hotte étant ainsi plus droite, elle renvoye plus droit la fumée qui pourroit battre contre dans le Tuyau, qui doit être conduit le plus uniment qu'il est possible, afin que l'inégalité ne puisse rabattre la fumée. Savot Archi. Franc. Ch. XXIII.

Moyens pour empêcher une Cheminée de fumer.

IL faut prendre garde en faisant une Cheminée que l'ouverture du Tuyau ne soit trop grande, crainte que l'air & le vent y trouvant trop d'espace, & qu'y pouvant être agitez, ils ne chassent la fumée en bas, & n'empêche qu'elle ne monte & sorte aisément.

On aura soin aussi de ne point faire cette ouverture trop étroite, parce que la fumée qui n'auroit pas un passage libre s'engorgeroit & rentreroit dans la chambre, deux ou trois pieds en un sens suffisent pour une ouverture de Cheminée, & six ou neuf pouces en l'autre.

Le meilleur moyen pour empêcher que la fumée ne sorte par une chambre, est de faire que les Cheminées soient toujours plus étroites en bas & qu'elles s'élargissent en montant, parce que le feu pousse plus aisément la fumée en haut lorsqu'elle est resserrée en bas, & qu'en montant elle trouve plus d'espace pour sortir & se dégager, & qu'ainsi elle ne se rabat pas si-tôt dans la Chambre.

Les petits endroits sont souvent sujets à fumer, si l'on n'y tient continuellement une porte ou une fenêtre entr'ouverte, parce, dit-on, que la flamme a besoin de beaucoup d'air pour s'entretenir, & que lors qu'elle en trouve peu, elle se ralentit & se convertit en fumée; cette experience se voit bien souvent, mais on en corrompt l'effet par le raisonnement, & c'est en quoy on se trompe; on veut que cette porte ou fenêtre entre-ouverte ne serve qu'à donner passage à la fumée dont la chambre est remplie, & à rien autre chose; lorsque, si l'on y prend garde, on voit effectivement, que pendant que les petites ouvertures subsistent, le feu en est plus clair, au lieu que quand on les referme, il s'obscurcit & donne beaucoup de fumée.

Il fume encore dans les petites chambres, quand elles sont trop échauffées, à cause du tourbillon trop violent des parties ignées qui entraîne la fumée, aussi-tôt dans la chambre que dans la Cheminée; ainsi pour la dissiper, il faut ouvrir une porte ou quelque fenêtre, & d'abord elle montera par son chemin ordinaire.

Si les Tuyaux de Cheminée sont trop longs, les petits lieux sont encore incommodez par la fumée, parce que le feu n'y pouvant joüir d'assez d'air pour porter la fumée jusqu'au haut, souvent elle est obligée par son propre poids de retomber, & pressant celle qui y monte successivement & continuellement, elle la contraint de sortir une bonne partie par le Manteau: si bien que lorsque cela arrive, il faut encore ouvrir une porte ou une fenêtre pour laisser entrer dans la chambre assez d'air pour pousser cette fumée jusqu'au haut de la Cheminée.

Pour se garantir aisément de la fumée, auquel un petit lieu seroit sujet, il faut resserrer & retressir à l'endroit du plancher la longueur du Tuyau, ensorte qu'il n'ait guere plus d'un pied de long, relever le Foyer d'environ quatre pouces, abaisser le Monteau si bas qu'il n'ait gueres que trois pieds de haut, & resserrer l'ouverture de la Cheminée entre les jambages, de même largeur, & en arcade.

Les Cheminées bâties de cette sorte ne doivent point avoir leurs jambages conduits à plomb par dedans, mais en hotte ; cela fait que la fumée ne peut point se rabattre en bas par les côtez, mais seulement par le milieu où elle trouve d'autres parties en grand nombre, qui la poussent en haut malgré elle.

On empêche encore la fumée d'entrer dans une chambre, grande ou petite en cette maniere. Appliquez d'abord sur le Foyer une grande plaque de fer, qui soit presque aussi longue & aussi large ; il faut qu'elle soit percée de plusieurs trous fort prés les uns des autres & élevez audessus du Foyer d'environ trois ou quatre pouces ; mettez sur cette plaque une grille de fer haute de huit à neuf pouces aussi longue que le bois qu'on doit poser dessus, & large comme l'étenduë du feu qu'on y peut faire, elle aura les barreaux fort proche les uns des autres, de sorte que cela fasse comme trois étages, le premier qui est le plus haut porte le bois, le second les charbons, & le troisiéme les cendres.

Le tout disposé ainsi, donne passage à l'air, qui tel qu'un soufflet, enflamme beaucoup les charbons qui brûlent le bois plus vîte, & par ce moyen font qu'il rend peu de fumée, & cette fumée étant alors tres-peu abondante, cede aisément au mouvement des parties du feu qui l'emportent en haut : ce secret est facile à pratiquer, c'est pourquoy on n'a pas jugé à propos de le passer sous silence.

Secret pour éteindre aisément & promptement le feu pris à une Cheminée.

QUand vous verrez le feu pris à une Cheminée, prenez une botte ou deux de foin, moüillez-la bien, & bouchez-en promptement l'embouchure de la Cheminée, ou l'ouverture qui est sous le Manteau entre les pieds droits, ou celle qui est audessus du manteau à l'endroit du plancher ; faites entrer ce foin à force sans le pousser jusqu'au feu, cela suffira pour faire que le feu s'éteigne ; ce qui arrivera encore plus promptement, si incontinent aprés, & presqu'en même temps on couvre le dessus de la Cheminée, avec du foin qui soit aussi moüillé ; il ne faut pas le presser tant que le premier, ce sera assez de l'arroser, & de jetter pardessus continuellement de l'eau le plus qu'on pourra, la suye alors cessera de s'enflammer, & le feu s'éteindra par ce moyen.

On évite pareils accidens quand on a soin de faire ramoner les Cheminées, parce que la suye, est une matiere qui s'allumant petit à petit, embrase ensuite tout le Tuyau d'une Cheminée, & y cause du danger pour la maison, principalement quand par la malice & l'ignorance des Ouvriers les poutres, les solives & autres bois passent au travers des Tuyaux, se contentant de les recouvrir d'un peu de plâtre ou de mortier.

Des moyens d'échauffer une Chambre avec peu de bois.

CE secret-cy est un gain tout clair, quand une fois on en a fait la dépense. En voicy tout le mistere.

Il faut que le Foyer de la Cheminée soit composé de grandes platines de fer, élevées au dessus du carreau d'environ trois pouces, & que l'espace qui est entre les carreaux & les platines soit vuide, que le Contre-cœur soit une grande platine de fer, placée aussi à trois pouces du mur, & qu'au dessus il y ait deux ouvertures, une de chaque côté des jambages en dedans la chambre.

Quand cela est accommodé de la sorte, le feu échauffe les platines, qui à leur tour échauffent l'air contenu dans les vuides qu'elles laissent, & cet air que les parties du feu agitent violemment, étant obligé de sortir par où il trouve un passage, se répand en abondance par toute la chambre, tandis qu'il s'y en insinuë un autre à la place, qui produisant le méme effet, remplit successivement & de plus en plus le lieu d'un autre air beaucoup plus chaud.

Si l'on veut tenir chaudement un Cabinet, ou autre petit endroit sans y faire du feu, & sans y avoir de Cheminée, il suffit, quand ce lieu est placé proche celle d'une chambre dans laquelle on allume regulierement du feu, de prendre une grande platine de fer, la faire servir de Contre-cœur sans la couvrir par derriere : cette platine ne sera pas plûtôt échauffée qu'elle communiquera sa chaleur à tout le Cabinet, comme si c'étoit un poële; mais il faut remarquer que cette commodité ne peut se pratiquer, quand il se rencontre audessus un Tuyau de Cheminée, qui passe entre le Contre-cœur de la chambre & le mur du Cabinet.

Construction d'un Puits.

APrés avoir parlé du Feu, nous allons parler de l'Eau pour l'éteindre en cas d'accident. Une maison de Campagne sans Eau, est une maison bien incommode; & comme par tout on n'a point la commodité d'une Riviere, d'une Fontaine ou d'un Ruisseau, pour en aller puiser dans le besoin, il faut avoir recours à un Puits, ou à une Cisterne : commençons par sçavoir comment se construit le premier, pour aprés aller à l'autre, & tomber dans le méme détail.

L'usage des Puits est fort ancien, & pour le creuser, il faut d'abord chercher l'endroit le plus commode pour cela dans la basse-cour; il y a des lieux où il faut creuser bien plus avant que dans d'autres; mais en quelque situation que ce puisse être, on en vient toûjours à bout avec la patience; car on trouve par tout de l'Eau, nous avons des preuves de cette verité à l'égard de bien des Puits, qui sont sur de hautes montagnes, & par consequent tres profonds; mais quand il s'agit d'une utilité indispensable pour son profit, on se fait une effort extraordinaire, qui retombe sur soy & sur ses descendans.

On prendra garde sur tout de ne point placer le Puits à la Campagne proche des Privez, des Etables, des Fumiers, ou des Cloaques, s'il s'y en trouvoit, à cause de l'odeur infecte qui se communiqueroit à l'eau du Puits, qu'on creusera d'abord, puisqu'on ceintrera par tout de bon moilon à chaux & à sable, ou bien le mortier sera à chaux & à terre, il n'importe; pour la figure & la grandeur, cela dépend de la fantaisie de celuy qui le fait bâtir.

On sçait que la manœuvre de ce bâtiment est toute particuliere, qu'on commence à faire les murs par le haut en descendant en bas. Il est vray qu'à mesure qu'on avance, on soutient ces murs en dessous par une espece de Pilotis qu'on fait jusqu'à ce qu'on soit arrivé sur les fondemens, & l'on en agit ainsi crainte que commençant autrement, les terres ne vinssent à ébouler sur les Ouvriers.

Quand on est parvenu sur la Terre ferme, on a soin de laisser des trous au murs à l'endroit des sources qui y aboutissent, afin de laisser un libre passage à l'Eau pour le Puits. Cette Eau d'abord à laquelle on a creusé un lit nouveau, se perd pendant quelque temps, jusqu'à ce que les interstices de la Terre soient entierement imbibez, où pour lors elle s'enfle & grossit son volume autant que sa colonne a plus ou moins d'élevation, & qu'elle est plus ou moins forte.

Le bord d'un Puits s'éleve sur deux pieds & demi ou trois pieds, & on l'orne de Margelles taillées proprement & attachées l'une à l'autre dans le dessus par des crampons de fer scellez avec du plomb.

On en tire l'Eau avec des Sceaux par le moyen d'une corde ou d'une chaîne passée dans une Poulie : d'autres se servent de pompes, qui sont des machines propres à élever l'Eau ; on en fait de plusieurs façons, les unes plus travaillées que les autres, & par consequent bien plus cheres ; il faut se sonder sur ces sortes de dépenses, afin de n'y point entrer inconsiderément.

Auges.

Prés du Puits on placera des Auges de pierre ou de bois, les premieres sont bien meilleures, mais à leur défaut on se passe des autres ; Ces Auges ont leurs commoditez, elles servent pour abreuver les chevaux, & pour cela il faut qu'elles soient entretenuës fort nettes, crainte de les dégoûter. Ce sont aussi des petits Reservoirs d'où l'on puise de l'eau pour faire quelqu'autre chose dans le ménage.

Il faut bien se garder de rien jetter dans le Puits, qui puisse en infecter l'eau, & pour le tenir net, il est bon tous les ans de le curer une fois, & d'en laisser la gueule ouverte. L'air qui entre dedans en rarefie l'eau, au lieu que lorsqu'on la ferme, cette eau en est plus grossiere. Quand on la tire souvent elle n'en vaut que mieux aussi ; son volume qui se diminuë par ce moyen dans le Puits, revient d'ailleurs en son même état par la nouvelle eau qui sort de la source, & qui est plus saine que celle qui a trop de repos.

Construction d'une Cisterne.

Cisternes.

ON appelle *Cisterne* un Reservoir d'Eau de Pluye qui s'y conserve, propre à bien des Usages, aussi long-temps qu'on le souhaite. L'endroit où l'on veut la placer, doit être éloigné des Cloaques & autres lieux qui exhalent une mauvaise odeur.

Elle sera située à couvert du grand Soleil & à la difference des Puits, on la tiendra toûjours fermée, crainte que la Pluye n'y tombe directement, sans auparavant avoir été filtrée, comme nous le dirons, & que les parties grossieres de l'air n'en rendent l'Eau mal-saine ; on aura soin sur tout de la garantir des Eaux des ravines & ayant choisi un lieu propre pour la mettre, on la creusera aussi spatieuse qu'on voudra.

Trois ou quatre Toises de large sur tous sens dans œuvre, & deux de haut suffiront pour avoir une Cisterne capable de contenir assez d'Eau pour les besoins d'une Maison ; les Berges en doivent être solides, car si l'on avoit creusé dans un terrain remué, il faudroit, pour les soutenir, élever tout au tour un mur capable de supporter une Voûte : cela fait, & à deux pieds de distance, en bâtir encore un autre large de deux pieds & demy, puis entre ces deux murs, & à mesure qu'on construira le second, mettre de la glaise bien paîtrie jusqu'en haut.

Ce dernier mur sera revêtu d'un doigt épais de ciment, cela suffit pour la propreté de la Cisterne, sans craindre que l'Eau se perde à cause de la glaise qui la retient : pour le fond, on fera un massif de moilon de dix-huit pouces d'épaisseur, avec un revêtement de huit pouces de ciment.

Si la glaise est rare dans les païs où l'on construira la Cisterne, on ne fera qu'un mur autour des Berges à chaux & à sable assez fort pour soutenir une Voûte, & revêtu comme celuy du fond. La Voûte sera comme celle d'une Cave, & on y laissera un trou au milieu pour servir d'entrée dans la Cisterne, & par où l'on puisse y puiser de l'Eau. Quant à son ouverture hors de terre, on la bâtira comme celle d'un Puits quarrée ou ronde, il n'importe, & revêtuë de Margelles ou Tablettes de pierre simplement.

Ce sera assez que la Voûte soit construite à l'ordinaire, sans être enduite de ciment, parce qu'elle ne peut porter aucun préjudice à l'Eau qui n'y touche point, & l'on observera de bâtir la Cisterne long-temps auparavant que d'y mettre l'Eau, afin que les enduits des murs soient bien secs, ils en valent toûjours mieux ; car alors ils ne sont point sujets à se détremper, ce qui les altere beaucoup, & rend l'Eau vilaine pendant tres-long-temps.

Il faut que le ciment soit fin, fait de brique ou tuilleau cassé & détrempé avec de la chaux sortant du Fourneau, & fraîchement éteinte ; ce mortier est propre pour les ouvrages qui se font dans l'Eau, & il se conglutine de telle sorte, que toute la maçonnerie ne fait qu'une masse.

Quand le Reservoir pour l'Eau est construit, comme on l'a dit, il faut audessus de la Voûte dans une encoignûre & du côté d'où doit venir l'Eau, bâtir avec du moilon une maniere d'Auge longue de quatre pieds & haute de deux, percé en rond dans le fond d'un demi pied de diametre avec une crapaudine par dessus.

Cisterneau. Ce trou sert pour faire écouler l'Eau dans la Cisterne, & ce petit ouvrage de Maçonerie s'appelle *Cisterneau*. Il faut le garnir dans le fond de fin sable de Riviere bien net, afin que l'Eau qui passe au travers se purifie mieux. Il n'y a pas beaucoup de précautions à prendre dans la construction de ce Cisterneau, il suffit que les murs soient crêpis d'un doigt de ciment, parce que l'Eau n'y séjourne point, elle ne fait que passer dans le moment. Ce Cisterneau est toûjours placé sous terre, & couvert seulement d'une grosse pierre, qui dans le milieu a une boucle de fer attachée pour la lever quand on veut le nétoyer.

Ceux

Ceux qui ont écrit de la construction des Cisternes, disent qu'il faut choisir l'Eau qui y est propre, ils approuvent unanimement l'Eau de pluye; mais on doit, ajoûtent-ils, faire difference des saisons où elle tombe; car par exemple, ils rejettent l'Eau de nege, des tonnerres & des tempêtes, comme pernicieuse, & n'admettent que les pluyes d'Automne & du Printemps, un peu de celles d'Hyver, quand ce n'est pas par un temps negeux; mais ce seroit bien des affaires, s'il falloit avoir cette sujetion, on a éprouvé que tout cela n'étoit qu'abus, que toute Eau qui se filtre à travers le sable de Riviere, se purifie de ce qu'elle a de grossier, & que par consequent, pourvû que ce soit de l'Eau de Pluye, elle est bonne en quelque saison qu'elle puisse tomber.

Cette Eau se recüeille par des goutieres attachées au bord des couvertures du Logis, & qui ont toutes leur issuë dans un bassin de plomb, qui reçoit leur Eau pour être conduite aprés par un long Tuyau de même matiere dans le Cisterneau. Il faut soigner de mettre une petite grille de fer à l'embouchure du Tuyau qui reçoit l'Eau dans le bassin, afin d'empêcher que les grosses ordures ne passent.

Il est bon souvent, pour en éviter le grand amas, de nettoyer de temps en temps les goutieres, ce soin contribuë beaucoup à la bonté de l'Eau; c'est pourquoy on dit qu'il n'y a rien qui doive être tenu plus proprement qu'une Cisterne. Il faut la tenir couverte d'un Toit, si elle est dans une cour, & d'un couvercle sur l'ouverture par où on puise l'Eau, en quelque endroit qu'elle soit placé.

Pour revenir au vaisseau principal de la Cisterne, au lieu d'en faire le fond de ciment, comme nous avons dit, on peut sur un massif de moilon d'un pied & demy d'épaisseur, sans être gopté à boüin, y mette un lit de glaise de même épaisseur bien paîtri, avec un petit pavé pardessus façonné à sable de Riviere tout sec, c'est à dire sans chaux ni ciment: l'Eau est toûjours claire sur un plancher bâti ainsi, & ne s'enfuit jamais. Nous dirons dans l'Article des Eaux jaillissantes de quelle maniere on paîtrit la glaise, & comment la choisir. Il faut avoir soin de curer la Cisterne une fois tous les ans, si l'on veut que l'Eau en soit agreable à boire, & pour cela on empêche pendant quelque temps l'Eau d'y entrer, tandis qu'on tire celle qui y est, soit pour l'usage du logis ou autrement, & qu'on n'en laisse qu'une petite quantité dans le fond pour la ballier; c'est pourquoy il est bon de remarquer que le fond soit tant soit peu en pente.

De la Mare & de sa Construction

Outre tous ces moyens d'avoir de l'Eau à la campagne, il y a encore les *Mares* qui sont tres-commodes, & une Mare n'est autre chose qu'une fosse plus ou moins grande où s'amasse l'Eau des Pluyes par le confluent de plusieurs Ruisseaux qui y aboutissent.

On la creuse toûjours un peu en pente de tous côtez, afin que le bétail y puisse descendre aisément, au lieu que si le bord de l'entrée en étoit escarpé, il seroit dangereux que les animaux s'y noïassent.

Cet amas d'Eau à la verité est plus pour certaines commoditez de la maison, & des bestiaux, que pour servir à boire, car l'Eau n'en vaut rien, & ce seroit un grand point, si en creusant cette Mare qui doit être plus profonde à mesure qu'elle descend, on trouvoit quelque source qui y coûlât, ce seroit une Mare intarissable, & qui auroit bien son agrément, mais cela est rare; ainsi on s'en contente telle qu'on la peut avoir.

Les grandes Mares sont toûjours celles où l'Eau se conserve la plus belle & la plus saine; c'est pourquoy quand on fait tant que d'en vouloir avoir, il faut les foüiller les plus spacieuses qu'on peut. Les bords de ces Mares sont construits si l'on veut d'un petit Mur de moilon, haut de deux pieds seulement à chaux & à sable, crépy de bon mortier & revêtu de tablettes, ou d'un chaperon simplement avec un larmier d'un bon pouce de saillie, ou bien on se contente de paver les bords tout au tour.

Cette Mare sera dressée loin des fumiers s'il se peut, afin que l'Eau s'en entretienne plus nette, & plus d'usage par ce moyen à bien des choses necessaires au ménage des champs. Une Mare est fort commode, principalement lorsqu'on est éloigné d'une Riviere ou d'un Ruisseau, elle sert pour y abreuver les bestiaux, laver la lessive, & arroser le Jardin: les Canes & les Oyes y vont barbotter & se promennent dessus, elle est d'un tres grand secours dans l'accident du Feu.

Comment bâtir une Glaciere.

IL faut icy contenter un peu les sensuels, ces gens qui ne sçauroient vivre agréablement s'ils ne boivent à la glace, & pour cela il leur faut une Glaciere qui leur serve comme d'un Magazin, pour en avoir en tout temps.

Pour construire une Glaciere il faut choisir un lieu sec & non marécageux, ny exposé au Soleil. On y creuse une fosse ronde de deux toises & demie ou trois toises de diamette par le haut, finissant en maniere de pain de sucre renversé, jusqu'à la profondeur de trois ou quatre toises; car plus une Glaciere est profonde, mieux la glace s'y conserve.

Il faut revêtir ce trou d'une cloison de charpente garnie de chevrons tout lattez, & qu'on ne descendra, si l'on veut, que jusqu'au trois quarts de la profondeur du trou. On la peut neanmoins faire descendre jusqu'au bas de la Glaciere, pourvû qu'on fasse dans le fond un Puids de trois pieds de large & quatre de profondeur, pour recevoir les Eaux qui coulent de la glace qui se fond. Si le terrein est bon & ferme il n'est pas besoin de charpente, la glace peut être mise dans le trou, pourvû qu'il y ait un peu de paille entre elle & la terre.

Le dessus de ce trou sera aussi couvert de paille en pyramide droite, de maniere que les bouts de la couverure touchent jusqu'à terre; on entre dans une Glaciere par une allée ou petite gallerie tournée au Nord, longue environ de huit pieds, & large de deux & demy: elle sera exactement fermée par deux portes aux deux bouts, & on prendra bien garde qu'il n'y ait aucun jour à la couverture; il ne faut que cela pour la perdre.

Quand on voudra y mettre la glace, il faudra toûjours, s'il se peut, choisir un jour qui gele, & la placer sur la cloison qui est faite de pieces de bois qui s'entrecroisent, aprés y avoir fait préalablement un lit de paille dans le fond, & dans tout les côtez en montant.

Ensuite on met un lit de glace, & l'on en range les pieces de maniere qu'il n'y ait presque point de vuide, & pour le plus sûr, sans mettre la glace par lits, on la casse dans la Glaciere le plus menu qu'il est possible, & l'on jette de l'Eau pardessus de temps en temps, afin de remplir les vuides entre les petits glaçons : cette Eau se gelant, ainsi lie toute la glace ensemble, & n'en fait qu'une masse qui se conserve beaucoup mieux.

Aprés que la Glaciere est remplie & couverte de grande paille, on met pardessus des planches qu'on charge de grosses pierres, afin de tenir la paille plus serrée, & quand il sera question d'entrer dans la Glaciere, aprés qu'on aura passé la premiere porte, il la faudra fermer avant que d'ouvrir la seconde, crainte que l'air du dehors ne s'introduise dedans. Quand on sortira de la Glaciere, on sera soigneux, pour la même raison, de fermer la porte, qui est à l'entrée de la Glaciere, avant que d'ouvrir celle qui est en dehors.

On conserve de la neige aussi bien que de la glace, quand elle est bien battuë & pressée dans la Glaciere, & arrosée d'un peu d'eau de temps en temps. On observera autour de la couverture de creuser une rigolle en terre pour recüeillir les eaux de pluyes, & faire en sorte qu'elle ne croupissent pas, mais qu'elles puissent s'écouler loin de là par le moyen d'une pente qu'on luy donne. Quand on veut avoir de la glace, on la rompt à coup de masse de fer, ou autre outil de cette nature.

On ne croit pas avoir rien obmis de ce qui regarde le Bâtiment Champêtre, on est même descendu sur cette matiere dans un détail assez ample & mieux circonstancié qu'on n'a pas fait jusqu'icy ; mais avant que de finir ce Chapitre, on va dire en peu de mots comment se toisent les Ouvrages de Maçonerie, afin qu'étant en quelque façon au fait de cet Art, les Ouvriers ne vous en fassent point acroire.

Toisé des Ouvrages de Maçonnerie & de Charpente.

IL ne suffit pas de sçavoir les prix de tous les Materiaux & Ouvrages dont on a parlé, il faut sçavoir le Toisé, ou en avoir du moins une legere idée, pour être certain à quoy peut se monter la totalité d'un bâtiment.

Pour commencer par la Maçonnerie, les *Cloisons recouvertes des deux côtez*, les *enduits des Galetas*, à cause qu'il faut contrelatter, le *scelement des Lambourdes* qui supportent les Ais & Parquets, les *Pavez à Carreaux*, & les *Languettes des Tuyaux de Cheminées* passent pour gros mur. Il y en a neanmoins qui à l'égard des scelemens ne comptent que trois Toises pour deux. Savot Archi. Franc. Ch. 44.

Les *Aires & Planchers* de Plâtre, les *Cloisons* non recouvertes de part ni d'autre, & les *Alles des Lucarnes* ; vont à deux Toises pour une ; *l'Enduit* des vieux murs qu'il faut rehacher se comptent à six Toises pour une, s'ils n'ont jamais été enduits, ou qu'il y ait à reformer & à rétablir, cela va à quatre Toise pour une.

Les *Solins* qui sont audessus des poutres ne se comptent que pour un quart de pied chacun, on compte un pied pour les *Corbeaux*, lorsqu'ils sont scellez avec bon Tuilleau & Plâtre sur le derriere, & bons éclats de pierre dure sur le devant.

Les *Barreaux de fer* scellez dans la pierre de taille se toisent pour demi pied chacun, & pour un quart, quand ce n'est qu'en Plâtre, chaque piece de moulûre est comptée pour un demi pied; *les Marches* tant en hauteur qu'en largeur, le *Giron* & le *Pas* se toisent comme gros mur. Si ce sont des *Marches tournantes*, on ne les toise que par le milieu de leur longueur.

L'Arc d'une Voûte se toise par dans œuvre, & le *remplage des Reins* de la Voûte en berceau, en prenant la longueur de l'Arc, qu'on multiplie par la longueur de toute la Voûte. Blondel dit, que soit qu'elle soit en berceau ou en lunettes, elle se compte toûjours au tiers.

Les *Piles* de pierres de tailles à quatre faces se toisent sur leur largeur & leur épaisseur, tellement que si une Pile a quatre pieds de large & deux d'épais on la toisera pour six pieds.

L'usage est aujourd'huy de toiser tant plein que vuide, même jusqu'à la pointe des Pignons & sommets des Lucarnes, le tout quarrément. Il est bon que ceux qui font bâtir soient instruits de cette Coûtume, afin de ne se point trouver trompez dans leur calcul.

Les *Saillies*, *Avant-corps & Arriere-corps*, *Retables*, *Entablemens & Plinthes* se toisent chacun pour un pied de haut, lorsqu'il est couronné de son filet sur sa longueur ou pourtour, les *Modillons* & *Denticules* pour deux pieds de haut sur leur longueur ou pourtour, & les *Refends* pour un pied de haut.

Les *Tuyaux* & *Manteaux* de Cheminées se toisent pour mur, & leur hauteur par leur pourtour, rabattant les épaisseurs des languettes, & augmentant neuf pouces pour celle du Plancher; les Atres de Cheminées faits de grands ou petits carreaux pour un sixiéme de toise.

Les *Lambris* & *Plafonds* à lattes jointives vont toise pour toise; les *recouvremens* des poutres & sablieres trois toises pour une. Les *Planchers carrelez* toise pour toise, & un sixiéme, & s'il y a dessous recouvrement pour mur, un tiers seulement.

Les *Pans de bois simples* se toisent par leur hauteur & largeur, rabattant toutes les Portes & Croisées, même les épaisseurs des sablieres, & se comptent deux toises pour une toise de gros mur.

Les *Cloisons creuses* lattées à lattes jointives des deux côtez vont une toise pour deux; celles qui sont recouvertes d'un côté, & les *Tableaux* des Croisées & Portes se comptent pour trois quarts de toise, pour une toise de gros mur, & on rabat la moitié des Bées; celles qui sont recouvertes des deux côtez, vont toise pour toise sans rien rabattre.

Le *redressement* des planchers pour les remettre de niveau vont trois toises pour une de gros mur, on ne compte rien pour le scelement des Croisées à un mur neuf.

Les *Tuyaux* des Privez de poterie se toisent par leurs hauteurs, & sur six pieds de pourtour, s'il n'y a point de poterie, ils ne vont que pour trois pieds;chaque *Siege* se compte pour douze pieds;les *ventouses* pour trois sur leur hauteur, & les *contre-murs* qui sont derriere les Tuyaux, & jusque dans les Fosses & Caves, vont toise pour toise.

Les *Marches*, *Coquilles & Pailliers* des Escaliers se ceignent par le milieu des Marches, & ce qui se rencontre de pourtour, se multiplie par la longueur du demi angle, & passe toise pour toise.

Les *Murs d'Echiffe* sous les patins des Escaliers vont toise pour toise, les *Marches de descentes droites* se toisent comme les Escaliers, & les petits murs audessous vont toise pour toise; les *Escaliers* se toisent par leur longueur seulement, & chaque pied est évalué à six pieds quarrez.

Les *Perrons* se toisent par leur pourtour sur la longueur du milieu, & vont toise pour toise; le *Massif* au dessous par la longueur & largeur, s'il n'est dit qu'il sera toisé cube; les *Parapets* se toisent par leur longueur & leur largeur & passent toise pour toise; les *Murs d'appuis* se toisent la longueur sur la hauteur, y ajoûtant la moitié de la face sur la hauteur, & les *Fours* à cuire le pain vont pied pour toise, supposé qu'un Four contienne six pieds dans œuvre.

Toisé des Couvertures de Tuille.

POur bien toiser une Couverture de Tuille, on prend une ligne, & on commence par un des bouts de l'Egoût jusqu'à l'autre, passant pardessus le faîte, & à ce pourtour on ajoûte trois pieds pour le faîte, & les deux Egoûts s'ils sont simples; mais s'ils sont doubles pointes, ou composez de cinq Thuiles chacun, alors on compte cinq pieds, on ajoûte aussi à la longueur les ruillées pour un pied.

Et quand un logis est en croupe, on toise la longueur sans avoir égard aux croupes, & on ajoûte les arrêtiers; le *Battellement* & *Pente* des goutieres vont chacune pour un pied, une *vuë de faîtiere* pour six pieds, un *œil de bœuf* pour douze, une *Lucarne* pour demie toise, une *Lucarne Flamande* pour une toise, & quand le fronton est couvert, une toise & demie, chaque *posement* de goutiere pour un pied courant, & les autres mesures à proportion.

Toisé de Couverture d'Ardoise.

C'Est la même regle que pour la couverture de Tuile, si vous en exceptez les *Arrêtiers* qui vont pour un pied, & les *Egoûts* pour demi pied. *L'œil de bœuf* passe pour demie toise, la *Lucarne demoiselle* pour autant; *la Flamande* pour une toise, & compris la couverture du Fronton une toise & demie.

Toisé du Bois de Charpente.

L'Embarras des réductions de pieces de bois de Charpente de differentes longueurs, qui cause tous les jours des disputes pour les Toisers, devroit obliger les particuliers qui veulent faire bâtir, de mettre dans leurs Marchez que les bois seront payez selon la mesure qu'ils se trouveront avoir en œuvre, sauf à donner quelque chose de plus du cent de bois.

Si l'on veut être instruit plus au long sur cette matiere, on aura recours à *l'Arthimetique des Ouvriers & Marchands, par Sion*, & autres Ouvrages de ce genre, on y trouvera ce qu'on souhaite.

CHAPITRE VIII.

LA POLICE OECONOMIQUE,

Où l'on voit ce que c'est qu'un veritable Oeconome, & les devoirs qu'il doit remplir dans son Domestique à la Campagne.

UN veritable Oeconome est une personne prudente, ménagere, qui sçait regler ses affaires, sa dépense & l'administration de son bien. La belle Oeconomie consiste encore à bien gouverner sa famille & son domestique.

Sans de certaines regles qu'on doit se prescrire dans un ménage champêtre, il est constant qu'on se prive non seulement des grands avantages qu'on en peut tirer, mais même qu'on s'y ruine entierement. Le ménage des Champs est une République où tout va en décadence, si on n'y apporte de l'ordre. Il doit y avoir de la subordination & de l'empire, mais il faut avec cela que la raison préside, & sans la raison ce n'est qu'une confusion capable de jetter tout dans le désordre. Sur cette idée, il est aisé déja d'établir quelque devoir que doit se prescrire un bon pere de famille, qui entreprend le commerce de la Campagne.

Comme maître de sa famille il doit s'étudier à la bien gouverner, & à commander raisonablement & à propos à ceux qui lui doivent l'obéïssance ; c'est le secret de les obliger à suivre agreablement ce qu'il leur ordonne. Un Gentilhomme, & toute autre personne qui délibere de faire valoir le bien qu'il tient de ses Ancêtres, ou qu'il s'est acquis par sa propre industrie, doit avoir ces considerations en vûë, s'il veut que tout luy profite.

Heureux celuy qui dans cette conjoncture a pour épouse une femme raisonnable, & avec laquelle il joüisse d'une tranquille paix ; tout se passe entre eux dans une parfaite intelligence ; c'est un trésor qu'une bonne femme, & de qui dépend tout le bon ou mauvais succés du dedans d'une maison, puisque c'est à sa conduite que tout est commis : un homme a beau travailler pour amasser tout ce qui peut provenir de la Culture des Terres, ce qu'il en retitera s'évanoüira bien-tôt, si la femme ne sçait le gouverner avec raison ; car, comme dit le Proverbe, *la femme fait ou défait la maison.*

On sçait bien que la premiere chose qu'un homme doit faire, c'est de rapporter tous ses desseins à Dieu, d'instruire sa famille & luy-même dans ce qui regarde les commandemens ; les Livres saints nous en avertissent, la morale nous l'apprend, & nous prescrit les devoirs qui nous sont absolument necessaires là dessus. Cette matiere n'est traitée que trop à fonds par bien de celebres Auteurs ; c'est pourquoy nous n'en dirons ici rien davantage, conseillant d'y avoir recours, comme à des sources d'où l'on peut puiser toute la solide pieté.

Il est des devoirs dans la vie civile qui ne font pas seulement l'honnête-homme, mais qui contribuent encore à ses prosperitez dans son ménage; comme par exemple, lorsqu'une personne a de l'honnêteté pour tout le monde, qu'il est affable, prévenant dans les besoins, liberal à ses amis sans profusion, caressant, & qu'il a de l'amitié pour ceux qu'il connoît, & qu'il est bien sensé; tout cela luy attire l'estime d'un chacun, & le mettant en commerce avec toutes sortes de personnes, luy rend les esprits dociles à ce qu'il souhaite d'eux, au lieu qu'un brutal, un homme hors de raison, un esprit sauvage, pour peu d'affaire qu'il fasse, ne les fait le plus souvent que de travers.

Ses affaires doivent toûjours être si bien reglées qu'il soit toûjours en état de faire plûtôt du bien à ses amis, que d'être obligé d'avoir recours à eux dans ses besoins. Si l'occasion se presente qu'il ait affaire de leur bourse, que ce qu'il en desire soit modique, & qu'il le leur rende bientôt. *Qui bien rend*, dit le Proverbe, *emprunte deux fois*.

Le moyen d'arriver à ce but est d'être attentif à ce qui regarde son interest, comme d'avoir l'œil à sa bourse, à ses Greniers & Caves & à sa Campagne; à sa bourse, en se rendant compte tous les jours de sa dépense & de son gain; à ses Greniers & Caves, en considerant les Marchandises qu'elles contiennent, pour juger quand & comment il faudra qu'il s'en défasse; & à sa Campagne, en se consultant sur la maniere d'en faire la recolte; Il ajoûtera à cet examen quelque commerce qui n'ait point d'incompabilité avec l'Agriculture, afin qu'il soit, comme dit un ancien Auteur, *plus en état de vendre que d'acheter*. Cato de Agric.

Ce n'est pas le tout, pour un bon Oeconome de Campagne, de bien sçavoir cultiver les Terres, il faut qu'il se fasse une application particuliere de déveloper les secrets qui peuvent tendre à rendre un Champ fertil: il s'épuise de substance à force de produire; il languit, pour ainsi dire; il a besoin de nouvelles forces, & ce n'est qu'en les luy fournissant qu'on en augmente le revenu. Si nous voulons que la Terre nous soit prodigue, il ne faut point lui être avare, & *celuy là*, dit-on, *n'a pas besoin de Terres, qui ne veut pas les ameliorer*. Il est bon pour un ménager *de risquer à la vente, d'être prompt à planter, & de bâtir fort tard*, à moins que quelque occasion ne l'y oblige absolument.

Tous ces points suivis exactement conduisent un homme ménager à la veritable science de l'Agriculture, & c'est par là qu'il grossit ses revenus, & que son industrie le dédommage suffisamment de ses sueurs; rien n'échappe à sa connoissance. Moulins, Aqueducs, Prairies, Herbages, Racines, & plusieurs usages & autres menuës denrées qu'on neglige, luy apportent du profit, & il sçait par son génie particulier, d'un désert, se faire une demeure toute agreable & tres-utile.

Rempli de toutes ces lumieres qui regardent l'Agriculture, il n'hesitera point de donner ses ordres à ses domestiques, qui luy obéïront d'autant plus volontiers, qu'ils verront que ce qu'il leur commande est raisonable & fondé sur l'experience.

Un des principaux articles du devoir d'un Pere de famillle, est de sçavoir approprier l'Ouvrage à l'Ouvrier; il en est toûjours mieux fait; il faut aussi le proportionner à ses forces, c'est à dire, donner les gros ouvrages à ceux qui sont les plus robustes; & aux plus ingenieux, les ouvrages qui demandent le plus d'invention.

Il faut tâcher, autant qu'il est possible, d'approfondir chacun en particulier l'esprit des Domestiques, afin de ne les point rebuter dans leurs travaux; de traiter les uns doucement & les autres avec un peu plus de severité, parce qu'on aura jugé qu'ils doivent être traitez de la sorte pour leur faire faire leur devoir; point de prévention sur tout dans ces jugemens, & qu'on se garde bien de tomber dans les extremitez de ces deux passions, sçavoir de la douceur & de la severité: ce qui est outré est dangereux, ainsi que ce qui paroît marquer trop d'indolence.

Il ne faut pas qu'un homme qui a un domestique à conduire à la Campagne soit paresseux de se lever de grand matin; il doit commencer par faire la revûë de tous ceux qu'il a à ses gages, sa presence leur impose, & c'est un exemple pour eux, & qu'il faut absolument qu'ils suivent. D'abord on les voit courir chacun à leur ouvrage, & c'est à qui, semble-t'il, se pressera le plus à le commencer; il n'est rien tel que le grand matin pour bien employer une journée; *la matinée*, dit le Proverbe, *avance la journée*, & pour parler dans le même esprit. *Si tu te couches tard, tu te leveras de même, & plus tard l'ouvrage sera commencé, plus tard tu dîneras.* Il ne faut point entreprendre les travaux champêtres, quand on se sent trop de molesse pour les executer; il faut conduire soy-même ses domestiques, & être à leur tête, comme le chef qui leur doit commander.

Tels sont les soins & la vigilance qu'on doit avoir à la campagne; tels sont les mouvemens du corps qu'il s'y faut donner. Si un Pere de famille ne peut pas suffire à veiller à tous ces dehors, il fera choix d'un honnête homme pour luy aider, d'un homme sur lequel il puisse se reposer, qu'il ait déja éprouvé en quelque façon, & dont il connoisse la fidelité.

Il aura soin le soir de luy demander compte de tout ce qui ce sera passé pendant la journée, de raisonner avec luy, sur ce qu'il conviendra faire pour le lendemain, & de luy donner ses ordres là dessus, afin qu'il n'y reste rien à faire. Il tiendra un Registre où il écrira tout ce qu'il donnera à ses domestiques, crainte de se tromper & de les tromper eux mêmes.

Ce grand ménager ne dédaignera pas quelquefois de s'entretenir avec ses Ouvriers, & de parler un peu familierement avec les journaliers, afin de loüer ceux qui s'acquittent de leur devoir, & de reprendre les autres qui travaillent avec nonchalance: il faut toûjours neanmoins ne se point dépoüiller de l'autorité qu'on a sur ces esprits, trop de familiarité les gâte, & porte préjudice au Maître.

Il est bien vray qu'il faut leur pardonner quelque chose quand ils ont manqué, afin que le pardon qu'on leur fait connoître, leur serve de motif pour mieux faire une autre fois: mais il ne faut pas qu'une complaisance sans fondement alors nous fasse agir; c'est la raison seule & un peu de charité, qui mettant tout dans l'équilibre, s'il en est besoin, doivent uniquement nous conduire.

S'il

S'il arrive que quelque Valet ou autre Domestique vous donne sujet de vous mettre en colere, sachez vous y moderer, & que l'éclat qui y parroît soit plus pour le faire rentrer en son devoir, que pour le maltraiter : que l'excés de cette colere n'aille pas jusqu'à lui donner congé sur le champ, & principalement dans le temps où on en a le plus affaire. Qu'on se garde bien d'en venir jusqu'aux coups & jusqu'aux injures ; le premier transport tient d'une espece de folie, que tout le monde condamne, & l'autre d'une bassesse d'esprit, qui ne convient qu'à des gens grossiers & mal instruits.

Il faut un peu souffrir des Domestiques, c'est à dire, supporter quelques momens de leur mauvaise humeur, sur tout quand ils font bien d'ailleurs leur devoir, & que certaines conjonctures nous obligent de les garder; comme par exemple, quand la recolte des fruits approche, ou qu'on a commencé à la faire ; car alors, si vous maltraitez trop un Valet, il vous quitte brusquement, & d'autant plus volontiers, qu'il sçait bien en ce temps qu'il ne manquera pas d'ouvrage ; n'attendez point de ces gens là aucune complaisance pour vous, ils ne vont qu'où l'interest, ou une fantaisie brutale les entraîne ; plusieurs raisons alors les sollicitent à le faire, ou parce que le prix des journées est plus fort qu'ils ne s'imaginent gagner quand ils sont à l'année, sans considerer ce qu'ils deviendront dans la morte saison, ou parce qu'ils seront obsedez d'un petit libertinage, qui leur fera, par malheur pour eux, preferer leur liberté à leur interest.

Nôtre ménager aura pour maxime chaque soir d'ordonner tous les Ouvrages pour le lendemain, afin que chaque Domestique sachant qu'elle sera sa tâche, se leve dés la pointe du jour pour aller à son ouvrage ; ce Maître aura souvent des conferences avec ses Valets sur ce qui regardera la culture des terres, & les ameliorations qu'il conviendra y faire ; ces sortes de confiances que les Domestiques se persuadent qu'on a en eux, les flattent, & les portent à l'ouvrage avec plus d'inclination ; cependant il est bon de primer toûjours dans ces sortes d'occasions, & de faire voir qu'on sçait ce que c'est que l'ouvrage.

Il faut avoir le moins de Domestiques qu'il est possible ; non seulement pour épargner la dépense & le soin de les conduire, mais encore plus pour éviter la paresse. Un Maître se décrie quand il change souvent de Domestiques, & ces changemens dérangent le bon ordre d'une maison ; car le nouveau Domestique apporte souvent en entrant quelque mauvaise maniere qui nuit aux autres, & il luy faut du temps pour quitter ses vieilles habitudes, & en prendre de nouvelles.

Ce n'est pas le tout que de regarder les Domestiques par rapport à son interest, il faut encore avoir sur eux des vûës de Religion. Le principal soin d'un Maître Chrétien, dit Monsieur Fleury, doit regarder les mœurs de ses Domestiques ; il doit compter comme une chose infaillible que chacun d'eux a quelque défaut, & travailler charitablement à l'en corriger, & à l'exciter à la vertu.

Devoir des Maître page 27.

Il ne faut jamais remettre à faire un ouvrage, quand il est necessaire qu'il se fasse ; telle nonchalance est toûjours préjudiciable. *Qui trop attend le temps, le temps bien souvent luy manque*, & puis aprés on n'y peut plus revenir.

La nourriture des Domestiques doit être bonne & suffisante, & un bon ménager aura soin qu'elle soit reglée & proportionnée à leur état; que les mets qu'on leur donne, quoique grossiers, soient bons & bien assaisonnez; car enfin ce sont des hommes qu'on nourrit, il faut donc les nourrir humainement.

Leurs repas doivent être reglez, & même plus que ceux du Maître, qui souvent a des occasions de les reculer, ou de les avancer. Ne suivez point la coûtume de certaines gens, qui lorsque leurs Domestiques sont à table, vont les regarder manger, comme s'ils vouloient compter leurs morceaux: souvent cela les oblige à user de sobreté devant vous, lorsque par derriere ils cherchent à s'en dédommager à vos dépens; il faut les laisser libres là dessus, & en hyver leur donner aprés les repas le temps de se chauffer un peu, pour retourner ensuite à leurs Ouvrages.

Dîner des Domestiques à la Campagne.

LE dîner des Valets de Campagne depuis la mi-Octobre jusqu'au quinze de Février, qui est le temps où les nuits sont plus longues, doit toûjours être avant jour, afin que dés qu'il éclaire, chacun se range à sa tâche, la matinée étant le temps où l'on fait le plus d'ouvrages; car lorsqu'ils sont à travailler par les Champs, on ne s'avise point de les faire revenir à la maison pour dîner, ce seroit trop de temps perdu, ainsi que s'il falloit leur porter à manger où ils travaillent.

Leurs occupations avant que de souper en Hyver.

LEs Domestiques qui ont soin du bétail doivent avant souper, & sitôt qu'ils sont de retour des champs, les panser soigneusement, & pour lors il est à propos que le Maître en se promenant regarde par tout, examine tout, & voye si les animaux de sa basse-cour sont accommodez comme il faut. C'est son profit, il ne travaille que pour luy; car le Proverbe dit fort bien, *que l'œil du Maître engraisse le cheval.*

Occupations aprés le Souper.

QUand les Domestiques ont soupé, ils font la veillée, & pour lors on les employe les uns à raccommoder quelques meubles ou instrumens servant au ménage des champs, les autres à tailler ou tiller le Chanvre, comme on voudra dire, & les autres à d'autres ouvrages de cette sorte, suivant en cela la maxime que nous prescrit là dessus un ancien Naturaliste, qui dit, *qu'il ne faut jamais faire de jour ce qu'on peut faire de nuit, ni dans le beau temps ce qu'on peut faire pendant le mauvais*; car c'est ne pas s'entendre au ménage des champs, que de prendre une maxime toute contraire.

Plin. liv. 8. Chap. 2.

Et pour ne pas laisser oisifs les Domestiques en ces mauvaises saisons, on aura chez soy une bonne provision d'outils & d'instrumens propres au labourage pour s'en servir au besoin; on aura des socs, charruës, hoyaux, pioches, pelles, besches, serpes & le reste, toûjours le double de chacun; afin que si l'un vient à manquer, on ait recours à l'autre pour ne point perdre de temps ; c'est une mauvaise maxime que de courir à l'emprunt pour ces sortes de choses, outre qu'on risque souvent d'être refusé, c'est qu'on ne vous prête jamais que de tres-mauvais instrumens.

Ce n'est pas le tout que d'en être bien muni, il faut être soigneux qu'il ne s'en égare point ; & pour cela les faire mettre en un endroit qui soit sûr, & ou où les puisse prendre, quand l'occasion le demandera ; tous ces outils seront rangez en bon ordre, & non pas mis confusément l'un parmi l'autre, les grands separez des petits, & ceux de fer d'avec ceux de bois.

Le mauvais temps est encore celuy qu'on choisit pour curer les étables, bien faire ramasser les fumiers de la basse-cour, tondre les hayes, couper du bois, & charier des materiaux pour bâtir si l'on s'en est formé le dessein.

Les ames vulgaires & mercenaires, comme sont ordinairement les Valets & servantes, ne se mennent que par l'interest ; afin donc de se faire aimer d'eux, ayez soin de payer leurs gages & tout ce que vous leur avez promis d'ailleurs sans leur rien rabattre. Faites-leur le moins d'avance que vous pourrez, car bien souvent c'est autant de perdu, à moins que ce ne soit dans une necessité pressante d'une maladie, ou de quelqu'autre accident fâcheux qui leur soit arrivé, car ces gens qui ne se piquent point tout-à-fait d'honneur, souvent vous abandonnent quand vous les avez payé d'avance.

Un homme qui fait valoir son bien à la Campagne, ne doit avoir de Domestiques qu'autant qu'il en faut pour la culture des terres, & quand il en auroit un peu moins, ses affaires n'en prendroient qu'un meilleur train : on ne manque point d'ouvriers à la journée, quand on veut avancer ses ouvrages, & le petit nombre de Valets qu'on a, fait qu'en travaillant ils ne s'attendent point au secours d'autruy. Ce qu'on leur donne à faire pendant l'année est alors comme une tâche, qu'ils se font une espece de point d'honneur de remplir, au lieu que lorsqu'ils se voyent trop bien accompagnez, ils ne travaillent pas tant.

La saison de prendre les hommes à la journée, est lors que les jours sont grands, c'est à dire depuis le mois de Mars jusqu'au mois de Novembre ; car pendant les trois autres mois, c'est quasi argent dépensé inutilement à la Campagne, quand ce n'est que pour l'Agriculture. Il faut toûjours faire les premiers les Ouvrages qui pressent le plus ; telles sont les réparations les plus necessaires, causées par quelque inconvenient que ce soit, les Moulins endommagez & autres ouvrages de cette sorte, dont le retardement ne pourroit être que préjudiciable & diminuer par consequent de beaucoup les revenus d'un domaine : le temps de planter les vignes & les arbres est un temps encore à ménager, & qu'on doit prendre sans differer.

La veritable Oeconomie ne veut pas qu'un bon ménager entreprenne rien d'extraordinaire dans les temps que les danrées sont cheres, il vaut mieux vendre celles qu'on a, & en garder l'argent pour l'employer à satisfaire sa petite ambition, quand l'année est devenuë meilleure ; on excepte neanmoins de cette regle les réparations qui sont de necessité, & quelques ouvrages qu'on pourroit faire construire par un motif de Charité, afin de survenir au soulagement des pauvres, en les faisant travailler dans la cherté du pain ; quand les danrées sont à trop bon marché, il faut les consommer comme on peut, particulierement celles qui ne sont point de garde, & de l'argent qui en provient, on en fait creuser des fossez pour égouter les eaux, épierrer les terres, détaupiner les prez, dresser une Garenne si l'on veut, & plusieurs autres ouvrages dont on peut se passer pour un temps; mais qui lorsqu'ils sont faits, apportent du profit à la maison.

On ne doit point souffrir de mauvais ouvriers, quand on les a connu pour tels à l'œuvre, il faut, sans rien dire, les renvoyer, & leur payer leur salaire. On ne doit pas aussi exiger un travail excessif d'un Ouvrier, ni le pousser à bout par de mauvais traitemens, en se prévalant de l'avantage qu'on a sur luy. On doit aussi avoir de la douceur pour les Domestiques, & ne pas agir comme ces Maîtres inhumains, qui ménagent moins leurs Valets que leurs chevaux, parce que les premiers ne leur coutent point d'argent.

Le moyen d'être bien servi est de bien payer les Domestiques, comme on l'a déja dit, d'avoir de la charité & de la douceur pour eux, & de les bien nourrir selon leur état, ayant neanmoins toûjours la main ferme pour les contenir chacun dans les bornes de leurs fonctions. Trop de familiarité aussi avec eux les rend faineans & insolens, il faut toûjours les tenir en respect.

Quand une fois on a un bon Domestique, on ne sçauroit avoir trop d'amitié pour luy; on appelle un bon Domestique, celuy qui est fidele en ses ouvrages, & pour ce qui regarde les interests de son Maître; la fidelité est le fondement de toute societé entre les hommes, & particulierement de la societé domestique, qui ne subsiste que par la confiance qu'un pere de famille a en ses serviteurs.

Il seroit à souhaiter que pour le labourage on trouvât de bons Valets: ce sont ceux-là dont il ne faudroit pas se défaire que dans l'extremité pour l'avantage des terres, parce que plus un Valet laborieux connoît la nature de chacune, plus elles apportent de profit à leur Maître; il sçait leur temperament, & y apporte du remede quand il le sent alteré; il y proportionne la semence à leurs forces, & les tourne & retourne ainsi que leur génie le demande. On n'est pas si circonspect à l'égard des autres Valets.

Le bon âge auquel on doit les prendre pour les travaux de la Campagne, est depuis vingt ans jusqu'à quarante ou quarante cinq. Les hommes de grande taille sont propres pour le labourage, les petits pour les vignes, & tout le travail qui regarde les Jardins, & pour la conduite du bétail & autres ouvrages de cette sorte. Voilà les avis qu'on a cru les plus necessaires à un Pere de famille qui veut s'établir à la Campagne, & tâcher par ses travaux d'y amasser suffisamment de quoy vivre. Tels sont les devoirs que doit suivre un bon ménager: passons maintenant à ce que doit faire la ménagere, qui, comme nous avons déja dit, fait ou défait le ménage.

CHAPITRE IX.

Ce qu'il faut qu'une femme pratique necessairement à la Campagne, pour entretenir l'abondance dans sa Maison.

C'EST de tout temps que le soin du dedans de la maison a été commis à la femme : il est vray qu'il est bien plus grand & plus étendu à la Campagne que dans les Villes, mais en quelque endroit que ce puisse être, c'est toûjours un soin qui occupe, & sans lequel les maisons vont en décadence : mais laissons là les Villes, & retournons à nôtre séjour champêtre.

Une femme de campagne qui veut réüssir à bien conduire son ménage, doit d'abord se faire un principe d'une solide vertu, comme étant la baze sur laquelle doit rouler toute sa conduite ; c'est cette vertu qui l'instruit, qui la guide & qui luy attire l'estime universelle de tout le monde ; il faut que ses actions servent de miroir à ses domestiques, & particulierement à ses Servantes, dont les pas luy sont entiérement commis.

C'est à elle à faire à les regler & à les choisir. Une Servante pour être propre à la Campagne, ne doit être ni trop vieille ni trop jeune, c'est à dire, qu'on peut les prendre depuis vingt ans jusqu'à quarante, parce que lorsqu'elles sont trop vieilles, ou dans un âge trop tendre, leurs forces ne suffisent pas pour soutenir le travail qu'on leur destine.

La mere de famille prendra pour Servantes les plus sages qu'il sera possible, & veillera que cette sagesse ne se corrompe point parmi l'air infect qu'exhalent la plûpart des Valets, lors qu'elles sont tant que de le vouloir respirer, & qu'elles y prennent même plaisir ; son œil, autant qu'elle le pourra, ne doit point sortir de dessus elles, ni permettre qu'il se passe avec eux aucunes privautez que ce soit, sous prétexte d'un leger badinage ; c'est par là que l'amour commence à s'introduire dans le cœur, qu'il y entre enfin, & qu'il cause parmi les Domestiques les desordres dont on a tant vû d'exemples.

Elle donnera soir & matin ses ordres à ses Servantes, & prendra garde aprés si elles les ont bien executez. L'employ de ses Servantes regarde au dedans du logis quelques Chambres à tenir propres, mais ce n'est pas là le principal ; les bestiaux sont les objets qui doivent les occuper davantage ; c'est pourquoy la Maîtresse examinera si ces animaux sont bien soignez, s'ils ont bonne litiere, & si rien ne leur manque pour leur nuit.

Une bonne ménagere de campagne doit être sédentaire à la maison, tandis que son mary travaille au dehors, soit pour conduire ses Ouvriers, soit pour faire ailleurs quelqu'autre affaire qui la regarde, parce que lorsqu'elle sort sans necessité, ses Servantes le plus souvent, & les autres Domestiques, s'il en reste à la maison, ne font que lentement & imparfaitement leur Ouvrage ; c'est un sujet de divertissement pour eux, & de dommage pour le Maître.

De tout ce qui vient de danrées à la maison, c'est à faire à elle à les gouverner, à entrer en connoissance de ce qu'elles sont, afin qu'en connoissant la nature, elle sache à propos les mettre à profit ; mettre à part ce qui n'est pas de durée, conserver ce qui est de garde, & veiller que ce qui doit servir de dépense pour toute l'année, ne se dissipe pas en bien moins de temps : cette regle qu'elle se doit absolument prescrire luy est importante pour soutenir sa famille.

Si quelqu'un de ses Domestiques ou autres de sa maison, qui luy appartiennent, tombe malade, il est de son devoir de prendre soin qu'ils soient traitez comme il faut : la charité chrétienne luy ordonne, luy attire la bienveillance de ceux qui la servent, & fait qu'elle en est mieux servie dans la suite.

Elle doit prendre garde, quand elle parle à ses Domestiques, de ne pas s'accoûtumer à certaines manieres rudes & seches, qui bien qu'en apparence peu importantes, ne laissent pas de faire mauvaise impression dans leur esprit ; de sorte qu'au lieu de servir avec affection, ils se rebutent, & ne travaillent que parce qu'ils y sont forcez. Elle doit éviter tout ce qui marque du mépris, & ne point piailler à tout moment pour rien ; c'est un état de soy fâcheux à la nature d'être réduit à servir par pauvreté : il est juste de l'adoucir autant qu'il est possible.

Elle sera soigneuse de ne rien laisser à l'abandon, & de placer tout de maniere qu'elle le trouve tout d'un coup, quand elle en aura besoin ; il faut qu'elle soit propre en ce qu'elle fait, & dans l'ordre qu'elle apporte à arranger les choses qui sont de son ressort : sans cette précaution il se perd bien des choses dont on devroit tirer du profit.

La dépense du ménage la regarde entierement, & elle en est l'œconôme ; c'est à elle à s'étudier à la bien distribuer, c'est à dire, à n'en point faire de profusion, tant pour les habits que pour la nourriture ; il ne faut pas aussi qu'une avarice crasse la guide en cela, il y a un milieu à prendre qui est honnête, & qu'elle doit rechercher.

Il est certain que les Servantes ne font jamais mieux leur devoir, que lorsqu'elles voyent leurs Maîtresses être la premiere à l'ouvrage ; on entend de ces ouvrages qui conviennent aux femmes de campagne, comme de coudre, de filer & manier le laittage, de tailler le chanvre, & quelques autres qui se font à la maison, lorsque les Servantes n'ont plus rien à faire dehors, ou que le mauvais temps ne leur permet pas de sortir : cet exemple leur fait beaucoup d'impression, & les rend des plus diligentes.

Pendant l'absence de son mary cette femme ne dédaignera pas d'entrer en connoissance avec ses Valets de quelques soins qui le regardent, elle en conferera avec eux, elle aura l'œil dans sa cour, à ce qu'ils gouvernent bien les animaux qui sont à leurs soins, & à leur ordonner ce que feroit le Maître, s'il y étoit. Quoique cette vigilance ne parte pas d'un esprit pleinement instruit dans ce que ces Domestiques doivent faire, cela ne laisse pas neanmoins de leur imposer, & de leur inspirer de la crainte.

Il y a mille petites épargnes honnêtes à quoy il faut qu'elle s'applique dans son Domestique : la maison n'en vaut que mieux ; c'est à elle à songer aux provisions du dedans, à examiner si les ouvrages qu'elle a distribuez à ses Servantes sont faits comme il faut, sinon leur montrer leurs défauts.

Elle ne doit point être paresseuse à se lever matin, *la femme forte*, dit le Sage, *se leve avant le jour pour distribuer la nourriture à ses Domestiques.* Nous en voyons peu aujourd'huy qui soient de ce caractere ; elles se contentent de donner leur ordre là dessus, & s'en rapportent à la bonne foy de leurs Servantes. Prov. XXXI. XXV.

La mere de famille tiendra aussi un Registre de toutes les danrées qu'elle veut envoyer au Marché, afin qu'au retour la servante, qui a cet employ, luy en rende compte ; ce soin d'envoyer vendre le beurre, la volaille & autres choses qu'on tire du domaine, doit être pour elle une étude particuliere, c'est ce qui fournit de quoy vivre à la maison.

Ce Registre contiendra aussi le nombre du linge qu'on met à la lessive, les meubles courans qu'elle aura donné à ses Servantes pour l'usage de la table & autres choses du logis, & elle soignera dans l'occasion de s'en faire rendre compte ; cette vigilance reveille celle des Servantes, parce qu'il y va de leur interest.

Une femme ménagere est capable de rétablir une maison tombée par la trop grande dépense, au lieu que celle qui dépense tout sans raison, détruit en peu de temps celle qui est la mieux fondée. *La femme forte*, dit Salomon, *est la couronne de son mary, elle bâtit la maison, elle plante la vigne, & ne craint ny le froid ny la gelée.* On ne prétend point prendre cette Sentence à la lettre : car enfin une femme étant d'une constitution plus délicate que celle d'un homme, n'est point reservée pour ces rudes travaux qui le regardent, on veut seulement dire qu'il faut qu'une mere de famille qui a des Domestiques à la campagne, soit active & vigilante, afin que par là elle les tienne en respect, & les oblige à faire leur devoir.

Cette femme sera soigneuse d'enfermer tout sous clef, hors le pain qui doit être à la discretion des Domestiques : elle visitera souvent ses caves, ainsi que le mary, & les greniers pour voir si ce qu'ils contiennent, ne se gâte point.

Le Four est encore de sa dépendance, ainsi que de songer à faire ourdir de la toille pour l'usage de la maison, tondre les brebis pour en tirer la laine dont on fait de la tiretaine, qui est un étoffe propre à habiller des Domestiques, cela leur tient lieu de payement, & enfin d'avoir soin des Mouches à Miel.

C'est ainsi qu'une bonne ménagere doit passer une vie active dans sa maison ; & quoique ces soins, ces mouvemens ne soient renfermez qu'au dedans, tandis que le mary s'occupe au dehors, on peut dire cependant qu'ils sont tres-importans, & que c'est par ces soins que se couronnent tous les travaux de l'Agriculture. On voit donc de quelle consequence il est, que l'homme & la femme ayent l'oeil sur leurs Domestiques : ils ne doivent point souffrir qu'ils soient oisifs, leur interest les y oblige, & l'Ecriture le leur commande ; lors qu'elle dit, *fais travailler ton serviteur, & tu trouveras du repos : lâches-luy la main, il cherchera la liberté ; jettes-le dans le travail, qu'il ne soit point oisif ; car l'oisiveté enseigne bien de la malice ; fais le travailler comme il luy convient, & s'il n'obéit pas, charges-le de fers*, c'est à dire, punis-le comme il le merite. Un Valet, une Servante Eccl. 33. Gr. 25. 27. 28.

qui n'aiment point le travail, sont des meubles qui gâtent une maison, il faut s'en défaire au plûtôt: la faineantise qui les assiege les fait souvent tomber dans le désordre au préjudice de leur Maître; c'est pourquoy on ne peut trop veiller sur ces sortes de défauts; & quand on les a connus, on doit changer ces mauvais Domestiques.

CHAPITRE X.

L'art de regler une Maison de Campagne par rapport à toutes sortes d'états, afin que tout s'y fasse avec œconomie; dans un tres bel ordre & pour l'interest particulier du Maître, avec un Calcul pour sçavoir à tant par an de dépense, combien par jour.

SUpposons icy que nous voulions faire la Maison d'un Gentilhomme fort aisé, dont l'inclination soit de demeurer à la Campagne, & de faire valoir sa terre par ses mains; il n'est plus question que de luy donner autant de Domestiques qu'il luy en faut pour le servir: n'écoutons point icy tout à fait l'ambition, ne considerons avec sa naissance, que le bien qu'il peut avoir, afin d'y proportionner son train.

Donnons-luy un Maître d'Hôtel, un Valet de Chambre, un Officier d'Office, trois Laquais, un Cuisinier, un Cocher, & un Palfrenier; Voilà pour l'éclat, & pour soutenir son nom. Il ne reste plus qu'à luy assigner les Domestiques pour les travaux de l'Agriculture; nous en parlerons en leur lieu.

Ce Gentilhomme aura donc, en se comptant, dix bouches, & de plus quatre chevaux de carosse, dont la dépense se reglera comme on le va dire; elle sera honnête, non superfluë, & digne d'un homme qui veut se piquer de bien faire les choses.

L'ordinaire pour la grosse viande est une livre & demie par jour pour le Maître & chacun de ses Domestiques, tellement que cela fera la quantité de quinze livres, à raison que quatre sols la livre la meilleure en Province, font trois livres, cy 3. livres.

Ces sortes de viandes se déguisent en plusieurs manieres, & selon qu'il en prend fantaisie au Cuisinier, qui observe toûjours parmi cela de garder quelque grosse piece pour le rôt, telle que peut être une éclanche, une longe de veau, ou autre chose de cette sorte, le tout selon les saisons; on peut au lieu de viande de boucherie servir quelque grosse volaille, qui tiendra lieu de grosse piece de rôt. Quoiqu'on la prenne dans la basse-cour, & qu'il semble que cela ne coute rien, cependant nous la ferons passer pour le même pied de la grosse piece de boucherie qui se sert à souper, parce que nous regagnerons cela sur d'autres choses qui seront d'augmentation, & que nous compterons pour rien.

Pour les légumes & autres provisions qu'on fait pour la table aux jours maigres, seront comptez sur le même pied, quoique ce Gentilhomme prenne une partie de tout cela chez luy; mais s'il falloit compter les gages d'un d'un Jardinier & autres dépenses qu'il est obligé de faire pour le potager, le grain qu'il donne pour les poules, & les gages des Servantes qui les gouvernent, on verroit que tout cela iroit bien aussi haut, si bien donc que nous mettrons encore trois livres, cy 3. l.

Nous donnerons pour deux sols de pain à chaque personne, y compris celuy pour les potages, cela montera à vingt sols, cy 1 l.

Le vin pour la table du Maître, qui va par jour à une pinte, mettons pour cela cinq sols en Province, cy 5. s.

Pour le vin des Domestiques, on le comprend ordinairement parmi leurs gages, & pour le sel, poivre, muscades, cloux, herbes pour mettre au pot; salades, racines & autres legumes, vinaigre, verjus, chandelle, bois, charbon, tant pour la chambre que pour la cuisine, trente sols par jour; cette dépense va bien là, cy 1. l. 10. s.

De maniere que si l'on veut sçavoir à combien par jour se monte la dépense de bouche de nôtre Gentilhomme, on verra qu'elle va à huit livres quinze sols, cy 8. l. 15. s.

Il reste à present la nourriture de quatre chevaux de carrosse, ausquels il faut par jour six bottes de foin, c'est à dire, une botte & demie à chacun, à deux sols la botte, à la campagne, font douze sols, quatre bottes de paille de quatre sols, & quatre boisseaux d'avoine pesant chacun quinze livres, qui valent vingt-quatre sols, le tout fait quarante sols, cy 2. l.

Pour le Maréchal & l'entretien des fers des chevaux, un sol par jour pour chaque cheval quatre sols, cy 4. s.

Pour le Sellier & l'entretien des harnois deux sols par jour; pour le Charron & l'entretien des roües du carrosse, y compris les fournitures, quatre sols par jour, moyennant quoy il sera aussi obligé d'entretenir les charruës & autres harnois de labourage, le tout fait six sols, cy 6. s.

Pour les gages & le vin d'un Maître d'Hôtel, trois cens livres, cy 300 l.

Le Valet de Chambre aura cent cinquante livres, cy 150 l.

L'Officier d'Office cent cinquante livres, cy 150 l.

A chacun des Laquais, soixante & quinze livres, ce qui fait en tout deux cens vingt-cinq livres, cy 225. l.

Pour le Cuisinier deux cens livres, cy 200. l.

Pour le Cocher cent francs; pour le Palfrenier quarante cinq livres, en tout cela fait cent quarante cinq livres, cy 145. l.

Joignons encore à tous ces premiers Domestiques deux Valets pour la charruë, nous ne compterons pour eux qu'une livre de viande chacun, parce qu'ils se sauvent dans ce que les autres Domestiques peuvent avoir de trop, à quatre sols la livre, cela fait huit sols, une Servante de Cuisine, une Servante de basse-cour, une autre Servante pour garder les Vaches, un petit Valet d'Ecurie pour soigner les chevaux du labourage, & les autres harnois, un Berger, un petit Dindonnier, tout cela fait huit autres Domestiques, à chacun une livre de viande par jour à quatre sols la livre, le tout vaut trente-deux sols, cy 1. l. 12. s.

Ajoûtons icy à present les gages de ces Domestiques, & l'on donnera pour chaque Valet de charruë, quatre-vingt livres par an, & pour les deux cent soixante livres ; 160 l.

Pour la Servante de Cuisine quarante-cinq livres ; pour la Servante de basse-cour trente six livres ; pour la Vachere vingt livres, cela monte en tout pour ces Servantes à cent & une livre, cy 101. l.

Pour le petit Valet d'Ecurie vingt-cinq livres ; pour un Berger soixante livres ; pour un Dindonnier quinze livres, le tout monte à cent livre, cy 100. l.

Voyons maintenant à combien toute cette dépense monte ; selon nôtre Calcul, la dépense par jour va à douze livres dix-sept sols : quand on compteroit treize livres & quelque peu davantage, on ne se tromperoit pas ; si bien que c'est déja sur le pied de cinq mille livres par an, jointes à la somme de treize cens soixante & une livre, font six mille trois cens soixante & onze livres : & quand nous mettrions le tout à sept mille livres, nous ne nous tromperions de gueres, à cause de quantité d'autres petites dépenses qui surviennent lorsqu'on y pense le moins, cy donc 7000. l.

Nous ne comprenons point dans cette somme l'entretien pour les habits du Maître & des Domestiques, & pour ceux de la Dame, s'il y en a une, avec toute sa suite, ce qui monte encore fort haut, pour peu qu'elle dépense ; si bien qu'on voit à vûë du pays que pour mener un train tel que celuy-là, il faut avoir quinze mille livres de rente pour ne rien devoir à personne, & vivre noblement ; car il y a encore le Jardinier à payer, & dont nous n'avons point parlé.

Autre Reglement pour une Maison de Campagne de moindre consequence.

AU lieu d'avoir tant de Domestiques pour la magnificence, il y en a ausquels le Valet de Chambre sert de Maître d'Hôtel, d'Intendant & d'Officier, qui n'ont qu'une Cuisiniere, deux Laquais, un Cocher & deux chevaux de carrosse, une Servante de basse-cour, un petit Berger, une Bergere, un Valet de charruë, un petit Valet pour luy aider, & trois chevaux de harnois pour labourer les terres. Ces derniers Domestiques se doivent regler sur le plus ou le moins de temps qu'on a à labourer : car par exemple, pour soixante arpens, il suffit d'une charruë, & par consequent d'un grand Valet pour la conduire & d'un petit pour luy aider ; car ce n'est que vingt arpens par chaque tournure, c'est à dire, vingt arpens en bled, vingt en avoine, orges & autres grains des Mars, & les vingt autres qu'on reserve pour la cassaille ou les *sombres*, comme on dit en certains pays.

S'il y avoit quatre-vingt ou quatre-vingt-dix arpens de terres à labourer, il faudroit deux charruës à la verité, mais pour cela il ne seroit pas necessaire de prendre deux grands Valets de charruë, on se contenteroit dans les temps d'avoir un homme à la journée pour avancer l'ouvrage, & sur la charruë on pouroit y mettre pour attelage deux bœufs au lieu de chevaux ; on ne sçauroit dire combien tout cela ménage la bourse d'un Maître ; car, comme on a déja averti, il faut toûjours avoir moins de Domestiques qu'on peut, *le grand train mange le gain ;* mais si le labourage est de cent arpens, & davantage deux grands Valets alors conviennent fort bien.

Autre Reglement pour ceux qui n'ont pas tant de revenus, & qui par consequent se contentent d'un plus petit train.

TEls gens, par exemple, n'auront point de carrosse, ils n'auront qu'un Laquais qui sert de Valet de Chambre, une fille de Chambre pour la Dame, qui a soin de l'Office, une Cuisiniere, qui souvent à l'œil sur la basse-cour le matin & aprés le repas; un petit Vacher, un petit Berger, un Valet de charruë, trois chevaux de charruë, dont l'un sert de monture au Maître dans le besoin, & une petite chaise pour rouler & Monsieur & la Dame, & pour cela on y attelle les chevaux de charruë quand ils n'y sont point occupez: c'est ainsi que nous voyons bien des Gentilhommes vivre agreablement avec leurs voisins, & amasser de quoy se soutenir & pousser leurs enfans dans les emplois qui leur conviennent.

Autre Reglement pour des Maisons Bourgeoises à la Campagne.

LEs bourgeois qui sont bons ménagers à la Campagne se passent tres-bien de Laquais, de filles de Chambre & de Cuisiniere particuliere; une bonne Servante forte & entenduë suffit pour la basse-cour; le Maîtresse, ou le Maître du logis font la cuisine, quelquefois cette Servante peut leur aider pour peu qu'elle y ait de génie: il faut un Vacher quand on a cinq à six vaches, & une Bergere ou un petit Berger pour les brebis, & un Valet de charruë seulement; car on suppose que le labourage ne suffise que pour occuper un homme qui sache labourer: si dans l'occasion on a besoin de quelque ayde, on prendra quelque petit garçon à journée qui entende un peu son métier; il y aura deux chevaux de harnois, c'est assez, dont le Maître pourra se servir pour monter quand il fera mauvais temps, & que ces chevaux seront de repos.

Sur le plus ou le moins de Domestiques qu'on veut prendre, on n'a qu'à se regler sur les prix des gages qui sont taxez, voir à quoy cela monte, & juger si l'on a les reins assez forts pour soutenir une telle dépense.

Nous ne parlons point icy de ces Seigneurs à gros équipage, & ausquels il convient avoir un Intendant, un Aumonier, un Secretaire, un Ecuyer, des garçons d'Office & de Cuisine, outre les chefs, plusieurs Cochers, des Postillons, plusieurs Palfreniers, un Suisse, quantité de Laquais, filles de Chambre, Precepteur, Valet de Chambre des enfans, Gouverneur & le reste; tout cela n'est pas tout à fait convenable à la campagne, cela ne demande que la Cour; & il faut du moins cinquante, soixante, ou cent mille livres de rente & davantage, pour survenir à un telle dépense; on s'y perd le plus souvent, à moins qu'on ait un Intendant & un Maître d'Hôtel tres-fidele.

Quoique nous ayons taxé les prix des Valets de charruë, appellez ordinairement *Charetiers*, on ne prétend pas cependant qu'on s'y arrête tout à fait, puisqu'il y a des endroits, comme dans la Beauce & dans la Brie, où ces Valets ont de gages depuis cent jusqu'à six vingt livres, au lieu qu'en Bourgogne les meilleurs ne gagnent que soixante livres, & l'on y en a même à quarante-cinq, cinquante & cinquante-cinq livres, c'est pourquoy il faut se regler au pays où l'on est.

Il est vray que dans les pays vignobles on leur donne trois chopines ou deux pintes de vin par jour en Eté, outre leurs gages, dans les années que le vin n'est pas cher; on n'en donne gueres aux sous-Valets, & le plus souvent point du tout; le Valet Vigneron à cause du fort travail de la vigne en a autant que le Charretier.

Voilà tout ce qu'on peut examiner pour l'Oeconomie d'une Maison de Campagne : telles sont à peu prés les regles qu'on y peut apporter, & sur lesquelles neanmoins on peut augmenter & diminuer si l'on veut : tout cela dépend de la prudence du Maître, & il seroit à souhaiter pour se faire une loy de ces réflexions, qu'on s'interrogeât soy-même, & qu'on considerât au juste ce qu'on a de bien en fond, quel en est le revenu, & que là-dessus on voulût établir à peu prés sa dépense; il est vray que la providence est bien grande, & que ce seroit en quelque façon, disent bien des gens, s'en méfier, point du tout, c'est la suivre pas à pas, & si nôtre dépense surpasse souvent nos revenus sans alterer nos fonds, c'est que cette même providence permet que d'ailleurs nôtre industrie y supplée, & cela est si vray que les gens bornez à leur seul revenu sans autre travail, s'abîment quand ils en agissent autrement : ainsi donc qu'on se fonde autant qu'ou pourra là-dessus, la Table qui suit aidera ceux qui voudront entrer dans ce détail.

TABLE.

Où l'on peut voir ce que l'on a à dépenser par jour, à proportion du revenu qu'on a par an.

Par An	Fait par Jour.	Par An	Fait par Jour.
100 Livres	5 ſ 5 d	8000 Livres	21 L 18 ſ 4 d
200	10 ſ 11 d	9000	24 L 13 ſ 1 d
300	16 ſ 5 d	10000	27 L 7 ſ 11 d
400	1 L 15 ſ 11 d	11000	30 L 2 ſ 8 d
500	1 L 7 ſ 4 d	12000	32 L 17 ſ 6 d
600	1 L 12 ſ 10 d	13000	35 L 12 ſ 3 d
700	1 L 18 ſ 4 d	14000	38 L 7 ſ 1 d
800	2 L 3 ſ 10 d	15000	41 L 1 ſ 10 d
900	2 L 9 ſ 3 d	16000	43 L 16 ſ 8 d
1000	2 L 14 ſ 9 d	17000	46 L 11 ſ 5 d
2000	5 L 9 ſ 6 d	18000	49 L 6 ſ
3000	8 L 4 ſ 4 d	19000	52 L 1 ſ
4000	10 L 19 ſ	20000	54 L 15 ſ 6 d
5000	13 L 13 ſ 11 d	30000	82 L 3 ſ 9 d
6000	16 L 8 ſ 9 d	40000	109 L 11 ſ 8 d
7000	19 L 3 ſ 6 d	50000	136 L 19 ſ 7 d

Si l'on en veut sçavoir davantage, on en viendra aisément à bout par le moyen d'une addition, & encore un coup ce seroit un grand avantage pour le bien des maisons, si cette Table pouvoit leur servir de modele pour s'y conformer.

CHAPITRE XI.

Qu'on doit choisir chaque Domestique selon le caractere particulier à son employ. Description de ces caracteres.

QUand on prend des Domestiques, tels qu'ils soient, il faut toûjours considerer s'ils sont d'un caractere qui convienne à l'employ qu'on leur destine, s'ils sont de force & de taille à s'en acquitter comme il faut. Il est vray qu'à l'égard de l'interieur, on n'en peut approfondir bien des choses, qu'à mesure qu'on pratique leur esprit; ce sont dans les uns des tresors cachez, & dans les autres beaucoup de défauts: l'apparence est trompeuse, pour juger sainement du dedans; mais si aprés quelque temps de service & un examen serieux sur leur conduite, ces Domestiques ne nous conviennent point, sauf pour lors à les changer. Il est neanmoins certains défauts qu'il leur faut passer; car il n'y a nul homme de parfait, outre que le changement de Domestiques ne vaut rien ni pour le Maître ny pour le Valet: c'est pourquoi on sera sage dans l'attention qu'on fera à leurs démarches, & s'ils sont tels à peu prés qu'on les souhaitte, à la bonne heure, on les gardera, sinon, & que leurs défauts sautent trop aux yeux, on les congediera. Voyons quels sont les caracteres qui sont propres à chacun.

Du Maître d'Hôtel.

LE Maître d'Hôtel qui est chargé de la dépense générale, qui se fait chaque jour dans une Maison selon l'ordre qui luy en est donné, doit s'étudier à maintenir le bon ordre dans tout le Domestique, & à leur donner à chacun ce qui leur appartient légitimement. Le choix des Officiers tant d'Office que de Cuisine dépend de luy, s'ils sont bons il doit les garder, & les changer s'ils ne font pas leur devoir.

Les Boulangers & les Marchands qui fournissent la bouche, sont aussi de son ressort, & c'est à luy à examiner si par eux il est servi comme il faut; car il doit avoir soin que le pain, la viande & le reste de la nourriture des Domestiques soit aussi bon qu'il se pourra, bien apprêté & distribué proprement, afin de prévenir les murmures, principalement des bas Domestiques. Il doit avoir soin aussi des malades, & de la nourriture des chevaux, s'il est chargé d'achetter les provisions de l'écurie.

Il est bon qu'il se connoisse en vin pour la Table du Maître, & en viande, afin de faire marché avec un Boucher, qui luy donnera deux entrées par semaine; il fera peser cette viande devant luy, crainte qu'on ne le trompe au poids, & en tiendra un Memoire exact. Son devoir regarde encore les épiceries, & généralement toutes provisions de bouche & assaisonnemens qu'elles demandent.

C'est à luy à avoir soin des bateries tant de l'Office que de la Cuisine, & de les faire raccommoder dans le besoin, prendre garde s'il n'en manque point, ainsi que de tous les utencilles necessaires à un Officier. Le bois pour la provision de la maison le regarde encore, & la prudence, s'il est interessé pour le bien de son maître, doit luy faire acheter généralement tout ce qu'il faut dans le temps qu'il y en a en abondance, qu'il est bon, & qu'il est à prix médiocre.

Qu'il empêche autant qu'il pourra, le bruit & le tumulte dans la Cuisine & dans l'Office, qu'il appaise les querelles, & ne souffre pas que les Officiers maltraitent leurs inferieurs. Il ne doit point se servir de ces volontaires qui ne sont capables d'aucune regle, & peuvent gâter les autres.

Enfin il faut qu'un Maître d'Hôtel sache regler & disposer les services des Tables, qu'il se donne sur les inferieurs toute l'autorité necessaire, pour le service, de maniere que cela s'execute avec douceur & honnêteté.

Du Valet de Chambre.

LA discretion & la fidelité sont deux vertus qui doivent être inseparables d'un Valet de Chambre: il ne doit point être flatteur, ni rien faire qui puisse préjudicier aux autres Domestiques, parce qu'il a plus que personne l'oreille de son Maître, & c'est un avantage dont il ne doit point se prévaloir pour nuire à qui que ce soit.

Il ne fera rien d'indécent ny de mal-honnête où l'on pourroit le commettre; il doit être adroit, & s'étudier à bien executer ce que son Maître luy ordonne; il est bon qu'il sache écrire, raser, peigner & même coudre en cas de besoin.

C'est à luy d'avoir soin que les habits de son Maître soient bien propres, & de faire son lit & sa Chambre; il faut encore qu'il ait soin du Cordonnier, du Tailleur, du Perruquier, du Chapellier, & autres Marchands qui fournissent pour le vêtir, & qu'il prenne garde que le Maître ne soit point trompé.

L'épée & autres armes dont il se sert sont encore commises à ses soins; il rendra bon compte de l'argent qu'on luy donne pour la Chambre, ainsi que des autres choses dont il est chargé; qu'il se garde bien d'être yvrogne, joüeur ny jureur, afin de donner bon exemple aux autres Domestiques; Il est des amusemens qui peuvent luy convenir, comme de joüer de quelque instrument, de dessiner ou de peindre; il peut encore joüer aux échets ou aux dames; ces sortes de jeux qui passent pour innocens, empêchent qu'il ne soit oisif ou qu'il ne dorme, parce que la plûpart des Valets de Chambre n'ont rien à faire toute la journée, depuis que leur Maître est habillé.

De l'Officier d'Office.

L'Employ de l'Officier d'Office, ou Somelier, comme on voudra dire, est d'avoir soin de la vaisselle d'argent qu'on luy met entre les mains, du linge de Table, de la batterie d'Office, & de tous les autres meubles qui en dépendent; il a aussi le soin du pain, qu'il doit distribuer suivant les ordres du Maître d'Hôtel, & prendre garde qu'il ne s'en perde point.

La clef de la cave est encore commise à sa garde, afin de rendre compte du vin qu'elle contient par le détail qu'il s'en fait tous les jours.

Il faut qu'il sache faire toutes sortes de Confitures tant séches que liquides, compottes, crême, biscuits, massepains, syrops, eaux & liqueurs de toutes sortes : c'est à luy de mettre le couvert, & à bien faire rincer les verres.

Son devoir demande qu'il fasse bien nettoyer soir & matin la vaisselle qu'il a en dépôt, & son interest veut qu'il la compte tous les jours & la fasse soigneusement serrer sans la manier trop rudement; & s'il en manque quelques pieces, il ne doit point retarder d'en avertir, afin qu'on en fasse incontinent la recherche.

Outre ses gages, le treiziéme du pain que le Boulanger fournit à la maison luy appartient, en tenant la main à ce que le pain soit du poids & de la qualité dont on est convenu. Les lies & les futailles du vin qu'on a consommé sont encore de ses droits.

Cet Officier sera propre dans tout ce qu'il fera, & ménagera le plus qu'il luy sera possible la bourse de son Maître en ce qui regardera ses fonctions.

Des Laquais.

UN Laquais doit obéir à tous les principaux Domestiques dans tout ce qui est dû service du Maître sans distinction de Laquais de Monsieur & de Madame; il faut qu'il s'applique à bien servir son Maître, à luy être fidele & à tout voir & tout entendre, sans rien dire qui luy puisse préjudicier.

Qu'il prenne bien garde à ne point s'accoûtumer à dire aucun jurement, ny aucune de ces paroles deshonnêtes, qui sont si frequentes dans la bouche des gens mal élevez, l'habitude fait tout en cette matiere.

Il faut qu'un Laquais soit adroit, honnête & civil à tout le monde, qu'il ne soit point yvrogne ny débauché, flatteur, rapporteur ni menteur; qu'il ne quitte point son Maître où il puisse le mener, & qu'il se garde bien de s'entretenir jamais avec personne des affaires secretes, dont il pourroit avoir connoissance.

Il est bon qu'il s'affectionne à soutenir ses interests, quand l'occasion s'en presente; c'est à luy de nettoyer ses souliers & ses bottes, quand il en est necessaire; d'attendre dans l'Antichambre lorsque son employ le requiert, & pendant ce temps là de s'occuper à lire, à écrire, ou à travailler à quelque petit ouvrage qui ne l'empéche pas d'être toûjours prêt au service.

Il faut qu'un Laquais se fasse un principe de bien obéir & bien faire les commissions qui luy sont données, s'en acquitter avec adresse & diligence, & en rapporter une réponse exacte & fidele, & sur tout le secret. Tel est le caractere dont un Laquais doit être revêtu avec son habit, s'il veut gagner l'affection de son Maître, & parvenir à quelque chose de plus considerable dans la suite.

Du Cuisinier.

UN Cuisinier, dont l'employ consiste à manier toutes les viandes de bouche, doit principalement avoir beaucoup de propreté, & pour cela tenir toujours sa Cuisine en bon ordre, ses Tables bien nettes, & son garde-manger bien nettoyé.

Il faut qu'il ait une parfaite connoissance de toutes sortes de viandes, & qu'il sache la maniere de les déguiser au goût de son Maître; la patisserie froide & chaude est encore de son ressort, & il doit sçavoir ce que c'est qu'entrées, rôt, entremets & hors d'œuvres.

Une des principales vertus d'un Cuisinier est la fidelité & l'application à ménager le bien de son Maître, comme de ne point consommer excessivement de bois, de charbon, de sel, de vin, de beurre, de lard, d'épices & autres choses necessaires pour les sausses. La plûpart se font un honneur de prodiguer tout cela, prétendant que la profusion sied bien aux grandes Maisons: ce n'est que vanité & negligence.

Son devoir consiste encore à sçavoir faire les partages de toutes les tables des Domestiques de la Maison, & d'avoir soin de bien ménager les viandes qui restent, pour en faire de petites entrées; de tenir son dîner & son soûper prêt aux heures qui luy sont prescrites par son Maître, & de rendre bon compte de tout ce qu'on luy a mis entre les mains.

Le suif qu'il tire des viandes grasses, la graisse du rôt, les levûres de lard, pourvû qu'elles ne soient point trop fortes, les vieilles fritures, & les cendres du feu de la Cuisine luy appartiennent, ce sont ses profits, & c'est tout ce qu'il peut esperer, sans s'autoriser, comme il y en a, de donner des déjeunez ou d'autres repas, sous prétexte que ce sont des restes de la table du Maître.

Du Cocher.

UN Cocher doit être fort fidele, & ne rien retrancher à son profit; c'est une perte pour les chevaux, & un larcin pour le Maître. Il faut qu'il soit honnête, prudent, point adonné au vin, parce que la vie de son Maître dépend souvent de sa conduite.

La connoissance des chevaux luy est necessaire, ainsi que d'une bonne partie de leurs maladies, afin qu'il y apporte ou y fasse au plûtôt apporter du remede; il doit les savoir penser soir & matin, tenir l'Ecurie bien nette, faire la litiere le soir & la lever le matin, ne point laisser fumer du Tabac dans l'Ecurie, de peur du feu, prendre bien garde aux lanternes & aux chandeliers pour la même raison.

Il doit sçavoir parfaitement gouverner des chevaux aux heures ordinainaires, bien nettoyer son carrosse tant en dedans qu'en dehors, & soigner généralement que tous ses harnois soient en bon état, & en cas qu'il y manque quelque chose, d'en avertir.

C'est une vilaine habitude en conduisant ou pensant les chevaux que de leur dire des injures infames, rien n'est plus inutile que de quereller des bêtes

bêtes & leur faire des reproches, c'est être plus brutal qu'elles ; un Cocher doit encore conserver les outils dont il se sert, & faire durer autant qu'il se peut, les choses qui tournent à son profit, quand elles sont vieilles.

Du Palfrenier.

IL faut qu'un Palfrenier ait bien soin des chevaux qu'on a commis à ses soins, & qu'il doit penser soir & matin ; il tiendra l'Ecurie bien propre & bien nette, il fera la litiere le soir, & la levera le matin ; & leur donnera au reste tous les soins qu'ils exigent de luy, & qu'il doit parfaitement sçavoir.

Un Palfrenier yvrogne n'est point à souffrir dans une maison, les suites en sont trop dangereuses ; il ne doit point jurer, ny traiter les chevaux trop-rudement ; il doit prendre garde qu'ils soient bien ferrez, tenir proprement les montures des brides, bien écurer les mords pour les garantir de la roüille, soigner qu'il ne manque rien aux selles, qu'elles ne blessent point les chevaux, & s'il faut y refaire quelque chose, en avertir.

De la Cuisiniere.

UNe Cuisiniere doit être propre en tout ce qu'elle fait, se connoître en viande, parce que c'est elle qui achete ce qu'il en faut pour les tables, & ce qu'il faut d'ailleurs pour les jours maigres.

Il est necessaire qu'elle sçache déguiser toutes sortes de viandes en plusieurs manieres, ainsi que les legumes, herbages & fruits de Jardin ; elle sçaura encore faire quelques compotes, patisseries & autres bagatelles pour le dessert, parce qu'elle tient lieu de chef d'Office & de Cuisinier.

Sa vaisselle sera toûjours entretenuë fort nette ; elle sera ménagere du bois, du charbon & de toutes autres choses propres à la Cuisine, & dont elle a le maniment ; il faut qu'une Cuisiniere soit sage, de bonne conscience dans les comptes qu'elle rend de sa dépense : elle ne sera point d'humeur querelleuse comme il y en a beaucoup, ny flatteuse, ce défaut est de mauvais présage, il faut qu'elle s'applique uniquement à contenter son Maître ou sa Maîtresse, & les servir toûjours aux heures qui luy sont marquées.

C'est son affaire de balayer la montée, s'il y en a une & la salle à manger, de tenir tout bien propre, & de tâcher principalement à faire en sorte que ceux qu'elle sert soient contens de ses soins.

Nous avons encore parlé d'autres Domestiques qui regardent la basse-cour, nous reservons à dire quel doit être leur caractere dans un autre endroit qui leur conviendra mieux que celuy-cy. Tels sont les Valets de charruë, autrement dits *Valets-Chartiers*, une Servante de basse-cour, une Vachere, un petit Valet d'Ecurie, un Berger, un petit Dindonnier & un Jardinier ; tous ces Domestiques doivent avoir leurs talens particuliers, aussi bien que les précedens, & sans lesquels ils ne sont point propres à la servitude.

CHAPITRE XII.

Reflexions tres-utiles sur les biens de Campagne, qu'on doit affermer ou faire valoir par ses mains, & comment les affermer; avec quelques Observations sur cette matiere touchant le ménage.

CA été de tout temps que les uns ont exploité leurs terres eux-mêmes, & que d'autres les ont affermées; chacune de ces manieres a son utilité particuliere, mais pour cela, quand on le fait, il faut en sçavoir déméler le bon d'avec le mauvais; autrement c'est le pur hazard qui nous conduit dans ces entreprises.

Autrefois, & du temps des premiers Romains, que les Maîtres tenoient eux-mêmes la charruë, on pouvoit plus sûrement qu'aujourd'huy entreprendre de faire valoir ses terres par ses mains; parce que cette affection & ce zéle qu'il faut avoir pour ce travail, n'y manquoient point, tout se faisoit sous l'œil, le Domestique ne pouvoit imposer à son Maître, & tous également supportant les mémes sueurs, retournoient contens à la maison, aprés avoir achevé la tâche qu'ils s'étoient prescrites pour la journée.

C'est ce qui fait que nous voyons encore aujourd'huy ces Maîtres Laboureurs réüssir bien mieux dans leurs desseins que ne font pas des particuliers qui dépendent, s'il faut ainsi parler, de leurs Domestiques; ce n'est pas qu'on prétende par ce raisonnement exclure de cet employ ceux qui y ont de l'inclination: on en voit beaucoup qui y réüssissent; mais c'est qu'au défaut de leurs bras, leur vigilance agit continuellement, ils sont toûjours en mouvement, & comme il faut être, quand on veut faire valoir des terres par ses mains.

Ce n'est pas une petite peine que de conduire un ménage de campagne & d'avoir affaire à des Domestiques; qui, pour un qui fera son devoir, seront paresseux la plûpart, malins, trompeurs, tandis que leurs gages courent toûjours, & que l'ouvrage ne se fait qu'à moitié; c'est par là qu'on se ruine dans le labourage, & ce qui à donné lieu à cet ancien Proverbe,

Si le bœuf a rempli ta grange,
C'est aussi le bœuf qui la mange.

Il est vray qu'on a toûjours objecté ces difficultez dans ce penible exercice, mais aussi on y a trouvé du remede; parce qu'on a vû d'ailleurs la perte considerable où on s'engageoit lorsqu'on mettoit son bien entre les mains d'un Fermier, qui en tire toute la substance, & en abandonne le fonds.

Supposé neanmoins qu'on soit obligé d'affermer ses terres, il faut toûjours choisir un Fermier qui ait dequoy soûtenir cet employ, remplir un domaine de bétail; car sans ces animaux on n'y vit que tres-modiquement, & les terres manquent de ce qu'il leur est necessaire pour les ameliorer. Il lui faut des outils, des semences, & plusieurs autres choses propres au labourage, on convient qu'avec de l'argent on est bientôt muni de tout cela, il faut donc qu'il en ait, & avec de l'argent, il est vrai qu'il sçait le secret de ne manquer de rien.

Tels Fermiers aussi ont souvent de certains travers qui sont trés-désagreables ; parce qu'ils se sentent avoir dequoy, & cet avantage, qui les rend orgueilleux, semble devoir les autoriser à pousser leur insolence jusqu'à demander la Ferme d'un Domaine pour moitié de ce qu'elle vaut. Ils font sonner leur argent, cela chatoüille l'oreille ; on se fait des raisons là-dessus les plus belles du monde, on se laisse brider, & en un mot on donne dans les filets qu'ils tendent, puis on en devient la dupe, & on se perd par là ; si bien qu'au lieu de dix sols on n'en a que cinq, outre que sous l'apâts de l'argent qu'ils promettent d'avancer, ils font leurs conditions si préjudiciables au Maître, qu'au bout de la Ferme il se trouve tout bien compté & rabattu, que la maison lui doit plus de reste qu'elle ne lui a rapporté par les dégradations qui y sont survenuës, & ausquelles on n'a pas pensé.

Si vous prenez un Fermier qui ne soit pas riche, c'est un autre inconvenient encore bien fâcheux ; il ne craint point de s'engager, parce qu'il n'a rien à perdre. Les conditions les plus grosses ne l'épouvantent point ; ce n'est cependant qu'aprés quelque molle résistance qu'il les accepte : ce gros avantage en apparence fascine les yeux d'un particulier, il donne dedans, on passe le bail, on le signe, & à peine ce Fermier a-t-il pris possion de vôtre Domaine, qu'il se trouve manquer de tout, qu'il le faut fournir de bétail, d'outils, de bled & d'argent, si vous voulez qu'il fasse valoir vos terres comme il faut, & encore est-il à craindre qu'avec toute cette avance il ne dissipe une bonne partie de tout cela inutilement pour vous, & vous doive de reste, sans quelquefois pouvoir jamais devenir en état de vous payer. Outre que vos terres sont à moitié usées faute de fumier qu'il a peut-être vendu, & vôtre maison toute délabrée. Voilà en verité deux inconveniens tres fâcheux & dont on ne sçauroit trop se garder

Un Fermier de cette nature est souvent si indolent, si paresseux, que pour épargner un cloud ou une tuille, il laissera déperir une partie de la couverture du logis, ou de quelque membre du bâtiment de la basse-cour, que faute d'un petit fossé il sera cause que l'eau vous ruinera entierement une piece de terre, ainsi du reste. Il ne se soucira pas que le bétail endommage vos arbres & les broute, qu'on dérobe vos fruits, dont il sera peut-être le principal voleur, que vos vignes déperissent faute des façons ordinaires, & qu'enfin tout aille à l'abandon, pourvû qu'il tire de vos terres tout ce qu'il pourra,

Tel est souvent le désagrément qu'on ressent quand on afferme son bien. Non content de le dégrader ainsi, ce Fermier malicieux, & dont l'esprit est grossier, ne peut souffrir que vous fassiez un peu embellir vôtre maison, crainte que ce charme vous y attirant trop souvent, ne vous rende témoin de ses mauvaises actions, de son mauvais ménage à vôtre égard & du trop de gain qu'il fait sur vous.

Entendez-le parler de ce Domaine, c'est un terroir ingrat, on n'y sçauroit rien gagner, c'est peine perduë, & tout cela pour empécher qu'un autre ne courre sur son marché, & que le Maître ne prenne fantaisie de le faire valoir luy-même. Rien ne le fâche tant que vôtre presence, principalement au temps de la recolte, où il craint qu'on ne voye la quantité de fruits qu'il retire de vos terres ; c'est pourquoy les Domaines, quelques beaux qu'ils puissent être naturellement, perdent beaucoup de leur agrément entre les mains de ces sortes de Fermiers.

Pour éviter qu'un bâtiment ne tombe en ruine, les gros Seigneurs, dans les baux qu'ils passent avec leurs Fermiers, les obligent à certaines réparations, ou ont des gens avec lesquels ils en traitent à forfait ; mais ces précautions conviennent à ces personnes de ce haut rang, & non pas à des particuliers ; qui ont besoin d'user de plus de ménage, & qui demeurant sur les lieux, les font plus commodément & avec moins de dépense, & de plus de durée.

L'occasion seule qui peut obliger un particulier à amodier ses terres, est lorsqu'il en a dans son Domaine qui ne sont point à sa portée, qui sont ingrates & trop éloignées les unes des autres, ou bien qu'il ne se sent point de penchant pour ce ménage, que sa femme n'y est point du tout propre, & que leur temperamment trop délicat ne leur permet pas cet exercice, s'il a quelque Charge qui lui soit plus profitable que la culture des terres, ou quelque Employ considerable qui l'appelle ailleurs, ou enfin s'il a d'autre prétextes qui l'en empêchent ; alors il a raison de ne point épouser ce parti ; mais s'il en a les talens, & que la campagne y puisse répondre, il a tort, s'il ne le fait pas, il n'est tel que de gouverner ses heritages, & de suivre, pour y réüssir, tout ce qu'on a dit là-dessus dans les Chapitres précedens ; *ne donnez au Fermier*, dit le Proverbe, *que ce que vous ne pourrez manier.*

Il est toûjours avantageux à un homme, qui se voit possesseur d'un beau Domaine, de se travailler non seulement à lui faire produire les fruits qu'il a coûtume d'apporter, mais même de forcer sa nature par ses soins & son industrie à surpasser son attente.

Un bon ménager fera donc valoir la partie de son Domaine ou de sa Métairie, qui est la plus proche de la maison, afin d'être plus à portée de veiller exactement sur ses ouvriers.

Le maître dès son réveil
Au ménage est un soleil.

C'est une ancienne Sentence qui dit bien la verité, puisque c'est en effet la présence du Maître qui rend les Domestiques diligens. Pline dit aussi dans le même sens, *que la principale fertilité des terres dépend de l'œil d'un bon ménager, & non pas du talon*, c'est à dire, qu'il ne faut pas toûjours dormir.

Quand on veut donner son bien à ferme, on ne sçauroit trop prendre de précautions avec les Fermiers ou Métayers ; il faut tâcher de les tenir toûjours en bride par les clauses qu'on met dans le contrat, & de tirer d'eux, outre le prix, le plus de courvées & autres choses de cette sorte ; car si vous y manquez, il est rare que par honnêteté, ils vous donnent rien de plus qu'ils doivent.

Il y a des personnes qui pour se décharger du soin de nourrir des Domestiques à la campagne, & faire neanmoins valoir leurs terres par leurs mains, qui les donnent à un Maître Valet, qui en a d'autres & autant qu'il lui en faut sous sa conduite. Le Maître lui fournit toutes choses necessaires à l'Agriculture, comme bétail, outils & semences, & pour la nourriture de tout le ménage durant l'année, il convient avec lui du bled, lard, sel, huile, legumes, vin & autres danrées necessaires pour vivre, & de l'argent dont il a besoin pour la dépense qu'il doit faire, moyennant quoy le Maître Valet se charge de tous les ouvrages, & d'en rendre tous les fruits qui en proviendront. C'est ordinairement un homme marié qu'on choisit pour cela, parce qu'il faut une femme dans un ménage qui ait soin du dedans; cette femme a ses gages particuliers selon la quantité d'enfans qu'elle a, & que ces enfans sont plus ou moins grands, & plus ou moins en état de rendre service au Maître, les plus grands ont aussi des gages. On en agit de la sorte en Provence, & ce Maître Valet, en langue Provençale, s'appelle *Payre*. Cette méthode est tres avantageuse quand on trouve des Domestiques fideles, ce qui est bien rare.

A l'égard des gens de journées les uns les payent en argent sans les nourrir, les autres les nourrissent, leur donnent avec cela ou de l'argent, ou des danrées: la premiere maxime convient fort aux personnes qui demeurent dans les Villes, parce que cette nourriture seroit un embarras terrible pour une femme à laquelle ce soin seroit commis, outre que ce ne seroit pas une épargne, à cause des vivres qui couteroient plus que l'argent qu'on donneroit aux Ouvriers; il n'y a qu'à la campagne où cela se puisse pratiquer commodément, & à l'avantage des particuliers qui y font leur séjour, principalement dans les temps où les danrées sont à vil prix, & qu'elles ne se vendent point; c'est donc un bien pour eux, de trouver ainsi le moyen de les y consommer. Quand tout se vend bien, cela est indifferent, car avec de la marchandise on a de l'argent, & avec de l'argent on vient à bout de tout.

La méthode de payer les Moissonneurs est differente en quelque pays, les uns les payent en bled & les nourrissent, d'autres leur donnent de l'argent à forfait & tant par arpent pour scier ou moissonner le bled, comme on voudra dire & le lier; cette derniere maxime s'observe ordinairement aux environs de Paris.

Les terres s'afferment encore à moitié fruits, au tiers ou au quart selon les pays, c'est à dire, qu'on prend moitié des gerbes, ou le tiers, ainsi du reste qui sont sur le champ, de maniere qu'au sortir de là, le Métayer est quitte à son Maître. Quand on donne les terres à moitié, on fournit la moitié de la semence, & le tiers seulement quand on ne tire que le tiers des grains.

Les Vignes en certains pays s'afferment à moitié, mais il faut prendre garde que les Vignerons pendant leur bail ne les surchargent point de bois pour avoir plus de raisin, & par consequent en tirer plus de vin: cette méthode de les conduire les ruine en peu de temps. Il faut aussi prendre garde que ces vignes soient fournies d'échalats autant qu'il en est necessaire; car il arrive souvent que les Vignerons n'en mettent point leur contingente portion, parce, disent-ils, que ce n'est point cela qui produit le raisin.

Les Pâturages, les Etangs, les Garennes & le Colombier sont de ces heritages qui peuvent s'affermer, mais il faut prendre garde comment on le fait; car souvent les Fermiers, qui n'envisagent que leur interest, les laissent déperir sans songer à y apporter du remede.

Comme il est de plusieurs manieres d'affermer les terres, aussi y a-t'il des personnes qui les prennent sous differens noms : tels sont le *Fermier* & le *Métayer* : le Fermier est celuy qui prend un Domaine, ou autres terres à forfait, & dont il se charge à ses risques & fortunes; pour le Métayer, il s'oblige seulement à cultiver les terres selon les conventions qu'il en a faites.

Qualitez d'un bon Fermier.

UN Fermier ou un Receveur, ces deux mots sont synonimes, qui se charge d'un Domaine, doit s'appliquer à connoître parfaitement quel en est la valeur & le revenu, & les droits seigneuriaux qui en font partie, afin de ne point être trompé. Il faut qu'il ait de quoy se fournir suffisamment de bestiaux & de volailles de toute sorte, qu'il ait soin de bien cultiver les terres, de les ensemencer de toute sorte de grains, & de prendre garde qu'il n'en reste point en friche.

Il est de son interest de bien fumer ses terres, & non pas de vendre les fumiers comme il y en a; ces gens là aussi croyant gagner d'un côté, s'abîment de l'autre; il doit avoir soin que les Etangs, les Bois, les Prez soient en état de luy rendre bien du profit; il faut qu'il soit vigilant, adroit, entreprenant, actif dans les affaires du dehors, & ennemi des procez.

Ce que doit être un Metayer, pour être estimé.

POur le Métayer on le choisira homme de bien, & connu pour être de bon compte & fidele en ses paroles, si l'on en peut trouver de ce caractere : il est necessaire qu'il soit marié, & que sa femme soit bonne ménagere, qu'il soit industrieux, laborieux, diligent, sobre & non plaideur; ce dernier caractere est si mauvais, qu'on s'y ruine toûjours en croyant gagner.

Quand on a un honnête homme pour Métayer ou approchant, il faut passer legerement sur ses petites imperfections, sans faire semblant de les voir, ne démentant toûjours neanmoins en rien de l'autorité qu'on a sur luy, crainte de trop grande familiarité, & qu'il ne se laisse par là aller insensiblement à la désobéïssance.

Il ne faut point négliger de compter souvent avec lui, les vieux comptes causent quelquefois des disputes, & l'on aura soin de ne point laisser courir termes sur termes, le Métayer en vaut mieux, & le Maître s'en trouve plus à son aise.

On changera le moins qu'on pourra de Fermier ou de Métayer quand on en a un qui est passable, les nouveaux visages ne sont pas à rechercher, c'est autant de nouveaux caracteres qu'on a à démêler, ce qui n'est pas toûjours si aisé de faire qu'on se l'imagine.

On ne doit jamais négliger d'aller visiter son bien, quelque bon Fermier ou Métayer qu'on ait : il y a toûjours quelque chose qui se dérange, & auquel il est necessaire de remedier au plûtôt, si l'on n'en veut voir la ruine entiere, ne souffrez point sur tout qu'on introduise sur vos terres des servitudes de passages, d'abreuvoir, de coupes de bois & autres ; ce sont des taches d'huile qui s'étendent toûjours, & qu'on ne sçauroit effacer.

Un Gentilhomme sera jaloux de conserver son autorité sur ses sujets, sans en abuser, de soutenir ses privileges sans s'en attribuer de faux, & de garder ses libertez sans les outrer ; c'est par le moyen de ces prérogatives qu'un Gentilhomme soutient sa naissance, mais aussi quand il en abuse, il trouve quelquefois des gens qui le font malgré lui rentrer en son devoir.

CHAPITRE XIII.

Qu'il faut avoir bonnes provisions de vivres pendant toute l'année & principalement dequoy faire du pain, avec tout ce qu'il y a à observer pour le rendre excellent de quelque qualité qu'il puisse être. Differensusages qu'on fait des Farines.

IL est de la prudence d'un bon ménager de ne point manquer de provisions en toute saison, & de s'en servir avec honneur & discretion pendant toute l'année ; & pour cela il faut être soigneux d'amasser ses bleds, & de les bien serrer au Grenier, de mettre le vin dans la Cave, les chairs en lieu où elles se puissent conserver, & les fruits des arbres dans des fruiteries ou autres endroits destinez pour cela. C'est ainsi qu'il faut que les travaux de l'Agriculture nous fassent amasser en gros ce qui en provient, & enrichissent la maison de ce qui doit aprés être destiné en détail & avec œconomie pour l'usage du Maître & des Domestiques : c'est un grand point que de s'entendre à tous ces embarras, & c'est pourtant une étude qu'il faut se faire absolument, si l'on ne veut pas vivre au dépourvû de mille choses necessaires à la vie.

Et parce, comme nous avons déja dit, que c'est à la conduite de la femme que le dedans de la maison est commis, c'est elle qui doit avoir en garde toutes les provisions qui la regardent, & qui en doit être la distributrice, selon que son œconomie lui suggerera ; ce n'est pas qu'elle le doive faire sans le communiquer à son mary ; car enfin, comme on dit, *à tout Seigneur tout honneur*, l'homme est le Maître, c'est par ces soins que tout vient, il est bien juste qu'il ait quelque connoissance de la consommation qu'il s'en fait.

Du Pain.

UN Pere de famille commencera donc par le soin de se fournir de pain pour toute l'année, comme étant l'aliment qui sert le plus à sustenter l'homme, & pour cela dés que le batage des bleds est fait, il jugera de ce qu'il luy en faut pour sa provision, & le fera mettre à part.

Remarques sur les Bleds pour la provision.

ENtre les Bleds, le froment est toûjours le meilleur, & c'est de ce grain que le Maître choisira pour faire le pain de sa table, reservant les autres grains de moindre consequence, comme le méteil, le seigle & l'orge pour faire celui de ses Domestiques. Le froment qui croit dans les terres legeres & sablonneuses est meilleur & plus de garde que celui qu'on tire des terres fortes & humides: les parties de la farine en sont plus subtiles, ce qui fait que la pâte qui en provient, en fermente mieux, & que le pain en est plus leger & de meilleur goût.

Nos Anciens prétendent encore que le bled fraîchement battu rend le pain plus blanc & plus délicat que celui qu'il y a long temps qu'on garde au Grenier; c'est pourquoi il y a encore de ces sortes d'observateurs, qui ne font battre le bled dans leur Grange pour leur provision, qu'à mesure qu'ils en ont besoin pour mettre au moulin, de maniere que pendant toute l'année on y bat, & on tient que les Boulangers de Paris sont tres persuadez de cette maxime même dont ils usent le plus qu'ils peuvent dans leur commerce.

Mais de quelque maniere que ce soit qu'on choisisse le bled pour sa provision, il faut voir à combien de mesures cela peut monter, & comprendre dans cet examen les extraordinaires qui peuvent survenir à la maison, crainte d'en manquer dans l'arriere saison. On mettra cette provision à part en gerbe ou en grain, il n'importe, d'un côté sera le bled pour la provision du Maître, & de l'autre pour celle des Domestiques. Ce bled sera mis dans un lieu où il puisse bien se conserver non seulement contre ceux qui pourroient le dérober, mais encore hors de la portée des insectes qui lui sont nuisibles.

Il y en a qui dés le champ destinent certains bleds pour leur provision, qu'ils font mettre séparément dans une Grange, & qu'ils gardent là comme en dépôt & pour s'en servir au besoin. Ils soignent aprés que le froment est battu de le bien faire cribler, & d'en mêler les criblûres parmi les grains destinez pour faire le pain des Domestiques; il faut observer ce ménage, il n'est pas d'une petite importance où il y a bien des Valets.

On a dit que le bled fraîchement battu rendoit le pain plus savoureux que celuy sur lequel il y a long-temps que le fleau a passé, & la raison qu'on en donne, c'est, disent quelques Naturalistes, que le grain, tant qu'il est enfermé dans sa balle, conserve une substance d'où dépend un certain goût agreable qu'on sent quand on mange du pain de la farine qui en provient, au lieu que lorsqu'il est vieux battu, cette substance se volatilise & perd par ce moyen ce qu'elle a de plus délicat.

Il est vrai que tel grain nouvellement battu ne rend pas tant de farine que celui qu'il y a long-temps qui est au Grenier, & que cette farine ne se garde pas aussi si bien que celle qui sort du dernier. C'est à faire maintenant à nôtre ménager à se regler là-dessus, & à consulter s'il veut que la délicatesse pour le goût de son pain, prévale sur le ménage, & pour le déterminer là-dessus il faut qu'il sache que la farine gardée de longue main, se paîtrit mieux que celle qui est fraîchement mouluë.

Comment garder long temps la Farine.

Pour conserver la farine dans sa bonté & aussi long temps qu'on voudra, comme sept à huit mois & davantage, il faut qu'elle soit grossierement

mouluë

moulue sauf à la bluter ou tamiser au besoin, & la mettre dans des vaisseaux de bois qui n'ayent point de mauvaise odeur, & dans un endroit aëré, parce que la farine est ennemie de l'humidité, qui la gâte & lui donne un goût de moisi : il est bon de mois en mois de la changer de vaisseau, on prétend que ce soin la fait foisonner, & que le pain en est meilleur.

Ces avis regardent positivement une femme ménagere, qui veut que tout aille par ordre dans son ménage, qu'il y ait du bon pain tant pour elle que pour ses Domestiques, & qu'il n'y en manque point; car se voir obligée, quand ce ne seroit que pour la table du Maître, d'en aller achetter chez les Boulangers, c'est une dépense des plus préjudiciables.

Quand on veut envoyer le bled au Moulin, il faut d'abord le bien cribler & le nettoyer de toutes ses ordures, en ôter la niélle, la vesce & l'yvroye, qui sont de mauvais grains & propres seulement à donner à la volaille.

Si le bled est trop sec, tel que peut être, celui qui sort d'un Grenier bien aëré, il sera bon de le bassiner d'un peu d'eau avant que de le mettre au moulin, ce qui ne se pratique point à l'égard du grain fraîchement battu. Une pinte d'eau suffit pour quatre boisseaux de froment mesure de Paris, c'est à dire, pesant chacun seize livres, il faut que cet arrosement se fasse douze ou quinze heures avant que de mettre le bled sous la meule.

Observations sur les Moulins.

APrés avoir fait choix du bled, & l'avoir bien nettoyé, on l'enverra au Moulin soit à eau soit à vent selon la commodité du pays; si on en a le choix on préferera le Moulin à eau au dernier, & principalement celui qui moût à l'aide d'un ruisseau qui coule avec rapidité, parce que la meule en tourne mieux; il faut qu'elle soit toute d'une piece pour bien faire & de pierre dure, telles que sont celles qui nous viennent de la Brie, de Champagne, & principalement de la Ferté sous-Joüare; car les meules de pierre tendre & molâtre se froissent & s'alterent trop-tôt, & laissent toûjours en tournant quelques gravois, qui ôtent la bonté du pain, & le rendent incommode sous la dent.

Le bled moulu se convertit donc en farine, tellement que la farine n'est autre chose que ce qui sort du bled qu'on a fait moudre; ainsi tel a été le bled, telle est la farine, c'est à dire, qu'elle est blanche si le bled en est pur, gros, net & bien choisi, au lieu qu'elle est grisâtre & pleine de son, si le grain en est chetif, menu, ridé & plein d'ordures : telle est la farine de seigle.

Les Meûniers ont des Bluteaux dont on se sert, si l'on veut, ce sont des instrumens propres à séparer le son de la farine; chaque Bluteau est fait en maniere de grand sas ou tamis long & cylindrique, composé de plusieurs cercles qui soutiennent une piece de toile, de soye ou autre étoffe plus ou moins fine par où la farine passe dans la may du moulin. Il dépend de la fantaisie de ceux qui font moudre leur bled de choisir tel Bluteau qu'ils veulent. Il y a *le fin Bluteau*, le *Bluteau des Boulangers*, qui rend encore la farine plus fine, le *Bluteau commun*, dont le bourgeois se sert ordinairement & *le gros Bluteau* pour la farine des Domestiques ou du menu peuple. Des Bluteaux, ce que c'est.

Ces Bluteaux ne sont point par tout en usage, c'est pourquoi on moût le bled & on en reçoit la farine tout pêle mêle avec le son ; mais aussi avant que de le paîtrir, les uns la passent au tamis plus ou moins fin, & les autres à travers un Bluteau qu'ils ont chez eux, & qu'ils tournent avec une manivelle; la farine étant ainsi préparée, il n'est plus question que d'en faire du pain, nous donnerons ce soin à la maîtresse Servante, comme à celle qu'on estimera la plus adroite & la plus robuste.

Il est pour lors plus question de force de corps que d'esprit, parce que quand il faut long-temps tamiser ou bluter une farine & manier la pâte, comme elle doit être maniée, ce n'est pas une petite affaire, sur tout lorsqu'on paîtrit du gros pain pour les Domestiques.

Lors donc qu'une Servante se met en devoir de s'acquitter de cet employ, elle commence d'abord par bluter ou tamiser la farine pour le Maître, si elle ne l'a point été au moulin : c'est une grande avance dans les pays où cela se pratique ordinairement ; puis elle en prend la plus fine qu'elle destine pour le pain blanc, & ce qu'elle en tire de grossier, ôtez-en neanmoins le gros son, elle le mêle parmi la farine du commun, qui est composée pour l'ordinaire, de seigle pur & d'autres petits grains selon la cherté plus ou moins grande du bled ou bien de méteil, cela dépend de la bonne volonté, & des moyens plus ou moins suffisans du Maître de la maison.

La Boulangerie doit toûjours être dans un endroit qui soit chaud, parce que la chaleur contribuë beaucoup à la bonne façon du pain ; il y a des farines qui se manient differemment, l'une demande plus de levain que l'autre, celle-cy veut l'eau plus chaude ou plus froide que celle-là, & être paîtrie plus ou moins forte ; l'experience qu'on fait de ces farines, nous rend habiles à les manier comme il faut ; il y en a qui prétendent que ce sont les differens climats d'où naissent les bleds qui reglent ces méthodes: mais à examiner la chose de bien prés, cela dépend plus de la nature du bled plus ou moins nourri, & qui par consequent a plus ou moins de parties qui se puissent lier l'une à l'autre, que de toute autre cause.

Une Servante entenduë au ménage, & qui a coûtume de paîtrir du pain, juge bien-tôt de la maniere qu'elle doit s'y comporter : passe pour y manquer une premiere fois, mais aprés elle sçait bien vîte se corriger de ce défaut, & fait de bon pain de cette farine.

Differentes sortes de Farines.

Outre la farine de froment, on en fait aussi de méteil, de segle, d'orge, de scourgeon, de bled de Turquie, & de plusieurs autres grains de moindre valeur, & dont on se sert tres-utilement dans le temps de la cherté du bled. L'année 1709. sera longtemps remarquable par l'extrême disette de bled qu'il y eut, & qui apprit à user généralement de toutes sortes de grains pour faire du pain; il y a même des pays où le terroir ingrat ne permet pas qu'on en mange d'autre, les corps s'y accoûtument, & on ne laisse pas que d'y vivre bien long-temps.

La farine d'orge est fort pleine de son, c'est ce qui fait qu'elle est plus difficile à lier que celle du bled ; celle de Segle n'en est gueres moins mêlée.

Du Levain.

ON ne sçauroit paîtrir du Pain sans levain, & ce levain n'est autre chose qu'un morceau de pâte environ gros comme la tête, qu'on tire de celle de la derniere fournée de pain qu'on a faite. Il vient de *fermentum*, parce que c'est une pâte qui fermente, & qui fait fermenter celle dans laquelle on la met.

Il faut être soigneux de bien couvrir ce levain de farine, & de le mettre dans un endroit qui soit chaud, sur tout en hyver. Les uns le mettent au pied du lit entre la paillasse & le lit, & les autres ailleurs où il puisse être chaudement ; car ce n'est que par le moyen de la chaleur que la fermentation se fait.

Les levains se font de differentes manieres selon l'usage des pays. Pour la pâte de froment le levain sera de même farine, & de méteil pour la pâte qui en est paîtrie, ainsi du reste. Il y en a qui y mettent du sel, d'autres du vinaigre ; quelques-uns du verjus de grain & des pommes sauvages, parce qu'elles contiennent des acides qui sont propres pour un goût de levain, & qui étant dans le mouvement, le font enfler merveilleusement bien.

Les Flamands pour levain mettent du froment dans de l'eau, ils le font bien boüillir ; & à mesure qu'il bout, ils en levent l'écume qui vient au dessus, & la laissent épaissir, puis ils l'employent dans leur pâte. Cela leur donne un pain bien plus leger que le nôtre : la méthode en est facile, & peut se pratiquer par tout.

Les Boulangers usent d'un levain qui peut se garder quinze jours, & non davantage, autrement il s'aigrit & devient inutile, il vaut mieux ne le pas garder si long temps. Quand on veut dans un Domestique paîtrir du pain, il faut la veille détremper son levain avec de l'eau chaude ou bien de l'eau froide selon la saison & la nature du bled dont on fait le pain.

Si par malheur le levain, lorsqu'on voudra l'employer, se trouve trop aigri, & qu'on n'en puisse trouver ailleurs, il faudra le détremper avec une eau plus chaude qu'à l'ordinaire, afin que par cette chaleur il puisse devenir meilleur, & recouvrer quelques parties capables d'aider à la fermentation, lorsqu'il sera réfroidi : on en agit autrement quand il est dans sa force, parce qu'il ne faut en été que de l'eau froide.

C'est une chose assez particuliere de voir que le pain se paîtrit en des pays differemment qu'en d'autres ; car par exemple, dans la Beausse on rafraîchit en été le levain à midy avec de l'eau fraîche, & on en fait la même chose à cinq heures & à neuf heures du soir ; ce sont des heures reglées ausquelles il ne faut pas manquer ; on tire cette eau d'un puits, d'une fontaine, ou d'une riviere ; on estime mieux la derniere, parce qu'on tient que le pain en est plus leger ; on se sert en hyver d'eau tiede. *Diverses façons de pain.*

Aprés cette premiere façon on se met en devoir de paîtrir son pain en le maniant & remaniant à plusieurs fois, afin que toute la farine se tourne en pâte, & qu'on n'en voye aucune marque dans le pain quand on vient à le manger ; cela le rend moins pesant sur l'estomac.

Ce pain étant ainsi manié, on tournera aussi-tôt la pâte, crainte qu'elle ne fermente trop, parce qu'un pain trop aigri n'est pas du goût de bien des gens, il n'y a que les gens grossiers & de travail ausquels il puisse plaire.

La farine du bled de la France ne veut pas tant de levain que la précedente, ni l'eau si chaude, & manque de cette observation, le pain s'enfle trop & devient rude lorsqu'on le mange.

Le bled de Picardie donne une farine qui rend presque toûjours le pain gras cuit, il faut être accoûtumé à le paîtrir pour corriger en lui ce défaut. Il demande le four chaud, il est fort à cuire, & ne prend couleur que difficilement, les parties de la farine en sont fort grossieres & se lient tellement les unes aux autres quand on en fait de la pâte, qu'il se fait une croûte en cuisant, qui ne permet pas que la chaleur du feu pénetre assez en dedans pour lui donner une cuisson parfaite.

On a dans la Champagne du bled dont la farine demande que le levain soit plus fraîchement fait, parce qu'elle a un goût de terre qui s'augmenteroit dans la pâte, si le levain étoit trop fermenté ou *revenu*, comme on dit en bien des endroits, ce qui fait qu'on se presse à faire le pain.

Il est aisé de comprendre par ce qu'on vient de dire, que la façon de paîtrir du pain dépend en quelque maniere de l'usage des lieux où l'on est, & des bleds qui y croissent; il faut donc s'y étudier dans les commencemens & s'en faire ensuite une méthode qu'on ne perdra point de vûë.

Le *Pain de Méteil* a ses autres inconveniens, il est toûjours gras quand on le paîtrit, & une personne qui n'y est pas accoûtumée s'y trouve bien embarassée; & l'on a observé que pour le profit de la maison, il valoit mieux bluter la farine de méteil & de segle, que de la passer au sas, à cause que le bluteau par le fort mouvement qu'il fait, détache plus facilement la farine du son, qui autrement en retient la meilleure partie.

Aprés que la pâte de la fournée est paîtrie avec toutes les précautions necessaires, on la divise par portions pour en former des pains aussi gros qu'on le souhaite, & qu'on enfourne quand la pâte a suffisamment fermenté, & pour l'éprouver, il y en a incontinent aprés que les pains sont formez, qui enfoncent le poing dedans, & lorsqu'ils voyent que le creux que cette impression a faite est rempli, ils jugent que cette pâte est assez revenuë & qu'il est temps de l'enfourner.

Le Four doit être raisonnablement chaud; s'il l'est trop, la croûte du pain brûle d'abord, & s'affermissant trop, empêche que la chaleur ne penétre jusqu'au dedans pour le cuire; s'il n'a pas assez de chaleur, le pain ne prend qu'une couleur de pâte & ne cuit point en dedans, il faut donc éviter ces deux extremitez.

Il y en a qui disent que pour le gros pain, il faut que l'Atre du Four, pour avoir le degré de chaleur qui lui convient, rende de petites étincelles de feu quand on le frotte rudement avec un bâton; au reste, une experience de longue main à chauffer le Four, apprend toûjours assez à connoître quand il est ou n'est pas assez chaud.

Le Four étant chauffé comme il faut, on enfourne le pain, il faut observer qu'on commence par celui des Domestiques qu'on met tout au tour de l'âtre, laissant le milieu vuide pour placer le pain le plus délicat. On n'enfourne ce dernier qu'aprés que le gros pain a essuyé la plus âpre chaleur du Four; parce que si on le mettoit au Four en même temps, le pain de froment brûleroit & se dessecheroit trop; on laisse passer environ une heure pour cela, puis on acheve de tout enfourner.

Il faut que l'endroit où l'on paîtrit soit bien propre, que les Huches ou Mays soient bien nettes, & que les linges ou autres choses dont on se sert, pour couvrir le pain, n'ayent rien qui dégoûte, il n'y a que des femmes saloppes qui soient capables d'en agir autrement.

Le meilleur chauffage pour le Four sont les fagots ou les éclats de bois sec; au défaut de ces bois on se sert d'épines en des endroits ou de bruyeres, de chaume, en d'autres de paille ou de gros roseaux qu'on met secher; chacun selon la commodité du pays; il est vray que ces dernieres matieres n'échauffent pas si bien un Four à beaucoup prés que le bois, mais on se passe de ce qu'on a, le sarment est encore assez propre & on l'employe pour cela dans les lieux où il y a bien des vignes.

Il faut trois bonnes heures & davantage pour cuire le gros pain, & autant de temps à proportion pour celui qui est plus délicat, & l'on éprouve qu'il est cuit, lorsqu'en en tirant un, & que le frappant le plus rudement qu'on peut avec le bout du doigt du milieu la croûte raisonne, sinon il faut encore le laisser cuire; étant cuit on le tire du Four, puis on le met reposer sur une table qui est dans le fournil. Il ne faut pas mettre les pains l'un sur l'autre, mais à côté l'un de l'autre tout droits & appuyez contre le mur. On les laisse ainsi jusqu'à ce qu'ils soient réfroidis, pour aprés les serrer ailleurs, d'où on les tire pour s'en servir au besoin.

Pain d'orge.

Pour faire du pain d'orge il en faut choisir le plus beau. Il est difficile de le faire de sa pure farine, elle a peine à se lier, & il faut être accoûtumé à le paîtrir pour y bien réüssir; on le mêle ordinairement avec quelque autre farine de froment, de segle ou de méteil; on fait aussi du pain d'escourgeon, appellé en des endroits *orge quarré*; ces sortes de pains sont d'un grand secours dans la cherté du bled, & on ne s'avise gueres d'en nourrir les Domestiques dans un autre temps. La façon pour le levain est la même chose qu'au pain de froment.

Pain d'avoine, de Féves & de pois.

On fait aussi du pain d'avoine, de féve & de pois, mais il faut pour cela que la disette des grains soit extréme, comme en l'année 1709. où l'on se jettoit sur ce qu'on pouvoit trouver pour avoir le moyen de faire du pain, la faim est fort ingenieuse, & donne souvent à l'homme des secrets ausquels il n'auroit jamais pensé.

Pain de Millet

Pain de Ris.

Pain de bled de Turquie.

Les Gascons font du pain de Millet qui est fort sec & facile à s'émier: il ne laisse pas de les nourrir, & viendroit fort à propos dans un temps de disette de bled à ceux qui n'en auroient point chez eux introduit l'usage; le pain de Ris est encore assez bon; il seroit à souhaiter que la France fût un climat assez heureux pour nous en pouvoir fournir. On mange encore du pain de farine de bled de Turquie, il est pesant à la verité, mais quand on y est accoûtumé on l'estime mieux que le pain d'orge: on en voit beaucoup dans la basse-Bourgogne, la Franche-Comté, la Bresse & autres lieux; ce grain fait beaucoup de profit tant pour la nourriture de l'homme que des animaux.

Il est constant que le pain le plus délicat est celuy qui est fait de pur froment, & dont la farine est bien blutée ou tamisée comme il faut : ce pain est propre pour ceux qui ne sont pas obligez à travailler beaucoup, parce qu'il ne soutient pas, à moins qu'on n'en mange excessivement, ce qui n'est pas le profit du Maître : il faut pour des Ouvriers un bon pain de méteil, cela les soutient & leur remplit suffisamment la capacité de l'estomac. Le pain de segle ne leur est point encore mauvais.

Les veritables maximes du ménage veulent qu'on ne mange le pain que rassis & jamais tendre, il en faut toûjours avoir d'une fournée à l'autre ; car, comme dit le Proverbe : *pain tendre & bois vert met une maison en désert :* & pour le bien conserver il faut le mettre en un lieu où il ne puisse se moisir. Les uns le portent à la cave en Eté, & les autres dans un autre endroit qui est frais ; on doit aussi en Hyver le garantir de la gelée, lorsque le froid est trop rude.

Le gros Pain doit toûjours être paîtri dur, & celui du Maître un peu plus mollet, & cela ne va qu'au plus ou moins d'eau qu'on met dans la farine en la détrempant. Qu'on ait toûjours pour maxime de bien manier & remanier quelque pâte que ce soit, de la tourner bien des fois & la retourner avant que d'en former les pains, autrement un pain est mal façonné, & par consequent pesant & désagreable.

Diverses autres sortes de pains

On fait encore differentes sortes de pains qui ne consistent que dans les diverses façons & préparations qu'on leur donne. Il y a le *pain à la Reine*, qu'on détrempe avec du sel, de l'eau à l'ordinaire, & de la levûre de bierre, *le pain à la Mode & à la Montauron*, où l'on met du Lait, le *pain de Chantilli*, où il y entre du beurre ; en tous ces pains la pâte est plus molle & plus levée que dans les autres.

Nous avons *le Pain chalant*, qui est un gros pain que vendent les Boulangers de Paris, & qu'ils font porter chez les Bourgeois qui sont leurs chalands : c'est de là que ce Pain a pris son nom. Le *Pain de Gonesse* est un pain particulier qui excelle sur tous les autres pour la proprieté des eaux qui se trouvent dans ce lieu : on a voulu en bien des endroits imiter la maniere de faire ce pain, & l'on a fait venir pour cela exprés des Boulangers de Gonesse qui n'ont pû y réüssir, ce qui a fait juger que cela dépendoit de la qualité de l'eau : ce pain est leger, & a beaucoup d'yeux, qui sont les marques de sa bonté.

Le pain qu'on fait chez soy s'appelle *Pain de Cuisson* ou *de Ménage*, qu'on distingue encore en *Pain de Brasse*, qui est un gros pain qu'on fait pour les gens : à l'égard du *Pain de Son*, il n'est bon que pour les chiens.

Differens usages qu'on fait des Farines.

LEs Farines, outre le pain dont elles font le corps, s'employent encore dans le ménage à plusieurs autres usages, comme par exemple, la *Farine de Froment* sert pour la pâtisserie, on en fait de la boüillie, elle entre dans les ragoûts pour la liaison des sausses ; & dans les crêmes cuites qu'on fait à la campagne pour régal, c'est la meilleure de toutes les Farines.

La *Farine de Méteil* n'est pas si bonne, on ne laisse pas neanmoins d'en faire de la boüillie pour les Domestiques, quelque patisserie grossiere, comme galettes, gâteaux ou croûte de quelque pâté, dont on veut les régaler: pour *la Farine de Segle* pur, on l'employe aux mêmes usages, & elle est fort utile pour la pâte bise dont se servent les Patissiers. On dira ce que c'est que tout cela dans l'article qui en traitera.

Entre la fleur de Farine & le Son de toutes sortes de bleds, il y a encore d'autres parties de farines plus ou moins subtiles selon qu'on l'a plus ou moins sassée pour le besoin qu'on en a; on voit encore une autre espece de farine que le Vulgaire appelle *Farine folle* ou *Farine volante*; c'est celle qui sort du bled qui est broyé sous la meule du moulin: on n'en fait point de pain, mais les Meûniers la ramassent pour la vendre à ceux qui en ont besoin pour faire de la colle.

Les Italiens ont une autre farine qu'ils appellent *le Mol*; on nous en apporte de Naples & d'Italie, & nous nous en servons pour en faire de la boüillie; elle n'est pas si blanche que nôtre farine de froment, elle est un peu jaunâtre, mais excellente au reste pour ce qu'on l'employe, & tres-legere.

Il y a encore *l'Amidon* qui est une pâte qui se fait avec de la fleur de froment: on fait de *l'orge mondé* avec la farine d'orge qu'on passe aprés en avoir fait crever le grain, *la Farine d'Avoine* sert à faire du gruau dont on use en boüillie, qui est excellente. *La Farine du bled de Turquie* est encore d'une tres grande utilité en bien des pays où on le seme abondamment; on en fait des gaudes, qui est une espece de boüillie dont se substantent la plûpart des gens de campagne. Cette farine s'employe aussi pour de grossieres patisseries qui se cuisent au four: nous avons encore la *Fleur de Ris*, qui est admirable en boüillie.

CHAPITRE XIV.

Autres Provisions tant de Vin, Chairs, que de toutes autres choses necessaires au Ménage des Champs.

DU VIN.

IL est bon toûjours, autant qu'on le peut, d'avoir sa provision de Vin en cave, si l'on est dans un pays où il en croisse, sinon on aura de la boisson qui y sera le plus en usage; mais supposé qu'on soit dans le premier cas, il y aura du vin pour le Maître, & celuy des Domestiques, soit rouge, gris ou blanc, il n'importe; c'est une précaution qu'on doit prendre quand on a le moyen, pour n'être point obligé de s'en passer, ou d'aller bien loin en chercher, lorsqu'il nous survient quelque ami; on ne sçauroit faire bonne chere sans Vin; car *le Vin*, comme on dit, *est l'ame du repas*.

Le Vin est necessaire en quelque façon à la vie; mais lorsqu'on en a sa cave bien garnie, il est bon de le sçavoir ménager, & d'en regler tellement les ordinaires, qu'il puisse durer raisonablement. Si l'on en donne aux Valets, on sçait la mesure dont on est convenu avec eux, & pour ne s'y point tromper au désavantage du Maître ou du leur, on a des vaisseaux qui tiennent juste la mesure prescrite.

Pour la Table du Maître, c'est à lui d'en ordonner la mesure, si bon lui semble, mais c'est toûjours pour le mieux de se borner à une certaine quantité pour chaque repas, à moins qu'il n'y ait quelque nouveaux survenans, qui obligent d'augmenter la portion ordinaire.

Cette maxime se pratique dans les maisons bien reglées : l'invention qu'on a trouvée aujourd'huy de boire la premiere goûte de vin d'un vaisseau aussi vineuse que la derniere, est merveilleuse, tant pour l'œconomie que pour le plaisir qu'elle procure. On a pour cela des bouteilles de gros verre à petit cou, il y en a de pinte & de chopine, mesure de Paris, on soutire le tonneau quand le vin est clair, c'est à dire, on perce le tonneau dans le bas à quatre doigts au dessus du jable, on y met une canelle, on en tire la premiere goute jusqu'à ce que le vin vienne tout clarifié, puis on prend bouteille à bouteille qu'on remplit de ce vin, & jusqu'à ce que le tonneau soit vuide; cela fait, on a des bouchons de liege faits exprés, on en bouche chaque bouteille, de maniere que la vapeur du vin ne s'exhale pas, en suite on serre ces boüteilles dans la cave même, pour les prendre l'une aprés l'autre quand on en a besoin : il y en a qui les mettent dans du sable, le goulot en bas, elles se conservent tres bien de cette maniere, & comme cela on n'apprehende pas que celui ou celle des Domestiques qui a la garde du vin, en fasse tort & le dépense mal à propos : on sçait le compte des bouteilles, on peut en tenir un Memoire, & à mesure qu'on en prend les marquer, & par ce moyen on ne sera pas trompé.

C'est une œconomie qui ne regarde à la verité que le vin du Maître, car pour celui des Valets, il faut en quelque façon s'en rapporter à la personne qui en fait la distribution, on doit la croire fidelle, on l'a choisie pour telle, & pour le peu de soupçon qu'on ait de sa conduite, il faut la congedier pour se guerir l'esprit, & en prendre une autre.

Quant au Vin des Valets il faut d'abord le percer au bas du tonneau à quatre doigts au dessus du jable, comme nous l'avons dit, & avoir des mesures reglées soit de terre ou d'autre matiere qu'on leur emplira à chaque repas; on tire ainsi le tonneau jusqu'à ce qu'il soit tout à fait vuide; les Valets boivent bien jusqu'à la derniere goute, ou bien si l'on a quelque rapé, on pourra passer dessus le vin qui est au bas, il n'en vaudra que mieux; cela ne coute rien qu'un petit soin qu'on ne dédaignera pas de prendre, lorsqu'on en a la commodité; c'est pourquoy on conseille d'avoir toûjours chez soy deux *Rapez* d'un demi muid chacun, c'est un ménage. Rapez.

Trempez. On a encore pour la boisson des Valets des *trempez* appellez autrement *Boissons*, qui ne sont autre chose que de l'eau passée sur du Marc enfermé dans un vaisseau; on fait cette boisson plus ou moins forte, selon qu'on y met plus ou moins de vin; on l'appelle encore *Vin de dépense*; ce vin n'est bon que depuis qu'il a un peu fermenté jusqu'à Pâques; car sitôt que les chaleurs surviennent, il s'aigrit. C'est pourquoy on aura la précaution de de le faire boire en ce temps qui est celuy où les Valets ont le moins de peine, & leur reserver le Vin pour l'Eté; cela dépend au reste des clauses dont on est convenu avec eux sur cet article.

Il faut du gros Vin pour les Ouvriers ; les Vins clairets & blancs passent trop vîte, cela ne leur gratte pas assez le gosier, & ne les soutient pas si bien ; ils sont à moitié contents quand ils voyent un vin d'une couleur d'un rouge foncé, & ne fusse que de la piquette, cela suffit pour les empêcher de murmurer.

Celuy auquel la Cave est commise, doit avoir soin de la tenir nette, & que les vaisseaux d'où on a tiré le vin, ne se moisissent point : une Cave négligée ainsi qu'un vaisseau souvent s'enpuantit, & l'on ne peut plus s'en servir que le vin ne s'y gâte : il est donc du ménage d'y veiller ; de tenir pour cela les soûpiraux de la cave fermez & ouverts dans le besoin, & de garantir les futailles de la mauvaise odeur, afin de pouvoir s'en servir une autre année. L'œil du Maître ou de la Maîtresse est capable de bien conduire tout cela, pour peu qu'il veüille ne s'y pas endormir.

Dans les lieux où le vin est rare, comme en Normandie, on aura sa provision de *Cidre*, de *Pommé* ou de *Poiré*, ces deux dernieres boissons peuvent être communes ailleurs que chez les Normands, & l'on en fait effectivement en bien des endroits, & qui y tiennent même lieu de vin pour l'ordinaire des Valets : il y a encore le *Cormé* qu'on boit au lieu d'eau & la *Bierre* dont on se passe tres bien au defaut de vin ; toutes ces provisions sont admirables & d'un tres grand secours dans un ménage : nous dirons dans leur lieu la maniere de faire chacune de ces liqueurs qu'on destine, tant pour la bouche du Maître que pour celle des Valets. Cidre, Pommé, Poiré. Cormé. Bierre.

L'Eau de Vie est encore necessaire dans une maison de Campagne ; on l'y employe à plusieurs usages dont nous parlerons, & le *Vinaigre* n'y a pas moins son utilité : il faut donc être pourvû de toutes ces provisions, pour n'être pas obligez d'en aller chercher chez ses voisins lorsqu'on en a besoin & pour en avoir qui coûtent peu, & qui soient meilleures que celles qui se vendent chez les Marchands. On donnera la maniere de les faire : passons de ces liqueurs aux Chairs dont il est bon qu'une maison soit munie. Eau de vie. Vinaigre.

Nous ne parlerons point ni des viandes de boucherie qui se mangent fraîches ; mais de celles qui se gardent & qui sont comme un secours fort considerable pour la nourriture tant du Maître que des Domestiques.

Les Porcs, les Chévres, les Bœufs, les Vaches & les Oyes sont les animaux qui fournissent le plus de quoy avoir des viandes de garde ; on ne tuë point de ces bêtes qu'elles ne soient grasses, & c'est ordinairement en Hyver que cela arrive, où les chairs alors prennent bien sel, au lieu qu'en Eté elles ne se salent que difficilement, outre qu'il est dangereux qu'elles ne se corrompent.

Provisions de Chairs differentes.

Les Chévres sont les premieres qu'on sacrifie pour le ménage, les Boucs n'en sont point exceptez ; mais il faut qu'ils soient châtrez : ils doi- Chévres.

vent l'un & l'autre être gras, & c'est pour l'ordinaire au commencement de l'Automne qu'on les tuë, afin de tirer du profit de leurs peaux qui ne vaudroient que tres peu de chose en Hyver.

Ces animaux ne sont pas plûtôt tuez & deshabillez qu'on les dépece par morceaux pour en saler la chair le plus chaudement qu'il est possible, parce que quand elle est réfroidie, elle n'en prend pas sel si facilement. Il faut soigner d'en séparer la graisse qu'on employe pour faire de la chandelle.

Pour leurs peaux on les étend aussi-tôt dans un lieu sec & aëré, qui soit neanmoins à couvert du Soleil & hors de la portée des chiens, des chats, & des rats qui les endommageroient. Si l'on veut les rendre d'une belle vente, il faut en les étendant, les tenir élargies & ouvertes le longs de petits bâtons qu'on y attache, & par ce moyen elles ne se retirent point.

La chair de Chévre ou de Bouc n'est pas bien excellente, on n'en sert gueres sur la table du Maître, ce n'est que pour les Valets, qui n'ayant pas le goût si délicat s'accommodent assez bien de tous mets, pourvû qu'ils en ayent suffisamment le ventre remply.

Porcs.

Les Porcs ont la chair meilleure & plus profitable; on tuë d'abord ceux qui sont les plus gras, pour laisser engraisser les autres; ce sont de petits Porcs alors qu'on égorge, & dont on nourrit la maison, avec les dépoüilles, qu'on fait aller le plus loin qu'on peut avec la viande, & jusqu'à ce qu'on en tuë de plus gros & de plus gras autant qu'on juge en avoir à faire pour la provision du Ménage.

Quand un Porc est égorgé on l'étend le ventre dessous, & les quatre pieds écartez sur trois bûches & en travers écartées l'une de l'autre d'un bon pied, on le couvre de grande paille, puis on y met le feu pour en brûler la soye.

Cela fait, & lorsqu'on voit que cette soye est bien brûlée par tout, on en ratisse proprement la peau avec des coûteaux, dont le tranchant soit en partie émoussé; car s'ils étoient trop affilez ils écorcheroient la peau du Cochon; on soigne donc de bien ratisser toutes les parties du corps de ce Porc.

Il y en a aprés qu'ils sont brûlez, qui au lieu d'en ratisser la peau avec des couteaux, prennent de l'eau fraîche bien claire & bien nette, la jettent pardessus, & avec des tuilleaux ratissent cette peau à force de bras. Cette derniere façon à la verité en rend la peau plus blanche, mais on tient qu'elle diminuë le relief de la viande; d'autres les échaudent, & les pellent comme on fait un cochon de lait, cette maniere est trop penible, & ne nettoïe pas si bien un cochon de ses soyes que les deux précedentes: on choisira neanmoins celle qu'on voudra, ou plûtôt on suivra en cela l'usage du pays.

Le Porc étant nettoyé, comme on vient de dire, on l'ouvre les uns par le ventre & les autres par le dos en levant l'échinée depuis la tête jusqu'à la queuë qui y tient; cela fait on ôte toutes les entrailles du corps qu'on défait tout doucement, & qu'on sépare les unes des autres; c'est à dire, les boyaux des fressures, les fressures du mou, ainsi du reste, pour en faire aprés les mets ausquels toutes ces parties sont destinées.

Le sang & les boyaux sont reservez pour les boudins, les andoüilles &

les saucisses ; nous dirons a l'article de la Cuisine, comme on y réüssit.

A la difference des Chévres il faut laisser réfroidir le Porc avant que de se mettre en état de le saler, & le soir ou le lendemain matin qu'il est essuyé de son trop d'humidité, on le coupe par pieces, les jambes, les oreilles, les langues & les échinées, tout s'employe, rien ne se perd; le lard qui est le principal, est salé pour être conservé toute l'année, & s'en servir dans le besoin.

Pour bien réüssir à saler un Porc, il faut aprés qu'il a été mis par gros morceaux, commencer par mettre les pieces de lard au fond du Saloir : nous dirons quelque chose de ce vaisseau aprés cet article, en observant d'abord de repandre un lit de sel sur le bois, puis un autre sur le lard, & continuer ainsi alternativement jusqu'à ce que toute la chair y soit entassée l'une sur l'autre.

Les jambons se placent aprés le lard, puis les grosses pieces les plus charnuës, & ensuite celles qui ont le plus d'os, telles sont la tête qu'on laisse entiere, ou qu'on sépare en deux ou trois parties, selon qu'on le juge à propos, les pieds & les échinées qui sont presque tout dessus, parce qu'on a coûtume de les manger les premiers.

On a déja dit qu'il falloit entasser le plus qu'il étoit possible les pieces de chair les unes sur les autres; on le repete encore, parce que plus elles sont pressées, moins elles sont susceptibles d'évent. On ne doit point y épargner le sel, on doit y en mettre plûtôt plus que moins, le lard & la chair de Porc qui n'est salée que moderément, est sujete à jaunir, à s'éventer & à sentir un mauvais goût.

Mais avant que de passer outre, parlons un peu du Saloir; ce vaisseau est fait de main de Tonellier, relié de bons cercles, rond comme une futaille, & plus étroit d'ouverture que par le bas; on n'en détermine point icy les grandeurs, on les fait bâtir d'une capacité assez grande pour contenir ce qu'on y veut mettre de chair de cochon; car quelquefois on en met deux dans un même Saloir. Saloir.

Ce Saloir doit être d'un bon bois de chêne & pareil à celuy dont on fabrique les vaisseaux propres à mettre du vin; on prendra garde qu'il n'y ait point d'Aubier, que ce ne soit point un bois gâté, parce qu'il ne faudroit que cela pour corrompre tout le salé, & crainte que la saumûre ne se perde, on fait fondre de la poix noire sur le dehors du fond & tout au tour du jable environ l'épaisseur d'un écu, & de la largeur de deux doigts.

On peut se servir pour faire un Saloir d'une vieille futaille où il y aura eu du vin, & qu'on n'aura pas laissé moisir: c'est un bois tout éprouvé, & qui n'en vaut que mieux pour contenir de la chair salée. Ce Saloir a un couvercle tout rond qui s'enclave dans deux oreilles qui excedent au dessus de la hauteur, & à travers desquelles on passe une tringle de fer dans une des deux extremitez, aprés qu'elle est passée est munie d'un cadenat, qu'on tient fermé à clef pour ne pas laisser le salé en proye à le discretion des Domestiques.

Pour donner un bon goût au salé, il faut prendre des herbes aromatiques, comme thim, sauge, lavande & autres, les bien faire boüillir dans de l'eau; ensuite bien laver le Saloir avec cette eau, & le laisser secher; aprés cela on prend deux muscades, on les rape, étant rapées, on fait rougir une brique qu'on met dans le Saloir sur une autre brique ou autre chose qui empêche qu'elle ne brûle le Saloir ; cela fait on répand la muscade pardessus, puis on bouche bien le Saloir, de maniere que la fumée qu'exhale cette muscade, ne s'évapore que le moins qu'il est possible.

Il faut laisser le Saloir bouché jusqu'à ce qu'on juge que toute la muscade soit brûlée entierement, aprés cela on l'ouvre pour le remplir incessamment de la viande qui lui est destinée ; on ne sçauroit dire combien cette fumigation contribuë à la bonté du salé ; les parties volatiles de cette muscade, qui par leur mouvement se nichent dans les pores du bois, le rendent excellent par ce qu'il en contracte : ce secret n'est rien de luy-même, & merite neanmoins qu'on y fasse attention, si l'on veut avoir du salé de bon goût.

Il y en a qui salent autrement leurs cochons ; ils ont une grande table assez large environnée tout au tour de bords de la hauteur de quatre doigts, ils prennent leurs pieces de chair l'une aprés l'autre, & avec du sel un peu chaud qu'ils ont dans la main, il les frotte, de maniere qu'il n'y a pas un petit endroit qui n'en soit atteint : à mesure qu'on sale ainsi le lard & les autres pieces, on les entasse tout du long de la table les unes sur les autres, lit par lit. On laisse ainsi cette chair prendre sel pendant huit jours, aprés lesquels on la dérange toute, observant de mettre dessus les pieces qui étoient dessous, & de bien frotter encore de sel les endroits qui paroissent les plus suspects, crainte qu'ils ne se corrompent ; on recommence cette manœuvre de huit jours en huit jours, & jusqu'à ce qu'on voye le lard avoir une couleur claire que lui donne le sel, & qui est la marque qu'il en a pris suffisamment pour pouvoir se conserver. C'est ainsi qu'en agissent les Chaircuitiers de Paris ; mais cette maxime n'est bonne que pour du salé dont on veut avoir un prompt débit & non pour le ménage, à moins que ce ne soit dans les pays où l'on fait secher le salé à la cheminée.

Dans ceux où s'observe cette maniere de saler le cochon, & lors qu'on voit que la chair a suffisamment pris sel, on la leve piece par piece, qu'on bat avec un bâton l'un aprés l'autre pour faire tomber le sel superflu, puis on attache ces pieces à un ratelier destiné pour cela, & qui est placé dans un endroit fait exprés. Le salé s'y garde sans danger & jusqu'à ce qu'on veuille s'en servir, mais il y a bien à dire qu'il ait si bon goût que le premier.

D'autres suivent une autre méthode. Aprés avoir ôté toute la menuisaille du cochon & levé les jambons, les épaules, la tête & autres pieces de cette sorte, qu'on a coûtume de séparer du reste du corps, ils fendent tous le lard en deux & salent ces deux moitiez entieres, y faisant penetrer le sel avec un rouleau qu'ils passent rudement par dessus ; ce travail se fait à deux ou trois reprises, & de deux jours en deux jours, puis ils le pendent au plancher. Cette chair ainsi salée ne se garde pas long-temps, il vaut mieux s'attacher à la premiere méthode, c'est la meilleure & la plus sûre.

Il faut observer que dans les pays où l'on se sert de sel blanc, le salé ne veut pas tant séjourner dans le Saloir, qu'où le sel ordinaire est en usage, six Semaines suffisent pour luy bien faire prendre sel, & aprés ce temps il faut le lever pour le mettre au plancher, attaché à des perches ou à des crochets, autrement il prendroit le goût de rance & s'empuantiroit.

Sain-doux.

Le Sain-doux qu'on tire de la graiſſe de cochon, eſt encore une bonne proviſion pour l'aprêt de pluſieurs mets & autres uſages du ménage : on le conſerve proprement dans des pots verniſſez aprés qu'il eſt fondu ; ce Sain-doux ſe garde long-temps ; pour la graiſſe entiere du cochon, ſi l'on veut la vendre pour faire du vieux-oing, on la met auſſi dans des pots où on la ſale, afin qu'elle ſe garde plus long-temps, on fait un débit de cette graiſſe dont nous parlerons dans le Traité du Commerce général des Danrées.

Le lieu où l'on met les chairs pour garder ne doit être ny trop humide, ny trop ſec ; l'humidité les rend rances, & le trop grand air leur fait acquerir l'évent, deux qualitez tres-mauvaiſes pour quelque chair que ce puiſſe être, & qui la rendent tres-déſagreable au goût.

Crainte que le lard ne jauniſſe, & ne ſente le rance, il y en a qui le mettent parfumer à la cheminée pendant huit ou dix jours, il eſt conſtant que cela ôte l'humidité qui pourroit y reſter, & qu'il s'en garde bien plus long-temps : on en fait autant aux jambons qu'on veut conſerver.

Saumûre.

Et comme une bonne ménagere ne doit jamais rien perdre de ce qui peut contribuer au profit de la maiſon, elle aura ſoin, aprés que toute la chair eſt hors du Saloir, d'en ramaſſer toute la ſaumûre pour s'en ſervir au beſoin ; elle eſt plus propre à employer, & plus ragoutante en la maniere qui ſuit.

On prend un chaudron plus ou moins grand, ſelon qu'on a de ſaumûre à épurer, on la met dedans, puis ſur un feu clair, ſoignant de la bien écumer à meſure qu'elle boüillonne, juſqu'à ce que cette ſaumûre devienne claire comme de l'huile de noix, & pour éprouver ſi elle a acquis ſa cuiſſon parfaite, on met un œuf crud deſſus, & s'il flotte, c'en eſt la veritable marque.

Quand cette ſaumûre eſt cuite comme il faut, on s'en ſert ſi l'on veut pour ſaler d'autres chairs qui y prendront tres-bien ſel, mais on doit avoir ſoin quatre jours aprés qu'elles ont été ainſi ſalées, de les viſiter, & de voir ſi elles ne moiſiſſent point à cauſe de l'humidité de ces chairs qui pourroient avoir décuit la ſaumûre, & émouſſer par là toute l'acrimonie dont le ſel auroit beſoin pour les conſerver : ſi cela étoit, il faudroit revider la ſaumûre dans le chauderon, lui donner un boüillon ou deux, puis la verſer par deſſus les chairs. On peut recuire ainſi la ſaumûre juſqu'à deux fois ; & ſi l'on voit qu'il n'y en ait plus aſſez pour faire tremper les chairs à l'aiſe, on y ajoûtera du ſel nouveau. Cette ſaumûre eſt encore d'uſage pour ſaler les ragoûts ou les potages qu'on fait pour les Domeſtiques : le goût ne leur en parroît point déſagreable, & c'eſt un profit tout clair pour épargner le ſel.

Souvent quand on a tué les gros Cochons pour le lard, on en égorge d'autres qui ſont plus jeunes & moins gras, & c'eſt ordinairement un peu devant le Carême que cela ſe pratique ; ce ſalé qui eſt entrelardé, eſt merveilleux, il va loin dans l'été, & eſt d'un grand ſecours pour la table tant du Maître que des Valets.

Bœuf.

LE Bœuf ſalé eſt encore une proviſion qu'on doit faire à la campagne; à la difference du Cochon, qui ne prend pas plus de ſel qu'il luy en faut, le Bœuf au contraire eſt ſuſceptible de tout celuy qu'on luy donne, & il en prend quelquefois tant qu'il en eſt déſagreable au goût; c'eſt pourquoy il eſt bon d'agir en cela avec prudence, ſelon que les pieces ſont plus ou moins épaiſſes.

Le ſecret d'y bien réüſſir, conſiſte à mettre les pieces qu'on veut ſaler dans un ſac à deux ouvertures, avec du ſel à diſcretion, puis deux perſonnes prennent ce ſac chacun par un bout, obſervant de tenir les deux ouvertures fermées, & le ſac fortement tendu, elles l'agitent tant qu'il leur eſt poſſible, & c'eſt par le moyen de ces ſecouſſes que le ſel penetre audedans de la viande; c'eſt ainſi qu'il en faut agir à l'égard de toutes les pieces l'une aprés l'autre.

Etant bien ſalées, on le place dans un Saloir, ou autre vaiſſeau ſemblable, on les y laiſſe prendre ſel pendant huit ou dix jours, puis on les en ſort pour les mettre eſſorer ſur des planches bien nettes pendant deux jours; enſuite on les remet dans le Saloir avec un peu de nouveau ſel, dont on les frotte piece par piece, on les y laiſſe pendant cinq à ſix jours pour les retirer aprés pour la derniere fois; car alors elles ont aſſez pris ſel, il faut auſſi les étendre ſur des planches comme auparavant afin de les faire ſecher, étant ſeches, on les pend au plancher d'où on les tire lors qu'on en a beſoin.

Telle eſt la méthode de ſaler du Bœuf tant & plus qu'on en ſouhaite; mais avant que d'en venir là, il eſt bon que la chair en ſoit un peu mortifiée, elle en prend mieux ſel, & ne riſque pas tant à ſe gâter à cauſe de l'humidité qui en ſort, ce qui ſeroit capable de la corrompre, ſi elle y reſtoit.

Dans les gros Domaines où il y a quantité de Domeſtiques, on ne feint point quelquefois de tuer une Vache qu'on a engraiſſée exprés. On fait d'abord manger aux Valets toutes les dépoüilles du dedans, puis quelques pieces de chair où il y a le plus d'os, & moins propres par conſequent à être ſalées. Cela peut aller juſqu'à quinze jours avant que cette chair ſe gâte, puis aprés on la ſale comme on a dit. C'eſt un ménage que d'en agir de la ſorte pour ceux qui ont beaucoup de train à la campagne, car il eſt conſtant que le Bœuf bien ſouvent ne leur revient pas à deux ſols la livre.

On ne s'aviſe gueres auſſi de ſaler une grande quantité de Bœuf à moins que le hazard ne nous en offre à bon prix, parce que lorſqu'on le prend à la Boucherie, il vaut mieux le manger frais que de le ſaler; on ſale ordinairement le Bœuf au commencement de l'Automne & à la fin de l'Hyver, afin d'en avoir pendant toute l'année.

Graiſſe de Bœuf.

On aura ſoin de bien ſerrer la graiſſe de Bœuf ou Vache, c'eſt la même choſe, on s'en ſert pour faire du Suif lorſqu'elle eſt mélée avec celle de Mouton & de Chévres; les peaux ſeront auſſi conſervées ſoigneuſement, crainte que les chiens, les chats ou les ſouris ne les endommagent.

Lors qu'on veut faire ce ménage, on ne choiſit ordinairement que les Bœufs, Vaches ou Chévres qui ſont trop vieilles, & dont on ne ſçauroit plus tirer de profit ; si c'est quelque Taureau ou Bouc qu'on égorge, il aura dû avoir été châtré cinq ou six mois auparavant ; car sans cette précaution leur chair est fade & desagreable au goût, outre qu'elle n'est jamais grasse.

Oyes.

IL n'est rien de si excellent que la chair d'Oye salée, il seroit à souhaiter que l'usage en fut plus commun qu'il n'est pas, on éprouveroit de quelle grande utilité cela seroit.

On ne sale point d'Oyes qu'elles n'ayent été engraissées, parce que c'est la graisse qui donne le relief à la chair, qui sans cela ne sent rien, ou a peu de saveur. Pour bien saler les Oyes on les plume proprement, on les vuide de même, puis aprés qu'elles ont mortifié pendant deux ou trois jours, on les coupe par quartiers, on les met dans un grand pot de terre vernissé, & on les sale comme le Cochon, c'est à dire lit par lit ; on juge bien qu'il n'y faut pas tant de sel, parce que la chair n'en est pas si épaisse ; ce pot sera bien bouché, crainte que ce qu'il contient ne contracte l'évent.

On en serre la graisse qu'on sale comme le lard pour servir dans les ragoûts pendant une bonne partie de l'année. Il est aisé de juger par ce qu'on a dit, qu'il faut tuer plusieurs Oyes pour en être ainsi fourni. La plume d'Oye apporte encore du profit ; il faut la conserver soigneusement par rapport aux usages ausquels elle est propre. La plume des Oyes mortes n'est pas si bonne que la plume de celles qu'on tuë exprés. On ne peut pas en dire la raison, il n'y a que l'experience qui nous l'a fait remarquer. Plume d'Oye.

Autres Provisions.

NOn contente des Provisions dont on vient de parler & qu'elle prend chez elle, une bonne ménagere en aura encore d'autres qu'elle tirera d'ailleurs, soit par échange des danrées qu'elle aura avec d'autres personnes qui manqueront de ce qu'elle a, ou par le moyen de l'argent qu'elle en fera, c'est la méme chose. Elle aura donc outre ces chairs & selon les saisons, sa provision de Harang & de Moruë pour le Carême, elle aura de l'huile de Noix pour brûler & faire quelque friture, des œufs en quantité, du beurre fondu, des fromages affinez par ses soins, des fruits de plusieurs sortes tant secs qu'en nature, elle se pourvoira de sel, poivre, canelle, muscade, confitures de toutes sortes & bon sucre, elle aura pour ses amis quelques liqueurs agreables à boire, & tout cela sera soigneusement mis sous clef, dont la Maîtresse sera la seule gardienne.

Ces sortes de provisions semblent à bien des gens n'être que de l'essence du ménage, parce qu'ils ne sont pas au fait des douceurs qui peuvent se trouver dans une maison bien reglée, sans l'alterer en aucune maniere ; tels sont neanmoins les avantages qu'on tire d'une veritable œconomie ; il est vray que pour être ainsi muni de tout, il faut avoir bien du revenu, mais enfin à proportion de l'étenduë du Domaine, on peut être fourni plus ou moins de tout ce qu'on vient de dire. Jugeons donc combien il est avantageux de mener une vie champêtre, & ne devoir qu'à son seul ménage, mille choses qu'on est obligé d'acheter bien cher dans les Villes.

Foin, Avoine, Pailles, Fourages, Bois.

Il faut aussi avoir sa provision de Foin, d'Avoine, & de Paille pour les Chevaux, & d'autres fourages pour les bestiaux. On ne se laissera point au dépourvû de Bois, tant pour chauffer le four, que pour le feu de la Cuisine, & la Chambre du Maître.

Nous traiterons dans la suite de cet Ouvrage de la maniere de faire les Beurres, Fromages, Confitures de toutes sortes & Liqueurs de plusieurs façons, n'étant proprement ici qu'un memoire des provisions généralement qu'il convient avoir à la Campagne, pour n'être point obligé d'aller chercher chez ses voisins ce qu'on peut avoir chez soy.

Il faut encore avoir pour la provision de la Cuisine des Pois, des Haricots secs & verts selon les saisons, des Féves pour le Carême, du Millet, du Ris, du Panis, de l'Orge mondé, du Gruau selon la commodité des lieux qu'on habitera, des Artichaux & des Champignons secs, des Concombres, & du Pourpié confits au vinaigre, tout cela s'amasse à peu de frais dans une maison de campagne. Il ne faut qu'un certain soin, une certaine attention pour l'ordonner, c'est l'ouvrage d'une ménagere avec ses Servantes, & rien plus.

Chandelles de suif.

Il y a diverses matieres qui servent à nous éclairer pendant la nuit ; telles sont les Chandelles de suif & les Lampes. Il faut donc en avoir sa provision, & ne point manquer d'huile pendant toute l'année : on se munira beaucoup de linge, car on n'en sçaura trop avoir pour la table, les lits & autres usages ausquels on l'employe.

Linge.

Un des principaux soins que doit avoir une femme ménagere, est de s'appliquer à faire faire beaucoup de toile, elle n'en sçauroit trop avoir dans son ménage, & pour commencer par la source elle aura des morceaux de bonnes terres où elle ordonnera qu'on seme du Chanvre ou du Lin, puis lors qu'ils seront venus & cueillis, elle soignera au reste à tout ce qui peut contribuer à rendre leur dépoüille en état de lui être utile.

Outre les Fileuses de la maison, elle en aura encore dehors ausquelles elle distribuëra son Chanvre & son Lin par poids, & dont elle tiendra un Registre, afin qu'on luy rende aussi pesant de fil. Ces Fileuses étrangeres se payent souvent en danrées qui sortent du logis. Il est vray que les danrées sont de l'argent, mais il n'importe, c'est toujours autant de vendu, & une commodité tres-grande.

Excepté les linges courans, dont la Maîtresse chargera une principale Servante pour luy en rendre compte, tout le reste sera mis sous clef ; il ne faut point les laisser déperir, quand on voit qu'ils sont percez, ou décousus, une petite reparation alors les met en état de rendre encore de bons services, au lieu que si on les délaissoit ils tomberoient en ruine en peu de temps.

Pour tenir une maison bien fournie de linge, il faut tous les ans avoir soin de luy en donner de nouveaux, tout s'use à force de servir, & où il y a grand train il faut beaucoup de linge.

Meubles.

Les autres meubles de la maison regardent encore le soin d'une mere de famille ; c'est à elle à voir s'ils sont en bon ordre, & de soigner autant qu'elle pourra que ce soit son industrie qui les luy donne la plûpart, comme par

par exemple, d'avoir des Lits, des Coussins & des Oreillers par le moyen des plumes d'Oyes ou de Canes qu'elle aura amassées, ou d'autres volailles pour des Lits de Domestiques; des tours de Lits, à l'aide des laines dont elle aura eu soin de faire faire de la sarge, ces mêmes laines la fourniront encore de Matelats.

Si elle veut pousser sa petite ambition plus loin & qu'elle ait des filles qu'elle veuille occuper, elle les employera à la tapisserie, ce travail est honnête, divertissant, & digne de l'occupation d'une fille de famille, puisque nous voyons même celles du premier rang qui en font leurs amusemens.

La Cuisine doit être fournie d'une baterie qui convienne à l'employ plus ou moins considerable qu'on y en veut faire. Ces meubles tombent bientôt en ruine si l'on n'y veille de prés, soit parce que les Domestiques les laissent déperir tout à fait, faute d'avertir qu'il les faut racommoder quand il en est besoin, soit parce qu'ils les manient trop rudement, & les laissent tomber étourdiment: c'est pourquoy il est bon de quelque matiere qu'ils soient, de les donner par compte à une Servante, & de l'obliger à vous en répondre; son interest pour lors la rendra vigilante, & vôtre baterie en durera plus long-temps.

Dans les pays où il y a des laines, on trouve ordinairement beaucoup d'Ouvriers qui les travaillent, les uns les employent à des sarges & des draps, les autres à de la tiretaine, & de la bure ou bureau: ces étoffes conviennent à habiller les Domestiques, & nous voyons beaucoup de bonnes ménageres en faire fabriquer de leurs laines pour vêtir les leurs; elles les leur donnent sur leurs gages, c'est autant de payé; ces Valets ou Servantes qui ne l'achettent point si cher que chez les Marchands, sont bien aises de ne point perdre une pareille occasion, ainsi que le Maître qui y trouve aussi son avantage, tellement que les uns & les autres sont contens, & c'est un ménage de part & d'autre; car la plûpart de ces laines sont filées à la maison & à des heures qui ne détournent en rien les travaux les plus importans de l'Agriculture. Les laines sont encore d'un grand secours pour faire tricoter des bas pour son usage. Laine.

Si l'on est dans les lieux où la soye soit commune par le moyen des vers qui la donnent, on aura soin d'en nourrir, & de ce qui en proviendra de soye, on en fera filer autant qu'on le jugera à propos, soit pour la vendre ou l'employer chez soy à la tapisserie ou autre chose; cet employ à la verité ne convient gueres qu'à des filles de famille qui ne peuvent passer leur temps à d'autres ouvrages à la campagne. Soye.

Toutes ces maximes établies sur la veritable œconomie semblent être détaillées assez au long pour qu'un bon ménager de campagne y trouve suffisamment de quoi remplir sa curiosité: la ménagere y apprend ce qui est de son ressort, & tous les deux sont instruits de ce qu'il faut qu'ils fassent également s'ils veulent que leur maison se soutienne, & joüir du plaisir d'y voir régner l'abondance.

CHAPITRE XV.

Qu'il ne suffit pas d'user des alimens dont on a fait provision, qu'il est à propos encore d'en sçavoir les proprietez, afin de s'en nourrir avec avantage pour la santé.

IL n'y a personne qui ne sente à chaque instant le besoin indispensable qu'il a d'alimens pour reparer la perte qui se fait des parties solides & fluides du corps & conserver sa vie & sa santé. Quand il y a long-temps qu'on n'a pris d'aliment on se sent attenué, & certains picotemens qui incommodent l'estomac, ce qui provient de la masse du sang qui devient plus âcre qu'elle n'étoit auparavant, ce qui fait pour lors que la nature nous invite à chercher des secours, pour reparer les principes de ce sang qui sont épuisez à la réparation des parties solides.

Nous avons donc besoin d'alimens tous les jours pour nourrir & rétablir ces parties, & les entretenir dans un même état ; & quoique le pain soit l'aliment le plus simple qu'on prenne, c'est neanmoins celuy dont le corps se trouve le mieux, & qui luy est le plus convenable. Il en est d'autres qui sont plus ou moins nourrissans suivant qu'ils abondent d'avantage en parties huileuses, balsamiques, & propres à s'attacher aux parties solides, & suivant qu'il a plus de rapport par la tissure de ses parties avec celles de nôtre corps.

C'est donc cette necessité d'alimens qui doit nous obliger d'user de précautions, faisant en sorte d'en avoir sa provision pour toute l'année à la campagne. C'est un trait de prudence auquel un bon ménager ne doit pas manquer ; mais comme il ne suffit pas de se servir indifferemment des alimens qu'on prend sans sçavoir à quoy ils sont propres pour la santé, & que cette connoissance ne peut que faire plaisir ; voicy quelques proprietez d'une partie de ceux dont on a parlé dans le Chapitre précedent ; nous réservons à traiter de la vertu des autres à mesure qu'ils tomberont sous nôtre plume, & selon que nous le jugerons à propos. Voyons à quoy le pain peut être propre pour nos corps.

Proprietez du Pain. Lemery, trait. des Alim. ch. xlv.

On mange de plusieurs sortes de pains. *Le Pain de Froment* est tres-nourrissant, & fort agreable au goût ; mais selon quelques Medecins, moins on laisse de son avec la farine, plus il est de difficile digestion & plus pesant sur l'estomac, parce, disent-ils, que les parties subtiles de la farine s'unissent si étroitement les unes aux autres, qu'elles ne souffrent entre elles presque aucuns pores, ce qui rend le Pain compacte, au lieu que lors qu'il y a un peu de son mêlé dans le Pain, ce son par ces parties grossieres empêche l'union trop étroite des parties de la farine, rend le Pain plus poreux, & par consequent plus aisé à digerer, parce que le son produit de tres-bons effets.

Omnis repletio mala, panis

Le Pain trop tendre gonfle l'estomac, il vaut mieux attendre qu'il soit rassis, il produit de mauvais effets quand on en use avec excés, ou qu'on luy a donné une façon qui ne lui convient pas, comme lorsqu'il est trop cuit ou qu'il ne l'est pas assez. *verò pessima. Hypocr.*

Le *Pain de Méteil* ne nourrit pas tant que celuy de froment, il est plus laxatif à la verité, & *le Pain de Segle* encore davantage ; on prétend même qu'il rafraîchit, mais il est le moins nourrissant.

L'Orge est aussi employé, comme nous avons dit, pour faire du Pain ; mais *le Pain d'Orge* a un goût qui ne plait point à tout le monde, il pese sur l'estomac quand il est mal fait, & il cause des vents & des aigreurs terribles ; quelques-uns prétendent qu'il est rafraîchissant, mais pour cela il faut qu'il soit mélé avec d'autre farine.

On fait à la verité rarement du *Pain d'Avoine*, il n'y a que quelques Peuples Septentrionaux, chez qui les autres especes de froment ne croissent point, qui usent du Pain d'Avoine ; on s'en sert encore dans la cherté du bled : ce Pain, dit-on, est assez nourrissant.

Le *Pain de Bled noir*, ou *Sarrazin*, se digere aisément & nourrit peu ; le *Pain de Bled de Turquie* est de difficile digestion, & pese beaucoup sur l'estomac, c'est pourquoy il ne convient gueres qu'aux personnes fort robustes ; cependant nous voyons dans les pays où ce grain est commun, que chacun en mange indifferemment & s'en accommode fort bien.

On fait encore du *Pain de Millet*, *de Ris*, *de Panis*, *de Bled-Barbu*, *d'Espeautre & d'Escourgeon*, autrement dit *Orge prime* ou *Orge quarré* ; mais ces Pains sont difficiles à digerer, & ils ne nourrissent pas à beaucoup prés tant que les précedens.

Quelques-uns des Grains dont nous venons de parler ne s'employent pas seulement pour faire du Pain ; il y a encore *l'Orge Mondé*, il se prend en décoction dans de l'eau, ou dans du lait pour produire de bons effets, on doit le choisir nouveau, bien nourri, blanc & sec ; cet aliment humecte & adoucit la poitrine ; il est soporatif, rafraîchissant, & rétablit les parties du corps alterées par un trop de consomption. Orge mondé, ses vertus.

Le *Gruau* n'est autre chose que l'Avoine bien mondée de sa peau & de ses extremitez & réduite en farine grossiere par le moyen d'un Moulin fait exprés ; il se prend en décoction comme l'orge mondé, & contient les mêmes vertus. Le Gruau neanmoins est plus nourrissant, il pese quelquefois un peu sur l'estomac quand on l'a trop foible, & excite des vents ; on s'en sert en tout temps, à tout âge & à toute sorte de temperamment, & il est propre sur tout à ceux dont les humeurs sont trop subtiles, trop âcres & trop agitées. Gruau, ses vertus.

On fait avec la farine de froment de la *Boüillie ordinaire* qui humecte & nourrit beaucoup, & de celle de bled de Turquie, des *Gaudes*, qui est aussi une espece de Boüillie, dont les Peuples de la Comté de Bourgogne, ceux qui leur sont limitrophes & les Bressans usent beaucoup en nourriture ; ce dernier aliment, ainsi que le pain, est pesant, & n'est bon que pour ceux qui y sont accoûtumez. Boüillie ordinaire, ses vertus.

Le Millet fait une boüillie qui est assez agreable au goût : cet aliment adoucit les âcretez de la poitrine, il resserre un peu le ventre & arrête les humeurs trop agitées. Il cause des flatuositez, il pese sur l'estomac, & est de difficile digestion ; cependant comme ce n'est pas une nourriture ordi- Millet, ses vertus.

naire on en mange en bien des endroits en guise de Ris.

Ris, ses vertus.

Pour le *Ris* on sçait assez l'usage ordinaire qu'on en fait dans les familles; il adoucit les humeurs âcres, il restaure les parties alterées & les nourrit beaucoup, il excite des vents, arrête le crachement de sang, & son usage trop frequent peut causer des obstructions par son suc lent & grossier, qui séjournant trop long-temps dans les petits conduits de l'estomac, empêche les liqueurs d'y circuler.

Panis, ses vertus.

Le *Panis* se mange encore en boüillie, il a les mêmes proprietez que le Millet.

Harang, ses proprietez.

Le *Harang salé* dont on fait provision, doit être choisi, bien nourri, & bien blanc, c'est un aliment dont les effets ne sont pas trop bons; il échauffe beaucoup, il altere & cause des aigreurs par les rapports désagreables & frequens qu'il excite. *Le Harang soré* a des proprietez encore plus mauvaises étant d'une digestion tres-difficile. Cependant c'est un mets qu'on sert beaucoup à la campagne, où il y a beaucoup de Domestiques, dont l'estomac de la plûpart a assez de chaleur pour cuire cet aliment.

Moruë, ses proprietez.

Il y en a aussi qui font provision de *Moruë salée*: cet aliment est sujet à échauffer beaucoup quand il n'est pas assez dessalé, il est un peu indigeste, soit qu'alors ses parties interieures ayent été derangées par une petite fermentation qu'elles ont souffertes, ou que le sel marin ait en quelque façon fixé ses principes les plus volatiles, & ait en même temps rendu la chair plus compacte.

Huile de Noix, ses vertus.

Si l'on veut se servir *d'Huile de Noix* ailleurs que dans les lampes, & qu'on la veuille employer en ce qui concerne le corps humain, elle a la vertu de résoudre, de digerer, de fortifier les nerfs, de chasser les vents & d'adoucir les tranchées des femmes nouvellement accouchées.

Huile d'Olive, ses vertus.

Quant à *l'Huile d'Olive* elle adoucit l'âcreté des humeurs, elle est resolutive & déterssive, elle lâche le ventre & est propre pour la colique & la dissenterie; on l'employe encore à beaucoup d'autres usages dont nous ne parlerons point ici, parce que cette matiere nous porteroit trop loin.

Pois, leurs proprietez.

Les *Pois* qu'on mange en purée excitent des vents, & sont dangereux pour ceux qui sont attaquez de la gravelle; les bons effets qu'ils produisent consistent à adoucir les âcretez de la poitrine, appaiser la toux, & à servir d'une bonne nourriture. Le premier boüillon qu'on en tire est émollient & laxatif.

Pois chiches, leurs vertus.

Les *Pois chiches* ne s'employent gueres pour alimens, & l'on tient qu'en Medecine ils provoquent l'urine & les mois aux femmes, & adoucissent les âcretez de la poitrine.

Féves seches, leurs proprietez.

Les *Féves seches* qu'on garde ordinairement pour la provision du Carême sont flatueuses & dangereuses à causer la colique, à cause de leur substance un peu visqueuse, qui en fermentant se rarefie dans les intestins. Cet aliment est pesant sur l'estomac, & difficile à digerer.

Haricots, leurs proprietez.

Où il y a beaucoup de train, on doit faire bonne provision d'*Haricots*, ou *Féverolles*, comme on voudra les appeller. La bonne proprieté des Haricots est de nourrir beaucoup; ils sont diuretiques, résolutifs & émolliens, & les mauvais effets qu'ils produisent, consistent à exciter des vents & des envies de vomir; ils sont outre cela de tres difficile digestion.

Il y a de deux sortes de *sels* qu'on employe dans des alimens, sçavoir le sel blanc & le sel de Mer ; le sel commun est purgatif, apperitif, detersif & dessicatif. Il excite l'appétit, il aide à la digestion, il produit de bons effets dans la colique, il est diuretique, propre pour l'apoplexie ; l'usage immoderé en est mauvais. Sel, ses vertus. Lemery. chap. 96.

On se sert de deux sortes de *Poivres* parmi les alimens, le blanc & le noir, l'un & l'autre sont aperitifs, specifiques pour la digestion, ils excitent l'apétit, chassent les vents & dissolvent les humeurs visqueuses qui empêchent les parties grossieres des alimens de sortir librement au dehors. Poivre, ses vertus.

La *Canelle* n'entre point dans les ragoûts, on s'en sert dans quelques compotes & liqueurs qu'on boit. Cet aromat fortifie les parties, aide à la digestion ; il résiste à la malignité des humeurs, elle est cordiale & cephalique, fortifie l'estomac, & excite les mois & l'accouchement aux femmes : il faut bien se donner de garde d'en user immoderément. Canelle, se proprietez

Les *Cloux de Gerofle* sont d'usage parmi les sausses, & ont les mêmes vertus que la Canelle.

Les Cuisiniers ne se servent plus gueres de *Muscades* pour les Ragoûts, on l'employe assez en Medecine, elle attenuë les humeurs grossieres, aide à la digestion, elle est cephalique, cordiale & stomacale, elle chasse les vents, & resiste à la malignité des humeurs : l'usage immoderé en est dangereux. Muscade, ses vertus.

Le sucre, selon Monsieur Lemery, est propre pour le Rhume, il adoucit les âcretez de la poitrine, & excite le crachat : l'excés du sucre est dangereux, & Vvillis prétend que le Scorbut, qui est tres frequent en Angleterre, ne provient que de l'usage immoderé qu'on fait du sucre, au lieu qu'il est salutaire quand on en prend avec moderation. Sucre, ses vertus. ch. 95.

Nous ne nous étendrons pas davantage là dessus, parce qu'il suffit d'y avoir traité de la vertu de certains alimens que nous n'aurions pû placer si à propos dans la suite de cet Ouvrage : ç'a donc été la seule raison qui nous a obligé de faire ce Chapitre exprés ; c'est pourquoy nous nous y sommes arrêtez pour passer delà au second Livre de cet Ouvrage.

Fin du premier Livre.

LE NOUVEAU THEATRE D'AGRICULTURE.

LIVRE SECOND.

Où il est enseigné la maniere de nourrir & élever toutes sortes d'Animaux domestiques, tant Oiseaux, que Bêtes à quatre pieds; leurs maladies & le moyen de les en guérir.

CHAPITRE I.

LA VOLAILLE.

Des Poules, Coqs, Chapons, & de tout ce qu'il y a à observer à leur égard; du choix qu'on doit faire des œufs, tant pour mettre couver que pour tout autre usage, avec la maniere d'engraisser cette Volaille; ses Maladies, & comment les guérir, ses proprietez.

C'EST icy où les soins d'une bonne Ménagere doivent éclater, que sa vigilance ne doit point s'endormir, & qu'il faut que le génie qu'elle a pour une Basse-court se fasse par tout remarquer. On ne sçauroit dire combien la volaille apporte de profit à une maison de Campagne, lorsqu'elle y est bien gouvernée; c'est aussi de cette conduite que dépend le plus ou le moins d'avantage qu'on en tire, au lieu que lorsqu'on fait tant que de la négliger, on ne joüit aux champs d'aucune douceur, si ce n'est à force d'argent. Cette verité, dont on n'eſt que trop perſuadé, doit animer nos bonnes Ménageres à y donner toute leur attention.

La Poule, le Coq & le Chapon, ſont trop connus de tout le monde pour en faire icy la deſcription; ces Oiſeaux ſont de pluſieurs eſpeces, & different beaucoup, ſuivant les endroits où ils croiſſent, & les alimens dont on les nourrit; nous parlerons d'abord des Poules, puis nous paſſerons au Coq & au Chapon.

Differences des Poules

Les Poules domeſtiques ou communes (ce ſont celles ordinairement qu'on éleve dans une Baſſe-court) different donc entre elles en grandeur de corps & en couleur de plumage; il y en a de noires, de blanches, de pommelées noir & blanc, de rougeâtres mêlées de blanc, de griſes & autres, les unes plus groſſes de corps que les autres: nous avons les Poules hupées & les friſées.

Signe d'une bonne Poule.

Il eſt conſtant que cette diverſité que la nature a mis en ces Oiſeaux les rend d'un temperamment different; car, par exemple, on dit que la Poule rouſſe ou rougeâtre eſt la meilleure eſpece, on n'eſtime pas moins la noire, mais on ne fait pas tant de cas à peu prés de la griſe ni de la blanche; parce qu'elles ne ſont point ſi fecondes que les autres, qu'on les éleve difficilement, & qu'elles ſont toûjours maigres, mal ſaines, & d'une chair peu ſavoureuſe.

La taille d'une bonne Poule doit être moyenne. Cet Oiſeau doit avoir la tête grande, la crête droite & bien rouge; il y en a qui diſent que lors qu'elle panche c'eſt un ſigne de fertilité. Un ancien Auteur eſt du premier ſentiment: elle doit avoir le corps quarré, le cou gros & la poitrine large: les Poules noires donnent des œufs plus ſouvent que les autres, mais elles ne ſont pas ſi propres à couver.

Columel lib. 8. ch. 2.

Signes de Poules peu fecondes

Les Poules montées haut ſur jambes ne pondent gueres volontairement, non plus que celles qui ſont trop argotées, c'eſt à dire qui ont chaque pied armé de cinq argots comme les Coqs: ces dernieres ſont trop acariâtres & trop ſauvages, outre qu'elles ſont tres ſujettes à caſſer leurs œufs quand elles couvent, ou aprés qu'elles les ont pondu; c'eſt l'effet de leur naturel agreſte, & de cette trop grande vivacité d'eſprits, qui ſe diſſipant en elles, mal à propos, leur rend l'ovaire ſi peu fecond.

La Poule qui eſt trop graſſe ne pond que rarement, parce que les parties qui devroient concourir à la production des œufs, ſe convertiſſent preſque toutes en ſubſtance, il y en a qui lorſqu'ils s'en apperçoivent, au lieu de les mettre au pot leur font perdre cette graiſſe par le moyen de la poudre de brique qu'ils mêlent parmi leur nourriture, & de la craye dont ils blanchiſſent leur eau; il faut apparemment que ces matieres ayent des corpuſcules qui rendent les parties des alimens que prennent ces poules, moins fixes & par là les rendent plus fertiles en œufs.

Si l'on voit qu'une Poule a le flux de ventre, il faut l'en guérir ſi l'on veut qu'elle ponde; on dira comment dans l'article des Maladies. Les Poules qui ſont trop jeunes ne pondent des œufs qu'en petite quantité, mais il faut attribuer ce défaut à la trop grande vivacité de leur inſtinct qui ſe paſſe dés leur ſeconde année, & c'eſt à cet âge qu'on peut juger dequoy une Poule eſt capable; quand par ſon gloſſement elle fait connoître qu'elle veut

veut couver, il faut luy en empêcher en lui traversant les nazeaux avec une petite plume; car ce seroit autant d'œufs perdus à l'égard de la plûpart, *il n'est*, dit le Proverbe, *que jeune Poule à pondre*, c'est à dire de deux ans, *& vieille à couver*. D'autres pour empécher ces Poules de couver leur plument le ventre jusqu'au duvet; & les plongent dans l'eau, ou bien les enferment sous une Cage, & ne leur y donnent que tres peu de nourriture pendant trois ou quatre jours, ce jeûne qu'on leur fait observer leur ôte l'envie de couver.

Choix du Coq.

COmme la génération des Animaux ne se peut faire sans l'accouplement du mâle & de la femelle, il faut un Coq pour les Poules, mais un Coq bien choisi & tel qu'on va le dépeindre.

Un bon Coq doit être hardi, fier, courageux, vigilant; tout cet exterieur est une marque qu'il est amoureux, & c'est ce qu'on recherche en luy. Columelle veut qu'il ait la crête élevée, d'un beau rouge, les yeux noirs, ou de couleur d'azur, le bec court & crochu, les ouyes grandes & blanches, les barbes grises, mêlées d'un rouge fort clair, que les plumes qui luy partent du cou & de la tête, s'étendent jusques sur les épaules, & qu'elles soient de couleur changeante & tirant sur un jaune doré; qu'il ait la poitrine large & forte, les muscles des aîles robustes & bien tendus, les aîles longues, la queuë partagée en deux rangs, dont les plumes seront élevées & recoquillées sur le dos; il aura les cuisses grandes, grosses & bien couvertes de plumes, les jambes courtes, nerveuses & armées de longs argots. Columel. li. 8. ch. 2.

S'il faut qu'un bon Coq soit alerte, fier & courageux, comme nous l'avons dit, c'est parce qu'il doit deffendre ses Poules contre les insectes qui les menacent: un Coq prompt à chanter prouve encore par là sa bonté. On n'estime point ceux qui sont trop en chaleur: la raison en est qu'étant trop lascifs, il se fait inutilement en eux une trop grande déperdition d'esprits seminaux, ce qui fait que la plûpart ne font que caqueter, gratter la terre, & se battre à tout moment contre les autres sans aller à l'acte, & tous ces mouvemens inutiles sont plus nuisibles qu'avantageux, parce qu'ils détournent les bons Coqs de faire leur devoir & les Poules de les recevoir; un Coq trop acariâtre n'est propre que pour les joûtes, qui sont des combats ausquels on les exerçoit autrefois.

Columelle dit que pour rallentir en eux cette chaleur, il faut prendre du gros cuir, le couper en rond, un peu plus grand qu'un liard, le percer par le milieu, & passer par dedans la jambe du Coq, qui les ayant comme dans des entraves, devient plus moderé, & ne court plus sur les autres Coqs pour les battre. *Idem.*

Aprés avoir fait choix des Poules & des Coqs, comme on vient de le dire, on les met dans le Poulailler; on a parlé assez au long de ce membre de bâtiment de campagne à la page 41: on peut en voir la construction, & remarquer seulement, outre ce qu'on en a dit, qu'il faut que l'entrée en soit fermée à clef tous les soirs aprés que la volaille y est entrée, & soigner de l'ouvrir le matin pour luy donner la liberté d'en sortir. Remarques sur le Poulailler.

On soignera de nettoyer souvent le Poulailler, & de mettre la fiante à part; c'est un amandement tres-bon pour les Prez, les Paniers ou les Nids où les Poules auront coûtume de pondre, seront aussi entretenus proprement, & renouvellez de paille tous les quinze jours; on leur changera d'eau tous les jours, crainte qu'elle ne s'enpuantisse; il ne faut que cela pour leur causer la pepie. Il est bon dans le coin d'une court de porter les ordures de la maison aprés qu'elle a été balayée, cela amuse les Poules qui les grattent & se veautrent dedans. On prétend que cela fait mourir leur vermine, ou du moins on s'accommode en cela au naturel de ces Oiseaux, qui aiment à y chercher ainsi à manger: c'est pourquoy un grand Naturaliste les réduit sous le genre de ceux qu'il appelle *Aves pulverulentæ*, qui veut dire des Oiseaux qui aiment la poussiere.

Aldrovandus.

Il faut prendre garde que les Chats, les Renards, les Foüines & autres Bêtes ennemies de la volaille n'entrent dans le Poulailler de jour ni de nuit, & pour cela on le visitera souvent pour voir s'il n'y aura point quelque trou par où ces cruels animaux pouroient s'y introduire. Car il ne faut ainsi qu'un coup malheureux pour détruire toute la volaille d'une basse-court: car une Foüine, ou un Renard, outre les Poules qu'ils mangent, ont la malice de tuer les autres, & d'en emporter ce qu'ils peuvent.

La prudence veut qu'on n'ait jamais plus de Poules qu'on n'en peut nourrir; c'est à dire, qu'on n'a de grain pour suffire à leur nourriture; un petit nombre bien entretenu rend plus de profit qu'un grand troupeau mal nourri; il y en perit tous les jours, & telle volaille ne rend qu'un profit tres-médiocre. Celle qui a soin de la Basse-cour ne doit donc point selon les saisons, épargner le grain aux Poules, ou autre chose qui leur en tienne lieu.

Un Coq suffit pour douze ou quinze Poules, ainsi on peut juger par là combien on aura de ces mâles par rapport au nombre de femelles qu'on voudra nourrir. Columelle ne donne que cinq Poules à chaque Coq, & quelquefois que trois, selon les differens pays d'où on les tiroit de son temps: mais c'est trop peu pour un Oiseau qui est si lascif, & qui abonde tant en esprits & en humeur seminale, & l'experience nous a appris qu'il peut suffire à un bien plus grand nombre.

Columel. lib. 8. ch. 2.

Nourriture ordinaire de la Volaille.

LA meilleure mangeaille pour les Poules, au sentiment d'un ancien Auteur, est l'Orge pilé, la Vesce & les Pois chiches, il leur ordonne aussi le Millet & le Panis, quand ils sont à bon marché. La coûtume en est abolie aujourd'huy, à moins que ce ne soit dans les pays où ces grains sont fort communs: les criblûres du bled qu'on met au Moulin leur sont encore tres-bonnes, le froment pur les engraisse trop, & les empêche de pondre.

Idem. chap. 14.

L'Yvroye boüillie, & le Son qui n'aura gueres été tamisé sont aussi une tres-bonne nourriture pour la Volaille. On se donnera bien de garde de leur jetter du marc de raisin, si ce n'est en Hyver; car cet aliment leur subtilise tellement les parties du sang & les leur rend si volatiles, qu'au lieu de se fixer en aussi grand nombre qu'elles devroient à l'ovaire, elles se dissipent inutilement, ou leur font produire de tres petits œufs.

Endroit où donner à manger à la Volaille.

ON donne à manger à la Volaille deux fois par jour, à certaines heures limitées, & ausquelles on ne manque point, de peur que cette Volaille ne se dérange, & ne ponde pas à son ordinaire; ce qui ne peut être que préjudiciable au Maître. Il faut aussi que ce soit toûjours en un même endroit, & que ce lieu soit plat & uni, & à l'abri des grands vents, afin que les Poules n'en soient point incommodées; ces Oiseaux n'aiment point le vent, & cherchent autant qu'ils peuvent à s'en garantir.

Heure à laquelle on donne à manger à la Volaille.

ON jette à manger plus ou moins à la Volaille, qu'on voit qu'elle peut trouver dans la Campagne plus ou moins dequoy se nourrir; car d'ailleurs, ou il y a de l'herbe à pâturer, ou de la vermine à prendre; c'est en quelque façon une épargne pour le grain & le Son qu'on leur donne. Leur premier repas est à Soleil levant; car comme cette Volaille n'est point paresseuse à se lever, dés qu'elle voit le jour, aussi veut-elle déjeuner du matin, autrement elle s'écarte & ne cherche qu'à aller en dégât où elle peut, & les jardins souvent souffrent de son impatience.

Le second repas est le soir une heure avant Soleil couché, dans le temps qu'on bat le bled à la Grange, on peut ne leur donner que le matin à manger; car pendant toute la journée les Poules trouvent assez à vivre au tour de ceux qui battent, autrement il faut que ces Oiseaux ayent leur repas reglez, comme on a dit, & c'est le moyen de les maintenir toûjours feconds en œufs, & en état d'être mangez sur table.

Les herbes hachées, les fruits découpez par morceaux & autres choses semblables, selon les saisons leur conviennent encore tres bien; il est vray que cette nourriture n'est pas si substantielle que le grain, mais elle ne laisse pas de les soûtenir: on mele les herbes d'un peu de Son, & tout cela pour ménager le grain.

L'Avoine pure leur est encore tres-bonne, la mie de pain, le Bled Sarrazin & le Chenevi les font beaucoup pondre, mais principalement ce dernier grain qui échauffant l'ovaire plus que les autres, luy fait concevoir des œufs, qui dés leur principe auroient peri sans ce secours.

Pour venir à la vermine dont on a déja parlé, & qui est une nourriture que la Volaille se plaît à manger, on sçaura que ce ne sont que des vers de terre; & comme cet aliment leur est tres-profitable, & que c'est un ménage, on va donner un moyen de s'en servir abondamment.

Secret pour avoir des Vers en abondance.

CHoisissez quelque endroit dans la Basse-cour, creusez-y une fosse longue & large comme vous le jugerez à propos, c'est à dire, de dix ou douze pieds sur tous sens, & profonde de trois ; il faut que cet endroit aille un peu en pente de peur que l'eau n'y croupisse.

Cela fait, & la fosse étant creusée, mettez dans le fond un lit de paille de segle hachée menuë de la hauteur de quatre doigts, épanchez dessus un lit de fumier de cheval recemment sorti de l'Ecurie, & par dessus un lit de terreau de couche, ou d'une autre terre legere, ensuite vous répandrez sur tout cela du sang de bœuf, du marc de raisin, de l'Avoine & du Son de froment, le tout bien mélé ensemble, aprés cela on recommence les lits de paille, de fumier & de terreau comme auparavant, & jusqu'à ce que la fosse soit remplie.

Pour rendre ce fumier plus abondant en vers, il est bon dans le milieu de le garnir d'entrailles de quelques bêtes qu'on puisse trouver à sa disposition, soit Mouton, Brebis, Chien, Vache ou autres, il n'importe : & quand ce fumier est au dernier lit, qui est la terre, & qu'on l'a achevé, on le couvre d'épines, mises fort épais qu'on tient en état avec des pierres ou autre chose par dessus qui soit pesant, pour empêcher que les vents ne les dérangent, & que la volaille n'aille gratter ce fumier par dessus, ce qui empêcheroit le bon effet qu'on en attend.

On juge bien que pour contribuer beaucoup à la production des vers, ce fumier doit être bien exposé au Soleil, & quand on voit que cette vermine y fourmille à foison, pour lors on l'ouvre, & on en tire des vers qu'on jette aux Poules, plus ou moins abondamment que la Verminiere le permet. Cette distribution se doit faire avec prudence & œconomie, on ne sçauroit croire combien cette nourriture les tient en bon état.

C'est ordinairement le matin qu'on distribue cette nourriture, & un homme en trois ou quatre coups de bêche en fait la fonction ; on tient toûjours cette Verminiere hors de l'insulte de la Volaille qui l'auroit bientôt dégarnie si on la lui laissoit gratter à discretion. On observera de ne la vuider que par un seul endroit, & de ne la point entamer ailleurs, & par ce moyen elle fournira long-temps à la Volaille des vers pour se nourrir.

La Verminiere sera toûjours bien couverte d'épines crainte de l'accident dont on a parlé, & il n'y aura que la seule couverture par où on l'aura entamée qui permettra aux Poules d'en approcher, plusieurs jours aprés neanmoins qu'on en aura tiré des vers : à mesure qu'on la foüillera, on en ôtera la couverture, & l'on continuëra cette manœuvre jusqu'à ce que cette Verminiere soit toute dépoüillée, & pour lors la Volaille a toute liberté d'aller gratter dessus.

Il seroit à propos, pour ménager le grain, qu'on fist deux ou trois Verminieres qui pussent se succeder l'une à l'autre : c'est le veritable secret de nourrir la Volaille à bon marché. L'été est le temps de les faire, & depuis le mois de Novembre jusqu'à Pâques celui de s'en servir.

On se sert encore heureusement de tripailles des animaux qu'on tuë à la maison, pour nourrir des Poules ; il faut les hacher, & les leur jetter dans la cour, elles les mangent en guise de vers : on voit comme on ne perd rien à la Campagne, & que tout s'y met à profit.

Les Mûres sont encore un aliment dont la volaille est fort avide ; c'est pourquoy il est bon de planter quelques Mûriers dans la Basse-cour, ce fruit luy rend la chair délicate, & l'engraisse assez pour être servie sur table, & la rendre fertile en œufs.

Devoir de celle qui a soin de la Volaille.

TOute cette conduite demande beaucoup de soins & de vigilance : car celle à laquelle tous ces Oiseaux domestiques sont commis doit les enfermer & leur ouvrir le Poulailler soir & matin, & les observer en sortant, s'il n'y en a point quelqu'une qui cloche, afin d'y apporter du remede : c'est à elle à faire, à lever tous les jours les œufs pour les serrer à part, afin de distinguer les frais d'avec les autres, & de les employer selon les usages ausquels on veut les destiner, de nettoyer le Poulailler toutes les semaines une fois, de peur que les ordures ne causent quelque inconvenient à la Volaille, & de le parfumer souvent pour en ôter le mauvais air. Cette fumigation se fait avec de l'encens, ou autres aromats qui ne coûtent gueres.

Il faut encore qu'elle ôte la vieille paille des nids des Poules pour les garantir de la vermine à laquelle les Poules sont sujettes, sans ce soin qu'on y apporte ; le foin pour garnir ces nids vaut mieux que la paille, les poux & les puces ne s'y engendrent point sitôt, & les Poules qui pondent ou qui couvent s'y reposent plus mollement & plus chaudement. Il faut toûjours qu'il y ait un œuf dans le nid pour y attirer les Poules.

La nature aidée de la bonne nourriture opere assez dans les Poules pour les faire pondre dans le temps chaud, sans qu'il soit besoin d'y apporter des soins bien extraordinaires. Il n'en est par de même pendant l'Hyver, il faut que ces soins se redoublent : car enfin c'est en quelque façon forcer la nature que d'obliger la Volaille à donner des œufs quand le froid se fait sentir.

Moyens d'avoir des Oeufs en Hyver.

POur y réüssir neanmoins, il y a trois choses à observer, le temperamment robuste des Poules, le lieu où on doit les mettre, & l'aliment dont il faut les nourrir.

On prend donc pour cela un certain petit nombre de Poules bien choisies, de moyenne taille & âgées de deux ans, on les enferme dans une chambre chaude, & éclairée suffisamment, avec un Coq tel qu'on a dit qu'il devoit être pour bien faire son devoir ; il ne faut point épargner la mangeaille à cette Volaille ; l'orge boüilli & donné chaudement leur est admirable, l'avoine crüë, la mie de pain de temps en temps & les criblûres de toutes sortes de bleds ne doivent point luy être épargnées, le chenevi a de grandes vertus pour faire pondre les Poules ; il faut leur en jetter un peu pour leur réveiller l'appétit ; car qui les nourriroit beaucoup de ce grain dépenseroit plus que les œufs ne vaudroient, outre qu'il seroit dangereux que cet aliment les échauffant par excés, ne détruisît le bon effet qu'il devroit produire dans l'ovaire.

Leur eau, qui sera toûjours entretenuë claire & nette, ne leur manquera point, il faut avoir soin de nettoyer leurs nids. Ce n'est pas que dans cette saison la vermine ne s'y engendre gueres, mais c'est qu'il y a toûjours quelques ordures qui incommodent les Poules qui pondent, outre que cela empéche que la chambre ne contracte une mauvaise odeur.

Mais comme quelque choix qu'on auroit fait des Poules, il y en pourroit avoir quelques-unes qui ne répondroient pas à nôtre attente, on observera quelles elles seront pour les ôter & les jetter dans la cour, afin de ne donner tous les soins qui sont necessaires à ce qu'on recherche qu'aprés celles qui les meritent; c'est un avantage d'avoir des œufs en Hyver & une douceur tres-grande, on en fait de l'argent, & c'est là le but.

Il y en a pour faire pondre les Poules en Hyver qui les nourrissent encore de pain rôti & trempé dans l'eau du soir au matin. C'est à dîner qu'il faut leur donner cet aliment; les vers de terre excitent aussi beaucoup ces Oiseaux à donner des œufs, c'est pourquoy on ne negligera point de faire des Verminieres, comme nous l'avons enseigné.

Remarques.

Quand les Poules ont passé trois ans il faut les manger, & se défaire de celles qui sont steriles, ou qui ne pondent que rarement. Quelques observateurs de la nature de ces Oiseaux prétendent qu'on doit remarquer, autant qu'on peut, leurs œufs propres pour les leur donner à couver, parce, disent-ils, qu'il y en manque moins; mais ces observations qui se trouvent fausses dans leur principe, ne doivent point scrupuleusement nous arrêter.

Du temps qu'on doit mettre couver les Poules.

L'Ordre naturel veut que les Poules fassent leur ponte avant que de couver, & cette ponte va à un certain nombre d'œufs indéterminé, & selon que ces Oiseaux sont plus ou moins feconds; c'est la nature & le temperamment qui regle cela.

Cette Ponte étant achevée, les Poules glossent, & c'est une marque qu'elles veulent couver: l'ardeur qu'elles ont de faire éclore leurs petits, parce, qu'elles croyent que ce sont leurs œufs propres qu'on leur donne, les anime tellement, qu'elles ne font que nous rompre la tête de leurs glossemens, jusqu'à ce qu'on leur ait mis des œufs sous elles. Ce n'est pas que toutes les Poules qui glossent soient capables de conduire jusqu'à la fin cet ouvrage, les Poules trop jeunes n'y sont point propres, non plus que celles qui sont farouches & acariâtres, ce sont des envies qu'elles en ont, mais qui se passent bien vîte; il n'y a donc que celles qui sont franches & dociles qu'on doit estimer bonnes couveuses.

Le plûtôt qu'on peut mettre couver les Poules aprés l'Hyver, c'est toûjours le meilleur, afin d'avoir des premiers Poulets qui puissent au commencement de l'Eté être bons à chaponner: car comme dit le Proverbe: *Chapons avant la Saint Jean, & Chaponneaux aprés:* outre que les femelles qui naissent en Mars ou en Avril sont toûjours en état de rendre plûtôt du profit que les autres.

Il y en a qui ne font point de cas des Poulets éclos depuis la my Juin; parce, disent-ils, qu'ils ne deviennent point gros. Il est vray qu'ils ne valent pas les premiers venus, mais ce sont toûjours des Poulets qui peuplent une Basse-cour, & qui ont leur merite dans leur temps; ainsi on ne se rebutera point de mettre couver des Poules quand ce seroit même plus tard : si l'on n'en fait des Chapons, on s'en sert en Poulets pour la Cuisine.

Le temps de mettre couver les Poules ne partage point l'opinion des Anciens, ils disent tous unanimement qu'il faut que ce soit au croissant de la Lune, & depuis le deuxiéme jusqu'au quinziéme, & que ce temps passé, on doit differer la couvée, parce, ajoûtent-ils, que la Lune qui décroît n'a plus de force, & que les œufs par consequent ne se couvent pas bien, qu'ils deviennent clairs. Quelle illusion ! Quelle chimere ! comme si les Poules & mille autres Oiseaux qui se mettent couver d'eux-mêmes, consultoient cette quadrature ; & si bien plus ils ne réüssissoient pas mieux dans leur ouvrage, que si une main étrangere leur y aidoit.

C'est donc un abus tout pur que de s'arrêter à la Lune, quand on veut mettre couver une Poule, & si cette envie luy prend le sixiéme de la Lune ou aprés, est-on sûr qu'elle luy dure jusqu'à ces jours si religieusement observez ; & quand par malheur cela arrive, c'est donc une couvée qu'il faut perdre : mauvaise maxime. Lorsqu'une Poule glosse, on doit profiter de ce temps sans s'embarrasser de la Lune, dont il faut admirer la splendeur & le mouvement, en adorant le Maître qui l'a formée, & rien de plus.

Les œufs des Poules ne sont que vingt & un jour à éclore, c'est pourquoy il est bon de remarquer le jour qu'on les met couver, afin de ne point s'impatienter : ces œufs doivent être frais, ceux de trois semaines ou un mois y peuvent neanmoins être propres, parce qu'une Poule qui couve d'elle-même à la dérobée met bien ce temps à achever sa ponte, & si pas un de ses œufs ne manquent, c'est l'experience qu'on a tous les jours, & dont on ne sçauroit douter. *Temps pour éclore les œufs.* *Choix des œufs.*

Les plus gros œufs sont toûjours les meilleurs, parce qu'il est à présumer qu'ils sortent d'une grosse Poule, & qu'il n'en peut venir par consequent que de beaux poussins. Voicy quelques erreurs assez particulieres sur la figure des œufs pour avoir mâles ou femelles. *Erreurs*

Aristote dit que les œufs longs produisent des animaux femelles, & que les ronds en produisent des mâles. Scaliger paroît être de ce sentiment. Pline soutient un parti tout opposé ; car il prétend que les œufs longs sont des œufs de mâles, & que les ronds sont de femelles. Columelle, Avicenne, de Serre, & Liebaut souscrivent au sentiment de Pline, & toutes ces opinions sont des plus fausses ; les œufs longs aussi bien que les ronds peuvent produire indifferemment des mâles ou des femelles, cela ne dépend que des differentes configurations que prennent les parties qui concourent à la formation de l'animal dans l'œuf. *L. 6. Hist. an. C. 2.* *In comm.* *L. 8. c. 5.*

Autre erreur : la plûpart de nos femmelettes qui se mêlent de mettre couver des œufs, disent qu'il faut toûjours qu'ils soient nombre impair, & mis tout à la fois au nid avec un plat de bois, n'étant pas permis de les toucher de la main, ni les compter l'un aprés l'autre.

C'est une chose surprenante de voir que les anciens Auteurs qui ont écrit sur l'Agriculture, ayent donné là dedans, & qu'il y ait encore mille & mille gens à la campagne qui soient entachez de ces fausses maximes, & qui seroient bien fâchez de s'en défaire.

Columelle, & plusieurs autres aprés luy, ont une opinion aussi chimerique sur la maniere d'empêcher que le Tonnerre n'endommage les œufs qu'une Poule couve & n'y tuë les poussins avant qu'ils soient éclos. Voicy le secret de cet Auteur, & ses propres termes. ,, Il y en a qui mettent ,, sous la paille de leur nid de l'herbe verte & des petites branches de ,, Laurier, quelquefois des sommitez & des têtes d'ail, ou des clouds de ,, fer, qui sont tous des moyens suffisans pour détourner les mauvais effets ,, du Tonnerre sur les œufs. En verité il faut avoir l'esprit aussi rustique pour avancer de semblables choses, que la seule pensée en est ridicule; comme si tous ces colifichets mis dans ces nids pouvoient empécher que le bruit extraordinaire du Tonnerre n'agitât l'air quelquefois avec tant de violence, que venant à froisser les parties disposées à former le poussin dans l'œuf, il n'en dérange toute l'œconomie, de telle sorte que ne pouvant plus se lier les unes aux autres, il faut necessairement que l'animal reste imparfait dans sa formation, & perisse.

L. 8. c. 5.

C'est de cette maniere que ce Phénoméne dangereux agit sur bien des corps susceptibles des impressions de l'air; & nous avons en cela dans le bruit terrible que fait la poudre à tirer, un exemple qui en approche assez & qui peut nous le prouver; car si l'on tire des Canons dans un endroit où l'air soit un peu renfermé, il est d'experience qu'il faut ouvrir les fenêtres des maisons qui les environnent, autrement le verre se brise, ce qui ne peut arriver que par les parties de l'air qui sont poussées avec impetuosité contre ces corps: ainsi tout ce qu'on vient de dire sur l'observation des Anciens, quand il est question de mettre couver des œufs, n'est que superstition, chimere & bagatelles toutes pures; mais revenons aux œufs qui sont à present le sujet de nôtre matiere.

Suite du choix des œufs.

Supposé qu'on soit dans l'obligation d'aller chercher des œufs ailleurs que chez soy pour mettre couver, parce qu'on aura negligé d'en amasser pour cela, & qu'on croira que ceux qu'on aura n'y seront pas propres, il faut toûjours en prendre chez des gens où l'on sçait qu'il y a un Coq, & un bon Coq: car il ne suffit pas de l'œuf pour avoir un poussin, il faut qu'il soit vivifié par les esprits de la semence du mâle, & sans cette vivification, le principe de l'animal s'aneantit & ne produit rien par consequent.

Et c'est une absurdité de croire que l'œuf dans le corps d'une Poule soit l'ouvrage du Coq; elle contient en elle-même tout ce qui est propre à la formation du fœtus de son espece, les œufs qu'elle donne s'y forment sans autre secours que celuy de la nature, & il n'est pas rare de voir tous les jours que des Poules pondent sans Coq. Dieu qui agit toûjours par les voyes les plus simples & les plus constantes en formant au commencement du monde les deux premiers animaux de chaque espece, renferma dans la femelle tous les œufs de sa posterité, de sorte que le mâle ne sert qu'à contribuer à la génération du poussin par la partie spiritueuse & volatile de sa semence.

Pourquoy une Poule ne donne ses œufs que l'un aprés l'autre.

UNe Poule ne donne ses œufs que l'un aprés l'autre, & dans un certain intervale de temps assez considerable, ce qui fait juger qu'ils ne ne sont pas tous entierement formez à la fois : la raison de cela est que n'ayant pas tous une égale adherence dans l'ovaire, & qu'il y en a toûjours qui tienne moins dans leurs calices que les autres, ceux-cy se détachent les premiers, & par une fermentation des liqueurs nourricieres, se gonflent & deviennent enfin parfaits dans toutes leurs parties.

Les œufs étant bien choisis, on les met sous la Poule & dans le nid qu'on luy prépare, il doit être un peu creux dans le fond & évasé par les bords, afin que les œufs ne roulent point. On peut mettre couver une Poule dés le mois de Février si elle en a envie: mais il faut observer en cette saison qui est froide, de ne luy donner environ que dix à douze œufs, afin que les embrassant tous sous elle, elle les échauffe mieux; en Mars quelque peu davantage, & en Avril & mois suivans ce qu'elle en pourra couvrir. Il y en a qui déterminent le nombre des œufs depuis quinze jusqu'à vingt ou vingt-un, selon que la Poule est plus ou moins grosse; aprés cela on met cette Poule sur ces œufs, qu'on luy laisse couver en luy apportant les soins dont nous parlerons. Remarques necessaires.

Conduite de la nature en formant un Poulet d'un œuf.

POur être instruit de la méthode que la nature suit en formant un Poussin d'un œuf, en le considerant avant & durant l'incubation, on sçaura que dans le premier cas on trouve dans la tunique du jaune de l'œuf une petite tache blanche en forme de cercle qui ressemble à une petite lentille, ce qu'on nomme *Cicatrice.* Durant l'incubation la cicatrice se dilatte, & s'étend le premier jour en certains cercles, & on y observe le même jour & le suivant certaine liqueur claire & luisante plus pure qu'un cristal, qu'on appelle *Gelée.* Hervée.

Le troisiéme & le quatriéme jour on apperçoit dans la gelée une ligne de sang vermeil, & le point saillant au milieu, qui est le commencement du cœur. On remarque ensuite au tour de ce point quelque chose de grossier & de blanchâtre, en forme de petit nuage divisé en deux parties, dont la plus grande fait la matiere de la tête qu'elle commence, & on remarque quatre petites vessies, qui sont le cerveau, le cervelet & les deux yeux.

L'autre partie est plus petite, & au dessous elle represente la quille d'un vaisseau, & produit l'épine du dos, d'où l'on voit sortir peu à peu les jambes. Enfin ces visceres s'attachent successivement aux vaisseaux qui renferment le sang, & forment le fœtus parfait, qui est le Poulet.

Un habile Anatomiste remarque que ce fœtus est renfermé dans la cicatrice déja avant l'incubation; ensorte que la tête, l'épine & ses appendices se distinguent manifestement dans la petite tunique qui nage dans la gelée de la cicatrice, & qu'ainsi les parties du Poulet préexistent dans l'œuf & précedent l'incubation; qu'ensuite ce petit animal déja formé, reçoit sa nature entiere des sucs nourriciers & fermentatifs mêlez ensemble, qui par leur action mutuelle engendrent successivement le sang, & font paroître & croître les parties essentielles au Poulet. Malphigius.

Toute cette petite machine neanmoins ne sçauroit s'achever ainsi sans

P

le secours d'une chaleur étrangere, & dont les parties ayent des rapports de convenance avec celles du Poulet. Tous Oiseaux seroient bons pour cela s'ils vouloient avoir la patience de fomenter les œufs comme il faut; mais comme les Poulets & autres Oiseaux de la Basse-cour sont plus à portée, on s'en sert pour couver les œufs qu'on destine pour augmenter l'espece de la Volaille.

Pour avoir des Poulets en Hyver.

NOus avons dit comment on devoit nourrir les Poules pour avoir des œufs en Hyver, & comme la ponte qu'elles font est un préjugé de leur couvée : il faut, si l'on souhaite les employer à cet ouvrage dans cette saison, les entretenir de même : la chambre où l'on met ces couveuses doit être chaude, la nourriture ni l'eau ne doit point leur manquer : il sera bon de leur donner un peu de senevé de temps en temps, ou de la rôtie au vin pour les échauffer; la graine d'ortie leur est encore merveilleuse.

Lorsqu'on entend glosser ces Poules, on leur cherche un endroit pour les placer. Ce lieu doit toûjours être détourné & hors du bruit, afin que les couveuses ne soient point détournées de leur travail en aucune maniere. Pendant qu'elles couvent on a soin de les traiter comme auparavant, parce qu'elles n'ont pas moins besoin de chaleur pour fomenter leurs œufs, que pour se disposer à l'incubation.

Quelques-uns, pour avoir des Poulets en Hyver se servent de gros Pigeons de voliere sous lesquels ils mettent des œufs de Poules. Ces Pigeons n'en peuvent embrasser que quatre ou cinq, & on les met dans des grandes Cages en un lieu bien chaud. Il ne faut pas les laisser manquer de nourriture, & leur donner sur tout du chenevis une fois par jour.

Secret de faire éclore des œufs sans Poules.

D'Autres plus curieux encore que les premiers font éclore des œufs sans le secours d'aucun oiseau; ils ont pour cela un petit fourneau, préparé exprés, échauffé par le dessous d'un feu continuel, moderé neanmoins, & toûjours égal; ce fourneau est pour l'ordinaire de fer ou de cuivre, & fabriqué comme un four à cuire du pain.

Ensuite ils prennent de la plume la plus molle, ils en mettent sur ce fourneau autant qu'ils le jugent à propos, & dessous l'aire quatre lampes aux quatre coins, qui restent toûjours allumées, & qui sont posées de telle sorte que leur flamme échauffe cet air, qui communique sa chaleur à tout le reste du fourneau.

Ces curieux ayant adroitement observé tout cela, prennent dix ou douze œufs, ou davantage, s'ils le jugent à propos; ils les posent dans la plume dont ils les couvrent aussi, puis un oreiller de plume par dessus; ils les laissent en cet état pendant dix-huit ou vingt jours que les poussins sont formez, aprés cela ils les élevent comme nous le dirons. Il faut avoir soin de bien entretenir ce feu toûjours dans un même degré de chaleur, &

par ce moyen on pourra avoir des Poulets sans Poules ni autre Oiseau qui y soit propre.

Les Poulets ainsi éclos sont fort délicats à élever, & sujets à des fluxions dangereuses, si l'on n'y prend garde; c'est pourquoy il les faut mettre dans une chambre qui soit chaude, les tenir enfermez dans quelque petit vaisseau garni de plume dans le fond, & couvert par dessus d'un petit oreiller de duvet fort leger, afin que les poussins ne s'étouffent pas dessous, & couvrir le vaisseau de quelque couverture, ou d'autre chose semblable: on laisse ainsi ces petits Poulets toute la nuit, & on ne les en tire pendant le jour que pour leur donner à manger, ce qui peut arriver à cinq ou six reprises, ou pour mieux dire toutes les fois qu'on entend ces petits Oiseaux piauler; car c'est une marque alors qu'ils demandent à manger. Cette curiosité, comme on voit, exige un peu de soins, & beaucoup d'attention; mais que ne fait-on pas quand il s'agit de faire de ces sortes d'experiences, qui ne coûtent gueres, & qu'on veut éprouver comment & jusqu'à quel point on peut aider la nature dans ses productions? Il faut gouverner de même les Poulets qu'on aura mis éclore sous des Pigeons, parce que ces Oiseaux ne les conduisent point.

Soin qu'on doit avoir des Couveuses.

APrés qu'on a mis couver les Poules, & pendant tout le temps qu'elles couvent, on met leur mangeaille prés d'elles, afin qu'elles n'aillent pas loin pour l'aller prendre, & que par ce moyen elles ne laissent point morfondre leurs œufs: il est même à propos que cette nourriture soit tellement à leur portée qu'elles puissent la prendre de dessus leur nid; car il y a des Poules qui sont si griéches, que du moment qu'elles sont hors de dessus leurs œufs, on a de la peine à les y faire retourner. Il faut pour qu'elles le fassent d'elles-mêmes, qu'elles soient bien franches, & d'un naturel tres-porté à leur ouvrage.

On se donnera bien de garde durant toute l'incubation de toucher aux œufs de la Poule, quoiqu'en disent nos anciens Auteurs, la nature ne l'instruit que trop à faire son devoir, & l'on n'est que de tres mauvais raisonneurs sur cet article, quand on dit, que lorsque la Poule est sortie de son nid, on doit en visiter les œufs & les tourner avec la main, afin qu'étant également échauffez de tous côtez, les Poulets s'en forment plus sûrement: ce sont les propres termes de Columelle, & le sentiment de ses adherans qu'il faut rejetter comme une vision plus préjudiciable qu'avantageuse. Nous avons une preuve de cela dans les Poules qui se mettent à couver d'elles-même, à la dérobée, & dont la couvée est toûjours bien plus heureuse que celles qu'elles font à la maison, & cela, souvent par la chimere qu'une femme se met en tête, & sur laquelle il faut qu'elle se satisfasse. Tant d'autres Oiseaux ont-ils besoin d'une main étrangere pour leur aider à fomenter leurs œufs, la nature encore un coup qui les conduit leur dicte mieux ce qu'il faut qu'ils fassent, que tout ce que nos foibles raisonnemens peuvent nous en apprendre là dessus.

Columel. l. 8. ch. 5.

Il y a encore des femmes si impatientes, que lors qu'elles ont mis une Poule couver, & qu'il y a seulement quatre jours qu'elle fomente ses œufs, qui les levent l'un aprés l'autre, & regardent à la clarté du Soleil, s'il n'y a point quelques filets sanglans pour les jetter, & c'est ce qui les trompe ; car comme nous l'avons dit, il faut que dans ce temps, & pour faire que le Poulet se forme dans l'œuf, il y paroisse une ligne de sang vermeil, sans quoy cet œuf ne vaut rien ; ainsi l'on voit qu'au lieu de se faire un bien, on se cause un préjudice tres-considerable : outre qu'il y a des Poules qui du moment qu'on a touché à leurs œufs, ne veulent plus retourner dessus ; c'est pourquoy la bonne maxime est toûjours de ne point toucher aux œufs d'une Poule qui couve, que les poussins n'en soient éclos.

On désapprouve encore ces femmes, qui dans le doute que tous leurs œufs ne soient bons, & que les petits n'en puissent sortir par la dureté de leur coque, les mettent environ le dix-huitiéme jour dans de l'eau tiede, pour l'attendrir, ôtent les œufs qui surnagent, & remettent les autres sous la Poule ; à quoy bon tout ce mistere quand il n'opere rien ? Est-ce que pour le peu de temps que ces œufs restent dans l'eau, leur coque peut s'amolir ; ainsi, c'est donc peine inutile, & soins plus capables de tout gâter, que de produire de bons effets.

On peut le vingtiéme jour de la couvée, & lorsque la Poule est allé prendre de la nourriture, voir si les poussins n'ont point piqué, & percé les œufs de leur beç : il ne faut les remuer que tres-peu, voir s'il y a quelque Poulet qui ne puisse sortir à cause de la dureté de la coque, & ouvrir l'œuf legerement avec l'ongle. Si neanmoins on ne veut pas le faire, c'est encore mieux ; laissons tout faire à la nature, & ne luy aidons que dans les choses où nous voyons absolument qu'elle a besoin de nôtre secours. Un poussin a toûjours assez de force pour rompre les portes de sa prison, & la plûpart de tous ces soins qu'on a inventez sont des soins tres-inutiles ; on veut juger de ce qu'on ne connoît pas, & se piquer d'être plus habiles dans les ouvrages de la pure nature qu'elle méme.

Enfin quand le terme de l'incubation est arrivée, qui est le vingt-uniéme jour qu'on a mis les œufs sous la Poule, il faut la visiter, voir ce qu'elle a de Poulets, ôter du nid les coques d'œufs & ceux qui n'ont rien valu, & prendre garde que la mere en se levant trop brusquement n'écrase quelqu'un de ses petits : si par hazard il y en avoit encore qui ne fussent pas hors de la coque, il faudroit attendre qu'ils en fussent sortis pour leur donner à manger ; ils peuvent ainsi demeurer un jour ou deux sous leur mere sans aucun risque.

Les Poules qui couvent veulent être en repos, c'est pourquoy, comme on a déja dit, il est bon de les mettre couver dans quelque endroit dérobé où il n'y va personne, & où les chiens, les chats, & autres bêtes qui leur nuisent, ne puissent approcher, pas même les autres volailles qui sont capables d'interrompre les couveuses dans leur travail jusqu'à les obliger à quitter leur nid.

Soin qu'on doit prendre aprés les Poussins.

Sitôt que les Poussins sont tous éclos, on prend un crible ou un panier percé, on les met dedans, puis on fait fumer dessous quelques herbes aromatiques qu'on aura brûlées ; les Anciens recommandent fort pour cela le pouliot : le thim , la sauge & autres plantes de cette sorte sont encore merveilleuses ; on a éprouvé que cette fumigation garantissoit les petits poulets nouveaux nez de la pepie à laquelle ils sont alors fort sujets.

Aprés ce premier soin , on les met avec leur mere sous une grande cage d'ozier , qu'on appelle *Muë* ; ce doit être dans une chambre fort éclairée, ou dans quelqu'endroit d'une Cour où le soleil donne ; la chaleur de cet astre les fortifie beaucoup ; il faut veiller en ce dernier lieu , qu'il n'y vienne point de pluye ; car alors on doit vîte rentrer les Poulets à la maison, l'eau les morfond quand ils sont si jeunes , & les fait souvent mourir

Leur nourriture.

La nourriture ordinaire qu'on donne aux Poulets nouvellement éclos est d'abord le Millet cru , ce grain les noürrit fort bien & convient à leur petit gosier par où il descend aisément. On leur donne deux ou trois jours aprés de l'orge , ou du froment boüilli , des miettes de pain trempées quelque fois dans du vin , dans du lait ou dans du caillé, & tout cela alternativement , afin de les mettre toûjours en appétit.

Quand les Poussins seront un peu plus forts , on prendra des feüilles de porreaux boüillis qu'on leur hachera fort menu , & qu'on leur donnera une fois ou deux seulement en guise de médicament ; cet herbe les échauffe & leur fortifie le cœur. Il ne faut point les laisser manquer de nourriture ; c'est le Millet qui leur doit être la plus ordinaire , aprés cela , les autres grains dont on a parlé. On soignera aussi de leur donner à boire de l'eau qui soit nette , autrement ils seroient bientôt attaquez de la pepie.

Columel. l. 8. c. 5.

Pour garantir les Poussins d'indigestion , il faut , dit-on , au commencement qu'ils sont éclos , les laisser trois jours avec leur mere , & avant que de leur donner la nourriture nouvelle , leur tâter à tous l'un aprés l'autre le jabot , pour voir s'il n'y reste point de mangeaille du jour précedent ; car s'il y en avoit , ce seroit une marque qu'elle ne seroit pas digerée , & que la nature par consequent n'auroit pas eu assez de force pour la consommer; pour lors il ne faudroit leur rien donner , & attendre que la chaleur ait cuit & fait passer cet aliment , aprés cela , aller son train ordinaire.

L'air pris à propos contribuë beaucoup à fortifier les petits Poulets , comme par exemple , de les mettre au soleil sous leur cage , quand ils sont encore bien nouveaux , on les y laisse environ deux ou trois heures , puis on les retire pour les remettre dans leur chambre ordinaire ; ce soin se continuë pendant quinze jours qu'ils sont devenus plus forts , & alors on les abandonne à la conduite de leur mere qui les mene promener à la campagne, & qui les éleve jusqu'à ce qu'ils se sequestrent de sa compagnie.

Remarques sur la conduite des petits Poulets.

Si l'on a plusieurs couvées de Poussins qui ayent éclos à peu prés en même temps; c'est à dire huit à dix jours l'une de l'autre , on peut en donner à conduire à une Poule jusqu'à trente, & jetter dans la Basse-cour celle à laquelle on aura ôté les petits , afin qu'elle se remette à pondre de bonne heure ; mais il est essentiel de prendre garde que cette Poule , à la conduite de laquelle on abandonne tous ces Poulets, soit d'un instinct qui soit doux & de bonne amitié; car si elle étoit acariâtre , qu'elle blessât ses petits en grattant la terre , qu'elle ne les échauffât pas bien sous ses aîles , & qu'elle grimpât souvent dans des endroits où ses petits ne pourroient la suivre, on se garderoit bien de luy commettre toute cette bande, au contraire il faudroit luy ôter les siens propres, pour les donner à une autre : c'est un ménage que d'en agir ainsi; car plus il y a des Poules qui se remettent à pondre, plus & plûtôt on a d'œufs pour la provision de la maison. Liébault dit qu'il faut que les Poulets soient quarante jours sans sortir du couvoir ; mais cette maxime ne s'observe pas tout à fait exactement, pourvû, lorsqu'ils ont trois semaines, qu'ils se promennent dehors, sur un terrain sec, & que ce ne soit pas par la pluye, ils croissent toûjours bien, moyennant les bons soins qu'on en prend d'ailleurs, & la nourriture ordinaire qui ne doit point leur manquer.

Maiſ. Ruſ. l. 1. ch. 15.

On peut décharger, si l'on veut, toutes les Poules de la conduite de leurs petits, qu'on donnera à des Chapons, qu'on aura instruit exprés, & pour cela,

Chapons propres à conduire des Poussins.

Choisissez un Chapon de bonne corpulence, assez jeune & bien éveillé, plumez luy le ventre, & le luy frottez avec des orties piquantes, ensuite enyvrez-le avec du pain trempé dans du vin, & continuez de le traiter ainsi l'espace de deux ou trois jours, pendant lesquels vous le tiendrez enfermez dans une futaille où il ait de l'air, crainte qu'il n'étouffe, aprés cela, mettez-le sous une muë avec deux poussins, qui mangeant avec ce Chapon l'obligeront de les prendre en affection, de maniere qu'il les couvera de ses aîles. Ces petits Poulets qui seront sous son ventrre, qui est tout plumé adouciront la cuisson que les orties y auront causées, & ce Chapon qui sentira d'abord du soulagement dans sa douleur, en attribuera tout l'effet aux Poulets, si bien que craignant dans la suite de les perdre, & que par là sa cuisson ne revienne, il ne veut plus à l'avenir les abandonner.

Quand le Chapon est ainsi accoûtumé, on lui augmente soir & matin, & peu à peu le nombre des Poulets qu'on veut qu'il conduise ; il ne faut que deux jours pour cela, aprés lequel temps il les conduit avec toute l'affection possible, étant continuellement aux aguets & tout prét de les défendre dans l'occasion. Ce Chapon les sollicite à manger avec tout l'instinct possible ; il les promene autant qu'il peut sans les perdre de l'œil, & ne les quitte point qu'ils ne soient tous grands & en état de se passer de luy, & de se défendre eux-mêmes contre les insultes qui pourroient leur arriver; c'est dans ce temps à peu prés qu'il faut chaponner les mâles, c'est à dire les châtrer.

Temps de faire des Chapons.

Il faut faire autant de Chapons qu'il y a de Poulets dans une Basse-cour, c'est un ménage ; & la veritable saison de faire cette operation est le mois de Juin. Si neanmoins il y avoit des Poulets qui ne fussent pas assez forts pour la supporter, on attendroit plus tard ; tout l'été y est propre, mais le mois de Juin plus que tout autre temps.

Comment chaponner les Poulettes.

Il y a des pays où l'on chaponne aussi les Poulettes pour leur rendre la chair plus délicate. Cette operation se fait par incision à la partie génitale & un peu à côté où l'on juge que sont les testicules : cette incision faite, on y inserre le doigt pour chercher ces parties ; on les tire, puis on coûd la playe, & on la frotte avec du beurre frais, ou d'autre graisse qui ne soit point salée : si l'on a quelque baume specifique & propre à consolider les playes, elles n'en seront que plûtôt guéries. Columelle ordonne de brû-

L. 8. c. 1.

ler les argots des Chapons avec un fer chaud, & presque jusqu'au vif, puis de les leur frotter avec de la terre à Potier ou d'Argile. Cet Auteur prétend que cela amortit entierement en eux ce qui peut y rester d'aiguillon de l'amour, à cause qu'ils sentent qu'ils ne peuvent plus saillir les Poules.

On doit donc, comme nous avons dit, chaponner les Poulets bien-tôt aprés qu'ils ont quitté leur mere; car si on les laisse jusqu'à un an, l'operation en est trop dangereuse, il n'y faut plus penser. Les Poulets qu'on choisit pour chaponner, doivent être drus & de belle venuë, & si l'on a besoin de quelques Poulets pour en faire quelques Coqs, on prendra les plus éveillez les plus hardis, & ceux qui sembleront les plus propres pour caresser les Poules.

Maniere d'engraisser la Volaille.

IL suffit du seul grain pour engraisser la Volaille, pourvû qu'on leur en donne suffisamment & aux heures reglées, & cela s'appelle, *l'engraisser sur le Paillier*, la dépense n'en est pas bien grande à la campagne, où le grain ne manque point, outre que les Poules & autres Oiseaux de Basse-cour trouvent encore beaucoup dequoy se nourrir autour des chevaux ausquels on donne du grain, sans compter la Verminiere qui leur est d'un grand secours, & dont on a parlé.

Mais qui voudroit engraisser cette Volaille à la maniere des Chapons du Mans, & de ceux qu'on tire de Cuiseaux en Bourgogne ou de la Bresse, il faudroit en agir de cette sorte. Chapons gras ou Poulardes.

On prend un Chapon, ou une Poularde, on luy plume la tête, les entrecuisses & le dessous des aîles, de peur qu'il ne s'y engendre de vermine, car il ne faudroit que cet inconvenient pour dissiper en eux la meilleure partie de la substance qui devroit les engraisser, aprés cela on les enferme dans une Epinette, qui est une espece de cage faite exprés, & comme on le peut voir dans la figure qui suit.

Figure d'une Epinette propre à mettre des Chapons ou Poulardes, pour les engraisser.

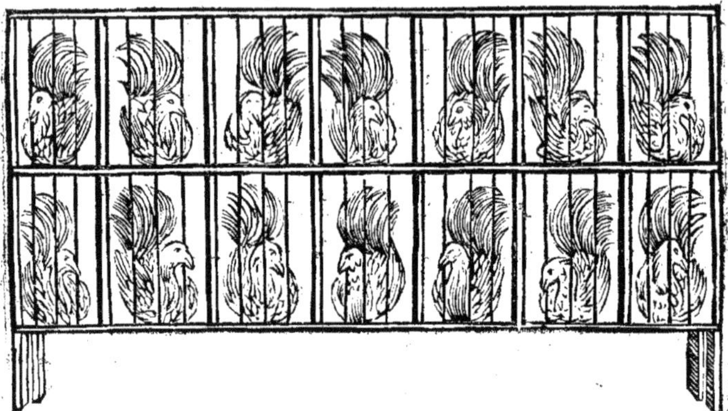

CEtte Epinette, comme on voit, est à petits barreaux devant & derriere, séparée par plusieurs cloisons capables chacune de contenir juste un Chapon, ou une Poularde ; le dessous n'est traversé aussi que par des petits bâtons écartez l'un de l'autre comme les barreaux, afin que la fiente de ces Oiseaux n'y séjournant point, leur derriere ne puisse recevoir aucune incommodité par les parties âcres & volatiles qui en exhaleroient, & qui leur ulcereroient la peau. Le dessus est couvert d'une planche attachée aux barreaux ; & c'est dans cette Cage qu'on met les Chapons, de maniere que la tête passe à travers les barreaux de devant, & leur queuë de ceux de derriere.

On observera que l'Oiseau soit mis a l'étroit dans la cloison, de sorte qu'il ne puisse s'y remuer ; car moins il aura de mouvement, moins les parties de la substance qui se doivent convertir en graisse, se dissiperont inutilement. Il y en a qui leur mettent un peu de foin sur le devant de la Cage, & laissent le derriere ouvert pour les raisons qu'on en a apportées, & qui leur crevent les yeux ; d'autres se contentent seulement de les mettre avec leur Cage dans un endroit obscur & chaud, & qui les nourrissent en cette maniere.

Nourriture pour engraisser la Volaille.

ILs prennent de la farine d'orge, ils la paîtrissent avec de l'eau tiede, & en forment des Pillules capables de pouvoir passer par le gosier d'un Chapon, ensuite ils prennent cet Oiseau, ils luy ouvrent le bec & luy font avaller ces pillules tant qu'il en peut prendre.

Ils faut paître cette Volaille deux ou trois fois le jour, & observe neanmoins

moins dans les commencemens de ne luy point tant donner de nourriture que dans la suite, & l'augmenter de jour en jour, & à mesure que les chapons engraissent; car qui iroit tout d'un coup les gorger de ce pât, & avant que leur nature y fût accoûtumée, ce seroit leur causer des indigestions qui les empêcheroient d'engraisser.

Il faut donc voir si les Oiseaux digerent quand on voudra leur donner à manger, & ne leur en point donner que toute la digestion ne soit faite, ce qui est tres-aisé à observer en leur maniant le jabot, & pour lors quand on le sent vuide, on leur fera avaller de nouvelles pillules.

Pendant qu'on nourrit ainsi les Chapons & les Poulardes, on ne leur donne point à boire, parce que les pillules qu'on trempe dans l'eau avant que les leur porter dans le bec, sont assez humectées pour appaiser leur soif. Quand ces Oiseaux sont rassasiez à plein jabot, on peut, si l'on veut, les jetter dans la chambre pour les laisser un peu promener, & aider par ce petit mouvement à la digestion, puis les renfermer dans leur logette, & continuer aprés eux les mêmes soins durant un mois ou quarante jours tout au plus.

Quoiqu'il semble que cette maniere d'engraisser la Volaille coûte bien des soins & de la nourriture, cependant c'est un ménage à la campagne; la nourriture est toûjours bien employée, quand on sçait d'ailleurs s'en dédommager, & ces soins qu'on prend ne sont ordinairement que des soins dérobez, & qui ne préjudicient en rien aux autres travaux d'une Servante, principalement quand la Maîtresse daigne y mettre la main elle-même, le tout n'en va que mieux.

Columelle dit que l'eau emmiellée dont on se sert pour paîtrir les pillules, engraisse plus promptement la Volaille que lorsqu'elle est pure, qu'on peut user pour cela de pain trempé dans du vin où il y aura les trois quarts d'eau. L. 8. c. 7.

Secret pour conserver les œufs.

ON éprouve que les œufs se gardent long-temps bons à manger, lorsqu'en Eté on met ceux qu'on amasse dans un lieu frais, & en Hyver dans un endroit où ils ne gelent point, le chaud & le froid leur sont contraires, il faut les en garantir.

C'est une bonne provision que des œufs dans une maison, & dont on ne sçauroit être trop pourvû; ils servent en cuisine pour la table; en médecine si l'on en a besoin, ou bien on les envoye au Marché pour en faire de l'argent.

Quelques-uns pour les conserver les mettent dans un vaisseau où il y a du son, du sel, ou des scieures de bois de chêne, ou bien des cendres ou du Millet; d'autres les mettent parmi la paille en Eté, & durant l'Hyver dans du foin; & l'experience nous apprend tous les jours que sans tant de mystere les œufs peuvent se conserver à la cave dans une futaille ou autre vaisseau, & que là ils s'y gardent tant que leur nature le leur permet. Il faut pour cela que cette Cave soit chaude en Hyver & fraîche en Eté, & non humide.

Des Maladies des Poules, & des moyens de les en guérir.

Pepie.

LA Volaille, ainsi que toute sorte d'autres animaux, sont sujetes aux maladies, elle en a qui luy sont particulieres, & dont voicy le détail: & comme la Pepie se presente d'abord à nôtre idée, ce sera celle par où nous commencerons.

La Pepie est la maladie qui arrive le plus frequemment aux Poules communes; elle leur vient de leur avoir laissé manquer d'eau, ou d'en avoir bû qui étoit puante.

Dans l'un & l'autre cas cette maladie vient de l'acrimonie saline de la lymphe, qui picote & irrite l'orifice superieur du ventricule de l'Oiseau. Plus elle est âcre ou temperée, plus ou moins elle y cause d'ardeur; de maniere qu'il s'éleve des vapeurs des entrailles de la Poule, qui se portant à l'œsophage, le desseche, & par une continuité de la membrane interieure de cette partie avec la langue, on voit que cette partie-cy s'altere par un cartilage blanchâtre qui y paroît, & qui est le signe de la *Pepie*.

Pour guérir l'Oiseau de ce mal, on prend un aiguille à coudre, on luy ouvre le bec, on en tire la langue, & avec cette aiguille on enleve adroitement le cartilage qui y paroît, aprés on lave la playe avec de l'huile dans laquelle on aura écaché une gousse d'Ail ou du vinaigre un peu chaud, ou de la salive seulement. Il y en a qui parmi la nourriture de ces Poules atteintes de la Pepie, mêlent du staphisagre haché menu.

Flux de ventre.

Quand les Poules ont le Flux de ventre, il faut leur faire boire un peu de gros vin tiede, dans lequel on aura fait boüillir des pelûres de coings, ou bien leur donner pendant un jour ou deux des jaunes d'œufs durcis & pilez dans un Mortier avec du chenevis: il y en a qui leur donnent de l'orge boüilli avec de l'écorce de grenade; d'autres qui leur font des pillules avec de la farine d'orge détrempée avec du vin mêlé d'un peu de décoction de coings.

Ventre constipé.

Cette volaille par un effet contraire a le ventre trop resserré, & cette suppression de ventre a sa cause dans les intestins, ou dans les matieres contenuës, dont se doit faire l'expulsion; & pour cela on donne pour breuvage aux Poules de l'eau dans laquelle on aura mêlé un peu de miel, ou bien on leur fait une mangeaille avec de la farine de seigle & de la poirée, autrement dite bette blanche hachée tres-menu.

Les jeunes Poulets sont fort sujets à cette maladie, il y faut prendre garde de prés, & l'orsqu'on l'a remarqué, on leur ôte les plumes qui sont au tour du croupion & aux entre-cuisses, afin qu'elles n'arrêtent point la fiente prête à sortir de l'anus; & de peur qu'il n'y ait quelque matiere qui y séjourne, on prend un fétu de paille avec lequel on leur ouvre adroitement cette partie, & aussi-tôt la nature agit en eux comme on le souhaite. Pour leur nourriture ce sera la même qu'aux Poules.

Du catarre, & comment guéry.

Le Catarre est une fluxion ou distillation d'humeurs qui vient aux Poules, pour avoir été morfonduës de froid, ou avoir été trop fortement exposées au Soleil, ou bien de la repletion du cerveau, & de la débileté de la partie recevante.

On connoît que les Poules sont attaquées du Catarre lorsqu'elles reniflent souvent, & qu'elles sont dégoûtées, & pour les en guerir, on prend une petite plume avec laquelle on leur traverse les nazeaux pour faciliter l'humeur à couler, & si l'on voit que cette fluxion se jette sur les yeux ou à côté du bec, & qu'elle y cause une tumeur, il faudra l'ouvrir pour en faire sortir la matiere, & mettre sur la playe un peu de sel broyé.

Quelquefois les Poules ont les yeux enflammez & douloureux, cette douleur leur est tres-sensible, à cause de la délicatesse de la partie affectée, & leur fait oublier le boire & le manger; le remede est de leur bassiner ces parties avec de l'eau de pourpier, ou de lait de femme, ou bien avec un blanc d'œuf agité avec un morceau d'alun, ou bien se servir de vin éventé; & comme le vice de ce mal provient d'une lymphe trop âcre & d'un acide trop salé qui ronge & picote les yeux, il faut détourner cette cause interieure, en donnant aux Poules malades de la poirée hachée fort menu dans du son de ségle, & de temps en temps luy donner un peu de millet pour luy réveiller l'appétit: son eau sera mêlée de suc de poirée pilée. *Inflammation des yeux.*

Il faut remarquer généralement parlant que lors qu'on voit une Poule malade, il la faut prendre & la mettre dans une chambre, afin de la traiter separément des autres volailles. *Remarque générale.*

La taye ou cataracte des yeux ausquels les Poules sont aussi quelquefois sujettes ayant la même cause que l'inflammation, on use aussi des mêmes remedes, & outre ceux-là, tous ceux qui peuvent subtiliser cette humeur & enlever des parties de cette excroissance, comme le sucre candi, l'urine ou l'alun, y sont specifiques. Quelques-uns se servent de sel ammoniac & de miel, le tout mêlé ensemble à doze pareille, d'autres leur levent cette taye avec une aiguille; mais il faut que cela se fasse fort adroitement. *Taye ou Cataracte dans l'œil.*

Si l'on remarque que la volaille soit incommodée des poux ou d'autre vermine, on la lavera avec du vin, où l'on aura fait boüillir du cumin ou de la staphisagre, ou bien on met cuire des lupins; l'amertume de ces plantes les fait mourir. Cette vermine est préjudiciable aux Poules, & sur tout aux couveuses qu'elle maigrit beaucoup. *Contre la Vermine.*

La plûpart de la Volaille est ennemie des frimats, sur tout pendant la nuit, lorsqu'elle y est exposée; cet air froid les morfond & leur cause les maladies qui leur sont propres. Le remede qu'on y peut apporter est de soigner de leur bâtir un bon Poulailler, & d'avoir soin le soir de les y enfermer.

On voit encore des Poules qui sont étiques, marque d'un temparemment extrémement échauffé, on prend ces Poules, on les met dans un endroit particulier, on leur y donne pour nourriture de l'orge boüilli avec de la poirée, & pour boisson du suc de cette même plante mêlé le quart avec de l'eau. La poirée purifie le sang & leve les obstructions, & l'orge qui nourrit beaucoup la volaille & la rafraîchit, la rétablit en peu de temps. *Poules étiques.*

Differens usages des Volailles dont on a parlé.

Poule, effets differens qu'elle produit.

ON employe les Poules en Cuisine, leur chair est pectorale & de facile digestion, elle contient un suc nourrissant qui humecte & rafraîchit; elle est tres salutaire aux personnes extenuées & convalescentes. Une vieille Poule se digere difficillement, on s'en sert neanmoins tous les jours avec succés pour mettre dans les boüillons.

Quelques Medecins tiennent que la Poule ouverte vive & appliquée chaudement sur une morsure venimeuse, en fait sortir le venin; que la membrane interieure de son gosier desséchée & mise en poudre est specifique pour le flux de ventre, qu'elle excite l'urine & aide à la digestion: que la graisse de Poule lavée en eau rose est bonne pour les gersures des lévres & les engelures, que le fiel instillé dans l'œil en ôte la taye, que la fiente desséchée & pulverisée tres-subtilement & mise sur les yeux dépilez, y fait revenir le poil, & qu'étant mêlée avec huile rosat, elle est tres-specifique pour la brûlure.

Poulet. ses effets.

Le *Poulet*, pour être bon, doit être choisi jeune, tendre, gras, & bien nourri, sa chair est nourrissante, pectorale & facile à digerer; elle humecte, rafraîchit, & est de bon suc. L'eau de Poulet s'employe dans la diéte des fébricitans, qui n'ont besoin que d'un aliment tres-leger. Le Poulet étant d'une substance qui passe vîte, ne convient point aux personnes laborieuses, accoûtumées à la fatigue; c'est pourquoy on n'en nourrit point les Domestiques à la campagne.

Chapon, ses effets.

On doit choisir le Chapon de même que le Poulet. Cet Oiseau est nourrissant, il restaure, il répare les forces abatuës, & est de facile digestion; il est fort d'usage dans les maladies de consomption.

Coq, ses effets.

Le Coq n'est pas un aliment si délicieux que le Chapon, parce qu'étant un animal lascif, qui abonde en esprits & en humeur seminale, dont il fait de frequentes déperditions, & par la grande chaleur où il est continuellement, sa chair devient seche & difficile à digerer: elle a peu de goût, & se sert peu sur les tables délicates. On employe neanmoins le Coq pour les boüillons, & l'on choisit même en cette occasion le Coq le plus vieux.

Les parties génitales du Coq, quand il est encore jeune, sont propres pour les personnes maigres & attenuées, son cerveau est salutaire pour le cours de ventre, & son fiel propre pour les maladies des yeux, & à enlever les taches du visage.

Proprietez des œufs.

LEs œufs sont fort nourrissans, ils adoucissent les âcretez de la poitrine, & sont propres pour la Phtysie & les Hemorragies, mais il faut pour cela qu'ils soient frais.

Quand ils sont trop vieux ils échauffent beaucoup, & causent des infirmitez à ceux qui sont d'un temperamment chaud & bilieux; parce que la fermentation qui leur survient alors, ne détruit pas seulement l'union & le premier arrangement de leurs principes huileux & salins qui font leurs bons effets, mais encore éleve & exalte un peu trop ces principes, ce qui en diminuë la bon té

Epreuve pour découvrir si les œufs sont frais.

POur découvrir si les œufs sont frais ou non, on les presente à la lumiere, & l'on examine si les humeurs qu'ils contiennent sont claires & transparantes; si elles ne le sont point, c'est une marque que les œufs sont vieux. On approche encore l'œuf du feu, s'il en sort une petite humidité, on juge qu'il est frais, sinon qu'il est vieux.

Les œufs durs sont astringeans: le blanc d'œuf battu avec l'eau de plantin, est un collire merveilleux pour l'inflammation des yeux: le jaune avallé seul appaise la toux: la petite membrane qui est sous la coque de l'œuf dessechée & subtilement pulverisée & incorporée avec un blanc d'œuf conviennent aux gersûres des lévres; la coque d'œuf calcinée, réduite en cendre & beüe avec du vin, arrête le crachement de sang, elle est bonne seule pour blanchir les dents; le blanc d'œuf mélé avec de la chaux vive pulverisée, & la coque réduite en cendre, du ciment tamisé, & un peu de bitume fait un mastic excellent pour rejoindre le fragment des porcelaines, ou fayences brisées. Matiere particuliere.

CHAPITRE II.

Des Poules d'Indes, & comment les gouverner. Instruction pour élever les Dindons. Proprietez de cette Volaille.

LA Poule d'Inde est un gros Oiseau assez connu, qui apporte beaucoup de profit, & qui est d'un grand usage parmi les alimens. Il y en a de noirs, de gris cendré, pommelé, & d'autres dont les plumes sont rougeâtres & blanches, ou toutes rougeâtres.

Ces Oiseaux étoient autrefois inconnus aux Européens, & on les apporta en premier lieu d'une partie d'Affrique, appellée Numidie; c'est sous ce nom qu'il faut les entendre dans Columelle, il les appelle aussi *Poules Afriquaines*. Ces Poules nous sont aussi venuës des Indes, & c'est d'où elles ont tiré leur nom. Les Grecs les nommoient *Meleagrides*, parce qu'ils s'imaginoient que les sœurs de Méleagre avoient été changées en ces Oiseaux. Le Lecteur pardonnera, s'il luy plaît, cette digression qu'on n'a mise icy que pour faire entendre sous quels noms les anciens Auteurs les avoient connus. L. 8. C. 1.

On ne bâtiroit pas deux endroits distinguez pour loger ces Oiseaux separément d'avec les Poules communes, si les premiers s'accommodoient mieux aux juchoirs avec les autres; mais comme ils sont plus gros ils veulent être les Maîtres, & troublent les Poules dans leur repos; ainsi donc, il faut leur destiner un lieu à part, principalement quand il y a des Dindons. Demeure des Poules d'Indes.

Cette espece de Poulaillier ne demande pas tant de façon que celuy des Poules ordinaires, il suffit que les bêtes qui leur sont ennemies n'y entrent point, & qu'il y ait des perches mises de travers pour les faire jucher, il faut qu'elles soient fortes pour soutenir ces Oiseaux qui sont pesans. Ce n'est pas que lors qu'ils sont bien forts, & environ vers le mois de Novembre, la plûpart juchent à l'air, sur des arbres, s'il y en a dans la cour, ou sur des charretes ou autres choses de cette nature qu'elles trouvent à leur disposition, sans craindre ny la gelée, la neige, ny les autres frimats ausquels l'Hyver est sujet, parce que ces Oiseaux aiment l'air naturellement, & l'on tient même qu'ils y engraissent mieux, que lorsqu'ils sont enfermez. Ceux qui prennent envie de nourrir des Poules d'Indes, doivent avoir un endroit prés de la maison où ces animaux puissent pâturer; c'est le moyen d'en élever beaucoup & à peu de frais, & de les garantir de bien des maladies; ces Oiseaux aimant à paître l'herbe, & à vivre de vers.

Ponte des Poules d'Indes.

Lorsque les Poules d'Indes veulent faire leur ponte, il les faut observer de prés & voir où elles se mettent pour la premiere fois pour déposer leur œuf; c'est là qu'on doit de deux jours l'un les aller visiter, & soigner de lever leur œuf, quand il est pondu; autrement il seroit à craindre que quelque chien ne le mangeât, parce que ces animaux ne pondent toûjours qu'à terre: ces Poules font deux Pontes par chaque année, & dont chacune monte à douze ou quinze œufs, elles commencent la premiere vers la my Février, quelquefois un peu plus tard selon les Hyvers plus ou moins rudes, & la derniere vers le mois de Septembre.

Choix des Poules d'Indes & du Coq.

Lorsqu'il est question de multiplier l'espece de ces Oiseaux, on doit toûjours choisir les plus grosses Poules & le plus gros Coq; celuy-ci doit avoir l'aspect fier & éveillé, il doit être courageux, & pour ainsi parler, malveillant & colere: tout cela ne marque que d'autant plus l'amour qu'il a pour ses Poules; chaque Coq en peut avoir six, & six Poules suffisent pour garnir abondamment une Basse-cour de cette Volaille: au reste on n'en prend que ce qu'on juge à propos, & selon qu'on a dequoy les nourrir. Quand on est en état d'en avoir beaucoup, il faut en élever, parce qu'il ne coûte pas plus d'en donner un bon troupeau à conduire à un bon Dindonnier qu'un petit nombre, & par là on luy fait gagner ses gages.

Les Poules d'Indes qui vont aux champs ne dépensent pas tant à beaucoup prés que celles qui sont toûjours à la maison, & qui causent souvent des dégats aux jardins, aux vignes & aux bleds qui sont voisins, les autres se nourrissent par la campagne de racines, de vermines, d'herbes, de grains, & de fruits sauvages. On entend encore un coup qu'on ne les meine aux champs que quand il y en a beaucoup; car s'il n'y avoit que cinq à six Poules avec un Coq, & que ce fussent ceux là, dont on auroit fait choix pour multiplier l'espece, il faudroit les nourrir à la maison, parce que la nourriture qu'ils trouveroient par les champs ne suffiroit pas pour les bien entretenir; une bonne nourriture alors leur est necessaire, & particulierement l'avoine pour les échauffer, & obliger les meres à pondre, & le Coq à bien carresser ses Poules.

Il est constant que par le moyen des Poules d'Indes on a bien-tôt une Basse-cour fournie de Poulets & d'autres volailles, parce qu'elles embrassent beaucoup d'œufs quand elles couvent. Il faut pour les mettre couver user des mêmes précautions qu'à l'égard des Poules ; c'est à dire, bien choisir leurs œufs, leur dresser de bons nids, & les mettre dans un endroit secret, où rien ne les puisse détourner de leur travail.

Comment mettre couver les Poules d'Indes.

Les Poules d'Indes couvent également leurs œufs comme ceux des autres volailles, c'est pourquoy de quelques especes de ces Oiseaux qu'on veuille multiplier, il est indifferent de faire choix des œufs qu'on souhaite que les couveuses fomentent, soit pour avoir des Dindons ou des Poulets, si l'on ne suppose aux meres d'Indes que leurs œufs propres, on leur en donnera depuis quinze jusqu'à vingt : si on leur mêle moitié œufs de Poules communes, il faut leur en donner vingt-cinq, & si ce ne sont que de ces derniers, trente, & avoir bien soin des couveuses, elles en feront éclore heureusement les petits. Les œufs de Poules d'Indes sont un mois à éclore, ainsi il est bon de remarquer quand on met couver des œufs de Poules avec ceux là, il ne les faut donner à la Poule d'Inde que neuf à dix jours aprés qu'elle aura commencé à couver les siens propres, afin que les Dindons & les Poulets éclosent tous en même temps.

Remarque.

Soin qu'on doit avoir des Dindons nouvellement éclos.

Dés que les petits Dindons sont éclos, il les faut traiter doucement; c'est un Oiseau bien délicat à élever dans le commencement, & qui demande bien des soins ; il est fort susceptible de froid, la faim luy est fatale, & il ne veut point être manié rudement.

Il faut donc prévenir tous ces inconveniens, si l'on veut élever heureusement des Dindons ; & pour y réüssir, sitôt qu'ils sont nez, on les enferme, avec leur mere, dans une chambre qui est chaude ; on soigne là de leur donner souvent de la nourriture, & de ne les manier que tres-rarement ; on peut quelquefois les mettre au Soleil sous une müë lorsqu'il luit, & soigner à les retirer dés qu'il ne donne plus sur la Cage. Ce soin exact peut durer jusqu'à ce que les petits Dindons ayent vingt jours : car aprés ce temps on peut, quand il fait beau temps, les laisser un peu promener dans la cour avec leur mere, si l'on voyoit que l'air voulût se réfroidir & nous donner de la pluye, il faudroit aussi-tôt renfermer les Dindons dans une chambre.

Nourriture des jeunes Dindons.

La nourrirure ordinaire des Dindons nouvellement éclos, est d'abord les jaunes d'œufs durcis & hachez fort menu, on les nourrit ainsi pendant sept ou huit jours, puis aprés, on leur mêle de la mie de pain blanc parmi ces œufs, & quand ils ont quinze jours, on leur ôte cette nourriture, & on leur donne à la place du millet, ou bien on prend des orties qu'on hache fort menu, & qu'on mêle d'un peu de son & de caillé.

Si l'on veut que ces petits Dindons mangent bien, il faut avoir la patience de prendre la nourriture dans sa main, & de la leur presenter en les excitant à en prendre par ces mots, *pis, pis, pis*, répetez fort souvent, cela les réveille, & si-tôt qu'ils vous entendent, ils courent à vous & mangent fort avidement; la marque qu'ils ont faim, & qu'ils demandent à manger, c'est lorsqu'ils ne font que piauler. Il ne faut pas faire la sourde oreille à leurs cris; c'est la nature qui parle dans ces petits Oiseaux, elle a besoin de nourriture, il faut luy en donner, autrement les petits Dindons perissent en peu de temps, car leur mere a beau les promener, ils ne mangent rien, ou tres peu de chose de ce qui se presente à leurs yeux dans la cour.

A mesure que les Dindons croissent & se fortifient, on leur change leur nourriture, on leur donne des orties encore hachées avec moins de précaution, & détrempées seulement avec de l'eau & du son: au lieu d'orties on prend, si l'on veut, des laituës qu'on hache aussi; le petit lait à la place de l'eau, & l'orge boüilli est encore pour les Dindons une nourriture tres excellente.

C'est ainsi qu'on éleve ces Oiseaux jusqu'à ce qu'ils se séparent eux-mêmes de la compagnie de leur mere; tels sont les soins qu'on doit absolument prendre aprés eux, si l'on souhaite en avoir le plaisir & le profit. Quand ils sont grands & forts ils ne demandent plus toutes ces peines; ils se paissent eux-mêmes de ce qu'on leur donne, & de ce qu'ils trouvent, & c'est pour lors qu'il faut les envoyer aux champs sous la conduite d'un Dindonnier.

Choix d'un Dindonier.

Un Dindonnier ordinairement est un petit garçon qu'on prend, âgé de quinze à seize ans. Il faut qu'il ait cet âge pour bien soigner son troupeau; au dessous il est trop foible, & au dessus il faut l'occuper à quelque chose de plus fort. Ce jeune Pastre sera éveillé, vigilant, d'une humeur douce, crainte qu'il ne maltraite les Oiseaux qu'il conduit; il sera matineux, fidele au reste, ne faisant pas à croire que le Loup a emporté quelque Poulet d'Inde, lorsqu'il en auroit disposé à son profit; il sera encore soigneux de voir si parmi son troupeau il n'y a point quelques-uns de ces Oiseaux qui clochent, ou qui soient malades, afin d'y apporter du remede; il en fera exactement la revûë tous les soirs & tous les matins, & en rendra compte à la mere de famille; une petite fille peut faire cet employ aussi bien qu'un garçon.

Quand & où mener paître les Dindons.

DEs le Soleil levé nôtre petit Pastre s'éveillera, & conduira son troupeau en campagne, tantôt d'un côté, tantôt de l'autre, le long des bois; mais garre le Loup; c'est pourquoy il est bon qu'il ait un chien pour l'en garantir; il ira quelquefois prés des ruisseaux ou des rivieres, & quelquefois dans des prairies fauchées, mais le meilleur, c'est aprés qu'un champ est moissonné, d'y mener glaner les Dindons, pour lors ils engraissent & ils croissent à vûë d'œil, & toute cette diversité de nourriture leur éveille l'appétit. Ces animaux paissent ainsi jusqu'à dix heures du matin qu'on les ramene à la maison pour les tenir enfermez jusqu'à midy, à laquelle heure on les lâche pour les conduire encore au pâturage jusqu'à une heure avant que le jour finisse, qu'il les faudra mettre dans le Poulailler pour y passer la nuit, aprés leur avoir jetté un peu de grain. Si c'est

pendant

pendant la moisson on ne leur donnera rien, parce qu'ils trouvent assez dequoy se nourrir.

S'il y arrive quelque mauvais temps, on les laisse promener dans la cour, on leur y hache des orties ou d'autres herbages du Jardin, mêlez avec un peu de son & d'eau qu'on leur donne : si c'est dans le temps que les arbres ont des fruits, & que les vents les abatent avant leur maturité, on les leur coupera par petits morceaux, & on les leur jettera ; les Dindons, quand ils sont gros, se jettent avidement sur cette nourriture qui leur fait faire bon corps, il n'y a rien à perdre dans une maison de campagne : le jardin, outre la grange, fournit abondamment dequoy nourrir ces Oiseaux, & les engraisser sans autre mistere.

Les Poules d'Indes sont sujettes aux maladies, ainsi que les Poules communes, & comme elles partent des mêmes causes & donnent les mêmes symptômes, on aura recours aux remedes qu'on a établis pour la guérison des dernieres ; car il seroit superflu icy d'user de redites sur cette matiere. *Maladies des Poules d'Indes.*

On ne châtre point les Coqs d'Indes, comme on fait les Coqs ordinaires ; parce qu'ils ne sont pas, ainsi qu'eux, continuellement en amour, ce qui fait que les parties les plus spiritueuses & les plus balsamiques de leur sang ne s'échapent point au dehors, & qu'elles contribuent par consequent à rendre leur chair d'un tres-bon suc.

On ne fait point de provision d'œufs de Poules d'Indes, s'il en reste quelques-uns de leur ponte, & qu'on n'ait pas voulu mettre couver, on pourra s'en servir à la cuisine pour le commun. Il y en a qui veulent que ces œufs ne soient pas sains & qu'ils engendrent la gravelle ; ce qui pourroit peut-être arriver, si l'on en mangeoit souvent, comme des œufs de Poules ; mais comme cette nourriture est rare, on ne croit pas qu'elle puisse produire de mauvais effets. *Oeufs de Poules d'Inde.*

La chair de Coqs ou de Poules d'Inde est un peu plus ferme que celle de Chapon, & elle fournit un aliment plus solide & plus durable ; elle nourrit beaucoup, elle produit un bon suc & se digere aisément, elle rétablit les forces & convient aux personnes attenuées & convalescentes. Les vieux Coqs d'Indes ont la chair dure, coriasse & difficile à digerer : quand on parle des Coqs, on entend aussi parler des Poules. *Chair de Coq d'Inde, ses proprietez.*

La graisse de ces Oiseaux est employée en Medecine pour adoucir, pour résoudre & pour amolir les duretez. *Graisse de Cocq d'Inde.*

CHAPITRE III.

Les Oyes, comment les nourrir & les gouverner. Leurs utilitez & leurs vertus.

IL ne faut pas songer à nourrir des Oyes dans une maison de campagne, si l'on n'est proche de quelque riviere, de quelque ruisseau, ou d'un étang, à moins qu'on n'ait chez soy une bonne Mare ou un Vivier toujours plein d'eau pour les faire barboter. L'Oye est un animal amphibie auquel il faut de l'eau, & sans eau il est difficile d'en bien élever; cet Oiseau habite les lieux froids, humides & aquatiques, il se trouve presque en toute sorte de pays; il vit fort long-temps, si nous en croyons quelques Auteurs, cet Oiseau vit jusqu'à vingt-ans; d'autres disent jusqu'à soixante, cette derniere opinion est un peu douteuse, & l'on ne croit pas que l'experience l'ait confirmée; le temps est un peu long pour se donner cette patience, & ce seroit une curiosité que bien des gens seroient en danger de ne pas voir satisfaite.

Guillelmus Gratalarus.

Albertus.

Choix des Oyes

Il suffit pour se donner quantité d'Oyes d'avoir deux Jarres (on appelle ainsi les Oyes mâles) & six ou sept femelles: il faut les choisir de bonne taille, fort éveillez, & de plumage grisâtre: on prétend que ces Oiseaux de cette couleur valent mieux que les blancs; d'autres disent que ceux-cy sont plus féconds, lequel croire de ces sentimens? & qu'il faut prendre des femelles qui ayent le plis & l'entre deux des jambes bien large.

Ponte des Oyes.

Les Oyes femelles font trois pontes pendant l'année: si on les empêche de couver, elles n'en font que deux, & chaque ponte est de dix à douze œufs. On fera d'abord en sorte qu'elles pondent dans un lieu où leurs œufs soient à couvert des insultes des chiens, elles ne l'oublient jamais, car par un instinct qui leur est particulier, elles retournent toûjours pondre au même endroit où elles ont pondu la premiere fois, & y couveront même si on les y laisse.

Lieb. Maiss. Rus l. c. 16.

Certain Auteur sur l'Agriculture dit que si on ne leve les œufs des Oyes à mesure qu'elles les pondent, elles les couvent sitôt que leur ponte est achevée, mais que lorsqu'on les ôte, elles ne cessent de pondre jusqu'à cent ou deux cens œufs, & même jusqu'à s'entrouvrir à force de pondre; si cela est, le profit des œufs est préferable à la couvée, c'est pourquoy l'on conseille, si tant est que l'experience ait confirmé cette verité, de laisser pondre les Oyes, au lieu de permettre qu'elles couvent, puisqu'on peut donner leurs œufs à couver à toute autre Volaille. La Ponte des Oyes commence au mois de Mars & finit en Juin.

Columel. l. 8. c. 14.

Couvée des Oyes.

Les Oyes n'aiment gueres à couver que leurs œufs propres, & ce seroit même une imprudence que de leur en soumettre d'autres, parce que ces Oiseaux sont un peu trop revêches pour en conduire d'étrangers; chaque mere Oye peut embrasser douze ou treize œufs, & on ne peut luy en donner moins que neuf. Si l'on veut avoir un bon troupeau d'Oysons, on peut mettre des œufs d'Oyes sous une Poule d'Inde ou des Poules communes, on prétend que les dernieres y réüssissent mieux, mais à cause de la petitesse de leur corps on ne leur en donne que cinq ou six, il faut trente jours d'incubation pour faire éclore les Oisons.

On doit être soigneux de donner à manger aux couveuses, & si l'on fait bien, c'est de leur mettre proche d'elles de l'orge dans de l'eau, car elles n'aiment point à laisser leurs petits, outre que l'expedient est tres-bon, parce que quand l'Oye ne quitte point son nid, ses œufs ne se morfondent point: ce n'est pas qu'on voit des meres Oyes, quand on a coûtume de leur donner à manger à la maison à certaine heure reglée, qui quittent fort bien leurs œufs pour venir repaître, & qui s'en retournent dessus, sans que cela leur puisse préjudicier : au reste il faut observer à l'égard de la couvée des Oyes, ce qui a été dit au sujet de celle des Poules.

Lorsque les petits Oysons sont éclos, il ne faut pas se presser de les faire sortir de la chambre ou autre endroit où les meres les ont couvez, ce n'est qu'au bout de dix jours qu'on leur donne cette liberté, encore faut-il qu'il fasse beau temps, car s'il pleuvoit, cette pluye suffiroit pour les faire mourir, les petits Oysons aiment à nager sur l'eau, mais l'eau versée sur eux leur est funeste.

S'il y a quelque pâturage aux environs de la maison, il est bon de les y envoyer; mais Columelle dit qu'auparavant il faut leur donner à manger des feuilles de chicorée ou de laituës hachées fort menu, ou bien du cresson alenois, que ces herbages leur sont fort salutaires, & qu'appaisant leur premiere faim, cela les empêche de se donner quelque entorse au cou à force de tirer avec violence l'herbe des prez quand elle est dure. Il est bon de leur donner de temps en temps un peu de millet ou de l'orge boüilli, c'est aussi la noutriture dont on les paît les dix premiers jours qu'ils restent enfermez avec leur mere. On prendra garde que les petits Oysons ne se mêlent point avec les grands, qui les battent & les tuënt même quelquefois; mais quand ils sont en état de se deffendre, on les met tous en un troupeau, qu'on mene paître, si l'on veut, avec les Dindons. L. 8. c. 14.

Nature des Oyes.

L'Oye est un Oiseau de grand profit dans une Basse-cour, quoique fort gourmand de son naturel, mais on trouve le moyen de le rassasier sans qu'il en coûte beaucoup : il aime à barboter, & se plaît presque toûjours sur l'eau ; cet Oiseau est fort vigilant, il a le sommeil leger & se réveille au moindre bruit ; on prétend même qu'il est aussi propre que le chien à garder la nuit une maison de campagne, parce qu'aussi-tôt qu'il entend quelque chose, il ne cesse de faire de grands cris par lesquels il semble appeller le monde à son secours. On en cite un exemple fameux. Quand les Gaulois voulurent monter de nuit au Capitole de Rome, ils jetterent de la viande aux Chiens qui le gardoient pour les empêcher d'aboyer, ce qui leur réüssit, mais les Oyes malgré l'apât qu'on leur jetta, firent de grands cris, qui réveillerent les Romains. Cette seule marque de l'instinct des Oyes devroit suffire pour obliger ceux qui demeurent à la campagne d'en nourrir, de faire attention quand ils crient durant la nuit, & de veiller alors à ce qui peut se passer dans la maison.

Utilité des Oyes.

Ces Oiseaux sont recherchez pour l'abondance de leurs œufs qu'on peut employer en Cuisine, si on en a trop pour mettre couver, pour leurs petits Oysons, pour leur plume qu'ils donnent deux fois l'année, & qui est propre à faire des lits, pour leur chair même & pour leur graisse.

On plume les Oyes pour la premiere fois à la fin du mois de Juin, ou au commencement de Juillet, soit mâles femelles, vieilles & jeunes, & pour la seconde fois au commencement de Novembre lorsqu'on les met engraisser. On ne leur ôte seulement que les plumes qu'ils ont sous le ventre, entre les cuisses & le duvet qui est sous les aîles avec quelques grosses plumes qui servent pour écrire. Nous avons dit comment on faloit la chair d'Oye, on peut y avoir recours, si l'on souhaite entrer dans ce ménage.

Il est vray que les Oyes avec tout cet avantage ont leurs incommoditez particulieres : il faut bien prendre garde qu'ils n'entrent dans les jardins & dans les vignes, ils y broutent tout ce qu'ils trouvent à leur rencontre & ce qu'il leur convient, & font tort aux bleds quand leurs épis commencent à se former. Leur fiente y est encore préjudiciable, mais pour peu qu'on les veille de prés, on se garantit aisément de ces dégats.

Maniere de les engraisser.

Les Oyes sont tres-insipides au goût, quand ils ne sont point gras, & pour les engraisser on leur donne de la farine de froment, ou d'orge détrempée en eau chaude, toutes sortes de criblûres de bled leur sont bonnes. On leur jette encore du gland concassé, des raves coupées par petits morceaux, & autres choses semblables. Il y en a qui les apâtent comme les Chapons tenant ces Oiseaux enfermez dans un lieu chaud & obscur ; d'autres se contentent de les mettre dans une chambre, & de ne les y point laisser manquer de nourriture : le son détrempé en eau chaude les met en bonne chair ; & quoique les Oyes soient mal-propres d'elles-mêmes, elles veulent neanmoins pour bien engraisser, qu'on soigne de les tenir proprement.

Autre Maniere.

LA my Octobre, qui est le temps qu'on engraisse les Oyes, on en prend ce qu'on veut engraisser, on les plume legerement entre les jambes, puis on les enferme en un lieu étroit, afin qu'elles ne puissent pas beaucoup se promener, un petit recoin d'une cave accommodé exprés y peut être fort propre ; au défaut de cela on se sert d'une chambre, & on creve les yeux à ces oiseaux : là ils ne manquent de rien, & pourvû qu'on les ait une fois conduits sur la nourriture, ils sçavent bien aprés, quoique aveugles, la retrouver.

Il faut leur donner pour mangeaille celle dont on a déja parlé, ou bien de l'avoine bouillie avec beaucoup d'eau, & par ce moyen cette nourriture ne leur manque point, il ne faut que quinze jours pour engraisser les Oysons ; les vieilles Oyes tardent un peu plus à prendre graisse, il y en a qui leur pilent du charbon, & qui le leur donnent détrempé avec du son & de l'eau tiede ; ils prétendent que ce charbon en rend la chair plus délicate, l'experience a confirmé ce fait plusieurs fois.

Comment tirer la graisse d'Oyes.

NOus avons dit comment on faloit les Oyes, & c'est pour lors aussi quand on les coupe par quartiers, qu'on en tire toute la graisse qui est attachée à la chair, puis on la coupe par petits morceaux ; on la fait fondre, on en ôte aprés toutes les ordures avec une écumoire, ensuite on met cette graisse dans un pot pour la garder & s'en servir au besoin.

Leurs maladies

Tout est sujet aux infirmitez du corps ; les Oyes ont leurs maladies, comme les autres Volailles, elles se guérissent par les mêmes remedes, c'est pourquoy dans les accidens qui leur peuvent arriver, il faut avoir les mêmes attentions sur les Oyes que sur les Poules, & recourir aprés au remede qui conviendra leur donner.

L'Oye nourrit beaucoup, il produit même un aliment assez solide & assez durable, sa chair est un peu difficile à digerer; elle convient en Hyver aux jeunes gens bilieux, qui ont un bon estomac, & ceux qui sont sujets à un grand exercice de corps; cependant sans regarder à la chose de si prés, on ne laisse pas que d'en manger quoiqu'on n'agisse gueres, sans qu'elles fassent de mal. Bons & mauvis effets de la chair d'Oye.

La *premiere peau des pieds de l'Oye* est astringeante & specifique pour arrêter les écoulemens immoderez, étant prise en poudre au poids d'une demi dragme. Son *excrement* sec & pulverisé pris à la même doze rarefie & attenuë les humeurs, excite les sueurs, provoque l'urine & les mois aux femmes. Son *sang* resiste au venin, on en donne deux ou trois dragmes dans du vin. On se sert en Médecine de la *graisse d'Oye* pour résoudre & amollir les duretez; elle adoucit les hemorroïdes, elle appaise les douleurs d'oreilles étant introduite dedans avec du jus d'oignon; elle lâche le ventre étant prise interieurement, on en frotte les parties attaquées de Rhumatisme. Peau des pieds de L'Oye. Son excrement. Son sang. Sa graisse.

On peut juger par ce qu'on vient de dire des Oyes de l'avantage qu'on trouve à en élever un bon troupeau, qu'on donne à conduire à un Pastre avec des Dindons, afin d'épargner la nourriture qu'il leur faudroit donner à la maison.

CHAPITRE IV.

Où l'on parle des Canes Domestiques, des soins qu'elles exigent; des Canes sauvages & autres, & comment les élever: A quoy utiles; & leurs proprietez.

LEs Canes domestiques enrichissent une Basse-cour, & tel néglige d'y élever de ces Oiseaux, qui peut dire qu'il manque en un des principaux points du ménage des champs; outre que les soins qu'on prend aprés eux & la nourriture qu'on leur donne sont de peu d'importance. Une Mare, ou des eaux naturelles & courantes proche la maison, sont les endroits sur lesquels elles se plaisent à se promener.

Les œufs, la plume & la chair des Canes qu'on mange & qu'on vend sont le revenu qu'on en tire; ces œufs sont plus estimez que ceux des Oyes, & leur chair est plus délicate, il n'y a que leur plume qui n'est pas si fine.

La Cane est un animal amphibie, car il vit sur terre & dans l'eau, plus dans celle-cy que sur l'autre; elle ne se plaît à barboter que dans la fange & dans l'ordure, & se nourrit d'alimens sales, comme de bouë, de poissons morts & même pourris, d'araignées, de crapaux & de grenoüilles ; cependant sa chair ne laisse pas que d'être délicate.

Il n'est point de choix à faire des Canes comme des autres Oiseaux de la Basse-cour pour la fertilité plus ou moins grande des œufs, il s'y en trouve de fecondes de tout pennage, & cette connoissance ne gît que dans l'épreuve qu'on en fait. Il suffit d'un Canard pour huit Canes.

Ces Oiseaux se couchent ordinairement dans le Poulailler ou dans un toît qu'on leur fait exprès ; mais dans quelque endroit que ce puisse être il faut soigner de les faire coucher à la même heure que l'autre volaille. Mieux on nourrit les Canes, plus elles vous apportent de profit ; c'est à dire qu'il faut leur donner à manger avec les Poules sitôt qu'elles sortent de leur toît, & le soir avant qu'elles se couchent. Cette bonne coûtume qu'on prend de donner à manger à ces Oiseaux, les rend exacts à se trouver à l'heure ordinaire, ils épargnent par là la peine de les aller chercher. Quand ces Oiseaux sont obligez d'aller quêter de quoi se nourrir.

Ponte des Canes.

Il ne faut pas craindre d'élever trop de Canes ; ces Oiseaux apportent trop de profit pour n'y pas faire attention, outre qu'ils ne font point de dégats par où ils passent. Les Canes commencent leur ponte au mois de Mars & la continuent chaque jour pendant trois mois & davantage même, si elles sont bien nourries, & qu'elles se plaisent dans le lieu où elles sont.

Celle qui a soin du Poulailler ne doit point en laisser sortir les Canes qu'auparavant elle ne les ait tâtées pour voir si elles ont l'œuf, comme on dit, si cela est on les tiendra enfermées jusqu'à ce qu'elles les ayent mis bas ; autrement elles pourroient les perdre.

Leur couvée.

On multiplie l'espece des Canes par deux voyes ; la premiere, en donnant à ces Oiseaux leurs œufs propres, & l'autre en les mettant sous une Poule. La derniere méthode est bien meilleure, bien plus sûre & beaucoup plus abondante ; ces œufs sont un mois à éclore.

Une Cane ne peut embrasser que six à sept œufs, la Poule en peut fomenter jusqu'à douze ; c'est la seule raison pour laquelle on doit préferer celle-cy à l'autre, sans s'arrêter à plusieurs faux raisonnemens qu'on fait de la Cane, comme par exemple de dire, qu'elle réfroidit ses œufs lorsqu'elle y retourne aprés les avoir quitté pour aller boire à quelque Mare ou ruisseau, parce qu'elle y aura nagé, que par la même raison elle morfond ses petits nouvellement éclos, & qu'enfin elle les mene trop-tôt à l'eau, ce qui leur est préjudiciable : tous ces avis ne sont qu'abus, la nature qui les a fait naître pour l'eau, a mis ces petits Oiseaux hors de risque de tous ces préjugez, ce sont des amphibies, qui se plaisent dans l'eau, & ausquels l'eau, de la maniere qu'on vient de le dire, ne peut causer aucun inconvenient. Il n'y a que les pluyes dans les commencemens dont il les faut garantir, & si ce qu'on vient de rapporter étoit veritable, que deviendroient les œufs & les petits des Canes sauvages ? laissons ces animaux suivre l'instinct que la nature leur inspire, elle sçait mieux ce qui leur convient que nous-mêmes.

Il est vrai que lorsque les Canetons sont nouvellement éclos par le travail d'une Poule, ils n'en vaudroient que mieux, quand on ne les sortiroit que huit jours aprés, parce qu'ils se fortifiroient ; on n'auroit neanmoins rien à craindre, supposé qu'ils vinssent à s'échapper, & à se jetter dans l'eau, ils ne reviennent que trop quand ils sentent que la faim les presse. On a vû, & l'on voit encore tous les jours des Canetons, qui à peine sont sortis hors de la coque, s'en vont avec la Cane leur mere chercher l'eau pour s'y promener, & commencer à y barboter, sans que cela les incommode en aucune maniere. Point de scrupule là dessus, il ne faut point gêner ces Oiseaux sur leur inclination naturelle, qu'on soigne seulement de les bien nourrir, cela suffit.

Quand on a donné des œufs de Canes à couver à une Poule, & que ces œufs sont éclos, la Poule paroît d'abord surprise de la figure de ses petits, & comme le Canard, aussi-tôt qu'il est né, court barboter & nager dans l'eau, la Poule lamente, gémit & appelle ses Canetons ; de la maniere du monde la plus pitoyable.

On donne pour nourriture aux petits Canetons du millet dans les commencemens, de l'orge boüilli ou du panis ; le gland & les herbages de jardin hachez menu leur sont encore tres-bons. Il y en a qui leur jettent du marc de raisin, qu'ils mangent fort bien, quelque mie de pain de temps en temps leur reveille l'appétit, & quand on les appelle pour leur donner à manger, on crie tout haut, *canis*, *canis* à plusieurs fois, & jusqu'à ce qu'ils soient arrivez.

Nourriture des Canetons. Columel. l. 8. c. 15.

Les Canes domestiques s'engraissent comme les Oysons, si l'on veut s'en donner la peine ; ou bien on soigne seulement de leur jetter de la nourriture soir & matin, comme aux autres volailles, & ces Oiseaux alors prennent assez graisse avec ce qu'ils trouvent dans la Cour.

Comment élever des Canes sauvages.

RIen ne flatte tant un Gentilhomme ou un autre particulier, qui ayant une terre à la campagne, où il y a des Etangs ou quelque beau Canal, voit ces pieces d'eau garnies de beaucoup de Canards sauvages : quelquefois le hazard seul y opere assez ; mais d'autres fois aussi il est bon d'avoir recours à l'art, il n'y a que les commencemens qui en sont un peu penibles, mais aprés cela on se trouve bien dédommagé de ses peines, & l'on a le plaisir d'avoir dans la saison des Canards sauvages en abondance.

Pour cela, on a soin de chercher où il y a beaucoup de ces Oiseaux, & dans le temps qu'on juge que les femelles ont fait leur ponte, d'enlever les œufs, & de les mettre couver sous des Poules communes ; c'est ordinairement autour des grands Etangs & des Marais qu'on trouve ces œufs, & lorsque les petits Canards en sont sortis ; on les nourrit dans une chambre ou dans une voliere jusqu'à ce qu'ils soient forts, puis on leur donne la liberté d'aller sur l'eau, où on les laisse aprés qu'ils n'ont plus besoin de leur mere pour les couvrir.

Mais comme la peine de chercher tous les ans ces œufs pourroient rebuter ceux qui auroient cette curiosité, il faut, la premiere fois qu'on en éleve garder un male & quelques femelles, les nourrir dans une voliere, ils y feront des œufs & des petits. Cette maniere d'agir qui dépoüille beaucoup ces Oiseaux de leur naturel sauvage, fait qu'ils ne s'écartent point des pieces d'eau où on les a mis; il est vray aussi qu'ils ne vivront pas dans une cour, comme les autres, mais ce n'est pas ce qu'on cherche, on veut peupler un étang de Canards sauvages, & l'on y réüssit par là. Il ne faut pas s'imaginer que prenant les Canes sauvages toutes grandes, & les enfermant, on puisse les obliger à pondre, leur génie accoûtumé à la liberté, ne le leur permet pas à moins qu'il n'y ait long-temps qu'elles n'eussent été enfermées; encore pouroit-on douter de la réüssite.

Difference des Canards sauvages. Il y a beaucoup d'especes de Canards sauvages qui different entre eux par leur grandeur, leur figure, leur cry, & par leur couleur; il s'en trouve dont le vol est lent, & d'autres qui volent plus vîte.

De la maniere de se fournir de Canes d'Indes.

LA Cane d'Inde est un Oiseau qu'on peut élever en nos climats, il s'y apprivoise aisément, il est plus gros que la Cane ordinaire, & il n'en a ni le port, ni la figure, ni la couleur; il ne dit mot, il donne peu d'œufs, & ses petits sont fort difficiles à élever.

Quand on veut mettre couver les Canes d'Indes, c'est assez d'un mâle pour six femelles; elles se plaisent à l'eau comme les autres, & vivent de même, & lorsqu'elles sont bien apprivoisées, elles viennent soir & matin avec les autres volailles à l'endroit où l'on a coûtume de leur donner à manger.

Le plus sûr expedient est de donner à couver les œufs de Canes d'Indes aux Poules communes qui les fomentent heureusement, mais quand les petits en sont éclos, il faut se donner de la peine aprés eux, ils sont difficiles à élever; leur nourriture d'abord doit être de millet ou d'orge boüilli, & toûjours beaucoup d'eau, parce qu'ils veulent barboter. Le pain blanc émié & détrempé de caillé prévaut sur toute autre nourriture, il faut les tenir long-temps enfermez avant que de les laisser aller à l'eau, & quand ils sont fortifiez, on les lâche parmi les Canes communes avec lesquelles ils s'accordent tres-bien; de maniere que confondant leurs especes, ils font des *Canes bâtardes* qui se multiplient, & qui s'élevent comme les autres. Ce mélange vient du côté des Canards d'Indes qui s'accouplant avec les Canes communes, produisent ces Oiseaux métifs: le Canard domestique n'a commerce qu'avec ses femelles propres, & il est bon même qu'il n'y en ait point, parce qu'il empêche ces Oiseaux étrangers d'usurper sur ses droits. Rapellons tous nos Oiseaux, & voyons à quoi ils sont propres pour la santé.

Canard domestique. Ses effets. Le Canard domestique pour être bon à servir sur table doit être choisi jeune, tendre & gras. Il nourrit beaucoup & est d'une substance solide & qui dure. Les Médecins disent qu'il est de difficile digestion, & qu'il produit des humeurs lentes & grossieres. On estime particulierement la chair de l'estomac du Canard, ce qu'on appelle vulgairement les *aiguillettes.* Un

Martial. Poëte a dit là-dessus; *qu'on me serve un Canard, mais je n'en mangeray que l'estomac & la tête, & je renvoirai le reste à la cuisine.*

On prétend que le Canard vif ouvert tout chaudement & appliqué de même sur le ventre, guérit la colique & les tranchées; son *foye* arrête le flux

flux hepatique, sa *graisse* est adoucissante, résoût & amollit les tumeurs.

Foye du Canard, sa graisse.

Pour ce qui est du Canard sauvage, il est plus salutaire que le domestique, sa chair est plus agreable, parce qu'il joüit d'une transpiration plus libre, à cause du mouvement qu'il se donne, & qui contribuë à attenuer & à rectifier ce qu'il pouroit avoir de grossier.

Le *sang* de Canard domestique coagulé & bû avec du vin, est specifique contre toute sorte de venin.

CHAPITRE V.

Des Cygnes.

PUisque nous voicy sur l'article des Oiseaux aquatiques, disons quelque chose de celui-cy : il est vray qu'il ne convient gueres au ménage, lorsqu'il est de dépense, & qu'il n'apporte aucun profit ; mais enfin il n'est pas défendu parmi l'œconomie de donner quelque chose à la curiosité ; le Cygne est un Oiseau recommandable par sa blancheur, il a le coû long, & d'une encolure fort agreable ; il est haut monté sur jambes, & au reste semblable à une Oye.

Cet Oiseau est de grande dépense & gourmand ; il ne se plaît que dans les lieux solitaires & aquatiques, comme Rivieres & Etangs, qu'il détruit par la grande quantité de poisson qu'il mange, & quelquefois même il perd les bleds en herbe quand il se jette dessus ; c'est pourquoy l'on conseille de n'en nourrir qu'une petite quantité ; car outre ce qu'il trouve dans l'eau, il faut encore quelquefois luy donner du grain, des herbages hachées grossierement & des restes de cuisine, comme tripailles d'animaux ou autre chose de cette sorte.

Il y a des pays où les Cygnes vivent en partie dans la Basse-cour ; quelquefois on se sert de cet expedient quand on a la curiosité d'en avoir & qu'on a peu d'eau au tour de sa maison, mais encore un coup c'est une envie qui coûte.

Si donc on veut avoir des Cygnes, il suffit de deux ou de quatre tout au plus. Il leur faut bâtir un toît qui ne soit point couvert, parce que ces Oiseaux aiment la liberté, & qu'ils ne se plaisent point à être renfermez. Le Cygne fait son nid soy-même, sa ponte est de deux ou trois œufs, & ne couve qu'une fois l'année ; il veut être tenu proprement dans son toît, parce qu'il fiente beaucoup, & que l'ordure lui déplaît.

La seule chose en quoy le Cygne est utile, & pour laquelle on aime en avoir à la campagne, c'est qu'il fait merveilleusement bien la chasse aux grenoüilles, qui dans les grands fossez qui environnent une maison, & par leurs cris qui ne cessent point presque jour & nuit, importunent terriblement les oreilles de ceux qui y demeurent.

Ces Oiseaux étoient autrefois plus à la mode qu'ils ne sont aujourd'huy, on en voyoit la riviere de Seine presque toute couverte, mais aujourd'huy il n'y en a presque plus.

CHAPITRE VI.

De la maniere de nourrir & élever les Paons.

NOus laisserons icy tout ce que la Fable dit du Paon, & plusieurs autres attributs qu'on lui donne, comme étant une matiere qui ne contribuë en rien à nôtre sujet ; & le Paon est assez connu sans qu'il soit besoin d'en faire la description.

Cet Oiseau est d'un grand entretien ; il est goulu, & sujet à endommager beaucoup les maisons & les jardins, si l'on n'y prend garde, & s'il n'y a quelque pâture aux environs du logis. Il ne peut souffrir que sa femelle couve, & pour cela il casse ses œufs pour en joüir plus souvent & plus commodément. Les Naturalistes disent que le mâle vit vingt ans & la femelle moins, que l'un & l'autre sont mal-aisez à élever dans leur jeunesse, mais que lorsqu'ils ont abandonné leur mere, ils se soignent assez bien eux-mêmes. On a vû qu'autrefois les Paons étoient plus communs qu'ils ne sont aujourd'huy, & ce qui fait à la verité qu'on ne s'en est plus gueres mis en peine, c'est leur cri importun dont ils rompent le tête presque toute la journée, car ils ont, dit le Proverbe, *la voix du Diable.*

Agé des Paons.

Nombre des Paons qu'on peut nourrir.

LE Paon s'apprivoise aisément, & si la curiosité porte d'en élever quelques-uns, il suffit d'avoir quatre femelles & un mâle. On ne se met gueres en peine de lui bâtir un toît exprés pour le coucher la nuit. Cet Oiseau se perche où il se trouve, tantôt sur les arbres, tantôt sous un porche, & tantôt dans quelqu'autre endroit de cette nature où son instinct le pousse. Columelle dit qu'il est fort amoureux, & qu'il lui faut cinq femelles, & que s'il en faillit une trop souvent, & qu'elle soit prête à pondre, il fait avorter ses œufs qui à peine sont formez dans son corps ; si l'on veut nourrir plus de Paons qu'on a dit, cela dépend de la fantaisie.

L. 8. c. 11.

Ce que la Paonesse a d'incommode, c'est qu'elle ne fait point sa ponte en un même endroit, qu'il faut avoir soin de la veiller tous les jours dans le temps qu'elle la fait, & d'en ramasser les œufs. Elle fait trois pontes l'année, si on ne la met point couver, car si on l'employe à ce travail, elle n'en fait qu'une : elle commence sa premiere ponte à la my-Février, & fait cinq œufs de suite, elle n'en donne que trois ou quatre à la seconde ponte, & que deux ou trois à la troisiéme, & chaque ponte se fait environ à deux mois l'une de l'autre.

La Paonesse

Il faut pourtant faire en sorte, le plus qu'il est possible, que les Paonesses pondent dans un endroit où on les aura accoutumées de coucher, & dans la saison qu'elles doivent pondre, mettre sous leur juchoir beaucoup de paille, crainte que leurs œufs ne se cassent, parce que souvent quand les Paonesses sont juchées dans leur toît, leurs œufs tombent la nuit pendant

Sa Ponte.

qu'elles dorment, & par ce moyen ils ne se trouvent point endommagez. Ces Oiseaux produisent beaucoup quand ils ont trois ans, au lieu qu'auparavant ils sont tres-steriles.

Si dans le temps qu'on présume que le Paon & la Paonesse doivent être en amour, & qu'ils ne s'y mettent point, il faudra leur donner à manger des féves roties sur la cendre. Cette nourriture les échauffe, & l'on connoît que le mâle est en chaleur, quand il se mire dans sa queuë, & qu'il l'épanoüit en forme de roüe.

Il faut donner les œufs de Paon à couver aux Poules communes pour plus grande commodité, & pour cela on fait choix des plus grandes & des plus vieilles, elles peuvent embrasser neuf œufs, cela suffit, il faut un mois pour en éclore les petits.

La Paonesse couve aussi ses propres œufs, & quand la nature l'y oblige elle se tient cachée pendant quelque jours, & ne paroît à la Basse-cour que lorsque la faim la presse & qu'elle vient chercher à manger ; ce qu'elle fait promptement, tant il lui tarde de retourner sur ses œufs, qu'elle croit qu'on lui va dérober, ou qu'elle a peur de ne pas bien fomenter. Quand elle a une fois commencé ce train, elle n'y manque point tous les jours à certaine heure, soir & matin, & elle part ordinairement de son nid en volant & faisant un certain cri qui luy est particulier quand elle couve, comme le glossement l'est aux Poules communes. Quand cette Paonesse veut s'en retourner sur ses œufs, elle ne vole point comme elle est venuë, vous la voyez au contraire prendre des chemins détournez qu'elle change chaque jour, afin de ne point donner connoissance à personne de son ouvrage. Sa Couvée.

Dés qu'on s'apperçoit de tous ces mouvemens, il faut faire épier la Paonesse, la suivre de l'œil autant qu'il est possible, & jusqu'à ce qu'enfin on ait découvert le nid : aprés cela on l'environne de bonnes clayes ou d'autres choses semblables, de maniere qu'il n'y puisse approcher aucune bête pour luy nuire & endommager ses œufs. Si par malheur la Paonesse venoit à être troublée à la moitié du terme de son incubation, & non plus tard, elle se remettroit à couver une seconde fois, mais les petits qui écloroient de ses œufs ne croîtroient pas si beaux que si la premiere couvée avoit été heureuse, à cause de l'Hyver qui les atteint trop-tôt, supposé neanmoins, à l'égard de ce second travail, qu'il n'y survînt point quelque nouvel inconvenient.

Qu'on se donne bien de garde par curiosité d'aller trop prés visiter la couveuse jusqu'à en vouloir manier les œufs, il ne faudroit que cela pour la détourner de son ouvrage, & y renoncer pour jamais. Voyez-la de loing, & que cette visite ne soit point trop longue, & le plus sûr, c'est de la laisser couver en repos, & de soigner seulement à luy jetter à manger à l'heure qu'on a marqué qu'elle vient en prendre avec les autres volailles.

La Paonesse, pour l'ordinaire (ce qui est à remarquer) n'éclos pas ses petits tous à la fois non plus que les autres Oiseaux, à mesure qu'ils sont nez, elle sort de son nid, mene promener ses petits éclos, & laisse les autres œufs couvez imparfaitement, ce qui est fâcheux, & pour tâcher que les œufs ne soient point sans effet, on les prend, & si l'on a une Poule qui couve, on va adroitement, & la nuit les luy glisser sous elle; cette couveuse acheve l'ouvrage, sans cela on peut dire que ce sont autant d'œufs de perdus.

Comment élever les Paoneaux.

Les Paoneaux étant éclos, on les laisse un jour sous leur mere, puis on les enferme sous une grande müe avec elle, afin que le Paon qui les hait, & qui les blesseroit, n'en puisse pas approcher: quand on ne prend point cette précaution, on voit trois ou quatre jours aprés la Paonesse tous les soirs s'étudier, pour ainsi dire, à dérober ses petits aux yeux du monde, les menant coucher dans les hayes tantôt d'un côté tantôt de l'autre; quoique toûjours prés de la maison, mais jamais dans leur nid, car ils n'y retournent plus; ce qui les expose trop en proye à leurs ennemis.

Mais pour éviter ce danger, & aprés avoir observé où cette mere mene coucher ses petits, il faut parquer cet endroit avec quelque claye ou autres clôture de cette sorte, & changer ce petit parc à mesure que la Paonesse prend de nouveaux gîtes; ce soin ne peut durer que pendant cinq ou six jours, qu'elle accoûtume petit à petit les Paoneaux à jucher sur les arbres, & pour les mieux aider & leur y montrer le chemin, elle les prend l'un aprés l'autre sur ses épaules, & les y porte; tel est l'instinct de cet Oiseau, & c'est ainsi que la nature s'est pluë à mettre dans chaque animal un caractere different & particulier.

Le matin étant venu, la Paonesse saute du juchoir en bas, ses petits qui la veulent suivre répugnent d'abord un peu, mais à la fin ils suivent leur mere, ils volent à terre, & à mesure qu'ils prennent des forces, ils les éprouvent à monter sur ces arbres, & se mêlent quelque temps aprés à la compagnie des Oiseaux de leur espece qui sont plus grands.

Nourriture des Paoneaux.

On nourrit les Paoneaux les premiers jours avec de la farine d'orge détrempée dans du vin, ou de froment boüilli en forme de boüillie. On peut mettre dans cette nourriture du fromage mou bien mêlé parmy, le lait clair leur est préjudiciable. Les Paoneaux se nourrissent d'ailleurs de sauterelles, d'araignées, de mouches ou d'autres vermines de cette nature. On les nourrit ainsi pendant un mois, & aprés ce temps on leur donne de l'orge ou du froment boüilli simplement, ce soin doit durer quatre ou cinq mois, aprés quoy les Paoneaux vivent comme les autres volailles de la Basse-cour.

Remarques

Colum. l. 8. c. 11.

Si c'est une Poule commune qui ait couvé les Paoneaux, il faudra trente-cinq jours aprés qu'ils seront éclos, les laisser aller aux champs avec leur conductrice qui glosse pour les appeller, comme si c'étoit des petits Poulets. Il faut que celuy auquel le soin d'élever ces Oiseaux est commis, porte la Poule aux champs enfermée dans une Cage, puis qu'il la laisse sortir dehors attachée neanmoins par le pied à un cordeau de trois toises, tous les Paoneaux voleront à elle; & quand ils seront assez repus, il faudra les ramener à la maison, en les obligeant à suivre leur mere.

Idem.

Quelques Auteurs prétendent qu'il ne faut pas laisser de Poules qui ayent des Poussins parmi celles qui conduisent des Paoneaux, parce, disent-ils, que les Poules si-tôt qu'elles les auront regardez, quitteront leurs petits propres pour affectionner les Paoneaux à cause de leur beauté: on n'assure point trop cette opinion, mais l'on peut s'en convaincre par l'experience, si l'on souhaite absolument en être certain.

Maladies des Paons.

LEs Maladies des Poules sont communes aux Paons, c'est pourquoi on use des mêmes remedes pour les guérir. Quand les Paoneaux ont sept mois passez, on les met coucher avec les autres.

La chair de Paon est difficile à digerer, pour ceux qui en mangent: elle n'est plus gueres d'usage aujourd'huy sur les tables; & pour la manger il faut qu'elle ne soit point coriasse, & tuer le Paon deux jours avant que de le manger en Eté, & trois ou quatre en Hyver. On tient que cette chair étant rôtie se garde un mois entier sans se gâter. Chair de Paon, ses effets.

La fiente de Paon est souveraine pour les maladies des yeux, & l'on dit que cet Oiseau est si envieux du bien de l'homme, qu'il mange luy-même sa fiente, crainte qu'on n'en trouve. Ses plumes sont fort recherchées par les Plumaciers; on en fait des manchons & plusieurs autres ouvrages qui sont fort agreables. Sa fiente, ses vertus. Liebault. Ses Plumes

CHAPITRE VII.

Qu'il faut nourrir des Pigeons Fuyards à la Campagne. Construction d'un Colombier, ou d'une Voliere convenable à ces Oiseaux, leur utilité, & à quoy propres.

LE profit qu'on tire de la nourriture des Pigeons Fuyards n'est pas moins considerable que celui que nous rend la Volaille commune, soit par la vente qu'on en fait, ou par ceux qui se mangent à la maison.

Ces Oiseaux ne demandent pas tant de soin que les autres qu'on éleve dans la Basse-cour, & ne coûtent point tant à nourrir; ils ont soin eux-mêmes la meilleure partie de l'année, de chercher de la nourriture par les champs, il n'y a que l'Hyver & lorsque la terre est gelée ou couverte de neige, qu'il faut leur jetter du grain.

Le Pigeon Fuyard est assez connu par le grand usage qu'on en fait parmi les alimens; & comme pour en tirer un grand profit il faut en nourrir beaucoup, on doit aussi leur bâtir un endroit propre pour les mettre, soit un Colombier, ou une Voliere; & la difference qu'il y a entre l'un & l'autre, est que dans le premier les Boulins sont dés le rez de chaussée, ce qui n'est pas ainsi dans les Volieres, si ce n'est dans celles qu'on appelle Voliere à pied, qui est la même chose que Colombier. Le droit de Colombier est un droit seigneurial, qui n'est permis qu'aux Seigneurs de fief d'en avoir. Voyons quelle en peut être la situation, & comment le bâtir.

Assiete du Colombier, sa Construction.

L'Assiete d'un Colombier doit être ordinairement dans l'endroit de la Basse-cour le plus éloigné de la maison, soit à cause du bruit importun que font ces Oiseaux, ou de la mauvaise odeur qu'exale leur fiente, que du repos dans lequel les Pigeons se plaisent à vivre, n'étant point en ce lieu troublez par les personnes qui passent continuellement autour de leur demeure, ce qui arriveroit, si on le situoit si prés du logis.

Cette assiete doit être un peu élevée, pour ne point être humide, & le Colombier bâti sur de bons fondemens naturels; c'est à dire, que le terrain soit ferme, point sabloneux, ni une terre remuée. On doit juger par la hauteur & profondeur qu'on veut donner à son Colombier, quelle profondeur est necessaire aux fondemens. Pour plus grande seureté, on leur donne ordinairement la sixiéme partie de la hauteur de l'édifice; & quant à l'épaisseur ils ont le double de celle du mur qui doit être élevé dessus: qu'on fasse donc déja attention à cette remarque importante pour la solidité de nôtre piece d'Architecture.

Défaisons-nous des fausses idées que ce sont formées là-dessus plusieurs Auteurs, qui ont écrit sur cet Article, comme par exemple d'empécher que le Colombier soit moins battu des vents qu'il est possible, comme si cela se pouvoit faire à l'égard d'un édifice si élevé, de le placer loin des arbres, à cause du bruit qu'ils font quand le vent les agite; parce que ce bruit, disent-ils, les intimide, ce qui est faux, les Pigeons ne s'y accoûtument toûjours que trop. D'éloigner leur demeure de l'eau pour des raisons frivoles, tandis que tous les jours on voit des Colombiers situez sur le bord des ruisseaux ou de quelque fontaine, donner des Pigeons en abondance; ainsi de plusieurs autres scrupules qui sont aussi vains qu'on s'est plût à se les forger. Il faut se servir de l'assiete du terrain telle qu'on l'a; sans se mettre en peine que de construire solidement le Colombier.

Cet édifice aura trois ou quatre toises de diamétre dans œuvre, & sera de figure ronde ou quarrée selon la fantaisie de celuy qui le fait bâtir; pour la hauteur elle sera d'un quart plus que la largeur: on fait sa couverture comme celle d'une tour, avec des saillies en dehors pour rejetter les eaux des pluyes, afin que les murs n'en soient point endommagez.

Il seroit bon que la charpente fût posée sur une voûte de pierre bien bâtie, pour empêcher par le haut que les bêtes qui font la guerre aux Pigeons ne s'introduisent point dans le Colombier; mais on voit beaucoup de ces édifices où il n'y a que la simple couverture qu'on a soin de bien fermer sur l'entablement.

Le Colombier sera bâti, selon les materiaux qui seront les plus communs dans le pays soit de moillon, de pierres, de grez ou de brique, il n'importe. On le garnit en dedans de boulins enclavez dans le mur, & faits de plâtre, de brique ou de pierres. On ne sçauroit s'imaginer combien ces differentes matieres de faire ces nids fournissent de raisonnemens en l'air à la plûpart des gens qui prétendent se connoître en tout, & avoir tout experimenté. Les uns tiennent pour la pierre, d'autres pour le bois, ainsi

Boulins.

du reste, & tout cela vision : il faut se servir en cette occasion des materiaux qui sont le plus à nôtre portée, les bien employer, & cela suffit, pour qu'un Pigeon y fasse bien son devoir, & que ses ennemis ne viennent point l'y faire insulte.

Il y a des pays où on se sert de pots de terre pour faire des boulins. On les enclave dans le mur en échiquier, & on les couvre tous d'une legere maçonnerie ; l'invention en est tres-bonne, parce que aucune bête ne peut y avoir entrée, si ce n'est par l'embouchure : on fait encore d'autres boulins avec des tuiles qu'on appelle *Faistieres*, elles font, comme on sçait, le demi tuyau par leur cavité, & l'on en pose deux l'une sur l'autre, de maniere que cela fait un trou qui est rond ; mais comme ces faistieres n'ont pas assez de hauteur d'elles mêmes pour pouvoir contenir un Pigeon à l'aise, on met entre deux un peu de Maçonnerie, & cela fait bien ; autrement on pose ces faistieres en guise de caneaux à recevoir l'eau, les mettant par rangées éloignées d'un demy pied l'une de l'autre, soutenuës par des briques plattes, accommodées en haut & en bas à la rondeur des faistieres & ces briques servent de cloisons à ces boulins qui peuvent être fort utiles.

De quelque matiere que ces nids soient bâtis, le premier rang doit toûjours s'élever de terre de trois pieds, afin que les rats ne puissent point monter dedans ; & pour se garantir plus sûrement de ces animaux, on fait dessous ce premier rangs de nids, comme une voûte en forme de demi-tuyau qui regne tout au tour du Colombier, & à laquelle on donne de saillie environ un pied : si bien que lorsque ces destructeurs de Pigeons veulent aller les assaillir dans leurs boulins, ils n'ont nulle prise, il faut qu'ils tombent à moitié chemin ; cette voûte est faite de maçonnerie ou de plâtre, au défaut de ces materiaux, on se sert de planches garnies de fer blanc par dessous.

Ces Boulins monteront dans le Colombier jusqu'à deux ou trois pieds prés de l'entablement, on les couvre pardessus & tout au tour d'une espece de petit toît fait avec des ais, larges de deux pieds, cela empêche aussi que les rats qui viennent d'enhaut, ne se glissent dans les nids des Pigeons ; ces ais seront soutenus par des consoles de pierres, ou des bouts de chevrons enclavez dans le mur, qui serviront au dessus pour asseoir les Pigeons & se promener tout au tour. On ne doit pas craindre de garnir un Colombier de Boulins, il n'en devient que plus abondant dans la suite par la grande quatité de Pigeons qui s'y retirent

Il faut pour bien faire que les Boulins d'un Colombier fait avec des pots ou des faistieres, soient mis en échiquier, les quarrez peuvent être l'un sur l'autre, si l'on veut, on observera seulement au bas de chaque ouverture de boulin, de mettre une petite pierre platte, ou brique, qui ait trois ou quatre doigts de saillie, afin que le Pigeon qui sort de son nid ou qui vient de dehors pour y entrer trouve là dessus dequoy se reposer, sur tout lorsqu'il fait un temps incommode.

Un Colombier doit donc être bien fondé, bien couvert, & avoir une bonne aire bien battuë & bien cimentée. Cette aire se fait dans le Colombier en pied, sur une voûte élevée au dessus du rez de chaussée environ de huit à dix pieds ; le dessous de cette voûte sert comme d'une espece de vinée ou de serre où l'on mét à couvert ce qu'on juge à propos. Tout le dedans du Colombier doit être bien blanchi, les Pigeons aiment le blanc, outre que cette blancheur rend ce lieu plus éclairé & plus propre.

Cet édifice sera enduit soigneusement par tout dedans & dehors, soit de chaux ou de plâtre, il n'importe : il aura en dehors deux ceintures tout au tour de pierre de taille ou de plâtre, dont l'une regnera un peu au dessous de l'entablement, & l'autre vers le milieu du Colombier, ayant chacune de saillie environ trois pouces.

Au dessus de la ceinture la plus haute on donnera jour au Colombier par une fenestre, qui servira d'entrée & de sortie aux Pigeons. Il faut y mettre tout au tour des plaques de fer blanc, afin que les animaux grimpans ne puissent entrer par là dans le Colombier. Il y en a qui mettent des coulisses à ces fenêtres, & qui s'assujettissent tous les jours de les ouvrir ou fermer : d'autres qui laissent ces fenêtres toûjours ouvertes, & qui ne craignent aucun danger, aprés avoir pris toutes les précautions dont on a parlé. Ce Colombier doit toûjours avoir la porte placée à vûë du logis, afin qu'on voye ceux qui y entrent ou qui en sortent, cela tient en respect bien des Domestiques qui pourroient diminuer de temps en temps le nombre des Pigeons : il faut qu'il soit crépi dehors & dedans de bon mortier, & le plus uniment qu'il est possible.

On donne encore du jour à un Colombier par une grande lanterne, qu'on fait à la pointe du dôme, elle est en maniere de petit clocher, & ouverte suffisamment pour bien éclairer ; il y a encore, comme on a dit, les Colombiers quarrez, soûtenus par quatre pilliers de pierre ou de bois, capables de porter un tel édifice. On voûte, si l'on veut ces Colombiers, ou bien on se contente de faire un bon plancher Pour ce qu'il y a à observer au reste, c'est tout comme aux Colombiers en pied.

Le dedans d'un Colombier rond doit avoir une échelle qui tourne sur un Pivot, qui est placé au milieu ; cette échelle est faite de maniere que les côtez tournent à un pied & demi prés des boulins, & que sa hauteur en égale le dernier rang ; c'est par ce moyen qu'étant monté plus ou moins haut, on peut aisément prendre des Pigeonaux qui sont dans les nids. Il y en a qui se contentent d'avoir pour cela une échelle portative qu'ils transportent où ils croyent qu'il y a des Pigeoneaux, mais elle n'est pas si commode que la premiere à beaucoup prés, étant sujette, quand elle est trop lourde, d'endommager des boulins, lorsqu'on la laisse tomber dessus de son propre poids. Il peut y avoir encore quelque chose qu'on peut observer à l'égard de la construction d'un Colombier rond ou quarré, ce qui ne dépend quelquefois que de la fantaisie d'un particulier qui l'ordonne ; c'est pourquoy nous n'en dirons rien davantage : Passons à la maniere de peupler le Colombier.

Comment peupler le Colombier, & du choix qu'on doit sçavoir faire des Pigeons.

POur y réüssir, il faut d'abord faire attenti on à la capacité de l'édifice, & juger à peu prés combien il peut contenir de paires de Pigeons. Vingt paires

paires suffisent pour trois cens boulins; on peut établir sur ce nombre pour tout ce qu'il y a de nids. Il y en a qui limitent ce nombre selon le corps du bâtiment; mais cette méthode n'est pas si sûre que la premiere. Quant au choix des Pigeons Fuyards, les cendrez & les noirs sont les plus feconds; voilà à quoy méne tout ce choix, s'il y en a quelque blancs parmi, on ne les rejette point, mais il en faut peu, parce, dit on, qu'ils sont trop exposez aux Oiseaux qui leur font la guerre.

Il faut que les Pigeons dont on veut peupler le Colombier ayent été pris tout jeunes sous leur mere, dés qu'ils sont couverts d'un demi duvet, & avant que les plumes de leurs aîles soient crûës parfaitement. Qui les prendroit plus jeunes risqueroit à les perdre à cause de la nourriture qu'ils ne voudroient point prendre que de leur pere & mere, & s'ils étoient plus vieux ils pouroient s'en retourner à leur Colombier de naissance.

Du temps de mettre les Pigeons au Colombier, comment les y accoûtumer.

POur bien les accoûtumer à celui qu'on leur destine pour demeurer, on les met dedans, sous de grandes muës, & tous les jours on va leur donner à manger deux fois en cette maniere.

Méthode pour nourrir les jeunes Pigeons, dont on veut peupler le Colombier.

VOus prenez chaque Pigeon l'un aprés l'autre, vous luy ouvrez le bec, & y mettez dedans de la Vesce, vous la luy laisserez avaller; étant avallée, vous luy en faites prendre de même une autre bequée, & continuez jusqu'à ce que vous sentiez que son jabot soit plein; cela fait, vous luy versez de l'eau dans le bec, pour le faire boire, puis vous le lâchez sous la muë, & en prenez un autre: on continuë ce soin jusqu'à ce que tous les Pigeons soient repus & abreuvez: s'il y en a beaucoup, on se met plusieurs personnes à les nourrir ainsi, jusqu'à ce qu'ils mangent seuls. Quand cela est fait on les abandonne à eux-mêmes, & il ne reste plus aprés cela qu'à leur donner de la nourriture.

On prend ordinairement ces Pigeons à la volée du mois de May, à cause que se fortifiant beaucoup avant l'Hyver, ils ne craignent point le froid, quand ils y sont parvenus, & en profitent mieux; il ne faut point dans les commencemens qu'on les accoûtume au Colombier, leur y laisser manquer de nourriture, c'est le moyen de leur y faire prendre cette demeure en affection, & de ne la jamais abandonner. La méthode de mettre une couple de petits Poulets avec les jeunes Pigeonneaux pour leur apprendre plûtôt à manger seuls, n'est point mauvaise; ces Oiseaux-cy qui veulent les imiter, bequetent le grain qui est à bas, & se repaissent d'eux-mêmes, sans le secours d'autruy.

Les Pigeons étant ainsi accoûtumez au Colombier, on songe à les laisser aller aprés par la campagne chercher de quoy se nourrir, & pour faire qu'ils ne s'égarent pas les premiers jours qu'on leur veut ouvrir la fenêtre du Colombier, on choisit un temps qui semble présager de la pluye, & l'on attend sur les quatre ou cinq heures du soir, ou plus tard même à leur

Quand donner libre essort aux Pigeons.

T

donner, comme on dit, la clef des champs. Ces Pigeons alors voleront à cette ouverture, ils balanceront d'abord à sortir, puis ils se hazarderont, & enfin ils sortiront & voleront sur le Colombier. Le temps nebuleux, & l'heure de se retirer qui approche les intimident, & font qu'ils ne s'écartent point; ils voltigent tout au tour de la maison, & se divertissent, pour ainsi dire, de ce qu'ils joüissent de la liberté; & lorsque la nuit vient, ils rentrent au Colombier, si vous en exceptez quelques-uns, qui peut-être s'éloignent plus que les autres, & vont dans d'autres Colombiers, mais on ne doit point s'en étonner, s'ils ont été bien apâtez dans le leur, ils y reviennent deux ou trois jours aprés.

N'allez pas suivre la maxime de certains visionnaires, qui pour retenir les Pigeons au Colombier, & empêcher qu'ils ne volent en d'autres, prennent les petits d'une Buse qu'ils enferment chacun à part dans des pots de terre, puis les ayant bien étoupez avec du plâtre, les mettent aux encognûres du Colombier, ou bien qui y pendent une téte de Loup & autres choses de cette sorte qui sont ridicules. Le meilleur secret est de les bien nourrir en cet endroit, & aprés cela il ne s'y en égarent que tres-peu.

Pour bien peupler un Colombier dans les commencemens, il faut les deux premieres années laisser aller la volée du mois de May, & se servir, pour manger ou pour vendre, de celle de Juillet & d'Août, & si même ce temps ne suffit pas pour le bien garnir, on continuë de faire la même chose les années qui suivent, jusqu'à ce que le Colombier soit tout rempli: c'est à present qu'il n'est plus question que de bien nourrir les Pigeons pour en tirer le profit qu'on en attend.

Toute la dépense pour les Pigeons Fuyards consiste à leur en donner durant cinq mois de l'année, tout au plus quand les Hyvers sont longs. Ils ne trouvent rien pour lors à la campagne, & l'on commence depuis la mi-Novembre, & plus tard même, jusqu'à la fin de Février, & depuis la mi-Avril jusqu'à la fin du mois de Juin. Pendant ce tems il faut les bien nourrir, ne leur point épargner la Vesce, ou autre grain dont on doit avoir bonne provision, comme des orges des deux especes, de l'espeautre, des pois, du gland concassé, & de l'avoine. En Hiver on leur jette du marc de raisin.

Où donner à manger aux Pigeons, & le temps de le faire.

L'Endroit où l'on doit donner à manger aux Pigeons dans la cour, doit toûjours être marqué prés du Colombier; il faut, autant qu'on le peut, que ce lieu soit plat & bien net: on les oblige à y descendre en les sifflant, & leur jettant du grain; & quand ces Oiseaux sont accoûtumez à ce signal, ils ne manquent point de s'y rendre, ils s'y attendent même tout les jours & viennent manger avec les Poules qui se mêlent parmi eux.

C'est ordinairement le matin & le soir qu'on donne à manger aux Pigeons, c'est à dire deux fois par jour: il y a des gens qui ne leur en jettent qu'une fois, mais aussi leurs Pigeons n'ayant pas une nourriture complette, vont dans d'autres cours en chercher, & restent bien souvent à cause de cela parmi les Pigeons étrangers; & supposé même que ces Pigeons mal gouvernez ne desertent pas tous de leur demeure ordinaire, ceux qui restent ne se paissant que de ce qu'ils trouvent aux champs bon ou mauvais, sont obligez de se remplir de petites pierres rondes, de buchettes & d'autres pauvretez de cette nature qui ne les nourrissent point du tout, & il ne faut pas aussi s'étonner si un Colombier peuplé de Pigeons si mal entretenus, déperit tous les jours à vûë d'œil.

Secret pour empêcher les Pigeons de quitter leur Colombier.

POur accoûtumer les Pigeons au Colombier, de maniere qu'ils ne le quittent point pour aller en d'autres, on prend les pieds & la tête d'un Bouc, on les fait boüillir jusqu'à ce que la chair se détache des os, on hache cette chair fort menu, puis on la met boüillir dans le même boüillon jusqu'à ce qu'elle soit réduite en gelée; aprés cela ayez de la terre à potier bien tamisée, paîtrissez-la avec vôtre gelée, ajoûtez-y une bonne quantité de sel, de l'urine, des vesces, du cumin, du chenevy, & quelques autres grains de bled si vous voulez; mêlez bien le tout, & en faites une maniere de pâte dure, formez-en de petites boules de la grosseur chacune de deux poings, mettez-les secher au Soleil ou au Four, prenez garde qu'elles ne brûlent; ensuite mettez-les en plusieurs endroits du Colombier où les Pigeons se promenent: ces Oiseaux ne manqueront point de les bequeter, & y trouvant tantôt un grain de sel, tantôt du chenevy ou autres grains dont ces pelotes sont composées, ils s'y acharnent, l'apât leur plaît, & ne veulent plus à l'avenir quitter le Colombier.

Il y en a qui se servent pour cela de millet cuit avec un peu d'eau dans du miel, ou bien d'une vieille moruë salée, qu'ils attachent à la fenêtre du Colombier, & d'autres ingrediens de cette nature; mais à dire vray, le meilleur de tous les secrets pour obliger les Pigeons à ne point deserter, c'est de les bien nourrir dans la cour, dans les temps où ils ont plus besoin de nourriture. Autre secret.

Abus touchant certains secrets pour attirer les Pigeons au Colombier.

SI on vouloit écouter tout ce que la plûpart de nos anciens Auteurs sur l'Agriculture, disent touchant quantité de secrets prétendus excellens, pour obliger non seulement les Pigeons à rester à leur Colombier, mais encore pour en attirer d'autres, ce seroit toûjours à se servir d'ingrediens sur ingrediens, & tout cela la plûpart, bagatelles en l'air & imaginations frivoles: qu'on ne s'arrête encore un coup qu'à la nourriture convenable à ces Oiseaux, & donnée à heure reglée & en saison, c'est le secret le meilleur & le plus certain, & nous en sommes tous les jours convaincus par l'experience, il ne faut que cela pour avoir quantité de Pigeons & Pigeonneaux bien gros & gras & de bon goût sans s'alambiquer l'esprit d'autres choses.

Combien de fois il faut nettoyer le Colombier pendant l'année.

LE Colombier, pour bien faire, doit être nettoyé quatre fois l'année, quoiqu'en disent au contraire la plûpart de ceux qui ont écrit sur cette matiere. La premiere fois au commencement de l'Hyver, la seconde aprés l'Hyver, & avant que ces Oiseaux commencent leur ponte, la troisiéme aprés leur premiere volée, & la quatriéme quand la seconde est passée: Il faut sçavoir pour maxime, qu'on ne doit jamais troubler les Pigeons Fuyards pendant leur incubation; cela les éfarouche jusqu'à quitter quelquefois leurs œufs pour n'y plus revenir, outre que le Pigeon, quoique sale naturellement, n'aime point coucher dans l'ordure.

Les nids des Pigeons doivent être aussi entretenus fort nettement, crainte que la vermine ne s'y engendre, principalement un peu avant que les femelles commencent à pondre. Si dans le temps que les petits sont éclos, il y en tombe quelqu'un de son nid, il faudra le remettre, si l'on peut remarquer d'où il est tombé, sans qu'on s'en puisse toutefois esperer un heureux succez, mais vaille que vaille, si c'est un Pigeonneau de perdu, il ne l'etoit pas moins à terre, d'où on l'a ramassé; peut-être aussi peut-il arriver que la Pigeonne le prendra en amitié, si c'est son petit, & qu'elle le nourrisse. On aura soin de jetter tous les Pigeonneaux qu'on trouverra morts dans les nids, crainte qu'ils n'empuantissent le Colombier, & aprés l'incubation des Pigeons; il est bon de le parfumer avec quelques herbes aromatiques, de l'encens ou autres aromâts, cela en chasse le mauvais air, & en fait respirer un aux Pigeons qui leur est tres-salutaire.

Des vieux Pigeons.

La plûpart des Naturalistes prétendent que le Pigeon vit huit années, & disent qu'il n'en a que quatre de fecondes, que les autres sont plus préjudiciables qu'avantageuses; & que dans ce temps, qui est celuy où commence leur vieillesse, ils ne se contentent pas de ne rien faire, mais qu'ils détruisent les œufs des autres; qu'ils en tuent les petits quand ils sont éclos, & qu'ils troublent les femelles pendant qu'elles couvent: tous ces dégats sont à la verité bien fâcheux, supposé neanmoins que les effets en soient certains, c'est ce qu'on a peine à croire: & ce qui détruit cette opinion en quelque façon, sont tous les Colombiers bien entretenus qui regorgent de Pigeons, malgré ceux qui y vieillissent.

Secrets prétendus & impraticables.

Cependant c'est sur quoy nos anciens Auteurs se récrient beaucoup, il n'est rien qu'ils n'ayent inventé pour trouver le moyen de nettoyer les Colombiers de ces cruels destructeurs, & tous ces secrets ont si peu de bons sens, qu'il n'y a pas lieu d'y ajoûter foy: car, par exemple, ils disent, *que pour connoître les vieux Pigeons, afin d'en purger un Colombier, il faut quatre ans aprés qu'on a commencé à le peupler, attacher un filet à l'aîle de chaque Pigeon en certain endroit, de maniere qu'il ne puisse point l'empêcher de voler*, ou bien, *leur coudre aux jambes de petits morceaux de drap, & augmenter ces marques d'année à autre*; cela ne donneroit pas mal d'occupation dans les Colombiers où il y a deux ou trois mille Pigeons, & quand il n'y en auroit que cent paires, ne seroit-ce pas toûjours assez d'embarras: il est vrai que ceux qui ont inventé ces secrets ne les approuvent pas tout à fait, parce, disent-ils que les marques dont on s'y sert sont sujettes à pourrir, & qu'ainsi on pourroit travailler inutilement ; mais que *l'expedient le plus sûr est de leur couper chaque année l'extremité d'une de leurs griffes ou serres (comme on voudra l'appeller) que cette operation ne leur nuit point, à cause que les Pigeonnes ne grattent point comme les Poules* ; mais avec quoy aussi se tiendront-ils sur les toîts, ou sur beaucoup d'autres endroits mal unis où ils volent pour se reposer ? Ces Auteurs n'ont apparemment pas fait attention à cet inconvenient, qui répugne entierement à leur pensée, ainsi que toutes les peines qu'il faudroit se donner pour l'execution de tous ces moyens qu'ils ont pris plaisir à inventer.

On veut croire que les vieux Pigeons ne produisent pas tant que les jeunes, & que même à un certain âge ils sont tout-à-fait steriles, & qu'ils peuvent empêcher les autres de bien faire leur devoir pendant l'incubation ; mais que faire à cela, ira-t-on réformer la nature, & faut-il pour cela s'imaginer qu'ils causent tant de dégats dans un Colombier, qu'on l'a écrit ? c'est ce qu'on a de la peine à se persuader, lorsqu'on voit tous les jours d'anciens Colombiers donner des Pigeonneaux en tres grande abondance, sans qu'on y touche, & par le secret seul de ne point laisser manquer les Pigeons de nourriture dans le temps qu'ils en ont besoin: ce qui donne à juger bien souvent, que ces désastres qui arrivent dans un Colombier peuvent être plus justement attribuez à la negligence qu'on apporte à nourrir des Pigeons, soit par avarice ou autrement, qu'à toutes les visions dont on vient de parler, ainsi donc pour s'épargner le chagrin de voir un Colombier en desordre, il n'y a qu'à ne point être avare de la nourriture & d'autres soins que les Pigeons exigent de nous, & aprés cela on aura tout lieu d'en être content.

Un Colombier bien peuplé & bien entretenu, est un tresor dans une maison de campagne pour le profit qu'on en tire par rapport aux Pigeonneaux qui sont d'un si grand usage parmy les alimens. La chair de ces Oiseaux est tendre, succulente & facile à digerer ; elle nourrit beaucoup, elle est un peu astringente, elle fortifie, elle excite l'urine, elle déterge les reins & en détache les matieres grossieres qui s'y arrêtent. *Bons effets des Pigeonneaux.*

Les vieux Pigeons sont de difficile digestion, & ne peuvent convenir qu'à ceux qui ont un bon estomac, qui sont dans un mouvement continuel, & qui par consequent dissipent beaucoup. On se sert en Medecine des Pigeons dans l'Appoplexie, dans la Léthargie, dans la Phrénesie & dans les Fiévres malignes, & pour cela on en ouvre un, qu'on applique encore tout chaud sur la tête, il agit en ouvrant par ses principes volatiles & exaltez les pores de la tête, & facilite par ce moyen une libre sortie aux vapeurs fuligineuses qui s'élevent du cerveau.

Le sang de Pigeon qu'on vient de tirer, étant encore tiede, est bon pour le mal des yeux, il en adoucit les âcretez, & en guérit les playes nouvellement faites, il faut que ce soit d'un Pigeon mâle, & qu'on l'ait tiré de dessous l'aîle. *Sang de Pigeon.*

La fiente de Pigeon est singuliere pour la sciatique ; on en fait un cataplasme avec de la semence de cresson & de moutarde mêlées également d'un peu d'huile de muscade, & d'olives, puis on applique le tout sur la *Fiente de Pigeon.*

partie douloureuse : on en fait aussi des cataplasmes résolutifs, sortifians & discussifs.

Cette fiente est encore utilement employée dans l'Agriculture, aprés neanmoins qu'on a laissé exalter ses principes ses plus volatiles : on s'en sert pour la répandre dans les prez, elle en fait multiplier l'herbe, on en met dans les chenevieres, & dans les jardins quelquefois, selon que les Jardiniers en sçavent bien faire l'employ.

CHAPITRE VIII.

De la maniere d'élever des Pigeons de Voliere, & de plusieurs abus là dessus de la plûpart de ceux qui en nourrissent.

LEs Pigeons de Voliere sont plus communs que jamais, & font même une partie des plaisirs de bien des gens de distinction ; c'est aussi un bel Oiseau, tres-agreable à la vûë. Il y en a de plusieurs especes, les uns à la verité plus rares que les autres, mais toutes fort singulieres & de grand profit.

Especes differentes des Pigeons.

Nous avons les Mondains, les Poulonois, les Suisses, les Bedorez, les Pigeons heurtez, à queuë de Paon, les Nonets, & d'autres grosses gorges, qu'on estime beaucoup.

Choix des Pigeons.

Les Mondains sont ceux qui apportent le plus de profit, & qu'on doit nourrir en plus grande abondance ; il les faut choisir beaux & forts, ayant le vol rude ; ce qu'on éprouve en leur étendant les aîles ; car s'ils sont foibles, c'est signe qu'ils sont mal conditionnez d'ailleurs, & qu'ils sont peu féconds ; ils doivent avoir l'œil éveillé, plein de feu, & le port fier à l'égard des mâles, le corps en bon point ; car quand ils sont maigres, il est dangereux que cela ne leur vienne de quelque infirmité qu'ils ont soufferte, & qui pourroit être préjudiciable à leur fecondité. A l'égard du plumage, cela dépend de la fantaisie.

Les Pigeons de Voliere sont bien plus gros que les Fuyards, & rendent bien plus de Pigeonneaux à leur Maître : il n'y a presque point de mois dans l'année où ils ne couvent ; il est vray aussi qu'ils coûtent plus à nourrir, mais à bien compenser le tout, le profit, quand on entend bien à les gouverner, surpasse toûjours la dépense ; un peu de pratique aprés ces Oiseaux nous rend fort sçavans là dessus.

La Voliere.

Le premier soin qu'il faut avoir, c'est de leur chercher une demeure, qu'on appellera alors la *Voliere*, si mieux l'on n'aime leur en faire construire une exprés, comme font bien des gens curieux de ces Oiseaux, & qui ont le moyen de se donner cette satisfaction entiere. Cette Voliere s'appelle *Fuye* en quelques endroits, ou *Pigeonniere*, les goûts là dessus sont differens. Quant à leur construction, il y a des Volieres plus magnifiques l'une que l'autre ; on en voit où rien ne manque, jusqu'à des jets d'eau, des pots pourris de senteur, & des boulins faits des plus artistement, belles tremies de nouvelle invention pour y mettre la Vesce, & la faire couler à mesure que les Pigeons la mangent; & malgré toute cette dépense, il faut qu'il y ait encore des gens qui veulent censurer une partie de tous ces meubles.

On trouve à redire que les boulins sont trop petits, lorsqu'ils ont quatorze pouces de haut, que le mâle ne pourra s'y accoupler avec la femelle: d'autres, qu'ils sont trop grands, que cela donne occasion aux autres Pigeons que ceux qui sont en possession d'un boulin, d'y venir troubler les couveuses; qu'il faut empêcher que les Pigeons ne se baignent pendant leur incubation, parce, disent-ils, que lorsque les femelles retournent sur leurs œufs toutes moüillées, elles les morfondent, & l'on n'entend que mille pauvretez de cette sorte. Ce sont des esprits qui veulent réformer la nature, tandis qu'on auroit besoin de les reformer eux-mêmes, qui veulent philosopher sur des secrets qui surpassent de beaucoup leur intelligence, & qui s'imaginent sçavoir à fond le génie d'un Pigeon, lorsqu'ils n'ont qu'une foible teinture de ce qui leur saute aux yeux; & ce qui prouve le plus que tout ce qu'ils disent est tres faux, c'est que les Pigeons réüssissent mieux dans ce qu'ils condamnent, que dans ce qu'ils sont d'avis qu'on fasse.

Abus.

Les terrines ordinaires, selon eux, ne valent rien pour servir de nids aux couveuses, il en faut de plâtre, les premieres sont trop froides, le bois est trop chaud en Eté, il engendre de la Vermine, ainsi que les paniers d'ozier; & cependant on voit tous les jours que mille & mille gens qui les employent à cet usage s'en trouvent tres-bien: une belle Voliere bien bâtie aura encore quelque défaut, l'air y donnera trop, ou trop peu, les jours en seront mal exposez, les Pigeons auront trop chaud ou trop froid: ces inconveniens feront tort à leur fecondité. Lorsqu'on voit de ces Oiseaux profiter tres-bien dans des galetas tres-mal en ordre, & dans des cours à couvert seulement sous de simples toîts, où l'on a construit quelques boulins, ou planté quelques paniers: Voilà la probabilité de ces beaux sentimens; & dans lesquels neanmoins bien des gens de poids donnent aveuglément.

Il faut suivre la seule nature à l'égard de ces Pigeons; Dieu qui agit toûjours par les voyes les plus simples & les plus constantes en formant les animaux, nous dit assez que nous devons nous y conformer; que c'est le plus sûr chemin, & il est certain que les Pigeons ne font jamais mieux leur devoir que lorsqu'ils ne sont point gênez: il suffit de leur donner ce qui leur est necessaire pour vivre, & de leur aider de ce qu'ils ne peuvent avoir sans nôtre secours.

Il est bon neanmoins, quand on commence à peupler une Voliere, de faire accoupler à part les Pigeons qu'on y veut mettre, on est sûr par là qu'il n'y a pas plus de femelles que de mâles, & que tout profite dans la Voliere; cela se pratique dans un petit endroit où l'on en met quelques paires pour les jetter aprés dans la demeure qu'on leur destine, parceque quand il y a plus de mâles que de femelles ils se battent à qui en aura; & souvent ils détournent les couveuses de leur travail.

Avis sur la maniere de peupler une Voliere.

Il ne faut donc point se mettre en peine où placer des Pigeons de Voliere, soit dans une Voliere faite exprés, un grenier ou autre endroit, pourvû qu'on leur y donne des commoditez pour couver, qu'on ne leur y laisse point manquer de nourriture, & qu'on les y garantiſſe de leurs ennemis, ils feront toûjours des merveilles.

Quand les lieux où l'on eſt permettent que les Pigeons puiſſent aller aux champs, ils n'en valent que mieux, & c'eſt beaucoup de nourriture Parad. vi. c. 3. épargnée ; & comme l'épargne, dit Ciceron, eſt un grand revenu, les Pigeons ne peuvent qu'ils ne rendent ainſi du profit, ſi l'on eſt obligé de les tenir enfermez, on ne les laiſſe point manquer de grains, ſoit Veſce, Orge, Avoine ou criblûres de bled.

Differentes ſortes de Tremies. Les Tremies ſont fort commodes pour que la nourriture de ces Pigeons ſoit toûjours nette, & qu'ils ne la gâtent pas avec leur fiente. Il y en a de pyramidales & de longues : on met le grain dedans, on la couvre, & à meſure que les Pigeons viennent le manger ſur une eſpece de table bordée qui le reçoit, ce grain y coule toûjours juſqu'à ce que la Tremie ſoit vuide, & de cette maniere on peut donner pour long-temps de la nourriture aux Pigeons.

Figure d'une Tremie.

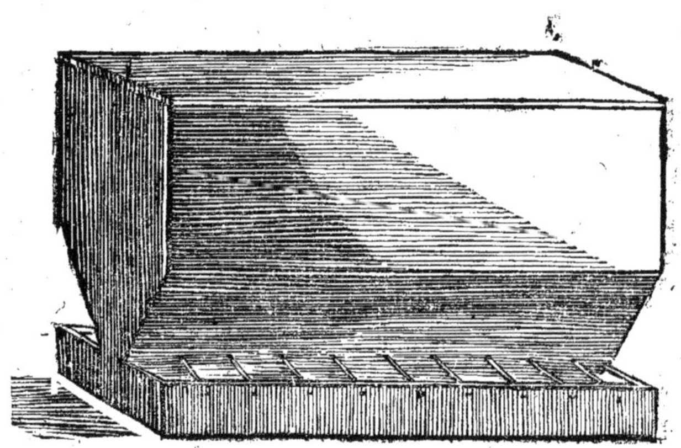

UN peu de chenevy de temps en temps eſt tres ſalutaire aux Pigeons de Voliere ; principalement en Hyvér, car comme ils pondent preſque tous les mois, ce grain, qui les échauffe, y contribuë beaucoup, & les excite à couver pendant le froid. Quelques-uns défendent qu'on ne donne de l'avoine aux Pigeons pendant qu'ils ont des petits, diſant pour raiſon que ce grain, qui ſe termine en pointe eſt dangereux de percer le jabot des Pigeonneaux, aprés que leur mere leu a donné à manger, ce qui eſt faux, & il ne faut que l'experimenter pour ſe déſabuſer de cette chimere. Les Pigeons

geons de Voliere qui vont aux champs, qui mangent dans les Bassecours, toutes sortes de grains, & qui en nourrissent leurs petits; ces petits en meurent-ils? & pourquoy voudroit-on qu'ils fussent plus délicats que les Pigeonneaux de Colombier, qui durant les semailles du Printems sont repus d'avoine indifferemment comme d'autres grains.

Dans les Volieres où les Pigeons sont toûjours renfermez, il faut avoir soin de mettre de la paille, afin que ces Oiseaux n'en manquent point pour construire leurs nids: cette paille se met pour plus de propreté dans les coins de cette Voliere, qui sera souvent balayée, pour en ôter la grande quantité de fiente que les Pigeons y font; cela empêche que ce lieu n'exhale une odeur trop forte, & qui pour l'ordinaire est tres-mauvaise, & que la vermine ne s'y engendre.

Les nids des Pigeons, de quelques matieres qu'ils soient, seront tres-soigneusement nettoyez aprés l'incubation de chaque Pigeon, pour la même raison qu'on vient de dire; car, sans ce soin, les puces s'y mettent, sur tout durant l'Eté, & cette vermine incommode tellement les couveuses, qu'elles en deviennent maigres & si ennuyées qu'elles ne couvent souvent leurs œufs qu'imparfaitement.

Les Pigeons de Voliere ne doivent point manquer d'eau, qu'on doit leur renouveller souvent, crainte qu'elle ne se corrompe; on la met ordinairement dans de grands baquets, dont les bords sont élevez de quatre doigts, ou bien dans d'autres vaisseaux propres pour cela, sans se mettre en peine si ces Pigeons iront s'y baigner ou non, ils sçavent mieux ce qui leur faut que nous-même. Il y a des gens riches, qui font faire, comme on a dit, de petits jets d'eau dans leur Voliere, cela est fort agreable, & les Pigeons mêmes aiment beaucoup ce bruit.

Comme on ne peuple pas tout d'un coup une Voliere, il faut laisser aller la volée du mois de Mars, & si elle ne suffit pas, pour remplir le nombre de Pigeons qu'on souhaite avoir, on ne touchera point à celle des deux mois qui suivent, les Pigeonneaux du Printemps se fortifient assez pendant l'Hyver pour pouvoir pondre d'assez bonne heure.

Qu'on se garde bien pour peupler tout d'un coup une Voliere, d'acheter de ces Pigeons, dont bien des gens à Paris font un maquignonage; pour un qui sera fidele, il y en aura trente qui se feront un plaisir de tromper. Il faut d'abord regarder où l'on jette son coup, & tâcher d'avoir quelqu'un qui se connoisse en Pigeons, si l'on ne s'y connoît pas soy-même, qui passe pour honnête homme, & qui veuille bien vous aider là-dessus de ses avis, & ne prendre de ces Oiseaux seulement qu'un nombre raisonnable pour vous en fournir dans la suite, & par ce moyen vôtre Voliere vous profitera. *Avertissement.*

CHAPITRE IX.

Des Tourterelles & des Cailles, comment les engraisser.

Comme on se plaît à la campagne à donner la chasse aux Oiseaux, à leur tendre des pieges, soit pour les élever en cage pour le plaisir seulement, soit pour les y nourrir afin d'en tirer du profit, & que ce dernier motif est celuy pour lequel on doit avoir le plus d'égard : il y en a qui prennent des Tourterelles & des Cailles exprés pour les engraisser & joüir ensuite du plaisir de les manger, ou d'en faire de l'argent.

Pour bien engraisser les Tourterelles, il faut les mettre en cage, faites de maniere que ces Oiseaux ne puissent point s'y donner beaucoup de mouvement ; c'est par là que ne donnant point occasion aux liqueurs de se trop exalter, la nourriture qu'ils prennent se convertit presque tout en graisse.

On peut mettre cinq ou six Tourterelles dans chaque cage, on en fabrique de plusieurs sortes ; les unes se font comme les cages ordinaires, & dont on se sert à élever les Oiseaux, d'autres les font à petits barreaux, gros comme le petit doigt, hautes d'un pied & demi seulement avec des planches fort legeres dessus & dessous, ou bien travaillées en dessus à claires voyes, avec des petits bâtons, distans l'un de l'autre d'un pouce, & attachez par les deux bouts à deux traverses qui tiennent aux quatre pilliers de la cage ; dans le dedans & sur le devant regnera presque tout du long une petite Auge pour mettre leur mangeaille, & aux deux côtez seront deux petits vaisseaux de terre qui serviront pour contenir leur eau.

Au dedans de cette cage on mettra environ dans le milieu des autres bâtons de travers pour faire percher les Tourterelles, parce que ces Oiseaux n'aiment point à dormir en lieu plat, il leur faut un juchoir, & c'est en cela qu'on s'accommode à leur naturel.

Les Tourterelles qu'on veut engraisser doivent être prises jeunes : il faut neanmoins qu'elles mangent seules : elles s'apprivoisent aisément, & engraissent en peu de temps. Quelques-uns, pour leur faire supporter leur prison plus agreablement, leur donnent quelquefois du pain trempé dans du vin, cette nourriture leur est bonne, principalement en Hyver ; elle les échauffe, & leur fait prendre graisse bien plûtôt que si on les en privoit : le millet & le froment sont les deux grains qui les nourrissent le mieux, il faut le leur donner sec. Colum. l. 8. c. 9.

On sera soigneux de leur renouveller souvent leur eau, & de nettoyer les vaisseaux qui la contiennent ; leur cage doit aussi être entretenuë proprement, car la fiente qu'ils font leur endommage les pieds quand ces Oiseaux y marchent trop long-temps.

Il y a des Auteurs qui disent, qu'il faut leur donner de la Vesce, de l'Orge, & d'autres grains indifferemment, mais les deux premiers, dont on a parlé, leur conviennent mieux & les engraissent plûtôt.

La Tourterelle est une espece de Pigeon plus délicat que les précedens; le mâle est ordinairement de couleur cendrée, & a le cou environné de plumes noires en maniere de collier. Il s'en trouve aussi de blancs, principalement dans les pays septentrionaux. Cet Oiseau, quoique sauvage naturellement, est aisé à apprivoiser ; il se plait dans les terrains sablonneux, solitaires & montagneux, & il se perche sur le haut des arbres, où il fait son nid. On le voit souvent qui cherche à manger dans la campagne & dans les jardins. La Tourterelle, au sentiment de quelque Naturaliste, vit tout au plus huit ans, les mâles neanmoins un peu davantage.

La chair de la Tourterelle est fort succulente, & fait un mets tres-délicieux en cuisine; mais il faut qu'elle soit jeune, tendre & grasse, l'usage en est estimé, & l'on assure que cet Oiseau est un aliment fort salutaire. Bons effets.

Le sang de la Tourterelle tiré de l'aîle recemment & tiede, est specifique pour les inflammations de l'œil, & les contusions qui y surviennent, on le fait distiller dans cette partie, & il en opere la guerison; sa fiente a la même vertu que celle de Pigeon. Sang de Tourterelles. Sa Fiente.

Des Cailles.

LA Caille est un Oiseau d'un plumage grivelé & de petit corps, elle s'éleve peu de terre, & ne vole pas même aisement, c'est pourquoy Pline l'appelle plûtôt un Oiseau terrestre qu'aërien, mais en recompense elle court bien vîte. Elle est lubrique & lassive aussi bien que la Perdrix. Un seul mâle peut suffire à plusieurs femelles. Ce n'est pas que nous ayons besoin de ces circonstances dans ce que nous voulons traiter ici, n'étant question que de trouver le moyen d'en prendre beaucoup dans la saison qui y est plus propre, & de les engraisser.

Il faut aux Cailles faire des cages exprés, & dont le dessus soit couvert de toile, crainte qu'elles ne se froissent la tête; car ces Oiseaux vont toûjours sautant. Ces cages sont ordinairement séparées par de petites cloisons, capables chacune de contenir une Caille un peu à l'aise; c'est à dire, de huit pouces de large, & d'un demy-pied de haut: moins les Cailles ont d'espace pour se promener, plûtôt elles prennent graisse; nous en avons dit la raison au sujet de la Tourterelle.

Le froment est le grain qui convient le mieux pour engraisser les Cailles, le chenevy ne leur est pas aussi mauvais, mais il les échauffe un peu trop, & retarde par là l'effet qu'on en attend. On leur peut donner encore du millet: il ne faut point laisser manquer ces Oiseaux de nourriture, & faire en sorte bien au contraire que leurs petits augets en soient toûjours beaucoup fournis. Leur eau sera entretenuë nette & pour cela renouvellée tous les jours. Nourriture pour engraisser les Cailles.

Quand les Cailles sont grasses (c'est ordinairement l'Hyver où elles sont plus délicates) on s'en sert pour les manger où pour les vendre: ce mets est tres délicieux, & fait un des principaux plats des meilleures tables.

La Caille doit être choisie jeune, tendre, grasse & bien nourrie, sa chair est nourrissante, succulente, & excite l'appétit; son usage convient aux convalescens; & quoiqu'en disent de mal certains vieux Médecins, l'on soutient contre eux, & l'on en a l'experience, que la Caille est un bon manger, qu'elle ne fait point de mal, & que pour être d'un autre sentiment, il faut radoter, ainsi que Galien, Pline, Avicene, & plusieurs de leur secte; quand ils ont dit que cet Oiseau étoit un aliment fort dangereux. Bons effets.

La graisse de Caille est un remede tres-bon pour enlever les taches des yeux. On employe sa fiente pour l'Epilepsie, étant sechée, pulverisée & prise dans du vin. Graisse & fiente de la Caille.

CHAPITRE X.

DE LA FAISANDERIE.

Où il est traité de la maniere d'élever les Faisans, & de les engraisser. Des Gelinotes, & comment nourries pour les rendre grasses.

CE Chapitre-cy regarde proprement parlant, les gros Seigneurs qui veulent faire élever des Faisans dans leur terres, afin de ne point manquer de tout ce qu'il y a de plus délicieux à servir sur table. Un particulier n'y trouveroit pas son compte, ainsi laissons donc cette envie de se distinguer à ceux qui en ont le moyen, & ausquels elle convient.

Especes differentes de Faisans.

Le Faisan est un Oiseau qui égale à peu prés le Coq ordinaire en grosseur: il a le bec long d'un travers de pouce, & recourbé en son extremité. Sa queuë est fort longue, son plumage est varié, & presque comme celui d'un Coq. On le distingue en mâle & en femelle: le mâle est plus gros & plus beau que la femelle; c'est là le Faisan que nous voyons sur nos tables, & qui est le plus commun.

Il y en a un autre qui se subdivise en deux autres especes, sçavoir en grand & en petit; le premier est grand comme un Coq d'Inde: il a la tête noire; le bec court, le cou long, & ses plumes sont de couleur noire & rougeâtre.

L'autre est appellé *Faisan de Montagne* & differe du premier en ce qu'il est plus petit. Ces Oiseaux ne se trouvent que dans les montagnes, les Forêts & les pays froids, c'est pourquoy on n'en voit point dans les climats temperez. On ne sçait point s'ils peuvent s'apprivoiser comme nos Faisans; si cela est, & que quelques riches curieux veulent en faire élever chez eux, ils pourront suivre les instructions qu'on va donner sur cela, & ils y réüssiront.

Demeure des Faisans.

La premiere chose à quoy il faut songer quand on veut élever des Faisans, c'est de leur bâtir une demeure; car ces Oiseaux naturellement sauvages ne se plaisent pas à habiter avec les autres Oiseaux de la Basse-cour; & pour bien faire, il faut que ce soit dans un endroit écarté de la maison, crainte que le grand bruit ne les effarouche; on doit construire à peu prés cette demeure, ainsi qu'on le va dire.

On juge d'abord par la quantité qu'on veut nourrir de Faisans, de ce qu'il faut de tertain pour bâtir cette demeure: six toises sur tous sens fourniront bien de quoy loger de ces Oiseaux, si l'on veut moins d'espace, cela dépend de la fantaisie.

Ce terrain choisi, & les mesures prises, on l'environne, si l'on veut, de murailles grossierement bâties sans aucun enduit, ou bien on se contente d'une cloison faite de grande paille non battuë au fleau, soutenuë par de gros pieux fichez en terre & de bonnes traverses de perches attachées avec de gros oziers & élevées de six à sept pieds.

Il y aura une porte à cette enceinte pour laisser entrer & sortir celuy qui aura soin des Faisans, & vis-à-vis sera une petite maison pour le Faisandier: dans le dedans de la Faisanderie, & tout au tour seront construites plusieurs loges hautes chacune d'un pied & demi sur autant de longueur & de largeur; l'usage de ces loges est pour mettre pondre & couver les Faisanes; elles seront fermées pardevant d'une fenêtre à barreaux, éloignez l'un de l'autre d'un pouce & demi & gros comme le doigt, ou bien de fil d'archal, ou simplement de réseau semblable à celui des filets de pescheur; mais il y aura dans le fond une espece de Voliere en pied pour apprivoiser les jeunes Faisans. Pour mieux faire comprendre ce qu'on vient de dire, & voir l'arrangement que les loges doivent avoir dans la Faisanderie, on a jugé à propos d'en donner une Figure.

Explication de la Planche I.

1. Maison du Faisandier.
2. Faisanderie.
3. Murs de la Faisanderie.
4. Logettes où l'on met pondre à couvert les Faisans.
5. Faisanes qui pondent.
6. Poules qui couvent.
7. Femme qui donne à manger aux couveuses.
8. Autre femme qui donne à manger aux Faisandeaux que des Poules conduisent.
9. Faisandier qui a soin de donner à manger aux Faisandeaux.
10. Meuë sous laquelle sont des Faisandeaux ausquels on donne à manger.
11. Voliere où l'on met les Faisans pour les apprivoiser.
12. Toît qui couvre la Voliere.
13. Auge pour abreuver les jeunes Faisans, les Faisanes & les Poules qui sont dans la Faisanderie.
14. Poules qui conduisent les Faisandeaux.
15. Gros Faisans qui s'envolent en l'air.
16. Bois où est la Faisanderie.
17. Des femmes & des petits garçons qui cherchent des œufs de Fourmis, dont on nourrit les Faisans.

SUr ces Loges, comme on voit, est un toît qui regne tout au tour, pour empêcher que l'eau ni les frimats n'y penetrent. Si cette Faisanderie est dans quelque bois, & environnée de quelques arbres, elle n'en vaudra que mieux; il y aura dans le milieu plusieurs petites Auges, les unes remplies d'eau & les autres de mangeaille, & tout y sera entretenu le plus proprement qu'il sera possible: les nids des Faisanes qui pondront se trouveront garnis de bonne paille ou de foin; & les fenêtres des loges seront tenuës bien fermées: tout cela bien exactement observé, on fera choix d'un Faisandier qui entende cette manœuvre.

Veritable caractere d'un Faisandier.

UN bon Faisandier doit se connoître parfaitement bien en Faisans, & sçavoir en approfondir le génie, afin de s'y conformer; c'est une étude qu'il doit se faire, s'il veut se rendre habile en cet employ; car s'il ignore à traiter ces Oiseaux, comme il faut, il perdra tout; il doit être vigilant sur leurs besoins, matineux pour leur donner à manger, adroit pour leur faire perdre en quelque façon leur naturel farouche, & docile dans la conduite qu'il en a.

Choix qu'on doit sçavoir faire des Faisans pour multiplier leur espece.

POur commencer à dresser une Faisanderie, il faut avoir d'abord de jeunes Faisans de l'année; car lorsqu'ils sont plus vieux, on ne peut bien les apprivoiser, outre qu'ils se déplaisent dans leur prison, & qu'ils n'y veulent ni pondre ni couver: il faut qu'ils soient gros, bien emplumez & bien éveillez.

Ces Oiseaux étant bien choisis, plus ou moins qu'on en veut avoir, on les met dans la Voliere dont on a parlé. On leur y donne bien à manger. Il faut un mâle à deux femelles. Les Faisans ne sont pas si lascifs que nos Coqs ordinaires, & quand ils sont un peu apprivoisez, la nature les excite de même que la Volaille à nous donner des œufs, & ensuite des petits.

Ponte des Faisanes.

Lorsqu'on remarque que les Faisans veulent pondre, c'est ordinairement au mois de Mars, on forme dans la Voliere des nids pour les pondeuses; la Faisane ne fait qu'une ponte chaque année, & donne jusqu'à vingt œufs.

Pendant que ces Oiseaux sont dans cette Voliere, il ne faut point leur laisser manquer de nourriture; plus souvent on leur en porte, plûtôt ils s'accoûtument à voir le monde & à devenir moins sauvages; c'est ainsi dans les commencemens qu'on veut peupler* une Faisanderie, qu'il faut gouverner ces jeunes Oiseaux, qui sont comme des étrangers dans des contrées ausquelles ils ne sont pas accoûtumez, & où ils ont de la peine à se faire; car pour les Faisandeaux qui viennent dans la suite, & qui sont originaires de la Faisanderie, on leur laisse plus de liberté comme on le dira.

Couvée des œufs de Faisans.

Les Faisanes n'ont pas plûtôt fait leur ponte qu'il faut mettre couver leurs œufs, ou sous elles-mêmes, ou sous une Poule; celle-cy les conduit plus franchement & les rend moins sauvages; mais enfin, que ce soit l'une ou l'autre, il faut les enfermer dans les loges de la Faisanderie, & ne les point laisser manquer de nourriture durant tout le temps de l'incubation; c'est le secret de leur bien faire achever leur ouvrage, & pour cela on ouvre la fenêtre où sont les femelles, on les prend & on leur donne à manger à terre, on leur laisse faire un petit tour, pour les obliger à fienter, puis on les prend, on les remet sur leurs œufs & on ferme la fenêtre comme auparavant.

Combien les Faisandeaux sont à éclore.

Cette incubation dure trente jours; au bout de ce terme on voit éclore les Faisandeaux, s'il ne leur est point survenu d'inconvenient. On gouverne d'abord ces jeunes Oiseaux comme des Poussins, & pour nourriture on leur donne de la farine d'orge cuite au four, & réfroidie; cette coction en détache les parties les plus grossieres, & la rend par là un aliment leger, & facile à digerer, ce qui convient aux jeunes Faisans.

Ces Oiseaux aiment beaucoup les œufs de Fourmis, il faut leur en faire chercher autant qu'il est possible; cet aliment leur subtilise les humeurs &

les engraisse tres-bien, ils mangent les sauterelles qu'ils trouvent, c'est encore une nourriture dont ils sont fort avides.

Les Faisans qu'on éleve tous petits dans la Faisanderie ne sont point si sauvages que les autres : on les y laisse promener, & ils couchent ordinairement dans la Voliere dont nous avons parlé, & qui fait une piece de la Faisanderie.

Il n'est plus question à mesure qu'ils croissent que de les bien soigner pour les engraisser, on leur donne pour cela de la farine d'orge imbibée d'eau, des féves moulues, de l'orge mondé, du millet, de la navette & de la graine de lin cuite, & sechée parmi de la farine d'orge ; c'est ordinairement sous une muë ou quelqu'autre cage de cette sorte où on peut les tenir enfermez pour prendre graisse : il faut un mois ou six semaines pour cela: s'ils avoient la campagne libre, ils n'engraisseroint pas si bien, quelque abondante nourriture qu'on leur donnât. Comment engraisser les Faisans.

Les riches Vivandiers engraissent ainsi des Faisans. Il y a des Rotisseurs à Paris qui en font la même chose ; ce sont aussi aprés cela de chers Oiseaux pour ceux qui les achettent, & ils sçavent bien en tirer leur dépense avec usure. Les Faisans qu'on nourrit ainsi dans la Faisanderie sont destinez pour le maître auquel elle appartient ; il s'en sert pour sa table ou pour en faire des presens, & c'est ainsi qu'il faut se faire honneur des choses qu'on n'entreprend que par un air de grandeur & digne du sang dont on sort.

Le Faisan nourrit beaucoup, sa chair est succulente & délicate quand il est jeune & gras ; il produit un aliment assez solide & durable, il fortifie, il restaure & rétablit les personnes convalescentes, il se digere aisément, son usage convient aux épileptiques, & à ceux qui sont sujets aux mouvemens convulsifs. Bons effets du Faisan.

La graisse de Faisan appliquée exterieurement fortifie les nerfs, résoût les tumeurs & dissipe les douleurs de Rhumatisme. Graisse de Faisan.

Des Gelinotes.

LA Gelinote de bois ne s'éleve pas comme les Faisans, elle est d'un naturel plus sauvage, & ne peut s'accoûtumer à pondre ni à couver en servitude, il luy faut son air naturel, qui est la campagne. Quand on peut prendre ces Oiseaux jeunes, on les engraisse comme les Faisans, ou pour le mieux, si l'on trouvoit des nids de Gelinotes, on en prendroit les œufs qu'on mettroit couver sous une Poule, puis on en éleveroit les petits.

On les nourrit comme les Faisandeaux, & on les engraisse de même ; mais il faut tenir ces Oiseaux toûjours enfermez dans un endroit d'où ils ne puissent point s'envoler, car ils tiennent toûjours de leur instinct sauvage, & se déroberoient sans doute de celuy qui les gouverneroit, sitôt que leur force le leur permettroit.

La Gelinote de bois se nourrit de grain, soit de froment ou autres, elle s'éleve peu de terre, c'est pourquoy on en peut avoir assez aisément dans les pays où ces Oiseaux sont frequens : il ne faut point les mettre parmy les Poules, ils ont trop d'antipathie l'un pour l'autre, & cela suffiroit pour les empêcher de prendre graisse.

Bons effets de la Gelinotte.

Ces Oiseaux sont fort nourrissans, d'un bon suc & de facile digestion, & quelques Medecins prétendent qu'ils sont propres pour les personnes attaquées des douleurs néfretiques. Voilà tous les Oiseaux dont un bon Gentilhomme peut être fourni : un particulier n'en élevera que des plus utiles, & de ceux qu'on appelle ordinairement *Volaille commune*, parce que les autres coûtent plus qu'ils ne rendent de profit. Il faut voir à present les bêtes à cornes.

CHAPITRE XI.

DES BESTES A CORNES,

Et premierement des Vaches & des soins généraux qu'elles exigent de nous. Du Taureau. Choix qu'on en doit faire, & comment gouverner les Veaux, & en élever d'un & d'autre sexe pour multiplier l'espece.

APrés avoir parlé assez amplement de la Volaille, & marqué de quelle utilité elle étoit à la campagne, nous allons icy traiter des bêtes à cornes qui font une bonne partie du gros revenu de la Basse-cour, & nous commencerons par les Vaches qui en sont la principale source.

Diférence des Vaches.

Ces animaux different considerablement l'un de l'autre suivant leur grandeur, suivant la diversité de leurs cornes, & la differente conformation de quelques-unes de leurs parties, suivant le lieu où ils naissent, & plusieurs autres circonstances qu'il seroit trop long de rapporter ici.

Les Vaches d'Angleterre, de Hollande & de Flandres sont plus grosses qu'en France, parce que les pâturages en sont plus succulens, & l'on remarque que dans les pays froids ces animaux sont d'une plus belle corpulence que dans ceux qui sont plus chauds, & la raison de cette difference, c'est que les herbes de ces climats-cy ont leur principes trop exaltez par la chaleur, d'où vient qu'il s'y en convertit moins en substance que de celles qui croissent dans les regions qui ne sont pas si échauffées du soleil.

C'est pour cela qu'en Affrique les Vaches sont si petites qu'à peine égalent-elles nos Veaux en grosseur de corps ; mais on dit en récompense, qu'elles sont tres fortes & tres laborieuses.

Choix d'une bonne Vache.

Colum. l. 6. ch. 21. Virg. Geor. lib. 2.

Pour avoir une bonne Vache, & afin qu'on ne s'y trompe point, elle doit avoir le corps grand & long, le ventre spacieux, le front large, les yeux noirs & ouverts, les cornes belles, polies & noires, les oreilles veluës, les machoires serrées, le fanon & la queuë grande, la corne du pied petite & les jambes courtes ; il y en a qui disent que les marques d'une bonne Vache sont d'avoir la tête désagreable, d'être chargée d'encoulûre, & que la peau luy descende depuis le museau jusqu'à la cuisse, qu'elle ait les côtes bien longues, que tous ses membres soient gros sans même excepter

excepter ses pieds, que ses oreilles soient herissées & ses cornes courbées en dedans : d'autres estiment une Vache d'une moyenne taille, tachetée de blanc & de noir, les nazeaux ouverts, le pis grand & gros & les tetines grosses & longues ; tous ces sentimens neanmoins sont quelquefois bien trompeurs, car à dire vray, il se trouve de bonnes Vaches de toutes tailles ; & celles qui ont le plus de pis ne sont pas toûjours les plus abondantes en lait, ainsi il ne faut pas absolument y asseoir son jugement. Liebaut l. 1. ch. 13.

Ces marques sont bien quelque chose : mais on doit encore observer qu'elle soit jeune, ce qui se connoît à la dent & aux cornes : à la dent lorsqu'une Vache les a blanches, bien rangées & point usées ni noirâtres en dessus ; & aux cornes, lorsqu'à leur naissance il y paroît beaucoup d'anneaux : quelques-uns disent qu'autant qu'on voit de ces anneaux, autant la Vache a d'années, c'est à quoy l'on prend garde.

Une Vache doit avoir l'œil éveillé, & non triste ; ce dernier symptôme est un présage d'un mauvais temperamment de la bête, & dont on peut se méfier, ensuite on regarde au pis, on en manie les trayons ; si la Vache regimbe, c'est signe qu'elle les a douloureux, & qu'elle y a du mal, ce n'est pourtant pas un sujet pour rejetter une Vache, qui d'ailleurs auroit de bonnes qualitez, cela peut venir d'un lait en grumeaux, & qui auroit de la peine à passer, parce qu'on auroit resté trop long-temps à la traire ; mais en la trayant, ce lait se dissout & se liquefie.

Aprés avoir un peu manié ses trayons, on en tire du lait ; s'il paroît blanchâtre & un peu clair, c'est un mauvais lait, & peu chargé de parties butireuses, ce qu'on y recherche particulierement, & faute de quoy on doit faire peu de cas d'une Vache laitiere.

On examine encore si elle n'est point trop maigre, telle maigreur pouvant provenir d'une tres-mauvaise cause, à laquelle on ne pouroit remedier ; mais si l'on voyoit que cette maigreur ne fût causée que par un défaut de bonne nourriture, & qu'on eût de gras pâturages pour pouvoir rétablir cette Vache, on ne feroit point difficulté de l'acheter, s'il n'y avoit que ce défaut. Une Vache maigre au sujet d'une maladie paroît triste, elle est dégoûtée, & ne marche que nonchalamment, c'est pour lors qu'il y a à craindre, & qu'il ne faut point s'en charger.

Un Auteur ancien dit, qu'on doit plus faire cas d'une Vache nourrie dans les Montagnes que de celle qui vit dans les bas pâturages, que la premiere dure douze à quatorze ans, au lieu que l'autre ne vit pas si long-temps. Cette maxime ne trouve pas beaucoup de partisans, puisqu'on voit des Vaches dans l'un & l'autre cas être bonnes & mauvaises. Il se peut que les montagnardes naturelles ne trouvent pas les herbages des vallons si à leur goût que ceux ausquels elles sont accoûtumées, que même cette nourriture ne leur convienne pas si bien, & que par consequent elles y deperissent ; il en est de même des Vaches nourries dans les marais, qui sont ordinairement d'un gros corsage, au lieu que les autres sont petites, & qui diminuent à vûë d'œil, quand on les change de climat ; ainsi le plus sûr en cela est de prendre des Vaches du pais, c'est à dire à trente lieuës à la ronde, avec les marques dont on a parlé, sans s'arrêter positivement aux senti- Belle Forêt 11. jour. de l'Ag.

mens de quelques Agriculteurs, qui ont écrit conformément aux lieux où ils demeuroient ; il faut écrire, autant qu'on le peut, pour toutes sortes de climats.

Il ne faut avoir de Vaches qu'autant qu'on juge avoir de quoy les bien nourrir ; ainsi on ne détermine point cette quantité. Une Vache bien entretenuë vaut mieux que trois mal nourries. Considerons icy une Vache qui n'a pas encore porté de fruit, & suivons-là jusqu'à ce qu'on veuille la sacrifier au Boucher.

Du temps de mener la Vache au Taureau.

La Genisse, c'est ainsi qu'on appelle une jeune Vache qui n'a point encore souffert les approches du Taureau, ne doit commencer à le souffrir qu'à deux ans & demi, ou trois ans pour le mieux ; il y en a qui saillissent la deuxiéme année, c'est selon que la chaleur les prend plus ou moins tard, & que la nature regle leurs mouvemens. Quelques Auteurs disent que les jeunes Vaches ne commencent à s'accoupler qu'à quatre ans ; mais cette opinion n'est point fondée sur l'experience, ou bien il faut que ce soit une Vache tardive. On connoît qu'une Genisse est en chaleur, lorsqu'elle a les ongles enflez, qu'elle ne fait que meugler & saillir les Taureaux mêmes, & la premiere Vache qu'elle trouve en son chemin : à dix ans les Vaches ne portent plus & ne valent plus rien qu'à être envoyées au Boucher.

Virg. Geor. l. 3. Colum. l. 6. c. 24. Genisse en chaleur.

Le meilleur temps de mener les Vaches au Taureau est le mois de May, Juin & Juillet, supposé que leur chaleur fût reglée à ce temps, mais quelque fois cela arrive plûtôt ou plus tard, ce qui fait qu'on ne manque point de Veaux pendant toute l'année, plus en des saisons qu'en d'autres. Il y en a qui veulent que ce soit en Février & en Mars, & non pas dans un autre temps ; cela s'observe du côté de la Bresse & dans les climats qui sont chauds, parce que ceux-cy n'apprehendent point que le froid fasse tort à leurs Veaux ; mais si les Bressans pouvoient changer de maxime, ils s'en trouveroient mieux. Et comme il est question d'avoir un bon Taureau pour saillir les Vaches, voicy quelles en sont les veritables marques.

Signe d'un bon Taureau.

Un Taureau doit être gras, éveillé, il doit avoir le regard fier & affreux, les cornes grosses & noires, la taille moyennement haute & longue, quelque-uns la veulent courte, le poil rouge & noir, les épaules & la poitrine large, les reins fermes, le dos droit, la tête courte & les oreilles larges & veluës, les jambes grosses, le musle grand & le nez court & noir. Il faut apparemment qu'il y ait des pays où les Taureaux sont plus vigoureux que dans d'autres, puisque selon un ancien Agriculteur, un Taureau bien choisi & depuis l'âge de quatorze mois jusqu'à quatre ans, peut suffire à quarante, cinquante & même jusqu'à soixante Vaches, mais que quatre ans passez, c'est folie de le faire saillir davantage ; qu'il faut le châtrer, l'engraisser & le vendre aux Bouchers. A quatorze mois c'est un peu trop tôt mettre un Taureau à l'épreuve de tant de Vaches, c'est l'épuiser & l'empêcher de devenir gros : c'est aussi trop tard à quatre ans commencer à luy donner les Vaches, jusqu'à dix, si bien que pour trouver un milieu à cela, on juge que depuis deux ans jusqu'à six un Taureau peut bien faire son devoir, & ne luy donner que quinze à vingt Vaches par jour. Et pour bien disposer un Taureau au Rut, il faut dans le temps qu'il y a le plus de Vaches en chaleur, luy donner une fois le jour un picotin d'avoine, principalement quand c'est un Taureau banal, autrement les esprits & l'humeur seminale n'y pourroient suffire que pour peu de femelles, si l'on ne soignoit à réparer cet épuisement par une bonne nourriture. Un Taureau est propre à saillir les Vaches depuis quatre ans jusqu'à dix, ce temps passé, il n'y faut plus penser. Quinze Vaches suffiront par jour.

Observation sur les Vaches en chaleur.

IL y en a, pour mettre les Vaches en chaleur, lorsqu'ils voyent qu'elles y sont nonchalantes, qui leur donnent du pain fait avec de la graine de lin, ou du marc de cette graine, aprés en avoir exprimé l'huile, ou qui leur presentent du sel à manger, ou d'autres ingrediens de cette nature, & qui prétendent que cela opere l'effet qu'ils en attendent, c'est une chose facile à éprouver aussi bien qu'à mettre en pratique, si l'on veut s'en servir. Belle Forêt. II. jour de Agr.

Dans le temps qu'on veut mener les Vaches au Taureau, il faut un jour ou deux auparavant les laisser un peu jeuner. Les Naturalistes prétendent qu'elles conçoivent mieux que lorsqu'elles sont trop pleines de nourriture, & l'on dit que la marque qu'une Vache a conçû, c'est lorsqu'elle ne veut plus souffrir les approches du Taureau, c'est à quoy on peut prendre garde.

Du soin qu'on doit prendre des Vaches aprés qu'elles ont sailli.

DEpuis ce temps là jusqu'à ce que les Vaches veulent vêler, on ne leur fera autre chose que de les bien nourrir dans de bons pâturages, s'il y en a, sinon on aura recours à d'autre nourriture qui leur convienne tant dehors que dedans les étables, selon les saisons & les lieux qu'on habite; c'est le Vacher ou la Vachere que ce soin regarde, il est avantageux d'en avoir un bon, & voicy quel il doit être.

Un Vacher ou une Vachere, c'est la même chose, doit être éveillé & se lever matin, afin de soigner que ses Vaches soient traites avant que de les mener aux champs dés la pointe du jour en Eté, pour en brouter l'herbe toute moüillée encore de la rosée. On prétend que cette herbe leur est fort salutaire : il les ramenera à l'étable sur les dix heures, où elles resteront pendant la grande chaleur, qui incommode les bestiaux. Devoirs d'un Vacher.

Sur les deux ou trois heures aprés midi, le devoir du Vacher est de remener son troupeau aux pâturages jusqu'à ce que la nuit vienne, où pour lors il le reconduit à sa maison, comme auparavant. Il suffit en Hyver qu'il mene une fois le jour paître ses Vaches, c'est ordinairement sur les onze heures ou midi qu'il faut qu'il les sorte.

C'est à faire au Vacher à donner à manger aux Vaches à l'Etable, quand elles en ont besoin, cela ne s'observe que l'Hyver, que les nuits sont longues, & que les bestiaux ne trouvent gueres à manger par les champs; il ne doit point les laisser manquer de litiere pour faire du fumier. Il aura soin des Vaches qui sont pleines & prêtes à véler, il se donnera bien de garde de les battre, & prendra garde qu'elles ne sautent les fossez & les buissons: il ne faut que cela pour les faire avorter; c'est pourquoy il est bon que ce Vacher soit raisonnable, doux de son temperamment, point yvrogne ni jureur, robuste de corps, point paresseux à remplir ses devoirs, obéïssant à executer ce qu'on luy ordonne & respectueux à ses Maîtres, autant qu'un Vacher le peut être.

Son caractere.

Ce Vacher aura l'œil encore incessamment sur son troupeau, pour voir s'il n'y a point quelque Vache à qui il soit survenu quelque inconvenient, afin d'en avertir, & qu'on y remedie. Il aura soin des Veaux, comme de les faire teter, & de les tenir attachez auprés de leurs meres, crainte que courant par l'Etable, ils n'aillent teter quelqu'autre Vache qui les blesseroit, & les tuëroit peut-être. Les Veaux tetent ordinairement avant que les Vaches aillent aux champs.

Du soin qu'on doit avoir des Vaches pleines.

LEs herbages les plus gras, pourvû qu'ils ne soient pas marécageux, sont les meilleurs pour le gros bétail. On nourrit en Hyver les Vaches à l'Etable, de bons fourages, comme par exemple, de bonne paille de méteil ou d'avoine, outre les beuvées qu'on leur fait, avec les bales de bled battu & du son, le tout mélé dans de l'eau chaude, de maniere qu'on y puisse souffrir la main: on abreuve deux fois le jour les bêtes à cornes.

Le sainfoin est tres-bon pour les Vaches pleines; ceux qui en sont pourvûs leur en donneront tous les jours en Hyver une fois seulement pendant six semaines avant qu'elles vélent. Cette herbe les fortifie & les rend abondantes en lait; il faut qu'elle soit seche, la luiserne prise ainsi est encore pour les Vaches une bonne nourriture. On leur donne aussi quelquefois du foin, & il faut que toutes ces herbes ne soient point, moites ni humides ni poudreuses, cela les dégoûte & leur cause une toux dangereuse.

Les Vaches pleines ne devroient point être employées à la charruë; mais enfin si le besoin l'exige, il faut les y ménager, & ne les y point presser trop rudement. On aura les mêmes égards pour les Vaches, lorsqu'on les emploïra au harnois; on s'abstiendra de les traire six semaines avant qu'elles vêlent, aussi bien le lait n'en est guere bon; mais cette maxime n'est pas gardée fort exactement, particulierement par bien des femmes qui tirent leurs Vaches pleines, jusqu'à ce que le lait leur manque; il y a quelquefois des Vaches qu'on trai jusqu'à la veille qu'elles veulent véler. Ce sont celles-là qu'il faudroit ménager; & d'autres qui tarissent un mois ou deux auparavant. La nature fait en celle-cy ce qu'on devroit observer dans les autres.

Des soins qu'on prend aprés les Veaux nouvellement nez.

LEs Anciens donnoient tous leurs soins aux Veaux sitôt qu'ils étoient nez, & avec un fer tout chaud ils leur imprimoient le cachet & le nom de la famille ; ils marquoient ceux qu'ils destinoient à augmenter leurs troupeaux, ou à être sacrifiez, ou à labourer les terres : la plûpart de ces soins ne se pratiquent plus aujourd'huy, on remarque seulement, selon le pays où l'on est, les Veaux qu'on peut nourrir, ou ceux qu'on destine pour les Bouchers. Virg. Georg. 3.

A peine le Veau est hors du ventre de la mere, qu'on luy fait avaller le jaune d'un œuf crud, sans luy manier le corps, de peur de le blesser ; on le laisse dans l'Etable sur de la paille fraîche prés de sa mere & sous sa tête, afin qu'elle le puisse lécher. Il y en a qui disent que ce léchement fortifie le jeune Veau, & que pour y exciter davantage la Vache, ils répandent un peu de sel sur le corps de ce Veau : il est constant que si cela n'opere pas l'effet qu'on prétend, du moins la Vache nettoye-t-elle le corps de son petit d'une ordure qui ne pourroit que luy être préjudiciable, & que tout autre ne pourroit ôter sans blesser le Veau ; la nature fait bien ce qu'elle fait ; & pour de bonnes raisons, laissons la agir.

Si c'est en Hyver que la Vache vêle, on soignera de tenir l'Etable chaude en la fermant bien par tout, & en quelque temps que ce soit que cela arrive on observera de nourrir la mere de bonne herbe fraîche en Eté, & en Hyver de bon fourage, de bonnes beuvées faites avec bales de bled, son, le tout boüilli dans une chaudiere pleine d'eau ; il faut les leur donner tiedes, & d'unpeu d'avoine quelquefois, deux jointées seulement à dîner ; cette nourriture rétablit tres-bien les Vaches qui ont nouvellement vêlé. Ce soin dure environ pendant huit à dix jours ; l'eau dont on les abreuve doit être un peu chaude & blanchie avec du son, & aprés ce temps là ces Vaches vont aux pâturages avec les autres, tandis qu'on laisse leurs Veaux attachez à l'Etable, jusqu'à ce qu'étant fortifiez ils puissent les suivre aux champs.

De quelques soins extraordinaires pour une Vache qui veut vêler.

POur parler encore de quelques soins extraordinaires qu'il est bon de se donner aprés une Vache quand elle veut vêler, & que c'est de jour. Il peut arriver que cet animal dans son travail ait besoin pour s'en délivrer de quelque secours étranger, & que son Veau se presente pour sortir d'une maniere qui n'est pas naturelle, le travail ne sera point heureux, que le Veau n'ait été repoussé en dedans & tourné, ce qui ne peut se faire sans l'aide de quelque personne, qui voulant bien faire alors l'office de sage femme, sauvera la Vache & le Veau du danger qui les menace. Quand le Veau vient la tête la premiere, qui est la situation naturelle avec laquelle il doit venir, il n'y a rien à craindre, & neanmoins si l'on se trouvoit dans le temps que la Vache vêleroit, & qu'on vît qu'elle eût de la peine dans son travail, ce seroit lui rendre encore un bon service que de l'aider.

La Vache porte neuf mois son Veau, & aprés ce terme, comme il faut plus d'air au sang de ce Veau, pour le faire circuler, celuy que le sang de la mere luy fournit, étant en petite quantité pour les mouvemens de son cœur, qui sont beaucoup forts & plus vigoureux qu'ils n'étoient dans les commencemens, ce Veau se met alors dans le mouvement, ses parties s'étendent, la matrice de la Vache se relâche pour s'ouvrir, les eaux percent, la cavité du bassin s'agrandit, & l'animal se pousse au dehors par ses propres efforts, & par ceux que sa mere fait dans son travail.

Quand la Vache a vêlé, on prétend qu'elle est tres-friande de son *délivre*, appellé ainsi vulgairement, ou pour mieux dire, de l'arrierefaix de son petit, qu'elle le mange, si l'on n'y prend garde, & que lorsqu'elle l'a mangé, elle est toûjours maigre, quelques soins qu'on puisse prendre de l'engraisser: cela pourroit bien être; car comme cet arrierefaix n'est formé que d'un sang grossier & corrompu, il peut arriver qu'il ne produise que de tres-mauvais effets dans le corps d'une Vache: c'est pourquoy on a soin toûjours de prendre ce délivre, & de le jetter, sitôt que le Veau est sorti du ventre de sa mere.

Continuation des soins qu'on doit prendre aprés les Veaux.

Nous avons déja parlé de quelques petits soins qu'il falloit prendre aprés le Veau sitôt qu'il est né, il ne s'agit plus aprés qu'à soigner à le faire teter tous les jours deux fois: il y en a qui prennent plus volontiers que d'autres les tetes de leur mere; ces premiers Veaux ne donnent guere de peine à élever, au lieu qu'on en prend davantage aprés les autres, dans la bouche desquels il faut mettre le tetin dans les commencemens.

Il arrive quelquefois qu'une Vache n'a pas assez de lait pour bien nourrir son Veau, ou bien qu'on veut la ménager, parce que c'est une bonne laitiere, & qu'on a en vûë de nourrir son petit pour en conserver de la race. Alors il y en a qui les font un peu teter, & leur donnent aprés des œufs cruds qu'ils leur cassent dans la bouche, & les leur font avaller. D'autres prennent du lait de la Vache, le font boüillir & mettent mitonner du pain dedans, & le donnent ainsi aux Veaux en nourriture: ces soins coûtent de la peine à la verité, mais aussi une Genisse en devient belle, bien nourrie, & en état dans la suite de rendre de bons services.

Les Veaux en divers pays se nourrissent selon les differens usages qu'on en veut faire, & que la nature des lieux le permet. Ici les pâturages abondans demandent pour le profit du Maître qu'on éleve beaucoup de Genisses & de jeunes bœufs, là la disette de fourages & d'herbes répugne à ce ménage, dautant qu'il coûteroit plus de soins & de dépense à les nourrir qu'ils ne rapporteroient de profit dans la suite; c'est pourquoy il faut donc s'y conformer & sçavoir pour bonne maxime, qu'où il n'y a point de pâturages, c'est un abus de vouloir nourrir des Veaux pour autre usage que pour les vendre aux Bouchers, & pour lors on les laisse teter un mois, six semaines ou deux mois; plus ils sont gras, plus on en fait d'argent.

Qu'on se garde bien de faire comme certaines femmes avaricieuses, qui pendant tout le temps que leurs Veaux tetent, leur ôtent la moitié de leur portion de lait sans les secourir d'ailleurs d'aucun autre aliment. C'est le moyen d'avoir des squeletes de Veaux, & dont les Bouchers ne se chargent point; si ce n'est à la campagne, où le Paysan n'est pas si circonspect sur la qualité bonne ou mauvaise de la viande : ces sortes de ménages ne sont bons que pour des pauvres gens, qui n'ont pour sustenter leur petite famille que leur lait, & qui trouvent plus à propos pour se le conserver, de sacrifier leurs Veaux.

Dans les pays où il se fait un grand commerce de fromages, on ne s'avise guere de nourrir les Veaux pour en avoir des Vaches, principalement quand ces fromages se vendent chers : on aime mieux en acheter ailleurs de quatre ou cinq ans qui soient pleines, & qui ne vaudront que vingt ou vingt-quatre livres, que d'élever des Genisses qui ne sçauroient rapporter du profit qu'à trois ans. Il faut pendant ce temps du fourage, de la peine, tout cela coûte, & si l'on calculoit à combien cette dépense monteroit, on verroit qu'achetant des Vaches, comme on a dit, l'argent qu'on met en foin & autre nourriture pour ce bétail, rendroit un plus gros interêt ; ce ménage encore un coup n'est estimé que dans les pays où il y a de gras pâturages, & des bois où l'on puisse envoyer paître les bêtes à cornes.

Mais supposons qu'on soit dans un climat propice à élever des Veaux, pour se conserver quelque race de Vaches qu'on estime, ou pour en faire des Bœufs pour la charruë, il faut quand ils sont sevrez, les garder à part dans de petites pâtures, tandis que leurs meres iront ailleurs aux champs; cela empêche que ces Veaux ne les tetent : on doit aussi les enfermer dans des Etables séparées pour la même raison, ou bien sans se donner tant de peine, leur mettre des muselieres au nez, qu'on leur attache sur le front avec des lizieres de drap, cela ne leur empêche point de brouter l'herbe, & conserve le lait aux Vaches.

Lorsqu'on destine des Veaux pour nourrir, il les faut choisir beaux, bien proportionnez à l'usage auquel on les destine, & de bon temperamment, c'est à dire qu'ils mangent de bon appétit ; car ce n'est qu'en bien mangeant que ces animaux s'acquierent une belle corpulence : ces Veaux pour bien faire auront teté deux mois & davantage.

Choix des Veaux pour nourrir.

A quatre jours on commence à leur presenter un peu d'herbes pour les accoûtumer à en manger ; ou bien du foin le meilleur qu'il y ait & le plus fin ; on les châtre à deux ans : il y en a qui sont d'avis qu'on leur fasse cette operation à six mois, mais c'est un peu bien risquer, & il est à craindre que ces Veaux ne meurent de la douleur qu'ils en ressentent ; c'est donc le veritable temps qu'à deux ans : on doit pour lors les bien nourrir, leur donner du foin, & deux jointées de son sec chaque jour pendant quinze jours, & jusqu'à ce que l'appétit leur soit revenu ; il y a des personnes dont l'employ consiste en partie à châtrer les bestiaux, & qu'on prend pour cela quand il en est temps.

Colum. 6. c. 26. De Belle-Forêt. Secrets de l'Ag. journée. 11.

Comment traiter les Veaux nouvellement châtrez.

Aprés que l'operation est faite on frotte la playe de cendre de sarment & de litarge d'argent mêlée l'une avec l'autre, on s'abstiendra de donner à boire au Veau le jour qu'il est châtré, & sa nourriture sera mediocre. Trois jours aprés l'operation on levera le premier appareil, puis on frottera la playe d'un onguent fait avec de la terebentine fonduë, de la cendre de sarment & de l'huile d'olive, le tout bien incorporé & mêlé ensemble. L'Automne est la saison propre pour châtrer les Veaux, il faut qu'il ne fasse ni trop chaud ni trop froid. Il n'y a que les Veaux qu'on destine pour avoir des Taureaux, qu'on ne coupe point, mais on en laisse peu.

Herbages de jardin tres-bons pour nourrir les Vaches.

On se souviendra donc de bien nourrir les Vaches & leurs Veaux tant aux champs qu'à la maison ; un jardin rempli d'herbages est d'un grand secours pour la nourriture des Vaches, & l'experience nous le fait voir dans les Faubourgs de Paris, où elles ne sont nourries que de ceux que les Laitieres admodient dans les marais ou jardins qu'on y cultive avec grand soin; rien n'y est perdu, feüilles de choux, de poirée & leurs racines avec quantité d'autres; tout cela sert de pâture aux Vaches, qui rendent du lait en abondance. Cet avis doit servir pour ceux qui ont des Jardins, & qui veulent en tirer un double profit.

CHAPITRE XII.

Qu'il faut avoir des Bœufs à la campagne; comment domter les jeunes Bœufs, & les gouverner. Choix qu'on en doit faire pour la Charruë. Maniere de les engraisser pour les vendre. Leurs effets dans les alimens.

CA été de tout temps que les Bœufs ont été en recommandation à la campagne ; c'est un animal d'un petit entretien, & qui rend beaucoup de profit : les harnois qu'il luy faut sont de peu de consequence ; il est tres-bon au trait & à la charruë, il est peu sujet aux maladies, & quand il est malade il est aisé à guérir : il vit assez long-temps, & aprés avoir rendu de bons services, on l'engraisse, puis on le vend aux Bouchers pour en faire de l'argent, à la difference d'un cheval qu'il faut jetter à la voirie, s'il vient par malheur à se rompre une jambe, à se casser une épaule, ou autre partie du corps semblable ; un bœuf n'est point perdu pour cela, on le vend, ou bien on le tuë pour la provision de la maison quand il y a grand train, & les bœufs remuënt mieux la terre forte que toute autre bête de charruë : toutes ces considerations doivent exciter ceux qui demeurent à la campagne, & qui veulent mener un labourage, à nourrir de ces animaux.

Comment domter les Bœufs & les accoûtumer au joug.

QUand les Veaux sont châtrez, & qu'ils sont encore jeunes, c'est à dire, dés leur premiere année, on commence doucement à les apprivoiser, en les flattant de la voix, les caressant de la main, les frottant par tout le corps, jusqu'à l'entre-deux des cuisses, & leur donnant de temps en temps un peu de sel & du vin ; ces appâts rendent les Bœufs dociles, se laissant approcher aisément, & leur fait dépoüiller ce naturel farouche avec lequel ils naissent.

Les Veaux que vous destinez pour les usages champêtres, dit Virgile, doivent

doivent être de bonne heure dressez au joug, tandis qu'ils sont jeunes & dociles, & qu'ils sont d'âge à changer; c'est pourquoy on s'y prend de bonne heure, comme on a dit; puis on commence à leur mettre au cou des cordes, & à les attacher ainsi à l'Etable; & lorsqu'ils seront accoûtumez à cette premiere servitude, prenez-en deux qui soient d'égale force, & de même hauteur, puis les accouplant ensemble, faites-les marcher; qu'ils traînent souvent des roües seules, ensuite faites-leur tirer une Charrette pesante l'espace de trente ou quarante pas; il faut, pour bien faire, que ces jeunes Bœufs ayent deux ans.

Si l'un ou l'autre de ces jeunes Bœufs est trop fougueux, qu'il ne veuille pas obéïr au joug, ou que tous les deux se rendent difficiles à les y accoûtumer, vous les prendrez l'un aprés l'autre, & les mettrez entre deux Bœufs soumis depuis long-temps, & de même taille; en trois jours ces animaux indomtables seront tout dressez.

Il y en a, pour les accoûtumer seuls, qui les accoûtument peu à peu à endurer le lien, & leur serrent les cornes, puis qui les lient pendant quelques jours à un pieu, où ils les laissent jeûner quelque temps; s'ils sont furieux, & que leur fureur se passe, on continuë à les amadoüer avec la main, puis on leur fait tirer quelque fardeau sous le joug pour les éprouver, en leur parlant à l'ordinaire, & leur faisant quelquefois sentir doucement l'aiguillon, mais rarement.

Il y a quelquefois des jeunes Bœufs si opiniâtres à ne pas vouloir tirer, que quelque précaution qu'on ait prise, ils ne veulent point démordre de leur opiniâtreté, il faut alors leur donner un peu de l'aiguillon, les animer de la voix; & si cela n'y fait rien, on s'arrête, parce que plus on les battroit, plus ils voudroient secoüer le joug: ensuite on leur lie les quatre jambes avec des cordes si étroitement qu'ils ne puissent se relever, & on les laisse ainsi jusqu'à ce que la faim & la soif les ayent domté, ce remede est plus sûr que tous les coups qu'on leur pourroit donner.

C'est ainsi qu'on apprend à domter les Bœufs, & qu'on sçait les soumettre au joug, soit pour la charruë ou pour le harnois; mais qu'on prenne garde, quand ils sont ainsi dressez, de ne les point d'abord outrer au travail; il faut la premiere année sur tout les ménager, si c'est à la charruë on leur destinera les terres les plus legeres, & on ne leur fera faire qu'une demie journée dans les commencemens, crainte de les rebutter; ce qu'on dit des Bœufs doit s'entendre aussi des Vaches, qu'on veut accoûtumer à la charruë; puis à mesure qu'ils croissent, on leur donne le travail égal aux autres qui y sont faits depuis long-temps.

Il faut ménager les jeunes bœufs au travail.

Vache à domter.

Il faut regler le travail des Bœufs selon les saisons.

LEs jeunes Bœufs quelques bien dressez qu'ils puissent être, ne travaillent pas, comme il faut en toute sorte de temps, sur tout quand il faut labourer les terres, qu'il fait trop chaud ou trop froid, que le vent est trop grand & trop rude, que la nége ou les frimats tombent trop rudement, les jeunes Bœufs ne font leur devoir que nonchalamment.

Durant l'Eté, & au temps des plus grandes chaleurs, il ne faut faire travailler les Bœufs que les matinées & les aprés-dînées, c'est à dire, le matin dés la pointe du jour jusqu'à huit heures, & depuis trois heures aprés midi jusqu'à huit. L'intervale de ce temps s'employe à les bien nourrir, & à leur laisser prendre du repos; le reste de l'année la journée se fera tout d'une traite, en Hyver d'un soleil à l'autre: en Automne & au Printemps, la journée commencera à huit heures du matin, & finira à huit heures du soir.

Il seroit à propos pour le soulagement des Bœufs, qu'on en eût deux paires, l'une qu'on feroit travailler dés le grand matin jusqu'à onze heures, & l'autre depuis midy jusqu'à la nuit; ce seroit une heure que le Valet Laboureur auroit pour goûter & se reposer, ayant dîné devant le jour. Il faut que tout autre que luy ait la charge de mener & ramener les Bœufs du pâturage, au champ qu'on laboure; cela avance l'ouvrage, cela ménage les Bœufs qui sont toûjours en bon état, & fatigue un peu à la verité le Valet, mais on n'a qu'à le bien nourrir, il achevera toûjours fort bien sa tâche.

Quelques-uns, pour bien accoûtumer un Bœuf au harnois ou à la charruë, veulent qu'on le fasse au bruit qui peut arriver quand il est attellé, comme par exemple, de luy faire traîner quelque chaînon de charrette, ou bien de le faire au tumulte du monde, afin qu'il ne s'effarouche point quand il en voit, ou de l'accoûtumer aux huées qui peuvent arriver quand il est sous le joug; car ce ne sont pas les premiers qu'on voit prendre l'épouvante en ces occasions, & briser tout leur harnois.

Devoirs du Laboureur à l'égard des Bœufs.

LE Valet qui conduira les Bœufs à la charruë, aura soin de leur si bien accommoder le joug, qu'il ne les blesse point dans le travail, ce qu'il préviendra en mettant dessous quelque coussinet de feutre ou d'autre matiere qui soit douce; il visitera souvent ces animaux pour voir s'il ne leur survient point quelque mal, il leur lavera tous les soirs les pieds pour voir s'il n'y a point quelque épine, quelque chicot ou autre chose qui les leur puisse blesser. Il est bon de prendre des bouchons de paille & de leur en frotter tout le corps, de leur faire bonne litiere, de les étriller un peu le matin, & de leur laver quelquefois la bouche avec du vin tiede, principalement au retour de la charruë, & lorsque les terres qu'ils labourent rendent beaucoup de poussiere, & si l'on remarque qu'ils soient dégoûtez à cause de cela, on leur bassinera la langue avec du vinaigre tiede & un peu de sel. Quand il leur donnera à boire, il pourra tous les huit ou les quinze jours leur donner à chacun dans leur eau deux petites poignées de sel, cela les rend vifs, leur donne de l'appétit, & les garantit des tranchées: on peut se dispenser en Hyver de leur en donner, crainte que les alterant trop, ils ne bûssent trop d'eau froide, qui pourroit leur causer la colique, mais en Eté, & lorsqu'ils travaillent, il n'y a rien à craindre.

Comment nourrir les Bœufs selon les saisons.

ON nourrit les Bœufs differemment en Eté qu'en Hyver, on les met au vert dans la premiere saison, au lieu que dans l'autre ils vivent au sec, c'est à dire de foin & de paille, & celuy qui a soin des Bœufs doit observer de ne leur point changer sitôt leur nourriture ordinaire, comme par exemple, de ne leur point trop-tôt ôter l'herbe pour les mettre au foin & à la paille, ni de leur changer de même cette nourriture pour leur donner de l'herbe. Celle qui croît d'abord au Printems n'est pas assez nourrissante, elle ne fait que passer dans les intestins, & rend les Bœufs lâches au travail. Il faut donc encore en ce temps là les nourrir de foin, cet aliment est plus solide, & les soutient bien. Il ne faut les mettre à l'herbe qu'environ vers la fin du mois de May, & aux fourages que lorsque les froidures ne permettent plus qu'ils paissent l'herbe.

Tout l'Eté donc, tout l'Automne, & une partie de l'Hyver les Bœufs seront menez aux pâturages, ou nourris abondamment d'herbe à la maison, & de fourage durant l'autre partie de l'Hyver, & presque pendant tout le Printems. Ces alimens ainsi donnez à propos, & convenant tres bien au temperamment des Bœufs, leur fait acquerir un corps robuste & capable de resister longtemps au travail.

C'est un avantage pour les Bœufs de les bien établer, & pour cela leur Etable doit être bâtie de bon moilon, avec un plancher de pavé ordinaire, & qui aille un peu en pente du côté de la Cour, afin qu'il n'y reste que tres peu d'humidité: elle doit être chaude en Hyver, & pour cela elle doit avoir ses jours fermez, & en Eté ouverts, afin que les Bœufs y respirent un bon air. Etable aux Bœufs. Colum. l. 6. c. 3.

Il y a differentes matieres dont on nourrit les Bœufs hors des pâturages, on a le foin, les pailles & d'autres fourages mêlez: les pailles different en nature selon la diversité des grains qui en sortent: la meilleure des pailles, selon un ancien Agriculteur, est celle de millet, puis la paille d'orge, ensuite celle de froment; la paille d'avoine, de segle sont encore bonnes, celle d'espeautre, autrement dit orge quarré, peut passer en petite quantité, faute d'autre.

On tient que les Bœufs mangent avec beaucoup d'appétit la paille d'orge, mais qu'elle ne les entretient pas bien, qu'elle a peu de substance, & desseche ceux qui en mangent beaucoup, il ne leur faut gueres donner de paille d'espeautre, elle vaut mieux en fumier.

Columelle ordonne à chaque Bœuf par jour un boisseau de lupins trempez dans de l'eau, ou la moitié de pois chiches trempez de même, avec de la paille en abondance. Le marc de raisin imbibé d'eau leur sert encore de nourriture, on peut leur donner tout sec si l'on veut, il en a plus de vertu: outre ces alimens il est bon de les nourrir encore de feuilles seches d'Orme, de Frêne, d'Erable, de Chêne, de Saule & de Peuplier; ils les mangent avec avidité, c'est pourquoy on ne peut en avoir trop bonne provision. *Idem.*

Il est difficile de limiter l'ordinaire d'un Bœuf, puisqu'il y en a qui mangent plus que les autres, & qu'il faut pour les bien nourrir qu'ils mangent tant qu'ils ayent de l'herbe ou du fourage de reste. Un Bœuf, quoique ce soit un fort gros animal, ne mange pas tant qu'on s'imagine, il ne faut qu'une heure pour son repas, puis il se repose, & rumine à l'aise sa nourriture : on dit que c'est ce qui la luy fait digerer plûtôt.

Du choix que l'on doit faire des Bœufs pour la Charruë, & par rapport à leur poil.

IL est constant que dans les pays où on peut élever les Veaux pour en faire des Bœufs dans la suite, c'est un grand avantage, dautant qu'on en connoît l'espece, & qu'il semble que cela ne coûte presque rien à élever : mais comme il n'y a pas par tout des pâturages assez gras pour cela, & qu'on est obligé d'en acheter pour faire aller sa charruë, il est bon d'en sçavoir faire le choix, afin de n'y point être trompé.

Ce choix peut servir même à ceux qui élevent des Veaux, afin qu'ils voyent aprés à quels usages ils pourront les employer. Dans les endroits où l'on en nourrit pour en faire commerce, cette consideration sera inutile, parce que tous les Bœufs se vendent sous quelque poil qu'ils puissent être ; mais quand c'est pour soy, c'est autre chose, on est bien aise d'aller sûrement dans ce qu'on projette d'en faire ; ainsi voyons à quelles considerations nous portent les poils differens des Bœufs.

Définition du Poil.

Pour traiter ce point dés son origine, on sçaura que les poils sont des corps déliez, longs & ronds, secs, flexibles, formez des fuligines épaisses du sang, & poussez par la chaleur vers la superficie du corps des animaux pour leur servir de couverture.

La matiere des Poils.

La matiere des poils, selon quelques-uns, est un suc épais, visqueux, terrestres, engendré du sang, ou de quelque autre humeur, & préparé d'une maniere specifique, dont l'épaisseur paroît par la dureté des poils, par leur viscidité, par leur fermeté & par leur flexibilité ; c'est ce même suc qui les nourrit, & qui les fait croître de la même maniere que la séve nourrit les plantes.

Leur forme

Ces poils naissent sous differentes formes, les uns sont longs, recourbez, droits, & les autres crépus, selon les diverses configurations des pores par où ils ont passé, lesquels s'étendent principalement en long.

La diversité des poils dans les Bœufs, n'est pas bien considerable, & sans parler de leur épaisseur, de leur longueur, & de toutes leurs autres qualitez exterieures, nous nous arrêterons à la couleur seulement, qui est ce qui nous frappe d'abord la vûë, & les apparences sur lesquelles on a coûtume d'établir le choix qu'on fait des Bœufs pour les usages differens ausquels on les destine. Il y en a sous poil rouge, ou roux, d'autres sous poil noir, les autres sont blancs, & les autres blancs & rouges, ou blancs & noirs.

La cause de leur Couleur.

La difference de ces couleurs dans les poils, vient de la diversité des humeurs qui se mêlent au suc dont ils sont nourris, & c'est par là, comme on le vient de dire, qu'on juge qu'un Bœuf est propre à tel ou tel usage.

Car, par exemple, *le Bœuf blanc* eſt moins propre que tous les autres pour la charruë, ou pour le harnois, parce que la pituite le domine trop; c'eſt pourquoy il naît d'un temperamment froid, lâche & pareſſeux; le travail le rebute auſſi-tôt, les moindres chaleurs l'abbattent, & quand on le veut pouſſer par l'aiguillon, il ſe couche par terre plûtôt que d'avancer; ce Bœuf eſt peſant, rien ne l'anime, parce que les parties du ſang qui devroient l'agiter dans la circulation, ſe trouvent embaraſſées dans cette humeur pituiteuſe, qui leur ralentit conſiderablement leur mouvement; ces Bœufs ne ſont bons que pour engraiſſer, & ils engraiſſent promptement. Le Bœuf blanc.

Les *Bœufs noirs* ſont plus eſtimez, ils ſont plus laborieux, plus robuſtes, & plus francs au joug, à cauſe des fuliginoſitez qui s'y mêlent, & qui ſont comme brûlées par trop de chaleur & trop de coction, ce qui ne peut arriver ſans que tout ne ſoit beaucoup en agitation dans un Bœuf; mais comme il s'y fait une trop grande fermentation dans l'humeur qui eſt agitée, & qu'une grande partie des eſprits du ſang s'émouſſe par là, il arrive que ce Bœuf n'eſt pas ſi vif qu'il devroit être, & l'on en voit même quelquefois qui ſont atrabilaires, c'eſt à dire fantaſques dans le travail, & peu dociles à la voix; cependant on ne doit point rejetter les Bœufs noirs pour le trait, on peut les corriger de leurs défauts. Bœuf noir.

Lorſqu'il s'agit de choiſir un Bœuf pour le joug, *le Bœuf rouge* ou *roux* eſt celuy qu'on doit préferer à tous; la bile qui l'agite le rend vif, robuſte, infatigable, rien ne le rebute au travail, & quelquefois même il faut prendre garde qu'il ne s'y emporte, luy épargner l'aiguillon; car ſouvent c'eſt aſſez de la voix de ſon conducteur pour l'obliger de faire ſon devoir; qu'on le mette à la charruë ou au harnois, il y réüſſit également quand on a pris ſoin de le bien dreſſer, & que la nourriture ne lui manque point. Bœuf rouge.

Si la pituite agit dans un endroit de la peau, & dans une autre les fuliginoſitez, le Bœuf deviendra *noir & blanc*, & il eſt plus ou moins robuſte que ces humeurs prédominent plus ou moins en lui: un tel Bœuf, s'il a plus de noir que de blanc, eſt encore fort propre pour la charruë; s'il a beaucoup plus de poil blanc que de noir, il ſera bon pour la graiſſe, & deſtiné pour les Bouchers. Les Bœufs qui ne ſont bons que pour ces uſages ne doivent pas tant vivre que les autres, parce qu'ils ne rendent point de ſi bons ſervices, il ſuffit qu'ils ayent acquis une bonne corpulence & bien de la graiſſe pour les faire eſtimer, & pour être bien vendus; c'eſt tout ce qu'on en doit attendre; une trop longue vie à ces Bœufs, ainſi qu'aux blancs, eſt une nourriture perduë. Bœuf noir & blanc. Remarque.

Les *Bœufs blancs & rouges*, appellez ordinairement *Bœufs mouchetez*, ſont meilleurs que les précedens, de quelqu'une de ces deux humeurs, dont ils puiſſent eſt prédominez; ſi la pituite quelquefois les rend un peu lâches, l'aiguillon, qui leur met auſſi-tôt la bile en mouvement, les réveille, & ce n'eſt que par le ſecours de l'aiguillon, appliqué neanmoins à propos, qu'on en fait quelque choſe de bon pour la charruë & le harnois. Bœuf blanc & rouge.

Autre consideration pour choisir les Bœufs.

APrés ces premieres considerations, & quand on achete des Bœufs pour labourer la terre, ou tirer la charrette, il faut les prendre d'abord âgez de trois à quatre ans, afin de s'en pouvoir servir long-temps, & jusqu'à huit à neuf ans, qui est le plus fort de leur travail. Un Bœuf peut vivre treize à quatorze ans, il ne faut pas les occuper jusques là, ils ont peine alors à prendre graisse, & deviennent de difficile defaite.

Si vous achetez des Bœufs pour le labour, prenez-les d'un quartier, & tels que nous avons dit qu'il falloit choisir les Vaches : voyez à la page 160. & si vous voulez neanmoins en être sûr par rapport à l'âge, ouvrez leur la bouche, & voyez si les dents de devant ont tombé, ou sont prêtes à tomber, alors les Bœufs ont dix mois, si celles qui sont à côté sont tombées, c'est signe qu'ils sont dans leur seiziéme mois, & au bout de trois ans, leurs dents se renouvellent toutes, & deviennent égales, blanches & longues, au lieu que lorsqu'ils sont vieux elles s'usent, elles sont inégales & noires, parce que leurs dents s'alterent en ruminant.

Connoissance de l'âge des Bœufs par les dents.

Quoique nous ayons déja dit dans l'article des Vaches comment on connoissoit leur âge par leur cornes, & qu'on pourroit asseoir le même jugement au sujet des Bœufs; cependant comme il y a de certaines particularitez qui pourroient y être obmises, on a crû ne rien dire d'inutile que de faire remarquer ce que voicy.

Les nœuds que les Bœufs ont aux cornes marquent leurs années comme aux Vaches; on compte pour trois ans les nœuds qui regnent depuis le bout des cornes jusqu'au premier nœud en descendant, parce qu'à trois ans le Bœuf met bas ce qui luy est crû en cette partie depuis la naissance de ses cornes jusqu'à ce temps, & il luy croît une petite corne nette & toute unie à mesure que cette corne pousse, il s'y forme chaque année un nœud, comme un anneau relevé en bosse, si bien qu'aprés ces trois ans on voit quel âge peut avoir un Bœuf par le nombre de ces anneaux.

Par les cornes.

Pour avoir un Bœuf qui soit bon & propre au labourage, on le prend de belle taille, doux à manier, propre à obéïr à la voix, sans qu'il soit besoin de luy appliquer l'aiguillon; il faut qu'il soit vif, bien membru, court & large, quarré de corps, ferme & roide, qu'il ait les muscles élevez, les oreilles grandes, bien veluës & unies, le front large & crépu, l'œil gros & noir, & les cornes fortes, luisantes & de moyenne grandeur, le musle gros & camus, les levres noires, le fanon pendant jusques sur les genoux, la tête courte & ramassée, les épaules larges, la poitrine de même, la croupe ronde, la jambe ferme, la queuë longue jusqu'à terre, garnie à l'extremité de poils touffus & déliez, le dos droit & plein, les côtes étenduës, les reins larges, les cuisses fermes & nerveuses, l'ongle court & large, le poil court, luisant, épais & doux à manier.

Description d'un bon Bœuf.

Défauts des Bœufs, comment les en corriger.

Bœuf paresseux.

LEs Bœufs ont leurs défauts, ainsi que les autres animaux, il les faut étudier pour les en corriger: l'un sera paresseux jusqu'à se coucher par terre plûtôt que de vouloir travailler ; nous avons déja dit que les Bœufs de ce temperamment n'étoient propres que pour les Bouchers quand ils sont gras.

Prompt. L'autre est prompt, & s'emporte si l'on n'y prend garde ; cette marque n'est pas mauvaise, mais il faut traiter ce Bœuf doucement, & prendre garde de le brusquer quand on le conduit. Furieux. Celui-cy est furieux, il faut s'en méfier, & pour arrêter sa furie, attachez-le à l'Etable, laissez-l'y un peu jeuner, & la faim qui l'attenuëra le rendra souple ; Sujet à donner du pied. celuy-là est sujet à donner du pied, ce défaut n'est pas bien considerable, il n'y a qu'à s'en garder, menacer quelquefois le Bœuf de la voix, & luy donner alors quelque coup leger ; au reste, & à cette mauvaise habitude prés, on en trouve de ce caractere qui font bien leur devoir.

Peureux. On voit des Bœufs qui prennent peur, c'est un effet de certaines impressions dont ils ont les fibres du cerveau frappées, & qu'il est difficile de guérir ; on use de précaution avec ces Bœufs, & ce défaut vient quelquefois en les dressant, de ne les avoir pas accoûtumez dans les commencemens au bruit, & à la presence de differens objets.

Rétif. Les Bœufs rétifs seront vendus aux Bouchers, c'est tout l'avantage qu'on en peut attendre, aprés qu'ils ont pris graisse ; ce mauvais caractere s'imprime trop avant en eux pour l'y pouvoir effacer.

Avertissement sur la conduite des Bœufs, & de certains soins importans qu'il faut prendre aprés eux.

Nous avons déja touché quelque chose de cette matiere ; mais comme on n'en sçauroit trop dire, les avis qui suivent ne pourront que faire plaisir.

Outre le soin qu'on doit prendre de frotter les bœufs le soir, de leur donner une bonne litiere, & de les étriller un peu le matin, avant que d'aller au travail ; il est bon de leur laver quelquefois la queuë avec de l'eau tiede, on prétend que cela leur est salutaire & les délasse.

Il y en a qui pendant que leurs Bœufs labourent, les tiennent couverts d'une couverture de toile, cela les garantit des mauvais temps qui peuvent les morfondre, des chaleurs de l'Eté, qui les attenuënt, & des mouches qui les tourmentent beaucoup dans le travail. On approuve fort ce soin, & l'on conseille à ceux qui se servent de Bœufs pour la charruë de le mettre en pratique.

Qu'on se garde bien de prêter ses Bœufs à personne pour labourer son champ, ou pour faire quelque charroy, c'est le moyen de les ruiner en peu de temps ; il faut agir en cela comme dit l'ancien Proverbe,

Jamais tes Bœufs ne prêteras,
Et toûjours bien laboureras.

On observera aussi de ne les point envoyer loin au charroy, & de ne les y point trop fatiguer, c'est assez pour les rebuter du travail, & n'en tirer par là que tres peu de profit. Tout ce qu'on vient de dire des Bœufs se doit entendre des Vaches qu'on destine à la charruë, c'est une particularité dont on est bien aise d'avertir.

Maniere d'engraisser les bêtes à cornes.

LEs bêtes à cornes ont cet avantage sur les autres animaux de labour, qu'aprés y avoir rendu de bons services, on les engraisse pour l'utilité de la maison, ou bien pour en faire de l'argent. Ce n'est pas un mistere que d'engraisser un Bœuf ou une Vache, il n'y a que certains petits soins qu'il y faut prendre, & dont voici l'ordre qu'on doit y tenir.

La vieillesse dans un Bœuf ou une Vache est en quelque façon une obstacle pour leur faire promptement prendre graisse; il est vrai qu'on en vient à bout, mais il faut plus de temps & plus de peines que lorsqu'ils sont dans le bon âge.

Jusqu'à dix ans un Bœuf est bon pour engraisser, & pour cela on commence d'abord à le laisser de repos, & à l'ôter du labourage; c'est à la fin du mois de May que cela se pratique, puis on envoye ce bétail aux pâturages pendant tout l'Eté, & dés la pointe du jour, afin qu'il broute l'herbe encore toute moüillée de la rosée du matin; cet aliment ainsi imbibé contribuë beaucoup à luy faire prendre graisse.

Les Bœufs restent dans les pâturages jusqu'à ce que la chaleur les incommode, & alors on les conduit à l'ombre ou dans les Etables mêmes, pour retourner aux pâtis jusqu'à la nuit, qu'on les enferme avec les autres bestiaux de leur espece ou separément, si le nombre qu'on engraisse merite une clôture particuliere.

Pour faire que les Bœufs mangent d'un bon appétit, sans quoy il est difficile qu'ils engraissent, on les fait boire trois ou quatre fois le jour, & on leur donne à chacun une poignée de sel dans leur eau une fois la semaine seulement, & si l'on continuë à les traiter ainsi, ils seront gras à la fin de Septembre, & au point d'être mangez ou vendus pour la Boucherie.

Comment engraisser les Bœufs en Hyver.

L'Hyver demande qu'on suive une autre méthode pour engraisser les Bœufs & les Vaches; c'est dans les Etables que cela se fait ordinairement, & par le moyen des bons fourages qu'on leur donne; il est vray que la dépense & les soins en sont plus grands; car il faut avoir bonne provision de foin ou d'autres herbes, qu'on aura fait secher en Eté. Cette maxime convient aux pays où il y a de grandes prairies, & qui ne peuvent autrement debiter leurs foins.

On prétend que lorsque les Bœufs se léchent, ils détournent par là le bon effet que la nourriture qu'on leur donne produit en eux; c'est un fait qu'on ne peut point assurer, le croira qui voudra, pour peu que la remarque en vaille la peine.

Parmi la plûpart de ceux qui veulent engraisser des Bœufs ou des Vaches, les uns leur donnent soir & matin des pelotes de pâtes de segle, d'orge & d'avoine, ou de chacune de ces farines separément, paîtries en eau tiede

tiede avec un peu de sel, d'autres les nourrissent de quantité de raves boüillies en eau. Les lupins entiers & en farine seche, où en pâte, leur sont trés-bons ; les pepins de raisin, l'avoine en grain & le gland ; pourvû qu'ils ayent en abondance de ce dernier aliment, leur profitent beaucoup pour la graisse.

La paille ne fait que nourrir les Bœufs sans les engraisser, il faut qu'elle soit soûtenuë d'une nourriture plus solide ; & pour bien faire soir & matin on leur donne à chacun un picotin & demi de son sec, & une écuellée de segle à midy, il ne faut que trois mois pour engraisser ainsi un Bœuf.

Les Vaches s'engraissent aussi de cette maniere, la diversité de leur sexe ne demandant point une autre méthode. Pour les Genisses dont le temperamment à cause de leur jeunesse, est susceptible de substance, il n'y a qu'à les mettre dans de bonnes pâtures, & les y laisser paître l'herbe tant qu'elles en soient rassasiées, au bout de trois mois elles seront tres-grasses.

Engraisser les Genisses.

Pour les Veaux on les engraisse en leur faisant avaller deux fois le jour, soir & matin, une demie douzaine d'œufs, qu'on leur casse dans la bouche, en la leur ouvrant avec l'une des mains, tandis que de l'autre on leur verse les œufs dedans : lorsqu'on est deux personnes, la chose en est plus aisée. Quelques-uns leur donnent des petites pelottes de pâte de farine d'orge, ou de segle, cet aliment leur fait bon corps & les engraisse en deux mois de temps ; tels Veaux sont fort recherchez par les Bouchers, & l'on en tire un bon augure. On engraisse aussi les Taureaux, mais il faut les faire tourner auparavant, sans cela ils ne prendroient pas graisse.

Engraisser les Veaux.

Les bons pâturages & les provisions de fourages qu'on a eu soin de faire à la maison, ne contribuent pas seulement à engraisser le bétail à cornes qu'on nourrit d'ordinaire, ils servent encore à mettre en goût les Bœufs & les Vaches maigres qu'on achete aux Foires, ce trafic est honnête & avantageux. Nous en parlerons dans le Traité universel des Danrées qu'on tire de la campagne. Voyons quels sont les bons & les mauvais effets que produisent ces animaux tant en alimens qu'en Medecine.

Des effets differens que produit le Bœuf tant en aliment qu'en M decine.

LA chair de Bœuf nourrit beaucoup, & produit un aliment solide & propre pour les gens de travail, elle convient en tout temps aux jeunes gens bilieux, à ceux qui ont un bon estomac & qui sont sujets à un exercice considerable de corps.

Effets de la chair de Vache & de Taureau.

La Chair de la Vache & celle du Taureau, ne sont pas à beaucoup prés si succulentes ni si salutaires, aussi n'en sert-on gueres sur les bonnes tables.

Quant au Veau, il est nourrissant, il humecte & rafraîchit, il amollit, & lâche le ventre, la tête & les poulmons du Veau sont bons pour la poitrine, ces parties en adoucissent les âcretez, ainsi que celles de la gorge. Les pieds de Veau ont la même vertu ; on les employe dans les boüillons pour moderer les pertes de sang des menstruës, des hemorroïdes,

Effets du Veau.

& pour le crachement de sang, son foye resserre & produit des humeurs grossieres.

Fiel de Bœuf. Plusieurs choses tirées du Bœuf servent en Medecine ; son fiel guérit les ulceres de l'anus, étant mêlé avec du suc de poireau, & distillé dans l'oreille & en appaise les bourdonnemens, si l'on en frotte le nombril des enfans, il fait mourir les vers ; on s'en sert pour donner une couleur jaunâtre aux cuirs & à l'airain.

Sa Moüelle. Sa Fiente. La moüelle de Bœuf aide à la digestion, & amollit les tumeurs dures & scireuses. Sa fiente guérit de la morsure des mouches à miel, résout les enflûres & toutes sortes de tumeurs, & dissipe l'enflure des testicules étant appliquée dessus avec des fleurs de camomilles & de melilot.

On employe ses cornes à plusieurs usages, & la graisse pour faire de la chandelle.

Graisse & moüelle de Veau. On se sert dans les pomades de la graisse de Veau, & principalement de celle qui se trouve prés du roignon ; cette graisse aussi bien que la moüelle de Veau est résolutive, adoucissante & émolliente.

CHAPITRE XIII.

Des Maladies des Bêtes à cornes, avec les Remedes pour les en guérir.

IL n'y a point d'animal qui n'ait ses infirmitez particulieres, les uns plus que les autres, & selon que leur temperamment est plus ou moins déreglé. La plûpart de ces maladies nous sont cachées, si nous n'y prenons garde de prés ; les Bœufs ni les Vaches ne parlent point pour nous dire celles qu'ils ressentent ; il est vray qu'il y en a qui ne sont que trop manifestes, mais combien d'autres demandent elles une serieuse attention pour les deviner.

La connoissance necessaire pour réüssir dans la cure des maladies des bêtes à cornes consiste, outre l'idée génerale qu'il en faut avoir, à les considerer attentivement, pour découvrir l'infirmité particuliere qui les afflige : le premier signe & le plus infaillible que ces animaux donnent, est le dégoût : alors on regarde s'ils ont l'œil triste ; cette partie est le vray miroir de son interieur, & c'est par là qu'on voit s'ils ont le corps mal affecté ; si cela est, on examine plus à fond où est le mal pour y apporter les remedes qui y conviennent.

Comment prévenir les maladies des Bœufs. Les plus communes maladies des Bœufs procedent du trop de travail qu'on leur donne, & de travailler dans des terres peu propres à leur temperamment, comme par exemple, quand il fait trop chaud & trop froid, qu'il tombe des frimats, ou des pluyes froides ; tout cela les altere & les rend malades ; Il faut donc à leur égard agir avec prudence & les ménager ; c'est le moyen de prévenir une bonne partie des maux ausquels ces animaux sont sujets.

Il y en a pour prévenir ces infirmitez qui purgent leurs Bœufs par précaution trois ou quatre fois l'année dans le temps qu'ils sont obligez de moins travailler, & pour cela ils les laissent reposer, ils leur donnent du son moüillé pendant deux ou trois jours avec de bonnes herbes, si c'est en Eté, & de bon foin en Hyver, puis ils leur font prendre le remede qui suit.

Purgation pour les Bœufs & par précaution.

PRenez une once d'aloës, une once de sené, demie once d'egaric, deux dragmes de sublimé doux, & une dragme de cumin, le tout bien pulverisé, mélez-les dans une pinte de vin blanc, ou dans autant de décoction faite avec feüilles de poirée, ou bette blanche, chicorée sauvage, & autres herbes émollientes; vous donnerez cette médecine tiede sans y laisser infuser le sublimé; & elle purgera tres-bien le Bœuf.

Il faut aprés cela continuer trois ou quatre jours à le bien traiter, lui donnant quelquefois même un peu d'avoine, & le remettre aprés à la nourriture ordinaire.

Si le Bœuf est dégoûté, il faut lui laver la Bouche avec du sel & du vin, ou bien du vinaigre, & luy faire une salade avec des poireaux coupez grossierement. Si ce remede ne fait rien, il faudra recourir à un autre qui ait plus de force, pour dissiper l'humeur maligne qui cause ce dégoût, & pour cela on prend une once de Theriaque ou d'Orvietan, il n'importe, qu'on luy fait prendre dans un demi-septier de vin. Dégoût.

Ou bien prenez cinq ou six gousses d'ail concassées, mettez-les infuser dans deux verres de vinaigre ou de verjus, ajoûtez-y deux onces de sel écrasé menu, un quarteron de miel, puis frottez la bouche de vôtre Bœuf de cette composition, elle le remettra en appétit.

Un Bœuf peut être attaqué d'un battement de cœur, il est facile à appercevoir; car lorsque son cœur palpite il semble qu'il veille sortir à travers ses côtes, ce mal est dangereux quelquefois, & pour courir audevant du péril, il faut lui donner un lavement en cette sorte. Battement de cœur.

Lavement pour le battement de cœur.

ON prend trois pintes d'urine d'homme, & on y dissoût quatre onces de diaphenic.

Ou bien ayez trois pintes de décoction faite avec bourache, buglose, poirée, camomille & autres herbes raffraîchissantes, mettez-y dedans une once de policreste en poudre, de la rhuë & du melilot, de chacun deux poignées; faites boüillir le tout un demi-quart d'heure, passez-le, mettez-y trois petites cuillerées d'huile de noix, & donnez ce lavement tiede à vôtre Bœuf; on sera averti que tout ce qu'on dit ici à l'égard des Bœufs se doit appliquer également à la Vache, & qu'étant sujete aux mêmes maladies, il luy faut les mêmes médicamens.

Les tranchées sont un mal tres-dangereux pour les bêtes à cornes, & les symptômes qu'elles en donnent est lorsqu'on entend bruire leur ventre, qu'elles se plaignent, qu'elles s'étendent, qu'elles allongent le cou & les Tranchées.

cuisses, qu'elles se couchent souvent & se levent aussi-tôt, qu'elles ne peuvent rester en place, ou bien lorsqu'on les voit toutes humides de sueur, alors on remedie ainsi à ce mal.

Il faut d'abord commencer par donner un lavement au Bœuf, fait d'une décoction d'herbes émollientes, & y mettre dedans une once de Theriaque ou d'Orvietan, ou bien luy faire prendre par la bouche une chopine de vin blanc avec cet Orvietan ou Theriaque, ou bien un gros & demi d'esprit de Nître dulcifié.

Enflûre. Les Bœufs deviennent enflez pour avoir mangé trop d'herbes, sur tout lorsqu'elle est chargée de rosée, ils enflent encore pour avoir été piquez de quelques bêtes venimeuses, ou avoir avallé quelque aliment sur lequel il y aura eu du venin ; cet inconvenient est dangereux, & peut en vingt-quatre heures faire mourir un Bœuf, si l'on n'y apporte du remede.

Il faut donc, quand on s'en apperçoit, prendre un demi-septier de vin, & délayer dedans une once d'Orvietan, ou de la Theriaque, faire avaller ce breuvage au Bœuf, & frotter la partie blessée avec ce même Orvietan, s'il y a une piquûre. Si le mal ne provient que pour s'être trop gorgé d'herbe, ce remede dissoudra bientôt cette enflûre, en poussant par le bas ces matieres cruës.

Il y en a qui donnent un lavement à un Bœuf avec cet Orvietan infusé dans deux pintes de décoction faite avec des herbes rafraîchissantes.

Avant-coeur. On connoît qu'un Bœuf a l'avantcœur, ce que la plûpart de vulgaire appelle *Encœur*, lorsqu'il a le poil herissé par tout le corps, qu'il est moins gay que de coûtume, qu'il a les yeux stupides, le cou panché, la bouche saliveuse, qu'il est paresseux à marcher, qu'il a l'épine & le train du dos roide, qu'il est dégoûté, & qu'il ne rumine que rarement : quelquefois le Bœuf attaqué de l'avantcœur se laisse tomber à terre, ayant des défaillances de cœur, qui est la partie qu'il faut garantir. Cet avantcœur est une tumeur qui paroît au dehors devant le poitrail, & dont on guérit le Bœuf de la maniere qui suit.

Prenez une alêne qui perce bien, ou autre instrument semblable, percez le cuir sur la tumeur en deux ou trois endroits & entre cuir & chair, mettez-y gros comme un fer d'aiguillette de racine d'ellebore, si la tumeur est grosse, & graissez le dessus du mal avec de l'onguent Althea. Quelques-uns ne prennent que du beurre frais, mais il ne fait qu'adoucir, & n'oblige pas sitôt la tumeur à venir à suppuration.

Sitôt qu'on s'apperçoit de ce mal, & avant l'operation dont on vient de parler, on donnera au Bœuf une once de Theriaque, ou d'Orvietan dans une chopine de vin, ou dans deux verres de vinaigre ordinaire : ce remede est confortatif, & le lendemain on luy fera prendre un *Lavement* fait avec une chopine d'urine de Vache, ou à ce défaut de celle d'un homme sain & robuste, deux pintes d'eau où l'on aura fait boüillir deux poignées d'orge, on y mêlera un quarteron de beurre frais, & une once de Theriaque ou d'Orvietan, puis on le fera prendre au Bœuf. Tous ces remedes le gueriront : il faut pour nourriture ordinaire, luy donner du son moüillé ; quelquefois un peu d'avoine, avec de bonne herbe en Eté & de bon fourage en Hyver.

Pour remedier au flux de ventre des Bœufs on leur ôte leur nouriture ordinaire pendant deux jours, & on leur donne du son moüillé avec du gros vin rouge, ou bien on prend de l'orge qu'on met dessecher au four, on la fait moudre aprés, puis on leur en donne à manger avec de bon foin. Le lavement qui suit ne sçauroit que les bien soulager. Flux de ventre.

Lavement.

VOus prenez du son de froment & de l'orge entier, de chacune deux poignées, une poignée de roses rouges, ou de gratteculs dans le temps, ajoûtez-y des feüilles de chicorée sauvage, d'aigremoine, de boüillon blanc de poirée, ou bette ou de mercuriale, de chacune une poignée, faites de tout une décoction dans deux pintes de petit lait, ou d'eau commune, coulez-la, & la donnez tiede au Bœuf.

Si au contraire le Bœuf est constipé, vous prendrez des feüilles de mauve, de guimauve & de parietaire, de chacune deux poignées, vous les ferez boüillir dans trois pintes d'eau commune réduites aux deux tiers, vous passerez la décoction dans laquelle vous mettrez une demie livre de miel commun, un quarteron de beurre frais, deux onces de sené que vous aurez laissé boüillir avec la décoction, & deux cuillerées d'huile de noix, ensuite vous donnerez ce lavement tiede au Bœuf. Ventre constipé.

Le lendemain du grand matin, ayant laissé jeûner le Bœuf toute la nuit, on luy fera prendre deux onces d'aloës pulverisé dans une chopine d'eau tiede ; on continuëra tous les jours les lavemens, jusqu'à ce qu'on voye que le Bœuf ait le ventre lâche. Il ne faudra luy donner pour nourriture en Hyver qu'un peu de son de segle soir & matin, moüillé avec de l'eau, & de bon fourage, le foin luy est contraire ; si c'est en Eté, les bons pâturages, joints aux remedes dont on vient de parler, luy rendront le ventre libre.

Il arrive quelquefois qu'un Bœuf pisse le sang pour avoir été trop poussé au travail, ou pour avoir été nourri d'herbes ou de fourages qui l'ont échauffé jusqu'à ce point : pour le guérir de cette maladie, on luy donne tous les matins un lavement composé ainsi. Bœuf qui pisse le sang

Lavement.

ON prend deux pintes & demi de petit lait de Vache qu'on fait boüillir, on y méle deux onces de scories de foye d'antimoine pulverisé subtilement, & mêlé parmi quatre onces d'huile d'olive ; on donne le tout tiede au Bœuf.

Breuvage.

ET pour breuvage, on prend trois onces de chenevi, autant de millet, on le pile bien, on y ajoûte une once de Theriaque, ou Orvietan, on met boüillir le tout dans deux pintes de vin blanc, puis on y fait dissoudre deux onces de safran, aprés quoy on passe le tout pour le faire prendre au Bœuf malade : on luy donnera pour boisson de l'eau tiede blanchie avec du son, & pour nourriture de bonne herbe en Eté, & du foin moüillé en Hyver.

Fluxion sur l'œil.

Les Bœufs sont quelquefois sujets aux fluxions sur les yeux, pour lors on prend de l'eau de plantain, ou de l'eau rose, ou de l'eau commune, on y met infuser de l'eau de vitriol bleu, ou vitriol de Chypre, puis on en frotte l'œil malade de Bœuf.

Coup dans l'œil.

Si c'est un coup que le Bœuf ait reçû dans l'œil, on luy prendra l'oreille du côté de la blessûre, on luy fendra le bout à l'épaisseur environ d'une piece de trente sols, & en la pressant tout du long, on en fera sortir le plus de sang qu'il sera possible : le remede est specifique & fort facile ; car le Bœuf ouvre l'œil aussi-tôt que vous luy frottez avec l'eau dont on vient de parler, ou bien avec celle-cy composée d'eau commune, dans laquelle vous aurez mis infuser à froid une once & deme de couperose blanche.

Taye en l'œil.

S'il a une Taye dans l'œil, prenez du sel ammoniac, détrempez-le dans du miel & en frottez l'œil du Bœuf, il guérira.

Barbes ou Barbillons.

Les Barbes sont de petites croissances de chair de peu d'importance, qui viennent dans le canal sous la langue, elles empêchent le Bœuf de boire ; on les voit en tirant la langue du Bœuf de côté. Pour y remedier il les faut couper avec des ciseaux le plus prés qu'on peut, les frotter de sel, & sans autre mistere, ces barbes se guerissent d'elles-mêmes : on appelle encore ces croissances, des *Barbillons*. Quelques-uns aprés cette operation lavent encore la bouche du Bœuf avec du vin tiedi ou échauffé dans la Bouche.

Fiévre.

Le trop grand travail pendant les grandes chaleurs cause quelquefois la fiévre au Bœuf, & pour lors on lui voit la tête pesante, toûjours baissée, les yeux enflez, l'œil triste, & si on luy touche la peau, on lui sent par tout le corps une chaleur extraordinaire.

Pour arrêter ce mal, on commence par saigner le Bœuf à la veine du front ou de l'oreille, & on luy tire environ deux livres de sang, puis on luy donne le lavement qui suit.

Lavement.

ON prend trois pintes d'eau, on y mêle deux onces de policreste, deux poignées d'orge ordinaire, & l'on fait boüillir le tout un boüillon, puis on y ajoûte mercuriale, feüilles de violettes & parietaire, de chacune trois poignées ; on met bien boüillir le tout pendant un demi quart d'heure, on coule cette décoction, on la laisse réfroidir, puis aprés on y joint un quarteron de lenitif, ou beurre frais, & on le donne ensuite tiede au Bœuf.

Un heure aprés qu'il aura rendu son lavement, vous luy ferez prendre deux onces de foye d'antimoine dans une pinte d'eau, dans laquelle vous aurez mis boüillir du chiendent & le lendemain vous luy frotterez le corps avec des bouchons de paille.

Pour sa boisson vous luy donnerez de l'eau blanchie avec de la farine, tant qu'il en voudra boire, dans laquelle vous mélerez quatre onces de cristal mineral. Pour son manger vous donnerez au Bœuf des feuilles de vignes, de la chicorée, des laituës & autres herbes ainsi rafraîchissantes. Si c'est en Hyver, on leur donnera de l'orge moulu, bassiné d'un peu d'eau, avec de bon fourage, s'il n'a pas perdu l'appétit.

Le Palais enfle quelquefois aux Bœufs, & cette tumeur leur cause le dégoût, & les oblige à se plaindre. Pour la guerir, on saigne le Bœuf à la veine du Palais, & aprés la saignée on luy donne à manger de l'ail bien maceré & bien pilé une fois seulement, puis on le nourrit d'herbe bien tendre, ou de bon foin en Hyver. Palais enflé.

Il n'y a rien qui soit plus incommode pour un Bœuf ou pour une Vache que lorsqu'ils sont attaquez de la Toux; ce mal leur vient quand ils ont souffert un grand froid, pour avoir bû de l'eau trop fraîche, ou quand les conduits du Poulmon sont dessechez faute d'humeur, ou irritez par la poussiere. Toux.

Vous guerissez le Bœuf de la Toux, si vous prenez du chardon benit de l'hysope, du pas d'âne, du boüillon blanc, & de la reglisse, de chacune six onces; une once & demie de cumin, autant de fenoüil, & un quarteron de souphre vif; pilez chaque drogue à part dans un mortier, mélez aprés le tout, & en donnez une once & demie à chaque prise; il faut que toutes les herbes cy-dessus soient seches pour en tirer la poudre, ou bien on se contentera d'exprimer le suc de chacune, qu'on mélera & qu'on fera avaller au Bœuf.

On doit d'abord saigner le Bœuf qui a le cou enflé, & où l'on voit qu'il y a tumeur, cette saignée se fait à la veine qui est en cette partie, puis on applique sur le mal un onguent fait en cette maniere. Enflûre au cou.

Onguent.

PRenez une livre de sain-doux, deux onces & demie de cire blanche, ajoutez-y une demie livre d'huile de lin, quand ils seront fondus, & aprés les avoir ôté du feu, remuez bien le tout avec une spatule, mêlez y quatre onces de fleur de souphre, & quand cet onguent sera froid vous en frotterez la tumeur, qui viendra à matiere, si elle y est disposée, sinon l'enflûre se dissipera.

Un Bœuf a quelquefois le côté écorché, parce qu'on luy aura dessus mal appliqué le joug, ou par quelqu'autre accident; il faut pour le guérir luy frotter la playe avec de la graisse de Porc & de la cire neuve, le tout fondu & mêlé ensemble. Ecorchûre au cou.

Souvent on voit croître des duretez au chignon du cou d'un Bœuf, cela l'incommode, & l'empéche de supporter le joug. On résout cette tumeur avec l'ongueut qui suit. Dureté au chignon du cou.

Onguent résolutif.

PRenez de la racine de lis & de guimauve, de chacune deux onces, des feuilles de mauves & de violettes, de chacune deux poignées,

& une poignée de pouliot ; faites cuire ces racines dans de l'eau, avec les trois quarts d'huile d'olive, laissez-les boüillir une heure, ajoûtez-y les feüilles d'herbes bien hachées, laissez bien cuire le tout, & l'appliquez chaudement sur la partie que vous voulez ramollir.

Maigreur.

Les Bœufs qui ont la peau attachée aux os, ne peuvent profiter, outre les remedes interieurs ils ont besoin de fomentations, en voicy une qui est merveilleuse ; mais pour la faire réüssir il faut d'abord saigner le Bœuf à la veine du cou, & le lendemain le frotter de ce que l'on va dire.

Fomentation.

PRenez de la langue de lion, de la corne de cerf, de l'absynthe, de l'aigremoine, du mille pertuis feüilles & fleurs, de la marjolaine, du romarin, de la rhüe, de la sauge & du thim, une poignée de chacune (s'il y manque quelques-unes de ces plantes, ce n'est pas une affaire) mettez-les dans une petite chaudiere avec de la lie de vin ; laissez-les boüillir long-temps, ajoûtez-y du sain doux, puis prenez de ces herbes dans vôtre main autant chaudes qu'il est possible de les souffrir ; frottez-en tout le corps du Bœuf, & la peau se détachera de ses os.

Comme cette maigreur ne provient que d'une mauvaise cause du dedans, il sera bon de luy donner quelque lavement rafraîchissant.

Il faut donner au Bœuf maigre de bonne nourriture pour les rétablir, comme par exemple, le nourrir deux fois par jour de son moüillé en Hyver, & de bonnes herbes en Eté.

Jambe rompuë.

Si un Bœuf par malheur venoit à se rompre une jambe, & qu'il fût gras ; il faudroit le vendre, car ce seroit peines perduës que de s'amuser à la luy vouloir remettre ; mais si ce Boeuf n'étoit pas dans un état à en pouvoir tirer de l'argent, on tâcheroit de remedier à ce mal par quelque operation qui y conviendroit.

Il faut aprés cela laisser prendre du repos tant & plus au Bœuf, ne plus le remettre à la charruë, ni au harnois, mais le nourrir, de maniere qu'il engraisse en peu de temps, afin de s'en défaire pour en acheter un autre.

Simple dislocation.

Si ce n'est qu'une dislocation qui luy soit survenuë ; il faudra remettre l'os déplacé, luy bien bander la partie, la luy frotter avec de la graisse de cochon, & le laisser à l'Etable, jusqu'a ce que la jambe soit guérie & fortifiée.

Bœuf boiteux.

On voit souvent des Bœufs qui boitent par differentes causes, l'un, parce qu'il luy sera survenu quelque tumeur aux pieds provenant de lassitude ou autrement, l'autre se trouvera atteint d'un chicot ou d'un cloud, & un autre enfin aura reçu quelque coup qui aura tumefié cette partie.

Si l'enflûre est causée par quelque mauvaise humeur qui se soit jettée sur le pied ou sur la jambe d'un Bœuf, on prend un demi septier de bon vinaigre, demie livre de graisse de cochon, ou du vieux oing, une once de fleur de souphre, on fait fondre le tout ensemble, on le mêle bien, puis on en frotte la partie enflée ; si ce mal luy vient de quelque coup qu'il ait reçû, on se servira du même remede; & pour mieux resserrer l'enflûre, on y joint du bol commun pilé, avec un peu de miel & de l'eau commune.

Pied piqué.

Pour guérir le pied d'un Bœuf qui a été piqué ou d'un cloud, d'un chicot, ou de quelque épine, il faut prendre de la therebentine, la faire fondre, y mêler de l'huile, laisser bien chauffer le tout, & en distiller sur la playe, aprés que vous en aurez ôté le chicot, ou autre chose qui aura causé la blessure; il y en a, pour la mieux découvrir, qui percent la corne du Bœuf jusqu'au mal; quand ce premier appareil est mis, on frotte le pied d'une espece d'onguent fait avec du miel & du sain doux. Si l'on a de l'esprit de vitriol, on en appliquera dessus à froid; on soignera de bien envelopper le pied, & de mettre l'onguent sur de la filasse.

Ongle éclaté.

Quand l'ongle du pied d'un Bœuf est éclaté, on prend du miel, de la cire neuve & de la therebentine, de chacune une once; on en fait un onguent, qu'on applique autour de longle l'espace de quinze jours, ce temps passé, on ajoûte à ce remede de l'aloës hepatique, du miel rosat & de l'alun de roche, de chacun demi once; on en fait un emplâtre sur de la filasse, puis on en enveloppe le pied malade, aprés avoir bassiné le mal de vin, ou de vinaigre tiede.

Testicules enflez.

Souvent les Bœufs se mettent dans des ambarras de charrettes, les testicules se trouvent meurtris & foulez, la fluxion y survient & la matiere s'y forme; un Bœuf alors souffre & ne profite point: le remede ordinaire qu'on y apporte, est de prendre une chopine de suc de choux verds, une demi livre de miel, autant de beurre frais, un quarteron de savon noir, avec une livre de farine de fêve, aprés cela on fait fondre le beurre & le savon noir ensemble, on mêle bien tout le reste, & on en fait un onguent dont on frotte à froid les testicules enflez qu'on enveloppe soigneusement avec du linge; on peut mener le Bœuf à l'eau, & l'y faire entrer jusqu'au ventre; si l'enflûre des testicules n'est causée que par des vents, elle se dissipera.

Epaule disloquée.

S'il survient au Bœuf une luxation à l'épaule, il faudra la luy remettre, la bander fortement avec des éclisses, aprés l'avoir frottée de sang de Bœuf tiré chaudement, & bien manié, crainte qu'il ne se coagule, avec un demi septier d'eau de vie, le tout bien mêlé ensemble.

Etranguillons.

Les étranguillons arrivent aux Bœufs pour avoir été trop poussez au travail, ou lorsqu'ils ont bû de l'eau trop froide; les glandes de la gorge se gonflent alors, le Bœuf se plaint comme s'il étoit prêt d'étouffer, il se couche par terre, puis il se releve: voilà les symptômes de ce mal, en voicy le remede.

Sondez avec la main où sont ces tumeurs, broyez-les fortement avec la main, battez-les avec le manche d'un marteau, ou autre chose semblable, & aprés les avoir corrompuës, percez-les avec une lancette, faignez ensuite le Bœuf sous la langue, lavez-luy la bouche avec du sel & du vinaigre, soufflez-luy de ce vinaigre dans les oreilles, broyez-les luy pour l'y faire penetrer, cela appaisera la douleur des étranguillons, & les dissipera.

Mal de tête.

Les symptômes qui montrent qu'un Bœuf est attaqué du mal de tête, ſont lorſqu'il tient ſa tête baiſſée, qu'il a l'oreille abatuë, l'œil triſte, les nazeaux ouverts, & qu'il chancelle en marchant; il faut alors prendre deux pintes d'eau de fontaine, la bien faire boüillir, & la jetter ſur des cendres de ſarment, à quatre repriſes differentes, & toûjours toute boüillante, mêlez-y une demi livre d'huile d'olive, & un demi quarteron de bayes de laurier, remuez bien le tout, & en faites prendre par les nazeaux environ deux verres au Bœuf: il faut de deux heures en deux heures le traiter ainſi, juſqu'à ce qu'il ait pris toute la liqueur; il ſera bon que ce remede ſoit précedé d'une ſaignée à la veine du cou.

Galle. La galle vient ordinairement aux Bœufs pour avoir été ſurmenez au travail, ce qui les échauffe beaucoup. Le remede eſt de les frotter de ce qui ſuit.

Prenez deux onces d'huile de chenevy, demi once de cantharides, faites boüillir le tout enſemble, & en frottez les endroits galleux durant trois ou quatre jours ſeulement, puis vous ferez boüillir de l'urine, vous y mettrez dedans un peu de couperoſe, & en frotterez le mal.

La galle des Bœufs ſe guérit encore avec de la graiſſe de volaille mêlée avec de l'huile d'olive; ou bien on prend du fiel de Bœuf, on y met du ſouphre vif pulveriſé, de l'abſynthe, de l'huile, du bon vinaigre & un peu d'alun de plume en poudre, on incorpore bien le tout, puis on en frotte la galle.

Mal de flancs. Il arrive quelquefois qu'un Bœuf s'eſt trop échauffé au travail, puis qu'on l'a laiſſé morfondre, cela ſuffit pour luy cauſer de la douleur aux flancs; il n'y a point d'autre connoiſſance que de l'entendre plaindre & luy voir battre ces parties, & pour le guérir de ce mal.

Remede.

VOus prendrez quatre onces de bol d'armenie, deux onces de ſel ammoniac, deux onces de maſtic, & quatre onces de farine de froment, vous réduirez le tout en poudre, & le mêlerez bien, vous y ajoûterez ſix ou ſept blancs d'œufs, une pinte de bon vinaigre, & ferez un cataplaſme du tout, que vous appliquerez ſur les flancs avec une peau de mouton par deſſus.

Telles ſont les infirmitez auſquelles les bêtes à cornes ſont ſujettes; & qu'il faut ſoigner de guérir, autrement un Bœuf ou une Vache tombe en langueur, il maigrit, & devient inutile pour le harnois, pour la charruë, & pour être vendu. Il y a certains inconveniens qui leur arrivent, comme par exemple, de ſe rompre la jambe, ſe diſloquer une épaule, ou autres de cette nature, quand ils ſont gras & en état d'être tuez; alors, ſans s'amuſer à les traiter, il faut chercher à s'en défaire, & cet accident n'empêche point qu'il ne ſe vendent, ou bien on les tuë pour la proviſion de la maiſon.

CHAPITRE XIV.

LE LAITAGE.

Comment le gouverner, faire le Beurre & les Fromages ; moyen d'en garder pour la provision : leurs proprietez.

IL n'y a rien qui veuille être tenu plus proprement que le lait, la moindre ordure en fait voir la mal propreté, c'est pourquoy, le laitage généralement parlant, demande plus de soins qu'on ne s'imagine.

Choix d'un lieu pour mettre le Lait.

IL faut d'abord luy destiner un lieu qui soit frais en Eté, & temperé en Hyver, parce que le trop grand chaud & le froid qui glace, détourne l'effet qu'on en attend. Ce lieu s'appelle ordinairement une *Laiterie* : nous en avons déja parlé dans la description que nous avons faite d'une maison de campagne ; mais comme l'idée en est trop éloignée, on a jugé à propos de dire icy ce qu'il y a de plus essentiel à observer, & de parler des meubles qui y conviennent.

On prendra garde que la laiterie soit bien fermée, de maniere que les chats ni les rats n'y puissent avoir aucun accez. Il ne faut que ces animaux pour tout détruire le laitage ; & comme le lait est d'une substance à se corrompre aisément, & à donner une mauvaise odeur à l'endroit où il est renfermé, on y tient ordinairement une fenêtre ouverte pour y donner entrée à l'air, mais il est bon aussi que cette ouverture soit close d'un chassis de fil d'archal à petites mailles, afin que rien de ce qui peut être nuisible au lait, ne s'y introduise.

Cette Laiterie doit être blanchie, les tables bien lavées, & souvent ; & pour bien faire, il faut soigner de garnir ce lieu d'un évier, afin qu'à mesure qu'on en nettoye les utenciles, l'eau s'écoule en dehors. Mais à propos de ces utenciles, & avant que de passer outre, disons quels ils sont.

Utenciles de la Laiterie, avec leur description.

ON se sert de terrines de plusieurs grandeurs pour mettre le lait, aprés qu'il est tiré, il y a aussi des pots qui sont fort commodes pour cela, il s'en façonne de plusieurs sortes.

On a une barate qui est un vaisseau de bois, long, haut de deux pieds & demi, rond & plus étroit par le haut que par le bas, couvert d'un couvercle rond & percé au milieu pour y passer le bâton avec lequel on bat le beurre, toutes ces pieces se verront séparément gravées dans la figure qui suit.

Les éclisses y sont necessaires, ce sont en des pays de petites cages ou des petits moules de bois tout ronds dans lesquels on fait des fromages, ils ont un fond d'ozier par où s'écoule le lait clair ; en d'autres endroits ces éclisses sont de terre & se fabriquent chez les Potiers ; ces vases sont garnis de plusieurs petits trous , ainsi qu'une passoire , & s'appelle *chaserons*, ou *formes* en d'autres pays.

Les cuillieres avec lesquelles on dresse le lait sont de fer , d'airain ou de bois ; ces dernieres sont toûjours les plus propres , & les moins sujettes à donner mauvais goût au lait ; il n'y a qu'à les laver & les essuyer , au lieu que les autres veulent être écurées souvent, crainte que la roüille ou le vert de gris ne s'y attache.

Il faut une ou plusieurs grandes cages pour mettre égouter les fromages ; ces cages sont d'ozier , elles sont rondes , hautes de deux pieds & quelquefois davantage , ayant un pied & demi de diametre en largeur ; elles sont partagées en dedans en deux étages , & couvertes par dessus en maniere de dôme un peu plat ; leur porte a environ dix pouces de haut & autant de large ; on les pend ordinairement dans un endroit aëré , & hors l'insulte des chats ; on les appelle chasieres en des pays. Il y a aussi la couloire qui sert à couler le lait, c'est une maniere d'écuelle ronde, percée par le bas , & aux trous de laquelle on applique un linge moüillé.

S'il n'y a point d'évier dans la laiterie , il faudra y mettre des baquets pour recevoir l'eau dont on aura lavé les pots au lait , & soigner de la jetter dehors incontinent aprés.

Il ne faut point être negligent à balayer souvent cet endroit, & à en ôter les araignées, ces insectes sont capables de tout gâter quand on les y laisse séjourner.

Que la Servante ou toute autre femme à la garde de laquelle la Laiterie est commise, ne soit point paresseuse à observer tout ce qu'on vient de dire, qu'elle soit bien propre elle-même ; car il ne faut qu'une saloppe pour rendre le laitage dégoûtant : mais afin qu'on connoisse mieux les utencilles dont on vient de parler, donnons-en des figures.

Explication de la Planche II.

1. Terrines de plusieurs grandeurs.
2. Pots de differentes manieres.
3. Barates.
4. Bâton de la Barate.
5. Couvercle de la Barate.
6. Baquet.
7. Couloire.
8. Eclisses de diverses matieres.
9. Eclisses de bois.
10. Cuillieres.
11. Cage pour les fromages.
12. Evier.
13. Seau où il y a de l'eau pour laver les terrines & les pots de la Laiterie.

IL y en a qui au lieu de barate de bois se servent d'un grand pot de terre ; mais il est dangereux à se casser quand on bat le beurre , à moins qu'on n'use de beaucoup de précaution ; c'est pourquoy on conseille de se servir de barate , principalement quand on a beaucoup de Vaches à lait ; d'autres qui n'en ont qu'une ou deux se passent de ce meuble , ils prennent simplement un grand pot de terre dans lequel ils battent le beurre avec leur main.

Substance du Lait, & comment le gouverner.

NOus ne dirons rien icy de la maniere que se forme le lait dans les mammelles des animaux, si le chyle, comme le veulent quelque Médecins modernes, en est la matiere prochaine ou non. Cette dissertation ne contribuë en rien à nôtre Ouvrage; nous nous contenterons de parler des parties dont il est composé.

Le lait est composé de trois sortes de substances, d'une butyreuse, d'une caséeuse, & d'une sereuse. Tant que le lait est dans son etat naturel ces trois parties sont tellement unies ensemble, qu'on ne les distingue point; mais pour peu qu'il ait reçû d'alteration par le moyen du repos, & de ses corpuscules qui s'agitent, la créme, le caillé & le petit lait, tout cela se distingue l'un d'avec l'autre.

Quand on se dispose à traire une Vache, on prend un chauderon ou un pot de terre bien lavé; on met de l'eau dedans, & avant que de tirer le lait, on lave les tetins de la Vache qui peuvent être tout vilains de fiente, pour s'être couchée sur la litiere. Lorsque les tetins sont bien nets on jette l'eau dans l'Etable, & l'on se met aprés en devoir de traire la Vache, il n'est point de fille de Village qui ne s'en acquite tres-bien pour le peu d'habitude qu'elle y ait. Le lait tiré, & tandis qu'il est encore tout chaud, on le coule à travers la couloire dans les terrines qui lui sont destinées.

Il suffit pour écrêmer le lait, qu'il repose vingt-quatre heures pendant les saisons du Printemps & de l'Automne, en quelque endroit qu'il puisse être placé; car alors la temperature de l'air ne peut luy préjudicier en aucune maniere, il lui faut bien autant de temps en Eté quand il est placé dans un endroit frais; car s'il étoit trop exposé à la chaleur il se gâteroit, & se tourneroit incontinent. Le froid le rend sujet à un inconvenient aussi fâcheux, s'il n'en est garanti.

Le lait donc étant reposé suffisamment, on en leve bien proprement la créme qui s'est formée dans chaque terrine ou pot; on la met toute dans un autre vaisseau de même matiere, puis on ramasse tout le lait crémé, & on le met tout dans un grand pot pour le préparer à en faire des fromages.

Le véritable ménage veut, en fait de lait, qu'on tire toûjours à la crême le plus qu'il est possible, soit pour en faire du beurre, ou pour la manger en nature, selon les lieux qu'on habite, & où l'un ou l'autre se vend le mieux. Il est vrai qu'il y a des laits bien plus substantiels les uns que les autres, & qui par consequent rendent plus de crême.

On aime pour cela qu'un lait soit bien blanc, qu'il ait l'odeur agréable, la saveur douce, & qu'il soit d'une substance mediocrement épaisse, de sorte qu'en ayant une goûte instillée sur l'ongle, elle y reste, de quel côté qu'on le panche, & ne diminuë en rien de sa rondeur, au contraire on n'estime point le lait dont la couleur est comme azurée, & qui n'a point de corps, il faut se défaire des Vaches qui le donnent ainsi, à moins

Marques du bon & du mauvais lait.

qu'on ne soit dans des endroits où le débit s'en fait en nature, & où on ne tire qu'à l'abondance sans se mettre en peine du relief plus ou moins bon.

Si l'on n'a pas beaucoup de Vaches, & qu'une traite ne suffise pas étant mise en un pot pour en tirer beaucoup de créme, on en mettra trois ou quatre ensemble, principalement en Hyver où les fourages ne permettent pas que les Vaches abondent beaucoup en lait; cette liqueur ne rend pas aussi tant de crême en cette saison que dans les autres, à cause qu'il s'y dissipe inutilement beaucoup de corpuscules butyreuses faute d'un mouvement assez grand pour les séparer des autres parties qui composent le lait, & qui les confondent parmi elles.

Pour venir au lait destiné pour faire les fromages, & qui est proprement ce qu'on appelle la *matiere caséeuse*, aprés qu'elle est toute ramassée, comme on a dit, on songe à la faire cailler; nous traiterons de cela dans la suite, aprés que nous aurons parlé de la maniere de faire du beurre.

Ce que c'est que le Beurre, & la maniere de le faire.

LE beurre n'est autre chose que la crême du lait, ou la partie la plus grasse & la plus huileuse que l'on a séparée du *serum*, à force de battre le lait. Plus le lait contient de parties huileuses & grasses, plus il fournit de beurre. Ce qu'on appelle *serum*, est le lait qui reste aprés que le beurre est battu, & qu'en des endroits on appelle *Battis*.

Lorsqu'on veut faire le beurre, on met toute la crême qu'on a ramassée dans la barate & avec le bâton fait exprés, on bat cette matiere jusqu'à ce que toutes les parties butyreuses se soient accrochées l'une l'autre dans leur mouvement, & ayent formé ensemble une masse épaisse qui est le beurre.

Il y a des beurres qui se font bien plûtôt les uns que les autres, & qui proviennent du plus ou du moins des parties huileuses, dont la crême est composée, & l'on en voit même quelquefois qui mettent à bout la patience des femmes qui le battent (il est vrai qu'il ne faut souvent qu'une vetille pour impatienter ce sexe,) mais enfin l'homme le plus patient qu'il y ait murmureroit contre le beurre quelquefois aussi; cette lenteur provient du trop grand froid, ou de trop de chaleur; dans ce premier cas on s'approche du feu avec la barate, de maniere qu'elle puisse être un peu échauffée, & donner par là du mouvement aux parties qui doivent concourir à former le beurre, ne pouvant autrement produire l'effet qu'on en attend, qu'aprés bien du temps qu'on a mis à battre la crême.

Si c'est la trop grande chaleur en Eté qui cause ce dérangement, on verse de l'eau fraîche dans une chaudiere ou autre vaisseau, on y met la barate, & on bat le beurre; les parties butyreuses pour lors qui ne trouvent aucun obstacle dans leur mouvement, s'assemblent toutes, & font un corps tel qu'on le voit quand le beurre est fait.

Quelquefois aussi l'espace ennuyeux du temps que met le beurre à se former provient du peu de parties butyreuses qu'il y a dans la crême, & qui dans leur agitation s'émoussent & se confondent la plûpart dans le *serum*, de sorte que ne pouvant s'accrocher l'une l'autre que tres-difficilement;

il faut de necessité que le beurre soit long-temps à se faire : ce défaut de substance vient du lait qui n'est point bon, & de la source duquel on doit se défaire.

Rien à la verité n'impatiente plus que du beurre qui est si long-temps à se faire, & il ne faut pas s'étonner si pour lors bien des femmes ont recours à des talismans, comme de jetter dans la barate une bague d'or, ou autre piece de ce métail, si elles en ont, prétendant que cet or a la vertu de hâter la façon du beurre; mais par malheur il arrive quelquefois que ce beurre ne s'en forme pas plûtôt, & que le talisman devient sans effet; ce qui fait qu'on ne peut pas y ajoûter beaucoup de foy, & qu'on croit que, si d'autrefois ce beurre est formé sitôt que la bague est entrée dans la barate, les parties butyreuses étoient pour lors toutes disposées à se ramasser : c'est pourquoy le plus court chemin pour se garantir de murmurer mal à propos contre le beurre, qui est long-temps à se faire, c'est de se défaire, comme on a déja dit, des Vaches qui donnent du lait d'un si mauvais acabit. Abus.

Quand le beurre est fait, on le tire de la barate, on le met dans une terrine remplie d'eau claire, on le lave bien dedans; étant lavé, on le forme en pain, en livre ou en demi livre, selon l'usage qu'on a envie d'en faire.

Choix du Beurre.

Le meilleur beurre est celuy qui est jaune naturellement, le blanc à beaucoup prés n'a pas un goût si agreable, il manque de ces principes huileux & balsamiques qui en font la bonté. Il y a des beurres d'un jaune falsifié, & qui se fait avec du suc d'une espece de plante appellée *Barbotte*, ce jaune est bien plus foncé que celui qui est naturel au beurre, & pour peu qu'on se veüille appliquer à démêler cette fraude, on en vient aisément à bout : il faut aussi le porter au nez, & en goûter pour éprouver s'il ne sent point le rance.

Les beurres des mois de May & de Septembre sont les plus estimez, parce que les Vaches brouttent dans ces temps quantité de bonnes herbes qui donnent à leur lait beaucoup d'agrément : ce sont de ces beurres aussi qu'on prend pour garder, soit qu'on veüille en saler ou en fondre.

Comment saler le beurre.

On estime le beurre salé quand il est bien façonné, & pour cela ayez de bon beurre de May & de Septembre ce que vous souhaitez en saler, prenez-en deux livres à la fois, étendez-le avec un rouleau sur une table qui soit bien nette, comme si vous vouliez faire une abaisse de pâte, épaisse d'un doigt, répandez du sel pardessus en raisonnable quantité, pliez vôtre beurre en trois ou quatre, paîtrissez-le bien, étendez-le encore comme auparavant, poudrez-le de sel de même que vous avez fait, repliez-le & le paîtrissez encore comme la premiere fois, & vous continuez ainsi jusqu'à ce qu'ayant goûté vôtre beurre, vous sentez qu'il est assez salé.

Ensuite il faut avoir des pots de terre vernissez en dedans, les bien laver avec de l'eau chaude, s'il y a eu dedans quelque chose auparavant, puis y mettre vôtre beurre salé, l'y bien presser avec la main, en sorte qu'il n'y ait point de vuide, & continuer cette manœuvre tant que vous aurez du beurre à saler, & lorsque les pots sont pleins, on prend du sel, on le fait fondre dans de l'eau, & on répand cette saumûre sur la superficie du beurre, qu'on prend soin de bien boucher. Le sel empêche que le beurre ne fermente, & que les principes ne s'exaltent & ne se désunissent trop, ce qui le rend âcre & en même temps huileux & désagreable; ce même sel agit en cette occasion, en bouchant les pores du beurre, de maniere que l'air n'y peut plus entrer avec assez de liberté pour communiquer aux parties insensibles de la matiere, un mouvement interieur qui détruit en peu de temps le premier arrangement de ces parties: voici comment on fond le beurre pour la provision & pour vendre.

Beurre fondu.

On prend du beurre choisi, comme on a dit à l'égard des saisons, on en met ce qu'on souhaite dans une chaudiere ou un chauderon bien net, qu'on met à la cremailliere, ou sur un trépied, on fait un feu clair dessous, qu'on entretient toûjours de même jusqu'à ce que la cuisson en soit parfaite.

Ce beurre qui pour lors boût raisonnablement, forme une écume sur la superficie, qu'on a soin d'ôter avec une écumoire, & qu'on leve toûjours jusqu'à ce qu'on n'en voye plus, & l'on remarque qu'il est cuit, lorsque étant tout purifié de son écume, il paroît clair & transparent comme de l'huile.

Aprés que le beurre est fondu, on le verse dans des pots de terre, preparez comme on a dit, on le laisse réfroidir, ensuite on le bouche soigneusement avec du papier & on le serre avec le beurre salé dans un endroit où les chats ni les rats n'ayent point d'accez; ce beurre se garde bien longtemps sans être salé, parce que le feu, qui en a rectifié les principes, en ôte tout ce qui peut en lui causer de l'alteration.

Comment faire les Fromages.

QUant à la matiere destinée pour les fromages, & qu'il faut faire cailler pour cela, voici comment on s'y prend; on met donc ce lait dans un grand pot, puis le remuant avec une grande cuilliere, on y verse de la presure.

Ce que c'est que presure.

La *Presure* dont on se sert pour faire cailler le lait, n'est autre chose qu'une matiere caséeuse qu'on trouve au fond de l'estomac du jeune Veau. Cette matiere est un lait caillé qui contient beaucoup de sel volatile, acide, & qui separant les parties sereuses d'avec les caséeuses, met celles-cy dans un mouvement rapide; & qui les oblige par là de s'accrocher l'une l'autre, & de faire corps comme on voit le caillé.

Comment faire la presure.

Pour donc avoir de la presure toûjours prête, on prend cette matiere dont on vient de parler, & que vulgairement on appelle *Caillettes de Veau*, on les lave bien, puis on les met dans un petit pot, on les assaisonne de sel, le suc qui en sort est cette matiere qu'on cherche pour faire coaguler le lait. Pour un pôt raisonnable plein de lait, il faut, selon quelques-uns, la pesanteur d'une demi dragme de presure.

Colum. l. 7. c. 8.

Au lieu de Caillettes de Veau, il y en a qui prennent celles d'Agneau, de Chevreau ou de Liévre, & qui font la presure, comme on vient de le dire; d'autres se servent pour faire cailler leur lait, de fleurs de chardon sauvage, ou de graine de chardon benit.

On peut faire le fromage ou avec lait qu'on a écrémé, ou avec celuy qui

qui est encore chargé de sa crême. Dans le dernier cas, le fromage est beaucoup plus agréable que dans le premier, à cause de cette partie crêmeuse qui est la portion du lait la plus exaltée & la plus remplie de principes huileux & de sels volatiles. Il est vrai qu'elle n'est pas si profitable pour le ménage, mais on donne cet avis, au cas qu'on veüille faire quelque fromage d'ami. Il est constant aussi, que si le lait est trop gras, le fromage ne se prend que tres-difficilement, c'est pourquoy il est bon d'observer un milieu en cela, & de ne laisser qu'autant de crême qu'on le juge à propos, ce que la pratique apprend aisément.

Le lait étant caillé, on le met dans les éclisses; formes ou chaserons, comme on voudra dire, pour se former, & en laisser égoûter le petit lait, ou Mégue, ainsi qu'on l'appelle en quelques endroits, puis quand les fromages ont pris corps, on les ôte des chaserons, & on les met à l'air dans la chasiere, pour achever de les laisser s'affermir. Si le lait ne pouvoit se cailler à cause du froid, il faudroit mettre le pot où il seroit dans une chaudiere d'eau tiede.

Que celle qui a soin de faire les fromages soit propre dans tout ce qu'elle fait, qu'elle ait toûjours les mains nettes & les bras retroussez, qu'elle ne soit point dégoûtante dans ses habits, & n'ait point ses mois; car on prétend qu'il en sort certains corpuscules qui infectent le lait, le font aigrir, & gâter en peu de temps. Les Auvergnats qui ont leurs fromages beaucoup plus en recommandation, choisissent à cause de cela de jeunes enfans âgez de douze ans, propres, nets & des plus ragoûtans, car ils se persuadent qu'une telle infection empêche le lait de coaguler.

De la maniere de saler les Fromages & de les faire secher.

Comme il y a des fromages qu'on fait pour être mangez tous mous, & d'autres qu'on destine pour la garde, ceux-cy seront salez incontinent aprés qu'ils seront hors du chaseron, ou éclisse; & pour se comporter en cela comme il faut, on égruge du sel bien menu qu'on jette par dessus à discretion; on les laisse ainsi pendant un jour, puis le lendemain on les retourne, & on les sale de même. Toute cette petite manœuvre se fait sur des ais où on a rangé les fromages pour les faire secher; il ne faut point que ces ais soient exposez au soleil, mais qu'ils soient seulement à l'air & au frais, afin que ces fromages en sechent mieux, & petit à petit, aprés cela on les porte dans une chambre pour les conserver.

On met du sel sur les fromages pour deux raisons. La premiere pour lui donner un meilleur goût; & la seconde, pour le conserver plus long-temps. Le sel agit en ce dernier cas par ses parties longues & roides qui bouchent les pores du fromage.

Il y en a, qui, sitôt que les fromages sont affermis dans la forme, les portent dans la chasiere sur la paille fraîche, pour y laisser dissiper le reste de l'humidité qui leur nuit; au lieu de paille on se sert de jonc, si l'on veut, ou pour le mieux, comme on fait en certains pays, où le commerce de fromages est frequent, on prend de la toile claire qu'on étend bien roide sur des chassis de bois avec des clouds, puis on y range les fromages. C'est pourquoy les chasieres d'ozier ne sont point si bonnes que certains petits garde-mangers quarrez qu'on fait exprés & qui sont tous tendus de toiles, & pour ne pas perdre le petit lait qui tombe des fromages, on met dessous un vaisseau de bois ou de terre pour le recevoir. Le petit lait est bon pour les cochons & pour la volaille, ainsi ce seroit un mauvais ménage que de le laisser perdre.

Maniere de les conserver.

Pendant que les fromages secheront il faut avoir soin pendant sept à huit mois de nettoyer souvent les planches sur lesquelles on les a mis, & de les racler avec un couteau, parce que les vers & autres vermines seroient sujets à s'y engendrer. Il y en a pour se garantir, des vers qui les frottent avec de l'huile de lin, ou du marc de sa semence; d'autres les mêlent parmi de la graine de millet ou de lin, cela les tient frais, & les empêchent de durcir; aprés ces soins il ne reste plus qu'à les vendre, ou à en nourrir son domestique selon le nombre plus ou moins grand qu'on en a.

Gardez-vous bien de faire comme il y en a, qui pour conserver leurs fromages les mettent dans une chambre bien fermée, & où ils allument du feu. Se presser ainsi de les sécher, c'est les obliger à s'aigrir; les parties volatiles du feu qui précipitent trop celles des fromages, les dérangent & leur font prendre un acide fort désagreable.

Diverses sortes de fromages.

Il y a des pays où l'on fait des fromages mêlez de lait de Vache & de Brebis; on tient qu'ils sont plus gras que les autres & de meilleur goût: il est vray que ces fromages restent blanchâtres, mais on sçait leur donner couleur par le moyen d'un peu de saffran qu'on y méle en les paîtrissant avant que de les mettre dans les éclisses.

On fait encore en France des fromages de lait de Chévres, qui sont tres bons, quand ils sont mêlez d'un peu de lait de Vache & bien affinez, on les appelle des *Chevrets*.

Nous avons encore plusieurs autres fromages merveilleux, & qui nous viennent de differentes Provinces; la Brie nous en fournit d'excellens, & en abondance; il nous en vient de Provence, de Languedoc & de Bretagne, qui sont fort estimez. Si nous voulons chercher des fromages hors du Royaume; nous avons les fromages de Hollande, où il s'en fait un grand commerce, à cause de l'abondance de leurs pâturages: on nous apporte encore des Parmesans, des Roquefor, du Gruiere, & plusieurs autres qui se servent sur les meilleures tables.

Méthode pour affiner les fromages.

Les fromages secs ne sont bons que lors qu'ils sont bien affinez, & pour cela on les met à la cave ou dans un lieu qui soit frais, c'est ordinairement dans des armoires enfoncées dans le mur, & sur des planches bien nettoyées. Avant que d'y ranger les fromages, les uns les frottent d'huile d'olive, d'autres d'huile de lin, & d'autres enfin de vinaigre mêlé avec l'une ou l'autre de ces deux huiles. Il y en a qui les frotent de lie de vin & qui les laissent ainsi s'affiner dans du son. Toutes ces manieres sont tres bonnes; mais il faut avec cela prendre garde quand cet affinage est à son point de perfection; car si la matiere caséeuse fermente trop dans ces liqueurs, elle se corrompt & contracte un goût desagreable.

Un fromage affiné, pour être estimé, doit être gras & pesant, il doit avoir la tranche bien unie & la couleur jaunâtre ; la pâte en doit être savoureuse, bien nette de vers & d'autres vermines qui les gâtent.

Marques de la bonté d'un fromage.

La plupart des fromages qui se façonnent à la campagne se mangent tout recemment tirez des éclisses, c'est un aliment qui tient en partie lieu de nourriture aux gens de Village, l'on en sert aussi sur les bonnes tables ; il est vray qu'ils sont faits differemment des premiers ; & voicy comment se pratique l'une & l'autre maniere.

Fromages mous.

Nous avons déja dit qu'on mettoit cailler le lait, & comment cela se faisoit ; ce lait est pris tout écrêmé, & le fromage façonné comme on l'a dit sans autre mystere, puis servi quand il est formé, & qu'il s'est un peu déchargé de son petit lait ; ce sont là les fromages ordinaires, & les plus communs, parce qu'on en fait de plus délicats de la maniere qui suit.

Prenez deux pintes de bon lait, autant de créme douce, mettez-les en presure, ayez une éclisse qui soit haute, garnie dans le fond d'un linge bien blanc, & aprés que vôtre crême & vôtre lait seront coagulez, mettez les dans vôtre éclisse avec la cuilliere, laissez égouter vôtre fromage vingt-quatre heures, ensuite renversez-le sur une assiete, ôtez le linge, & servez ce fromage si vous voulez.

Fromage prompt à manger & tres-delicat.

D'autres se contentent de prendre du lait encore tout chaudement sorti du pis de la Vache, de le mettre ainsi en presure, & d'en faire des fromages de la maniere qu'il a été enseigné : ces fromages sont excellens pour être mangez promptement ; on déguise encore le lait de plusieurs autres façons, mais nous réservons à parler de ces mets dans l'Office du ressort de laquelle dépend leur assaisonnement.

Autre.

Un Auteur ancien qui a écrit sur l'Agriculture, nous donne une maniere de faire des fromages, qu'on pratique dans la Bresse, d'où il étoit originaire. Il dit que pour faire de bons fromages, il ne faut pas en trop écrêmer le lait, & que même quand le lait y resteroit tout ils n'en vaudroient que mieux, en pratiquant ce qu'il enseigne de faire, quand on fait ces fromages, ce que nous dirons. Voici la méthode qu'on y observe dans la Bresse.

Fromage à la maniere des Bressans.

Belle-Forê. 11. Jour d'Ag.

On prend du lait ce qu'on souhaite, c'est à dire, dix ou douze pintes plus ou moins, il faut qu'il soit bon, on le met dans une chaudiere aprés l'avoir coulé, puis sur le feu, où on le laisse échauffer, jusqu'à ce qu'on y puisse seulement souffrir le bras nud. On y mêle une once de bon fromage bien delayé dans de l'eau, il faut en avoir plein un plat moyen, & pour donner couleur au fromage qu'on fait, on y ajoûte un peu de saffran, qu'on délaye dedans.

Cela fait, & lorsque le fromage est tout caillé dans la chaudiere, on prend un bâton rond, & fort net avec lequel on rompt tout le fromage, en le remuant, afin que ce qu'il contient de plus gras aille au fond de la chaudiere.

Ensuite celui ou celle qui fait ce fromage ayant les bras retroussez & bien propres, paîtrit cette masse, & la tourne & retourne, jusqu'à ce qu'il remarque qu'elle ait cuit également par tout, & qu'elle soit un peu ferme ; elle est ordinairement de forme ronde, à cause de la chaudiere qui la lui fait acquerir, c'est pour lors que tirant ce fromage hors de cette chaudiere, il les met sur un linge blanc, & par dessus quelque chose de pesant pour luy faire rendre tout ce qu'il peut y avoir d'humeur superfluë.

Ce fromage étant égoûté, on le couvre d'un ais rond sur lequel on met quelque pierre pour le tenir pressé, on laisse ainsi ce fromage pendant cinq ou six heures, & aprés qu'il est comme sec, on le porte à la cave & dans un endroit destiné pour cela. Ce sont pour l'ordinaire des planches qu'on met sur des échelles en maniere de tablettes. Il faut remuer tous les jours les fromages qui y sont jusqu'au cinquiéme jour qu'ils forment par dessus comme une espece de farine, & pour lors on les poudre par dessus d'un peu de sel menu, & le lendemain on les tourne de l'autre côté pour en faire la même chose.

Trois jours aprés on ôte le linge dans lequel ils étoient enveloppez; on nettoye les fromages, & on les laisse ainsi jusqu'au lendemain matin, afin qu'ils se dessechent, puis on les enveloppe dans le même linge où ils étoient auparavant, observant de les saler davantage qu'ils n'ont été du côté qu'on les a salez pour la premiere fois, & de mettre les derniers fromages qu'on a fait sous les premiers; on en met quatre ou cinq sur un, & sur lesquels on répand du sel menu; un jour aprés on les nettoye, puis on les sale le lendemain enveloppez qu'ils sont de linge, on les entasse l'un sur l'autre jusqu'à cinq ou six; il faut le troisiéme jour les saler encore aprés les avoir nettoyez, on les enveloppe encore aprés cela, & on continuë cette manœuvre pendant vingt-cinq ou trente jours qu'on trouve ces fromages durcis mollement.

Les fromages qu'on fait ainsi sont plus ou moins susceptibles de sel qu'ils ont été plus ou moins cuits. Il faut en cela un juste degré de cuisson, qu'on ne peut sçavoir que par la pratique, & qui n'est pas bien difficile à apprendre. Les saisons differentes reglent aussi cette susception plus ou moins grande de sel, donc on souspoudre ces fromages, & principalement à l'égard de ceux qui sont faits en Septembre, lesquels veulent peu de sel à la fois; encore faut-il qu'il soit fort menu, autrement ces fromages s'endurcissent de telle sorte que leur superficie fait une croûte si dure qu'elle ne peut recevoir la moitié du sel qui y est necessaire.

Quand ces fromages sont bien salez, ce qui se remarque quand ils n'en prennent plus; on les tourne & retourne tous les jours pendant cinq ou six jours jusqu'à ce qu'ils soient bien secs, puis on les nettoye de tous côtez & tout au tour avec le dos d'un couteau, on les met ensuite dans un autre endroit comme dans une chambre, & sur des planches bien propres, on les y laisse durant quinze ou vingt jours, observant de les nettoyer avec le couteau toutes les fois qu'on les remuë, tenant toûjours les planches bien nettes; ce qui doit se pratiquer pendant sept ou huit mois.

Si l'on remarque au fromage quelques fentes, ou des vers qui les rongent, il n'y a point d'autre remede que de manger ces fromages, ou de les vendre, ou bien on ôte cette vermine, & on frotte les crevasses d'huile de lin, cela les conserve tres-bien & long-temps. Quelques-uns se servent d'huile d'olive pour le même effet: on employe aussi pour cela la lie d'huile de lin & le marc; enfin un an aprés que ces fromages sont faits, il faut les vendre, & jusqu'à ce qu'ils soient vendus, les tourner sans dessus dessous, les balayer & les nettoyer; il faut à l'égard des planches en faire la même chose.

Secret pour conserver long-temps les fromages.

Aprés que les fromages sont faits, il est bon de les sçavoir conserver; car enfin on ne les fait pas en vûë de les manger aussi-tôt & de les vendre, il est un temps propre pour cela, afin d'en tirer un bon profit; & voicy là dessus quelques secrets.

Les uns mettent ces fromages dans de grands tas de millet, ou pour le mieux dans de la graine de lin, ces semences les entretiennent frais pendant les grandes chaleurs, & sçavent les garantir des gelées; ce qui contribuë beaucoup à les affiner; d'autres les mettent dans des chambres, dont ils ferment toutes les fenêtres, & dans lesquelles ils font du feu; il est vray que cela les seche promptement, mais aussi cette méthode est sujette à les faire aigrir; & pour les vouloir trop avancer, on en diminuë la qualité & le prix.

Les fromages qu'on fait mêlez de lait de Brebis & de Vaches sont meilleurs que ceux qui sont faits avec le dernier simplement; au lieu de lait de Brebis il y en a qui se servent de celuy de Chévres, il en faut pour cela nourrir de grands troupeaux; nous dirons à l'article de la Chévre en quel païs cela se pratique.

Il n'y a rien de tout ce qu'on vient de dire des fromages qui ne se puisse faire ailleurs que dans la Bresse, & on n'écrit icy des diverses manieres d'agir en fait d'Agriculture de bien des païs differens, qu'afin que d'autres tâchent d'en profiter à leur avantage, & c'est le but qu'on se doit former en faisant des ouvrages de la nature dont est celuy-cy.

Pour reprendre par ordre les matieres dont nous avons parlé dans ce Chapitre, & dire les bons & les mauvais effets qu'ils produisent tant en aliment qu'en Medecine, nous commencerons par le lait qui est fort en usage.

Effets du lait.

Varron prétend que de tous les alimens dont nous nous servons, le lait est le plus nourrissant. D'autres Auteurs veulent aussi qu'il soit le meilleur & le plus salutaire, ce qui n'est point difficile à croire, puisqu'il y a des païs où les peuples ne se nourrissent presque que de laitage, & vivent tres-long-temps. On en voit la preuve dans quelques endroits des païs Septentrionaux, où il se trouve plusieurs personnes qui ne mangent toute leur vie que du pain, du beurre & du fromage. Beaucoup de païsans dans la Hollande Septentrionale, & dans la plus grande partie de la Frise, se contentent de boire du petit lait pour boisson, & se portent à merveille.

Quand le lait est bon, il se digere aisément; il est beaucoup nourrissant, augmente l'humeur seminale; il est specifique pour rétablir les personnes maigres & attenuées, il appaise les ardeurs de l'urine, & les douleurs de la goute, il adoucit les âcretez de la poitrine, on s'en sert dans les dissenteries & dans les diarrhées causées par des humeurs âcres & picotantes.

Quelquefois aussi il incommode l'estomac quand on l'a foible, ou qu'on en prend plus que de raison, le lait de Vache est plus ou moins salutaire; suivant les saisons differentes; dans le Printemps & dans l'Eté il est plus sereux, moins épais & plus aisé à digerer qu'en aucun autre temps.

Lait caillé. ses effets. Petit lait, ses effets.

Le lait caillé est un peu de difficile digestion, & produit des humeurs grossiers. Un Auteur ancien prétend qu'il nourrit beaucoup. Le petit lait est fort rafraîchissant & humecte considerablement les parties.

Beurre.

On se sert de Beurre par tout en cuisine. C'est ce qui fait la base de la plûpart des sauces dont les ragoûts sont composez. Plus le beurre est nouveau, plus il est agreable & salutaire; quand il est vieux, il est sujet à sentir le rance, il devient huileux & désagreable.

Ses effets.

Le beurre nourrit beaucoup, il est bon pour la poitrine, il lâche le ventre, il résout les humeurs, il se digere aisément, & on l'employe pour appaiser les douleurs & les inflammations, étant appliqué exterieurement. On s'en sert dans les lavemens pour la dissenterie. Le trop grand usage du beurre affoiblit l'estomac & cause quelquefois des envies de vomir, il échauffe, ce qui fait que les personnes d'un temperamment bilieux ne s'accommodent point de cet aliment.

Lait de beurre, ses effets.

Le lait de beurre qui est celui qui reste dans la barate aprés qu'on a batu le beurre, & qu'en certains endroits on appelle *Batis*, est une liqueur qui rafraîchit beaucoup, & qui humecte considerablement les parties.

Fromages, leurs effets.

Comme les fromages sont la partie du lait la plus grossiere & la plus compacte, ils sont aussi des alimens qui nourrissent beaucoup, ils aident à la digestion, quand ils sont affinez; car lorsque le fromage est nouvellement fait il se digere difficilement, il pese sur l'estomac, il cause des vents & des obstructions: quand au contraire il est trop vieux, il échauffe beaucoup, il produit un mauvais suc & resserre le ventre, de maniere que pour en attendre de bons effets, il faut qu'il ne soit ni trop vieux ni trop nouveau. Au reste on croit que la plûpart de tous ces effets, bons ou mauvais, dépendent autant de la bonne ou mauvaise constitution de ceux qui mangent du fromage, que des proprietez qu'il peut contenir.

CHAPITRE XV.

De la Chévre & du Bouc.

COmme les Boucs & les Chévres portent des cornes, on a crû les devoir placer ici pour ne point déranger l'ordre qu'on s'est prescrit, de vouloir traiter de suite des bêtes à cornes; ces animaux sont de grand profit, principalement dans les lieux où on en nourrit beaucoup; leur chair, leur lait, leurs peaux sont des marchandises dont on fait de l'argent.

Les grands pâturages ne sont point les lieux où les Chévres se plaisent le plus, pourvû qu'elles trouvent des halliers, des buissons & des ronces, elles sont contentes. Elles aiment les pays montagneux, & il y a de certaines contrées où on les voit toûjours grimpées sur des rochers. La Chévre vit ordinairement huit ans.

Aage des Chévres.

Quel doit être le Chèvrier, ses soins pour son troupeau.

DAns les lieux où l'on en nourrit à troupeaux, on prend des Pastres pour les conduire, qu'on appelle *Chèvriers*. Il faut que celuy qui conduit les Chévres soit agile pour les suivre sur les montagnes où elles montent, robuste pour marcher toûjours dans les broussailles & parmi les ronces ; cinquante Chévres lui suffisent à conduire, parce que ce bétail s'écarte beaucoup, n'étant point obéïssant ni à la voix de l'homme, ni au mouvement des chiens ; il observera de ne les point laisser paître dans des lieux marécageux, car le marécage leur est contraire.

Il menera paître son troupeau dés la pointe du jour, que les herbes & les feuilles des arbrisseaux qu'il broute, sont encore toutes moüillées de la rosée, c'est ce qui leur fait avoir beaucoup de lait, & il ramenera ce troupeau sur les neuf heures du matin où il reste enfermé jusqu'à trois heures aprés midy, qu'il retourne au pâturage jusqu'à la nuit.

Ce Chévrier en Hyver ne menera ses Chévres aux champs qu'à neuf heures du matin jusqu'au soir, sans craindre que le froid ni le serain les incommodent en aucune maniere, tant elles sont d'un temperamment robuste ; il n'y a que la nége & les frimats qui leur puissent causer quelque infirmité ; c'est pourquoy on les tient enfermées à l'Etable pendant ces mauvais temps.

Il faut avoir soin tous les jours de tenir leur Etable nette, & prendre garde qu'il n'y croupisse point d'eau, ou qu'il s'y amasse de la fange, cela suffit pour rendre les Chévres malades & les empêcher d'avoir du lait, qui est le fruit principal qu'on en attend. Nous parlons ici pour les païs où les Chévres sont en grand nombre ; car dans ceux où l'on n'en éleve que tres-peu, il est inutile d'avoir un Pastre exprés, on les méne aux champs, ou avec les Vaches ou avec les Brebis, elles y profitent & s'y portent à merveille.

Il n'est pas necessaire de donner de la litiere à ces animaux, pourvû que de nuit ils soient à couvert des injures de l'air, c'est assez, un plancher souvent nettoyé, comme on a dit, leur convient tres bien.

Ce bétail vit de peu, & ne coûte gueres ; car sa nourriture la plus ordinaire est les feüilles des ronces & de plusieurs autres arbrisseaux champêtres qu'il broute ; le païs des Landes est un veritable pâturage pour les Chévres, & c'est en quoy ces terres incultes rendent plus de revenu, n'étant presque propres à nulle autre chose. On les nourrit pendant l'Hyver à l'Etable de petits rejettons d'herbes cüeillis dés le mois de Septembre, sechez au soleil, & conservez soigneusement dans un grenier ou autre endroit à couvert de la pluye. Les feüilles de Noyer, de Vigne, de Frêne, de Meurier & de Châtaignier contribuent beaucoup à leur faire avoir du lait ; enfin il faut, comme on dit, *que l'herbe soit bien courte avant que la Chévre meure de faim.* (Nourriture des Chevres.)

L'Automne est la saison que les Chévres entrent en chaleur, c'est à dire, depuis le mois de Septembre jusqu'à la Saint Martin, afin qu'elles mettent bas leurs petits au Printemps où les arbres boutonnent, & que les bois (Temps que les Chevres sont en chaleur.)

Belle Forêt Jour 12. commencent à jetter de nouvelles feüilles, ce bétail porte cinq mois.

Choix du Bouc. Les Chévres sont renduës fecondes en Chévreaux par l'accouplement du Bouc, mais il faut que ce mâle soit bien choisi; & pour cela, on le prend d'une bonne corpulence, ayant les jambes grosses & courtjointées, le poil doux, uni & de couleur noire, parce qu'il est plus robuste que le blanc, quoique ce dernier ne soit point mauvais quelquefois. Il aura les oreilles grandes & pendantes, & une barbe longue & des plus touffuës, la tête petite, le cou gros & tortu, l'œil gay & le corps fort alerte.

Choix de la Chévre. Quant à la Chévre, elle sera choisie de même, & l'on observera outre cela qu'elle ait une grosse mammelle, ou un pis spacieux, pour parler en terme d'Agriculture, de maniere qu'elle en élargisse les cuisses en marchant. Il y a des Chévres & des Boucs qui ont des cornes, & d'autres qui n'en ont point; ces parties accidentelles ne contribuent en rien à leur bonté, ainsi que ce bétail en ait ou n'en ait point, cela est indifferent. On en trouve de bons & de mauvais avec ces marques, comme lorsque ces cornes ne leur croissent point.

De ce qu'il faut faire au Bouc aprés qu'il a sailli les Chévres, & en quel temps les faire saillir.

DEs qu'on a donné le Bouc aux Chévres, il faut les nourrir de foin & de son, on luy en fait prendre cinq ou six gorgées de chacun, aprés la premiere saillie, puis on le redonne à la Chévre, & l'on continuë ainsi jusqu'à trois fois, puis on attache le Bouc, crainte qu'il ne s'affoiblisse, & ne s'énerve aprés la femelle, ayant encore besoin de ses forces pour s'accoupler avec d'autres. L'experience a fait voir qu'un Bouc pendant deux mois pouvoit suffire à cent ou cent cinquante Chévres. Un Bouc n'est de bon service pour saillir les Chévres que trois années consecutives, à commencer à la fin de sa premiere année, si bien que lorsqu'il a cinq ans, il n'est plus propre qu'à engraisser. Les femelles durent plus long-temps, elles sont fecondes jusqu'à huit ans, & commencent à porter à deux.

Nous avons marqué le temps que les Chévres commençoient à entrer en chaleur, & jusqu'où cette chaleur duroit, mais il faut rémarquer que plus ces femelles saillissent tard, plus elles ont de lait quand elles chévretent; parce qu'elles font leur Chévreaux en Mars où les herbes commencent à pousser. Au lieu que lorsqu'ils ont le mâle plûtôt, elles nous donnent des petits en Février, où on est obligé de les nourrir de fourage, qui a bien moins de substance; & comme dans la multiplication de de ces animaux on recherche plus le lait que leurs petits, on observera de ne faire chévreter les Chévres que passé la my-Octobre.

Autre sentiment sur le temps que les Chévres doivent saillir. Il y a des Auteurs sur l'Agriculture qui ne sont pas d'accord sur le temps que nous avons dit qu'on devoit faire saillir les Chévres, ils prétendent qu'on peut manger des Chévreaux dés le mois de Decembre; c'est pourquoy, selon les cinq mois de temps que la nature donne aux Chévres pour mettre bas les Chévreaux, il faut qu'elles ayent sailli environ le mois d'Août, & tout cela a de la vray-semblance, puisqu'on mange en effet des

des Chévreaux à Noël. Ainsi de tous ces temps marquez on choisira lequel on voudra pour accoupler ces animaux ; & si l'on prend soin de bien nourrir les Chévres, qui auront chévreté en Hyver, elles seront toûjours abondantes en lait.

Les Chévres pour l'ordinaire ne font qu'un Chévreau d'une ventrée, on en voit cependant qui en donnent deux quelquefois, & la raison de cela, c'est qu'il s'est détaché deux œufs de l'ovaire, qui sont décendus dans la matrice de la Chévre, ou que dans un seul œuf il y ait eu deux fœtus renfermez, ce qu'il n'est pas extraordinaire de voir. Quelques Auteurs disent qu'il y a des Chévres qui en font jusqu'à trois, cela n'est pas impossible par les mêmes raisons qu'on vient d'apporter ; cela dépend de la nature qui se joüe bien souvent dans la génération des animaux, & non pas d'une fécondité que bien des gens de campagne croyent ordinaire à une Chévre, ce qui fait qu'ils conseillent pour le profit de la chair qu'on tire de ce bétail, de faire choix de femelles de ce temperamment, mais il ne faut quelquefois que la premiere ventrée pour les désabuser de leur erreur.

Portée ordinaire des Chévres.

Lors donc qu'une Chévre a donné deux Chévreaux, il faut pour ne point l'épuiser de lait en prendre un, & le faire alaiter par une autre Chévre qui n'aura point de petit, elle ne lui refusera point ce bon office ; ces animaux en cela sont d'un naturel fort docile, & nous l'experimentons tous les jours à l'égard des Chévres qu'on donne pour nourrice à des enfans, & qui vont d'elles-mêmes au berceau leur presenter le tetin.

On peut traire les Chévres l'espace de quatre ou cinq mois deux fois par jour, soir & matin ; elles rendent par jour, quand elles sont bonnes laitieres deux pintes de lait ; ce qui est d'un revenu considerable pour ceux principalement qui en nourrissent beaucoup, si l'on a égard aussi au peu de dépense qu'il faut faire pour les nourrir. On ne laisse les Chévreaux sous leurs meres que quinze jours ou trois semaines qu'on les vend aux Rotisseurs, aprés lequel temps on commence à les traire ; s'il y a quelque femelle qu'on veüille garder pour en multiplier la race, on la laissera teter deux mois, puis on l'envoira aux champs avec sa mere pour y brouter ce qu'elle y trouvera ; ce qu'on dit icy regarde les lieux, où on n'éleve que tres-peu de Chévres & seulement pour avoir du lait pour aider à sustenter la maison, ainsi que cela se pratique parmi les pauvres-gens à la campagne, qui n'ont pas toûjours le moyen de nourrir des Vaches.

Profit du lait de Chévre.

Mais dans les pays où l'on voit beaucoup de ce bétail, & où le commerce en est considerable, tant par rapport au lait, dont on fait des fromages, qu'au sujet des peaux de Bouc qu'on en tire pour differens usages, on agit bien autrement qu'on ne vient de dire, le profit ne consiste pas en ces lieux à vendre les Chévreaux ; s'il s'en débite quelques-uns, ce n'est pas une affaire, mais on les laisse tous croître en vûë de garder les femelles pour le lait, & les mâles, qui sont les Boucs, pour en avoir les peaux & la chair quand ils ont cinq ans, on les appelle *Menons* en certains endroits.

Utilité des Boucs.

Et pour faire que ces Boucs soient de grand débit, on les châtre, & on n'en laisse pour la multiplication de l'espece que ce qu'on juge à propos en avoir besoin, & selon que nous avons dit, qu'il falloit de Chévres pour un Bouc. Ils croissent bien mieux quand ils sont châtrez que lorsqu'ils sont entiers, & leur chair en a bien meilleur goût, parce qu'il se fait dés lors en eux une entiere cessation de cette exhalaison, ou inspiration séminale d'odeur forte & comme puante, laquelle a coûtume de se répandre dans toutes les parties du corps du Bouc, d'y augmenter la chaleur du sang, & des autres humeurs; & enfin, d'y rendre les esprits animaux plus âcres & plus vigoureux: au lieu que lorsqu'on a ôté les testicules aux Boucs, le sang en est moins huileux & moins chaud, toute sa portion pour lors n'étant employée qu'à remplir les vaisseaux, & ensuite appliquée & ajoûtée aux parties en surabondance de nourriture qui engraisse ce bétail.

Proprietez de la chair de Chévre dans les alimens.

Quelques Médecins se sont avisez de désapprouver l'usage de la chair de Chévre dans les alimens, à moins qu'elle ne soit jeune, parce, disent-ils, que sans cela elle est dure & difficile à digerer; & que faire donc à la campagne, quand les Chévres ont rendu du profit pendant quatre ou cinq ans, quoi les jetter, à la voirie? on est meilleur ménager que cela, le Domestique s'en accommode fort bien, & la chair de cet animal qui se digere tres bien dans l'estomac des gens de travail, les nourrit beaucoup, & les fortifie de même.

On rapporte à ce sujet, qu'un certain Athlete de Thebes avoit coûtume de se nourrir de chair de Chévre, & qu'il surpassoit en force tous les autres Athletes de son temps. Il peut en arriver la même chose aux personnes qui en mangent, & qui sont tres-robustes; la Chévre est un animal vif, agile, & leger, & qui par consequent contient beaucoup de principes exaltez, & qui peuvent communiquer à ceux qui en vivent des esprits tres-vifs & tres-actifs.

Effets du Bouc.

Le Bouc, quand il est châtré, & qu'il est gras, fournit un aliment solide, & qui est tres propre pour les gens qui travaillent beaucoup, on en sale, comme on a dit, pour la provision de la maison, la Chévre se sale aussi, elle n'est pas à la verité si délicate.

Le Chévreau est ce qu'il y a de meilleur dans les alimens; à l'égard de ce bétail, il faut qu'il soit fort jeune, qu'il ait deux mois, tetant encore, & qui n'ait point mangé d'herbes, sa chair nourrit beaucoup, se digere aisément, & produit un aliment qui est solide: à mesure que le Chévreau avance en âge, sa chair devient dure, mais elle trouve à la campagne des dents capables de la broyer, & des estomacs pour la cuire.

Profit du lait de Chévres, ses effets.

Le lait de Chévre se caille assez aisément, c'est pourquoy on en fait de tres bons fromages en Languedoc & en Provence, de la maniere que nous l'avons dit dans l'article des Fromages faits du lait de Vache. Il n'y a rien autre chose à y observer: l'usage qu'on fait du lait de Chévre en Médecine est assez commun, il convient aux personnes d'un temperamment humide, il est un peu astringent.

Suif & moüelle de Bouc, ses vertus.

Le suif & la moüelle du Bouc sont propres pour ramollir, pour résoudre & pour adoucir, ils passent aussi pour fortifier les nerfs.

Fiente de

On se sert de la fiente de Chévre pour résoudre, déterger les playes, les dessecher, & pour lever les obstructions des visceres, étant prise interieurement; on l'applique aussi exterieurement pour résoudre les tumeurs froides, & pour les autres maladies où il faut atenuer les humeurs. Chévre, ses vertus.

On fait un cataplasme de fiel de Chévreau mêlé avec de la mie de pain, des blancs d'œufs, & de l'huile de laurier, & on l'applique sur le nombril pour guérir la fiévre quotidienne. Fiel de Chévreau, ses vertus.

Le sang de Bouc, tiré de ses testicules ayant été desseché au soleil, résiste au venin, excite les sueurs, les urines & les mois aux femmes; la dose est depuis vingt grains jusqu'à deux dragmes prises interieurement dans du vin blanc. Sang de Bouc, ses vertus.

Maladies des Chévres.

QUelques-uns disent avoir remarqué que les Chévres ne sont jamais sans fiévre, mais il faut dire que c'est une fausse opinion qu'on a de ces animaux, dautant que si cela étoit, la chair n'en seroit pas si saine, & ne se conserveroit pas si bien qu'elle fait, car le sang qui fermente continuellement, lorsqu'on a la fiévre, laisse toûjours beaucoup d'humeurs corrompuës dans sa circulation.

Ce n'est pas quelquefois que ces animaux ne puissent être attaquez d'un mal, dont les symptômes ne different point de ceux de la fiévre, & qu'on pourroit appeller, *Fiévre putride*, ou *pestilentielle*, à cause du grand dégât en peu de temps qu'elle cause dans un troupeau.

Quand les Chévres sont atteintes de ce mal, elles maigrissent en peu de temps, & quoiqu'elles soient fort alertes, on les voit tout d'un coup languissantes & abatuës & en meurent bien souvent. On dit que ce mal leur vient par une trop grande abondance de pâturage qui les remplit de trop d'humeurs, & leur met trop le sang en mouvement. Fievre pestilentielle. Colum. l. 7. c. 7.

C'est pourquoy lorsqu'on en voit quelques-unes dans un troupeau attaquées de ce mal, il faut les en separer, & saigner tout le reste, ne les laisser paître qu'une fois le jour, & les tenir de repos jusqu'à ce que le sang soit tranquille.

L'Hydropisie est une maladie à laquelle les Chévres sont sujettes, on reconnoît ce mal à l'enflûre qui leur survient au ventre, par un amas d'eau qui s'y fait; & pour les en guérir on leur fait adroitement une ponction sous l'épaule, pour donner moyen à cette humeur de s'écouler par cette incision; on met aprés cela un emplâtre de therebentine sur la plaïe. Hydropisie.

Si aprés qu'une Chévre a mis bas, il luy survenoit quelque enflûre à la matrice, ou que l'arrierefaix ne soit pas bien venu, prenez trois demi septiers de gros vin, ou moût cuit, & le faites aprés avaller à la Chévre; au defaut de ce moût, servez-vous de vin rouge, il aura le même effet. Matrice enflée, ou arrierefaix retenu.

Le mal sec est encore une maladie qui survient aux Chévres, on appelle ainsi ce mal, parce que les mammelles leur dessechent entierement, de maniere qu'elles n'ont plus de lait; les grandes chaleurs leur causent cette infirmité. Pour y remedier, on les laisse un peu enfermées, on les nourrit à l'Etable de feüilles d'arbres ou de vigne, qu'on a soin de cueillir, & on leur frotte les mammelles de lait bien gras, ou pour le mieux avec de la crême. Mammelles dessechées.

Il y a encore d'autres infirmitez dont elles sont atteintes, & qu'elles ont de communes avec les Brebis, on y aura recours lorsqu'elles leur surviendront, elles en ont tous les symptômes tant exterieurs qu'interieurs.

CHAPITRE XVI.

Qu'il n'y a rien qui apporte plus de profit à une Maison de Campagne qu'un Troupeau de Brebis & de Moutons. Maniere de gouverner ce bétail: ses proprietez.

CE n'est pas d'aujourd'huy que l'experience nous fait voir, que les bêtes à laine sont celles d'entre les bestiaux qui apportent le plus de profit à la campagne, tant à cause de leur toison & de leurs peaux, que de leur chair, de leur lait, de leur graisse & de leur fumier. Nous détaillerons plus amplement ces avantages dans la suite de ce Chapitre. Une Maison de Campagne, une Ferme sans Brebis, est un corps sans ame. Le bétail à laine engraisse la terre: il est vray que dans les païs marécageux il ne faut pas songer d'en nourrir, le Mouton aime marcher à sec, & paître sur des colines, ou dans des champs où l'eau ne séjourne pas long-temps. Les pâturages trop gras luy engendrent trop de mauvaises humeurs, il luy faut du serpolet, & d'autres herbes odoriferantes qui naissent sur les lieux élevez. Mais avant que de rien dire davantage de ce bétail, choisissons luy un Berger qui soit capable de le conduire avec affection & avec douceur, qui sache le garantir des loups, & le réveiller quelquefois au son de sa musette, puis aprés nous nous mettrons en devoir de chercher nôtre troupeau.

Comment il faut faire choix d'un Berger.

UN Berger, pour être bien choisi, doit avoir l'humeur pacifique, & fort affectionnée pour ses Brebis; il doit être alerte; car ce bétail lui donne souvent de la tablature, robuste pour supporter toutes les intemperies de l'air, fidele, c'est à dire, qu'il ne fasse point tort à son Maître en son Troupeau en l'attribuant au Loup: il ne faut point qu'il soit yvrogne, blasphemateur ni corrompu. Tous ces vices sont préjudiciables à ce bétail & le font négliger: ce n'est pas qu'à la verité il ne soit fort difficile de trouver de ces gens grossiers exempts de ces défauts; car souvent, comme ils n'ont d'autre guide que la nature, il est rare qu'ils ne se laissent emporter à tout ce qu'il y a de plus mauvais. Un Berger peut conduire cent Moutons ou Brebis, & même cent cinquante. Si on luy donne un petit garçon pour l'aider, le Troupeau n'en sera que mieux conduit.

Nous ne sommes plus dans ces premiers temps, où l'innocence regnoit parmi les Bergers, où ce n'étoit que simplicité & que douceur, & où ils faisoient tout leurs plaisirs d'avoir incessamment l'œil sur leurs Troupeaux, & de joüer sur leurs Chalumeaux des chansons où quelquefois l'amour avoit le plus de part ; cet heureux siecle est passé, & comme nous sommes obligez de prendre un Berger, pour ainsi dire, sur des apparences, qui bien souvent nous trompent, choisissons-le le mieux qu'il nous sera possible.

Outre les qualitez dont on vient de parler, un Berger ne doit point être pareſſeux à se lever matin, pour mener paître son Troupeau, il faut qu'il ait soin de le conduire dans les endroits qu'il sçait lui mieux convenir. Il aura un bon chien, pour bien ramener les Moutons qui s'écartent dans les bleds ou dans quelqu'autre heritage défendu. Qu'il entende ce que c'est que de gouverner ce bétail, qu'il ait soin d'avoir toujours de bons Beliers pour couvrir ses Brebis, & que lorsque quelqu'une veut mettre bas son Agneau, qu'il sache luy aider dans son travail, qu'il prenne garde qu'elle ne tuë point son Agneau, ou qu'elle ne le blesse aprés l'avoir mis au jour, & qu'il soit adroit à l'apporter au logis lorsqu'il revient des champs.

Sa vigilance doit s'étendre sur tout ce qui regarde son Troupeau, comme par exemple, de ne lui point laisser manquer de litiere, ni de fourage en Hyver, d'observer s'il n'y a point quelque Brebis qui cloche ou qui soit galleuse, afin d'y remedier & de l'ôter du Troupeau, crainte qu'elle n'infecte les autres.

Quand le Berger mene ses Brebis aux champs, il doit toûjours être à la tête, pour les empécher de faire aucun dégât. Il faut que ce Berger, pour bien faire, soit habillé de toile, parce que cette couleur plaît aux Brebis, qui s'épouvantent presque toûjours à l'aspect de toute autre couleur, & pour cette raison, ses chiens, s'il est possible, seront blancs, munis d'un bon colier de fer à pointe, afin de les rendre plus hardis à combattre contre le Loup, qui les prend d'abord à cette partie, pour les étrangler. Ces chiens seront instruits à ramener les Brebis égarées, & obéissans d'abord à la voix de leur Maître qui les anime ; ce sont ordinairement de gros mâtins qu'on choisit pour cela, il faut les bien nourrir. Il y a des pays où l'on prend des dogues pour garder les Troupeaux à laine, tandis que ces chiens veillent aux Etables & aux champs, on ne craint point les vols nocturnes, ni les irruptions des Loups.

Quand au Troupeau qu'il faut avoir presentement, on doit en sçavoir choisir les Brebis & les Moutons : voicy ce qu'on peut dire là-dessus de plus asseuré.

Du choix des Brebis.

Pour faire un bon Troupeau de Brebis, il ne faut pas les acheter dépouillées de leur toison, qui pour le mieux doit être blanche & non pas grise ni noire, bien fournie par tout, & sur tout au tour de la tête, du cou & du ventre. Cependant, si dans un Troupeau il s'y en trouve quelques-unes de cette sorte, il ne faut pas que cela fasse rompre un marché. On n'achetera point de vielles Brebis, ni de celles qui sont trop jeunes. *Varro. de re rust. l. II.*

Rejettez omme Brebis steriles celles dont les dents marqueront plus de trois ans, & qu'on reconnoît lorsqu'elles sont usées. Ces Brebis doivent être de bonne race, avoir un bon corps, les jambes basjointées, le ventre large & chargé de laine, la queuë grande, les tetines longues, l'œil éveillé, & la démarche fort alerte. Ces marques exterieures font juger de la bonne constitution du dedans. Les Moutons doivent être choisis de même. Tous les Auteurs sur l'Agriculture sont d'accord sur ce choix.

Marque d'un bon Belier.

Pour parler d'abord des égards qu'on doit avoir pour la multiplication de leur espece, il leur faut donner un Belier d'un grand corsage, haut en jambes, bien chargé de laine, même aux endroits où communément il en a le moins, qui est le ventre & la tête jusqu'au tour des yeux. Il aura de gros testicules, la queuë longue & fort veluë, la tête grosse, le nez camus, le front large, les yeux gros & noirs; Varron veut qu'ils soient blancs, les oreilles grandes, les cornes entortillées & pendantes du côté du nez, s'ils n'en ont point, on ne les rejettera pas tout-à-fait, parce que l'experience nous fait voir qu'ils font assez bien leur devoir, mais on prétend que les Beliers à cornes ont plus d'ardeur.

Var. de re rust. l. 11.

A quel âge il peut saillir.

Belle Forêt Jour 12.

Les Beliers ne sont point propres à saillir les Brebis qu'ils n'ayent trois ans, & peuvent faire ainsi fort bien leur devoir jusqu'à huit. On dit qu'ils vivent quinze ans. Il ne faut qu'un Belier pour suffire à cinquante Brebis. Il y en a qui disent que c'est assez de vingt cinq ou trente, & d'autres veulent qu'un Belier peut saillir soixante Brebis. Le premier sentiment est celuy qu'on suit le plus. Il faut bien nourrir pour lors les Beliers, il y en a qui leur donnent de l'orge, & qui disent que cela les rend plus forts dans ce travail.

Aage propre pour accoupler les Brebis.

Le veritable temps auquel les Brebis doivent commencer à s'accoupler, est lors qu'ils ont deux ans. Avant ce temps-là tout ce qui est propre à la formation du fœtus est encore informe, d'où vient qu'elles n'appetent point le mâle, & cette fertilité, quand elles sont de bonne race, continuë annuellement jusqu'à sept ans. La premiere portée des Brebis ne donne pas de beaux Agneaux comme les autres, parce que la nature de l'animal qui y souffre beaucoup pour n'y pas être accoûtumée, ne fournit pas au fœtus tout l'aliment qui luy est necessaire pour croître parfaitement; c'est pourquoy on vend ordinairement ces premiers Agneaux au lieu de les garder; il vaut mieux en avoir peu qui soient beaux, que d'en nourrir beaucoup qui ayent un corps de petite apparence.

Remarque.

Qu'on se doune bien de garde pendant toute l'année de laisser habiter les Beliers avec les Brebis; il faut, ou les tenir enfermez separement, & les mener de même aux champs, ou attendre de s'en fournir quand on jugera le temps propre de les donner aux Brebis; & la raison qui oblige d'en agir ainsi, c'est afin qu'étant sûr de la saison que ce bétail a sailli, les Agneaux ne viennent pas plûtôt qu'on ne voudroit, à cause du froid, qui en fait beaucoup perir, ou qui empêche qu'ils ne se fortifient.

Temps de faire saillir les Brebis

C'est pourquoy, comme les Brebis portent cinq mois, il est bon de ne les faire accoupler qu'au mois d'Août, afin que leurs petits Agneaux ne naissent qu'en Janvier & en Février, parce que le Belier qui peut rendre le Troupeau fécond, sitôt qu'il y est, & ayant beaucoup d'affaire à saillir les Brebis l'une aprés l'autre, cela fait que ces femelles vont bien jusqu'à ce temps à donner leurs petits. S'il vient quelque Agneau auparavant, on ne doit pas s'en mettre en peine.

D'autres sont d'avis de ne faire saillir les Brebis qu'au mois de Novembre, afin, disent-ils, que la Brebis qui porte cinq mois, donne son Agneau au Printemps, auquel temps elle trouve l'herbe qui commence à naître, & dont elle se paît en abondance, ce qui fait qu'elle retourne à la maison les mammelles pleines de lait, & plus capables par consequent de nourrir son Agneau, que lorsqu'elle ne trouve aux champs que tres-peu de chose pour se nourrir.

Pour concilier ces differens sentimens, qui se pratiquent tous les jours à la campagne, & qui ne doivent point arrêter scrupuleusement ceux qui y demeurent, & qui nourrissent du bétail à laine, il faut voir d'abord en quel pays on est, & s'il est plus à propos de vendre une partie des Agneaux, que de les élever tous, ou si en les nourrissant on gagne davantage. Dans le premier cas, comme on l'experimente aux environs de Paris & d'autres grandes Villes, où le débit des Agneaux rend beaucoup de profit, on fera saillir les Brebis dés le mois d'Août, & même dés la mi-Juillet, afin d'avoir des Agneaux de bonne heure, & dans le temps où ils sont plus rares, où l'on en fait un bon argent; mais au contraire, si les lieux que vous habitez ne permettent pas le commerce d'Agneaux, ou qu'ils ne s'y vendent qu'à vil prix, il est bon alors de les conserver tous pour augmenter le Troupeau; & afin que ces Agneaux ne courent pas tant de risque de leur vie, on n'accouplera leur mere qu'au commencement de Novembre pour les raisons qu'on en a dites. Quoiqu'à parler plus sainement sur cette matiere, il vaut mieux, autant qu'on le peut, nourrir les Agneaux pour multiplier ce Troupeau que de les vendre; il n'est rien tel que de faire des nourritures à la campagne, c'est le plus grand profit qu'on en puisse retirer.

Du soin qu'on doit prendre quand une Brebis agnele, & de ce qu'il faut faire quand elle a agnelé.

SI par hazard un Berger ou une Bergere se trouve present, lorsque quelque Brebis voudra agneler, & qu'il voye qu'elle travaille beaucoup, il ne dédaignera point de luy rendre, s'il le juge à propos, l'office de sage femme, cette Brebis en sera plûtôt délivrée, & l'Agneau moins en danger de mourir.

L'Agneau n'est pas plûtôt né, qu'il faut le lever & le tenir droit sur ses jambes, puis l'approcher des tetins de sa mere pour l'accoûtumer à la teter. Il est bon auparavant de la traire un peu, afin de tirer de la mammelle le premier lait qu'on dit être mal sain pour l'Agneau, pour avoir été troublé pendant le travail de la Brebis.

Comment gouverner le jeunes Agneaux.

ON enferme les Agneaux nouvellement nez avec leurs meres pendant quelques jours dans une petite Etable separée, ou dans la même Etable où l'on aura fait une cloison, afin que les Brebis les échauffent, & leur apprennent à les connoître, & pendant ce temps il faut être soigneux de bien nourrir les meres, de leur donner de bon foin & du son, avec quelque peu de sel mêlé parmi. On tiendra l'Etable bien fermée pour garantir les jeunes Agneaux du froid qui les incommode ; il ne faut pas aussi y laisser les Brebis manquer d'eau pour boire, & il est à propos de la leur donner tiede pendant le temps qu'on les tient enfermées : cette précaution les exempte de tranchées. S'il y a des Agneaux qui n'approchent point de leur mere pour teter, il faut les y porter, leur frotter les lévres avec du beurre & du sain doux, puis leur y mettre du lait.

M. V. l. 11. de re rust.

Il ne faut point songer à mener les Agneaux aux champs que tous les frimats ne soient passez : une nége fonduë, une gelée du Printemps, un vend froid, tout cela détruiroit le Troupeau ; on doit au contraire tenir bien chaudement dans une Etable separée & bien couchée ces animaux encore fort tendres, & ne les en sortir soir & matin au retour des champs, que pour leur faire teter leurs meres.

Quand ces Agneaux se sont un peu fortifiez, on leur donne dans leur Etable, outre le lait de leurs meres, un peu de son dans de petits auges, ou du foin le plus fin qu'on puisse trouver. Cette nourriture les amuse, pendant que les Brebis sont aux pâturages, & pour faire que les Agneaux ne gâtent point leur foin, & n'en fassent point litiere, on dresse dans leur Etable de petits rateliers à travers desquels ils le tirent.

Quelques-uns donnent de l'avoine à ces Agneaux, du sain-foin, des feüilles de Saules ou de Peuplier, & d'autres de la farine d'orge, tous ces alimens leur sont bons, & ils n'en valent que mieux lorsqu'ils sont bien nourris.

Quand mener aux champs les Agneaux & les Brebis.

C'Est ordinairement au mois de Mars, ou plus tard même, si les froidures se font encore sentir, qu'on commence à mener les Agneaux aux champs avec leurs meres, supposé que ces petits animaux soient assez forts pour cela: on soignera de bien nourrir à l'Etable les Brebis qui auront des Agneaux, & de leur donner de bon foin, afin qu'elles abondent en lait. Il ne faut pas les mener paître loin du logis, afin que n'ayant pas beaucoup de chemin à faire, elles ne soient pas fatiguées au retour des champs, & que par ce moyen les Agneaux ne trouvent point un lait échauffé, ce qui leur cause quelquefois la galle ; outre que la proximité de ces pâturages est fort commode, principalement dans le temps que les Agneaux commencent d'aller paître avec leur meres, il y en a qui donnent de la vesce mouluë, ou de l'herbe aux Agneaux avant que d'aller aux champs, & quand ils en sont de retour, ils n'en valent que mieux.

Il y en a qui, par une maxime contraire à la précedente, tiennent, comme on a dit, leurs Agneaux enfermez dans une Etable separée, les menent aussi aux champs séparément, crainte qu'en tetant leurs meres, ils n'épuisent trop le lait dont on veut faire un double profit : voicy comment. Ces personnes trayent dés le matin leurs Brebis ; puis lâchent leurs Agneaux pour aller succer ce qui leur peut rester de lait, ils en font de même le soir au retour des champs, & pour éviter la confusion, on

ramene

ramene les Agneaux plûtôt que les Brebis, on les enferme dans leur Etable, puis on les lâche quand on a trait leurs meres, & par ce moyen les Agneaux remplis déja d'un bon aliment, viennent encore se nourrir d'un reste de lait qui leur suffit alors, pour les maintenir sains & en bonne chair, & le maître auquel appartient le Troupeau, profite du lait qu'on en tire pour faire des fromages. C'est ainsi qu'il faut en agir, si l'on est bon ménager. Telle est la conduite qu'on doit garder à l'égard de ce bétail jusqu'à ce que les Agneaux soient sevrez, & qu'ils ne se soucient plus de teter leurs meres, auquel temps on mene paître, & les Brebis & les Agneaux tout pêle mêle.

Le temps de mener paître ce Troupeau en Automne, en Hyver & dans le Printemps, est lorsque le soleil a un peu dissipé la gelée qui est sur la terre: car l'herbe gelée ne vaut rien au Brebis, elle leur cause des flux de ventre dangereux & des catharres qui les suffoquent; & pour déterminer ce temps, c'est ordinairement sur les neuf à dix heures qu'on met les Brebis dehors: il faut les ramener à l'Etable avant la nuit.

Dans les pays chauds on commence dés huit heures du matin à mener les Brebis aux champs, dans les saisons dont on vient de parler; mais c'est autre chose pendant l'Eté; un Berger alors doit mener paître ses Brebis dés le matin, & incontinent aprés que les herbes ne sont plus moüillées de la rosée, & que le soleil l'a abatuë, parce que la rosée est préjudiciable aux Brebis, principalement pour l'Hyver qui suit où elles meurent toutes quand on n'a pas sçû les garantir de cette humidité: on ramene pour lors les Brebis au bercail sur les dix heures, qu'elles peuvent avoir soif, c'est pourquoy on les conduit le long de quelque ruisseau ou d'autres eaux, qui sont le plus à portée pour les abreuver; ces troupeaux sont enfermez jusqu'à trois heures qu'on les reconduit aux champs où ils restent jusqu'à la nuit, qu'il faut encore les mener boire.

Ce que c'est que Parquer, & quand on Parque.

IL y a des pays où les Pastres passent les jours & les nuits en Eté, & même des mois entiers à mener paître leurs troupeaux sans les enfermer à l'Etable; alors ils emportent tout avec eux, leur cabanes, leurs provisions pour vivre, leurs chiens & leurs armes, & parquent au milieu des champs. D'autres se contentent de parquer la nuit seulement, c'est à dire, d'aller dans un champ où il y a du pâturage, d'y faire une enceinte avec des clayes ou des filets suffisamment grands, pour contenir le Troupeau qu'ils y veulent mettre, & de la bien tenir fermée; le Pastre y roule sa cabane & la plaçant dans un coin du parc, il y couche accompagné de ses chiens, qui veillent à la garde de son Troupeau, & muni de quelques armes à feu pour en éloigner les Loups, qui rodent toûjours aux environs pour tâcher d'attraper quelque proye. La figure qui suit fera connoître plus aisément ce que c'est que ce Parc.

Explication de la Planche III.

1. Clayes dont le Parc est entouré.
2. Pieux qui soutiennent les clayes.
3. Cabane du Berger.
4. Troupeau de Brebis pressées l'une contre l'autre par la frayeur qu'elles ont des loups qui rodent au tour du Parc.
5. Maître Berger.
6. Chiens du Berger animez aprés les Loups.
7. Loups qui cherchent à entrer dans le Parc, & un autre qui est culbuté par les chiens.
8. Panetiere du Berger, dans laquelle il porte sa provision pour vivre.
9. Houlette du Berger qui luy sert à chasser les Moutons.
10. Autre petit Berger qui crie au Loup.

ON voit dans cette planche une Lune, des Etoiles & des Oiseaux qui dorment sur des arbres, ce qui represente une nuit, parce que ce n'est ordinairement que la nuit qu'on parque.

L'usage des Parcs est tres-avantageux dans les pays où il se pratique, c'est le moyen de bien amander une terre, qui reçoit toute la fiente du bétail qui y couche : quand le champ est dépoüillé de pâturage, & qu'on juge qu'il est assez engraissé, on change le Parc, & l'on va le planter dans une autre terre; on en agit ainsi successivement & durant tout l'Eté. Dans les pays chauds, ce parcage se fait presque toute l'année, tant que les beaux jours le permettent. La coûtume de parquer est fort ancienne, Virgile en fait mention dans le troisiéme Livre des Georgiques, & il faut remarquer qu'un champ fumé par le Troupeau qui y a parqué, doit être aussitôt labouré pour en couvrir l'engrais, qui autrement perdroit sa vertu.

Le changement de pâturage profite merveilleusement bien aux Brebis, c'est pourquoy il y en a pendant les grandes chaleurs, qui menent paître leurs Troupeaux dans les vallons à couvert des grandes ardeurs du soleil, & qui lorsque l'air est temperé, ou qu'il fait un peu frais, les conduisent sur les montagnes pour y brouter le serpolet, & d'autres herbes odoriferantes, dont le bétail à laine est tres-friand. Mais revenons aux Agneaux que nous avons laissé pêle mêle avec leurs meres dans les champs, & disons comment ils doivent être choisis quand on les veut élever pour augmenter le Troupeau.

Choix des Agneaux pour élever, & du temps de les châtrer.

CHoisissez toûjours les plus beaux, les plus chargez de laine; leur toison pour le mieux doit être blanche, il faut nourrir peu d'Agneaux qui soient noirs, il suffit d'en prendre de dix blancs un noir, parce que cette laine ne se vend pas si bien que l'autre, il est vray qu'on s'en sert toute naturelle qu'elle est, pour faire de certaines étoffes, dont on habille les Domestiques en déduction de leurs gages.

Pour élever les Agneaux mâles, il faut les châtrer tous à la reserve de deux ou trois qu'on laisse entiers pour avoir des Beliers, au cas qu'on se trouve en avoir besoin, sinon on les châtre tous. Il faut qu'ils ayent cinq à six mois avant qu'on leur fasse cette operation, & pour y réüssir on leur fait ordinairement une incision à la partie génitale, par où on leur ôte les testicules; il y a des gens fort habiles en cela & qu'on paye exprés.

Il est bon d'observer ce qui suit quand on veut châtrer les Agneaux. Il faut qu'il ne fasse ni trop chaud ni trop froid. Dans le premier cas la gangrene est à craindre, & quand il a gelé, la playe a trop de peine à se consolider; on châtre les Agneaux de deux manieres; nous avons déja parlé de celle qui se fait par incision; en voicy une autre qui se pratique de la maniere qui suit.

Si les Agneaux sont nez en Novembre, on les châtrera au mois de Mars suivant; si c'est en Janvier, cela se fera en Avril, & pour cela prenez un cordeau avec un lacs, & mettant le dos de l'Agneau sur vôtre estomac, prenez-luy les testicules avec ce lacs, prenez l'un des bouts de ce cordeau dans une main & l'autre sous le pied, serrez-le jusqu'à ce qu'il détache les testicules du lieu où elles tiennent, ce qui se fait aisément sans qu'il soit besoin de les leur couper. Cette operation suffit pour les rendre inhabiles à saillir les Brebis. Cela fait, frottez-leur la partie affligée avec du sain doux, afin que la bourse n'enfle point. Il arrive quelquefois que les Agneaux nouvellement châtrez sont tristes, & semblent être dégoûtez, mais il ne faut pas s'étonner de cela, au bout de deux jours ils reprennent leur gaïeté & bondissent comme auparavant.

Il faut remarquer que pendant que les Brebis passent la nuit aux champs dans des Parcs, les Bergers doivent prendre le soin de les traire le soir, afin que le lait ne soit point perdu. Un petit Valet ou quelqu'autre personne a soin de l'aller querir pour le porter à la maison. Ce ménage est trop de consequence pour le négliger, & ce seroit dommage de laisser inutilement dissiper ce lait. On continuë de traire les Brebis jusqu'à ce que les froidures de l'Automne; & le temps qu'elles ont conçu, les fasse tarir. Remarque.

Il ne suffit pas de s'étudier à augmenter tous les ans son Troupeau de nouvelles bêtes à laine, il faut songer aussi à se défaire des vieilles, afin qu'il se renouvelle mieux. La fin du mois d'Avril est le temps qu'on se doit donner du mouvement pour cela, & l'on appelle une Brebis, ou un Mouton vieux, lorsqu'il a quatre à cinq ans.

Les bêtes à laine qui sortent de l'Hyver se ressentent encore au mois d'Avril des mauvais effets que les fourages ont produit en elles; elles sont maigres la plûpart, ou tres-peu en bon corps. On sépare celles dont on veut se défaire, on les vend vétuës ou dépoüillées de leur toison, cela dépend de la fantaisie; mais on conseille, où les pâturages sont fertiles & propres pour la nourriture des Moutons, d'en tirer la toison, & de les faire engraisser pour les vendre, il n'en coûte presque que la garde, & c'est peu de chose en comparaison de l'argent qu'on en reçoit quand ils sont gras. Il y a donc la laine & la graisse qui augmente le revenu des Moutons, quand on ne les vend pas à la sortie de l'Hyver. La maxime n'en est supportable qu'à ceux qui habitent des lieux où les pâturages sont ingrats. Parlons de la laine d'abord, & disons quand on en fait la recolte.

Saison de tondre les Brebis.

ON tond les Brebis & les Moutons au mois de May, plus ou moins avant dans ce mois que l'Eté est plus ou moins chaud. Cette tonte se fait en ce temps pour deux raisons. La premiere, pour profiter de leur dépoüille ; & la seconde, pour faire que l'Eté suffise pour leur faire acquerir une nouvelle toison. Dans les pays où l'on tond les Brebis deux fois l'année, on commence la premiere tonte au mois de Mars, & la seconde au mois d'Aoùt. Il est rare en France de faire cette operation deux fois l'an ; la laine de la seconde tonte n'est jamais si bonne que celle de la premiere. La recolte de la laine se fait en Piedmont jusqu'à trois fois de quatre mois en quatre mois, à commencer en Mars. Dans les climats septentrionaux, on retarde cette tonte jusqu'au mois de Juillet ; car il ne faut pas que le temps soit froid si cela étoit, les Moutons & les Brebis dépoüillez de leur toison se morfondroient entierement, & amasseroient la toux; qui est une maladie dangereuse pour ce bétail.

Le jour qu'on choisit pour tondre les Brebis doit être serain & agité d'aucun vent : on n'aura point égard à la Lune, parce que cet astre ne fait ni bien ni mal à cette tonte. On aura soin ensuite de mener le Troupeau le long d'une riviere, ou d'un ruisseau dont l'eau sera fort claire, & dans laquelle on lavera bien les Brebis l'une aprés l'autre, afin que la laine en soit plus nette, puis lorsqu'elles sont retournées à l'Etable, on leur y tient de la litiere toute fraîche, crainte que cette laine ne se gâte ; il y a des pays où l'on tond les Brebis sans les laver.

Le lendemain dés huit heures du matin on se met en devoir de tondre le Troupeau, & pour cela on prend de bonnes forces, qui sont des especes de ciseaux ; on lie l'animal par les quatre pieds, on l'étend sur une nape ou sur un van, & on luy coupe la laine le plus prés de la chair qu'il est possible, sans pourtant la blesser. Si neanmoins il arrivoit qu'ayant la main trop pesante, on y fist quelque taillade, il faudroit avoir du vieux oing, ou du sain doux, en frotter la playe, elle guériroit dans peu de temps. Il y en a qui se servent pour cela de poix fonduë, mêlée d'huile de noix, ou bien ils frottent ces Brebis de suye de cheminée, ou de charbon pilé, afin, disent-ils que les mouches ne les incommodent point.

Il y en a à mesure qu'ils tondent les Brebis, & aprés qu'elles sont tonduës, qui leur frottent tout le corps avec de l'huile mélée d'un peu de vin, ce remede repercute les parties trop volatiles du sang, qui venant à se jetter & se fixer à la peau, pourroient y causer quelque mal. Outre que cela ouvre les pores, & fait que la laine en revient plus touffuë & plus belle : on ne sçauroit dire positivement combien une Brebis ou un Mouton peut rendre pesant de laine, les uns en donnent plus les autres moins.

Il faut être bien soigneux de conserver cette laine, soit que les Moutons la portent encore ou qu'elle soit tonduë : Dans le dernier cas la vermine s'y met, si on ne prend garde où on la met, ce qui la diminuë beaucoup de prix : quant à la toison dont le Troupeau est encore revêtu, on le nourrira bien, c'est le moyen qu'elle ne tombe point avant la tonte. Il faut donner souvent de la litiere aux Brebis & Moutons, parce que leur fiente endommage beaucoup leur laine. Varron rapporte là dessus que dans le Tarentin, & le pays d'Athenes, on couvroit de peaux les Troupeaux à laine, crainte qu'elle ne se gâtât, & qu'on ne fût obligé de la teindre, de la laver, ou de l'aprêter. C'est pourquoy ces peuples étoient fort soigneux de tenir leurs Crêches & leurs Etables fort nettes, de maniere qu'ils les faisoient paver, afin que l'urine de ces animaux s'écoulât plus aisément. On sçait combien autrefois on faisoit cas de ces laines; ce qu'on en raporte ici est moins pour imiter ces peuples dans cette maniere d'agir, que pour inviter ceux qui ont des Brebis & des Moutons d'être beaucoup attentifs à conserver leur laine en quelque état qu'elle soit.

De re rust. lib. II.

Du temps de tondre les Agneaux.

A l'égard des Agneaux, on les tond au commencement de Juillet, que leur laine pour lors est assez forte pour que les ciseaux y puissent mordre, il n'y a rien autre chose à observer que ce qu'on a dit à l'égard des Brebis.

Comment engraisser les Moutons.

IL n'est plus question à present que d'engraisser les Moutons & les Brebis dont on veut décharger le Troupeau, & pour y réüssir on les met dans une Etable separée, on les mene aux champs dés la pointe du jour pour paître l'herbe encore toute humide de la rosée; à la difference des bêtes à laine, qu'on nourrit pour garder : cette rosée, il est vray, contribuë à leur faire prendre graisse; mais il ne faudroit pas qu'elles passassent l'Hyver aprés une telle nourriture, leur foye se corromproit entierement, & mourroient toutes languissantes.

On aura soin, autant qu'il sera possible, de mener paître ce bétail dans les champs nouvellement moissonnez, de le faire boire, de luy donner de temps en temps un peu de sel pour l'y provoquer, de se tenir à l'ombre pendant le plus grand chaud du jour, de ne le point tourmenter, & de l'enfermer à l'Etable ou au Parc, lorsque le soleil est couché; il ne faut se donner ces soins que pendant trois mois pour bien engraisser un Troupeau de bêtes à laine. On engraisse aussi les Beliers de cette maniere; mais il convient de les faire châtrer auparavant; sans cette operation, la peine qu'on prendroit aprés seroit inutile.

Comment les engraisser l'Hyver.

LEs Moutons qu'on garde pour l'Hyver, seront nourris avec les Brebis ordinaires, & pour en avoir de gras pendant le froid, on les met dans une Etable à part à la fin de Septembre, on les y nourrit de bon foin, on les y abreuve, & on met dans leur eau un peu de sel, on leur fait manger de l'avoine & des pelotes de farine d'orge ou d'autre grains, ces alimens les engraiffent à merveille en Hyver, où pour lors ce seront des Moutons bien chers, on ne perd point sa nourriture aprés ce bétail, tout s'y employe avec usure.

De plusieurs autres soins que doit prendre un Berger.

IL faut que celuy qui a soin de la Bergerie la cure deux fois l'année seulement, la premiere au mois de Mars, & la seconde à la fin du mois d'Août; on met ce fumier dans la basse-cour pour le laisser consommer avec les autres qu'on mêle parmi, & aprés que l'Etable est nette, il est bon de la parfumer d'encens ou d'autres aromats qu'on y fait fumer; cette fumigation en chasse l'air grossier, & est tres-salutaire pour les Brebis. Brûlez, dit Virgile, du bois de cedre dans vos Etables; mais comme ce bois est rare, on y en brûle d'autre, dont l'odeur est agreable, tel que peut être le Geniévre.

Virg. Geor. l. 3. Colum. l. 7. c. 4.

Chassez-en les serpens, dit le même Auteur, par l'odeur du Galbanum; on se sert à la place de cette drogue de cheveux qu'on fait brûler, ou de cornes de cerf ou d'ongle de Belier; les couleuvres sont la peste des Bœufs & des Vaches & le poison du bétail à laine, chassez-les à coup de pierres & à grands coups de bâtons, quoiqu'elles s'élevent contre vous avec un air menaçant & qu'elles sifflent en s'enflant le cou. Cependant comme elles s'enfuyent, elles cachent leur tête dans un trou, & on leur coupe la moitié du corps. Ce reptile dangereux téte souvent les Vaches & les Brebis, ce qui leur cause un notable préjudice; il y faut veiller, ainsi qu'aux maladies qui les attaquent, & dont voicy le détail.

Maladies des Brebis: moyens de les en guérir.

La Galle.

LEs Brebis deviennent galleuses si des pluyes froides ou les frimats les penetrent jusqu'au vif, ou lorsqu'aprés les avoir tonduës il leur reste quelque incision legere que l'on n'a pas bien lavée, & que des ronces leur ont déchiré le corps. Les uns les frottent de marc d'olives mêlé de vif argent, de souphre, de poix de Bourgogne, d'oignon pilé & de bitume. D'autres prennent du camphre qu'ils font boüillir avec de l'huile d'olive, ou avec du beurre: d'autres se servent de fleur de souphre, du blanc rasis, du camphre & de la cire; ils mettent fondre le tout ensemble, & l'incorporent bien, puis aprés en avoir frotté trois fois la Brebis, ils la lavent avec du lessiu, autrement dit, *Eau de lessive*; puis pour la derniere fois avec de l'eau commune; ces mêmes remedes s'emploïent pour détruire les poux des bêtes à laine.

Virg. Geor. l. 3. Belle Forêt.

Il y en a qui pour guérir les ulceres de la galle, en coupent les extremitez; car le mal augmente & dure s'il demeure long-temps caché, & que le Berger néglige d'y appliquer les remedes necessaires. Si le mal a gagné les Brebis jusqu'au dedans des os; s'il y cause des douleurs cuisantes, & que l'ardeur de la fiévre ronge le corps, il est important d'ôter ce feu, de les saigner à la veine d'entre les ongles des pieds, &

les empêcher un peu de boire ; d'autres veulent que cette ſaignée ſe faſſe à la veine de l'œil droit.

Une Brebis ou un Mouton atteint de ce mal, va ſouvent ſe mettre à l'ombre ; il broute l'herbe negligemment, il marche le dernier, il s'arrête en paiſſant au milieu de la campagne, & il ſe retireroit ſeul ſi l'on n'y prenoit garde quand il ſeroit la nuit fermée, mais le Berger qui doit veiller à ſon Troupeau, ſitôt qu'il s'en apperçoit, doit y prendre garde, & ſoigner l'animal qui eſt malade.

Les orages & les vents impetueux, dit Virgile, ne ſont pas plus frequents ſur mer que les maladies contagieuſes des beſtiaux ſont nombreuſes: elles ne les attaquent pas ſeulement en particulier, mais tout le Troupeau enſemble, les meres & les petits dans les chaleurs exceſſives de l'Eté. Qu'on prenne bien garde de ne point laiſſer inveterer cette contagion, qui ſe manifeſte par une ſoif ardente qui devore ce bétail, par leurs yeux enflez & troublez; leurs levres baveuſes, leurs corps chancelans. Il faut d'abord qu'on apperçoit quelque Brebis atteinte de ce mal, qui eſt incurable, la jetter à la voirie, & ſortant tout le Troupeau de l'Etable, la parfumer avec de bons aromats, en ôter tout le fumier & luy donner de l'air pour laiſſer exhaler ce qu'il y a d'infect, aprés cela on y remet le Troupeau, mais il faut huit ou dix jours de temps pour rendre ſalubre cette Etable. Georg. l. 3.

Les Brebis ſont quelquefois attaquées du Claveau ou clavelée, comme on voudra dire ; ce mal eſt fort dangereux, & on le connoît par pluſieurs taches qui paroiſſent comme des clouds ſur la peau de ce bétail. Quand ce mal n'a pas été negligé on peut le guerir avec de l'alun, du ſouphre & du vinaigre mêlé enſemble, ou avec de la noix de galle brûlée & raclée, miſe dans du vin, & appliquée exterieurement. Claveau ou Clavelée.

La rogne eſt encore une fâcheuſe maladie pour les Brebis, elle leur cauſe une langueur extrême, qui ſouvent leur donne la mort ; elle leur ſurvient au menton, & eſt cauſée par des pluyes froides qui les morfondent : il faut ſeparer les Brebis rogneuſes d'avec les autres, elles les empêchent de manger ; & pour y remedier, prenez de l'huile de chenevis, de l'alun de glace, & du ſouphre vif, faites un onguent du tout & en frottez le muſeau de la Brebis. Rogne.

L'ardeur du ſoleil, principalement celui du mois de Mars, ou de la canicule, eſt dangereuſe de bleſſer le cerveau des bêtes à laine, de maniere qu'elles ne font que tourner ſans vouloir manger ; ce mal eſt appellé *Avertin*, en quelque païs, & on le guérit par un ſuc de poirée ou bettes blanches, qu'on fait avaller à la bête malade, & des feüilles de cette même plante qu'on luy donne à manger ; ou bien on prend du jus d'orvale ou toute bonne, qu'on luy inſtile dans l'oreille. Quelques-uns ſaignent la Brebis à la veine du nez, & juſtement au milieu, le plus haut qu'il eſt poſſible ; elle s'évanoüit tout d'un coup, & revient aprés ; quelquefois auſſi elle meurt de ce mal, qu'on connoît encore ſous le nom de *Sang*, parce qu'on prétend que cet étourdiſſement ne provient que par des parties d'un ſang extrémement agité. Etourdiſſement.

Pour guérir la toux qui incommode les Brebis, on leur fait boire le matin avec une petite corne de l'huile d'amande douce, mêlée dans un La Toux.

peu de vin blanc, le tout tiede, puis on leur donne à manger d'une herbe appellée *Tussilage*, ou pas d'âne, c'est ordinairement au Printemps que ce mal les prend. Si c'est en un autre temps donnez-leur du fenugrec concassé avec du cumin.

Courte haleine.

On voit quelquefois que les Brebis ont peine à respirer, ce qui leur provient par quelques obstructions qui se forment dans les conduits du nez, & pour leur rendre la respiration libre, on leur fend les nazeaux, ou bien on leur coupe le bout des oreilles.

Ventre enflé.

Quelquefois les Brebis deviennent enflées pour avoir mangé de mauvaises herbes, & on les guérit de cette enflûre en leur faisant avaller environ un bon verre d'urine d'homme, ou gros comme un pois d'orvietan détrempé dans un verre d'eau, & les saignant aux veines des lévres ou à celles qui sont prés du fondement.

Morve.

Il n'y a pas de maladie plus dangereuse pour les bêtes à laine que la morve, c'est un écoulement par les naseaux d'une grande quantité d'humeurs visqueuses blanches ou rousses; ce mal provient des poulmons vitiez & se décharge ordinairement par les conduits de la respiration en si grande abondance, que souvent une Brebis ou un Mouton en sont en deux jours suffoquez. La cure de cette maladie est toûjours fort douteuse, & lorsqu'elle est entierement formée, il n'y a plus de remede: mais pour tâcher d'y remedier, s'il y a moyen, on prend gros comme une noix de souphre, on le fait fondre dans une cuilliere de fer, puis on le jette tout boüillant dans un demi septier d'eau, on en retire le souphre, qu'on fait fondre encore une seconde fois, puis on le jette dans la même eau qu'on donnera à boire à la Brebis morveuse; on ne s'est pas plûtôt apperçu de ce mal, qu'il faut séparer du Troupeau les Bêtes qui en sont attaquées, crainte que les autres Brebis ne léchent cette humeur, qui en tombant s'attache aux rateliers, & dont elles sont friandes à cause du sel dont elle est empreinte. Il ne faudroit que cela pour les infecter toutes; & les faire mourir. Il est rare qu'une Brebis morveuse échape de ce danger, & le malheur veut que le plus souvent on soit obligé de les jetter à la voirie.

Brebis boiteuse.

Si la Brebis devient boiteuse pour avoir les ongles trop amollis par sa fiente, où elle aura demeuré trop long-temps, vous prendrez plein une cuilliere de fer de vieille huile de noix ou d'olive, gros comme le pouce d'alun pulverisé, faites boüillir le tout, & quand il sera réduit en onguent vous en frotterez chaudement l'ongle de la Brebis boiteuse, & aprés avoir coupé ce qui en est gâté, il s'endurcira. Il y en a qui ne se servent que de chaux vive pulverisée qu'ils appliquent sur l'ongle l'espace d'un jour seulement, puis ils y mettent du verd de gris, changeant ainsi alternativement de remede, jusquà ce que l'ongle soit entierement refait.

Maladies des Agneaux.

Fiévre.

Les Agneaux ont leurs infirmitez particulieres, la fiévre quelquefois les saisit, & l'on s'en apperçoit lorsqu'ils sont dégoûtez, qu'ils ont le front extrémément chaud, & qu'ils ne tétent point leurs meres, alors, on les sépare, puis on en prend le lait qu'on leur fait avaller, mêlé dans de l'eau de pluye.

Ils

Ils sont sujets aussi à une espece de gratelle qui leur croît au menton, pour avoir mangé des herbes couvertes de rosée. Pour remede on prend de l'hysope avec du sel broyé ensemble, & on en frotte le palais, la langue & tout le museau de l'Agneau, puis on lave les ulceres avec du vinaigre, aprés quoy on les frotte avec de la poix resine fonduë dans du saindoux. Il ne nous reste plus dans ce Chapitre qu'à parler des effets bons & mauvais que produisent la chair & quelques parties des bêtes à laine, tant dans les alimens qu'en Medecine; cet article est assez necessaire pour ne le point passer sous silence. Gratelle.

Des bons & mauvais effets que produisent la chair & quelques parties des bêtes à laine dans les alimens & en Medecine.

On fait grand cas de la chair de Mouton, elle est nourrissante, de facile digestion, & fournit un bon aliment. Chair de Mouton, ses effets.

Celle de Brebis a les mêmes effets quand elle est jeune & en bon corps, autrement elle a le goût insipide, elle se digere mal aisément, si ce n'est dans les gens laborieux & robustes qu'on voit qu'elle nourrit assez bien. Chair de Brebis.

La chair de Belier se mange rarement, à moins qu'il n'ait été châtré & engraissé aprés, parce qu'auparavant cette chair a une odeur désagreable & une saveur forte qui approche de celle du Bouc. Chair de Belier.

Pour l'Agneau il est humectant & rafraîchissant, il nourrit beaucoup & adoucit les humeurs âcres & picotantes; la chair d'Agneau doit être choisie tendre, blanche & délicate, le temps qu'on le mange le plus ordinairement est le Printemps. Chair d'Agneau.

On employe le fiel de Mouton pour déterger les yeux, & l'on se sert de son suif interieurement pour arrêter la dissenterie. On le mêle dans les onguens, dans les emplâtres & dans les pomades pour résoudre & pour adoucir. Fiel de Mouton, son suif.

On employe le fiel d'Agneau dans l'épilepsie, on en prend depuis deux goutes jusqu'à huit dans du vin ou dans de la tisane. Fiel d'Agneau.

On dit que la caillette qui se trouve au fond de l'estomac de l'Agneau est un specifique contre le venin, on s'en sert aussi pour faire cailler le lait. Ses caillettes.

Le lait de Brebis contient moins de petit lait que les autres, mais beaucoup de parties caséeuses & butyreuses qui le rendent gras, épais & tres-propres pour faire de bons fromages; on en use comme du lait de Vache dans les lieux où il n'y en a point d'autre. Quelques-uns estiment plus les fromages de Brebis que ceux de Vache, parce qu'il se digere plus aisément, qu'il n'est pas d'une substance si grossiere ni si compacte; on prétend neanmoins qu'il n'est pas si nourrissant. Lait de Brebis. Fromage Brebis.

La fressure de Mouton recemment tué, appliquée sur la tête, est souveraine pour la frenesie, & pour appaiser les douleurs de tête insupportables; son poulmon desseché & mis en poudre guérit les mules. Fressure de Mouton. Son poulmon.

La laine de Mouton cruë, c'est à dire, qui n'a pas été lavée, qui est toute grasse, résoût les tumeurs, on en met principalement sur celles qui croissent sous la gorge, avec un peu d'huile de camomile. Sa laine.

CHAPITRE XVII.

Des Cochons & des Truyes, de la conduite qu'on doit garder à leur égard, & à quoy propres, tant en aliment qu'en Medecine.

LE Cochon est l'animal le plus immonde qu'il y ait, & on peut dire en même temps un de ceux qui enrichit le plus une Basse-cour; une Vache, une Brebis se contente, pendant un an, de donner leur fruit une seule fois, & un ou deux petits à chaque portée; au lieu qu'une Truye produit deux fois l'année, & donne à chaque ventrée depuis dix jusqu'à quinze petits Cochons. Malgré cette fecondité, neanmoins on ne voit pas tant élever de ces animaux que de Brebis; il n'y a que dans les pays où l'on en fait un grand commerce, encore sont-ce des gens qui les font acheter de Ferme en Ferme, & qui en font un amas pour les mettre à laglandée, pour aprés les vendre dans les Foires ou dans les Marchez particuliers.

Mais supposons que dans un gros Domaine un Receveur voulût nourrir plusieurs Cochons, & qu'il ait pour en multiplier l'espece des Verrats & des Truyes. (Un Verrat est un Cochon qui n'est point châtré, & qui sert à soüer les femelles.) Supposé donc ce qu'on vient de dire, il faut luy choisir un Porcher pour les conduire.

Comment choisir un Porcher.

CE Porcher aura dix-huit à vingt ans, parce qu'il faut qu'il soit un peu robuste pour bien gouverner ce bétail; il sera matineux pour mener les Cochons aux champs, il veillera à ce qu'ils n'aillent point en dégât, & il épiera le terme que les Truyes devront cochonner, tant pour les secourir alors dans leurs besoins, que pour les empêcher de manger leur arrierefaix aprés avoir mis bas leurs petits. Leur gourmandise les rend sujettes à ce défaut, qui leur est préjudiciable.

Il faut encore qu'un Porcher ne soit point yvrogne, qu'il soit actif, moderé dans ses emportemens, parce que les Cochons donnent quelquefois beaucoup de tablature à leur conducteur, qui pourroit dans sa colere en estropier quelques-uns, & qu'il sache l'art de les attirer doucement par quelques apâts qui leur jettera.

Du choix d'un Verrat, & à quel âge il faut le donner aux Truyes; comment doit être une Truye pour être bonne.

Colum. l. 7. c. 9.

POur multiplier la race des Cochons, il faut des Verrats & des Truyes; le Verrat est le mâle, & doit étre choisi grand de corps, plus quarré que long, ayant le ventre avallé, les fesses grandes & larges, les jambes peu grosses & courtjointées, le cou grand & gros, le groüin court & camus, & les yeux petits & fort ardens aprés les Truyes; on peut donner un Verrat aux Truyes dés qu'il a un an, & il est propre à engendrer jusqu'à quatre. Il y a des Verrats qui sont amoureux dés six mois, mais ils n'en valent pas mieux à souër les Truyes de si bonne heure, cela les énerve, & fait qu'ils ne durent pas tant, & que souvent pour s'être trop épuisé de semence, on a de la peine à les engraisser aprés qu'on les a châtrez. Il ne faut que dix Truyes pour un Verrat.

Combien de Truyes à un Verrat.

Pour la Truye elle doit être longue de corps & d'une race à produire beaucoup de Cochons à chaque ventrée, au reste choisie dans toutes ses parties comme le Verrat. Une Truye est feconde pendant sept ans si on a sçu la ménager, c'est à dire, si on ne lui laisse que tres-peu de Cochons à nourrir; car plus elle en alaite, plûtôt elle se passe; elle commence d'entrer en chaleur dés sa premiere année. Le Verrat ne dure pas si long-temps, à cause qu'il est trop lascif.

Sa premiere chaleur.

La Truye porte ses petits quatre mois, & cochonne dans le cinquiéme, deux fois l'année, commençant à rentrer en amour trois semaine ou un mois aprés qu'elle a mis bas ses cochons, quoiqu'elle les nourrisse toûjours, à moins que le trop grand nombre qu'elle alaite ne l'amaigrisse & par ce moyen ne diminuë en elle l'ardeur d'apeter sitôt le mâle. Quand la Truye est en chaleur elle cherche les chemins où il y a de la bouë pour s'y veautrer. Une Truye doit donner à chaque ventrée qu'elle fait, autant de cochons qu'elle a de tetins à la mammelle; si elle en donne moins, c'est une marque qu'elle n'est point feconde, il faut s'en défaire; si elle en donne davantage, c'est un prodige.

Sa portée.

Varro de re rust. l. II.

La meilleure saison pour faire cochonner les Truyes est le temps de la moisson, c'est pourquoy il faut, autant qu'on le peut, les faire soüer au mois de Février. La moisson est une saison où tout abonde en grain & en herbages, où les Truyes se remplissent le mieux, & où elles amassent le plus de lait, ce qui contribuë entierement à l'accroissement des petits Cochons qu'elles nourrissent, & qui, à l'aide de la glandée qui suit de prés, deviennent beaux dés la premiere année, sans qu'il en coûte beaucoup, de maniere qu'aprés ce temps on peut les tuer.

Quand faire soüer les Truyes.

Les petits Cochons qui naissent au mois de May sont encore fort bons, parce que leurs meres ne manquent point d'herbes pour pâturer; outre cet aliment on jette encore aux Truyes du grain, afin de les tenir en meilleur corps, & capables de survenir plus abondamment à la nourriture de leurs petits. Les Cochons qui naissent en Hyver s'élevent plus difficilement, à cause des froidures qu'ils ne supportent qu'avec peine. Cependant lorsque cela arrive, il ne faut pas les negliger, on les tient bien chaudement dans leur Etable; on a soin de bien nourrir les meres, & de ne leur épargner ni son ni grain, soit gland ou autre.

Varro de re rust. l. II.

En quelque temps que ce soit qu'une Truye mette bas, il est bon toûjours de la décharger d'une partie de ses Cochons, afin qu'elle éleve mieux ce qui luy en reste, principalement si l'on est prés des Villes où l'on puisse en avoir le débit. Sept ou huit petits Cochons suffiront pour une Truye, tandis que les autres seront envoyez au marché au bout de quinze jours ou trois semaines; & comme les mâles sont preferables aux femelles, on en garde toûjours quatre pour une femelle, & on ne les sévre qu'à deux mois.

Il eſt bon d'avoir deux Etables ſéparées, l'une pour mettre les Verrats, & l'autre pour enfermer les Truyes, parce que ceux-là ſeroient dangereux de faire avorter les meres, ou de manger leurs petits Cochons ſitôt qu'ils ſeroient nez. Cette Etable ou ce toît aura ſon aire pavée de grés, afin que les Cochons ne puiſſent la foüiller avec leur groüin, & qu'un air corrompu ne les y infecte pas. On en fera la porte avec des barreaux de bois éloignez l'un de l'autre de quatre pouces.

Suite des ſoins du Porcher.

Nous avons déja dit quelque choſe de ce que devoit faire un Porcher pour bien gouverner les Cochons; voicy encore quelques ſoins qui le regardent, & qui ne ſont pas moins eſſentiels que les premiers.

Quoique les Cochons ſoient naturellement tres-ſales, & qu'ils ſe veautrent dans la boüe quand ils en trouvent, cependant ils aiment à l'Etable la paille fraîche, & plus on les y entretient nettement, plus ils deviennent beaux.

Quand mener paître les Cochons.

LE Porcher aura ſoin depuis le mois de Mars juſqu'en Juillet, de mener paître les Cochons dés le matin, aprés neanmoins que le Soleil aura diſſipé la roſée; parce que cette humeur gâte interieurement ce bétail. Depuis la fin de Juillet juſqu'au commencement d'Octobre, il les fera ſortir dés la pointe du jour juſqu'à dix heures du matin dans l'une & l'autre ſaiſon, & depuis deux heures aprés midy juſqu'au ſoir. Mais depuis le mois d'Octobre juſqu'en Mars ces Cochons reſteront toute la journée aux pâturages, & ils y ſeront conduits le plus matin qu'il ſera poſſible, excepté lorſque le temps eſt tout dérangé, qu'il pleut, qu'il nége, ou que les Aquilons ſe faſſent rudement ſentir. Un Porcher peut conduire quarante ou cinquante Cochons de differens âges.

Nourriture ordinaire des Cochons.

LEs Cochons s'élevent tres-bien en tout pays, ſoit terres labourables en friche, montagnes ou vallons, mais à la verité beaucoup mieux en païs aquatiques, parce qu'en ceux-là ils y trouvent dequoy ſe veautrer pendant les grandes chaleurs, ce qui leur fait beaucoup de plaiſir. Ces animaux aiment beaucoup les Forêts, il s'y trouve du gland, des faânes, des châtaignes, & toutes ſortes de fruits ſauvages, qui eſt la nourriture qui leur plaît le plus. C'eſt dans ces endroits qu'ils prennent une bonne graiſſe ſans qu'il en coûte beaucoup; on a ſoin auſſi pour cela d'amaſſer du gland pour n'en point manquer pendant l'Hyver, de leur donner à la maiſon des fruits verds que les vents ont abatus avant leur maturité, & toutes ſortes de fruits pourris. Les figues leur ſont tres-bonnes; d'où vient qu'on leur en donne dans les païs où elles ſont abondantes.

Les Jardins fourniſſent preſqu'en tout temps aux Cochons dequoy les bien nourrir. Les choux, les raves, les naveaux, les citroüilles, les concombres & les melons, tout cela leur ſert d'un aliment ſolide pour l'arriere ſaiſon; les olives boüillies & données aux Cochons leur ſont tres-bonnes ; c'eſt pourquoy on en fait proviſion dans les contrées où il y croît beaucoup d'oliviers pour s'en ſervir pendant toute l'année : on employe encore tres-utilement pour la nourriture des cochons les feüilles de pluſieurs arbres differens, comme de Figuier, de Noyer, de Mûrier, d'Orme & de Vigne, dont on fait amas, & qu'on met ſecher ſur quelque plancher pour les faire boüillir aprés, & les donner ainſi mêlées d'un peu de ſon aux Cochons, cet aliment les entretient parfaitement bien.

Naturel des Cochons.

Les Cochons ne ſont jamais raſſaſiez de manger ou de dormir, auſſi ſont-ils toûjours l'un ou l'autre, c'eſt ce qu'on ſouhaite en eux, parce qu'ils engraiſſent plûtôt. Ces animaux ſont ſi gourmands que non contens d'avoir pâturé, ils veulent encore qu'on leur donne quelque choſe au retour des champs, principalement en Hyver. Les uns leur font chauffer les lavûres des écuelles, ou le petit lait qui dégoute des fromages ; d'autres ſe contentent de prendre de l'eau, de la faire chauffer, & d'y mettre dedans des herbes champêtres avec du ſon.

Il eſt à propos de leur en faire autant le matin, ou de leur jetter un peu d'orge pour greneter ; tous ces alimens les fortifient, & corrigent la crudité de la mauvaiſe nourriture qu'ils ont priſes dans la campagne, c'eſt ainſi qu'étant traitez de longue main, ils profitent à vûë d'œil.

Outre que ce ſoin qu'on prend des Cochons les maintient en bonne chair, l'eſperance qu'ils ont d'avoir de tels mets à la maiſon, fait qu'ils ne s'en écartent point, qu'ils y dreſſent droit leurs pas, & que par conſequent on a moins de peine à les ramener.

De la neceſſité de châtrer les Cochons, quand faire cette operation, & à quel âge.

POur bien engraiſſer les Cochons, il faut les châtrer ; ſans cette operation on ne peut en venir à bout. La raiſon eſt qu'il ſe fait aſſez ſouvent une perte conſiderable des principes les plus ſpiritueux, & les plus balſamiques de la maſſe de leur ſang par les parties de la génération. Or ce changement de temperamment, cauſé par ce manque de l'émiſſion ſeminale fait que la portion du ſang qui devoit former la ſemence, ſe convertit en la ſubſtance du corps.

Le temps de châtrer les Cochons eſt le Printemps ou l'Autómne, que les chaleurs ni le grand froid ne ſe font point ſentir Il faut que l'air ſoit temperé, autrement il y auroit trop de danger : on châtre les Cochons depuis quatre mois juſqu'à ſix ; & tout au plus à un an, encore eſt-ce trop tard. Quand ils ſont châtrez plus jeunes ils en croiſſent bien mieux ; c'eſt par inciſion que ſe fait cette operation ; il y a des gens qui y ſont fort experts, & qu'on paye pour cela. La plûpart des Chaudronniers s'en mêlent, c'eſt pourquoy on n'a pas jugé à propos de s'étendre ſur cette matiere.

Aprés qu'on a nourrit les Cochons pendant ſix mois, on ſonge à les engraiſſer pour les tuer ou pour les vendre.

De la maniere d'engraisser les Cochons dans les Forests.

ON engraisse les Cochons dans les Forests lorsque le gland tombe, ce qui marque sa maturité, & que les châtaignes quittent leur envelope; les Cochons courent avec avidité à ces alimens, ils les mangent d'appétit, comme étant la nourriture qu'ils aiment le mieux. Si l'on veut que les Cochons nourris ainsi engraissent en peu de temps, il faut soigner le soir au retour des champs à leur donner à boire de l'eau tiede mêlée d'un peu de son ou de farine d'yvroye, cela endort ces animaux, & fait qu'ils profitent tres-bien de leur nourriture. Il ne faut qu'un an sans autre soin pour faire prendre aux Cochons une tres belle croissance & de la graisse suffisamment pour être tuez ou vendus. Il y en a qui les laissent deux ans se nourrir dans les bois, & c'est delà qu'on voit des Cochons si gros & si gras; car tant qu'ils vivent, dit-on, ils croissent comme les Bœufs. Cette maniere d'engraisser les Cochons dans les Forests ne convient que lorsqu'on en a un grand nombre, qui couteroit trop à engraisser à la maison, & l'on ne pratique cette methode que dans les lieux où il y a beaucoup de futayes.

Le temps froid est toûjours plus propre à engraisser les Cochons que lorsqu'il fait chaud; il ne se fait pas en eux pendant l'Hyver une si grande dissipation des parties du sang que durant l'Eté, tant leur nourriture se convertit en bonne substance, outre que l'Eté, & dans les saisons où la terre peut se remuer, ils ne font que chercher avec leur groüin des racines & de la vermine, qui n'est pas pour eux un aliment à beaucoup prés si solide que le gland & la châtaigne; & les Cochons mêmes s'amuseroient toûjours à foüiller ainsi, & à se repaître de cette nourriture, qui ne les maintient que mediocrement, si on ne sçavoit y apporter du remede par le moyen de petits anneaux de fer qu'on leur met au groüin avec un petit poinçon pointu. La douleur que ces anneaux leur causent les empéchent de foüiller, & pour lors ils se remettent à manger de meilleures choses qui les engraissent plûtôt. Il y en a au lieu de se servir de ces anneaux, qui leur font une taillade au nez, cette operation a bien le même effet, mais comme elle se cicatrise trop, il faut la recommencer trop souvent, ce qui est incommode.

On ne doit point se contenter que les Cochons mangent du gland dans les Forêts, il faut encore faire une bonne provision de ce fruit à la maison, pour en donner à manger à quelque petit nombre de Cochons choisis au retour de la Forêt, & qu'on tient enfermez dans l'Etable pendant dix ou douze jours, afin d'achever de les engraisser parfaitement; & par ce moyen en faire, comme on dit, *des lards de haute graisse.*

Ce gland sert encore pour bien entretenir à la maison les Cochons qu'on a separé de ceux qui sont gras, & qu'on veut engraisser avec le temps, & pour nourrir ceux qui languissent pour avoir été malades, ou qui sont trop jeunes pour être tuez; enfin on donne à manger de ce gland aux Truyes qui sont pleines, comme à celles qui ne le sont pas & aux Verrats: on leur dispense cet aliment en Hyver & durant le Printemps jusqu'à ce que la saison plus favorable leur permette de trouver par les champs une nourriture qui y supplée.

Secret pour garder long-temps du gland.

IL seroit à souhaiter que le gland se pût garder aussi aisément que bien d'autres grains, dont on use pour donner en aliment aux Cochons, on ne craindroit point d'en faire une bonne provision, cependant on a trouvé quelques secrets pour cela, en voicy un.

Amassez du gland ce que vous jugerez en avoir besoin, ammoncelez-le dans un endroit qui soit sec, laissez-le suer ainsi en monceaux sans le remuer, & à mesure que vous en aurez besoin, prenez-en toûjours par un même côté, afin de ne lui point laisser prendre air, car alors il germeroit, & ce seroit du gland perdu; mais quand une fois ce secret a réüssi on ne doit point craindre d'en faire même un amas pour deux ans, car il arrive rarement que le gland soit abondant deux années de suite en un même endroit, les chênes étant la plûpart d'un génie à ne fructifier beaucoup que de deux années l'une.

Comment engraisser les Cochons à la maison.

POur ce qui regarde la maniere d'engraisser les Cochons à la maison, elle demande d'autres soins; il faut toûjours choisir pour cela un ou deux Cochons d'un beau corps, ou de se servir de ceux qu'on a élevez tous jeunes tels qu'on les a. Il est necessaire, pour bien faire, qu'ils ayent un an ou dix-huit mois, puis on les enferme dans un toît à part avec bonne litiere, soignant de la leur renouveller de temps en temps, parce qu'ils en prennent plûtôt graisse.

Cela observé, les Cochons ont une auge de pierre ou de bois devant eux pour y mettre la nourriture qu'on leur donne, & qu'il leur faut distribuer avec jugement; car qui les en iroit tout d'un coup engoûer, empêcheroit le bon effet qu'elle doit produire, la chaleur naturelle n'ayant pas assez de force pour cuire cette abondance d'aliment qui luy survient extraordinairement, d'où il arrive qu'au lieu de se convertir en un bon suc, elle ne cause que des cruditez qui rendent les Cochons malades.

Or pour y proceder avec ordre, on commence d'abord par donner à ces Cochons des beuvées avec de l'eau dans laquelle on aura fait boüillir des choux ou de gros navets coupez par morceaux ou d'autres herbages de jardin, on y ajoûte du son, comme pour en épaissir l'eau, & quand le tout est bien remué & réfroidi on le donne à manger aux Cochons. Il faut que ces herbages nagent un peu dans le commencement, & pendant quinze jours on leur donne cette beuvée épaisse de plus en plus, de maniere neanmoins que l'eau domine toûjours.

Ce temps passé, on leur ôte les herbages, & on ne les nourrit plus que de son & d'eau; le premier alors y doit être mis en plus grande quantité que l'autre. On en augmente chaque jour la dose, de telle sorte que le tout ayant boüilli, le son domine entierement l'eau; en observant que cela soit comme une bouillie de son fort épaisse. Il faut alors donner de cette nourriture aux Cochons tant qu'ils en laissent de reste ; c'est par ce moyen & le repos continuel que prennent ces animaux, qu'ils engraissent ainsi en un mois ou deux tout au plus.

On leur peut donner par intervale quelque poignée de grain pour les amuser, mais on ne doit point leur en faire une nourriture ordinaire ; car on prétend que cela les rend ladres. Les Cochons gouvernez, comme on vient de dire, deviennent quelquefois si gras, que lorsqu'on les sort de leur toît pour les tuer, ils ne sçauroient marcher. Il y a bien des Boulangers & des Hôteliers qui font ce ménage à cause du son & de bien d'autres choses que leur art leur fournit, & qui seroient perduës, si on ne les donnoit aux Cochons ausquels elles conviennent tres-bien pour les rendre gras ; la maniere d'engraisser les Cochons à la maison est de bien plus grande dépense que celle qui se pratique dans les Forêts, mais comme on ne joüit pas par tout de cet avantage, on se contente d'en nourrir ainsi un ou deux, selon qu'on juge en avoir besoin pour sa provision, outre que la chair des Cochons qu'on engraisse dans les toîts, est bien plus délicate que les autres.

MALADIES DES COCHONS.

Moyens de les en guérir, & comment connoître si un Cochon est malade ou non.

LEs Cochons sont sujets à plusieurs maladies ; & on connoît qu'un Cochon est malade, quand il panche beaucoup l'oreille, qu'il est plus lent & plus pesant à marcher que de coûtume, & qu'il est dégoûté ; la marque infaillible, dit-on, qui donne à juger qu'un Cochon est malade, c'est lorsqu'aprés lui avoir arraché à contre poil un peu de ses soyes, si l'on voit qu'elles sont sanglantes, on n'en doit point douter, au lieu que si elles ne le sont point, le Cochon est sain.

Indigestion

Les Cochons se trouvent quelquefois incommodez seulement pour avoir mangé des herbes de difficile digestion, ce qui leur causeroit sans doute une maladie, si on ne la prévenoit par une diéte de dix-huit à vingt heures, qu'on leur fait garder dans un toît ; aprés quoy on leur donne à boire beaucoup d'eau tiede où l'on aura laissé infuser pendant douze ou quinze heures des racines de concombres sauvages pilées, ce remede les garantit des maladies contagieuses ausquelles ils sont sujets.

Cochons ladres.

Il y a des Cochons qui sont ladres ; c'est pourquoy on les languaye & qu'on leur regarde derriere les oreilles pour voir s'ils le sont ou non ; c'est ordinairement dans les grands Marchez & dans les Foires que cette visite se fait par des Languayeurs en titre d'office.

Cette ladrerie est une lépre qui provient d'une obstruction générale de toutes les glandes de la peau du Cochon ou de quelque partie seulement. La lépre commence d'abord par rendre le Cochon pesant & endormi, il a la langue, le palais & la gorge toute grainée de petites éminences noirâtres, la tête, le cou & tout le reste du corps remplis de tubercules, & il il ne porte qu'avec peine les pieds de derriere, tous ces symptômes sont les veritables marques de la ladrerie dans un Cochon.

Cette maladie ne se guérit que tres-difficilement, ou pour mieux dire, point du tout, principalement quand elle est confirmée par les symptômes dont on vient de parler. On empêche à la verité un peu son progrez, & si l'on saigne le Cochon ladre sous la queuë, on arrête par cette saignée les parties du sang, qui est épais & acide, & avec lequel fermentent certaines particules terrestres & visqueuses mêlées avec des sels fixes, à cause qu'elles sont heterogenes. On a encore soin de faire baigner dans l'eau les Cochons ladres, & de ne leur point épargner la boisson. Il faut sur tout les tenir bien nettement avec bonne litiere, qu'on leur renouvellera souvent; l'ordure dans laquelle on les laisse croupir étant la principale cause de la ladrerie.

On tient que les Cochons sont quelquefois attaquez d'une maladie contagieuse, que vulgairement on appelle la *Peste*. Cette maladie fait fremir seulement à l'entendre, & l'on croit que le meilleur moyen pour s'épargner beaucoup de soin qu'on prendroit aprés ces Cochons incurables, est de les jetter à la voirie, sitôt qu'on s'apperçoit qu'ils sont atteints de peste, si tant est que cet accident leur arrive, comme nos anciens veulent nous le faire acroire. La peste.

Pour les Cochons enflez, on leur donne de la décoction de choux rouges, ou bien les choux mêmes en aliment, cela leur fait passer leur enflûre. Il y en a qui prennent des feüilles de mûrier, ils les font boüillir & les donnent ainsi aux Cochons enflez, l'effet en est singulier pour la guérison. Enflûre de ventre.

La fiévre est une maladie dont les Cochons sont quelquefois atteints. Les symptômes qui la font connoître sont lorsque les Cochons fébricitans baissent la tête, & la portent de biais, quand ils courent dans les champs, qu'ils s'arrêtent tout court & qu'ils tombent par terre comme étourdis; il faut alors prendre garde de quelque côté penche leur tête, & les saigner à l'oreille qui est opposée. On les saigne aussi sous la queuë, à une veine qu'ils ont à deux doigts prés des fesses. Mais pour ne la point manquer, il faut la battre avec une petite baguette, elle enfle alors, & on ne la manque point; quand le sang est tiré on fait une ligature au dessus de la veine avec un petit cordeau ou autre lien semblable; aprés cela on enferme le Cochon malade deux ou trois jours dans son toît, afin de luy laisser prendre du repos. Toutes ces précautions rallentissent le ferment du sang, qui luy cause la fiévre, & souvent la guérissent; & pour nourriture on luy donne à boire de l'eau tiede tant qu'il en veut, & dans laquelle on mêle deux livres de farine d'orge. Cet aliment luy tempere beaucoup les visceres, & suffit pour le nourrir jusqu'à ce que la fiévre soit passée. La Fiévre. Colum. l. 7. c. 10.

Les Cochons sont sujets aux scrophules, parce qu'ils abondent en humeurs grossieres & peu en mouvement, lesquelles sont tres-capables de causer ces maladies. Les Cochons pour lors ont le cou remply de tumeurs causées par un acide qui fait des obstructions dans les glandes du cou qui les grossit, & les endurcit en épaississant la matiere. Cette maladie est Scrophules.

dangereuse & d'une guérison tres-difficile ; il y en a qui frottent ces tumeurs avec du sel menu, mais ce remede a peu de pouvoir contre la malignité du mal. D'autres pour arrêter les acides qui se portent aux glandes de cette partie, leur tirent du sang sous la langue, puis leur frottent la gorge & le cou de sel broyé menu mêlé avec de la farine de froment.

Catharre. On voit aussi quelquefois des Cochons qui ont le cou enflé par des obstructions qui font que les liqueurs nourricieres s'arrêtent dans les glandes de l'œsophage ; quand ce sont de ces sortes de tumeurs, les Cochons ont de la difficulté d'avaler leur nourriture, & lorsqu'elles sont grosses, & qu'elles pressent excessivement la trachée artere, le Cochon est souvent étouffé, si on n'y remedie par une prompte saignée sous la langue, cette maladie s'appelle vulgairement *Catharre*.

Galle. Pour guérir la galle dont les Cochons sont quelquefois infectez, on prend du Tabac qu'on met infuser dans de l'eau, puis on en frotte les parties galleuses. Il y en a qui prennent de l'urine avec un peu de fleur de souphre, le tout mêlé ensemble, & qui en frottent le Cochon galleux, puis qui le lavent bien dans l'eau claire lorsqu'il est guéri.

La soif. On se gardera bien de laisser avoir soif aux Cochons, la soif leur est tres-préjudiciable, elle leur altere considerablement les parties & les fait beaucoup maigrir. Cette infirmité vient de l'acrimonie saline de la lymphe qui picote & irrite l'orifice superieur du ventricule du Cochon, & comme pour la délayer & la laver il n'est besoin que d'eau simple, il ne faut point l'épargner aux Cochons : plus cette lymphe est âcre & temperée, plus la soif est violente ou moderée : dans le premier cas il est dangereux qu'elle ne cause la fiévre au Cochon, laquelle pourroit aprés avoir de mauvaises suites ; les Cochons, quand ils ont bien soif, sont attaquez d'une petite toux seche, qui en est le symptôme. Il y en a, pour appaiser cette soif, qui leur donnent à boire du petit lait, cette liqueur éteint admirablement bien la soif en adoucissant ou émoussant la pointe du sel trop âcre qui la produit.

Des proprietez du Cochon, bonnes ou mauvaises.

LA chair de Cochon est d'un goût fort agreable & sert beaucoup parmi les alimens, elle est nourrissante, un peu difficile à digerer, & lâche le ventre, parce que les principes huileux & phlegmatique en quoy elle abonde, relâchent les fibres de l'estomac & des intestins, & delayent les humeurs grossieres contenuës dans ces parties.

Son usage. L'usage du Cochon n'est pas commun par toutes les nations, il est défendu aux Juifs d'en manger ; les Arabes, les Mahometans, les Maures, les Tartares & plusieurs autres suivent cette coûtume.

Son utilité. Le Cochon est un animal fort sujet à commettre des dégats si l'on n'y prend garde ; il n'apporte du profit à l'homme qu'aprés sa mort ; il donne alors sa chair, sa graisse ou son lard, ses intestins, ses visceres & ses autres parties, qui sont presque toutes en usage dans les alimens. On le compare communément à ces avares qui ne songent qu'à amasser continuellement du bien aux dépens des autres, & qui n'en font que lorsqu'ils sont morts.

La graisse de Cochon appellée *Panne*, est bonne pour amollir & résoudre les tumeurs, elle sert à la campagne pour graisser les essieux des roües, tant des charrêtes, tombereaux, que charruës, on en fait aussi du vieux oing, qui sert pour les mêmes usages. La panne.

Le vieux lard fondu & coulé guérit les pustules de la petite verolle, & dans les occasions où il s'agit de déterger & de consolider les playes. Sa fiente exterieurement appliquée résout les tumeurs, elle est employée pour arrêter le saignement de nez; elle est bonne pour la squinancie & pour la galle. Lard. Fiente.

On prétend que le fiel des Cochons fait croître les cheveux, qu'il déterge & guérit les ulceres de l'oreille; on sçait d'ailleurs combien le lard est d'usage dans les cuisines, nous en parlerons plus amplement ailleurs. Fiel.

CHAPITRE XVIII.

DES CHEVAUX.

Et de tout ce qui regarde la maniere de les nourrir, de les élever, & de les soigner dans leurs maladies.

CE Chapitre-cy sera bien plus étendu que les autres, parce qu'il fournit beaucoup plus de matiere. Si nous y parlons de Chevaux fins, de ces Chevaux de selle de grand prix, ce ne sera qu'en passant, & seulement pour satisfaire ceux qui en sont curieux. Les Chevaux de trait, ou Chevaux de monture bourgeoise seront icy nôtre principal objet. Commençons d'abord par la maniere de connoître quand un Cheval n'a point de défauts, ou qu'il en a qui sont de peu d'importance.

Description d'un beau Cheval fin.

UN beau Cheval doit avoir la *tête* menuë, étroite, déchargée & seche, c'est à dire, peu chargée de chair, n'étant point si sujet alors au mal des yeux que les autres: elle doit être courte & placée haut, ses naseaux doivent être bien fendus & ouverts. Sa tête. Ses naseaux.

Il doit avoir les *oreilles* petites, étroites & hardies, il faut que la substance en soit fine & déliée, c'est à dire, qu'elle ne soit gueres épaisse; ses oreilles doivent être placées au plus haut de la tête, & être portées la pointe en devant, c'est une marque de hardiesse dans un Cheval. Ses oreilles.

Son *front* sera médiocrement large & égal, le devant en sera étroit; ce sera une bonne marque, si à cette partie paroît une épi ou deux qui se touchent, si le Cheval n'est ni gris ni blanc, son front doit être marqué d'une étoile, appellée vulgairement *pelotte*. Son front.

Il doit avoir les *salieres* élevées, parce que quand elles sont enfoncées & creuses, c'est signe de vieillesse. Ses salieres.

Ses *yeux* doivent être clairs, vifs, pleins de feu, médiocrement gros, Ses yeux.

& non enfoncez ; cette derniere marque donne à craindre que le Cheval ne soit malin, & ne joüe quelque mauvais tour à son Cavalier. Quand on examine les yeux d'un Cheval pour en connoître les défauts, il ne faut pas se contenter de les regarder une seule fois, parce qu'on apperçoit la troisiéme & la vingtiéme fois même, ce qu'on n'y a pas vû d'abord, ainsi il ne faut point s'ennuyer dans cet examen.

Comment en juger.

Quand vous voulez bien juger de l'œil d'un Cheval, situez-le bien, qu'il sorte, s'il se peut d'un lieu obscur, pour venir dans un endroit clair, & considerez ses yeux de côté & non vis-à-vis.

Soit que vous soyez dans un Marché ou en pleine campagne, choisissez toûjours l'ombre pour considerer les yeux d'un Cheval, portez la main au dessus de l'œil, & évitez la lueur du soleil qui aidera à vous tromper, en vous le faisant toûjours paroître beau en tel endroit.

La vître de l'œil doit être claire, & transparente, sans aucun nuage ni tache, ni blancheur, car ces marques dénotent un mauvais œil. La vître rougeâtre est à rejetter, celle qui est feuille morte par le bas & trouble par le haut marque un Cheval lunatique.

La prunelle de l'œil doit être large, & il faut regarder si elle n'a point dans le fond une tache blanche, qu'on appelle *Dragon;* il rend le Cheval borgne : une prunelle d'un blanc verdâtre est dangereuse, ce n'est pas qu'on peut ne pas tout-à-fait la rejetter.

On doit prendre garde lorsqu'un œil est trouble & fort brun, s'il n'est point plus petit que l'autre ; si cela est, c'est un œil perdu ; on connoît qu'un Cheval est aveugle par sa démarche incertaine, n'osant mettre les pieds à terre quand il est mené en main, ce qu'il faut toûjours faire pour n'y point être trompé. On remarque encore ce défaut en un Cheval, lorsqu'en entrant dans une écurie, il dresse les oreilles & tourne d'un côté & d'autre lorsqu'il entend quelqu'un derriere luy.

Un œil pleurant ou enflé dessous, doit être soupçonneux, & on ne doit point le prendre, à moins qu'on ne garantisse cet œil bon en presence de témoins. Il y en a qui pour juger de la vûë d'un Cheval, passent la main ou le doigt devant, & s'il cligne ou ferme les yeux, ils en tirent un bon présage ; au lieu que s'ils les tient ouverts ils en jugent mal : ces préjugez sont faux, & ne servent que pour être mieux trompez.

Ses barres. Ses lévres, son encolûre, sa bouche.

Un beau Cheval doit avoir les *Barres* tranchantes & décharnées, les *lévres* menuës, *l'encolûre* déchargée de chair, la *bouche* bonne, ayant l'appuy égal, ferme & leger, l'arrêt aisé & ferme ; cette bouche doit être fraîche & pleine d'écume.

Sa poitrine. Ses épaules. Ses reins.

Il faut que ce Cheval ait la *poitrine* large & ouverte, les *épaules* mediocres, plattes, déchargées de chair, fort mouvantes, les *reins* doubles, il ne faut pas qu'ils soient bas ; car c'est un défaut.

Son ventre. Ses flancs.

Un *ventre* mediocre convient aux Chevaux de legere taille, ainsi que des *flancs* pleins, & au haut desquels on voit un épi.

Sa queuë. Ses jambes.

Un Cheval fin doit avoir la *croupe* large & ronde, & non point avallée ny coupée, il doit avoir la *queuë* ferme & forte sans mouvement, & garnie de poil, les *jambes* de devant décharnées, nerveuses, plûtôt plattes que rondes. Voilà en peu de mots des marques d'un beau Cheval, soit pour le manége ou pour la selle.

Description d'un Cheval de trait.

CEs sortes de Chevaux, ainsi que ceux dont la plûpart des particuliers se servent communément, ne demandent pas toutes ces recherches exactes, il suffit que la nature les ait formez tels qu'on le va dire.

Un Cheval de trait, qui a la tête longue & grosse, pourvû que ce soit d'ossemens, ne doit causer aucune répugnance à l'achetter. Il n'y a que les têtes chargées de chair dont on ne doit guéres faire de cas, à cause des maux ausquels elles sont sujettes.

Que les oreilles soient épaisses ou non, il n'importe ; qu'elles sortent si l'on veut plus bas que le haut de la tête ; qu'il les ait larges ou pendantes, si on le trouve d'ailleurs vigoureux & de bon trait, on ne le rejettera point.

Ce n'est pas un défaut dans un Cheval de harnois d'avoir le front large, les yeux gros ou des yeux de cochon. On ne regarde pas de si prés à la bouche d'un Cheval de harnois, sçavoir s'il l'a sensible ou non, ce n'est pas-là principalement où gît sa bonté.

Pour les Chevaux destinez au tirage, les épaules grosses sont tres-bonnes, car ils ont plus de facilité à tirer sans que le harnois les blesse : ce sont ces Chevaux qu'on peut appeller veritablement des Chevaux de charrettes ; s'il a de la bouche il sera merveilleux ; tous les Chevaux qui ont méchante bouche sont excellens pour le trait, il faut qu'au carosse ils soient plus legers, & qu'ils obéïssent bien à la main.

Un Cheval de tirage n'en est pas moins estimé pour avoir un grand ventre, pourvû qu'il ne soit pas entierement avallé, & qu'il ne fasse pas le ventre de Vache, il doit avoir le bras long, afin d'être plus en état de resister au travail.

Il faut prendre garde que le nerf de la jambe ne soit point menu, parce que ceux qui l'ont tel se ruinent bientôt au travail qui les arondit ; ces Chevaux sont sujets à broncher & à donner souvent du nez en terre.

Les pâturons trop longs sont ordinairement foibles, & ne sont point par consequent une bonne marque pour un Cheval de trait, qui fatigue beaucoup des jambes.

Un Cheval de tirage, ainsi qu'un autre, doit être médiocrement ouvert, de peur qu'il ne s'entrecoupe, ce défaut lui cause des atteintes qui sont quelquefois dangereuses.

Tous Chevaux ferrez du derriere, c'est à dire, ceux dont les cuisses manquent de chair, & qui sont seches, sont ordinairement peu travailleurs, à cause de la foiblesse qu'ils ressentent au train de derriere.

Au reste ces Chevaux-cy doivent être choisis generalement parlant, d'un bon corps bien membru, robuste & exempt, autant qu'il est possible, des infirmitez dont nous parlerons dans la suite.

Il y a encore d'autres défauts ausquels il faut de necessité faire attention dans un Cheval pour n'y point être trompé quand on l'achete. L'âge d'abord plus ou moins avancé y est à considerer, parce qu'il y a bien de la difference pour le prix & pour le service entre un jeune Cheval & un vieux ; & pour ne point nous écarter de cette pensée, disons comment on connoît l'âge d'un Cheval.

De la connoissance de l'âge des Chevaux.

Dents de lait.

Crochets.

Coins.

L'Âge d'un Cheval se connoît aux dents ; les premieres qu'il pousse s'appellent *dents de lait*, elles sont fort blanches & tout unies, ce sont celles qui luy croissent bientôt aprés qu'il est né. Les secondes dents se nomment *crochets* : & les troisiémes sont celles qui naissent à la place des dents de lait, & dont les *coins* nous font connoître l'âge. Les coins se voyent prés des crochets, & aux deux côtez des dents de devant.

A trente mois ou environ le Cheval a encore douze dents de lait au devant de la bouche, six dessous & autant dessus ; peu de temps aprés les trente mois il en tombe quatre, deux dessous & deux dessus ; il y a des Chevaux ausquels elles ne tombent qu'à trois ans. A la place des quatre dents de lait tombées, il en naît quatre autres, qu'on appelle les *pinces*, ce sont les dents du milieu, & qu'on appelle ainsi, parce que le Cheval s'en sert pour pincer l'herbe pour la paître, & il n'a pour lors que trois ans tout au plus.

Les pinces.

Dents mitoyennes.

Les *dents mitoyennes* leur viennent à trois ans & demi, elles naissent ordinairement entre les *coins* & les *pinces*, c'est d'où elles tirent leur nom ; elles croissent au nombre de quatre, sçavoir deux dessus & deux dessous : à la place des dents de lait qui sont tombées reste quatre autres de cette espece, que le Cheval met bas à quatre ans & demi.

On remarque que les deux dents des *coins* poussent à la machoire d'en-haut avant qu'à celle du dessous, & que les *crochets* paroissent à la gencive superieure plûtôt qu'à l'inferieure.

Les *crochets* percent tout d'un coup aux Chevaux environ à trois ans & demi, sans être precedez d'autres dents. Les *mitoyennes* & les *pinces* percent en quinze jours, & sitôt qu'elles sont déchaussées. Il peut arriver que les *coins* naissent en même temps que les *crochets*, & quelquefois même avant, mais presque toûjours aprés. Une Cavale a les crochets bien plus petits que ceux d'un Cheval, ils sont inutiles pour faire connoître son âge.

Un Cheval qui a mis bas toutes ses dents de lait, & qui commence à percer ses coins, a environ quatre ans & demi, & entre à cinq ans, qui sont accomplis lorsque ces coins sont tout-à-fait hors de la gencive ; de cinq à cinq ans & demi la dent du coin reste creuse & se remplit à un petit creux prés, quand les cinq ans & demi sont arrivez ; de cinq ans & demi à six ce creux qui étoit dedans se perd.

Quand le Cheval a atteint cet âge, on n'a plus égard qu'aux coins, aux dents mitoyennes & aux crochets, & on dit qu'un Cheval marque lorsque les *coins* sont creux & noirs dans le milieu ; à six ans complets le Cheval a les coins hors de la gencive à l'épaisseur du travers du petit doigt, & le creux qui étoit noir diminuë, le crochet aura acquis toute sa longueur ; à sept ans la dent aura encore plus de longueur & le creux usé. Enfin un Cheval, comme on dit, a *razé* à huit ans, & pour lors on ne voit plus de creux noir dans la dent, elle est toute unie.

Pour bien examiner toutes les circonstances dont on vient de parler, on prend une des branches de la bride avec la main gauche, on la hausse & de l'autre main on ouvre la bouche du Cheval, luy prenant le menton, puis on regarde les dents, observant exactement tout ce qui vient d'être dit là-dessus.

Un Cheval qui passe huit ans est estimé vieux Cheval, on n'en peut plus attendre de bons services pour la monture ; ce n'est pas qu'on en voit qui marchent encore assez bien, mais cela ne dure pas long-temps. Les Chevaux de tirage peuvent encore bien servir à cette âge, parce que dans cet employ on n'est pas si scrupuleux sur les défauts qu'il peut avoir : ce n'est point tant cela qu'on envisage que l'usage plus ou moins fort qu'il fait de ses forces. Aprés avoir parlé de la maniere de se connoître en Chevaux jusqu'aux dents ; voyons à present ce qu'on peut observer à l'égard des differens poils sous lesquels ils naissent.

Des differentes connoissances qu'on acquiert des Chevaux par le moyen des divers poils qui les couvrent.

Le plus ordinaire de tous les poils est le *Bay*, il y en a de plusieurs sortes ; la couleur Baye, est la couleur d'une châtaigne, il y a des *Bays clairs* & des *Bays doux* qui tirent sur le jaune. Il y a encore le *Bay brun* qui est presque noir, & tous les Chevaux Bais ont toutes les extremitez noires & les crins noirs, ils sont ordinairement bons Chevaux, grands travailleurs & de long service. Poil Bay.

Le *poil noir* est de deux sortes ; sçavoir le *noir maure* & le *noir sale* ; les Chevaux sous le premier poil sont fort bons au tirage, mais il faut quelquefois les reveiller avec la voix & le bruit du foüet, les derniers sont plus paresseux, & veulent qu'on leur applique tout-à-fait le foüet. Poil noir.

Nous avons les Chevaux sous *poil gris*, qui sont aussi de plusieurs sortes, & l'on entend par un poil gris, un poil mêlé de noir & de blanc, plus ou moins fort en l'une ou l'autre de ces couleurs, selon qu'il plaît à la nature de les faire croître & de les placer. Poil gris.

Il y a le *gris tisonné* ou *charbonné*, c'est un Cheval qui a des marques toutes éparses çà & là sur le poil blanc, on les appelle aussi *Chevaux tigres*. Le *gris pommelé* est fort commun, & l'on sçait assez ce que c'est pour peu qu'on soit versé dans les Chevaux.

Nous avons le *gris argenté* ; il y a peu de noir mêlé parmy, & qu'autant seulement qu'il en faut pour le distinguer du blanc ; ce poil est beau, vif, & orne bien un Cheval.

Le *gris sale*, nommé ainsi, étant mêlé d'un noir qui n'est pas vif, & qui le ternit, parce qu'il le domine beaucoup ; le *gris brun* est la même chose ; le *gris rouge* est celuy qui est mêlé de poil blanc & bay, ces Chevaux sont admirables pour le service.

Les *Chevaux pies* sont ceux qui ont beaucoup de noir avec du blanc separé l'un de l'autre ; ils ont du blanc jusqu'au genou, d'autres en ont aux Les Pies.

autres endroits du corps, moins il y a de blanc, meilleurs ils sont.

Poil rouhan. Le *Poil rouhan* est de plusieurs sortes, le *Rouhan vineux*, ainsi appellé, parce qu'il tire sur la couleur du vin ; le *Rouhan cavessé de maure*, est un Cheval qui a la tête & les extremitez noires.

Le *Poil d'étourneau* tire sur le gris brun & sur le noir, & il n'y a que certains poils blancs qui croissent drus & menus sur le corps du Cheval, qui empêchent qu'il ne soit noir.

Auber. Le *Cheval Auber* est celuy qu'on appelle poil fleur de Pescher, parce que la couleur en approche.

Poil alzan. *L'alzan* est de plusieurs sortes, quoique communément parlant, ce soit un Bay tirant sur le roux ; il y a *l'alzan sous poil de Vache*, c'est à dire, pour se faire entendre là-dessus, *l'alzan clair*, c'est celuy qui a les crins blancs ; ce Cheval est pesant au travail, & veut y être sollicité par le foüet; *L'alzan brûlé* ; le poil en est brun, les extremitez & les crins en sont noirs ; les Chevaux alzans sont presque ordinairement tous bons, principalement ceux qui ont les extremitez noires.

Poil de souris. Le *Poil de souris*, qui s'entend assez par luy-même, est un poil sous lequel les Chevaux sont d'un grand service, sur tout quand ils ont les extremitez noires.

Poil louvet Le *Poil Louvet*, ce mot marque quel en est la couleur ; il est plus brun en certains Chevaux qu'en d'autres, ils ont presque toûjours la raye au long du dos & les extremitez noires, ce qui fait qu'ils sont tres-bons Chevaux.

Jugement d'un Cheval par le poil. Quelques Auteurs qui ont écrit sur les Chevaux, & même des plus habiles, prétendent qu'on doit tirer des connoissances des bonnes ou mauvaises qualitez d'un Cheval par la couleur de son poil, ils n'ont pas mauvaise raison, car comme la difference des couleurs dans les poils vient de la diversité des humeurs qui se mêlent au suc dont ils sont nourris, il s'en suit qu'on peut juger de ce que peut être un Cheval, par rapport au temperamment qui le domine.

Si c'est la pituite, le poil sera blanc, & comme cette humeur rallentit beaucoup les parties du sang dans sa circulation, il arrive que les Chevaux qui en sont dominez sont ordinairement lâches, paresseux & tres-petits travailleurs.

Les Chevaux noirs, ou qui ont des poils noirs en quelques parties du corps, pourvû que le poil blanc n'y soit pas en plus grande quantité, sont pour l'ordinaire courageux, parce qu'il s'y mêle des fuliginositez comme brûlées dans les humeurs qui produisent leur poil, ce qui les rend actifs.

Si la bile agit beaucoup dans la formation des poils, ils deviendront rouges ; les Chevaux sous ce poil sont merveilleux, ainsi sur ce qu'on vient de dire au sujet des trois sortes de poils, on peut juger selon qu'un Cheval en est plus ou moins chargé, de ce qu'il peut être.

Si par hazard il s'y mêle dans la suite des temps d'autres humeurs, alors les couleurs changent dans les Chevaux & deviennent mêlées, les poils à mesure qu'ils approchent de la vieillesse deviennent blancs par l'augmentation & le mélange abondant de la pituite, ce qui est cause que dans leur

leur vieilleſſe les meilleurs Chevaux diminuent beaucoup de leur valeur.

Les jambes des Chevaux ſont quelquefois marquées de certaines marques blanches appellées *Balſannes*, & ſur leſquelles il y en a qui portent un jugement certain de la bonté d'un Cheval, principalement quand ces marques paroiſſent ſur le pied du montoir & aux deux pieds de derriere. Balſannes.

Les Balſannes ſur les deux pieds de devant ſeulement, ſont une mauvaiſe marque, & qui eſt aſſez rare.

L'*étoille* ou *plotte* au front étant ſeule, eſt une tres-bonne marque, ainſi que l'*épy* quand il eſt placé comme nous le dirons; on appelle épy un certain retour de poil fait preſque en maniere d'un petit œillet. Etoille. Epy.

Le Cheval qui a ſur le front deux ou trois épis ſeparez ou joints enſemble, a une tres-bonne marque, & d'un heureux préſage; ſi une pareille marque eſt à l'endroit du ply de la cuiſſe par derriere environ le lieu ou l'extremité de la queuë peut aboutir, c'eſt auſſi la marque d'un cheval dont on peut eſperer quelque choſe d'avantageux.

Quand on achete un Cheval pour le tirage, il faut voir s'il eſt en bonne chair, & s'il a du ventre, ou s'il eſt large de flanc, comme on dit, car il faut du flanc pour les Chevaux de harnois: on obſervera s'il mange bien, car s'il ne fait que tâtonner ſon avoine en la mangeant, c'eſt ſigne qu'il eſt mal affecté.

On prendra garde s'il n'a point le *Tic*, ce qui ſe remarque lorſqu'il a les dents de deſſus ou de deſſous uſées, ou qu'il appuye le haut des dents contre la mangeoire, & fait comme un rot du gozier. Aprés qu'on aura fait toutes ces remarques, & qu'on ſera ſûr de ce qu'on recherche, on aura ſoin de bien gouverner ſes chevaux de la maniére qu'on le va dire. Tic.

Comment il fut gouverner & nourrir les Chevaux de harnoy.

COmme il ne ſuffit pas d'avoir acheté des Chevaux pour ſon uſage, en ce qui regarde les travaux de l'Agriculture, & qu'il faut les ſçavoir gouverner ſi lon veut en tirer de longs ſervices, il faut apporter tous ſes ſoins à ce qu'ils ne manquent de rien, & pour cela avoir un maître Valet, ou un Valet charretier qui entende ce que c'eſt. On en trouve de fort adroits en cet art, & de fort bien intentionnez pour leurs Chevaux; il eſt vray qu'il les faut choiſir, & pour n'y point être trompé, il eſt bon de ſçavoir tout ce qui regarde leur devoir: ce que nous en allons dire ſervira d'inſtruction ſur la maniere de gouverner les Chevaux pendant toute l'année.

Des devoirs d'un maître Valet, & d'un Valet Charretier.

DAns les maiſons de campagne où il y a un labourage tres-conſiderable, on a ſouvent un maître Valet pour commander aux autres, & veiller à ce qu'ils s'acquittent bien de leur employ, & que les Charettiers ayent bien ſoin de panſer leurs Chevaux: c'eſt à luy à les employer aux champs, aux bois, au labourage, & à faire faire ou recueillir les moiſſons dans le temps, faire faire les foins, & avoir ſoin des Prairies, Choix de tels Valets.

de bien veiller qu'ils fument les terres, & qu'ils leur donnent aprés toutes les façons necessaires ; de prendre garde qu'ils sement bien les terres, & que les bleds soient apprêtez comme il faut pour être semez.

Tel Valet, ainsi que le Charretier, doit être d'un corps robuste, d'un bon temperamment, parce qu'autrement il luy seroit difficile de resister aux fatigues qu'il est tous les jours obligé d'essuyer. Il est bon qu'il se connoisse un peu en chevaux, & qu'il s'étudie à en prévenir les infirmitez, & à les en garantir lorsqu'ils en sont attaquez.

Un bon Valet qui sçait son métier, doit traiter doucement ses Chevaux, ne les accoûtumer à luy obéir que par la voix & le claquement du foüet, & s'il faut neanmoins quelquefois leur faire sentir la verge, que ce soit avec prudence, & peu souvent. Un Valet qui frappe rudement ses Chevaux à tort, comme à travers, est plus cheval qu'eux, & quand il croit par-là les ramener, il se trompe, outre que souvent il les estropie par un effort qu'il les oblige de faire, ou il les rend borgnes par sa brutalité.

Quand on fait choix d'un Valet, on prend garde qu'il ne soit point yvrogne, blasphemateur, ainsi qu'il arrive souvent aux gens de ce caractere, qui croyent que leurs Chevaux ne sçauroient bien aller s'ils ne jurent à toute outrance. L'amour lascif & le jeu sont deux passions qui détournent beaucoup un Charretier de son devoir, quand il y a de l'excez, c'est à quoy on fera attention ; on ne sçauroit trop recommander à ces Valets de prendre garde au feu, le vin souvent en est la cause ; c'est pourquoy, comme on a déja dit, on se défera de ceux qui y seront trop adonnez.

Autres devoirs qui serviront de regles pour bien gouverner des Chevaux de Charruë ou de Trait.

IL faut, pour bien faire, qu'un Valet charretier sache ménager ses Chevaux dans le travail, il arrive de ce ménagement qu'ils s'en portent toûjours mieux, qu'ils en sont plus guais, moins sujets aux maladies, & de plus grand service.

Il doit commencer à se lever dés le matin ; & à nettoyer d'abord la mangeoire des Chevaux, puis leur donner une poignée d'avoine pour leur ouvrir l'apétit, & quand ils l'auront mangée, les tirer hors de l'écurie pour les étriller. Dans l'écurie la poussiere vole sur les autres, à moins qu'ils ne soient couverts.

Comment étriller un Cheval.

Ensuite ce Valet prend l'étrille de la main droite, & la queuë du Cheval prés de la croupe, il la passe legerement au long du corps devant & derriere, & continuë jusqu'à ce que l'étrille n'amene plus de crasse ; ce n'est pas une main pesante qui tire le plus d'ordure de dessus les Chevaux, c'est l'adresse avec laquelle on mene l'étrille qui y produit un bon effet.

Quand la crasse est tirée de dessous le poil, on prend une époussette dont on bat le corps du Cheval pour faire voler la poussiere qui est restée sur la superficie du poil, on se sert de la même époussette, qui est ordinairement de toile, pour nettoyer les oreilles dedans & dehors sous la ganache, entre les jambes de devant, entre les cuisses, & par tous les endroits où l'étrille ne peut passer.

Le Cheval étant ainsi étrillé & épousseté, on prend la brosse pour luy nettoyer toutes les parties du corps, puis le torchon de paille humecté d'un peu d'eau, qu'on passe & repasse sur tout le corps; aprés on luy peigne doucement les crins avec un peigne fait exprés, observant toûjours de commencer par le bas & non point par leur origine; mais quand les crins sont démêlez on agit tout au contraire; on commence par la racine à les peigner, en moüillant le peigne avec une éponge à chaque fois qu'on le porte sur le crin. Il seroit à souhaiter à la campagne qu'on suivît cette méthode d'étriller les Chevaux, ils en vaudroient bien mieux, mais la plûpart se contentent à la hâte de passer l'étrille sur le corps de leurs Chevaux, & puis ils les laissent; si ces gens-là qui sont si négligens sçavoient le tort qu'ils font à leurs Chevaux, & à eux-mêmes, ils en prendroient plus de soin.

Quand faire boire les Chevaux de Harnois.

APrés avoir étrillé ses Chevaux, un Valet charretier doit les faire boire; mais comme il est important que l'eau qu'on leur donne leur soit salutaire, il faut en Eté, si l'on est proche d'une riviere ou de quelque grand ruisseau, les y mener, & les y faire égayer; ils en valent mieux, ou si la commodité ne le permet pas, on aura dans cette saison de grandes auges de pierre ou de bois pleines d'eau de puits, tirée dés la veille, afin qu'elle s'échauffe, & qu'elle ne soit pas si cruë ni si froide que si on la tiroit recemment.

Si c'est en Hyver, il faut aprés avoir tiré de l'eau dans un seau, remarquer si elle est chaude, & plonger les mains dedans pour en être plus assûré, puis la blanchir avec un peu de son; l'eau de riviere ou de fontaine n'est pas si bonne en Hyver que celle de puits.

Les eaux vives ou trop cruës sont dangereuses, elles laissent des obstructions & des cruditez capables d'empêcher la coction des alimens, ce qui donne cours à quantité de mauvaises humeurs qui engendrent des maladies.

Quand leur donner l'avoine.

SItôt que les Chevaux ont bû, le Valet doit leur donner leur avoine: quelques-uns observent de la leur donner avant que de boire; on prétend que la premiere méthode est la meilleure, parce, dit-on, que l'eau ne séjourne pas si long-temps dans l'estomac, & que par-là cette partie ne s'en trouve point affoiblie; cette avoine doit être bien vannée, bien criblée & bien époussée; car toutes les ordures qui s'y trouvent ne font qu'incommoder le Cheval. Il est encore bon de l'apporter au nez pour voir si elle ne sent point le relant, ou quelqu'autre mauvais goût, qui seroit capable de dégoûter le Cheval.

Qu'on prenne garde qu'il n'y ait point dans cette avoine de plume de volaille, on a vû en arriver de fâcheux inconveniens à des Chevaux qui en avoient avallé; l'ordinaire des Chevaux de harnois est à chacun deux picotins d'avoine mesure de cabaret.

Il faut laisser les Chevaux manger leur avoine en repos, ne point se tenir dans l'écurie; car il y en a que cela inquiete, & qui perdent à cause de cela beaucoup de grain en levant souvent la tête hors de la mangeoire; ce n'est pas qu'on ne puisse y rester un moment pour voir s'ils la mangent bien, ou s'ils ne font que la tâtonner; car alors ces Chevaux ne se portent pas bien, & présagent quelques fâcheux accidens qu'il faut que le Valet songe à prévenir autant qu'il luy est possible.

Pendant que les Chevaux mangent, le Valet va prendre son repas avec les autres, pour aller aprés à la charruë ou au charroy, selon que l'ouvrage luy est destiné.

De la quantité de foin qu'on doit donner aux Chevaux.

A l'égard du foin, si ce sont des Chevaux mediocres, on leur donne à chacun quatre bottes de foin tant pour le jour que pour la nuit, & trois bottes de paille; c'est une bonne maxime de bien nourrir les Chevaux qui travaillent soit de foin ou d'avoine; car selon le Proverbe, *il n'est rien tel qu'une avoine reposée*, ou bien, comme dit un ancien Auteur, *que les Chevaux vont des pieds, mais que le bien manger les maintient long-temps au travail.*

Autre méthode de nourrir les Chevaux de labour.

LEs Chevaux des Laboureurs du territoire de France, de Brie & de Beausse ne mangent point de foin dés que les bleds sont semez jusqu'au Printemps. Ils ont des Cossats de Vesces, des menus de paille de froment ou d'avoine, & quelque peu de luiserne, s'ils en ont, ou du sain foin: outre cela ils leur donnent toûjours une jointée de bled avant que de boire, soit seigle froment, ou méteil, il n'importe, & l'avoine aprés qu'ils ont bû. Les Chevaux nourris ainsi travaillent à merveille, sont gros & ont le poil bon, mais ils sont sujets à la galle, causée par cette nourriture trop remplie d'acide, & même au farcin. On peut juger là-dessus si l'on veut suivre cette méthode ou non.

Comment harnacher les Chevaux de labour.

APrés que les Chevaux ont mangé leur avoine on se met en devoir de les harnacher. Il y en a qui le font avant que de leur donner leur avoine, cela est indifferent. On commence par leur mettre les *colliers*, aprés avoir examiné si rien ne les y peut blesser, soit au poitrail, aux épaules, ou au jaret; toutes ces parties, quand elles sont blessées, empêchent que le Cheval ne puisse tirer, ou si on le force, on se met en danger de le perdre en peu de temps. On prendra garde encore que ces colliers ne manquent en rien de toutes les pieces qui le composent; que la *selle* qu'on leur met sur le dos porte par tout également; que les panneaux en soient bien bourrez, & que les arçons ne pressent point trop le Cheval.

L'avalloire est encore un harnois qui sert aux Chevaux de trait; on observera qu'il n'y ait rien de rompu, que le cuir en soit bon, les boucles bien arrêtées, & que le chaînon en soit fort. Si c'est seulement pour la charruë qu'on attelle ces Chevaux, on ne leur mettra que leurs colliers garnis de leurs *traits*, qui doivent être de bon chanvre & bien cordelez.

On verra encore s'il ne manque rien sous les pieds des Chevaux; car s'ils venoient à se deferrer dans le travail, il y auroit à craindre qu'ils ne devinssent boiteux. Les *brides* doivent être examinées, car il se peut que les resnes en soient rompuës, pour lors il les faudra faire racommoder, ainsi que les *surselles* qui doivent être accompagnées de leurs anneaux.

On couvre les Chevaux d'une couverture de toile pendant qu'ils labourent ou qu'ils sont au harnois, ils n'en valent que mieux; car les mouches pour lors ne les tourmentent point. Le Valet aprés cela peut partir, observant toûjours de bien ménager ses Chevaux dans le travail.

Pour ne point quitter nôtre Valet de vûë, & dire encore quelque chose qui le regarde, il sera soigneux, quand il aura déharnaché ses Chevaux, de pendre à un ratelier tous les harnois dont il se sert, comme on le peut voir dans la figure qui suit, parce que quand on les laisse traîner, les rats les rongent; à cause que pour l'ordinaire ils sont gras, & il n'en faut pas davantage pour les gâter; outre qu'ils pourrissent encore quand ils sont negligez. Cette figure marque aussi, outre les harnois des Chevaux tous les meubles qui dépendent d'une écurie pour les bien penser.

Explication de la Planche IV.

1. Collier.
2. Atteles qui y tiennent.
3. Chaînon pour atteller le cheval à la charrette; si c'est pour la Charruë, au lieu de chaînon on y met des traits. 4.
5. Selle.
6. Arçon.
7. Panneaux.
8. Surselle.
9. Anneaux qui servent à porter les deux timons, ou limons de la charrette, pour parler vulgairement.
10. Avalloire.
11. Bride de harnois.
12. Etrille.
13. Epoussette pour épousser les Chevaux.
14. Peigne pour peigner le crin des Chevaux.
15. Eponge avec laquelle on moüille le peigne.
16. Le foüet du Charretier.
17. Seau pour tirer de l'eau.
18. Brosse avec laquelle on ôte la poussiere de dessus les Chevaux.
19. Torchon de paille.
20. Fourches d'Ecurie pour enlever les fumiers.
21. Ciseaux avec lesquels on fait le crin des Chevaux.

Il ne suffit pas que toutes les choses dont nous venons de parler soient en bon ordre, il faut encore veiller à ce que les Charruës & les Charrettes puissent rouler en seureté, qu'il n'y ait rien qui y manque ni rien de rompu; car toutes les précautions précedentes seroient inutiles, Autre soin du Charretier.

si l'un ou l'autre de ces harnois, quand on s'en sert, venoit à se briser en quelques-unes de ses parties, & aprés que tout se trouve en bon état, le Valet peut conduire ses Chevaux au labourage ou au charroy.

Le Charretier se donnera bien de garde de presser ses Chevaux, il faut peu à peu que ces animaux prennent haleine; autrement il y en a beaucoup qui se rebutent, & qui perdent l'apétit, principalement en Eté. souvent les avives les prennent, ou ils deviennent gras fondus ou fourbus: que ce Valet ait donc soin de les ménager, comme si c'étoit son propre bien.

De ce qu'il doit faire au retour de la Charruë ou du Charroy.

AU retour de la Charruë, qui est environ les onze heures du matin, on met les Chevaux à l'écurie sans les déharnacher, parce qu'ayant chaud il seroit dangereux que les découvrant tout d'un coup, ils ne fussent attaquez des tranchées ou des avives.

La plûpart des Charretiers ont coûtume au retour du travail de frotter les jambes de leurs chevaux avec de la paille, sitôt qu'ils sont arrivez à l'écurie, & prétendent par-là les délasser & leur déroidir les jambes; c'est un abus, puisque cette friction ne peut qu'attirer sur ces parties les humeurs qui sont en mouvement par le travail de la journée, & les leur rendre roides & comme inutiles: il vaut mieux les leur laver avec de l'eau froide pour arrêter le cours de ces humeurs, ou bien les faire égayer dans l'eau seulement jusqu'au ventre sans permettre qu'ils boivent, supposé qu'on soit prés d'une riviere ou de quelqu'autre endroit qui serve d'abreuvoir aux chevaux.

Ce n'est pas qu'on désaprouve qu'un Valet frotte les jambes de ses chevaux, au contraire on luy conseille de le faire, mais il faut qu'il attende qu'ils soient réfroidis, que les parties du sang agité soient dans une assiette tranquille; c'est alors, le soir avant que de se coucher, qu'il doit prendre un torchon de paille, & en bien frotter ses Chevaux.

La dînée des Chevaux.

Aprés que les jambes des Chevaux sont lavées, comme nous avons dit, le Valet les laisse un peu manger du foin, puis il leur donne dans leur mangeoire bien nettoyée une eau blanchie avec du son, cela leur est tres-bon, les rafraîchit & les met en apétit; ces Chevaux barbottent dans cette eau, qui leur fait manger leur foin avec plus d'avidité, & c'est ce qu'on souhaite.

On les laisse ainsi manger en repos jusqu'à deux heures ou environ, qu'on les menne boire à la riviere ou en quelqu'autre endroit destiné pour cela; ou bien on les fait boire à la maison dans des auges faites exprés, ou dans des tonneaux remplis d'eau de puits, & échauffée au soleil en Eté, pour les raisons qu'on en a déja apportées; puis aprés que les Chevaux ont bû, leur gouverneur leur donne leur avoine pour retourner peu de temps aprés à leur travail jusqu'au soleil couché, qu'on les ramene à l'écurie où on commence à les traiter comme à la dînée.

Ces heures qu'on vient de prescrire regardent la charruë, car lorsque les Chevaux sont occupez au charroy loin de la maison, on ne peut pas positivement fixer ce temps ; mais comme il faut que les chevaux, alors à une heure plus ou moins avancée, ayent leur repas, le Valet charretier ne quittera point de vûë les instructions qu'on luy vient de donner.

Les chevaux étant retournez le soir à l'écurie, & soignez à l'ordinaire ; le Charretier leur fait bonne litiere, l'avançant extremément vers les pieds de devant, car les chevaux la nuit ne la repoussent toûjours que trop en arriere. Il leur donnera leur avoine, il les fera boire comme le matin, & il aura soin que leur ratelier soit remply de bon foin, & autant qu'il en faut pour chaque cheval pendant la nuit, quelques-uns leur donnent de la gerbée mêlée, cela dépend de la fantaisie.

Faire bonne litiere aux Chevaux.

Qu'on se défasse de la coûtume dangereuse de la plûpart des Laboureurs ou Charretiers de Village, qui laissent long-temps croupir la litiere sous leurs chevaux, on ne sçauroit dire le mal que cela fait aux pieds de ces animaux ; la chaleur que cette litiere rend, leur perd les pieds ; car leur fiente dont elle est remplie, a des acides qui y font un ravage terrible, si l'on n'y prend garde. Les chevaux en deviennent boiteux sans qu'on en sache la raison, & tout cela faute d'être instruit de ce point qui est tres-important.

Suite des soins d'un Valet Charretier.

Un Valet Charretier ne sçauroit trop avoir l'œil sur ses Chevaux, soit pendant qu'ils travaillent, soit lors qu'ils sont de retour à l'écurie, il faut qu'il ait soin de leur lever les quatre pieds pour les leur nettoyer du gravier qui y est, & qui les incommoderoit, si on l'y laissoit, pour voir s'il n'y a point quelque fer qui hoche, ou quelque cloud qui y manque, afin d'y en faire remettre d'autres.

Il observera si ses chevaux mangent bien, ou s'ils sont dégoutez, alors il cherchera les remedes pour leur faire recouvrer l'apétit ; s'il voit qu'ils maigrissent il courrera audevant des maladies qui peuvent les menacer, & tâchera de leur faire reprendre bon corps.

Il est bon qu'un Valet Charretier couche à l'écurie, afin que s'il arrivoit pendant la nuit que ses chevaux vinssent à se battre, ou qu'il leur survint quelqu'autre inconvenient, il fût à portée tout d'un coup d'y donner du secours. Ce seroit encore une chose fort avantageuse à la campagne, si ce Valet entendoit un peu à ferrer un cheval, & raccommoder un peu les harnois, on ne se verroit point obligé souvent pour une bagatelle d'avoir recours à un Maréchal ou à un Bourrelier, dont on est souvent fort éloigné. Il est vray qu'on dit qu'il faut avoir le double de ces harnois, on convient même que le ménage n'en est pas mauvais, mais comme tout le monde ne veut pas en faire la dépense, ou n'est pas en état de la faire, on tâchera, autant qu'il sera possible, de trouver de ces Valets adroits, & qui sont au fait de la plus grande partie de ce qui regarde leur harnois tant pour la bourrelerie, maréchaux, que pour le charronage.

Un Valet Charretier qui s'appliqueroit à bien soigner ses chevaux, comme nous l'avons dit, qui s'étudieroit a en connoître les maladies, & à chercher les moyens de les en guérir, seroit un Valet qu'on ne pourroit payer, on en trouve peu de ce caractere, & il est rare que des Valets fassent tout ce qu'ils doivent faire d'eux-mêmes, si l'on n'y a l'œil; c'est donc à un pere de famille, à un Maître qui veut avoir des domestiques pour le servir à la campagne, à veiller à ce qu'ils s'acquittent comme il faut de leur employ: c'est pourquoy toutes ces instructions qu'on a données jusqu'icy le regardent plus que les Valets mêmes pour lesquels on les a décrites.

Nous n'avons plus à present que les maladies des Chevaux, dont il faut que ce particulier ait connoissance, ainsi que des remedes qui conviennent pour les guérir, afin de tâcher de les démêler luy-même pour ne les point laisser inveterer, ce qui seroit tres-préjudiciable aux Chevaux. Les Valets n'y apportent pas toute l'attention possible, & ils n'avertissent bien souvent qu'un Cheval est malade, que lorsqu'ils voyent que le pauvre animal tombe sur les dents; ainsi on voit l'importance qu'il y a de veiller sur les Valets Charretiers, & combien il est avantageux à un Maître de s'appliquer, autant qu'il peut, de connoître quels sont les infirmitez ausquelles les Chevaux sont sujets, afin d'y remedier, & d'y faire remedier promptement; outre qu'il y a un certain proverbe qui dit, que *l'œil du Maître engraisse le Cheval*, c'est à dire, qu'un Maître qui a bien soin qu'on panse regulierement ses Chevaux, a le plaisir d'en tirer de longs services, ou de les revendre aprés, & plus qu'il ne les a achetez.

CHAPITRE XIX.

Où l'on traite d'une méthode fort aisée pour engraisser les Chevaux.

LA maigreur des Chevaux a ses causes differentes, elle provient quelquefois des parties d'un sang trop agité, & qui par leur acidité alterent tous les endroits du corps par où elles passent. Les longues fatigues & le travail outré qu'on les oblige de faire, doivent être regardez comme les principes de ce mouvement contre nature; il vient aussi quelquefois de plusieurs humeurs corrompuës, qui empêchent que la nourriture ne profite aux Chevaux; & enfin manque seulement de certains alimens qu'il faut leur donner, de la maniere qu'on le dira; mais avant que d'en venir là, commençons par engraisser les Chevaux maigres par des causes interieures, & dont on vient de parler.

Comment engraisser les Chevaux fatiguez.

IL y a bien des Chevaux fatiguez & maigres, qui ont le flanc alteré sans être poussifs, il ne faut pour cela que les avoir trop poussez au travail, & lorsque cette maigreur provient delà; on leur donne le matin une demie livre de miel dans du son chaud, ce miel rarefie la pituite grossiere, il produit un sang loüable & bien conditionné, & pousse hors les matieres contenuës dans le bas ventre.

On

On double la dose de ce miel, deux jours aprés qu'on voit que le cheval mange bien cet aliment preparé, & l'on continuë à luy en donner ainsi jusqu'à ce qu'on s'apperçoive qu'il vuide; aprés cela on luy donne quelques lavemens rafraîchissans & composez de la maniere qu'on le dira dans l'article qui en traitera; au lieu de miel on leur pile de la reglisse qu'on leur donne à manger, mélée dans du son; cette racine produit le même effet que le miel, mais il faut en donner plus long-temps au cheval, & ne luy point laisser manquer de nourriture ordinaire.

Avant que le Valet Charretier se couche il donnera aux chevaux maigres deux picotins de son moüillé, outre leur ordinaire d'avoine; s'il a des chevaux qui soient étroits de boyau, il leur donnera le matin à chacun deux jointées de froment avant qu'ils boivent; si c'est dans le temps des herbes, il en faut donner à ces chevaux maigres, elle leur est tres-salutaire.

Quand on dit qu'il ne faut point laisser manquer de nourriture aux chevaux maigres de fatigue; on entend que cette nourriture leur soit distribuée avec regle & avec prudence, autrement il seroit dangereux que voulant éviter un mal, on tombât dans un plus grand, qui est le farcin; ainsi donc on les ménagera dans les commencemens, ne leur en donnant pas tant tout d'un coup, & pour bien faire, il est bon de saigner quelquefois les chevaux.

Un cheval maigre qui commence à bien boire marque par là qu'il engraissera bien-tôt.

Maniere d'engraisser les jeunes Chevaux fort défaits.

Si ce sont des jeunes chevaux fort défaits qu'on veuille engraisser dans le temps que l'orge est en vert, il faut premierement leur donner du son sec deux fois le jour, s'ils sont bien maigres, au lieu que s'ils ne sont qu'un peu attenuez, une fois suffit, environ à midy.

Aprés cela on leur donne de l'orge en vert ou de l'herbe, il n'importe, avec du son moüillé, comme nous avons dit, mêlé à chaque fois de deux onces de foye d'antimoine preparé, cette drogue purifie le sang.

On observera de saigner le cheval refait par le moyen de l'orge en vert, ou de l'herbe lorsqu'on le remet au sec, c'est à dire, au son ou à l'avoine. Ceux qui sont dans les endroits où les pâturages sont abondans, trouvent en cela un grand secours pour les engraisser bien vîte.

Pour bien donner l'herbe à un jeune cheval tous les ans jusqu'à sept ou huit ans, il faut le saigner, luy donner à manger l'herbe deux ou trois jours aprés la saignée, & prendre son temps que l'herbe soit assez grande pour que le cheval puisse paître à pleine bouche. Il faut le laisser nuit & jour dans la pâture sans le panser ny l'étriller pendant un mois ou davantage, ne luy donnant autre nourriture que de l'herbe.

L'herbe imbibée encore de la rosée, sert de purgation au cheval, & pousse dehors tout ce qu'il peut avoir d'impur dans le corps, elle luy retablit les jambes, & les décharge des humeurs superfluës qui y sont tombées, & absorbant par ses alcalis les acides du sang qui y fermente, elle guérit les demangeaisons & la galle qui peuvent y survenir.

Les chevaux qu'on a mis au vert, doivent boire à midy & le soir, & les ôter des pâturages quand les chaleurs ont du, cit les herbes, parce qu'elles n'ont pas les mêmes vertus, comme lorsqu'elles sont encore tendres : outre que dans ce temps-là les mouches les importunent tellement, qu'ils ne sçauroient manger en repos.

On n'estime point le regain pour les chevaux, ni vert ny sec, on fait mal de leur en donner, les sucs dont ils sont remplis étant trop exaltez des parties qui contribuënt à rendre cet aliment salutaire. On observera aprés que le cheval sera engraissé, & qu'on voudra le mettre au travail, de le nourrir auparavant pendant douze jours de foin ou d'avoine, de le saigner, puis de le menager au commencement du travail.

Pour bien faire, & crainte que l'herbe n'ait engendré quelques vers dans les entrailles des chevaux, qui les incommoderoient dans la suite, si on ne les en chassoit; on prend une livre de beurre frais, & demie once de sublimé doux en poudre, on paîtrit le tout ensemble, & on en forme des pillules qu'on fait avaller au cheval avec une pinte de vin rouge : ce remede chasse les vers ; au lieu de sublimé, on peut méler avec le beurre quatre onces de cinabre en poudre.

Autre méthode pour bien engraisser les Chevaux.

VOicy une méthode pour engraisser les chevaux, qui est tres-bonne, tres-aisée à mettre en pratique, & qui coûte peu pour y réüssir.

Commencez d'abord par saigner le cheval, ayez de l'orge ce que vous jugerez à propos qu'il vous en faudra, faites-la moudre des plus grossierement, sans la bluter, prenez de cette farine un demi boisseau pesant huit livres, mettez-la dedans un seau plein d'eau, remuez le tout avec un bâton, laissez bien rasseoir la farine, & aprés que toutes les parties les plus grossieres seront tombées au fond, versez toute l'eau dans un autre seau, donnez-la à boire au cheval, qui n'en doit point boire d'autre, ensuite vous luy donnerez la farine qui est au fond du seau, à trois differentes fois, sçavoir le matin, à midy, & le soir.

Si le cheval répugne à manger cette farine seule, mêlez-y parmy pour l'y accoûtumer, du son ordinaire ; le lendemain diminuez-en la dose, & enfin cessez tout à fait d'en mettre ; au lieu de son il y en a qui mettent de l'avoine dans le son d'orge, l'une & l'autre méthode sont fort bonnes, observant comme à l'égard du son, de diminuer l'avoine peu à peu, jusqu'à ce que la farine d'orge moüillée luy plaise seule. Vingt jours suffisent pour engraisser ainsi un cheval.

Lorsque le cheval sera engraissé, & qu'il aura pris bon corps, on quittera la farine d'orge petit à petit pour luy donner d'abord une fois de l'avoine, & deux fois de la farine moüillée, peu à prés deux fois de l'avoine, & puis trois, ensuite continuez jusqu'à ce que le cheval soit engraissé.

Il ne faut pas le laisser manquer ce temps-là de bon foin, & de bonne gerbée. On le laisse de repos pendant quelque temps, & si l'on juge à propos de le purger, on luy donnera une once & demie d'aloës tres-fin, autant d'agaric, & une once d'iris de Florence, le tout bien pulverisé dans une pinte de lait trait recemment. Cette purgation se doit donner au cheval huit jours avant qu'on luy fasse quitter la farine d'orge, & luy en donner encore huit jours aprés la purgation.

CHAPITRE XX.

Des maladies des Chevaux, & des moyens de les en guérir.

QUoiqu'il soit vray de dire que tous les animaux ont dû avoir toutes leur perfection en sortant de la main du Createur ; cependant il a voulu qu'ils ayent été sujets à tous les differens mouvemens dont il avoit rendu leur machine susceptible ; & bien que les chevaux se nourrissent d'alimens, qui ayent des proprietez bienfaisantes, cependant il se rencontre tous les jours qu'il se mêle de mechans sucs parmi leur nourriture ; que l'œconomie des humeurs qui coulent dans leurs vaisseaux, s'altere par le mélange de ces corpuscules ennemis de leur constitution ; que la loy générale de la communication des mouvemens y peut introduire à toute heure, ou que par quelque accident imprévû quelque ressort, ou quelque partie de la machine se rompe, & en un mot, que ces animaux se trouvent exposez à mille dangers, c'est pour cela qu'on a cherché plusieurs remedes, dont les vertus sont d'un grand secours pour guérir leurs maladies.

Les plantes sur tout en font le principal objet ; c'est d'elles que nous tirons tout ce qu'il y a de proprietez les plus essentielles pour soulager les chevaux dans leurs infirmitez, parce qu'il y a des plantes dont les vertus sont specifiques pour arrêter le sang trop agité, & y rétablir l'œconomie & l'ordre naturel ; l'on en trouve d'autant d'especes qu'on conçoit d'alterations differentes dans leurs humeurs. Il y en a qu'on employe pour chasser hors de la machine tous les sucs impurs & grossiers, qu'on ne peut réduire par les alimens, qui ne peuvent par nul moyen s'associer avec les principes des humeurs, & encore moins servir de nourriture aux parties ; & il se trouve d'autant de difference de ces plantes purgatives, qu'on peut concevoir de ces sortes de levains irreguliers ; enfin il y a des plantes dont les sucs huileux & balsamiques servent à rétablir les parties, les guérir des atteintes qu'elles ont reçûës de la part des corps étrangers ; & à les aglutiner & consolider quand elles sont déchûës ou blessées.

On a été bien aise de faire cette digression avant que d'entrer en matiere sur les maladies des chevaux, pour donner une legere idée des principes d'où pouvoient provenir la plûpart de leurs maladies ; venons à present au fait, & aprés en avoir marqué les symptômes, nous enseignerons comment il faut y remedier.

Mais comme le cheval est composé de plusieurs parties, sur lesquelles

les humeurs malignes se jettent, & que la plûpart sont inconnuës à ceux qui commencent à entrer en connoissance des chevaux, on a crû devoir donner une liste de ces parties: voicy quelles elles sont.

La Tête.	Le Ventre.	La Pince.
Les Yeux.	Les Flancs.	Les os des hanches au haut de la croupe.
Les Oreilles.	Les Hanches.	La Solle.
Le Front.	La Croupe.	Le Grasset, autrement le gros muscle.
Les Larmiers.	Le Coude de la jambe de devant.	Les Cuisses.
Les Salieres.	Le Bras.	Le Jarret.
La Ganache.	L'Arc, c'est une veine à laquelle on saigne souvent le cheval.	Le ply du jarret.
Les Naseaux.	Le Genou.	L'Eparvin.
Le Nez.	Le Canon.	Le Jardon.
La Bouche.	Le Boulet.	Les autres parties des jambes de derriere se nomment comme celles des jambes de devant.
La Barbe.	Le Pâturon.	Les Testicules.
L'encolûre.	La Couronne.	Le Fourreau.
Le Garrot.	La Corne du pied.	
Les Epaules.	Les quartiers.	
Le Poitrail.	Le Talon.	
Les Reins.		
Les Rognons.		
Les Côtez.		

Il n'y a gueres de gens, pour peu qu'ils soient versez dans la connoissance des chevaux, qui ne sachent la scituation de ces parties.

Du Cheval morfondu.

LE *Cheval morfondu* se reconnoît tel, lorsqu'on voit qu'étant bien nourri, & travaillé moderément, il n'engraisse point & qu'il est triste. Cette maladie est un rhume, communément parlant, ou une fluxion qui tombe sous la gorge du Cheval & les autres parties qui en sont proches.

Pronostic. Une des plus grandes marques pour connoître si le cheval est morfondu, c'est lorsqu'il a le gosier sec & dur plus qu'à l'ordinaire, on le remarque encore quand il jette par les naseaux une liqueur blanche, qu'il tousse, & qu'il est dégoûté.

Le plus court & le remede le plus assuré, c'est de luy donner les pillules suivantes.

Remede. Prenez un gros de beurre frais, quatre gros de sucre, deux gros de regliсse, un gros de poudre cordiale, une once d'agaric, du sené, de la scamonée, & du miel rosat, de chacun un gros, reduisez le tout en poudre, incorporez-le avec le beurre & le miel, formez des pillules du tout, & les donnez au cheval, ce remede luy appaisera la toux; mais si le cheval n'a pas la toux, on luy fera prendre ce breuvage.

Autre remede. On prend deux gros de poivre, autant de canelle, du gingembre, du gerofle & de la muscade, de chacun aussi deux gros, avec une once d'huile d'olive, que tout ce qui doit être pulverisé le soit bien subtilement, mêlez bien le tout ensemble, ajoûtez-y quatre onces de miel rosat, & le donnez au cheval dans une chopine de vin blanc; il ne faut que réchauffer le cheval morfondu, & ne le saigner que dans le pressant besoin; c'est à dire, que lorsque le morfondement l'oppresse trop.

Du mal des yeux.

LEs maux des yeux viennent aux chevaux ou par fluxion, ou par quelque coup qu'on leur a donné, ou par autre accident; lorsqu'on s'est apperçû que le mal est causé par fluxion, on commence par luy ôter l'avoine, à la place de laquelle on luy donne du son moüillé, & pour autre nourriture du foin arrosé d'un peu d'eau; on se gardera bien de luy tirer du sang, ce seroit le moyen de luy faire perdre les yeux; cette fluxion paroît, lorsque le cheval a l'œil rouge, enflé, chaud & fermé; pour remede,

Prenez quatre poignées de lierre terrestre, qui croît dans les marais, pilez-les bien, faites durcir six œufs & en pilez les blancs avec le lierre, ajoûtez-y demi septier de vin blanc fort clair & la moitié moins d'eau rose, du sucre candi, & de la couperose blanche, de chacun une once & demie, mélez le tout en poudre dans un mortier, ajoûtez-y une once de sel menu, laissez-le ainsi l'espace de cinq ou six heures dans une cave, retirez-l'en, & mettez toute cette composition dans une chausse à hypocras, ou laissez-le filtrer à travers du papier gris, puis de ce qui en sortira, vous en frotterez l'œil malade du cheval. Remede.

Si c'est un coup que le cheval ait reçu dans l'œil, le même remede est encore excellent, & si le coup est grand, il faut aussi-tôt saigner le cheval du larmier ou du cou en abondance.

De la Toux.

LA *Toux* est un mal assez violent qui tourmente le cheval; quand la toux est nouvelle elle est aisée à guérir, mais lorsqu'elle est inveterée, elle est fort dangereuse. On connoît qu'un cheval a la toux quand il bat du flanc, qu'il a les naseaux enflez, & qu'il tousse: on calme la toux vieille ou nouvelle par le remede que voicy. Pronostic.

On prend du chardon benit, de l'hysope, du pas d'âne, du boüillon blanc, de la semence de fénugrec, de chacune six onces, des bayes de geniévre & de l'iris de Florence, de chacun cinq onces, une de demie livre de souphre vif, demie once de canelle & autant de muscade; il faut piler le tout à part, & que le tout soit sec, afin d'en faire une poudre mélée qu'on garde & qu'on fait prendre aux chevaux qui ont la toux; on leur en donne tous les jours le matin une once & demie infusée pendant toute la nuit dans une chopine de bierre, ou d'eau commune, ou bien du vin. Remede.

De la Gourme.

LA *gourme* est une maladie dont il n'y a point de chevaux exempts; il faut que les jeunes chevaux se purgent par là des mauvaises humeurs qu'ils ont interieurement, qu'ils fassent, pour ainsi dire, corps neuf, afin d'être dans la suite délivrez de quantité d'autres infirmitez ausquels ils seroient sujets sans cet effort que la nature fait en eux.

Les chevaux jettent leur gourme par plusieurs parties du corps, tantôt par une épaule, par un jarret, pardessus le rognon, par un pied, enfin par l'endroit le plus foible qui soit sur le cheval, mais communément cette humeur superfluë se décharge par les naseaux, ou par les deux os de la ganache.

Remede pour la gourme, qui sort par la ganache.

Pour traiter methodiquement la gourme qui sort par ces dernieres parties; lorsque la tumeur se manifeste, on envelope la gorge du cheval d'une peau d'Agneau, ou de Mouton, la laine du côté de la tumeur, on le tient chaudement, bien couvert, & à l'abri des vents, puis on frotte le mal avec un onguent fait de beurre frais, d'huile de laurier, & de l'onguent *althea* le tout battu à froid, cela résout la tumeur; ou bien on se sert simplement de *basilicum*, ou bien de cet onguent mêlé de vert de gris, & de couperose en poudre.

S'il arrive que l'onguent n'ait pas assez de force, pour obliger la matiere à percer le cuir du cheval, on y appliquera un bouton de feu; nous laissons aux habiles Maréchaux à faire cette operation, mais sur tout qu'ils prennent garde de ne point offenser le gosier qui est proche de la tumeur.

Crainte que le trou qui se sera fait de luy-même, ou qu'on aura fait ne vienne trop tôt à se fermer, on y mettra une tente trempée dans le *basilicum*, & si par malheur le trou s'étoit rebouché, il faudroit de nouveau y appliquer le bouton de feu, ou l'onguent dont on a parlé pour attirer la matiere.

De la gourme par les naseaux.

Si le cheval jette sa gourme par les naseaux, & que l'écoulement en soit heureux, on laissera le cheval de repos sans luy rien faire, observant seulement de le tenir chaudement, & de le promener soir & matin; car dés que les conduits sont ouverts, il n'y a rien à craindre.

Remedes.

Mais si l'on s'apperçoit qu'il ait les conduits bouchez par l'humeur qui se coagule, & que ce cheval ne jette sa gourme que difficilement, il faudra luy seringuer les naseaux d'une liqueur faite avec moitié eau de vie, & moitié huile d'olive, le tout battu ensemble & tiede.

Quelques-uns prennent de grandes plumes d'Oyes induites de beurre frais, fondu sur une assiete, avec un peu de poivre en poudre, ou du tabac, puis ils insinuent ces plumes dans les naseaux du cheval, & afin qu'ils y tiennent; ils les attachent par le tuyau avec un bon fil qu'on lie au cou.

C'est un avantage pour les chevaux qui ont la gourme dans l'Eté, de les envoyer en pâture jour & nuit; l'herbe qu'ils mangent, & qui détrempe l'humeur, aide beaucoup à l'écoulement de la gourme par les naseaux; outre qu'ayant encore toujours la tête baissée, cette gourme se décharge alors facilement par ces conduits.

Il y en a pour faciliter l'évacuation de cette humeur maligne, qui prennent un sac percé par les deux bouts, dont l'un sert pour mettre la tête du cheval, & l'autre qui est ouvert sur l'ouverture d'une chaise renversée, puis ils mettent sous cette chaise un réchaud de feu avec de l'encens dedans, la fumée qui en sort entrant par les naseaux du cheval l'oblige a jetter sa gourme.

Ce mal se communique, c'est pourquoy il faut, autant qu'il est possible, mettre les chevaux qui sont atteints de la gourme dans une Ecurie separée. Les chevaux jettent ordinairement leur gourme à deux ou trois ans. C'est un bien pour eux, quand cette maladie, qu'ils ne peuvent éviter, leur arrive à cet âge; quand la gourme les prend plus tard, ou qu'ils ne la jettent qu'imparfaitement, il arrive que depuis l'âge de six ans jusqu'à douze, elle est tres-dangereuse, dégenerant souvent en morve.

Pendant que le cheval aura sa gourme à l'Ecurie, on luy donnera pour nourriture du son moüillé, & pour boisson ordinaire de l'eau tiede blanchie avec du son ou de la farine d'orge, avec de bon foin. **Regime.**

Les Avives.

Les *Avives* viennent aux chevaux pour avoir été trop travaillez, ou qu'on leur a fait boire de l'eau trop froide & trop cruë, lorsqu'ils ont chaud, ou qu'ils boivent plus qu'il ne faut : tellement que les humeurs qui se jettent dans les glandes de la gorge, les enflent, & causent aux chevaux une si grande difficulté de respirer, que si on n'y remedioit promptement, ce mal les suffoqueroit.

On connoît qu'un cheval est atteint des avives, lorsqu'il est impatient, qu'il pert l'appétit tout à coup; qu'il se couche, puis qu'il se releve, & qu'il se veautre, & pour le guérir, **Pronostic.**

Prenez l'oreille du cheval, pliez-la en bas & à l'endroit ou arrivera sa pointe, sera celuy où la tumeur le tourmentera; si le poil s'arrache aisement de cet endroit, c'est signe que les avives sont mures, & qu'il est temps de les résoudre; pour lors, & aprés avoir découvert le mal, comme on vient de le dire, on prend toute la glande qui est en cet endroit avec des tenailles, on bat la tumeur doucement avec un bâton, jusqu'à ce qu'on juge qu'elle soit corrompuë, ou bien on broye la glande avec la main jusqu'à ce qu'elle soit amollie, c'est là le moyen le plus assuré, & qu'il faut toûjours employer pour ce mal, à moins que les avives ne fussent si grosses, qu'il y eût apparence que le cheval en dût être suffoqué; en ce cas il faudroit les ouvrir avec une lancette, & suivre alors la maxime des Maréchaux, qui croyent que cet expedient est le plus court, mais l'experience apprend tous les jours qu'ils se trompent. **Remede.**

On donnera ensuite un lavement rafraîchissant au cheval pour divertir la fluxion, & il sera composé de la maniere que voicy.

Prenez cinq chopines d'urine d'homme, mettez dedans deux onces de casse mondée, une once & demie de policreste pulverisé subtilement; faites boüillir le tout à gros boüillons, tirez-le du feu & le donnez tiede au cheval, aprés y avoir mêlé deux onces d'huile de laurier. **Lavement.**

Il eſt bon que le cheval prenne alors quelque confortatif, & pour cela on luy fait avaller une pinte de vin rouge, dans laquelle on délaye une once d'orvietan ou de theriaque, il n'importe; ſi les avives ſont dangereuſes, & qu'elles preſſent les conduits de la reſpiration; outre l'orvietan on luy donne un lavement d'une décoction d'herbes émollientes, où l'on aura mis une once & demie de ſcories d'antimoine en poudre, avec deux onces d'orvietan ou de theriaque, & un quarteron de beurre, aprés que le tout eſt paſſé, puis on donne ce remede tiede au cheval.

Des Tranchées.

Les *Tranchées* ſont encore un cruel mal, dont les chevaux ſont attaquez; ce ſont des douleurs qui le tourmentent dans les inteſtins, & l'on connoît qu'un cheval en eſt travaillé lorſqu'il ſe débat, qu'il ſe couche, qu'il ſe leve, qu'il ſe veautre les pieds en l'air, & qu'il frappe la terre rudement. *Pronoſtic.*

Un cheval eſt atteint de ce mal pour avoir trop mangé de grain: on l'en guérit ſi on luy donne un lavement composé ainſi. *Lavement.*

Prenez trois chopines d'urine d'homme qui boive du vin, & qui ſoit ſain, ou au défaut de cela, pareille doſe d'urine de Vache, & y diſſoudez trois onces de diaphenic, puis donnez ce lavement tiede au cheval.

Breuvage. Enſuite faites réſoudre une once de theriaque ou d'orvietan dans une chopine d'eau de vie ou de bon vin rouge ou blanc, il n'importe, ajoûtez-y une muſcade rapée, faites avaller ce breuvage au cheval ſitôt qu'il aura rendu ſon lavement; aprés quoy vous le promenerez couvert d'une bonne couverture, & l'empêcherez de ſe coucher.

Il eſt une eſpece de tranchées plus dangereuſe que la précedente, elle a du rapport au teneſme dont les hommes ſont attaquez: le cheval a continuellement envie de fienter, & ne fait rien, il ſuë au flanc & aux oreilles, & s'il fiente dans ces efforts, c'eſt peu de choſe, ce ne ſont le plus ſouvent que des flegmes ſanguinolents qui ſe détachent des inteſtins, ces tranchées ſont preſque toûjours ſuivies de fiévre avec toutes ces empreintes, ce qui met le cheval en danger. La plûpart des Maréchaux ignorans appellent ce mal, *les tranchées de ſang*, & comme ils n'en connoiſſent point la cauſe, auſſi en réchappe-t'il peu entre leurs mains. *Autre eſpece de tranchées.*

Pour guérir ces tranchées on prend deux pintes de lait, on y mêle quatre onces d'huile d'olive ou de noix, autant de beurre frais, une demie douzaine de jaunes d'œufs & deux onces de ſucre, & l'on fait du tout un lavement qu'on donne tiede au cheval.

Il faut ſe garder alors de faire rien prendre au cheval par la bouche, crainte d'irriter encore les humeurs glaireuſes; il ne luy faut que lavement ſur lavement, tantôt émollients & tantôt carminatifs, & promener toûjours le cheval. *Lavement.*

Si le cheval guérit de ces tranchées, on le nourrit aprés de ſon pendant ſept à huit jours, au bout deſquels on luy donne une purgation pour chaſſer les reſtes des humeurs peccantes, & pour adoucir celles qui peuvent encore reſter.

Pour

De la Galle.

POur guérir la *Galle* des chevaux, il faut d'abord les saigner à la veine du cou, puis les purger, ensuite les frotter avec une chopine d'eau de vie, dans laquelle on aura fait infuser deux onces de tabac. Remede

Si la galle ne se guérit pas promptement, on fait manger au cheval de la fleur de souphre dans du son moüillé, peu au commencement; & on en augmente la dose de jour en jour, jusqu'à une demie poignée tous les jours.

Pour purger le cheval galleux, prenez une demie dragme de rhubarbe, une dragme de scamonée, deux dragmes d'agaric, de l'aloës, & du sené, de chacun une once, reduisez le tout en poudre, & le donnez au cheval dans une pinte de vin blanc un peu tiede; aprés qu'il aura resté bridé quatre heures avant que de prendre ce breuvage. Purgatif.

Des Malandres & Solandres.

LEs *Malandres* & *Solandres* se manifestent aisément sur un cheval, ce sont des especes de galles ou de crevasses qui naissent au ply du genou, & d'où il coule quelques eaux rousses, vous les guerirez en cette maniere.

Prenez du savon noir, & en frottez le mal, puis aprés lavez les malandres ou solandres avec de l'urine ou de l'eau de lessive; ou bien prenez du lard à larder, rapez-le, lavez-le bien pour en ôter l'acide, incorporez-le dans de l'huile d'amande douce, battez-bien le tout ensemble, & en faites un onguent dont vous frotterez le mal. Remede.

Du Javart.

LE *javart* est de trois sortes; sçavoir, le *javart simple*, le *nerveux* & le *javart encorné*; c'est une tumeur qui croît entre chair & cuir dans tous les endroits du pâturon.

Pour guérir le *javart simple*, il en faut faire sortir le bourbillon, cela suffit; & pour y reüssir, prenez gros comme un œuf de levain de farine de seigle, deux gousses d'ail bien pilées, & une pincée de poivre, incorporez bien le tout dans du bon vinaigre, & l'appliquez sur le javart. Remede.

On agit autrement pour le *javart nerveux*, & pour l'obliger à venir à supuration, on y applique l'emmielûre, dont voicy la composition.

On prend du cumin, de la gomme adragant, de la camomille & des roses, de chacun deux gros, autant de terebentine, demie once de farine de lin, six gros de miel & une once de lard; les drogues doivent être subtilement pulverisées, puis on fait cuire le tout dans deux pintes de vin blanc, ensuite, quand le tout a bien boüilli, & qu'il est réduit aux trois quarts, on l'applique sur le javart soir & matin le plus chaudement qu'il est possible. Emmielûre.

Si l'on voit que l'emmielûre ait poussé quelques endroits du javart à matiere, on y donnera des boutons de feu tout au tour, & quand ces endroits sont percez, & que la matiere en sort, on y applique un plumaceau frotté de *basilicum*, qui se vend chez les Apoticaires. Voilà pour le javart nerveux qui vient sous le nerf, & voicy le remede pour celuy qui vient dans le pâturon sur un nerf: on peut appliquer l'emmielûre dont on vient de parler, puis en faire sortir le bourbillon, comme au javart simple.

Si ce remede ne suffit pas, faites cuire quatre oignons de lis sous la cendre, pilez-les en y ajoûtant de la graisse de poule, ou sain doux, mêlez-y deux onces d'huile de lin, deux jaunes d'œufs durs, faites du tout un corps, que vous mêlerez bien dans un mortier, & cela fait, vous l'appliquerez sur le javart chaudement avec de la filasse & des bandes, & quand le bourbillon est sorti, on lave la jambe avec du vin chaud mêlé de beurre.

Javart encorné. Il y a encore le *javart encorné*, qui est une tumeur qui croît sous la couronne; ce mal est aisé à connoître, & difficile à guérir, on se sert de deux voyes differentes pour traiter le javart encorné, l'une avec le feu, & l'autre avec un rasoir & les caustics, toutes les deux sont bonnes, & sont du ressort d'un Maréchal, qui lorsqu'il sçait bien son métier, fait toûjours cette operation fort heureusement.

Des Crevasses.

QUand on voit qu'un cheval devient boiteux tout d'un coup, il faut luy lever le pied, & en examiner les pâturons, s'il y paroît quelque petite fente, d'où il découle des eaux de mauvaise odeur, c'est une marque qu'il est attaqué de *crevasse*, & pour les guérir on applique dessus l'emmielûre, dont on a parlé pour le javart, & dans peu le cheval est guéri. Si les crevasses sont opiniâtres, on les frotte d'esprit de vitriol, observant neanmoins avant que d'y rien faire, de raser le poil qui les couvre. On peut encore les frotter d'huile de lin, ou d'huile de chenevy, elle absorbe l'acide de l'humeur, & fort souvent la desseche.

Les Mules traversieres.

Remede. ON guérit les *Mules traversieres* en rasant le poil qui les couvre; puis on prend du suif de Mouton fondu, autant chaud qui se puisse, on le met sur de la filasse, puis on l'applique sur le mal avec un bandage qu'on y laisse pendant trois jours: mais pour le mieux,

Ayez de l'huile de lin, & de l'eau de vie, autant de l'une que de l'autre, agitez-les dans une fiole jusqu'à ce que le mélange en soit bien fait, puis vous en frotterez le mal pendant huit jours, cela n'empéche pas le cheval de travailler.

Pronostic. Les mules traversieres viennent au ply du boulet de derriere, & deviendroient dangereuses, si on en negligeoit la cure.

Des Suros.

ON appelle *Suros* une tumeur enkistée, ou un calus qui croît sous l'os du canon, par un écoulement d'une humeur maligne qui se jette sur cette partie. Le mot de suros luy a été donné, parce qu'il croît ordinairement sur l'os.

Et pour le guérir on rase le poil tout au tour de la tumeur, on la bat avec un bâton, on la frotte un peu rudement jusqu'à ce qu'elle soit un peu amollie, puis on applique dessus l'onguent que voicy. Remede.

Prenez du mercure & du souphre, de chacun trois gros, deux gros d'eu-forbe, & autant de cantarides, réduisez le tout en poudre; & l'incor-porez avec l'huile de laurier, & un peu de beurre sallé, ensuite vous en frotterez le mal, observant de mettre par dessus une compresse & un ban-dage: on réïterera la friction sur le suros jusqu'à ce qu'il soit guéri.

De la Fusée.

IL y a une autre espece de suros, qu'on appelle *fusée*, il se guérit ainsi que le précedent, ou bien, si l'on veut, on amollit la tumeur, comme on l'a déja dit, puis on prend un clou bien pointu, on en pique le suros qu'on frotte aprés avec du sel menu. Il y en a qui se servent de l'onguent qui suit.

Ils prennent du beurre, de l'onguent *althea*, & de l'huile de laurier, de chacun deux onces, & deux roignons de mouton rotis & bien pilez, ils font un corps du tout qu'ils pilent derechef, ils le font boüillir dans un petit pot, puis ils en forment un emplâtre qu'ils mettent sur le suros, aprés l'avoir rasé, & on continuë ce remede jusqu'à ce que la tumeur vienne à matiere, & quand elle sera ouverte on la laissera vuider tant qu'il n'y viennent plus de pus; si elle ne veut point s'ouvrir, on en fait l'operation avec la lancette.

D'autres, aprés avoir fomenté la tumeur avec du vin chaud, & l'avoir rasée tout au tour, y appliquent du salpêtre pulverisé, en la frottant bien avec la main; on laisse aprés cela le suros trois jours sans y rien faire, puis on recommence à le frotter comme auparavant l'espace de neuf jours.

Des Bleymes.

NOus appellons *Bleymes* une inflammation causée par un sang meur-tri dans le dedans du sabot, entre la solle & le petit pied vers le ta-lon, telle est la marque de cette maladie, qui se guérit comme on le va dire.

Commencez par parer le pied du cheval, & d'ôter la sole meurtrie, puis, si la matiere n'y est pas encore formée, vous mettrez dessus l'onguent, dont voici la composition.

Prenez de l'huile d'olive & de la poix de Bourgogne à égale portion, joignez-y un oignon de lis, faites bien boüillir le tout, ensuite mettez-le Remede.

sur des étoupes, & l'appliquez sur le mal avec un bon bandage, crainte qu'il ne s'ôte.

De l'Encloueûre.

QUand un cheval boite, & qu'on n'en voit point d'abord la cause, il faut déferrer le pied où est le mal, & avec les triquoises, le presser tout au tour, & à l'endroit où le cheval retirera son pied, ce sera là que sera *l'encloueûre*, c'est à dire, qu'il aura été piqué d'un cloud de ruë, ou par la mauvaise adresse du Maréchal en le ferrant, ou de quelque chicot.

Quand le mal est découvert, on en fait sortir la matiere autant qu'on peut, puis on y verse de l'huile toute boüillante; & l'on bouche le trou avec de la filasse, ou bien on y applique l'onguent que voicy.

On prend de la cire neuve, de la gommée elemy, de la poix de Bourgogne & de la terebentine de Venise, de chacun deux onces, du mastic & du storax, de chacun quatre gros; pilez le tout ensemble dans un mortier qui soit chaud & en faites un onguent que vous appliquerez sur le mal avec de la filasse, & un bandage pardessus.

De l'Atteinte.

Pronostic. QUand un cheval frappe le pied de devant du fer de derriere, ou que ces animaux s'attrapent les uns les autres & s'emportent la piece sur la couronne du pied; c'est une atteinte; il y en a de deux sortes, *l'atteinte simple* & *l'atteinte encornée* ou *sourde*, la premiere est celle où l'on voit la piece enlevée, & le sang qui en sort, elle n'est pas dangereuse ni dificile à guerir; en voici le remede.

Remede. On prend du poivre battu avec de la suye de cheminée qu'on mêle bien avec des blancs d'œufs, & le plus proprement qu'il est possible, on applique ce remede sur la playe qu'on envelope avec une bande, empêchant sur tout que le cheval n'y porte la dent, ou ne léche le mal, car il ne gueriroit pas.

Si l'atteinte est vieille, & que par negligence ou autrement, on ait negligé d'y apporter du remede, on y appliquera l'emmielûre qui suit.

Emmielûre. Prenez des roses, de la camomille, du melilot, & de la semence de lin, de chacun une demie livre, une livre de vieux oing, une once d'huile d'aspic, la mie du pain d'un sol, quatre poignées de son de froment, & six livres de vin rouge, ou trois pintes de Paris, réduisez toutes ces drogues en poudre, & les faites boüillir dans le vin, cette composition étant cuite, vous l'appliquerez sur le mal.

Pour *l'atteinte encornée*, il faudra sonder la playe, & souvent dessoller le cheval pour le guérir de ce mal; cette operation regarde les Maréchaux, qui la font toûjours fort bien quand ils entendent leur métier

Des Chicots.

LEs *Chicots* que les chevaux attrapent dans les bois, & qui percent leur sole quelquefois jusqu'au petit pied, causent souvent de grands maux aux chevaux, si on n'y remedie promptement, il faut se servir pour cela des mêmes remedes que pour l'encloueûre.

Du Cheval lunatique.

LOrsqu'un cheval a les yeux tristes, beaucoup pleins de chaleur quand on y touche, qu'ils sont enflez, qu'ils pleurent, & qu'ils sont en dessous de la prunelle de couleur feuille morte, c'est une marque que le cheval est *lunatique*.

Il faut alors luy purger le cerveau en cette sorte : on prend deux livres de beurre frais sans sel, deux gros de turbit, demie once d'aloës, autant d'agaric, incorporez bien le tout ensemble, & formez-en des pillules que vous donnerez au cheval le matin, quatre heures aprés qu'il aura été bridé ; il faudra le tenir en Eté au serain, & en Hyver dans une Ecurie mediocrement chaude, & luy faire boire de l'eau blanchie, & pour nourriture du son moüillé au lieu d'avoine : il faut bien se garder de le faire saigner, la saignée est dangereuse pour les chevaux lunatiques. Remede.

Il y en a qui bassinent soir & matin les yeux lunatiques d'un cheval avec de l'eau de rhuë, d'autres se servent d'huile de Saturne quand il y a beaucoup d'inflammation aux yeux ; il en faut sept à huit goutes dans l'œil ; on prend ce soin tous les jours jusqu'à ce que la fluxion soit passée.

Du nerf foulé ou blessé.

UN cheval a quelquefois les jambes roides, de maniere qu'il ne peut s'appuyer dessus ; alors on prend la jambe malade, on passe la main depuis le bras ju'qu'au boulet, le long du canon, & si l'on y sent une tumeur, & que le cheval en cet endroit semble sentir de la douleur, c'est une marque qu'il a le *nerf foulé* ou *blessé*.

Sitôt qu'on a découvert le mal, s'il est récent, il faut le frotter avec de l'huile d'olive fort chaude, & presenter une petite pelle rouge vis-à-vis pour faire penetrer l'huile, en remettre derechef dans le même moment: & continuer ainsi pendant une demie heure.

On peut se servir encore de l'emmielûre pour les atteintes, voyez la page 252. il la faudra appliquer chaudement sur des étoupes avec un bandage.

De la Forbure.

LA *forbure* est un grand refroidissement qui survient à un cheval lorsqu'il a trop travaillé, qu'on l'a surmené, de maniere qu'il s'est échauffé, puis qu'on le laisse morfondre, ou qu'on luy a donné pour lors à boire de l'eau froide.

Ce mal pour l'ordinaire tombe sur les jambes des chevaux, puis sur les sabots, & les rend presque immobiles, & quand ils veulent marcher, ils chancelent comme un homme qui auroit trop bû.

Mais pour bien découvrir ce mal, on fait reculer le cheval, & s'il ne peut plus le faire, ou que ce soit avec peine, c'est une marque qu'il est forbu.

Remede. Il faut faire saigner le cheval du cou d'abord qu'on apperçoit la forbure, recevoir son sang dans une terrine, y mêler une chopine d'eau de vie, & faire de tout cela une bonne charge sur les jambes, en les frottant bien jusqu'au dessus du genou & du jarret, puis luy fondre dans les pieds de l'huile de laurier toute boüillante, de la filasse & un bandage par dessus pour tenir le tout en état, & même en mettre autour de la couronne avec de la filasse & un bandeau par dessus. Il faut une demie heure aprés luy faire avaller deux onces d'orvietan, ou de theriaque, quatre onces de sel de tartre en poudre, le tout mêlé dans une pinte de vin blanc ou rouge, il n'importe: on le tiendra bridé deux heures aprés cette prise sans qu'il puisse se remuer.

Regime. Ensuite on luy donne un lavement composé de deux onces de sel policreste dans une décoction d'herbes émolientes: ce lavement se réïtere de deux heures en deux heures jusqu'à deux fois seulement, & aprés le dernier lavement, on luy donne à manger du son & de la paille; & pour boisson une eau blanchie: il faut empêcher que le cheval ne se couche pendant deux fois vingt-quatre heures, & réïterer l'huile de laurier dans les pieds de huit ou dix heures en dix heures. Si le cheval le lendemain n'est pas guéri, on réïtere le breuvage & les lavemens, sans le saigner.

Des Poireaux.

LEs *Poireaux* qui surviennent aux boulets & aux pâturons des chevaux & même jusques prés des fourchettes aux pieds de derriere, sont comme des verrües qui rendent du pus quand ils sont verds.

Remede. Pour remede on doit couper tous les poireaux avec le feu jusqu'à la racine, & appliquer sur les playes l'emmielûre pour les javarts, voyez page 249. jusqu'à ce que ces poireaux soient entierement sechez: voicy un remede qu'on croit plus assûré pour empêcher que ce mal ne revienne cinq ou six mois aprés.

Prenez du vif argent, du sublimé, de l'alun de glace, du sucre candi, du vert de gris & de la couperose, de chacun trois onces, cinq onces d'huile de laurier, & autant *d'althea*, ajoûtez-y autant de sain doux, du suif de bouc, de la cire neuve & de l'huile d'olive, de chacun cinq onces; pulverisez toutes les drogues, & faites boüillir le tout ensemble dans un pot, dés qu'il aura un peu boüilli, ôtez-le du feu, & le laissez un peu refroidir, & quand il sera tiede, vous en frotterez les poireaux de trois en trois jours. Il faut à chaque fois chauffer cet onguent jusqu'à ce qu'il soit tiede.

De la Rêtention d'urine.

LEs chevaux sont sujets à la *rêtention d'urine*, & on le remarque lorsque se mettant en devoir d'uriner avec des efforts, ils ne rendent rien. On les guérit de ce mal par les remedes qui suivent.

Prenez une once de bois de saxafras avec son écorse, coupez-le menu, & le mettez infuser dans une pinte de vin blanc, dans une bouteille de verre bien bouchée, observant qu'il y ait les deux tiers de vuide, & de mettre la bouteille sur des cendres chaudes pendant six heures ou environ; passez le vin, & le donnez à boire au cheval, qui urinera bientôt aprés, ou qui le fera suer; cette sueur est une transpiration de l'urine, & qui opere le même effet, que si l'urine sortoit par les conduits ordinaires. Remede.

Il y en a qui prennent trois onces de colophone en poudre, qu'ils mettent dans une chopine de vin blanc, ils mélent le tout ensemble & le donnent au cheval en forme de breuvage, puis ils le font promener, & incontinent le cheval urine.

Ceux qui demeurent à la campagne font aussi-tôt mener le cheval dans l'étable aux Brebis, où il urine incontinent; ce remede est bien anodin, de pratique aisée & de peu de dépense.

Ou bien on peut luy frotter les testicules avec de l'huile *d'hypericum*, qui fera son effet incontinent.

De la Pousse.

La *Pousse* est une maladie fort dangereuse pour les chevaux, c'est une difficulté qu'ils ont de respirer, causée par l'embarras des poulmons, & par l'obstruction des veines & des arteres. La pousse vient des alimens trop chauds dont on nourrit le cheval, ou pour l'avoir abreuvé trop échauffé, ou pour avoir été trop rudement poussé au travail.

Pour bien s'assûrer si un cheval est poussif, lorsqu'on voit que le flanc luy bat, il luy faut serrer le gosier prés de la ganache, & le faire tousser, ce qui se fait aisément, écouter le son de la toux; si elle est seche, elle ne vaut rien, si elle est seche & souvent réïterée, encore moins, mais si elle est suivie de quelque humidité, elle n'est pas beaucoup à craindre; le cheval qui péte en toussant est presque toûjours poussif, c'est la pousse la plus dangereuse & la plus difficile à guérir, on la tient même incurable. Pronostic.

Lors donc que le cheval est poussif on luy donne peu de nourriture pendant huit jours, le nourrissant au son moüillé, & l'eau blanchie avec de la farine de seigle, de l'avoine moüillée, de la paille de froment & du foin humecté, le neuviéme jour on le purge avec les pillules dont voicy la description.

Prenez de l'agaric, reglisse, aloës, aristoloche ronde, sené & coloquinte, de chacun une once, une dragme de scamonée, demi once *enula campana*, du millet, du lard, de chacun une livre, pilez toutes ces drogues, pulverisez-les finement, & les incorporez avec le miel & le lard, puis vous ferez de toute cette mixtion des pillules que vous donnerez le matin au cheval, quatre heures aprés avoir été bridé; & aprés ce remede, une chopine de vin: il faut continuer la diete au cheval, & s'il ne guérit pas, vous luy donnerez le remede qui suit. Remede.

Si c'est dans le temps que les herbes ont toutes leurs forces, on prend un chaudron qui tienne un seau, on y met mauves, boüillon blanc, pas Autre remede.

d'âne, sommitez de genêt vert de l'année, chicorée sauvage & hysope, de chacune trois poignées, on les hache menu, on les fait cuire dans une quantité suffisante d'eau, puis on les ôte du feu, on y ajoûte aprés un quarteron de suc de reglisse, dix poignées de fleur de genêt, deux livres de miel, autant de souphre qu'on fera fondre dans une cuillier de fer, & qu'on jette aprés dans la décoction; il faut réïterer à cinq ou six fois la fonte du souphre, & le jetter autant de fois dans le remede aprés l'en avoir retiré; puis ayant tenu le matin deux heures le cheval bridé, on luy fait avaller le quart de ce breuvage avec la corne, & on le promene demie heure au pas; ensuite il prend l'autre quart, puis on le promene comme auparavant, & le lendemain on luy fait avaller la moitié qui reste du breuvage en deux fois, observant de le faire promener, comme on a dit. On donne aprés cela un jour de relâche au cheval, puis on commence à luy faire avaller le breuvage en deux jours, on continuëra ainsi pendant huit jours.

Le cheval dans cet intervale ne mange ni foin ni avoine, mais on le nourrit de son ou de paille de froment.

Autre remede avec des œufs.

Voici un autre remede fort aisé à faire à la campagne: prenez une douzaine d'œufs frais, mettez-les dans de fort vinaigre, en sorte qu'il nage sur les œufs de l'épaisseur d'un doigt, laissez-les tremper jusqu'à ce que la coque soit amollie, puis ayant tenu le cheval bridé toute la nuit, vous luy ferez avaller tous ces œufs les uns aprés les autres, & tous entiers avec un peu de vinaigre dans lequel ils auront trempé, faisant en sorte qu'ils boivent tout le vinaigre avec les œufs.

Cela fait on couvre bien le cheval, on le promene au pas deux heures entieres, puis on luy donne du son moüillé au lieu d'avoine, point de foin. On peut réïterer ce remede s'il en est besoin, & quoique de peu de dépense, il n'y en a guere de meilleur pour guérir la pousse.

Des Grappes.

Les chevaux sont sujets aux *Grappes* qui leur viennent aux jambes de devant ou de derriere, ce sont des tumeurs remplies d'une humeur puante & infecte; on rase le poil fort prés, puis on frotte les Grappes de l'onguent suivant.

Remede.

Prenez demie livre de mercure, une once d'ellebore, autant d'euforbe, quatre onces de staphisagria, la quatriéme partie d'une once de cantarides, deux onces de vitriol vert, une once de sel nitre, deux livres de graisse de cochon; mettez toutes ces drogues en poudre, incorporez-les avec la graisse, faites un onguent de toute cette composition, que vous appliquerez sur les Grappes, & afin qu'il puisse mieux pénetrer, il faudra faire rougir une pele de feu, & la poser sur le mal le plus prés qu'il sera possible sans le toucher.

Il est bon aussi avant que d'appliquer ce remede de laver & de frotter les jambes gâtées jusqu'au sang avec de l'urine de Vache, ce préparatif est merveilleux.

De

Des Peignes.

LEs *Peignes* sont des infirmitez qui surviennent aux chevaux qui ont été refroidis & mal gouvernez, ce sont des gratelles farineuses qui croissent sur la couronne, & qu'on découvre lorsque le poil en est herissé.

Remede.

On les guérit avec deux onces de bresil coupé tres-menu & mis infuser dans un demi septier d'esprit de vin pendant douze heures, aprés quoy on en frotte les Peignes sans les écorcher : si ce remede ne suffit pas,

Prenez du coton, imbibez-le d'esprit de vitriol, moüillez-en tous les Peignes legerement, aprés les avoir frottee avec un bouchon de paille, pour mettre les esprits en mouvement, sans rien écorcher, ni faire du sang. Si pour la premiere friction le cheval n'est pas guéri, vous réïterez le remede.

Du Farcin.

LE *Farcin* est un mal causé par une humeur maligne & quelquefois si opiniâtre, qu'il est difficile de le guérir ; on en compte de quatre sortes, sçavoir le *Farcin volant*, le *Farcin cordé*, le *Farcin cul de poule*, & le *Farcin interieur.*

Farcin volant.

Le *Farcin volant* se connoît par cerrains boutons qui viennent par tout le corps, çà & là, en maniere de clouds. Pour le guérir il faut d'abord aller à la cause, & pour cela, empêcher le trop grand mouvement du sang par la saignée.

Ayant saigné le cheval, on le purge en la maniere qui suit.

Remede.

Prenez une once & demie d'aloës sucrotin, demi once de sublimé doux, une once & demïe de theriaque ou d'orvietan, pulverisez ce qui doit l'être, puis ayez une pinte de vin, delayez-y lz theriaque, mettez aprés l'aloës, mêlez bien le tout, & le donnez à boire au cheval, puis vous rincerez encore le pot avec un demi septier de vin ; le cheval doit être bridé quatre heures avant la purgation, & autant aprés.

Le cheval étant saigné & purgé de la sorte, on ne luy donnera rien davantage par la bouche que les boutons ne soient mûrs, & pour lors on les perce pour en faire sortir la matiere. Si le Farcin ne seche pas, on met dedans de la poudre de reagal, au bout de neuf jours l'escarre tombera.

On donne tous les jours au cheval farcineux deux onces de chardon à cent têtes dans du son moüillé ; il faut luy ôter l'avoine : voicy un autre remede qui est tres-bon.

Prenez une once & demie d'eau forte, une dragme de vif argent, deux gros d'alun de roche, mettez le tout dissoudre dans l'eau forte, puis faites calciner l'alun, dans un pot de terre, ajoûtez-y l'alun tant que l'eau forte en pourra digerer en pâte dure, qu'on mettra dans le Farcin qui sera percé.

Farcin cordé.

Si c'est du *Farcin cordé*, on y applique les boutons de feu, puis on entoure, & l'on barre les cordes & les boutons d'une raye de feu, on saigne le cheval abondamment, puis on le purge comme on a dit.

Remede. Quand on a brûlé ou mis le feu aux boutons du farcin & que l'escarre est tombée, on frotte le mal avec l'onguent suivant.

On prend une once d'arsenic, du vif argent, de l'alun & de la couperose, de chacun deux onces, une demie once de vert de gris: pulverisez toutes ces drogues chacune à part, mêlez aprés toutes ces poudres ensemble, & quand vous voudrez vous en servir, vous nettoyerez bien les boutons, vous les presserez pour en faire sortir la matiere, puis vous les frotterez de la poudre preparée.

Farcin à cul de poule. Le *Farcin à cul de poule*, appellé ainsi par la ressemblance qu'il a avec cette partie de cet oiseau, est tres difficile à guérir; les boutons, lorsqu'ils viennent à percer, ne jettent aucune matiere, les bords de l'ulcere sont teints d'un noir rougeâtre, & ils sont presque toûjours calleux.

Remede. Cependant on guérit quelquefois ce farcin par le moyen de l'ellebore noir dont on prend les racines qu'on lave, puis qu'on met infuser dans du vinaigre rosat pendant vingt-quatre heures, ensuite on jette le vinaigre, & l'on fait secher ces racines à feu lent, puis on les réduit en poudre, dont on se sert en purgatif; pour aller à la cause interieure de ce farcin, & tâcher de la detruire, voicy quel doit être le remede.

On prend une once de sené, demie once d'aloës & autant de [illegible], une once sel de tartre, trois dragmes d'ellebore noir préparé, comme on a dit, deux dragmes de rhubarbe, demie once de sublimé doux, & trois dragmes moitié muscade, moitié gingembre, faites du tout une poudre grossiere, & en formez des pillules avec une livre de beurre frais, que vous donnerez au cheval un jour aprés qu'il aura été saigné.

Farcin interieur. Pour le *Farcin interieur*, c'est le plus dangereux de tous, ses boutons naissent entre cuir & chair, il faut y remedier de bonne heure quand on s'en apperçoit, sinon l'humeur rentre, infecte les parties interieures, & cause la mort au cheval.

Remede. On se sert pour guérir ce Farcin de décoction de gayac, de salsepareille, ou de racine d'esquine, on en donne tous les matins au cheval pendant sept ou huit jours avant la purgation: au lieu de décoction des plantes cy-dessus, on peut n'en donner aux chevaux que la poudre qu'on aura tirée; la dose est de deux onces dans une pinte de vin blanc, la purgation sera telle.

Vous prendrez de l'anis, sené, agaric, aloës, de chacun demi once, une dragme de poivre long, une tête d'aïl bien épluchée, & trois dragmes de scamonée, vous réduirez bien le tout en poudre, que vous ferez infuser dans trois demi septiers de vin blanc, ou une pinte si vous voulez, & donnerez ce breuvage tiede au cheval; il faut le laisser quatre heures bridé avant la purgation & autant aprés, & le promener pendant deux heures; le lendemain on pourra luy donner un lavement émollient composé

Lavement. De mauves, guimauves, parietaires, boüillon blanc, melilot, camomille & feuilles de violettes, le tout cuit ensemble dans de l'eau, réduit à trois chopines de décoction, dans laquelle vous ajoûterez un quarteron de miel, autant de sucre, deux onces *diaphœnicum*, & demie livre d'huile d'olive, il faut donner ce lavement tiede au cheval, & le jour d'aprés le faire saigner.

Des Mollettes.

LE meilleur remede pour les *Mollettes*, est d'y appliquer le feu, les Marêchaux habiles font toûjours bien cette operation, & c'est le moyen que le mal ne revienne plus. Ces Molettes sont de petites tumeurs tendres & molles, grosses comme des noisettes, sans douleur toutefois. Pronostic.

Il y en a au lieu de faire le remede precedent, qui resserent les Molletes en cette maniere.

Ils prennent une pinte de bon vinaigre, ils y mêlent quatre onces de galbanum pilé, & mettent le tout sur les cendres chaudes l'espace de vingt-quatre heures, le remuant quelquefois, ils y ajoûtent aprés une livre de therebentine commune, & laissent cuire cette mixtion une demie heure à feu lent, puis ils y mettent trois onces de mastic en poudre, une livre de bol fin, ils mêlent bien le tout & l'appliquent sur les Mollettes un papier par dessus : ce remede est excellent, & quelquefois une seule application suffit.

De la Courbe.

LA *Courbe* est une tumeur qui croît au dedans du jarret sur le tendon, elle ressemble à une poire longue coupée en deux ; elle vient aux chevaux de harnois plûtôt qu'aux autres, à cause de l'effort que font les jarrets en tirant. Le seul remede est d'y faire donner le feu bien legerement, puis appliquer dessus de la poix fonduë qu'on met sur des étoupes, & couvrir bien l'endroit brûlé ; du moins si la Courbe ne guérit pas tout-à-fait, le feu empêche qu'elle ne grossisse davantage. Remede.

De l'Avant-cœur.

L'*Avant-cœur*, ou *conti-cœur*, vulgairement appellé *ancœur*, est une tumeur contre nature, qui croît sur la poitrine vis-à-vis le cœur ; on connoît ce mal par la tumeur qui paroît au dehors ; le cheval pour lors est triste, il tient sa tête baissée, avec battement de cœur, accompagné souvent d'une fiévre ; ce mal est dangereux si on n'y remedie promptement ; car lorsqu'on le laisse rentrer, il est rare que les chevaux en reviennent : pour guérir ce mal,

Prenez de la racine d'ellebore, percez la tumeur avec une alesne ou un poinçon, mettez-y dedans cette racine, & graissez le mal avec du beurre frais, ou de *l'althea* ; mais comme ce remede ne guérit pas la cause du mal, il faut chercher à le détruire par les remedes qui suivent, & commencer par un lavement fait avec deux pintes d'eau, deux poignées d'orge, & deux onces de sel policreste en poudre, on fait boüillir le tout un quart d'heure, on le passe, puis on y ajoûte une chopine d'urine d'homme, & un quarteron de beurre frais. Remede. Lavement.

Cela fait, on donne ce lavement tiede au cheval, deux fois par jour, pendant deux ou trois jours de suite, puis on luy fait avaller un remede pour luy fortifier le cœur, on le fait ainsi.

Breuvages. Prenez deux onces de bon orvietan, ou de theriaque delayée dans une pinte de bon vin, & réïterez ce breuvage pendant trois jours, puis cinq ou six jours aprés on purgera le cheval avec les pillules, dont voicy la recette.

Pillules. On prend de l'aloës, agaric & sené, de chacun une once, on pulverise le tout finement, on l'incorpore dans une bonne livre de beurre, puis on en forme des pillules qu'on donne au cheval quatre heures aprés qu'il aura été bridé.

De la Gras-fondure.

Remede. LA *Gras-fondure* est une maladie fort difficile à connoître, & encore plus difficile à guérir, si le remede n'est promptement apporté; un cheval attaqué de ce mal est degoûté, il se couche, il se leve, & regarde son flanc. Le plus sûr remede, c'est de luy mettre la main dans le fondement & d'en tirer la fiente qu'on trouve envelopée comme d'une membrane blanche, qui ressemble à de la graisse; alors il ne faut point retarder d'y remedier. Cette premiere operation est du ressort d'un Maréchal, ou même d'un Valet d'écurie fort adroit, au cas qu'on fût éloigné du Maréchal.

Armant. Il y en a aprés que le cheval est ainsi vuidé de la fiente, qui le nourrissent de farine de froment mélée avec du miel rosat, du sucre & un peu de vinaigre rosat, le tout bien incorporé: cet armant est propre pour les chevaux dégoûtez, tels que le sont ordinairement ceux qui sont gras-fondus, on le leur fait prendre avec un nerf de bœuf qu'on leur laisse mâcher dans la bouche.

Lavement. D'autres au lieu de leur inserer la main dans le fondement, font saigner le cheval des flancs, & le promenent de temps en temps, puis ils luy donnent de demie heure en demie heure des lavemens de lait frais avec des jaunes d'œufs.

Du Garrot blessé.

Remedes. LEs blessûres de dessus le *Garrot* deviennent dangereuses, si on les néglige. Le premier soin qu'il en faut avoir c'est de tenir le playe tres-nette, en l'étuvant tous les jours avec de l'eau de vie ou avec de l'eau de savon, quand la playe est simple.

Quelques-uns, quand il y a entamûre, appliquent dessus un restrinctif, avec bol en poudre, vinaigre, & blancs d'œufs, il opere assez bien quand le mal n'est pas grand.

D'autres prennent six blancs d'œufs, avec gros comme un œuf d'alun pulverisé; ils battent le tout ensemble environ un demi quart d'heure, puis ils en frottent l'enflûre.

Si la playe est beaucoup meurtrie, prenez une demie livre de *populeum*, un quarteron de miel & autant de savon noir, battez bien le tout à froid, ajoûtez-y un verre d'esprit de vin, & graissez doucement la playe de cet onguent: on peut aprés cela purger le cheval comme à l'avantcœur, voyez page 259.

Il arrive quelquefois des *dislocations* aux pieds des chevaux, qui se tournent le boulet avec violence; ils en boitent; il ne faut point negliger ce mal, crainte que dans la suite ils n'en deviennent estropiez. Les entorses des jambes de derriere sont bien plus dangereuses & plus difficiles à guérir que celles des jambes de devant. Dislocation.

Si l'entorse est grande on mene le cheval en main, supposé que l'accident soit arrivé hors de l'Ecurie; mais lorsqu'on y est arrivé, sans attendre que la partie soit réfroidie, on prend gros comme un œuf de couperose blanche, on la fait dissoudre à froid dans une pinte d'eau, dans laquelle on moüille un linge en quatre doubles, & on l'applique ainsi à froid sur le boulet avec un bandage pour le tenir un état. Il faut réïterer l'operation de six heures en six heures, & continuer jusqu'à ce que le boulet soit remis; il ne faut tout au plus que deux jours. Remede.

Au défaut de couperose, vous pouvez vous servir d'esprit de vin, ou de bonne eau de vie qu'on fait chauffer, puis mettre par dessus l'emmielûre qui suit.

Prenez une pinte de farine de froment, delayez-la avec du vin rouge, comme si c'étoit pour faire de la boüillie, ajoûtez-y de la semence de lin, du fénugrec, & des bayes de laurier, de chacune deux onces, & un quarteron de bol; pulverisez le tout finement, & le passez au tamis; mêlez le tout avec le vin & la farine, & le mettez sur le feu pour le faire cuire, remuez-le doucement avec une cuillier; si l'on voit que l'emmielûre épaississe trop, on y mettra du vin ce qu'on jugera à propos. Emmielûre.

Etant à demie cuite, mêlez-y un quarteron de therebentine, & de l'huile de laurier, de chacune deux onces, continuez toujours à remuer, & lorsque cette composition sera cuite, vous y mettrez une once d'huile d'aspic, & mêlerez bien le tout, puis vous l'appliquerez sur le mal.

Si le boulet est sorti de sa place, il faudra le faire remplacer par quelque habile main, & couper le poil qui est tout au tour, puis frotter la partie avec de l'huile de therebentine, & de l'eau de vie battuë ensemble, avec cinq ou six éclisses fort minces par dessus, longues chacune de quatre ou cinq pouces, & larges de deux doigts, entortillées de filasse par le bas, crainte qu'elles ne blessent le cheval, avec une bonne ligature par dessus, & laisser ainsi le tout jusqu'à ce que le boulet soit remis; il faut que ce premier appareil reste neuf jours sans y toucher, observant de frotter la jambe de l'emmielûre precedente; on peut donner quelque lavement émollient au cheval.

Effort de Reins.

QUelquefois les chevaux de tirage & de carrosse sont sujets à se donner des *Efforts de reins*, & lorsqu'on voit qu'ils feignent à ces parties, on prend une grande peau de mouton capable de couvrir les reins du cheval, on en rase la partie douloureuse, puis on applique dessus le remede qui suit.

Prenez bol, grande consoude, galbanum, sel ammoniac, sang de dragon, du mastic & de l'oliban, de chacun égale portion, & ce que vous jugez Remede.

en avoir affaire; pulverisez le tout, pilez le bien, incorporez-y des blancs d'œufs avec de la farine de froment, mettez le tout à froid sur vôtre peau & l'appliquez sur les reins du cheval.

Morsure de bêtes venimeuses.

UN cheval mordu d'une bête venimeuse, est en danger, si on n'y apporte un prompt remede, le venin le fait enfler, & sitôt qu'il le penétre jusqu'au cœur, il faut que le cheval meurre: c'est pourquoy il en faut d'abord garantir cette partie par de bons cordiaux.

Remede. Sitôt qu'on s'apperçoit du mal, si c'est à la jambe, il faut faire une ligature au dessus de l'endroit piqué, afin que l'enflûre ne puisse passer outre, & battre la partie bien fort avec une branche de groselier épineux, jusqu'à ce que la partie enflée soit toute en sang.

Ensuite frottez-la avec de l'orvietan, ou avec de la theriaque, & en faites avaller en même temps au cheval une once dans du vin; le lendemain, battez l'enflûre comme auparavant, & donnez au cheval seulement une demie once d'orvietan.

Au défaut d'orvietan ou de theriaque, on peut se servir d'esprit de vin, & en faire avaller au cheval. Aprés la seconde friction de la jambe enflée, il faut délier la jarretiere, bien frotter la jambe avec l'esprit de vin, & coudre dessus un linge moüillé de ce même esprit.

Des Loupes.

LEs *Loupes* sont de certaines tumeurs causées par un amas d'humeurs entre chair & cuir, lesquelles, avec le temps, se durcissent & se forment en calus. Pour les guérir,

Remede. On prend une demie once d'arsenic pulverisé, & une once d'esprit de vin, on fait boüillir le tout pendant un bon quart d'heure, aprés quoi on trouve l'arsenic petrifié, dont on se sert pour frotter les Loupes, aprés y avoir fait un petit trou avec une lancette, & dans lequel on met gros comme la tête d'une épingle de cet arsenic; ou bien faites autrement.

Mettez de la momie, de la graisse de blereau, de la therebentine de Venise, de chacune égale dose, mettez le tout ensemble & la faites bien cuire dans un petit pot, puis vous en mettrez sur la Loupe.

Du Fic.

UN *Fic* est une excroissance de chair spongieuse & fibreuse, qui paroît quelquefois en forme de poireau; les fics viennent presque toûjours au haut de la fourchette ou à côté.

Remede. Pour guérir un fic, s'il y a des eaux aux jambes, il faut y appliquer l'emmielûre dont nous avons parlé pour les javars, page 249. elle se désenflera & ôtera la douleur & la chaleur.

Puis on fait bien parer le pied attaqué du fic, on coupe avec un bistouri la corne qui est tout au tour, tant qu'on trouve du creux, ayant bien découvert le tout.

Prenez un demi septier d'eau de vie, trois onces vert de gris en poudre, autant de couperose blanche, deux onces de litarge, & un gros d'arsenic, le tout finement pulverisé, mettez-le dans un pot de terre bien net, faites-le cuire à petit feu, remuez toûjours la composition, étant assez cuite, mettez-en sur des plumaceaux d'étoupes, & les appliquez sur le fic: il faut réïterer cet emplâtre jusqu'à ce que le cheval soit guéri de son fic.

De l'Eparvin.

L'*Eparvin* est une tumeur qui s'engendre au bas & au dedans du jarret; il y en a de deux sortes, sçavoir, *l'Eparvin sec* & *l'Eparvin de Bœuf;* celuy-cy croît, comme on a dit, au lieu que l'autre ne paroît point, & il ne se connoît que lorsque le cheval harpe, c'est à dire, qu'il leve la jambe tout à coup, & la hausse plus que de coûtume. L'Eparvin sec ne se guérit que par le feu; pour l'Eparvin de Bœuf, voicy ce qu'on y peut faire.

Prenez du vert de gris, du mercure & du souphre, de chacun trois dragmes, deux dragmes d'euforbe, & autant de cantarides, reduisez le tout en poudre, & le mêlez avec de l'huile de laurier, faites du tout un onguent que vous appliquerez sur l'Eparvin, aprés en avoir rasé le poil. Remede.

Six jours aprés que vous aurez appliqué ce rétoire, vous y mettrez le feu, & observerez d'arrêter la veine dessus & dessous le jarret avec le feu, & une raye au long de la veine: cette operation regarde le Maréchal.

Des Testicules enflez.

Quelquefois les chevaux s'embarrassent dans les charrettes & se blessent les testicules, il s'y forme aprés une inflammation, & la partie devient douloureuse, ces accidens se guerissent par le remede qui suit.

Prenez demie livre de jus de poreau, une petite poignée de sel ordinaire, du levain & du vieux oing, de chacun quatre onces, & une demi livre de vinaigre, & du son de froment à discretion; faites du tout comme une boüillie, aprés quoy vous mettrez le vieux oing & appliquerez le tout chaudement sur l'enflûre en forme de cataplasme; il faut continuer ainsi quatre ou cinq jours. Remede.

Des Barbillons.

On appelle *Barbillons* ou *Barbes* certaine croissance de chair qui croît aux chevaux dans le canal sous la langue, & qui les empêche de boire. On les voit en tirant la langue du cheval de côté; & pour y remedier on les coupe avec des ciseaux, le plus prés qu'il est possible, puis on les frotte de sel, & ces Barbillons guérissent. Remede.

Du Cheval dégoûté.

LE *dégoût* provient aux chevaux par plusieurs causes, ou pour avoir été trop poussez au travail, ou bien par quelques humeurs malignes, qui par leur ferment dérangent les esprits qui donnent la vie au cheval, & l'on connoît que ce cheval est dégouté lorsqu'il mange moins qu'à l'ordinaire, ou qu'il mange plus mollement, ou bien qu'il refuse absolument de manger l'avoine.

Remede. Pour prévenir l'inconvenient qui pouroit arriver de ce dégoût, il est bon de saigner le cheval au palais avec la lancette, & luy donner aussitôt deux picotins de son moüillé, cela arrête le sang. Il faut aussi pour cela soigner de tenir la tête du cheval levée, ce n'est pas qu'on ait besoin de rien dire là dessus à un habile Maréchal.

Si aprés cette saignée le cheval est toûjours dégoûté, on luy donnera quelque lavement rafraîchissant avec une décoction de bonnes herbes; puis on luy fera ronger au tour d'un nerf de Bœuf l'armant que voicy.

Armant. Prenez une demie livre d'huile rosat, la mie d'un pain rassis, de la muscade, de l'orvietan & de la canelle, de chacune demie once, mettez bien le tout en poudre, ajoûtez-y un peu de vinaigre, & vous en servez comme on a dit.

Si c'est au temps des raves, ou raiforts, on en prendra une bonne quantité qu'on luy fera manger avec les feüilles, l'herbe appellée *Presle*, ou *Queuë de cheval*, remet en goût les chevaux, ou bien,

Autre remede. Ayez deux verres de verjus ou de vinaigre, sept ou huit gousses d'ail concassées; environ deux onces de sel menu, une demie livre de miel; mêlez le tout ensemble, remuez-le bien, & frottez de cette composition les gencives, les levres & la langue du cheval.

L'Assa fœtida au poid d'une once, envelopé dans un linge, & donné à ronger ainsi à un cheval, est merveilleux pour le ragoûter. Si aprés ces remedes ne suffisent pas pour remettre le cheval en apétit, prenez une branche de bois de laurier ou de figuier, grosse comme le pouce, mettez-la entre les dents machelières du cheval, & la luy laissez mâcher, puis frottez la branche avec du vinaigre rosat ou miel commun, & la redonnez à mâcher au cheval, l'apétit luy reviendra.

Des Demangeaisons.

ON voit quelquefois des chevaux qui se frottent les jambes, de maniere qu'ils s'emportent tout le poil, les vieux y sont plus sujets que les jeunes.

remede. Pour y remedier, prenez deux onces d'euforbe en poudre, mettez-les dans une pinte de bon vinaigre, laissez-l'y infuser sur les cendres chaudes pendant six heures, puis frottez-en les jambes du cheval, aprés les avoir bien bouchonnées. On peut saigner aprés le cheval aux arcs, & luy donner un lavement rafraîchissant, puis une purgation.

De la Fiévre.

ON connoît qu'un cheval a la *Fiévre* aux symptômes suivans. Il a la téte baissée & ne la peut lever qu'à peine ; il a les yeux enflammez, clairs, & ne les ouvre que difficilement ; il y en coule des larmes, ses levres sont pendantes, son haleine chaude ; il est pesant dans sa démarche, a peine à uriner, il se veautre par terre, étend ses jambes (c'est pour lors un mauvais signe) & on l'entend de temps en temps se plaindre. Symptômes.

La Fiévre arrive aux chevaux par un mouvement d'humeurs contre nature, causé par un excessif travail, ou par de trop grandes chaleurs, ou pour avoir mangé de mauvaise nourriture.

On compte de trois sortes de Fiévres, la *Fiévre simple*, la *Putride*, & la *Contagieuse* ; commençons par donner des instructions pour guérir la Fiévre simple.

Lorsqu'un cheval est attaqué de la Fiévre simple, il faut d'abord le saigner du côté droit à la veine du cou, & luy tirer environ trois livres de sang, & le même jour luy donner le lavement qui suit. Remede pour la fiévre simple.

Prenez trois pintes de petit lait, du policreste & de la scamonée, de chacun deux onces & deux poignées d'orge entier ; faites boüillir le tout un boüillon, ajoûtez-y trois poignées de mercuriales, autant de bette blanche & d'autres herbes rafraîchissantes, laissez boüillir le tout, & en faites une décoction que vous laisserez réfroidir, mêlez-y encore un quarteron d'huile de noix ou d'olive, & donnez ce lavement au cheval. Lavement.

Un heure aprés qu'il aura rendu son lavement, faites-luy prendre deux onces de foye d'antimoine dans une pinte d'eau boüillie avec de l'orge, & pour boisson ordinaire on luy fera boüillir de l'eau, où l'on mettra dissoudre quatre onces de cristal mineral, avec un peu de farine d'orge, pour la blanchir seulement. Regime.

Pour sa nourriture, on luy donnera des feüilles de vignes, de chicorée, de laituës, de chiendent, peu ou point de foin, encore moins d'avoine ; le cheval mangera peu dans la fiévre, mais il ne faudra pas s'en étonner ; on pourra aprés qu'il aura mangé les herbages précedens, luy donner un peu de son moüillé, mêlé de foye d'antimoine en poudre comme on a déja dit.

Si l'apétit ne luy revient point, il faut se servir de l'Armant décrit à la page 260. il est bon de réïterer la saignée pour calciner le ferment du sang, au cas que la fiévre ne diminuë point.

Pour la *Fiévre putride*, qu'on connoît à la langue & au palais du cheval, qui sont noirâtres, secs & arides, & à sa phisionomie qui paroît toute hébétée. On commence aussi par tirer beaucoup de sang, en plusieurs parties du corps ; sçavoir tantôt du cou, des larmieres, tantôt des arcs, des flancs & du plat des cuisses, afin de tâcher par là à arrêter le mouvement trop rapide du sang qui dérange toutes les humeurs & les putrifie ; l'orge en vert est salutaire aux chevaux attaquez de cette fiévre ; ou bien on se servira aussi des mêmes alimens comme pour la fiévre simple ; pour sa boisson elle sera aussi semblable, si mieux on n'aime y faire dissoudre deux onces de tartre blanc. Fiévre putride. Pronostic.

A la décoction du lavement précedent, on pourra ôter le policreste, & mettre à la place deux onces de scories de foye d'antimoine, ou le donner tel qu'il est.

La Fiévre contagieuse. On traite la *Fiévre contagieuse* d'une autre maniere. Il faut donner souvent des lavemens au cheval attaqué de ce mal, & luy faire prendre de l'orvietan dans du vin, pour luy garantir le cœur de l'infection du mal; au défaut de cette drogue on se servira de theriaque, & l'on soignera aussi de faire saigner le cheval.

Il faut bien se donner garde de donner aucun purgatif au cheval fébricitant, ce seroit remuer les humeurs au lieu d'en calmer le mouvement, mais aprés que la fiévre est passée, & pour rétablir le dérangement que les mauvaises humeurs y ont causées, on peut le purger en cette sorte.

Purgatif. On prend du tartre blanc pulverisé, & du nitre fin, de chacun deux onces, on les met dans un plat de terre, & on y met le feu avec un charbon allumé; le tout étant brûlé, on le laisse réfroidir, puis on le pile bien fin, & on le met infuser à froid pendant toute une nuit dans deux pintes moitié vin blanc, & moitié eau; ajoûtez-y une demie once de scamonée, demie livre de miel mercurial; mêlez bien le tout & le donnez à boire au cheval, qui doit être bridé quatre heures avant la prise, & quatre heures aprés.

On ne donnera au cheval que du son moüillé au lieu d'avoine; on le promenera en main une lieuë, vingt-quatre heures aprés qu'il aura pris sa médecine.

Du Flux de ventre.

Symptômes. LE *Flux de ventre* arrive aux chevaux par bien des causes; mais sans entrer dans ce détail, on peut connoître l'humeur qui leur cause ce mal par la matiere qu'ils vuident; si elle boüillonne à terre, & qu'elle s'enfle, c'est une marque que la bile en est la cause; si elle blanchit, c'est une marque de crudité; & si elle paroît comme des raclûres de boyaux, c'est un signe d'une grande foiblesse d'estomac.

Remede. Si c'est la bile qui domine le cheval & qui luy cause son flux de ventre, il faudra d'abord luy ôter l'avoine, & luy donner du son moüillé avec du vin rouge, l'orge cuite au feu sur une péle, & puis mouluë, luy est tres-salutaire, puis on luy donne le lavement qui suit.

Lavement. Prenez une poignée de boüillon blanc, deux poignées de feuilles de plantain, demie poignée de balauste, deux onces de semence de myrtiles, autant de celle de laituë; concassez ces semences, faites boüillir le tout ensemble dans trois pintes d'eau d'orge, & ensuite les herbes; passez le tout, ajoûtez-y une demi livre de miel rosat ou miel commun, & le donnez tiede au cheval.

Ensuite de ce lavement on luy donnera le breuvage que voicy. On prend une demi livre de miel rosat, un quarteron de sucre en poudre, une demie once de gingembre, une once de cloud de gerofle, deux onces de canelle râpée, on mêle le tout dans une pinte de vin rouge, on le remuë bien, puis on le donne a boire au cheval.

Mais si le flux de ventre provient de crudité dans l'estomac, il faudra luy donner le lavement, dont voici la composition. Autre lavement.

Prenez une décoction d'orge & de roses de Provins, ou roses communes, mettez-y du sucre & du miel rosat, de chacun quatre onces, six jaunes d'œufs, & une once d'orvietan ou de theriaque, faites du tout un lavement, que vous donnerez tiede au cheval, il faut trois chopines de décoction.

Du Cheval fortrait.

IL y a des chevaux qui pour avoir été trop travaillez, ont les nerfs rétressis, & secs de telle sorte qu'ils restent étroits de boyau; pour remedier à ce mal on le fait d'abord saigner à la veine du cou, & le lendemain, on frotte le mal, qui sont les deux nerfs scituez sous le ventre, & qui vont depuis le foureau jusqu'au sangles, d'un onguent fait ainsi. Remede.

Vous prenez du *populeum*, & de *l'althea*, autant de l'un que de l'autre, vous les battez à froid, & en frottez les nerfs retirez; ou bien si vous avez de la graisse de chapon fonduë elle sera tres-bonne.

Le lendemain, ou quelques jours aprés, on prend ces nerfs avec deux doigts, on les sépare doucement tant soit peu du ventre, puis le jour d'aprés on graisse encore les nerfs jusqu'auprés des sangles, & l'on continuë ainsi jusqu'à ce qu'ils soient dans leur assiete naturelle.

Pour nourriture médicamenteuse, on prend deux jointées d'orge qu'on met tremper dans de l'urine d'homme pendant dix ou douze heures, on la passe ensuite, puis on met l'orge à part, on jette aprés sur l'urine une chopine d'eau, on y ajoûte une poignée de semence de fenoüil vert ou sec, on fait boüillir le tout à gros boüillons pendant un quart d'heure, & de l'écume qui en sort on en arrose l'orge qu'on fait manger tous les matins au cheval pendant quinze jours; s'il fait difficulté de la vouloir manger, on y mêlera un peu d'avoine, observant de faire jeûner le cheval, afin qu'il s'y accoûtume; au lieu d'orge entier, on peut se servir de farine d'orge.

Le seigle sur lequel on aura jetté de l'eau boüillante est encore un tres-bon aliment pour le cheval fortrait: au lieu d'avoine, & pour l'ordinaire, il y en a qui leur donnent tous les jours avant que de boire une jointée de froment, l'effet en est tres-bon, d'autres mêlent du miel dans leur eau, ou dans du son moüillé.

Du Lampas.

LE *Lampas* est une croissance de chair grosse environ comme une noisette, qui croît dans le palais auprés des pinces & qui surmonte les dents. Le Lampas cause de la douleur au cheval quand il mange son avoine, & le remede est d'emporter cette croissance avec un fer chaud, le moindre Maréchal sçait faire cette operation; il y en a qui appellent ce mal *Fuie*, & aprés que cette Fuie est ôtée, ils la frottent de sel. Remede.

Du Cheval qui pisse le sang.

LE cheval qu'on pousse trop au travail pendant les grandes chaleurs de l'Eté, est bien souvent sujet à pisser le sang tout pur, qui est pour luy un mal dangereux : si l'on n'y remedie promptement.

Il faut d'abord commencer par tirer du sang au cheval, puis on prend trois chopines de vin blanc dans lequel on aura mis infuser deux onces de foye d'antimoine, on donnera ce breuvage au cheval tous les matins quatre heures aprés qu'il aura été bridé.

Si l'on remarque que le cheval qui pisse le sang soit échauffé, on luy donnera tous les soirs un lavement rafraîchissant en cette sorte.

Lavement rafraîchissant.

Prenez deux pintes d'eau, faites-en une décoction avec chicorée sauvage, poirée ou bettes, mauves, guimauves, parietaire & camomile, de chacune une poignée, laissez bien boüillir le tout, & réduire à trois chopines, mettez-y deux onces de miel rosat, & trois cueillerées à bouche d'huile d'olive ou de noix, puis vous donnerez ce lavement tiede au cheval.

Breuvage.

Et outre la nourriture ordinaire, on prend une poignée d'avoine & trois onces de miel, on le met dans un pot avec de l'eau autant qu'il en faut pour faire boire un cheval, on met le tout sur le feu, & lorsqu'il a commencé à boüillir, on le passe, & on le fait boire au cheval : ce breuvage est fort rafraîchissant.

Disurie ou Flux d'urine.

POur une *Disurie* ou *Flux d'urine*, il faut d'abord ôter l'avoine au cheval, qui en est attaqué, le mettre au son & luy donner des lavemens rafraîchissans composez comme le précedent. Il faut saigner le cheval, puis le lendemain luy donner un lavement, puis encore une saignée & un lavement le lendemain, ainsi alternativement ; cette saignée se fait à deux fois, & on tire à chaque fois deux livres de sang au cheval.

Et pour boisson ordinaire soir & matin, on prendra à chaque fois deux pintes d'eau qu'on mettra dans un seau avec une bonne poignée de bol bien pilé & mêlé avec l'eau qu'on donnera tiede au cheval.

Lorsqu'on verra qu'il pissera à son ordinaire, on le remettra peu à peu à l'avoine & au travail.

Des Surdents.

LEs *Surdents* se connoissent lorsque les dents mâchelieres d'un cheval croissent en dehors, ce qui incommode beaucoup le cheval quand il veut manger ; il faut aller au Maréchal, qui les ôtera pour peu qu'il sache son métier.

CHAPITRE XXI.

DU HARAS.

Où l'on traite à fond de la maniere de gouverner les Cavales & les Etalons, de les choisir, & comment élever de beaux Poulains, & les dresser au harnois.

IL est constant que la bonté des chevaux dépend en partie de ceux dont ils tirent leur origine, & de la bonne nourriture qu'on leur donne dans leur jeunesse : on aura de beaux & bons chevaux avec des Etalons de même qualité, & de belles Jumens Poulinieres, & comme la bonne nourriture dépend de l'endroit où ils sont nourris, il faut d'abord avoir égard aux lieux quand on veut établir des Haras, voir si il y a des pâturages assez abondans, & s'ils sont commodes pour y nourrir des Cavales & élever des Poulains.

Il y a beaucoup de Haras en France, d'où l'on tire de bons chevaux pour monter & pour le tirage ; la Bourgogne nous en fournit de tres-bons ; on en tire de Normandie, de Bretagne, d'Auvergne, de Poitou & d'ailleurs qui sont tres-bons pour l'un & l'autre usage ; & si nous voulons aller plus loing, nous verrons que l'Allemagne, l'Angleterre, l'Italie, l'Espagne, la Turquie, & tant d'autres païs Etrangers nous en donnent, qui sont tres-beaux & bons ; mais sans nous arrêter à entrer en plus grande discussion là dessus, & aprés avoir trouvé des lieux commodes, c'est à dire où les pâturages sont abondans & bien gras, commençons par faire le choix d'une bonne race de chevaux, tant pour ce qui regarde les Etalons que les Jumens.

Du choix d'un Etalon, & à quel âge on le doit prendre.

UN bon Etalon est le fondement du Haras, c'est pourquoy on ne sçauroit trop faire d'attention à le bien choisir. Un Etalon doit être d'un bon poil & de bonne marque ; nous avons parlé assez au long de tout cela pour ne point être obligé de le repeter icy.

Il faut qu'un Etalon soit de belle taille, bien ramassé en ses membres, qu'il soit éveillé, fort & vigoureux, & point atteint de certains maux qui deviennent hereditaires aux Poulains ; tels sont les maux des yeux, les chevaux lunatiques, ceux qui sont sujets aux fluxions & à plusieurs autres infirmitez, dont on a parlé dans le Traité de leurs Maladies, comme maux de jarret, éparvins, vesigons & le reste.

L'Etalon doit être de bonne nature, aisé à conduire, afin que les Poulains qui naîtront de luy heritent de ses bonnes qualitez : on le prendra âgé de cinq à six ans, & il pourra dans cet employ rendre service jusqu'à quinze ans, passé ce temps, il n'est propre pour avoir de bons

& beaux Poulains, l'Etalon étant sujet alors à plusieurs infirmitez qui retomberoient sur la race qu'il engendreroit, outre que les Poulains qui proviennent de vieux Etalons, ne sont point courageux; ils ont les yeux enfoncez & la contenance fort triste.

Du choix qu'il faut faire de la Jument, & à quel âge la faire couvrir.

POur la Jument, outre le poil & les autres marques exterieures dont on a parlé, elle sera choisie belle, & de bonne race; on ne doit commencer à faire couvrir les Jumens qu'à trois ans; quand elles portent plus jeunes, elles n'en valent pas mieux, ni leurs Poulains aussi, parce que la matrice qui n'a pas encore pris en eux tout son accroissement, ne pouvant contenir le Poulain qu'à l'étroit, ne le donne que de tres-petite taille. Les Jumens peuvent engendrer des Poulains jusqu'à quinze ans, ce temps passé, il n'y faut plus songer; encore y a-t-il des gens qui lorsqu'une Cavale a huit ans, ne la donnent plus à l'Etalon, apprehendant que la Jument vieille sujete à beaucoup d'infirmitez, comme les Chevaux, ne donnât son mal à son Poulain lorsqu'elle le porte.

Une Jument pouliniere doit être aussi bien prise de corps, grande à proportion; elle doit avoir l'air beau, l'œil vif, les flancs & la croupe large, bien nourrie, un peu en chair neanmoins, afin qu'elle retienne mieux; car on prétend que losqu'elle est trop grasse la semence de l'Etalon ne produit aucun effet.

La Jument qu'on voudra faire couvrir aura été quelques jours sans travailler, & pour la conserver long temps, on ne doit la faire porter que de deux ans en deux ans, elle en nourrira mieux son Poulain.

Combien il faut de Jumens pour un Etalon, & comment le preparer à les couvrir.

ON prétend qu'un Etalon bien choisi, de bon âge, & bien vigoureux peut suffire à douze ou quinze Cavales par jour; il faut à la verité pour cela qu'il soit bien nourri à l'Ecurie, & que rien ne luy manque des autres soins qui le regarde; si on luy en donne davantage, son crin & sa queuë luy tombent de fatigue, & on a mille peines à le remettre.

Il faut que l'Etalon ait trois mois de repos avant que de couvrir les Jumens, & que pendant ce temps-là on le nourrisse de bonne avoine ou de bons pois, de bonnes féves ou de gros pain de temps en temps, avec de bon foin & de bonne paille de froment, tous ces alimens hors l'avoine, qui doit tous les jours faire son ordinaire, doivent luy être donnez alternativement, afin qu'il les mange avec meilleur apétit.

On aura soin de le mener boire deux fois le jour, & au sortir de là, de le promener deux heures sans le faire suer, afin de le mettre en halaine, outre que le petit exercice aide beaucoup à la digestion des alimens qu'il prend, & empêche qu'il ne devienne poussif, ou sujet à d'autres infirmitez qui le rendroient défectueux, il est bon de faire attention à tout cela, autrement l'Etalon, s'il n'est bien nourri, & soigné, comme on a dit, il demeurera à moitié de sa carriere, il trompera les Jumens, ou ne donnera que des Poulains d'une chétive race.

Du temps de faire couvrir les Jumens, & combien de temps elles portent leurs Poulains.

LE temps de faire couvrir les Jumens doit être different selon les divers climats qu'on habite, parce qu'il faut toûjours faire en sorte que les Poulains naissent dans la saison où les herbes sont plus abondantes; car les Jumens dans les Haras des Provinces doivent toûjours paître l'herbe, afin qu'elles coûtent moins à entretenir.

De maniere donc que dans les pays Septentrionaux il faut faire couvrir les Cavales au commencement de Juin, afin que les Poulains viennent en May lorsque les pâturages sont gras, ce qui contribuë entierement à l'abondance du lait que ces meres doivent avoir pour bien élever leurs petits. Dans les pays plus chauds, on peut mener les Cavales à l'Etalon au mois d'Avril ou de Mars même, parce que comme le soleil a plus de force en ces contrées, les herbes aussi y croissent plûtôt, & l'on se doit regler pour ce temps sur celuy que les Cavales portent leurs Poulains.

La commune opinion veut qu'elles portent onze mois, & autant de jours qu'elles ont d'années; c'est à dire, que si elles ont cinq ou six ans, elles porteront onze mois & cinq ou six jours.

Comment nourrir les Jumens poulinieres, & du soin qu'on en doit prendre quand elles sont pleines.

NOus avons déja dit qu'il falloit mieux nourrir les Jumens poulinieres dans les pâturages qu'à l'Ecurie, dautant qu'elles faisoient moins de dépense; & que dans les endroits où l'on établit de grands Haras, le profit n'en seroit pas si grand, si l'on vouloit faire autrement. Le pâturage est bon aux Jumens depuis le commencement du mois de May jusqu'à la fin d'Octobre, auquel temps il les faut renfermer à l'Ecurie, parce que les herbes alors n'ont plus de force, elles ne contiennent plus qu'un suc qui cause plus de crudité que de substance.

Il seroit à propos que la plûpart des Laboureurs de campagne & autres particuliers qui ont des Cavales qu'ils destinent pour leur donner des Poulains, les ménageassent mieux qu'ils ne font, qu'ils ne les fissent pas tant travailler au harnois, principalement quand elles sont pleines, parce que souvent on voit de ces Cavales ne donner que des avortons de Poulains, & qui ne sont jamais capables de rendre aucun service qui vaille en parler.

Un homme des plus distinguez par son rang en Angleterre, & qui a écrit tres sçavamment sur les Chevaux, dit qu'il arrive quelquefois que „ les Cavalles tuent leurs Poulains par accident, soit pour s'être emba- „ rassées à l'Ecurie dans leurs longes, soit pour avoir fait quelque effort „ d'ailleurs (ce qui peut arriver tous les jours, lorsqu'elles sont employées „

M. le Duc de New-Castle.

„ au charroy) soit enfin par la difficulté qu'elles ont de pouliner. A l'égard du tirage auquel on les employe, & pour éviter l'avortement, il n'y a qu'à les y ménager, & ne les y point surcharger, ne point les battre, comme il y en a qui font, lorsque ces animaux ne font pas ce que ces conducteurs demandent d'eux, ou plûtôt que ces Jumens ne font pas ce qu'elles ne sçavent ce qu'on demande d'elles, y ayant des Charretiers si brutaux & si prompts, que plus chevaux que les bêtes qu'ils mennent, ils courent dessus & les frappent à tort & à travers.

Des soins qu'on doit prendre quand la Cavale veut pouliner.

COmme on sçait à peu prés le temps qu'une Cavale doit pouliner par celuy auquel elle a été couverte, on ne sçauroit alors, dit le même Auteur, trop prendre de précaution pour empêcher qu'il ne luy arrive aucun inconvenient, c'est pourquoy, puisqu'on peut sçavoir le jour qu'elle „ doit donner son poulain, il faut faire tenir un homme prés d'elle pour „ l'aider en cas de besoin. Il remarquera si c'est manque de force qu'elle „ ne peut mettre son poulain dehors ; pour lors il luy serrera les nari- „ nes, la Jument qui fera un effort pour avoir son halcine poulinera „ dans le moment, ou bien on prendra du vin boüilli avec du fenoüil „ & de l'huile, on luy en versera dans les naseaux, & cela l'aidera à faire „ son Poulain.

„ Mais si par malheur il étoit mort dans le ventre de la mere, on fait „ en sorte qu'elle rende le Poulain en l'état qu'il est, afin de conserver la „ Cavale, & pour cela on se sert du remede qui suit.

„ Prenez quatre livres de lait de Jument ou d'Anesse, ou au défaut, „ du lait de Chévre, trois livres d'eau de lessive, deux livres d'huile d'o- „ lives, une livre de jus d'oignons blancs, faites tiedir le tout & le faites „ avaller à la Jument à deux diverses reprises, une heure ou deux d'in- „ tervale entre l'une & l'autre.

„ Si ce remede n'est pas assez fort, il faudra qu'un homme adroit se „ frotte le bras droit avec de l'huile, qu'il l'introduise dans la nature de „ la Jument, & qu'il tâche de tirer le Poulain entier ou par morceaux; „ s'il ne peut l'avoir ainsi, il faudra lier le Poulain par le cou avec une „ corde, & l'arracher le moins mal qu'il sera possible.

Le travail d'une Jument est laborieux & difficile quand il est accompagné de quelque symptôme violent, & particulierement lorsque la Cavale est plus long-temps en travail qu'elle ne doit naturellement ; si elle manque de force, elle est en danger d'en mourir : les douleurs l'affoiblissent ; & si l'on remarque qu'elle suë dans son travail, c'est mauvais signe.

„ Quelquefois, dit le même Auteur dont on a parlé, les Poulains vien- „ nent les pieds les premiers, c'est un travail contre nature, il les faut „ repousser d'abord, & tâcher avec la main de faire sortir la tête, ou „ du moins les narrines, afin d'aider à la Jument à se délivrer plus promp- „ tement.

De

De l'Avortement des Cavales.

LEs Cavales sont d'ailleurs sujettes à avorter, & cet avortement n'est qu'une expulsion contre nature du Poulain hors de la matrice depuis la conformation jusqu'au terme ordinaire que ces Cavales doivent pouliner; les causes de cet avortement sont la violence qu'on leur fait au travail, & les grands efforts qu'elles y prennent: la matrice pour lors irritée & blessée par la corruption qu'elle contient détermine une plus grande quantité d'esprits animaux à y venir, qui y causent des contractions, & l'expulsion du Poulain. Les trop grands fardeaux dont souvent on surcharge les Jumens au charroy leur causent l'avortement; il y a encore d'autres causes internes qui produisent ce mauvais effet, comme par exemple lorsqu'il leur arrive des tranchées trop rudes causées par l'usage de quelques herbes faciles à fermenter, ou qu'il leur survient quelque toux violente, ou enfin lorsque les Cavales sont mal nourries, & que par ce défaut l'aliment requis manque au Poulain qu'elles portent.

Il seroit à souhaiter que dans les Cavales on pût prévoir l'avortement ainsi que dans les femmes, par les signes qui le précedent, on n'en verroit pas tant perir dans ces fâcheux momens, parce qu'on tâcheroit d'y apporter du remede.

L'avortement est toûjours plus dangereux pour les Cavales que le travail ordinaire; parce qu'il s'y fait une ruption violente des vaisseaux & des ligamens qui tiennent le Poulain attaché à la matrice, & le peril de l'avortement est d'autant plus grand que le Poulain est gros & la mere foible & débile.

Une Cavale qui a avorté, si elle n'en meurt pas, il luy reste toûjours quelque chose de dérangé dans le corps qui la rend maigre long-temps, languissante, & hors d'état de rendre dans la suite de bons services.

Observations necessaires.

Il faut prendre garde, dit encore l'Auteur cité cy-dessus, lors qu'on « fait couvrir des Cavales en main ou autrement, que l'Etalon & la « Cavale mangent tout de même; c'est à dire, que si l'Etalon est au foin « & à l'avoine, ce qu'on appelle être au sec, il faut que la Cavale vive « de même, ou elle ne retiendra pas sitôt, & que s'il mange de l'herbe, « la Cavale en doit aussi manger. La raison de cela c'est qu'il faut que « les corpuscules qui émanent de ces differens alimens n'aïent point assez de rapport l'une à l'autre, de maniere que se froissant l'un l'autre dans leurs mouvemens, ils se détruisent quelquefois entierement sans pouvoir s'associer, ce qui fait que les esprits seminaux de ces deux animaux ne produisent rien, ou donnent plus rarement des Poulains.

Il est constant que les Cavales retiennent beaucoup mieux quand elles sont en chaleur, cette action qu'elles marquent anime le Cheval, rend sa semence bien plus spiritueuse, & par ce moyen bien plus en état de vivifier l'œuf auquel elle a du rapport, & qui est comme niché dans l'ovaire de la Jument.

Il faut avant que de faire couvrir la Jument la placer dans un endroit où elle soit vûë du Cheval & d'où elle puisse aussi tout d'un coup le découvrir ; on les tiendra tous deux quelque temps ainsi en haleine, & c'est le secret de faire infailliblement concevoir aussi-tôt la Jument ; on prétend qu'on met une Cavale en chaleur de cette maniere.

Comment mettre une Cavale en chaleur afin qu'elle retienne.

ON luy donne un picotin de chenevi soir & matin durant huit jours avant que de la mener au Cheval ; si la Jument refuse de manger cette graine, on la méle avec du son ou de l'avoine, ou bien on la fait jeûner pour que la faim luy fasse trouver le chenevi de son goût. Si l'Etalon en peut manger, la formation du fœtus ne s'en fera que plus sûrement.

Qu'on sache pour maxime qu'il ne faut jamais faire couvrir une Cavale pendant qu'elle nourrit son Poulain ; deux inconveniens en résultent; le premier, qu'elle est assez chargée de nourrir son Poulain, sans s'alterer encore davantage, & fournir de la substance pour en nourrir un autre dans son corps ; & le second, qu'il est dangereux que le sang qui doit contribuer à la formation du lait ne soit diverti d'ailleurs ou corrompu par des causes interieures, ce qui rend le lait mauvais & tres-pernicieux, même pour le Poulain qui le succe, outre que la Cavale se ruine en peu de temps lorsque cela luy arrive.

Encore un coup ce n'est pas un ménage de faire porter tous les ans un Poulain à une Cavale ; il y a plus à perdre qu'à gagner : s'il y en a cependant, qui malgré cet avis veuillent se satisfaire là dessus, du moins qu'ils ne fassent couvrir leurs Cavales que huit jours aprés qu'elles auront pouliné, afin qu'elles ayent le temps de se bien purger ; mais qu'on se souvienne toûjours que ce n'est pas la bonne maxime.

C'est par les moyens qu'on vient de décrire, que dans les pays où il y a de grands Haras, qu'on se fournit de bons chevaux, non seulement pour monter & pour Etalons, mais encore pour tirer, & qu'on ne manque point de Poulains pour en perpetuer la race ; outre que l'un & l'autre trouveront dans le suc des herbes des rapports de convenance avec la tissure de leurs fibres, ce qui fait qu'ils en croîtront plus beaux, que l'air qu'ils y respirent leur étant naturel, les rendra plus sains & plus gaillards, & que le climat où ils seront nez n'aura rien qui repugne à leur nature.

De ce qu'il convient faire quand le Poulain est nouvellement né.

LE Poulain n'est pas plûtôt né qu'on le laisse enfermé dans une Etable auprés de sa mere durant sept ou huit jours, afin qu'il se fortifie pour la mieux suivre aprés au pâturage : il la tete là tant qu'il veut, sans qu'il soit besoin que personne luy aide, sa mere au contraire semble l'y attirer par ses petits hennissemens ; & si ce Poulain ne la suivoit pas, la Cavale souvent ne feroit que lever la tête, que hennir, & oublieroit même une bonne partie du jour à manger & à boire, ce qui la maigriroit, & luy feroit avoir peu de lait.

Comment traiter les Cavales aprés qu'elles ont pouliné.

DUrant les huit jours dont on a parlé, la Cavale qui aura nouvellement pouliné, sera nourrie de bon foin & de bonne avoine, afin qu'elle répare les forces qu'elle a perdües dans son travail ; si l'on a du sain foin soit en herbe, soit sec, on luy en donnera, cet aliment luy est tres-propre pour avoir du lait ; il faut neanmoins observer de luy en donner moderément, car si elle en mangeoit trop, elle pourroit s'en trouver mal.

Il faut pendant ce temps abreuver la Cavale d'eau blanchie avec de la farine, & méler parmi un peu de sel, cela ôte la crudité de l'eau, & fait revenir l'apétit que la Cavale pourroit avoir perdu dans le mal qu'elle a souffert ; on se donnera bien garde de manier le Poulain les deux premiers mois, parce qu'il seroit dangereux, étant encore fort tendre, qu'on ne luy blessât le dos.

Dans les Haras bien reglez, on a une loge assez spatieuse pour contenir les Cavales dans les pâturages ; & dans lesquelles on les enferme pour les garantir du grand soleil qui les incommode, & des autres injures du temps ; car il n'y a point d'animaux auquel le froid soit plus contraire qu'aux Chevaux ; il ne faut pas aussi s'étonner si dans la campagne on voit tous les jours deperir tant de chevaux qu'on met à l'herbe, & qu'on y laisse exposez à tout ce que l'air a de plus insuportable pendant les saisons qu'ils sont aux pâtures.

Voicy un autre avis qu'il est encore bon de suivre, & qui consiste à avoir bonne provision de foin pour nourrir les Cavales à l'Ecurie.

Du temps de sevrer les Poulains, & de leur nourriture aprés qu'ils sont sevrez.

LEs sentimens sont partagez sur le temps de sevrer les Poulains d'avec leur mere ; les uns veulent qu'on les laisse teter jusqu'à ce qu'ils ayent un an ou deux, d'autres disent qu'on doit le faire à dix-huit mois, & les sevrer au commencement de l'hyver, lorsqu'il commence à faire froid. c'est à dire, environ à la saint Martin.

Mais la maxime la plus suivie en France est de sevrer les Poulains à un an, & par consequent de les laisser teter jusqu'aux herbes ; le lait les fortifie pendant l'hyver, & les nourrit mieux que tout autre aliment. Cette maniere d'agir à leur égard fait qu'ils peuvent rendre service au harnois dés l'âge de trois ou quatre ans ; il faut à la verité les y ménager, si l'on veut qu'ils y deviennent beaux, & qu'ils y résistent longtemps.

Quand les Poulains sont à l'Ecurie pendant l'hyver, il faut avoir soin de la tenir bien nette, & de ne leur y point laisser manquer de litiere : il faut les laisser détachez, & leur toucher le moins qu'on peut, quand ils sont encore si tendres ; car on pourroit les blesser, & les empêcher par là de prendre une belle croissance.

La nourriture ordinaire des Poulains aprés qu'ils sont sevrez, doit être de bon foin & de bon son quand ils mangent au sec, & que c'est en hyver, dans lequel temps l'on est obligé de les enfermer à l'Ecurie; car en été on les met aux pâturages dans des clos separez si l'on en a, ou dans les prairies.

Il y en a qui condamnent l'avoine pour les Poulains, alleguant que ce grain est sujet à les rendre aveugles, mais c'est un abus de le croire; ce n'est point un mauvais effet de l'avoine qui leur cause l'aveuglement, dans le temps qu'ils en mangent, c'est plûtôt par l'effort qu'ils font en la cassant que cet inconvenient leur arrive, parce qu'il se peut alors que par la violence que souffrent les veines du larmier & de la ganache, elles s'étendent & s'enflent de maniere que les parties du sang & les humeurs grossieres y coulant en abondance, offusquent les rayons visuels jusqu'à les détruire.

Pour éviter cet accident on fait moudre grossierement cette avoine, qu'on leur donne à manger, & les Poulains ainsi nourris ne croissent point si élevez sur jambes, ils deviennent plus larges & plus épais que s'ils n'avoient mangé que du foin, ce corps ramassé est ce qu'on recherche pour les chevaux de tirage.

S'il fait beau temps en hyver, faites sortir les Poulains de l'Ecurie, pour leur laisser respirer un air plus épuré que celuy de leur Ecurie: l'air les fortifie, & les rend gaillards, puis quand le mois de May est venu, on les met à l'herbe sur la fin, qui est le temps où les herbes abondent beaucoup dans les pâturages. On remarquera qu'il faut que les Poulains pâturent separément de leurs meres, parce qu'autrement ils les inquieteroient, & les empêcheroient une bonne partie du jour de prendre suffisamment de la nourriture.

Quelques-uns, pour faire avoir une belle queuë au Poulain, la leur tondent quand ils sont jeunes, & l'on éprouve en effet qu'elle leur devient plus belle & plus touffuë, & l'on conseille même de la leur tondre deux ou trois fois l'année.

Si l'on apperçoit que les Poulains s'échauffent aprés les Poulaines, & qu'ils veulent les couvrir, il faut aussi-tôt les en separer, parce que cela ne peut que leur faire du tort: on met les Poulains toûjours à l'herbe quand on les nourrit à la campagne, ils en deviennent plus fermes pour soutenir le travail.

Comment dresser les Poulains au harnois.

LE Poulain à deux ans & demi commence à devenir susceptible des leçons qu'on doit luy donner pour le dresser au harnois, il s'agit en cela plus d'adresse que de peine. Il faut user à leur égard de douceur, les manier souvent par tout le corps, leur lever tantôt un pied, tantôt l'autre, & leur fraper de la main par dessus comme si on vouloit les ferrer; on leur fait sentir legerement l'étrille pour les y accoûtumer, on leur passe l'épousette & le bouchon sur le dos, on les accoûtume à la bride petit à petit avec de petits mords; on les caresse de la voye, & on leur tend du pain avec la main, toutes ces flateries les gagnent, & les rendent souples aux instructions qu'on se dispose à leur donner.

Tout ce petit manége s'exerce pendant cinq ou six mois, puis on commence à luy faire sentir le poids du harnois ; on luy met d'abord un licou, avec lequel on l'attache à la mangeoire parmi d'autres chevaux tout dressez, & avec lesquels on luy donne une nourriture commune.

Les Poulains qu'on nourrit à l'Ecurie doivent être soignez & gouvernez comme les autres chevaux & suivant les maximes que nous avons établies pour cela.

C'est beaucoup faire que de sçavoir d'abord rendre un Poulain docile à recevoir les instructions qu'on veut luy donner ; aprés donc qu'on a observé ce qu'on vient de dire là dessus, on commence par l'accoûtumer à porter la bride, puis la selle du harnois, ou à monter, il n'importe, ensuite en luy met l'avaloire, & on le laisse sous ce harnois pendant un demi jour, on continuë ces soins pendant quatre ou cinq jours.

Le Poulain accoûtumé sous tout cet attirail & harnaché ainsi tout de nouveau, est attaché à une Charrette, dont les rouës sont embarassées par un pieu qu'on passe à travers en dessous la Charrette ; il ne faut point dans ces commencemens quitter la bride du Poulain, de sorte qu'on soit tout d'un coup en état de l'arrêter au cas qu'il vinst à s'emporter, ce qui arrive ordinairement lorsqu'on luy donne les premieres leçons.

Etant attelé on l'anime d'abord de la voix, on le flatte, point de coups de foüet sur tout ; car ce seroit le moyen de tout gâter ; il ne faut pas même encore le faire claquer ; car ce bruit l'épouvanteroit ; il faut se contenter à cette premiere instruction de luy faire sentir le poids du fardeau qu'il doit traîner : petit à petit les Poulains ainsi dressez s'y accoûtument ; ils tirent ensuite un peu, puis quand on voit qu'ils sont en quelque maniere asûrez, on ôte le pieu qui tient les rouës arrêtées, on leur fait traîner la Charrette, ne les quittant point toûjours de la bride. Instruits qu'ils seront ainsi, & qu'on jugera à propos de les abandonner à eux-mémes, on les attelera avec un cheval fait aux harnois, qui les tiendra en état, & qui les empêchera de s'emporter.

Il est bon d'accoûtumer le Poulain au bruit du grand monde, & de le mener ainsi attelé dans les Villes où la cohuë est toûjours plus grande que dans les Villages, principalement dans celles où il y a des Marchez reglez, ou des Foires.

Comment dompter le Poulain pour le monter.

SI l'on veut s'en servir pour monter, il faut d'abord que celuy qui l'instruit l'accoûtume petit à petit au harnois, qu'il luy mette d'abord la bride accompagnée d'un mords qui luy convienne ; le Cheval dans le commencement trouvera cette embouchûre étrange ; c'est pourquoy il faudra, lorsqu'il est bridé, le laisser en cet état deux ou trois heures, le tenir par la bride hors de l'Ecurie, le faire reculer à l'aide du mords, & aller à droit & à gauche ; il est bon qu'il soit sellé en même temps, afin que le poids de la selle ne luy paroisse point extraordinaire.

Si-tôt qu'on rentrera le Cheval à l'Ecurie, il faudra le desseller & le debrider aussi-tôt, puis luy donner une jointée d'avoine, & le flatter; ce petit apât qu'on luy donne fait qu'il souffre plus aisément à l'avenir qu'on le harnache. Pour la premiere fois qu'on selle un Cheval il ne faut le sangler que tres-legerement, & quelquefois point du tout selon que le jeune Cheval paroît rétif à la sangle.

Cette selle sera sans étriers d'abord, crainte que le Poulain par fantaisie venant à faire le mauvais sous ce harnois, ne s'atrape les pieds dedans, & ne se rompe la jambe. On le promenera ainsi pendant cinq ou six jours, le sanglant tous les jours plus fortement, & luy mettant la croupiere & le poitrail.

Quand on le voit assuré avec tout cela, on le caresse de la voix & de la main, on luy donne de l'apât, comme on l'a dit; enfin on le mene dans une terre labourée, & l'ayant caressé, on fait monter une personne dessus, le tenant neanmoins toûjours en bride pour voir quelle figure il fera sous son homme, & pour cela on le tirera par les resnes, on le fera ainsi marcher dans le champ, ce manege peut durer deux ou trois leçons.

Ensuite on luy met les resnes sur le cou, on le monte, on le fait aller, & l'on tient en main une petite houssine dont on luy donne doucement sur le cou, luy lâchant un peu la bride de temps en temps, afin de luy faire la bouche.

On le presse tous les jours petit à petit, de plus en plus, c'est à dire, aprés l'avoir laissé aller doucement le pas, on le fait trotter, puis le petit galop, puis on le pousse plus fort. Ces leçons se doivent répeter avec prudence, jusqu'à ce qu'on voye que le cheval y soit tout dressé : aprés cela on le monte à l'ordinaire, on le mene par divers chemins dans des valons, sur des collines, afin de l'accoutûmer sous l'homme à toute sorte de maneges.

Et pour l'accoûtumer à l'éperon, il ne faut pas d'abord l'y approcher brusquement, mais commencer par luy serrer le gras des jambes, puis approcher légerement l'éperon; on verra à cette premiere atteinte quelle posture il tiendra, & selon qu'on le jugera à propos, on luy donnera plus ou moins fortement, & aprés que le cheval sera bien assuré & bien dressé on pourra le monter quand on voudra, observant de le bien ménager sous l'homme, comme au harnois, si l'on veut qu'il rende de bons & de longs services.

Le Haras pour des Mulets.

Comme le Mulet est un animal engendré d'un Ane & d'une Cavale, ou d'un Cheval & d'une Anesse, on choisit pour Etalon, ou un Cheval pour couvrir une Anesse, ou un Ane pour couvrir une Cavale; mais comme les meilleurs Mulets & les plus beaux sont ceux qui sont engendrez d'un Ane & d'une Cavale, nous nous arrêterons à ceux-cy.

Du choix d'un Ane pour Etalon, & de la Jument Pouliniere.

ON prendra donc un Ane pour Etalon, qu'il soit beau, de bonne race, âgé tout au plus de trois ans, gros de corps, bien membru, ayant les côtez forts & larges, la poitrine ouverte & musculeuse, l'œil vif, l'air éveillé, les oreilles droites & de couleur brune noirâtre, afin que les Mulets qui en viendront soient noirs, ce sont les plus beaux & les plus estimez.

La Jument sera choisie, comme nous l'avons dit à l'égard du corps; quant au poil il la faut prendre noire, autant qu'il est possible, parce que les Mulets & les Mules qui en proviennent sont ordinairement plus estimez sous ce poil.

Il faut aussi bien préparer l'Etalon avant que de luy donner la Jument, c'est à dire, luy faire manger de l'avoine une fois le jour seulement, avec du bon foin, & s'en servir pour couvrir les Cavales quand il a eu du repos.

Mais comme l'Ane est ordinairement bien plus bas de jambes que la Cavale, il faut, quand on veut qu'il la couvre, le mener dans un lieu où il y ait une hauteur dessus, & approcher le derriere de la Cavale de cette éminence, & par ce moyen l'Etalon fait des mieux son devoir.

Le temps de faire couvrir les Cavales pour avoir des Mulets est le même que pour avoir des Chevaux, & lorsque les jeunes Mulets sont nez on les traitte comme les Poulains, excepté qu'ils ne tetent leur mere que six à sept mois; & tandis que nous voicy sur l'article des Mulets, voyons dans un Chapitre particulier à quoy ils sont propres, & quel profit on en peut tetirer à la campagne.

CHAPITRE XXII.

Du Mulet, & de l'utilité qu'on en peut tirer.

TOut le monde sçait l'utilité qu'on tire des Mulets par rapport aux longs services qu'ils rendent; ces animaux sont nez pour porter de gros fardeaux, c'est pourquoy on s'en sert à la guerre pour les équipages des Princes. Il n'y a pas bêtes de charge plus propres à porter des Litieres que des Mulets ou des Mules; celles-cy en Espagne & en beaucoup d'autres endroits servent d'attelage magnifique pour les Carrosses. Les Marchans Forains, les Meûniers ont la plûpart des Mulets pour transporter leur marchandise & leur bled.

Les Mulets sont fort estimez en Auvergne, à cause de la rareté des Chevaux & des Bœufs; on les employe en ce pays pour labourer la terre, pour travailler & faire autres choses necessaires pour la commodité de la maison; on leur fait aussi battre le bled en bien des endroits; on peut donc juger déja par là combien il est utile d'avoir des Haras pour des Mulets.

Choix d'un Mulet.

Pour connoître si un Mulet est bon quand on veut l'acheter, il doit avoir les jambes grosses d'ossemens & rondes, le corps étroit & ferme, & la croupe en bonne chair, quoi qu'ordinairement un peu élevée vers l'échine. Il faut qu'il ait l'œil éveillé & l'oreille bien dressée; les Mulets sont plus forts, plus puissans & plus agiles que les Mules, & vivent même plus long-temps.

Hierole Tarentin.

On rapporte à ce sujet que les Atheniens voulant construire un Temple en l'honneur de Jupiter, ordonnerent que tous ceux qui avoient des bêtes de sommes eussent à se rendre à Athenes. Parmi tous ceux qui en amenerent il y eut un Païsan qui y vint avec un Mulet, âgé de quatre-vingt ans. Le peuple en fut surpris de maniere que pour honorer sa vieillesse, il voulut que ce Mulet marchât à la tête des autres sans porter aucun fardeau, & défendit à tous ceux qui apportoient du grain au Marché, de luy empêcher d'en manger pour son repas, si en passant il s'arrêtoit à eux, sauf à les dedommager de ce qu'il en auroit pris.

Choix de la Mule.

La Mule pour être choisie de bon service, doit être grosse & ronde de corps, ayant les pieds petits & les jambes menuës & seches, la croupe pleine & large, le poitrail de même, le cou long & la tête seche & petite.

Comment dresser les Mulets pour le service.

Il n'est pas tout d'un coup bien aisé de dresser les jeunes Mulets aux usages ausquels on les destine; il faut de la patience pour réduire à l'obéïssance ces bêtes extrémement fantasques de leur nature, & si on ne s'y prend doucement, on ne tient rien, leur caprice les prend alors, & on n'en peut faire chose qui vaille.

Il faut donc caresser ces animaux pour avoir d'eux ce qu'on souhaite, & on commence à les dresser lorsqu'ils ont trois ans, on leur met de temps en temps de petits fardeaux sur le corps, on les fait marcher par la longe ainsi chargez, puis on leur met le poids plus fort, & continuant ainsi toûjours ce manege, on les accoûtume enfin à faire ce qu'on veut qu'ils fassent.

Si l'on souhaite qu'ils rendent service au tirage, on les y dresse comme les jeunes Chevaux, on peut y avoir recours; mais sur tout qu'on aille doucement dans les instructions qu'on leur voudra donner. On prétend qu'il ne faut faire servir les Mulets qu'à cinq ans, que c'est pour lors qu'ils sont dans leur force, & que c'est les ruiner que de les employer plûtôt à porter les fardeux.

L'âge de ces animaux se connoît aux dents, comme celuy des Chevaux, & il y en a qui disent que l'on peut juger de la hauteur que pourra avoir un Mulet ou une Mule dés leur jeunesse, & qu'on se regle pour cela sur leurs jambes, qui ont presque tout leur accroissement à trois mois, & que ces jambes font la moitié de la hauteur du Mulet ou de la Mule, lorsqu'ils ont pris leur croissance.

Il faut particulierement prendre garde que le Mulet ne soit point ombrageux, qu'il soit docile & aisé à harnacher, & qu'il ne soit point vicieux d'ailleurs, ni difficile à ferrer.

Les Mulets & les Mules sont sujets aux mêmes maladies que les Chevaux, on en a traité assez au long pour n'en rien dire ici davantage, on peut

peut y avoir recours, aprés avoir exactement observé les symptômes qui les suivent ordinairement.

CHAPITRE XXIII.

A quoy l'Ane est propre dans une Maison de Campagne.

QUoique l'Ane semble être un animal qu'on méprise, cependant on peut dire qu'il est fort necessaire dans une maison de campagne; il y rend beaucoup de service en certaines choses, ausquelles il faudroit employer d'autres bêtes de charges ou de tirage, qui seroient bien plus utiles ailleurs.

L'Ane a ses commoditez particulieres, il sert à porter les danrées de la Basse-cour au Marché, & le bled au Moulin, c'est à quoy principalement les Meusniers les employent, & il y a bien des pays où les Anes labourent la terre & tirent la Charrette.

Dans la Bresse les Bergers montent sur des Anes, quand ils vont garder leurs Troupeaux, trouvant cette monture fort commode, en ce que lorsqu'ils sont descendus de dessus, & qu'ils sont dans les pâturages, ces animaux paissent l'herbe avec les Moutons & les bêtes à cornes, sans les troubler; c'est aussi sur ces Anes que ces Bergers mettent tout leur équipage.

Les Vachers ont des Anes plus grands que ceux des Bergers, parce qu'il faut qu'ils portent tous les utenciles dont ils ont besoin pour ramasser le lait des Vaches qu'ils traïent dans les champs (c'est la coûtume d'en agir ainsi dans le Païs Bressan.)

Combien voyons-nous de gens sur les grandes routes nourrir beaucoup d'Anes, pour les loüer & servir de voiture aux Voyageurs; l'Ane n'est pas si sujet à tomber malade qu'un Cheval & qu'un Mulet, il est d'un temperamment robuste; ainsi on voit parce qu'on vient dire, que l'Ane n'est pas un animal si méprisable qu'on s'imagine. Il y a bien des endroits en Italie où l'on vend un Ane jusqu'à cinquante écus, & on dit qu'à Seville en Espagne on les achette même davantage pour les envoyer au Perou, & dans le Mexique, où l'on s'en sert d'Etalons pour avoir des Mulets.

Et ce qu'il y a encore d'avantageux dans un Ane, c'est qu'il ne coûte guerre à nourrir, que quelques chardons broutez çà & là par les champs, avec un peu d'herbe fait sa nourriture: on n'a pas besoin d'avoine pour le maintenir.

Sa nourriture en Hyver est de paille, ou d'un peu de foin qu'on luy donne de temps en temps pour le maintenir en bon corps.

Du choix d'un Ane & d'une Anesse.

POur choisir un bon Ane, il faut qu'il ait le poil grand, le poil doux, uni, & d'un gris brun, avec des manieres d'anneaux aux jarrets de même poil, ayant une raye noirâtre qui regne depuis le museau tout le long du dos jusqu'à la queuë: il est bon qu'il soit ramassé en ses membres, qu'il ait les jambes grosses, nerveuses & bas jointées, qu'il ait la corne du pied noire & dure, les cuisses charnuës, le ventre un peu long & non large, la croupe ronde, le dos uni & pendant des deux côtez, le devant large, ouvert & nerveux, le cou gros & fort, la tête petite, les oreilles alertes, les yeux gros, noirs & éveillez, les naseaux larges & ouverts & les machoires grandes; il y en a qui prennent un Ane sauvage pour couvrir les Anesses, on dit que les Anes qui en proviennent sont forts & tres-actifs.

Pour l'Anesse elle sera de même corpulence, ayant le ventre un peu plus ample, afin que l'Anon qu'elle produira en devienne plus beau.

Du temps de faire couvrir les Anesses.

LA saison de faire couvrir les Anesses est la même que celle qu'on choisit pour les Jumens, parce que le terme de leur portée est égal, & qu'ordinairement les Anons trouvent le lait de leurs meres plus substantiel quand elles paissent les nouveaux herbages, que lorsqu'elles sont nourries de vieux fourages.

L'Anon pour devenir beau, doit teter dix-huit mois, mais la plûpart des gens de campagne, qui n'ont égard qu'à la multiplication de l'espece, sans s'embarrasser que l'Anon prenne une belle croissance ou non, ne le font teter qu'un an; l'Anesse n'en vaut pas mieux aussi, & il seroit plus à propos qu'elle ne portât que de deux ans en deux ans, que de porter chaque année.

L'Ane n'est de bon service qu'à trois ans, on l'envoye aux pâturages avec les Jumens & autres bêtes de la Basse-cour; nous avons déja dit, qu'il coûtoit tres-peu à nourrir; le reste du foin que les Chevaux laissent dans leurs rateliers, ou celuy qu'ils jettent est bon pour les Anes: un peu de son quelquefois, quelques criblûres de bleds; tous ces alimens donnez en petite quantité leur conviennent; mais il faut pour cela qu'on le destine à un travail extraordinaire, comme à labourer dans les terres legeres, ou pour voiturer quelque chose dans une charrette. l'Ane rend bon service jusqu'à dix ans.

Si l'on voit que l'Ane se trouve dérangé par quelque maladie qui luy soit propre, on en consultera d'abord les symptômes, puis pour le guérir on aura recours au Traité des Maladies des Chevaux, les infirmitez des Anes étant les mêmes, & provenant toutes des mêmes causes.

Du lait d'Anesse, & de ses proprietez.

L'Anesse n'est pas seulement utile par les petits Anons qu'elle donne, on la recherche encore pour son lait; il a beaucoup de rapport par sa consistance & par ses vertus avec celuy de femme; on l'employe pour la phtysie, & pour les autres maladies du poulmon.

Helmont. Un Médecin ancien dit qu'il faut faire étriller tous les jours l'Anesse.

dont on prend le lait, c'est aparemment qu'en l'étrillant on ouvre davantage les pores de la peau, & qu'on donne par ce moyen un plus libre passage aux vapeurs fuligineuses qui cherchent continuellement à s'échapper, & qui, si elles y étoient retenuës, se mêleroient avec les parties du lait, & pourroient le rendre moins propre à produire de bons effets.

Les Laboureurs bons ménagers gardent la peau de leur Ane pour en faire du cuir, dont ils font faire de bons souliers qui durent beaucoup, principalement ceux qui sont faits de l'endroit du dos; il faut à la verité avoir la peau des pieds bien dure pour se servir de tels souliers; on fait aussi les tambours de la peau des Anes.

Outre tout l'avantage qu'on tire de ces animaux, ils sçavent encore prédire quel temps il doit faire. On raconte à ce sujet qu'un certain Seigneur Bressan ayant reçu des fruits qu'un de ses amis luy envoyoit par son Jardinier, celuy-cy le pria de le vouloir renvoyer au plûtôt, parce qu'il craignoit, dit-il, que la pluye ne le surprît en chemin, ce Seigneur fit venir là dessus un Astrologue (on ne sçait pas si c'est à l'occasion du Jardinier, ou pour quelque autre raison) il luy demanda s'il pleuvroit ou non ce jour-là, le Philosophe assûra des plus le contraire; le Jardinier là dessus s'en retourna, & à peine eut-il fait une lieuë que la pluye tomba en abondance; le Seigneur Bressan envoya courir aprés ce Jardinier, avec ordre de le luy amener, & s'étant informé à luy-même du secret de sa prédiction, le Jardinier luy répondit que son Ane luy avoit toute la journée donné des signes de pluye, en tenant ses oreilles collées le long de son cou pendant son voyage. Le Gentilhomme fit venir l'Astrologue, & se moquant de luy, il le chassa de ses terres comme un ignorant, & luy dit qu'au lieu de gens de son caractere, il nourriroit des Anes à l'avenir.

CHAPITRE XXIV.

Où l'on apprend la maniere de nourrir les Mouches à miel, les soins qu'il faut y apporter, & le profit qu'il y a d'en avoir à la Campagne.

Nous allons présentement parler des Mouches à miel, que nous conseillons de nourrir à la Campagne, à cause du grand profit qu'on en tire, & qui est d'autant plus considerable, qu'il y a bon nombre de ruches qui en sont remplies. Nous ne nous arrêterons point icy à ce qu'en dit la Fable, ni à ce qu'en ont écrit quelques Naturalistes, ce n'est qu'une curiosité, qui ne pourroit servir que d'amusement au Lecteur, & dont il se passera tres-bien. Les Mouches à miel demandent de grands soins, & l'on ne peut s'attendre à tirer d'elles bien du miel & beaucoup de cire, si on les neglige; & c'est sur ces soins que celuy qui en a la conduite doit absolument compter: commençons par choisir un lieu propre pour les placer.

De l'Endroit où l'on doit placer les Abeilles.

ON doit en premier lieu mettre les Abeilles ou Mouches à miel, c'est la même chose, dans un endroit qui soit à couvert des vents; car ils empêchent qu'elles ne portent leur nourriture dans leurs ruches; ce lieu doit être retiré & scitué, s'il se peut, au bas de quelque colline, afin que les Mouches puissent plus aisément voler en haut, & redescendre avec plus de facilité, quand elles sont chargées de butin.

Virg. Georg. 4.

Il n'y doit point entrer ny Brebis ny Chévres qui sautent sur les fleurs, & l'on prendra garde que les Genisses, errantes par les champs, n'aillent point abattre la rosée aux environs de ce lieu, & n'y foulent point les herbes qui y naissent; tous ces animaux, ainsi que les Chiens, les Poulles & autres Oiseaux de la Basse-cour sont incommodes aux Abeilles, les uns les détournent de leurs ouvrages, & les autres leur font la guerre pour s'en nourrir.

Les Mouches ont encore pour ennemis les Guespes, les Oiseaux & sur tout l'Hirondelle qui en fait un grand dégât, prenant les Mouches à miel dans le temps qu'elles volent, & les emportant avec leur bec pour en repaître leurs petits.

Que ce lieu soit proche de quelque Fontaine, d'un Etang ou de quelque Ruisseau qui serpente aux environs; éloignez toûjours les Abeilles des mauvaises odeurs, des marécages, des Bourbiers & d'autres endroits infects; qu'il y ait des arbres proches les ruches, afin qu'au printemps, quand les nouveaux Rois menent leurs premiers essaims, & que les jeunes Abeilles se jouënt hors de leurs paniers, les rivages d'allentour les invitent à se reposer pour se garantir du chaud, & que les arbres qui sont vis à vis les y puissent retenir par une retraite couverte d'ombre.

Soit qu'il y ait une eau dormante ou un ruisseau, mettez-y de petites branches d'arbres en travers & jettez-y des cailloux, afin qu'elles puissent s'arrêter dessus, & ouvrir leurs aîles pour les faire secher aux ardeurs du soleil; en cas qu'un vent impetueux ait dispersé les moins diligentes, ou les ait précipitées dans l'eau.

Il faut qu'il y ait dans ce lieu des herbes odoriferantes, comme le thim, le romarin, la sariette, le serpolet ou autres: les Abeilles aiment les odeurs, & la rosée qu'elles y vont succer, ainsi que sur les fleurs, donne un goût admirable à leur miel, & leur en font produire en abondance.

On a soin en Languedoc d'éloigner les Mouches à miel des fleurs de l'orme, du tythimal, du genêt, de l'arbousier, du buys, parce que le suc que cet insecte en tire, diminuë beaucoup de la bonté du miel, outre qu'il y a de ces fleurs qui rendent les Abeilles malades.

Le lieu ainsi choisi, on songera à y asseoir leurs ruches ou paniers, comme on voudra dire, on ne doit jamais les poser à terre, mais toûjours sur des manieres de bancs, ou de sieges construits de bois ou de pierres.

Des Bancs propres pour asseoir les Ruches.

LEs Bancs les plus bas doivent être élevez de terre d'un demi pied, ce sont ordinairement de grandes planches ou autres pieces de bois assez larges, qu'on pose sur des pierres simplement, ou sur une maçonerie de moillon, ou bien ces bancs ne seront que de pierres larges ainsi qu'on les trouve, ou de pierre maçonnées artistement, cela dépend de la fantaisie.

Dans les pays où il y a grande abondance d'Abeilles, on place les Ruches en amphiteatre, faisant en sorte que les Bancs ne se joignent point, qu'il y ait un vuide entre deux, afin d'y passer librement pour visiter les Mouches quand il en est besoin, & il faut que les Paniers y soient placez en échiquier sans se toucher l'un l'autre, afin que chaque ruche soit frappée des rayons du soleil qui les fortifie. Quand les Bancs sont construits de cette sorte, on ne craint point que les serpens, les limaçons & autres ennemis des Mouches les y viennent attaquer; nous donnerons une Figure dans la suite de la maniere qu'on doit placer les Ruches selon l'idée qu'on vient d'en donner, quand nous aurons parlé de ces Ruches.

Des differentes sortes de Ruches.

LA matiere dont on doit former les Ruches n'est point absolument déterminée, les uns en font de bois, de pierre, de terre cuite, de brique, d'écorce d'arbres, ou de paille; il y en a qui les enferment dans les murs, qui les laissent à l'air ou à couvert, selon qu'il leur en prend fantaisie; toutes ces manieres réüssissent tres-bien, tant il est vray de dire, que les Abeilles sont aisées à conduire: cependant les Ruches les plus communes & les plus commodes sont celles qui sont de bois d'osier ou de paille. Quelques Auteurs ont raisonné differemment sur chaque espece de Ruches, faisant valoir les unes plus que les autres, en les appropriant le mieux du monde au genre de l'insecte qu'elles doivent renfermer; mais comme on experimente tous les jours que toutes ces Ruches réüssissent également bien, on laisse la liberté de s'en servir comme on voudra.

On prétend que pour les Ruches de bois, on doit se servir de planches de Chéne, de Chateignier, de Noyer, de Sapin, ou de Hêtre: ou le liege est commun, on doit le préferer à tous autres bois pour la fabrique de ces Ruches, & de quelque matiere qu'elles soient, il faut soigner qu'il n'y ait aucun jour par où les vents froids puissent se glisser; on fait aussi des Ruches de troncs d'arbres qu'on creuse artistement, & on se souviendra qu'il faut que toutes les Ruches soient garnies en dedans de deux bâtons en croix, pour aider aux Mouches à y asseoir fermement leur ouvrage; il y a des Ruches de deux pieces, mais on ne les estime pas tant que celles qui ne sont que d'une piece: celles de planches ont diverses figures il y en a de quarrées, de triangulaires & autrement, telles qu'on souhaite que le Menuisier les fabrique.

On se sert des Ruches percées pour changer les Mouches, elles y sont commodes, & aprés avoir montré comment toutes les Ruches doivent être faites, examinons maintenant quelle en peut être la capacité.

De quelle grandeur doivent être les Ruches, & de certaines remarques qu'il faut faire sur ces Ruches.

IL est important de faire chaque Ruche d'une grandeur convenable à l'essaim qu'elle renferme ; une Ruche trop grande donne à la verité beaucoup de miel & de cire, mais peu d'Abeilles pour la multiplication de l'espece, parce que cet insecte ayant dequoy s'y loger au large, les vieilles & les jeunes y restent tant qu'elles ne peuvent plus y être conservées, & lorsque les Ruches sont trop petites, elles rendent plus de Mouches que d'ouvrage ; parce que ne pouvant trouver à se nicher dans un si petit espace, elles sont obligées à sortir de leurs paniers pour aller chercher à se loger ailleurs. Il faut donc chercher un milieu entre ces deux extrêmitez, afin d'avoir en même temps beaucoup de Mouches tous les ans, & une bonne quantité de miel & de cire.

La veritable grandeur des Ruches, selon la remarque de nos Anciens, est déterminée à trois differentes grandeurs, observant qu'elles soient un tiers plus hautes que larges, & que le haut soit construit en maniere de voûte.

On fait des Ruches de quinze pouces de diametre en dedans par le bas, & de vingt-trois pouces de hauteur ; il y en a d'autres qui n'ont que treize pouces de diametre & vingt de hauteur, & d'autres ausquelles on ne donne que onze pouces de large & dix-sept de haut.

Les premieres Ruches servent à enfermer les essaims qui s'envolent jusqu'au dix ou douze du mois de Juin, parce que ce sont les plus abondans ; les secondes sont propres pour les essaims sortis depuis le douziéme de Juin jusqu'à la saint Jean. Quand aux derniers, on les employe pour mettre les essaims qui jettent aprés la saint Jean, comme étant le moins nombreux.

Les Mouches à miel se plaisent en toutes sortes de climats, ou peu s'en faut, toutes les Abeilles en France sont exposées dehors à toutes les injures du temps, parce que le climat est temperé, au lieu qu'il y a des pays où on les met à l'entrée de l'hyver sous des perches, ou des apentis faits exprés pour les garantir du trop grand chaud, ou du trop grand froid, & les en sortent au commencement du printemps.

Pour empêcher que les Abeilles ne mourussent de faim, les Anciens changeoient leurs Ruches de place pendant l'année, & les portoient dans les endroits où la nature successivement faisoit naître des fleurs ou des herbes nouvelles. Les Hollandois observent encore cette maxime. Ils transportent leurs Ruches de place en place dans leurs champs semez de navets & de millet, ou bien de bled sarrasin ; mais ce remuëment ne se pratique que lorsque ces grains sont en fleur, ce qui fournit alors aux Mouches une nourriture abondante, & pendant un temps assez raisonnable, les fleurs de ces plantes ne tombant que fort tard de leur calice.

Cette méthode ne paroît point mauvaise, & il semble que si elle se pratiquoit en France, les Mouches à miel n'en vaudroient que mieux, & que le Maître auquel elles appartiennent, en retireroit plus de profit.

Differentes especes d'Abeilles, du & choix qu'on en doit faire, & comment en faire le transport.

ON remarquera qu'il y a des Abeilles sauvages & des Abeilles franches; les premieres sont fort mauvaises, elles ont le corps plus grand, plus rond & plus noir que les autres, & sont plus difficiles à approcher. Les bonnes Mouches sont d'une couleur plus claire & plus jaune, & ne sont pas veluës; c'est sur ces marques qu'il faudra établir sur le choix qu'on voudra faire des Mouches.

Il faut outre cela examiner les paniers pour juger de la fecondité des Mouches par leur ouvrage, ce qu'on fait aisément en ôtant le couvercle qui couvre les Ruches, & les considerer par dessous, les renversant tout doucement de côté.

Les Mouches à miel n'aiment point qu'on les tourmente; c'est pourquoy quand on veut les acheter, il faut toûjours que ce soit le plus prés du logis qu'il est possible; le long transport les rebute, outre que le changement d'air & de terroir les rend farouches, & moins fructueuses dans la suite.

Quand il s'agit de les transporter, on envelope la Ruche d'une grande nape qu'on nouë par le haut, puis deux hommes prennent un grand bâton qu'ils passent à travers le nœud, ensuite ils le mettent chacun sur une épaule & le porte comme on fait une tine en vendange, ou ces Lustres de cristal qu'on transporte à Paris; il faut marcher doucement & uniement, en sorte qu'on n'ébranle point la Ruche; car il ne faudroit que ce mouvement à contre temps pour épouvanter les Abeilles; la Figure suivante fera comprendre ce qu'on vient de dire.

Le printemps est la vraye saison de ce transport, qui se doit toûjours faire la nuit où tout est calme, & que la nature invite les animaux au repos; on laissera les Ruches enveloppées pendant deux jours, crainte qu'il n'en sorte quelques Mouches effarouchées du mouvement qu'elles ont éprouvé. Ces deux jours écoulez, & sur le soir, on ôte la nape, puis aprés les Abeilles tranquilles, ne se souvenant plus qu'on les ait agitées restent dans le lieu, comme si elles y avoient pris naissance.

Des moyens de trouver des Essaims dans les Bois.

C'Est icy un profit tout clair pour celuy qui pourroit trouver dans les bois des Ruches qui ne luy coutassent rien; il s'y en rencontre de tres-bonne race, soit pour s'y être multipliées de race en race, ou pour s'être échappées de quelque paniers domestiques dans le temps qu'elles ont jetté.

On va donc par les Forests au printemps, & par tout où l'on passe on prête attentivement l'oreille; pour peu qu'on entende bordonner, on s'approche de l'arbre, on le remarque, puis on revient au logis pour prendre tout l'atirail neceſſaire pour tranſporter les Mouches.

De la maniere de faire tranſporter les Mouches trouvées dans les Forêts.

IL n'eſt pas toûjours bien aiſé de tranſporter les Mouches qu'on a trouvées dans les Forêts, cela dépend de l'endroit où elles ont fait leur ouvrage. Si par exemple il arrivoit qu'elles ſe fuſſent attachées à quelque branche d'arbre qui fût creuſe & qu'on pût ſcier, la choſe ne ſeroit pas difficile, puiſqu'il n'y auroit qu'à ſcier doucement cette branche au deſſus & au deſſous de l'endroit où les Mouches ſe ſeroient logées, & aprés avoir enveloppé d'une nape le tronc qui les tient enfermées, on les emporteroit doucement à la maiſon, pour les mettre ſous une Ruche préparée exprés, comme on le dira dans la ſuite.

Mais ſi ces Abeilles ſe trouvent dans le creux d'un gros arbre, la difficulté de les tranſporter en eſt plus grande, ſur tout quand l'arbre eſt gros, & que la cavité en eſt bien profonde, cependant il ſeroit fâcheux d'avoir perdu ſes peines; or pour s'en dédommager il y en a qui percent avec une Tariere le tronc ou la tige de l'arbre à l'endroit à peu prés où ils jugent que ſont les Abeilles, puis ils brûlent du drapeau, & ſont en ſorte que la fumée paſſe à travers ce trou: les Abeilles ne l'ont pas plûtôt ſentie qu'elles prennent leur eſſor en haut; mais pour ne les pas laiſſer échapper, on porte au deſſus du tronc de l'arbre une Ruche toute préparée au bout d'une perche, & à meſure que la fumigation ſe fait, les Mouches volent dans ce panier où elles s'attachent, puis on l'enveloppe d'une grande nape, & on l'emporte comme on l'a dit. Voyez dans la Planche qui ſuit tout ce qu'on a dit juſqu'icy des Mouches à miel: l'explication vous ſervira d'une ſeconde inſtruction.

Explication de la Planche V.

1. Bancs ſur leſquels on poſe les Ruches, & la maniere qu'elles doivent y être poſées.
2. Ruches de planches.
3. Ruches de paille.
4. Ruches d'oſier.
5. Gouverneur des Mouches, qui obſerve ſi elles ne veulent point jetter.
6. C'eſt un homme qui conſidere ſi les Paniers ſont aſſez pleins de Mouches.
7. Ruches de paille percées par le fond.
8. Ruches d'ozier percées par le fonds.
9. C'eſt un bois dans lequel on va chercher les Eſſaims de Mouches.
10. Homme qui ſcie une branche d'arbre dans lequel il a trouvé un Eſſaim d'Abeilles.
11. Comment il les faut tranſporter.
12. Ce ſont des gens qui prêtent l'oreille pour tâcher de découvrir des Mouches par leur bourdonnement.
13. Gens qui prennent un jetton de Mouches, qui s'eſt attaché à une branche d'arbre.
14. Charivary que font pluſieurs perſonnes pour faire qu'un Eſſaim qui

qui s'envole s'attache au premier arbre qu'il trouve.

15. Maniere de transporter les Mouches dans leur panier.

Femme qui jette de la poussiere pour arrêter l'Essaim de Mouches qui s'envolent.

17. Une autre femme qui jette de l'eau avec un balay, pour arrêter aussi un Essaim d'Abeilles.

Des Mœurs des Abeilles.

LA Ruche des Mouches à miel est un vray modele d'un petit Royaume bien policé ; elles ont seules leurs petits & leurs maisons en commun, comme dans l'enceinte d'une Ville, où elles vivent sous des loix qu'elles gardent exactement : elles seules ont une patrie & une habitation fixe. Comme elles prévoyent l'hyver, elles travaillent l'été, & assemblent en commun leurs provisions : les unes ont soin des vivres, & suivant leurs reglemens établis, elles vont travailler aux champs. Virg. Georg. 4.

Il y en a qui restent dans les Ruches, ou avec du suc de Melisse, & d'une glu qu'elles tirent d'une écorce, elles jettent les premiers fondemens des rayons de miel, puis elles suspendent la cire, quelques autres couvent les petits qu'elles élevent pour multiplier, d'autres épaississent le miel, & remplissent leurs Ruches de ce doux nectar ; on en voit qui ont soin de garder les portes, & qui observent tour à tour les pluyes & les nuages ; celles-cy déchargent les autres qui viennent chargées de butin, & chassent des Ruches les frelons qui y sont entrez.

Elles ont un Roy qu'elles se choisissent elles-mêmes, & veillent à leurs travaux ; elles l'admirent, & toutes s'assemblent avec des bourdonnemens autour de luy, elles le portent souvent sur leur dos, & tant elles l'aiment, elles s'exposent pour luy à la mort. Il y a encore quantité d'autres particularitez qu'observent les Abeilles dans leur gouvernement, & qui sont tres-curieuses, mais comme elles nous meneroient trop loin, on laisse cette matiere pour passer à une autre plus essentielle.

Comment gouverner les Mouches à miel, & en receüillir les Essaims.

CEluy qui a la charge des Mouches à miel sera soigneux de visiter leurs Ruches deux ou trois fois le mois, à commencer au printemps jusqu'au mois de Novembre; il aura soin, avant que de mettre les Mouches dans les Ruches, de les enduire avec un mortier fait de bouze de Vache, & de cendre de lessive si ces Ruches sont fabriquées d'oziers : il faut aprés cela les passer légerement sur la flamme faite avec de la paille.

Les uns les frottent de vin délayé avec du miel, d'autres se servent de crême, ou les lavent seulement avec de l'urine; on peut se servir une seconde fois des Ruches, pourvû que le ver ne les ait point attaquées.

On ne peut trop veiller les Abeilles, lorsqu'elles veulent jetter leurs Essaims, il faut toûjours roder au tour de leurs Ruches, & particulierement aux heures qu'elles doivent essaimer, crainte que les Mouches ne sortent sans qu'on s'en apperçoive, & qu'elles ne se perdent.

Deux ou trois jours avant que les Mouches veüillent sortir, qui est depuis le mois de May jusqu'à la saint Jean plus ou moins tard, & selon le temps plus ou moins chaud & frais; on voit les jeunes descendre sur les sieges, on les entend bourdonner plus que de coûtume, on en voit qui entrent & qui sortent; tous ces mouvemens demandent de l'attention, & doit reveiller de plus en plus la vigilance de celuy qui les observe. Il faut être là attaché depuis une heure que le soleil est levé jusqu'à deux heures aprés midy, cela arrive rarement le soir; & lorsqu'enfin leur gouverneur voit qu'elles quittent leurs Ruches, & qu'elles prennent trop haut leur essor, il fera du bruit avec de l'airain sur lequel il frappera; quelques-uns prennent des poiles, des clochettes, & avec tous ces instrumens, font un charivari qui arrête ces Mouches, qui pouroient se perdre sans ce bruit; d'autres au défaut de tout cela frappent des mains, jettent de la poussiere en l'air, ou de l'eau avec un balay dont on se sert en guise d'aspersoir; les Mouches croyent alors que c'est quelqu'orage que cela leur présage, & comme elles craignent les vents & la pluye, elles ne s'écartent point.

Signes que donnent les Abeilles quand elles veulent essaimer; comment arrêter les Essaims qui volent trop haut.

LEs Mouches franches & qui sont d'un bon naturel ne passent point les arbres qu'elles trouvent d'abord sans s'y arrêter, & s'y mettre en pelotons, & à peine les y voit-on ainsi posées, qu'on va prendre l'Essaim pour le mettre dans une Ruche bien préparée & bien parfumée, parce que si l'on retardoit, il seroit dangereux qu'elles ne quittassent ce premier poste pour en chercher un autre plus loin qu'on ne sçauroit pas, de maniere que les Mouches seroient perduës; il ne faut qu'un vent & qu'une pluye pour les obliger à changer d'arbre.

Comment prendre les Essaims quand ils sont attachez à un arbre.

LOrsqu'on veut aller prendre un Essaim attaché à un arbre, on porte une Ruche préparée exprés, & on la met sur une grande nape étenduë, puis si ces Mouches sont en peloton sur une petite branche d'arbre, on la coupe doucement, & aprés on la porte de même sous la Ruche avec les Abeilles; cette Ruche, de quelque maniere qu'elle puisse être, doit être couverte de son couvercle.

D'autres secoüent tout d'un coup la branche dans la Ruche ou sur la nape étenduë, puis, aprés avoir ramassé les Mouches un peu étourdies, ils les couvrent aussi-tôt du panier; d'autres prennent un panier par la poignée, ils l'attachent au bout d'une perche de la même maniere qu'on l'a vû dans la Figure précedente, & fumant les Mouches les obligent de quitter leur place, & de monter dedans.

Il arrive quelquefois que ces Mouches s'obstinent à ne pas vouloir y entrer, qu'elles volent tout au tour; mais on les y contraint si on leur jette de l'eau fraîche avec un balay; l'Essaim étant rentré, on pose la Ruche sur le siege qui luy est destiné.

Quelquefois l'Essaim se divise en deux ou trois pelotons qui s'en vont chacun du côté qu'il luy plaît, ce qui embarasse beaucoup; cette division est causée par la pluralité des Rois qui sont dans l'Essaim, & qui n'étant point d'accord ensemble entraînent avec eux chacun leur parti. Le secret pour les prendre séparément, c'est d'avoir du monde pour les suivre; quelquefois ils ne s'arrêteront pas loin l'un de l'autre; quelquefois aussi ils s'écarteront; mais dans l'un & l'autre cas, il faut les mettre dans de nouvelles Ruches, comme on a dit.

Si deux Essaims s'attachent à une même branche, & qu'ils se touchent l'un l'autre, il faut, pour les prendre chacun à part, élever deux Ruches au dessus, l'ouverture en bas & en maniere de cloche suspenduë, & mettre entre ces deux Essaims du chicotin attaché au bout d'une bâton.

La confusion parmi les Essaims est quelquefois si grande, que c'est un extrême embarras pour les démêler; mais on en vient à bout lorsqu'on secoüe la branche à laquelle ils sont attachez : les Mouches pour lors se séparent par Essaims, parce que les unes restent en bas, & les autres vont s'attacher séparément à des branches, ou bien faites autrement.

Prenez une grande Ruche, secoüez toutes les Mouches dedans, elles ne manqueront pas, aprés qu'elle aura été renversée, de s'y placer, chaque Essaim à part; ensuite lorsque le soir est venu, on se coëffe d'un capuchon d'une bonne toile, l'on met de gros gans; aprés cela on fait tomber avec la main un des Essaims dans un panier, puis l'autre, & on en laisse un dans le panier où on les a secoüé; cependant si l'on juge qu'il soit trop grand pour contenir l'Essaim; on met cet Essaim dans un plus petit, & pour cela on renverse l'ouverture en haut, & on en met un dessus.

De la maniere de changer les Mouches de Ruches, & des moyens d'en avoir qui profitent beaucoup.

On pratique encore la même chose, quand un panier se trouve usé, ou atteint de vermine: ce nouveau panier doit être préparé comme on l'a dit, c'est à dire, bien enduit & frotté d'une liqueur composée de vin & de miel; on laisse ces Mouches sans les remuer jusqu'au soir qu'on ôte celles de dessus, & qu'on met au rang des autres; à l'égard de la vieille, on en tire tout l'ouvrage qui est dedans.

On trouve souvent en l'air des Essaims qui s'égarent; si l'on veut les arrêter & les faire attacher à quelque arbre, il n'y a qu'à sifler doucement, & frapper des mains, ou bien faire du bruit avec deux cailloux qu'on frappe l'un contre l'autre, & pour lors on voit ces Essaims s'assembler, & se mettre en pelotons sur un arbre.

Pour avoir des paniers à Mouches qui soïent feconds, il ne les faut laisser jetter qu'une fois l'année, & empêcher de jetter ceux qui sont foibles, c'est à dire, où il n'y a guerres de Mouches.

Il faut donner des hausses aux jeunes Essaims de l'année précedente, ainsi qu'aux paniers peu remplis de Mouches, & à chacun selon qu'on le juge plus ou moins abondans. On appelle *Hausses* des paniers percez par les deux bouts, & sur lesquelles on met le panier, elles ont ordinairement dix à douze pouces de hauteur.

Connoissance des bonnes Ruches d'avec les mauvaises, & du temps de changer les Mouches de Panier.

IL est bon de sçavoir démêler les bonnes Ruches d'avec les mauvaises, soit qu'on veuille en acheter, ou qu'on souhaite parmi celles qu'on a, se rendre certain sur l'article.

Quand on voit les Abeilles se mettre en campagne de bon matin, & revenir chargées de vivres plus tard qu'à l'ordinaire, & qu'elles entrent dans leurs paniers sans répugnance, c'est une bonne marque, comme lorsqu'elles ne sortent point par le mauvais temps, car alors on ne peut qu'y présager du désordre.

Si, approchant l'oreille des Ruches sur la fin de Février, ou au commencement de Mars, quand l'air est doux, vous entendez un bourdonnement qui semble venir de loin, c'est un bon signe ; ainsi que lorsqu'on frappe sur la Ruche, & que les Abeilles en sortent en bourdonnant fortement.

Supposé qu'il se trouve y avoir deux Rois dans un panier, il faut pour remedier à l'inconvenient qui en pourroit arriver, donner aux Mouches un panier qui soit étroit du fond, mais d'une longueur proportionnée à la quantité de Mouches qu'il devra contenir; ces Mouches dés le matin s'entrebattront les unes contre les autres, de maniere qu'on trouvera un Roy de mort au bas de la Ruche.

Il est temps de changer les Mouches de Panier, lorsqu'il y a deux ans qu'elles y travaillent ; c'est au printemps que cela se pratique, & pour y réüssir on prend une Ruche percée dessus de cinq ou six trous sur laquelle on pose celles où sont les Mouches ; il faut bien la boucher tout au tour; peu de temps aprés les Mouches descendent dans le panier de dessous, dans lequel on les laisse dix ou douze jours, pendant lequel temps elles ne cessent point de faire leur ouvrage.

Ce temps passé, on ôte le panier de dessus, & soignant de bien reboucher les trous de la Ruche qui contient les Abeilles, crainte qu'elles n'en ressortent, on le met au rang des autres.

Des Maladies des Abeilles, moyens d'y remedier.

Flux de ventre.

LEs Mouches à miel sont sujetes au flux de ventre, cette maladie les prend au printemps, quand le tithymale fleurit, & que les ormes donnent leur semence; ces petits animaux sont fort avides de cette nourriture, à cause de la faim qu'elles ont souffert pendant l'hyver; ce flux de ventre est dangereux, si l'on n'y remedie en cette maniere.

Prenez des grains de grenades, pilez-les menu, passez-les à l'étamine, mêlez-les avec du miel & du vin rouge, & en arrosez la Ruche avec une seringue recourbée ; au lieu de grains de grenades, on peut prendre de l'eau dans laquelle on a fait boüillir des coings.

Il arrive quelquefois que dans le temps que les prez sont tout émaillez de fleurs, les Mouches travaillent plus à faire du miel qu'à produire de nouveaux Essaims, ce qui les fatigue trop & les fait souvent mourir. Pour prévenir ces inconveniens, & faire ensorte que l'espece se multiplie, il faut de trois jours en trois jours, & tant que les fleurs subsistent, fermer les entrées & les sorties de leurs Ruches, & n'y laisser que des petits trous par où elles ne puissent passer, & quand elles verront qu'elles ne pourront aller aux champs, elles couveront & produiront de nouvelles Mouches.

La teigne est un ver dont les paniers des Abeilles sont infectez, on les connoît tels, lorsque appuyant les mains dessus on les trouve froids, ou bien lorsqu'on voit hors des Ruches des excremens de ce petit ver qui s'y multiplie en quantité, ce mal est incurable, ce sont des paniers perdus, & dont il faut tuer les Mouches. *La Teigne.*

Le trop grand chaud est dangereux pour les Abeilles, elles deviennent noirâtres & toutes dessechées, puis elles meurent, ce qui se remarque, lorsqu'on voit les unes qui portent hors leurs Ruches les corps de celles qui sont mortes, & que les autres sont tristes par le silence qu'elles gardent; le froid opere aussi ce mauvais effet. Pour prévenir l'entiere mortalité de cet insecte, on prend du miel cuit, qu'on pile avec des roses seches, ou de la noix de galle qu'on leur donne pour nourriture. *Le trop grand chaud & le trop grand froid dangereux pour les Abeilles.*

S'il y a des paniers qui soient garnis de Mouches furieuses & qui puissent nuire aux autres, on appaisera leur furie en les visitant souvent. *Mouches furieuses.*

Il y a quelquefois dans un panier tant de rayons de miel construits, qu'ils demeurent vuides la plûpart, ce qui fait qu'ils se corrompent, gâtent le miel qui y est renfermé, & font mourir les Mouches. Pour remede à cet accident, on met deux jettons dans une Ruche, ou bien on coupe les rayons corrompûs qu'on ôte des paniers. *Des rayons gâtez.*

Les Papillons qui, quelquefois se cachent dans les Ruches sont des ennemis tres-dangereux pour les Mouches & les tuënt; c'est pourquoy, autant qu'on le peut découvrir, il faut les tuer eux-mêmes. *Les Papillons.*

Il faut aussi donner la chasse aux Bourdons ou Frelons qui viennent dans les Ruches pour en manger le miel, & pour les détruire aisément, il n'y a qu'à mettre de l'eau dans quelque petit vaisseau prés des Ruches, les bourdons qui en sortiront rassasiez de miel, iront en boire pour appaiser la soif que cette nourriture leur aura causée, & pour lors il sera aisé de les tuer, sans craindre d'en être piquez, parce que les bourdons n'ont pas d'aiguillon. *Les Bourdons.*

La faim est une maladie qui fait perir les Abeilles, si on n'y remedie, elles y sont sujettes sur tout à la fin de l'hyver qu'elles manquent de provision; & pour prévenir ce mal, on leur donne du vin boüilli avec du miel, ou simplement de la farine de féves cuites, qu'on leur met à terre dans leurs Ruches. *La faim.*

Du temps de châtrer les Mouches, & à quelle heure.

CHâtrer les Mouches, est tirer des Ruches le miel & la cire que les Abeilles y ont produit; il ne faut jamais songer à faire cette operation que les paniers ne soient pleins, autrement c'est perdre le miel, & tout le profit que les Mouches peuvent donner dans la suite; outre qu'agissant ainsi mal à propos, ces Mouches se rebutent, quittent leurs paniers, & laissent en partie leur ouvrage imparfait.

La veritable occasion qui doit nous inviter à commencer cette récolte, est lorsque les Mouches n'ont plus rien à faire, & que leurs Ruches sont pleines d'ouvrage, ce qu'on reconnoît aisément à l'œil, quand on visite ces Ruches en dedans, ou bien on le remarque en dehors lorsqu'opiniâtrement les Abeilles chassent les Frelons de leurs paniers.

Le temps de châtrer les Abeilles est plus ou moins avancé selon les climats où on habite, que les saisons sont plus ou moins chaudes; on fait deux fois la recolte du miel; sçavoir, la premiere à la fin de Juin, & l'autre à la mi Août, & non plus tard, afin que devant l'hyver les Mouches puissent faire assez de travail pour se nourrir pendant cette saison, si l'on ne châtre qu'une fois les Mouches, ce sera au commencement du mois d'Août.

Il y en a qui veulent qu'on châtre les Mouches dés le mois de Février ou de Mars, & qu'on commence par les paniers qui sont les plus forts; cette diversité de sentimens peut se regler sur les differens pays où l'on demeure, & s'accommoder à l'usage.

L'heure de tailler ou châtrer les Abeilles, comme on voudra dire, c'est la même chose, est ordinairement à midy où pour lors les Abeilles sont la plûpart en campagne pour chercher à vivre, n'en restant que tres-peu dans les Ruches pour empécher qu'on leur ravisse leur ouvrage; il faut agir doucement quand on taille les Mouches, car autrement elles se mettent en colere & piquent ceux qui les taillent.

Avant que de se mettre en devoir de toucher aux paniers, & pour se garantir des aiguillons des Abeilles, on s'affuble la tête d'un grand capuchon de toile qui descend jusqu'à la ceinture, l'on met à l'endroit des yeux de la toile à tamis, & l'on précautionne ses mains d'une paire de gands, puis levant les paniers petit à petit, on les fume avec un toupillon de linge qui brûle, ou bien on se sert d'un peu de foin embrasé, qu'on met dans un pot de terre, observant de le bien fouler, afin que la fumée en soit plus épaisse, & qu'elle dure davantage: cette fumée empéche les Abeilles qui sont dehors de s'approcher des Ruches, & oblige celles qui sont dedans à sortir.

Ou bien, prenez un grand sac, envelopez-en tout le panier avec les Mouches, liez-le par le bas de maniere seulement qu'il y ait un trou par où la fumée puisse passer, mettez dessous vôtre foin embrasé, ou vôtre toupillon de linge, laissez le fumer; les Mouches n'auront pas plûtôt senti la fumée, qu'elles sortiront toutes de la Ruche; & comme elles ne trouveront point d'autre chemin que les espaces qu'il y aura entre la Ruche

& le sac, elles seront obligées d'y monter toutes; on observera pour bien faire que le sac soit accommodé par le haut avec des bâtons qui le tiendront ouvert, puis on ôte le panier, on le châtre, étant châtré, on le met sur l'ouverture du sac, & les Mouches y rentrent & y travaillent comme auparavant.

Voicy une autre méthode dont on peut encore se servir pour tailler les Mouches; on prend une chaise de paille qu'on renverse; on met dessous un pot qui fume, & cette fumée ayant fait sortir les mouches de la Ruche, on la châtre commodément.

Il faut bien prendre garde, quand on taille les Mouches, de ne point toûcher à certaines petites bouteilles couvertes d'une pellicule blanche, & qui paroissent tout au tour de la couronne du panier, c'est le couvain par où les nouveaux Essaims doivent sortir, & qui diminueroit la race des Mouches, si on l'ôtoit.

On taillera toûjours haut les vieux paniers, cela les conserve, & on retranchera le vieux ouvrage. On coupera cinq pouces plus haut l'ouvrage que contiennent les vieux paniers, s'ils ont été haussez vers la saint Jean précedente, pourvû neanmoins qu'il n'y ait pas de couvain; & si les Ruches sont trop petites, on les laissera haussées comme elles sont, les Mouches y donneront plus d'ouvrage.

Comment renouveller les Ruches.

Renouveller les Ruches, est ôter celles où sont les vieilles Abeilles, en chasser bien loin les Mouches, ou les tuer pour empêcher qu'elles n'aillent point tourmenter les jeunes pendant qu'elles travaillent.

Le plus sûr moyen de détruire les vieilles Abeilles, c'est de les noyer dans de grandes Auges pleines d'eau, ou l'on plonge les Ruches enveloppées d'une grande nape, lorsqu'elles sont toutes retirées; c'est ordinairement la nuit que cela se pratique.

Quand on a achevé de châtrer les Mouches, on prend soin de nettoyer les sieges sur lesquels on pose les Ruches.

Quelquefois aussi, au lieu de détruire les Mouches, on ne coupe que la moitié de la cire & du miel, laissant l'autre pour nourrir les Abeilles qui restent dans le panier; cette méthode est meilleure que la premiere, c'est ainsi qu'on en agit en Provence, & pour y réüssir, on renverse un peu le panier, puis on en tire du miel & de la cire, ce qu'on veut.

Les Hollandois agissent autrement, ils renversent la Ruche sans dessus dessous, & en tirent ce qu'ils souhaitent d'ouvrage.

Pour bien conserver les Mouches à miel, il faut visitet les paniers l'un aprés l'autre deux fois la semaine, & examiner si les Abeilles n'en sont point sorties, & si elles ne manquent point de nourriture. *Autres soins pour les Abeilles.*

Sitôt que le printemps sera arrivé, on couvrira les paniers, aprés en avoir tiré la cire par dessous, afin de les nettoyer de la vermine & des autres ordures qui s'y sont amassées pendant l'hyver; il est bon aussi de faire la revûë des paniers de haut en bas en automne deux fois par mois, & soigner en même temps de les recouvrir; ces mêmes paniers seront aussi nettoyez & parfumez, les Mouches s'en portent toûjours mieux. Ces paniers seront exactement recouverts de leur couvercle, principalement au commencement de l'hyver, afin de garantir les Mouches du grand froid.

De la recolte du miel, & comment le tirer des gâteaux.

LA recolte du miel pour laquelle on prend tant de peines toute l'année, se fait en trois differens temps, sçavoir incontinent aprés le printemps, durant tout l'été, & au commencement de l'automne, on ne peut fixer positivement un jour pour ce travail, c'est selon que les rayons sont complets; car si on les tire avant ce temps-là, les Mouches se rebutent, & cessent de travailler.

On connoît qu'il est temps de recueillir le miel, quand les Mouches ne font plus qu'un bruit sourd, que les trous des vaisseaux sont bouchez par dessus, & que les Mouches chassent les Frelons.

L'heure d'ôter les rayons des Ruches est ordinairement le matin; & pour cela on prend un grand couteau fait exprés, qu'on moüille souvent dans l'eau, afin que la cire ne tienne point.

Il faut bien se donner de garde de vuider tout un panier, ny d'en tirer tout l'ouvrage, on en laisse environ la cinquiéme partie tant au printemps, qu'en été, & le tiers seulement en automne, & par ce moyen les Abeilles ne manquent point de nourriture.

Pour agir prudemment dans la recolte qu'on fait du miel, il n'en faut tirer que les rayons qui sont les plus en état, & n'en prendre que les deux tiers; si la Ruche est à moitié pleine de miel, on en tire la moitié, s'il y en a moins, on n'en tire point du tout.

Quand les gâteaux sont tirez, on les met dans des terrines qu'on porte à la maison dans un endroit bien fermé, & dérobé aux Mouches, afin qu'elles n'y entrent point, autrement elles suivroient leur ouvrage, & piqueroient ceux qui l'emporteroient: si neanmoins malgré toutes les précautions qu'on puisse prendre là-dessus, il y avoit plusieurs mouches qui s'introduisissent en ce lieu, on les en chasseroit avec de la fumée.

Le meilleur miel & le plus délicat, est celuy qui de luy-même coule le premier des gâteaux, on l'appelle *Miel vierge*, on le serre bien proprement & separément de l'autre, dans des pots de grez vernissez, & bien nettoyez; & pour le faire distiller, on prend des paniers d'ozier faits en maniere de chausse à hypocras, pendus à un clou, au dessus d'une terrine qui reçoit le miel, ou d'un pot de terre vernissé.

Aprés que le premier miel a découlé entierement des gâteaux, on ôte ces rayons du panier, on les met dans une presse, pour exprimer celuy qui est plus épais, & qu'on appelle le *second miel*. Les pots étant pleins on les laisse découverts pendant quelque temps, que le miel fermente & boüillonne, puis on prend soin avec une cuilliere d'en ôter l'écume; c'est cette façon qui le clarifie, & qui le rend pur.

Il faut que le lieu où on le laisse ainsi découvert soit bien net, point exposé à la poussiere, & nullement humide. Le miel ayant fermenté, &

& étant bien net, on bouche les pots qui le contiennent avec du papier.

Avant que de tirer le miel des gâteaux, on doit toûjours soigner de les bien éplucher de toutes les ordures qui s'y présentent, comme des Mouches mortes, du couvain, & de vieille cire noire.

Quelques-uns, au lieu de paniers faits comme on l'a dit, se servent d'une petite claye d'osier fabriquée exprés, sous laquelle on met aussi un pot de terre pour recevoir le miel qui distille des gâteaux qu'on a mis dessus.

La derniere façon de tirer le miel, & qui est celle qui le rend le plus épais & le plus grossier, est lors qu'aprés l'avoir exprimé des gâteaux, ainsi qu'on l'a dit, on les jette dans une chaudiere pour les faire tiedir sur le feu dans un peu d'eau, en remuant toûjours ces gâteaux, aprés quoy on les tire de la chaudiere, on en remplit un sac de toile fort claire, qu'on met dans la presse, pour en exprimer tout le miel qui peut y rester; ce miel est plus âcre que les deux précedens, à cause du feu par lequel il a passé, & de plus, parce qu'il n'est pas aussi nouveau que les autres.

Des differentes sortes de miel.

LE premier miel qu'on tire se nomme aussi *miel blanc*, & le second, *miel jaune*, le miel blanc le plus estimé, est celuy qu'on fait en Languedoc, & qu'on appelle *miel de Narbonne*: ce miel est plus délicieux qu'aucun autre, parce qu'en ce pays là les Abeilles succent particulierement les fleurs de Romarin qui s'y trouvent en grande abondance, & qui y ont beaucoup de force, à cause de la chaleur du climat.

Le miel qu'on a tiré au printemps est plus estimé que celuy d'automne, parce que les Abeilles succent dans la premiere saison des fleurs tendres & nouvelles, qui fournissent pour lors un tres-bon suc. Le miel d'été est aussi moins excellent que celuy du printems, parce qu'étant plus sujet à se fermenter à cause des grandes chaleurs, il acquiert une âcreté un peu désagreable.

Choix du Miel. Ses proprietez.

On doit choisir le miel épais, grenu, clair, nouveau, transparent, d'une odeur douce, agréable, un peu aromatique, & d'un goût doux & piquant.

Le miel fortifie l'estomac, il est pectoral, il excite le crachat, il rarefie la pituite grossiere, il aide à la respiration, il lâche le ventre, il resiste à la malignité du venin, il produit un sang loüable & bien conditionné, & il pousse par les urines.

On se sert du miel parmi les alimens, & en médecine, on l'employe aussi pour faire plusieurs boissons. Le miel étoit autrefois bien plus en usage qu'il n'est pas aujourd'huy: on employoit le miel presque par tout, au lieu de sucre, on s'en sert encore à present pour les confitures.

Pour donner une idée claire & distincte de ce qu'on a dit touchant la fabrique du miel, on a cru devoir donner des Figures qui representassent tous les instrumens qui y sont necessaires.

Explication de la Planche VI.

1. C'est un homme qui taille les Mouches, il est couvert d'un chaperon, crainte que les Mouches ne le piquent.

2. Panier renversé, & de la maniere qu'il doit être quand on taille les Mouches.

3. Chaise renversée, où l'on met le panier qu'on taille.

4. Gâteau de miel qui est dans la Ruche.

5. Couteau dont on se sert pour tailler les Mouches.

6. Autres Ruches bonnes à tailler.

7. Gâteaux de miel dans des terrines.

8. Femmes voilées, & qui transportent les gâteaux de miel.

9. Gâteau de miel qui distille, c'est le miel vierge.

10. Claye sur laquelle on fait distiller le miel.

11. Terrine qui reçoit le miel qui distille.

12. Presse pour exprimer le second miel.

13. Pot qui reçoit le miel.

14. Chaudiere dans laquelle on fait chauffer les gâteaux de miel qu'on prépare pour le tirer pour la troisiéme fois.

15. Femme qui tire la cire boüillante d'une chaudiere avec une cuilliere pour la mettre en pain.

16. Terrines pleines d'eau, dans lesquelles on met la cire, pour la former en pains.

17. Un homme qui tient un pain de cire.

18. Autres pains de cire placez sur une table.

De la maniere de tirer la cire.

ON vient de voir comment on tiroit le miel des gâteaux, & comme les Abeilles produisent aussi la cire dont l'usage est si frequent par tout; voicy la maniere que la recolte s'en fait.

Prenez les gâteaux dont vous avez tiré le miel, jettez-les dans une chaudiere remplie d'eau claire, laissez boüillir le tout doucement sur le feu, sans discontinuer de le remuer, & quand vous verrez que la cire sera montée, tirer la chaudiere de dessus le feu, passez le tout dans des sacs de toile claire, & ramassez ainsi cette premiere cire dans des terrines; ensuite remettez-là dans une petite chaudiere, faites-là encore fondre sur le feu, & sitôt qu'elle boüillonnera, écumez-la bien de ses ordures pour la purifier.

Etant purifiée, & ayant suffisamment boüilli, versez-la dans des terrines proportionnées à la grandeur des pains que vous voulez faire; il faut qu'il y ait de l'eau au fond de ces terrines, crainte que la cire ne s'y attache: on donne aussi le temps à cette cire de s'y réfroidir, puis on la tire, pour la mettre ensuite dans un endroit où elle ne puisse se gâter, ni être mangée des rats.

Comment blanchir la cire.

QUand on veut blanchir la cire, on en prend les pains, on les met dans une chaudiere, on les laisse boüillir; cette cire étant fonduë, on la passe à travers un tamis, puis on la met sur un feu pour la fondre une seconde fois; il faut que ce feu soit lent, on soigne à la bien écumer, & enfin, aprés qu'elle est fonduë; on a une palette de bois qu'on trempe dans l'eau fraîche, on la plonge incontinent dans la cire fonduë, puis on l'en retire aussi-tôt, la cire fonduë alors s'attache autour de la palette en maniere de feuilles tres-minces, ce qu'on recherche, afin que la chaleur du soleil, & que l'air pénetrent aisément cette cire & la fasse blanchir.

Cette cire qui se congéle autour de la palette s'en ôte aussi aisément à cause de l'eau dont elle est moüillée, outre que pour faire qu'elle s'en détâche encore plus aisément, on trempe encore cette palette dans l'eau fraîche incontinent aprés que la cire s'y est attachée.

Aprés avoir ainsi tiré toute la cire en feüilles, on la remet sur le feu pour la faire fondre, puis on y retrempe la palette, comme on a dit, & on continuë d'en agir de la sorte, jusqu'à ce qu'on voye que cette cire ait acquis la blancheur qu'on recherche en elle; ce secret n'est pas un grand mistere, & cependant c'est le veritable moyen pour avoir de la cire blanche.

Quand la cire a été ainsi plusieurs fois passée à l'eau, & réduite en feuilles, on la pose en cet état au soleil & à la rosée, sur des clayes couvertes d'une toile blanche, la matiere étherée qui pénetre alors cette cire acheve de perfectionner l'ouvrage. Il faut prendre garde que l'ardeur du soleil ne soit point trop âpre, car elle fondroit la cire; c'est pourquoy il faut sur le midy l'arroser avec de l'eau fraîche.

Quelques-uns pour blanchir la cire, la laissent plusieurs jours au soleil ou à la rosée aprés l'avoir rapée, ou bien ils la mettent fondre avec de l'esprit de vin, & la passent à travers un linge pour la filtrer, & pour lors elle se blanchit tout à coup. Mais pour donner une idée en abregé de la maniere de nourrir les Abeilles, voicy une récapitulation de tout ce qu'on a dit sur cette matiere, qui doit faire plaisir au Lecteur.

Bréve récapitulation de tout ce qu'on a dit sur la maniere de nourrir les Abeilles, divisée par mois.

NOus commencerons par le mois de Janvier. Il faut en ce mois que celuy qui gouverne les Abeilles leur donne la nourriture qui leur convient, comme par exemple de la farine de bled sarrazin, d'avoine ou d'orge; il y en a qui leur donnent de la farine de féves, du sucre ou du miel, & d'autres de la rôtie au vin frottée de miel; & on connoît que les Mouches ont besoin de nourriture, quand leurs paniers son legers; on le remarque aussi par plusieurs Mouches qu'on voit mortes autour & dessus les sieges. Janvier.

Il faut au commencement de ce mois parfumer legerement les Mou- Février.

ches avec des odeurs qui soient douces, cela les réveille & les fortifie, il faut aussi leur donner à manger, si on voit qu'elles en ont besoin; si on connoît qu'elles sont atteintes du flux de ventre, il faut y apporter du remede, comme on a dit dans le Traité de leurs Maladies. S'il y a dans les Ruches des araignées, des teignes, ou autre vermine qui leur nuise, on sera soigneux de les ôter, & de les laisser ainsi jusqu'à ce que le froid soit passé.

Mars. Au mois de Mars que les Abeilles sont particulierement sujettes au flux de ventre à cause des feüilles d'ormes qu'elles succent, on soignera de les en guérir, c'est le seul soin en ce temps qu'on puisse prendre aprés elles.

Avril. On commence au mois d'Avril à nettoyer les sieges qui soutiennent les Ruches, & sur lesquels tombent les petits pelotons d'où sont sortis les nouveaux Essaims; & sitôt que la my Avril est venuë, il faut commencer à veiller les Mouches, pour voir celles qui se préparent à aller en campagne, & si on voit qu'il y a deux Rois dans un panier, on en tuë un, & cela suffit pour ne point y causer de confusion.

May. Quand le mois de May est venu, il est du devoir de celuy qui gouverne les Abeilles, de ramasser de jour en jour les nouveaux jettons, de leur dônner des Ruches qui leur soient propres; & si le temps est pluvieux, il donnera à manger aux Mouches qu'il croira en avoir besoin, parce que dans ce temps elles ne vont point en campagne.

Juin. Le mois de Juin exige une partie des soins qui se donnent au mois de May. Si ce sont des vieux paniers qui ont essaimé, & qu'ils soient pleins de miel, il faut en tirer les deux tiers & davantage quelquefois; car les Mouches ont encore assez de temps pour les remplir, & si l'on voit qu'il y ait quelque nouveau jetton, qui soit prêt à sortir de son panier, on coupe la moitié d'un rayon d'une autre Ruche qui abonde en miel, & on l'accommode tellement dedans, que les Abeilles, qui le sentent, s'y joignent aussitôt pour ne plus s'en détacher.

Juillet. S'il y a dans ce mois des Mouches à miel qui n'ayent pas encore essaimé, il faut leur empêcher de le faire en rompant les demeures de leur Roy; & si l'on trouve par hasard quelque panier d'où toutes les Mouches, ou une partie seulement se soient envolées, on en ôte tous les rayons qu'on y trouve, & c'est par ce moyen qu'on vient à bout d'en chasser les Frelons, prenant les sieges de ces paniers, les moüillant avec de l'eau, puis les remettant en leur situation ordinaire: on revient le lendemain matin, & l'on trouve les Frelons qui sont dessus, & qu'on tuë; il est bon au huit de ce mois de visiter chaque Ruche en particulier pour faire la recolte du miel, des paniers d'où les Abeilles chassent les Frelons; car c'est alors que le miel est bon à prendre, & pour en venir à bout, on ouvre d'abord la Ruche, puis on prend la fumée en main pour en chasser les Mouches, ensuite on fait attention à quatre choses

1°. Si l'on voit que l'ouvrage est fini, & que la Ruche soit pleine, c'est une marque qu'il est temps de châtrer les Mouches; pour lors il faut en tirer les deux tiers, quoiqu'il y ait beaucoup de Mouches. 2°. Si le panier abonde en Mouches, & que l'ouvrage en égale le nombre, il faut en tirer beaucoup de miel, parce que les Mouches ont encore assez de temps avant l'hyver pour remplir leurs paniers d'ouvrage. 3°. Si l'on voit que les gâteaux soient pleins de miel, ou tout du moins à moitié, on en tire du miel à proportion, & toûjours le plus vieux, faisant en sorte que le nouvel ouvrage reste toûjours. 4°. Si le panier est garni de Mouches, & que les gâteaux de miel soient bons à prendre, on en tire les trois quarts; mais si ce panier se trouve en état d'être conservé, on n'y touche point.

On continuë de châtrer les Mouches au mois d'Août jusqu'au huit ou dixiéme de ce mois, & on ne touche qu'aux gâteaux qui sont entiers. Août.

On doit en ce mois tenir les Ruches bien nettes, & s'il s'y trouvoit quelque gâteau auquel on n'ait pas encore touché, & qui fût maigre, bien loin d'en faire mourir les Mouches, il faut les arroser avec de l'eau emmielée, ou du lait, cela les fortifie, & fait que les autres Mouches qui y viennent s'y accoûtument. S'il se trouve dans quelque panier quelque Essaim qui ait été châtré, & qui n'ait point pendant tout ce mois rempli la Ruche d'ouvrage, & que les Mouches ayent dequoy se nourrir en hyver, il faut les en chasser avec la fumée, puis couper & ôter le peu d'ouvrage qui y reste. Septembre.

Durant les mois d'Octobre & de Novembre on se contente de visiter les paniers, de les tenir nets & bien fermez de tous côtez, afin que le froid ne détruise point les Mouches; on fait encore en sorte que les vents & les pluies n'y causent aucun dommage, ce qu'on évite en tenant les Ruches couvertes de leur couvercle. Octobre & Novembre.

Enfin il ne faut songer en ce mois qu'à donner à manger aux Abeilles comme on l'a dit au mois de Janvier. Decembre.

C'est ainsi qu'on gouverne les Abeilles pour en tirer le miel, & la cire qui sont les fruits qui nous dédommagent de tous nos soins, & de toutes nos peines. Il suffit d'un homme pour conduire plusieurs Ruches, & tout son sçavoir faire dans ce gouvernement ne consiste que dans une certaine attention qu'il doit avoir à ce qui les regarde, ne perdant point de vûë les instructions qu'on luy a données là dessus; outre qu'un peu de pratique le rend toûjours fort habile là dessus: passons aux Vers à soye, dont on peut encore en certains Pays tirer beaucoup de profit à la campagne.

CHAPITRE XXV.

Des Vers à soye, & de la maniere de les nourrir, élever, & d'en tirer la soye.

NOus ne nous arrêterons point icy à traiter de la formation du Ver à soye, ny à parler de ceux qui les premiers se sont avisé d'en nourrir, non plus que des personnes ausquelles nous devons le premier usage de la soye; toutes ces circonstances nous meneroient trop loin, & comme elles ne contribuënt en rien à l'idée qu'on s'est formée de cet ouvrage, on a cru les pouvoir passer sous silence ; entrons d'abord en matiere sur ce qui regarde la maniere de nourrir & d'élever les Vers à soye.

De l'endroit pour nourrir les Vers à soye.

IL faut d'abord choisir un lieu pour loger les Vers à soye ; cet endroit sera élevé & bien aëré, point humide ; car l'humidité est ennemie des Vers à soye : ce lieu sera percé de maniére que le soleil du matin & du soir y puisse entrer.

Les fenêtres qui fermeront ces jours, seront ou de verre, ou de bons chassis de papier, ou de toile tres-fine, afin qu'elles puissent garantir cet insecte des injures du temps qui leur sont funestes ; on a encore soin audevant des fenêtres de mettre des filets, afin qu'étant ouvertes dans la belle saison, les oyseaux n'entrent point dans leur demeure pour se repaître de ces vers, ce qui en cause une perte tres-considerable.

On prendra garde encore que les rats ny les souris n'ayent aucun accés dans cette chambre, ce sont encore des ennemis qui tuënt les Vers à soye, & l'on observera que cette chambre soit toute environnée de tablettes de planches bordées pour y mettre ces Vers : on peut aussi les mettre au milieu de la chambre sur des grandes tables, qui seront aussi bordées par des lattes, crainte que les Vers à soye ne tombent à bas en se promenant. On frotte ordinairement ces tablettes, ou ces tables, de vinaigre dans lequel on aura mis boüillir quelques herbes aromatiques, on prétend que cette liqueur ainsi composée a des parties qui fortifient le Ver à soye.

De la conduite des Vers à soye, & du choix de leur semence.

SItôt que le printemps approche, & qu'on voit que le Mûrier commence à boutonner, on aprête les œufs, ou le couvain des Vers qu'on a gardé pendant l'hyver, pour les faire éclore, & s'il arrivoit qu'ils fussent éclos avant que le Mûrier eût poussé, on les nourriroit de feüilles d'ormeaux, de tendrons d'orties, & de nouvelles feuilles d'aubespine.

Quant au choix qu'on doit faire de la semence des Vers à soye, il ne la faut prendre que d'un an ; & pour éprouver si elle est bonne, on la met dans du vin ; si elle va au fond, c'est une bonne marque, sinon il faut la rejetter, parce qu'elle ne vaut rien, puis on étend cette semence sur du papier blanc étendu sur les tablettes ou les tables dont on a parlé.

Les Vers étant éclos, on leur donne soir & matin des feüilles de Mûrier, leur augmentant cette nourriture de jour en jour à mesure qu'ils croissent jusqu'à la quatriéme muë ; car alors on leur en donne aussi à midy parce qu'ils mangent plus que de coûtume.

Qu'on se donne bien de garde de donner pour nourriture aux Vers à soye des feuilles de Mûrier fanées ou moüillées, cela est dangereux de les faire mourir, & lorsque ces feuilles se trouvent ainsi, on a soin de les bien essuyer avec un linge blanc, & de les faire doucement secher au feu ; on les cueille le matin aprés que la rosée est tombée, & que le soleil a frappé dessus.

Il ne faut point toucher les vers à soye que le moins qu'on peut, ce maniement les incommode, & leur est tres-préjudiciable ; parce que ce sont de petits corps extrêmement tendres & délicats, & desquels on ne sçauroit presqu'approcher la main qu'on ne les blesse, principalement quand ils muënt.

Les Vers à soye veulent être tenus nettement, il faut ôter leurs ordures de trois jours en trois jours, & parfumer l'endroit où ils sont avec de l'encens ou du lard grillé sur un réchaud ; cette fumigation a des parties qui venant à s'insinuer à travers les pores des vers à soye, mettent leur sang en mouvement & les fortifient, outre que c'est un remede pour eux quand ils sont malades.

Dans la visite qu'on fait des Vers à soye, on prend garde s'ils ne dorment point, c'est un bon signe quand le sommeil les prend ; & pour bien faire, ils doivent dormir quatre fois le jour, particulierement quand ils muënt ; & si au contraire on les voit toûjours acharnez à leur pâture, sans prendre de repos, il faudra les ôter de dessus les feüilles de Mûrier & les mettre dans un endroit où ils jeûnent, car quand ils mangent sans dormir, ils enflent, & ensuite ils crévent.

Des signes que donnent les Vers quand ils veulent faire leur soye.

APrés qu'ils ont mué pour la quatriéme fois, & trois jours aprés ils mangent mieux que jamais, jusqu'à ce que leur corps devienne luisant, & qu'il fasse voir un petit fil de soye, qui est attaché à leur ventre.

Les Vers à soye étant enfin parvenus au terme prescrit par la nature pour donner leur soye, on les voit qui cherchent des endroits convenables pour s'y attacher, & pour y filer; rien n'est plus commode pour cela que de prendre du romarin, du genêt, du sarment de vigne, des ramilles de châtaignier, ou de chêne, d'orme, de frêne, & en un mot de tout autre bois qui soit flexible, pourvû qu'il n'y ait point de feuilles vertes, parce que cette nourriture ne convient point aux Vers à soye, cela pourroit nous priver de leur ouvrage par la mort, que cette nourriture leur causeroit.

Aprés avoir nettoyé le pied de ces ramilles, c'est à dire, aprés les avoir un peu émondées, on les range toutes droites, & on en fait sur les tables comme des manieres de petites allées distantes les unes des autres d'un bon pied, on les accommode en arcades à deux ou trois étages, sur lesquelles grimpent les Vers à soye, & se vont placer & s'attacher à l'endroit qui leur plait le mieux pour filer.

Combien les Vers à soye employent de temps à filer leur soye.

LEs cocons des Vers à soye ne sont que trois jours à être parfaits, au bout desquels on peut les lever pour en devider la soye, mais pour être plus certains si cet insecte a achevé son ouvrage, approchez l'oreille des cocons, prêtez-l'y attentivement ; si vous entendez encore quelque petit bruit ; c'est une marque que le cocon est encore imparfait, & que par consequent il faut attendre à le détacher du rameau ; mais si l'on n'entend plus rien, on peut l'ôter sûrement, & en tirer la richesse qu'il porte.

Cet insecte est admirable dans la production de la soye, il file d'abord comme un certain petit coton de peu de valeur, & qui luy sert comme de base pour soutenir la veritable soye qu'il file aprés & qu'il entortille tres-artistement tout autour de ce coton ; il ne faut point differer à détacher les cocons des branches dans le temps qu'on a marqué directement aprés que l'ouvrage a été commencé ; car si l'on compte du jour que les Vers ont monté dans les charmilles, ce temps ira à six jours, dautant qu'ils sont toûjours deux ou trois jours à se disposer à filer, avant que de commencer. Si on retardoit davantage, on risqueroit de convertir la soye en *filoselle*, qui est une espece de fleuret ou de grosse soye, qu'on appelle ailleurs *Filatrice* ou *Padouë*, par le loisir qu'on donneroit au papillon de percer son cocon pour aller faire sa graine.

Il faut enlever doucement ces cocons, crainte de blesser l'insecte qu'il renferme, d'où il arrive souvent que ces petits corps blessez jettent une humeur, qui venant à tacher le cocon, empéche qu'on n'en puisse devider entierement la soye, étant obligé aprés de carder ce qui en reste, pour la filer à la quenoüille, ce qui en diminuë beaucoup le prix & le lustre.

Des moyens d'amasser de la semence pour la multiplication des Vers à soye.

COmme les Vers à soye se détruiroient avec le temps, si l'on ne soignoit de faire amas de leur semence pour en multiplier l'espece, on prend un certain nombre de cocons qu'on enfile en chapelet, non pas par le milieu, parce qu'on tuëroit l'insecte qui est dedans, mais par la premiere filoselle qui se presente, puis on les suspend à des chevilles dans un endroit plus frais que chaud, où neanmoins l'humidité ne regne point.

A mesure qu'on verra sortir les Papillons du cocon, on les mettra sur des feüilles de Noyer étenduës sur une table, on les y voit s'accoupler en peu de temps, & les femelles donner leurs œufs sur ces feüilles, desquelles on les détache aisément aprés qu'elles sont séches. Il y en a qui mettent pondre les papillons sur du papier, mais l'avantage n'en est pas si grand, parce que ces œufs adherant fortement au papier, on n'en peut ôter la graine qu'en les raclant avec un couteau, ce qui fait qu'il y en a beaucoup qui se cassent.

Ceux qui mettent pondre leurs Papillons sur du linge font encore plus mal, parce que la graine qui s'y attache fortement n'en peut être détachée qu'on n'en perde beaucoup; & pour éviter cette perte, il faut garder ce linge jusqu'au printemps, & l'échauffant alors, on fera éclore les œufs qui y seront attachez.

Les cocons qui auront servi pour la graine ne pourront aprés être employez qu'en filoselle, à cause de la soye qui est toute coupée par les Papillons qui en sont sortis. On voit quelquefois des cocons qui sont doubles, parce qu'il y a eu deux vers qui se sont joints ensemble pour filer leur soye, ce qui arrive ordinairement lorsque les Vers à soye sont logez trop étroitement. Les cocons doubles ne sont point les meilleurs, parce que la soye qui y est filée confusément ne se devide que difficilement.

Tous

Tous les Vers à soye ne montent pas également dans les arcades qu'on leur a dressez pour y filer leur soye. Il y en a qui tombent à terre, d'autres qui sont paresseux, & d'autres qui donnent leur soye parmi leur ordure. Lorsqu'on s'apperçoit de ce désordre, il faut amasser tous ces Vers, & les mettre chacun à part dans des cornets de papier pour leur aider à perfectionner leur ouvrage; sans ce soin important, on voit beaucoup de Vers à soye qui se perdent sans rien faire.

Il y a encore un autre inconvenient qui arrive au cocon qui est double, c'est qu'il ne sort jamais qu'un Papillon de dedans, quoiqu'il y en ait plusieurs, dautant que ne pouvant tous être produits en même temps, le premier qui en sort détruit les autres par l'air qu'il laisse entrer dans le cocon qu'il perce, d'où vient que ces autres papillons meurent & deviennent inutiles pour la semence.

Quand devider la soye, & des précautions qu'il y a à prendre.

IL ne faut point perdre de temps à devider la soye quand les cocons sont parfaits, & qu'on les a tirez des rameaux qui les tenoient attachez, parce qu'alors il n'y a point de déchet, au lieu que lorsqu'on les garde quelque temps, la gomme avec laquelle le Ver attache ses filets l'un à l'autre étant sechée, endurcit tellement ces cocons, qu'on ne les peut aprés devider que tres-difficilement & avec perte; mais comme dans les pays où l'on nourrit beaucoup de Vers à soye, on ne pourroit apporter toute la diligence necessaire à devider à propos tous les cocons qu'on destine pour en tirer la soye, il faut, si l'on manque d'ouvriers, tirer les papillons qui sont dans les cocons qui peuvent rester, & par ce moyen, on n'apprehendera point qu'ils percent les cocons, & qu'ils en endommagent la soye. Pour détruire ainsi les papillons, on expose les cocons au soleil du midy, dont la chaleur étouffe le Ver même dans son ouvrage; on les y met pendant trois ou quatre jours, deux heures devant midy & deux heures aprés. On prend garde de manier doucement ces cocons, crainte de tuer le Ver dedans pour les raisons qu'on en a dites.

S'il n'y a pas suffisamment de soleil dans le temps qu'il seroit à propos de se donner ces soins, ou parce qu'il seroit survenu un temps pluvieux, ou quelque nuage qui empêcheroit cet astre d'agir comme il faut sur ces cocons, on poura se servir alors d'un four, dont la chaleur sera tres-moderée, & les mettre dedans sur des petites planches, crainte que l'air de ce four ne gâte la soye; on les y laisse ainsi une heure ou une heure & demie, & on continuë de les y remettre jusqu'à ce que les papillons soient morts, ce qu'on éprouve en fendant un cocon en deux: ce n'est pas à dire pour cela que quoiqu'il semble que les cocons soient en sûreté par ces expediens, il faille retarder long-temps à les devider, il y a toûjours du déchet quand on le fait, c'est pourquoy il n'est rien tel que d'être diligent dans ce travail.

Du choix qu'on doit faire des Cocons, & des outils propres à tirer la soye.

AVant que de devider la soye, il faut séparer les bons cocons des mauvais, c'est à dire, mettre à part ceux qui sont percez & tachez d'un côté pour en faire de bonne filoselle, & de l'autre les cocons entiers & qui sont nets, pour en tirer de la soye belle & pure.

Il faut pour bien tirer la soye des fourneaux, des bassins & des devidoirs, appellez *Guindres* en certains endroits, *Tours* & *Rouets* en d'autres; les bassins de plomb doivent être préferez à tous les autres, parce qu'ils rendent la soye plus claire que ceux de cuivre, à cause du verdet auquel il est sujet pour peu que l'eau séjourne dedans.

Les roüets des devidoirs doivent être grands, l'ouvrage en avance davantage, & si l'on peut, il faut qu'il tire deux écheveaux à la fois; le feu des fourneaux doit être de charbon, ou au moins de bois bien sec, afin qu'il n'y ait point de fumée qui puisse gâter la soye.

Les Vers à soye sont d'un grand profit dans les pays où ils sont communs, & où il y a grande abondance de meuriers blancs, qui est la seule nourriture qui leur convient le mieux, & sans laquelle on ne peut heureusement en élever.

CHAPITRE XXVI.

La Garenne & le Clapier, ce que c'est, & comment les rendre fertiles en Lapins : Proprietez de ces animaux.

QUoique la Garenne ne soit point enfermée dans l'enceinte d'une basse-cour, cependant on peut dire qu'elle y a quelque rapport par les Lapins qu'elle contient, & qu'on nourrit quelquefois à la maison : ces animaux produisent un revenu qui se confond avec toutes les menuës danrées qui se tirent de la maison, c'est pourquoy on n'a pas jugé hors de propos de la placer icy, reste à present à dire comment elle doit être située.

De la situation de la Garenne.

LA Garenne, pour apporter beaucoup de profit, doit être située sur un côteau un peu élevé, ayant pour aspect le levant ou le midy, par ce que les Lapins cherchent à creuser leurs terriers, plûtôt à ces deux expositions qu'à toute autre.

La terre en doit être legere, ou d'un sable ferme, afin qu'elle ne s'éboule point aprés que les Lapins y ont fait leurs terriers : cette terre ne doit pas aussi être forte, dautant que ces animaux ne la pouroient foüir pour s'y loger.

Une Garenne est aussi une espece de bois taillis qu'on trouve tout planté, ou qu'il faut planter, s'il ne l'est pas de la maniere que nous le dirons dans l'article d'élever les taillis ; ce bois est ordinairement garni de chênes, chêneaux, en abondance, d'un peu de hêtres & de bouleaux, de quelques châtaigniers & autres bois sauvages.

Il est bon que la Garenne soit prés de la maison, tant pour le plaisir qu'on a de la visiter souvent pour en tirer le profit, que pour conserver les Lapins qui y sont, & empêcher qu'on ne les furete à la dérobée. Ce bois neanmoins sera placé de maniere qu'il n'ôte point la principale vûë de la maison.

Il y en a, mais c'est mal à propos, qui conseillent d'entourer la Garenne de murailles ; il faudroit faire une dépense qui passeroit de beaucoup le revenu, ainsi ce ne seroit point un ménage, outre que ce mur n'empêcheroit point que les Lapins ne creusassent des tanieres au delà, si la fantaisie leur en prenoit ; & pour pàrler nettement, on ne doit point songer à clorre la Garenne de quoi que ce soit, parce que c'est peine perduë, & argent dépensé inutilement ; ni murs, ni fossez à sec, ou pleins d'eau, ni haye, tout cela ne peut empêcher qu'ils ne sortent de la Garenne, quand ils veulent : on laisse donc l'endroit comme il est situé sur un côteau, & planté de bois sauvages.

Pour l'étenduë qu'elle peut avoir, cela dépend du terrain qu'on y juge propre : elles sont ordinairement de quatre, cinq, jusqu'à sept arpens, on ne détermine point cet espace, & l'on prétend qu'une Garenne de cette étenduë, bien fournie & bien conservée, peut donner tous les ans deux cens douzaines de Lapins & davantage.

Nos anciens autrefois vouloient qu'on environnât la Garenne de grands fossez d'eau, lorsque la situation du lieu le permettoit ; mais cette maxime semble s'opposer à ce qu'ils ont dit touchant l'assiete de la Garenne, qu'ils placent sur un côteau ; il n'y a guéres d'eau ordinairement en ces endroits capable de remplir des fossez qu'on y auroit creusez ; c'est pourquoy on se défera de cette opinion, comme étant d'ailleurs (quand le lieu y seroit tres-commode) tres-préjudiciable aux Lapins.

Comment peupler une Garenne.

APrés avoir dressé la Garenne, il n'est plus question que de la peupler ; car d'attendre que la nature la fournisse abondamment d'elle-même, ce seroit bâtir sur un mauvais fondement. Quelques-uns pour y réüssir, se contentent, sans aucun mistere, de jetter dans cette Garenne quelque petit nombre de femelles pleines, lesquelles par les petits qu'elles rendent tant mâles que femelles, meublent aprés abondamment la Garenne ; il est vray que cette voye tire un peu en longueur, & que celle du Clapier va bien plus vîte, voyons quelle elle est.

Du Clapier.

UN Clapier est un endroit clos de murailles, bien maçonné, qu'on fait tant grand & tant petit qu'on veut, partie couvert, partie découvert, & dans lequel on enferme des Lapins & des Lapines pour en mul-

Liebaut Maiſ. Ruſ. c. 2. l. 7.

tiplier l'eſpece, il faut vingt-cinq ou trente femelles pour un mâle, d'autres n'en veulent que huit ou dix, mais cela ne ſuffit pas.

Il ſeroit neceſſaire que les murs qui environnent le Clapier, euſſent leurs fondemens conſtruits de bon libage pour empêcher que les Lapins en foüillant leurs terriers ne les minaſſent; mais je crois qu'on auroit encore bien de la peine d'arrêter par-là ce déſordre, s'il eſt vray ce que Pline rapporte à ce ſujet. Il dit qu'il y eut autrefois en Eſpagne une Ville toute entiere minée & creuſée par des Lapins; c'eſt pourquoy, ſans s'embaraſſer l'eſprit là-deſſus, il faut clore le Clapier de murs tels qu'on le juge à propos pour y contenir les Lapins; s'il s'en échape quelques-uns par deſſous, ce n'eſt pas une affaire, ni un incident qui doive arrêter ceux qui le font bâtir; il reſte toûjours aſſez de ces animaux dans ce Clapier pour en faire ce qu'on ſouhaite.

Nourriture des Lapins dans le Clapier.

LEs Lapins ſont nourris dans le Clapier d'herbages de jardin, de fruits dans la ſaiſon, de ſon, d'avoine, & d'autres alimens de cette nature qui peuvent leur convenir.

La race des Lapins ſe multiplie beaucoup en cet endroit, parce que les femelles font preſque toutes des petits tous les mois, & ces petits en produiſent d'autres qui deviennent ainſi feconds à l'infini, & par ſucceſſion de temps, de maniere que par cette voye le Clapier fournit de quoy commencer à peupler abondamment une Garenne, & pour en manger ſi on le ſouhaite; mais ces Lapins ont ordinairement la chair inſipide & groſſiere, au lieu que les Lapins ſauvages ſont bien plus délicats.

Ces animaux multiplient beaucoup, ce qui a fait dire à pluſieurs que le Lapin étoit hermaphrodite; les Lapines ſont ſujetes à la ſuperfétation, c'eſt à dire, à concevoir de nouveau, quoique déja pleines: en effet un certain Auteur rapporte que quelques Chaſſeurs en avoient obſervé, qui dans le temps qu'elles allaitoient leurs petits, ne laiſſoient pas d'en remettre deux ou trois au monde, & qu'au bout de quatorze ou quinze jours, elles en concevoient de nouveau un égal nombre, ce qui fait aſſez connoître pourquoy ces animaux multiplient en ſi grande abondance.

Il eſt bon dans les Clapiers qu'on fait exprés d'y conſtruire auſſi des eſpeces de terriers pour les loger: on les bâtit avec des aix ou des pierres plattes: un Clapier peut ſervir à deux fins, ſoit pour en tirer des Lapins pour peupler la Garenne, ou pour en uſer comme d'un Garenne d'où l'on prend des Lapins directement pour manger ou pour vendre.

Il n'importe pas à quel endroit on bâtiſſe le Clapier, pourvû qu'il ſoit prés de la maiſon & du jardin, afin d'être à portée de donner tous les jours à manger aux Lapins des fruits & herbages qui en proviendront.

Comme nous avons dit que les femelles des Lapins étoient ſujettes à la ſuperfétation, il eſt inutile de ſuivre la maxime de ceux qui veulent qu'incontinent aprés qu'elles ont mis bas leurs petits on les accouple ſeparément avec le mâle, la nature ſçait ce qu'elle a à leur inſpirer là-deſſus, & tous les ſoins qu'on voudroit ſe donner pour croire qu'on fera mieux qu'elle, ſeroient tous ſoins inutilement pris.

Il feroit feulement à fouhaiter qu'on pût détruire dans une Garenne ce qu'il y pourroit avoir de mâles fuperflus, parce qu'étant fort lafcifs, & ne trouvant pas fuffifamment de quoy contenter leur ardeur, ils tuënt les petits Lapins, comme fi ces jeunes animaux en étoient la caufe.

Ainfi donc fur ce principe, & lorfqu'on voudra tirer du Clapier des Lapins pour peupler la Garenne, on n'y mettra qu'un mâle pour trente femelles, il en renaîtra encore affez d'autres.

Des foins qu'il faut avoir des Lapins pendant l'hyver.

POur ce qui concerne les terriers dans la Garenne, il ne faut point s'en mettre en peine, les Lapins fe les creufent bien eux-mêmes où bon leur femble, & quand ils font une fois dans ce lieu, on n'a plus de foin aprés eux que pendant l'hyver, lorfque la neige couvre la terre, ou que la gelée eft bien rude; pour lors il eft bon de leur porter du foin dans la Garenne, afin que les maintenant ainfi en bon état, la Garenne fe trouve toûjours bien peuplée de bons Lapins. Quand on porte à manger à ces animaux, il faut les fifler, & la faim qui les tourmente les accoûtume fi bien au fifflet, qu'ils viennent d'abord qu'on les appelle, & reconnoiffent celuy qui d'ordinaire leur porte à manger. D'autres perfonnes peuvent prendre le plaifir de les voir venir par troupeaux, pourvû qu'ils foient cachez dans quelque loge faite exprés, autrement les Lapins s'éfaroucheroient & s'enfuiroient.

Il y en a qui difent que pour empêcher qu'ils ne caufent du dégât aux bleds, ni aux Vignes, il n'y a qu'à allumer du fouphre fur le bord du côté où ils y viennent, & que la fumée les en chaffe; fçavoir fi ce fecret eft fûr ou non, on peut l'éprouver pour s'en rendre certain.

Des Ennemis des Lapins.

POur entretenir un Garenne en bon état, il faut détruire, autant qu'on peut, les ennemis des Lapins; on prétend que les ferpens leur font la guerre, & les tuënt; pour cela on ne fcait point de remede, mais ce ne font pas les plus à craindre; les Renards & les autres bêtes noires en font bien un plus grand dégât; on ne peut faire autre chofe pour les détruire que leur donner la chaffe, ainfi que nous le dirons dans la fuite de cet ouvrage; les chats fauvages font encore à craindre pour les Lapins, il faut en tirer au fufil autant qu'on en rencontre, & ne les point épargner.

Quand une Garenne eft bien peuplée, c'eft une grande douceur pour une maifon de campagne, on leur fait la chaffe de plufieurs manieres, nous en parlerons en fon lieu. Il n'y a que les Seigneurs de haute Juftice aufquels il foit permis d'avoir des Garennes ouvertes; un particulier peut en avoir une fermée, mais comme la dépenfe excede de beaucoup le fruit qu'on en tire, on ne s'avife guéres d'en faire bâtir.

De la difference des Lapins, & du choix qu'on en doit faire pour manger.

LEs Lapins ſauvages ſont plus délicats & plus agréables au goût que les domeſtiques, non ſeulement parce qu'ils ſont dans un grand mouvement, & qu'ils contiennent moins d'humiditez ſuperfluës, mais encore parce qu'ils ſe nourriſſent de pluſieurs plantes aromatiques, comme de thim, de genievre, & de ſerpolet, qui donnent à leur chair une ſaveur plus relevée & plus fine. Les Lapins different beaucoup entre eux par leur couleur; car il y en a de blancs, de bruns, de noirs & de jaunes, & d'autres qui ſont de couleur veinée.

Effets du Lapin. Le Lapin doit être choiſi tendre, gras, ny trop jeune ny trop vieux. Quelques Médecins regardent le Lapin comme un mauvais aliment propre à produire des humeurs groſſieres & mélancoliques; cependant quand il a toutes les qualitez qu'on a marquées, & qu'il eſt de Garenne, il cauſe peu de mauvais effets, & ſert d'un mets tres-exquis ſur les tables les plus délicates.

Il y a des Auteurs qui ſe ſont plaiſamment imaginé que le cerveau du Lapin diminuoit la mémoire, parce que cet animal ne ſe reſſouvient pas un moment aprés des embûches qu'on luy a dreſſées, & qu'il vient tout nouvellement d'éviter; mais cette opinion n'eſt qu'une chimere mal fondée: on ne s'arrêtera point icy à en faire voir l'erreur.

Graiſſe de Lapin. On ſe ſert en Médecine de la graiſſe de Lapin pour fortifier les nerfs, ou pour réſoudre les tumeurs.

CHAPITRE XXVII.

De la maniere de conſtruire un Etang & un Vivier, & comment les empoiſſonner.

COmme une maiſon de campagne n'eſt jamais plus eſtimée que lorſqu'elle ne manque de rien de ce qui peut contribuer à la rendre agreable de toutes manieres, & principalement en ce qui regarde ſon revenu. Nos peres qui s'appliquoient entierement à l'œconomie, jugerent à propos d'inventer des Etangs pour y nourrir du poiſſon, prévoyant que cette entrepriſe pouvoit apporter beaucoup de profit à une maiſon.

Leur jugement n'étoit pas mal fondé: car on peut dire qu'un Etang eſt d'un grand produit, quand il eſt bien fait, & qu'il eſt bien entretenu; ce ſont deux points bien eſſentiels, & auſquels il faut faire grande attention, & ſans quoi tout le travail qu'on s'y donne devient inutile.

De l'aſſiete de l'Etang.

L'Aſſiete d'un Etang doit être dans un lieu bas, ſpacieux, ſujet à recevoir l'écoulement des eaux des pluyes, & le poiſſon n'en eſt que meilleur, lorsqu'il est entretenu continuellement de quelques ruisseaux qui peuvent ne le laisser jamais manquer d'eau, & un tel avantage se trouve ordinairement au bas d'un vallon.

Le terrein en doit étre ferme, sablonneux ou sableux ; si le fond est d'argile, l'eau s'y tiendra plus long-temps, & l'on doit toûjours choisir pour cela quelque pré qui rapporte peu d'herbes, & qu'on juge pouvoir être meilleur en Etang. On donne à ces Etangs plus ou moins d'étenduë que le terrein le permet ; pour la profondeur elle ne sçauroit être moins que de huit à dix pieds d'eau dans le milieu, dans le temps que l'eau y est abondante, & de cinq à six pieds pendant l'été, cela suffit pour nourrir le poisson.

C'est à l'assiete naturelle du terrein qu'il faut principalement avoir égard, car il ne faut pas se figurer qu'un Etang soit un endroit qu'il faille absolument creuser pour le rendre parfait, la dépense en seroit trop grande, & si cela étoit, nous n'en verrions pas qui contiennent jusqu'à une ou deux lieuës d'étenduë ; ce n'est donc que l'endroit qui y est propre par sa nature, l'eau qui y vient & la chaussée qu'on y fait pour l'arreter, qui forme un Etang, & non pas les grandes dépenses qu'on fait pour le creuser. Cela est bon pour les particuliers qui ont le moyen de faire de grandes pieces d'eau, & qui les font faire exprés pour la beauté d'un jardin ou d'un grand parc, autrement on se sert du terrein comme on le trouve.

Dans ce lieu choisi, tel qu'on le vient de dire, l'Etang s'étendra au large, & formera de tous côtez une nape d'eau fort spaticuse ; il suffit que le Plan de l'Etang aille seulement en pente, & qu'il ne soit point trop enfoncé ; car dans le premier cas la chaussée qui en est moins élevée, soutient par ce moyen une colonne d'eau bien moins pesante, & coûte bien moins à construire.

Cette chaussée doit étre construite de bons materiaux, comme de bon libage dans les fondemens, & tout le reste de moillon, le tout lié avec de bon mortier ; on fait aussi des chaussées de terre grasse bien battuë, pour retenir les eaux d'un Etang. Une chaussée est une espece d'édifice, qui demande qu'on n'épargne rien dans sa construction, elle a souvent de terribles chûtes d'eau à supporter, & si elle ne peut y résister, elle créve, puis aprés tout le poisson s'en va avec l'eau, ce qui n'est pas une perte peu considerable pour celuy auquel il appartient. Quant à la maniere de construire une chaussée, on laisse cela à l'Architecte qui l'entreprend, c'est à luy de l'ordonner, & elle sera toûjours bien solide quand il sçaura son métier.

Il ne suffit pas, quand on veut faire construire un Etang, de se servir tout-à-fait du terrein, comme on le trouve, quoique choisi comme on l'a dit ; il faut encore que l'art aide à la nature ; c'est à dire, il luy faut faire une espece de lit, qui des deux côtez tire en pente dans le milieu où il y aura un fossé qui regnera depuis la queuë de l'Etang jusqu'à la bonde qu'on applique au milieu de cette chaussée.

La Bonde de l'Etang.

LA Bonde de l'Etang eſt une grande pale, ou piece de bois, qui ſert à boucher la décharge de l'Etang qu'on ouvre dans la chauſſée pour en faire écouler les eaux, quand on le veut peſcher, elle ſe leve avec une vis & des leviers.

Il y en a pour rabattre la premiere impetuoſité des groſſes eaux, & pour faire enſorte qu'elles n'endommagent point la chauſſée, qui mettent au devant de gros pieux d'ormes enfoncez en terre avec un mouton, & éloignez l'un de l'autre de deux pieds ſeulement ; c'eſt auſſi le veritable ſecret pour maintenir long-temps une chauſſée en bon état.

A l'ouverture de l'Etang où eſt la bonde, on met une grille de fer à petites mailles, afin que lorſque la bonde eſt levée, le poiſſon ne s'en aille point avec l'eau : outre cette ouverture, on y fera encore une ou deux décharges au côté de la chauſſée pour vuider l'eau qui y ſurabonde ; ces décharges ſont d'un grand ſecours, & empéchent que le trop grand poids de l'eau n'entraîne la chauſſée, ou n'y faſſe quelque brêche conſiderable.

Du temps propre à empoiſſonner l'Etang, de la quantité de Poiſſon qu'il faut pour cela, & quel eſt le poiſſon qui y convient.

L'Etang étant tout prêt à recevoir le poiſſon, on y met celuy qu'on ſçait le mieux convenir à la nature de ſon terroir ; ce n'eſt pas que l'empoiſſonnement ordinaire eſt toûjours de Carpeaux, de Barbeaux, de Goujons, quelques Tanches, Anguilles & Brochets. L'eau vive rend le poiſſon meilleur que celle qui ne vient que des inondations, ou des pluyes. On obſervera à l'égard des Brochets de n'en mettre que le moins qu'on pourra dans l'Etang à cauſe de la deſtruction qu'ils font de l'autre poiſſon qu'ils mangent. C'eſt pourquoy il ſeroit à propos, ſi cela ſe pouvoit, de ne point jetter de petits Brochets dans l'Etang que deux ans aprés qu'on l'a empoiſſonné, mais comme parmi l'empoiſſonnement qu'on achete, ou qu'on a en réſerve chez ſoy, ces poiſſons ſont tous péle méle, on ſe contente ſeulement entre cette menuiſaille, d'ôter le plus de Brochetons qu'on peut.

Le temps propre pour peupler l'Etang, eſt le mois de May, c'eſt dans cette ſaiſon que le petit poiſſon eſt en abondance, & qu'on en trouve de toutes ſortes ; on remarque neanmoins qu'on le fait bien plûtôt en bien des endroits ; car l'Etang n'eſt pas plûtôt peſché qu'on en tire tout l'empoiſſonnement, qu'on met à part dans un Vivier, puis aprés la peſche, & que l'eau a ſuffiſamment rempli l'Etang, on y jette ce petit poiſſon de réſerve, qu'on a peſché dans le lieu où on l'avoit mis, c'eſt toûjours environ le temps qu'on vient de marquer. Cet expedient eſt le plus ſûr & le plus court chemin, parce qu'on n'eſt point obligé par là d'en aller chercher ailleurs, & quelquefois bien loin, ce qui cauſe beaucoup de préjudice à l'empoiſſonnement, qui étant beaucoup agité par les voitures ſur leſquelles on les tranſporte, meurt la plûpart.

Quant

Quant au nombre des petits poissons qu'il faut pour en bien peupler un Etang, c'est ordinairement un millier par arpent: il y a des pays où cet empoissonnement est appellé *Alvin.*

Des soins que l'Etang exige pour être bien entretenu.

APrés que l'Etang est empoissonné, il ne faut plus songer qu'à l'entretenir toûjours en bon état, c'est à dire, de prendre garde qu'il ne manque point d'eau, que celle qui y est ne s'écoule point mal à propos, & par des endroits extraordinaires; c'est de ces soins que dépend la vie du poisson. On aura souvent l'œil sur la chaussée, sur la bonde & sur la grille, pour voir si rien n'y manque, si tout y est en bon état; & au cas qu'on trouvât qu'il y eût quelque bréche, il faudroit promptement y apporter du remede.

Nourriture du Poisson.

Les poissons dans les Etangs se nourrissent en partie du limon de la terre, & en partie des excrémens de ces Etangs, c'est à dire, de Grenoüilles, d'Ecrevisses, de Vermisseaux, & de plusieurs autres petits insectes aquatiques qui s'y engendrent. Les poissons se paissent aussi de racines, & d'herbes qui croissent au fond des Etangs; d'autres se nourrissent du poisson même qui a servi d'empoissonnement, ainsi que fait le Brochet qui mange le Carpeau, le Barbeau & autres petits poissons qui luy sont inferieurs. C'est une grande commodité de n'être point obligé de chercher dequoy donner à manger aux poissons, quand ils trouvent eux mêmes dequoy se nourrir dans ce que leur offre la pure nature; c'est pour cela, qu'autant qu'on le peut, il faut toûjours avoir quelque Etang dans une maison de campagne, le profit en est grand, & le plaisir d'en tirer du poisson pour la table, encore davantage.

Du temps, & comment pescher l'Etang.

APrés qu'on a empoissonné l'Etang, on le laisse de repos pendant quatre ou cinq ans, aprés lequel temps on le pesche. Il y en a qui n'attendent que trois ans, & c'est ordinairement le temps fixé que prennent ceux qui amodient les Etangs pour les pescher: il est vray que le poisson n'en est pas si beau que si on tardoit davantage, mais l'argent qui en vient tous les trois ans fait boucher les yeux là-dessus: ainsi donc on agira en cela comme on le jugera à propos.

La saison de pescher les Etangs, est ordinairement le mois de Mars, c'est pour lors que le poisson est dans l'état qu'il faut qu'il soit pour être bon.

Cette pesche se fait en ouvrant la bonde, & laissant par cette ouverture écouler toute l'eau de l'Etang, jusqu'à ce qu'on voye le poisson sauter sur la bourbe; pour lors plusieurs hommes prennent des paniers, ils se bottent & vont ainsi dans l'Etang amasser tout le poisson qu'ils y trouvent, & le portent sur la chaussée dans des vaisseaux pleins d'eau qui l'attendent pour le voiturer où l'on souhaite.

Il faut bien se garder pendant le temps qu'un Etang est empoissonné, d'y aller tous les jours pescher du poisson pour la provision du ménage; cette pesche frequente diminuëroit considerablement le nombre du poisson qu'il contiendroit, & altereroit beaucoup par là l'argent qu'on en devroit tirer. Si les Etangs sont amodiez, il y faut encore moins toûcher, que si tout le poisson vous en appartenoit; ainsi il faut donc absolument se contenir là dessus, on a le secours des Viviers, qui contiennent le poisson pour la provision de la maison : voyons ce que c'est que ce Vivier, quelle en est la construction, & l'utilité qu'on en peut tirer.

Du Vivier.

LE Vivier proprement parlant, est une espece de réservoir où l'on met du poisson tout gros pour la provision de la maison : il y a des endroits où on l'appelle *Serre*. On prétend qu'en quelque endroit qu'on creuse ce Vivier, il faut toûjours qu'il soit exposé au soleil, cet astre fait respirer aux poissons un air pur, ce qui les fortifie beaucoup.

Il faut, pour bien faire, qu'un Vivier soit dans l'enceinte de la maison, qu'il soit profond de quatre pieds, & faire ensorte que dans les secheresses ils ne manque point d'eau; c'est pourquoy il faut prendre garde où on le fait, c'est à dire, qu'il ait pour source ou un ruisseau ou une décharge de quelque bassin d'eau : car les Viviers qui ne s'attendent qu'à l'eau qui tombe du ciel sont souvent en danger de devenir secs pendant les grandes chaleurs, & il n'en faut pas davantage pour faire mourir le poisson.

Un Vivier tombe encore dans un autre inconvenient, si l'on n'y prend garde; le terrain où on le creuse, est quelquefois trop pierreux, & ne tient point l'eau long-temps, c'est ce qu'on voit arriver fort souvent au préjudice de ceux qui les font faire; pour éviter cette perte de l'eau, & lorsqu'on voit que la terre ne peut d'elle-même la contenir, il faut à ce Vivier faire un fond de bon conroy fait avec de la terre d'argile, ou de la glaise, & élever les quatre côtez de même en les soutenant d'un petit mur épais seulement d'un pied.

Si l'on se trouve dans une terre forte ou argileuse, & qui puisse contenir l'eau, ce sera bien de la dépense épargnée, ce n'est pas qu'il faille esperer que dans un tel bassin naturel, l'eau demeure sans qu'il s'y en perde, mais il y en reste toûjours assez pour nourrir le poisson, sur tout lorsque tous les interstices de cette terre sont remplis.

Il vaut mieux pour se précautioner contre ces accidens ne faire qu'un petit Vivier, & le construire comme il faut, que d'en creuser un grand qui ne sera la plûpart du temps qu'un fossé àsec, & où le poisson perira.

Pendant que le poisson est dans le Vivier, on le nourrit de tripailles d'animaux qu'on égorge à la cuisine, on luy jette du pain, & d'autres choses de cette nature. Le poisson n'engraisse point dans le Vivier, quelque bien nourri qu'il puisse être, parce qu'il n'y trouve pas naturellement assez de substance pour cela; c'est pourquoy on empesche tous les jours maigres pour en servir sur table, ou pour en envoyer vendre.

Il y en a qui font des Viviers à la queuë des Etangs, choisissant pour cela un endroit d'eau, autant spacieux qu'ils le souhaitent; ils l'environnent de pieux éloignez l'un de l'autre de deux ou trois doigts; ces pieux sont fichez fortement en terre, & entrelassez avec des gaules pliantes, puis ils mettent dans ce Vivier autant de poisson qu'ils souhaitent pour leur provision. Il est vray que l'invention est bonne, parce que le poisson y est toûjours nourri en bon point, n'y manquant ni d'eau ni d'autres alimens qui conviennent pour l'engraisser. Quand on veut pescher du poisson dans un Vivier, on a une truble, qui est une espece de filet à Pescheur, & dont on se sert pour cette pesche.

De la Mare pour du Poisson.

AU lieu de Vivier, il y en a qui se contentent de faire creuser une Mare dans leur cour, lorsqu'elle est grande, afin d'y mettre du poisson; mais ce poisson pour l'ordinaire sent la bourbe, de maniere qu'il en est souvent désagreable au goût; c'est pourquoy on ne fait guéres d'état de semblables réservoirs, cependant, si l'on en souhaite, voicy ce qu'on peut y pratiquer.

Premierement, il faut creuser cette Mare jusqu'au terrein le plus solide qu'on peut trouver, & toûjours dans une encognûre de la cour, du côté qu'elle va en pente, & où l'écoulement des eaux tend naturellement: aprés cela, quand elle est pleine d'eau on l'empoissonne de Chevenaux, de Tanches, de quelque peu de Carpeaux; tous ces poissons y croissent assez bien, pourvû qu'ils n'y manquent point d'eau.

Il faut, autant qu'on le peut, éloigner cette Mare des fumiers, parce que le suc qui y coule ne peut que donner un tres-mauvais goût au poisson: il ne faut pas que les Oyes ny les Canes aillent sur la Mare la premiere année qu'elle est empoissonnée, parce que ces Oiseaux en feroient un trop grand dégât.

Au bout de deux ans qu'on a peuplé la Mare, on en pesche le poisson, avec une truble, seulement pour la table de la maison, & aux jours maigres, on choisit les plus gros poissons de ceux qu'on a pesché, & on rejette les plus petits dans l'eau afin de les laisser croître.

Il faut aussi pour l'utilité du ménage planter des saules autour de cette Mare, il y en a qui y mettent des Ormes, il n'importe, cela dépend de la fantaisie.

Fin du second Livre.

LE NOUVEAU THEATRE D'AGRICULTURE.

LIVRE TROISIEME.

L'AGRICULTURE UNIVERSELE.

CHAPITRE I.

Discours utile sur l'Agriculture.

Nous passons de la Basse-cour à l'Agriculture, qui renferme des douceurs qui passent l'imagination. L'Agriculture n'a affaire qu'à la terre, qui est toûjours prête à obéïr & à répondre à nos soins, & qui rend avec plus ou moins d'usure ce qu'on luy a confié, qu'elle a été plus ou moins cultivée.

C'est dans cette sorte de vie que M. Curius, aprés avoir triomphé du Roy Pyrrhus, des Sabins & des Samnites, a voulu finir ses jours. Et n'a-t-on pas vû Quintius Cincinnatus, la Charruë à la main, lorsqu'on luy vint dire qu'il étoit élû Dictateur ; & toutes les fois que le Senat s'assembloit, on appelloit ces grands Hommes de leur campagne, pour y assister.

On doute qu'il y ait aucune sorte de vie plus heureuse que celle qu'on mene aux champs, non seulement par l'utilité qu'on en retire, & qui fait subsister tout le genre humain, mais encore par le plaisir qu'elle donne,

& par l'abondance de toutes sortes de biens qu'elle apporte.

Par le secours de l'Agriculture, on voit toûjours dans les celliers d'un pere de famille, soigneux & bon ménager, du vin, de l'huile en abondance, & toutes autres sortes de provisions : sa maison est riche d'un bout à l'autre, elle produit à foison des Agneaux, des Cochons, de la Volaille, du Lait, du Fromage & du Miel, sans compter ce qu'on tire des jardins qui sont une autre ressource, & que les gens de campagne appellent leur second magazin.

Pour comble de douceur & de plaisir, on a encore dans ses heures de relâche des divertissemens fort innocens. Qui a t-il de plus utile, ni qui fasse plus de plaisir qu'une maison de campagne bien tenuë & bien cultivée ?

Il n'y a rien que d'honorable dans les travaux de l'Agriculture, & les plus grands hommes l'ont toûjours tant estimée, qu'ils l'ont même jugée digne d'occuper les Rois. Lysander étant un jour venu trouver à Sarde le jeune Cirus Roy de Perse, ce Prince luy fit toutes sortes d'honnêtetez & de caresses, & entre autres choses, il luy fit voir un Parc planté avec beaucoup de soin & d'une merveilleuse propreté. Lysander qui étoit un Capitaine Lacedemonien, également surpris de la beauté des arbres, & de la douce odeur des fleurs, ayant dit à Cirus qu'il ne pouvoit se lasser d'admirer non seulement le soin & l'exactitude, mais encore l'esprit & l'industrie de celuy qui avoit tracé tout ce beau plan; c'est moy-même, luy répondit Cirus, qui en suis l'ouvrier, & il n'y a rien là qui ne soit de ma façon, & la plûpart de ces arbres ont été plantez de ma main.

Ce n'est donc pas d'aujourd'huy que les grands hommes se sont adonné à l'Agriculture, & qu'ils ont trouvé que la Vie Rustique renfermoit toutes sortes de plaisirs & de richesses, & que ce n'étoit pas seulement les moissons, les prez, les vignes & les bois qui la rendoient agreable, mais que c'étoit encore les jardins, les vergers, les bestiaux, & tous les animaux de la Basse-cour.

Rien n'est plus insupportable, ny plus digne de blâme, que des gens qui demeurant dans une fertile campagne, négligent de la cultiver; ce sont des terres en friche qui crient contre ceux, qui pourroient les rendre abondantes.

La vie champêtre, c'est à dire, les personnes qui sont obligées elles-mêmes à cultiver leurs terres, doivent être laborieuses pour mettre l'Agriculture dans sa perfection; il n'y a que les paresseux qui puissent laisser tomber cet Art; c'est pourquoy il faut que les gens de campagne élevent leurs enfans au travail & au joug de la vie champêtre : la terre n'est jamais ingratte, elle nourrit toûjours de ses fruits ceux qui la cultivent soigneusement, elle ne refuse ses trésors qu'à ceux qui craignent de luy donner leurs peines.

Il n'est rien tel que la bonne conduite d'une famille pour ce qui regarde les travaux rustiques : il faut dés leur jeunesse apprendre aux enfans à secourir leurs peres & leurs meres, donner aux plus jeunes la garde des troupeaux à laine, les autres qui sont plus avancez en âge meneront les plus grands troupeaux; enfin les plus âgez laboureront avec leur pere; c'est ainsi qu'on doit à la campagne accoûtumer les enfans au travail, chacun selon leur âge & leur force, & c'est par ce moyen qu'on voit fleurir l'Agriculture, & que la terre prépare ses richesses pour récompenser le Laboureur.

CHAPITRE II.

Du Laboureur, de son employ pendant l'année, & de tous les instrumens qui conviennent au labourage.

IL n'y a pas de profession qui n'exige des talens particuliers dans ceux qui l'exercent; la culture des terres est laborieuse, & demande par consequent des personnes robustes, vigilantes, & d'un bon temperamment. Un bon Laboureur doit avoir ces qualitez naturelles pour ne se point rebuter dans le travail : nous nous sommes étendu là-dessus assez au long dans l'article du Valet Charretier, qui a tout le rapport possible avec un Laboureur; il est bon d'y avoir recours à la page 233. afin de profiter des instructions qu'on y donne; voicy encore neanmoins quelques qualitez propres à un Laboureur, & dont on n'a point parlé, c'est pourquoy on ne fera pas mal d'y faire attention.

Des qualitez d'un bon Laboureur.

La prudence d'un Laboureur ne veut point qu'il entreprenne jamais aucun ouvrage qu'il ne voye d'abord que le profit n'y excede la dépense; il faut qu'il tâche toûjours de faire ce qui rend beaucoup de profit, en ne dépensant guéres.

Il doit connoître le génie de la terre qu'il laboure, afin de s'y conformer, & la labourer en temps & lieu; la connoissance des Chevaux luy est tres-necessaire, s'il laboure avec ces animaux, afin de s'y laisser tromper le moins qu'il pourra; il faut qu'il se connoisse en harnois pour le labourage, qu'il sache au besoin les racommoder, distinguer la bonne semence d'avec la mauvaise, & les temps ausquels on doit donner les labours aux terres, & les ensemencer; il faut qu'il soit adroit à tenir la charruë & à conduire les Chevaux ou les Bœufs qui la tirent; il doit avoir ses temps & ses travaux reglez pendant toute l'année, & selon que nous l'allons prescrire.

Travaux d'un Laboureur pendant toute l'année.

UN bon Laboureur ne doit jamais être sans occupation; il doit toûjours s'employer, & ne point laisser manquer d'ouvrages ceux qui dépendent de luy. Au mois de Janvier, quand le temps le permet, il coupera le bois qu'ils destinera pour bâtir, ou pour quelque autre usage : il pourra porter du fumier aux pieds de ses arbres fruitiers, s'il voit qu'ils languissent : il fera tailler ses vignes, s'il fait beau temps; & sur la fin il labourera ses terres legeres & sabloneuses qu'il voudra défricher; c'est la veritable saison quand on ne l'a pas fait au mois d'Octobre; s'il a des saules à couper, il

Travaux de Janvier.

y fera bon, pourvû que le froid le luy permette; il préparera les échalats pour ses vignes, soit en les aiguisant, ou ne faisant de saules ou d'autre bois pour son usage, ce qui se fait en fendant en deux les plus gros, & laissant entiers ceux qui ne sont point trop gros. Il prendra garde que ses Charrettes, ses Tombereaux, ses Charruës & autres instrumens nécessaires au labourage soient en bon état, & les racommodera luy-même, s'il en est besoin; il aura sa provision d'outils tranchans propres à sa profession, & il fera rémoudre ceux qu'il jugera luy pouvoir encore servir.

Travaux de Février.

S'il a des vignes à planter, il pourra s'y exercer; il fumera ses prez & ses vignes, & les taillera encore, s'il ne l'a pas fait, & les échaladera, s'il est en païs où cela se pratique: il commencera à donner les façons aux terres pour semer l'orge, l'avoine, le millet & autres menus grains qui composent les semailles de la saison, & qu'on appelle les *Mars*; il fera accommoder les hayes de ses jardins, il plantera des saules, des ormes, des oziers & autres arbres tant fruitiers qu'autres qu'il jugera luy devoir apporter beaucoup de profit; il nétoyera le Colombier, s'il en a un commis à ses soins, & ôtera du poulailler la fiente que la volaille y aura faite, parce que c'est sur la fin de ce mois que les Poules commencent à pondre & à couver, & que cette fiente leur nuit en quelque façon.

Travaux de Mars.

Quand le mois de Mars est arrivé, le Laboureur dés les premiers jours semera le lin, s'il ne l'a pas fait en Février, les avoines, l'orge, le millet, le panis, le chanvre, les pois, les lentilles, les ers, les lupins, le bled de Turquie, la vesce & les autres Mars; il donnera une seconde façon à ses guérets pour y semer tous les grains dont on vient de parler, il gréfera ses arbres & soignera son jardin de la maniere qu'on le dira dans la suite.

Travaux d'Avril.

Le Laboureur dans ce mois achevera d'ensemencer ses terres si elles ne le sont pas toutes; il sera soigneux de donner à manger aux pigeons, parce qu'en ce temps ils ne trouvent encore guéres de nourriture par les champs, il nétoyera les Ruches, & fera la chasse aux papillons, qui sont frequens, quand les mauves fleurissent, & aura soin de labourer ses vignes pour la premiere fois.

Travaux de May.

Le mois de May est le temps de tondre les brebis, de faire provision de beurre & de fromages. Le Laboureur alors commencera à veiller de prés ses Mouches à miel & ses Vers à soye, afin d'y apporter les soins que ces insectes exigent de luy; il aura soin de sarcler les bleds, & de donner le second labour à ses vignes & la culture qui leur convient encore en ce temps.

Travaux de Juin.

Le mois de Juin commence à inviter le Laboureur à préparer l'aire de sa Grange, à la nétoyer des fourages qui y sont, & des ordures qui s'y sont amassées; il fauchera ses prez, & moissonnera l'orge quarré, autrement dit *l'escourgeon*, il ébourgeonera sa vigne & binera ses terres.

Travaux de Juillet.

En Juillet il donnera tous ses ordres pour la moisson, & recueillera soigneusement tous les legumes qu'il aura semez; il donnera le troisiéme labour à ses vignes, si elles le demandent, & tiercera les terres.

Traveaux d'Août.

C'est dans le mois d'Août qu'il faut que le Laboureur arrache le lin & le chanvre; qu'il fasse du verjus, si le temps le permet, & qu'il commence à songer d'amasser des vaisseaux & autres choses necessaires pour les vendanges.

Le

Le Laboureur donnera dans ce mois la derniere façon à ses guérets, il menera ses fumiers dans ses terres, il les fera répandre & couvrir aussitôt, commencera à semer le seigle, il fera ses vendanges, il abatra ses noix, il fauchera ses regains, il fera amasser du chaume pour luy servir de litiere en cas de besoin, ou pour chauffer le four, ainsi que cela se pratique dans les lieux où le bois est rare; il cueillera la Garence, & aura soin d'en amasser la semence, & moissonnera le Millet. Travaux de Septembre.

Il faut dans le mois d'Octobre que le Laboureur veille à ses vins nouvellement faits, crainte qu'il ne leur arrive quelqu'inconvenient; il fera son Miel & sa Cire, & soignera que ses Ruches soient en bon état, & il semera son Méteil & son Froment. Travaux d'Octobre.

C'est dans ce temps qu'il faut encaver les vins nouveaux, s'ils ne le sont pas, qu'on amasse du gland pour nourrir les cochons, qu'on fait la recolte des Châtaignes & des Marons, & qu'on cueille les fruits du jardin qui sont de garde. Le Laboureur arrachera ses racines de terre, les dépoüillant de leurs feüilles, & les mettant sous le sable pour les garantir de la gelée, il fera ses huiles, il coupera ses oziers, & il aura soin de visiter la fruiterie pour voir si ses fruits ne s'y endommagent point. Travaux de Novembre.

Le devoir d'un bon Laboureur demande de luy en ce mois qu'il visite souvent ses terres, pour voir s'il n'y a rien à y faire: c'est encore le temps de fumer les prez, il coupera du bois pour se chauffer, & lors qu'en ce mois la gelée, les glaces, la neige & les autres frimats empêchent qu'on ne puisse faire dehors aucun travail, le Laboureur à couvert racommode ses outils pour le labourage, & les autres instrumens qui servent au ménage: voicy une liste des uns & des autres, qui pourra servir d'instruction à ceux qui en auront besoin à la campagne. Travaux de Decembre.

Liste de tous les Instrumens qui conviennent au Labourage.

IL est du labourage comme des autres Arts, on ne sçauroit s'en acquitter comme il faut, si l'on n'est pourvû de tous les instrumens qui y conviennent. Un Laboureur aura une ou deux *Charrettes*, selon la quantité des terres qu'il a à cultiver; car il luy faut pour lors plus de chevaux & par consequent plus d'équipages pour les employer; ces Charrettes seront plus ou moins grandes qu'il jugera à propos en avoir affaire; on appelle ces grandes Charrettes en des pays, *des Gerbiers*, parce qu'elles sont principalement destinées pour charrier les gerbes pendant la moisson; ailleurs on les nomme *Charrettes ridelées*, parce qu'elles sont accommodées avec des *ridelles*; ces charrettes seront bien faites de bon bois, garnies de bonnes roües avec de bons *bandages* de fer, attachez avec de gros clous à tête. Il faut qu'elles soient assez élevées, plus étroites dans le fond que par le haut; il y a des endroits où le derriere de ces charrettes paroît plus élevé que le devant, étant plus commodes de cette maniere dans les pays de montagne, où elles fatigueroient trop les bêtes qui les traînent, si elles étoient construites autrement. Charrettes.

Il y a des endroits où on se sert de *Chars*, au lieu des Charrettes, ils ont quatre roües, mais ils ne sont pas si commodes à manier, on ne Chars.

ſçauroit preſcrire ici poſitivement la maniere de conſtruire ces harnois, dépendant de l'uſage des lieux & de la fantaiſie, quelquefois de ceux qui les font faire.

Chars. Il y a des endroits où on fait des Chars qu'on allonge, & qu'on accourcit comme on veut, & ſelon que l'exige le plus ou le moins de marchandiſes ou autres choſes qu'on a à voiturer. Ces Chars ſont accompagnez chacun de deux petites échelles, l'une devant & l'autre derriere, pour y mieux tenir en état les gerbes, les foins, chanvres, lins, & autres choſes ſemblables qui y ſont entaſſées : il faut auſſi en avoir pour les Charrettes ridelées, & ces échelles ſervent pour tenir arrêtée une perche qui regne tout le long de la charrette ou du char dans le deſſus ; quelques-uns ne ſe ſervent que d'une échelle dans le devant avec la perche dont on vient de parler, & une corde attachée au bout, qui deſcend juſqu'au bas, dans un moulinet qu'on tourne à force de bras avec un bâton pour que la corde ſoit tenduë bien roide. La plûpart de ces Charrettes & de ces Chars ſont garnis de planches dans le fond, & on en voit d'autres qui ne le ſont pas.

Charrette à fumier. Il eſt bon auſſi d'avoir une charrette legere pour charrier les fumiers, on s'en ſert beaucoup à la campagne au lieu de tombereaux ; les Chevaux ne ſont point fatiguez deſſous & la tirent fort à leur aiſe ; ces Charrettes ſont encore tres-commodes pour les Bœufs, & même on en uſe plus ordinairement que des tombereaux.

Tombereaux. Il faut avoir des *tombereaux* propres à conduire les fumiers & les autres engrais convenables à amander les terres, ces harnois ne ſont gueres d'uſage pour les Bœufs : il faut que les roües en ſoient fortes & legeres, qu'ils ſoient de bon bois, que le *coffre* en ſoit fait de bonnes planches, ſoutenuës fermement par des appuys, afin qu'ils contiennent mieux ce qu'on voudra mettre dedans, ſoit fumier ou ſable, ou autre choſe de cette nature qu'on veuille charrier dedans pour l'utilité de la maiſon.

Civieres. Les *Civieres* ſont neceſſaires dans une maiſon de campagne, il en faut deux ou trois, faites d'un bois bien choiſi, & qui ſoit fort, elles ſervent pour porter ce qu'on ne peut tranſporter avec les Charrettes, ces civieres ſe manient à la main.

Broüettes. On aura encore une ou deux *Broüettes* pour porter de la terre des tranchées qu'on peut avoir faites, ou pour ôter le fumier des étables ; ces Broüettes n'ont qu'une roüe, & ſont fabriquées, comme on le peut voir dans la planche qui ſuit.

Charretain. Il y a des pays où les Laboureurs ont des *Charretains* pour charrier leurs vendanges, & les vins qu'on veut tranſporter ; ces Charretains ſont de bois d'orme avec des roües garnies de bandages avec de bons clouds à tête, & d'une *chaîne*, ou d'une *corde* propre à lier ce qu'on charge deſſus.

Charruë. Outre les inſtrumens dont on vient de parler, un Laboureur a ſa charruë garnie d'un *ſoc*, fait de maniere que quand il laboure, ſes rayes ſont toûjours droites : il faut que la *queuë* y ſoit miſe avec art & d'une longueur raiſonnable, & ce Laboureur doit ſur tout prendre garde que *l'oreille* de la charruë renverſe commodement la terre ; car par ce moyen les Chevaux ou les Bœufs la traînent avec moins de peine. Il ſe fabrique des charruës de plusieurs façons selon les differens usages des pays : il y en a à *roües*, & d'autres qui n'en ont point. Quand on ramene la Charruë des champs, on entrelasse la queuë d'un *traîneau* qui éleve le soc au-dessus de terre, de maniere qu'il ne peut s'accrocher à rien par le chemin. La charruë aura aussi son *coûtre* pour fendre la terre, son *timon* & la *selette* sur laquelle on pose ce timon. Il y a la *fléche* où l'on attelle les chevaux ou les bœufs, & le *chaînon* qui tient en arrêt le timon attaché au *train de devant* de la charruë.

Les *herses* sont encore necessaires à un Laboureur, car, comme dit le proverbe, *il ne faut pas moins herser la terre mal labourée, que labourer celle qui est mal hersée.* C'est pourquoy il faut qu'un Laboureur en ait deux fabriquées de bon bois, faites solidement, bien ferrées & fournies de *dents* longues pour rompre & briser plus facilement la terre. Il en aura une autre dont les dents seront moins longues, & qui sera plus legere que la précedente ; ces herses auront six pieds de long, faites en équiere avec des pieces de bois. Herse.

Il est besoin d'un *Casse-motte*, qui est un instrument de bois fait comme une Massuë longue d'un pied & demi, & de la grosseur de la jambe d'un homme ; on la ferre par le bout de deux ou trois cercles de fer, puis on l'emmanche d'un bâton long de quatre pieds, ensuite on en bat les mottes l'une aprés l'autre pour les écraser. Casse-motte.

Un Laboureur a besoin de quelques *Tarrieres* pour percer les harnois qu'il veut racommoder luy-même, afin de n'être pas obligé de courir toûjours au Charron. Tarriere.

Il luy faut une *Machoire* pour broyer le chanvre en chenevottes, & cette Machoire est un gros morceau de bois d'un pied & demi, rond, ferré par le bout d'en bas d'un petit cercle de fer, ayant environ huit à dix pouces de tour par le haut, & six par le bas, & emmanché d'un morceau de bois long de deux pieds. Machoire.

Une *Pince* est un outil dont le Laboureur a besoin ; c'est un gros levier de fer aiguisé d'un côté en biseau, les Paveurs s'en servent pour détacher les pavez, & les Laboureurs pour planter des saules ou des pieux quand il est question d'en faire une haye : les Vignerons s'en servent aussi pour planter la vigne. Pince.

Il faut qu'il soit fourni de *Coignées*, de petites *Haches* pour couper du bois, de *Serpes* de plusieurs grandeurs ; il luy faut des *Faucilles* pour moissonner les bleds, des *Faux* pour faucher les prez, un *Croissant* pour tondre les hayes, ou un *Goüias*, qui est une espece de grande serpe longue d'un pied & demi ou de deux pieds, recourbée par le bout, & emmenchée d'un manche de bois avec une virole. Coignées, Haches, Serpes, Faucilles, Faux, Croissant, Goüias.

Il aura des *Tenailles*, une *Scie*, des *Marteaux* de plusieurs sortes, tant pour ferrer les Chevaux, que pour cogner des clouds lorsqu'il en a besoin ; il sera encore fourni de *Pioches* de differentes sortes selon les pays, & de *Piochons* pour remuer la terre. Tenailles, Scie, Marteaux, Pioches, Piochons.

Il se munira de *Villebrequin*, cet outil est fort commode en bien des occasions quand on a besoin de percer quelque Planche, ainsi que de deux ou trois *Vrilles* les unes plus grosses que les autres ; il a besoin de *Rateaux* Villebrequin.

Vrille. Rateaux de bois, Rateaux de fer. de bois tant pour la Grange que pour amasser le foin dans les prez, dans le temps qu'on les fane, & d'un *Rateau* de fer pour la cuve pendant que la vendange y est, & qu'on en veut tirer le moût pour porter la grappe sur le pressoir.

Pic, Hoüe Pelle de bois, Fourches. Il fera provision d'un *Pic* & d'une *Hoüe*, de *Pelles de bois*, & de *Fourches* de plusieurs façons, tant de fer que de bois, & au reste il aura un endroit destiné pour enfermer tous ces instrumens chacun à sa place sans confusion, afin qu'on puisse mettre la main dessus sitôt qu'on en aura besoin. La Planche qui suit represente tous ces outils.

Explication de la Planche VII.

1. Charrette ridelée à Chevaux.
2. Ridelles.
3. Roues.
4. Bandages.
5. Chantes des roues.
6. Moyeu.
7. Rayes.
8. Echelle.
9. Moulinet. On se sert d'une perche, *A*. quand on veut charrier du foin, & d'une corde *B*. qui y est attachée, & le tout pour tenir le foin en état, de maniere qu'il ne puisse tomber de côté & d'autres.
10. Charrette ridelée à Bœufs, limon. *C*.
11. Char à quatre roues.
12. Charrette à fumier, pour des Chevaux, & quand c'est pour des Bœufs, il n'y a qu'un limon, comme à la Charrette ridelée.
13. Tombereau.
14. Civieres, c'est aussi un instrument qui sert également aux Jardiniers comme aux Laboureurs.
15. Broüette.
16. Charretain ou Haquet.
17. Herse.
18. Casse-motte.
19. Pince.
20. Coignée.
21. Hache.
22. Serpes.
23. Faucilles.
24. Faux.
25. Croissant, c'est un outil principal d'un Jardinier.
26. Tenailles.
27. Marteau.
27. Pioches de plusieurs façons.
29. Hoüe.
30. Charruë. *D*. Soc. *E*. Queuë. *F*. Oreille. *G*. Coûte. *H*. Timon. *I*. Sellette. *K*. Fleche.
31. Petite fourche à répandre du fumier.
32. Autre Fourche de bois pour faner le foin. Autre pour charger du fumier.
33. Sarcloir.
34. Tire-fien.
35. Crible.
36. Petite Enclume sur laquelle on bat la Faux.
37. Vrillette.
38. Râteaux de bois pour la Grange.
39. Besches.
40. Piochon.
41. Pelle de bois.
42. Joug avec les liens.
43. Van pour vanner le bled.
44. Fleau pour battre le bled.
45. Scie.
46. Tarriere.

CHAPITRE III.

LE LABOURAGE.

Ce que c'est généralement parlant, avec des Instructions curieuses & utiles sur la Culture des Terres labourables, & des labours qui leur conviennent; Comment & quand il faut les leur donner.

ON appelle *Labourage* une certaine quantité de terres plus ou moins considerable qu'on cultive, pour en tirer du bled tous les ans, on les partage ordinairement en trois parties égales; l'une pour y semer les bleds, l'autre est destinée pour les *Mars*, ou la semaille des menus grains, & l'autre pour la *Castaille*, qu'on appelle *Sombres* en certains pays. Le labourage est encore pris pour la maniere de labourer les terres: c'est en ce sens que nous en parlerons icy.

Quand on se propose le dessein de conduire un labourage, ce n'est pas une petite entreprise; il y a bien des choses qu'il faut necessairement sçavoir si l'on veut y réüssir, & sans ces connoissances, on n'y travaille qu'à son préjudice. Tâchons sur cet article important de satisfaire nos Lecteurs, & d'apprendre aux gens bien intentionnez pour les travauxde la Campagne tout ce qu'ils peuvent ignorer quand ils veulent les embrasser.

Aprés donc avoir attentivement examiné le terroir où l'on demeure, avoir démêlé les differens temperammens des terres qu'il contient, & consulté le ciel, aux influences duquel elles sont sujettes, & selon que nous l'avons enseigné dans le premier Livre, il ne reste plus qu'à sçavoir non seulement se prescrire un ordre dans ses travaux, mais encore de prendre garde que rien ne les interrompe, & ne s'oppose à l'heureux succés qu'on en attend.

Nous sommes redevables à la nature d'une infinité de fruits differens, mais ce n'est qu'à force de cultiver les terres qu'elle ouvre son trésor pour nous les donner; & quoiqu'un grain de froment, d'avoine, d'orge ou d'autres grains se connoissent toûjours à leur figure en quelqu'endroit qu'ils puissent croître, cependant la diversité des climats demande pour les faire venir, qu'on en cultive le fond differemment.

Des differentes cultures des Terres.

ICy on laboure la terre avec des Bœufs, là avec des Chevaux, en d'autres endroits avec des Mulets ou des Mules, & ailleurs avec des Anes seulement. On se sert dans un pays de Charruës à roües, attelées de cinq ou six animaux qui la tirent, & l'usage en d'autres veut qu'on laboure avec des Charruës sans roües. Les Bœufs en certaines Contrées portent le joug attaché à leurs cornes, & tirent ainsi le harnois, & en d'autres, c'est par le moyen d'un collier, à la maniere des Chevaux; il semble que cette méthode contredise entierement à l'idée qu'on s'est formée de tout temps sur la maniere que ces animaux doivent être attelez.

Dans la Beausse & en bien d'autres endroits les terres sont tracées en longs sillons larges de cinq ou six pas, enfermez dans le milieu de deux raïes paralleles, ayant un entre deux en voûte pour faciliter l'écoulement des eaux des pluyes. On laboure ailleurs en petits sillons composez seulement de quatre à cinq rayes, & chaque Pays a sa maxime établie sur la coûtume de ses Ancêtres, & dont on ne veut point déroger, on s'en est bien trouvé, on s'en contente, & cela suffit.

Dans l'Isle de France on ensemence les terres à la herse, ainsi qu'en plusieurs autres endroits, ce qui en rend la superficie des terres fort unie: apparemment que ce terroir est un terroir leger, & qui a besoin de toute l'eau qui peut l'arroser pour le rendre fertile; car sans cela les terres imbibées souvent des pluyes d'automne ne pourroient point du tout se labourer.

Qu'on aille dans une partie de la France, sitôt que les bleds sont moissonnez & mis en gerbe, on les transporte à la Grange pour les battre à l'aire & à loisir pendant l'hyver qu'on ne sçait presque plus à quoy s'occuper au dehors à la campagne, au contraire les bleds ne sont pas plûtôt moissonnez en Provence, en Languedoc, dans la plus grande partie du Dauphiné, dans la Principauté d'Orange, Comté Venaissin, & dans les environs, qu'on les bat à découvert sans perdre de temps, & pendant les plus grandes chaleurs.

Icy on moissonne d'une façon, là de l'autre, & l'on n'est paspar tout d'accord sur la maniere de battre le bled. Les faucilles, les fleaux, les vans, & les autres instrumens destinez à cet usage sont differens en diverses Contrées, c'est pourquoy il est impossible de prescrire aucunes loix certaines sur la maniere de conduire un labourage: chaque pays chaque guise, comme on dit, & ce seroit tout gâter que d'en vouloir pervertir l'ordre; il n'est tel que de suivre l'ancien usage, quand on s'en trouve bien, nos peres ont eu leurs raisons pour l'établir ainsi, le profit qu'ils y en ont tiré les y a confirmé, il faut les suivre; *Ne change point de soc*, dit Caton, *la nouveauté est dangereuse*.

Cato. de re Rust.

Des Bêtes propres au Labourage.

LEs Chevaux, les Bœufs, les Mules, les Mulets & les Anes sont des bêtes qu'on employe par tout à la charruë, chaque peuple selon ses moyens & l'ancienne coûtume du pays. Les premiers qui ont labouré les terres l'on fait à l'aide des Bœufs, puis on s'est servi de Chevaux, & ensuite des autres animaux dont on vient de parler. Les Vaches en bien des endroits tiennent lieu de Bœufs, mais il y a bien à dire qu'elles fassent tant d'ouvrage: les Mules en font davantage que les Mulets.

Remarques utiles.

Le Bœuf est plus propre pour remuer les terres fortes & argilleuses que les autres bêtes de labourage, parce qu'il résiste mieux au travail, outre qu'on l'entretient de peu, comme on a déja dit, que ses harnois sont tres-simples, & qu'il est peu sujet aux maladies.

Le Cheval coûte bien plus à nourrir & à entretenir de harnois & de fers, il veut être bien plus ménagé : car quand il meurt, tout est mort pour le maître, hors la peau qu'il vend à l'Ecorcheur ; il est vray aussi de dire, qu'un Cheval laboure plus de terres en un jour que le Bœuf n'en fait en trois ; c'est pourquoy on s'en sert en bien des endroits, outre que les Chevaux ne sont pas seulement propres à la Charruë, mais encore à la selle & au charroy.

Quant aux Mulets & aux Mules, ils sont trop capricieux pour valoir les Chevaux en fait de labourage & autres exercices qui leur conviennent ; les Anes sont tres-lents à la Charruë, & s'ils ne dépensent guéres, ils ne rendent aussi guéres de service ; il n'y a que les pauvres gens qui n'ont point dequoy avoir des Chevaux, des Bœufs ou des Vaches, qui s'en servent : encore faut-il que la terre où on les employe soit fort legere.

Le bétail qu'on destine au labourage doit être choisi fort, d'un bon corps, & le plus jeune qu'il est possible, il n'y a plus aprés cela qu'à les sçavoir ménager, & les nourrir comme nous l'avons dit, aprés cela ces bêtes rendent de bons services.

Si l'on veut que les animaux qu'on destine au labourage employent utilement leur temps, il faut leur tenir tous leurs harnois en bon état, que rien n'y manque ; car sans ce soin, ils ne font que la moitié de l'ouvrage, encore le font-ils quelquefois imparfaitement.

Qu'on se donne bien de garde d'employer ces animaux au labourage pendant la pluye, la neige & les autres frimats qui rendent le travail inutile, & qui morfondent les Bœufs ou les Chevaux. Les bêtes de labour ne veulent être ni trop grasses ni trop maigres ; celles-cy sont paresseuses à l'ouvrage, & comment y auroient-elles du courage, puisque tout ce qui peut leur y en donner leur manque ; quand elles sont trop grasses, elles vont aussi lentement, mais c'est par un effet contraire ; le trop de substance dont elles sont remplies empêche les esprits du sang d'agir en elles aussi subitement qu'ils feroient, si elles étoient moins pleines de chair.

Voicy une observation qui regarde le labourage, & qu'il est bon de sçavoir quand on veut y réüssir. Ce n'est pas le tout que de bien labourer, il faut labourer beaucoup, si l'on veut tirer un grand profit de son labour.

Saisons pour labourer les Terres.

IL y a des saisons propres pour toutes choses, le labourage a les siennes, qui luy sont particulieres, & qu'on ne doit point laisser passer inutilement, étant fort dangereux pour les terres quand elles ne sont pas remuées à propos, *ce n'est pas le tout que de courir*, comme dit le Proverbe, *il faut partir à heure*, devancer le labour des terres, c'est leur faire tort, ainsi lorsqu'on le recule, *le trop tard*, dit un bon Agriculteur, *en fait de labourage est la ruine du ménage.*

Il ne faut jamais labourer la terre quand elle est trop seche ou trop humide, la trop grande sécheresse fait que la terre qu'on laboure s'exhale de ce qu'elle a de meilleurs principes pour la végétation, parce qu'il n'y a pour lors que les terres legeres & sabloneuses qu'on puisse cultiver, & Maximes à observer.

comme leur substance ne se dissipe déja que trop inutilement par les ardeurs du soleil qui les pénetrent aisément, il arrive que pour peu qu'on les remûë en ce temps, elles s'affoiblissent, & ne sont presque plus propres à faire agir les semences, outre qu'une terre, quelque legere qu'elle puisse être ne se manie jamais assez bien quand elle est trop seche; pour peu qu'on veuille enfoncer le soc, la Charruë ne roûle qu'en sautant, & fatigue extremement les bras de celuy qui la guide; souvent ce soc se brise contre le corps dur qu'il trouve, & croyant ainsi avancer l'ouvrage, ou le recule: il faut suivre ce Proverbe, qui dit,

Qu'au fond qui est sans humeur
Ne touche le Laboureur.

Il ne faut point non plus labourer les terres qui sont trop imbibées d'eau, ce labour ne fait que les réduire en mortier, & les durcir aprés, quand le hâle a donné dessus, de maniere qu'on a bien de la peine ensuite à les ameublir, & les semer sans être meubles, c'est jetter la semence dans des pierres, les terres fortes & les terres d'argille sont celles pour lesquelles principalement on parle; car les sabloneuses ne sont pas si sujettes à ce défaut. Il y a un autre Proverbe qui nous dit,

Qu'il vaudroit mieux faire le fou,
Que de labourer en temps mou.

On laisse les terres en repos pendant l'hyver, parce qu'on perdroit son temps à vouloir les remuer, chaque ouvrage dans l'Agriculture a sa saison, l'ordre n'y veut point être perverti; *mieux vaut saison que labouraison*, ont dit autrefois nos peres, & l'experience nous a fait voir jusqu'icy qu'ils avoient raison.

Qu'il faut donner les Labours selon que la nature de chaque terre le demande.

IL faut donner les labours aux terres selon que la nature de chacune le demande; les terres sabloneuses & legeres veulent qu'on les laboure aprés une pluye, les sels ne s'en exhalent point, & agissent ensuite avec tout le succés possible pour la végétation. Plus une terre est grasse, forte & abondante, plus elle veut être cultivée, afin de détruire les mauvaises herbes qui absorbent la meilleure partie de la substance. Les terres maigres ne doivent point être souvent remuées pour la raison dont on a parlé au sujet des terres legeres.

Qu'il faut consulter la portée des terres.

Les terres généralement parlant, ressemblent en quelque façon aux bêtes de charge qu'on accable sous les fardeaux extraordinaires qu'on leur donne; ces terres ne veulent point qu'on les surcharge de semence, il faut avant que de les ensemencer, consulter leur force, & voir ce qu'elles peuvent produire, & l'on ne risquera jamais rien en cela quand on ira du plus au moins.

Il y a des terres bien plus abondantes les unes que les autres, mais telles telle qu'elles soient, lorsqu'elles sont bien cultivées & en saison, il n'y en a point qui ne rendent toujours avec usure ce que leur maître leur a prêté. Ce n'est pas qu'on puisse positivement déterminer le rapport de ces terres, mais on peut dire qu'un bon ménager a lieu d'être content, quand généralement son domaine, le fort portant le foible, luy rend cinq à six pour un, n'estimant pas que dans toute la France il y eût des terres qui puissent tant bonnes que mauvaises, produire davantage, l'une mêlée parmi l'autre.

Pour peu qu'un domaine soit étendu, on y remarque ordinairement des terres de trois sortes de temperamment, sçavoir des terres grasses ou fertiles, des terres moyennes, & des terres maigres, & plus toujours des unes que des autres selon la situation du lieu & la temperature du ciel qui y influë.

Terres de trois sortes de temperamment.

On destinera les bonnes terres pour y mettre du froment, ou du méteil, puis aprés de l'orge, de l'avoine ou des légumes, & cela alternativement & tous les ans; ces terres, quand elles sont remplies de beaucoup de substance ne se lassent point de porter, mais pour ne s'y point tromper, il en faut bien étudier le fond.

Repos nécessaire aux terres.

Vous laisserez, dit Virgile, de deux ans l'un, reposer les terres aprés la moisson, & n'y semant rien, laissez-les endurcir par le repos, c'est ce qu'on doit observer à l'égard des terres médiocres, afin que pendant qu'elles se reposent les influences du ciel réparent en elles les sels qui s'y sont épuisez durant leur travail.

Virg. Geor. l. 1.

Il y a d'autres terres qui sont si maigres qu'à moins qu'elles n'ayent deux ans de repos, elles ne produisent que tres-peu de choses, & souvent même ne dédommagent pas leur maître de sa semence, de son fumier, ni du temps qu'il a mis à les labourer, ainsi c'est à la prudence de celuy qui les a, de voir ce qu'il en peut faire.

Les terres les plus fertiles veulent aussi du repos, c'est pourquoy, on peut aprés qu'elles auront porté trois années de suite, les laisser reposer une année, elles n'en valent que mieux, c'est ainsi qu'en agissent la plûpart des Laboureurs les plus experimentez dans l'Agriculture.

En quel temps il faut donner le premier labour aux terres.

LEs differens pays décident des temps divers dans lesquels on doit donner le premier labour aux terres, ce qu'on appelle en des endroits, *faire la cassaille*, en Bourgogne les *sombres*, en d'autres lieux *égerer* & *jacherer*, en Normandie *froisser la jachere*, & en Languedoc *mouvoir*.

Dans la plûpart des endroits de nôtre France, cette cassaille ou ces sombres, comme on voudra dire, se fait sitôt que les Mars ou les petits bleds sont semez: il y a des Contrées où on commence à donner cette façon dés que le champ est moissonné, & que les gerbes sont transportées dans les Granges.

Pour donner comme il faut cette premiere façon, il ne faut pas beaucoup enfoncer le soc dans la terre, quatre doigts de profondeur suffisent, & afin que la terre soit maniée plus également, on trace les rayes fort prés l'une de l'autre, & le plus en droite ligne qu'il est possible. Cette maniere de labourer d'abord la terre fatigue les animaux qui tirent la Charruë, & l'homme qui la conduit, parce que c'est dans le temps que cette terre est plus compacte & plus forte. On n'entâmera pas aussi une terre qu'on ne juge que le soc y puisse entrer, car autrement ce seroit peine perduë, si bien que cette façon peut se donner aprés une pluye.

Si le champ est situé dans un terrein plat, il dépend de la fantaisie du Laboureur de commencer à le labourer, de quelque côté qu'il voudra, & qu'il jugera néanmoins le plus à propos pour la commodité du champ-même. Quelques-uns labourent d'abord ce champ de travers, d'autres suivent les vieux sillons dans toute leur longueur, c'est l'usage du pays qui décide de cela.

Si c'est sur un côteau qu'on laboure, & dont la pente soit un peu rude, on labourera en travers, la méthode en est tres-bonne, & les Bœufs ou les Chevaux s'en trouvent moins fatiguez. Il est bon que le Laboureur marche toûjours dans la raye qu'on a nouvellement tracée, afin de ne point trépigner le guéret, & que les rayes en soient plus droites.

Un Laboureur bien avisé, quand il va au labourage, se munit toûjours de quelque outil tranchant pour racommoder sa charruë, s'il vient à s'y rompre quelque chose, ou bien il s'en sert pour couper les branches d'arbres qui luy nuisent, ou les grosses racines qui arrêtent sa Charruë ; cet expedient vaut mieux que de s'éforcer à les vouloir rompre par la violence des Chevaux ou des Bœufs, car on risque de briser entierement la Charruë.

Dans les pays où ce premier labour se donne incontinent aprés la moisson, ils ne commencent à ouvrir la terre qu'aprés une grande pluye, & renversent pêle mêle les chaumes qui y sont, prétendant par là engraisser les terres. D'autres brûlent ces chaumes, tous plantez qu'ils sont, puis ils mettent la Charruë dans le champ, la cendre de ce chaume brûlé est un amandement tres-profitable pour les terres, & qui contient des sels, qui étant portez dans les semences, s'y nichent & s'y fixent de maniere qu'ils donnent ainsi un tres-bel accroissement à ce qu'on y veut commettre : Outre que cette maxime de brûler le chaume fait mourir jusqu'à la racine des mauvaises herbes, & mille petits insectes qui nuisent aux bleds. » On a bien souvent, dit un ancien Auteur, amandé des champs, » en mettant le feu au chaume qui jettoit des flammes petillantes, soit » que la terre en reçoive des vertus occultes, & quelque bonne substance, » ou que le feu luy consume ce qu'elle peut avoir de mauvais, & dessechant » sa trop grande humidité, luy ouvre plusieurs conduits & des pores secrets » par où les herbes reçoivent une nouvelle nourriture.

Virg. Geor. l. 1.

Chaume, à quoy utile.

D'autres arrachent ce chaume avec des faucilles qu'ils mettent en gros meûles, & dont ils se servent aprés, ou pour couvrir des maisons, ou pour faire de la litiere aux bestiaux, ou enfin pour chauffer le four. Ce ménage se pratique dans le temps qu'on ne sçait à quoy s'occuper à l'Agriculture, & on n'y employe que des femmes & des enfans.

Biner la Terre second labour.

LA seconde façon qu'on donne aux terres s'appelle *Binage*, du verbe *biner*, si bien qu'on bine les terres un mois ou six semaines aprés qu'elles ont eu leur premier labour, cela dépend du terroir, & selon que les méchantes herbes y croissent plus ou moins vîte. C'est cette production dangereuse qui détermine les temps du binage, & il ne faut pas attendre qu'elles y ayent pris toute leur croissance, on doit les détruire dés qu'elles commencent à y pousser, & ne pas souffrir qu'elles y consument beaucoup de substance; car ce seroit autant de sels perdus pour le bled qu'on se prépare à y semer. Dans les endroits où le premier labour se fait dés le lendemain que les gerbes sont hors du champ, on bine les terres à Noël quand le temps le permet.

On ne peut pas véritablement déterminer le nombre de labours qu'on doit donner aux terres avant que de les ensemencer; les terres fortes par exemple, en souffrent jusqu'à cinq, parce qu'elles sont fort sujettes à produire des herbes qui leur nuisent; les terres legeres & sabloneuses ne se remuent point si souvent, mais pour maxime incontestable dans le labourage, on doit labourer les terres qu'on veut emblaver, autant de fois qu'on y voit croître les mauvaises herbes.

Tiercer la terre troisiéme labour.

APrés cette seconde façon, on *tierce* les terres, c'est à dire, on leur donne le troisiéme labour quand les herbes dangereuses nous y obligent: c'est le veritable point auquel il faut s'arrêter, ce labour ainsi que le precedent, doivent être plus enfoncez que le premier, dautant qu'on le peut aisément sans fatiguer les bras de celuy qui manie la Charruë, ni les animaux qui la tirent.

S'il faut donner un quatriéme labour avant la semaille, on ne le négligera point, mais il faut qu'il soit leger; quelques-uns labourent alors leurs terres en travers, & pour cela ils appellent cette façon *traverser*, elle ne convient pas à toutes sortes de terres, & principalement à celles qui sont dans des fonds & sujettes à s'imbiber d'eau; les rayes de travers empêchent qu'elles ne s'écoulent, & souvent elles en retardent de beaucoup la semaille, ce qui ne peut leur être que préjudiciable.

Ceux qui devancent le premier labour devant l'automne, donnent leur troisiéme au mois de Mars, & continuent de labourer leurs terres pendant l'été, autant de fois qu'ils le jugent à propos, & jusqu'à ce qu'ils les ensemencent. Cette maxime s'observe dans le Vivarez, dans la Principauté d'Orange, & dans plusieurs autres pays circonvoisins, où l'on donne jusqu'à neuf façons aux terres, avant que d'y commettre la semence, la derniere doit se faire à la fin d'Août.

On se souviendra encore qu'il faut que les labours, à mesure qu'on les donne, soient toûjours profonds de plus en plus, & enfoncer le soc jusqu'à la mauvaise terre, & non point plus avant, on ne doit point l'amener sur la superficie, c'est une terre morte qui n'a point de sels & qui n'en est pas susceptible, & par consequent incapable de produire aucun bon effet. Un Laboureur dans ces sortes de terres n'en doit prendre que trois ou quatre doigts en profondeur.

Si l'on pouvoit toûjours labourer aprés une pluye, & lors que l'eau s'est écoulée, ou imbibée dans la terre, le guéret n'en vaudroit que mieux, mais comme le temps n'est pas toûjours ainsi propice, & que quelquefois le grand nombre de terres qu'on a à labourer ne permet pas qu'on le choisisse, on donne les façons aux terres quand on le peut, mais cependant jamais quand elles sont trop humides ni trop séches.

Ce que c'est qu'Emoter les terres, & de l'avantage qu'il y a de le faire.

LA méthode d'émoter les terres fortes, est tres-avantageuse pour leur culture; cette façon se donne aprés le premier labour, & on se sert pour cela d'une espece d'instrument qu'on appelle *Casse-motte*, dont nous avons parlé dans le Chapitre précedent, & qu'on peut connoître par la figure qu'on en a faite.

Cette façon rend la terre unie, & la dispose à recevoir plus facilement les autres labours, cela se fait à tour de bras; quelques-uns se servent encore de la tête d'une coignée, avec laquelle ils cassent les mottes; d'autres usent pour ce travail d'un rouleau appellé *Cylindre*, ou d'une herse garnie de grosses dents de fer bien pointuës, & chargée de quelque grosse pierre pour luy donner du poids.

Ce seroit une chose fort avantageuse de pouvoir soy-même labourer ses terres, elles en deviendroient bien plus fertiles, parce que avant que de les labourer on en approfondiroit la qualité bien plus exactement que ne fait pas un autre qui y a moins d'interêt, & par là on jugeroit bien mieux de ce qu'elles sont capables de porter; & pour revenir à l'avantage qu'il y a de casser les mottes d'une terre qui en est remplie: voicy ce qu'en dit Virgile.

Virg. Geor. l. 1. » Celuy qui casse les mottes avec un rateau & une herse fait un grand » bien à son champ, & Cerés luy jette du ciel des regards tres-favo- » rables, c'est à dire, que cette façon rend un champ tres-fécond; reste à present, aprés avoir parlé des labours des terres, d'entrer en connoissance de la nature de chacune en particulier.

CHAPITRE IV.

Des differentes sortes de Terres propres au Labourage, de leur nature, & à quoy propres chacune en particulier.

LA Terre est le fondement de l'Agriculture, c'est une mere toûjours portée pour le bien de ses enfans, & qui les favorise plus ou moins, qu'elle sent qu'ils sont affectionnez à la cultiver. Il est vray qu'il y a des terres bien plus fécondes l'une que l'autre, & qui rendent avec bien plus d'usure ce qu'on leur a confié, & qu'on en voit même qui sont tout-à-fait steriles; mais comme ce ne sont point celles-là que nous envisageons dans l'Agriculture, nous parlerons des autres qu'on n'y employe point inutilement, & nous entrerons en connoissance de ce qu'elles sont capables de produire chacune en particulier.

Combien il y a de sortes de Terres.

NOus comptons de deux sortes de terres, la *Terre forte* & la *Terre legere*, & chaque espece de ces terres se subdivise en d'autres, ainsi que nous l'allons faire voir.

Sous le nom de terre forte, nous comprenons les grosses terres dont le corps est massif & pesant, ce qu'on sent lorsqu'on manie la *Terre grasse* & la *Terre argileuse*, voyons sans aller plus loin ce que ces terres peuvent produire par elles-mêmes, afin que les y employant, le Laboureur ne soit point trompé dans son attente.

La terre forte est de plusieurs couleurs, il y en a d'un jaune clair, & d'un jaune noirâtre; celle-cy a toûjours passé pour la meilleure, n'étant pas si compacte que l'autre, & étant par ce moyen plus susceptible des influences du ciel, qui la pénetrant plus aisément, en augmentent non seulement bien plus la substance, mais encore en font agir les sels avec bien plus d'éficace: ses pores se trouvent toûjours assez ouverts pour permettre aux racines des plantes de s'y étendre aisément, & pour donner un parfait accroissement aux tiges qu'elles poussent, & qui sont les parties qui nous apportent le fruit que nous esperons; ces terres sont merveilleuses, peu sujettes aux amandemens, parce que la nature y a assez pourvû de ce côté-là: il ne leur faut que des labours donnez en saison, & autant qu'il leur en convient pour rendre riche un Laboureur. La terre forte.

L'autre terre de cette espece est aussi beaucoup fertile, mais ayant un corps plus compacte, & étant d'une substance moins abondante en bons principes, on ne l'estime pas tant que la premiere, outre qu'elle est plus sujette à se durcir, sur tout lorsqu'on la remuë immédiatement aprés une pluye, ce qu'il ne faut jamais faire; ces deux sortes de terres produisent beaucoup de froment, & c'est aussi à elles qu'il faut le plus confier ce grain, & on peut dire qu'elles le rendent avec grande usure.

Quelquefois aussi les pluyes trop frequentes du mois de May les font tomber dans un inconvenient fâcheux; car pour lors le bled qu'on y a semé ne travaille qu'en herbe, ce qui donne beaucoup de paille & peu de grain, qui souvent aussi dans ces années pluvieuses se convertit en yvroye; mais quand les années sont séches raisonnablement, ces champs sont tellement couverts d'épics, qu'on est surpris de voir la quantité de gerbes qu'ils donnent, & du grain qu'ils rendent quand on les bat.

Ces terres sont excellentes aussi pour les autres grains, mais on y en met le moins qu'on peut, parce que le froment étant bien meilleur, on y met toûjours de ce bled autant qu'on le juge à propos, & que la nature de la terre le permet; si on leur veut donner du repos, on y semera de l'avoine ou de l'orge pour les laisser aprés en jachere.

Terre grasse.

On entend sous *Terre grasse* celle dont le corps a des parties gluantes & tenaces ; cette terre se durcit au moindre hâle qui la surprend, c'est pourquoy si l'on ne sçait la prendre à propos il est difficile de l'ameublir, & de la rendre par là capable de produire bien du grain. Cependant quand une telle terre est cultivée en saison, on n'y perd point sa semence.

La terre grasse est ordinairement jaune, fort sujette à s'imbiber d'eau, ce qui détruit souvent en elle la plus grande partie des principes qui concourent à la végétation ; le froment vient bien dans ces sortes de fonds, pourvû qu'il ne pleuve point trop, mais le méteil y croît plus sûrement, & avec moins de danger, & encore mieux le seigle qui n'est point sujet à dégénerer en yvroye ; les autres menus grains y viennent aussi tres-bien.

Il y a encore une autre espece de terre forte située dans des fonds, & dont le naturel est d'être toûjours froid, à cause des eaux qui y filtrent incessamment, ce qui arrive aux terres qui sont en prez, & qu'on a défrichées pour porter du bled ; elles ne manquent point de sels à la verité, mais elles ont un défaut, que ces sels, aprés avoir agi assez heureusement pendant quelques années, se trouvent n'avoir plus tout-à-fait de rapport convenable à la tissure du bled qu'on y a semé, d'où vient qu'il dégénere, & se convertit tout en paille, & que si c'est de l'avoine qu'on y seme, ce n'est qu'une avoine d'un grain tres-petit, venuë neanmoins fort druë, & qu'on appelle en des pays *Avoine folle*, cette avoine n'est propre que pour être donnée au bestiaux en guise de fourage ; telle terre rend aussi toûjours plus de profit en prez qu'en terre labourable.

Terre argileuse.

Pour *la Terre argileuse*, elle n'est propre à rien qu'à faire des pots ou de la vaisselle de terre ; c'est pourquoy on l'appelle *Terre à pottier*, on l'employe aussi pour faire du conroy ; c'est pourquoy il est inutile d'y semer aucun grain ; car pour le peu qu'elles ayent de parties convenables à la végétation, ces parties se trouvent tellement embarassées dans leur mouvement, qu'au lieu de se porter à la semence qu'on y commet, elles s'émoussent, ou plûtôt elles se détruisent de maniere qu'elles n'y peuvent rien operer d'avantageux.

Terre legere.

Quant aux *Terres legeres*, nous les subdiviserons aussi en plusieurs especes, sçavoir en *Terre legere*, naturellement, en *Terre sabloneuse*, & en *Terre pierreuse*.

La terre legere naturellement est celle qui n'est composée que d'une terre dont les parties sont séparées l'une de l'autre, & ne font point corps, tout y est volatile ; elles sont cependant de tres-bonnes terres quand on sçait leur donner leurs façons à propos, & ainsi que nous l'avons dit dans le Chapitre précedent, autrement, ou leurs principes s'exhaltent inutilement dans leur mouvement, ou ils ne sont propres à produire que tres-peu de chose ; il y en a de plus substantielle l'une que l'autre, les meilleures conviennent au froment, & les autres sont propres pour le méteil & pour le seigle, qui veut sur tout, comme dit le Proverbe, *être semé en poussiere*.

Il y a des terres legeres de plusieurs couleurs, de grisâtres & de noirâtres ; celles-cy ont coûtume d'être meilleures que les autres.

On entend encore sous terre legere les *Terres sabloneuses*, parce qu'en effet elles ont le corps fort poreux & se manient tres-facilement ; ces terres sabloneuses sont encore de deux sortes, l'une d'un corps plus compacte & plus substantiel que l'autre ; la premiere convient fort bien au froment, & ce grain y multiplie en abondance ; elle convient encore à toutes sortes de légumes, au panis, au méteil & au ris. Terres sabloneuses.

Ces terres different aussi en couleur, il y en a de noirâtres, de jaunes & d'un jaune blanchâtre, les noirâtres sont les plus estimées quand elles ont bien de la substance ; car il y en a de cette couleur qui ne sont propres qu'en landes, qui sont des terres vaines & vagues que les Laboureurs négligent, & qui ne produisent que des genêts, des bruyeres & des broussailles, ainsi qu'on en voit beaucoup en Gascogne, du côté de Bordeaux, & en plusieurs autres endroits du Royaume.

On fait bien du cas dans le labourage des terres sabloneuses qui sont jaunes, lorsqu'elles ne sont point trop humides, le froment y pullule beaucoup, & il suffit que quelque humidité souterraine luy procure de la fraîcheur pour entretenir l'humeur radicale de la plante qu'on luy confie.

Pour les terres sabloneuses d'un jaune blanchâtre, elles ne valent pas les autres à beaucoup prés, elles sont la plûpart tellement dépourvûës de sels, qu'il n'y croît que certaines plantes qui n'en veulent que tres-peu pour agir ; c'est pourquoy on n'y seme que du bois, ou du bled sarazin.

Il y en a encore d'autres de cette couleur, dont le grain n'est que pur sable, ce qui fait qu'on les nomme *Terres sableuses* ; ces terres ne sont propres à rien qu'à écurer la vaisselle. Terre sableuse.

Les *Terres pierreuses* sont encore la plûpart des especes de terres legeres, ce ne sont pas celles qui rapportent le plus de grain, mais comme il faut s'en servir telles qu'on les a : voicy comment on doit les regarder par rapport à ce qu'elles sont capables de produire. Terre pierreuse.

Les terres pierreuses & jaunâtres, & dont le cailloutage est petit, sont tres-bonnes pour y semer du méteil, le froment n'y vient pas si bien, & pour cela il faut qu'elles soient situées dans un fond qui puisse les rendre un peu fraîches, parce que le froment aime un peu l'humidité : le seigle y croît aussi à merveille, l'orge y devient beau & bien nourri, & l'avoine de même, mais elle n'y leve pas si druë.

On voit des terres pierreuses rougeâtres, & dont les pierres sont grosses, ces sortes de terres sont ordinairement fort ingrattes, il ne faut y semer que du seigle ou du méteil dans celles qu'on connoît pour être les meilleures de ce genre ; les sels sont rares dans ces terres, outre qu'ils y volatisent trop par le mouvement rapide qu'y cause la châleur du soleil, ce qui fait qu'il s'en dissipe beaucoup sans rien produire.

Il y a encore une autre sorte de terre pierreuse noirâtre, & dont le cailloutage est de celuy dont on se sert pour faire des pierres à fusil. Ce terroir ne vaut rien tout-à-fait ; il est trop brûlant pour y semer du grain, c'est pourquoi on en voit beaucoup en friche dans les païs où ces terres sont communes.

Et toutes ces terres pierreuses, pourbien faire, doivent être épierrées, c'est à dire, qu'on en doit ôter une partie des pierres, si l'on veut qu'elles produisent beaucoup.

Terres de Landes.

A l'égard des terres de landes, dont on a déja parlé, on peut, si l'on veut, les mettre en nature; & pour y bien réüssir, il faut les déchaumer avant l'hyver, & leur donner de fréquens labours, comme aux terres legeres, jusqu'à ce qu'on veüille les semer, où pour lors on les fume le plus qu'on peut. Il y en a qui la premiere année y sement des féves, ou des lupins, parce, disent-ils, que cela les engraisse, lorsqu'on y enterre leurs cossats en les labourant.

Terre de craye & d'ardoise.

Nous avons encore des terres pierreuses qui ne sont que de craye & d'ardoise; elles seroient sans doute infertiles sans le secours des labours donnez à propos, & des amandemens qui leur conviennent, ce qu'on dira dans l'article des Fumiers, mais aussi moyennant ce secours, on en tire du profit.

Terres marecageuses.

Les *Terres marécageuses* ne conviennent point du tout à la nature du bled, de quelque espece qu'il puisse être; il faut regarder ces terres comme des fonds à faire des prez, si l'eau n'y séjourne point trop-long-temps; en ce cas, on y plantera du bois d'Aune de la maniere qu'on le dira; c'est le meilleur profit qu'on en puisse tirer.

Terres novales.

On entend par *Terres novales* celles qui ont été nouvellement défrichées & mises en valeur, ce qui arrive souvent dans les pays où il y a beaucoup de bois de futaye, lesquels aprés avoir été coupez sont convertis en terres labourables, & pour cela, on arrache les arbres avec leurs racines. Ces terres rapportent beaucoup les trois premieres années de suite, sans qu'il soit besoin de les fumer. Les feüilles des arbres qui depuis long-temps y sont tombées & s'y sont consommées, ont communiqué quantité de sels en ces terres, lesquels n'ayant nul raport à la tissure des racines des arbres ont toûjours resté infructueux jusqu'à ce qu'on y seme du bled, où pour lors ils agissent tres-bien, & le font croître en abondance. Ces terres s'épuisent de substance, ainsi que les autres, & quand on s'en apperçoit, on les laisse reposer, puis on les engraisse, & on leur donne les labours qui leur sont necessaires.

Souvent la trop grande abondance des sels, dont les terres novales sont remplies la premiere année qu'on les défriche, est cause que le bled y vient trop dru, de maniere qu'il pousse tout en herbe & peu en grain, ce qui ne donne presque rien que de la paille; cet inconvenient est un peu fâcheux; mais on y remedie aisément, si d'abord qu'une terre novale est défrichée on commence par y semer de l'avoine, cette premiere production absorbe cette grande abondance de substance qui ne peut que nuire au bled qu'on y seme, mais aussi aprés le bled y fait merveille.

Autres terres novales.

Bel-e-Forêt deuxiéme Jour de l'Agric. p. 39.

On fait encore des terres novales des prez qu'on ne juge plus être propres à donner beaucoup de foin, on peut les convertir en terres labourable à l'aide de la Charruë seulement, par le moyen des frequens labours qu'on leur donne, mais voici une autre méthode qui semble tres-bonne pour y réüssir.

On leve avec une bêche la superficie de ces prez par petits gazons largés d'un pied & demi, & épais de deux doigts dans une espace de ce pré

d'environ

d'environ onze toises en quarré, & l'on continuë ainsi tant que le pré a d'étenduë.

Les gazons étant ainsi tous coupez, & dans chaque espace où on les a levez, on les laisse secher au soleil pendant dix jours, puis on en forme un fourneau fait en rond, ayant d'un côté dans le fond un trou, afin d'y pouvoir mettre le feu ; il faut que le four ait deux brasses de diametre en dedans soignant bien d'étouper le tout, afin que le fourneau ne s'évente point, ce qui détruiroit l'effet qu'on en attend : il doit avoir une brasse & demie de hauteur.

Tout cela observé, on prend de la paille dont on couvre ces mottes, puis on met dessus deux bonnes fascines de bois en travers pour mieux le maintenir en état, observant de le placer toûjours en étressissant jusqu'à ce que le fourneau en soit tout environné.

Ensuite on y met le feu qui reste ainsi allumé durant vingt-quatre heures, soignant pendant tout ce temps de l'attiser avec des fourches, afin que les mottes en cuisent mieux, tournant même celles qu'on juge ne devoir pas être assez brûlées.

Quand ces mottes sont brûlées, on les laisse réfroidir pendant six ou sept jours, puis on répend la cendre le plus également qu'il est possible par tout le champ. Il n'y a rien de meilleur que cet amandement, il porte des sels avec soy qui sont merveilleux pour la végétation ; on commence à dresser ces fourneaux dés le mois d'Avril jusqu'à la fin d'Août.

Il faut se donner garde dans ces terres novales ainsi amandées, d'y semer du froment les deux premieres années, ce grain rendroit plus de paille que de bled, on y met au contraire du mil et, puis du seigle, & ensuite du méteil.

Les prez qui sont maigres, & qui ne sont que comme une pelouse rase, tels que sont ceux qui sont situez dans un fond argileux & pierreux, ne sont point propres à faire des terres novales, il est besoin, comme on a déja dit, qu'ils ayent de terre trois doigts d'épaisseur qu'on puisse couper ; cette méthode de changer ainsi les prez de nature paroît tres-bonne, on conseille de la suivre.

CHAPITRE V.

Des differens Fumiers dont on se sert pour engraisser les terres ; du temps de les fumer, & de ce qu'on y doit observer pour les bien fumer.

On sçait de tout temps, & l'experience nous le confirme tous les jours, que c'est par le moyen du fumier que les terres affoiblies par le long travail, retrouvent dans la suite des forces capables d'agir comme auparavant ; que c'est ce fumier qui en corrige les défauts, & d'où procede cette grande fertilité qu'on regarde en elle, & que c'est enfin dans ce fumier qu'il y a de certains sucs, qui par les rapports qu'ils ont à la constitution des plantes qu'on commet à cette terre, pénétrent à travers leurs pores, les font germer & leur donnent l'accroissement.

Mais comme on employe en Agriculture plusieurs sortes de fumiers, & que les sucs qui en découlent ne se trouvent pas tous également dans la proportion necessaire à la fermentation des semences, ni à leur accroissement, soit par rapport aux lieux où les terres sont situées, soit par rapport au soleil qui les échauffe, on a jugé à propos de les distribuer par classes, & d'examiner comment on les peut utilement employer chacun en particulier.

Les fumiers qu'on employe le plus communément dans les terres, sont les fumiers de Mouton & de Vache; parlons d'abord du premier, puis nous dirons ce qui concerne les autres.

Du Fumier de Mouton, sa proprieté.

IL est constant que ce Fumier-cy est le meilleur de tous pour engraisser les terres de quelque nature qu'elles puissent être, cet amandement a des sels en tres-grande abondance, & des principes, qui quoique bien volatiles, se fixent aisément & en quantité dans la tissure des semences qu'on commet à la terre où ce fumier est répandu : la terre forte, la legere, celle qui est sabloneuse, & toutes les autres généralement s'en accommodent tres-bien.

Quand on le met dans la terre forte il en détache les parties qui en font le corps, de maniere que de compacte bien souvent que cette terre est, elle se rend aisée à manier, & devient ce qu'on appelle *terre meuble*, c'est à dire, comme en poussiere, outre qu'il en corrige les défauts qu'elle peut avoir contractée, soit pour s'être épuisée à donner ses productions, soit par quelque accident qui luy est arrivé.

La terre legere trouve dans ce fumier un suc dont les sels fixent dans leur mouvement ce qu'elle a de plus volatile, en telle sorte que ce qui devroit en elle s'échapper de principes propres à la végétation, se porte avec succés à la tissure des semences, les fait germer & prendre aprés à la plante tout l'accroissement qui luy est necessaire.

Le fumier de Mouton est encore tres-bon pour les terres sabloneuses, il y opere le même effet que dans les terres legeres, parce que l'une & l'autre sont presque d'une même constitution. Si on l'employe dans une terre humide, il y met en mouvement les sels, qui, pour être trop embarassez dans les parties aqueuses dont la terre est empreinte, n'agissent souvent que tres-imparfaitement; enfin ce fumier a des proprietez merveilleuses pour tous les végétaux.

Du Fumier de Vache, ses proprietez & autres.

QUant au fumier de Vache il tient le second rang dans l'Agriculture, parce que les sels y sont moins féconds & n'y agissent pas tant que dans le fumier de Mouton, ils s'y trouvent plus embarassez par les parties grossieres de l'humidité que contient celuy de Vache, dautant que celles-cy quelquefois qui y dominent, en émoussent tellement ces sels, qu'il s'y en dissipe beaucoup sans rien produire d'avantageux; ce n'est pas malgré cela, qu'on ne puisse charrier ce fumier dans toutes sortes de terres, s'il n'y profite pas tant que celuy de Mouton, il ne laisse pas que d'y donner de tres-belles productions.

Si l'on veut se servir de fumier de cheval pour engraisser les terres, il ne faut pas l'employer récemment sorti de l'Ecurie, les parties subtiles qui en émanent alors, y fermentent trop fortement, ce qui seroit capable de détruire le bon effet que les sels des terres où on les répandroit ainsi, pourroient produire; il faut laisser passer cette éfervessence, & le mettre pour cela dans la Basse-cour à l'endroit où l'on a coûtume de mettre les fumiers; puis quand il est comme putréfié, on le mene dans les terres qu'on lui a destinées. Fumier de cheval, ses proprietez.

Les terres fortes & humides lui conviennent tres-bien, il y facilite le mouvement aux principes qui sont comme enveloppez dans une masse par les parties grossieres de l'eau qui les y tiennent, & il les dégage de maniere que les végétaux en reçoivent suffisamment pour prendre une belle croissance; le fumier de Cheval n'est point propre pour les autres terres.

Les fumiers de Mulet & d'Ane ont à peu prés les mêmes proprietez que celui de Cheval, c'est pourquoi il faut les employer aux terres de de la même maniere. Fumier de Mulet & d'Ane, leurs proprietez.

Pour le fumier de Cochon, l'experience nous a fait voir jusqu'ici qu'il ne contenoit aucuns bons principes pour ameliorer les terres, c'est pourquoi on ne s'en sert guéres, s'il n'est mêlé avec d'autres, qui aident à faire mouvoir ses parties pour agir efficacement. Fumier de cochon, ses proprietez.

La fiente de Pigeon est de tous les engrais celui qui est le plus rempli de parties volatiles, & elles y sont toûjours dans un mouvement si rapide, que si l'on ne sçait les y moderer, quand on employe ce fumier dans les terres, il y altere la semence qu'on y jette, de telle sorte, que bien souvent il en détruit les premiers principes. Fiente de Pigeon, ses proprietez.

Il faut donc, avant que de s'en servir, le laisser de repos à l'air, c'est le remede pour rendre ce fumier propre à quelque chose dans l'Agriculture; on le regarde comme un amandement tres-propre à améliorer les prez qui s'amaigrissent à force d'avoir porté de l'herbe; on l'employe tres-utilement dans les Chénevieres, mais il faut les répandre à claires voyes, & prendre garde encore que la terre ne soit point trop legere: il ne convient pas aux terres labourables, ainsi on n'en fera point amas en cette vûë.

On dira peu de choses du fumier de Poule, parce qu'il est ordinairement en si petite quantité qu'on ne peut l'employer seul; cependant, si l'on veut entrer en connoissance de ce qu'il peut operer au sujet des terres, on a remarqué jusques-ici que la volatilité de ses parties pourroit alterer en quelque façon les végétaux, si on n'en laissoit passer les premiers mouvemens, ainsi on n'employe ce fumier qu'aprés l'avoir laissé reposer à l'air: on en peut mettre, si l'on veut, dans les Chénevieres, mais il est quelquefois si sujet à produire des pucerons quand on l'employe tout pur, que pour éviter cet inconvenient, on le mêle avec d'autres. Fumier de Poule, ses proprietez.

On rejette comme mauvais fumiers toute fiente d'animaux aquatiques soit que les sels dont ils sont remplis ne puissent agir, à cause des parties Fienre d'animaux aquatiques dangereuses.

aqueuses qui les enveloppent, ou que ces sels dans leur action n'ayent aucun rapport à la tissure des plantes qui croissent dans la terre où ces fumiers sont employez, ainsi de quelque côté que vienne ce défaut, il est toûjours assez grand pour faire mépriser ces excrémens.

De la chaux.

Outre les fumiers des animaux de la basse-cour, il y en a encore d'autres qui sont tres-specifiques pour faire croître les plantes; car par exemple, la chaux vive mêlée avec d'autres fumiers, bien pourris, & répanduë dans les terres froides & humides au commencement de l'hyver fait tres-bien véjetter les semences qu'on leur confie, & l'on tient qu'elle y détruit même les insectes qui s'y sont engendrez, & les malignes herbes qui leur nuisent; cette maxime se pratique sur tout dans la Gueldre au pays de Juliers: on peut ailleurs l'experimenter, particulierement dans les terres d'un temperamment froid & humide.

Féves, bon amandement pour les terres.

Les féves engraissent la terre où on les a semées, si on y laisse les cossats mêlez lorsqu'on la laboure; il y en a qui lorsque les féves sont en fleur, n'attendent pas qu'ils en ayent cueillis le fruit pour les renverser avec la Charruë, ils prétendent que c'est un tres-bon amandement & beaucoup meilleur que quand il n'y a que les cosses; l'experience peut décider du fait, & ils ajoûtent même que c'est un avantage tres-grand, & qui dédommage avec usure non-seulement de la dépense qu'on a faite pour l'achat des féves, mais encore du temps & de la peine qu'on s'est donnée à les semer, c'est environ la fin d'Avril que ce labour se doit donner.

Lupins engrais profitable aux terres.

On estime encore les lupins pour bien ameliorer une terre, on s'en sert beaucoup en Piedmont & ailleurs, on seme ces legumes sur la fin du mois de Juin ou au commencement de Juillet sur les vieux guérets qu'on destine pour semer les bleds d'automne, ce qui se fait à la deuxiéme façon, puis on laisse croître ces lupins, & quand ils ont seulement poussé leurs feüilles sans attendre la fleur & le fruit, on les renverse pêle-mêle avec la terre, faisant en sorte, autant qu'il est possible, que la terre les couvre; cette plante a, dit-on, un certain acide qui absorbe les mauvais principes des terres où on la seme, & qui en détruit les insectes qui lui sont préjudiciables.

De la Marne.

Nous avons encore la Marne qui renferme en soy des proprietez merveilleuses pour aider aux végétaux à prendre un accroissement parfait. Cette Marne est une terre fossile, grasse & molle, il y en a de blanche, c'est la meilleure de toutes, de rouge, de colombine, & d'autre, qui tient d'argile, du tuf & du sable, ces dernieres especes ne sont point estimées.

Il y a beaucoup de Marnieres en France, il n'est question que de sçavoir connoître cette terre & la mettre en usage. On commence d'abord par la tirer de la Marniere pour la mettre aprés sur le champ en monceaux pour l'y laisser reposer un peu de temps, afin qu'elle se puisse mieux réduire en poussiere; car sitôt qu'on la tire de son trou, elle durcit, & ne sçauroit facilement se répandre, il faut pour bien faire la tirer avant l'hyver.

Ce temps passé: & avant que de donner le second labour aux terres, on y charrie cette Marne, on l'y met en petits monceaux ou fumeraux, éloignez l'un de l'autre selon qu'on juge à propos que la terre a besoin de cet engrais, mais toûjours on remarquera de ne le point répandre bien dru, parce que la Marne est remplie de beaucoup de sels convenables à la végétation, & d'ailleurs si volatiles qu'ils détruisent les principes des plantes, quand ils sont trop-abondans, c'est pourquoy on en laisse exhaler une bonne partie.

Aprés avoir mis cet amandement en petits monceaux, on le répand pour l'incorporer ensuite avec la terre qu'on laboure. C'est une chose étonnante de voir combien cette Marne rend un champ fertile, & cette fertilité se manifeste tellement dés la premiere année, que les bleds, comme on dit, en versent, tant leurs épis sont chargez de grains; la Marne convient à toutes sortes de terres.

Une terre bien marnée, c'est à dire, avec prudence; car le trop de marne nuit à la terre, rend un grand profit pendant dix-huit à vingt-ans, sans qu'il soit besoin d'y charrier aucun autre fumier. Il seroit à souhaiter qu'il y eût par tout des Marnieres, ou du moins dans les lieux où les terres ont bien besoin d'être fumées pour produire beaucoup de grain. L'Agriculture n'en fleuriroit que mieux, & le Laboureur n'en seroit que plus content, mais quand les sels de cette Marne sont tous épuisez, il faut recommencer à marner les terres, autrement elles n'apportent que tres-peu de choses.

Des cendres.

Les cendres, il n'importe d'où elles viennent, soit du foyer ou de la lessive, des fourneaux à tuile, à chaux, ou à charbon, sont un tres-bon engrais pour rendre les terres fecondes, & les parties volatiles qu'elles contiennent ont des rapports de convenance merveilleux à la fabrique des plantes qui croissent dans la terre où on répand ces cendres; c'est pourquoy on voit germer ces plantes, & prendre un accroissement qui fait plaisir; les terres fortes & les terres humides sont celles qui s'en accommodent le mieux.

Immondices des Privez, & Boües des ruës.

Les immondices des Privez & les boües des ruës, lorsqu'on les a laissé reposer assez pour se décharger de tout ce qu'elles ont d'humidité, engraissent les terres. On en voit l'experience aux environs de Paris, où les terres assez maigres par elles-mêmes, deviennent tres-fecondes par le secours de ces amandemens.

Feüilles d'arbres à fruits de jardin.

Les feüilles de toutes sortes d'herbages & de fruits de jardin qu'on jette, comme celles de melons, concombres & d'autres de cette nature, tout cela mis en monceaux & réduit en poussiere avec le temps, concourt beaucoup à la formation du bled, & le fait multiplier à foison.

Marc de raisin.

On se sert encore de Marc de raisin pour améliorer les terres, mais il faut que ce soit des terres grasses, ou humides, les principes trop exaltez de cet amandement veulent trouver d'autres parties moins volatiles qu'eux pour les fixer, sans cela, se portant trop brusquement à la tissure des plantes, ils en dérangent la fabrique, les froissent & n'y produisent par ce moyen qu'un effet tres-médiocre.

Enfin les fumiers, comme on vient de dire, doivent être appliquez à propos, si l'on veut qu'ils rendent tout le fruit qu'on en attend. Telle est l'idée physique qu'on a dû en concevoir; en effet, on peut dire qu'il faut pour que les bleds croissent & pullulent beaucoup dans les terres, que leurs parties soient d'une tissure propre à faire recevoir aux sucs qui s'exaltent des fumiers les mêmes déterminations que la matiere a reçuë quand le bled a été formé, il n'y a que les sucs avec lesquels ce bled se trouve dans la proportion necessaire à leur fermentation & à leur accroissement, qui peut les faire germer & croître comme il faut.

On peut dire la même chose des differentes terres situées en differens endroits, & dont les sucs préparez diversement demandent qu'on leur donne des grains, dont les principes puissent être par le secours de ces sucs tres-bien vivifiez.

Tous les fumiers dont on vient de parler, ne s'employent pas toûjours séparément, on en fait de gros tas dans la Basse-cour, qu'on mêle les uns parmi les autres à mesure qu'on les tire des Etables & de l'Ecurie, l'un abonit l'autre, & corrige ses défauts. Ainsi, lorsque ces fumiers ont resté du temps entassez, on les coupe avec la besche, ou un autre instrument, pour les charger dans le Tombereau ou la Charrette à fumier, pour ensuite les charrier aux terres, les y mettre en fumereaux, & les y répandre aprés dans tout le champ.

Du temps de fumer les Terres.

ON commence à charrier les fumiers dans les terres incontinent aprés que la moisson est finie : il faut l'y répandre le plûtôt qu'il est possible, & le couvrir aussi-tôt de terre; autrement le grand air en fait exhaler inutilement une grande abondance de sels, qui profiteroient aux bleds, si on n'usoit de la précaution dont on a parlé.

Maxime à rejetter.

Quelques-uns ne suivent point cette maxime, ils charrient leur fumier dés qu'on a donné la premiere façon aux terres destinées pour y semer les bleds; il est fâcheux que ces gens-là ne soient point instruits du préjudice que cela leur cause; car s'ils se persuadoient, comme ils le doivent absolument, que ce fumier n'est pas plûtôt mis en terre, qu'il agit puissamment, que ses sels dans une continuelle agitation cherchent à se porter à ce qui peut avoir des rapports à eux, comme par exemple aux méchantes herbes, dont la méchanique est presque susceptible de toutes sortes de sucs, si ces gens-là, dis-je, vouloient entrer en connoissance de ce mouvement, ils jugeroient bien qu'il ne se peut faire sans une tres-grande dissipation de ces sels, qui ne se réparent point aprés, quand on seme le bled dans les terres ainsi fumées, au lieu que lorsqu'on ne fume ces terres qu'au dernier labour qu'on leur donne avant que de les semer, le fumier qu'on y met y profite autant qu'on le peut souhaiter, la semence en reçoit tout le suc qui en sort, & par ce moyen elle se multiplie, & fait prendre aux plantes qu'elle jette une tres-belle croissance.

Si l'on pouvoit ne répandre les fumiers que par un temps sombre, & qui nous donnât de la pluye un peu aprés, la terre n'en vaudroit que mieux, parce que les parties de l'engrais qui concourent à la végetation ne s'évaporeroient point tant, l'humidité les fixeroit, & toute la semence profiteroit.

Il faut donner du fumier aux terres autant qu'on juge qu'elles en ont besoin, plus aux unes qu'aux autres, & selon qu'elles sont par elles-mêmes plus ou moins substantielles; la prudence du Laboureur qui a coûtume de manier sa terre, & qui doit en connoître la nature, décide ordinairement de ce fait. La maniere de répandre ce fumier est sçûë de tous ceux qu'on y employe, c'est pourquoy il est inutile d'en rien dire icy, il faut seulement observer que ce fumier soit répandu par tout, le plus également qu'on pourra.

Il y en a qui sont du sentiment que les fumiers récemment sortis de dessous les bestiaux profitent plus aux terres que celuy qu'il y a long-temps qui reste en monceaux dans la Basse-cour, on ne sçait quel jugement positif on doit asseoir là dessus, lorsque nous experimentons tous les jours que les fumiers bien entassez de longue main, & placez dans un endroit qui leur convienne, produisent d'aussi bons effets que les premiers, ainsi ce scrupule n'arrêtera nullement les Laboureurs.

CHAPITRE VI.

SEMAILLES D'AUTOMNE,

Et de tout ce qu'il y a à observer à l'égard des Semences, avec la maniere de les bien semer, & à propos.

AVant que d'entrer dans le détail de tout ce qui regarde les semailles d'Automne, nous commencerons ce Chapitre par la peinture admirable de ce que la nature fait des semences que l'on confie à la terre : nous sommes redevables de cette idée à ce grand Orateur Romain, qui a parlé si avantageusement de l'Agriculture.

Aprés, dit-il, que le soc a ouvert & ramolli la terre, elle reçoit & » cache la semence dans son sein ; & ayant renflé & ratendri le grain par » le suc qu'elle luy communique, elle l'ouvre & en fait sortir une pointe » verdoyante, qui nourrie & soutenuë par ses racines s'éleve peu à peu, & » pousse un tuyau fortifié par des nœuds ; l'épi s'y trouve enfermé dans une » espece d'étuy où il acheve petit à petit de se former, & d'où il sort enfin » dans son temps, & se présente à nos yeux dans tout l'appareil de son » admirable structure & muni de pointes hérissées, qui luy sont comme » une palissade contre les insultes des petits oiseaux : tel est l'ordre naturel » que la terre suit dans ses productions. Cic. de Senect. c. 15.

Et telle est la vertu qu'elle communique aux semences qu'on luy confie: mais comme cette terre est susceptible d'alteration, & qu'il ne faut que cela pour contrevenir à cet ordre, on tâche d'en prévenir l'inconvenient par tout ce qu'il y a à observer dans l'Agriculture, & particulierement à l'égard des semences qui sont les principes de toutes les plantes.

Du temps des Semailles d'Automne, & du choix des Semences.

ON entend par la *semaille d'Automne* le temps auquel on doit semer les bleds, il commence dés la fin du mois d'Août jusqu'à la saint Martin, plûtôt en des pays qu'en d'autres ; cette remarque est générale, mais on eſpere là-deſſus deſcendre dans un détail plus particulier à l'égard de chaque ſemence de cette ſaiſon, aprés qu'on aura parlé du choix qu'on doit faire des ſemences. Le plûtôt qu'on peut faire la ſemaille, en quelque pays que ce ſoit, c'eſt toûjours le meilleur.

Le choix des ſemences eſt l'un des plus importans articles de la culture des terres à grains, c'eſt d'elles que dépend le plus la fécondité des terres; car on auroit beau avoir donné tous les labours néceſſaires à un champ, & l'avoir bien fumé, tous ces ſoins ſeroient inutils, ſi le grain étoit alteré; on auroit beau le jetter en terre, toute la matiere qui devroit en pénétrer la ſubſtance, agiroit en vain.

Qu'il la faut choiſir convenable aux terres.

Il eſt encore néceſſaire de choiſir la ſemence, dont la méchanique ait des rapports de convenance avec les ſels des terres qui doivent luy donner l'accroiſſement, c'eſt à dire, qu'on ait experimenté que le froment, le méteil ou le ſeigle, qui ſont les ſemences ordinaires de la ſemaille d'Automne, viennent mieux en certains terroirs qu'en d'autres, comme par exemple, il y a des terres où le méteil croît heureuſement, d'autres qui ne ſont propres qu'à rapporter du ſeigle, ainſi du reſte; & qui iroit confier à ces terres d'autres ſemences, celuy-là perdroit le plus ſouvent ſa peine & ſon temps à les cultiver.

Changement de ſemences, quelquefois neceſſaire.

Il y a auſſi une autre choſe à obſerver en fait de ſemence. Les terres quelquefois veulent qu'on en change, c'eſt à dire, qu'aprés les avoir enſemencées de froment, de méteil ou de ſeigle, il faut y mettre de l'orge, de l'avoine, ou d'autres ſemences de la ſemaille du printemps; c'eſt ce qui s'expérimente tous les jours, ſoit parce que ces terres ſont épuiſées de ſels, & qu'elles n'en ont pas ſuffiſamment pour faire végéter parfaitement le même grain, & que pour en recouvrer de nouveaux, il faut que ces terres ayent d'autres ſemences qui en demandent moins, pour aprés les laiſſer repoſer; ou ſoit plûtôt que les ſels de ces terres, qui ſont agitez par la matiere étherée, ne trouvent plus dans la tiſſure de ces mêmes ſemences par les rapports de convenances qui manqueroient entre elles, des iſſües pour s'y introduire, & qu'il faut pour cela que ces ſels reprennent de nouvelles diſpoſitions pour agir avec plus de ſuccés, ce qui ne ſe peut faire qu'en changeant de ſemences, & que par le repos qu'on donne à certaines terres.

Ce n'eſt pas, comme nous l'avons déja dit, qu'il y a des terres d'une heureuſe conſtitution, & qui produiſent du froment pluſieurs années de ſuite. Quand on en a qui ſont ſi fertiles, on ſe donne bien de garde de leur changer la ſemence, le froment vaut toûjours mieux que tous autres grains qu'on y puiſſe ſemer.

D'autres veulent que trois ou quatre ans aprés qu'on s'eſt ſervi ſucceſſivement d'un même bled pour enſemencer ces terres, on en prenne d'autre que celuy qu'elles ont produit, & qu'il ſoit crû dans un autre climat; ils prétendent qu'il en vient plus abondant; mais comme en fait d'opinions, il eſt difficile de détruire la prévention, ſur tout à l'égard du vulgaire, qui eſt entêté, on le laiſſera agir en cela comme il voudra, puiſqu'il ne ſçauroit mal faire d'une & d'autre maniere, pourvû que ſon guéret ſoit bien choiſi; ſauf neanmoins qu'il permettra qu'on diſe qu'on a vû depuis

puis long-temps, & qu'on voit encore tous les jours par experience qu'un grain sorti d'un même terroir & semé annuellement dedans y a tres-bien réüssi, c'est pourquoy on laisse le champ libre là-dessus.

De quelque espece que soit le bled qu'on veut semer, il faut pour être bon, qu'il ait acquis sa maturité, qu'il soit pesant, de belle couleur, selon ce qu'il est, qu'il ne paroisse point alteré, ni ridé, & qu'il sonne bien dans la main quand on l'y saute : avec toutes ces qualitez, un grain de bled ne sçauroit que multiplier abondamment, quand la terre à laquelle on l'a confié n'a point manqué de culture. Marque de bon bled.

On bat les semences pour l'Automne, particulierement le seigle peu de temps aprés la moisson, ou dans le temps seulement qu'on en a besoin pour semer ; il faut des bleds qu'on receuille, toûjours choisir le meilleur & le mieux nourri, & le bien vanner pour le nettoyer du mauvais grain qui peut s'y trouver. Il est bon de prendre garde, quand on veut semer du froment, qu'il n'y ait point d'yvroye parmy, & s'il s'y en trouvoit, il faudroit non-seulement le purger de cette maudite engeance par le secours du van, mais même prendre ce froment gerbe à gerbe, & en tirer les épics de froment avec ceux de l'yvroye séparément l'un de l'autre pour se servir du premier & rejetter l'autre.

Il arrive un effet assez remarquable dans l'yvroye, auquel il n'est pas mauvais de faire faire attention ; le voicy. Ce grain, comme on sçait, ne provient que d'un froment corrompu, & dont les principes ont été alterez de maniere, que de bien-faisant qu'il étoit, il devient tres-pernicieux. Nous ne cherchons point icy à approfondir les causes de ce changement, nous dirons seulement qu'on observe que le froment se revêtit de ce mauvais caractere dans les années pluvieuses, & dans les temps trop-humides ; c'est donc à la trop grande humidité qu'on doit attribuer ce défaut, & cela est si vray, que si l'on prend de l'yvroye pur, qu'on le seme dans un terrein leger ou pierreux, & que l'année ne soit point pluvieuse, ce grain, de mauvais qu'il étoit, devient un beau froment, bien nourri, & rempli d'une farine propre à faire de tres-bon pain ; ce qu'on dit n'est fondé que sur l'experience, la chose est aisée à pratiquer, on peut s'en rendre certain. Remarque sur l'yvroye.

Experience pour bien choisir la semence, & d'une erreur au sujet des bleds propres à ensemencer les terres.

Quelques-uns avant que de semer le bled le mettent imbiber dans l'eau, pour en faire un juste choix ; & pour cela ils laissent tremper ce grain pendant cinq ou six heures, puis avec une écumoire ils ôtent entierement celuy qui nage, & ne se servent pour semer leurs terres, que de l'autre qui est descendu au fond ; cette méthode n'est point à rejetter, & elle a même dans son principe quelque chose qui paroît fort probable, outre qu'elle avance la germination du bled.

Quand ce bled a été ainsi éprouvé, on le tire de l'eau, on l'expose sur des draps au soleil, on l'étend & on le remuë de temps en temps pour le faire sécher, & lorsqu'il ne tient plus à la main, on le prend pour le semer. Toute cette manœuvre se fait en peu de temps, & pendant que le Laboureur & ses animaux prennent leur repas.

On prend toûjours le bled de l'année pour semer les terres, parce qu'il est plus à portée qu'un autre, que souvent on n'a pas, & qu'il faudroit acheter, en voilà la seule raison, & il est surprenant de voir la fausse idée de tous ceux, ou peu s'en faut, qui se mêlent de l'Agriculture, se sont formée des bleds propres à ensemencer les terres; ils ne se sont pas seulement contentez de douter, si celuy d'une année ou de deux seroit bon pour cela, ils ont même toûjours soutenu opiniâtrement qu'il ne valoit rien, qu'il en falloit du nouveau, & que ce seroit perdre absolument du grain, si on en agissoit autrement.

L'experience contraire qu'on en a faite en 1709. qui a été une année tres-fatale à presque toute l'Europe, & dont le souvenir fait encore horreur par la famine qu'on y a soufferte, doit suffire pour détromper ceux qui disent que le bled de deux ans n'est point propre à semer, lorsqu'on en a vû ensemencer des champs tres-spacieux, & multiplier à souhait.

On ne voit pas sur quel fondement ce principe puisse être établi; il n'y a que la seule experience du bled d'un ou de deux ans qui auroit manqué, qui pourroit confirmer cette opinion; mais comme ceux qui la soutiennent n'osent produire que leur curiosité les ait poussé jusques-là, puisque cette tentative ne pourroit que les convaincre d'erreur, on a lieu d'esperer qu'on se laissera aller en cela à ce qui peut approcher le plus de la verité, supposé qu'on se trouve dans le cas de n'avoir point d'autres grains à semer que de celuy d'un ou de deux ans; car si on en a du nouveau, il est inutile d'en aller chercher ailleurs.

Beaucoup des Laboureurs mettent tremper leur semence dans une eau mêlée & délayée de fiente de Vache, ou d'autre fumier bien gras, prétendant par-là avoir attrapé le secret de faire multiplier les bleds; mais comme ces fumiers n'ont pas des sels assez volatiles pour operer ce qu'ils cherchent en eux, il suffit que l'eau dans laquelle on a mis ces semences, enflent le grain, & qu'elle en avance la végétation, sans en rien esperer davantage.

Virg. Geor. l. 1. D'autres jettent du nitre parmi les grains qu'ils doivent semer, afin qu'ils remplissent mieux leurs capsules, qui d'ordinaire les representent plus gros qu'ils ne sont; cette maxime se pratiquoit beaucoup anciennement, mais on en est presque entierement revenu. On ne s'avise plus guéres aussi de faire tremper les semences, on ne blâme point neanmoins ceux qui le font, ils prennent, comme on a dit, le grain qui va au fond, & ramassent celui qui nage, dont ils se servent pour mettre au moulin, & en tirer ce qu'il peut y avoir de farine, ou bien ils le donnent à la volaille.

De la quantité de semence qu'il faut pour semer un arpent de terre.

IL y en a qui déterminent la quantité de semence qu'il faut pour ensemencer un arpent de terre à huit boisseaux de froment, de seigle ou de méteil, chaque boisseau pesant seize livres; d'autres disent qu'il en faut neuf ou dix, ſuppoſé que l'arpent ou l'acre contienne cent perches quarrées; on ſe reglera à proportion ſur le plus ou le moins d'étendue qu'auront les piéces de terres conformément à l'uſage des lieux où elles ſeront ſituées.

La bonne maxime en matiere d'Agriculture, ne veut pas qu'on charge tant une terre maigre de ſemence, qu'une autre dont le temperamment eſt fort ſubſtantiel; il y a cependant des Agriculteurs qui ſont d'un ſentiment contraire, fondez en ce que la bonne terre, diſent-ils, ne multiplie toûjours que trop les principes de la germination, d'où il arrive qu'un grain de bled produit pluſieurs épics, & que par là, il eſt inutile de charger cette terre de tant de ſemence, au lieu qu'une terre maigre en veut davantage pour apporter bien du grain, chaque ſemence ne donnant qu'un épic; ce dernier raiſonnement qui eſt faux, ſe détruit par luy-méme, & fait valoir le premier, puiſqu'il eſt conſtant qu'où il y a peu de ſels dans une terre, il n'y faut que peu de grain pour les faire multiplier, parce que, ſi on en charge beaucoup cette terre, tout le grain germera : mais il en reſtera la plûpart qui ne produira que de l'herbe.

Il eſt conſtant que plus on ſeme tard, & plus les terres ſont humides, plus il faut de ſemence pour emblaver un arpent, car alors il s'en perd toûjours beaucoup.

Le mois d'Août n'eſt pas plûtôt paſſé qu'on commence à ſe mettre en devoir de ſemer le *ſeigle*, c'eſt par ce grain que ſe fait l'ouverture de la ſemaille, afin qu'il ait le temps de ſe fortifier pour mieux réſiſter aux rigueurs de l'hyver; enſuite viennent les *orges quarrez*, puis le *méteil* & le *froment* aprés. Il y a des pays où on ſeme le ſeigle dés la fin du mois d'Août. Temps de ſemer les bleds.

Quand les ſemailles ſont ouvertes, il ne faut point perdre de temps à enſemencer les terres, les pareſſeux y perdent toûjours; ce n'eſt pas qu'il y a des pays où ce travail ſe fait bien plûtôt qu'en d'autres, c'eſt l'uſage qui doit décider là-deſſus.

Le Seigle veut étre ſemé dans les terres ſéches, legeres ou ſablonenſes, il ne ſe plait point dans les terres fortes & humides, & vient tres-bien dans les climats temperez. Du Seigle.

Le Méteil, qui eſt un compoſé de froment & de ſeigle, vient bien dans les terres d'un moyen temperamment; ce n'eſt pas qu'il multiplie beaucoup dans les terroirs propres au froment, & c'eſt là ordinairement où il faut le ſemer. Du Méteil.

Quant au Froment on le ſeme au mois d'Octobre, & toûjours aprés quelques pluyes, s'il ſe peut. Il faut de l'humidité au froment pour agiter ſes principes & ſe hâter de pouſſer; *les fromens ſemeras*, dit l'ancien Proverbe, *en la terre boüeuſe*; ce ſera donc toûjours le plûtôt qu'on pourra, dans les ſaiſons convenables qu'on enſemencera les terres, car ſelon le dire de nos Peres, *il vaut mieux s'avancer que de reculer à jetter la ſemence en terre.* Du Froment.

On appelle ce grain *orge quarré*, parce qu'il a une figure quarrée, on le nomme ailleurs *orge chevalin*, à cauſe qu'il eſt tres-bon pour engraiſſer les Chevaux; il eſt d'un tres-grand ſecours aux pauvres gens à cauſe de ſa prompte maturité, & qu'on le moiſſonne le premier & dans le temps que Orge quarré.

le bled manque aux personnes qui ne sont point à leur aise à la campagne : & comme ce bled se moissonne promptement, aussi faut-il le manger de même, n'étant point long-temps de garde, c'est pourquoy on n'en réserve ordinairement que pour semer : on seme cet orge apres le seigle.

Des marques du véritable temps auquel il fait bon semer.

SItôt que les feuilles des arbres commencent à tomber d'elles-mémes, elles nous avertissent qu'il fait bon semer, de même que lorsque les araignées étendent leurs toiles sur la superficie des guérets; car cet insecte ne file jamais en Automne, que le ciel ne soit disposé à nous donner du beau temps.

La véritable semaille des bleds dure six semaines, & guéres davantage, en quelque temps qu'on puisse la commencer dans toutes sortes de climats; cependant quelques Agriculteurs anciens disent que quinze jours plûtôt, ou plus tard, ce n'est pas une affaire qui doive causer aucun scrupule, & en effet on voit tous les ans confirmer cette verité. Cependant il est toûjours plus sûr de labourer pendant le beau temps, *labourez & semez tout nud*, dit Virgile, Hesiode avoit été avant luy de ce sentiment, c'est à dire, sans être embarassé d'aucun vétement, ce qui ne sçauroit se faire que lorsque le temps le permet.

Palladius de re rus. l. 1. t. 6.

Georg. l. 1.

De la maniere de bien semer.

IL faut d'abord avoir pour maxime, quand on seme, de répandre la semence le plus également qu'il est possible par tout le champ, le bled en croît mieux, parce qu'il profite par tout des sels dont la terre est remplie, outre qu'un champ mal semé est désagreable à la vûë, paroissant garni d'un côté, & dépoüille de l'autre. Ces endroits vuides produisent aussi beaucoup de méchantes herbes, ce qui incommode les touffes de bled qui en sont proches. Il y a des pays où aprés que le bled est semé & couvert de terre, on passe la herse sur le guéret ; d'autres où ce travail ne se pratique pas, on ne blâme point l'une & l'autre maniere, & tout l'avis qu'on peut donner la-dessus, c'est de se conformer aux coûtumes des pays où l'on demeure.

Qu'on se souvienne sur tout de couvrir par tout le bled, sitôt qu'on l'a mis en terre, & que le semeur n'en répande qu'autant qu'il en peut couvrir; le semeur, quelque bonne main qu'il ait, jette une partie du bled dans le fond du sillon, où en roulant, ce grain s'ammoncele aussi, ce qui fait que le champ n'est pas semé également; or, pour corriger ce défaut, on prétend qu'il n'y a qu'à passer la herse par-dessus le guéret, quand il est semé ; il n'y a que dans les terres pierreuses, où cet instrument est inutile, & où il faut se contenter du soc.

Un semeur qui veut bien recouvrir sa terre doit se régler au temperamment dont elle est, c'est à dire, mettre de la terre sur le bled plus ou moins que la terre est forte ou legere, le grain dans celle-cy voulant être plus couvert que dans l'autre.

Comme la maniere de labourer les terres differe l'une de l'autre en bien des pays, on ne fixera rien icy sur cet article, au contraire on conseillera toûjours de suivre l'usage des lieux où l'on est, & de n'y point introduire de nouveautez; car souvent en voulant bien faire, on gâte tout.

De la germination des bleds.

DEs que la semence du bled est jettée dans la terre, les sucs qui sont proportionnez à sa tissure commencent à la pénétrer & à la dilater. La racine est la partie de la plante dont l'accroissement se manifeste le plûtôt, lequel tend toûjours en bas; c'est un effet de la matiere subtile, qui dans son mouvement, pénetre les pores de la terre, & continuë d'agir jusques vers le centre de la plante; les pores de la semence se dilatent pour lors, & la semence commence à se déployer & à germer.

Et comme les sucs qui s'introduisent dans la semence, ont un mouvement de la surface de la terre vers le centre, ils n'y sont pas plûtôt entrez qu'en formant le parenchime de l'écorce, ils trouvent des pores en long; car les semences ont les mémes dispositions que les plantes-mémes, par lesquels ils continuënt leur mouvement en bas, où ils font croître la racine avec la même détermination.

C'est de cette maniere qu'il faut concevoir que la force végétative dans la racine se fait en bas; mais il faut un mouvement opposé pour élever la tige sur la terre: voicy à peu prés l'idée qu'on peut s'en former.

Premierement, ce même mouvement qui les pousse en bas peut être la cause pourquoy une portion s'éleve; car il est aisé de se figurer que lorsque la matiere éthérée a poussé les sucs qu'elle a insinué dans la semence jusqu'à l'extremité de la racine, elle peut s'échapper par les pores des envelopes qui la couvrent; mais les sucs qui sont entrez en grande quantité, & qui ont déja dilaté la substance interieure du parenchime, doivent s'arrêter ou passer ailleurs: la premiere idée est impossible, donc il faut qu'ils passent outre dans d'autres pores, dans la moüelle & dans le corps ligneux, qui n'étant qu'un tissu de fibres, s'étend du bas en haut, ou des pores en long; tellement qu'à mesure que ces sucs descendent par la disposition du parenchime de l'écorce vers la racine, il en monte dans la moüelle & dans le corps ligneux; puis successivement & journellement toutes les parties de la plante s'allongent jusqu'au période qui luy est marqué par la nature; passons à present aux semailles du Printemps.

CHAPITRE VII.

SEMAILLE DU PRINTEMPS.

Quand labourer les Terres pour semer les Mars ; diverses instructions sur cette matiere.

MArs au plurier signifie les menus grains qu'on seme au mois de Mars, comme les Avoines, Orges, Pois, Vesces, &c. Il y a des endroits où on les appelle *Marsois* ou *Marsez*, en d'autres, *Semaille du Printemps*, & ailleurs, *Transailles*, de *transerere*, qui veut dire resemer, parce qu'en effet on reseme les terres qu'on a moissonnées l'été précedent, ou celles qui ont manqué de porter le bled qu'on y auroit semé en Automne. On dit alors les *Tremois*, à cause que les semences qu'on seme au Printemps n'ont que trois mois pour être moissonnées.

Des Semences du Printemps, & quand commencer cette semaille.

LEs grains qu'on seme au Printemps sont ordinairement *le Froment de Mars, l'Avoine, l'Orge, les Pois, le Millet, le Bled de Turquie, le Bled noir, le Ris, le Panis & le Safran*; toutes ces semences, ainsi que celles de l'Automne doivent être bien choisies.

Virg. Geor. l. 1. » Au commencement du Printemps, lorsque les neiges fonduës commen- » cent à couler des montagnes, & que la terre humectée se dissout par » la douce temperature de l'air. Faites-moy gémir vos Bœufs sous la Char- » ruë enfoncée, dit Virgile, & que vôtre soc devienne luisant à force de » labourer la terre : c'est en effet en ce temps qu'il faut que le Laboureur commence à s'exercer.

Froment de Mars. Nous commencerons nôtre semaille par le Froment de Mars appellé en certains pays *Bled rouge*, parce que la semence en est effectivement rouge. Ce bled se seme au mois de Mars dans une terre laissée exprés, cultivée de quelques labours avant l'hyver, & bien amandée ; il faut que ce soit une terre à froment, autrement il croîtroit fort alteré, & en petite quantité. S'il arrive quelquefois que les pluyes trop frequentes empêchent qu'on n'ensemence en Automne certaines terres sujettes à s'imbiber trop d'eau, pour lors on laisse ces terres jusqu'au Printemps, & on y met du froment de Mars. Il seroit à souhaiter qu'on cultivât plus de ce grain qu'on ne fait, on s'en trouveroit tres-bien, principalement dans les années où les terres manquent de rapporter.

Avoine. Les Avoines viendront ensuite, & il faut toûjours choisir les plus noires, parce qu'elles sont les meilleures ; le grain en doit être gros, pesant, & non ridé. Il y a des Avoines blanches, mais elles ne valent point les premieres. Plûtôt l'Avoine est semée, plus elle se multiplie & devient belle ; il faut prendre garde quand on la bat qu'elle n'ait point été échaufsée dans le tas ; car cela suffit pour détruire en elle les principes de la végétation.

La véritable saison de l'Orge pour être mis en terre, est le mois de Mars & d'Avril, il veut une terre plus legere que pesante, plus séche qu'humide, & qui soit neanmoins substantielle. L'orge veut de temps en temps être arrosé par des pluyes, il en vient plus abondant, au lieu que dans les années séches il ne croît qu'épars ça & là. Orge.

Il faut semer le Millet dans une bonne terre bien labourée, & bien amandée, le corps en doit être leger, & rempli de beaucoup de sels. Les pluyes d'été qui viennent de temps en temps aident beaucoup à donner l'accroissement au Millet. Ce grain multiplie beaucoup, & veut qu'on le seme tres-clair, & souvent, quelqu'attention qu'on fasse à cette semaille, le Millet, à cause de la petitesse de sa semence, tombe toûjours si dru, qu'il se nuit en croissant, au préjudice du Laboureur ; il faut sarcler le Millet sitôt qu'on voit qu'il en a besoin. Millet.

Le Millet est le plus petit de tous les grains, c'est une espéce de petit bled, dont les feüilles ressemblent à celles des roseaux ; son tuyau s'éleve à la hauteur d'une coudée, quelquefois davantage en certains pays. Il est gros, noüeux, & cotonneux, les épics en sont chevelus, épars çà & là, & penchans dés la cime : ce grain est petit, rond, luisant, ferme, plus jaune dans des saisons que dans d'autres & revêtu d'une envelope tres-mince. Quand le Millet a produit son épy, & que le grain y est formé, on l'arrache, puis on le fait sécher au soleil pour le conserver plus long-temps.

Mais pour descendre dans un détail plus grand sur celuy qui regarde la culture du Millet, on le seme environ le huitiéme Juin, & toûjours par un temps sombre, ou aprés que le soleil est couché : il faut le couvrir aussi-tôt de terre, il en germe plûtôt & en devient plus beau. Il faut herser le champs pour bien faire deux ou trois fois de suite pendant trois jours, & dés le grand matin avec une herse garnie de bonnes dents, & d'un fagot d'épine attaché à la queuë : plus la terre où on a semé le Millet est humectée de la rosée du matin ou des petites pluyes qui surviennent pendant la journée, mieux le Millet germe & vient en plus grande abondance; car alors il est défendu des ardeurs du soleil qui l'alterent quand il en est trop rudement frappé.

Il faut sarcler le Millet au mois de Juillet; car, comme dit un ancien Proverbe.

Qui veut bien emplir son vaisseau,
Son Millet sarcle étant nouveau.

Il y a une espece de Millet qui est plus gros qu'à l'ordinaire, & que les Italiens appellent *Spargote*, il ne craint pas tant la secheresse que le Millet de la petite espece, & rapporte assez, pourvû qu'il soit bien cultivé; mais on estime bien plus le dernier. Les Contrées tres-fertilles en Millet, sont le Bearn & le Bigorre.

Il croît parmy le petit Millet, une espeçe de Millet noir, dont les feuilles sont plus étroites que celles de l'autre, ce qui le fait connoître lorsqu'il est encore jeune ; il faut l'arracher en sarclant le champ, car il nuit au bon Millet, qui est le petit, & empêche qu'il ne donne beaucoup de grain. Le Millet amaigrit beaucoup la terre où on le seme, c'est pourquoy, lorsqu'on y veut semer quelqu'autre grain, il faut la bien cultiver & l'ameliorer par le moyen des fumiers.

De la maniere de faire du pain de Millet.

NOus avons dit à la page 85. qu'on faisoit du pain de Millet: voicy comment cela se pratique. On prend trois ou quatre livres de farine ou davantage pour le matin & autant pour le soir, on les met dans une chaudiere avec cinq ou six livres pesant d'eau qu'on laisse boüillir jusqu'à ce qu'elle s'éleve; cela fait on l'ôte de dessus le feu, puis on prend une gache ou un bâton rond avec lequel on remuë le Millet en tournant jusqu'à ce que cette pâte soit rompuë & afinée, puis on l'ôte de la chaudiere, on la coupe en plusieurs morceaux, & on la mange avec du fromage ou du sucre, c'est ainsi que vivent la plûpart des Bearnois.

Bled de Turquie, ou bled d'Inde, ou Mays.

Il seroit à souhaiter que tous ceux qui s'exercent à l'Agriculture fussent pleinement convaincus du profit qu'on tire du *Mays*, appellé vulgairement *Bled de Turquie*, lorsqu'on prend soin de le cultiver; on peut dire que ce seroit un secret qu'ils auroient trouvé contre les malheurs que pourroit causer une disette de bleds, telle qu'elle fût, puisqu'il est certain qu'où ce grain croît en quantité, les peuples à beaucoup prés, ne souffrent pas de la faim comme les autres où ce grain est négligé.

Le bled de Turquie que d'autres appellent *bled d'Inde*, est assez connu, sans qu'il soit besoin d'en faire la description; il y en a de plusieurs couleurs, sçavoir de jaune, de rouge, & de presque noir, le tout par l'écorce; car la farine en est toûjours jaunâtre, le grain en est dur, & se cultive de la maniere qui suit.

La terre où on le met veut être bien préparée; plus elle est substantielle mieux ce bled y croît, rapporte de plus beaux épis & un grain mieux nourri, c'est ordinairement au mois de Mars qu'on le seme: voicy comment.

L'espace de terre qu'on luy destine étant bien ameubli, on y trace des sillons larges de trois pieds, si l'usage des sillons est établie dans le pays où l'on est, sinon, on se servira du champ labouré selon la coûtume du lieu; on fait sur ces sillons avec un petit piquet des trous éloignez l'un de l'autre de quatre doigts ou environ, sans qu'il soit besoin pour cela d'alignemens tirez au cordeau, c'est l'œil & la main qui doivent conduire le tout: aprés cela, on met un grain de ce bled dans chaque trou: quelques-uns sont d'avis de le faire tremper pendant une nuit dans l'eau, la maxime en est bonne, puis on couvre ce grain avec des rateaux, ou pour le mieux avec une herse garnie d'épines, aprés quoy on le laisse pousser comme il plait à la nature: il faut être plusieurs pour faire cette semaille & selon qu'on y veut employer de terrein, parce que tandis que les uns font des trous, les autres y jettent la semence, & les autres la couvrent.

Quand ce bled est levé à la hauteur d'environ un pied, & qu'on voit que les mauvaises herbes y croissent; il faut en éclaircir les endroits qui paroissent

roissent trop-durs, de maniere qu'on puisse donner un petit labour à ces plans avec une binette, petite pioche ou piochon, comme on voudra l'appeller, dont le fer sera large seulement de deux ou trois doigts. Il suffit que ce labour soit profond environ d'un pouce, il se donne, comme si on vouloit gratter la terre: cette façon détruit les herbes qui leur nuisent, elle leur fait jetter un beau tuyau, du grain bien nourri & en abondance; c'est assez pendant toute l'année qu'on donne cette culture extraordinaire au bled de Turquie.

Il faut bien se donner de garde de laisser perdre ce qu'on a arraché de superflu de ces plans, il n'y a rien de meilleur pour le bétail, ni qui le nourrisse davantage. Un bon Laboureur peut semer de ce bled jusqu'à un arpent, lequel étant bien cultivé, est capable pendant toute l'année de nourrir une famille raisonnable par les differentes manieres; outre le pain qu'on en fait, en quoy on sçait en déguiser la farine.

Le temps de receüillir le bled de Turquie, est aprés qu'on a moissonné les avoines, & qu'on voit que le grain est mur, ce qui se connoît aisément lorsqu'il est dur au manier; chaque tuyau s'arrache l'un aprés l'autre, puis on le charrie dans la grange, ou autre endroit, pour en ôter les épis qu'on porte entiers au Grenier; on garde les feüilles & les tuyaux de ce bled pour donner aux Vaches pendant l'hyver.

Le bled de Turquie est fort commun dans la Bourgogne, dans la Franche-Comté & dans la Bresse où l'on en cultive beaucoup.

Bled noir ou bled sarazin.

Le bled Sarrazin est un grain assez commun dans la France, il vient bien en toutes sortes de terres, maigre, grasse, sabloneuse ou pierreuse, il n'importe; on le seme au mois d'Avril dans les pays chauds, où l'on en peut semer deux fois l'année; & plus tard dans ceux où le ciel est temperé: on le moissonne trois mois aprés qu'il a été semé; ce grain sert de nourriture aux Cochons, aux Pigeons & à la Volaille, & on l'employe à faire du pain dans le temps que le bled est cher.

Panis.

Le Panis est une plante qui porte du grain, & qui est mise au rang des bleds, elle ressemble au Millet par le chaume, les feüilles & les racines, excepté qu'elle a la chevelure autrement faite, celle de Millet ressemble à un penache, au lieu que celle du Panis approche en figure à la queuë d'un renard, chargée de beaucoup de grains velus, tantôt blancs, tantôt roux & tantôt jaunes.

Le Panis veut une bonne terre legere ou pierreuse, & sur des côteaux, parce qu'il est ennemi de l'eau quand elle sejourne où il est semé; il faut aussi que cette terre soit bien labourée & bien amandée: au reste il se cultive & se seme de même que le millet, on voit beaucoup de ce grain en Franche-Comté, dans la Bresse & dans la haute & basse Bourgogne.

Ris.

Nous comprendrons dans la semaille du Printemps (heureux les pays où croît ce grain,) le Ris dont la recolte est toûjours abondante, quand il est cultivé comme il faut, il en croît rarement en France, parce qu'il faut un climat extrémement chaud.

Le Ris veut une terre legere, bien labourée & bien amandée: il faut avant que de le semer, le laisser tremper dans l'eau un jour entier, & sitôt qu'on l'a semé, l'arroser amplement, parce qu'il aime extrémement l'humidité, on seme le Ris au commencement d'Avril.

Quelques-uns, pour ne point laisser manquer d'eau au Ris, en font couler par dessus de la hauteur de deux doigts (on suppose qu'il faut qu'il y ait quelque ruisseau prés du champ, & qu'il en facilite l'écoulement,) ils y laissent ainsi baigner ce grain pendant cinq mois, & quand ils voyent qu'il commence à former son épi, ils redoublent l'eau pour empêcher qu'il ne soit niellé, & par ce moyen ils recüeillent quantité de Ris.

On moissonne le Ris au mois d'Août, en ayant quelques jours auparavant ôté l'eau pour la derniere fois, afin de le faire sécher.

Quand aux légumes qu'on entend sous les pois, les féves, les lentilles & les haricots, nous en parlerons au Traité du Jardinage, comme étant plus du ressort de cette partie d'Agriculture que du Labourage, nous parlerons seulement icy de la Vesce, & de la maniere qu'on la cultive.

Vesce.

On seme la Vesce deux fois l'année dans les pays chauds, comme en Languedoc, en Provence, & en d'autres climats de cette sorte; la premiere semaille s'en fait environ la my-Septembre, & l'autre au mois de Février ou de Mars; qui est le temps ordinaire pour les pays temperez.

La Vesce croît aisément en toutes sortes de terres, & se seme sur les guérets des bleds moissonnez au mois d'Août précedent; ces guérets ont ordinairement deux façons, sçavoir la premiere aprés la semaille des bleds, ce qu'on appelle *recasser*, & l'autre quand on veut semer ce legume.

Remarques

Recasser les terres pour les Mars est une façon des plus nécessaires, & on conseille à tous les Laboureurs, autant qu'ils pourront, de ne point négliger ce labour aprés la saint Martin, autrement les terres où l'on met les Mars n'ayant souvent qu'une façon, n'apportent que tres-peu de grain.

De la nécessité de herser les terres pour les Mars.

IL faut herser généralement toutes les terres dans lesquelles on seme des avoines, des orges & tous autres grains concernant la semaille du Printemps, ils en sont mieux couverts, c'est pourquoy ils en germent plûtôt & en plus grande abondance: voilà à quoy sert la herse, & l'on peut dire, quand on a bien passé cette machine sur un guéret déja labouré, que cela luy vaut un autre labour.

Pour revenir à la Vesce, il ne faut jamais la semer que deux ou trois heures aprés que le soleil est levé, parce, dit-on, que cette semence est ennemie de la rosée. On la recüeille partie en verd, pour servir de nourriture aux Chevaux & au bétail qui laboure la terre, & on en laisse sécher davantage pour en retirer de la graine pour les Pigeons, & pour la multiplication de l'espece.

Navette.

Il semble qu'il ne seroit pas besoin icy d'un grand raisonnement pour persuader combien il seroit utile de cultiver beaucoup de Navette pour en tirer de l'huile. La disette des noix, qui par un étrange malheur ne durera que trop long-temps, suffit pour être convaincu de ce qu'on avance, car de quel usage cette huile n'est-elle pas en plusieurs Provinces de ce Royaume? sur tout dans les Contrées Septentrionales.

Le temps de semer la Navette est à la fin du mois de May ou au commencement de Juin, la culture n'en est pas difficile; une terre de quelque nature qu'elle puisse être, suffit quand elle est bien labourée; la Navette se seme à champ uni, & à plein champ; il faut la semer à claire voye & la couvrir de terre à l'aide d'une herse, aprés quoy on l'abandonne aux soins de la nature & aux influences du ciel, qui luy donnent l'accroissement.

Pour tirer beaucoup d'huile de la semence de Navette, il faut laisser la plante en terre, jusqu'à ce qu'on juge que cette semence ait acquis une maturité parfaite, autrement la substance s'altere & ne rend que tres-peu d'huile; & pour aider à la Navette à produire de belle semence, on prend soin d'éfeüiller les tiges qui ont poussé à graine.

Sénegré autrement fenoüil-grec.

Cette plante est semblable au Tréfle, elle donne sa graine dans des siliques recourbées ou pointuës, elle est grasse, de couleur fauve & d'une odeur forte.

Le Sénegré veut une terre semblable à celle de la Vesce, on le seme au mois d'Avril ou de May: ce grain veut être couvert de terre fort legerement avec la herse; car si elle avoit plus de trois doigts de terre pardessus elle, la germination ne s'en feroit que tres-imparfaitement; le Sénegré est propre à guérir plusieurs maux, c'est pourquoy il est bon d'en avoir dans une maison de campagne.

Senevé.

Le Sénevé est une herbe qui produit un menu grain, avec lequel on fait la Moutarde, qui est l'objet pour lequel on le cultive: il aime la terre grasse & legere, & se seme au mois d'Avril.

Il faut le semer fort clair & souvent, quelque précaution qu'on y puisse apporter, cette graine tombe toûjours trop dru; c'est pourquoy, pour éviter cet inconvenient, on la méle avec de la cendre, puis on la jette en terre, où elle leve toûjours assez épais.

Plus la semence de Sénevé est nouvelle, mieux elle multiplie. On connoît qu'elle est bonne, lorsqu'aprés l'avoir concassée avec les dents, on la trouve verte en dedans & non blanche; cette derniere marque est un signe de vieillesse, & elle ne vaut rien pour semer.

Comment connoître si un Champ est bien semé.

Constantin Cesar. l. 2. c. 18.

POur connoître si un Champ est bien semé par tout, selon la remarque d'un ancien Agriculteur, ouvrez les doigts de la main, & les imprimez sur la terre, puis levez vôtre main, & regardez le nombre des grains qui paroîtront sur la figure des doigts; si c'est du froment, il faut qu'il n'en paroisse que sept grains tout au plus, & cinq pour le moins; si c'est de l'orge, il faut qu'il y en ait neuf pour le plus, & tout au moins sept, il en est de même de l'avoine.

CHAPITRE VIII.

Où l'on enseigne comment il faut gouverner les Chenevieres & les Linieres, & tout ce qu'il y a à observer sur le Chanvre & sur le Lin.

VOicy encore des plantes qui sont du ressort des semailles du Printemps, & dont on a jugé à propos de faire un Chapitre particulier. Nous avons traité jusqu'icy des grains qui contribuent tant à la nourriture de l'homme qu'à celle de plusieurs animaux domestiques, au lieu que ceux dont nous allons parler à present apportent dequoy nous vêtir en partie, commençons par le Chanvre dont la graine s'appelle *Chenevy*, & *Cheneviere* la terre où l'on seme cette graine.

La Cheneviere; de la Terre qui luy est propre, & des façons qu'il convient luy donner.

LA terre propre pour semer les Chenevieres, doit être choisie substantielle, fertile & aisée à labourer; & pour la rendre extrémement meuble, il faut commencer à luy donner un labour sur la fin de l'automne, afin que le froid & les frimats de l'hyver la disposent à recevoir aisément un autre labour sitôt que les gelées sont passées: cette terre reste en cet état jusqu'à la fin du mois de Mars, ou la my Avril, qu'on se met en devoir de semer la Cheneviere.

La meilleure façon qu'on puisse donner à la Cheneviere, quand on veut la semer, c'est avec la bêche; cet outil la remuë à fond & également par tout, & l'on ne se sert guéres aussi d'autre instrument pour les labours de la Cheneviere, quand la piece de terre n'est pas bien considerable: la Charruë y fait encore assez bien son devoir, quand elle est menée par un homme qui l'entend.

Il y en a pour rendre la terre d'une Cheneviere bien meuble, qui dés le mois de Novembre en mettent toute la terre en petites buttes, grosses chacune comme trois ou quatre fois une Taupiniere, & espacées l'une de l'autre autant que le juge a propos celuy qui les fait; on ne sçauroit dire combien cette maniere de mouver la terre contribuë à l'ameublir.

Plus on continuë à semer du Chenevy dans une terre qui y est propre, plus cette terre en rapporte de Chanvre & de mieux conditionné, pourvû qu'on ne luy épargne point le fumier qui luy convient, c'est le sentiment d'un ancien Auteur sur l'Agriculture. Il y a des pays où dans la Cheneviere on seme des féves au mois d'Octobre, aprés luy avoir donné un labour au mois de Juillet, & qui lorsque ces féves ont crû assez haut, labourent cette Cheneviere à la bêche, & renversent pêle-mêle les féves avec la terre, cela se peut pratiquer dans les Contrées qui sont plus échauffées du soleil que dans les climats temperez où cette maxime ne réüssiroit pas.

Belle-Forêt 8. J. de l'Ag.

Quand le froid est passé, & que le temps permet qu'on remuë la terre, on abat les buttes dont on a parlé pour en faire une superficie égale par tout le champ. Dans les pays chauds, cette façon se donne au mois de Janvier, parce que la terre s'y laisse manier aisément.

Pour rendre une Cheneviere bien féconde, il faut soigner de la bien engraisser avec de bon fumier qui luy convienne; celuy de Mouton y est tres-propre, & l'on se sert encore heureusement pour cela de fiente de Pigeon exposée à l'air un peu de temps pour en laisser exhaller ce qu'il y a de plus volatile; ces fumiers seront bien incorporez dans la terre, afin que les sels dont ils sont remplis ne se dissipent point inutilement.

Du temps auquel on doit semer la Cheneviere.

SItôt donc que la saison de semer la Cheneviere est arrivée, qui peut être en des pays au mois d'Avril & en d'autres au mois de May vers la saint Nicolas; quelques-uns ont le jour de saint Eutrope fort en recommandation pour cela.

La terre étant préparée de maniere qu'elle puisse recevoir heureusement dans son sein le Chenevy qu'on luy destine, on l'y seme avec prudence, puis on le couvre aussi-tôt, ou avec la herse, ou avec des rateaux; plûtôt ce grain est couvert, moins il est en butte aux oyseaux qui le recherchent avidement, & qui en font un tres-grand dégât, si l'on n'y prend garde; il faut aussi pour cela mettre un épouvantail dans la Cheneviere pour chasser ces oyseaux.

Il y a des pays où on arrose les Chenevieres lorsqu'elles sont semées, & qu'il semble que le hâle les ait frappées trop long-temps; ce soin se prend encore lorsqu'elles commencent à lever, & jusqu'à ce qu'elles puissent croître sans autre secours que celuy du ciel. Il seroit à souhaiter qu'on en fist de même par tout, le Chanvre ne seroit pas si sujet pendant les années séches à demeurer à moitié de son accroissement.

Du choix de la semence, & de la cüeillette du Chanvre.

LE Chenevy doit être bien nourri, & de l'année, s'il se peut, sinon on en prendra de deux ans, il réüssira tres-bien, quoiqu'en disent au contraire la plûpart de ceux qui ont écrit sur l'Agriculture. Il est bon de semer le Chanvre un peu épais en bonne terre, afin qu'il en devienne plus beau; c'est à dire, que chaque brin n'en croisse point trop gros, mais médiocre, parce que dans le premier cas le Chanvre n'est quasi propre qu'à faire des cordes ou de grosse toile, au lieu qu'autrement on en peut faire de bon fil à coudre & de la toile plus fine & plus commode pour le ménage.

Il faut cüeillir le Chanvre quand il est mûr, ce qui se connoît quand il a le pied blanc, & par d'autres marques dont la longue experience en cela rend tres-certains ceux qui ont coûtume de faire cette recolte.

Quand on cüeille le Chanvre il faut soigner d'en séparer le mâle d'avec la femelle, commençant par arracher celle-cy & laissant l'autre en terre jusqu'à ce que la graine soit mûre ; moins on laisse la femelle du Chanvre en terre quand le temps de la cüeillir est arrivé, plus douce en est la dépoüille qu'on en tire ; c'est à cause de cela que le Chanvre mâle est toûjours plus rude, parce qu'il reste plus long-temps en terre. On appelle *Chanvre mâle* celuy qui apporte le Chenevy, & la femelle celuy qui n'a que des feüilles dans le haut, & dont le pied est plus frêle.

Comment cüeillir le Chanvre.

La maniere de cüeillir le Chanvre est de l'arracher, comme on fait les légumes, cela se pratique séparément, ainsi qu'on l'a dit, puis quand la femelle est cüeillie, on la lie en faisceaux de quinze à vingt pouces de tour qu'on expose au soleil pour en faire sécher la fane, étant séche, on la bat sur un billot pour la faire tomber, puis on reprend les faisceaux qu'on porte roüir, comme nous le dirons. Il y a des pays où au lieu d'arracher le Chanvre on le coupe rez terre.

Belle-Forêt 8. Jour de l'Agr.

A l'égard du mâle on l'arrache de même que la femelle, on le lie aussi en faisceaux, puis on fait un meûle de tout ce qu'il y a, afin que ce Chanvre ainsi entassé, donne occasion aux parties de la semence à fermenter, & se décharger par là de ce qu'elle a de plus grossier ; outre que le Chenevy se détache mieux du pied : quelques-uns au lieu de battre le Chanvre mâle, comme on a dit, en coupent tous les bouts où est la graine, qu'ils mettent sur des draps au soleil, puis lorsqu'ils sont bien secs, ils en tirent le Chenevy en les frottant entre leurs mains pour le cribler aprés.

Quand le mâle a été un certain temps emmoncelé, ainsi qu'on l'a dit, on le bat avec un bâton; mais comme la graine y est attachée, & afin de n'en point perdre, on étend un drap à terre pour la recevoir, aprés cela on songe à le faire roüir de même que la femelle, aprés avoir laissé sécher la semence au soleil & l'avoir bien criblée, pour la serrer aprés dans un lieu où elle ne se gâte point.

Roüir le Chanvre, comment cela se fait.

TOut le Chanvre étant préparé, comme on a dit, on le porte à l'eau pour le faire *roüir* ou *éger* selon certains pays, ou *naiser* selon d'autres.

Pour faire que le Chanvre roüisse bien, & qu'il acquiere certaine couleur d'un roux sale qu'on y recherche, & d'où le nom de roüir est venu, on fait choix d'une eau claire, qui soit courante, s'il se peut, & exposée au soleil ; une riviere, un ruisseau, toutes ces eaux sont merveilleuses, mais bien souvent on n'est pas assez heureux pour en trouver de semblables, ce qui fait qu'on se contente d'une mare, ou de quelqu'autre grand trou où il y a presque toûjours de l'eau, mais cette eau ne rend pas le Chanvre si beau que les autres.

Et pour le bien accommoder dans l'eau, on prend tous les faisceaux ou toutes les poignées l'une aprés l'autre, on les entasse en quarré, puis de peur que l'eau ne l'enleve, & que par là toute la masse du Chanvre ne trempe point ; on la charge de grosses pierres, & on la laisse en cet état pendant huit jours, au bout duquel le roüiment en est parfait, quand le temps est chaud.

Mais comme il arrive quelquefois, aprés qu'on a cüeilli le mâle, que le temps se réfroidit, & n'est plus propre pour roüir le Chanvre, qui se pourrit plûtôt faute de chaleur, on retarde cet ouvrage jusqu'au mois de May ou de Juin, & pour lors on peut dire qu'on a du Chanvre roüi à souhait.

Le Chanvre étant suffisamment roüi, on le tire de l'eau, puis on l'étend au soleil pour le faire sécher; & pour cela on dresse chaque poignée la pointe en enhaut, observant pour leur donner une assiete stable, d'écarter en rond par le bas les brins de Chanvre qui composent la poignée ou le faisceau; s'il survenoit quelque pluye pendant qu'il seroit ainsi exposé, il faudroit incontinent l'ôter; car cette pluye suffit pour le faire moisir; & quand ce Chanvre est sec, on le serre à couvert dans un lieu où l'humidité ne regne point; on le tille ensuite, ou on le fait tiller par les domestiques dans le temps des veillées, ou qu'on ne peut faire dehors aucun autre ouvrage.

Tiller le Chauvre est rompre le tuyau en plusieurs parties pour en tirer l'écorce, les morceaux qu'on en fait s'appellent *Chenevotes*, dont on se sert en bien des endroits où le bois est rare, à chauffer le four. Quelques-uns au lieu de tiller le Chanvre le broyent avec un batoir dans une machoire; cela fait, ils l'entortillent autour d'une cheville de bois qui est forte, puis ils le tirent & le rompent de maniere que l'écorce s'en détache si aisément qu'il n'est plus question que de le passer par les serans pour aprés le filer.

Le Chanvre s'employe à plusieurs usages, ou pour faire des cordes ou de la toile; on choisit le plus gros pour le premier, & le plus fin & le plus doux au toucher pour l'autre; on parlera plus amplement sur ce ménage dans le Traité qu'on fera du Commerce général des Danrées qu'on tire d'une maison de campagne. *Usage du Chanvre.*

La Cheneviere ne s'altere point, quoiqu'elle travaille plusieurs années de suite; mais il faut pour cela ne luy rien épargner de ce qui peut contribuer à la rendre fertile, comme par exemple, les labours dans les temps, & les engrais nécessaires pour la fournir toûjours de sels en abondance. Il y en a même incontinent aprés que le Chanvre est arraché, qui sement des naveaux dans cette terre aprés l'avoir seulement un peu gratée, ils y croissent fort beaux & fort bons. *Avis sur la Cheneviere.*

Le Chanvre n'est pas seulement utile par luy-même, mais encore par la semence qu'il rend, & dont on tire de l'huile; cette semence sert encore de nourriture à la volaille, & les Poules qui en mangent sont toûjours tres-fécondes en œufs pendant l'hyver-même: l'huile qu'on tire du Chenevy est tres-bonne à brûler, & à plusieurs autres choses. *Huile de Chenevy.*

La Liniere.

LE Lin veut une bonne terre qui soit douce & aisée à ameublir; car il ne fait que languir dans celles qui sont maigres, ou de moyenne valeur: voicy une maniere de semer le Lin qu'un ancien Auteur sur l'Agriculture nous assure tres-bonne.

Il faut, dit-il, d'abord choisir une terre qui luy soit propre, & dés le *Belle-Fo-*

rêt deuxiéme Jour de l'Agric.

mois de Mars y semer de la semence de Trefle, puis couper la sommité de cet herbe vers le dixiéme du mois de Juillet, & faucher le foin à la fin du mois d'Août.

On fume aprés cette terre vers la saint Martin, ou plûtôt, si l'on veut, & aprés avoir fauché trois fois ce Trefle, l'année suivante depuis le mois de May jusqu'à la fin de Septembre; on commence au mois de Novembre à donner un nouveau labour à cette terre, afin de la disposer à devenir meuble; il faut que ce labour soit léger, & qu'on ne fasse quasi que fendre la superficie de la terre, parce que la nature du Lin est de croître fort beau, où il y a beaucoup de racines de Trefle, ces deux plantes sympatisent merveilleusement bien ensemble.

Tout ce qu'on vient de dire étant bien observé, & sitôt que le mois de Mars est arrivé, on prépare la terre destinée pour contenir le Lin. Il faut qu'elle soit bien labourée & bien amandée: outre le Tréfle, les cendres de lessive sont encore un bon engrais pour cette terre, & cette semaille dure jusqu'à la my-May. Le même Auteur recommande encore les sillons larges pour semer le Lin; mais comme il n'appuye pas son raisonnement sur de bonnes raisons, on laissera à un chacun la liberté de les tracer comme il voudra & selon l'usage des lieux qu'il habite: le Lin se séme comme le Chanvre, excepté qu'il faut le semer à plus claire voye, parce que le grain en est plus petit.

La plûpart des Laboureurs, sans semer du Tréfle, choisissent de bonnes terres pour y mettre leur Lin; ils les labourent bien, ils les fument de même, & cette plante y croît à souhait, ce n'est pas qu'on désaprouve la premiere méthode, au contraire on conseille de la suivre. Un pré mis en nature de terre labourable est tres-propre à produire du Lin.

Quand le Lin est un peu avancé, on prend des cendres qu'on répand à claire voye par dessus, lorsqu'on prévoit qu'il va pleuvoir, cet amandement renferme deux avantages pour l'abondance du Lin; le premier, c'est qu'il détruit par ses sels certains petits insectes qui rongent le Lin, sitôt qu'il est élevé de terre de deux doigts, & l'autre qu'il fait acquerir à la terre des principes qui ont tous les rapports possibles avec la semence du Lin, ce qui fait qu'elle végéte alors en tres-grande abondance.

Le Lin jusqu'à ce qu'il soit parvenu à sa maturité, ne demande plus d'autres soins que de le débarrasser d'une méchante herbe qui s'enrortille autour de ses tiges, & qui l'empêche de croître. Si on a l'eau à portée, & qu'on en arrose le Lin, il n'en croîtra que plus beau.

De la Récolte du Lin.

LA récolte du Lin se fait quand il est mûr, & cette maturité se connoît lorsque la semence en est noire. Le Lin s'arrache comme le Chanvre, soignant de mettre à part les brins qui n'auront point donné de graine, pour les destiner, comme étant les plus estimez, à donner de beau fil.

Le Lin se met aussi en faisceaux, ou en poignées, parce qu'en effet les faisceaux ne sont gros qu'autant que deux mains en peuvent contenir, lorsqu'elles les empoignent; on les expose au soleil pour les faire sécher, puis

puis on le bat pour en recüeillir la graine le plus diligemment qu'il est possible, tant pour empêcher que les rats ne l'endommagent, que pour ne point diférer par là le temps de le roüir, qui doit toûjours être pris quand il fait chaud.

Du temps de roüir le Lin.

ON roüit le Lin au commencement du mois d'Août, ou plus tard, si le climat ne permet point qu'on en fasse sitôt la cüeillette, & au cas que le temps n'y soit point propre, on attendra jusqu'au mois de May. La maniere de roüir le Lin ne diffère de celle du Chanvre qu'en ce que celuy-cy veut être huit jours dans l'eau, & qu'il ne faut que trois jours à l'autre pour le roüir parfaitement.

Quand le Lin est fraîchement tiré de l'eau, & qu'il en est encore tout moüillé, on l'emmoncele, puis on le charge de planches & de pierres pesantes par dessus. Il reste en cet état pendant trois jours pour le laisser pénétrer de cette eau, ensuite on l'étend au soleil pour le sécher, pour aprés le rendre propre à être filé. L'eau courante est la meilleure pour roüir le Lin, celle qui dort est sujette d'en ternir la couleur; mais quand on veut perfectionner le Lin, on se sert pour le roüir de la méthode que voicy.

On prend le Lin, on l'expose au serain l'espace de dix ou douze jours, observant d'en écarter sur l'herbe les faisceaux, & de les tourner tous les jours, afin que certaine humidité qui leur convient les pénétre de tous côtez.

Il ne faut pas manquer tous les matins de lever ces faisceaux avant le soleil levé, & de les entasser encore tout humides qu'ils sont de la rosée qui est tombée dessus; on les laisse ainsi pendant tout le jour, & tous les soirs pendant le temps qu'on a marqué, on les étend sur l'herbe comme auparavant; c'est ainsi que le Lin se roüit tres-bien, on peut faire la même chose à l'égard du Chanvre, & le véritable temps pour ce travail est le mois de May.

On tire de la semence de Lin une huile qu'on employe à plusieurs usages; elle est bonne à brûler, & l'on tient qu'elle dure plus dans la lampe que toute autre huile. On en consomme ainsi beaucoup dans le Milanois, & même les peuples de ce pays en mangent aprés en avoir ôté l'odeur trop forte qu'elle contient avant que d'être préparée. L'huile de semence de Lin faite sans eau, étant vieille & büe chaudement, appaise le mal de côté.

Huile de Lin.

Effets.

CHAPITRE IX.

De la Voüéde, du Pastel, de la Garance, de la Gaude, & du Safran, avec la maniere de cultiver cets Plantes. Leurs propriétez.

DU PASTEL.

LE Pastel ou Guesde vient d'une graine qu'on seme tous les ans au commencement de Mars : les feüilles de cette plante ressemblent à celles du Plantin.

Temps propre au Pastel.

Les moyens d'avoir de bon Pastel consistent dans le choix qu'on doit faire d'une bonne terre, bien substantielle, amandée de bon fumier & cultivée de tous les labours qui luy conviennent. La terre légére ny la sabloneuse ne valent rien pour le Pastel, celle qui est grasse en produit beaucoup plus, mais celuy qui croît dans les terres qui sont médiocres, c'est à dire, qui tiennent le milieu entre les terres légéres & les terres grasses, a plus de force & plus de couleur.

Du choix de la semence du Pastel.

ON ne sçauroit avoir de bon Pastel si on ne seme de bonne graine, & pour n'y point être trompé, il est bon de sçavoir qu'il y en a de deux sortes, dont la graine se ressemble, mais non pas la feüille.

Le veritable Pastel a la feüille unie & sans poil, au lieu que le faux Pastel appellé *Pastelbourg*, ou *Bourdaigne*, l'a veluë, tellement que pour en avoir telle qu'elle est à souhaiter, il faut en ôtant les mauvaises herbes, arracher en même temps tout le Pastel bâtard, & le séparer d'avec celuy qu'on voudra conserver pour la semence, qui par ce moyen se trouve parfaite.

Lieux en France où croît le Pastel.

Cette plante croît en Languedoc dans les Diocéses de Toulouse, saint Papoul, Mirepoix, Lavaur & Alby. Il se fait quatre recoltes chaque année de cette plante, qui sont tres-bonnes.

Comment cueillir le Pastel & l'accommoder.

LE revenu du Pastel consiste en ses feüilles, qu'on recueille selon l'ordre de leur maturité, ce qui se connoît lorsqu'elles commencent à prendre couleur par les bords. Il ne faut point alors différer de cueillir ces feuilles crainte qu'elles ne meurissent trop, outre que cela en diminuëroit considerablement la recolte. On arrache les feuilles de leurs tiges, puis on les porte à l'ombre pour les flétrir.

Ces récoltes ne sont pas toûjours égales dans leur produit, car quoique la premiere fois soit ordinairement plus abondante que la seconde, la seconde que la trosiéme, & la troisiéme que la quatriéme ; il arrive cependant quelquefois le contraire, lorsque les pluyes sont trop fréquentes au Printems, & même au temps de la récolte, & que les autres saisons se trouvent plus temperées, plus chaudes & plus séches. La trop grande humidité rend la feuille du Pastel plus grande & plus mouëlleuse, ce qui en diminuë la force & la substance; cette plante peut aussi se cultiver en plusieurs autres Provinces de France; mais peut-être avec moins de succés, à cause des différens dégrez de chaleur: on peut en faire quelques expériences, & ce n'est qu'en expérimentant qu'on trouve le moyen de faire fleurir les Arts.

Outre les quatre récoltes dont on a parlé, il y a des Paysans qui en font encore une cinquiéme, & quelquefois une sixiéme, qu'on nomme communément *marouchins*, & quoique la cinquiéme se trouve quelquefois assez bonne, lorsque l'Automne est chaude ou seche, la sixiéme ne vaut jamais rien, ou fort peu de chose, le soleil n'ayant plus assez de force pour pouvoir mûrir la feuille du Pastel, & luy donner la force & la substance qui luy conviennent.

Il n'y a personne dans les pays où croît le Pastel qui ne connoissent lorsqu'il est mûr, & le temps qu'il faut le cueillir; mais il y en a qui pourroient ignorer la raison pour laquelle on laisse quelque temps flétrir la feuille avant que de la mettre sous la roüe pour la broyer: ce soin qu'on prend ne contribuë qu'à pousser plus loin sa maturité, & luy faire perdre par là une partie de son suc huileux, qui est contraire à la bonne qualité du Pastel.

On laisse aussi le Pastel huit ou dix jours en pile aprés qu'il a été moulu, observant de bien boucher les fentes & les crevasses qui s'y font journellement pour le laisser égouter de l'humeur superfluë qui luy reste.

Aprés qu'on a ainsi apprêté le Pastel, on le met en petites boules semblables à de petits pains, qu'on appelle *Cocs*, ou *Cocaignes*; on le porte aprés secher à l'ombre sur des clayes mises exprés sur chaque moulin, d'où on le tire pour le conserver aprés dans une chambre ou dans un magazin, jusqu'à ce qu'on veuille peser les cocs & les mettre en poudre, ce qui se fait pour l'ordinaire aux mois de Janvier, de Février ou de Mars.

Le Pastel étant rompu avec des masses de bois, on le moüille avec l'eau la plus croupie qu'on puisse trouver, pourvû qu'elle n'ait point d'odeur qui infecte, & qu'elle ne soit point sale ni grasse: ce Pastel étant également bien moüillé par tout, & l'ayant bien mêlé pour luy faire prendre son eau, on le remuë de temps en temps pendant quatre mois, du moins trente-six fois, & même jusqu'à quarante, afin qu'il ne s'échauffe point, & que son eau le pénetre par tout, cela fait, on l'emballe pour le transporter dans les Provinces où le débit s'en fait. Le vieux Pastel est toûjours le meilleur, & quand il est bon, il s'abonnit toûjours de plus en plus pendant six ou sept ans, & même jusqu'à dix.

De quelques Remarques sur le Pastel.

S'Il arrive que le temps pluvieux fasse dégénerer le bon Pastel en Bourdaigne, il faut avant que de le ceuillir, le purger des mauvaises herbes, en arracher la Bourdaigne qui consomme la substance dont le bon Pastel devroit profiter, & qui se charge de terre dans ses feuilles, cette terre préjudiciant beaucoup à la bonté du Pastel.

Il faut bien se garder de ceüillir le Pastel tout moüillé encore de la rosée, ny de méler aucunes herbes étrangeres parmy sa feuille, parce qu'il n'y a rien qui luy soit plus contraire. Ces herbes alterent la couleur du Pastel, & le rendent par là bien moins estimable.

Le peu de force & le peu de substance qui se trouve quelquefois dans le Pastel provient du défaut de sa culture, on ne sçauroit dire combien cette négligence luy est préjudiciable.

La Voüéde.

LA Voüéde est une espéce de Pastel qui croît en Normandie, elle a bien moins de force & de substance que le Pastel par le défaut du terroir & de la chaleur qui n'est pas assez grande en ce climat.

Sa culture. On cultive la Voüéde comme le Pastel, il est inutile de s'étendre là-dessus davantage, on peut consulter l'article; ce qui peut servir pour l'un est utile à l'autre, & ce qui est contraire au Pastel l'est aussi à la Voüéde: il faut seulement observer que le pays étant des plus temperez, & la Voüéde fort foible, on n'en peut faire que tres-peu de récolte ny le moüiller que foiblement.

La Garance.

LA Garance est une racine qui vient naturellement dans la plûpart des Provinces du Royaume, elle se cultive avec soin dans la Flandre & dans la Zelande; la meilleure se receuille aux environs de l'Isle, & quoique cette racine soit d'un grand revenu, sa culture est néanmoins tres-facile; elle croît dans les terres médiocrement humides, comme dans des marais dessêchez, il faut cependant empécher que l'eau n'y croupisse, parce qu'elle pourriroit cette racine.

Temps propre à la Garance.

Sa culture. Les terres dans lesquelles on désire semer la Garance doivent avoir été bien labourées & bien fumées avant l'hyver; s'il s'y trouve quelques terres sabloneuses & ausquelles on ait donné de fréquens labours, la Garance y croît tres-bien: ces terres sont meilleures pour la Garanciere que les terres fortes & argilleuses qui empéchent que la plante qu'on y commet ne grossisse à souhait; les terres trop séches ne sont point propres encore pour la Garance, qui veut de l'humidité. Telles sont bien des especes differentes de plantes qui croissent plûtôt dans des pays froids que dans des pays chauds, chaque espece étant d'une tissure proportionnée à des sucs qui s'exaltent dans le terroir où on les met.

Quand semer la Garance, & du temps d'en faire la récolte.

APrés que la terre a été bien préparée, on seme la Garance au mois de Mars, il faut la semer un peu dru, soignant aprés qu'elle est semée de la couvrir avec le rateau ou la herse, pour rendre la superficie de la terre plus unie, ce qui facilite beaucoup à en sarcler les plants & à en détruire les méchantes herbes qui leur nuisent beaucoup, particulierement quand ils commencent à croître. Cette operation se fait à la main sans le secours d'aucun outil, crainte d'endommager les racines de la Garance, qui sont encore tendres, & qui est l'objet en consideration duquel on la cultive; ce soin n'est pas bien extraordinaire, & c'est presque le seul qu'on donne à la Garanciere pendant huit ou dix ans qu'elle subsiste en sa force.

Comme la racine de la Garance est le profit qu'on en tire, il est à propos de la laisser grossir avant que de l'arracher; il luy faut pour cela dix-huit mois: c'est ordinairement au mois de Septembre que se fait cette récolte; & pour cela on observe d'abord, quand la graine de la Garance est mûre, de la receuillir & d'en couper aprés les feuilles & les tiges rez terre, puis découvrir les racines de terre pour les obliger à grossir. On les laisse ainsi jusqu'en Septembre, comme on a dit, qu'on arrache les plus grosses, & ainsi consecutivement d'année en année, pendant le temps qu'on a marqué, que la Garanciere demeure toûjours peuplée, soit de racines qu'on y a laissées pour grossir, soit de celles qui restent au fond de la terre, ou qui se forment des filamens, des petits oignons, ou du reste des autres racines qu'on a arrachées.

Quand toute la Garanciere est épuisée, on songe d'en dresser une autre, mais pour le mieux, les bons ménagers n'attendent pas cela, ils ont soin d'en faire de nouvelles deux ou trois ans auparavant, afin de n'en point manquer pour le débit; on observera que ce soit dans une autre terre, parce que celle où la Garance a été une fois semée, n'est plus propre que pour y mettre du bled, il y croît en abondance, parce que les racines de la Garance sont pour la terre à laquelle on confie cette plante, un espéce d'amandement qui est tres-bon.

Comment renouveller la Garanciere, & des soins qu'on doit avoir pour la Garance aprés qu'elle est arrachée.

La Garanciere peut se renouveller de plant enraciné comme de semence, & pour y réüssir, on amasse toutes les petites racines de la vieille Garance On les transplante comme des porreaux, on suppose que la terre où on les plante soit bien meuble & amandée; cette méthode de dresser nouvellement une Garanciere l'avance de beaucoup, on la renouvelle de semence, si l'on veut, cela dépend de la fantaisie.

Aprés avoir arraché les racines de la Garance, on les met sécher au soleil dans les régions temperées, au lieu que dans les pays chauds on se contente de les mettre à l'ombre, parce que la trop grande ardeur du soleil en feroit trop exalter de principes; étant séches, on les met au Moulin pour les réduire en poudre, aprés quoy on les met dans des sacs bien fermez, afin que cette poudre ne s'évente point.

La Gaude. Des Terres qui luy sont propres, & du temps de la semer.

LA Gaude est une plante qui croît naturellement, ou par culture dans presque toutes les Provinces de la France. La terre légére est celle qui convient le mieux à la Gaude. On la seme au mois de Mars ou de Septembre; le champ doit être bien labouré, afin que la Gaude y croisse mieux; & pendant que le plant y croîtra, il faudra être soigneux de le tenir net des méchantes herbes qui luy nuisent.

La récolte de la Gaude se fait dés le mois de Juillet ou d'Août suivant, auquel temps elle a acquis sa parfaite maturité. Quand on cueille la Gaude, on la coupe rez terre. Il faut remarquer que dans les pays chauds la graine se trouve souvent assez séche quand on la recüeille; mais que dans les climats plus temperez il la faut faire sécher; on prendra garde que cette graine ne se moüille point aprés qu'on l'a cüeillie, & de ne la point recüeillir qu'elle ne soit bien mûre, autrement elle se ride & s'altere de maniere, qu'elle manque à lever la plus grande partie quand on la seme.

De l'utilité du Pastel, de la Voüéde, de la Garance, & de la Gaude.

TOutes les plantes dont on vient de parler sont utiles aux Teinturiers pour teindre leurs soyes & leurs draps, le profit qu'on en tire est considerable; c'est pourquoy on invite ceux qui aiment leurs interests d'en cultiver.

Le Safran.

LE Safran est encore d'un bon revenu; la plante qui le porte est composée de plusieurs feüilles longues, étroites & canelées, d'entre lesquelles il s'éleve environ au commencement de Septembre une tige basse, soutenant une seule fleur, au milieu de laquelle il vient une espece de houpe partagée en trois cordons découpez en crête de coq d'une belle couleur rouge & d'une odeur agreable quand elle est dans sa vigueur.

De la Terre propre au Safran.

ON remplit des champs entiers de cette plante dans les pays où l'on en fait commerce, ou bien on se contente d'en cultiver une petite espace de terre, pour en avoir pour sa provision; il vient en toutes sortes de Contrées froides & chaudes; & la terre qui luy convient le mieux, est celle qui est forte. Il ne croît pas si heureusement dans les terres legeres, qui n'ont point assez de sels pour le nourrir.

Sa culture. Le Safran se multiplie d'oignons qu'on plante, à quatre doigts éloignez l'un de l'autre sur des alignemens tirez au cordeau, & dans une terre bien labourée & beaucoup amandée avant l'hyver.

Quand planté. Il y a deux saisons pour planter le Safran, sçavoir le mois de May & le mois de Septembre: celuy qu'on plante au mois de May commence à donner du fruit dés l'automne; le Safran planté dans l'autre mois en donne aussi, mais c'est en tres-petite quantité, & pour montrer seulement que la végétation s'y fait tres-bien.

Lorsque c'est dans le mois de May qu'on plante le Safran, il faut soigner incontinent qu'il est planté, de le couvrir de quelques branchages d'arbres, de feüillards, de bruyeres, ou d'autres choses semblables pour le garantir du soleil qui l'incommode, quand il commence à pousser; on le laisse ainsi couvert jusqu'à ce qu'il soit hors de terre. Voila tout le soin qu'exige de nous la Safraniere jusqu'à ce qu'on en recüeille le fruit. Si on est dans les lieux où l'eau soit commune, on pourra l'arroser, si l'on veut, cette plante n'en profitera que mieux pendant les grandes chaleurs, sinon on se contentera du benefice des pluyes quand elles viendront. Soins qu'on en doit prendre.

La Safraniere est quasi verte pendant toute l'année, il faut soigner de la bien sarcler, afin que les oignons en deviennent plus gros, & donnent par ce moyen plus de Safran.

Vers la fin du mois d'Août on pare la Safraniere, c'est à dire, on l'aplanit entierement comme si c'étoit une aire à battre du bled, en ôtant toute l'herbe qui paroît sur terre, puis pour empêcher que la trop grande ardeur du soleil n'altere le Safran, on la couvre comme auparavant de tout ce qu'on trouve de matieres des plus à portée pour cela.

Comme la terre s'épuise de sels à force de produire, & que sans un nouveau secours les plans qu'on y a mis ne font que languir, on soigne tous les ans de fumer la Safraniere avec du fumier bien consommé qu'on répand par dessus à l'entrée de l'hyver, aprés qu'on a tiré le poil du Safran.

Le Safran n'en vaut que mieux en tout temps d'être trepigné & foulé aux pieds, excepté lorsque la terre est imbibée d'eau. Quand l'herbe est prête d'être fauchée, & que la fleur paroît, on ménage alors la Safraniere, on ne la foule point. Il faut bien prendre garde que les animaux qui broutent n'y entrent, & principalement les Cochons qui en sont les ennemis mortels.

La Safraniere reste ainsi couverte pendant un mois, lequel temps passé, on prend des rateaux, avec lesquels on ôte toutes les plus grosses matieres qui sont dessus, & qui n'auront pû se consommer pour faire place au Safran, qui sentant l'automne approcher, jette de nouvelles fleurs, desquelles dépend tout le fruit qu'on en attend.

De la Récolte du Safran.

CEtte fleur, comme nous l'avons déja dit, naît en maniere d'une petite houpe, on la cüeille à la main avant le lever du soleil, ou plûtôt on la coupe & on la met à mesure sur du papier ou sur des draps blancs, pour la faire sécher au soleil; quelques jours aprés il en vient une autre semblable sur la même plante & qu'on ramasse de même que la premiere, ces houpes se détruisent en filamens, comme nous voyons le Safran.

Quand le Safran est sec, on le serre dans des boëtes, aprés l'avoir legerement frotté d'huile d'olive, cela donne beaucoup de lustre à la couleur, puis on le met dans un lieu où l'humidité ne regne point.

La récolte du Safran dure quelques semaines selon qu'on en a à cüeillir, & qu'on met d'ouvriers aprés, parce qu'il refleurit de jour à autre, & tant qu'il a de disposition à produire de nouvelles fleurs; ces intervalles de temps que la nature donne à cette plante, pour nous enrichir de son revenu, nous fournit la commodité de le recüeillir à l'aise & sans en rien perdre, à cause du naturel des fleurs du Safran, qui sont sujettes à pourrir pour peu qu'on les garde.

De la durée de la Safraniere, & du choix qu'on en doit faire.

LA Safraniere ainsi gouvernée, demeure en bon état pendant quatre ou cinq ans, & même davantage selon que la terre est plus ou moins bonne; au bout de ce temps elle commence à s'affoiblir, & pour n'en point perdre l'engeance, & la faire multiplier en abondance, on bêche profondément toute la Safraniere, on en leve tous les oignons qu'on y trouve & on les replante aprés dans une autre terre préparée, comme on a dit, & de la maniere qu'il a été enseigné cy-dessus. Pour faire qu'on recüeille toûjours du Safran en abondance, il faut partager le champ destiné pour cela en quatre ou cinq parties, afin que pendant qu'on dépoüillera l'une, l'autre jette de nouveau Safran, & qu'agissant ainsi tous les ans, la Safraniere reste toûjours en même état.

Le Safran doit être choisi nouveau, bien sec, mollasse & doux au toucher, en longs filets, de tres-belle couleur rouge & peu chargé de parties jaunes, fort odorant & d'un goût fort agreable. Le Safran du Levant est fort estimé, il en croît aussi de tres-bon en plusieurs lieux de France, comme en Gâtinois, en Languedoc, vers Toulouse & Orange, à Angouléme, en Normandie; mais le meilleur est celuy de Boisne & de Boise commun en Gâtinois, & celuy qu'on estime le moins, est le Safran de Normandie.

Ses proprietez.

Le Safran est apéritif; il fortifie le cœur & l'estomac, il provoque les mois aux femmes, il résiste à la malignité du venin, il adoucit les âcretez de la poitrine, il excite le sommeil; on employe le Safran dans les collyres pour conserver les yeux dans la petite vérole.

On avoit projetté à la fin de ce Chapitre, de donner une planche qui expliqueroit la semaille, mais comme elle ne suffiroit pas pout remplir, on en a joint ce sujet à celuy qui regarde la moisson: voyez l'endroit qui traitte de cette matiere.

CHAPITRE

CHAPITRE X.

Qu'il ne suffit pas d'avoir bien semé toutes sortes de Bleds, il faut encore les sçavoir conduire heureusement à leur parfaite maturité. De plusieurs inconveniens qui leur arrivent.

IL n'y a rien de plus préjudiciable aux Bleds que les méchantes herbes, & s'ils en sont suffoquez, on ne peut imputer ce malheur qu'à la négligence du Laboureur. Quand une terre a eu toutes ses façons, c'est beaucoup de peines épargnées pour les Sarcleurs, parce que donnant bien de la force au bled qu'elle contient, & le faisant croître extrémement touffu, elle empéche par là que les herbes étrangeres n'y puissent venir: ce n'est pas qu'il n'y en vienne toûjours un peu, particulierement lorsque le printems a été pluvieux, lesqu'elles herbes il faut de nécessité ôter; & le plus promptement qu'il est possible; ce travail s'appelle *sarcler*, les Ouvriers qu'on y employe *Sarcleurs*: voicy à present le temps auquel il faut s'en servir.

Du temps de sarcler.

LE temps de sarcler les bleds s'observe dés qu'on voit que les méchantes herbes y sont déja cruës; car de les prendre si tendres, on ne pourroit les arracher, & ce seroit peines perduës, outre qu'on ne peut aisément pour lors les discerner d'avec le bled qu'on seroit en danger d'arracher avec elles.

Il ne faut pas aussi attendre qu'elles ayent pris tout leur accroissement, parce que le bled en pourroit être étouffé, ou du moins renversé par terre, outre que ces plantes dangereuses venant alors à grainer, elles remplissent tout le champ de leur espece pour l'année prochaine; si bien donc qu'on ne peut fixer aucun temps certain pour sarcler, cela dépend du climat, du fond où le bled est semé, & de la temperature de l'air.

Sarcler, c'est arracher les méchantes herbes qui nuisent aux bleds, & le temps propre pour cela, c'est toûjours aprés une pluye où pour lors la terre est un peu humide; car si elle étoit trop dure, les herbes ne s'arracheroient pas comme il faut, & ce seroit ne rien faire, dautant que les racines de ces méchantes herbes restant en terre en repousseroient de nouvelles aprés la premiere pluye qui seroit tombée. Il n'y a que des femmes ou des enfans qu'on employe à cet ouvrage, & qui de la main seule, ou à l'aide du Sarcloir & d'une petite fourchette, s'en acquitent tres-bien.

Si une seule fois qu'on a sarclé les bleds ne suffit pas, il y faut retourner une seconde, & méme tant qu'il en est nécessaire, les bleds en croissent plus beaux, & remplissent mieux par consequent l'attente du Laboureur.

Toutes sortes de bleds sont sujets a être sarclez, mais principalement les Millets & les Panis, qui ne peuvent croître, lorsqu'il y a des mauvaises herbes parmy eux.

Comment se comporter à l'égard des bleds qui jettent trop de fanes.

SI par le moyen de la trop grande abondance de sels dont une terre est remplie, le bled qu'on y seme y leve trop dru, & y pousse trop en fanes, de maniere qu'on puisse craindre qu'il ne rende dans la terre plus de paille que de bled, il faudra tondre cette fane, ou mettre les Moutons dedans pour la paître, cela arrête cette fertilité préjudiciable, & en cause une autre dont on a tout lieu d'être content. On ne doit courir à cet expedient que lorsque le temps est sec; car lorsque les terres sont humides, on trépigne les bleds qui n'en valent pas mieux.

Il faut prendre soigneusement garde que le bétail n'entre dans les champs qui sont emblavez, à moins qu'on ne l'y mette exprés pour la raison dont on vient de parler, autrement ce bétail broutte le bled, qui ne revient plus, ou ne produit qu'à moitié de ce qu'il devroit faire.

De la Nielle.

CErtaines bruines, ou fortes rosées du printemps qu'on appelle *Nielle*, causent beaucoup de préjudice au froment, c'est ordinairement sur la fin du mois de May, ou au commencement de celuy de Juin, à la pointe du jour que cette Nielle tombe sur les bleds, qu'elle perd tout, du moment que le soleil a frappé dessus: voicy ce qu'est cette Nielle par elle-même, & comment elle agit sur les bleds.

Cette bruine, ou Nielle, comme on voudra la nommer, est proprement une matiere grasse qui sort de la terre, & qui montant en l'air, se forme en exhalaisons mélées de beaucoup de vapeurs; & qui étant poussées autant qu'il est besoin pour monter assez haut pour se dissoudre, se séparent alors les unes des autres de telle sorte que les vapeurs qui ne sont composées que des parties les plus subtiles, se dégagent toûjours fort aisément, au lieu que les exhalaisons qui sont plus grossieres, & contenant en soy des corpuscules qui les embarrassent davantage, & qui les empêchent par consequent de s'élever si haut, ne voltigent jamais que dans la région la plus prochaine de la terre, d'où il s'ensuit que si l'air vient à se refroidir un peu pendant la nuit, les exhalaisons étant d'une nature à ne pouvoir rester dans le mouvement, mais au contraire tendant toûjours au repos, elles se précipitent les unes sur les autres, & forment par ce moyen un broüillard, qui bien souvent venant à se changer en une liqueur onctueuse, tombe sur les bleds, qu'il brûle par le moyen des rayons du soleil qui frappent dessus, en sorte que ces bleds en ont le grain noir comme du charbon.

Il n'y a rien qui désole plus les Laboureurs que la Nielle, c'est un mal pour ainsi dire sans remede, quoiqu'il y en ait qui disent qu'on peut s'en garantir en cette maniere.

Comment se garantir de la Nielle.

Soyez deux hommes, disent ils, montez à Cheval, que l'un soit au bout du champ & l'autre à l'autre, ayez un grand cordeau qui contienne toute l'étenduë du champ, attachez ce cordeau au cou des Chevaux, tendez-le roidement au dessous des épis, marchez à pas égaux, & par ce moyen vous ébranlerez la cime des bleds de maniere que la rosée tombera de dessus les épis; il faut pour cela qu'il n'y ait point d'arbres dans le champ, car s'il s'y en trouve, l'entreprise ne pourra se faire que tres-difficilement, outre qu'on doit être bien vigilant pour prévenir ce danger, & bien dispos pour s'en garantir: si ce secret est simple par luy-même, l'issuë en est bien incertaine, puisque nous voyons tous les jours tant de bleds bruinez qu'on auroit sans doute sauvez de ce danger, s'il y avoit eu lieu.

CHAPITRE XI.

De la Moisson: Maniere differente de battre les bleds, avec quelques Remarques sur les Bleds battus & sur la Paille. Des Greniers à Bled, & du moyen de l'y conserver.

LA fin qu'on se propose en cultivant les terres est d'en retirer d'abondantes Moissons, c'est l'esperance du Laboureur, & sans laquelle il ne se donneroit pas tant de peines.

Le bled n'est pas plûtôt parvenu à sa maturité parfaite, qu'on se prépare à le moissonner le plûtôt qu'il est possible. Car il y a à craindre les vents impetueux, les pluyes trop frequentes, les orages & la grêle, qui quelquefois y causent tant de dégats qu'on perd en moins d'une heure tout son grain, & le travail d'une année.

Le Laboureur doit de longue main faire ses provisions pour la Moisson: il faut qu'il se fournisse dabord d'argent, puis des vivres necessaires, d'Ouvriers & d'outils. Il aura soin de tenir ses Granges & ses Greniers en bon état.

De la Maturité des Bleds.

LA Maturité des Bleds se connoît aisément par la couleur des tuyaux & des épis qui sont jaunes ou blonds, par la semence enfermée dans ses capsules, sans néanmoins être dures; c'est alors qu'il fait bon les moissonner ou les scier, comme on dit en certains pays. Quand il y survient quelques legeres humiditez pendant la moisson, le bled n'en tient que mieux dans l'épy, & n'est pas si sujet par consequent à s'égrainer.

Le temps le plus propre pour moissonner les bleds, c'est dés la pointe du jour, qu'ils sont encore imbibez de la rosée: car pendant la grande chaleur il se pert beaucoup de grain dans le champ: le bled étant moissonné, on le met en javelle, on le laisse *javeller*, comme on dit, c'est à dire, on le laisse jusqu'au lendemain sur le sillon sans le lier, on prétend que cela resserre les bourses du bled, ce qui l'empêche de tomber; on le lie dés que le jour commence à pointer, puis on met les gerbes en monceaux, ensuite on les charge dans une Charrette ridelée, pour aprés les transporter à la Grange ou dans l'aire suivant l'usage du pays; on l'y entasse pour l'y battre, ainsi qu'on le dira.

S'il arrive qu'on soit contraint de moissonner du bled qui ne soit pas tout-à-fait assez mûr, tel qu'est souvent celuy qui croît à l'ombre sous les arbres, on le scie à l'ordinaire, on le lie en gerbe, on l'entasse, puis on le prend gerbe à gerbe qu'on dresse l'épy en haut, soignant d'en écarter les épis, & on laisse ainsi ces gerbes jusqu'au lendemain matin qu'on les entasse de nouveau, de peur que le soleil ne les pénetre trop : on continuë ce soin deux ou trois jours de suite, au bout desquels le grain acheve de se mûrir.

La moisson se fait plûtôt ou plus tard, selon les differens degrez de chaleur ausquels les climats sont exposez. Dans les pays froids, par exemple, les fruits ne sont pas sitôt mûrs que dans les pays chauds ; il y en a où l'on ne moissonne les bleds que dans le mois d'Août, ce qui a fait donner à la moisson en certaines Contrées le nom d'*Août*, car on dit *faire l'Août*, au lieu que dans d'autres pays plus chauds la moisson s'ouvre bien plûtôt : on en charrie incontinent les bleds dans une aire à découvert, on l'y bat sans perdre aucun temps, puis on le serre au Grenier ; c'est ainsi qu'on en agit dans les régions meridionales, & du côté du levant.

Des diverses manieres de battre le bled.

LA diversité des pays a aussi introduit differentes manieres de battre le bled : dans les climats temperez on le bat au fleau, & dans ceux qui sont plus chauds, on se sert de Chevaux ou de Mulets : voicy comment cela se fait.

On arrange les gerbes dans l'aire l'épy en haut, puis un homme se met au milieu de cette aire, & tenant un Cheval ou un Mulet par un licou, il le fait marcher tout au tour, & trépigner le bled jusqu'à ce qu'il n'y ait plus rien dans l'épy.

C'est ainsi que le bled se bat en Espagne, en Portugal & dans la Sicile, & sans sortir du Royaume, on suit cette méthode dans le Languedoc, la Provence & autres pays circonvoisins, où pourtant le fleau n'est pas inconnu, mais on l'y employe rarement.

Dans les pays où l'on bat à la Grange, on entasse les gerbes dans les travées qui sont aux deux côtez & dans le fond, & crainte que le bled nouveau ne s'échauffe dans le tas, pendant que ce qu'il a de parties humides sont dans le plus fort de leur mouvement, il y en a lits par lits qui l'arrosent d'un peu d'eau, faute dequoy on a vû quelquefois le feu se mettre dans des gerbes entassées.

Quand battre le Bled.

On commence à battre le bled destiné pour les semences, & pour mettre au moulin, si on en a besoin dans la maison, dés qu'il est dans la Grange, puis aprés on le bat à loisir aprés la saint Martin, principalement lorsqu'il fait mauvais temps, & que la neige couvre la terre.

Comment & en quelle vûe conserver les Pailles.

LEs Pailles qui en sortent doivent être mises sur des échaffauds, ou dans des Greniers où on les conserve pour servir de fourage & de litiere aux animaux pendant toute l'année. Les Pailles d'avoine & d'orge ne servent que d'alimens pour les bestiaux, & les bales qui renferment le grain sont conservées pour être données en beuvées aux Vaches. Quelques-uns font de grands meûles de paille de seigle & de méteil, ces meûles sont ordinairement placez dans une cour & à l'air, & lorsqu'on a besoin de fourrage, on va en tirer.

Quels doivent être les Greniers à bled, & des moyens de le conserver.

LEs meilleurs endroits pour conserver le bled sont les Greniers bien aérez, ouverts du côté du Levant ou du Septentrion, afin que les vents de ces Contrées qui y entrent, tiennent toûjours le bled en état de se conserver long-temps. Il est bon que le planché soit quarrelé, le bled y est moins sujet à s'échauffer.

Il y en a qui mettent leur bled dans des vaisseaux pour le garder; il est vray qu'il s'y conserve tres-bien, & hors du danger des souris & des oiseaux, mais cette méthode ne convient qu'à ceux qui n'on guéres de bled à garder, & que dans les pays où il y croît peu de bleds.

Le bled est sujet à se gâter, si l'on n'y apporte toutes les précautions néceſſaires pour l'en empêcher; c'est pourquoy, en quelque endroit qu'on le mette, il faut qu'il soit bien sec, autrement il s'y engendre de la vermine qui le ronge. Quelques-uns, lorsque les bleds en sont infectez, enlevent un bon pied de dessus le monceau, & portent ce qu'ils en ont ôté dans une cour, pour l'exposer au soleil pendant deux ou trois jours, & l'éventent avec la pelle tant de fois, qu'on reconnoisse à l'œil que la vermine y est morte; & qu'elle a abandonné le bled; ensuite ils le rapportent dans le Grenier, non pas sur le monceau d'où ils l'ont tiré, mais ils le mettent à part pendant quelques jours, afin de voir à loisir si le mal est entierement passé.

D'autres se contentent d'éventer leur bled avec la pelle, croyant par là exterminer la vermine qui y est, mais ils se trompent en ce que cette vermine ne se met jamais que sur la superficie du tas de bled, & que par le remuëment qu'on en fait, on la méle avec tout le bled qu'elle gâte entierement; d'autres enfin voyant leur bled ainsi couvert de vermine, portent des Poules dans leur Grenier; ces oiseaux lui font tellement la guerre, qu'ils la mangent préferablement aux grains.

On dit que si l'on prend de la saumure de salé ordinaire, qu'on en fasse sur le plancher & autour du monceau de bled, une ceinture large d'un demi pied, toute la vermine quittera le bled pour y aller, & que par ce moyen on peut aisément en purger le bled. *Autre secret pour conserver le Bled.*

Quelques-uns disent qu'en mêlant beaucoup de Millet parmi le bled, c'est un bon secret pour le conserver long-temps, parce que ce bled ainsi mêlé n'est point sujet à s'échauffer. Quand on veut aprés se servir de ce bled, soit pour vendre ou pour la provision de la maison; il est aisé de le separer du Millet avec un crible.

Pour empêcher que le bled ne s'échauffe & ne se gâte, il faut être soigneux de le remuer trois ou quatre fois l'année avec des pelles, en changeant le monceau de place ; l'air qui pénétre à travers le purifie, il en ôte la poussiére & le mauvais goût qu'il pourroit commencer à contracter.

Nous avons traité jusques icy de tout ce qui pouvoit se dire du Labourage, de la maniere de labourer & d'ensemencer les terres, & de plusieurs autres choses curieuses qui regardent les bleds differens qu'on seme ; nous allons à present parler des differentes sortes de Prez, & donner des instructions sur tout ce qui les regarde, afin qu'un bon ménager de campagne trouve dans cet ouvrage dequoy se satisfaire entierement ; mais avant celà neanmoins, on a cru devoir donner une Planche qui fit voir à l'œil tout ce qu'on a expliqué par le discours.

Explication de la Planche VIII.

1. C'est la Semaille.
2. Sillons labourez & prêts à semer.
3. Maître Laboureur qui tient la queüe de la Charruë.
4. Autre homme qui seme.
6. Femme qui grenette aprés le semeur.
6. Sac dans lequel le semeur tient la semence.
7. Autre sac au bout du champ, où il y a du grain pour semer.
8. C'est la moisson.
Bled à moissonner.
10. Moissonneurs.
11. Ouvriers qui lient des gerbes.
12. Charretier qui charrie des gerbes.
13. Charrettes de gerbes.
14. Grange.
15. Batteurs dans la Grange.
16. Homme qui vanne le bled.
17. Plume dont il se sert pour nettoyer le grain.
18. Rateau de Grange.
19. Fourche pour remuer la paille.
20. Balay pour balayer la Grange.

CHAPITRE XII.

Des Prez en général. Comment en faire de nouveaux & les entretenir long-temps fertiles. Autres Pâturages nécessaires à la Campagne.

SOus le nom général de Prez, nous entendons icy toutes sortes de terres qui donnent de l'herbe pour servir d'aliment aux animaux domestiques ; tels sont les Prez ordinaires, le Sainfoin & la Luzerne, les premiers sont d'un grand revenu quand ils sont dans des bons fonds, & qu'on sçait les secourir au besoin. Ce sont de ces heritages qui ne coûtent gueres de soin ny d'argent à entretenir, & qui rendent beaucoup ; ils ne craignent ny la grêle ny les orages, & hors les torrens qui tombent dedans, & qui enroüille l'herbe, ils sont toûjours en état de donner du profit. Un Pré proprement parlant, est un pur bienfait de la nature, & dont on ne sçauroit trop avoir dans une maison de campagne.

Des diverses especes des Prez, & de la terre qui leur est propre.

NOus distinguons ordinairement les Prez en deux especes, sçavoir les *Prez secs* & les *Prez humides*. On peut faire les premiers en toutes sortes de terroirs pourvû qu'ils soient bons; mais les autres ne peuvent avoir une assiete fertile que dans les valons où il y a des eaux courantes. Les Prez secs rendent de tres-bon foin, mais les autres en produisent en plus grande abondance, selon que le fond où ils sont est plus ou moins heureux, & que les eaux en sont plus ou moins salutaires.

Le Pré se plait sur tout dans une bonne terre, bien substantielle, celle qui est naturellement humide n'y est pas si propre à beaucoup prés, il n'y croît que des roseaux ou des joncs, qui ne sont point des herbes propres à bien nourrir les Chevaux.

Quelque situation qu'ait la terre où l'on veut faire du Pré, elle est toûjours avantageuse, pourvû que le fond ne manque en rien de ce qui luy est necessaire pour produire beaucoup d'herbe.

Comment préparer la Terre pour en faire un Pré sec, & du temps de l'ensemencer.

LA terre qu'on destine pour être convertie en Pré, doit être bien labourée à plusieurs fois, & amandée de bon fumier; ces fréquens labours qu'on luy donne en extirpent toutes les herbes dangereuses qui sont nuisibles à celles qu'il doit naturellement produire, ce qui arrive ordinairement dans les terroirs qui tiennent d'argile. Il ne faut point laisser d'arbres au milieu d'un champ dont on veut faire un Pré; ils y sont incommodes, outre souvent que leur ombrage empêche que l'herbe n'y croisse en abondance. On fume ordinairement cette terre un mois ou deux avant que de l'ensemencer.

Le dernier labour qu'on luy donne est un labour uni qu'on a soin d'applanir avec la herse, ou avec un cilindre ou rouleau de bois, selon l'usage du pays où l'on est; la superficie en sera unie le plus qu'il sera possible, afin que lorsqu'il sera question de faucher ce Pré, les Faucheurs ne trouvent rien qui arrête leur faux.

Le nouveau Pré pour l'ordinaire s'ensemence sitôt qui l'hyver est passé, & que la terre est assez maniable pour cela; la semence de foin doit être choisie la plus mûre & la plus fine qu'on peut trouver : pour bien faire il est à propos d'y mêler moitié d'avoine, qui dés la premiere année dédommage son Maître de presque toute la dépense qu'il a faite aprés cette terre.

Pour bien ensemencer un nouveau Pré, il faut en jetter la semence par tout le plus uniement qu'il est possible, puis on la couvre de terre aussitôt avec la herse ou le rouleau, observant de la passer une seconde fois en travers. C'est le moyen que la superficie en soit bien unie, & que la semence y soit également répanduë par tout; si ce nouveau Pré étoit fermé de quelque haye, il n'en vaudroit que mieux, parce qu'il seroit hors de la portée de la dent des bestiaux qui l'endommagent beaucoup si on n'y prend garde, on ne peut trop y veiller; cet avertissement n'est point à négliger. Les Prez qu'on environne ainsi de hayes sont des clos ordinairement qui sont proches des maisons; lorsqu'ils en sont éloignez, on néglige plus volontiers ce travail.

Le Pré qu'on a nouvellement semé se fauche dés la premiere année; on convient que le foin n'y est pas encore bien abondant, mais enfin on en retire assez pour avoir lieu d'être content de sa dépense. Il faut bien prendre garde cette premiere année qu'on l'a fauché, que les bestiaux n'y entrent point pour y pâturer, les racines en sont encore trop tendres, & souffriroient du trépignement de ces animaux. Pour la seconde année; quand ce Pré sera fauché, il n'y aura rien à craindre que les Cochons, qu'il n'y faudra point absolument souffrir.

On peut encore, si l'on veut, méler du Tréfle & de la Vesce parmy la graine de Pré; ces semences en font multiplier l'herbe, & rendent le foin qui en provient un tres-bon aliment pour les animaux; il est bon aussi la premiere année que le Pré est semé, de le sarcler; c'est à dire, d'ôter les herbes qu'on voit n'y être point propres.

Quand fumer ce nouveau Pré.

APrés avoir converti une terre en nature de Pré, & qu'elle a donné de l'herbe pendant trois ans, il faut tâcher par le secours de quelque fumier, de réparer les sels qui se sont épuisez dans cette production. Le véritable temps est le mois de Décembre, ou immediatement aprés l'hyver: il faut que ce fumier soit bien consommé & répandu assez dru par tout le Pré, la matiere qui en sort fertilise merveilleusement ce Pré; c'est ainsi que gouvernant un Pré sec, il donnera beaucoup de foin sans le secours d'autre eau que de celles qui tombent du ciel.

Du Pré humide, & comment le faire.

QUant à la maniere de faire un Pré humide, c'est à dire, qui est situé dans un fond où on peut luy donner de l'eau si l'on veut; il n'y a rien à observer autre chose que ce que nous avons dit au sujet du Pré sec, excepté qu'il faut l'arroser quand on juge qu'il en a besoin.

On n'arrose les Prez qu'en été, & de huit jours en huit jours, s'ils n'y survient point de pluyes qui en épargnent la peine; ce n'est pas que tous les Prez situez dans les fonds puissent également s'arroser, parce que les ruisseaux quelquefois n'y ont point assez de pente, & que par cette assiete l'eau n'y peut point couler.

Quand on veut arroser un Pré, on fait un bâtardeau dans le ruisseau pour faire enfler l'eau, & luy donner par là un écoulement aisé dans le Pré qu'on abreuve: ce batardeau est une cloison de planches ou de terre glaise, ou de gazons qu'on fait & qu'on arrête en travers du ruisseau avec des pieux; l'eau pour lors qui trouve son passage fermé, se gonfle & se répand du côté où elle a plus de pente, & se formant ainsi plusieurs routes, elle

elle eſt. On tient toûjours le bâtardeau en état juſqu'à ce qu'on juge que le pré eſt aſſez imbibé, aprés cela on l'ouvre, pour laiſſer prendre à l'eau ſon cours ordinaire.

Comment gouverner les vieux Prez, & des fumiers qui leur ſont propres.

LEs vieux Prez ſe gouvernent comme les nouveaux, ſi vous en exceptez le fumier qu'ils demandent en plus grande abondance, particuliement lorſqu'on voit qu'ils languiſſent, qu'ils ſont mouſſus, ou qu'il y croît d'autres herbes que celles qu'ils doivent naturellement porter.

Le fumier de volaille & de Pigeon repoſé depuis long-temps, fournit beaucoup dequoy végéter aux plantes qui naiſſent dans les Prez : la terre ramaſſée des ruës bien conſommée & déchargée de ſon humidité, lorſqu'on la méle avec d'autre fumier, eſt merveilleuſe pour cela. On tient encore qu'il n'y a rien de meilleur pour fertiliſer les Prez que les feüilles d'Aunes, c'eſt pourquoy on ne ſçauroit trop veiller à en planter dans les Prairies, ſur le bord des ruiſſeaux. Les cendres de leſſive y ſont encore heureuſement employées.

Quand on voit qu'un Pré ſe charge de mouſſe, & que malgré les amandemens qu'on y a mis cette mouſſe ne ſe détruit point, & qu'il donne peu d'herbes, il faut en changer la nature, & le convertir en terre labourable, en quoy il profitera beaucoup plus en un an par l'abondance du bled qu'il rendra, que par le foin qu'il produiroit en ſix ans; & quand cette terre ſera fatiguée de porter du grain, on la remettra en Pré, comme on a dit.

Du Temps de faucher les Prez.

LE temps de faucher les Prez, eſt lorſqu'on voit que l'herbe qui y a crûë ne profite plus, & qu'elle eſt à graine; il faut alors ne point perdre de temps à la coupper. Plûtôt elle eſt dans les Greniers, moins on craint que les pluyes trop fréquentes ne la gâtent, ou que quelque torrent cauſé par un orage, n'y entraîne la ſuperficie des terres, & n'en rende l'herbe toute roüillée : l'herbe qu'on fauche un peu verte n'en foiſonne que plus au Grenier, & elle n'en eſt que plus ſavoureuſe pour les Chevaux, & que plus ſalutaire aux Vaches, pour leur faire avoir du lait; plûtôt un Pré eſt fauché, plûtôt & en plus grande abondance il donne du regain, qui eſt la ſeconde herbe qu'il produit : à l'égard de bien coupper l'herbe, cela dépend de l'adreſſe du Faucheur, qui s'en acquitte toûjours bien, quand il ſçait maniere la faux comme il faut.

Le foin étant fauché, on le laiſſe en endain juſqu'à ce qu'on juge à propos de le retourner pour le faire ſécher, puis on a des Faneurs, qui la fourche de bois à la main, le retournent épars çà & là par tout le Pré; & quand il eſt aſſez ſec, ils le mettent en veüillottes, comme on dit en certains pays, ce ſont des petits monceaux tout ronds qu'on fait de l'herbe, pour aprés les mettre en meûle. On entaſſe ainſi le foin pour l'amollir un peu, & pour le pouvoir charrier plus commodément à la maiſon; car quelquefois le soleil a donné si fortement dessus, qu'en remuant les veüillottes il se brise tout.

Il y a maniere de bien charger le foin dans une charrette; quelques Faneurs le tendent au Charretier qui est sur la Charrette, avec des fourches de fer, & qui l'y accommode; un peu de pratique en cela y rend un homme fort habile. Quand la Charrette est chargée raisonnablement pour les animaux qui la tirent, on enmene le foin à la maison pour être ensuite porté au Grenier, où il s'y conserve tres-bien d'année à autre, si on a pris soin de l'amasser pendant un beau temps, & dans son point de maturité.

Du Fenil, ce que c'est.

IL y a des pays où il est inutile d'avoir des Greniers pour serrer le foin, ils en font des *Fenils* dans les Prez-mêmes, c'est à dire, de gros meûles fort hauts, & de forme pyramidale: voicy comment ils se dressent.

On prend d'abord une grosse perche qu'on fiche bien avant en terre, puis on dresse le Fenil tout au tour avec du foin; cette perche doit exceder la pyramide d'environ un pied, & à ce qui en sort, on attache de grosses cordes qui soutiennent des pierres tres-pesantes, qui pressent toûjours le foin contre la perche, qu'on ne plante au milieu du Fenil, que pour luy servir de soutient contre les vents impétueux & les orages. Ce foin ainsi accommodé s'entasse tant de luy-même, que l'eau ne peut nullement le pénétrer; s'il s'en pourrit quatre doigts épais de superficie, c'est tout au plus, le reste demeure pur & net pendant toute l'année, comme si on l'avoit mis dans un Grenier bien couvert.

Quand on entâme un Fenil, c'est toûjours par le bas, du côté où la pluye ne donne point; ou en tire le foin avec un crochet, & petit à petit la pyramide diminuë tous les jours.

Des Regains.

ON appelle *Regains* une seconde herbe qui croît dans les Prez aprés qu'on les a fauchez; les Regains sont bons quand l'été est pluvieux; mais sans s'attendre toûjours à ce secours, si la Prairie est située de maniere qu'on puisse l'arroser par le moyen des ruisseaux qui y coûlent, on fauchera de bon Regain, mais si au contraire les Prez sont sur un côteau, il n'y a qu'à la faveur des pluyes qu'on pourra en esperer d'abondans.

Le bétail ne doit point pâturer dans les Regains que les derniers ne soient fauchez; car il y a des prairies où ce nouveau foin se fauche deux fois l'année, d'autres où la récolte ne s'en fait qu'une seule fois, cela dépend de la bonté du fond où elles sont situées, & de la disposition des eaux à y pouvoir couler quand on le souhaite; on voit même des pays où l'on ne recüeille point du tout de Regain, & où, sitôt que les Prez sont fauchez, ils servent de pâture pour les bestiaux.

Autres Pâturages.

OUtre les Prez dont on vient de parler, il y a encore d'autres pâturages qui sont nécessaires à la campagne, autant neanmoins que la situation des lieux le peut permettre; ces pâturages s'appellent autrement *Pacages*, ou *Patis*, selon les pays, & *Pâtures* en d'autres.

Ces pâturages ne sont point artificiels, ce n'est qu'aux soins de la seule nature que nous en sommes redevables. Ils ne sont sujets à aucune culture, & n'exigent aucuns soins.

Ceux qui ont des pâturages en propre sont heureux à la campagne, parce qu'ils sont seuls qui en profitent, pouvant empêcher que le bétail d'autruy n'y aille pâturer.

Outre l'herbe qu'on tire du fond, il y a encore les fruits sauvages dont on engraisse les Cochons dans le temps, & la bonne œconomie veut, dans les domaines, qu'on laisse toûjours les terres les moins propres à donner du bled, pour être converties en pâturages; car il en faut pour nourrir le bétail, qui fait la richesse d'une maison de campagne, & sans pâturages, tous les animaux coûtent trop à nourrir.

Si neanmoins on a des pâtures à soy, & qu'on veuille les rendre fertiles, il sera bon, quand on verra qu'elles commencent à déperir, d'y voiturer un peu d'amandement, & l'y répandre par tout le plus également qu'il sera possible; on se servira pour cela des fumiers que nous avons remarquez être tres-propres pour les Prez.

Il y en a, aprés que les Greniers sont vuides de vieux foin, & qu'on les a nettoyez pour en remettre de nouveau, qui ramassent toutes les ordures qu'ils y trouvent, & qui les mennent dans leur pâtures pour les y répandre. La maxime en est bonne, parce que la semence du foin qui y reste germe dans ces endroits, & donne de l'herbe dans la suite. On voit comme il ne faut rien négliger à la campagne, & comme ce qu'on croit propre à rejetter, donne du profit: voicy une Planche qui represente tout le travail qu'on doit se donner pour ramasser les foins.

Explication de la Planche IX.

1. Prez situez sur le bord d'un ruisseau & dans une plaine.
2. Autre Pré situé sur un côteau.
3. Faucheur, où se voit l'attitude qu'on doit avoir quand on fauche.
4. Autre Faucheur qui aiguise sa faux.
5. Autre Faucheur qui bat sa faux sur son enclume, avec son marteau.
6. Endains de foin.
7. Personnes qui fanent le foin.
8. Veüillottes de foin.
9. Autres personnes qui le mettent en meûle, & comment cela se fait.
10. Meûle de foin pour transporter à la maison.
11. Charrette de foin, & comment chargée.
12. Autre Meûle de foin, qui reste dans les Prez en guise de fenil.
13. Utenciles dans lesquels on apporte à manger aux Faucheurs & aux Faneurs.
14. Ruisseau qui arrose les Prez dans le besoin.

CHAPITRE XIII.

Du Sain-foin, de la maniere de le cultiver, & à quoy propre.

Erreur des Anciens.

LE Sainfoin est encore une herbe d'un tres-grand secours dans une maison de campagne; on l'appelle en des endroits, *Foin de Bourgogne*, à cause qu'il en croît beaucoup en cette Province. Les anciens Auteurs sur l'Agriculture, ont confondu le Sain-foin avec la Luzerne, leur donnant indifferemment un nom pour l'autre; il y a pourtant bien de la difference entre ces deux plantes, l'un est un Tréfle, & l'autre est une herbe dont le genre est d'un autre caractere.

De la terre propre au Sain-foin, & du temps de le semer.

ON seme le Sain-foin dans les terres pierreuses, & en côteau; telle doit être la nature & la situation du fond où on le veut mettre, & l'experience nous a appris jusqu'icy qu'il y croissoit tres-bien.

Le Sain-foin se seme en des pays dés la saint Barthelemy, jusqu'au dixiéme Septembre, & en d'autres au mois de Mars, c'est selon l'usage des lieux, & que le temperamment du climat le permet.

Le champ où on le met doit être labouré & bien amandé, puis on l'y seme. Ceux qui le sement au mois d'Août en répandent la semence dans les champs où on a semé le seigle, ensuite ils passent la herse sur cette terre, afin de couvrir le Tréfle, qui est proprement le Sain-foin; cette semence germe trés bien alors, & rapporte beaucoup de profit.

Dans les lieux où l'on ne commet le Sain-foin à la terre qu'au mois de Mars, on le seme dans les terres dont on a parlé, puis on le herse pour en couvrir la semence.

Du choix de la semence du Sain-foin.

LA bonne semence du Tréfle est celle qui est enfermée dans des capsules; elle est toûjours mieux nourrie que celle qui paroît à découvert, & multiplie bien davantage; il y en a qui tiennent que pour semer un arpent de Sain-foin, il ne faut que cinq livres pesant de semence, quelques-uns en mettent davantage.

Lorsque le Sain-foin est semé comme il faut, c'est à dire, qu'on n'a rien épargné à l'égard des labours & du fumier, on le fauche dés la premiere année au mois de Juillet, c'est le temps ordinaire d'en faire la récolte; il se fauche comme les autres Prez, c'est pourquoy il est bon toûjours de labourer le champ à uni, afin que la faux ne trouve rien qui s'oppose à son passage. Quand le Sain-foin a deux ans, on le fauche deux fois l'année, sçavoir au commencement de Juillet & vers la fin d'Août.

Une terre mise en Sain-foin dure trois ou quatre ans en cette nature, &

en état de donner du profit ; aprés ce temps, si l'on voit que ce Tréfle dégénere, on convertit cette terre en terre labourable ; le bled y croît aprés tres-abondamment, parce que le Tréfle est ordinairement un amandement pour les terres.

Le Sain-foin sert d'alimens pour les chevaux & pour les bestiaux ; cette nourriture les entretient parfaitement bien, & rend les Vaches tres-fecondes en lait.

CHAPITRE XIV.

La Luzerniere, & comment y cultiver la Luzerne ; son utilité. De l'Esparcet méthode pour le bien gouverner.

IL y a beaucoup de Luzernieres en France, ainsi que des terres semées en Sain-foin. La Luzerne, à la verité, est une herbe dont on fait plus d'état que du Tréfle, qui est proprement le Sain-foin, comme on l'a dit. Les Latins l'appellent *Medica*, soit parce que les Medes cultivoient beaucoup cette plante, ou que la premiere semence de Luzerne nous soit venuë de leur pays.

On seme beaucoup de Luzerne en Espagne, & sans sortir de nôtre France, on voit quantité de Luzernieres en Languedoc, en Provence & en d'autres pays circonvoisins ; cette herbe sert d'aliment pour les bestiaux, & la raison pour laquelle ces peuples sement tant de Luzerne, c'est que le foin ordinaire y est rare.

Des Terres propres pour la Luzerniere, & du temps de la semer.

LA Luzerne veut une terre qui soit bonne, plus legere que forte, & beaucoup remplie de sels : la terre sabloneuse luy convient encore assez, & cette terre, de quelque nature qu'elle soit, sera préparée de longue main, de même que celle qu'on destine pour la Cheneviere.

Il ne faut point qu'il y ait d'arbres dans une Luzerniere ; l'ombre nuit à la Luzerne, elle n'y croît qu'en petite quantité. Elle veut un plein soleil, & ce n'est que par là que les sels de la terre qui la contient acquérent les rapports qu'ils doivent avoir pour s'insinuer à travers les pores de cette plante & la faire croître parfaitement.

Si l'on n'a pas la terre tout-à-fait comme on la souhaiteroit, on peut la rendre bonne à l'aide des fumiers : mais il faut que cette terre soit preparée, comme on a dit, que dés le mois de Novembre, elle ait eu quelques labours, & qu'on l'ait amandée des fumiers qu'on sçaura le mieux luy convenir. Le fumier mis en terre deux mois auparavant qu'on y seme de la Luzerne, profite mieux à cette plante, que lorsqu'on fume le champ à la veille d'y en répandre la semence ; il faut que les sels qui exaltent de cét amandement se soient déja mêlez aux sucs de la terre, & pour lors la Luzerne croît à vûë d'œil.

Le temps de semer la Luzerne, est pour l'ordinaire le mois de Mars, que les froidures sont passées, & que la terre peut tres-bien s'ameublir : on la laboure à champ uni, comme si on vouloit en faire un Pré.

Combien il faut de semence pour semer une Luzerniere.

IL faut pour semer une Luzerniere la sixiéme partie moins de semence que pour semer du froment, c'est à dire, qu'au lieu de cinq à six boisseaux de bled pesant deux cens cinquante livres le tout, on n'en prend qu'un sixiéme, parce que la graine de Luzerne est extremément petite, & qu'elle ne veut pas être semée trop dru, mais en quantité raisonnable, & de maniere néanmoins que le champ en soit suffisamment & également couvert par tout.

D'un certain défaut de la Luzerne, comment le corriger.

LOrsque la Luzerne commence à croître, elle est tres-susceptible du hâle qui l'altere beaucoup : pour l'en garantir, on mêle de l'avoine parmy sa semence, ou de l'orge, ou de la vesce par égale portion, la Luzerne ne faisant que la quatriéme partie du tout. Ces semences ainsi mélées poussent tres-bien sans s'incommoder l'une l'autre, & par le moyen de l'ombre que donnent la vesce, l'orge ou l'avoine, la Luzerne est garantie des grandes chaleurs, & prend une croissance telle qu'on la désire. Quand les autres grains qu'on y a semez ont porté leur fruit, au terme prescrit par la nature pour être cüeillis, on les moissonne sans toucher à la Luzerne, qui reste pour occuper aprés entierement le champ.

Et pour le mieux, sans se mettre en peine du profit qu'on peut tirer de ces grains, on les coupe avant leur maturité, la Luzerne en vaut mieux, & y prend une nouvelle croissance.

Remarques. Ce mélange de semence dont on vient de parler, n'est guéres en usage que dans les pays méridionaux ; car dans ceux où les climats sont temperez, on seme la Luzerne seule, elle profite alors de tous les sels que la terre où elle est peut contenir.

Des soins qu'on doit prendre aprés la Luzerniere, & du temps de la faucher, & combien de fois l'année.

LA Luzerne veut être sarclée, quand on voit que les méchantes herbes l'incommodent, crainte que ces mauvaises plantes venant à gagner le dessus, n'érouffent la Luzerne, & l'empêchent par là de croître.

Il ne faut jamais permettre qu'aucun animal qui broute entre dans la Luzerniere, la Luzerne en craint la morsure & le trépignement, de maniere qu'elle ne fait que languir aprés ; c'est pourquoy il est bon de dresser les Luzernieres dans des clos entourez de bonnes hayes, pour les mettre hors d'insulte des bestiaux. on en doit aussi chasser la volaille, si l'on voit qu'elle y ait quelque accés, parce qu'elle dépoüille la Luzerniere dans les endroits où elle la pâture.

On ne doit pas s'attendre la premiere année qu'une Luzerniere donne beaucoup de foin, il suffit de voir qu'elle ait bien crû par tout : la seconde année elle donne plus de profit, & produit quelquefois tant d'herbes qu'on en est surpris ; cette fertilité dure ainsi huit à dix ans, quelquefois moins selon la bonté du fond où la Luzerniere est située.

Une bonne Luzerniere se fauche trois ou quatre fois l'année, & elle se doit toûjours faucher par un beau jour, afin qu'elle séche vîtement ; mais il faut pour cela la tourner & retourner souvent, parce que tombant ordinairement fort épais sous la faux, elle ne pourroit, sans ce secours, sécher qu'imparfaitement ; outre que si on la laissoit plus de deux jours fauchée sur le champ, elle empêcheroit l'autre de repousser sitôt, ainsi on voit qu'il y a interêt à s'acquiter promptement de son travail.

Le vray temps de faucher la Luzerne, est toutes les fois qu'elle est en fleur, c'en est la plus sûre marque, & il ne faut point tarder davantage à la faire, autrement ce seroit perdre du temps, & le profit qu'on devroit retirer de la Luzerniere. S'il arrivoit quelque pluye par hazard qui surprît la Luzerne dans le champ, il faudroit la transporter ailleurs pour la faire sécher ; car qui la laisseroit dans la Luzerniere, elle empêcheroit, comme on a déja dit, la nouvelle herbe de pousser. Qu'on se souvienne encore un coup de la remuer souvent pour la faire secher : la Luzerne contient beaucoup de parties volatiles, qui dans leur effervescence, la corromproient sans ce prompt remede.

La Luzerne étant séche, on la fait incontinent transporter au Grenier : il faut prendre garde qu'il soit bien couvert, afin qu'il ne pleuve point sur cette espece de foin, & qu'on puisse, étant bien soigné, en conserver pour sa provision. On n'en fait point de fenil, comme du foin ordinaire.

De quelque inconvenient qui survient à la Luzerne.

IL arrive quelquefois, lorsque la saison est trop séche, & que la Luzerne pousse son herbe pour la seconde fois ; qu'il s'y engendre de petites chenilles noires qui la détruisent ; cet insecte est un poison pour elles, car sitôt qu'on s'apperçoit qu'elle la pique, il faut qu'elle meure, si on n'y remedie au plûtôt ; & pour cela, il faut, sitôt qu'on s'apperçoit que la Luzerne blanchit à sa cime, la faucher sans attendre la fleur, & par ce moyen ces chenilles meurent avec l'herbe, de maniere que celle qui doit repousser ne craint plus rien de ce côté-là. Remede.

Comment tirer la graine de la Luzerne.

CEux qui veulent tirer de la graine de Luzerne, le peuvent faire tous les ans, à commencer seulement la deuxiéme année qu'elle a été semée, pour luy donner le loisir de se fortifier : c'est ordinairement à la troisiéme fois qu'on la fauche, que cette graine se recüeillit : la récolte qu'on fait de la graine en diminuë une à l'égard de l'herbe, qu'il faut laisser durcir, afin que cette semence acquiert sa materité parfaite.

La graine de Luzerne vient dans de petites gousses qu'on coupe le matin à la rosée avec des fauciles : si on la coupoit pendant le chaud, ces gousses s'ouvriroient, & la graine se perdroit ; & pour empêcher encore qu'elle ne tombe à terre, aprés être cüeillie, on la met sur des draps, puis on la porte sécher au soleil, ensuite on la bat au fleau sur ces draps, on la vanne, pour la serrer aprés jusqu'à ce qu'on en ait besoin ; cela fait, on fauche le reste de l'herbe rez terre, afin de rendre unie la superficie de la Luzerniere.

Durée de la Luzerniere, & comment la renouveller & la mettre en Pré.

LA Luzerniere étant ainsi gouvernée, dure en certains païs douze à quinze ans ; & en d'autres moins, selon que la terre où elle est située est plus ou moins substantielle : car dans la suite les racines se grossissent, & dégénerent de leur premiere production ; alors il faut la renverser sans dessus dessous, la foüiller toute entiere, c'est à dire, mettre le fond de la terre en haut, & le haut en bas ; & pour cela, on ouvre une tranchée de quatre pieds de large, & autant de profondeur qu'on trouve de bonne terre dont on jette toute la terre d'un côté, on la comble de la terre d'une autre tranchée qu'on fait aprés, mettant le dessus dans le fond, & ainsi successivement ; cela fait, on seme la nouvelle Luzerniere, de la maniere qu'on l'a enseigné. Si pourtant on choisissoit une autre morceau de terre, la Luzerniere n'en croîtroit que mieux, parce que cette semence aime à être changée de terre.

Il y en a au lieu de rompre la Luzerniere quand elle est vieille, qui la laissent convertir en Pré ; pour cela ils soignent de l'arroser beaucoup & souvent ; afin que les racines qui se corrompent par la trop grande abondance d'eau dont on les imbibe, jettent une Luzerne bâtarde, que quelques-uns tiennent être le Tréfle des Prez ; on fauche le foin quand il est mûr, puis on le met dans le Grenier parmy le foin ordinaire.

Proprietez de la Luzerne.

La Luzerne est un aliment tres-nourrissant pour le bétail, mais il faut luy mêler parmy d'autres fourages, autrement il mourroit de gras fondure, & principalement les Bœufs qui en mangent beaucoup lorsqu'elle est verte, c'est ce qui fait qu'il n'en faut donner que de la séche à ces animaux.

Les Chevaux au contraire s'en engraissent en peu de temps, quand on la leur donne verte au printemps, & de la premiere herbe ; il est à craindre neanmoins qu'un Cheval qui ne travaille pas n'en devienne forbu. La Luzerne est encore bonne en hyver pour les bêtes qui sont malades, fatiguées, maigres, pour les Vaches qui sont pleines, & pour leur faire avoir beaucoup de lait. On en donne aussi aux Poulains, aux Veaux, aux Agneaux & aux Chévres ; cette nourriture les maintient long-temps en bonne chair, & les rend gaillards.

De l'Esparcet.

C'Est ainsi que s'appelle une espece de foin qui croît en Dauphiné, prés de Die, où il est des plus en usage ; l'herbe en est fort suculente, & nourrit beaucoup le bétail, de maniere que les effets égalent presque en cela ceux que produit la Luzerne en aliment.

A quoy est bon l'Esparcet.

L'herbe y croît abondamment, & quoiqu'elle soit grosse, elle est neanmoins fort substantielle & tres-propre pour nourrir & engraisser toutes sortes

sortes de bêtes à quatre pieds, soit qu'elles soient jeunes ou vieilles ; on en donne même aux Agneaux & aux Veaux, & l'Esparcet est encore merveilleux pour faire avoir beaucoup de lait aux Vaches.

L'Esparcet n'est pas seulement considerable par le produit de son herbe, sa semence est encore d'une tres-grande utilité, elle sert d'avoine au bétail, on en engraisse la volaille ; & cette semence a la proprieté de faire pondre les Poules en abondance.

Comment cultiver & recüeillir l'Esparcet.

IL n'y a rien de plus aisé à cultiver que l'Esparcet, il croît fort bien dans une terre maigre, & c'est un amandement pour elle, qui la rend propre dans la suite à produire de bon bled ; c'est pourquoy cette plante est tres-recherchée dans le Dauphiné, on est surpris qu'en tous autres lieux de la France, c'est l'usage n'en devienne pas plus commun.

L'Esparcet ne veut point être pâturé, il craint la morsure des bêtes, qui sitôt qu'elles en ont goûté, le recherchent aprés avec avidité. Son herbe croît haute de deux pieds seulement, mais en récompense elle vient fort épaisse ; on la fauche trois fois l'année, pourvû qu'elle soit dans un terroir qui luy convienne, & qu'elle n'ait point été broutée ; la premiere récolte s'en fait à la fin du mois de May, la seconde à la fin de Juillet, & la troisiéme à la my-Septembre. Le foin de la premiere & de la derniere récolte n'est pas si gros que celuy de la seconde, à cause que celle-cy donne la la graine, & qu'elle a par là le temps de se grossir davantage que les autres. Quand ce second foin est fauché, on le porte à l'aire de la Grange pour en battre la graine au fléau, ainsi qu'on fait le bled ; on retire cette graine comme l'avoine, & l'on en porte le foin au Grenier parmy celuy de la premiere récolte.

Aprés tout le profit qu'on tire de l'Esparcet, & dont on vient de faire un détail, il seroit à souhaiter qu'il n'y eût point de maison de campagne qui n'en fût pourvûë ; ce n'est pas une affaire que de s'en fournir pour la premiere fois, & sur tout quand on a le moyen ; ce sont là de ces nouveautez qu'il ne faut point craindre d'introduire dans l'Agriculture, il n'y a que de l'avantage à en tirer de toute maniere, soit par rapport à la terre maigre, que cette herbe sçait engraisser, soit au bétail & la volaille qu'elle nourrit tres-bien.

Quand semer l'Esparcet, & de sa durée.

ON seme l'Esparcet au commencement de Mars, & la semence en doit être jettée fort dru ; il en faut pour ensemencer un arpent quatre fois autant que de froment, afin que l'herbe en croisse épaisse, & ne donne point lieu par là aux méchantes herbes de s'introduire parmy elles à son dommage.

Quand on seme l'Esparcet, il faut toûjours que ce soit à champ uni, comme un Pré, afin que la faux y passe librement : la premiere année que cette herbe est semée, elle ne jette pas bien haut, étant alors toute occupée à pulluler en pied ; ce sont les trois années d'aprés qu'elle donne beaucoup de foin, & de bien beau.

C'est aussi tout le temps que l'Esparcet dure en nature de Pré, pourvû que le champ en soit bien labouré, & qu'il luy convienne : ces quatre ans passez, il s'anéantit de luy-même, & pour lors on fait une terre propre à mettre du bled. Il faut pour cela que le fond en soit fréquemment labouré, & le plus avant qu'il est possible, afin d'extirper tout ce qui peut rester de racines de l'Esparcet. Il est bon d'en semer en une autre terre pour n'en point manquer ; c'est un ménage encore un coup auquel on ne sçauroit trop faire attention ; tout s'en trouverra mieux dans une maison de campagne ; les hommes par rapport au profit qu'ils tireront de l'herbe de cette herbe pour nourrir leur bétail, & le bétail au sujet de l'aliment qu'il y trouverra, & qui l'entretiendra en bonne chair.

CHAPITRE XV.

LES BOIS.

Ce qu'on entend par Bois en Agriculture ; de quels arbres ils sont composez : comment & quand il faut les semer pour en faire des Taillis, & quelle en est la semence.

Le mot de Bois pris en terme d'Agriculture, s'entend des terres où il y croît toutes sortes d'arbres sauvages, cultivez par les mains seules de la nature. Les maisons de campagne où il y a des Bois sont toûjours d'un grand revenu, tant par rapport à l'argent qu'on tire du bois même, qu'aux pâturages qu'ils nous fournissent, pour l'entretien des bestiaux qui font la richesse des Laboureurs : outre que les Bois sont propres à une infinité d'usages differens, dont nous parlerons plus au long dans le Traité du Commerce qu'on en doit faire.

Contraires au sentiment de quelques Ecrivains sur l'Agriculture, nous dirons qu'il faut garder les meilleures terres pour les bleds, & employer les autres en plans de Bois, puisque l'experience nous fait voir que les arbres sauvages qui les composent, croissent bien dans les terroirs les plus ingrats.

On ne peut fixer le nombre des terres qu'on peut mettre en nature de Bois dans un domaine ; c'est selon qu'il a d'étenduë, & que la commodité de ses terres le permet : car nous voyons souvent des terres, dont le principal revenu n'est qu'en bois. Nous n'irons point chercher ceux qui les premiers ont planté ces vastes Forêts, sçavoir si elles ont été plantées de mains d'hommes, ou si la nature elle-même a pris soin de faire croître les premieres semences qui ont été commises à la terre par le Créateur ; c'est dequoy nous ne nous embarrasserons point, nous dirons seulement que la plûpart des arbres qui les composent, sont les Chênes, les Châtaigniers, les Ormes, les Frênes, les Bouleaux, les Hêtres, les Sapins, les Sicomores, les Cormiers, les Erables & les Tilleuls ; voilà les arbres qui en font le principal ornement, & la plus grande richesse : en voicy d'autres, qui en comparaison d'eux ne sont que des arbrisseaux ; tels sont les Alisiers, les Coudriers, les Cournoaillers, les Sureaux, les Buis, les Genévres, les Houx, les Genêts, & quantité d'autres qui ne méritent pas avoir place icy ; sans parler encore des arbres aquatiques, qui sont les Saules, les Peupliers, les Trembles, les Aulnes, les Oziers, les Marsaules & les Bouleaux. Mais sans nous arrêter davantage à ces digressions, qui ne font que nous donner des idées de l'utilité des bois dans une Maison de campagne, venons au fait, qui regarde la maniere de multiplier l'espece : nous commencerons par les taillis, qu'on peut faire venir de semence.

De l'assiete du Bois taillis

XV.

LA situation des Bois taillis est également bonne par tout, soit en pleine campagne, ou sur des côteaux : encore un coup, qu'on ne regarde pas ce que nous allons dire icy comme des instructions & des avis pour élever de grandes étenduës de taillis, la nature & nos peres y ont assez bien pourvû jusqu'à présent ; car qui iroit entreprendre de planter aprés eux des quatre ou cinq lieuës de pays en taillis, comme on en voit, sembleroit n'avoir guéres affaire d'autres choses meilleures à la vie que ces terres pouroient luy rapporter. Ce ne sont donc que des manieres d'élever les bois de semence dont on parle icy, au cas qu'on en veüille semer dans quelques terres éloignées, & dont on ne peut rien faire autre chose.

Comment préparer les terres pour les Bois, & les ensemencer.

SUpposons donc qu'on veuille convertir quelques terres en nature de Bois ; il faut soigner toûjours qu'elles soient labourées, comme si on vouloit les ensemencer en bleds, & pour cela on commence à leur donner leur premier labour dés le mois de Septembre, le second aprés la saint Martin, & le troisiéme quand on voudra semer le gland ; ce qui se pratique toûjours au commencement du mois de Mars, ou plûtôt même, si les frimats de l'hyver n'y apportent point d'obstacles.

Les uns labourent leurs terres en sillons, d'autres à uni : ces differentes manieres ne font rien à l'égard du gland qui est communément la semence dont on se sert pour multiplier ces Bois. Ces labours se donnent ordinairement à la charruë. Il y en a qui veulent que le champ où l'on seme ces bois soit en pente, afin que l'eau n'y séjourne point ; mais si l'assiete du lieu ne le permet point, qu'on ne laisse pas que de continuer son entreprise ; on voit tous les jours des Bois qu'on seme, réüssir tres-bien en champ plat ; ainsi donc point de scrupule sur cet article.

Si l'on en croit ceux qui ont écrit sur l'Agriculture, lorsqu'il est question de semer le gland ; la meilleure maniere est de le semer au plantoir sur des alignemens tirez au cordeau, dans des trous profonds de quatre doigts, & éloignez d'un pied l'un de l'autre ; cette méthode à la verité est bien bonne, mais elle ne va pas vîte, & qui auroit bien des Bois à semer de la sorte, n'en semeroit pas beaucoup en un jour; outre que nous ne voyons pas que ce soit là la maxime dont nos Ancêtres se soient servis pour faire venir ceux que nous voyons aujourd'huy, & qui nous paroissent plantez sans ordre; il faut donc que la semence y ait été jettée au hazard, sans se mettre en peine comme elle tomberoit en terre, & de la maniere par consequent qu'on seme le bled.

C'est aussi la façon la plus ordinaire d'aujourd'huy, de maniere donc que lorsqu'on veut semer du gland dans une terre bien meuble, telle qu'elle doit être, pour y recevoir heureusement cette semence on le seme à plein champ; il faut seulement observer de le semer tres-clair pour s'épargner aprés le trop de peines qu'on auroit d'en ôter le superflu.

Quand le gland est ainsi semé à la Charruë, on le couvre de terre avec la herse qu'on passe deux fois sur le champ; il faut en laisser le plan en repos jusqu'à ce qu'il soit devenu un peu fort, & en état de pouvoir être éclairci, au cas qu'il soit trop dru; cette façon luy est absolument necessaire, si l'on veut qu'il croisse à souhait, autrement il vient, comme on dit, tout rabougri.

Précautions qu'il faut prendre quand on veut semer du Bois.

Il est à craindre de travailler inutilement, quand on seme du gland, si l'on n'a soin de garantir des bestiaux le nouveau bois qui en naît, la dent & le trépignement de ces animaux luy est tres-préjudiciable; c'est pourquoy il est bon, autant qu'on le peut, d'environner de fossez la piece de terre destinée pour cela; si l'étenduë en est trop spacieuse, il faudra se contenter d'y veiller dans le temps que le bétail sera le plus à craindre; car d'entreprendre de fossoyer quelquefois huit à dix arpens de terres qu'on auroit emblavées en gland, ce seroit un terrible embarras; cela est bon, quand il n'y a qu'un arpent ou deux, encore s'ils sont prés de la maison, on peut se passer de cette dépense.

On éclaircira donc les petits Chênes, si l'on remarque qu'ils croissent trop épais; il faut à vûë d'œil leur donner un pied de distance l'un de l'autre, & choisir pour ce travail des jours qu'il ait plû, & que l'eau néanmoins soit imbibée dans la terre; car alors les plans s'en arrachent plus aisément: on peut par le même moyen sarcler ce jeune bois, & la seconde année il est bon de le serfoüir, c'est à dire, gratter seulement la terre autour des plans; faut donner ce petit labour quand on prévoit la pluye, aprés cela ces jeunes plans végétent on ne peut pas mieux.

La troisiéme année que le Bois est semé, on luy donne des labours plus profonds, deux ou trois luy suffisent pendant l'année, à commencer le premier au printemps; on peut luy donner ces soins pendant quatre ou cinq ans, que le bois est alors assez fort pour pousser sans autre secours que celuy de la nature. On mêle ordinairement parmi le gland quelques Châtaignes ou autres semences d'autres bois sauvages, dont les taillis sont ordinairement composez; il faut qu'il n'y en ait qu'environ la centiéme partie, & que le tout soit bien mêlé.

Remarques à observer.

Il y a dans des pays tant de terres en friche, voisines de belles & grandes forêts, situées dans un même fond, où les Chênes ont si bien crû, pourquoy n'y en viendroit-il pas, si l'on y semoit du gland? le ménage en est bien meilleur, que de laisser ces terres inutiles. Bien des gens peu experimentez dans l'Agriculture, disent que ces productions sont d'une trop longue haleine, point du tout, puisqu'au bout de neuf ans que le gland est semé, on commence à en couper le bois, il est vray que cette premiere coupe rend peu de chose, mais dans la suite, & de neuf ans en neuf ans, le profit en vient sans y rien dépenser.

Supposé même qu'on ne travaillât qu'en vûë d'en avoir de beaux Chênes, devons-nous en cela uniquement nous regarder ; & si nos Ancêtres n'avoient eu que de pareilles considerations, où en serions-nous aujourd'huy ? Cette négligence à s'adonner à cette petite partie de l'Agriculture se remarque en mille endroits différens de ce Royaume, où l'on voit de si grandes espaces de terre couverts de Bruyeres ou le gland croîtroit fort bien.

CHAPITRE XVI.

Autres Taillis de Plan enraciné.

De quels arbres sont composez les taillis.

LEs Bois taillis se forment encore de plan enraciné qu'on tire des Forêts, ou des jeunes bois qu'on a semez ; les arbres les plus usitez qu'on employe pour faire les taillis sont les Chênes plus que de tous autres, un peu de Hêtres, de Bouleaux, de Charmes, quelques Tilleuls, des Ormes, & autres arbres champêtres.

Comment en accommoder la terre.

La terre destinée pour y planter des taillis doit être cultivée de trois façons avant que d'y planter des bois, plus elle est meuble, mieux le plan y croît, & plûtôt on en retire du profit ; il faut labourer ces terres à superficie, étant le labour qui convient le mieux à toutes sortes de bois.

Quand planter les taillis.

Les differens climats frappez plus ou moins âprement du soleil, décident du temps de planter ces Bois : dans les pays temperez de nôtre France, & où les terres sont pierreuses, légeres, ou sabloneuses, on choisit pour cela le mois de Novembre & de Décembre, au lieu que dans les terres humides on attend jusqu'au mois de Mars ; dans les terres fortes, néanmoins quoique froides, sans être trop imbibées des eaux, on peut faire cet ouvrage dés devant l'hyver.

Comment les planter.

Comme ces plans sont différens l'un de l'autre, on les entremêle le mieux qu'il est possible, se souvenant toûjours que les Chênes y dominent beaucoup plus que les autres.

Avant que de mettre ces plants en terre, on les habille, c'est à dire, on en coupe les racines & le chevelu superflu, puis on le plante en rigoles tirées au cordeau, larges & profondes d'un fer de bêche, & separées de deux pieds l'une de l'autre : on les plante aussi à cette distance, puis on les couvre aussi-tôt de terre ; il n'est pas besoin de dire icy le certain petit sçavoir faire qu'il faut observer quand on plante ce bois, pour peu qu'on soit versé dans cette sorte d'ouvrage, on en vient toûjours à bout, le plan ne doit sortir de terre que de quatre doigts.

* Autres soins qu'on doit prendre aprés les taillis.

* Le taillis étant ainsi planté, & lorsqu'on voit qu'il commence à bour-

geonner, on soigne que les bestiaux n'y entrent point; parce qu'il n'y a rien qui le retarde davantage que lorsque ces animaux le broutent, ou le foulent aux pieds.

Le moyen que le Bois nouvellement planté nous donne bientôt du profit, c'est de le bien cultiver dans le commencement, c'est à dire, de le tenir net des méchantes herbes, à l'aide de petits labours fort legers qu'on luy donne trois ou quatre fois l'année, jusqu'à ce qu'il ait trois ou quatre ans; car alors il vient assez bien de luy-même; le temps de donner ces labours aux taillis, est lorsqu'on voit que les herbes malignes couvrent la terre; il faut que ce soit aprés une pluye, & que l'eau y soit toute bûë, les racines des plans s'en trouvent mieux alors, les sels y agissent sans être dissipez inutilement, & la végétation par consequent s'y fait autant qu'on le peut souhaiter, & de maniere que neuf ans aprés on est en état de le couper.

CHAPITRE XVII.

DE LA FUTAYE.

LA Futaye est un grand bois qu'on a laissé croître au dessus de quarante ans, & qui n'a pas été coupé en ventes ordinaires, qui sert à faire du bois de charpente & à brûler. Quand le bois a quarante ans on l'appelle ***Futaye sur taillis***, depuis quarante jusqu'à soixante, ***Demi Futaye***, depuis soixante jusqu'à six vingt, ***jeune haute Futaye***, & passé deux cens ans, ***haute Futaye sur le retour*** : mais pour arriver à ce point, les arbres qui composent les futayes demandent de nous certains secours dans les commencemens : voicy quels ils sont.

Pour avoir des bois de Futaye, il faut commencer par les semer; ce n'est pas que celuy qui les seme puisse esperer toûjours de les voir arriver en cet état, mais soit qu'il travaille pour luy ou pour ceux qui luy succederont, il doit toûjours le semer en cette vûë.

On suppose qu'aprés cela le bois ait eu toutes les façons necessaires pour croître heureusement, qu'il ait crû comme on l'a souhaité, jusqu'à devenir un taillis parfait qu'on n'ait point voulu couper, & qu'on ait destiné pour en faire une Futaye.

Cela étant on éclaircit les arbres qui sont dans les bois, empêchant les Chênes de croître en touffes, & ne laissant qu'une tige sur un seul pied. Les arbres à vûë d'œil auront six pieds de distance, de l'un à l'autre, ils seront soigneusement émondez pour leur faire acquerir une belle tige, & à mesure qu'ils croîtront, on continuëra toûjours de les élaguer, c'est le principal & unique soin qu'on puisse donner aux Futayes pour les faire devenir belles.

Mais, dira-t-on, qui nous assurera qu'on ait apporté tous ces soins à des Forêts d'une si longue étenduë de pays qu'on voit aujourd'huy par tout l'Univers, & qui sont venuës d'une beauté surprenante, même dans des régions où les peuples n'ont jamais eu la moindre teinture de l'Agriculture ; car enfin il est constant que ce qu'on avance n'est point un fait supposé, & qu'il faut bien que la nature d'elle même ait travaillé à les perfectionner de la sorte ; cela est vray aussi, mais enfin on est persuadé que mieux on fait à ces bois, plus beaux ils en deviendront.

On peut encore faire exprés quelque bouquet de haute futaye, & pour cela on se sert de petits Chênes qu'on plante à six ou huit pieds l'un de l'autre, & dont on ne coupe point la tige, ce n'est pas qu'on ait lieu toûjours de s'attendre à quelque chose d'avantageux d'un tel plan, le Chêne est trop difficile à reprendre quand on le plante, il n'est rien tel que de le semer & de le conduire, comme on l'a dit.

On n'observe point d'ordre en plantant des Bois destinez à haute Futaye, ils croissent confusément, c'en est la beauté, & ce dérangement a son agrément particulier ; enfin pour avoir des Bois de Futaye, il ne les faut point couper quand ils sont jeunes, & ces Bois sont ordinairement mêlez d'arbres de differentes especes ; nous en allons faire un détail, où nous parlerons de la nature de chacun, & à quoy même ils peuvent être propres hors des Forests.

CHAPITRE XVIII.

Où l'on traite des Bois champêtres, & à quels usages on peut les employer hors des Forêts.

NOus commencerons ce Chapitre par le Chêne, qui sans contredit, est le plus beau de tous les arbres sauvages, s'il est long à croître, c'est aussi celuy qui dure le plus. Il y a de trois sortes de Chênes, sçavoir le *Chêne* par excellence, appellé en Latin, *Quercus*, le *Roure* & *l'Ieuse*. Le Chêne.

Le Chêne est d'un genre à jetter plus en tige qu'en branches, il monte haut, fort droit, & donne de bon bois ; on le subdivise encore en deux autres especes, qui different seulement en ce que la tige de l'une monte jusqu'à sept ou huit toises, quand elle est plantée dans un bon fond, au lieu que l'autre ne peut aller que jusqu'à quatre ou cinq toises ; de ces deux especes de Chêne la premiere est moins féconde en branches que l'autre, mais elles ont chacune leur avantage particulier.

Le bois de Chêne est fort dur & tres-recommandable pour les bâtimens, sa feuille est belle & donne beaucoup de couvert ; cet arbre est plus propre dans les Forêts que dans les Jardins.

Le Roure est le véritable bois de chauffage, parce qu'il pousse quantité de branches. Il jette de grosses racines qui rampent à fleur de terre, le tronc en est fort & robuste, d'où il vient que les Latins l'ont nommé *Robur* ; il a le bois noüeux, tortu, & s'étend beaucoup de tous côtez, ce qui fait qu'il occupe plus de place que les autres arbres sauvages. Le Roure.

Quant à l'Ieuse, il a plus de rapport au Roure qu'au Chêne, ayant le bois dur comme luy, & s'employant plus à donner des belles branches qu'une tige dont on puisse tirer une piece de bois de Charpente considerable ; l'Ieuse est néanmoins different des deux autres especes de Chênes, étant verde presque toute l'année ; d'ou vient qu'en France on l'appelle L'Ieuse.

Chêne verd; tous les Chênes apportent également du gland, si vous en exceptez l'Ieuse qui le donne plus petit.

Les anciens se sont imaginez que le Chêne avoit un pivot à la racine, & que ce pivot s'enfonçoit en terre aussi avant que le brin qu'il jette. Quelques-autres des plus Modernes en ont écrit dans ce même sentiment: plûtôt sur les Traditions qu'ils en ont prises, que sur l'experience qu'ils n'ont point voulu en faire, puisque cette opinion est tres-fausse; on dit que le Chêne est cent ans à croître, cent ans à rester en un même état, & cent ans à dépérir; c'est une remarque un peu difficile à faire pour la croire au juste; mais quoiqu'il en soit, & comme ce point est fort indifférent, on veut bien s'en rapporrer aux Naturalistes qui en ont écrit.

L'Orme.

L'Orme est encore un fort bel arbre, dont on fait beaucoup de cas dans une maison de campagne, il vient droit & bien haut, il a la feuille tres-petite dentelée, mais il ne laisse pas de donner un bel ombrage, son bois est fort dur & tres-propre pour les Charrons. Cet arbre n'est pas si long à croître que le Chêne, on s'en sert pour planter de grandes avenuës.

On compte de trois sortes d'Ormes, l'une est celle dont nous venons de parler, & qui est le moins estimé aujourd'huy pour les jardins, l'autre a la feüille plus large, & est appellée *Orme femelle*, si tant est qu'il y ait des arbres qui soient de differens sexes; mais sans nous arrêter à cette chimere, cette derniere espece d'Orme est tres-propre pour planter des allées & des bosquets; le bois en est noirâtre & assez uni; cet Orme est présentement fort à la mode, & il n'est pas si sujet à la vermine & aux vers que le premier.

La troisiéme espece d'Orme s'appelle *Ipreau*, à cause qu'elle vient originairement des environs de la Ville d'Ipres en Flandres; il y en a qui veulent que cet Orme soit celuy dont on fait de si beaux ornemens dans les jardins; toutes ces trois especes d'Ormes se perpetuënt de semence & de boutures.

Si l'on veut faire des pépinieres d'Ormes & les y élever de semence on aura une terre bien meuble, sur laquelle on la semera à plein champ: la graine de l'Orme commun se recüeille au mois de Mars avant que les Ormes se revêtent de nouvelles feuilles, qui jaunissent, &qui forment des manieres de boutons tout ronds qui renferment un petit fruit, qui est la semence dont on se sert.

Il se fait beaucoup de ces pépinieres aux environs de Paris, parce que les Jardiniers qui s'en mêlent en font un tres grand débit.

Le Tilleul.

On nomme differemment le Tilleul, l'un se reconnoît sous ce mot, l'autre l'appelle *Tillot*, ou *Tilleau*; mais comme tous ces noms ne sont qu'arbitraires, on les appellera comme on voudra, il y en a de deux sortes, le *Tilleul commun*, & le *Tilleul de Hollande*; on ne sçauroit dire combien ce dernier est recherché pour planter des allées & des bosquets, l'un & l'autre viennent fort droits & assez hauts, ils forment une belle tête & ont l'écorce unie & fort claire.

Les Tilleuls ordinaires croissent fort bien dans les lieux montueux, mais il est bon que le terroir en soit fort: ces deux especes de Tilleuls viennent de semence & de marcotes, on en dresse des pépinieres entieres, d'où on les ôte pour les replanter dans une autre pépiniere où ils sont plus

éloignez

éloignez l'un de l'autre, que dans la premiere, & d'où on les tire quand on en a besoin pour les jardins, il se fait encore un grand commerce de ces arbres aux environs de Paris, & ils sont d'autant plus estimez qu'ils ne sont sujets à aucune vermine.

Le Frêne.

On a remarqué de tout temps, que le Frêne se plait fort sur les montagnes, dans les terres pierreuses & légeres, dautant qu'il y croît tres-beau. Le Frêne ne dure pas long-temps, il vient beau & droit; on prétend que l'ombre en est mal sain, ce qui fait qu'on ne l'employe point dans les bois; il a la feuille extremément petite & d'un verd pâle, son bois est fort uni & sans nœuds. Nous parlerons des ouvrages ausquels on l'employe.

Cet arbre se multiplie de graine, mais comme on ne s'avise guéres d'en élever en pépiniere, on ne dira rien icy de la maniere de l'y cultiver, & si l'on en veut du plant, on en tirera des bois où il n'est pas rare.

On rapporte que le serpent est tres-ennemi du Frêne, & qu'ils n'en peut seulement supporter l'ombre, on ajoûte que cet arbre fleurit quand cet insecte rampant sort de sa taniere, & que le Frêne ne se dépoüille point de ses feüilles, que ce serpent ne retourne s'y renfermer.

Vertus du Frêne.

Son Suc.

S'il arrive que quelque bête venimeuse ait mordu un Cheval, un Bœuf, ou quelqu'autre animal de la Basse-cour, il n'y a point de plus souverain remede que de piler des feüilles de Frêne les plus tendres qu'on pourra choisir, en exprimer le suc, & le faire boire à l'animal, puis appliquer sur la partie blessée le marc des feüilles; on employe aussi ce remede pour les hommes piquez d'un serpent.

Son écorce.

L'écorce de Frêne prise en décoction est singuliere pour désopiler la ratte; elle est bonne pour les hydropiques, & amaigrit les personnes qui sont trop grasses.

L'érable.

L'Erable est aujourd'huy fort en usage dans les jardins, il a cela de particulier qu'il croît à l'ombre, & au pied des grands arbres: on l'employe aussi fort heureusement à garnir des bois & des vuides de palissades; on en dresse même des pallissades entieres qui font un tres-bel effet; il croît assez haut, mais son bois est tortu, il a l'écorce raboteuse & blanchâtre, sa feüille est d'un verd pâle & luisant, il vient de graine, & léve tres-vîte quand on le seme; on fait beaucoup de pépinieres de ce plant: voicy comme cela se pratique, & ces instructions serviront pour tous les autres arbres qu'on voudra perpetuer de la sorte.

Comment l'élever en pépiniere.

On prend l'espace de terre qu'on veut pour cela, on y dresse des planches, aprés en avoir bien ameubli la terre, puis on seme dessus la graine d'Erable; il faut qu'elle tombe à claire voye, parce qu'autrement les Plans s'étioleroient, & ne deviendroient pas beaux, l'Erable se seme en rigoles tirées au cordeau ou à plein champ.

Cela fait, lorsque les jeunes plans levent, on peut, si l'on voit qu'ils soient trop drus, les éclaircir un peu, & soigner que les méchantes herbes ne les incommodent point, quelques arrosemens de temps en temps ne leur seront que tres-salutaires: ces plans restent ainsi deux ans, au bout desquels on les transplante dans un autre endroit de terre, à deux pieds l'un de l'autre, pour y prendre une croissance telle qu'il faut pour pouvoir être mis en pallissades; on s'en sert depuis un pied & demy de haut jusqu'à

Autrement.

cinq & six pieds. Quand on transplante les jeunes Erables, il faut se souvenir de ne leur point couper l'extremité.

Le Fouteau ou Hêtre.

Le Hêtre est un arbre qui se plaît dans toutes sortes de terres, les Forêts en sont beaucoup remplies, & c'est là ordinairement qu'on a recours pour en avoir du plant; cet arbre vient tres-bien & bien droit, il a l'écorce unie & luisante, la feuille petite & tres-belle; on se sert de cet arbre pour dresser des allées de pallissades & des bois, mais il est tres-sujet aux Hanetons & aux Chenilles; l'usage d'en faire de ces ornemens de jardin n'est aujourd'huy guéres fréquent; on s'en tient plus volontiers au Charme, ou à l'Erable.

Le Hêtre produit un fruit, qu'on appelle *Faîne*, on peut en élever, si l'on veut, en pépiniere, & pour lors il faut agir comme à l'égard du gland qu'on seme, c'est pour l'ordinaire au mois de Mars qu'on s'adonne à ce travail.

Le Faîne servoit autrefois de nourriture aux hommes, & il y a des pays où l'on en fait encore du pain en temps de famine; les anciens faisoient leurs tonneaux à vin, leurs cuves & leurs vaisseaux à boire de l'écorce de cet arbre.

Le Sapin

Il n'y a guéres d'arbres qui s'élevent plus haut que le Sapin, ni qui soit plus droit; il a le bois blanc, légér & fort sec; cet arbre est résineux, si semblable à la Pisse, que les Charpentiers prennent l'un pour l'autre. Le Sapin jette des feüilles longues, dures & épaisses, il a l'écorce blanchcâtre, aisée à rompre quand on la plie; son fruit est de la longueur d'une paume, fort serré par des écailles entrelassées, où la semence est conservée, qui est blanche; cet arbre n'est propre que dans les Forêts, il est bon pour bâtir, pourvû qu'il ne soit point enfermé ny couvert de plâtre.

Le Pin.

Le Pin se multiplie de semence, qui est enfermée dans un fruit appellé *Pomme de Pin*, c'est au mois d'Octobre ou de Novembre qu'on le met en terre; on peut, si l'on veut, attendre au mois de Mars, il faut que l'endroit destiné pour cela soit bien préparé, & de même que si on vouloit y semer du gland; pour avoir la semence du Pin, on en rompt la pomme à force de coups de quelque instrument de fer propre à cela; on fait tremper cette semence avant que de la semer, la végétation s'y fait plus promptement.

Le Pin croît principalement sur les montagnes, & dans les lieux exposez aux vents; il s'éleve tres-haut & assez droit, il est tres-rameux, garni de feuillages par le haut, & tout dépoüillé par le bas; il a le bois rougeâtre & pesant, l'écorce noirâtre & tres-raboteuse. Le Pin dure long-temps, quand on l'écorce, parce qu'il s'y engendre dessous plusieurs petits vers qui le rongent & le font languir.

Proprietez du Pin.

On tire du Pin une résine dont on fait du gaudron pour les vaisseaux: l'eau distillée des pommes de Pin fraîchement cüeillies, défait les rides du visage, resserre les mamelles; les Pignons qui sont la graine du Pin, & qu'on mange, sont spécifiques pour la toux, les étiques & les phtisiques, aprés les avoir un peu laissé macérer dans de l'eau rose pour leur ôter leur acrimonie & leur substance huileuse. Les Pignons sont encore souverains pour les paralitiques, pour les inflammations d'urine & les aigreurs de l'estomac.

Le Sycomore.

Le Sycomore est un grand arbre dont les feüilles ressemblent à celles du Mûrier, il s'éleve assez haut, son bois est fort tendre, & il jette du lait comme le Figuier, lorsqu'on le rompt; il est propre à fort peu de chose, il a l'écorce assez belle, il est de peu de durée; cet arbre croît en peu de temps, c'est toute la bonne qualité qu'on remarque en luy; on plantoit autrefois de grandes allées de Sycomores, mais comme on a vû qu'on n'en joüissoit pas long-temps, on en a négligé l'usage, outre qu'il est fort sujet à toutes sortes de vermines: il produit beaucoup de graine, qui tombant d'elle-même, germe tres-facilement en quelque endroit de terre qu'elle puisse tomber.

Le Charme est un arbre de haute futaye, il ressemble beaucoup au Hêtre, tant en sa feüille, en son bois, qu'en son écorce; on l'employe dans les jardins à former des allées, des pallissades & des bois, quoiqu'il soit tres-sujet aux Hannetons & aux Chenilles: on plante le Charme tout jeune, & pour lors on l'appelle *Charmille*, en terme de jardinage; les plans ne sont pas d'abord plus gros que des brins de paille, lorsqu'ils sont en pépinieres: on les plante en cet état, si l'on veut, & n'ont pour lors qu'environ deux pieds; on plante aussi la Charmille plus grosse & haute jusqu'à douze pieds; c'est l'arbre qu'on employe le plus pour les pallissades, il ne croît à l'ombre qu'imparfaitement, & le plus souvent même il y périt tout-à-fait. Il arrive néanmoins que dans les pays froids on fait des pépinieres de Charmilles, & elles se gouvernent comme celles de l'Erable, voyez la page 393. Le Charme.

Le Bouleau est un arbre dont le tronc devient fort gros, & dont les branches sont fort menuës vers la pointe; il est mis au rang des bois blancs, il a l'écorce blanche comme le Peuplier auquel il ressemble: sa feüille est semblable à celle du Tremble, excepté qu'elle est plus verde & crenelée tout au tour; cet arbre n'est bon que dans les bois. Le Bouleau.

CHAPITRE XIX.

Arbres & Arbrisseaux sauvages qui portent du fruit servant d'aliment; Proprietez de ces fruits.

LE Châtaignier est un arbre qui s'éleve fort haut & qui donne un fruit, dont on tire beaucoup de profit en aliment; il veut qu'on le plante dans un terroir sabloneux; il vient droit, haut, il a l'écorce belle & claire, il forme un bel ombrage par ses larges feüilles, & on en plante des bois & de grandes avenuës dans les champs ou dans quelque part en des endroits écartez. Le Châtaignier dure assez long-temps, & n'est sujet à aucune vermine: cet Arbre se seme comme le Gland, si l'on veut en faire des bois, ou bien on en dresse une pépiniere en cette sorte. Le Châtaignier.

Ayez un morceau de terre tant ou moins spacieux que vous voulez élever de Châtaigniers, rendez-la bien meuble par les labours, & prenez garde que cet endroit ne soit point trop ombragé. Pépinieres de Châtaigniers.

Il faut sur cette terre, qui sera mise à uni, tirer des alignemens au cordeau, espacez l'un de l'autre de deux pieds, afin de pouvoir avoir la liberté de passer entre les rangées de Châtaigniers, pour leur donner aprés la culture qui leur est nécessaire.

Cela fait, on prend des Châtaignes de l'année, incontinent aprés qu'elles sont dépoüillées de leur premiere envelope, ensuite on les plante dans de petits trous faits sur les alignemens, & à pareille distance, puis on les couvre proprement de terre; c'est dans les mois d'Octobre & de Novembre qu'il fait bon planter les Châtaignes.

Quand les Châtaignes commencent à pousser, on les entretient de petits labours & fréquens à mesure qu'ils s'élevent, on en émonde ce qu'on juge à propos; & lors enfin qu'ils ont acquis une tige de six pieds ou davantage, on les leve pour les planter dans les trous qui leur sont destinez. Il n'est pas besoin de recommander icy les soins qu'exigent de nous les Châtaignes, lorsqu'elles sont ainsi plantées; il ne faut qu'avoir la moindre teinture de l'Agriculture, pour juger que les labours ne doivent point leur manquer, jusqu'à ce qu''ils soient parvenus à une croissance, qui les mettent en état de s'en passer.

Il est bon dans ces endroits, & aprés qu'on les aura plantez, de leur donner des appuis & de les environner d'épines, si cela se peut, crainte que les bestiaux n'aillent s'y frotter; c'est un inconvenient qui les perd, & qui, s'il ne les fait pas mourir, ne leur fait jetter que des productions tres-chétives.

Récolte des Châtaignes. La récolte des Châtaignes se fait en Automne, lorsqu'on voit que leur premiere enveloppe s'ouvre, de maniere que le fruit en tombe. Si l'on veut les garder long-temps, il faut, dit-on, les abattre avec une perche quand elles n'ont point acquis toute leur maturité; car lorsque les Châtaignes tombent d'elles-mêmes, elles ne peuvent se garder que quinze jours ou trois semaines tout au plus, à moins qu'on ne les mette sécher à la fumée.

Comment garder les Châtaignes. Le secret de garder les Châtaignes, est de les couvrir de terre, ou bien de les mettre dans un endroit qui soit frais, incontinent aprés qu'elles sont cüeillies; cet endroit ne doit point être humide, car l'humidité gâteroit les Châtaignes. On met ce fruit dans des tonneaux bien fermez, de maniere qu'il n'y entre point d'air, autrement elles se corromproient.

Proprietez des Châtaignes. Les Châtaignes servent à nourrir beaucoup de monde; elles sont couvertes d'une peau dure & armées de pointes de tous côtez, cette peau s'ouvre en trois ou quatre parties, molettes en dedans comme de la soye, & elle contient une ou plusieurs Châtaignes.

Les Châtaignes nourrissent beaucoup, elles sont astringentes; on se sert de leur écorce pour arrêter les fleurs blanches aux femmes; elles sont de difficile digestion, propres à produire des humeurs grossieres & à exciter des vents; c'est pourquoy on doit toûjours bien faire cuire les Châtaignes, avant que de s'en servir, & les mêler avec quelques matieres qui aident à leur digestion dans l'estomac.

Dans les endroits où il croît peu de bled, on fait du pain avec des Châtaignes que l'on a mis sécher sur des clayes, & qu'on a réduites en farine.

Le Maronier ordinaire. Le Maronier ordinaire se cultive comme le Châtaignier; la plûpart des Marons que nous avons icy nous sont apportez du Vivarets & de Limoge; on les appelle Marons de Lyon, parce qu'il s'en fait en cette Ville un débit considerable: le Maron opere les mêmes effets que la Châtaigne.

Le Maronier d'Inde. Le Maronier d'Inde a la tige droite, & l'écorce unie, il forme une belle tête, & par le moyen de sa feüille qui est large, il donne un ombrage le plus agréable qui soit ; c'est pourquoy on le recherche beaucoup aujourd'huy pour les jardins : il y produit un tres-bel effet, on l'y employe en allées ; c'est à quoy seulement il est propre. Son bois n'est bon à rien, on ne sçauroit s'en servir même pour brûler, faisant dans le feu un tres-mauvais effet, il n'y a que son fruit dont on se sert, mais peu souvent, pour guérir les Chevaux de la pousse.

On dit que depuis peu on a trouvé le secret de faire du Maron d'Inde de la poudre à poudrer ; il y en a qui ont tenté d'en tirer de l'huile, apparemment que cette tentative n'a pas réüssi, puisqu'on n'en voit aucune preuve ; on fait des pépinieres de Maroniers d'Inde comme de Châtaignes, il n'y a rien de plus à observer, on peut consulter l'article : tout le mérite qu'a le Maronier d'Inde, c'est de croître fort vîte.

Le Noyer.

Il seroit a souhaiter qu'on pût élever ces arbres en place, ainsi que bien d'autres ; mais les grands soins que cela exigeroit, & qui seroient d'une pratique tres-difficile, & les risques qu'ils coureroient étant exposez dans la campagne à mille inconveniens fâcheux, font qu'on ne pense pas seulement d'en donner la moindre idée ; mais comme il est certaines choses sur lesquelles l'industrie de l'homme peut se faire distinguer, il faut en élever en pépiniere, & se comporter en cela de la même maniere que nous avons dit qu'il falloit faire à l'égard des Châtaignes, page 395.

Il faut prendre des noix de l'année incontinent aprés qu'on les a abatuës. Les meilleures, & celles qui rendent le plus de profit sont celles qui sont longues, dont l'écorce est blanchâtre & aisée à rompre, & dont le noyau est blanc & doux, & ne tient point à l'écorce : ce noyau est cette substance qu'on mange en cerneaux ou autrement. On doit, autant qu'on le peut, rejetter les noix angleuses, qu'on appelle en certains pays *Noix franches*, parce que tenant trop à la coque & n'en pouvant rien tirer que par morceaux, elles sont d'une tres-petite utilité.

Le Noyer veut une bonne terre, autrement il croît tres-imparfaitement on en fait de grandes avenuës, ou bien on se contente d'en border seulement quelques pieces de terres labourables qu'on y croit propres ; au reste cela dépend de la fantaisie, de les planter comme on le souhaite, pourvû que ce ne soit pas dans les jardins.

La récolte des Noix.

La récolte des Noix se doit faire quand elles commencent à se dépoüiller de leur écorce ; il ne faut pas s'en servir sitôt qu'elles seront abatuës, parce qu'elles seroient sujettes à moisir, il les faut laisser sécher auparavant dans un Grenier bien aéré, où on les laisse même, si on n'a point d'autre endroit pour les conserver ; on ne cueille point les noix, on les abat avec des perches, & l'on tient même que plus cet arbre est battu tous les ans, plus il apporte de Noix dans la suite, parce qu'on prétend qu'étant ainsi brisé en plusieurs endroits, il en rejette plus de branches, & en donne par ce moyen quantité de Noix.

Etimologie du Noyer.

Le Noyer & la Noix sont appellez en Latin *Nux* à *nocere*, nuire, & cela pour plusieurs raisons, parce que la Noix produit beaucoup de mauvais effets, comme nous le dirons ; en second lieu, parce que l'odeur du Noyer cause des maux de tête, & étourdit plusieurs personnes : en effet, parce qu'on a remarqué que les plantes ne viennent que difficilement sous l'ombre du Noyer.

Proprietez des Noix. On les doit choisir tendres, récentes, bien nourries & blanches, les Noix tuent les vers, elles sont réputées propres pour résister au venin, elles excitent l'urine & les sueurs, on tire par expression des Noix séches une huile qui a la vertu de résoudre, de digérer, de fortifier les nerfs, de chasser les vents & d'adoucir les tranchées des femmes nouvellement accouchées.

L'usage des Noix, & principalement des séches, incommode le gosier, la langue & le palais, il excite la toux & des douleurs de tête; on mange les Noix, ou avant qu'elles ayent acquis toute leur maturité, ou quand elles l'ont acquise; dans le premier cas elles sont plus tendres, d'un meilleur goût, & plus aisées à digérer.

La Noix est couverte de deux écorces, dont l'une est charnuë, verte, & qui sert aux Teinturiers, l'autre est dure & ligneuse, elle est sudorifique & dessicative; on employe la seconde avec l'esquine, la salsepareille & le gaïac dans les tisannes.

On se sert de Noix verte pour confire; cette confiture est fort agréable & tres-salutaire, elle fortifie l'estomac, elle donne bonne bouche, elle corrige les haleines puantes, elle excite la semence.

Le Mûrier. Le Mûrier est un grand arbre qui jette de grosses branches qui s'étendent plus en largeur qu'en hauteur; son bois est massif, & néanmoins souple, car il est jaune jusqu'au cœur; sa racine est peu profonde, s'étendant au rez de terre, quoique fort grosse; ses feüilles sont fort dentelées, & se terminent en pointe. Le Mûrier est le symbole de la prudence, car il ne fleurit point que tous les risques de l'air ne soient passez, aussi ne manque-t-il guéres de porter beaucoup de fruit.

Il y a deux sortes de Mûriers, le blanc & le rouge, par rapport à leur fruit: le Mûrier rouge donne son fruit bien plus beau, plus savoureux, & bien plus succulent que le blanc, mais il est aussi plus long-temps à croître.

Comment multiplier le Mûrier. Le Mûrier se multiplie de graine, on le greffe aussi sur sauvageon; cette méthode est la plus prompte: il y en a qui prétendent qu'on en perpetuë l'espece de boutures, mais cette voye est trop incertaine; c'est pourquoy on ne s'y arrêtera pas.

Quant à la maniere de le gréfer, c'est toûjours en écusson dans le temps qu'on greffe les Peschers; on en sera instruit à l'article des Pépinieres. Si l'on en veut semer, quoique ce soit, comme on dit, du pain long à manger, on en agira de la sorte.

Semer les Mûriers. Prenez de terre ce que vous jugerez à propos pouvoir contenir la semence de vos Mûriers, labourez-la bien, fumez-la de terreau de couche, si vous jugez qu'elle manque de sels, dressez-en une planche, & tirez dessus des alignemens au cordeau, puis semez-y vôtre graine à claire voye; c'est au mois d'Août qu'on fait ce travail: il y en a qui veulent qu'on fasse tremper cette graine dans l'eau pendant vingt-quatre heures, avant que de la semer, & qu'on la mêle par moitié avec du sable, afin de ne la point semer trop dru.

Quand les petits Mûriers commencent à lever, & que le hâle donne dessus, on soigne de les arroser, supposé que les pluyes ne suffisent pas;

on les sarclera aussi, car les mauvaises herbes les incommodent beaucoup, aprés cela on les laisse croître pendant toute l'année, sans leur rien faire autre chose que de les arroser & de les sarcler dans le besoin.

L'année suivante on les arrache pour les mettre en pépiniere, où la terre sera bien meuble, on les plante sur des alignemens éloignez de deux pieds l'un de l'autre, & dans des trous espacez d'un pied & demi seulement; on les conduit là dedans comme les autres arbres, ce qu'on voit à l'article des Pépinieres. Quand ces Mûriers sont parvenus à la hauteur de six pieds, on les plante comme les autres arbres: les Mûriers blancs se cultivent de même.

Le Mûrier noir produit un fruit, qui dans sa primeur est acerbe & austere, & qui dans la suite devient doux & agréable: les Mûres blanches ont un goût mielleux, fade & désagréable; c'est pourquoy on ne s'en sert point parmy les alimens. Proprietez des Mûres.

Les Mûres noires doivent être choisies grosses, bien nourries, tres-mûres, cüeillies avant le lever du soleil; elles sont propres pour adoucir les âcretez de la poitrine; elles ôtent la soif, elles appaisent les évacuations haut & bas causées par l'âcreté des humeurs; elles donnent de l'appétit, & elles excitent le crachat. Avant leur maturité elles sont déterſives & astringentes; on les employe dans les gargarismes pour les maux de gorge. L'écorce & la racine de Mûrier est détersive & apéritive.

L'Alisier est l'arbre que les Latins appellent *Lotus*, il a la feüille dentelée tout au tour, & semblable presqu'à celle de l'Ieuse; son bois est noir, fort branchu, ce qui forme un tres-bel ombrage. Il y en a de plusieurs sortes, dont la difference se prend de la diversité de leur fruit. L'Alisier.

Cet arbre veut une terre forte, qui cependant puisse s'ameublir quand on la remuë; on peut en mettre dans de grands parcs, en quelque endroit éloigné; car il ne convient point aux jardins, qui demandent des arbres qui y fassent un plus bel effet.

L'Alisier vient de semence en pépiniere ou ailleurs, il faudra suivre la méthode que nous avons prescrite pour le Mûrier, & luy apporter les mêmes soins: quand il est question de les planter en place, cela se pratique comme aux arbres fruitiers.

On recherche beaucoup le bois de l'Alisier pour faire des instrumens de Musique, comme Fifres, Flûtes & autres; on s'en sert aussi pour faire des manches de coûteaux. Proprietez de l'Alisier.

Il y a deux especes de Cornoüiller, que quelques-uns appellent *Cornilier*, ou *Cornier* de *Cornus*; la premiere espece, qui est la meilleure; est celle dont l'écorce est déliée & veineuse, dont le tronc est épais & massif, sans cœur ny mouëlle, il est fait comme une corne, d'où il a pris son nom; l'autre espece jette plusieurs petites branches, son tronc a de la mouëlle, & est plus tendre; il s'étend merveilleusement en rameaux fort branchus, quoiqu'il sorte d'un petit tronc tres-dur: cet arbre a l'écorce dure & pleine de nœuds, sa feüille un peu épaisse & madrée, sa fleur est moussuë, de couleur d'or, laquelle aprés sa chûte, donne un fruit longuet comme des olives; il est verd d'abord, puis il devient rouge étant mûr; il est doux, de bonne odeur & astringent. On fait une gelée semblable au cotignac de la Le Cornoüiller, ses proprietez.

chair de Cornoüilles, qu'on confit avec du sucre, & qui est tres-bonne pour resserrer.

Sa culture.

Le Cornoüiller veut être planté dans une bonne terre sabloneuse ; une forte terre luy convient encore assez ; & pour le multiplier, on le greffe en fente au mois de Mars ou d'Avril, ou en écusson à la saint Jean sur l'Epine ou le Poirier sauvageon.

Il y a deux especes de Cornoüille, la blanche & la rouge ; la premiere est plus rare que la rouge, qu'on trouve assez communément dans les bois ; l'une & l'autre se cüeille verde pour les confire au sel comme les olives.

Le Coudre ou Coudrier.

On dit *Coudre*, *Coudrier* ou *Noisetier* ; ces trois mots ne sont que sinonimes ; il jette plusieurs petits troncs au bout desquels sortent des branches qui ont des verges longuettes & feüillües ; son bois n'a point de nœuds, & ne croît pas fort haut ; ses feüilles ressemblent à celles de l'Aulne, excepté qu'elles sont plus larges, plus madrées, minces & découpées tout au tour. Le Coudre est revêtu d'une écorce légere & marquetée de taches blanches ; il porte des noisettes franches, qui sont rouges dedans ; le Coudrier sauvage les donne petites. Il y a encore les Avelines, qui sont des especes de Noisettes, qui sont plus grosses que les précedentes.

Temps propre au Coudre.

Le Coudre vient bien dans les terres maigres, sabloneuses & humides, il y croît tres-beau, & il y dure long-temps ; outre qu'il y pullule tellement en racines, qu'on en peut retirer du plan en abondance.

Comment le multiplier.

Cet arbrisseau se perpetuë par le moyen de la semence. Alors on le seme en pépiniere dans une terre bien labourée ; à un demi pied l'un de l'autre, & deux doigts avant dans terre. Quand le plan en est levé, on soigne à le sarcler, & à luy donner quelques petits labours pout le faire croître, puis quand il est assez fort, on l'arrache de la pépiniere pour le planter aprés où l'on veut.

Quand semer le Coudre.

On seme les Noisettes au mois d'Octobre ou de Novembre, ou bien on attend le mois de Février ou celuy de Mars ; mais l'automne est à préferer, parce que la végétation en avance bien davantage.

Si l'on veut élever des Coudriers de plan enraciné, on n'en aura que plûtôt du profit ; & soit qu'on le seme ou qu'on le plante, il faut toûjours choisir la meilleure espece : on les plante en Octobre ou en Novembre, ou bien au printemps ; on forme des hayes de Coudre ou des plans particuliers ; en l'un & l'autre cas la terre où on le met doit être bien meuble, c'est ordinairement en rigole large d'une besche & profonde de même, qu'on met ces plans.

Il faut observer quand on plante les Coudriers d'y laisser plusieurs branches, ils en apportent plus de fruit : on doit soigner tous les ans au printemps de les labourer à la besche. Si l'on juge que ces plans ayent besoin de plus de labours, on leur en donnera ; des rejettons qu'ils pousseront en pied on n'en laissera que trois ou quatre, le reste est superflu, & absorbe inutilement la substance de la terre.

Plus on émonde les Coudriers, plus beaux ils en croissent, plus droits & plus unis, & produisent un fruit bien plus estimé ; si on les néglige ils ne jettent que des feuilles & du bois, & le fruit coule, ce qu'on éprouve tous

tous les jours à l'égard des Coudres qui sont dans les bois, & qui ne sont cultivez seulement que des mains de la nature. Le plan des Coudriers se prend à leurs pieds, parce que ces arbres drageonnent beaucoup.

On multiplie encore les Coudriers par le moyen de la bouture, qui dit-on, doit avoir du vieux bois & du nouveau; cette bouture se plante en rigole, large & profonde, comme on l'a dit, il est vray que cette voye n'est pas si sûre que les autres.

Les Noisettes ou Avelines, soit pour être mangées ou plantées, doivent être choisies grosses & bien nourries; les meilleures Avelines & les plus estimées viennent du côté de Lion; ce fruit est assez connu, il contient une grande quantité d'huile, qu'on retire aisément par expression; les Avelines ont un goût bien plus agréable que les Noisettes. *Choix des Noisettes ou Avelines.*

Les Avelines ou Noisettes sont pectorales ou nourrissantes; elles resserrent le ventre, & poussent par les urines; elles sont venteuses & de difficile digestion. *Leurs vertus & proprietez.*

Les Chatons de Noisettiers sont astringens & propres pour resserrer le ventre & exciter les urines; on les prend en infusion dans du vin blanc: la coque de Noisette ou d'Avelines pulverisée subtilement, & prise en breuvage avec l'eau de Chardon benit, guérit la pleuresie; elle est souveraine aussi pour le flux de ventre, étant prise au poid de deux dragmes dans du vin rouge. *Chatons de Noisettiers. Sa coque.*

Le Buis est un arbrisseau assez connu de tout le monde, sans qu'il soit besoin d'en faire icy la description; c'est l'arbrisseau vert le plus en usage & le plus nécessaire dans les jardins d'ornemens; il y en a de deux sortes, le Buis nain appellé Buis d'Artois, dont les feuilles sont semblables à celles du Myrthe, mais plus verdes & plus dures. On employe ce Buis pour planter les parterres, il est toûjours bas, c'est pourquoy on l'appelle Buis nain. *Le buis ou Bouis.*

La seconde espece est le Buis de bois, qui s'éleve bien plus haut: il a les feüilles plus grandes que l'autre, ce qui le rend propre à former des palissades & des touffes verdes pour le garni des bois; il vient à l'ombre, mais il luy faut bien du temps pour devenir un peu haut; son bois est jaune & tres compacte, on en fait des peignes, & plusieurs ouvrages au tour.

Il s'éleve de semence, & pour cela on choisit un morceau de terre, qui soit bonne, on la laboure, & l'on y dresse quelques planches sur lesquelles on tire des alignemens au cordeau pour y semer la graine de Buis. Quand elle est levée, on la sarcle: on arrose ce jeune plant quand on juge qu'il en a besoin, puis quand il est assez grand, on s'en sert pour les ouvrages de jardin dont on a parlé. Quelques-uns arrachent le Buis, & en font une autre pépiniere où ils le mettent plus au large pour le garder; ce sont ordinairement ceux qui en font commerce, qui se donnent ces soins: c'est toûjours au mois d'Octobre ou de Novembre que se fait cet ouvrage. *Culture du buis nain.*

Il y en a qui l'élevent de bouture qu'ils plantent dans une terre bien labourée, & dans des petites rigoles tirées au cordeau, profondes de quatre bons doigts, & de même largeur; ce moyen n'est pas si sûr que le premier, parce qu'il en manque beaucoup; il est bon que l'endroit où on éleve du Buis de bouture, soit un peu à l'ombre; car le Buis aime le frais, pour prendre aisément racine.

On voit du Buis en arbre de tige, mais c'est ordinairement dans les bois que cela se trouve, on n'en éleve guéres par la culture, tels soins sont d'une tres-longue haleine.

Le Genévrier.

Le Genévrier est un arbre toûjours verd, qui porte des épines; il devient assez haut, & sent tres-bon; il y en a qui est simplement arbuste, cet arbre se plait beaucoup sur le haut des montagnes, & dans les terres pierreuses. On dit que plus il est agité du vent & tourmenté du froid, plus il devient beau.

Proprietez du Genévrier.

On se sert du bois de Genévrier pour parfumer les lieux infectez de mauvaise odeur : on dit que ce bois dure plus de cent ans sans se corrompre. Cet arbre produit une gomme semblable au mastic, qui est blanche quand on la cüeille, & qui devient rousse avec le temps. On fait une boisson avec la graine de Genévrier, dont on se sert fort bien dans les lieux où le vin est rare.

De Sureau.

Le Sureau n'est propre que pour faire des hayes de jardin; il vient de bouture, & se plaît tres-bien dans les l eux ombragez. Pour bien faire venir le Sureau, on laboure bien la terre où l'on veut le mettre, on y tire des alignemens au cordeau, puis on fiche tout du long ces boutures, aprés avoir fait un trou avec une cheville de bois ou de fer; de maniere que vôtre plant soit enfoncé dans terre de deux pieds : chaque plan doit être éloigné de deux pieds & demi ou de trois pieds, parce que cet arbrisseau s'écarte toûjours assez en pied pour garnir le vuide qui s'y trouve.

Sa culture.

Pour bien faire pulluler le Sureau en pied, il faut soigner d'arrêter les montans à deux ou trois doigts seulement les deux ou trois premieres années qu'il est planté; il n'y a pas de meilleur secret.

Proprietez du Sureau.

Le Sureau n'est pas tout-à-fait un bois inutile, on s'en sert en bien des endroits pour faire des échalats pour les vignes, & pour les avoir beaux & bien droits; on a soin d'ôter du pied tout le menu bois qu'on juge superflu & mal venu.

Fleurs de Sureau.

L'eau des fleurs de Sureau distillée, est singuliere pour les douleurs de tête provenuës de chaleur; il faut s'en frotter le front & le derriere de la tête : on fait aussi de tres-bon vinaigre avec ces fleurs.

Epinevinette.

L'Epinevinette est un arbrisseau qui porte un fruit long & cylindrique, & qu'on nomme de même; il est tout épineux depuis le pied jusqu'au faîte, & ses piquans sont longs, menus, blanchâtres, aisez à rompre ou à piler. Cet arbrisseau a son écorce blanche, polie, lissée & mince; son bois est jaune, frêle & spongieux; il pousse en pied plusieurs jettons comme le Coudrier, ses feuilles sont presque semblables au Grenadier; excepté qu'elles sont plus déliées, plus larges & environnées tout autour de petites pointes.

Au commencement de May il pousse une petite fleur jaune en maniere de grapes, elle sent tres-bon; son fruit croît aussi dans le même ordre, il est longuet, & ne rougit que lorsqu'il est mûr.

Sa culture.

Quand on veut se servir de cet arbre, on va en arracher au pied, ou bien si l'on veut on le seme. *Omnia nascuntur à seminibus*, mais cette derniere méthode est tres-lente : on agira dans les deux manieres comme on l'a enseigné à l'égard des arbres sauvages qui se multiplient de plan enraciné & se sement, il est inutile icy de le répeter.

Ce fruit est beaucoup plus en usage dans la Médecine que parmi les alimens ; on en fait des confitures tres-agréables : on en compose aussi un syrop fort employé en Médecine : enfin on le mêle dans quelques tisannes rafraîchissantes ausquelles il donne un petit goût acide qui réjoüit. Proprietez du fruit de l'Epinevinette.

Il faut choisir l'Epinevinette, tendre, succulente, tres-mûre, d'une aigreur qui fasse plaisir, & d'une belle couleur rouge. Ce fruit est astringent & rafraîchissant, il fortifie le cœur, il appaise les vomissemens involontaires causez par le trop grand mouvement & la trop grande âcreté de la bile ; il désaltere, il excite l'appétit, il est propre dans les cours de ventre & les hemorragies ; on l'employe dans le gargarisme, pour les inflammations de la gorge, il tuë les vers. L'Epinevinette est un bon meuble dans un grand jardin de campagne. Choix.

Le Cormier est un grand arbre qui croît fort haut ; sa feuille ressemble à celle du Frêne, excepté qu'elle est un peu plus étroite ; elle est blanchâtre d'un côté & dentelée tout au tour : cet arbre a l'écorce raboteuse, jaune & blanchâtre, sa fleur est blanche & donne ses fruits en grape ; ils sont âpres & rudes au goût avant leur maturité. Le Cormier.

Le Cormier se multiplie de graine, ou bien on le gréfe en fente à la fin de Mars, ou au commencement d'Avril sur le Poirier sauvageon ; il est tres-long à croître, & il y a un ancien Proverbe qui dit, Comment le multiplier.

Seme Cormier quand tu voudras,
Jamais Corme ne mangeras.

Cet arbre n'est propre que dans les terres labourables, encore n'y en voit-on guéres.

Le Cormier est un bois propre à faire des fuseaux pour les roüets & les lanternes de Moulin ; ce bois est extremement dur & serré ; on dit qu'une planche de Cormier mise dans un tas de bled, en chasse toutes sortes d'insectes. Utilité du Cormier. Aldroandus

Les Cormes ne meurissent point sur l'arbre comme les autres fruits, on les abat de dessus avec des perches ; c'est ordinairement en Automne que cela se fait, pour les étendre aprés sur de la paille. Quand elles y ont été quelque temps, elles changent beaucoup de consistance & de goût ; car de dures, acerbes & désagréables qu'elles étoient, elles deviennent molles, douces & agréables. Recolte des Cormes.

Les Cormes sont astringentes, propres pour arrêter le vomissement, les hemorragies & les diarées ; elles donnent aussi une bonne bouche ; l'usage immoderé des Cormes produit quantité d'humeurs grossieres, & cause quelquefois des tranchées & des colliques. Leurs vertus.

Si l'on exprime le suc des Cormes, & qu'on le laisse fermenter quelque temps, il devient vineux & semblable au Poiré : nous expliquerons dans le Traité des Boissons comment cette saveur vineuse se produit, en parlant du vin & des autres liqueurs spiritueuses.

Cet arbrisseau est appellé differemment ; l'un le connoît sous le nom d'*Epine blanche*, l'autre sous celuy d'*Aubespin*, & d'autres enfin l'appellent *Noble Epine* ; il est des plus recommandables, tant à cause de ses fleurs Epine blanche.

qui rendent une odeur tres-suave, que pour l'ornement qu'il fait dans les lieux où il croît: cet arbrisseau vient facilement; ses feuilles sont dentelées & d'un fort beau verd, il est garni de piquans fort pointus, d'où vient qu'on l'employe principalement à former des hayes vives; l'Epine blanche vient de graine ou de plan enraciné.

Ce plan doit être bien chevelu, mis dans une terre bien meuble & dans des rayons tirez au cordeau, espacez l'un de l'autre d'environ quatre doigts: quand il est ainsi planté, & qu'il commence à pousser, on luy donne un léger labour deux fois par an seulement, afin que la terre mouvée ainsi donne un libre passage aux sels qui en exaltent, de se porter aux plans qui luy sont commis.

Deux ans aprés que l'Aubespin a été ainsi planté, on commence à le tondre avec les ciseaux de Jardinier, afin qu'il se fortifie en pied; cette coupe se fait à deux doigts prés du vieux bois, & toûjours à la fin du mois de Mars; une haye d'Epine blanche conduite de la sorte, devient tres-belle en peu de temps, & en état de défendre l'entrée tant aux hommes qu'aux animaux dans son enclos.

Le Buisson ardent. Le Buisson ardent est un arbrisseau qui ne croît point fort haut, & qui fait un tres-bel ornement en pallissade dans un jardin de propreté; sa feuille est à peu prés comme celle du Prunier, il produit un fruit rouge qui résiste aux rigueurs de l'hyver, c'est en quoy consiste sa beauté, & ce qui luy a acquis le nom qu'il porte.

Sa culture. Il se cultive de même que l'Epine blanche, il se perpetuë de graine, si l'on veut, & quelques labours pendant l'année luy font merveilles; l'on prétend que cet arbrisseau est celuy où l'Ecriture rapporte que Dieu apparut à Moïse.

Le Houx. Le Houx est un arbrisseau toûjours verd, ses feuilles sont par tout piquantes, fermes & charnuës, d'un verd luisant & tres-agreable à la vûë, son bois est fort dur, on en fait des baguettes & des houssines appellées ainsi du Houx.

Sa culture. Cet arbrisseau aime les lieux frais, il vient bien en toutes sortes de terre, on le seme si l'on veut, mais il croît plus promptement de plan enraciné; on en forme des hayes entieres, ou bien on en plante pour ornement dans les plattes-bandes de parterre, où cet arbrisseau prend plusieurs figures à l'aide des ciseaux, & selon qu'il plait au Jardinier qui le manie. Le Houx est commun dans les bois d'où on en tire du plan.

Le Jujubier. Le Jujubier est un arbre plus petit que le Prunier, il a l'écorce raboteuse, force épines, qui sont longues, lissées, fermes & bien pointuës, noires ou rousses comme son bois, d'où sortent de petits rejettons pâles, minces, tendres, souples & pliables, étant longs de douze doigts ou environ; il jette du même lieu des fleurs blanchâtres & moussuës, qui rendent un fruit comme l'Olive avec un semblable noyau. Il est verd d'abord, & puis un peu blanc, & il devient roux quand il est mûr. Sa chair étant verde est âpre & piquante au goût, mais quand elle est mûre, elle est douce & savoureuse.

Sa culture. Cet arbre vient tres-bien en toutes sortes de terre; il se multiplie de semence, il est bon d'en avoir dans de grands jardins; on cueille les Jujubes en Automne ; on les met en poignées qu'on pend au plancher pour en conserver le fruit.

CHAPITRE XX.

Des Arbres qui se plaisent dans l'eau, ou sur le bord des eaux, appellées ordinairement Arbres aquatiques.

UNe maison de campagne ne sçauroit être trop fournie de Bois aquatiques, par rapport au revenu considerable qu'ils rendent en peu de temps ; on en tire du bois de chauffage, des échalats pour les vignes, des cerceaux & d'autres échantillons de bois plus importans, & dont nous parlerons dans le Commerce qui les regarde.

On compte de quatre especes principales de Bois aquatiques, sçavoir les *Saules*, les *Peupliers*, les *Aulnes*, & les *Osiers*.

Le Saule est un arbre dont le bois est blanc, & au reste assez connu de tout le monde, sans qu'il soit besoin de faire icy sa description : les Saules néanmoins different entre eux en couleur, les uns ont la feuille blanche, les autres tendant sur un rouge tanné. Le Saule.

Cet arbre veut être planté le long des ruisseaux, il se plaît encore dans les marécages, & vient de plançons, ou de perches de la hauteur de douze pieds qu'on aiguise par le gros bout, & qu'on fiche en terre dans un trou profond de deux pieds, fait auparavant avec une piece de bois pointuë, sur lequel on cogne avec un marteau, ou la tête d'une coignée pour le faire enfoncer ; on se sert si l'on veut pour cela d'une pince de fer. Où planté & comment.

Ces plançons doivent avoir, pour bien faire, sept à huit pouces de tour, & il les faut planter sitôt qu'on les a coupé de dessus l'arbre ; car si on les laissoit long-temps sans les employer ainsi, toute l'humeur qui le fait végéter s'évaporeroit, & cet arbre ne pousseroit point.

On en forme des Saussayes entieres, & les Saules s'y plantent en allées sur des alignemens tirez au cordeau, à six pieds distans l'un de l'autre sur tout sens & en échiquier.

Les Saules étant plantez, comme on a dit, on les laisse croître en repos. Il faut prendre garde sur tout que les bestiaux n'aillent point ébranler les plançons en s'y frottant, il ne faut que cela pour les empêcher de prendre racines ; on peut planter les Saules depuis la saint Martin jusqu'au mois de Mars. Leur culture.

Les deux premieres années que les Saules sont plantez, il faut soigner de les émonder, c'est à dire, de tenir les tiges nettes de petites productions qui y croissent, & de n'y laisser qu'une tête telle qu'on le jugera à propos ; & si cette tête même jette de nouvelles branches en confusion, il la faut décharger d'une partie, afin que ce qui reste devienne plus beau ; c'est ordinairement au mois de Mars qu'on décharge les Saules des branches qui peuvent leur nuire.

Quand les Saules ont été bien cultivez, ils produisent de belles perches, Coupe des Saules.

qu'on couppe de dessus, & dont on se sert à plusieurs usages : le mois de Mars est la saison qu'on étête les Saules, ce qu'il faut faire le plus prés du tronc qu'il est possible ; les Saules plantez dans de bons fonds se coupent regulierement tous les trois ans.

L'écorce du Saule est vilaine, il est fort sujet à se creuser & à se renverser, c'est pourquoy il ne dure guéres pour un arbre, il faut souvent le renouveller.

L'Aune ou Verne.

Le bois d'Aune autrement appellé *Verne*, s'éleve tres-haut & tres-droit, son bois est à peu prés semblable à celuy du Tremble, & sa feüille à celle du Coudrier ; il a l'écorce fort unie, & de couleur noirâtre. On appelle *Aunaïe* l'endroit où les Aunes sont plantez.

Comment planter les Aunes.

Cet arbre veut un endroit beaucoup marécageux, parce que l'Aune aime l'eau plus que pas un autre arbre de son tempéramment ; il faut, si l'on veut qu'il croisse promptement, que la racine baigne dans l'eau.

L'Aune ne se multiplie point de semence, on peut le planter en deux manieres, ou de boutures prises des Aunes ou de plan enraciné ; cette méthode-cy est la plus assûrée : on les plante en rigoles, éloignées de trois pieds l'une de l'autre, & profondes de quatre à cinq pouces ; on soigne de bien couvrir les racines de ce plan, puis on le couppe à un bon doigt au dessus de terre, afin qu'il jette plusieurs branches en pied ; cet arbre reprend aisément & jette beaucoup de bois en peu de temps.

On peut aussi planter des Aunes dans les lieux élevez, principalement si le terrain n'en est point trop leger ny trop sec, mais ces arbres n'y croissent pas si vîte, & risquent beaucoup avant qu'ils donnent du profit.

L'Osier.

Le lieu où l'Osier est planté s'appelle *Oseraye* en des endroits, & en d'autres *Sausaïe* ; cette sorte de bois n'est pas de difficile entretien, & ne laisse pas que de rapporter du profit : il y a trois especes d'Osiers, sçavoir le rouge qui est *l'Osier franc*, le plus pliable de tout ; le blanc appellé *Filandre* en certains endroits, & le verd, celuy-cy est tres-sujet à casser quand on l'employe.

Osiers de plusieurs sortes.

Sa culture.

L'Osier croît dans toutes sortes de terres, mais principalement dans les terres fortes & humides ; on en fait des Oseraïes entieres, si l'on veut, ou bien on en borde seulement d'autres héritages, comme des vignes ou des vergers.

Si c'est en Oseraïe qu'on le plante, on choisira un morceau de terre de la nature qu'on l'a dit, on le labourera de maniere qu'elle soit meuble, puis on y plantera de bouture les Osiers en cette maniere.

Prenez ceux qui sont les plus gros, coupez-les en bâtons d'un pied & demy de longueur, laissez-les tremper deux ou trois jours dans l'eau, puis vous les aiguiserez chacun par le gros bout, & les ficherez un pied avant en terre, & à peu prés à même distance l'un de l'autre. Il y en a qui observent de les planter sur des alignemens tirez au cordeau ; d'autres qui sans tant de façons les plantent à l'avanture ; ils croissent bien en l'une & l'autre maniere. La bonne saison de planter les Osiers est le mois de Novembre ou la fin de Février.

La premiere année, que les Osiers commencent à pousser, il est bon de leur donner un labour léger, lorsqu'on voit que les méchantes herbes y croissent, afin qu'elles n'incommodent point ces plants ; aprés cela,

& successivement tous les ans on les labourera aussi une fois seulement au mois de Mars, aprés cela, les Osiers croissent toûjours tres-abondamment.

Il se peut que par succession de temps les souches d'Osiers viennent à manquer en bien des endroits : si l'on veut remplir les places dégarnies, on provigne les autres Osiers qui sont au tour, en choisissant les Osiers les plus hauts & les plus droits qu'il y ait sur une souche, puis on creuse de petites fosses, on les couche dedans sans les détacher de leur tronc, observant de n'en laisser sortir hors de la fosse, quand elle est remplie de terre, qu'environ un demi pied, cette maniere de multiplier les Osiers est tres-sûre, & fait qu'une Oseraye se garnit on peu de temps.

Récolte de l'Osier.

Le temps de cüeillir les Osiers est toûjours aprés que leurs feuilles sont tombées ;cette chute arrive volontiers immédiatement aprés la Toussaint ; c'est pour lors que le bois en est mûr ; car si on les couppe avant ce temps, l'écorce flétrit, elle se ratatine, & l'Osier n'est pas de garde, il noircit, & ne rend point de profit.

Quand les Osiers sont coupez, on les met en botte qu'on entasse à l'air les unes sur les autres : c'est ainsi qu'il les faut placer jusqu'à ce qu'on veuille les délire pour les employer aux usages ausquels ils sont destinez.

On appelle délire des Osiers, les prendre tous l'un aprés l'autre, émonder ceux qui sont ramus, & les séparer par deux ou trois classes de differentes longueurs, puis on les met séparément en bottes pour les vendre, ou s'en servir.

Les Osiers sont propres pour les tonneaux, & pour cela on prend les plus gros qu'on fend en deux ou trois, pour ce qui est des autres, on s'en sert pour attacher les vignes aux échalats, & pour autres choses ausquels les Osiers convient tres-bien.

Le Peuplier.

Le Peuplier s'éleve fort haut, & croît fort vîte ; son bois est blanc, & facile à fendre, & n'est propre qu'à tres-peu d'ouvrages ; son écorce est unie & blanche, ainsi que ses feuilles qui sont larges, gluantes & d'un verd lissé.

Cet arbre vient tres-bien sur le bord d'un ruisseau, le long des étangs, & dans des endroits marécageux ; les racines & l'ombre du Peuplier nuisent aux Prez. Pour prévenir l'inconvenient de l'ombre, il n'y a qu'à planter ces arbres du côté du couchant, ainsi on n'aura rien à craindre pour l'herbe. Pour ce qui regarde les racines, & s'excemter du tort qu'elles peuvent faire aux Prairies, il faut les placer de maniere qu'il y ait un ruisseau qui les sépare.

Le Peuplier vient de bouture qu'on coupe à la cime de ces arbres ; il faut choisir les petites branches les plus unies, hautes de trois à quatre pieds, les aiguiser par le gros bout, & les ficher aprés en terre : si le fond où on les met est bon, ils croîtront bien vîte.

Le Tremble.

Le Tremble est un bois de haute Futaye, dont les feuilles sont larges, rondes, d'un verd pâle, & qui tremblent toûjours; c'est de là qu'il a pris son nom. On en plante, si l'on veut, de belles allées le long des étangs, & des canaux ; il croît fort vîte, & vient de boutures & de marcotes, & se cultive de méme que le Peuplier.

Il y a encore plusieurs arbrisseaux sauvages qui croissent dans les champs, & dont nous ne parlerons pas, nous en laisserons la culture aux soins de la nature seule, qui y réüssit mieux que nous.

Fin du troisiéme Livre.

LE NOUVEAU THEATRE D'AGRICULTURE.

LIVRE QUATRIE'ME.

LES JARDINAGES.

CHAPITRE I.

Différentes sortes de Jardins. Ce qu'on doit considérer en quelque façon à l'égard de la situation d'un Potager. Des Terres qui luy conviennent, & des moyens d'améliorer celles qui sont défectueuses; ce que c'est qu'exposition en fait de Jardin, & combien il y en a de sortes.

ON peut dire que les Jardinages sont une des principales décorations du Théatre d'Agriculture, & que c'est une de ses parties qui luy rapporte le plus de profit. Les Jardins se distinguent en cinq especes différentes; sçavoir le *Jardin Potager*, le *Fruitier*, le *Jardin Fleuriste*, le *Jardin d'Ornement*, & le *Botanique*. Le Potager fournit toutes sortes de légumes, d'herbes, de fruits, de plantes rampantes destinées pour la cuisine. Le Jardin fruitier est un lieu planté d'arbres, qui donnent des fruits de toutes les especes. On confond aujourd'huy presque par tout le Jardin Fruitier & le Différentes sortes de Jardins.

Potager ; & si nous en faisons icy une différence, ce n'est que par rapport aux différens soins qu'ils exigent de nous. Le Jardin Fleuriste est celuy qui contient les fleurs. On appelle Jardin d'Ornement celuy où l'art n'a rien épargné pour le rendre beau, où l'on voit ces beaux Parterres, ces Bosquets, ces Boulingrins, & plusieurs autres Ornemens qui en rendent la vûë enchantée. Quant au Jardin Botanique, on sçait que c'est celuy d'où on tire des plantes propres à composer des remedes. Comme nous ferons de chacun de ces Jardins un Traité particulier, nous commencerons d'abord par le Potager, comme par celuy de tous qui semble le mieux établir la cuisine.

De la situation d'un Potager.

TOus les Auteurs presque qui ont écrit sur l'Agriculture ont paru affecter de s'étendre beaucoup sur les situations différentes qu'on pouvoit donner aux Jardins; il y en a même parmy elles qui leur sont devenuës tellement favorites, qu'il semble que si elles ne sont pas telles qu'ils les décrivent, il est impossible qu'un Potager ou autre Jardin, y puisse réüssir. Quelques-uns de nos Modernes ne se sont pas moins qu'eux laissé entacher de ce scrupule; car, à les entendre parler, si l'assiete où l'on veut dresser un Jardin, n'a une pente de tel ou tel côté, n'a une exposition comme ils le veulent, ou un fond de terre extrêmement fertile, il n'y faut pas songer; de maniere que sur ce pied-là, il y auroit plus de la moitié des endroits dans le Royaume où l'on ne pourroit situer sûrement un Jardin : c'est un abus que tout cela ; il n'est point d'endroit, quelque situation qu'il ait naturellement, où il ne puisse croître des herbes ou des fruits, à moins que la terre ne fût tellement ingratte qu'elle ne pût rien produire tout à fait ; & l'experience nous fait voir tous les jours que remuant la terre de la maniere que nous le dirons, on fait pour ainsi dire d'un fond médiocrement bon, une terre tres-fertile en herbages & en fruits de Jardin de toutes sortes.

Car il est constant que pour faire que toutes sortes de plantes croissent heureusement dans un Jardin, il faut que le fond en soit bon ou naturellement ou artificiellement, c'est à dire, que le fond où un Jardin est situé soit bon de luy-même ; que ce soit une terre remplie de substance & abondante en sels, afin que dans la végétation toutes les plantes qu'on y commet prennent une croissance parfaite, sans quoy elles n'y font que languir; ou bien, qu'au cas que le terroir ne soit tel qu'on vient de le dire, on ait recours aux foüilles des terres, & aux fumiers, qui portent avec eux un suc bien faisant, engraissent la terre, & en font agir efficacement les sels.

On diroit, à entendre parler la plûpart de ceux qui ont écrit sur les Jardins, que les plantes qu'on y met croissent, & ne multiplient toutes que par des rapports à ne recevoir que la substance des bonnes terres, comme si il n'y en avoit pas parmy elles qui se contentassent pour venir, d'un peu de sels avec les soins qu'un Jardinier y peut apporter d'ailleurs.

Terres propres aux Jardins.

Nous avons en fait de Jardinage de ces sables noirâtres qui font corps quand on les presse dans les doigts, sans qu'il en sorte aucune humidité; c'est la marque la plus sûre pour juger s'ils sont bons; telles terres ont beaucoup de sels, qui dans leurs mouvement ont presque toutes du rapport à la tissure des plantes qu'on leur commet, ce qui fait que tout y croît en abondance.

Il y a d'autres sables jaunes, où les sels à la verité sont encore fort abondans, mais comme ils sont d'ailleurs remplis de certaines parties qui les embarassent dans leur agitation, cela fait que s'y en perdant beaucoup inutilement, tout n'y profite pas si bien que dans les premiers; nous voyons encore d'autres sables, qui quoiqu'ils ne soient pas si substantiels que les précedens, ne laissent pas de donner de bons herbages à l'aide des arrosemens & du terreau qu'on y peut apporter.

Les terres fortes sont encore tres-bonnes pour les Jardins, il n'y a que la maniere de les sçavoir cultiver en saison, d'où dépend en partie leur fertilité: car qui les laboureroit à contre-temps, en dérangeroit toute l'œconomie des parties qui concourent à la végétation. On voit differentes sortes de ces terres, qui toutes peuvent être employées en Jardinage.

Nous avons les terres légéres dont l'usage y est assez ordinaire: quand ces terres ne manquent point d'eau, tout y croît bien; mais en fait de Jardin, qu'on n'oublie point le terreau de couche, & avec cet engrais & les fréquens arrosemens, on vient à bout de tout; c'est ce qui se voit tous les jours dans les Marais au tour de Paris, où avec le fumier & l'eau il ne manque de rien. Les terres légéres sont aussi de plusieurs sortes, il y en a de noirâtres, ce sont les meilleures, quand elles sont un peu massives, d'autres qui sont jaunes, & d'autres grisâtres; nous voyons toutes ces sortes de terres réüssir tres-bien entre les mains d'habiles Jardiniers.

Les moins estimées de toutes les terres pour les Jardins, ce sont celles qui sont pierreuses; car la chaleur qui y pénétre aisément en rend les sels si volatils, qu'il s'y en dissipe la meilleure partie sans produire aucun effet; mais par le secours de l'eau, du fumier, & les soins d'un bon Jardinier, on vient à bout d'avoir des fruits de toutes sortes, des herbages, & de tres-bons légumes: il ne faut pas aller loin au tour de Paris pour s'assurer de ce fait; ainsi donc sur ce qu'on vient d'établir, on voit qu'on peut par tout dresser des Jardins, si vous en exceptez néanmoins les lieux tres-marécageux, & les endroits où l'ombre regne trop long-temps & trop fortement; il faut le soleil pour faire croître les plantes; c'est de cet astre que part la premiere matiere qui fait agir toutes les autres.

On fait cas d'une terre profonde de deux pieds & demy à trois pieds, tout y croît fort heureusement: si cette profondeur ne se trouve pas, & qu'il y ait seulement un bon pied & demy de bonne terre, tout y réüssit assez, pourvû qu'on foüille entierement le Jardin, jusques seulement à la mauvaise terre qu'on ne tire point dessus, mais qu'on laboure d'un bon demy pied, pour la laisser aprés dans le fond. Les bonnes terres veulent aussi qu'on les foüille pour bien faire: cette façon de tout temps a été tres en recommandation, comme le moyen le plus assuré qu'il y ait pour rendre une terre fertile pendant plus de vingt ans. La méthode en est tres-ancienne, on la suivoit du temps des premiers Romains. *Que ne dirois-je point*

Cicer. de Senect. l. 26.

encore, dit Ciceron, *de l'art de renverser les gazons, & d'éfondrer les terres?* oû de les foüiller, c'est la même chose : voicy comment cela se fait.

Comment foüiller les terres, & du secret de les améliorer.

ON commence par ouvrir une tranchée de quatre à cinq pieds de large, & de la longueur que vous le jugerez à propos, selon le plus ou moins d'ouvriers qu'on veut y employer; cette foüille se fait en jettant la terre toute devant soy, & commençant toûjours à ouvrir la tranchée dans le bas de la pente que le Jardin peut avoir.

Vôtre tranchée étant vuidée entierement, on la remplit de la terre de celle qu'on ouvre ensuite, ainsi successivement jusqu'à ce que tout ce qu'on veut foüiller du Jardin le soit entierement.

Si en foüillant la terre il s'y rencontre des pierres dans le fond, il faudra les piocher un bon demy pied, & les y laisser, cela n'empêche point les racines des arbres de végéter; bien au contraire ces pierres contribuent à la filtration des parties les plus grossieres dont la terre est remplie, & à en détacher plus aisément les sels. Le meilleur temps de foüiller les terres, est depuis le mois d'Octobre jusqu'à la fin de Decembre si le temps le permet.

Autrefois les curieux en fait de Jardin faisoient passer leurs terres à la claye: on peut encore, si l'on veut, suivre cette maxime; mais la dépense en est grande; & cette maniere de remuer la terre ne peut convenir qu'aux terroirs trop pierreux.

Si l'on trouve que la terre où l'on veut situer son Jardin ait quelques défauts, on les corrigera par le moyen du terreau de couche qu'on soignera d'avoir en abondance; c'est pour ainsi dire, le seul amandement qui convient aux Jardins, il provient du fumier de Cheval; c'est aussi ce fumier qu'on estime le plus, celuy de Vache ou de Mouton ne s'y employe pas avec un si bon effet; & l'on ne voit pas même que ceux qui font croître tout en abondance dans leurs Jardins, s'en servent en aucune maniere; ce n'est pas qu'on désapprouve la méthode de ceux qui pour engraisser des quarrez entiers de Jardin, ou quelques planches seulement, répandent de ces fumiers sur la superficie de la terre aussi épais qu'ils le jugent à propos, puis, qui donnant à cette terre un profond labour avec la bêche, enterrent ce fumier le mieux qu'ils peuvent, c'est ordinairement au mois de Novembre ou de Décembre, ou bien au Printemps qu'on fait ce travail.

Il y a encore la cendre de lessive, les boües ramassées dans les ruës, quand elles sont bien égoutées, qu'on dit avoir des sels fort subtils pour aider aux plantes à prendre une belle croissance; mais on ne se sert guéres de cendres que dans les terres humides.

Ce n'est pas qu'il y a des terres qui produisent assez d'elles mêmes sans ces secours étrangers, & heureux sont ceux qui pour partage ont des fonds de cette nature pour y dresser des Jardins.

Des Expositions en fait de Jardin.

IL y a encore les Expositions du soleil qui sont nécessaires à un Jardin, & dont les unes luy sont plus avantageuses que les autres ; on en compte de quatre sortes, sçavoir, l'Exposition du Midy, du Levant, du Couchant & du Nord.

L'Exposition du Midy est un endroit où le soleil frappe lorsqu'il est dans ce dégré de chaleur qui est le plus haut du jour ; cette Exposition est une des meilleures, principalement dans les terres fortes & peu humides, où les sels ont besoin pour agir d'un aussi puissant secours que celuy-là.

L'Exposition du Levant est un endroit sur lequel ce même soleil lance ses rayons, lorsqu'il se léve ; c'est l'exposition favorite pour la plûpart des fleurs qui sont délicates, & que celle du Midy est sujette à alterer beaucoup.

Nous entendons par Exposition du Couchant la muraille, ou le lieu que cet astre regarde quand il se couche ; la chaleur pour lors qui est en son déclin n'agit pas bien puissamment sur les plantes ny sur les fruits pour en attendre absolument quelque chose de bien avantageux ; mais enfin un fruit à noyau ne laisse pas que de s'y perfectionner.

Et enfin l'Exposition du Nord est la place que le vent du Nord frappe, quand il souffle, c'est la moindre de toutes ; car le soleil n'y paroît qu'environ deux heures le matin, encore faut-il que les mûrs d'un Jardin soient tournez favorablement pour cela. il n'y peut croître que du verjus.

Ces Expositions contribuent à faire prendre aux plantes qu'on met dans les Jardins l'accroissement qui leur est nécessaire, & qu'elles ne pouroient acquérir parfaitement sans ce secours.

CHAPITRE II.

Du Jardin Potager & Fruitier, & des manieres differentes d'en construire dans tout ce qu'il y a de meilleur goût en ce genre.

L'Idée & les considérations ausquelles nous porte un Jardin Potager & Fruitier, c'est à dire, de ces grands Jardins en ce genre, où l'on veut qu'il n'y manque de rien, sont bien plus importans qu'on ne s'imagine : il ne s'agit pas toûjours d'avoir pour cela un espace de terre plus ou moins étendu, & d'en former des especes de marais, comme on en voit autour de Paris ; cela est bon pour avoir des herbages de toutes sortes, & quelques fruits de plantes potageres, comme Melons & autres ; mais quand il est question d'avoir des fruits, & qu'on veut construire un beau potager ; il y a bien d'autres choses à observer.

Supposons donc qu'on ait choisi un espace de terre la meilleure & la plus substantielle qui soit dans le lieu où l'on forme le dessein de faire cultiver un Jardin potager & fruitier, & qu'on ait pris toutes les mesures nécessaires pour le bâtir dans les formes, on commence d'abord par les faire entourer de murailles, ce sont des murailles que dépendent en partie la grande abondance des fruits, car sans murailles, il n'y croît point de pesches, & trespeu d'abricots, & l'on ne sçait ce que c'est que d'y voir d'autres fruits precoces.

L'enceinte du Jardin étant faite, l'Architecte qui le conduit, doit songer à distribuer le dedans, selon les idées & l'experience que sa capacité en cela peuvent luy suggerer. Il en est de plus magnifiques les uns que les autres, & le tout conformément à la dépense qu'on y veut faire; car par exemple, il y a de ces Jardins qu'on couppe de mûrs; mais pour bien faire, il faut que chaque quarré ait du moins quinze à vingt toises, tant en long qu'en large, afin qu'on puisse ménager des plattebandes de trois pieds autour des mûrs, & des quarrez pour y mettre des arbres, & une allée de sept à huit pieds entre ces plattebandes; & par ce moyen un quarré ainsi enfermé donne lieu d'y dresser de grandes planches pour y semer des légumes & des herbages en quantité. Les arbres à la faveur de ces mûrs en apportent bien plus sûrement leur fruit, que lorsqu'ils sont exposez à la merci des vents.

Un Jardin fruitier & potager sera donc coupé de mûrs, comme on a dit, & distribué en plusieurs quarrez, ainsi que l'Architecte le jugera à propos. Dans cette distribution il observera de choisir l'endroit le plus exposé au soleil, & à couvert du vent du Nord, pour y faire une Meloniere; c'est un lieu où l'on fait les premieres couches pour y élever des Melons, si l'on veut, & les premiers plans dont on a besoin pour garnir un Potager. Cet endroit y est fort nécessaire, & c'en est la véritable pépiniere pour les herbages; tout y croît vîte par le moyen de l'abri dont une pépiniere joüit, & par le secours des fumiers de Cheval qu'on y apporte, des cloches qu'on y met sur les plantes qui commencent à lever, & qui les forcent, pour ainsi dire, de germer bien plûtôt qu'elles ne feroient, & par le moyen de l'eau dont on les arrose dans le besoin; cette Meloniere sera plus ou moins spatieuse que le terreau ou le Jardin sera construit le permettra, & close de murs, afin de dérober à la vûë les fumiers qu'on y mene, & que par ce moyen un Potager n'ait rien qui choque les yeux; les murs ordinaires des Potagers sont de huit à neuf pieds sous le larmier, les uns les veulent tout crespis, & les autres goptez seulement à moillon apparent, cela est indifferent; le treillage rend le tout uniforme & tres-propre, nous dirons comment il se fait dans un Chapitre particulier.

On fait des Potagers à terrasses, ce sont les plus beaux, & s'ils coûtent plus que les autres, ils donnent aussi bien plus de fruits par le moyen des murs de trois pieds & demi à quatre pieds qui les soutiennent; cela fait que souvent on voit trois à quatre palissades de treillages en emphiteatre, qui lorsqu'ils sont peints en verd, produisent à la vûë le plus bel effet du monde.

Il faut commencer à dresser les treillages, sitôt que les murs sont faits, afin de ne point fouler les terres, aprés qu'elles auront été foüillées, la foüille des terres est un travail tres-nécessaire à un Potager, & sans cette foüille tout n'y croît qu'avec peine; c'est le travail qu'on fera sitôt que les treillages seront faits, ou à mesure qu'on les fait.

Le tout executé, comme on l'a dit, on trace les quarrez plus ou moins vastes que le terrain le peut permettre avec les plattebandes tout autour des murs, ausquelles on donne deux pieds & demi ou trois pieds de largeur; il y a aussi les plattebandes des quarrez, au milieu desquelles on plante des arbres en buisson, & qui doivent être aussi larges que les précedentes.

Il est bon de faire les Melonieres spatieuses, afin qu'il y ait place pour y dresser quelques planches outre les couches, où l'on puisse semer de petits pois pour en avoir des premiers; cet espace de terre bien exposé, est encore tres-propre pour y faire une Figuérie; les Figuiers qui sont fort susceptibles de froid y donnent beaucoup de fruits.

Les quarrez & les plattebandes seront bordez d'herbes aromatiques, ce sont les bordures ordinaires des Potagers, & non pas le buis, comme il y en a qui en mettent; il n'y a rien qui détruise plus un Jardin que le buis, & l'on peut dire que c'est la retraite de tout ce qu'il y a d'insectes malins dans les Jardins.

On se sert aussi des Melonieres pour y planter des fraises, soit sur quelque planche qu'on y aura ménagée pour cela, soit en plattebandes, ou sur des ados qu'il est besoin de faire dans ces sortes d'endroits, si l'on veut y avoir de la nouveauté.

Mais comme ces idées que nous venons de donner de la construction d'un Potager ne suffisent pas pour instruire pleinement un Lecteur, on a jugé à propos d'en donner quelques plans, sur lesquels on concevra aisément ce que c'est que de dresser de beaux Potagers; l'eau n'y doit point manquer, soit qu'elles y soit toute naturelle, ou qu'on l'y fasse venir par le secours de l'art; nous ferons un Chapitre particulier de la conduite des eaux.

Dans ces grands Potagers on observera encore d'y ménager un endroit pour un Verger où l'on plante des arbres à plein vent, comme Abricotiers, Pruniers, Poiriers & Pommiers. Ce sont les Vergers ordinairement d'où l'on tire beaucoup de ces sortes de fruits, & qu'il ne faut pas oublier dans un Potager de conséquence. Ces Vergers pour plus grand ornement, y sont environnez d'une haye d'apuy de treillage, le long de laquelle on plante du raisin, & l'on chosit toûjours l'endroit le plus éloigné du Jardin pour cela. Ce Verger pour bien faire est clos de murs, comme les autres quarrez: voicy une Planche qui répresente le plan d'un grand Potager avec terrasses.

Explication de la Planche X.

1. Les quatres Expositions en fait d'Agriculture & de Jardinage.

2. Grande piece du Jardin potager, où il y a quatre quarrez.

3. Buissons autour des quatre quarrez, ce sont des Poiriers à deux toises ou environ l'un de l'autre. On peut mettre entre deux des Pommiers nains greffez sur Paradis, ou des Groseliers d'Hollande; mais les premiers font un plus bel effet & apportent plus de profit.

4. Meloniere, ou lieu où l'on dresse les couches pour les Melons & Concombres. Ces endroits servent encore comme de pepinieres pour les mêmes plans du Jardin, & on y plante aussi les salades & fournitu-

tures de salades.

5. Couches pour les Melons & Concombres.

6. Autres couches pour élever des salades.

7. Laituës ou autres plantes propres à faire des salades.

8. Figuiers en espalier dans la Meloniere, exposez au Midy & au Levant.

9. Espaliers de Peschers au Levant dans la grande piece de Jardin.

10. Autre Espalier de Pêchers dans le même endroit à l'exposition du Couchant, ces deux espaliers-cy ont le Midi en glissant: au second on peut mettre des Madelaines, Chevreuses, des Pesches royales, Bourdin & autres.

11. Espalier de Poiriers exposez au Nord, ce sont quelques beurrez & des fruits d'hyver.

12. Terrasses hautes de quatre pieds.

13. Espalier de Peschers & d'Abricotiers au Levant.

14. Espaliers de Peschers au Couchant.

15. Petit quarré audelà du mur de la grande piece de Jardin où l'on met des légumes ou des herbages.

16. Espaliers de Peschers au Midy.

17. Espaliers de Poiriers au Nord, on n'y met jamais de Bon-chrétien d'hyver.

18. Espaliers de Peschers au Levant.

19. Autre petit quarré avec Buissons de Poiriers tout autour.

20. Espaliers de Pesches précoces, & tardives au Midy.

21. Espaliers de Pruniers au Nord.

22. Espaliers de Peschers au Couchant.

23. Autre quarré où on peut mettre des racines, & autour duquel il y à des buissons de Poiriers de plusieurs especes.

24. Espaliers de Peschers au Midy.

25. Espaliers de Poiriers & de Pruniers au Nord.

26. Espaliers de Peschers & d'Abricotier au Levant.

27. Espalier de Peschers & d'Abricotiers au Couchant.

28. Autre quarré où on met plusieurs sortes d'herbages, & autour duquel il y a des buissons de Poiriers & Pommiers greffez sur Paradis, plantez alternativement.

29. Espaliers de Pesches tardives au midy.

30. Espaliers de Pruniers ou de Poiriers au Nord.

31. Espaliers de Peschers au Levant.

32. Espaliers de Peschers & d'Abricotiers au Couchant.

33. Espaliers de Peschers au Levant.

34. Bassin pour de l'eau; il en fournit à tous les quarrez, hors à la grande piece du Jardin, où il y a un jet d'eau au milieu.

35. Quarré entouré de buissons, avec des Groseliers au milieu.

36. Espaliers de Peschers au Levant.

37. Espaliers de Peschers au Couchant.

38. Espaliers de Peschers au Midy.

39. Espaliers de Poiriers d'hyver au Nord.

40. Autre quarré pour des Artichaux, & entourré de buissons avec Groseliers.

41. Espaliers de Peschers & d'Abricotiers au Midy.

42. Espaliers de Pruniers & de Poiriers au Nord.

43. Espaliers de Peschers & d'Abricotiers au Levant.

44. Espaliers d'Abricotiers au Couchant.

45. Autre quarré où on peut mettre tout autour des Framboisiers, & dans

le milieu des légumes.

46. Espalier de Peschers au Levant.

47. Espalier d'Abricotiers au Couchant.

48. Espalier de Peschers au Midy.

49. Espalier de Poiriers & de Pruniers au Nord.

50. Autre quarré entouré de Poiriers en buisson.

51. Espalier de Peschers au Levant.

52. Espalier de Peschers au Couchant.

53. Espalier de Peschers au Midy.

54. Espalier de Poiriers au Nord.

55. Grande piece de Jardin où il y a deux grands quarrez d'arbres à plein vent.

56. Haye d'appuy au tour de chaque Verger, ce sont des Muscats, des Chasselats & du Verjus.

57. Espalier de Muscat & d'autres Raisins curieux.

58. Espalier de Pruniers à plein vent, & de seps de Verjus dans le milieu.

59. Contre-espaliers de Muscats, de Chasselats.

60. Espalier de Peschers au Levant.

61. Espalier de Peschers au Couchant.

Pour parler à present des Potagers communs, on n'y fait pas tant de façon, on les entourre simplement de murailles, sans les couper, puis on en foüille la terre, ensuite on en fait les Compartimens; c'est à dire, on en trace les quarrez plus ou moins vastes, & en nombre plus petit ou plus grand que le terrein le peut permettre; il faut toûjours ménager dans chaque quarré des platte-bandes tout au tour, pour les raisons qu'on en a dites, ces quarrez doivent être égallement partagez & tirez au cordeau, & l'on observera que les allées qui les partagent soient d'égale largeur.

On construit aussi une Meloniere dans ces Potagers, & on la place à l'endroit du jardin qui est le plus chaud; cette sorte de Meloniere a son enceinte d'une cloison faite avec de la grande paille, & ce contour est aussi spacieux qu'on juge à propos d'avoir une Meloniere plus ou moins grande; cette cloison s'appelle en terme de Jardinage des *Brise-vents*. Ils doivent être faits de grande paille non battuë au fléau, épais d'un bon pouce, hauts de six à sept pieds, & soutenus par des pieux fichez en terre, & des échalas ou des perches mises de travers pour tenir cette paille au milieu d'eux par le moyen des Osiers dont on se sert pour les attacher; une pareille clôture est un remede souverain contre les vents froids qui gourmandent les couches, & font périr les plantes qu'elles contiennent.

CHAPITRE III.

LE POTAGER.

Le parfait Maraîcher, ou Jardinier. Son ouvrage journalier pendant toute l'année.

UN Maraîcher est un Jardinier qui cultive un Marais ; c'est à dire, un grand espace de terre où il n'y croît que des herbages potagers, des Melons & des racines dont on fait un débit considerable aux environs de Paris. Il y en a quelques-uns néanmoins qui vendent des pois & des féves. Il est constant qu'il n'y a point de gens plus capables de gouverner un potager que les Maraîchers, ce sont des Jardiniers infatigables, qui travaillent jour & nuit, & qui entendent parfaitement bien leur métier ; c'est à faire à ces gens-là à cultiver des potagers, & c'est sur leur modelle qu'il seroit bon que tous les Jardiniers des particuliers se réglassent.

Un Jardinier de cette trempe doit être robuste, matinal, & fort vigilant sur tout ce qui regarde son employ : il doit sçavoir semer, planter, & faire venir toutes sortes d'herbages de racines, Melons, Concombres & légumes : son jardin ne doit manquer de rien ; c'est pourquoy il faut qu'il sache toutes les plantes qui doivent y entrer, qu'il en connoisse en quelque façon le caractere, afin d'y apporter une culture qui y soit conforme : un Jardinier de cette sorte se doit donner bien du mouvement, principalement dans le temps qu'il faut arrôser ; car ce n'est que par le secours de l'eau, du fumier & de cloches qu'un Jardinier rend un potager rempli de tout ce qui luy convient.

Mais comme il ne suffit pas icy qu'un Jardinier sache planter des choux ou autres herbes potageres, il faut encore qu'il soit habile à conduire des arbres fruitiers ; il est bon qu'il ait du génie, tout le monde devant tomber d'accord que la plus grande partie de tout le jardinage, sur tout les arbres, n'est qu'une philosophie naturelle qui demande beaucoup de raisonnement, ce qui ne sçauroit partir d'un esprit stupide & grossier.

Un Jardinier qui conduit des arbres, doit avoir la main sûre, afin que lorsqu'il retranche un bois de dessus un arbre, il fasse adroitement cette opération ; il doit connoître toutes sortes de fruits, sçavoir greffer tant en fente qu'en écusson, & tous les autres ouvrages généralement parlant, qui sont propres au Jardin. Cette description que nous faisons d'un Jardinier regarde uniquement le potager & le fruitier. Quand nous viendrons au Jardin d'Ornement, nous détaillerons les qualitez que doit avoir celuy qui le conduit. Voyons à present quelle est l'occupation de nôtre Jardinier pendant toute l'année, & commençons par les ouvrages du mois de Janvier.

Des Ouvrages d'un Jardinier pendant toute l'année.

Quoique ce mois soit presque toûjours le plus froid de toute l'année, cependant il arrive quelquefois que l'air permet assez qu'on puisse travailler aux jardins. Pour lors on commence à faire des couches pour des Melons & des Concombres; & si dés le mois de Décembre on n'a pas commencé à tailler les arbres, c'est dans celuy-cy le véritable temps de le faire à l'égard des buissons, principalement de ceux qui sont foibles & languissans. Ouvrages du mois de Janvier.

On seme des raves sur les premieres couches qu'on a faites, si l'on a encore des arbres à planter, on fera faire des trous pour les planter; on réchauffe les asperges, si l'on a le fumier à souhait. Le mois de Janvier est la véritable saison de raccommoder les treillages des espaliers, s'il y a quelque chose de brisé. Un Jardinier en ce temps songe à mettre ses outils en état de pouvoir s'en servir au besoin. La laituë crêpée se seme en ce temps sur les couches dont on a parlé, & il faut pour toutes ces nouveautez des cloches de verre pour les garantir des froids.

Si les couches ont besoin d'être réchauffées, on ne s'y endormira point; ce sont ces réchauffemens qui aident aux plantes qu'elles contiennent, à répondre à nôtre attente.

On peut faire dans ce mois des couches de Champignons; mais comme c'est un peu trop les risquer, il vaut mieux attendre plus tard. Les Jardiniers peuvent passer leur temps à faire des paillassons pour couvrir leurs couches, ou d'autres plans qui seront bien aises d'être à couvert des froidures pour prendre un bel accroissement. C'est aussi le temps de faire des quaisses pour les Figuiers, & de racommoder celles qui semblent menacer ruine; il fait bon aussi émousser le pied des arbres quand le temps est humide, porter du fumier sur les planches pour redonner à la terre des nouveaux sels; il faut soigner de couvrir les pois de grande paille ou de paillassons, si on en a semé dans le mois de Novembre & de Décembre; le mois de Janvier est aussi la saison de greffer en fente le Poiriers, les Pommiers, & les Pruniers, supposé que l'air le permette.

Les Jardiniers dans ce mois peuvent faire ce qu'ils n'ont pas fait dans le précedent; ils replantent les laituës sur couche en pépiniere sous des cloches, pour en avoir qui pomment de bonne heure; la laituë crépée est la plus assûrée. Ouvrages du mois de Février.

On seme aussi des Melons en ce temps, supposé qu'on n'en n'ait point semé en Janvier, ou que ceux qu'on a semez aïent manqué; il y en a qui sement du pourpier verd, parce qu'il résiste mieux aux vents froids que le doré qui est trop délicat. On commence à donner le premier labour au jardin, afin d'en ameublir la terre; on seme le celery, la chicorée sauvage & la pinprenelle; on continuë de greffer en fente les arbres dont on a parlé, on replante en place les choux qu'on avoit mis en pépiniere au mois d'Octobre; on seme encore sur couches les choux fleurs, ce n'est pas qu'on conseille d'attendre au mois de Mars; on seme encore les pois hâtifs en Février, & si l'on a encore des arbres à planter, ainsi qu'il peut arriver dans les temps froids & humides; on ne s'y endormira point quand le temps le permettra: on peut semer de la poirée, ou bette, de la bourrache & de la buglose.

Ouvrages du mois de Mars.

Lorsque le mois de Mars est venu, on fait de nouvelles couches pour replanter les Concombres & les Melons; on peut encore dans les terres humides planter toutes sortes d'arbres en ce temps; on greffe encore en fente, jusqu'à ce qu'on remarque que la séve commence à se remuer.

On seme sur terre toutes sortes de légumes & d'herbes potageres, les laituës tant romaines qu'autres, les choux fleurs, les choux pommez, les raves tant sur couches qu'en pleine terre, l'oseille, le cerfeuil, le persil & la ciboule; on seme aussi en ce mois les poireaux, les oignons, la bonne-dame, & la chicorée blanche.

On répand du terreau sur les planches qui sont semées; on plante les asperges, on seme des pois pour en avoir quand les premiers sont passez; les citroüilles se sement à la my-Mars sur couches, afin qu'on les transplante au commencement de May; on seme en Mars toutes les racines, sçavoir les carottes, les panais, les cheruis, les betteraves, la scorzonere, & les salsifix communs; on seme aussi les féves; on plante des fraises qu'on tire des pépinieres qu'on en a faites ou des bois.

On découvre petit à petit les artichaux, & il ne faut pas trop se presser, crainte que quelque gelée ne vienne les surprendre; il est tres-bon dans ce temps de sevrer les marcotes des Figuiers qui sont en pleine terre pour les transplanter ailleurs; les choux de Milan, & les choux pommez qu'on a semez en automne & plantez en pépinieres dés le mois de Novembre sont pour lors replantez ailleurs dans une terre bien ameublie; les asperges se sement en ce mois.

On taille les Pêchers & les Abricotiers environ vers le quinze du mois; on borde les allées d'herbes fines, s'il en est besoin, on plante l'ail en planches ou en bordure seulement selon qu'on juge en avoir besoin, ainsi que les échalottes & les rocamboles.

Ouvrages du mois d'Avril.

C'est en ce temps que les Jardiniers sont beaucoup occupez à donner les labours à leurs jardins, pour les mettre en état de recevoir toutes sortes de semences & de plans; on plante & on séme des laituës, de la poirée, des choux pommez, de la bourache, de la buglose, des artichaux, de l'estragon, du baume, de la corne de cerf, qui sont des fournitures de salades; on seme le pourpier doré.

S'il est besoin d'arroser les jeunes arbres plantez au printemps, on n'y perd point de temps; on taille les concombes & les melons; on en seme encore sur couche pour être transplantez en pleine terre, & on réchauffe les vieilles couches, si elles ont besoin de ce secours.

On œilletonne les artichaux pour en planter aprés les œilletons dans les quarrez qui leur sont destinez; on plante les melons & les concombres sur de nouvelles couches; on seme des cardons d'Espagne, de l'Oseille, du fenoüil, de l'anis; on plante des laituës de la saison; on plante encore des fraisiers qu'on tire des bois, & l'on pince les vieux montans des pieds qui sont plantez. On ne craint point dans ce mois de découvrir entierement les artichaux, & si les arbres sont en féve, il fait bon greffer en couronne, sinon il faudra attendre le mois de May.

Le persil, le célery, la chicorée, le cerfeüil se sement encore en pleine terre, on seme aussi les haricots, & les féves pour la seconde fois, on pince les greffes en fente sur poiriers, pommiers & pruniers, & lorsque les peschers & les abricotiers sont en fleur, il faut les couvrir pour les garantir de la gelée, les uns se servent de cossats de pois, les autres de foin, mais le plus sûr expedient pour empêcher que les fleurs de pêchers ne gelent, c'est de les couvrir de paillassons.

Le mois de May est encore une saison où les ouvrages du jardinage pressent beaucoup; c'est le temps de sarcler les plantes qu'on a semées ou plantées sur planches, elles en profitent bien mieux; & à la fin du mois il faut éclaircir les racines qu'on a semées, quand elles levent trop épaisses. Ouvrages du mois de May.

On plante les choux fleurs en ce mois, les choux de Milan & la poirée: les choux d'hyver se sement au quinze de May; & si l'on n'a pas achevé d'œilletonner les artichaux en Avril, on le fera en ce mois; les laituës de Gênes se sement en ce temps, ainsi que la chicorée.

Au commencement de ce mois on seme les haricots, des raves en pleine terre, la laituë george, la romaine, la royale & la belle garde; & à la fin de ce mois on seme la perpignane & la laituë d'Allemagne. C'est aussi dans ce mois qu'on plante la citroüille, les bonnets de prêtre, les trompettes d'Allemagne & les courges qu'on a semées en même temps que les citroüilles; on seme des choux fleurs sur couches, des choux d'hiver, des choux de Milan on plante encore de la poirée; autrement dit, *Bette blanche*, & des choux pommez; on seme de gros pois en ce mois, & l'on commence sur la fin à planter le pourpier pour en avoir de la graine; on taille encore les melons en ce temps, on plante des concombres, & du celery en pleine terre.

Il faut être soigneux de pincer les branches à bois de Peschers, de tailler les arbres pour la seconde fois, ainsi que nous le dirons dans l'article de la taille. Ce mois est la saison pour les ébourgeonner; on peut encore greffer en couronne, & dans ce mois on sort les Figuiers de la serre, parce qu'il n'y a plus rien à craindre par rapport à la gelée.

S'il y reste quelque ouvrage qui n'ait pas été fait au mois de May, on l'acheve en celuy-cy, qui est aussi la saison de pallisser les Peschers, & d'ôter les fruits qui y surabondent; on dresse des couches pour les champignons, & pour transplanter les concombres tardifs: on plante encore des artichaux, on transplante les poireaux qu'on a semé au mois de Mars ou d'Avril; on continuë de semer des laituës de gênes, ce sont celles qui résistent le mieux aux grandes chaleurs; on seme de nouveau cerfeüil, on transplante la poirée. Ouvrages du mois de Juin.

Il ne faut pas en ce mois être négligent d'arroser les plantes potageres, & les Figuiers, quand on juge qu'ils en ont besoin; le mois de Juin est le bon temps pour greffer en écusson à la pousse, ce travail se pratique ordinairement la saint Jean.

On seme encore des haricots pour en avoir en automne, & des pois, pour avoir le plaisir d'en manger en verd pendant tout l'été; on pince le bout des Figuiers, on décharge les arbres en buisson, du trop de fruit qu'ils ont, ceux qui restent en profitent beaucoup mieux, & l'on a soin en ce mois de recüeillir la graine de scorzonere. Ouvrages du mois de Juillet.

On ſeme encore des pois pour en avoir en verd au mois d'Octobre & des haricots pour en manger pendant tout l'automne, on ſeme beaucoup de chicorées pour en avoir bonne proviſion tant pour l'automne que pour l'hyver; on viſite les Peſchers en ce mois, pour abattre le bois qui y eſt inutile; on commence à ſemer un peu d'épinards, pour en avoir des premiers, car ils ſont ſujets alors à monter à graine.

On ſeme des choux de Milan, des laitues royales & des raves; on ſeme de la poirée pour l'automne, des ciboules, & tous les autres herbages ſans diſcontinuer; on plante les choux blonds, & l'on ſeme les pois quarrez.

On greffe les pruniers en écuſſon dés le commencement du mois; on greffe les coignaſſiers à la my-Juillet.

Ouvrages du mois d'Août.

Les Jardiniers vigilans & curieux, ſoignent en ce mois d'amaſſer les graines de leurs jardins, comme celles de ciboules, d'oignons, de poireaux: environ vers le dix de ce mois; on ſeme les épinards à foiſon, les mâches pour les ſalades d'hyver; on ramaſſe encore en ce mois les graines de raves, de laitues, de cerfeüil, & des rocamboles; on arrache les échalottes; on ſeme des raves qui ſont bonnes en automne, on replante les chicorées; on lie celles qui ſont replantées dés le mois de Juillet.

Il faut viſiter les eſpaliers, pour voir s'ils n'ont point beſoin d'être paliſſez; c'eſt en ce mois que les Jardiniers ſement les choux pommez, pour les planter aprés en pépiniere, quand ils ſont aſſez forts pour cela; on ſeme des oignons pour en avoir de bons l'année ſuivante au mois de Juillet.

On plante des ciboules, de l'oſeille & des épinards à la fin de ce mois; on déplante les oignons, comme on le dira dans l'article qui les concernera; & l'ail; on foule les feüilles de bettes raves, des carottes & des panais, ou bien on les coupe.

On commence à greffer les Amandiers plantez au printemps vers la my-Août, on continuë de donner les arroſemens aux plantes qui en ont beſoin. On coupe les vieux montans des artichaux; on fait la récolte des pois qu'on a laiſſé ſecher pour la proviſion de la maiſon; on plante de la ciboule pour en avoir durant le Carême; on donne le troiſiéme labour aux plattebandes, cela fait groſſir conſiderablement le fruit; on plante des choux blancs d'hyver.

Ouvrages du mois de Septembre.

Il fait bon greffer en ce mois les Amandiers à haute tige; on commence à lier les choux fleurs & le célery qu'on bute pour le faire blanchir; on déplante les oignons en ce mois pour les faire ſécher; ſi l'on n'a pas au mois d'Août foulé les feuilles des racines dont on a parlé, on le fera en Septembre.

On fait des couches à champignons, on replante quantité de choux à un demy pied l'un de l'autre, & l'on ſeme encore des épinards à la fin de Septembre, qui ſe fortifient aſſez pour réſiſter aux rigueurs du froid. On ſeme de l'oſeille, on en tranſplante de vieille.

On commence d'empailler les cardons d'Eſpagne pour les faire blanchir, on lie avec de la paille les choux fleurs; on ſeme au commencement de ce mois des oignons blancs, on s'en ſert aprés ceux qui ont été ſemez au mois d'Août; on plante des choux en pépiniere; on plante des laituës à coquille, on lie le célery, on le bute, & l'on ſeme encore des épinards pour en avoir aprés Pâques.

Tous les Jardiniers en ce temps s'occupent à défaire leurs couches, & à mettre le terreau à part, ainsi que le fumier pourri qu'on destine pour les planches où l'on veut semer des graines; c'est dans ce mois qu'on commence à foüiller les terres pour y planter des arbres, & qu'on visite son jardin pour voir ceux qui sont morts, afin de leur en substituer de nouveaux.

Ouvrages du mois d'Octobre.

On plante des laituës à quelque bon abri; on peut encore jusqu'au douze du mois, s'il est beau, semer des épinards & du cerfeüil; on serre les Figuiers à la fin de ce mois; on plante de jeunes fraisiers en bordure ou en planche pour en avoir du fruit l'année suivante; on peut planter des bordures d'herbes fines si l'on veut.

C'est dans ce mois que se font les labours d'hyver qu'on plante toutes sortes d'arbres dans les terres légeres, sabloneuses, ou fraîches, il n'y a que dans les terres humides où l'on attend jusqu'au printemps, on dresse des couches pour élever de petites salades de laituës, de cresson Alenois, & de cerfeüil. On plante des laituës sur couches pour pommer, du baume, de l'estragon, & tout cela sous cloche; on seme des pois dans ce mois pour en avoir des premiers, à quelque bon abri.

Ouvrages du mois de Novembre.

On commence à buter les artichaux dans les terres légeres & sabloneuses; car si elles étoient humides, il seroit dangereux que ces plantes ne tombassent en pourriture; c'est dans ce mois qu'on cherche aux pieds des arbres languissans les moyens de les guérir de leur langueur, & qu'on y fait apporter de la terre nouvelle pour les raviver. On couvre les chicorées, les artichauts, la poirée, le célery, les poireaux & quelques racines, de grand fumier, pour les garantir des fortes gelées.

Si on n'a pas lié toutes les chicorées dans le mois précédent, on achevera de le faire dans celuy-cy, mais on ne lie que les plus fortes; on coupe les montans des asperges, quand la graine en est rouge, & non plûtôt; on émousse les arbres en ce mois, qui pour l'ordinaire est humide; on couvre les Figuiers qui sont en espalier avec de la grande paille, ou de grand fumier sec, afin que le froid n'ait point prise sur eux.

Les Jardiniers qui veulent avoir des champignons au printemps, font des couches qui y sont propres; ils arrachent les bette-raves, les carottes & les panais pour les porter à la serre, & les garder par ce moyen des gelées; on conserve la chicorée de la même maniere; ou porte aussi dans la serre les choux fleurs en motte.

C'est dans ce mois, aussi bien que dans le précedent, qu'on févre les grosses marcotes des Figuiers; on plante les arbres, & s'il y survient quelque mauvais temps, on fait des couverts des paillassons pour s'en servir au besoin; on seme des raves sur couches pour en avoir de bonnes à la Chandeleur; on couvre les laituës d'hyver avec de la grande paille pour empêcher que le grand froid ne les détruise.

Enfin, lorsque le mois de Décembre est arrivé, on fait tous les ouvrages qui se font dans le mois de Janvier: si l'on a manqué de couvrir les racines, herbes, légumes & herbages dont on a parlé dans Décembre, on s'en acquitera à présent; on seme encore des petits pois en ce mois, on répand du fumier sur les planches pour engraisser la terre, & l'on prépare les treillages pour les espaliers; voilà par ordre tout le travail d'un Jardinier pen-

Ouvrages du mois de Décembre.

dant toute l'année ; il faut voir à present comment se cultivent toutes les plantes dont on a parlé ; c'est en quoy consiste une partie de la science que doit avoir un homme qui conduit un Potager, & ce que nous enseignerons aprés que nous aurons parlé des labours & des arrosemens nécessaires aux jardins.

CHAPITRE IV.

Des Labours & des Arrosemens nécessaires aux Jardins, avec une Liste de tous les Outils qui conviennent à un Jardinier.

Ce que c'est que labour.

ON appelle Labours un remuëment qui se fait de la superficie de la terre jusqu'à une certaine profondeur plus ou moins haute, en sorte que les parties de dessus & celles de dessous prennent réciproquement la place les unes des autres. Il se fait de plusieurs sortes de labours & avec differens instrumens ; il y a les labours à la bêche & à la houë, il s'en fait à la fourche, à la besoche & à la pioche.

L'objet principal qu'on se propose du remuëment des terres n'est pas simplement pour faire que la superficie en soit agreable à la vûë, c'est encore pour rendre meubles celles qui ne le sont pas, & par ce moyen y donner une libre entrée à la matiere étherée qui en agite les sels en bien plus grande abondance que lorsque ces terres sont resserrées ; c'est des labours aussi que dépend en quelque façon la fertilité de la terre.

Les labours des terres se doivent faire en differens temps, & même differemment selon la nature du terroir, dans les terres légeres & sabloneuses, cet ouvrage se doit faire en été, ou un peu devant la pluye, ou pendant la pluye, ou incontinent aprés, si bien que pour lors on ne sçauroit les labourer trop souvent ; ces fréquens labours qui operent l'effet dont nous avons parlé, donnent encore passage à l'eau des pluyes, qui pénetrant aisément cette masse, en dissoût les sels propres à la végétation.

Les terres fortes & humides ne doivent point être labourées pendant la pluye, parce que pour lors elles en deviennent si compactes, qu'il est impossible aprés de les pouvoir ameublir ; il faut donc choisir pour cela un temps qui soit beau & sec ; ces labours doivent être profonds dans de semblables terres, & tres-fréquens, afin que la chaleur corrige les défauts qui s'y pouroient trouver. Quand on prend ces terres à propos, comme on a dit, on ne les sçauroit remuer trop souvent pour faire plaisir aux vieux arbres & aux autres plans qu'elles contiennent ; il faut souvent renverser la terre, dit Virgile, afin de luy faire faire ce que nous souhaitons d'elle, outre que les labours fréquens empêchent non seulement qu'une partie de la substance de la terre ne s'occupe à nourrir les méchantes herbes, mais qu'ils font même que ces herbes dangereuses mises au fond de la terre s'y pourrissent & deviennent par là un amandement pour les terres.

Virg Geor. l. 1.

Il faut pour les arbres dans les terres séches & légeres, donner aux terres un labour lége à l'entrée de l'hyver, & un pareil incontinent aprés qu'il qu'il est passé, afin que les pluyes & les neiges, & les pluyes du printemps les pénetrent aisément. A l'égard des terres fortes & humides, on leur donne un profond labour au mois d'Octobre, afin que la terre s'ameublisse comme il faut; celuy qu'on leur donne à la fin d'Avril & au commencement de May doit être plus profond. Enfin on ne sçauroit trop recommander les labours dans les jardins, & c'est pour ainsi dire inutilement qu'on en a voulu déterminer le nombre: l'experience qu'on a de l'avantage des fréquens labours doit prévaloir sur tout le raisonnement contraire qu'on en peut faire, si vous en exceptez les jeunes arbres nouvellement plantez dans une terre légere qu'on ne doit point labourer durant l'été.

Des Arrosemens.

L'Eau est la nourrice des plantes, & il est impossible d'avoir un bon Potager, si l'on n'a dequoy l'arroser: le printemps & l'été sont sujets à de grandes chaleurs, c'est pourquoy toutes les plantes potageres qui y sont contenuës, si l'on veut qu'elles donnent du plaisir & du profit, ont besoin d'être beaucoup humectées; elles n'acquiérent qu'à force d'eau les bonnes qualitez qu'elles doivent avoir.

Les pluyes ne suffisent pas toûjours pour empêcher qu'on arrose certaines grosses plantes de jardin tels que peuvent être les artichaux d'un an ou de deux ans, ainsi d'autres herbages de cette force; il faut encore les arroser, & prenons pour exemple là-dessus les Maraîchers, qui quelques pluyes qu'ils fassent pendant l'été, ne cessent point d'arroser tous leurs jardins, & s'en trouvent bien.

Il y a regulierement sept à huit mois de l'année, pendant lesquels il faut arroser tout ce qui est dans un Potager. Qu'est-ce qu'un jardin sans eaux? c'est un corps sans ame, un terrein sec & arride, qui ne peut rien produire de bon ny de beau. C'est par le secours des arrosemens que les sels de la terre se dissoudent, & qu'avec les rapports de convenance qu'ils ont à la tissure des plantes où ils se portent, ils forment abondamment ce suc qui circule dans elles, qui les fait agir & leur donne l'accroissement.

A l'égard des eaux propres à arroser les jardins, il faut avoüer qu'il s'est fait là-dessus des scrupules bien inutiles. L'un condamne l'eau des puits & des fontaines fraîchement tirée, l'autre celle des Marais; l'autre les eaux bourbeuses, & tout cela par des raisonnemens aussi chimeriques qu'ils sont mal fondez; les Maraîchers seuls suffisent pour nous convaincre de cette erreur. Tels Jardiniers n'ont pas plûtôt tiré l'eau de leurs puits qu'ils en arrosent leurs plantes; ces Jardiniers encore faute de pluyes se servent tres-utilement des eaux amassées dans des especes de Mares par le moyen des ravines qui les y ont conduites; & peut-on rien voir de plus beau ni de plus abondant en fait de Potager, que leurs marais ou jardins: c'est donc une erreur, que de s'arrêter au choix des eaux pour arroser les jardins, elles sont toutes bonnes, & heureux celuy qui peut en être fourni abondamment, de maniere que son Potager n'en souffre point. Il faut donc suivre les Maraîchers en cela, arroser fréquemment, & employer pour cela les eaux qui sont plus à nôtre portée. Nous parlerons de la maniere d'avoir des eaux dans un Chapitre particulier. Avec les labours & les arrosemens,

Erreur sur les eaux propres à arroser.

quand ils sont fréquens & donnez à propos ; on peut dire qu'on trouve le secret d'avoir de bons Potagers ; supposé que le Jardinier sache son métier, & qu'il ne soit point paresseux ; & comme il ne sçauroit faire valoir son employ, qu'il n'ait les Outils qui luy sont nécessaires pour s'en bien acquiter : en voicy la liste.

Outils nécessaires à un Jardinier.

Bêche. LA Besche est l'outil principal qu'un Jardinier doit avoir ; c'est le premier instrument qu'il doit apprendre à manier, afin de se rendre habile à tourner la terre ; la Bêche est l'outil qu'on met d'abord dans la main d'un homme qui veut apprendre le Jardinage.

La Pelle. Il luy faut une Pelle pour ôter la terre des fosses qu'il creuse, pour charger du terreau, ou faire autre chose à quoy cet outil est propre.

Les Rateaux. Il aura plusieurs Rateaux pour unir son terrein, & nétoyer les allées de son jardin ; il y en a de deux sortes, l'un qui sert pour unir des planches & autres pieces de jardin, & l'autre pour les allées. Il y a des Rateaux dont les dents sont de bois, & d'autres qui les ont de fer plus ou moins longues, selon l'usage des pays qu'on habite.

Les Ratissoires. Un Jardinier aura des Ratissoires pour ratisser les allées de son jardin. On en voit de plusieurs sortes ; les unes se manient en poussant devant soy l'herbe qu'on couppe, au lieu qu'on la tire à reculons avec les autres.

Les Plantoirs. Il luy faut des Plantoirs, ce n'est pas une chose bien rare ; un Plantoir est néanmoins fort commode pour planter des plantes potageres ; ils sont ordinairement faits de bois.

Le Déplantoir. Un Déplantoir est une machine dont on se sert pour déplanter des Melons ou autres plantes de jardin ; elle est de fer blanc, & elle empêche que bien des plantes ne périssent aprés avoir été transplantées.

La Serpette. Pour ce qui est de la Serpette, c'est un outil qu'un Jardinier doit toûjours avoir en poche, pour l'opération de bien des choses qu'il est obligé de faire dans son jardin.

L'Arrosoir. Il n'y a rien dans les jardins de plus utile qu'un Arrosoir, c'est pourquoy un Jardinier ne doit point en être au dépourvû ; il y en a de terre & de cuivre, chacun peut en prendre selon que sa commodité le permet.

La Batte. On se sert d'une Batte pour unir les allées d'un jardin ; il n'y a rien qui empêche davantage la production des méchantes herbes.

La Corbeille. Une Corbeille sert pour contenir les fruits qu'on cüeille ; on en fait qui sont plus ou moins grandes selon la fantaisie de ceux qui en veulent avoir ; elles sont ordinairement d'Osier.

La Scie. La Scie est employée pour ôter les branches d'un arbre qu'on ne peut emporter avec la serpette, elle sert aussi pour disposer les sujets propres à être greffez en fente, ainsi on voit qu'elle est fort utile à un Jardinier.

La Houlette. On employe la Houlette pour lever en motte les Melons & les Concombres, qui seroient en danger de périr s'ils étoient transportez autrement.

Le Rabot. Le Rabot est un instrument qu'un Jardinier doit avoir pour rendre les allées de son jardin fort unies, ce n'est pas une affaire qu'un Rabot, la façon n'en est pas bien difficile.

Les Jardiniers habiles & curieux d'avoir des fruits précoces dans leurs jardins doivent avoir des paillassons, qui servent pour garantir leurs couches des frimats & des froids qui sont sujets à les morfondre. Le Paillasson.

Le Fermoir est proprement un ciseau de Menuisier ; c'est un outil fort nécessaire dans le jardinage ; on s'en sert pour émonder les grands arbres, sans qu'il soit besoin d'échelle ; il est emmanché d'un manche de trois à quatre pieds de long. Le Fermoir.

On se sert du Maillet pour cogner sur le Fermoir, afin qu'il couppe la branche qu'on veut mettre à bas ; il y en a un autre plus petit, qui est en usage lorsqu'on greffe en fente. Le Maillet.

L'usage de la Broüette regarde le transport qu'on fait des pierres du jardin, des terres & terreaux dont on a besoin, & de toutes les autres ordures qui le rendent désagréable à la vüë. La Broüette.

Le Jardinier se sert de la Civiere, lorsqu'il est question de transporter le fumier dans les couches. Civiere.

L'Echenilloir est un outil nécessaire pour ôter les chenilles, qui détruisent les productions des arbres. L'Echenilloir.

Les Ciseaux de Jardinier sont nécessaires à celuy qui pratique actuellement le jardinage ; il s'en sert pour tondre les Buis, & les bordures d'herbes aromatiques. Les Ciseaux.

Un Jardinier a des échelles de plusieurs manieres, l'une qui est double, & l'autre qui est à trois pieds ; on les employe l'une & l'autre pour cüeillir les fruits sur les arbres de tige, & pour les décharger de leurs branches inutiles. Les Echelles.

On employe la Pioche pour cerfoüir les plans qui sont incommodez des méchantes herbes ; il y en a une plus grosse dont on se sert pour donner les labours à la terre ; la premiere s'appelle *Piochon* ou *Binette*. La Pioche.

Un Jardinier a besoin d'un Croissant pour tondre ses pallissades ; on l'appelle ainsi, parce qu'il a en effet la figure d'un Croissant. Croissant.

L'usage de la Cloche de verre est assez connu sans qu'il soit besoin d'en rien dire icy ; un Jardinier ne peut s'en passer, s'il veut avoir des premieres salades, & quelques fruits précoces. Cloche de verre.

Il y a encore la Cloche de paille qu'on employe pour couvrir les plantes nouvellement transplantées, afin de les garantir des ardeurs du soleil, qui d'abord leur feroient baisser l'oreille. Cloche de paille.

Cet outil est propre pour entasser & accommoder le fumier, lorsque l'on dresse une couche ; un Jardinier ne doit point en manquer, ainsi que de la Hotte dont il a besoin à tout moment. La Fourche, la Hotte.

Il ne suffit pas à un Jardinier d'avoir eu la précaution de s'être muni de tous les instrumens & outils qui luy sont nécessaires, il faut encore qu'il ait le soin de les serrer, de racommoder ou faire raccommoder ceux qui à force d'avoir été employez se sont émoussez, gâtez ou rompus tout à fait, d'ôter la roüille sur ceux qui se trouveront en être atteints, & enfin, de veiller à ce qu'on ne les dérobe point.

CHAPITRE V.

Culture particuliere de chaque Plante potagere, divisée par classes, à commencer par les herbes potageres.

UNe herbe n'est autre chose qu'une production de la nature, qui aprés avoir poussé deux feüilles, en produit d'autres aprés. Il y en a dans la suite du temps qui donnent une tige seulement, d'autres qui en jettent davantage, & d'autres qui n'en ont point du tout; mais sans nous étendre davantage en discours superflus, nous allons entrer en matiere sur ce qui regarde la culture de ces herbes,

La Poirée, autrement dit Bette-blanche, sa description. Graine.

La Poirée est une plante, qui de sa racine pousse des feüilles, qui sont grandes, lisses & luisantes, assez charnuës, & pour l'ordinaire assez tendres; leur couleur est d'un verd blanchâtre, il y en a qui sont d'un verd plus brun; sa graine est ronde, grosse comme un pois, raboteuse, & de couleur jaune-brun.

Culture.

Cette plante se multiplie de semence au mois de Mars, & pour cela on prépare un morceau de terre pour la semer: il faut qu'il soit bien meuble; on la seme dessus à plein champ, ou en rayons qu'on recouvre incontinent avec le Rateau: on n'en seme, si l'on veut, que sur le bout d'une couche, supposé qu'on n'en ait pas besoin de beaucoup pour s'en garnir.

La semence ainsi mise en terre, on attend que le plan soit devenu assez fort, pour être transplanté en planches sur des alignemens tirez au cordeau, éloignez l'un de l'autre d'un pied, sur lesquels avec le Plantoir on plante les pieds de Poirée à pareille distance, aprés quoy on les arrose incontinent pour obliger la terre à se mieux joindre aux racines qui en jettent d'autres bien plûtôt; il faut dans la suite donner à ces plantes quelques arrosemens pendant les sécheresses de l'été; ce sont les soins qu'il faut avoir généralement aprés toutes les plantes, si l'on veut qu'elles croissent heureusement; c'est un avis qu'on donne icy, & qu'on ne répetera point dans la suite, comme étant une chose inutile.

Les Arroches, autrement Bonne-dames. Description. Graine.

L'Arroche est une plante qui croît fort haut, & qui est fort rameuse; elle a ses feüilles larges & pointuës, & semblables à celles de la Poirée, sinon qu'elles ne sont pas si longues, & que leur couleur est plus blanchâtre; sa semence est platte, ronde & couverte d'une pellicule fort mince.

Culture.

Les Arroches se sement au mois de Mars sur planche bien labourée & bien amandée dans des rayons tirez au cordeau, espacez l'un de l'autre de cinq à six pouces; cette plante croît bien dans toutes sortes de terres, pourvû qu'on la sarcle & qu'on l'arrose; elle donne de la graine dés le mois de Juin suivant; on soigne à la recüeillir quand elle est mûre.

Epinards Description. Graine.

Les Epinards ont la feüille longue & pointuë par le bout, toute découpée en ses bords, large, tendre, molle & d'un verd obscur, elle a la queuë fort longue; la graine d'Epinars est ovale & unie dans les Epinars simples, épineuse en d'autres.

Culture.

Les Epinars se sement au mois d'Août jusqu'au mois d'Octobre sur des planches & dans des rayons alignez, distans de six pouces l'un de l'autre, & profonds de deux seulement; on y jette la graine qu'on recouvre soigneusement avec le Rateau, il faut les sarcler; les Epinars ne donnent leur graine que l'année suivante qu'ils sont plantez.

Mâches. Description.

Cette plante croît avec des feüilles oblongues, d'un verd pâle, molles & épaisses, les unes entieres & les autres crenelées; sa semence est assez grosse, elle est noirâtre & fongueuse.

Graine. Culture.

La Mâche se perpetuë de semence à la fin du mois d'Août; elle se seme sur planche & à plein champ, & pourvû que la terre où on la met soit meuble, on est sûr de la réüssite.

Choux, especes differentes.

Comme il y a plusieurs sortes de Choux, on ne fera point icy la description de chacun en particulier, parce que cela nous meneroit trop loin; nous avons les *Choux capus*, les *Frisez*, les *Pancaliers*, autrement *Choux de Milan*, les *Choux rouges*, les *Choux à large côte*, les *Choux fleurs*, ou les *Romains*, les *Choux verds*, & les *Choux de Gênes*, les *Aubervilliers*, les *Choux musquez*.

Choux-fleurs. Culture.

On commence à semer les *Choux fleurs* dés le mois de Mars ou en Avril; c'est ordinairement sur couche en petits rayons ou à plein champ: sitôt qu'on les juge assez forts pour être replantez; on leur prépare exprés une terre qu'on amande; on en garnit des quarrez entiers, on les y plante à un pied & demi l'un de l'autre à droite ligne, quelque petits labours dans la suite avec de l'eau frequemment, les font croître à souhait.

Quand les Choux fleurs commencent à former leur tête, on en lie les feüilles par dessus avec un lien de paille; c'est dans cet état que leur tête acheve de se former.

Graine.

La graine de Choux fleurs nous vient d'Italie, celle qui croît en France dégénere considerablement, & ne produit rien qui vaille. Pour connoître si elle est bonne, il faut qu'elle ait la couleur vive & brune, & non pas d'un rouge clair, qu'elle soit fort pleine d'huile, bien ronde & non ridée, petite ou dessechée.

Autres Choux. Culture.

Les autres Choux viennent de graine comme les précedens, & ils se sement de même sur couche: on en seme aussi en pleine terre sur la fin du mois d'Avril; tous les Choux veulent être soigneusement arrosez, les premiers jours qu'ils sont plantez, pour en faciliter la reprise.

Les *Choux à large côte* ne se sement qu'au mois de May, parce qu'ils sont trop susceptibles des moindres fraîcheurs; ils se plantent en Juillet, & pomment en automne.

Les *Choux blancs pommez*, les *Choux d'Aubervilliers*, les *Choux rouges*, & les *musquez* demandent la même culture, ainsi que les *Pancaliers*.

Les *Choux blonds* ne se sement qu'au mois d'Août, pour être transplantez un peu avant l'hyver, afin d'en avoir pendant toute cette saison.

Il faut soigner d'ôter toutes les feüilles mortes des Choux pour plus de propreté, & pour éviter la mauvaise odeur qui provient de la pourriture de ces feüilles.

On réserve pour graine les plus beaux Choux qu'on a planté & qu'on replante à quelque bon abry, soignant outre cela de les couvrir de grand fumier sec ; il y en a qui pour plus grande sûreté contre le froid, les portent dans la serre, où ils passent l'hyver, pour les replanter aprés dans le jardin.

On seme dans le mois d'Août les Choux pommez sur planche, pour leur y laisser l'hyver comme dans une pépiniere jusqu'au printemps, qu'on les replante à l'ordinaire ; il fait bon semer des Choux tous les mois pendant tout l'été, afin d'en avoir toûjours pour remplacer ceux qui meurent.

Les troncs de Choux poussent de nouveaux jets, qu'on nomme *Brocolis* en Italien, & *Broques* en François.

Bourache. Description. La Bourache jette des feüilles presque rondes & larges, couvertes d'un petit poil piquant, & éparses la plupart à terre ; sa semence est noire.

Graine. Culture. Cette plante vient presque d'elle même, elle se cultive comme l'Arroche; voyez l'article.

Buglose. Description. Graine. Culture. Cette plante a ses feüilles longues, & peu larges, couvertes d'un petit poil qui pique, lorsqu'on le touche, & d'une couleur d'un verd sombre, & luisant, sa graine est semblable à celle de la Bourache, elle se cultive de même.

Oseille. Description. Il y a de deux sortes d'Oseilles, *l'Oseille ordinaire* & *l'Oseille ronde* ; l'Oseille ordinaire a ses feüilles d'un verd luisant, oblongues, & croît en touffes ; la ronde ne jette pas des feüilles si longues ; étant presque rondes, néanmoins un peu pointuës, & de couleur d'un verd pâle ; elle vient dans les champs, dans des lieux sabloneux : Graine. la graine d'Oseille est triangulaire, rougeâtre, & enveloppée d'une capsule.

Culture. L'Oseille se seme, si l'on veut, ou bien on la plante de touffes ; si on la seme, c'est toûjours au mois de Mars, sur planches bien labourées, bien amandées, & à plein champ. Il faut prendre garde de ne la point semer trop druë, afin qu'elle croisse de maniere qu'on puisse la transplanter l'automne & le printemps qui suit ; ces touffes se plantent à droite ligne sur planches ou en bordure ; cette herbe ne demande pas beaucoup de soins, & croît tres-bien en toutes sortes de terre.

Persil. Description. On compte de deux sortes de Persil, *l'ordinaire* & *le Persil frisé* ; le premier jette de petites feüilles toutes pleines de découpûres, verdes, tenantes à de longues queuës ; le Persil frisé naît de même, sinon que ses feüilles sont toutes frisées en guise de fraise ; Graine. la graine de Persil est longue, pointuë & ronde sur le dos, & d'une couleur grise.

Culture. Le Persil de quelque espece que ce soit, se plaît toûjours mieux dans les terres humides que dans les autres ; il croît bien à l'ombre. On le seme en planche ou en bordure dans des rayons tirez au cordeau, profonds de deux doigts, & espacez l'un de l'autre de quatre ; on seme le persil depuis le mois de Mars jusqu'au mois de Juin ; il ne faut point être paresseux de le sarcler, si l'on veut qu'il devienne beau, & de l'arroser de temps en temps, principalement quand le hâle est grand.

CHAPITRE VI.

Des Salades, & Fournitures de Salades.

ON appelle Salades, & fournitures de Salades, certaines herbes qui y entrent ordinairement : voicy quelles elles sont.

Nous en comptons de seize sortes, sçavoir, les *Laituës à coquilles*, celles de la *Passion*, les *Crêpes blondes*, qu'on divise en *Laituës Georges*, & en *Mignones*. Il y a la *Laituë Belle-garde*, celle de *Gênes blonde*, les *Capucines*, les *Imperiales*, la *Crêpe verde*, les *Laituës rouges*, les *Laituës courtes*, les *Royales*, les *Laituës d'Aubervilliers*, les *Perpignanes verdes*, & *blondes*, les *Laituës Romaines*, autrement dites *Alphanges*, & les *Laituës de Gênes verdes*. Il y a trop d'especes de Laituës pour donner la description de chacunes en particulier. On peut dire seulement que la Laituë a ses feüilles grandes, à plusieurs replis, fort tendres, & d'une couleur d'un verd blanchâtre ; sa graine est petite, platte, oblongue, pointuës par les deux bouts, & de couleur cendrée. Laituës. Description. Graine

Quant à la culture des Laituës, il n'y a guéres de mois dans l'année où on n'en puisse semer : on les seme en hyver sur des couches chaudes : voicy un secret dont on se sert pour les faire germer bien-tôt. On prend de la graine que l'on fait tremper dans l'eau pendant vingt-quatre heures ; c'est dans un petit sac de toile que cela se fait, & qu'on retire de cette eau au bout de ce temps, pour en laisser égouter l'humidité superfluë. Il faut prendre garde de pendre ce sac dans un lieu où la gelée n'ait point de prise. Culture.

Cela fait, & la graine étant seulement un peu humide, on la seme fort épaisse sur une couche chaude au degré nécessaire, & dans des rayons de deux pouces de profondeur, qu'on couvre incontinent de cloches. En vingt-quatre heures ces Laitues lévent, si l'on a pris soin de ne point laisser morfondre la couche.

Quoiqu'on puisse semer, comme on a dit, des Laitues dans tous les mois, il y a pourtant des temps qu'on doit choisir, comme propres à semer de certaines especes de Laituës & non d'autres : par exemple, on seme en pleine terre au mois de Septembre la *Laituë à coquille*, afin d'en avoir durant l'hyver ; si on attend jusqu'au mois de Février, on la seme sur couche, puis on la couvre de cloches ; au défaut de cette Laituë, on se servira de celle de la *Passion*, c'est celle qui résiste le plus aux froidures.

Les *Crêpes blondes* se sement un peu plus tard, c'est à dire vers la fin du mois de Novembre & sur couche, pour être replantées de même, afin qu'au mois de Mars on puisse s'en servir en Salades : si la terre est légére, semez de cette graine en pleine terre, elle y croîtra fort bien.

Les *Laituës Georges* & les *Mignones*, se sement de même & en même temps, ainsi que les *Crêpes verdes*, & les Laituës courtes, qui aiment les terres sabloneuses.

Sitôt que le mois de Mars est arrivé, on seme la *Laituë Perpignane*, la

Royale, la *Belle-garde*, les *Gênes blondes*, la *Capucine*, & la *Laituë d'Aubervilliers*; ces especes de Laituës aiment les terres fraîches, elles y croissent tres-bien, pourvû que les pluyes ne soient point trop fréquentes, ce qui est dangereux de les faire morver.

Les *Laituës Romaines* se sement en même temps, & les Chicons aussi; la *Gênes verde* résiste tres-bien aux chaleurs de l'été, c'est pourquoy on ne les seme qu'à la fin du mois de May, & dans le mois de Juin; pour la *Blonde* & la *Laituë rouge*, on les seme plûtôt.

Toutes ces Laituës se plantent sur planche, sur des alignemens tirez au cordeau, espacez l'un de l'autre de sept à huit pouces, qui est aussi la distance que ces Laituës doivent avoir entre elles; la Laituë Romaine se plante de même, & pour la faire blanchir, on la lie par un beau temps, crainte qu'elle ne monte; toutes ces Laituës ainsi plantées viennent & pomment tres-heureusement à l'aide des arrosemens.

Le Pourpier. Description. Graine. Culture.

Le Pourpier a la feüille un peu longue, assez large, grasse & charnuë au toucher, d'une couleur luisante, jaunâtre ou verde; sa graine est petite, de figure ronde, blanche dans le commencement, & noire quand elle a atteint sa maturité.

Il y a de deux especes de Pourpier, le *verd* & le *doré*, le premier comme moins susceptible de froid se seme dés le mois de Février sur couche, on le couvre de cloches. Quand la saison est plus avancée, on laisse le Pourpié verd pour semer le doré environ la my-Mars jusqu'à la fin d'Avril; aprés ce temps on le seme en pleine terre, garnie d'un pouce d'épaisseur de terreau: soit qu'on seme le Pourpier sur terre ou sur couche, il faut avoir soin de l'arroser, aprés cela il vient à foison.

Porcelaine.

Il y a encore une autre espece de Pourpier sauvage, appellé *Porcelaine*, dont les feüilles sont petites; ce Pourpier croît de luy même dans les jardins, sans avoir besoin d'aucun secours étranger.

La Chicorée. Description. Graine. Culture.

Il y a la *Chicorée ordinaire*, & la *Chicorée sauvage*; la premiere a ses feüilles longues, larges & crénelées en leurs bords; on la subdivise en *Chicorée verde*, & *Chicorée frisée*, sa graine est petite, anguleuse, & de couleur noire.

On commence à semer la Chicorée vers la my-May, parce que si on le faisoit de meilleure heure, elle seroit sujette à monter à graine, ce qui rendroit le travail inutile.

Toute Chicorée se seme sur couche, ou en planche garnie d'un peu de terreau. Il faut la semer à claire voye, & l'éclaircir quand elle est levée, supposé qu'elle soit trop druë; car autrement elle s'étioleroit.

Quand la Chicorée est assez forte, on la plante en planche sur des alignemens tirez au cordeau, distans l'un de l'autre d'un demy pied, qui est aussi l'espace que chaque pied doit avoir de l'un à l'autre.

On seme encore la Chicorée dans les mois de Juin, Juillet, & Août, afin d'en avoir à faire blanchir pour l'hyver; on les arrose, ou les sarcle, & lors qu'aprés tous ces soins elles ont pris une belle croissance, on les fait blanchir: voicy comment.

Choisissez un beau temps pour cela, puis liez chaque Chicorée en deux ou trois endroits, laissez-les en cet état pendant quinze jours ou trois semaines

maines qu'elles blanchiront; mais comme il y a de la Chicorée qu'on plante plus tard l'une que l'autre, & que le froid qui survient empéche qu'on ne la puisse lier pour blanchir, on prend du grand fumier sec, dont on la couvre aprés qu'elle a été liée, cette Chicorée blanchit là-dessous.

Quelques-uns huit jours aprés avoir lié leur Chicorée, l'arrachent pour la porter dans la serre, où elle acheve de blanchir.

La Chicorée sauvage pousse des feüilles qui sont longues, garnies de découpures, qui regnent jusqu'à la côte, & couvertes d'un petit poil. Chicorée sauvage. Description.

Sa culture ne differe en rien des autres Chicorées, excepté qu'on ne la transplante point, il faut avoir soin de la rogner de temps en temps pour la faire fortifier de sorte qu'on la puisse faire blanchir en cette maniere. Culture.

On la rogne tout rase terre, on accommode aprés sur les planches où elle est semée, des traverses d'échalats sur lesquelles on met du grand fumier de maniere qu'elles en soient toutes couvertes; c'est ce fumier mis ainsi qui les fait blanchir.

Il y en a avant l'hyver qui arrachent cette Chicorée, & qui la portent dans la serre, ou dans quelque autre lieu obscur exempt de froidure, & ils l'y plantent en terre où dans du sable, & elle y blanchit tres bien.

Le Célery est une plante dont les feüilles ressemblent à celles du Persil, excepté qu'elles sont plus grandes, & d'un beau verd lissé & fort luisant, son odeur est forte, sa graine est menuë sur le dos & de couleur grise. Le Célery Description Graine.

On seme le Célery en deux temps, sçavoir, au mois d'Avril & à la fin de May, & toûjours sur couche ou sur des planches couvertes d'un bon doigt de terreau; on le seme à plein champ, & toûjours à claires voyes, crainte qu'il ne s'étiole en croissant; & si même aprés qu'il est levé, on voit qu'il leve trop dru, on l'éclaircira. Culture.

Quelques Jardiniers, avant que de planter le Célery à demeurer, le mettent en pépiniere à trois doigts espacez l'un de l'autre, & quand cette plante s'est fortifiée en cet endroit, ils la replantent en place sur une ou plusieurs planches, où ils soignent de l'arroser jusqu'à ce qu'il soit en état de le faire blanchir.

Pour lors on en lie chaque pied en deux ou trois endroits; on les bute de terre, puis on les laisse en cet état, trois semaines ou un mois, ce temps suffit pour luy faire acquérir la blancheur qui luy est nécessaire. Aprés qu'il est blanc, on s'en sert à ce qu'on veut, on en conserve dans la serre durant l'hyver, ou bien dans quelqu'autre endroit où les gelées n'aient point d'accés.

L'Estragon est une fourniture de Salade, & une plante dont la feuille est longue & étroite, semblable à celle du Lin; elle est odorante, d'un verd obscur & luisant, d'un goût un peu âcre & aromatique. L'Estragon. Description.

Il n'est rien de plus aisé que de cultiver l'Estragon; il se seme à plein champ, sur un petit bout de planche bien meuble & bien amandée; on n'en seme pas beaucoup: d'autres multiplient cette plante de plan enraciné, & pour cela ils en prennent quelques touffes qu'ils éclatent en plusieurs parties, & qu'ils plantent à huit ou neuf pouces de distance, & c'est ordinairement au mois d'Avril que cela se pratique; lorsqu'on veut avoir de cette fourniture, on la coupe comme on fait l'Oseille, elle renaît de la même Culture.

maniere ; l'Estragon ne craint point le froid, c'est pourquoy la culture en est aisée.

Le Cerfeüil. Description. Le Cerfeüil est une herbe dont les feüilles ressemblent à celles du Persil, sinon qu'elles ne sont pas si grandes, elles ont de petites découpûres, & paroissent veluës ; l'odeur qu'elle exhale est douce, sa graine est longue, Graine. mince, en pointes, & de couleur obscure.

Culture. Le Cerfeüil ordinaire se seme presque dans tous les mois ; on en seme sur les premieres couches pour les Salades, & au reste il se cultive de même que le Persil : voyez page 322. Il y a encore le *Cerfeüil musqué*, qui se cultive de même.

La Pimprenelle. Description. Cette plante est assez connuë de tout le monde, elle a les feüilles oblongues, dentelées en leurs bords, elles sont rougeâtres & veluës.

Culture. La Pimprenelle se seme en quelque coin de jardin, & toûjours à plein champ ; on n'en seme que tres-peu ; elle croît aisément, soit à l'ombre, soit qu'on l'expose au soleil ; elle vient même sur les montagnes, & dans les prez sans qu'on la cultive.

CHAPITRE VII.

Instruction facile pour élever toutes sortes de Racines dans un Jardin Potager.

IL faut qu'un Jardin potager soit fourni de racines ; c'est un aliment qui vient à propos pour les jours maigres, & pendant le Carême ; & comme on ne veut rien obmettre icy de ce qui peut contribuer à rendre un Potager fertile en tout ce qui le regarde, nous traiterons des Racines dans ce Chapitre.

La Salsifix d'Espagne, autrement Scorzonere. Description. La Scorzonere est une plante dont les feuilles sont longues, assez larges, lisses, & qui vont quelquefois en tortillant, finissant par une pointe longue & étroite & d'un verd obscur ; Graine. sa graine est longue, deliée, & d'un blanc tirant sur un jaune obscur.

Culture. Il n'y a rien de plus aisé que la culture des Salsifix d'Espagne ; sitôt que le mois de Mars est arrivé, on les seme sur planche dans des rayons tirez au cordeau, espacez l'un de l'autre d'un demy pied. Cette semence doit y tomber à claire voye ; car si cette racine est pressée, elle devient fluette, au lieu qu'elle devient grosse quand elle peut s'étendre un peu.

Il faut soigner de tenir cette plante nette des mauvaises herbes qui luy nuisent, sans ce soin la Scorzonere ne fait rien qui vaille.

Les Salsifix communs. Description. Cette plante a aussi les feüilles longues, plus étroites que celles de la Scorzonere, & se terminant en pointe ; elle se cultive de même que les Salsifix d'Espagne.

Les Panais. Description. Les Panais ont la feüille ample, & qui en porte d'autres qui sont longues & rangées deux à deux le long d'une petite tige, au bout de laquelle est une seule feüille dentelée. Les premieres feuilles ont deux doigts de large, elles sont dentelées & couvertes d'un petit poil, & de couleur d'un verd brun ; sa semence est grande, mince & de figure ovale. Le Panais ne donne sa graine que l'année d'aprés qu'il a été semé. Il se cultive comme les Salsifix d'Espagne; sa racine est longue, plus grosse que le pouce, charnuë & blanche. Graine. Culture.

La Carotte a de grandes feuilles amples avec de petites découpures, de couleur verdes, & couvertes d'un petit poil; sa semence est rude au toucher, & un peu veluë; sa racine est longue, grosse & charnuë, de couleur jaune, ou d'un blanc pâle. La Carotte. Description. Graine.

Pour la culture, il faut avoir recours à l'article des Salsifix d'Espagne, & s'y conformer. Culture.

La Betterave est assez connuë sans qu'il soit besoin d'en faire la description pour la faire connoître; elle se cultive comme les racines précedentes. Les Betteraves. Culture.

Les Raiponses se cultivent de même que les Salsifix; il y en a de deux sortes, la premiere a ses feuilles semblables à celles de la Violette: ses feuilles ont de longues queuës: la seconde espece a les feüilles étroites, se terminant en pointe, elles n'ont point de queuë; les racines de la premiere espece ressemblent à de petites Raves blanches, au lieu que les autres sont grosses comme le petit doigt, & de couleur blanche. Les Raiponses. Culture. Description.

Le Cheruis a les feüilles semblables à celles du Panais, excepté qu'elles sont plus petites, plus verdes & moins rudes quand on les manie. La graine en est oblongue, pareille à celle du Persil, sinon qu'elles sont un peu plus grandes, cette plante se cultive comme les autres racines, on peut y voir. Les Cheruis. Description. Graine. Culture.

L'Asperge est une plante qui jette plusieurs tiges, plus ou moins grosses, toutes rondes & sans aucune feüille, dont le haut est verd, & le bas blanc; sa semence est dure & de couleur noire. Les Asperges. Description.

Les Asperges se multiplient de graine & de plan enraciné: dans le premier cas, on les seme sur planche, dont la terre a été bien préparée & bien amandée; il ne faut point les semer trop druës, & lorsqu'elles sont levées, on aura soin de les sarcler, & de les arroser dans le besoin; ces plans restent ainsi deux à trois ans en terre qu'on les leve pour les transplanter ailleurs en cette sorte. Graine. Culture.

On fait des fosses de trois pieds de large, & d'un pied & demy de profondeur, laissant quatre pieds entre deux fosses pour vuider la terre, & la jetter également des deux côtez, l'accommodant en dos de bahut.

Ensuite on donne un bon labour au fond de ces fosses, on y plante les Asperges au cordeau à trois pieds l'une de l'autre, étant plantées on les recouvre d'une bonne terre mêlée de fumier, environ quatre doigts de haut seulement, dautant que par succession de temps la terre qui est sur les sentiers s'abat dans la fosse, & la remplit enfin à niveau du Jardin.

Pour les labours, il n'en faut que trois chaque année, le premier quand les Asperges cessent de pousser; le second à l'entrée de l'hyver, & le troisiéme un peu auparavant que les Asperges commencent à pousser.

On est du moins trois ans sans couper aucune Asperge, afin que la plante se fortifie en pied, & donne des jets plus forts. Ce temps passé, on en coupe tant qu'il en croît, observant seulement de laisser monter les plus petites à graine.

Pour bien cueillir les Asperges, il faut ôter un peu de terre d'autour de celles qu'on veut cueillir, crainte d'en couper d'autres qui poussent, cette opération se fait le plus bas qu'on peut.

On observera en labourant les planches, s'il n'y a point de pieds d'Asperges qui soient venus de grains tombez par hazard; alors on les arrache pour ne laisser que les maîtres pieds.

Les Navets. Description. Graine. Culture.

Le Navet est une racine oblongue, ronde, qui se termine toûjours en pointe; elle est blanche dedans, elle a les feuilles oblongues, toutes découpées, & de couleur verde. Sa graine naît dans une gousse, elle est ronde & rougeâtre.

Les Navets se multiplient de semence dans une terre bien meuble, ils se sement à plein champ, prenant garde que cette semence ne tombe point trop drue; car alors les Navets croissent petits, au lieu que quand ils sont clairs semez, ils deviennent beaux.

Les Cardons d'Espagne. Culture.

Les Cardons d'Espagne sont une espece d'artichaud, excepté qu'ils n'ont point les feuilles si larges, ny le fruit si gros.

Cette plante se perpétuë par le moyen de sa graine: on la seme au mois d'Avril dans des trous faits exprés de la largeur de la forme d'un chapeau, qu'on remplit de terreau de couche bien consommé: on creuse ces trous à deux pieds de distance l'un de l'autre, & en échiquier.

Cela fait, on fait des trous avec le doigt sur ce terreau, dans lequel on jette la semence, & on creuse de ces trous en quatre ou cinq endroits, crainte de manquer de plan, à condition néanmoins de n'en laisser qu'un pied dans chaque grand trou, & de se servir des autres, au cas qu'il en manque ailleurs, & de jetter le reste quand les trous sont garnis.

Si les Cardons sont trois semaines sans lever, il ne faut point balancer d'en semer d'autres, parce qu'alors la graine a manqué; il faut pendant l'année leur donner deux ou trois petits labours, & les arroser de temps en temps, aprés quoy on laisse pousser la plante jusques vers la fin du mois d'Octobre, qui est la saison qu'on commence à les faire blanchir.

Et pour cela on les lie en trois differens endroits, aprés les avoir envelopé de longue paille de maniere, s'il se peut, que l'air n'y entre point, si ce n'est par le haut qui n'est point couvert; les Cardons restent en cet état quinze jours ou trois semaines, pendant lesquels ils acquierent leur blancheur.

Les Raves ou Raifors. Description. Graine. Culture.

La Rave ou Raifort est une racine longue, un peu grosse & pointuë, rougeâtre en dehors, & blanche en dedans; c'est cette racine qui la fait rechercher, & qu'on mange. La Rave jette des feuilles qui sont grandes, larges, piquantes, d'une couleur verde & découpées par les bords; sa graine est ronde & d'une couleur rougeâtre.

La Rave vient de semence, elle se seme sur couche pour en avoir des premieres, à commencer depuis le mois de Février jusqu'en Septembre. Les premieres se sement dans des trous de la hauteur du doigt qu'on fait sur couche, distant de trois pouces l'un de l'autre; & dans chaque trou, on y laisse tomber deux semences, mettant un peu de sablon par dessus, & laissant le trou ouvert; les autres Raves qui suivent se sement aussi sur couche par rayons & en pleine terre à plein champ.

Quand on seme les Raves sur couche, & qu'il y a encore les froids à craindre, on les couvre de paillassons pendant la nuit, & durant le jour, si la gelée se fait sentir rudement, & même on se sert de grand fumier en cette occasion. Il n'y a que durant l'hyver qu'on se donne ces soins; car en tout autre temps on les seme indifferemment.

Comment faire les Couches.

COmme on a déja parlé des couches en plusieurs endroits de ce Livre, & qu'il y en a qui ignorent la maniere de les construire : voicy dequoy les contenter sur l'article.

Il faut commencer par faire provision de fumier de Cheval tiré nouvellement de dessous les Chevaux ; une couche doit avoir quatre pieds de hauteur ou environ, soit quelle soit sur terre ou enfoncée en terre, & autant de largeur : pour la longueur, c'est la place où l'on a envie de les faire, qui les déterminera.

On entasse donc artistement le fumier à la hauteur, & de la largeur dont on a parlé ; cela se fait ordinairement avec des fourches de fer, ou des rateaux, puis on met du terreau par dessus, de l'épaisseur d'environ huit à neuf pouces. Il faut qu'une couche soit faite six ou huit jours avant que d'y semer les graines, afin que la grande chaleur du fumier se passe pendant ce temps, & qu'il ne luy reste qu'une chaleur moderée, ce qui se connoît en enfonçant le doigt dans la couche ; si on sent que la chaleur en est trop grande, on attendra qu'elle soit rallentie ; sans cette précaution, on courre risque de brûler les graines.

Quand on fait plusieurs couches proches l'une de l'autre, les sentiers qui les separent, doivent avoir un pied de large, afin que lorsqu'on voudra les réchauffer, on ait la facilité de mettre entre deux couches du fumier chaud, qui entretiendra le dégré de chaleur, & fera avancer le plan qu'elles contiendront.

CHAPITRE VIII.

Ce qu'on entend par Plantes Bulbeuses, & la maniere de les cultiver.

ON entend par Plantes Bulbeuses celles dont la racine est attachée à plusieurs enveloppes entassées l'une sur l'autre, telles sont les *Oignons*, les *Rocamboles*, l'*Echalotte*, l'*Ail*, &c. Elles se cultivent soigneusement dans les Jardins : voicy comment.

L'Oignon est une plante qui jette des feuilles longues d'un pied & davantage, étroites, se terminant en pointes, & de couleur verde ; la graine en est petite & noire. **Oignon.** Description.

L'Oignon se multiplie de graine, & se seme à plein champ sur une ou plusieurs planches dressées exprés, selon qu'on a besoin de ce plan. Il est bon que cette graine tombe à claires voyes ; & si malgré ces précautions les Oignons levent trop drus, on les éclaircira, crainte qu'ils ne viennent à s'étioler. Graine. Culture.

Il est dangereux que les méchantes herbes ne les incommodent, lorsqu'elles ont poussé, c'est pourquoy on a soin de les sarcler, & de leur donner de l'eau fort souvent. L'Oignon se seme au mois de Mars, & lorsqu'il a pris son accroissement parfait, ce qui se connoît lorsqu'ils sont hors de terre, & qu'on voit qu'ils veulent monter à graine, on en pile les montans avec les pieds, ou avec une batte de Jardinier, pour les en empécher, cela les arrête, & les fait grossir ensuite ; & lorsqu'on voit que la feüille est seche, & que les Oignons sont bien aoûtez, on les arrache entierement, recherchant jusqu'aux plus petits, avec le piochon ou la binette. On les laisse quelques jours sécher par monceaux sur le guéret, puis on les serre dans un endroit exempt de gelée & d'humidité.

Quand le tuyau des Oignons est gros comme une plume, on peut en arracher, si l'on veut, pour les replanter, ou les envoyer à la cuisine.

Pour la semence, on choisit les plus gros Oignons de ceux qu'on a garanti du froid dans la serre, & aprés l'hyver, on les plante à part dans le Jardin ; six bons Oignons suffisent pour se fournir de graine en abondance, à moins qu'on ne veüille en faire commerce.

Quand ces Oignons ont poussé leurs tiges, il est bon de les appuyer de quelques échalats, crainte que les vents ne les renversent, à cause de leur tête chargée de semence. La graine étant múre, ce qui se connoît, lorsque ses capsules s'ouvrent, on arrache l'Oignon, & aprés en avoir coupé le tuyau, on en met sécher la tête penduë à un plancher pour en tirer ensuite la graine.

Il y a tant de tromperie à acheter de la graine d'Oignons, qu'il est bon toûjours d'en faire provision soy-même ; & pour connoître si elle est bonne, on en prend une pincée qu'on met dans une écuelle ou autre utencile plein d'eau, on l'y laisse infuser sur la cendre chaude ; cette graine poussera son germe en peu de temps, si elle est bonne ; sinon, il la faudra jetter.

La Ciboule. Description. La Ciboule pousse de sa racine plusieurs montans de couleur blanche, enveloppée dans une tunique déliée, & de couleur jaunâtre. Cette plante a ses feüilles droites en maniere de tuyau en pyramides, & d'un beau verd.

Graine. La graine en est petite & noire ; & quand on veut la recüeillir, il faut de celles qui se sont échapées des gelées, en réserver quelques pieds qui montent, & qui donnent leur graine en maturité au mois d'Août.

Culture. Les Ciboules viennent de semence, on en seme presque toute l'année, excepté pendant le grand froid ; cela se fait sur planche, & au cas qu'elles lévent trop druës, on les éclaircit pour les laisser fortifier.

On les replante de *cuisses* qu'on met quatre ou cinq ensemble pour en faire une touffe ; il faut éloigner ces plans de quatre pouces sur des alignemens tirez au cordeau ; cette plante veut qu'on la mette dans une terre bien labourée, on les sarcle, & on leur donne de petits labours de temps en temps.

On peut les laisser en planches tant d'années qu'on voudra, elles grossiront toujours, & feront des touffes à l'aide des cayeux qu'ils jettent en abondance ; il est bon néanmoins de trois ans en trois ans de planter les Ciboules, elles en profitent mieux.

L'Ail. L'Ail jette des feüilles longues & differentes de celles de l'Oignon, en ce qu'elles ne sont pas si larges, ny d'un verd si brun.

Cette plante se multiplie de gousses & de cayeux, qu'on met sur planche ou en bordure seulement sur une platte-bande à quatre doigts éloignez l'un de l'autre. Le temps de les planter est le mois de Février : on en nouë les montans à la fin de Juin, & on léve l'Ail à la Magdelaine ; il veut une terre préparée comme pour les Ciboules. Defcription.

Les Echalottes fe multiplient, & fe cultivent comme l'Ail ; on les laiffe un peu aérer, quand elles font arrachées, puis on les ferre en un endroit qui n'eft point humide. Les Echalottes.

Les Rocamboles fe cultivent de même, au lieu que dans les plantes précedentes ; on fe fert de la gouffe en cuifine ; on employe la graine à l'égard de la Rocambole. Les Rocamboles.

Le Poireau eft une plante dont la bulbe, qui eft cette partie qu'on met en terre, eft blanche, longue de quatre ou cinq doigts, groffe d'un pouce ou de deux, & compofée de plufieurs enveloppes blanches, luifantes, & toutes mifes l'une fur l'autre, les feüilles du Poireau font longues d'un pied, affez larges, plattes & concaves, d'un verd quelquefois pâle & quelquefois foncé, elles fe terminent en pointes ; fa graine eft petite & noire. Les Poireaux. Defcription.

Les Poireaux fe multiplient de femence, comme les Ciboules, & fe tranfplantent fur planche fur des alignemens tirez au cordeau : on les plante au plantoir, qu'on enfonce le plus avant qu'il eft poffible, afin qu'ils ayent plus de blanc, & on obfervera pour cela de ne point remplir tout d'un coup les rayons. Graine. Culture.

Aprés qu'ils font repris, on les laboure avec le Piochon ou la Binette ; ce labour donné à propos leur aide merveilleufement à prendre une belle croiffance ; il faut être foigneux de les farcler de temps en temps, & de les arrofer de même, ils demandent une terre bien ameublie & beaucoup fumée.

Il y en a pour leur faire acquerir beaucoup de blanc, lorfqu'ils ont pris tout-à-fait leur accroiffement, qui les couchent dans leur rayon les uns fur les autres, & qui ne leur laiffent fortir que l'extremité des feüilles ; c'eft le fecret de faire blanchir tout ce qui eft en terre.

Lorfqu'on en veut recüeillir la graine, on retire des plus beaux & des plus longs qu'on replante au printemps. Quand ils font montez, on leur donne des appuis pour foutenir leur tige contre la violence des vents ; cette graine étant mûre, on la ferre foigneufement.

CHAPITRE IX.

La Culture des Légumes.

NOus voicy enfin aux Légumes, dont la culture n'eft pas moins néceffaire à un Jardinier, que celle de toutes les autres plantes dont nous avons parlé. Les Légumes font d'une grande utilité dans une maifon de campagne, ils y fervent d'un bon aliment, tant pour le Domeftique que pour les Maîtres, commençons là deffus à entrer en matiere.

Il y a les groffes Féves, appellées à Paris *Féves de Marais*, elles pouffent des tiges hautes d'environ trois pieds, chargées de feuilles oblongues & rondes, fe terminant en pointes ; ces pieds produifent des gouffes, qui font longues, renfermant quatre ou cinq groffes Féves applaties. Les Féves. Defcription.

Culture. Il y en a qui sement les Féves dés l'Avent, pour en avoir dés premieres; d'autres qui retardent jusqu'au mois de Février, & d'autres qui attendent qu'il n'y ait plus rien à craindre du côté des gelées: de ces trois méthodes; la derniere est la plus sûre.

Les Féves demandent une bonne terre, bien amandée, & bien meuble, avant que de les semer. On choisit pour cela celles qui sont les mieux conditionnées; on les met tremper un jour dans l'eau, afin d'en avancer la végétation.

Il faut les semer en rayons profonds de deux bons doigts, & les mettre environ à un demy-pied l'une de l'autre. Quand il y a trois ou quatre de ces rayons de semez, on laisse un sentier entre quatre autres pour avoir la liberté de les sarcler, & de les cerfoüir dans le besoin.

D'autres pour plus grande propreté sement les Féves sur planches dans des rayons, & dans de petits trous faits avec le doit; cela dépend au reste de la fantaisie.

Il faut soigner à mesure que les Féves croissent, d'en bannir les méchantes herbes, & de les cerfoüir; étant crües, si on remarque que les puçons en endommagent la tige, on la leur rogne, & par cette opération, on emporte l'insecte avec le plus tendre jet, & l'on arrête les Féves, qui ne coulent point aprés cela.

L'ordinaire des Jardiniers est d'en destiner quelques planches pour manger en verd, sans en cüeillir les gousses; & quand ils ont entierement dépoüillé quelques pieds, ils en coupent le montant prés de terre, afin qu'ils poussent de nouveaux jets, qui donnent leurs fruits dans l'arriere saison.

Les Féves qu'on destine pour garder & pour servir de semence, doivent rester sur pied jusqu'à ce qu'elles soient séches, & que les gousses & la tige soient toutes noires; il faut aprés cela les arracher pendant la plus grande chaleur du jour, cela fait, on les égraine, puis on les serre.

On prétend que le chaume des Féves mis pourrir avec les autres fumiers, en augmente de beaucoup les sels. Il y en a, qui pour améliorer la terre de leur jardin, y sement des Féves, & qui lorsqu'elles sont en fleur, sans songer à la perte qu'il peut y avoir, labourent le tout ensemble.

Les Haricots. On les appelle en des pays *Féverolles*, ou *Pois de Rome*, ou *Pois Taupins*; il y en a de plusieurs espéces, de blancs, de noirs, de gris blancs & de rouges.

Culture. On seme les Haricots ordinaires sur planches, comme les Féves; on en destine quelques-unes pour manger en verd, laissant les autres pour sécher, & pour serrer. Quand on en fait la récolte en verd, il faut prendre garde de ne point rompre la tige, afin qu'elle en produise jusqu'à ce qu'elle seche sur pied: il est bon de les ramer, afin que ne rampant point par terre, les pieds rapportent davantage de fruit.

Il y a de petits Haricots qui croissent bas de tige, & ausquels il n'est pas besoin de donner des appuis: ils grainent beaucoup, on en seme à plein champ dans une terre bien labourée; on soigne de bien recouvrir la semence, & huit ou dix jours aprés que les Haricots sont levez, il est bon de les gratter un peu, & les laisser aprés croître à l'avanture.

Les *Haricots rouges* se sement le long de quelque mur par curiosité seulement

ment; on les fait monter le long des treillages, qui leur servent d'appuy; toutes Féves de cette sorte aiment les terres sabloneuses; le temps est la fin du mois d'Avril: on les seme comme les Féves ordinaires.

Les Pois.

Nous en avons de plusieurs sortes dans le Jardinage, sçavoir les *hativeaux*, les *Pois précoces*, *les gros blancs* & les *verds*, les Pois sans parchemin de deux sortes, les *chiches* & les pois de tous les mois.

Culture.

On seme les Pois sur planche, en faisant quatre ou cinq rayons sur chacune, selon que le demande l'espece des pois qu'on veut semer: on les seme aussi à plein champ.

Les hativeaux se sement dés l'Avent, le long d'une platte-bande, à l'abry de quelque mur exposé au Midy, ou sur quelque ados à la même exposition. Ils demandent une terre bien labourée, & couverte de prés de deux bons doigts de terreau; il faut être soigneux pendant l'hyver de les couvrir de grand fumier sec, ou de grande paille.

On peut encore semer ces pois au commencement de Février, si le temps le permet, de la même maniere qu'on l'a dit; la terre sabloneuse ou legere, est celle naturellement où les pois viennent le mieux, & le plus promptement, s'ils sont semez sur quelque côteau naturel à l'aspect du Midy, ils croissent encore trés-bien: il est bon de ramer les pois, si l'on veut qu'ils ne rampent point; cela empêche une bonne partie de se gâter.

Quant aux pois qu'on seme à plein champ sur le guéret frais labouré, ou ceux qu'on seme sous raye à la Charruë, ils sont du ressort du Laboureur.

Tous pois de la grande espece, tels que sont les *blancs*, les *verds*, les *Pois sans parchemin*, appellez par quelques-uns, *Pois goulus*, parce qu'on en mange tout, & les *chiches* veulent être semez sur planches, & en rayons, quatre rangées sur chaque planche pour avoir plus de facilité à les ramer. On fait bien du cas des *Pois de Hollande* par leur délicatesse. Ils chargent extrémement, jettant des rameaux à chaque nœud.

Pour tous les autres pois qu'on seme à la Charruë, il n'est pas besoin icy d'en donner d'instruction. Il n'y a point de Laboureur qui n'en sache l'art.

A l'égard des *Pois de tous les mois*, parce qu'ils fleurissent continuellement il faut les semer à l'abry du mauvais vent en quelque endroit du Jardin, pour en avoir de bonne heure; on les cultive comme les hativeaux, excepté qu'on en couppe proprement les cosses, lorsqu'elles sont verdes, sans y en laisser sécher aucun. Ces pois ont besoin qu'on les arrose de temps en temps, principalement durant le mois d'Août, & qu'on les ombrage avec des paillassons durant les grandes chaleurs; cela les empêche de se passer sitôt, & produisent ainsi quantité de pois tous les mois.

Les Lentilles.

Elles se sement dans le même temps que les pois sur guéret fraîchement labouré, & auquel on aura donné un premier labour avant l'hyver, elles en viennent plus belles, la terre sabloneuse ou légere est celle qui leur convient le mieux; ce légume n'étant guéres du ressort d'un Jardinier, nous en laisserons la culture aux Laboureurs qui savent nous en fournir à foison.

CHAPITRE X.

Des Fruits qu'on tire des Plantes potageres, & de tout ce qu'il y a à considerer dans leur culture.

APrés avoir traité de bien des Plantes potageres, nous voicy aux Fruits que d'autres produisent; ces Fruits exigent de nous bien des soins. Il y a les *Melons*, les *Concombres*, les *Citroüilles*, sous le genre desquelles sont comprises les *Potirons*, *Bonnets de prêtre*, *Trompettes d'Allemagne*, *Courges*, & autres semblables; les *Champignons* seront aussi compris dans ce Chapitre.

Les Melons. Culture. Ce n'est que vers le quinze ou le vingt du mois de Février, qu'on seme les premiers Melons sur des couches faites exprés, & de la maniere qu'on l'a dit; il faut que la graine de Melon trempe vingt-quatre heures, avant que d'être mise en terre, on fait choix de la meilleure, & de la mieux nourrie.

Pour semer cette graine avec méthode, on fait de petits trous sur le terreau avec le doigt, profonds environ d'un bon pouce, & distans l'un de l'autre de trois à quatre; chaque trou contiendra deux au trois semences, sauf a en éclaircir le plan au cas qu'elles lévent toutes.

On couvre premierement ces graines de bonnes cloches de verre avec des paillassons pardessus pendant les frimats qui sont dangereux à les morfondre, quand on les y laisse exposées. On appuye ces paillassons sur des traverses de bois, de la grosseur d'un échalas, lesquelles sont soutenuës avec des fourchettes fichées en terre au bord de la couche.

On laisse environ quatre pouces d'espace entre les paillassons à la couche; & en cas qu'il survienne quelque gelée, neiges ou autres frimats, il faudra couvrir tout l'espace qui est entre la couche & les paillassons avec du grand fumier chaud jusqu'à ce que le mauvais temps soit passé.

Si la graine par mégard a trouvé la couche trop-chaude, & qu'elle ne soit pas levée en peu de temps; on en seme d'autre, soignant de réchauffer la couche par les côtez avec du fumier de Cheval tiré nouvellement de l'écurie.

Quand les Melons sont levez, on leur laisse croître jusqu'à quatre ou cinq feüilles, puis on les replante sur d'autres couches construites comme les précédentes; & pour cela on fait des trous au milieu de ces couches, distant de quatre pieds l'un de l'autre, & on y plante les Melons levez en motte avec la houlette de Jardinier.

Le soir à soleil couché & aprés, est le vray temps de planter le jeunes Melons; il faut choisir un beau jour, le plan en profite mieux, & sitôt qu'ils sont plantez, on les couvre de jour avec des cloches de paille, crainte que le soleil ne leur fasse point pancher la tête; on les arrose sitôt qu'ils ont été transplantez, afin qu'ils reprennent plus vîte.

Quand les Melons sont repris, on les couvre de cloches de verre qu'on y laisse, jusqu'à ce que le fruit soit déja gros, & autant de temps que chaque pied de Melon peut être contenu sous la cloche, laissant toûjours un peu d'air entre la cloche & la couche, crainte que ces plans n'étouffent.

Depuis les dix heures du matin jusqu'à quatre aprés midy, il est bon de lever les cloches de dessus les Melons pour les fortifier contre le mauvais temps, en cas qu'ils soient déja forts, mais il faut les recouvrir sur le soir.

Lorsqu'on voit que le plan languit & ne profite pas bien, on l'arrose avec de l'eau où l'on aura fait infuser de la fiente de Pigeon; les Maraîchers ne font point tant de façon à leurs Melons, ils les arrosent avec l'Arrosoir, & de l'eau qu'ils tirent fraîchement du puits; cependant combien ces gens-là en débitent-ils?

A mesure que les Melons prennent des forces, on prend soin d'en châtrer les principaux jets, & lorsqu'il y a trois ou quatre Melons noüez sur chaque jet, on arrête la trainasse à un nœud au dessus de celuy où est le fruit.

Il est important de bien étendre sur la couche de côté & d'autre les jets des plans, afin de donner plus d'air aux jeunes Melons. Quand ils sont gros comme le poing, on cesse de les arroser, si ce n'est dans une excessive secheresse que les feüilles se fannent & jaunissent; en ce cas un peu d'eau à chaque pied languissant ne peut que les raviver.

Quelquefois le Melon en mûrissant contracte un goût du terreau, sur lequel il est posé, ce qui le rend désagreable; mais pour éviter cela, on met des tuileaux sous ces fruits, il en meurit aussi plus volontiers; quoique neanmoins, sans ce secours, on ne laisse pas de voir des Melons parvenir à une maturité parfaite, & ne contracter aucun mauvais goût.

Tout petit jet inutile doit être rogné, si ce n'est que le fruit soit trop découvert, & qu'il ait besoin de quelque feüille qui l'ombrage pour favoriser son accroissement.

Comment connoître la maturité d'un Melon.

UN Melon est bon à cüeillir quand sa queuë semble vouloir s'en détacher: s'il jaunit en dessous, c'en est encore une marque, ainsi que lorsque le petit jet, qui est au nœud se détache, & lorsque le fleurant, on y trouve de l'odeur.

Les Melons brodez sont ordinairement douze ou quinze jours à se façonner, avant que d'être mûrs; les autres jaunissent quelques jours auparavant que de les cüeillir.

Si c'est pour envoyer des Melons bien loing, on les cüeille dés qu'ils commencent à tourner. Ils s'achevent de mûrir en chemin. Si c'est pour manger promtement, il faut les cüeillir dans leur parfaite maturité, les mettant dans un seau d'eau fraîchement tirée du puits, & les laissant rafraîchir comme on fait le vin, le goût se perfectionne par ce moyen.

On doit s'assujettir à visiter la Meloniere au moins quatre fois le jour au temps de la maturité des Melons, autrement il arrive qu'il y en a qui tournent trop, & qui perdent par là de leur relief, étant trop molasses & aqueux.

Choix des Melons.

Pour choisir un bon Melon, il faut qu'il ne soit ni trop verd ni trop mûr, qu'il soit bien nourri; qu'il ait la queuë grosse & courte, & qu'il pese à la main, qu'il soit ferme en le pressant & non molasse, sec & vermeil par dedans, & qu'il sente comme un goût de goderon quand on le porte au nez.

Les Concombres.

Les Concombres se sement comme les Melons, on les transplante de la même maniere: on en plante en pleine terre dans le mois de May. Ils veulent être beaucoup arrosez pour donner beaucoup de fruits; on couppe les jets superflus, & ceux qui n'ont que des fausses fleurs.

Ils ne veulent pas qu'on les dégarnisse de feüilles tant que les Melons; cet ombre contribuë à faire grossir leur fruit en peu de temps: on seme aussi les Concombres dans des trous remplis de terreau; mais ces Concombres viennent des derniers, & on ne les seme que vers la fin d'Avril.

On ne cüeille les Concombres qu'à mesure qu'on en a besoin, parce qu'ils grossissent toûjours. Le véritable temps de les manger bons, est auparavant qu'ils commencent à jaunir; car aprés ils ne font que durcir.

Les citroüilles.

Les Citroüilles se multiplient de graine, & se sement dans des trous remplis de terreau, au même temps que les Concombres. On les met en un endroit de jardin fort spacieux, à cause qu'elles étendent leurs bras fort au loin: il faut les tailler comme les Melons, & ne leur ôter que les petits bras, laissant courir le maître jet sans l'arrêter; dautant que c'est luy qui produit le plus beau fruit. On en conduit proprement les jets sur terre, laissant des sentiers pour les cerfoüir dans le besoin, les sarcler & les arroser.

Les trous dans lesquels on les transplante, doivent avoir deux toises de distance entre eux; les Citroüilles se cüeillent lorsqu'elles sont bien aoûtées, c'est à dire, dans leur maturité. On en mange dés le mois d'Août, & on peut les laisser sur pied, sans les cüeillir, jusqu'à ce que les premieres fraîcheurs se fassent sentir. C'est ordinairement le matin que cela se pratique, puis on les met par monceaux, exposées au soleil pour se décharger d'une humeur superfluë qui leur est préjudiciable, puis on les laisse aprés dans un endroit temperé, & sur des planches sans les toucher, parce qu'autrement elles se pourriroient; la gelée les fait aussi tomber en pourriture, si on n'y prend garde.

Les Potirons & autres fruits de cette sorte.

Les Potirons, Bonnets de Prêtre, Trompettes d'Allemagne, Courges & autres fruits semblables, se cultivent de même que les Citroüilles, excepté qu'il y en a parmi eux qui veulent des appuis comme des pois; mais on juge bien qu'ils doivent être plus forts, à cause de la pesanteur du fruit des premiers.

Graine.

La graine de Citroüille se ramasse à mesure qu'on mange les fruits, on la laisse sécher à l'air; puis on la serre où les rats ne puissent point l'endommager; il faut en faire la même chose à l'égard des graines de Melons & de Concombres.

CHAPITRE XI.

Des Herbes odoriferantes propres à faire des bordures de Jardin.

LE Thim se multiplie de semence, & se replante de plan enraciné, éclaté de touffes; il se plante au Plantoir en bordure; ainsi qu'on fait le Buis; on se sert aussi de Thim en cuisine. Le Thim. culture.

La Sariette est une plante qui se seme tous les ans; c'est pourquoy il faut soigner d'en recüeillir de la graine, elle vient aussi de plan enraciné. La Sariette. Culture.

Il y en a de deux sortes; la Marjolaine franche, & celle d'hyver; la premiere est fort susceptible de gelée, & la moins estimée; on la seme tous les ans; & pour cela, on en leve quelques pieds en motte pour la conserver dans la serre, afin qu'elle graine de bonne heure. Celle d'hyver se multiplie de rejettons en racinez: on en fait des bordures tirées au cordeau: elle se plante en rigole. La Marjolaine.

On compte de deux sortes de Sauge, *la commune* & la *panachée;* elles se multiplient toutes deux de plans éclatez de souches, avec racine; elles viennent aussi de bouture: on s'en sert pour faire des bordures dans des Potagers, & elles veulent être renoüvellées tous les trois ans. La Sauge. Culture.

Cet arbrisseau vient de bouture & de plan enraciné, éclaté de souche. Les jeunes Romarins qui viennent d'eux-mêmes par le secours de la graine qui tombe, peuvent se transplanter en motte, lorsqu'ils ne commencent encore qu'à sortir de terre; ils profitent en peu de temps, pourvû qu'on les arrose dans le besoin. Le Romarin. Culture.

Le Fenoüil se multiplie de semence, & se gouverne avec beaucoup de soin. On s'en sert pour fourniture de salades, & l'on prend pour cela les jets les plus tendres. Le Fenoüil. Culture.

L'Absinte se perpetuë de plan enraciné, & de semence; on la plante en Novembre, Février ou Mars; en quelque endroit de jardin qu'on souhaite: on la plante en bordure: cette plante est bonne à bien des choses dont nous parlerons dans la suite. L'Absinte. Culture.

Le Basilic vient de graine, on le seme au printemps sur couche; il y en a de deux sortes; *le Basilic de la grande espece*, c'est celuy qu'on cultive dans les Potagers, l'autre qui est plus petit, se transplante en pots; l'odeur de ces deux Basilics est fort agréable, & l'on se sert du premier en cuisine, lorsque la feüille en est séche. Voilà nôtre Potager garny de plantes qui luy conviennent; reste à present à le remplir d'arbres fruitiers. Mais pour suivre en cela l'ordre de la nature, nous commencerons par les Pépinieres, comme par les endroits où ils prennent d'abord naissance. Le Basilic.

CHAPITRE XII.

LA PEPINIERE.

Ce que c'est; ce qu'on doit y observer pour faire que les Arbres y croissent heureusement, à commencer par la semence.

ON appelle Pépiniere un espace de terre plus ou moins grand & planté de sauvageons, ou d'autres sujets destinez pour être greffez; c'est proprement parlant encore un séminaire où l'on éleve des arbres pour garnir toutes sortes de jardins, d'où vient aussi que les Latins l'appellent *Seminarium*, *à semendo*, parce qu'on y seme des arbres.

Observations pour faire une bonne Pépiniere.

Quand on veut qu'une Pépiniere réüssisse heureusement, il faut en bien choisir la terre. C'est à dire, qu'elle soit bonne, bien meuble & bien amandée; il y en a pour cela qui la font foüiller; c'est la meilleure maxime, nous avons dit cy-devant ce que c'étoit que foüiller une terre.

Quelques-uns prétendent que le Levant est la meilleure exposition dont une pépiniere puisse joüir; mais on en a vû au Midy qui réüssissoient tres-bien; ainsi on ne se fera là-dessus aucun scrupule. Il faut seulement prendre garde à ne point placer une Pépiniere dans un endroit trop ombragé; car les plans n'y croissent que floüets, à cause qu'ils sont privez du soleil, qui donne l'accroissement parfait aux plantes.

Ce n'est pas qu'il y a des terres, qui sans être foüillées, ne laissent pas en nature de Pépiniere, de donner de tres-beaux plans d'arbres, particulierement, lorsque les labours n'y manquent point.

Pépiniere de semence.

LA semence, comme on sçait, est le principe des végétaux, & une partie dans laquelle est renfermée une multiplication des especes à l'infini. Dés qu'elle est jettée dans la terre, les sucs qui sont proportionnez à la tissure commencent à la pénétrer, & à la dilater; la racine est la partie de la plante, dont l'accroissement se manifeste le plûtôt, lequel tend en bas d'abord; puis se courbant en croissant en forme de crochet jusqu'à ce que cette partie soit entrée dans la terre, la radicule remonte en haut par le moyen des sucs, qui augmentant de plus en plus la force végétative, la détermine à cette sublimation.

Semences propres aux Pépinieres.

Les semences dont on se sert plus ordinairement à l'égard des Pépinieres, sont les *Pepins de pomme*, de *Coins*, & de *Poires*, qui croissent fort heureusement quand ils sont semez selon les régles du Jardinage; il y a des endroits où l'on éleve beaucoup de ces plans, qu'on vend aprés pour en garnir des Pépinieres. Tous les Jardiniers ne sont pas au fait de ces sortes de travaux, & même ceux qui dressent des Pépinieres en forme, ne s'y amusent guéres; il vaut mieux qu'ils achetent ces petits plans tout venus.

Culture.

Ceux qui font ce commerce est dressent des planches entieres, de quatre pieds de large, sur lesquelles ils tirent au cordeau six petits rayons éloignez également l'un de l'autre, profond seulement d'un pouce, & dans lesquels ils jettent ces Pépins qu'ils recouvrent incontinent de terre à l'aide du Rateau.

L'automne ou le printemps sont les deux saisons qu'on choisit pour ce travail, & pour éviter que les semences qui ont été semées dans la premiere saison, ne soient endommagées par les froids, on couvre les planches de grand fumier sec, ou simplement de grande paille.

Il faut prendre garde en semant les pepins, qu'ils ne tombent point trop drus; & si quelque précaution qu'on ait prise, le plan se voit trop épais, il faudroit l'éclaircir, autrement il ne croîtroit que tout étiolé.

Et pour faire en sorte que ces jeunes plans prennent un bel accroissement, on leur donne entre eux trois pouces de distance; il n'y a plus aprés cela qu'à les sarcler, & leur donner de temps en temps quelques arrosemens, principalement pendant les grandes chaleurs.

CHAPITRE XIII.

Pépiniere de Noyaux, de Plans enracinez, & de Bouture.

ON compte de cinq sortes de Noyaux dont on peut ensemencer une Pépiniere pour en tirer du plan. Nous avons les Noyaux de Pêches, ceux d'Abricots, de Prunes, d'Amandes & de Cerises. Ce n'est pas qu'aujourd'huy on s'arrête beaucoup à suivre cette voye pour élever des fruits à noyau, il n'y a presque plus que les Amandes qu'on met en usage pour cela, parce que, comme nous le dirons dans la suite; il y a d'autres sujets plus prompts que ceux-là, & qui sont plus à portée de tout le monde.

Des Amandes. Leur culture.

POur semer les Amandes de maniere qu'elles germent bien-tôt, on les met dés le mois de Novembre dans des pots ou dans des manequins pleins de terre de jardin, ou de sable simplement. Ces Amandes y doivent être arrangées par lits, & de la terre alternativement par dessus.

Aprés qu'elles sont ainsi accommodées, on les porte dans un lieu chaud, & là étant hors de l'insulte des gelées, ce qu'il y a de plus raréfié de la matiere qui compose le suc des plantes, est poussé dans les pores les plus intimes de la substance de l'amande, les remplit & les dilate, & pour lors cette amande reçoit sa nourriture & son accroissement; de telle sorte qu'à la nouvelle saison, elle pousse une tige & des branches fort belles.

Les amandes restent dans les pots ou dans les manequins jusqu'aprés l'hyver, d'où on les tire dés le mois de Février, s'il est moderé, pour les transplanter aprés en pépinieres, & dans des endroits à demeurer, pour y être greffées sur les jets de la premiere année. On transplante ces jeunes Amandiers dans des trous profonds de quatre pouces, & éloignez l'un de l'autre d'un pied : si c'est en pépiniere qu'on place ces plans, on les mettra dans de petits rayons, espacez de deux pieds, afin de pouvoir passer entre les rangées pour y apporter les soins qui leur conviennent.

Il arrivera quelquefois que les amandes qu'on a ainsi mises en pots, ou en manequins, jettent de si longues racines, qu'on est obligé d'en rogner avant que de les replanter.

Nous avons déja dit qu'on ne semoit guéres de noyaux de pêches pour servir de sujets aux Pepinieres; ainsi on ne s'y amusera pas, si l'on ne veut élever des Pêches de noyau, encore n'y a-t-il que la Pêche de Pau, la Persique, & les Pêches violettes qui y réüssissent sans dégénérer.

Lorsque les jeunes Amandiers sont crûs comme il faut, on soigne de les sarcler, parce que les mauvaises herbes leur nuisent; il est bon de leur donner quelquefois de légers labours, cela augmente beaucoup en eux la force végétative.

Lorsqu'on n'a rien oublié de ce qui regarde la culture des jeunes Amandiers, & qu'enfin ils ont jetté la premiere année une belle tige; on les greffe dés le mois d'Août qui suit. Les Amandiers ne veulent pas une terre trop légere, parce qu'il y durent trop peu de temps.

Noyaux d'Abricots. A l'égard des Noyaux d'Abricots, on n'en seme guéres aussi, parce qu'on aime mieux les gréffer sur Prunier, ou sur Amandier.

Les Pruniers qu'on éleve de Noyaux sont bien plus longs à venir que les autres fruits à Noyau, puisque dés le mois d'Août suivant il faut greffer ceux cy, au lieu que sur ceux là on ne sçauroit faire cette opération que quelques années aprés.

Noyaux de Pruniers. Il n'y a que le Damas noir qui vient bien de Noyau, toutes les autres especes de Prunes qui méritent avoir place dans nos Jardins, croissent beaucoup mieux, & deviennent bien plus belles, lorsqu'elles sont greffées.

Noyaux de Cerises. Pour les Cerisiers, ils croissent assez bien de Noyau; mais le meilleur est de les écussonner.

Pépinieres de Plan enraciné.

LEs Plans enracinez s'entendent de ceux qui ont des racines, soit qu'ils aient été éclatez de souches, soit qu'ils soient venus de grain; les plans enracinez, dont on se sert ordinairement pour remplir les Pépinieres, sont les *Francs* ou *Sauvageons* venus de pepins, les *Coignassiers* tirez de souches, ou élevez de semence, les *Sauvageons de bois*, & les *Plans venus* de Noyau, qui ont racines.

Les Coignassiers sont de deux especes, l'une appellée en effet *Coignassier*, & l'autre *Coignier*; celuy-cy est le pommier Coin, & l'autre le Poirier, c'est à dire, que le suc qui monte du Coignier, a des rapports de convenance à la tissure des fibres de la greffe de Pommier qu'on y applique, & le Coignassier à celle du Poirier, de maniere que si on confondoit les greffes avec les sujets, ils ne produiroient rien qui vaille.

Difference du Coignassier & du Coignier. Le Coigner se distingue du Coignassier, en ce que son écorce est plus grise, tirant sur le blanc, & plus lice, ses branches plus partagées & plus fourchuës, ses feüilles plus petites, les fruits plus pierreux & moins gros. Le Coignassier

Coignaſſier donne des branches plus droites ; il a l'écorce noire & velue, les feüilles bien plus larges ; le fruit plus gros & moins pierreux.

L'on n'employe donc le Coignier que pour greffer des Pommiers, & le Coignaſſier pour les Poiriers. Il y a encore le *Coignaſſier de Portugal*, qui donne de tres-belles productions, & fait juger par ces marques qu'il ſeroit à ſouhaiter qu'on n'en employât point d'autres dans les Pépinieres.

Nous tirons encore des boutures de deſſus de gros pieds qu'on appelle *meres Coignaſſes*, parce qu'elles produiſent quantité de petites branches qui ſont comme leurs enfans : voicy comment cela ſe pratique. Boutures de Coignaſſier.

On prend de gros pieds de Coignaſſiers bien choiſis, qu'on plante à quatre pieds l'un de l'autre vers la ſaint Martin, ou bien au printemps, obſervant de les couper à un pouce au deſſus de terre ; on leur laiſſe pouſſer ainſi de petites branches juſqu'à la hauteur d'un pied & demi, qu'on butte aprés d'un bon pied de terre pour leur faire prendre racines.

Ces branches ainſi buttées pouſſent de petites racines l'année ſuivante qu'on les a ainſi préparées, puis on les découvre au mois de Novembre pour voir ſi elles ont pris racines, comme elles l'ont dû. Si cela eſt, on les couppe de deſſus le pied pour les mettre en pépiniere ; puis on recouvre le tronc de terre pour les laiſſer ainſi paſſer l'hyver.

Le mois de Mars étant venu, on découvre ces meres Coignaſſes pour leur donner jour à jetter de nouvelles branches, qui lorſqu'elles ſont cruës à la hauteur d'un pied & demy, ſont coupées, comme on l'a dit.

On tire encore des boutures de Coignaſſier d'une autre maniere ; il eſt vray qu'elle n'eſt pas ſi ſûre, mais elle ne laiſſe pas ſouvent que d'en fournir aſſez ; & pour cela, Autres Boutures de Coignaſſier.

On choiſit ſur des Coignaſſiers des branches groſſes environ comme le petit doigt, & longues ſeulement de quinze à dix-huit pouces : ce choix fait, on prend ces branches aux deux bouts deſquelles on fait une entaille en pied de biche, pour les planter aprés dans des rigoles faites exprés.

On les y poſe en les courbant de maniere, que ces boutures ne ſortent au-deſſus de terre que d'un demy pied, puis on les couvre de terre ; ces boutures ſont placées ordinairement à un pied & demi l'un de l'autre.

On peut encore, ſans qu'il ſoit beſoin de faire des rigoles, prendre ces petites branches de Coignaſſier, taillées comme on a dit ; on les fiche en terre un bon pied avant, le long d'un cordeau qu'on tend exprés, & à la diſtance qu'on a dite, aprés cela ces boutures prennent tres-bien racines.

C'eſt au mois de Novembre ou de Décembre qu'on fait ce plan ; on choiſit pour cela de beaux jours : on peut attendre néanmoins juſqu'au mois de Mars dans les terres humides.

Des Sauvageons élevez de Pepin, autrement dits Francs.

On remplit encore les Pépinieres de Francs, qui ſont des petits arbres qui ſont venus des Pépins qu'on a ſemez. Il y a des pays où l'on en fait commerce, & d'où ceux mêmes qui ont de grandes Pépinieres, les tirent pour s'en garnir ; on plante ces Francs dans une terre bien meuble, ſur des alignemens tirez au cordeau, & cela diſtants de deux pieds & demi, pour laiſser un passage libre entre ces plants & ceux qui prennent soin de les gouverner.

Plants de Pommiers.

Quant aux plans de Pommiers dont on se sert pour garnir les Pépinieres, ils sont avec racines, ou boutures simplement; celles-cy se tirent seulement de dessus les Pommiers de Paradis, ou d'une autre espece qu'on appelle doucins: il n'y a que ces deux sortes de Pommiers qui ayent les dispositions de prendre ainsi racines.

Quand c'est du doucin qu'on prend pour boutures, il faut soigner de l'ébourgeonner en pied, car cet arbre a tant de séve, & les fibres du bois si disposées à s'étendre en branches, que si on n'ôtoit ces bourgeons, cette séve se consommeroit la plûpart dans ces parties où il n'est pas besoin qu'elle agisse. Le doucin est fort séveux, & celuy qui d'entre les Pommiers est le plus propre à élever des arbres de tige, au lieu que celuy de Paradis ne convient qu'à avoir des arbres nains; ces boutures se gouvernent au reste comme celles de Coignassiers.

Plants enracinez de Pommiers.

Les plants enracinez de Pommiers, & qui sont venus de Pepin, se plantent comme les Francs. Pour les Poiriers, consultez l'article.

CHAPITRE XIV.

Où l'on montre qu'il y a des sujets plus disposez à recevoir heureusement certaines greffes que d'autres, & qu'il y a des greffes qui ont plus de rapport à des sujets qu'à d'autres.

IL est constant qu'outre les relations particulieres qui se trouvent entre les terroirs, les températures des climats & des plantes; il y a encore des rapports de plante à plante; c'est à dire icy, qu'il y a des especes d'arbres dont la tissure & la fabrique ont beaucoup d'analogie avec d'autres, & dont par consequent les sucs qui les nourrissent ont beaucoup de rapports de convenance.

Il y en a au contraire dont les principes sont si opposez, qu'on ne peut les allier ensemble, & qui se suffoquent les uns les autres, quand ils viennent à se mettre en mouvement.

On trouve les raisons formelles de cecy dans les écoulemens qui se font de tous les mixtes. Premierement on doit concevoir en général, que la matiere subtile qui entraîne, & ravit par son mouvement dans tous les fibres d'un arbre, & dans tous les pores qui y sont, des sucs propres à les remplir, & à les dilater, en fait aussi sortir en même temps toutes les particules, qui par leur souplesse, ont pû échapper de leur tissure. Ensuite on conçoit que ces particules qui ont ainsi passé de la tissure des plantes, & qui proviennent de la division des corpuscules qui composent leurs sucs, peuvent s'insinuer dans une greffe appliquée à un sujet d'où ils montent, & s'associer avec les sucs qui la nourrissent, si l'on suppose que ce sujet ou sauvageon a des rapports de convenance avec la greffe qu'il porte; c'est à dire, si la fabrique en est à peu prés la même.

Si au contraire elle se trouve d'une tissure differente ; si sa constitution est moins forte, il arrive que les corpuscules qui émanent du sujet, n'étant point proportionnez à ses pores, ne peuvent non seulement les associer ensemble, mais qu'ils s'opposent même au mouvement des sucs qui circulent en eux, de maniere que ces sucs n'ayant aucune communication les uns avec les autres, la greffe périt sur le sauvageon. On peut comprendre par ce qu'on vient de dire, comment il y a des sujets plus disposez à recevoir heureusement certaines greffes que d'autres : faisons voir à present ce que nôtre experience là-dessus nous a appris.

Les Pruniers sauvageons viennent de semence ; mais la voye la plus courte est d'avoir recours à ces petits Pruniers enracinez, qu'on trouve au pied du Damas noir, & du saint Julien, étant d'ailleurs les sujets les plus propres à recevoir heureusement un écusson, soit de Pêches, soit d'Abricots. *Sujets propres à greffer des Pruniers.*

Outre les Pruniers de saint Julien & le Damas noir, il y a encore les Amandiers sur lesquels on peut les appliquer. Les Abricotiers réüssissent encore tres-bien sur ces sujets. *Sujets propres pour les Pêchers & les Abricotiers.*

A l'égard des Cerisiers, ils se greffent sur d'autres Cerisiers, quand on veut les avoir nains : mais il faut soigner d'éplucher à leurs pieds certains petits jets qui y croissent, & qui ne peuvent qu'être nuisibles au maître brin. Si l'on veut avoir des Cerises de tige, on les greffe sur les Merisiers comme sur des sujets où la sève monte en abondance. *Sujets propres pour les Cerisiers.*

On se sert des sauvageons de bois dans les Pépinieres, pour y greffer des Poiriers ou Pommiers à plein vent, chacun selon leur espece ; & pour cela, on les choisit d'un beau brin, sans nœuds, garnis suffisamment de racines, & de la grosseur d'un pouce. *Sauvageons de bois.*

Ces sauvageons se plantent en trous ou en rigoles, éloignez l'un de l'autre de deux pieds & demy, observant de ne les point mettre en terre plus avant qu'ils y étoient quand on les en a arrachez, & de leur laisser seulement un bon pied de tige.

Des Greffes plus propres à certains sujets que d'autres.

Les sauvageons de Pepin, autrement appellez *Francs*, s'accommodent tres-bien de l'écusson, quand on les destine pour en élever des arbres nains, au lieu que si on les envisage pour arbre de tige, on attend qu'ils soient assez gros pour souffrir la fente, puis on leur y applique. *Sauvageons de Pépins.*

La greffe en fente convient encore tres-bien aux sauvageons de bois, qu'on greffe ainsi en Pépiniere, lorsqu'ils y sont repris ; ces sujets donnent de belles tiges, quand on n'y a épargné aucuns soins. *Sauvageons de bois.*

Les Francs de Pommiers s'accommodent encore tres-bien de la greffe, & même ils n'en peuvent souffrir d'autres. Il faut l'écusson pour les Pommiers de Paradis & pour le doucin ; ce dernier se peut encore greffer en fente, parce qu'il abonde beaucoup en séve. *Francs de Pommiers.*

Les Coignassiers ne s'accommodent que de l'écusson à œil dormant & à la pousse, leur génie n'étant propre qu'à donner des arbres nains ; si on les greffoit en fente, ils seroient sujets à se décoler, ce qui rendroit le travail inutile. *Greffes pour les Coignassiers.*

Oeil dormant.

L'œil dormant est encore propre pour les Pêchers & les Abricotiers, soit que ce soit sur Amandier ou sur Prunier. Quand on veut avoir des Pruniers il faut aussi les écussonner sur d'autres Pruniers nains. Si l'on souhaite au contraire les avoir à plein, on les greffe en fente sur d'autres Pruniers dont les sujets soient assez forts pour supporter telle greffe. L'œil poussant est bon pour les Poiriers, dont les jets nouveaux ne craignent point la gelée.

Greffe propre à l'Abricotier.

L'Abricotier ayant les mêmes dispositions que le Pêcher à recevoir les sucs qui émanent de l'Amandier & du Prunier, on le greffe aussi sur ces sujets, & toûjours en écusson.

Cette greffe est encore propre pour le Cerisier qu'on veut avoir nain, au lieu, comme on l'a déja dit, que pour l'avoir à plein vent, la fente luy convient mieux.

CHAPITRE XV.

Qu'il ne suffit pas d'avoir sçû garnir de Plans les Pépinieres, qu'il faut encore les y sçavoir gouverner.

CE n'est pas assez d'avoir garni les Pépinieres de toutes sortes de plans qui leur conviennent, il est encore d'autres soins qu'elles exigent de nous, lorsqu'elles sont plantées, si l'on veut que ces plans y prennent un bel accroissement.

Ebourgeonnement.

Le mois de May n'est pas plûtôt venu, qu'il faut soigner d'ébourgeonner les Poiriers & les Pommiers jusqu'à deux yeux prés du haut de la tige, afin que la séve n'ayant à nourrir que peu de productions, elle les donne plus droites, plus unies & plus belles.

Les mauvaises herbes sont sujettes à faire avorter les plans dans les Pépinieres, si l'on ne soigne de les en débarasser. Il faut les labourer au commencement de Juin tout à uni; ce labour doit être profond d'un fer de bêche dans le milieu du rayon seulement, observant que plus on approche des sauvageons, moins il faut enfoncer le labour qu'on leur donne, crainte d'en endommager les racines; on ne fixe point les labours qu'il faut donner à ces plants; c'est la nature du terroir, & selon qu'il y croît plus ou moins de mauvaises herbes qui déterminent ce travail.

A mesure que ces plants croissent, on les émonde de ce qu'on juge leur pouvoir nuire. Si ce sont des Coignassiers, des Pruniers & des Merisiers qu'on gouverne, on ne doit leur laisser qu'une branche ou deux sur chaque pied, les émondant jusqu'à huit pouces de haut pour placer les écussons.

Quand émonder les Pépinieres.

On émonde les Pépinieres dans le mois de Mars de leur seconde année; on doit aussi gouverner le Pommier de Paradis de même que les arbres dont on vient de parler. Tous sujets propres à être greffez en fente, sont propres à souffrir cette opération la quatriéme année aprés qu'ils ont été plantez. Les Coignassiers destinez pour l'écusson, pouvant être greffez la seconde année qu'on les a plantez.

Et comme il n'y a point de terre qui ne s'épuise de sels à force de produire, on répare cette perte par le moyen des fumiers qu'on y applique, aprés qu'on a enlevé les arbres de la Pépiniere, pour en replanter de nouveaux, ces arbres y trouvent suffisamment dequoy se nourrir.

CHAPITRE XVI.

Des Greffes; du Choix qu'on en doit faire; de combien de sortes. Du temps & de la maniere de greffer, avec quelques Observations sur ce travail.

UNe Greffe proprement parlant, s'entend d'une petite branche d'arbre qu'on cüeille à l'extremité d'une grosse, pour l'insérer lorsqu'elle est taillée dans un sujet qu'on luy destine, & qui luy est propre. Ce que c'est que greffe.

C'est un point essentiel en fait de Jardinage de sçavoir bien choisir les Greffes; car c'est de là que dépend la fécondité plus ou moins avancée des arbres. Choix des greffes.

Les meilleures Greffes pour la fente sont celles qu'on tire du bout des plus fortes branches d'un arbre qui est dans son année de rapport: il est bon, selon quelques-uns, qu'il y ait du bois de deux séves; elles se cüeillent en Février ou en Mars, il n'importe en quel temps de la lune, cet astre ne pouvant servir d'aucune regle dans l'Agriculture. Temps de cüeillir.

On peut conserver les Greffes cüeillies, jusqu'à ce qu'on veüille les appliquer au sujet qu'on leur destine, en les enterrant à moitié dans quelque petit endroit un peu ombragé.

On ne compte que trois sortes de Greffes qui méritent être pratiquées à l'égard des arbres fruitiers, sçavoir, *la Greffe en fente*, *celle en couronne*, & *l'écusson*, qui se subdivise en *écusson à œil dormant*, & écusson à *œil poussant*. Combien de sortes de greffes.

La Greffe en fente ne convient qu'à de gros sujets, ou bien à ceux encore qui sont gros seulement comme le pouce à l'endroit où on la doit faire. C'est ordinairement aux mois de Janvier, Février & Mars qu'elle se fait. Greffe en fente.

Du Temps de greffer en fente.

POur greffer en fente, il faut avoir une Serpette, une Scie, deux coins de fer, ou d'un bois dur; l'un petit pour les jeunes arbres, un Maillet de bois ou de buis, de la terre franche paîtrie & mêlée avec du foin, de l'Osier fendu, afin de lier le sauvageon, lorsque la Greffe sera dans la fente, & ensuite faire une poupée à chaque arbre greffé.

Lorsqu'on veut greffer en fente, il faut commencer par scier le sauvageon à la hauteur de six pouces au dessus de la terre, à l'endroit où l'écorce est la plus unie. Si ce sauvageon ne peut servir que pour une greffe, on fera l'entaille en talus, & s'il est d'une grosseur capable d'en supporter deux, on le sciera orizontallement, & le plus uni qu'il sera possible; on repasse la Serpette sur le trait de scie pour plus grande propreté seulement, non pas, selon quelques-uns, qu'on en puisse craindre aucun inconvenient. Comment greffer en fente.

Cela fait, on prend la Greffe, on la taille avec la Serpette en la partie d'en bas en forme de coin, d'un pouce & demi de longueur, & au dessus de l'entaille, il faut qu'il y ait au moins trois ou quatre bons yeux ? il faut laisser à l'entaille autant d'écorce d'un côté que d'autre.

Il faut remarquer que la Greffe manque quelquefois, parce qu'on luy a ôté trop de bois dans l'entaille; c'est pourquoy il est mieux de ne retrancher que tres-peu de bois de chaque côté à l'endroit où la Greffe doit joindre le plat du sauvageon; ainsi lorsque l'entaille est égale, on prend la Serpette, & on pose le tranchant sur le plat du tronc, en sorte que la fente soit faite à l'endroit du plus uni de l'écorce du sauvageon ou du tronc.

Ensuite on frappe légerement du Maillet sur le dos de la Serpette, aprés cela on prend le coin pour faire ouvrir la fente autant que la Greffe le permet; il faut prendre garde à mettre la Greffe dans la fente du sauvageon, ou sujet, de maniere que la séve de l'un & de l'autre se rencontre juste en montant, tant par les deux côtez du coin, que par les deux entailles qui appuyent sur le tronc.

On remarquera encore qu'avant que d'introduire la Greffe dans la fente du sujet: on doit l'avoir mise tremper environ deux heures dans l'eau, elle en reprend mieux.

Observation. Il arrive souvent qu'une Greffe en fente ne réüssit pas, parce qu'on n'y a pas apporté toutes les précautions nécessaires; souvent ceux qui greffent en fente, s'imaginent qu'il suffit à l'égard des gros sujets, comme des petits qui n'ont pas l'écorce épaisse, de mettre la Greffe à fleur de l'écorce d'un gros tronc: c'est un abus, en ce qu'on ne fait point attention que l'écorce du gros tronc étant plus épaisse que celle de la Greffe qui est d'une pousse de l'année, elle doit par consequent être mise à fleur de l'écorce du tronc, proche le bois, où la séve de l'un ou de l'autre puisse ensemble avoir communication.

Le sujet étant greffé, on met un peu de mousse dans la fente, pour empêcher que l'eau n'y puisse entrer, puis on lie ce sujet avec un brin d'osier, afin que les Greffes & le tronc se joignent mieux. On prendra ensuite de la terre franche mêlée avec du foin délié; on la met sur la tête du sujet en forme de poupée, qu'on enveloppe de quelque vieux linge, ou d'écorce de saules. Un sujet pour la fente, comme on l'a dit, peut porter plusieurs Greffes, selon sa grosseur; mais il faut remarquer qu'on ne peut y en inserer plus de quatre.

De l'écusson à œil dormant ; temps de le faire.

L'Ecusson à œil dormant se fait en Juillet, Août & Septembre, pour y réüssir, il faut que le sujet qu'on veut greffer soit en pleine séve, il est pour lors plus capable de recevoir l'écusson; car s'il n'a point de séve, ou que cette humeur n'y monte que médiocrement, il faut differer à greffer, jusqu'aprés une pluye qui fera monter immanquablement la séve.

Il faut encore pour greffer en écusson choisir un temps qui soit beau & doux; car il n'y a rien de si contraire à cette sorte de greffe qu'un temps de pluye, parce que l'écusson ne se cole point au sujet, outre que la pluye rallentit le mouvement du suc nourricier duquel on espere tout.

Il ne faut écussonner sur Poirier que sur les premiers jets de l'année, dont les yeux soient bien formez & bien enflez ; il n'en est pas de même du Pêcher sur Amandier ; il faut que les yeux qu'on couppe sur le Pêcher soient doubles, autrement ils ne sont point bons à greffer.

Lorsqu'on a besoin de rameaux de Poiriers, il faut coupper ceux qui sont droits, & non ceux qui sont de côté, ou panchez, parce qu'on tient que la Greffe aura la même situation qu'elle avoit sur l'arbre d'où elle a été coupée. La bonne maxime est de prendre les Greffes sur un arbre qui charge beaucoup, & d'une branche à fruit, ou il faut du moins que l'arbre soit vigoureux, & non languissant.

On léve l'écusson en deux manieres. 1°. Cela se fait en levant l'écorce avec son œil, sans toucher au bois. 2°. En prenant avec l'écorce tant soit peu de bois ; l'une & l'autre sont également bonnes, même pour les Pêchers, quoiqu'en disent plusieurs Jardiniers qui se persuadent que le bois nuit à la reprise de l'œil du Pêcher que l'on greffe ; l'écusson doit avoir la figure d'un V. lorsqu'il est détaché de son sujet avec le germe, le dedans en doit être bien net & luisant ; & sitôt qu'on l'a levé, on le porte à sa bouche, aprés quoy on fait l'incision sur le sujet avec le Greffoir à l'endroit le plus uni, & à trois ou quatre pouces au dessus de terre. Comment lever l'écusson.

Cette incision se fait d'abord à travers du sauvageon, de la longueur environ de quatre lignes, ensuite on en fait une autre d'un bon pouce environ de longueur ; les deux incisions ensemble ont la figure d'un T. Il faut que le Jardinier ait la main habile, afin que faisant cette incision il ne couppe que la seule écorce du sauvageon, sans blesser le bois. Maniere de faire l'incision sur le sujet.

Aprés ces opérations on ouvre l'incision avec le coin du manche du Greffoir ; on en léve peu à peu l'écorce de part & d'autre au dessous de la ligne du T qui va en travers, aprés quoy on prend de la main gauche l'écusson qui est dans la bouche, on l'introduit de la main droite avec le coin du manche du Greffoir, jusqu'à ce que la tête de l'écusson joigne la ligne qui traverse le haut du T.

Quand l'écusson est posé, on le lie avec de la filasse : si c'est un Amandier, on se sert de laine pour cela, a cause que cette ligation préte, & qu'elle ne serre point la branche par où la séve doit monter dans la Greffe.

Lorsque la Greffe aura poussé, il faudra au mois d'Avril couper le sujet à quatre doigts ou environ, pour y attacher la Greffe avec un peu de paille, afin qu'elle se maintienne droite, & qu'elle soit garantie des grands vents ; l'année suivante on retranche tout-à-fait le chicot qu'on a laissé.

S'il arrivoit que l'écusson à œil dormant vint à pousser avant l'hyver, il faudroit délier de bonne heure la branche écussonnée, autrement il seroit à craindre que le froid n'endommageât cette Greffe.

De l'Ecusson à œil poussant.

CEt Ecusson se fait dés le mois de Juin, & on l'appelle Ecusson à œil poussant, parce que la séve le fait agir considerablement avant l'hyver : elle ne differe de la premiere greffe qu'en ce qu'il faut d'abord retrancher la branche écussonnée à deux ou trois pouces au dessus de l'écusson pour l'obliger à pousser assez fortement pour se garantir des rigueurs du froid.

Il faut encore desserrer cet écusson petit à petit, & peu de temps aprés qu'il a été fait, étant dangereux autrement, que la séve interrompant son cours ordinaire, ne se porte par l'incision, & ne se change en une gomme qui suffoque la greffe; lorsque l'hyver est passé, on couppe la ligature de l'écusson, ce qui se doit faire tres-doucement.

De la Greffe en couronne, & de la maniere de la faire.

LA Greffe en couronne s'appelle ainsi, à cause de plusieurs petits rameaux taillez d'une certaine maniere, & dont on entoure un gros tronc en forme de couronne.

Cette sorte de greffe se fait en insérant les petits rameaux entre les bois & l'écorce du sujet; c'est ordinairement à la fin d'Avril & au mois de May quand les arbres sont en pleine séve, parce qu'il faut pour lors que le bois se détache aisément de l'écorce.

La Greffe en couronne ne convient qu'à de gros sujets qu'on tronçonne, les petites branches n'ayant pas l'écorce assez forte pour résister à l'effort qui luy faut soutenir en la détachant de son bois.

Le sujet choisi, on prend une Scie pour le coupper orizontallement, prenant garde de n'en point éclater l'écorce; & aprés que la tête de ce sujet est ainsi sciée, on se sert d'une grande Serpette pour repasser le trait de Scie.

Les Greffes qu'on employe pour la couronne sont les mêmes que celles pour la fente: on les cueille en même temps; mais on a soin de les conserver jusqu'à ce qu'on veüille les employer, soignant pour cela de les enterrer en quelque petit endroit qui soit frais.

Comment en tailler les Greffes, & de la maniere de les appliquer sur le sujet.

POur tailler ces greffes selon l'art, on les prend l'une aprés l'autre, on les taille d'un côté seulement, obsevant que le haut de l'entaille soit incisé presque jusqu'à la moüelle du rameau pour se terminer presqu'à rien par le bas, ce qui luy facilite une entrée dans le sujet.

Quand ces greffes sont taillées, il ne reste plus qu'à les insérer dans le sujet qu'on luy destine; & pour cela on prend un coin de fer, ou de bois dur; on le pose au haut du sujet entre le bois & l'écorce, puis coignant doucement dessus, on y fait une ouverture dans laquelle on insére les Greffes taillées comme on a dit, & de maniere que le côté de l'entaille touche le bois, & que l'écorce regarde celle du sujet.

Un sujet propre pour être greffé en couronne, peut supporter cinq, six & même jusqu'à dix greffes, selon qu'il est gros, & à distance chacune de deux pouces & demy l'une de l'autre; on se sert aprés cela d'osier pour serrer le sujet, afin de tenir les greffes en état, puis on couvre le tronc comme on a fait à la greffe en fente.

La greffe en couronne est fort bien inventée pour les vieux arbres qu'on veut, pour ainsi dire, rajeunir; elle ne fatigue point un tronc ny de grosses branches

branches, & pousse avec bien plus de force que la greffe en fente, puisqu'en trois ans, elle forme un beau buisson, il y a même de ces greffes en couronne qui donnent du fruit dés la deuxiéme année; il faut observer que la couronne n'est propre aussi que pour les Pommiers & pour les Poiriers.

On ne taille point les nouveaux jets de ces greffes qu'au bout de deux ans, & aux mois d'Avril & de May; on met un cerceau autour de l'arbre, attaché à trois ou quatre échalats pour pallisser les branches, afin que l'arbre ait une belle figure.

CHAPITRE XVII.

Des soins que les Pépinieres exigent d'un Jardinier lorsqu'elles sont greffées. De la Bâtardiere.

ON se souviendra, comme on a déja dit, de ne point rogner le sauvageon greffé à œil dormant, que l'hyver ne soit passé; pour lors on le couppe proche & derriere la greffe, pour la laisser pousser ensuite en toute liberté.

Pour les arbres greffez en fente, on aura d'abord en vûë de leur faire acquerir une belle tige, en quoy on réüssit, en les ébourgeonnant de maniere qu'il n'y ait que la tête qui soit chargée de bourgeons; cet ébourgeonnement se pratique lorsque les jeunes arbres ont trois ans, & non point auparavant; c'est au mois d'Avril que cela se fait. Un arbre de tige, ou à plein vent, comme on voudra dire, doit avoir six à sept pieds de tige pour être beau, c'est à cette mesure qu'il faut les arrêter, coupant l'extrémité de cette tige, afin que par cette opération la tête s'en forme mieux. Il n'est plus question aprés tous ces soins, que de bien entretenir les Pépiniere de labours, & la nature ensuite qui se charge du reste, fait des mieux son devoir.

On greffe aussi dans les Pépinieres des arbres à demi tiges tant Poiriers, Pommiers, Pruniers, Abricotiers, que Pêchers; ces arbres ont pour l'ordinaire deux pieds & demy à trois pieds de tige; les demi tiges se greffent comme les autres arbres chacun selon leur espece, & il n'y a rien de plus commode pour remplir tout d'un coup un espalier. Des demi-tiges.

De la Bâtardiere.

LA Bâtardiere est un lieu destiné pour transplanter les arbres trois ans aprés qu'ils ont été greffez: elle sert à décharger la Pépiniere des arbres qui demandent un plus grand espace de terre pour profiter, & pour avoir toûjours des arbres en réserve, au cas qu'on en ait besoin pour remplir dans un espalier ou un plan de buissons, ou une place vuide.

Les arbres transplantez ainsi en Bâtardiere y peuvent rester jusqu'à dix ou douze ans pour être arrachez & replantez aprés avec une heureuse réüssite, pourvû qu'on y apporte toutes les précautions nécessaires en les pantant.

Une Bâtardiere est d'un grand secours pour garnir tout d'un coup une place vuide, qui aprés est souvent si bien garnie, qu'une personne qui ne sçauroit pas qu'on auroit arraché un arbre à la place de celuy qu'on y a substitué, ne s'appercevroit point de ce changement, qu'en cecy, qui est seulement qu'un tel arbre nouvellement transplanté ne poussant pas avec tant de vigueur que lorsqu'il y a long-temps qu'il est planté, ne fait voir que des productions qui ressemblent à celles des arbres qui retardent à pousser, mais qui suffisent pour nous donner à connoître que la reprise en est sûre; ces arbres ainsi plantez rapportent même de tres beaux fruits la même année; il faut seulement observer en les plantant de les tailler court: nous dirons ce que c'est à l'article de la taille des arbres. La seconde année que ces arbres ont été plantez, il jettent comme ceux qu'il y a long-temps qui le sont.

Ces arbres qu'on plante en Bâtardiere doivent y être mis à quatre ou cinq pieds de distance l'un de l'autre & en échiquier. Pour éviter la confusion dans une Bâtardiere, c'est de ne point mêler les fruits à noyau avec ceux à pépin, & de marquer les especes, crainte de s'y tromper lorsqu'on en a besoin: voicy une Planche qui represente les Pépinieres de toutes sortes d'arbres fruitiers.

Explication de la Planche X I.

1. Pépiniere de semence de Poiriers francs.
2. Autre Pépiniere de semence de Pommiers francs.
3. Pépiniere de francs Poiriers qui sont levez.
4. Pépiniere de Pommiers francs, qui sont levez.
5. C'est une femme qui sarcle les jeunes plans.
6. Pépiniere d'arbres à plein vent.
7. Pieux qui marquent les especes.
8. Pépiniere d'Amandiers pour greffer des Pêchers & des Abricotiers.
9. Pêchers & Abricotiers greffez à œil dormant.
10. Ecusson.
11. Poiriers greffez à œil poussant.
12. Greffe.
13. Arbres greffez en fente, ce sont des Poiriers, Pommiers, ou Pruniers.
14. Greffes.
15. Autres Greffes qui ne sont point employées.
16. Poupée des Greffes.
17. Lien qui les tient en état; il est ordinairement d'osier.
18. Maniere de fendre un sujet pour greffer en fente.
19. Sujet fendu.
20. Un homme qui greffe en fente.
21. Mousse dont on se sert pour couvrir les poupées des arbres greffez en fente.
22. Osier dont on a besoin pour lier les Poupées.
23. Marteau.
24. Coin pour ouvrir la fente du sujet.
25. Scie pour scier les sujets propres à greffer en fente.
26. Terre glaise pour couvrir le sujet greffé.
27. Greffoir, petit couteau qui sert à greffer en écusson.
28. Ecussons levez.
29. Serpette pour greffer en fente.

30. Ecorces de Saules dont on se sert pour couvrir les poupées des greffes en fente..

CHAPITRE XVIII.

LE JARDIN FRUITIER.

Du choix des arbres, instruction pour les planter, avec des remarques sur la Forme & les Expositions qui leur sont convenables.

Choix des arbres.

IL est bon de sçavoir faire choix d'un arbre avant que de le planter, & pour mériter une place dans un Fruitier, l'arbre qu'on prend au sortir de la Pépiniere, doit avoir l'écorce nette & luisante, les jets de l'année longs & vigoureux, & les racines belles, bien saines & grosses, & garnies à proportion de la tige; les arbres qui n'ont presque que du chevelu, ne sont pas trop assurez.

Les arbres les plus droits, & qui n'ont qu'une seule tige, sont plus estimez pour planter que ceux qui en ont deux; les Pêchers & les Abricotiers qui n'ont qu'un an de greffe, pourvû que le jet soit beau, sont à préferer à ceux qui en ont deux ou davantage: il ne faut jamais prendre un Pêcher, qui dans le bas de la tige n'a pas les yeux gros; la grosseur d'un bon pouce, ou un peu plus pour la tige, est celle qu'on estime particulierement pour les Pêchers.

Les Pêchers sur Amandiers réüssissent mieux dans les terres légeres que dans les terres fortes, au lieu que ceux qui sont greffez sur Prunier viennent mieux dans les terres du dernier temparemment.

En toutes autres sortes d'arbres nains, comme Poiriers ou autres, la grosseur ordinaire de la tige se peut déterminer à deux bons pouces; il n'y a que les Pommiers sur paradis ausquels il suffit d'avoir un pouce de grosseur. Pour les arbres de tige, il est bon qu'ils ayent trois à quatre pouces de tour par le bas, & six à sept pieds de haut. Aprés avoir remarqué ces circonstances dans les arbres qu'on veut planter, il faut suivre au reste ce qu'on va dire.

Comment habiller un arbre avant que de le planter.

POur bien habiller un arbre à plein vent, ou un nain; avant que de le planter, il faut avoir égard à la tête & à la racine, dans ce cas-cy; il faut en ôter tout le chevelu; comme des parties inutiles & incapables de produire aucun avantage à un arbre.

Il ne faut conserver que les racines qui semblent les plus vives & les plus nouvelles, ôter celles qui sont vieilles & alterées; toute racine dans un arbre nain, ne doit pas exceder huit à neuf pouces: pour les arbres de tige, elles auront environ un pied. Il suffit que les racines les plus foibles aïent un, deux, trois ou quatre pouces au plus, selon qu'elles sont plus ou moins grosses. C'est assez d'un seul étage de racines, quand il y a quatre ou cinq racines autour du pied; ce n'est pas qu'on ne voye des arbres tres bien réussir avec une seule racine quand elle est bien vive, & d'une grosseur raisonnable.

Maniere de planter les arbres, & du temps de le faire.

POur réüssir à bien planter des arbres, il faut choisir un temps sec, afin que la terre n'étant point humide, se glisse aisément autour des racines, sans y laisser aucun vuide. Car plus la terre joint la racine d'un arbre, plûtôt & plus heureusement on éprouve que la végétation s'y fait.

La saison de planter des arbres commence depuis le vingtiéme Octobre jusqu'à Noël dans les terres légeres & sabloneuses ; car dans les terres humides, il est bon d'attendre le mois de Mars ; cependant on a experimenté que l'occasion voulant qu'on plantât dans ces temps-cy dés le mois de Novembre, les arbres y étoient tres-bien venus ; ainsi on peut ne pas s'arrêter si scrupuleusement à cette maxime.

Les racines étant taillées, on va à la tige qu'on couppe, sans attendre que ces arbres soient plantez pour les rogner, ainsi qu'en agissent quelques Jardiniers, entêtez mal à propos que cette opération avant l'hyver, est capable de faire mourir les arbres. Abus qu'il faut rejetter, comme une chose qui ne peut entrer que dans des esprits foibles & grossiers. Aux arbres nains on peut regler la hauteur de la tige à cinq à six pouces, & aux arbres à plein vent à six ou sept pieds comme on l'a déja dit.

La méthode de la plûpart de ceux qui plantent des arbres, est aprés en avoir mis un en terre, de le secoüer, pour faire en sorte, disent-ils, que la terre qui est meuble, se glisse mieux tout autour des racines, & les garnisse comme il faut, puis ils trépignent ces arbres aux pieds, afin que cette terre s'y joigne mieux, ce qui avance beaucoup, ajoûtent-ils, la production de cet arbre, & la rend plus assurée ; cependant un tres-habile homme de nos jours en fait de Jardinage, prétend que c'est faire tort aux arbres nains ; il n'approuve cette maxime qu'à l'égard des arbres de levée ; mais comme elle réüssit bien dans l'un & l'autre cas, on conseille de la suivre.

La Quintinie.

Les arbres en espaliers doivent avoir la tête panchée du côté du mur ; de maniere néanmoins que le haut de ces arbres n'en soit éloigné que de trois à quatre pouces, & que la playe le regarde.

Quand on plante des arbres dans des terres légeres & sabloneuses, il faut aprés qu'ils sont plantez, mettre du fumier au pied de l'épaisseur environ de quatre bons doigts, & un pied & demy en quarré, la tige de l'arbre au milieu ; & s'il arrive même de grandes secheresses au printemps, il les faut arroser par dessus le fumier de temps à autre, & ne point les labourer pendant l'été.

Remarques sur les arbres qu'on doit planter.

LEs fruits étant de differente nature, ils veulent par consequent qu'on leur fasse acquérir des formes différentes, & qu'on leur donne les expositions qui leur conviennent le mieux.

Un arbre, par exemple, se plaît mieux en espalier qu'en buisson ; telle est la Bergamotte commune, qui devient toute galeuse sous cette forme-cy ;

les Pêchers veulent l'espalier, aussi les Abricotiers; pour les Pruniers, on ne les estime plus guéres qu'à plein vent.

Quand on plante un arbre, il est bon de luy donner l'exposition qui luy convient par rapport à son fruit; les Pêches aiment le Levant, le Midy, ainsi que l'Abricot, parce que ces fruits deviennent insipides aux autres expositions, & souvent même ils n'y mûrissent pas.

Un mur quelquefois n'est garni que de fruits à noyau, un autre n'a que du pépin, & tous arbres nains. On voit ailleurs des espaliers entiers mêlez de Pêchers à demi tige & de nains, mais il faut alors que les murs aïent neuf pieds sous chaperon; autrement les demi tiges ny croîtroient que toutes estropiées, & on se sert de demi tiges pour garnir un mur plus vîte qu'il ne le seroit avec les arbres nains.

CHAPITRE XIX.

Ce que c'est que tailler en fait d'Abres; pourquoy on taille: de la connoissance des branches pour bien tailler les Arbres à pépin. Instruction sur la taille d'un Arbre en espalier.

LA Taille est une opération de Jardinage, qui lorsqu'elle est bien entenduë, contribuë entierement à la beauté & à la fécondité d'un arbre en buisson ou en espalier. Son objet consiste à en retrancher toutes les branches superfluës, & qui ne peuvent que rendre un arbre difforme, à conserver celles dont on peut faire un bon usage, & de racourcir avec prudence les autres qui paroissent trop longues, & tout cela en vûë de faire durer long-temps un arbre. Ce que c'est que tailler.

Les raisons pour lesquelles on taille les arbres sont trop sensibles pour en faire le moindre doute. 1°. On sçait comme on a déja dit, que taillant un arbre dans les régles; c'est le moyen de luy faire produire quantité de beaux & de bons fruits. 2°. Que par cette taille cet arbre en quelque saison que ce puisse être, paroît toûjours fort agréable à la vûë. Il faut dans ce travail agir toûjours avec bien de la prudence & du jugement, afin d'ôter ce qu'on croit être nuisible à un arbre, & de laisser ce qu'on juge luy devoir donner la figure qui luy convient, & à laquelle on le destine. Pourquoy tailler.

Des Branches nécessaires à connoître pour bien tailler, & de l'usage qu'on en doit faire.

ON ne sçauroit bien tailler un arbre qu'on ne connoisse les branches differentes qu'il produit, pour ôter celles qui sont nuisibles, & conserver les autres dont on attend toute la fécondité, & la fertilité d'un arbre.

Il y a de cinq sortes de branches sur un arbre fruitier, sçavoir, *les branches à bois*, les *branches à fruits*, les *branches chifonnes*, les *branches de faux bois*, & les *branches gourmandes*.

On appelle branches à bois celles qui servent à donner la figure à un arbre, soit en espalier, soit en buisson; c'est à celuy qui taille à les sçavoir ménager comme il faut pour parvenir à son but.

Les branches à fruit ne sont point si grosses que les précédentes, mais leurs yeux y sont placez bien plus prés, & sont bien plus ronds; c'est delà que se forment les boutons à fruit.

A l'égard des branches chifonnes, elles ne font que chifonner un arbre; c'est à dire, que le rendre confus, qui est en luy un défaut considerable. Ces branches sont petites & menuës de maniere qu'on n'en peut attendre ny bois ny fruit.

Quant aux branches de faux bois, ce sont celles qui naissent sur les bonnes branches à bois; elles ont les yeux plats & éloignez les unes des autres.

Pour ce qui est des branches gourmandes, elles naissent ordinairement sur les grosses branches à bois; il y en a qui sont environ grosses comme le doigt; elles croissent fort droites, elles ont l'écorce fort unie & fort nette, les yeux plats & éloignez les uns des autres.

Les branches à bois se taillent sur l'arbre avec prudence selon le plus ou le moins de vigueur qu'il a depuis quatre jusqu'à douze pouces de long.

On racourcit les branches à fruit qui sont trop longues, & qui ne pourroient que difficilement apporter leur fruit. On laisse entieres celles qui sont d'une juste longueur, se contentant seulement de couper l'extremité de la branche, pour faire que le fruit en devienne plus beau.

Il faut ôter toutes les branches chifonnes de dessus un arbre, elles ne font que consommer inutilement la séve, & ne sont propres à rien.

Les branches de faux bois sont encore inutiles, c'est pourquoy un Jardinier qui sçait son métier ne les laissera point sur un arbre.

On retranche aussi toutes les branches gourmandes, à moins qu'on n'ait besoin de quelques-unes pour remplir un vuide; la nature abhorre le vuide disent les Philosophes, & les Jardiniers aussi à l'égard des arbres.

Du temps de tailler les Arbres.

LE véritable temps de tailler les arbres à pépin; c'est à dire, les Poiriers & les Pommiers, est depuis le mois de Novembre, jusqu'à ce qu'ils commencent à pousser au printemps.

C'étoit un crime autrefois en fait de Jardinage, de tailler un arbre qu'on n'eût auparavant consulté en quelle quadrature étoit la lune, le décours étoit regardé pour cela comme un point essentiel à la fructification des arbres; & tel Jardinier étoit assez téméraire que de porter la serpette sur un arbre avant ce temps, qui n'avoit pour tout fruit de son travail, dit-on, que du bois & des feüilles; il faut voir comme ce décours étoit réligieusement attendu, & combien y en a-t-il encore aujourd'huy, qui persuadez de cette vieille routine, n'ont garde de rien entreprendre dans l'Agriculture contre les régles de ce décours: ausquelles ils ont assujettis certains ouvrages. Mais comme l'expérience apprend tous les jours que c'est un abus en fait de Jardinage de s'arrêter aux lunaisons, on peut planter, greffer ou tailler en tout temps quand il fait beau, pourvû que ce soit à propos & dans les saisons qui sont marquées. On espere que ceux qui sont entachez de cette erreur, s'en defferont, & la reconnoîtront telle par leur propre experience : revenons à nôtre Taille, & considerons d'abord en cela un jeune arbre par rapport à la figure qu'on luy veut donner.

Idée d'un beau Buisson.

Il est ou buisson ou espalier. La beauté d'un buisson demande deux conditions ; l'une qui regarde la tige, & l'autre la tête. La tige d'un buisson doit être basse environ d'un demy pied, & la tête en doit être ouverte ; c'est à dire, évidée dans le milieu & ronde dans sa circonference, & également garnie de bonnes branches sur les côtez. Il vaut mieux qu'un buisson en acquerant sa hauteur parfaite, qui peut se déterminer tout au plus à quatre ou cinq pieds, s'étende plus en largeur, que de monter plus haut ; cette hauteur, pour ainsi dire, luy fait perdre son nom, & en ôte toute la beauté ; c'est par le moyen de la taille qu'on sçait donner à un buisson, qu'on le contient dans ces justes bornes ; nous diront comment cela se fait, quand nous parlerons de la maniere de tailler : commençons par la taille des Espaliers.

Idée d'un bel arbre en Espalier.

Un arbre en espalier, pour être beau, doit de toutes ses branches garnir tellement le mur des deux côtez, que dans toute leur étenduë, elles forment comme un éventail ouvert, sans qu'il y paroisse aucun vuide ; le vuide est un grand défaut des espaliers, & si on le souhaite plein, il faut que ce ne soit que de branches utiles, tant pour la fécondité des fruits, que du bois qui luy convient pour se former.

Il ne faut point souffrir de branches qui croisent sur un espalier, à moins qu'on ne soit obligé de le faire, pour remplir un vuide qui est plus désagréable.

Des Arbres plantez d'un an, & de la prémiere Taille d'un jeune Arbre en Espalier.

FIGURE I.

UN jeune arbre l'année d'aprés qu'il a été planté, peut n'avoir rien poussé, & ne pas être mort pour cela, parce que la séve qui y sera montée en trop petite abondance n'aura pas eu la force cette année de percer le paranchime de l'écorce ; mais on voit dans la suite qu'elle se manifeste davantage, & qu'elle y fait des mieux son devoir : s'il n'y paroît rien l'année suivante, il faut l'arracher. Ce malheur se connoît aisément par la sécheresse & la noirceur qui paroît sur sa tige.

De la Taille d'un Arbre qui a poussé foiblement.

FIGURE II.

UN autre arbre, pour ne pas tomber dans le même inconvenient, ne pousse d'ailleurs que des branches foibles, *A.* menuës, jaunâtres, & quelquefois accompagnées de quelques boutons à fruit ; *B.* on ne fait guéres plus de cas de cet arbre que du précedent ; ce n'est qu'un suc mal conditionné, qui a produit ces branches, & qui ne peut pas subsister long-temps ; ainsi il faut déplanter cet arbre & en mettre un autre à la place.

De la Taille d'une Arbre qui a poussé une belle branche.

FIGURE III.

SI au contraire un jeune arbre planté de l'année a jetté une belle branche, *A.* accompagnée de quelques petites, & que cette branche vienne à l'extremité, on retranche la tige *B.* au dessous, & on emporte la branche par ce moyen, puis on couppe les autres petites *C.* tout proche la tige.

FIGURE IV.

SI cette branche est venuë environ vers le milieu de la tige *D.* il faut sans hésiter ravaller cette tige jusques sur cette branche, qu'on taille au quatre ou cinquiéme œil, *E.* étant certain qu'à l'endroit où elle a été racourcie elle donnera la seconde année tout au moins deux bonnes branches opposées l'une à l'autre, sur lesquelles dans la suite on pourra établir la figure de son arbre.

FIGURE V.

MAis comme cette bonne branche peut sortir du bas de la tige, *F.* on peut alors avec certitude faire sa taille dessus à la hauteur où l'on souhaite voir commencer son arbre, soit espalier, soit buisson, soignant pour cela de la maintenir droite; & si cela ne se peut pas, on la taillera au quatriéme œil pour luy faire pousser des branches sur lesquelles on puisse compter pour former son arbre.

De la Taille d'un Arbre qui a poussé plusieurs belles branches.

FIGURE VI.

ON voit un autre arbre plus vigoureux qui a poussé deux belles branches & davantage, si elles sont toutes venuës d'un côté, *G.* & toutes les unes sur les autres; il faudra ravaller la tige sur celle de dessous; *H.* si elle est bien placée pour faire un bel arbre.

FIGURE VII.

SI elle est mal placée, on couppe cette branche de dessous, *I.* tout prés de la tige, de maniere qu'il n'en puisse croître d'autres, & l'on taille celle de dessus selon sa force, supposé encore qu'elle soit venuë en bon lieu, autrement on les couppe toutes deux, pour obliger l'arbre d'en jetter d'autres nouvelles, qui peut-être naîtront plus avantageusement.

FIGURE VIII.

C'Est un bonheur lorsqu'un arbre pousse deux bonnes branches *K.* de chaque côté, on n'a pour lors qu'à les tailler selon le plus ou le moins de de force qu'elles ont; c'est à dire, au trois ou quatriéme œil.

Quand on dit une branche bien placée, on entend celle qui croît sur un buisson ou un espalier, de maniere qu'on puisse s'en servir pour former un bel arbre, au lieu que quand elle vient mal placée, comme devant ou derriere, on ne peut en rien faire de bon. Remarque.

Quand on taille un arbre, il faut toûjours avoir la prévoyance que les deux derniers yeux de l'extrémité de chaque branche taillée, regarde à droite & à gauche les deux côtez qui doivent se remplir.

De la taille d'un arbre qui a jetté trois ou quatre belles branches bien ou mal placées.

FIGURE IX.

QU'un arbre au contraire ait poussé trois ou quatre belles branches, bien ou mal placées, *L.* si elles sont bien placées, & à peu prés comme on le peut voir, *M.* on les taillera toutes à l'ordinaire; c'est à dire, au quatre ou cinquiéme œil selon leur vigueur.

FIGURE X.

MAis si ces branches naissent par exemple, *N.* trois d'un côté, l'une au dessus de l'autre, & une autre de l'autre côté; il faudra ravaller les deux plus hautes sur la plus basse, tailler celle-cy, comme on a dit, & celle qui luy est opposée de la même maniere.

De la taille d'un Arbre qui a poussé plusieurs branches.

FIGURE XI.

IL est constant qu'un jeune arbre planté d'un an peut produire dés la premiere année cinq à six branches placées tant bien que mal; en ce cas, & devant toûjours se ressouvenir qu'il faut laisser celles qui sont les mieux situées, *O.* & les tailler selon leur force, *P.* on retranche à l'épaisseur d'un écu les autres, afin qu'elles jettent par l'œil qu'on y a laissé de petites branches à fruit; & avant que de passer outre, disons ce que c'est que tailler ainsi.

Ce que c'est que tailler à l'épaisseur d'un écu.

TAiller à l'épaisseur d'un écu, c'est coupper une branche en talus, & de maniere qu'un côté de l'entaille se termine à rien vers son origine, & que l'autre fasse comme un argot épais d'un écu; cette taille est tres-utile pour avoir des branches à fruit; & il faut toûjours que l'œil qu'on laisse à cette épaisseur regarde le vuide qu'on veut remplir.

FIGURE XII.

Lorsque parmy les grosses branches il s'en trouve quelques foibles, *Q.* il faut se contenter d'en laisser deux ou trois des mieux placées, *R.* & des mieux nourries, de rompre l'extremité des branches à fruit des plus longues, *S.* de laisser entieres celles qui sont naturellement courtes *T.* & grosses, & d'emporter tout le reste.

Telles sont les instructions qu'on peut donner sur la premiere taille des arbres; c'est à dire, pour la taille des premieres branches, qu'ils auront poussé: passons à la deuxiéme Taille qu'on doit faire la troisiéme année qu'il y a qu'ils sont plantez.

Comment tailler les jeunes arbres pour la deuxiéme taille.

APrés qu'un jeune arbre a été taillé une premiere fois, il doit pousser de nouvelles branches sur celles qu'on a taillées; mais avant que d'en venir là, voyons ce que nos arbres qu'on a ravalez pour n'avoir rien fait la premiere année, on produit de branches la seconde.

Si cet arbre a répondu à nôtre attente, c'est à dire, s'il a jetté des branches sur lesquelles on puisse établir une taille pour la figure, à la bonne heure; mais s'il n'a donné qu'un bois chétif comme une branche à fruit ou une branche fluette, il faut l'arracher, & en mettre un autre à la place.

De la Taille d'un arbre sur une seule branche laissée.

FIGURE I.

NOus avons dit que sur un jeune arbre buisson ou espalier, qui n'auroit jetté qu'une seule bonne branche, il falloit s'en servir pour en attendre d'autres qui puissent former cet arbre; & à bien; cette branche *A.* qu'on a eu soin de tenir bien droite, en a jetté d'autres, *B.* qu'il faut conserver pour cela, alors on les taille comme on a dit, selon leur plus ou moins de vigueur; s'il arrive d'autres petites branches, *C.* parmi elles, on les racourcira; si elles sont trop foibles, ou on les laissera entieres, si elles sont assez grosses, & que leur longueur soit proportionnée à leur grosseur, observant néanmoins d'en rompre l'extremité.

Remarque sur les petites branches.

FIGURE II.

MAis si cette premiere branche laissée n'en avoit poussé qu'une, *D.* il faudroit la tailler au deuxiéme œil, *E.* ou la retrancher tout-à-fait.

FIGURE III.

VEnons à nôtre arbre sur lequel on a laissé deux bonnes branches *F.* qui ayant été taillées dans les regles, en a poussé d'autres, *G.* il faudra voir si elles n'y sont point confusion: s'il n'y en a que suffisamment pour pouvoir établir une taille, on les taillera à l'ordinaire, c'est à dire, au quatre ou cinquiéme œil; *H.* si elles sont foibles, cette taille se fera plus courte, les petites bonnes branches seront taillées *I.* comme on l'a dit, & s'il en naît des branches chifonnes, *K.* on les ôtera tout-à-fait.

FIGURE IV.

UN même arbre sur les deux bonnes branches qu'on luy aura laissées, peut en avoir poussé plusieurs sur chacune, *L.* sçavoir les unes mal placées, *M.* & les autres venuës en bon lieu, *N.* en ce cas on laissera celles-cy qu'on taillera à l'ordinaire, *O.* & les autres à l'épaisseur d'un écu. *P.*

FIGURE V.

DEux branches *Q.* taillées l'année précedente n'auront pas jetté également, l'une aura poussé deux bonnes branches, *R.* & l'autre n'en aura produit qu'une *S.* avec une petite *T.* alors il faut des deux bonnes en tailler une à l'ordinaire, & l'autre à l'épaisseur d'un écu, & celle qui est venuë seule comme la bonne déja taillée, & la petite, ainsi qu'on a dit, qu'il falloit faire à l'égard des branches de cette nature.

Cet ordre qu'on tient en taillant ainsi, fait que l'arbre pousse toûjours également des deux côtez; & c'est une maxime qu'il faut observer, afin qu'un arbre ne monte point plus haut d'un côté que d'un autre; il ne faut que cela pour rendre difforme un buisson ou un espalier. Maxime à observer en fait de taille.

FIGURE VI.

IL arrive quelquefois & même assez souvent qu'une branche *V.* laissée longue pour du fruit à grossi de maniere qu'elle en a produit une ou plusieurs grosses *X.* à son extremité, pendant que celle *Y.* qu'on a taillée court n'en a produit que de foibles *Z.* il faut alors changer de maxime en taillant, c'est à dire, tailler les grosses comme branches à bois, & les petites comme branches à fruit.

Il n'y a rien qu'il faille éviter davantage que de laisser dégarnir un arbre dans le pied; c'est pourquoy on ne sçauroit trop avertir de ne point tailler trop long une branche à bois, à moins que ce ne soit dans un arbre trop vigoureux. Remarque.

FIGURE VII.

NOus n'avons rien de particulier à dire sur les autres branches en plus grande quantité, qui ont été taillées pour la premiere fois, & qui en ont jetté d'autres, tant à bois *A.* qu'à fruit *B.*, puisqu'il y faut suivre ce qu'on a déja dit là-dessus, observant d'y tailler à l'épaisseur d'un écu *C.* les branches mal placées, & retrancher celles de faux bois, *D.*

FIGURE VIII.

DE deux branches qui sont cruës sur une taille de l'année précédente, & où on juge qu'il n'en faut laisser qu'une pour la beauté de l'arbre, on ôtera toûjours celles de dessu *E.* parce que l'arbre en reste mieux garni dans la suite; on suppose que cet arbre n'ait poussé qu'une nouvelle branche sur une ancienne de l'autre côté.

De la Taille dans un arbre trop vigoureux.

LA Taille dans un arbre vigoureux doit toûjours être longue, afin de modérer la grande furie d'un tel arbre, c'est à dire, de faire en sorte qu'il nous donne plûtôt du fruit. Tailler long, est tailler une branche à bois à dix ou douze pouces; & si malgré cette précaution, l'arbre ne répond point à nôtre attente, & qu'il n'ait que quinze ou vingt ans, on le taillera sur le vieux bois.

Observation nécessaire.

Il faut toûjours en taillant prévoir aux branches qui peuvent venir de celles qu'on taille, pour ne point être trompé dans celles qu'on attend pour bien former un arbre, & réfléchir que quand on a ravalé une branche sur une autre, celle qui reste pousse plus que si elle avoit resté accompagnée.

CHAPITRE XI.

De plusieurs Observations tres curieuses sur la taille des arbres à pépin.

OBSERVATION I.

Sur les Argots.

UNe personne, qui entend bien la taille des arbres, ne doit jamais laisser sur un arbre aucun argot; il n'y a rien qui défigure plus un arbre; il faut les coupper tous jusqu'au vif. Il n'y a que certains Pêchers un peu sujets à la gomme, où il est dangereux de le faire; cette humeur gluante se jettant d'abord sur cette partie incisée.

OBSERVATION II.

Sur les branches qui croissent.

S'Il arrive que de quelque bon endroit d'un arbre, qui n'auroit produit chose qui vaille, il y croisse quelque branche vigoureuse, quoiqu'elle soit de faux bois; il faut s'en servir, & les tailler à l'ordinaire; au lieu que si les branches croissent dans une mauvaise situation, on doit les retrancher tout à fait.

OBSERVATION III.

Sur les branches foibles.

TOutes branches foibles & menuës, qui viennent d'autres branches de même nature, doivent être retranchées entierement, & si de celles-cy il en sort quelque grosse, il ne faut pas moins les épargner, parce que ce ne sont que des branches de faux bois.

OBSERVATION IV.

IL ne faut jamais tailler un arbre qu'auparavant on n'ait fait attention à l'effet de la taille précédente, afin d'en corriger les défauts, s'il y en a, & d'y conserver la beauté, si elle s'y trouve.

Réflexion à faire avant que de tailler.

OBSERVATION V.

SOuvent il sort d'un même œil deux ou trois branches qui sont la plûpart assez belles, pour lors on juge qu'elles sont celles qu'on peut laisser, soit pour le bois, soit pour le fruit; on les taille selon les régles, & on retranche les autres; on peut en conserver jusqu'à deux, mais non davantage; une telle operation est bonne à faire quand on ébourgeonne.

Sur un choix de branches à laisser ou à ôter.

OBSERVATION VI.

TOutes branches sur un espalier, qui n'auront pas été couchées jeunes, & qui y frapperont mal la vûë, seront taillées à l'épaisseur d'un écu à la taille suivante, observant que l'œil qu'on laisse regarde toûjours le vuide à remplir.

Sur les branches mal pallissées.

OBSERVATION VII.

S'Il se trouve quelque grosse branche qui croise dans un buisson ou dans un espalier, & qu'elle serve à garnir un des côtez, on la conservera absolument, quoiqu'on ait dit que toute branche qui croise soit contraire aux regles de la taille. On n'aura point ce scrupule en quelque maniere que ce soit pour les branches à fruit, qui font toûjours un bel aspect en quelque endroit qu'elles puissent paroître.

Sur les branches qui croisent.

OBSERVATION VIII.

LEs arbres foibles veulent être taillez de bonne heure, c'est à dire, avant l'hyver, afin de ne pas laisser consommer inutilement la séve dans d'autres branches que la taille veut qu'on ôte, étant certain que le suc nourricier circulant continuellement dans un arbre, & s'y augmentant toûjours de plus en plus, les yeux des branches & les boutons à fruit grossissent même pendant l'hyver.

Sur les arbres foibles.

OBSERVATION IX.

ON ne doit jamais commencer à tailler un arbre qu'il ne soit tout dépallissé: car outre qu'on le taille plus aisément, il arrive encore qu'en le pallissant aprés la taille, on en range mieux les branches.

Sur la taille.

OBSERVATION X.

Sur d'autres branches foibles.

TOutes branches foibles dont l'extrémité est tres-menuë, doivent être taillées fort court, afin que le peu de séve qui y monte les nourrisse mieux.

OBSERVATION XI.

Sur certaines branches à fruit.

ON doit conserver pour le fruit certaines petites branches bien nourries qui naissent orizontalement sur les Poiriers, elles sont admirables & toûjours bien placées, soit qu'elles se jettent en dehors ou en dedans.

OBSERVATION XII.

Sur un vieux arbre vigoureux.

IL faut, pour remettre un vieil arbre assez vigoureux, & qui est tout chargé de faux bois, pour avoir été mal taillé; il faut, dis-je, ravaller une branche chaque année, pour la renouveller, ou bien la receper tout d'un coup, si le fruit n'est pas de bonne espece, & le greffer en couronne.

OBSERVATION XIII.

Sur un autre de pareille constitution.

UN arbre vigoureux, tel que peut être une Virgouleuse, qui ne donne que du bois dans les premieres années, doit être taillé tres-long, c'est à dire, à dix ou douze pouces, sauf à le tailler plus court quand il se sera mis à fruit: on remarquera aussi qu'un arbre qui jette vigoureusement, ne sçauroit être trop chargé de branches à bois, pourvû qu'elles soient bien conduites, & qu'elles n'y causent point de confusion.

OBSERVATION XIV.

Sur un arbre foible.

UN arbre foible au contraire ne sçauroit avoir trop peu de ces branches, il faut en proportionner le nombre à la force.

OBSERVATION XV.

Sur les branches à bois qui croisent.

UNe branche à bois qui croise au milieu d'un buisson qu'on veut resserrer, doit être conservée, principalement, si elle vient dans une bonne situation pour remplir un vuide.

OBSERVATION XVI.

Sur les jets d'Août.

TOus jets de la pousse d'Août, parce qu'ils ne sont point assez aoûtez, doivent être entiérement retranchez de dessus un arbre.

OBSERVATION XVII.

IL ne faut jamais, pour quelque considération que ce soit, conserver des branches chifonnes sur un arbre; elles n'y causent que de la confusion, sans aucun espoir d'en rien faire d'avantageux. Sur les branches chifonnes.

OBSERVATION XVIII.

SItôt que les Poiriers de beuré en buisson sont à fruit, il est bon de les tailler plus court que les autres arbres, étant sujets autrement à se trop évaser. Sur les Poiriers de Beuré.

OBSERVATION XIX.

LOrsqu'une belle branche à fruit sur un Poirier vient à en jetter plusieurs autres, qui paroissent aussi fructifier beaucoup, il faut les conserver, si elles n'y sont point confuses. Sur les branches à fruit.

OBSERVATION XX.

IL y a des arbres qui sont quelquefois si vigoureux, qu'ils ne jettent rien que du bois pendant plusieurs années; tels arbres d'abord doivent être taillez fort long, c'est à dire à dix ou douze pouces, & si malgré cette précaution l'arbre s'opiniâtre toûjours à pousser du bois & point de fruit, il faut, sans s'amuser à des chimeres, comme par exemple de percer un arbre de part en part avec une tarriere, & y mettre une cheville de chêne sec, ou tailler en décours; il faut, dis-je aller à la source, qui sont les racines, en découvrir entierement la moitié, & en retrancher des plus grosses, ainsi que nôtre prudence nous le suggerera; & quand on couppe ces racines, il faut que l'opération s'en fasse si prés de l'origine, qu'il n'en reste aucune partie capable d'agir, & toûjours du côté où l'arbre jette le plus. Pour arrêter les arbres trop vigoureux & leur faire donner du fruit.

OBSERVATION XXI.

POur bien tailler un arbre déja un peu vieux, il faut luy laisser une charge proportionnée à ses forces, c'est à dire, luy fournir en le taillant beaucoup de moyens de jetter des branches à bois & des branches à fruit; l'un contribuë la beauté de l'arbre par rapport à la figure, & l'autre à sa fecondité. Taille dans un arbre qui est déja un peu vieux.

Si cet arbre paroît trop foible, il vaut mieux l'arracher tout d'un coup que de s'amuser à le taillader, aprés néanmoins qu'on aura fait son possible par le moyen des fumiers pour le faire jetter plus vigoureusement.

OBSERVATION XXII.

ON suppose icy un buisson trop haut de tige, mal conduit d'abord, & planté seulement depuis deux ou trois ans; en ce cas, le meilleur moyen Sur un buisson trop haut de tige.

de le remettre, est de le ravaller entierement, s'il a bien poussé ; il ne poussera encore que trop pour en faire ce qu'on souhaite : il faut sur tout avoir égard à la rondeur qu'il doit avoir ; c'est de là que dépend toute sa beauté, & sans cette rondeur, un buisson est toûjours fort désagréable. Voilà, ce semble, assez d'instructions sur la taille des arbres à pépin, pour faire en sorte qu'un Jardinier, ou autre particulier, qui aime les arbres, les taille dans les régles : il n'est plus question à present que de parler des arbres à noyau, & de donner des préceptes sur ce qui regarde leur taille.

Rondeur à considerer dans un buisson.

OBSERVATION XXIII.

De la Taille en Crochet.

LA Taille en Crochet se doit faire sur une grosse branche à bois, à trois ou quatre pouces de long : l'effet de cette opération est de faire naître de bonnes branches à bois bien placées, & est d'un tres-grand secours pour remplir un vuide sur un arbre.

CHAPITRE XXI.

De la Taille des Pêchers, Abricotiers & Pruniers, tant au Printemps qu'en Eté ; avec la maniere de pallisser toutes sortes d'Arbres fruitiers.

TAILLE DU PRINTEMPS.

LA taille des fruits à noyau a des maximes un peu différentes de celles des arbres à pepins : voicy en quoy se remarque cette différence.

Temps de tailler les arbres à noyau.

On ne doit commencer à tailler les Pêchers & les Abricotiers que sur la fin du mois de Février, ou dans le mois de Mars, qui est le temps où leurs boutons se manifestent, & où l'on peut établir plus sûrement une taille sur les arbres.

Comment tailler les Pêchers.

POur sçavoir bien tailler un Pêcher, il faut d'abord en sçavoir distinguer les branches ; les branches à fruit se remarquent par leurs boutons, qui sont doubles, les branches à bois n'en ont point ; cette connoissance acquise,

On commence par dépallisser l'arbre entierement, cela donne beaucoup plus de facilité à le tailler, puis on en ôte toutes les vieilles branches qui sont mortes, les chifonnes, & on n'y laisse que celles desquelles on peut esperer du bois & du fruit ; de maniere qu'aprés cette opération on ne voit plus sur un Pêcher que de deux sortes de branches, dont les unes sont pour le fruit, & les autres, qui sont les plus fortes, pour le bois.

De la Taille des branches à bois.

LEs branches à bois seront taillées au quatre ou cinquiéme œil, selon qu'elles ont plus ou moins de force, & celles à fruits auront une longueur raisonnable, pour la premiere fois qu'on les taillera, sauf à les tenir plus courtes à la taille du mois de May ou de Juin, supposé que leur charge ne permette pas qu'elles soient si longues.

Considérations sur les branches à fruit, & sur les branches gourmandes.

QUand un Pêcher semble vouloir se dégarnir en quelque endroit que ce soit, & qu'il n'y a que des branches à fruit, sur lesquelles on puisse établir une taille, il est bon de s'en servir des plus belles, de les tailler court; elles deviennent alors demi-branches à bois, & l'expedient en est bon.

Quoiqu'on ait dit que les branches gourmandes étoient préjudiciables aux arbres, cependant quand il en naît quelqu'une sur un endroit dégarni de branches à bois on s'en sert avantageusement, & on la taille à dix ou douze pouces de longueur, observant de laisser à son extremité une petite branche, pour arrêter la séve; cette branche gourmande ainsi rognée, jette des branches à bois, & des branches à fruit, ce qui contribuë à la beauté de l'arbre.

Des Pêchers sujets à la gomme.

LEs Pêchers sujets à la gomme, ne doivent être taillez que lorsqu'ils commencent à fleurir & à pousser; c'est le moyen de conserver dessus quelques bons yeux; & quelques fleurs, autrement la gomme suffoque ces productions.

Tout Pêcher qui ne pousse que des branches à fruit, sans en jetter à bois, ne vaut plus rien qu'à être arraché; car il n'y a que les premieres branches, qui le puissent maintenir long-temps en état.

Du Pêcher dégarni dans le bas, comment renouvellé. De la durée des branches à fruit du Pêcher.

COmme il arrive souvent que les vieux Pêchers se dégarnissent dans le bas, & qu'il n'y a rien de plus désagréable à la vûë; en ce cas, si au mois de Juin suivant qu'ils ont été plantez, ou plûtôt même, ils jettent en pied d'assez grosses branches, sur lesquelles on puisse établir quelque chose d'avantageux, pour en former un nouvel arbre, on ravalera le vieux bois du Pêcher jusques sur ces nouvelles branches, qui serviront dans la suite de sujet pour la taille qu'on y pratiquera à l'ordinaire, & comme si c'étoit un jeune arbre qu'on taillât.

On a dit qu'il falloit tailler les Pêchers au quatriéme ou cinquiéme œil, & la raison de cela, c'est afin qu'ils donnent d'autres branches à bois & à fruit en quantité pour l'année suivante.

On remarquera que les branches à fruit du Pêcher ne subsistent qu'une année, périssant toutes pour l'ordinaire aprés avoir donné leur fruit.

De la Taille des Abricotiers.

LEs Abricotiers se taillent comme les Pêchers, ainsi ce que nous avons observé à leur égard, doit servir d'instruction pour ceux-cy.

Il est inutile de s'attendre que taillant une vieille branche sur un Pêcher, il en sorte de nouvelles, l'écorce en est trop dure, & la séve ne sçauroit la percer; ainsi qu'on ne compte point là-dessus : il n'en est pas de même de l'Abricotier, on y peut réguliérement esperer de nouvelles branches, soit qu'il soit vieux ou jeune, & il arrive rarement qu'on s'y trompe.

Remarque

Tout Pêcher ou Abricotier qui ne donne plus de grosses branches nouvelles, est réputé tirer sur sa fin, on doit songer à luy en substituer un autre, car il faut qu'il meure bientôt.

Les branches de faux bois en fait de Pêchers, & d'autres fruits à noyau, ne sont pas d'ordinaire si défectueuses pour leurs yeux, que celles qui viennent aux fruits à pépin, mais aussi elles sont plus sujettes à périr. S'il en naît beaucoup au bas d'un Pêcher, il faut les regarder comme propres à renouveller cet arbre, leur donner pour cela une taille raisonnable, & tailler selon les régles celles qui croissent pour donner une belle figure.

De la Taille des Pruniers.

QUant à la taille des Pruniers, elle est beaucoup capricieuse par rapport au génie de ces arbres, qui souvent ne se mettent que difficilement à fruit quandon les taille mal, sur tout quand ils sont fort vigoureux.

Il est bon de laisser beaucoup de vieux bois sur les Pruniers, & principalement en fait de branches à fruit, faisant en sorte qu'elles n'y soient point en confusion.

Si ces branches à fruit qu'on a laissées longues, en poussent d'autres à leur extremité, il les faut encore laisser longues; mais si au bout de ces secondes branches, il en naissoit d'autres; il faudroit faire la taille sur la seconde, ou bien tailler extremément court la troisiéme, si les deux premieres ne sont pas excessivement longues.

Il faut soigner à l'égard des Pruniers, d'ôter tout le bois qu'on juge inutile, comme les gourmands, qui y causent une confusion terrible, si on ne les retranche tout-à-fait; mais comme ces arbres son si difficiles à donner une belle figure, à moins qu'ils ne soient bien conduits; on conseille de n'en planter qu'à plein vent : lorsqu'on a soin de bien décharger ces arbres du bois qui leur nuit, ils donnent toûjours de beau fruit, & en quantité.

De la Taille d'Eté, qui est la deuxiéme ; du temps de la faire, & à quoy propre.

CEtte seconde taille, se fait ordinairement vers la my May, jusqu'à la my Juin, elle est fort avantageuse, en ce qu'elle nétoye un arbre de toutes les branches que les roux-vents & les gelées d'aprés Pâques ont fait mourir.

Elle fortifie les autres branches dont on a besoin dans la suite, en les laissant profiter de toute la séve qui pourroit se consommer ailleurs inutilement; elle contribuë à la beauté des fruits, & fait qu'un arbre acquiert toûjours une belle figure: voicy comment.

Par exemple, on aura taillé long au mois de Mars quelques-unes de ces branches longues où il y naît beaucoup de fleurs, en vûë d'avoir du fruit; mais il arrivera que par quelque accident ces fleurs auront coulé; en ce cas, comme on est frustré des fruits qu'on esperoit, on cherche, pour se dédommager, des branches à fruit pour l'année suivante, & pour cela, on ravale au deux ou troisiéme œil la branche taillée long; on ménage, autant qu'on peut la premiere taille de ces sortes de branches dans la vûë d'en tirer du profit, sauf aprés, si elles ne font pas leur devoir, de faire ce qu'on doit à leur égard.

Une branche à fruit n'en a donné que jusqu'à une partie de sa longueur dans le bas, avec quelques petites branches, il faut pour lors ravaler cette branche jusqu'aux nouvelles venuës.

S'il se trouve en ce temps sur un Pêcher des branches attaquées de la gomme, on le retaillera au dessous.

C'est encore un travail de la seconde taille que de retrancher toutes les petites branches qui ont été nouvellement produites sur un Pêcher.

Quand un Pêcher a beaucoup de branches à fruit, & qu'il en a peu à bois, il faut tailler les prémieres, choisissant les plus grosses, comme branches à bois, il n'y a rien qui contribuë davantage à la beauté d'un arbre.

Maniere de pallisser toutes sortes d'arbres fruitiers.

ON pose le cas qu'un treillage soit dressé comme il faut, nous en parlerons dans un Traité particulier, & devant à un arbre destiné pour être espalier, donner une belle forme: sur cette idée, on commence d'abord par la maîtresse branche qu'on attache toute droite, ensuite on arrange les autres qui sortent de la tige de maniere que les extremitez soient toûjours attachées plus hautes que le lieu d'où elles prennent leur origine. La contrainte des branches est préjudiciable aux arbres.

Il ne faut point, autant qu'on peut, en pallissant une branche, la courber en dos de chat, telle figure choque la vûë, & ne produit rien qui vaille; il n'y a qu'un vuide qui puisse obliger d'en agir de la sorte, car le vuide dans un arbre, sous quelque forme qu'il puisse être, est l'horreur des gens de bon goût en fait de taille.

C'est un tres-grand défaut dans un arbre palissé, que d'y voir des branches qui croisent, si ce n'est les branches à fruit, qui doivent, pour ainsi dire, se joüer sans être contraintes: on entend ces branches qui sont assez fortes d'elles-mêmes pour porter leur fruit, sans qu'il soit besoin qu'on les attache; car pour celles qui sont longues, il est bon de les palisser.

Pour faire qu'un arbre remplisse bien une palissade, il faut que les branches, s'il se peut, ne soient éloignées l'une de l'autre que de l'épaisseur d'un pouce; on palisse les arbres aprés la premiere taille, c'est à dire, à la fin du mois de Mars, & au mois de Juillet, pour attacher & arranger comme il faut les nouveaux jets de l'année ; ce travail contribuë non seulement à rendre un espalier agréable à la vûë, mais encore à donner la liberté aux rayons du soleil de frapper sur les fruits, pour leur faire prendre un beau coloris.

CHAPITRE XXII.

Du Pincement & de l'Ebourgeonnement des Arbres fruitiers.

DU PINCEMENT.

COmme cette opération a du rapport en quelque façon à la taille précédente, nous la faisons aussi suivre de prés, afin que sur quelques idées qu'on en aura, on puisse établir le pincement avec plus d'assurance.

Qui dit pincer en fait de Jardinage, dit rompre le jet tendre d'une branche d'arbre ; sans le secours d'aucun instrument, que des deux ongles du pouce & du doigt *index ;* ce pincement ne s'observe que sur les Poiriers, Pêchers, Abricotiers, Figuiers & Orangers ; nous laisserons les deux derniers pour n'en parler que dans leur place.

Temps de pincer.

Ce pincement s'observe sur les gros jets de l'année qui ont poussé depuis la taille de Février, jusqu'aux mois de May, Juin & Juillet, & l'effet qui en suit est de donner des branches tant pour la figure de l'arbre que pour le fruit, au lieu que si on laissoit monter ces grosses branches en liberté, elles deviendroient gourmandes & par consequent inutiles.

Le plûtôt qu'on peut pincer les Pêchers, c'est toûjours le meilleur ; la raison est que les branches qu'on pinceroit plus tard, ne donneroient au dessous d'elles que des branches chifonnes & infructueuses pour l'année suivante.

On voit souvent de jeunes Pêchers qui poussent vigoureusement ; c'est ordinairement sur telles branches qu'on doit pratiquer ce travail, autrement ces branches s'emportent, & laissent le bas d'un arbre dégarni : on ne pince point les branches foibles, parce qu'il n'en pourroit rien sortir d'avantageux ; outre que cette taille seroit dangereuse d'y pervertir l'ordre de la nature en y produisant du bois tres-foible au lieu de fruit, & qui ne seroit propre à rien.

De l'Ebourgeonnement.

COmme la taille ne fait que racourcir simplement, ou ôter tout-à-fait quelques mauvaises branches, l'ébourgeonnement ne sert que pour détruire & arracher entierement de jeunes branches de l'année mal placées, ou qui peuvent nuire d'ailleurs à l'arbre.

Temps d'ébourgeonner les arbres.

On ébourgeonne les Pêchers au mois de May & de Juin : pour les Poiriers, cette opération se commence dés la fin d'Avril ; on ne sçauroit trop-tôt ébourgeonner les arbres, cela empêche qu'une infinité de jets inutiles ne consomment mal à propos la séve, qui peut être employée dans de meilleurs sujets.

Il est difficile de marquer bien précisément l'endroit qu'il faut ébourgeonner ; on peut dire seulement que l'ébourgeonnement consiste à retrancher toutes les branches qui sont mal placées, de quelque endroit qu'elles sortent, & particulierement, lorsqu'elles causent de la confusion sur un arbre.

Il faut ébourgeonner sur les Poiriers une grosse branche qui sort en dedans d'auprés d'un talus, duquel on esperoit une branche à bois en dehors.

Il faut aussi ôter les branches qui empêchent que d'autres mieux situées & qui seroient plus fructueuses, manquent de nourriture.

Quand dans un jeune arbre il vient en même temps des branches hautes & des branches basses éloignées beaucoup les unes des autres, il faut conserver celles qui paroissent les mieux placées pour la figure, ou pour le fruit.

Si d'un même œil sur quelque arbre que ce soit, il sort deux ou trois branches, il faut ébourgeonner celles qui paroissent les moins utiles, afin que celles qui restent profitent mieux.

Il faut sur les arbres vigoureux ôter quelques-unes des plus fortes branches, & conserver celles qui le sont un peu moins, pourvû qu'elles soient bonnes en apparence.

On doit user de beaucoup de prudence dans l'ébourgeonnement ; car si on ébourgeonne trop, on met l'arbre en danger : si au contraire on craint d'ôter ce qu'il faut de branches inutiles, on y cause de la confusion, l'un & l'autre défaut sont à éviter pour les raisons qu'on en a dites dans la taille des arbres ; telle est l'idée qu'on peut donner de l'ébourgeonnement, & dont un Jardinier habile peut tres-bien s'acquitter, pour peu qu'il rappelle ce qu'il sçait ou doit sçavoir sur la taille des arbres.

CHAPITRE XXIII.

Des Plans des Arbres de tige, & comment les conduire. Quelques Instructions sur les Groseliers & Framboisiers.

UN arbre de tige est celuy qui a un grand brin, droit, qui s'éleve au dessus de la terre, & qui porte aux rameaux dans lesquels il est divisé, l'aliment qu'il reçoit des racines, & dont ces rameaux ont besoin pour leur nourriture.

Vn arbre de tige, pour être beau & bien choisi, doit être d'un brin qui soit droit, haut de six à sept pieds, & dont l'écorce soit luisante & fort unie, que les racines y soient en abondance, & qu'à la tête il ait jetté de belles branches.

On ne dira rien icy de la terre qui doit les contenir ; il suffit qu'on sçache que pour toutes sortes de plans, il faut qu'elle soit bonne & bien meuble, autrement les arbres n'y font que languir.

Comment planter les Arbres de tige, & du temps de le faire.

LEs arbres de tige se plantent en quinconce, ou à angles droits, c'est à dire, en quarré; les Jardiniers, pour peu qu'ils sachent leur métier, entendent assez ce que cela veut dire, sans qu'il soit besoin d'autre explication.

On fait pour cela des trous profonds de trois pieds, & d'autant de largeur sur tous sens; on ne sçauroit positivement déterminer l'espace qu'ils doivent avoir entre eux, puisque c'est la nature du lieu, & son étenduë plus ou moins grande, qui doivent en décider; cette distance néanmoins peut aller depuis deux toises jusqu'à quatre.

Ces trous ainsi faits, & ces espaces observez, on les plante avec la même précaution que les arbres nains: lors qu'ils sont plantez, & pour les mettre à l'épreuve des secousses des vents, on a soin de les appuyer chacun d'une perche qu'on fiche à leur pied, grosse comme le poignet, & à laquelle on attache l'arbre avec un Osier sans la serrer beaucoup.

Si l'on a des arbres qui soient vigoureux en tête, il en faut éplucher les branches qui y paroissent trop confuses, coupper les autres à un pied, & laisser même dessus tous les boutons à fruit qui s'y trouvent; c'est le moyen d'avoir des fruits l'année suivante, c'est ce qui se pratique, & qui réüssit; l'expérience nous ayant convaincu qu'étêter les arbres de tige, n'étoit autrefois qu'une chimere fondée sur de tres-mauvais raisonnemens.

Les arbres dont on se sert dans les Jardins pour faire des plans de haute tige, sont ordinairement les Poiriers, les Pommiers, les Pruniers & les Abricotiers, sur lesquels le fruit naît tres-beau & tres bon, & plus succulent même que ceux qu'on met en espalier.

On plante les arbres de tige dans le même temps que les arbres nains; il n'y a rien autre chose à y observer.

Des soins qu'on en doit prendre, & de leur Taille.

SI l'on veut avoir le plaisir d'avoir de beaux arbres de tige, on doit soigner de leur faire acquérir une belle tête, en quoy l'on réüssit, si l'on ne permet pas qu'aucune branche y croisse dans une mauvaise situation; telle branche ainsi venuë n'étant propre qu'à rendre l'arbre difforme.

Les plus fortes branches, & celles qui s'élevent d'un beau brin, garnies de quantité de petits rameaux féconds, venuës avantageusement; telles branches doivent être considerées comme l'ornement & la fécondité de l'arbre, au lieu que celles qui naissent tortuës & qui se portent trop en dehors ou en dedans, n'y sont toûjours regardées que comme une difformité.

Toute branche qu'on retranche de dessus un arbre de tige, doit toûjours être coupée dés son originé, & non jamais à l'extremité.

On ne doit point laisser manquer de labours aux arbres de tige, la deuxiéme année qu'ils ont été plantez: avant ce temps là on peut s'en exempter, il leur en faut, pour bien faire, deux ou trois tous les ans, & on soignera d'ébourgeonner ce qu'on trouvera de petites productions le long de leur tige.

Ainsi qu'aux arbres nains, la confusion de branches est préjudiciable aux arbres de tige, elle fait que les fruits qu'on en cüeille sont toûjours insipides, à cause du trop d'ombrage qu'elles y causent, & qui empêche ces fruits de joüir des ardeurs du soleil qui les perfectionne.

CHAPITRE XXIV.

Des soins qu'on doit prendre pour décharger les arbres trop chargez de fruits, afin de les avoir beaux : de leur formation, leur maturité pour les cüeillir à propos ; comment les garder ; avec un Catalogue des bons fruits de toutes sortes d'especes.

COmme le but qu'on se propose en plantant des arbres ne se borne pas seulement à recüeillir beaucoup de fruits, mais encore à les avoir beaux, il faut pour cela prendre les soins qu'on croit que ces arbres doivent exiger de nous en pareille occasion.

Il est constant que plus il y a de fruits sur une branche, moins chacun y trouve de quoy se nourrir suffisamment pour être parfait ; c'est à faire à un Jardinier habile de ne laisser de fruit à chaque arbre, que proportionnément à sa force : un bouton ; une branche ne doitporter ordinairement que tres-peu de fruits pour les donner beaux.

Souvent aussi la gelée du Printemps, les roux-vents & les autres accidens qui arrivent aux arbres, ne nous épargnent malheureusement que trop ces soins, on se passeroit bien de tels éplucheurs de fruits ; mais comme ce sont des maux sans remede quand ils surviennent, il faut chercher à s'en consoler ; venons à la pratique.

Du temps de décharger les Arbres du trop de fruits.

1°. POur décharger dans les régles un arbre du trop de fruit qu'il peut avoir, il faut attendre qu'il soit gros & bien formé ; car alors on connoît mieux ceux qui sont défectueux ; c'est pour l'ordinaire à la fin de May, ou au commencement de Juin qu'on prend ces soins, & l'on commence par les Abricots, dont on se sert tout verds qu'on les abat pour en faire des confitures.

2°. Il faut laisser à chaque fruit autant de place à peu prés qu'il peut en avoir besoin pour être contenu à l'aise, quand il approche de sa maturité, ce qu'on doit observer sur tout à l'égard des fruits à noyau.

3°. On ne touche point aux fruits à noyau qui naissent prés l'un de l'autre, lorsqu'il s'y trouve une petite branche au milieu ; ces fruits sont assez écartez par leur situation naturelle, sans qu'il soit nécessaire d'en abattre ; cependant si la branche qui porte le fruit étoit trop foible, il faudroit en abattre ce qu'on jugeroit à propos, rogner l'extremité de cette branche, & laisser une feüille ou deux pour deffendre la pêche ou l'Abricot des trop grandes ardeurs du soleil.

4. Les Poires d'automne & d'hyver, qui sont naturellement grosses, ont besoin d'être épluchées pour acquérir la grosseur qu'on recherche en elles, pour ce qui est des Poires d'été, comme le Muscat, la Robine & autres, on ne s'avise point de les éplucher.

Quand éfeüiller les Arbres, & comment le faire.

IL convient encore éfeüiller les arbres, sur tout les Pêchers & les Abricotiers quand ils sont trop touffus de feüilles : c'est par ce moyen que les fruits prennent un beau coloris, mais ce travail ne se fait point indifferemment, il faut s'y comporter avec beaucoup de prudence & de discretion, & il ne se pratique que lorsque les fruits ont acquis leur grosseur naturelle, & qu'ils commencent un peu à tourner.

Alors on les découvre à deux ou trois reprises différentes pendant cinq ou six jours ; car si cela se faisoit tout d'un coup, il seroit dangereux que l'ardeur du soleil n'endommageât ces fruits qui n'y seroient pas encore accoûtumez.

Il y en a, pour faire prendre un beau coloris à leurs fruits, qui aprés qu'ils les ont découverts, les arrosent deux ou trois fois le jour avec des petits arrosoirs pendant la grande ardeur du soleil ; cet expédient est tres-bon, & réüssit particulierement sur les Abricots & sur les Pêches.

De la formation des fruits.

NOus supposons icy un arbre tout venu, & qui ayant passé par tous les degrez de la végétation, est enfin parvenu au temps qu'il doit donner du fruit. Tandis que le suc nourricier continuë de circuler au dedans de luy, ce qu'il y a de plus rarefié est poussé dans les pores les plus intimes de la substance de cet arbre, les remplit & les dilatte, & pour lors cet arbre reçoit sa nourriture & son accroissement, le voilà donc en état de donner du fruit : voicy comment.

Quelquefois, & même tous les ans les sucs montent de la terre en si grande abondance, que non seulement ils font hausser & grossir l'arbre, mais même quelque partie par la force du mouvement qui la portant du centre à la circonference, va jusqu'à pousser le paranchime de l'écorce, luy fait prendre le même mouvement, & oblige la peau de le suivre ; c'est ainsi que se forment les boutons & les branches ; car à mesure que cette portion de suc, qui par ses saillies de la mouëlle jusqu'à l'écorce, entraîne avec soy toute la tissure de la tige, & l'allonge par ce côté, elle la dilatte encore par un mouvement de fermentation ; & comme ces mouvemens se font également & par degrez, aucune des parties ne se rompt, au contraire elles poussent toutes & s'avancent, & dans le même temps elles grossissent & se déployent, en sorte que les boutons & les branches se forment partie par une extention pareille à celle de l'or qu'on tire pour filer.

Aprés cela, le suc nourricier, qui est toûjours en mouvement, c'est à dire, celuy qui est le plus filtré, se jette dans les parties disposées à former le fruit, en allonge les fibres, les grossit, & enfin, en fait croître le volume selon qu'il doit être plus ou moins gros.

Nous

Nous ne cultivons les fruits qu'en vûë d'avoir le plaisir de les manger aprés être parvenus à une maturité parfaite; ce qui se fait à mesure que le suc nourricier y monte & y circule, & qu'il y fait plus ou moins sa coction, selon que la chaleur luy peut permettre : ce suc n'est rien de luy-même qu'une matiere subtile que les racines ont reçu de la terre, pour être envoyez ensuite dans tout le corps de l'arbre. Maturité des fruits.

Lorsque la coction de ce suc est faite par le secours de la chaleur ; ce suc étant de plus en plus rarefié par le mouvement, fermente dans ce fruit, & en change la substance, de maniere qu'étant parvenu à un certain période nécessaire pour rendre un fruit mur ; ce fruit alors prend toutes les qualitez qui luy conviennent, & devient tel qu'on le désire pour être mangé.

Du temps de cüeillir les fruits.

CHaque espece de fruit a son temps différent pour être cüeillie, l'une dans son entiere maturité, tels que sont les fruits d'été tant à noyau qu'à pépin, l'autre, un peu auparavant, tels que ceux d'automne, & les autres enfin beaucoup auparavant qu'ils soient murs ; ce sont les fruits d'hyver.

Cela posé, on ne doit jamais cüeillir un fruit d'été qu'il ne soit parfaitement mur ; il faut pas attendre qu'il le soit trop, car pour lors il est sujet à cotonner, à de mollir promptement ; ces deux inconveniens ôtent tout le relief d'un fruit. Cüeillette des fruits d'été.

Pour les fruits d'automne, on en fait ordinairement la récolte au mois de Septembre ; quant à ceux d'hyver on les laisse sur l'arbre jusqu'à la fin du mois d'Octobre : il faut toûjours choisir de beaux jours pour cüeillir toutes sortes de fruits. Cüeillette des fruits d'automne. Cüeillette des fruits d'hyver.

Quand on cüeille les Pêches ou les Abricots, il faut qu'ils soient murs, ainsi qu'on l'a déja dit, & cette maturité se connoît en les tâtonnant doucement vers la queuë ; & pour peu qu'on sente que le fruit obéïsse sous le doigt, on le détache délicatement pour ne le point meurtrir. Cüeillette des Pêches.

On juge que les fruits d'été sont bons à cüeillir lorsqu'ils paroissent couverts d'un beau coloris, mêlé sur bien des fruits d'un jaune citron, & que ceux qui sont odorans, frappent beaucoup l'odorat.

Quand on cüeille les Prunes, les Cerises & les Figues, il faut les manier doucement, crainte d'effacer leur lustre & de les défleurir ; il n'y a point de fruit qu'on ne doive cüeillir avec sa queuë ; il faut des mains légéres pour s'en bien acquiter ; car qui iroit les brusquer en les cüeillant, en perdroit une bonne partie.

Comment conserver les fruits.

APrés que les fruits sont cüeillis, il n'est plus question que de les porter doucement, & sans les meurtrir, dans une serre qui les puisse tenir hors des atteintes du froid, sur tout ceux qui se mangent pendant l'hyver, & qui n'acquierent leur maturité que dans un tel lieu.

Les fruits ne se posent pas tous dans la Fruiterie sur la même assiete, les figues s'y mettent de plat, au lieu que les Poires s'y mettent sur l'œil, la queuë en haut, ainsi que les Pommes, le tout sur des planches, quoique les Pommes, si l'on veut, se mettent par monceaux.

On n'approuve point la maxime de ceux qui mettent les fruits sur la paille pour les faire mûrir, parce que l'expérience a fait connoître jusques-icy qu'ils y contractoient un tres-mauvais goût.

Lorsque tous les fruits sont transportez dans la Fruiterie, il faut être soigneux de les y aller souvent visiter, crainte que l'un venant à pourrir, n'infecte l'autre de son mal; quand on s'en appercoit, on ôte les fruits gâtez, & c'est par ce moyen qu'on les conserve long-temps. C'est assez parler de fruits, il faut à present donner un Catalogue de tous ceux qu'on connoît pour être les meilleurs, & qui méritent le mieux entrer dans un Potager.

Dénombrement général des Fruits, à commencer par les Cerises.

Nous commencerons ce Dénombrement par les fruits qui mûrissent le plûtôt, & suivant en cela l'ordre que la nature leur prescrit, ce sera les Cerises qui tiendront le premier rang.

Liste des Cerises.

Les *Cerises précoces* se mangent au commencement du mois de Juin.

Les *Cerises hâtives* viennent aprés.

Les *Cerises à courte queuë* les suivent. Cette espece est celle qu'on appelle, *Cerises de Montmorancy.*

Les *Cerises tardives.*

Sous le genre de Cerise, on comprénd les Guignes, les Bigarreaux, les Aigriottes & les Cœuvrets.

Liste des Abricots.

Il y a de trois sortes d'Abricots, sçavoir,

Le *Hâtif* qui est mûr au commencement de Juillet.

L'*Abricot ordinaire* qu'on mange au quinziéme de ce mois.

Et l'*Abricot musqué* qui se sert en même temps: voicy les Prunes.

Liste des Prunes.

Le *gros Damas noir;* cette Prune est assez connuë, sans qu'il soit besoin d'en faire la description.

La *Mirabelle*, il y en a de deux sortes, la grosse & la petite; c'est une prune qui a la couleur tirant sur l'ambre lorsqu'elle est en sa maturité parfaite; elle a l'eau sucrée, elle quitte le noyau, & on s'en sert en confiture.

Le *gros Damas d'Espagne.*

Le *Damas violet* est une Prune longuette qui quitte le noyau, & dont l'eau est tres-sucrée.

Le *Damas rouge* quitte aussi le noyau; cette prune est fort estimée.

Le *Damas blanc* est encore admirable.

Le *Damas gris* ou d'Abricot verd: cette Prune est fort sucrée, & méririte d'être cultivée dans les Jardins.

L'*Ille verd.*

Le *gros Dama de Tours* ; cette Prune est hâtive, elle a la chair jaune, elle quitte le noyau, & est fort estimée.

La *Reine Claude* est blanche & ronde, elle a l'eau fort sucrée, elle quitte le noyau, c'est une bonne Prune qu'on estime beaucoup.

La *Diaprée* est une Prune longue, tres-fleurie, elle quitte le noyau ; c'est une des meilleures Prunes qu'on mange.

La *Roche-Corbon* est une espece de Diaprée qui a son mérite, & qui est tres-bonne Prune.

Le *Perdrigon violet* ; cette Prune est plus longue que ronde, elle a l'eau fort sucrée ; il y en a de deux sortes, une qui ne quitte pas le noyau, & l'autre qui le quitte ; on estime plus celle-cy, elles sont toutes deux tres-bonnes, tant cruës que mises en confitures.

Le *Perdrigon blanc* est aussi tres-estimé ; cette Prune quitte le noyau, & elle est admirable cruë & en confiture.

Le *Perdrigon hâtif* est encore une bonne Prune.

La *sainte Catherine* ; cette Prune est blanche, & devient d'un jaune ambré, à mesure qu'elle múrit sur l'arbre, elle est tres-sucrée, & excellente en confiture.

L'*Imperatrice* ; cette Prune a l'eau fort sucrée, & est tres estimée.

La *Prune d'Abricot*, ou *Abricotée*, c'est la même chose : on l'appelle encore *Prune virginale*, elle est blanche d'un côté, & un peu rouge de l'autre ; c'est une grosse Prune qui quitte le noyau ; & qui est tres-estimée.

La *Prune mignonne*, on la nomme ainsi, parce qu'en effet c'est une fort jolie Prune.

La *Prune Royale* est grosse & ronde, d'un rouge clair & bien fleurie, elle a l'eau tres-sucrée, & est une excellente Prune.

L'*Impériale violette*, est une Prune tres-estimée, elle est grosse & longue, bien fleurie, elle a l'eau tres-sucrée.

La *Prune Dauphine* est verdâtre & ronde, assez grosse, & d'une eau fort sucrée, ce qu'elle a de mal, c'est qu'elle ne quitte point le noyau.

La *Prune de Monsieur* est grosse, ronde & violette, elle quitte le noyau ; cette Prune n'est bonne que dans les terres légéres & dans les années chaudes, autrement elle est insipide.

La *Prune de Maugeron* est violette, grosse & ronde, elle quitte le noyau, on l'estime beaucoup dans les Jardins.

Le *Damas d'Italie* est presque rond & d'un violet brun ; elle est beaucoup fleurie, elle a l'eau sucrée, & mérite d'avoir place dans un Jardin.

Le *Drap d'or* est une espece de damas ; il est petit & d'un jaune marqueté de rouge, & d'une eau tres-sucrée.

Le *Damas musqué* est une petite Prune, platte, bien fleurie & musquée, elle quitte le noyau, ce qui la fait encore estimer.

Le *Damas à Perle*, on l'appelle ainsi, parce qu'il en a la figure ; il est médiocrement gros, & d'un goût sucré & bien fleuri ; il a la chair jaune ; il quitte le noyau, ce qui le fait beaucoup estimer.

Liste des Pêches.

L'Avant Pêche musquée est la premiere de toutes, elle est petite, elle a l'eau sucrée & musquée ; quelques-uns l'appellent, *Avant Pêche blanche*, il n'y a point de curieux qui n'en veüille avoir, à cause de sa prompte maturité.

La *Pêche de Troyes* est aussi une avant Pêche plus grosse que la précedente; elle a la peau comme du vermillon, le goût relevé & musqué, son arbre charge beaucoup, elle est bonne à la fin de Juillet, & au commencement d'Août.

La *Double de Troyes* est médiocrement grosse, son goût est d'un relief excellent.

L'Alberge jaune ainsi appellée, parce qu'elle a la chair jaune; sa grosseur est médiocre: quand on la laisse mûrir sur l'arbre, on la mange à la my-Août.

La *Magdelaine blanche* est ronde, elle a l'eau sucrée & vineuse, & se mange à la fin d'Août, ou plûtôt, quand les années sont chaudes.

La *Magdeleine rouge*, est une grosse Pêche un peu plus longue que ronde, & d'un beau coloris; elle a l'eau sucrée & vineuse, on la mange à la fin de Septembre.

La *Pêche mignonne* est encore une grosse Pêche, plus longue que ronde, ayant un côté plus élevé que l'autre; elle est d'une belle couleur, d'une eau fort sucrée & des meilleures Pêches; elle se mange à la my-Août.

La *Pêch: Bourdin* est raisonnablement grosse; elle a le goût vineux, & est bonne à servir à la fin d'Août.

La *Violette tardive* autrement *Pêche panachée* est une tres-belle Pêche & tres-bonne quand l'automne n'est point pluvieuse; on la mange au commencement d'Octobre.

La *Violette hâtive* est de deux sortes, la grosse & la moyenne, on estime plus celle-cy, parce qu'elle a le goût plus relevé; elle se mange à la my-Septembre.

La *Pêche d'Italie* est une Pêche qui est tres-bonne, & qui se mange vers la my-Août.

La *Pêche pourprée*, c'est une hâtive qui est grosse, d'un beau rouge, & d'un goût tres-relevé; c'est une des plus estimées; elle se sert à la fin de Juillet & dans le mois d'Août.

La *Belle Chevreuse* est plus longue que ronde, assez grosse, & d'un fort beau rouge; elle a l'eau douce & sucrée, & se mange au mois d'Août.

La *Belle de Vitry* est une grosse Pêche qui prend beaucoup de rouge, elle est un peu plus ronde que longue, elle a l'eau fort sucrée & se mange en Septembre.

La *Chanceliere* est une tres-belle Pêche & digne des soins d'un curieux; elle est plus longue que ronde, elle a la peau fine, & chargée d'un tres-beau rouge; son eau est sucrée & tres-bonne.

La *Royale*; cette Pêche est de grosseur médiocre, d'un rouge éclatant, de figure ronde, d'une chair fine, & d'une eau fort sucrée, elle se mange au mois d'Octobre.

L'Admirable est ainsi appellée par sa grosseur, son beau coloris & par sa bonté, ayant l'eau sucrée; on la sert au commencement de Septembre.

La *Persique* est une grosse Pêche longue, couverte de petites bosses, elle est d'un fort bon goût, elle se mange vers la my-Septembre.

La *Belle-garde* est grosse, elle prend peu de rouge, & est d'une figure un peu plus longue que ronde; son eau est tres-sucrée, & elle passe pour une tres-bonne Pêche; on la mange à la my-Septembre.

La *Pêche d'Andilly*, c'est une grosse Pêche blanche en dedans, & dehors, grosse & de figure ronde; elle a l'eau fort sucrée, elle se mange en Octobre, & veut l'exposition du midy.

La *Pêche de Pau* : on en compte de deux sortes, la longue & la ronde, on estime plus celle-cy, quoique l'autre soit bonne aussi; elles se mangent au mois d'Octobre, les années séches leur sont favorables.

La *jaune Tardive*; elle se mange au mois d'Octobre, & est une tres-bonne Pêche.

La Druzelle est une Pêche plus ronde que longue, qui prend un beau rouge; elle est fort estimée par sa bonté.

La *Pêche Nivette* est une grosse Pêche, de figure presque ronde & d'un beau rouge; elle a le goût relevé, l'eau sucrée, & se mange à la my-Septembre.

Le *Brugnon musqué*, autrement *Brugnon violet*; cette Pêche est admirable quand on la laisse mûrir sur l'arbre, jusqu'à ce qu'elle s'en détache, il se mange à la my-Septembre.

Le *Pavi admirable* est une grosse Pêche.

Le *Pavi rouge de Pomponne* est une Pêche ronde & d'un rouge incarnat, il prend le goût de musc; son eau est sucrée, il se mange à la fin de Septembre.

Le *Pavi Magdelaine* est gros comme la Pêche Magdelaine, & se mange en même temps.

Le *Pavi rouge* est un beau fruit, il se mange au mois de Septembre.

Le *Pavi Royal* se mange en même temps que la Pêche Royale, c'est un bel & bon fruit.

Le *Pavi Ramboüillet* est fort estimé, il est bon d'en avoir quelques-uns dans un Jardin; tous les Pavis ne quittent point le noyau, c'est pourquoy on ne les estime pas tant que les Pêches: passons maintenant aux Poires.

Liste des Poires d'été.

Le *Petit muscat* est une petite Poire dont l'odeur est musquée, son eau est tres-relevée; il faut le manger au commencement de Juillet dans les terres légéres, & ailleurs, quand l'année n'est point pluvieuse.

Le *Citron des Carmes*; cette Poire est merveilleuse; & se mange des premieres.

Le *Muscat Robert*, autrement dit, *Poire à la Reine*, ou *Poire d'Ambre*; c'est un fruit tendre, gros comme le petit muscat, plus jaune & d'un goût plus relevé.

Le *Beau-present*; cette Poire est mûre à la fin de Juillet.

La *Robine* est une Poire cassante; on l'appelle autrement *Royale d'été*; c'est un petit fruit qui vient par bouquets; elle prend beaucoup de musc, elle a l'eau sucrée, & se mange à la fin d'Août.

L'*Orange*; cette Poire a la véritable figure d'une Orange, elle est sujette à cotonner, si on ne la prend à propos; elle est bonne dans les terres légéres, & fort insipide dans celles qui sont froides & humides; on la sert vers la my-Août. Poires d'été.

La Cuisse Madame est une Poire longuette, rouge & jaune, elle est beurée, & a l'eau fort sucrée; on la mange au mois de Juillet.

Le *petit Blanquet* ou *Blanquette* est une Poire plus longue que ronde; elle a la peau lisse, la chair cassante, l'eau tres-sucrée; elle mûrit au mois de Juillet.

L'*Amiré musqué*; cette Poire est bonne à la my-Août.

La *Poire sans peau* est à moitié beurée, elle ressemble au Rousseler;

elle eſt mûre vers la fin de Juillet; on l'appelle encore *Fleur de Guigne*, ou *Rouſſelet prime*.

La *Belliſſime*, ou *Suprême*, eſt une Poire à demy beurrée, groſſe comme la blanquette, d'un jaune foüeté de rouge, d'un relief admirable; elle eſt ſujette à cotonner, ſi on la laiſſe mûrir ſur l'arbre.

Bon-chrêtien d'été muſqué, c'eſt une Poire caſſante, longue & d'une groſſeur raiſonnable; elle eſt jaune, marquetée de rouge lorſque le ſoleil frappe deſſus; elle a l'eau ſucrée & d'un parfum agréable; elle mûrit au mois d'Août.

Bon-chrêtien d'été, autrement *Gracioli*, c'eſt une groſſe poire jaune, longue & liſſée, l'eau en eſt ſucrée, & ſe mange au mois d'Août.

Rouſſelet de Rheims eſt une Poire médiocrement groſſe, elle eſt demy beurrée, & ſent le muſc; ce fruit eſt eſtimé de tout le monde, & ſe mange au mois d'Août.

La *Fondante de Breſt*, autrement, *l'Inconnuë Cheneau*, eſt une Poire caſſante plus longue que ronde, foüetée de rouge & de jaune, elle a l'eau ſucrée, & relevée, & ſe mange au mois d'Août.

L'*Orange rouge* eſt une Poire caſſante, d'un rouge de Corail, dont la chair eſt fort ſucrée; elle eſt ſujette à cotonner, ſi on ne la cüeille un peu verde.

La *Bergamotte d'été* eſt une Poire qui a aſſez de rapport à la Bergamotte d'automne, on la nomme encore le *Milan d'été*; c'eſt un bon fruit, il a l'eau ſucrée, & mûrit à la my-Août.

Poire d'Automne.

L'*Angleterre* eſt une Poire longuette, griſâtre & fondante, elle ſe mange au mois de Septembre.

Le *Beurré rouge*, eſt une Poire tres-beurée, d'une forme aſſez groſſe, beaucoup colorée, & d'une eau tres-ſucrée; elle mûrit au mois de Septembre.

Le *Beurré gris* eſt un bon fruit, aſſez gros, de couleur griſe; il ſe mange à la fin de Septembre & en Octobre.

Le *Salvéati* eſt une Poire de moyenne groſſeur, ronde & de couleur jaune.

Le *Meſſire-jean*, il y en a de deux ſortes; le *doré* & *le gris*; le premier eſt gros, un peu plus rond, & de couleur d'un jaune brun, il a l'eau fort ſucrée. Le *Meſſire-jean gris* ſe garde plus long-temps que le doré, ſe mange en Octobre & vers la ſaint Martin.

La *Bergamotte commune* eſt une groſſe Poire liſſée, platte & beurrée; elle eſt verte & jaunit en mûriſſant; elle ſe garde juſqu'au mois de Décembre.

La Bergamotte Craſane eſt un fruit gros & rond, d'un gris verdâtre qui jaunit en mûriſſant; il eſt fondant, ſon eau eſt ſucrée, & certaine petite âcreté qu'on ſent lorſqu'on la mange, la font eſtimer beaucoup, elle mûrit en Novembre.

Le *Sucré vert* eſt beurré, plus long que rond, & d'une groſſeur raiſonnable, c'eſt une Poire excellente qui ſe mange à la fin d'Octobre.

Le *Martin ſec* eſt une Poire dont la chair eſt caſſante, elle eſt plus longue que ronde, & au reſte aſſez connuë, l'eau en eſt ſucrée; il ſe garde juſqu'au mois de Février, & ſe mange dés le mois de Décembre.

La *Dauphine*, autrement appelée

Franchipane, eſt une Poire fondante & plus ronde que longue, plus groſſe que petite, elle a la peau liſſée & jaune, l'eau ſucrée, & ſe ſert au mois d'Octobre.

Le *Bezy de la motte* eſt une Poire fort eſtimée, elle a l'eau fort ſucrée & ſe mange au mois d'Octobre.

Le *Doyenné* eſt une Poire beurrée aſſez groſſe, l'eau en eſt ſucrée : elle eſt ſujette à cotonner, ſi on ne la prend à propos, & ſe mange au mois de Septembre & d'Octobre.

Le *Petit oing* eſt une petite Poire fort bonne, qui ſe mange en Novembre & en Décembre.

La *Verte longue* eſt un fruit fondant de figure longue & verde, ce qui luy a donné ſon nom : l'eau en eſt ſucrée, d'un relief admirable, elle ſe mange au mois d'Octobre.

La *Belliſſime d'Automne* prend un rouge de vermillon qui la rend belle, elle reſſemble à la Cuiſſe-Madame, excepté qu'elle eſt plus groſſe; elle eſt caſſante, fort ſucrée, & pour l'avoir bonne, il faut qu'elle ſe détache de l'arbre; on la ſert au mois de Septembre.

La *Verte longue Suiſſe*, autrement *Verte longue panachée*, eſt une Poire rayée de vert & de jaune, fondante & fort eſtimée; elle ſe mange au mois d'Octobre.

La *Bergamotte Suiſſe* eſt une Poire fondante, rayée de verd & de jaune; elle ſe ſert en Octobre.

Poires d'Hyver.

La *Marquiſe* eſt une poire fondante & beurrée, ſemblable au Bon-chrétien d'hyver; elle eſt verde quand on la cüeille & jaunit en mûriſſant, elle a l'eau ſucrée, & muſquée, & ſe mange au mois de Novembre.

L'*Ambrette* eſt fondante, ronde & d'une eau ſucrée; elle eſt griſe dans les terres fortes & blanchâtre dans les terres légeres, elle ſe mange au mois de Novembre.

La *Louiſe Bonne* eſt un bon fruit fort eſtimé, & ſe mange au mois de Novembre.

La *Jalouſie* eſt une groſſe Poire un peu pointuë vers la queuë, & d'une couleur griſâtre; elle eſt fondante, elle a beaucoup d'eau, elle mollit ſi elle n'eſt cüeillie un peu verde, & ſe ſert en Novembre.

Le *Satin* eſt rond, il a la peau jaune & liſſée, il eſt fondant, d'une eau ſucrée, & ſe mange en Novembre.

La *Bergamotte d'hyver* eſt un fruit excellent & fondant, il ſe mange en Décembre.

L'*Epine d'hiver* eſt plus longue que ronde, elle eſt verde & jaunit en mûriſſant; elle eſt fondante & muſquée, d'un bon goût, & ſe mange en Novembre.

L'*Echaſſerie* eſt raiſonnablement groſſe; elle eſt ronde, en ovale, fondante, jaune & muſquée; c'eſt la meilleure de toutes les Poires, elle ſe mange en Novembre.

Le *ſaint Germain* eſt fondant, gros, long & verdâtre; il jaunit en mûriſſant: on en mange depuis Novembre juſqu'en Mars.

Le *Colmart* eſt un fruit fondant, gros & plus long que rond; il a l'eau ſucrée & tres-relevée; cette Poire ſe garde juſqu'à la fin de Mars.

Le *Bézy de Chaumontel* eſt demy beurré, gros & long, il a la Peau ſemblable à celle du beurré gris, ſon eau eſt ſucrée, il ſe ſert en Décembre.

La *Merveille d'hyver* est une Poire dont la figure est inégale; elle est verdâtre, fondante, d'une eau sucrée, elle se sert en Décembre.

La *Virgouleuse* est une Poire fondante, longue & verde; elle jaunit en mûrissant, elle a l'eau fort sucrée, elle est assez connuë pour une des meilleures Poires qui se mangent au mois de Novembre.

Le *Bézy quassoy* est un beau fruit qu'on sert en Novembre, on l'appelle encore *Rousselette d'Anjou.*

Le *Bon-chrétien d'hyver* est une Poire assez connuë par son ancienneté, fort estimée, quoiqu'en disent au contraire certains capricieux, ce fruit se garde jusqu'ua Printemps.

L'*Angelique de Bordeaux*, ou le *saint Martial*, ressemble à un Bon-chrétien d'hyver, excepté qu'elle est plus platte & moins grosse; elle est cassante, d'une eau fort sucrée, & se garde long-temps.

La *Bergamotte de Soulairs* est une Poire qui n'est pas si platte qu'une Bergamotte d'Automne, elle est tachetée de noir, fondante, d'une eau bonne & sucrée; elle se sert en Février & en Mars.

Il y a encore le *Certeau*, le *Francréal* & le *Ral*, autrement *Poire de livre*, qui sont des Poires à cuire, & qu'on connoît assez, sans qu'il soit besoin d'en rien dire.

Liste des Pommes.

Le *Rambour franc*, est une grosse Pomme, platte, rayée d'un peu de rouge, elle est bonne cuitte en compotte.

La *Reinette franche* est assez connuë, elle jaunit en mûrissant, elle est marquetée de petits points noirs, elle a l'eau sucrée, & se garde jusqu'au Printemps.

La *Reinette* est excellente, elle a l'eau sucrée, elle se garde presque jusqu'à la saint Jean.

La *Calville* est de deux sortes, la *rouge* & la *blanche*; la premiere est quelquefois rouge dedans, quelquefois blanche, l'autre est blanche dehors & dedans, & toutes deux bonnes Pommes.

La *Pomme d'or*, ou de *drap d'or*, est d'une grosseur médiocre, elle a le goût plus relevé que la Reinette.

La *pomme d'Apy* est assez connuë, elle se mange pendant long-temps.

La *passe-pomme.*

Le *Chataigner* est une bonne Pomme, d'une substance ferme & agréable.

Le *Courpendu gris* est assez bonne Pomme.

Le *Fenoüillet*, ainsi appellé, parce que cette Pomme sent le fenoüil, quand on le mange.

La *Reinette* de Bretagne.

La *Reinette d'Angleterre* est tres-belle & grosse Pomme, elle se garde long-temps.

La *Reinette blanche* est la moins estimée des Reinettes.

On ne doute point qu'un curieux n'ait lieu d'être content du détail de tous les fruits qu'on vient de faire.

CHAPITRE

CHAPITRE XXV.

Des Maladies des Arbres, & des Moyens de les en guérir.

LEs arbres sont sujets à plusieurs infirmitez différentes, ou parce que le suc nourricier n'y circule point en si grande abondance que de coûtume, par des raisons qui la plûpart nous sont cachées, ou parce que quelque insecte nuisible empêche que ce suc n'y fasse ses fonctions ordinaires.

La terre contribuë souvent à rendre les arbres malades, comme lorsqu'elle est sans sels, tels que sont les terroirs infertils. Celuy-là a bien tort, qui plante des arbres dans de semblables fonds, & c'est bien sa faute s'il voit son attente trompée: il n'y a pas moyen de corriger le défaut d'une mauvaise terre, à moins qu'on ne veüille en transporter de nouvelle ; mais la dépense que cela coûte, rebutte beaucoup.

Il y a des terres à la vérité, qui quoique bonnes, ne laissent pas d'avoir leurs défauts, & d'où les arbres souffrent, si on n'y remédie ; comme par exemple, une terre séche & légére fait jaunir les arbres, parce qu'il leur faut cette humeur radicale qui est si nécessaire à la végétation, & sans laquelle les pores d'un arbre ne peuvent s'ouvrir, pour laisser passer la séve, lorsqu'elle circule; en ce cas, il faut arroser les arbres, lorsqu'on voit que leur maladie provient de celà. *Terres trop séches. Reméde.*

Si au contraire on a fait un plan d'arbre dans une terre humide, & qu'on voïe que ces plans jaunissent, il faudra chercher des moyens pour égouter les eaux superfluës, qui empêchent absolument la matiere étherée d'agir, & rendent les sucs de la terre peu propres à la tissure des plantes qu'elle contient, & pour faciliter cet écoulement, on fait des rigoles plus basses que les arbres, qui reçoivent ces eaux, & les conduisent hors du Jardin par des pierrées. *Terres trop humides. Reméde.*

Si un arbre jaunit dans une bonne terre, parce que le sujet sur lequel il aura été greffé n'y convient point, il faut l'arracher ; car on auroit beau y vouloir apporter du reméde, ce seroit peine perduë. *Contre la jaunisse.*

Que si d'un autre côté un arbre ne donne plus que de tres-petits jets, parce qu'on l'aura laissé trop chargé de bois, il faut le décharger de ce qu'on juge qu'il en a de trop, jusqu'à ce qu'on voye qu'il se remette à pousser plus vigoureusement ; ce qui se fait en taillant court les branches trop longues, & en ôtant les branches qui font confusion dans le milieu. *Arbre affoibli par la trop grande charge de bois. Reméde.*

Un arbre jaunit pour avoir été mal planté, ou pour l'avoir planté chétif; il n'y a point de reméde, il faut l'arracher, & pour mieux remédier à tous ces accidens, il est bon d'avoir toûjours quelques arbres en manequins bien conduits pour remplacer ceux qui périssent, comme on le vient de dire.

Quand un arbre est attaqué de quelque chancre, il faut avec la pointe d'un couteau, ôter jusqu'au vif toute la partie malade. *Contre le chancre.*

Si ce sont des Chenilles qui fassent tort aux arbres, il faut avoir soin de les *Contre les Chenilles.*

ôter ; & pour le mieux, c'est dés l'hyver, de détruire cet insecte maudit par tout où on en voit des toupets.

Contre les Rats.

Si l'on s'apperçoit que les Rats en endommagent l'écorce, il n'y aura qu'à leur tendre des pieges, ce n'est pas un si grand secret dont tout le monne puisse venir à bout

Contre les Taons.

Les Taons quelquefois causent la jaunisse aux arbres : pour reméde, il faut en foüiller le pied, & ôter entierement ces bestioles, puis apporter de la terre neuve au pied de l'arbre malade, aprés en avoir taillé plus courtes les racines qui ont été rongées ; ce petit reméde les ravivera.

Arbre languissant de vieillesse.

Quand l'arbre languit de vieillesse, il n'y a point de reméde, son temps est fait, il n'y a plus d'esperance de retour, il faut l'arracher, & en mettre un autre à sa place.

Des Tigres.

Les Tigres sont une maladie incurable pour les arbres; ces petits animaux s'attachent derriere les feüilles des Poiriers en espalier, ils les rongent, & les desséchent de maniere, que l'arbre n'y peut résister, il faut qu'il périsse, il n'y a point de reméde.

De la gomme.

La gomme qui se met aux Pêchers & aux autres fruits à noyau, est encore une maladie à laquelle on ne peut remédier ; si par bonheur néanmoins elle ne paroît qu'à une branche, il y a de l'esperance, parce qu'il n'y a qu'à coupper cette branche deux ou trois pouces au dessous de l'endroit infecté, & l'arbre ira toûjours son train. C'est ainsi qu'on peut remédier aux infirmitez des arbres ; il faut y faire attention, car sans cela un arbre tombe insensiblement en langueur, & périt sans espoir de retour.

CHAPITRE XXVI.

Des Figuiers, & comment les cultiver.

NOus ne nous amuserons point icy à descendre dans le détail de toutes les espéces de figues qui se mangent, nous ne parlerons que de celles qui résistent le mieux dans nos climats, & qui sont les plus délicates ; car pour les autres qui naissent dans les pays chauds, elles y viennent sans culture, ainsi il est inutile d'en rien dire.

Nous n'avons, à parler nettement, que trois sortes de figues qui réüssissent bien depuis Lyon jusqu'à Paris; sçavoir, *la figue blanche à petit grain, l'angelique & la violette ;* toutes ces figues se multiplient de plan enraciné & de marcottes.

Comment avoir des Figues de plan enraciné & de marcottes.

DAns le premier cas, & pour avoir facilement beaucoup de Figuiers, on fait une couche à l'ordinaire, dont on laisse passer la grande chaleur, puis ayant tiré beaucoup de drageons du pied des vieux Figuiers, on les met en pots remplis de terre, moitié terreau, moitié terre à potager; il suffit qu'ils ayent quatre à cinq pouces de tige, ensuite on enfonce ces pots dans la couche jusqu'aux deux tiers de leur hauteur ; on soigne aprés cela de bien arroser ces jeunes plans, qui poussent à merveille en racines ; c'est ainsi qu'on trouve le secret de bien entretenir une Figuerie.

Quant aux marcottes, on les fait de la maniere qui suit ; il faut au mois de Mars coucher de bonnes branches, qui sont aux pieds des Figuiers ; & au même mois, ou dans celuy d'Avril de l'année suivante qu'elles auront immanquablement pris racine, il faudra les lever du pied de l'arbre, quelques-uns séparent les marcottes dés le mois d'Octobre qui suit, mais ils font mal.

De la maniere de cultiver les Marcottes, & d'encaisser les Figuiers.

IL faut coupper la tige de la Marcotte à un pied au dessus de sa racine, qu'on taille un peu courte, puis on a de bonne terre mélée moitié terreau, ensuite on met cette Marcotte dans un manequin qu'on enterre dans une couche, comme on a dit cy-dessus, cela avance de beaucoup les Marcottes qu'on met en caisse ou en plein vent, lorsqu'elles sont fortifiées : voicy ce qu'on observe à l'égard des caisses.

Lorsque le manequin est tiré de la couche, on le couppe pour avoir la Marcotte en motte ; on le met ensuite dans une caisse d'environ neuf pouces de diametre, si la Marcotte est un peu forte, sinon on se servira d'une plus petite, la Marcotte étant ainsi encaissée avec les précautions nécessaires, on la soigne comme on le va dire.

Il est beaucoup avantageux d'élever des Figuiers en caisse, parce qu'on peut sûrement & facilement les conserver de la gelée, pour peu qu'on ait une serre qui soit passable. Le Figuier se deffend toûjours assez du froid, pourvû qu'on le mette à couvert de ce qu'il a de plus rigoureux ; il suffit que la grosse gelée ne donne pas dessus. Avantage des Figuiers en caisse.

Du temps de mettre les Figuiers dans la serre, & quand les en sortir.

LE temps de mettre les Figuiers dans la serre, est le mois de Novembre, lorsqu'on craint que le gros froid ne vienne les surprendre ; ces arbrisseaux restent ainsi renfermez durant tout l'hyver, sans exiger de nous aucun soin, que de tenir les lieux où ils sont bien clos pendant les plus grandes rigueurs du froid ; car hors cela, ils n'ont pas besoin de tant de précautions.

On peut sortir les Figuiers de la serre vers la my Mars, ou même dés le commencement de ce mois, s'il fait de beaux jours ; il est bon que les figuiers immédiatement au sortir de leur prison joüissent des rayons du soleil & de quelques pluyes douces du Printemps pour pouvoir heureusement pousser leurs premiers fruits, afin qu'ils s'accoûtument insensiblement au grand air.

Où placer les Figuiers au sortir de la serre.

INcontinent aprés que les figuiers sont sortis de la serre, on les met le long & tout le plus prés qu'on peut, de quelque mur exposé au midy, ou au levant, on les y laisse jusqu'au commencement de May ; c'est en cet état qu'on les garantit des gelées du matin, qui sont encore des restes de l'hyver, qui leur seroient tres-préjudiciables ailleurs. Si l'on prévoyoit néanmoins que ces gelées dûssent être un peu fortes, il seroit bon de couvrir les figuiers de cossats de pois, ou de quelques draps pour conserver les jeunes figues.

Soins qu'on en doit prendre.

La premiere chose qu'il faut faire quand on a mis les Figuiers hors de la serre, c'est de les arroser amplement, de maniere que toute la terre en soit imbibée ; cet arrosement leur suffit jusqu'à ce qu'ils commencent à pousser des feüilles, & que le fruit paroisse tout-à-fait, à moins que les pluyes de la saison n'y suppléent. Quand on n'a plus rien à craindre du froid, on éloigne les caisses de ce premier abry pour les placer ailleurs plus au large, & de la maniere qu'on le juge à propos pour l'ordre qu'on y veut tenir ; aussitôt que les caisses sont ainsi rangées, on leur donne encore une bonne moüillure, puis on fait tous les huit jours la même chose jusqu'à la fin du mois de May ; pour lors il faut commencer à les arroser du moins deux fois la semaine, & presque tous les jours vers la my-Juin que les grandes chaleurs commencent à se faire sentir.

A mesure que les Figuiers en caisse se fortifient, il faut soigner à leur donner des caisses qui leur conviennent ; car enfin il leur faut de la nourriture, & par consequent une terre capable de leur en pouvoir fournir.

Les Figuiers en caisse à la verité donnent un peu de tablature aux Jardiniers, à cause des fréquens arrosemens qu'il leur faut donner ; car c'est un abus de compter sur les petites pluyes, elles ne servent de rien aux Figuiers en caisse, & qui s'y attendroit verroit bientôt les feüilles de ces arbrisseaux se flétrir, & les fruits courir risque de tomber, & de périr ; le Figuier ne veut point avoir ses racines dans une terre séche, il luy faut de l'humidité pour l'obliger à bien végéter.

Les Figuiers en pleine terre n'ont point ces sortes de sujetions, dans quelque terroir qu'ils puissent être plantez ; leurs racines qui ont la liberté de s'étendre, y trouvent toûjours assez de quoy entretenir l'humeur radicale dont ils ont besoin ; il ne reste plus aprés cela qu'à parler de la taille qui leur est nécessaire pour bien faire leur devoir.

De la Taille des Figuiers.

LA taille des Figuiers se fait à la fin de l'hyver, & l'on commence par ôter tout le bois mort des Figuiers, soit en pleine terre ou en caisse, & comme le fruit de cet arbrisseau ne croît que sur les grosses branches ce sont celles qu'il faut tailler en les pinçant, ou en coupant les jets trop longs qui s'emportent, afin qu'ils jettent des branches à fruit, & que les fruits grossissent.

On ôte encore toutes les branches de faux bois, qui se connoissent à leurs yeux qui sont plats. Tous les ans au mois d'Avril, on retranche tous les rejettons qui croissent au pied des Figuiers; & si l'on veut leur faire prendre racine, on fera comme on a dit.

Quand le mois de Juin est arrivé, il faut pincer les grosses branches qui ont poussé depuis le Printemps, cette opération leur fait pousser plusieurs petites branches pendant l'été, qui sont celles ordinainairement qui produisent le fruit, elle contribuë beaucoup à avancer la maturité des Figues, & à leur faire donner des Figues en abondance l'année suivante.

Des Figuiers en espalier, leur culture.

LEs Figuiers en espalier ont d'autres sujetions que les premiers. 1°. Il faut pendant l'été & l'automne laisser leurs branches un peu en liberté, parce que les fruits y viennent mieux, & qu'ils en sont meilleurs; ils ne veulent point qu'on les géne en les palissant, comme on fait les branches des autres arbres fruitiers. Il suffit de les soutenir pardevant, avec des perches qu'on pose simplement sur de grands crochets, qu'on fait pour cela sceller dans le mur à trois pieds l'un de l'autre, ces crochets le long du mur se placent en échiquier.

Tous les ans dés que les feüilles des Figuiers sont tombez aux approches de l'hyver, il faut, autant qu'il est possible, presser les branches de ces Figuiers contre les murs, cela se fait avec des osiers dont on se sert pour les attacher; s'il y a des branches trop élevées, il faut essayer de les coucher de côté, & prendre garde de ne les point rompre ny éclater; ensuite on applique dessus de bons paillassons épais de deux ou trois bons pouces, ou bien on se sert de grand fumier sec, qu'on met tout du long à l'épaisseur de quatre ou cinq pouces, & soutenuës par des perches fichées en terre & mises de travers.

L'hyver étant passé, & le mois de Mars presque sur sa fin, on se contente de découvrir à demy les espaliers de Figuiers, sans détacher aucunes branches du mur, & même si l'air semble menacer de quelques gelées, il ne faut pas manquer de couvrir aussi-tôt les Figuiers pour les laisser en cet état jusqu'à ce que le temps paroisse plus assûré, & que les Figues soient à peu prés de la grosseur d'un gros pois, ce qui n'arrivera guéres en nos climats que vers le mois de May.

De quelques Observations sur la Taille des Figuiers.

IL faut prendre garde, le plus qu'il est possible, que les Figuiers ne montent trop haut en peu de temps, cela les dégarnit considerablement; & fait qu'ils ne donnent pas tant de fruits que si ils étoient mieux conduits.

De chaque œil qui croît sur une branche de Figuier, il en sort une Figue ou deux. En ce cas-cy, on n'en laisse régulierement qu'une, qui vient toûjours belle & bonne, lorsque la saison luy est favorable, & même chacun de ces yeux peut produire en même temps une branche, ce qui néanmoins n'arrive pas toûjours.

Il est toûjours plus avantageux de se préparer à faire venir des premieres Figues, que des secondes, qui souvent trompent nôtre attente, à cause de la saison qui ne les favorise pas assez pour les conduire à une parfaite maturité.

On a expérimenté que les Figuiers mis au couchant donnoient des premieres Figues assez mûres, la chaleur de l'été étant suffisante pour cela ; il y a sur tout une grande précaution à prendre à l'égard des Figuiers en place qui est de ne les point mettre sous les égoûts des grands toîts, à cause de la trop grande abondance d'eau qui en peut tomber, & du verglas qui est bien plus à craindre tant l'hyver que le printemps.

Des Figuiers en buisson.

ON met aussi des Figuiers en buisson en pleine terre, il n'y a rien à dire autre chose que ce que nous avons dit pour ceux qui sont en caisse, & en espalier ; les buissons donnent des Figues plus tard que ceux qui sont contre un mur, & causent plus d'embarras pour les garantir de l'hyver que les autres ; c'est pourquoy on en met peu sous cette forme ; outre que les Figuiers en buisson sont fort sujets à être confus, principalement lorsqu'ils sont plantez en bonne terre.

CHAPITRE XXVII.

La Culture de la Vigne, & de tout ce qui y est nécessaire.

DE même qu'il y a des terres qui sont plus propres que d'autres à recevoir heureusement le bled dans leur sein, aussi en voyons-nous qui sont particulieres pour la vigne; c'est à dire, où elles donnent de meilleurs raisins qu'ailleurs, c'est ce que nous expliquerons aprés que nous aurons marqué quels sont les véritables qualitez d'un Vigneron.

Tous les Manœuvres champêtres ne sçavent pas cultiver la vigne également ; tel est bon Laboureur, qui est tres mauvais Vigneron ; & pour sçavoir bien son métier ; voicy ce qu'on souhaiteroit dans un homme.

Des qualitez d'un bon Vigneron.

IL faut qu'il soit robuste ; car sans doute, il est besoin de force pour résister aux travaux de la Vigne, les labours en sont pénibles. Pour être bon Vigneron, il faut d'abord s'attacher à la Coûtume du pays ; ce n'est pas que la Vigne ne pût venir également par tout, conduite d'une même maniere. Mais à quoy bon innover une maxime, quand elles réüssissent toutes ? outre que la commodité des lieux nous prescrit souvent des loix là-dessus. Cet Ouvrier doit encore connoître la nature de la terre, parce que la vigne y poussant plus ou moins, elle veut qu'on la taille plus ou moins court. Un Vigneron doit être matineux ; car du moment qu'il est lâche & pareſſeux, il n'eſt capable de rien ; l'yvrognerie eſt un vice qui doit faire rejetter un Valet Vigneron ; un homme yvrogne n'eſt bon à rien ; un peu de génie pour ce qui regarde la culture de la vigne, luy eſt fort néceſſaire, parce qu'il y a bien de petits ouvrages extraordinaires qui dépendent de ſon ſçavoir faire : ce Valet ſera pourvû de tous les outils qui luy ſont néceſſaires, comme par exemple il aura une Pioche à l'uſage des lieux, une Serpe ou Serpette, une Pelle de bois pour charger les terres de tranſport, ou pour vuider les foſſes des provins ; il ſe ſervira d'un Maillet, ou du dos d'une groſſe Serpe, pour ficher les échalats en terre, & le reſte qui eſt peu de choſe : voyons quelles ſont les terres propres pour la vigne.

Des Terres propres à planter la vigne.

GEnéralement parlant, la vigne croît en toutes ſortes de terres, quand elle y eſt bien cultivée ; mais le vin n'y acquiert pas un même relief, ſoit que les parties qui en exhaltent trouvent différentes diſpoſitions à s'y mouvoir, ſoit que dans leur mouvement elles trouvent d'autres parties qui les modifient autrement.

La terre forte eſt une terre où la vigne croît tres-bien, elle y jette vigoureuſement, & y produit beaucoup de fruit quand elle eſt cultivée, comme il faut ; mais le raiſin n'y acquiert pas tout le relief néceſſaire pour faire du bon vin, les parties aqueuſes qui y ſont mêlées en trop grande quantité, empêchent que la coction du ſuc n'en ſoit parfaite. Il ſeroit à propos que toutes ces terres fuſſent ſituées ſur des côteaux à l'expoſition du midy. Il eſt une eſpece de terre forte appellée *Terre franche*, où le raiſin devient toûjours inſipide, principalement quand elle a ſon aſſiette dans un fond ; ainſi on s'abſtiendra d'y planter de la vigne autant qu'on pourra. Terre forte.

Le terroir pierreux eſt plus heureux pour donner de bon vin. Il y en a de pluſieurs ſortes ; celuy dont le cailloutage eſt petit & blanc, & dont la terre eſt jaunâtre, c'eſt là où la vigne produit de bon raiſin, ſur tout quand c'eſt ſur des côtes que ces vignes ſont ſituées, & qu'elles ont pour aſpect le midy ou le levant. Les terres dont les pierres ſont noirâtres & plus groſſes ne donnent pas de ſi bon vin, il faut que la chaleur qui frappe ces pierres, rende par ſa réflexion les ſels de ces terres trop volatiles & trop rares, de maniere que ſouvent le raiſin y contracte un acide qui empêche que le goût n'en ſoit parfait. Terre pierreuſe.

Il y a encore d'autres terres toutes remplies de crayon, elles donnent de bon vin tres-vineux, mais fort ſujet à contracter le goût de cette pierre lorſque les années ſont chaudes ; il eſt vray que ce vin ſe rarefie à meſure qu'il vieillit ; c'eſt pourquoy on conſeille de planter de la vigne dans ce terroir. Terre de crayon.

Les terres ſabloneuſes ſont encore propres pour la vigne quand elles ne ſont point trop-humides, & qu'elles ſont ſur des côteaux, & expoſées au midy ou au levant ; ce n'eſt pas que le vin y viene ſi parfait que dans les terres pierreuſes ; mais enfin c'eſt un vin bourgeois qui a ſon agrément, & dont la ſéve plait aſſez. Les terres ſabloneuſes humides reçoivent aſſez heureuſement le plan de vigne, tant pour le bois que pour le fruit, mais le Terre ſabloneuſe.

vin en est toûjours désagreable, quelque année favorable que puisse avoir la vigne : il faut employer ces terres à d'autres usages qui feront plus de plaisir, & dont le profit en est plus sûr.

Toutes ces especes de terres se trouvent en différens pays, c'est à dire, pas bien éloignées l'une de l'autre, mais selon les climats & les degrez de chaleur ; le relief du vin en est bien plus ou moins grand ; la raison est que la température de l'air qui est chaud, rarefie bien davantage les particules fermentatives de ces terres qui actuent, & font bien mieux fermenter les sucs qui servent à l'accroissement de la vigne qui y est plantée, que dans d'autres contrées où le soleil n'a pas tant de force. Ces terres ainsi choisies, on aura égard au raisin qu'on y voudra planter ; il est bon, pour bien faire, qu'il soit de nature convenable au terroir où on le veut mettre, c'est ce qu'il est question de déméler ; nous ne parlerons d'abord que des raisins dont on se sert pour les vignes.

Du Choix des especes de raisins pour planter, & comment les accommoder aux terres.

NOus avons la *Morillon noir*, autrement appellé *Pineau*, c'est sans contredit le meilleur de tous les raisins pour faire du vin ; il y a aussi le *Pineau*, ou *Morillon blanc*, ces especes de raisins s'accommodent assez de toutes sortes de terroirs, mais à la vérité le suc en est bien plus parfait dans les terres pierreuses, légéres ou sabloneuses que dans les terres fortes, & moins sucré dans les sabloneuses que dans les pierreuses, où l'on ne met presque que de cette sorte de plan.

Il y a le *Tresseau*, appellé ailleurs *Raisin Bourguignon*, ce raisin n'est point bon à manger, il lâche trop le ventre, on le plante ordinairement dans les terres fortes, mêlé avec le *Morillon* ou *Pineau noir*, le Tresseau a le suc plus grossier, rempli de parties, qui dans le mouvement s'embarrassant beaucoup l'une l'autre, rendent une liqueur plus forte, & donnent un vin de l'arriere saison.

Le *Mêlié blanc* & *le noir*, appellez en des endrois *Melons*, sont des raisins d'un assez bon suc, le premier est plus estimé que l'autre, & convient tres-bien aux terres sabloneuses ; il y foisonne beaucoup. Il y a encore le *Mêlié verd*, appellé autrement *plan verd*, le suc de ce raisin n'a pas un relief bien excellent, mais quand on en met peu parmy les autres, il fait que le vin blanc n'est point sujét à jaunir, il est toûjours clair ; voilà les raisins dont on se sert le plus ordinairement pour planter la vigne.

On peut y mêler quelques seps de *Chasselas blanc*, mais guéres, encore faut-il que ce soit dans des terres pierreuses & légéres ; car dans les terres fortes, le suc en est trop commun.

Le *Muscat blanc* y peut aussi entrer, c'est à dire, en mettre dans un arpent de vigne cinq ou six seps, & non davantage.

Le *Samoireau*, autrement dit, *Quille de cocq* ne s'employe guéres encore aujourd'huy dans des plans de vigne, c'est un raisin d'un noir violet dont le grain est long, ferme & peu pressé.

Le *Fremanteau* est fort connu en Champagne, on en voit beaucoup dans leurs vignes.

Le *Raisin noir*, appellé *Raisin d'Orleans*, se cultive beaucoup aux environs de cette Ville; il a le grain serré, son suc est d'une teinture fort noire, au reste il est d'un relief tres-médiocre.

Les raisins blancs ordinairement conviennent mieux aux terres sablonneuses & légéres, que les raisins noirs; car ceux-cy n'y acquierent pas un si bon suc; c'est pourquoy on n'y en met que tres-peu. Sur ces idées on peut faire un plan de vigne aussi spacieux qu'on voudra: voyons au reste ce qu'il y a à considerer là dessus.

Aprés avoir choisi les espéces de raisin, qui par leur nature, avoient plus de rapport à certaines terres qu'à d'autres, & qu'on a enfin déterminé à planter des vignes, il faut sçavoir quand on le peut faire, & de quelle maniere cela se pratique tant à l'égard du plan, que de l'usage qui s'observe en le plantant.

Du temps de planter la Vigne, & des plans différens dont on se sert pour la multiplier.

ON commence à planter la Vigne, sitôt que les feüilles sont tombées, c'est à dire, vers la Toussaints jusqu'à Noël, si la gelée ne vient point interrompre les ouvrages; c'est le véritable temps pour les terres légéres & pierreuses, on sçait cette maxime dans les pays chauds, au lieu que dans les terres froides & humides, on ne plante la vigne que sur la fin de Février jusqu'au mois de May.

La Vigne se multiplie en deux manieres, ou de plan enraciné, appellé *Marcottes*, ou *Chevelées* selon les différens pays où ils s'élevent, ou bien on se sert de *Crossettes*, appellées *Chapons* en des endroits; les Marcottes ont des racines, c'est à quoy il faut bien prendre garde quand on veut s'en servir; on ne se sert guéres de chevelées pour faire des plans de vigne entiers, les Crossettes sont plus d'usage: ce sont ordinairement des sarmens qu'on couppe de dessus les souches; il est bon qu'ils ayent du bois de deux séves, c'est à dire, que par le bas il y ait environ un pouce de vieux bois, on prétend qu'il prend plûtôt racine, quoiqu'on en voïe d'autres néanmoins qui ne laissent pas que de pousser beaucoup en ces parties; mais, comme on a dit, la prudence veut qu'on se laisse aller au torrent, quand la réüssite de ce qu'on projette est assûrée.

Il seroit à propos qu'on se connût parfaitement bien au bois, afin de ne point être trompé dans l'espéce du raisin qu'on souhaite; mais en cela, comme il n'y a que ceux qui sont versez dans le métier de la vigne, dans lesquels, pour ainsi dire, cette connoissance se trouve, il faut en quelque façon nous en rapporter à leur bonne foy; il est bon pour cela, si l'on peut, d'avoir quelqu'un qu'on croye, qui nous trompera moins que les autres.

Dans le choix qu'on fait des Crossettes, il faut prendre garde que le bois soit bien aoûté; c'est à dire, qu'il soit bien nourri & bien mûr; car les sarmens que la vigne donne à la derniere séve ne valent rien pour planter la vigne. Il est bon, avant que mettre les Crossettes en terre, de les faire tremper dans l'eau par l'extremité d'en bas pendant cinq ou six jours; elles n'en vaudront que mieux, parce que les fibres qui s'humectent alors, se Choix des Crossettes.

rendent souples, & tres-capables par consequent de se dilater, lorsque la végétation s'y fait, ce qui n'arriveroit pas sitôt, si on les plantoit sans cette précaution : voyons à present comme ce plan se met en terre.

Des manieres différentes de planter la Vigne.

LA Vigne se plante différemment selon les climats divers où l'on est; les uns, comme en Bourgogne, la plantent sur des alignemens tirez au cordeau sur la superficie de la terre; les autres, comme aux environs de Paris, font de grandes rigoles tout le long du terrein, dans le fond desquelles ils placent leur plan; en l'un & l'autre cas, c'est toûjours à deux pieds ou deux pieds & demy de distance. Les bords de ces rayons sont élevez par le moyen de la terre qu'on a tirée de dedans; on seme dessus des haricots, ou autres légumes de cette sorte, sans que cela préjudicie à la vigne.

Dans l'Isle de France, l'Orleannois, la Bourgogne, le Berry, la Guienne, la Gascogne, la Provence & le Languedoc, on plante la vigne à mesure qu'on rompt la terre; en d'autre, on attend à y mettre la Crossette où la chevelée, aprés avoir entierement rompu la terre.

Les trous pour mettre les Crossettes se font de plusieurs manieres, toûjours néanmoins sur des alignemens tirez au cordeau; mais quant à la forme, voicy ce que c'est.

Planter à la taravelle ou au trou.

On prend une *Pince*, qui est un instrument, dont se servent les Paveurs qu'on appelle ailleurs *levier*, ou *fiche*; en Languedoc *taravelle* & *godeau*; en Anjou, on fait un trou avec cet outil d'environ un pied & demy de profondeur, puis on fiche la Crossette dedans, qu'on soigne de garnir de terre; cela s'appelle encore *planter au trou;* cette méthode ne convient qu'aux terres pierreuses, qui n'étant pas solides, se détachent, & garnissent aisément les plans : on ne s'en sert point dans les terres fortes.

Planter au pas.

On appelle *planter au pas* la maxime qui suit : on prend une pioche, qu'en certains pays on nomme *pieuche*, on creuse grossierement un trou profond d'environ un pied & demy, se terminant en rétrécissant dans le fond, mais de maniere néanmoins que l'entaille de ce trou ne passe point l'alignement dressé, afin qu'on puisse placer dessus la crossette, qu'on met en biaisant, puis posant le pied dessus pour la tenir en état, on tire de la terre dans le trou, ensuite on ôte le pied pour achever de le remplir, aprés quoy on porte devant le pied qu'on avoit derriere, pour creuser un trou, comme on a fait; l'enjambée qu'on fait d'un trou à l'autre est la distance que les crossettes doivent avoir entre elles.

Planter à la fosse ou à l'augelot.

La maniere de planter la vigne *à la fosse* ou *à l'augelos*, est tres-bonne, & réüssit dans toutes sortes de terres. Il faut faire pour cela une fosse d'un pied & demy de large sur tout sens, & autant de profondeur directement le long de l'alignement; cette fosse étant faite, on pose une crossette un peu en biais aux deux coins, on les adosse le long de cet alignement, puis on les couvre de terre, jusqu'à ce que la fosse soit à peu prés remplie : de quelque maniere que ce soit qu'on plante la vigne, il faut que la crossette ne sorte de terre que de deux yeux, aprés qu'elle est rognée ; il ne faut point d'arbres dans les vignes, l'ombrage est préjudiciable à la maturité du raisin.

Comment élever les Chevelées.

NOus avons dit que la vigne se plantoit de chevelées, si l'on vouloit, mais que les crossettes étoient plus d'usage pour cela ; cependant si l'on veut se satisfaire sur cet article, il faudra avoir de ces chevelées en pépiniere, & en élever comme on le va dire ; du moins si cette instruction ne sert que de curiosité pour ceux qui veulent faire planter des vignes, elle sera utile à ceux qui voudront faire commerce de cette sorte de plan, ainsi que cela se pratique aux environs de Paris.

Prenez un morceau de terre plus ou moins grand que vous désirerez élever des chevelées, labourez-le bien, creusez dessus des rayons tirez au cordeau, profonds d'un demy pied seulement, larges d'un, & éloignées d'un pied & demy l'un de l'autre, couchez-y les crossettes, couvrez-les de terre, foulez-les un peu au pied, ensuite unissez vôtre terrein, & observez que ce plan n'excéde point la superficie de la terre plus de deux ou trois bourgeons.

Quand le tout est ainsi planté, on le laisse de repos jusqu'à ce que les méchantes herbes l'incommodent, pour lors on serfouit légérement ce jeune plan, & tous les ans on soigne de luy donner quatre ou cinq labours, avec de bons arrosemens quand il en est nécessaire, au bout d'un an ou deux tout au plus les chevelées sont en état d'être employées ; on peut les laisser en terre jusqu'à quatre ans, si l'on veut, pour s'en servir au besoin.

Il y en a qui pour élever des chevelées, ont toûjours du plan de raisin en pépiniere, & qui à mesure que les seps jettent des sarmens, les couchent en terre, de la maniere qu'on fait les Marcottes ; la Méthode en est tres-bonne, & l'on s'en sert aux environs de Paris. Quant on juge que les marcottes ont pris racine, on les leve pour les replanter où l'on souhaite : les chevelées ne se plantent point en trous, mais dans des fosses creusées comme on l'a dit.

De la conduite de la Vigne nouvellement plantée.

C'Est avoir fait beaucoup que d'avoir planté la vigne ; mais ce n'est pas encore assez ; car si l'on ne sçait dans la suite l'entretenir comme il faut, tout ce premier travail devient inutile, la vigne ne veut point que le Vigneron la néglige.

Il ne faut point toucher à la vigne nouvellement plantée, qu'on ne voye qu'il soit temps de luy donner un labour, ce qui se remarque lorsque les herbes commencent à s'y manifester ; cependant, si la vigne a été plantée dés devant l'hyver, on la labourera pour la premiere fois au mois de Mars ; si le plan n'en a été fait qu'au printemps, on attendra au mois de May, quatre ou cinq labours luy conviennent pour bien faire son devoir, dans quelque terre qu'elle puisse être plantée, & c'est toûjours aprés une pluye qu'il faut la labourer, autrement la chaleur de l'été, qui pénétreroit trop fortement à travers les pores de la terre, en altereroit trop les jeunes ra- Travail de la premiere année.

cines. Quand le mois de Novembre est venu, on taupine les plans de la vigne, c'est à dire, on éleve autour de chaque plan une petite butte de terre comme celle que fait une taupe quand elle a poussé : cette façon les conserve contre les rigueurs de l'hyver ; outre qu'elle dispose la terre à s'ameublir on ne peut pas mieux, lorsqu'on vient à la labourer au printemps qui suit. Ce n'est pas que ce travail se pratique dans les pays où l'on plante la vigne en rigoles enfoncées.

Travail de la seconde année. La seconde année, & dés que le printemps est arrivé, on commence par détaupiner la vigne, c'est à dire, par abbattre les petites buttes de terre qui environnent chaque plan.

De la Taille de la vigne plantée d'un an, & du temps de la tailler.

ON se met ensuite en devoir de la tailler, & cette taille consiste de deux branches que chaque pied aura jetté par les deux bourgeons qu'on luy a laissé, à ravaller le sarment sur celuy qui est venu dessous qu'on taille au deuxiéme œil. Si quelqu'un de ces deux yeux vient à manquer, soit celuy d'en bas ou celuy d'en haut, on taillera le sarment qui sera crû à l'un ou à l'autre, comme on le vient de dire. La vigne se peut tailler depuis le mois de Novembre jusqu'à Pâques, sans observer la lune en aucune maniere.

Il y a des lieux, comme dans le Vivarez, où l'on appuye d'un petit échalas le jeune bois que la vigne nouvellement plantée a poussé, en d'autres on le laisse sans y rien mettre ; l'usage du pays doit nous guider en cela, ayant remarqué jusques-icy, qu'il est indifférent d'y en mettre, ou de n'y en mettre pas. Aprés cette premiere taille, on laboure la vigne ou la *jeune plante*, comme on dit en quelques endroits, quatre ou cinq fois l'année, & même davantage, si les méchantes herbes nous y obligent, la jeune vigne ainsi gouvernée, jette tres-bien son deuxiéme bois, sur lequel on asseoit la taille pour l'année qui suit.

On taupine ainsi les jeunes plantes au mois de Novembre dans les pays où cette façon est en usage, puis on les détaupine en Mars.

De la Taille de la Vigne plantée de deux ans.

LE temps de la taille étant venu pour la seconde fois, on ne laisse encore qu'un sarment qu'on couppe au deuxiéme bourgeon, parce qu'on n'a pour lors en vûë qu'à luy faire pousser du bois. On commence cette année au mois de Juin à ficher des échalats aux pieds des jeunes seps, pour y lier avec du fouar ou gluis, comme on dit en quelques endroits, le nouveau bois que la vigne aura jetté ; les labours à l'ordinaire ne lui manqueront point encore cette année.

De la Taille de la Vigne pour la troisiéme année, avec d'autres ouvrages qui la regardent.

QUand une jeune vigne est à sa troisiéme feüille, c'est à dire, qu'il y a trois ans qu'elle est plantée, on commence à la regarder pour le fruit, lorsqu'on la taille : il est vray qu'il faut encore la sçavoir ménager ; c'est à la prudence des bons Vignerons que ce ménagement est réservé ; s'ils voyent que le nouveau sarment soit vigoureux, ils ne laisseront que le plus fort, qu'ils tailleront au trois ou quatriéme œil ; si la vigne en jette plusieurs qui méritent qu'on y fasse attention, on coupera le plus beau, comme on vient de le dire ; on taillera celuy de dessous en crochet, c'est à dire à un œil seulement, & on retranchera entierement tous les autres.

Ebourgeonner la Vigne, ce que c'est; quand faire ce travail.

IL faut commencer dés cette année à ébourgeonner la jeune vigne ; & ce travail n'est autre chose qu'abattre avec le pouce les nouveaux jets de la vigne qui croissent en pied dans des endroits mal placez, où on ne les attend pas pour l'avantage de la vigne & pour sa figure ; cet ébourgeonnement se fait dés la fin de May, & au commencement de celuy de Juin ; & pour mieux dire, on commence à ébourgeonner la vigne, sitôt que le bourgeon a un peu poussé ; le plûtôt que ce travail se peut faire, c'est toûjours le meilleur.

Travail pour la quatriéme année que la vigne est plantée.

LA quatriéme année que la vigne est plantée, elle nous assujettit à son égard à bien plus de travail qu'auparavant ; si l'on cesse de la taupiner à l'entrée de l'hyver, on songe d'ailleurs à la provigner pour remplir les places vuides par les seps qui ont manqué ; c'est le meilleur expédient qu'on puisse trouver pour garnir une vigne : nous dirons ce que c'est que ce travail dans une autre occasion que celle-cy.

Pour obliger les jeunes vignes de quatre feüilles à pousser vigoureusement, on les fume ou de fumier de Vache, ou de Mouton un peu reposé ; cet amandement y fait des merveilles, principalement la seconde année qu'il a été employé, car pour la premiere, il ne fait, pour ainsi dire, que disposer les pores de la vigne à recevoir l'abondance des sels qui doivent la faire végéter extraordinairement. *Fumer la vigne.*

Lorsqu'on veut fumer une vigne, on commence par en déchausser tous les seps, puis on y met du fumier au pied, selon qu'on le juge à propos, aprés cela on la recouvre de la terre qu'on a tirée en la déchaussant : voilà tout le secret ; on fume les vignes au commencement de l'hyver, ou au mois de Février ou de Mars. *Comment fumer la vigne. Quand la fumer.*

Il est des pays où l'année d'aprés on terre ces jeunes vignes, c'est à dire, où l'on porte au pied de chaque sep de la terre qu'on prend ailleurs que dans les vignes mêmes ; ces terres de transport redoublent le volume du *Terrer les vignes, ce que c'est.*

suc nourricier dans les plans ; de maniere qu'une jeune vigne donne du bois & du fruit en tres-grande abondance ; ce transport des terres se fait aussi depuis le mois de Novembre jusqu'en Mars.

Des différentes manieres de conduire la Vigne.

CHaque pays, dit-on, chaque guise, c'est pourquoy il y en a où l'on conduit la vigne différemment qu'en d'autres : icy on la dresse non seulement avec des échalats, on y attache encore des perches de travers à la hauteur d'un pied & demy de terre ; c'est aux environs d'Auxerre où cette méthode se pratique tres-bien, & où l'on peut dire que les vignes sont dressées comme des jardins : là on se contente d'y mettre les échalats, quand elle est taillée, & de les ôter aprés vendange pour les mettre en monceaux au milieu de la vigne, où on les reprend au besoin ; les Vignerons d'autour de Paris en agissent ainsi.

Cette maniere cy de conduire la vigne ne coûte pas tant à beaucoup prés que la premiere, où les échalats sont la plûpart de cœur de chêne ; il y en a qui employent pour cela des échalats de tous bois qu'ils peuvent trouver pour cela, comme de perches de Saules ou de Vernes qu'on fend par moitié, mais ce bois ne dure pas long-temps dans les vignes, c'est presque tous les ans à recommencer.

Les seps de vigne qu'on met en perche doivent être élevez de terre d'un pied & demy, au lieu qu'il suffit d'un pied à ceux qui ne s'y mettent point.

De la Taille de la Vigne dans la quatrième année.

LA Taille des vignes qui sont à leur quatriéme feüille nous porte à beaucoup de considérations. Plus le bois qu'elles jettent est vigoureux, plus on doit le charger ; c'est à dire, le tailler au quatre ou cinquiéme bourgeon, ou au troisiéme s'il est médiocre : on ne laisse ordinairement qu'un sarment ou deux sur la tête de chaque sep, avec un *courson* au bas, qu'on appelle ailleurs *recours*, & qu'on taille à deux yeux.

On remarquera que le raisin blanc bourgeonne bien plus prés que le noir, & qu'ainsi ce n'est pas au plus ou moins de longueur du sarment taillé qu'il faut s'arrêter, c'est au nombre de bourgeons qu'on doit avoir égard.

C'est pour lors aussi qu'il est absolument nécessaire de redoubler ses soins pour ébourgeonner la vigne, & qu'on ne sçauroit trop prendre de précautions pour se bien acquiter de ce travail, qui est du moins aussi nécessaire que la taille ; car enfin si l'on n'abat le jeune bois qui croît superflu, il absorbe une partie de la substance, dont le bon bois de le vigne, & le fruit qu'il apporte, ont besoin, pour se nourrir parfaitement ; outre que ce bois inutile ombrage trop le raisin, & l'empêche de joüir des rayons du soleil qui contribuë entierement à la cuisson parfaite de son suc.

Il y a des régles qui regardent particulierement la taille de la vigne, il est bon de les établir icy pour l'intelligence du Lecteur.

Régles de la taille de la Vigne.

1°. COmme toutes les petites branches de la vigne sont infructueuses, il faut les retrancher toutes, ne laisser sur le sep que les mieux nourries, & les tailler comme on l'a dit.

2°. Il faut, en taillant la vigne, couper le bois qu'on ôte tout-à-fait, le plus prés qu'il est possible de son origine; car s'il y restoit des argots, il ne faudroit que cela pour y apporter de la confusion.

3°. Quand on taille un sarment, la couppe en doit toûjours être un bon pouce au dessus du bourgeon d'enhaut, & faire en sorte que la playe qui doit être en talus, soit à l'opposite de ce bourgeon, afin que lorsque la séve monte, & qu'elle distille par cette playe, elle ne le noye point.

4°. On retranchera toutes les vrilles qui se trouveront sur le sarment qu'on envisage pour la taille, parce que ce sont des productions qui y sont tres-inutiles.

5. Toutes branches qu'on aura laissées en pied en l'ébourgeonnant, ou par mégard, ou faute d'y avoir fait attention, seront toutes retranchées comme nuisibles, à moins qu'exprés on n'en ait laissé une belle, pour en faire un courson, ou un recours à la prochaine taille.

6. Il faut absolument réceper une vigne, qui par la négligence du Vigneron qui la conduit, ou sa trop grande vieillesse, ne jette plus que languissamment; cette opération réüssit tres-bien dans les terres fortes & dans les gros sables, elle est douteuse dans les terres qui sont pierreuses; c'est pourquoy on se détermine plûtôt alors à l'arracher pour la replanter deux ou trois ans aprés que la terre aura porté du bled, ou du sainfoin.

Rogner la Vigne, & l'accoler.

OUtre les travaux dont on a parlé, & qu'il est besoin de donner aux vignes, il est encore bon de rogner les jeunes sarmens qui ont crû sur la derniere taille; c'est au commencement de Juin que cela se fait, aprés quoy on assemble plusieurs de ceux qui sont restez pour les accoler à l'échalas avec du fouar ou du gluis, qui est de la grande paille non battuë au fléau, & couppée à un pied & demy de longueur: on rogne la vigne pour arrêter la séve, & l'obliger par cette opération à se jetter dans le raisin & dans le bon bois, qui en profitent tres-bien.

Nous avons dit qu'on donnoit plusieurs labours à la vigne, c'est à quoy il ne faut pas manquer: mais on remarquera que lorsque la vigne a quatre ans, on commence à luy mieux régler ces façons: car par exemple, dans les terres fortes on peut labourer les vignes jusqu'à quatre ou cinq fois l'année, au lieu que dans les terres pierreuses & sabloneuses, trois labours luy suffisent, sçavoir, un au mois de May, l'autre en Juillet, & l'autre vers la fin d'Août; ces labours se distinguent par des noms particuliers, le premier se dit *boüer* aux environs de Paris, *foüiller* en Languedoc, & *fombrer* en Bourgogne; le second *biner ou reclore*, comme on dit en Languedoc; le troisiéme *tiercer* ou *rebiner*; si l'on donne un quatriéme labour, Remarque sur les labours.

c'est une façon qui jusqu'icy n'a point eu d'autre nom que labour : le dernier labour est celuy qui fait grossir le raisin, & qui luy fournissant de suc autant qu'il luy en faut pour se nourrir & perfectionner, contribuë à sa bonté.

Nous avons dit qu'il falloit provigner les jeunes vignes pour en garnir les places vuides, ce travail n'est pas moins utile pour peupler les vieilles vignes, dégarnies de seps. Il y a deux choses à considerer quand on veut provigner une vigne, la bonne espece de raisin & le bon bois, sans cela, il est inutile de s'en méler.

Comment provigner, & du temps de le faire.

CEla observé, & lorsqu'on approche du sep qu'on veut provigner, on en épluche d'abord tout le menu bois, on n'y laisse que celui qui est le mieux nourri; ensuite on creuse au pied de ce sep une fosse plus ou moins longue que les sarmens peuvent s'étendre, profonde d'un pied & demy, aprés cela on prend le sep on l'ébranle un peu pour le coucher plus aisément, prenant garde néanmoins de n'y point rompre de racines, ce tronc en ayant besoin pour fournir toute la nourriture nécessaire aux provins.

Ensuite, on couche tout-à-fait le sep, on arrange les branches dans la fosse, de maniere qu'elles s'allignent droitement aux seps qui sont sur la même rangée; ces branches étant ainsi couchées, ou met le pied dessus pour les tenir en état, puis on les couvre de terre, on ôte le pied, & l'on acheve aprés de remplir la fosse : il suffit que chaque sarment sorte de terre d'environ quatre doigts.

Le temps de provigner la vigne est different, selon les divers terroirs où l'on veut faire cet ouvrage; car par exemple dans les terres fortes, dans celles qui sont légeres ou pierreuses, on y peut faire les provins depuis le mois de Novembre jusqu'au mois de May, & dans les fonds humides, il est bon de ne commencer qu'au printemps jusqu'au mois de May aussi: qu'on ne s'avise point, pour faire cet ouvrage, de consulter les quadratures de la lune; c'est un abus, une illusion en fait d'Agriculture, les influences de ces astres n'y déterminent rien. Il faut toûjours choisir un beau temps pour provigner, afin que la terre étant bien meuble, se glisse mieux autour des branches couchées, les garnisse & leur fasse par ce moyen jetter de beaux sarmans.

Des moyens de rétablir une Vigne vieille & languissante.

IL n'y a que les façons extraordinaires d'hyver, qui puissent remettre une vigne qui languit de vieillesse, ou pour avoir été négligée. Quand le mois de Novembre est arrivé, ou dés la my-Octobre méme on regarde si elle est garnie de seps, & si elle a poussé du bois assez fort pour étre provignée, parce qu'il est premierement question de remplir les places vuides; si bien qu'on provigne tout ce qu'on trouve de bon bois propre à provigner; cela fait, on taille cette vigne devant l'hyver, & trés-court.

L'année qui suit, & immédiatement aprés vendange, on fume toute la vigne, & on la taille encore au mois de Novembre, selon qu'on verra que son

ſon bois ſera plus ou moins fort ; c'eſt à dire, plus ou moins court : dans le païs où le fumier eſt rare, on ſe contente des terres de tranſport qu'on y apporte par tout à l'épaiſſeur de quatre doigts. Ceux qui ont la commodité des fumiers font tres-bien de s'en ſervir ; mais cela ne les exempte pas l'année d'aprés de terrer leur vigne. Aprés cela auſſi, il y a plaiſir de voir comme une vieille vigne qui languit ſe rajeunit, pour ainſi parler : on ſuppoſe qu'on luy donne avec cela tous les labours & autres façons qui luy ſont néceſſaires pendant l'été.

Ce n'eſt pas que toutes les vignes languiſſantes puiſſent ainſi ſe rétablir, elles ſont quelquefois ſi dérangées en dedans, que quelque choſe qu'on leur faſſe, elles languiſſent toûjours, le ſuc nourricier ne s'y portant plus avec aſſez d'abondance comme auparavant, parce qu'il trouve dans la plante des fibres trop alterées, incapables par conſequent de recevoir la nourriture, & des pores, qui étant toûjours fermez, empêchent que la ſéve ne ſe porte ſuffiſamment dans tout le corps d'un ſep : ce malheur arrive aux vignes, principalement dans les terres pierreuſes, elles n'y durent pas à beaucoup prés autant de temps que dans les terres fortes, où il eſt aiſé de les raviver, comme on vient de dire.

Comment cultiver une vigne toute formée.

NOus ſuppoſons icy une jeune vigne toute formée, ſoit qu'on l'ait miſe en perche, ſoit que l'uſage des lieux ne demande pas qu'on l'y mette, alors on la taille à l'ordinaire, ſoit devant l'hyver, ſoit aprés, ſans conſulter la lune, comme on l'a déja dit, ny le Vendredy ſaint, ny autres Vendredis, qui ſelon les eſprits foibles, portent decours.

Toutes vignes veulent être échalaſſées, c'eſt à dire, qu'il faut au bout de chaque ſep ficher un échalas pour ſoûtenir les ſarmens qui y croiſſent ; nous avons parlé des échalas dont on ſe ſervoit, & nous avons dit que ceux de Chêne étoient les meilleurs, & ceux qui duroient davantage. *Temps d'échalaſſer la vigne.*

Il y a des pays où on échalaſſe les vignes immédiatement aprés qu'elles ſont taillées, d'autres attendent aprés qu'on les a ébourgeonnées ; la premiere maxime convient aux vignes qu'on met en perche, & l'autre à celles qu'on n'y met point ; c'eſt ainſi qu'on en agit aux environs de Paris.

Dans le premier cas, ſitôt que les perches ſont attachées, on baiſſe la vigne, c'eſt à dire, on attache les ſeps à l'échalas ou à la perche avec des oſiers, puis on prend les ſarmens taillez, on les courbe en arcs, & on les attache ainſi à la perche : voilà ce qui s'appelle *baiſſer la vigne* en Bourgogne ; on ſe ſert auſſi pour cela de petits oſiers. Quelques-uns diſent auſſi *paiſſeler la vigne* pour échalaſſer, à cauſe du mot de paiſſeau qui eſt ſinonime à échalas ; ainſi on ſe ſervira duquel on voudra de ces deux verbes. Quelques Auteurs appellent les vignes ainſi conduites des *vignes à lignolot*. *Baiſſer la vigne, ce que c'eſt.*

Comme la maniere d'échalaſſer les vignes eſt différente, on ſuit auſſi diverſes maximes, en ce qui regarde ce travail ; car où les vignes ſont en perche l'échalas reſte toute l'année fiché au pied du ſep, au lieu qu'ailleurs on l'arrache dés que vendanges ſont faites, ou peu de temps aprés, puis on le porte à couvert des pluyes pour le conſerver plus long-temps, & le *Remarque ſur les échalats.*

remettre aprés au pied de chaque sep comme auparavant ; ce travail est annuel, & s'observe tres-regulierement : lorsque les vignes sont trop éloignées de la maison, on se contente de mettre dedans les échalats en monceaux.

Des Plans de raisin propres à mettre dans les Jardins.

APrés avoir parlé des raisins propres à donner de bon vin, & dont les especes servent pour former des vignobles entiers, il est bon de dire quelque chose de ceux qu'on plante dans nos Jardins : tels sont.

Le *Raisin précoce* qu'on estime pour sa primeur ; & pour ne le point faire démentir de son caractere, on le plante le long d'un mur exposé au midy : quelques-uns nomment ce raisin *Morillon hâtif*, ou *Raisin de la Magdelaine*, parce qu'il est mur environce temps-là dans les années chaudes.

L'Aciouta, autrement dit *Raisin d'Autriche*, parce qu'il en croît beaucoup en ce climat : il a la feuille découpée comme du persil ; ce raisin veut aussi l'exposition du midy ou du levant, étant sujet à couler.

Le *Chasselas blanc* & *noir* viennent tres-bien en espalier contre un mur, ou en haye d'appuis seulement le long d'un treillage.

Le *Muscat blanc* & *noir* sont de tres bons raisins qui mûrissent tres-bien dans les terres légéres, étant plantez en contre-espalier, ou en espalier contre un mur exposé au levant.

Le *Raisin de Corinthe* est encore fort recherché, il faut lui donner aussi le mur, exposé au midy, & le tailler long, afin qu'il ne coule point.

Le *Raisin Damas* est un raisin délicieux ; il veut être gouverné comme le Corinthe, pour les raisons qui leur sont communes.

Le *Bourdelais* est un gros raisin d'un gros grain, & qu'on met dans les Jardins pour en tirer du verjus en suc, ou en grain pour confire ; il suffit de l'exposer au nord, il y vient tres-bien.

Tous ces raisins se cultivent & se plantent comme ceux pour la vigne ; il peut y avoir quelques exceptions pour la taille, comme par exemple à l'égard du Bourdelais qui souffre qu'on le charge plus que les autres, parce qu'il est tres-vigoureux dans sa pousse.

Remarques sur le courson.

Nous avons dit ce que c'étoit qu'un *Courson*, qu'on nomme *Recours* en certains endroits, & qu'il falloit le tailler à deux yeux : en voicy la raison ; c'est afin d'avoir deux bonnes branches l'année suivante, dont la plus haute sera taillée au quatriéme œil, & la plus basse à deux yeux.

Si le Courson ne donne qu'une seule branche, ce qui arrive bien souvent dans les vignes & dans les jardins, il faut alors faire un Courson de cette branche, & tailler selon les regles la branche la plus basse de celles qui sont cruës de la taille précédente.

Il arrive quelquefois aussi que le Courson a manqué tout-à-fait, alors ayant recours aux deux plus belles branches de l'année précedente, on taille celle de dessous à deux yeux, & l'autre à quatre.

Les vignes qui sont dans les Jardins montent ordinairement plus haut que les autres ; c'est pourquoy on peut laisser à leurs branches beaucoup plus de longueur qu'aux autres, à condition néanmoins que lorsqu'elles seront parvenuës à la hauteur qu'on souhaite, on les y maintiendra toûjours par le moyen de la taille au quatriéme œil.

Les vignes ne servent pas moins d'ornemens dans les jardins fuitiers & potagers que les arbres, lorsqu'elles y sont bien conduites le long d'un treillage, ou de quelque haye d'appuy; on en couvre aussi des cabinets ou des berceaux, qui sont fort agréables à la vûë. Le raisin est un bon fruit qui fait plaisir à manger; le Bourdelais donne du verjus pour la provision de la maison; on n'en sçauroit trop mettre dans un jardin quand il est spacieux: les feüilles mêmes y sont regardées comme utiles à servir du fruit dessus avec beaucoup de propreté.

De la conduite des Vignes dans les pays chauds.

SI nous avons dit cy-devant qu'il ne falloit point planter d'arbres dans les vignes, nous avons entendu dans celles qui sont basses, & qui croissent dans les climats temperez, car pour les autres qu'on cultive dans les climats qui sont chauds, on y plante des arbres pour servir de soutien aux seps de vignes; & même dans ces pays une terre rapporte des Poires ou des Pommes, ou des Cerises, des raisins & du bled qu'on seme au milieu des rangées de seps; ce dernier profit qu'on tire de cette terre dédommage le Maître de la dépense qu'il fait aprés la vigne, dont il tire aprés un gain tout clair. C'est ainsi qu'on en agit dans le Dauphiné du côté de Grenoble.

Les arbres sont plantez à droite ligne à cinq ou six toises l'un de l'autre; quand on veut semer du bled au milieu des rangées, & entre les arbres, on plante les seps de vigne; si l'on ne veut point y semer de bled, il suffit de trois toises de distance pour les arbres.

A l'égard de la vigne, on en plante quatre seps autour du pied de l'arbre, & on se sert ordinairement de chevelées en ces pays: il ne faut pas tout-à-fait émonder la tige de l'arbre, mais y laisser comme de petits chicots qui pousseront de petites branches qui serviront d'appuis à la vigne, & sur laquelle on conduira la vigne petit à petit; on taille cette vigne comme les autres.

Greffer la Vigne; comment y réüssir, & du temps de le faire.

LA Greffe de la vigne est bien différente de celle des arbres dans la pratique: nous avons assez donné d'instructions sur celle-cy, voyons ce qu'il y a à dire au sujet de la premiere: la vigne se greffe en fente, voicy comment.

Les greffes dont on se sert pour la vigne sont les sarmens qu'elle a poussé l'année précédente; on les couppe au mois d'Avril, qui est le temps qu'on greffe, puis on les taille par le bas comme les greffes des Poiriers ou Pommiers.

Cela fait, choisissez le sep que vous voulez greffer, couppez-le à six doigts de profondeur en terre, fendez-le dans le milieu de la moüelle, introduisez vôtre greffe dans cette fente, & au milieu de cette moüelle, liez le sujet avec un osier, ensuite, recouvrez la racine, & la greffe de terre, laissez-la agir aprés cela, & observez que cette greffe ne sorte de terre que de trois yeux seulement. Quand les seps greffez sont repris, on les gouverne comme les autres plans de vigne.

CHAPITRE XXVIII.

LES VENDANGES.

Où l'on traite de la maturité du Raisin ; du temps de faire les Vendanges ; des aprêts qui y conviennent, & de la maniere de façonner les Vins.

Temps de faire les Vendanges.

SOus le mot de Vendanges, on entend la saison de faire la recolte des raisins pour en faire du vin : ce temps n'est point fixe, c'est l'année plus ou moins chaude qui le détermine ; cependant c'est toûjours vers la fin de Septembre, ou dans le mois d'Octobre, lorsque le raisin est parvenu à sa maturité parfaite.

Pour concevoir comment se fait la maturité des fruits, il faut d'abord se former une idée d'une matiere dont un grain de raisin est rempli, & capable de prendre plusieurs modifications. Cette matiere est produite par le suc, qu'on appelle vulgairement *séve*, & qui monte de la terre dans la racine de la vigne, pour ensuite être distribué dans toutes les autres parties du sep, & y former le bois, les feüilles & le fruit ; les principes de ces dernieres productions sont tres-actifs, n'étant composez que de particules tres-subtiles & tres-spiritueuses.

Tout le monde sçait que c'est dans les temps que le soleil est plus prés de nôtre hemisphére, que les fruits reçoivent leur accroissement ; la matiere subtile alors ayant plus de force, communique plus de son mouvement aux principes des fruits, d'où il arrive que la fermentation s'y fait avec plus de violence ; & c'est dans cette effervescence de matiere qu'on connoît la raison formelle de la maturité des raisins.

Le suc qui y est porté y forme d'abor dune matiere dure, qui se subtilisant à mesure qu'elle actuë, se lequefie, se cuit ensuite par le moyen de la chaleur, & devient enfin une liqueur douce, agréable & telle qu'il faut qu'elle soit pour acquerir le relief qu'on recherche en elle, & qu'on doit prendre à propos, si l'on veut exprimer du raisin un vin qui flatte le goût.

On juge sûrement qu'un raisin est parvenu à sa maturité parfaite, lorsqu'il a la couleur qui luy est propre quand il est mûr, & qu'aprés l'avoir goûté, on sent qu'il a l'eau douce & sucrée. Il est vray que cette saveur est bien plus parfaite dans les années chaudes que dans celles qui ne le sont pas ; mais comme on n'est pas maître de régler les saisons comme on souhaiteroit, il faut les prendre comme elles viennent, & se disposer à faire vendange quand le raisin le permet, & qu'il a la peau mince & transparente, que le pépin en est noir, & qu'il n'y tient aucune substance.

Quand le temps de la vendange approche, il faut songer à faire provision de vaisseaux, la jauge & les noms en sont différens selon les divers pays; en Champagne & à Baune, on se sert de Queuë & de demy-Queuë, de Quarteau & demy-Quarteau; la Queuë contient quatre cens pintes, mesure de Paris, la demy-Queuë deux cens, & le Quarteau cent. La Queuë est aussi en usage à Orleans, & elle contient deux cens quatre-vingt-seize pintes; on se sert de Muid dans l'Auxerrois & aux environs; cette mesure contient deux cens quatre-vingt pintes, le demy-Muid, autrement appellé Feüillette, cent quarante pintes, le Quart ou Quarteau soixante-dix pintes, le tout mesure de Paris.

Les aprêts pour la Vendange.

Differentes sortes de tonneaux.

Il faut que ces vaisseaux soient bien reliez avec de bons cercles ou cerceaux attachez avec de l'osier; ce travail regarde les Tonneliers, qu'il faut toûjours choisir les plus adroits qui se trouvent dans leur métier.

Il faut avoir des *Tinnes* bien reliées, en sorte que le vin y tienne bien, des *Cuves* en bon état, revétuës de bons cercles & bien abreuvées, ce qui se fait en jettant dedans environ trois pouces d'eau de hauteur; cette eau fait enfler le bois du rable & des douves, en sorte que le vin ne se perd point; il y a des Cuves de plusieurs grandeurs.

Les Tinnes.

Les Cuves.

On a aussi des *Cuveaux* qui servent pour recevoir le vin du Pressoir, ils doivent être aussi bien reliez & bien abreuvez; on les appelle en des endroits des *Baignoires*; on a aussi de ces sortes de vaisseaux dont on se sert en guise de cuve, lorsqu'on a peu de vendange à y mettre.

Les Cuveaux.

Il est bon d'avoir un grand *Entonnoir de bois* pour entonner le vin dans les tonneaux, & quelque petit de fer blanc pour le recevoir.

L'entonnoir de bois.

Le *Couloir* est nécessaire pour tirer le moût de la cuve, quand on ne le tire pas par le bas par une canelle qui y tient; on ce cas on n'en a pas besoin; ce Couloir est un grand Panier d'osier en ovale, & profond d'environ un pied & davantage.

Le Couloir.

On a besoin de petits Paniers d'osier pour mettre sous la goutiere du Pressoir, afin qu'il n'y tombe ny grappe ny grain dans le Cuveau, & que par ce moyen le vin qu'on en tire pour entonner soit net.

Le petit panier

On aura des *Rateaux* de fer ou de bois, pour aider à faire la fontaine dans la cuve, quand on en veut tirer le moût, ou pour accommoder le marc sur le pressoir, une *Pelle* de bois pour le même usage.

Le Rateau.

La Pelle.

Que ceux qui ont un *Pressoir* prennent garde qu'il soit en bon état, un Pressoir est une grosse machine qui se détruit aisément, si on ne sçait la conduire.

Le Pressoir.

Les Caves, les Selliers & autres endroits propres à tenir du vin seront soigneusement nettoyez de toutes leurs ordures, sur tout de celles qui pouroient y contracter une mauvaise odeur, dont le vin seroit susceptible, & qui le gâteroit.

On avoit coutume autrefois de parfumer les tonneaux & les caves avant que d'y mettre le vin nouveau, ou de les laver avec des décoctions faites d'herbes odoriférantes, afin que les vins prissent ce goût, que nos anciens estimoient tant; mais aujourd'huy ce n'est plus cela, on veut que le vin n'ait d'autre goût que celuy qui luy est naturel, & c'est aussi le meilleur.

Toutes choses ainsi disposées, & le temps de la vendange arrivé, on se met en devoir d'aller aux vignes pour cüeillir le raisin, & toûjours par un beau temps, autant qu'il est possible.

Qu'il faut, autant qu'on peut, vendanger dans un beau temps.

L'Automne est souvent sujette à des broüillards fort épais, qui s'élevent dés le matin, & il y en a, lorsque cela arrive, qui ne veulent point faire vendanger, que ces broüillards ne soient tombez, & que le soleil n'ait frappé sur le raisin; cette maxime n'est point mauvaise, si le temps permettoit qu'on la pût toûjours suivre; mais quelquefois ces broüillards s'élevent dans l'air, se condensent, & rendent le ciel obscur, de sorte que souvent on est contraint de vendanger, crainte que la pluye ne survienne, qui est la désolation des Vendangeurs, & de ceux qui ont des raisins à coupper.

Choix des Raisins.

Il faut soigner, lorsqu'on vendange, de ne point mêler les mauvais raisins parmy les bons, les raisins pourris, les verds, ceux qui sont secs, & les feüilles de vigne; tout cela doit être banni du tonneau, comme des matieres qui ne peuvent qu'alterer la bonté du vin.

Au lieu de tonneaux il y a des pays où l'on ne se sert que de petits cuveaux en ovales, appellez *Cornuës* dans le Vivaretz, dans lesquels on met le raisin qu'on a cueilli pour le charrier droit au Pressoir sans le fouler: en cela il faut suivre l'usage des lieux où l'on demeure, l'une & l'autre méthode sont indifferentes.

Souvent même on fait de la triange de raisins, c'est à dire, on vendange le raisin blanc séparément du noir, afin d'en faire des vins de deux couleurs; quelquefois aussi on mêle le tout ensemble, c'est la coûtume des pays & la fantaisie de ceux qui font vendanger, qui reglent ce travail.

La meilleure maxime pour faire un vin rouge qui soit bien conditionné, c'est d'ôter la grappe du raisin à mesure qu'on l'apporte de la vigne dans le tonneau, & qu'on l'y foulle, ou bien lorsque toute la vendange est dans la Cuve, d'y faire entrer un homme qui en tirera le plus qu'il pourra de grappes avec un rateau; on met ces grappes dans un tonneau qui est à geule bée prés de la cuve, & sur lesquelles on jette de l'eau, si l'on veut, pour faire de la boisson pour les Valets, & de cette maniere il n'y a rien de perdu; il n'y a rien aussi qui contribuë davantage à la bonté d'un vin rouge, que le soin qu'on prend d'en séparer les grappes.

Pour bien façonner le vin blanc, ou le vin gris, & faire en sorte qu'il ne jaunisse point, c'est de porter incessamment le raisin de la vigne sur le Pressoir sans le fouler: au reste voicy la méthode de bien faire un vin de quelque couleur qu'il puisse être.

Du Vin paillet, ou prompt à boire, comment le faire.

LA meilleure façon qu'on puisse donner au vin paillet & au vin gris, c'est d'apporter sur le Pressoir, comme on a déja dit, les raisins sans les écraser, & de les y faire trépigner aprés. Pour rendre ce vin égal, il faut d'abord mêler tout le moût du Pressoir dans une cuve, si vous en exceptez le vin de la derniere couppe ou taille qu'on met séparément.

Cela fait, on suppose qu'on a tous les tonneaux disposez à le recevoir, on l'y porte dans des tinnes, observant d'abord de mettre deux tinées de vin dans chaque vaisseau, sauf aprés, lorsque tous les vaisseaux sont ainsi égalez, d'y en remettre ce qu'il faut, & jusqu'à ce qu'on puisse par le bondon y toucher du bout du doigt; cette quantité suffit pour luy faire jetter par dessus toute l'écume qu'il pousse en bouillant. Plus le vin jette dans sa fermentation, plus il devient clair; c'est pourquoy il faut bien se garder de faire comme certains avaricieux, qui par une espece de mauvais ménage, n'emplissent d'abord de vin leurs tonneaux qu'autant qu'il en faut pour bouillir dedans, ce qui fait que toute la partie grossiere qui doit en sortir, reste dans ces tonneaux, & donne une fausse couleur au vin.

Quand la fermentation du vin est cessée, & qu'on voit qu'il est de repos, on emplit le tonneau jusqu'au bondon; on ne le couvre d'abord que de feuilles de vignes & de tuilleaux, ou de pierres plattes, à cause d'un reste d'esprits qui y sont encore trop agitez pour les tenir enfermez, à moins qu'on ne voulût courre risque de tout perdre. Cette agitation étant rallentie, on bondonne les tonneaux d'abord légérement, puis un jour ou deux aprés on enveloppe les bondons d'un peu de linge, on les cogne aprés, de maniere que le vin ne puisse s'éventer.

Quant au moût de la derniere couppe, ou taille du marc qui est sur le Pressoir, on le met séparément dans d'autres tonneaux, c'est pour faire du vin pour la boitte de la maison.

Du Vin rouge, & comment le faire.

Nous avons déja donné quelques instructions là dessus, quand nous avons parlé des Vendanges, & de la maniere qu'il falloit se comporter pour faire du vin rouge. Ayant donc soigneusement fait ôter les grappes des raisins, soit dans les vaisseaux ou dans les cuves; on laisse fermenter ou cuver le vin, comme on dit vulgairement, ce ferment se fait en plus ou moins de temps que l'année est plus ou moins chaude, & jusqu'à ce qu'on voie que le vin ait acquis la couleur rouge qu'on y recherche: dans les années chaudes douze ou quinze heures suffisent pour cela; mais quand l'automne est froide & pluvieuse, il faut vingt-quatre heures & davantage, même pour les vins rouges délicats, où il n'y a presque que du *Pineau*.

Les vins rouges composez de *tresseau* & d'autres raisins noirs de cette sorte, & parmy lesquels il y a un peu de pineaux mélez, veulent être faits de la maniere qu'on vient de le dire, excepté qu'ils veulent plus cuver, principalement quand les vignes sont situées dans une terre forte, ou dans un gros sable, parce qu'ils ont besoin de plus de corps.

Il y en a, sur tout au Village, qui ne prennent pas tant de précautions à façonner ces vins, ils les laissent cuver tant & plus dans leur grappe, & pourvû qu'ils acquierent de la couleur, ils ne se soucient pas du reste. Aussi quels vins ont-ils? De gros vins mâtins, sans grace, sentant la grappe, toûjours bons à garder, jamais à boire, & des vins de prix tres-modique par cette mauvaise façon. Quand donc on fait de ces vins rouges, il faut suivre la bonne maxime, ou ne s'en point méler.

Il est vray qu'il y a des vins rouges bien plus fermes l'un que l'autre, c'est selon le climat d'où ils sortent; les raisins dont ils sont composez, & le plus ou le moins de cuve qu'on leur donne ; c'est pourquoy on ne peut justement donner des régles là-dessus : c'est à ceux qui ont des vendanges à faire, à s'étudier attentivement à trouver le véritable point.

Faute quelquefois de ne pas laisser assez cuver le vin rouge, il manque de couleur & devient moû, ou trop tendre, comme disent les gourmets : laisser prendre trop de cuve au vin, c'est en rompre le fumet & le rendre rude par le trop de fermentation qu'il a soufferte.

D'autres par une ignorance toute pure de sçavoir faire du vin rouge, le rendent de couleur de tuile ; ce défaut provient de laisser trop de raisins blancs parmy les noirs, & particulierement lorsque le tresseau, ou autres raisins de peu de relief y dominent ; il seroit bon pour lors de séparer le raisin blanc d'avec le noir, ou du moins, s'il n'y en avoit pas assez pour faire une cuvée, de tirer à part le moût du vin blanc, & de l'entonner d'abord, puis méler le tout, & le laisser cuver selon les années.

Du Vin blanc ; comment le faire.

ON se souviendra qu'on a dit qu'il falloit tirer le raisin blanc d'avec le noir, & le porter sur le Pressoir incontinent aprés qu'il est vendangé. Le vin blanc ne sçauroit être trop tôt fait pour être bien clair ; cette qualité luy est essentielle, car pour peu qu'il prenne une couleur d'ambre, c'est un défaut ; c'est ce qui arrive lorsque le vin blanc cuve, & ce qui le fait jaunir quelquefois tout-à-fait.

Ce défaut ne vient pas toûjours de la nonchalance de ceux qui font vendange, ny du peu d'expérience qu'ont les personnes à faire du vin, le Pressoir qu'on n'a pas chez soy ny à sa disposition, en est souvent la cause, particulierement dans les années chaudes, & dans les lieux où il n'y a qu'un Pressoir bannal, où chacun n'y pressure qu'à son tour : on conseille pour lors si cela se peut, de se contenter de faire porter ou charrier les raisins blancs dans la cuve sans les écraser, & d'attendre au lendemain à le faire.

Au reste, pour faire de bon vin paillet, rouge, blanc ou gris, il faut suivre la pure nature ; c'est à dire, ne point s'amuser à les mixtionner, comme on faisoit autrefois, prétendant par là en relever le fumet, mais on se trompe fort.

Du Vin gris, comment le faire.

A Propos de vin gris, couleur de vin de Chablis, c'est une composition de raisins noirs parmy beaucoup plus de blancs : il faut à l'égard de ce vin en agir comme au sujet du blanc ; c'est à dire, qu'on ne sçauroit trop tôt le mettre sur le Pressoir, aprés que la vendange est arrivée dans la cuve, c'est de là que dépend tout le relief : les raisins qui conviennent à cette sorte de vin, croissent dans les terres pierreuses, les autres n'y réüssissent point.

Maxime à éviter.

On ne peut qu'on ne blâme la maxime de ceux qui par un certain esprit de mauvais ménage, ayant de quoy se mieux comporter en cela, tirent leur vendange en longueur ; c'est à dire, ceüillent aujourd'huy un peu de raisin, puis demain à peu prés autant, & ainsi du reste, jusqu'à ce qu'ils en ayent

ayent pour pouvoir pressurer, & tout cela, parce qu'ils le font eux-mêmes, & qu'ils ne veulent rien débourcer; ces gens là ne sçavent ce qu'ils font, leur vin s'échauffe, ou prend une mauvaise couleur & un mauvais goût pour trop fermenter, de maniere qu'ils gâtent tout, ou ne font du vin que d'un tres-médiocre relief. Voilà bien des choses qu'on a dites sur la culture de la vigne, sur la vendange, & sur la maniere de façonner les vins de differentes couleurs; mais pour en frapper l'idée davantage, on a jugé à propos de mettre sur une planche une partie de tout ce qui concerne la vendange: en voicy l'explication.

Explication de la Planche XIV.

1. Vigne où l'on vendange.
2. Vendangeurs.
3. Hotteurs, ce sont ceux qui avec leurs hottes, portent les raisins de la vigne dans les tonneaux.
4. Tonneaux proches la vigne où l'on vuide la vendange.
5. Homme qui foule la vendange.
6. Charretier qui charrie la vendange à la maison.
7. Pressoir chargé, & d'où le moût découle.
8. Cuveau dans lequel le moût tombe.
9. Petit Panier qui tient à la goutiere du Pressoir, & dont on se sert pour empécher que les pépins de raisin, & quelques grappes échappées ne tombent pêle mêle avec le vin dans le tonneau.
10. Cibile à Pressoir.
11. Cuve où il y a de la vendange, & dans laquelle il y a des hommes pour tirer le moût, pour aprés porter le marc sur le Pressoir.
12. Hommes qui portent la tinne, & qui la vuident dans le grand entonnoir, qui est sur un vaisseau.
13. Tonneaux en sentier.
14. Homme qui tient le grand entonnoir de bois.
15. Grand Entonnoir.
16. Pelle de bois.
17. Un Rateau.
18. Un Couloir.
19. Une Tinne.
20. Petit Entonnoir de fer blanc.

CHAPITRE XXIX.

Des Rapez & autres Boissons faites avec du vin, ou de marc de vin: du secret pour maintenir le vin en bon état, & de sçavoir le ménager, avec la maniere de faire le Verjus.

IL y a des *Rapez* de deux sortes, l'un qui est fait purement avec des copeaux de bois de hêtre, ou fouteau, & l'autre avec de ces copeaux & de raisins noirs, le tout par moitié, & lit par lit. Quelques-uns au lieu de copeaux se servent de sarment de vigne avec les raisins, qu'ils mettent aussi dans le tonneau, lit par lit. Rapez de deux sortes.

Quand on fait un ou plusieurs Rapez de copeaux, il faut les laisser tremper l'espace de deux jours dans l'eau claire. Qui auroit la commodité d'en Rapez de copeaux.

mettre dans des sacs de toile, & de les plonger ainsi dans une eau courante, soignant d'attacher ces sacs à quelque chose, crainte que le courant de l'eau ne les entraîne ; s'épargneroit de la peine de les changer d'eau, ce qui se fait deux fois par jour, lorsqu'on ne les met tremper que dans un Cuvier ou autre vaisseau semblable.

Quand ces copeaux ont suffisamment trempé, ce qu'on fait exprés pour leur ôter le goût de bois, on les laisse égouter & sécher au grand air, avant que d'en emplir le tonneau jusqu'à un bon pied prés du bord, quand il est à gueule bée.

Cela fait, on enfonce la futaille, qui est Muid, demy-Muid ou demy-Queuë, selon la coûtume des lieux qu'on habite, on le relie à plein, ensuite on prend une chopine de bonne eau de vie, on la jette dans le tonneau par le bondon qu'on bouche, on le roulle à plusieurs fois, pour faire que les parties volatiles de cette liqueur s'attachant au copeau, le vin en ait un meilleur fumet, puis ayant mis ce Rapé en chantier, on l'emplit de vin gris d'abord, de la maniere qu'on a dit qu'il falloit faire à l'égard des autres tonneaux.

Ce Vin qui boût à l'ordinaire est bien plûtôt clarifié que celuy des autres tonneaux par la filtration qui se fait de ces parties à travers ces copeaux : on fait exprés de ces Rapez pour éclaircir les vins gris qui pêchent un peu en couleur. Ils sont d'un tres-grand secours pour tous les Cabaretiers qui passent leurs vins dessus pour en ôter le défaut ; ces Rapez encore rendent le vin prompt à boire aprés vendanges.

Rapé de raisins & de copeaux.

Nous avons dit comment ce Rapé se faisoit, nous avertirons seulement qu'il y en a qui ne prennent que des tresseaux ; d'autres se servent de pineaux noirs, cela dépend de la fantaisie ; les premiers raisins rendent le vin plus ferme, & les autres plus délicat ; ce vin est toûjours d'une belle couleur, & sert à soûtenir celuy qui en manque, lorsqu'on le passe dessus. Un vin éventé, coulé sur ce Rapé, perd son évent, & les baissieres y prennent un nouveau corps, & un relief tout particulier ; enfin un Rapé de cette sorte est un ménage dans une Ville, & encore plus à la campagne.

De la Piquette.

ON appelle *Piquette* certaines boissons pour les Valets, faite avec de l'eau qu'on jette sur le marc, aprés seulement qu'on en a tiré le moût : quelques-uns la nomment *dépense*, ou *demy-vin*, d'autres *trempé*, & d'autres *boisson* ou *beuvande* ; cette boisson se fait de la maniere qui suit.

Faites provision d'eau autant que vous voudrez faire de Piquette, vous la mettrez dans des tonneaux à gueule bée proche la cuve où sera vôtre vendange, tirez-en le moût, & jettez l'eau incontinent sur le marc, parce que si on differoit au lendemain, le marc fermenteroit trop, & contracteroit un acide désagréable qu'il communiqueroit à l'eau qu'on jetteroit dessus, il faut que le marc trempe pour bien faire.

Cela observé, laissez le tout fermenter pendant trois jours, ou boüillir, pour se mieux faire entendre du vulgaire ; il suffit de ce temps pour faire prendre assez de couleur à la liqueur ; c'est toûjours sur du marc de raisin noir que se doit faire cette dépense ; ensuite tirez tout le moût de la cuve, mettez-le dans une autre cuve ; étant tiré, portez vôtre marc sur le Pressoir pour en exprimer tout le suc, mêlez le tout ensemble dans la cuve, aprés cela entonnez toute vôtre boisson comme si c'étoit du vin, & le bondonnez bien, aprés que le plus grand mouvement de ces esprits sera rallenti, & crainte qu'elle ne s'évente : cette dépense ou piquette est d'un grand profit dans une maison de campagne, & dure toute l'année quand elle est bien ménagée.

On fait une autre Piquette, qui est moindre que celle-là ; & pour cela on se contente de jetter de l'eau sur du marc, aprés qu'on l'a pressuré, on laisse ainsi tremper ce marc pendant trois ou quatre jours, puis on en tire la liqueur, on la pressure, & on l'entonne comme la précédente ; cette piquette veut être bûë pendant l'hyver ou durant le printemps, parce que les moindres chaleurs sont sujettes à la faire aigrir. Autre Piquette.

Secrets pour maintenir long-temps des Vins en bon état, & les sçavoir ménager ; quand boire le Vin, & le vendre à propos.

Voicy un point d'œconomie tres-important, & qu'il est bon de sçavoir pour bien ménager le vin, & le sçavoir long-temps maintenir en bon état. Il y a des vins qui entrent en boite bien plûtôt l'un que l'autre, & qu'il faut boire ou vendre par consequent à propos. Si l'on veut en user dans leur point de perfection, les vins tendres, ceux qui sont mous, ou usez, ou qui sentent quelque goût extraordinaire, doivent être bûs ou vendus les premiers, autrement ils tombent, ils languissent, & ne deviennent plus propres qu'à brûler, ou qu'à faire du vinaigre ; ils péchent aussi quelquefois d'une maniere où il y a du remede, comme par exemple quand ils tombent en graisse, on peut les dégraisser de la maniere qui suit.

On connoît que le vin est gras & pesant, quand il file en le versant, étant pour lors trop remplis de parties huileuses, qu'il en faut détacher le plûtôt qu'il est possible, si l'on veut qu'il se maintienne. Pour le dégraisser, on prend deux onces de belle colle de poisson, on la couppe par petits morceaux, puis on la met fondre dans une chopine de vin sans la mettre sur le feu, la remuant plusieurs fois. Remede pour le vin gras.

Etant fonduë, on la jette dans le tonneau par le bondon, aprés quoy on remuë bien le vin avec un bâton, au bout duquel est attaché un mouchoir blanc ; on retire à deux ou trois fois ce bâton pour nétoyer ce qui tient au linge ; ensuite il faut laisser ce vin en repos, il se clarifiera, & deviendra sec.

Comment éclaircir le Vin blanc, & le conserver.

Le Vin blanc quelquefois prend une couleur ambrée ou jaunâtre, pour avoir été mal façonné, ce qui en diminuë le prix. Pour l'éclaircir, on prend une pinte de bon lait de Vache, frais tiré pour chaque demy-Muid, on le verse dans le tonneau par inclination, & le long d'un bâton, puis quand ce lait y est, on remuë ce vin avec le bâton, de maniere qu'il se mêle avec le lait, cela fait, on le laisse de repos, & au bout de deux ou trois jours, il se clarifie.

Une bonne Cave d'abord contribuë beaucoup à conserver les vins dans leur bonté, on doit les visiter souvent, pour voir si les vaisseaux ne s'ensuyent point; car étant vuides, le vin est sujet à s'éventer.

On appelle une bonne Cave quand elle est fraîche & éloignée des mauvaises odeurs; & pour cela il faut soigner de la faire nétoyer souvent; le vin alors s'y conserve tres-bien, mais il ne faut point négliger à le remplir quand il est vuide, cela se pratique ordinairement tous les deux mois.

Quand il s'agit de remplir le vin, on choisit toûjours du meilleur: un tonneau plein n'est point susceptible d'évent, & le vin en maintient toûjours plus sa qualité.

Lorsqu'on a du vin en perce, & qu'il faut luy donner vent pour le faire venir, on le perce au dessus prés du bondon, & on met dans le trou un fosset à discrétion, qu'on ferme davantage, quand on a tiré du vin ce qu'on en souhaite, ou bien on se sert d'un gros grain de sel qu'on pose directement sur le trou; un grain de sable feroit le même effet, ou bien on prend un morceau de papier qu'on met sur ce trou avec une poignée de sable, ou de cendre par dessus.

Avantage de tirer le vin en boûteilles.

Pour boire la derniere goute d'un tonneau de vin aussi bonne que la premiére, on prend à présent de ces bouteilles de gros verre, & à petit cou, autant qu'on sçait qu'un demy-Muid, ou un Quart contient de vin pour les remplir. On tire tout ce vin à clair dans ces boûteilles qu'on bouche bien avec du liege; on les porte à la Cave dans du sable, & le vin s'y conserve tres-bien jusqu'à ce qu'il soit bû; on ne craint point alors qu'il s'évente ny qu'il s'affoiblisse.

Moyen de conserver les Futailles quand elles sont vuides.

LOrsqu'un tonneau de vin est vuide, on le tient toûjours bien fermé jusqu'à ce qu'on veuille le défoncer, & en ôter la lie; car l'air le feroit moisir, l'empuantiroit de maniere qu'il ne seroit plus propre à recevoir du vin, sans risquer de le perdre. Il faut être meilleur ménager; un vaisseau peut servir plusieurs années de suite, quand ce ne seroit que pour mettre les pressurages des vins, ou autres boissons qu'on destine pour la maison

CHAPITRE XXX.

Autres Boissons nécessaires pour la maison, telles que sont le Cidre, le Poiré & le Cormé; avec un petit Traité de la Bierre.

TOus les climats ne sont pas assez heureux pour apporter du vin, mais comme la providence pourvoit à tout, elle a permis que la terre produisit des fruits dont l'homme pût composer d'autres boissons pour s'en servir au lieu de vin. On fait du Cidre en Normandie & dans la Bretagne, on y boit aussi du Poiré, ainsi qu'en bien d'autres endroits de la France; on use de Bierre en Flandre, ainsi du reste; commençons par la maniere de faire le Cidre.

Le Cidre, & comment le faire.

LE Cidre se fait ordinairement avec des Pommes ; il faut pour cela choisir les plus douces, & qui paroissent comme insipides au goût, à cause de leur douceur ; cette boisson, dans les pays vignobles, ne se fait que pour suppléer au vin.

Pour bien façonner le Cidre, on amasse toutes les Pommes, tant celles qui tombent d'elles-mêmes, que celles qu'on abat dans la saison propre ; on les met en monceaux dans des greniers pour s'en servir au besoin, & avoir par là le loisir de faire le Cidre, car il s'en fait jusques vers Pâques.

Pour le faire comme il faut, on met les Pommes dans une auge de bois de figure ronde pour les écacher sous une meule tournée par un cheval ; on joint à ces Pommes tant & si peu d'eau qu'on veut que le Cidre soit bon ou médiocre ; il faut toûjours remuer ces Pommes dans l'auge avec des pelles de bois ou un Rateau à mesure qu'elles s'écachent : ce Rateau est fait exprés, il suit la meule, & est attaché au lévier qui le fait tourner.

Les Pommes étant pilées, on les porte sur le Pressoir, & à mesure qu'on les y met, on dresse la motte avec de la grande paille pour mieux la lier ; cette motte pour l'ordinaire est quarrée, & se forme lit par lit à quatre doigts d'épaisseur, aprés quoy on charge le Pressoir.

Quand le marc est bien pressé, on le met tremper dans des vaisseaux avec de l'eau, & au bout de huit jours que le tout a fermenté, on donne une nouvelle presse à ce marc, avec les précautions ordinaires ; c'est ainsi qu'on fait du Cidre pour le commun de la maison, au lieu que celuy où il n'y a point d'eau est destiné pour vendre ou pour la bouche du maître.

Il faut que le Cidre fermente long-temps avant que de le bondonner, car il est bien plus furieux dans la fermentation que le vin.

On se sert aussi de Pommes aigres pour faire du Cidre ; mais cette liqueur n'est pas si estimée que la premiere : on en fait la boitte ordinaire de la maison.

Le Poiré, maniere de le faire.

PLus les Poires sont mûres & ont l'eau sucrée, meilleur est le Poiré qu'on en fait ; il est vray qu'il ne se garde pas si long-temps que celuy qui sort des Poires qui ont le goût plus acerbe, tel qu'on l'éprouve dans bien des Poires ; mais on peut faire de l'un & de l'autre, l'un pour satisfaire les sens, & l'autre pour le ménage.

On peut commencer dés l'été à faire du Poiré, & prendre pour cela de bons fruits, hors ceux qui sont musquez : si on en a à foison, & qu'on veüille avoir de cette boisson, l'automne & l'hyver fournissent plus de fruits pour cela ; mais en quelque saison que ce soit, il faut toûjours que les Poires soient mûres : Tout ce qu'on a dit à l'égard de la maniere de faire le Cidre, se doit observer pour le Poiré.

Autre maniere de faire du Poiré.

On fait autrement le Poiré, mais à la verité il est plus commun que le premier, & pour cela on prend des Poires qu'on casse grossierement ; on en emplit des tonneaux jusqu'aux deux tiers, puis on y met de l'eau; ces tonneaux doivent être bien reliez & mis en chantier, le bondon ouvert, jusqu'à ce que la liqueur ait fermenté; aprés cela on les bondonne, on se sert de cette boisson pour le domestique.

Le Pommé, maniere de le faire.

ON fait le Pommé avec des Pommes, & de la même maniere que le Poiré de la seconde espece; on use beaucoup de ces breuvages à la campagne, & particulierement lorsque la vigne n'a pas donné; ce Pommé & ce Poiré s'appellent en des endroits de *la Picace*.

De la Picace ou Cormé.

ON fait aussi de la Picace avec des Cormes, qu'on appelle autrement *Cormé*, & par corruption, *Corbée*; on se sert encore pour cela d'autres fruits, comme de Cerises, de Groseilles rouges, de Prunes tant sauvages que domestiques, d'Alises, de Cornoüilles & d'autres. Pour donner couleur à ces différentes boissons, qui n'en ont point d'elles-mêmes, tels que le Poiré & le Pommé, on prend des Prunelles bien mûres, en les fait boüillir dans l'eau jusqu'à ce que la décoction en soit presque noire, ensuite on la jette toute chaude dans l'une & l'autre de ces boissons, qu'on fait plus ou moins rouges qu'on les souhaite; ces sortes de boissons ne durent que sept à huit mois, encore faut-il qu'elles soient bien encavées, pour résister au grand froid.

De la Bierre, comment la faire.

LA Bierre est une boisson tres-commune en Europe, faite d'orge de froment ou d'avoine; mais l'orge en cela est à préferer à tout autre grain. On appelle *Brasseurs* ceux qui font la Bierre; on en fait en tout temps, & voicy la maniere de la composer.

On choisit du plus bel orge qu'il soit possible de trouver, bien net, bien nourri & pesant; il en est ainsi de tous les autres grains dont on a parlé, si on les met en usage pour cela.

Germination du grain.

Les Brasseurs commencent à donner au grain un commencement de germination, & arrêtent ensuite dans le même grain la disposition qu'il avoit à germer en se séchant; & pour parler plus vulgairement, on met le grain dans une Cuve où il y a de l'eau, on l'y laisse tremper vingt-quatre heures & plus; cela fait, on le tire ensuite de l'eau, on le met ainsi en monceau, & on l'y laisse germer; le lieu où cela se fait se nomme le *Germoir*, le grain étant germé, on l'étend sur la touraille pour le faire sécher; mais avant que de passer outre, il est bon d'expliquer ce que c'est que cette touraille, & de la maniere qu'elle est construite.

Ce que c'est qu'une Touraille.

Une touraille est faite de solives, ou d'autre bois de pareille échantillon, lattée en dedans & enduite de mortier à l'épaisseur d'un pouce & demy;

ce petit édifice est quarré, plus large par le haut que par le bas, & haut environ de dix à douze pieds, & couvert dans le dessus d'une grille de bois, entourée d'un bord élevé d'un pied, & le tout couvert d'une haire de crin; sous cet édifice, est un fourneau à cheminée haute d'environ deux pieds, fermée dans le dessus, & percée de tous côtez de petits trous pour laisser sortir la flamme.

Mais pour mieux faire comprendre l'effet qu'opére cette Touraille, pour bien faire sécher le grain, on l'étend sur la haire, on l'y remuë avec des pelles, afin que par le moyen de la chaleur qui sort du fourneau, & qui se répend par toute la Tourille, le grain séche autant qu'il faut pour pouvoir être moulu, ce qu'on fait.

Le grain étant moulu, on le jette dans une Cuve, que les Brasseurs appellent *la Cuve matiere*; elle est séparée dans le bas d'un petit grillage, élevé au dessus du fond d'environ un pied, & couvert d'un linge clair; on y remuë cette farine mouluë grossierement avec des pelles ou autres instrumens propres pour cela; & à mesure qu'on jette par dessus de l'eau toute boüillante, on laisse un peu fermenter le tout dans cette Cuve, puis par un robinet qui est au bas, on tire la liqueur à clair, s'étant reposée & filtrée à travers la farine même, & le linge qui est dessous, & coulant sans aucun obstacle à travers le robinet, à cause de la cloison qui est au fond de cette Cuve, & dont on a parlé.

A mesure qu'on tire cette eau dans des vaisseaux qui sont tous proche de la Cuve à geule bée, on l'y laisse un peu reposer, aprés quoy on la remet dans une grande chaudiere, qui est sur un fourneau. Il y a bien des Brasseries où il y a deux fourneaux, & sur chacun une chaudiere; on fait bien boüillir cette eau pendant quelques heures, afin de donner plus de corps à la Bierre.

Cela fait, on retire cette eau de la chaudiere, on la remet dans la Cuve matiere, & sur la même farine d'où on l'a déja tirée, on l'y laisse séjourner quelques jours, afin que les parties volatiles du grain se mêlent en plus grande quantité à celles de la liqueur, qui par là en devient plus nourrissante. La pratique qu'ont les Brasseurs à composer cette boisson, détermine à peu prés le temps que la farine doit tremper pour les deux fois qu'on y met de l'eau dessus, plus néanmoins en des pays qu'en d'autres, & selon les saisons.

Lorsque le tout a ainsi fermenté, on retire cette eau comme la premiere fois, on la remet dans la chaudiere, on la fait boüillir pendant dix ou douze heures; c'est pour lors qu'on y ajoûte la fleur de houblon lorsqu'elle est séche, six ou sept livres pesant font une bonne quantité de Bierre.

Enfin, quand la Bierre est presque faite, les Brasseurs y mettent d'un levain composé avec de l'écume de la nouvelle Bierre qui tombe dans le tonneau en boüillant; on ne peut pas fixer positivement la dose de ce levain, c'est la pratique & l'expérience qui décident du fait; aprés tout cela on tire cette Bierre de la chaudiere avec de grandes cuillieres, on la jette dans une ou deux goutieres, selon qu'il y a de fourneaux, d'où elle s'écoule dans une Cuve appellée la *Cuve guilloire*, pour être ensuite survuidée dans les tonneaux destinez pour la vendre & pour la garder : il faut laisser les bondons de ces tonneaux ouverts jusqu'à ce que la Bierre ait fermenté, & jetté son écume, de maniere qu'elle ne paroisse plus agitée ; aprés cela on bondonne bien soigneusement ces vaisseaux, pour empêcher que cette boisson ne s'évente.

Il y en a qui au lieu d'orge, comme on a déja dit, se servent de froment ou d'avoine, & de graine de houblon au lieu de la fleur : quelques-uns y ajoûtent de l'yvroïe, mais on ne conseille pas de suivre cette méthode, l'yvroïe en soy n'a rien que de tres-mauvais pour l'homme, lorsqu'on le prend en aliment ; d'autres sophistiquent cette boisson d'épiceries, de Pommes, de Miel, ainsi du reste, selon les pays où on la fait.

CHAPITRE XXXI.

Comment faire du Vin doux, du Verjus, & du Vinaigre de plusieurs manieres.

Le Vin doux.

LE Vin doux qu'on fait en vendange, est une liqueur fort agréable, & qui se boit aux repas comme le vin d'Espagne, le vin muscat & autres ; il se prend avec des rôties, & fait le plaisir de la plûpart des femmes de Province en bien des endroits : voicy comment on le fait.

Maniere de le faire.

On prend pour cela du moût qui n'a point fermenté, on le tire de la Cuve, ou du Pressoir, & pour un Quart on a une chopine de bonne moutarde détrempée avec ce moût, un quarteron de beurre frais en bâton long comme le doigt, on met le tout dans la liqueur ; si l'on en fait plus d'un Quart on double la dose des ingrédiens : on y ajoûte de la canelle dont on fait un petit noüet avec du linge blanc.

Il faut que le vaisseau soit rempli jusqu'au bondon, & soigner de le bondonner de maniere que le vin n'ait aucun air, aprés cela on le laisse de repos. Les ingrédiens qui y sont entrez empêchent que ce vin ne fermente, & en émoussent tellement les parties, que ce vin reste toûjours doux comme lorsqu'on le tire de la Cuve ou du Pressoir ; ce vin demeure un mois en cet état sans y toucher, puis on le perce pour en boire. Quand on a tiré quelques pintes de vin doux, on peut le charger d'autant de vin vieux, cela n'en diminuë point la bonté.

Voicy d'autres liqueurs dont on se sert beaucoup à la campagne pour l'assaisonnement de bien des ragoûts qui s'y font : elles sont aussi fort en usage dans les meilleures cuisines, & l'on conseille, où il y a bien du train, d'avoir sa provision de vinaigre & de Verjus.

Du Vinaigre ordinaire, comment le faire.

IL y a plusieurs manieres de faire le Vinaigre, mais la meilleure & la plus certaine, est celle que pratiquent les Vinaigriers : la voicy.

Ils

Ils prennent deux barils tout neufs d'environ la longueur d'un demy-muid, ou bien d'autres vaisseaux de cette grandeur, il n'importe ; si on veut en avoir de vieux bois, qui ait déja servy à mettre du vin, il faudra le faire doler, les premiers tonneaux dont on a parlé se nomment *Flûtes*.

Dans chacun de ces tonneaux, ils mettent quatre pintes du meilleur, & du plus fort Vinaigre qu'ils peuvent trouver, ils le versent dedans le plus boüillant qu'il est possible, & à l'instant ils les bondonnent bien, puis les roulent & les agitent au moins l'espace de plus de six heures durant, tant que ce Vinaigre soit froid.

Ensuite ils revuident ce Vinaigre par la bonde, l'égoutent bien, aprés cela ils mettent ces flûtes & ces tonneaux en chantier dans un lieu chaud où il ne géle jamais, ils les accôtent de maniere qu'ils ne branlent point, & les bondonnent seulement pour empêcher que les ordures n'y entrent, puis avec le perçoir ils y font un trou ou deux qu'ils appellent des *yeux*, au haut du fond, à trois doigts prés du jable ; ils prenent huit pintes de leur meilleur Vinaigre, & l'entonnent par ces trous avec un Entonnoir fait exprés, & huit jours aprés ils y ajoûtent avec le même Entonnoir deux pintes de vin propres à faire du Vinaigre, & au bout de huit autres jours, ils le chargent encore d'autant.

Il faut avoir la précaution de goûter ce Vinaigre pour juger s'il est aussi fort que le bon Vinaigre qu'on y a mis, crainte que s'il étoit plus foible, & moins travaillé, on ne vint à le noyer, & l'empêcher par là de bien operer ; ainsi de huit jours en huit jours ces Vinaigriers le chargent & rechargent toûjours jusqu'à ce qu'il soit plus que demy plein.

Alors on peut le charger davantage, & tous les quatre jours, si l'on veut, jugeant toûjours par l'essay qu'il en faut faire, s'il est assez travaillé.

Quand les flûtes ou les vaisseaux sont presque pleins, on en peut tirer pour les besoins du ménage seulement, & quand ils sont tout-à-fait remplis, on en tire les deux tiers, si l'on veut, dont on emplit quelque autre vaisseau pour s'en servir dans l'occasion, ou pour en vendre, soignant aprés, & petit à petit, ainsi qu'on l'a dit, de recharger ce Vinaigre, qui étant gouverné ainsi avec prudence, rend dans la suite de tres-bon Vinaigre.

Comme en bien des maisons il n'y a pas assez grand train pour avoir des flûtes entieres, & que ces vaisseaux ne sont propres qu'aux Vinaigriers, ou à des Communautez d'hommes ou de femmes, on en peut prendre d'autres plus petits, & se conformant à leur grandeur, regler les doses du Vinaigre qu'il faut d'abord mettre dedans, & observer au reste tout ce qui a été dit sur cet article.

Le vin poussé & aigri, est celuy qu'on prend pour faire du Vinaigre : celuy qu'on tire des lies est encore meilleur : le vin qui a de la fleur n'est pas bon pour être employé en vinaigre, il faut l'en purger auparavant, autrement le vinaigre ne travailleroit point, il laisseroit le vin au même état qu'on l'auroit mis.

Comment donner une belle couleur au Vinaigre.

Pour donner couleur au Vinaigre, on prend ordinairement du jus de mûres sauvages lorsqu'elles sont dans leur plus grande maturité ; on le verse dans le Vinaigre qu'on a tiré pour la provision, ou pour vendre ; & il prend ainsi une tres-belle couleur.

Du Vinaigre Rosat.

IL faut avoir des Roses communes, quand elles sont toutes épanoüies, ne prendre que les feüilles de la fleur, en emplir une ou plusieurs bouteilles de verre bien bouchées qu'on expose au soleil du midy contre un mur, on y laisse ces roses trois ou quatre jours, & jusqu'à ce qu'on voïe qu'elles soient un peu flétries, & semblent vouloir se pourrir; ces bouteilles ne doivent être remplies de roses que les trois quarts, & n'être placées au soleil que le goulot en bas, afin que les parties volatiles qui s'exaltent des roses puissent dans leur mouvement se nicher dans les pores du verre; on retourne ces bouteilles de temps en temps en les remuant, afin qu'elles flétrissent également par tout.

Aprés cela on remplit ces bouteilles de bon Vinaigre, on y mêle un peu de clou de gérofle & de la canelle; tous ces ingrédiens composent un Vinaigre qui est excellent : il est bon de laisser toûjours le Vinaigre exposé au soleil tant qu'il est dans les bouteilles, & qu'on s'en sert. Il y en a, aprés que le Vinaigre a passé tout l'été dans la bouteille avec les roses, qui tirent cette liqueur à clair, & la passent à travers un linge pour la mettre dans une autre bouteille, & s'en servir aprés quand ils en ont besoin; le Vinaigre rosat dure deux ou trois années de suite, & même quand on en a un peu usé, on peut y remettre quelques verres de bon vin, prenant garde néanmoins de ne le point trop affoiblir.

Autre Vinaigre tres-excelent.

On fait encore un autre Vinaigre blanc avec de la fleur de vigne; & pour la recüeillir il faut, au temps que la vigne est le plus en fleur, mettre des serviettes sous les seps pour l'y faire tomber.

Cette fleur étant ramassée, on en prend une poignée qu'on fait sécher dans une bouteille comme les roses; on emplit aprés la bouteille de bon Vinaigre blanc, fait avec du vin de même couleur; on la bouche avec de la cire, puis on la met infuser au soleil jusqu'à la fin de la canicule.

Les roses muscades ou blanches communes, les fleurs d'oranges, de citron, de jasmin, de sureau & d'œillets sont tres-propres aussi pour donner au Vinaigre un goût tres relevé.

Quelques-uns mettent des gousses d'ail dans du vinaigre, ou bien des échalottes, il faut auparavant les faire faner au soleil, on en met peu, & le Vinaigre en est excellent.

Le Verjus.

Raisins propres pour faire du Verjus.

LE meilleur raisin pour faire du Verjus est le *Bourdelais* ou *Gray*, comme on dit en certains endroits; le *Gouais* y est encore tres-propre : le Verjus se fait à certain Pressoir fait exprés, puis on l'entonne dans des tonneaux; dont on laisse un peu de temps le bondon ouvert, afin que la liqueur y fermente sans danger.

Pour entretenir long-temps le Verjus en bon état, on ne sçait point d'autre secret, quand il sera dans le tonneau, que d'y mettre à chaque demy-Muid une demy-livre de sel, & de le tenir bien bouché.

Une canelle de bois est meilleure pour tirer le Verjus, lorsqu'il est en perce, qu'une de cuivre, que cette liqueur ronge en peu de temps par son acrimonie. Le Verjus & le Vinaigre sont propres à bien des sauces, & tres-nécessaires dans les cuisines. & à plusieurs autres choses où on se trouve en avoir besoin dans une maison, tant à la Ville qu'à la campagne.

Nous avons déja jusqu'icy assez parcouru l'Agriculture, & donné des régles sur ce qui regarde cet Art; la vûë du profit qu'on en tire a eu la meilleure part dans tout ce qu'on a dit : si le plaisir s'y est trouvé mêlé, ce n'est que par rapport à l'interest qui y étoit attaché. Il est vray, naturellement parlant, que c'est ce qu'on doit aujourd'huy le plus envisager; cependant, comme l'Agriculture ne se borne pas à ce que nous en avons dit, & qu'elle a d'autres parties qui enchantent, lorsqu'elle est secouruë par l'art, on a jugé à propos, pour rendre cet ouvrage parfait, de traiter de tout ce qui peut contribuer à rendre les jardins agréables à la vûë par tous les ornemens généralement qui y peuvent entrer; le Lecteur fera, s'il luy plaît, attention à cette partie, comme à une instruction pour ceux qui veulent se mêler de conduire ou faire conduire ces sortes de Jardins, que nous appellerons Jardins d'Ornemens.

CHAPITRE XXXII.

LES JARDINS D'ORNEMENS.

Idée générale qu'on doit se former pour bien conduire & distribuer un Jardin d'Ornemens : du Terrein, & comment le dresser : du Transport des Terres, & de la maniere de faire toutes sortes de Terrasses.

LEs projets qu'on entreprend ne sont jamais mieux executez, que lorsqu'on s'en forme une idée juste & raisonnable : il est vray que c'est ce qu'on ne peut attraper que mal-aisément; nôtre raison servant souvent ellemême à nous séduire, particulierement lorsque nous donnons dans la prévention : il en est des desseins de Jardins comme des autres choses; car tel y croit réüssir, qui souvent tombe dans des défauts tres-considérables.

Les Jardins d'Ornemens, tels qu'ils puissent être, ne demandent que du grand : les colifichets en doivent être bannis, les gens de bon goût ne sçauroient les souffrir, il n'y a que ceux ausquels peu de choses suffisent pour leur plaire, qui peuvent s'en accommoder; ce ne sont que des goûts dépravez la plûpart, & ausquels on ne peut faire entendre raison.

Les situations diverses des lieux, tant par rapport à leur étenduë, leurs vûës différentes, qu'à l'inégalité de leur plan, portent un Architecte de Jardin à plusieurs considérations; mais ce qu'il y a de plus essentiel en fait de Jardins, c'est de s'étudier à bien connoître les avantages & les défauts du terrein qu'on a à pratiquer, afin de bien sçavoir ménager les premiers pour en faire son profit, & de corriger les autres.

De ce qu'il faut faire pour bien distribuer un Jardin.

ON doit user de beaucoup de prudence pour bien distribuer un Jardin ; il faut de l'expérience , du bon goût , & une noble varieté , afin que l'œil ait lieu de s'y promener agréablement ; sans cela un jardin ne plaît que médiocrement : l'Architecte qui l'entreprend do t donc avoir l'esprit formé sur de bonnes idées pour le bien conduire , & non pas faire comme il y en a beaucoup , qui parce qu'ils sçavent parfaitement bien dessiner, s'imaginent que les plans qu'ils tracent sur le papier sont les mieux inventez du monde , lorsqu'ils fourmillent de défauts qui sautent aux yeux des fins connoisseurs.

Mais pour revenir au terrein qu'il est question de sçavoir distribuer , il est constant qu'il est ou de niveau parfait , un peu plus bas que l'édifice , ou avec une pente douce , ou d'une assiette fort élevée , de maniere que pour le rendre agréable , & le pratiquer artistement , il faut qu'il y ait des chûtes de perrons & de glacis avec des pentes.

Des Vûës à ménager , & comment.

LA principale chose qu'on doit observer pour bien dresser un Jardin d'Ornement , c'est de ménager toûjours les plus belles vûës qu'on peut tirer du bâtiment , qui pour bien faire , doit être élevé au dessus du terrein du Jardin , étant plus agréable de descendre dans un Jardin tant de front que par les côtez , que d'y entrer de plein pied. Une vûë élevée découvre à plein tout ce qu'elle parcourt ; au lieu qu'elle ne fait que raser la superficie des objets quand elle est basse ; cependant comme elles ne sont pas toutes à beaucoup prés situées ainsi , on s'accommode de celles qu'on trouve avec le plus d'art qu'il est possible.

Deux choses contribuent à bien distribuer un Jardin pour en avoir les vûës qu'on en peut tirer ; la prémiere consiste en ce que les allées soient percées avantageusement ; afin d'en rendre les issuës agréables par la découverte qui est d'autant plus belle , qu'elle a plus d'éloignement , & que les objets en sont plus variez , la varieté étant une chose qui plait beaucoup dans les Jardins , & qui les rend fort recommandables.

La seconde chose à observer , est de régler les pentes d'un Jardin de maniere , que nonobstant les perrons , les glacis , on découvre du bout de l'allée principale, la masse de tout l'édifice , ce que nous disons icy regarde proprement les Jardins de campagne , ou la situation des lieux permet de ménager de grandes vûës , & de profiter de leur étenduë , ce qui ne se trouve pas dans les Jardins renfermez dans les Villes , où l'on est obligé de s'accommoder au terrein , qui pour l'ordinaire en est petit ; outre que ces petits Jardins sont presque tout de niveau : ce n'est pas qu'il n'y ait quelques considerations particulieres qui les regardent par rapport aux bâtimens qui y sont faits, car c'est-là bien souvent où les amateurs de colifichets déployent leur sçavoir faire.

Considérations où nous portent les Parterres.

DAns la distribution qu'on fait d'un Jardin d'Ornement, c'est toûjours le Parterre auquel on songe d'abord, parce que c'est la premiere piece qui doit se presenter en entrant : il faut que le Parterre égale la largeur du bâtiment ; c'est le compartiment où il y a le plus d'art, & qui plaît le plus ; c'est pourquoy il est nécessaire que tout ce qu'il y a de beau tombe d'une porte, ou des fenêtres d'une maison, sous l'œil de celuy qui regarde un Jardin ; les allées de ce parterre seront prises en dehors, & dans toute sa longueur, de maniere que du bout on puisse distinguer tout l'édifice, sans que la vûë en soit détournée.

Où placer les Bosquets ou autres pieces de Jardin.

CE ne sont pas seulement les Parterres qui font la beauté des Jardins, les Bosquets & les Palissades leur donnent un beau relief ; mais il faut prendre garde où on les place ; si c'est à côté du Parterre, ils seront fort bien, pourvû qu'ils n'ôtent point quelque belle vûë qu'on pourroit y pratiquer ; si cela est, on y fera des Boulingrins découverts, ou bien des Bosquets d'arbres plantez en quinconce, en sorte que les allées percent droit sur le point de vûë qu'on veut ménager, & que la vûë s'y porte dans toute son étenduë ; les Palissades aussi en seront basses, c'est à dire à quatre pieds de hauteur : mais si les côtez des Parterres ont pour aspect quelque montagne, quelque bois ou autre chose semblable, qui les bornent de prés, il est bon de les couvrir ; si un bois néanmoins, une forêt ou une montagne, ou un côteau étoient situez dans un lointain, la perspective en seroit trop agréable pour la dérober aux yeux ; c'est pour lors qu'il est bon que la nature se jouë avec l'art, afin que l'un donne du merveilleux à l'autre.

Un Jardin d'Ornement doit encore être accompagné de Bassins ou pieces d'eau, on n'en sçauroit marquer positivement la place ; il n'y a que l'assiete du terrein qui la peut déterminer. Il y a des Bassins qui sont à la tête des Parterres, d'autres qui sont au milieu, d'autres en d'autres endroits, ainsi du reste ; quand le Jardin a beaucoup d'étenduë, il est bon au bout des Parterres en broderies d'y dresser des Parterres à l'Angloise, puis resserrer le grand espace de terrein qu'occupoient ces grandes pieces par quelques Palissades, ou un bois percé en pate d'oye, ou autrement, qui conduise dans de grandes allées. L'espace qui est entre les Bassins, s'il y en a plusieurs, sera décoré d'Ifs, de Quaisses d'Orangers, ou d'autres Arbrisseaux & Arbustes servant à l'embellissement des Jardins ; la principale allée doit toûjours être en face du bâtiment, & au bout il faut percer le mur, & le fermer d'une grille de fer, ou bien se contenter de faire au pied de l'ouverture un haha, ou fossé, afin que les enfilades & le coup d'œil ne soient point brisez.

Lorsqu'on rencontre dans un grand terrein des endroits qui sont profonds naturellement, marécageux ou non, & qu'il coûteroit trop de les faire emplir, il faut y dresser des Boulingrins, ou des pieces d'eau, si on en a besoin ; ces ornemens ont leur mérite, & font beaucoup valoir un grand Jardin ou un Parc.

Aprés avoir sçû placer ces maîtresses allées, & conduire les principaux alignemens, que l'assiette des Parterres est marquée, & qu'on a déterminé les pieces qui les doivent accompagner; si le terrein est grand, on dresse des cloîtres, des galeries, des sales & salons de verdure & des quinconces; tous ces ornemens varient beaucoup un Jardin, le rendent noble, tres agréable & des plus magnifiques. Les fontaines, les canaux, tout cela plaît beaucoup, quand l'art s'en est mêlé, parce que lorsqu'on ne les y voit que formez seulement par la seule nature, c'est peu de chose, & même souvent un tel aspect est plus désagréable qu'autrement. Les amphitheatres ornent encore beaucoup un Jardin, on s'en sert même avec agrément pour borner une vûë qu'on n'aura pas pû étendre, parce que ce seroit un côteau qu'il faudra coupper pour cela, & qui conduiroit à une trop grande dépense, si on vouloit en venir à l'exécution.

On a déja dit que la varieté contribuoit beaucoup à l'embellissement des Jardins; c'est pour cela que s'arrêtant à cette idée, il faut toûjours dans la distribution qu'on fait d'un jardin, placer les pieces qui le composent toutes opposées l'une à l'autre, c'est à dire, de mettre un boulingrin contre un Parterre, ou bien un Bosquet, ainsi du reste; c'est dans cette agréable diversité que l'œil se divertit, & que l'esprit trouve dequoy se contenter.

Ce n'est pas seulement dans l'idée générale qu'on se forme d'un Jardin que doit se rencontre cette varieté, elle doit encore se trouver dans chaque piece particuliere: deux Bosquets, par exemple, à côté l'un de l'autre ne doivent avoir que leurs dehors semblables, parce que ce qui frappe d'abord la vûë d'un coup d'œil, doit toûjours être uniforme; quant au dedans, les desseins doivent être différens; car il seroit inutile, quand on auroit vû un Bosquet, d'aller dans un autre pour y voir la même chose, un dessein répeté dans un Jardin, n'est point un ornement, même dans une piece qu'on découvre d'un coup d'œil; on doit en diversifier les parties, comme si un bassin est rond, l'allée du tour doit être octogone; il en est de même des pieces de gason qui sont au milieu d'un Bosquet ou d'un Boulingrin.

Ce n'est pas le tout que de sçavoir bien executer un dessein sur le terrein, il faut sçavoir ce qu'il deviendra dans la suite, & ne pas en cela im t r ceux qui pourvû qu'ils plantent pour former ce qu'ils ont en tête, ne regardent pas que dans la suite leurs plans se nuiront infailliblement, & périront même pour avoir été plantez trop prés l'un de l'autre, ce qui fait qu'il faut les arracher; c'est encore ce qu'on voit arriver en bien des endroits à l'égard des Parterres qu'on plante trop confus.

Il est bon d'échancrer les encognures & les angles de toutes les pieces d'un Jardin, l'aspect en est plus agréable, selon quelques-uns, quoiqu'on voïe néanmoins des Bosquets & autres compartimens de Jardin dans lesquels la figure quarrée n'a rien de difforme; cela dépend du caprice de l'Architecte: il n'y a que dans les Parterres où cette régle doit être plus réligieusement observée, encore en voit on où cette figure quarrée ne déplait point, quand d'ailleurs ce qui remplit le tableau est de bon goût & bien entendu.

Quelque situation que puissent avoir les Jardins, soit de niveau parfait, soit en pente douce, soit en terrasse, ils ont tous leurs agrémens quand ils sont bien conduits.

Ce qu'il faut encore observer quand on conduit un Jardin d'Ornement, c'est de proportionner les Parterres à la grandeur du terrein, & pour cela, avant que de les dessiner, on y prend les proportions, puis on fait une échelle sur laquelle on se régle, & de la maniere qu'on le verra dans la suite.

Quelques bien conduits que soient les jardins ; ils paroissent peu agréables sans les eaux jallissantes qui en animent la beauté. L'industrie dans la distribution des eaux, consiste à faire en sorte qu'une petite quantité frappe extraordinairement la veuë ; & comme un grand Bassin dans le milieu d'un grand Parterre semble ridicule, il faut éviter ce défaut, car quand il en employe la plus grande partie, la vûë en paroît désagréable.

Dans les allées en pentes on peut faire des Cascades par bassins qui se communiquent par des rigoles & goulettes, ou par nape ou chûte dans un bassin continu.

Les Grottes sont encore un ornement de Jardin ; il est vray qu'aujourd'huy ce n'est presque plus la mode, cependant on peut en faire faire, si l'on veut. Les ouvrages de sculpture contribuent avec beaucoup de magnificence à la richesse des Jardins, telles sont les figures & les grouppes, qui ne se détachent jamais mieux que lorsqu'ils sont dans une niche de treillage ou une palissade ; on voit encore des figures & des grouppes sur des pieds d'estaux, qui quoiqu'ils soient isolez embellissent tres-bien les Jardins d'Ornemens.

Pour embellir le fond d'un Jardin de Ville, dont la vûë est souvent bornée par un mur, ou le pignon d'une maison voisine, on y peut faire un portique de treillage, ou une perspective peinte sur le mur, accompagnée d'une Figure ou sans Figure.

De la maniere de dresser un Jardin.

S'Etant formé ainsi une idée de distribuer un Jardin, on commence par en dresser le terrein sur sa pente naturelle, on le met de niveau, enlevant les parties trop élevées pour les transporter dans des creux, & observant de rendre cette pente douce & imperceptible à la vûë ; cela suffit pour y donner un écoulement aux eaux des pluyes ; cependant comme on est obligé quelquefois de mettre certaines parties d'un Jardin au niveau parfait, on donnera des régles de cet art dans un Chapitre particulier.

Il faut éviter le transport des terres, autant qu'on le peut, c'est une dépense qui ne fait point d'honneur à son Maître, un travail ingrat, & qu'on ne doit entreprendre que dans la grande nécessité, comme quand il est question de faire des Terrasses, ou quelque belleveder, encore ne faut-il se former ce dessein que lorsqu'on ne sçait où porter les terres qu'il est absolument nécessaire de transporter ; mais au cas qu'on en vienne là, on consultera sa bourse, la dépense qu'il y a à faire, & ce qu'on a coûtume de donner pour la façon de ces ouvrages, pour ne rien se laisser imposer là-dessus par les Ouvriers : venons presentement aux Terrasses, qui sont la plûpart les objets des terres qu'on transporte.

Des Terrasses, avec la maniere de les faire.

ON appelle Terrasse en fait de Jardinage, une terre artificielle, ou une terre couppée & escarpée dans un Jardin, élevée au dessus du rez de chaussée.

Avant que d'ordonner une Terrasse, il faut faire une sérieuse attention à ce qui regarde cette masse de terre; si c'est une Terrasse qu'on veüille élever sur un plan uni où il n'y a point de hauteur, on regardera l'éloignement des lieux plus ou moins grand; & si c'est un côteau, on s'étudiera à profiter des avantages de sa situation, faisant en sorte de tirer des endroits trop élevez pour remplir ceux qui sont trop bas; de maniere aussi qu'une Terrasse étant achevée, on n'ait point de terre à porter ny à transporter.

Si c'est un côteau auquel on ait à faire, & dont la pente soit tres-roide, il faut dresser des Terrasses les unes sur les autres à différentes hauteurs; & en soutenir les terres par des murs de maçonnerie, si mieux l'on n'aime que les Terrasses se soutiennent d'elles-mêmes par le moyen d'une rampe, d'un glacis, ou d'un talus, ou bien sans faire de Terrasses.

Dressez des Paillers à différentes hauteurs avec des rampes douces & des escaliers qui y communiqueront; il y aura, si l'on veut, des estrades, des gradins, glacis ou talus; une piece de Jardin taillée ainsi, forme un amphitheatre, qu'on peut orner de petits Ifs, de charmille à hauteur d'appuis, de vases, de quaisses & de pots de fleurs, les Figures & les Jets d'eau y produisent encore un objet tres-agréable; ces Terrasses ne doivent point être trop fréquentes dans un Jardin, elles en rendent l'air étouffé; il faut qu'il y soit plus libre & la veuë plus étenduë.

Il est bon de remarquer que les Terrasses veulent qu'on leur donne toûjours sur leur longueur une petite pente imperceptible, comme par exemple d'un pouce ou demy-pouce par toise, selon qu'elles sont longues. Il est bien plus sûr de tailler les glacis, rampes ou talus en pleine terre, que de les former de terres rapportées, parce qu'ils sont de bien moindre dépense, & bien plus solides. Avant que de passer outre, il est bon de donner une idée du niveau, afin de s'en pouvoir servir utilement pour unir un terrein.

CHAPITRE XXXIII.

Pratique du Niveau pour dresser un Jardin, avec la maniere de coupper un Côteau.

ON se sert du Niveau pour faire qu'un terrein ne soit point plus haut d'un côté que d'autre, & sans le Niveau il est difficile de parvenir à cette justesse qu'on y cherche: le Niveau est un instrument assez connu de tout le monde.

Il faut être trois personnes pour bien niveler, l'une porte les jalons, les change

change & les remuë ſelon que celuy qui nivelle le juge à propos, l'autre tient un bout du cordeau, & l'autre, l'autre bout; il y en a qui font choix des temps pour niveller; mais c'eſt être un peu trop ſcrupuleux ſur l'article, puiſqu'on a vû niveller juſte auſſi bien par un temps ſombre que par un temps clair.

Les jalons dont on a parlé ſont des bâtons de cinq à ſix pieds de haut chacun, & bien unis dans le deſſus, on met une carte ou du papier à leur tête dans une fente qu'on y fait, pour aider la vûë à mieux diſtinguer le point qu'on luy objecte dans un éloignement, & lors même que les rayons viſuels ſe portent confuſément vers le papier ou cette carte, de maniere qu'il ne les frappe point; on met un chapeau derriere, afin que le noir donne plus de facilité à diſtinguer le blanc.

Outre les jalons on a encore des piquets qu'on enfonce en terre, & ſur leſquels on poſe la meſure réglée, ils doivent être juſtes; ces piquets ſervent encore à retrouver les meſures, en cas que les jalons ſoient hors de leur place par mégard, ou que cela ſe ſoit fait exprés; on poſe aprés cela un cordeau ſur ces piquets, on le tend d'un piquet à l'autre pour faire des *repaires* ou des *heſmes*, ſi l'on veut ſe ſervir du terme de la plûpart des Jardiniers; & faire un repaire n'eſt autre choſe que de faire apporter des terres le long d'un cordeau tendu d'un jalon à un autre, & qui forme une rigole qui ſert à dreſſer un terrein inégal; on donne à chaque rigole un ou deux pieds de largeur; il faut les plomber en marchant deſſus, & les unir enſuite avec le rateau juſqu'à ce que le cordeau affleure librement, & ſans qu'on le force tout du long de la ſuperficie de la terre: voilà les inſtrumens néceſſaires dont on ſe ſert pour niveller, reſte à préſent d'en venir à la pratique.

Suppoſons le plan d'un jardin dont la ſuperficie n'eſt point égale, & qu'on veuille mettre parfaitement de niveau, cela fait on fiche deux jalons en terre à huit ou neuf pieds l'un de l'autre, & dont les têtes ſeront bien unies, on poſe deſſus une regle de maçon, & ſur le milieu de cette regle le niveau de maniere que le plomb qui eſt attaché à la petite corde, la faſſe tomber juſte dans les deux entailles faites exprés dans l'angle, & dans la traverſe du niveau.

Quand le niveau eſt plus élevé d'un côté que de l'autre, on enfonce le jalon qui eſt le plus haut, juſqu'à ce que tous les deux ſoient juſtes.

Cela fait, on ôte le niveau de deſſus la regle, on fait poſer des jalons de diſtance en diſtance ſur toute la longueur du jardin, on les fait enfoncer & relever de maniere que leurs têtes s'enraſent à la regle lorſqu'on les mire deſſus.

Enſuite on meſure combien il y a de diſtance du haut du dernier jalon juſqu'à terre, ſuppoſons cinq pieds, on va aprés au premier où l'on ne trouve que trois pieds; c'eſt donc de deux pieds & demy que le dernier jalon eſt plus haut que le premier, partagez ces deux pieds & demy, ce ſera un pied trois pouces de terre qu'il faudra ôter du premier jalon pour le porter au bas du dernier, ſi bien qu'ils auront tous deux pieds neuf pouces de haut; il faut prendre garde dans ce remuëment de terre de ne point démarer les jalons, ny déranger la régle qui doit encore ſervir: voilà donc déja les deux jalons de l'extremité meſurez également, reſte les autres qu'il faut égaler.

Pour cela on prend un bâton qu'on tient en sa main, on mesure l'un des deux jalons qui portent la régle depuis le haut jusqu'en bas, dont la hauteur est de trois pieds neuf pouces, y compris l'épaisseur de la regle, on couppe ce bâton à cette longueur, & c'est une mesure portative, dont on se sert pour mesurer les autres jalons.

S'il y en a un aprés avoir rapporté vôtre mesure dessus qui n'ait que trois pieds, creusez au bas jusqu'à neuf pouces, afin de trouver vôtre mesure juste; si au contraire il s'y en rencontre quelqu'autre qui ait cinq pieds & demy, buttez-le jusqu'au dessous de la mesure que vous portez, & que vous rapportez au jalon, ce sera un pied neuf pouces de terre dont la butte sera composée, suivez ainsi par tout vos jalons avec vôtre mesure, & le tout se trouvera juste : il faut prendre garde de pietiner toûjours la terre qu'on butte afin de l'affermir.

Quand cela est fait on prend un cordeau qu'on tend, à commencer par le dernier jalon jusqu'à celuy qui en est le plus proche, on alligne entre deux un autre jalon de la même hauteur, aprés quoy, selon que l'occasion le requiert, on creuse un repaire, comme on a dit, ou bien on fait apporter des terres ce qu'il en faut; on pratique la même chose de jalon en jalon, qui doivent être éloignez de douze à quinze pouces l'un de l'autre, & par ce moyen changeant toujours le cordeau, on rend son terrein parfaitement bien de niveau.

Remarques

Ce n'est pas, lorsque le terrein est fort spacieux qu'il faille s'assujetrir à en rendre toute la superficie de niveau, cela conduiroit à une trop grande dépense de dresser les endroits que la vûë découvre, & qu'on employe pour les parterres, les boulingrins & autres pieces généralement qui demandent une superficie de niveau : il suffit pour les bois, de dresser les routes qu'on y pratique.

Pour un terrein qui va en pente.

Si c'est un terrein qui aille en pente, il faut planter un jalon qui sortira de terre de trois pieds & demy ou quatre pieds à un bout le plus élevé de vôtre terrein, puis un autre à l'autre bout, qui est le plus bas, de maniere néanmoins que la vûë puisse s'y porter; aprés cela alligner plusieurs jalons sur ces deux-là, en sorte qu'ils n'excedent point la ligne de mire.

Cela fait, vous prenez une mesure portative, comme on a dit, de trois pieds & demy ou de quatre pieds de long, selon la hauteur de vos jalons, vous la rapportez sur tous l'un aprés l'autre, & les réduisant tous à la hauteur de cette mesure, faisant butter les uns & décharger les autres selon que le cas le requiert, on trouve par là le moyen de mettre ce terrein de niveau, aprés avoir creusé le repaire comme on a dit cy-dessus.

Comment coupper un Côteau en amphitheatre.

IL arrive quelquefois que dans les lieux où l'on veut dresser un Jardin, il se trouve un côteau, soit en perspective, soit à côté & dont l'objet est trop brute pour le laisser dans son naturel : de le coupper tout-à fait pour le mettre à niveau du terrein, c'est beaucoup de dépense, cela n'appartient qu'à de grosses puissances ou à quelque Partisan; il faut donc prendre un milieu, & pour cela faire des terrasses les unes sur les autres à differentes hauteurs, & qui seront soûtenuës par des murs de maçonnerie, ou par des talus ou glacis qu'on y pratiquera: ce dernier expédient coûte moins, & frappe plus agréablement la vûë.

Des Moyens de dresser un Talus.

POur bien coupper un talus, & le dresser sur la ligne de pente, il faut de deux toises en deux toises alligner des piquets, & en faire un double rang, tendre le cordeau de haut en bas, d'un jalon à celuy qui luy est opposé, & faire un repaire d'un pied de large le long du cordeau; on fait ainsi des repaires de piquet en piquet, puis on passe la boucle du cordeau dans un des piquets, il n'importe lequel, puis un homme prenant l'autre bout du cordeau, il le promene de tout sens sur le talus, & d'un repaire à l'autre, tandis qu'un autre homme qui le suit couppe & arrase le terrein avec la besche, & unit par ce moyen les endroits qui sont plus élevez, il ne faut point forcer le cordeau; c'est de cette maniere que portant le cordeau d'un repaire à l'autre, on unit tres-bien un glacis.

Si le talus ou glacis n'a pas plus de sept à huit pieds de long, on prendra une grande regle de Maçon bien épaisse, capable de se soutenir sans se cambrer; on la couchera sur le talus, on l'y promenera, & l'on unira le terrein où l'on verra qu'il y aura du défaut.

Les talus ou glacis qu'on fait de terres rapportées ne sont pas si solides que ceux qu'on couppe en terre ferme; il faut bien faire trépigner aux pieds les premiers à mesure qu'on y apporte la terre, afin de le bien former, & faire en sorte que les talus ne s'affaissent point aprés qu'ils sont faits.

Un talus trop roide n'a pas bonne grace, ainsi que celuy qui s'étend trop, c'est sur la hauteur que cela se doit regler; l'œil, l'experience, la pratique & le bon goût en décident mieux que tout ce qu'on en peut dire; il est bon néanmoins de faire cette remarque, qui est que si c'est une terre forte où l'on travaille, il suffira de donner au talus six pouces par pied de haut, & neuf, si c'est dans un terrein leger ou sabloneux; nous parlerons encore ailleurs de ces talus; c'est pourquoy nous n'en dirons rien icy davantage.

CHAPITRE XXXIV.

Où l'on traite de tous les plans qui peuvent entrer dans un Jardin d'Ornemens, des Allées, Contre-allées & Palissades qui en font la beauté. Comment y planter ces plans selon les régles du Jardinage. Nécessité de sabler les Allées, & comment le faire.

LEs Jardins d'Ornemens ne sont pas susceptibles de toutes sortes de plants, il y en a qui leur sont particuliers, & tels sont le *Buis*, *l'If*, la *Charmille*, *l'Erable*, le *Maronier d'Inde*, le *Tilleul d'Hollande* & le *commun*, & la *Picéa*; voilà ceux qui sont les plus à la mode aujourd'huy, le *Chèvrefeuille* est fort en usage pour les palissades contre les murs; on employe le Romain

& le Commun, mêlé de *Rosiers* de tous les mois. Nous avons déja parlé de la plûpart de tous ces arbres, montré comme on les élevoit, & dit à quoy ils étoient propres, ce n'est donc icy qu'une espece de récapitulation qu'on en fait pour mieux en instruire les curieux.

Autrefois il y avoit les *Alaternes* qu'on mettoit dans les plattes bandes des parterres, tantôt sous la forme d'un buisson, tantôt sous celle d'une boule, ou d'une autre figure; le *Phylaria* tenoit aussi sa place dans les Jardins, on l'employoit pour des berceaux & des palissades; on faisoit encore des allées d'*Acacias*, mais comme cet arbre ne forme pas bien sa tête, on s'en est dégoûté; on plantoit aussi des *Cyprés*, & même on en voit encore en bien des Jardins qui sont anciens; maintenant on ne sçait plus ce que c'est que cet arbre, on l'a abandonné.

Le *Baguenaudier* entroit dans les plattebandes de parterres ainsi que le *Houx*, mais à present qu'on n'y veut plus rien qui offusque la vûë, & qu'il est plus beau de les voir à plein, il n'y a plus que les Ifs qui y paroissent; mais il faut qu'ils n'ayent pas plus de trois ou trois pieds & demy de haut; les *Genêts d'Espagne* & les *Rosiers* en sont aussi bannis. Voilà tous les Arbres & Arbrisseaux dont on se sert ordinairement dans les Jardins d'Ornemens, & ceux qu'on y employoit anciennement, il est question à present de parler des Compartimens qui les font beaucoup valoir.

Des Allées des Parterres.

LEs Allées par exemple sont de ce nombre, tant celles qui séparent les Parterres, que celles qui distinguent les Bosquets; elles sont ou paralleles à la ligne qui passe par le milieu du bâtiment, ou de traverses retournées d'équerre, ou biaises sur cette ligne, ou diagonales.

Les Allées qui séparent les Parterres, ou celles qui les environnent, ne doivent pas avoir moins de douze à quinze pieds; elles peuvent être beaucoup plus grandes & proportionnées tant aux Parterres qu'aux autres pieces qui les accompagnent, & qui forment l'étenduë de ce qui se presente à découvert en descendant au Jardin.

Les Allées sont quelquefois de niveau, & quelquefois avec de la pente, qui ne doit jamais être trop roide, parce que quand elle excede trois pouces par toises, les ravines les perdent; on y peut cependant remédier par des plattebandes de gason qu'on met au milieu des plus grandes en maniere de chevrons brisez qui les traversent, ou bien on se sert de petits arrêts faits de planches de bateau qui n'excedent pas l'Allée de plus de deux pouces.

Il y a encore outre ces Allées couvertes & les découvertes, les Allées doubles & les simples, il faut parler icy de toutes ces différences, afin que ceux qui veulent se mêler de cette partie du Jardinage y trouvent leur compte.

Des Allées couvertes.

NOus appellons Allées couvertes celles en effet que les arbres couvrent de leur feüillage, de maniere qu'au plus grand chaud du jour on peut y goûter un air frais & agréable; on voit beaucoup de ces Allées dans les

Jardins ſpacieux, & il faut auſſi qu'il y en ait pour un plus grand ornement: on cherche auſſi de l'ombrage dans les Jardins d'Ornemens, & quelque petit qu'il ſoit, on tâche toûjours d'y en ménager.

On ne doit jamais placer les Allées couvertes ſi prés des bâtimens, elles en offuſquent la vûë, & c'eſt un défaut en fait de Jardinage fort conſidérable; ce n'eſt plus un Jardin d'Ornemens, c'eſt un lieu ſolitaire, étouffé, & où les yeux n'ont point de plaiſir à ſe promener.

Lorſqu'on veut faire des Allées couvertes, il ne faut pas leur donner tant de largeur qu'aux autres, afin qu'elles parviennent plûtôt au point où on les ſouhaite, au lieu que ſi elles étoient trop larges, il faudroit attendre trop de temps pour joüir de l'ombrage qu'on y recherche.

Des Allées découvertes & des Contre-allées.

QUant aux Allées découvertes, qui ſont celles des Parterres, dont nous avons déja parlé, des Boulingrins, Boſquets & autres, comme celles que forment des Paliſſades, qui quoiqu'il y ait à diſtances égales des grands arbres mêlez, ne laiſſent pas d'être découvertes par le haut, à cauſe du ſoin qu'on prend d'élaguer les branches qui ſe jettent en dedans de ces Allées: Pour ce qui regarde donc ces Allées, elles doivent avoir plus de largeur que les précédentes, afin que d'un bout on puiſſe aiſément percer juſqu'au bâtiment, ou que du bâtiment, la vûë, ſans être trop reſſerrée, s'étende juſques à l'aſpect qu'on luy aura donné ſelon ſa ſituation.

Les principales Allées tant de front que de traverſes ſont ſouvent accompagnées de Contre-allées de la moitié de leur largeur, à moins que l'étenduë de la façade du bâtiment n'oblige un Architecte à ſortir de cette régle; c'eſt à dire, de les planter un peu plus larges; une Contre-allée trop étroite n'a point d'agrément, ce n'eſt qu'un boyau dans un grand Jardin, & c'eſt ſouvent un défaut dans lequel tombent la plûpart des Jardiniers, qui, lors qu'ils alignent ces Contre-allées, ne font pas attention au terrein que les Paliſſades doivent occuper dans la ſuite, à meſure qu'ils croiſſent & qu'ils s'épaiſſiſſent.

De la largeur des Allées.

ON doit proportionner la largeur des Allées à leur longueur, c'eſt ce qui en fait l'ornement: une allée de charmille ne doit guéres avoir moins de trois toiſes de largeur dans un petit terrein raiſonnable, autrement ce ne ſeroit plus rien, à peine peut-on s'y promener quatre perſonnes de front.

Il y a des Allées tant de charmilles que d'arbres plantez ſimplement depuis trois toiſes juſqu'à dix ou douze de large, en ce cas cy il faut qu'elles ayent environ quatre cens toiſes de long; ſi elles n'en ont que deux cens, ſept à huit toiſes ſuffiront; & pour trois cens toiſes, on en donnera dix de largeur: ces proportions ſont aſſez juſtes pour ne rien trouver à dire à la largeur de ces Allées, dont l'étenduë ſera à peu prés comme on vient de le marquer.

La plus grande beauté des Contre-allées est que les branches des arbres se touchent par leurs extremitez, & forment comme des berceaux de verdure qui sont fort agréables. Il est nécessaire pour cela d'élaguer les arbres de temps en temps pour les faire profiter, & il faut conduire tellement leurs branches, qu'elles donnent un couvert qui frappe agréablement la vûë.

On fait encore de grandes Avenuës d'Ormes, qui font un fort bel effet en arrivant à un bâtiment : les plus grandes Allées, comme celles qui sont directement opposées aux façades des grandes maisons sont plantées de Maroniers d'Inde avec des Ifs entre deux, ou sans Ifs; on peut aussi faire des allées ou des routes dans un Parc, ausquelles on donnera de largeur selon qu'elles seront longues, se réglant sur ce qu'on a déja dit là dessus.

Des Palissades.

LEs Palissades sont de tres-beaux ornemens de jardin, il faut en mettre le long des murs d'un enclos, principalement lorsqu'ils ont quelque défectuosité; elles en rachetent les biais en réformant les coudes qui s'y trouvent; c'est par le moyen des Palissades qu'on forme des étoiles, des pates d'oye, & d'autres compartimens qui embellissent les grands Jardins; on en fait aussi des figures rondes ou à pans, du centre desquelles il est de la science de l'Architecte de ménager les plus beaux points de vûë.

La beauté des Palissades consiste à être bien conduite, de maniere qu'elles forment comme une tapisserie fort unie; il y en a de plus haute l'une que l'autre, selon que les endroits veulent être plus ou moins couverts; on en voit qui ont jusqu'à vingt-quatre ou trente pieds de hauteur, d'autres qui n'en ont que dix ou douze, & quelquefois davantage; nous avons encore les Palissades à hauteur d'appuy, qui ont trois à quatre pieds de haut.

C'est encore à l'aide des Palissades qu'on forme des cloîtres, des galeries & des sales qui sont percées en arcades, & ausquelles on donne de hauteur deux fois leur largeur; on peut encore pratiquer d'espace en espace des niches & des renfoncemens dans les Palissades, pour y placer des figures, des bancs, des vases ou des fontaines, tous ces ornemens différens avec la verdure de ces Palissades font un contraste admirable, ce qui donne un certain air à un jardin qui plaît infiniment.

Pour bien entretenir une Palissade, il faut que le Jardinier qui la conduit, sçache la tondre comme il faut, c'est à dire, qu'il ne la laisse point venir trop touffuë ny trop élevée; une Palissade trop touffuë n'a point bonne grace, c'est comme une Perruque trop garnie sur la tête d'un homme, & dont la façon est ridicule. Si par l'ignorance d'un Jardinier il se trouvoit des Palissades en ce cas, le plus court chemin est de les rapprocher; & pour bien entretenir encore la beauté d'une Palissade, c'est de ne la point laisser monter si haut, étant sujette alors à se dégarnir du pied; l'outil dont on se sert pour tondre les Palissades, est un croissant; & pour faire ce travail avec plus de facilité, on se sert de grandes échelles doubles, ou de chariots roulans.

Aprés avoir parlé des ornemens de Jardins qui se forment par le moyen des arbres qui y conviennent, il est bon de toucher quelque chose de la maniere de les planter; tout le monde ne la sçait pas, & l'on est persuadé que cela fera plaisir aux curieux.

Comment planter les Arbres propres à faire des Compartimens de Jardin.

Les Ifs.

NOus avons déja dit que les Ifs se plantoient dans les plattebandes des parterres, & entre les Maroniers d'Inde plantez en allées ; dans le premier cas on les met à deux toises l'un de l'autre, & dans des trous d'un pied & demy tant de profondeur que de largeur sur tous sens ; il les faut planter de deux pieds & demy seulement, parce qu'aujourd'huy on ne les veut point haut, il suffit qu'ils marquent un peu, & que par là ils relevent la beauté des parterres.

La Charmille.

La Charmille contribuë beaucoup à l'ornement des Jardins, on la plante de différentes hauteurs ; car il y en a depuis un pied jusqu'à douze de haut, ce qui fait que les prix en sont différens ; mais qu'importe à ceux qui veulent joüir bientôt d'un jardin qu'ils font dresser, & qui ont le moyen de le faire ? La grande Charmille se plante en rigole, large d'un fer de Béche, & profond d'autant, à trois doigts l'un de l'autre, avec du garni dans le bas, qui est de la petite Charmille grosse comme des brins de paille, & haut d'un demy pied. Quand on habille la grande Charmille, il faut y laisser des argots tout du long de l'épaisseur de deux écus.

L'Erable.

A l'égard de l'Erable qui forme de si belles Palissades, il faut le planter comme la Charmille, on en trouve d'aussi haut ; cet arbre est tres-propre pour garnir des places vuides ; mais il faut en foüiller entierement l'endroit, afin de donner à la terre les sels dont elle a besoin pour faire croître le plan qu'on luy commet.

Le Maronier d'Inde.

On fait des Allées de Maroniers d'Inde ; il faut bien se donner de garde d'étêter ces arbres quand on les plante, on leur laisse une tête proportionnée à leur grosseur ; les Maroniers d'Inde se plantent en trous larges de trois pieds, profonds d'un & demy, & distans l'un de l'autre de deux toises : & comme la tige de ces arbres est toûjours trop foible dans les commencemens pour résister à la pesanteur de leur tête, on les attache à des perches de bateau, ou autres de pareille grosseur, qu'on fiche en terre au pied de ces arbres, & par ce moyen ils se maintiennent fort droits ; on les élague à mesure qu'ils croissent jusqu'à ce qu'ils ayent acquis une tige d'une hauteur raisonnable, & selon qu'on l'a souhaité.

Le Tilleul d'Hollande.

On plante le Tilleul de Hollande comme les Maroniers, excepté qu'on l'étête, observant de laisser à sa sommité cinq à six branches des mieux nourries, & de la longueur d'un pied, & ne pas faire comme il y en a qui ne leur laissent rien à la tête, pas même le moindre chicot ; la méthode de les coupper, comme on a dit, les avance de beaucoup, ils en marquent bien mieux & bien plûtôt leur place, le *Tilleul commun* demande la même culture.

Le Tilleul commun.

L'Orme de deux especes.

Les Ormes son propres pour faire de grandes Avenuës, on en forme aussi des Allées, des Bosquets & autres ornemens de jardin ; il y a *l'Orme mâle & l'Orme femelle* ; celuy-cy est le plus en usage dans les Jardins d'Ornemens, & l'on fait de l'autre des Avenuës d'une longue étenduë : on les plante comme les arbres précédens.

Le Tout-bois, ce que c'est.

Il y a encore du *Tout bois*, pour parler en terme de Jardinier ; & le Tout bois n'eſt autre choſe que pluſieurs ſortes de plans différens dont on garnit les Boſquets qui ſont touffus ; tels ſont les petits Maroniers d'Inde, les Tilleuls communs, les Noiſetiers ou Coudriers, & le Tout-bois, ſe plante à deux pieds l'un de l'autre.

Les Bois. Les Bois ſont encore ou nouvellement plantez, ou à planter ; dans ce cas-cy on les garnit de Chéneaux & autres arbres champêtres, ainſi qu'on l'a dit aſſez amplement à l'article des Bois de haute-futaye.

Battre les Allées, comment cela ſe fait.

C'Eſt une néceſſité de ſabler les Allées ; mais avant que d'en venir là, il faut les battre ; cette façon, qu'on leur donne, empêche que les méchantes herbes n'y pouſſent, & que les Taupes n'y cauſent du ravage. On bat les Allées en recouppe, c'eſt à dire, qu'on y porte des recouppes de pierres qu'on bat avec la batte à trois volées. Au défaut de recouppes, on ſe ſert de gravois, ou de picrottes ; & ſi l'on n'eſt point à portée de toutes ces matieres, on bat les Allées comme on les trouve ; la premiere maniere eſt tres-bonne, mais elle coûte, celle-cy ne laiſſe pas de bien réüſſir ; il y en a à Paris qui mettent du ſalpêtre deſſus ; mais comme il n'eſt pas commun par tout, on s'en paſſe ; cette terre eſt d'un grand ſecours pour empêcher les méchantes herbes de croître.

Les Sabler. Les Allées étant ainſi battuës, on répand du ſable par deſſus ; celuy de riviere eſt le meilleur ; il faut le mettre à un bon demy pouce d'épaiſſeur, cela ſuffit ; & pour le bien choiſir, on le prendra un peu graveleux ; celuy qui eſt trop fin n'y eſt pas ſi propre ; non plus que celuy qui eſt trop pierreux ; le ſable de terre peut encore ſervir pour cela au défaut du premier : il y en a de jaune & de blanchâtre, l'un eſt auſſi bon que l'autre : les Allées ſablées veulent être ſouvent paſſées au Rateau pour plus de propreté.

CHAPITRE XXXV.

Des Parterres & Boulingrins de différentes ſortes : du gaſon : comment le ſemer & le plaquer avec tous les Ouvrages qu'on en peut faire, comme Rampes, Glacis, Talus, Tapis, & autres Ornemens de bon goût.

ON peut dire que les Parterres, quand ils ſont bien entendus, ſont des pieces qui relevent le plus les Jardins d'Ornemens, on en fait de pluſieurs façons, ſelon que l'imagination l'inſpire, & toute cette grande variété néanmoins ſe réduit à quatre ſortes, ſçavoir *les Parterres de Broderies*, qui ſont les plus eſtimez, & ceux qui frappent plus agréablement la vuë, lorſque les ornemens y ſont ſans confuſion ; & pour les remarquer plus diſtinctement, le fond en doit être ſablé, les feüilles & les rainceaux de la broderie remplis de ciment ou de mache fer : un Parterre de broderie n'en

Parterres de broderie.

n'en est que plus agréable quand il y a quelques massifs ou enroulemens de gazon qui l'accompagne.

Parterres en compartimens.

Les *Parterres en Compartimens* donnent aussi un beau relief à un jardin, & on les distingue des premiers en ce que le dessein se répete par cimétrie tant en haut qu'en bas, & sur les côtez; ces Parterres sont composez d'enroulemens, de plattebandes de fleurs, de massifs & pieces de gazon, & d'un peu de broderie; tous ces ornemens y doivent être bien placez pour y produire un bel effet.

Parterres à l'Angloise.

Nous avons les *Parterres à l'Angloise*, qui ne sont composez que de gazon découpé artistement, de tapis de gazon & entourez d'une plattebande de fleurs, ou de gazon seulement; ces parterres ont leur agrément particulier, & ne se placent guéres que dans des endroits éloignez du bâtiment.

Parterres découpez.

Il y a des *Parterres découpez* qui ont leur mérite particulier, ils se mettent ordinairement dans des petits jardins de Ville où l'on veut avoir des fleurs préférablement à tout autre ornement, cela dépend de la fantaisie; il n'entre point de broderie en ces parterres, ce ne sont que pieces découpées par cimétrie avec des traits de buis tout au tour, qui marquent les figures qu'on leur donne aprés qu'elles sont tracées, de maniere qu'on peut se promener tout au tour, sans rien gâter, par de petits sentiers sablez.

Les buis dont on se sert pour faire la broderie des parterres doit être petit & bien garni; il faut que la broderie en soit légére, afin qu'avec le temps les traits ne se confondent point; un dessein trop chargé d'ornemens devient confus en quatre ou cinq ans, c'est un défaut qu'il faut éviter, & dans lequel la plûpart des Architectes de jardin tombent aujourd'huy: qui feroit aussi un dessein trop légér, ne pêcheroit pas moins que les premiers, tels parterres n'offrant aux yeux que des ornemens qui les satisfont tres-mal.

Les Figures qui entrent dans les parterres sont tirées de celles que la Géométrie a inventées. Il y a les Rainceaux, les Palmites, les Fleurons, les Traits, les Nilles, les Feüilles refenduës, les Volutes, les Naissances, les Culots, les Guilloches ou Entrelas, les Compartimens, les Panaches, les Coquilles de gazon, les Massifs, les Enroulemens, les Sentiers, les Plattebandes, & tous autres Ornemens qui peuvent être destinez & distinguez sur terre; il faut remarquer que leur beauté consiste à n'être jamais répetez.

Ces parterres doivent être toûjours sablez de différentes couleurs, c'est ce qui en releve l'éclat; on se sert pour cela de ciment pour le rouge, ou de sables rouges qu'on trouve en certains endroits; on prend pour le noir du machefer, ou du terreau de couche, & pour marquer le blanc & le jaune du sable ordinaire ou du sablon; mais comme on ne sçauroit connoître naturellement sur le papier ces différentes couleurs, à moins que le dessein ne soit lavé, il est à propos de dire quelles en sont les marques.

Tout ce qui est pointillé clair marque le sable jaune, les points plus serrez, le sable rouge, les lignes croisées l'une sur l'autre, le machefer qu'on met ordinairement dans les feüilles de la broderie, & le gazon est marqué par des petits traits déliez mis confusément, ce qui imite parfaitement bien les brins d'herbe que jette le gazon.

Les *Parterres en émail*, qui sont pour l'ordinaire composez de Margueguerites ou Pâquerettes de plusieurs couleurs avec la Tatissé, se connoissent par de petites feuilles de plantes ou de fleurs mises aussi confusément les unes parmy les autres ; & le terreau de couches dont on garnit les plattebandes ou les découpez pour mettre des fleurs, se connoît par des points serrez, mêlez de feuilles de fleurs.

Outre les couleurs diverses, les pieces qui composent les Parterres ont chacunes leur nom particulier. Il y a les Bec de Corbin, les Nilles doubles & simples, les Feuilles de Refend, les Enroulemens, les Rainceaux, Fleurons, Palmetes, Traits, Volutes, Naissances, Graines, Chapelets, Culots, Cartouches, Dents de Loup, Compartimens, Enroulemens, Massifs & Coquilles de gazon ou d'émail, Sentiers, Plattebandes. On y mêle quefois des desseins de fleurs, comme Oeillets, Tulippes, Rosettes, Fers à Cheval, Trompes d'Elephant, fer de Lance & le reste.

FIGURE I.

Parterre de Broderie.

LE premier Parterre est de broderie, entourré d'une plattebande pour des fleurs avec des Massifs & des Enroulemens de gazon, le tout bordé d'un trait de buis avec du sable rouge qui les sépare, le reste est garni de sable de riviere ou autre, & les feüilles de la broderie garnies de machefer, & de sable rouge.

Il y a des Becs de Corbin, Feüilles de Refend, Nilles doubles, Nilles simples, Enroulemens, Rosettes, Tulippes, Dents de Loup & Coquilles de gazon; ce Parterre peut s'executer depuis six jusqu'à sept toises de large, & ne peut servir que pour la moitié d'un tableau.

FIGURE II.

Parterre de broderie mêlé de gazon.

LE second Parterre est aussi de broderie mêlée de Massifs de gazon differens, avec des volutes dans le bas, & fini dans le haut par un enroulement & une échancrure ; cette piece de Parterre peut avoir de large sept à huit toises, & dix-huit à vingt de haut. Elle n'est aussi que la moitié du tableau, ainsi que la précedente ; c'est pourquoy choisissant l'une ou l'autre, il en faudra faire une pareille qui l'accompagnera. Elles doivent être partagées par une allée de deux ou trois toises, & plus même, selon que le terrein où on place ce parterre a plus ou moins de largeur : on peut, si on veut, ne se servir de cette piece que pour un tableau, mais il faut alors dans le haut mettre deux échancrures ou deux enroulemens, afin d'observer la cimétrie. Si l'on veut garnir de Marguerites quelques Massifs, cela dépend de la fantaisie ; ce parterre n'en frappera que plus agréablement la vûë.

Explication de la Planche XV.

1. Bec de Corbin.
2. Nilles doubles.
3. Nilles simples.
4. Feüille de Refend.
5. Enroulemens.
6. Rainceaux.
7. Fleurons.
8. Naissances.
9. Graines.
10. Cartouches de plusieurs façons.
11. Massif.
12 Coquille.
13. Plattebandes.
14. Dents de Loup.
15. Rosertes.
16. Chapelets.
17. Sable rouge, ou ciment.
18. Gazon.
19. Mâche fer.
20. Sable jaune.
21. Terreau avec fleurs dans les Plattebandes.
22. Tulippe.
23. Culot.
24. Especes de fleurs de Lis.

FIGURE III.

Parterre en broderie.

LE troisiéme Parterre est d'un dessein d'un tres-bon goût; il est enrichi d'ornemens particuliers; les plattebandes sont pour mettre des fleurs, on y voit des Massifs en gazon & sable rouge, des Cartouches de broderie, & des Enroulemens en émail, d'où sortent des Rainceaux qui forment un beau Fleuron: le fond est de sab'e de riviere, la broderie est remplie de Mache fer & d'autres sables de différentes couleurs.

Explication de la Planche XVI.

1. Plattebandes.
2. Feuilles de Refend roulées dans le bas.
3. Fleurons.
4. Nilles doubles.
5. Volutes.
6. Enroulemens.
7. Ornemens de gazon.
8. Demy-fleuron.
9. Bec de Corbin.
10. Email.
11. Feüilles de Refend ordinaires.
12. Dents de Loup.

FIGURE IV.

Parterre de broderie, avec des Massifs de gazon.

LE quatriéme Parterre en environné d'une plattebande, formant dans les deux encognures d'en bas un demy cercle, & conduite au reste diagonalement jusqu'au ceintre qui supporte tout le Massif. On voit dans le milieu un beau Cartouche, d'où part une broderie fleuronnée, qui monte jusqu'au dessous d'une coquille entourée de Rainceaux accrochez par demy Enroulemens; la plattebande est pour fleurs annuelles. On voit dans le bas deux Fleurons qui sortent chacun d'un Enroulement, ils sont remplis de Fers à cheval, & finis par une larme terminée par un Bec de Corbin; il y a d'autres pieces de broderie assez particulieres. La plattebande se termine dans le haut par deux volutes séparées par un découpé de plattebande. Toutes les plattebandes de ce parterre sont destinées pour des fleurs, elles sont aussi garnies de petits Ifs.

Explication de la Planche XVII.

1. Plattebandes avec des Ifs.
2. Massifs de gazon.
3. Ovale en sable rouge.
4. Cartouche en émail.
5. Fleurons dans le Cartouche.
6. Trompes d'Elephant.
7. Autres Fleurons qui sortent chacun d'un Enroulement.
8. Larmes.
9. Fers à Cheval.
10. Nilles doubles enroulées par le bas.
11. Feüilles de Refend terminées par un Bec de Corbin.
12. Graines.
13. Fer de Lance.
14. Coquille de gazon sur un fond de sable rouge.
15. Rainceaux accrochez.
16. Naissances de Fleurons.

PARTERRE V.

LE cinquiéme Parterre est chargé de beaucoup d'ornemens avec un jet d'eau dans le milieu. On y voit un beau Cartouche suspendu par deux volutes, & d'un goût tout particulier; tous les Massifs sont en émail avec du sable rouge de chaque côté; cet émail, comme on l'a dit, est composé de Marguerites & de Tatissé; on voit dans le fond deux petits Bosquets, ornez d'une Figure en perspective, & placez dans un portique de treillage: on voit aussi deux autres Figures à côté.

FIGURE VI.

Parterre à l'Angloise.

LE Parterre est à l'Angloise avec une coquille soutenuë par des Massifs enroulez. Toutes les pieces de ce Parterre sont bordées de Marguerites, sans buis, & la coquille même avec du sable rouge dans milieu.

PARTERRE VII.

VOicy encore un autre Parterre à l'Angloise d'un autre dessein que le précédent; il n'a pas moins son agrément, à cause des différens sables dont il est mêlé; on fait encore de ces sortes de Parterres qu'on met dans des Bosquets & Boulingrins; il est vray qu'ils ne sont pas si figurez, ils ne doivent pas même l'être tant; il faut à ces endroits des Ornemens plus massifs & plus grands.

FIGURE VIII.

Parterre irrégulier.

C'Est un Parterre de pieces de fantaisie, remplies de couleurs différentes; leur beauté dépend du bon ou mauvais goût de celuy qui l'invente; mais comme il faut contenter tout le monde, & que le goût de bien des gens s'est déclaré pour ces sortes de Parterres, sur tout pour des jardins de Ville, on a cru faire plaisir que d'en donner un dessein. On y voit un peu de broderie, quelques pieces de gazon, point de plattebandes: ce ne sont que des Massifs en émail bordez de buis avec du sable rouge.

Il y a encore d'autres Parterres qu'on appelle *Découpez*, & qui ne servent qu'à mettre des fleurs; mais comme ces Parterres sont peu de choses pour l'ornement, on ne s'est point mis en peine d'en donner icy des desseins, puisque le moindre Jardinier, pour peu qu'il sache tracer, peut donner là-dessus de quoy satisfaire un particulier. S'il y a quelques Parterres, dont on n'ait point donné d'explication, c'est parce que n'y ayant presque point d'ornemens qui n'ayent entrez dans les premiers, on a crû cette répétition inutile.

Ce Parterre est de pieces couppées, tant de gazon que pour mettre des fleurs; les plattebandes sont destinées pour cela, & le milieu represente un petit Boulingrin enfoncé & ovale.

Et pour bien juger de l'étenduë & de la dimention de toutes les parties d'un Parterre, on a mis une échelle à chacun, sauf à en diminuer, ou en augmenter ce qu'on voudra, selon l'espace plus ou moins grand du terrein qu'on aura à pratiquer.

Des Boulingrins.

ON appelle Boulingrin une espece de Parterre de gazon qu'on prend soin de tondre souvent, pour faire que l'herbe soit toûjours courte, ce qui en fait paroître le tapis plus uni & plus beau. On fait des Boulingrins de plusieurs manieres, mais toûjours en renfoncemens & glacis de gazon dans un Bosquet, un Bois ou un grand Parterre à l'Angloise; ces pieces font beaucoup valoir un Jardin d'Ornemens: en voicy de trois sortes qui suffiront pour donner une idée de ce que c'est qu'un Boulingrin, & faire connoître les Figures dont ils sont susceptibles. *Ce que c'est que Boulingrin.*

On orne les Boulingrins de petits Ifs, ou de quaisses remplies d'arbrisseaux qui en rendent l'aspect tout agréable. Il y a le Boulingrin simple & le composé; le premier n'a que du gazon pour tout ornement, au lieu que l'autre est relevé par des arbres, des palissades, arbrisseaux, ou émail en bordure. Il y en a qui à la place du gazon, y pratiquent dans le fond un Bassin, la veuë n'en est que d'autant plus riche. Donnons quelques idées de ces Boulingrins, pour l'instruction de ceux qui veulent apprendre ce que c'est. *Deux sortes de Boulingrin.*

Il y a le Boulingrin à découvert, qu'on peut placer en quelque endroit qu'on veut enrichir; on peut luy donner un renfoncement quarré dans sa superficie tombant en talus, qui forme un octogone dans le bas, avec une ovale dans le milieu, accompagné de quatre ronds.

Ou bien on peut faire un Boulingrin octogone régulier, ayant dans son enfoncement une piece de gazon couppée à pans pour le mieux varier; on le place, si l'on veut, dans le milieu d'un Bosquet bordé de palissades avec des bancs tout au tour; on peut n'y mettre que de simples palissades, si l'on veut, avec des Niches qu'on aura pratiquées dedans pour y placer des bancs & entourer le Boulingrin de Tilleuls ou de Maroniers d'Inde, avec un gazon derriere la palissade, & un sentier qui les sépare. Il y a encore d'autres especes de Boulingrins, qu'on dresse selon que le génie de l'Architecte ou du Jardinier peut se l'inventer

On peut encore faire des Boulingrins beaucoup plus riches, comme par exemple, de les entourer de palissades en arcades, & de quelques grottes dans les encognûres, & autres ornemens de Jardin qui peuvent tomber sous l'imagination d'un Architecte.

Il ne faut point trop enfoncer les Boulingrins, il suffit qu'ils ayent un pied & demy de profondeur quand ils sont petits, & deux pieds lorsqu'ils ont de l'étenduë, autrement ce ne sont plus que des fossez à fond de cuve, ornez de gazon, & qui n'ont avec cela nul agrément.

Gazonner; ce que c'est, & quand semer le gazon.

GAzonner une piece de jardin, est y semer du gazon, ou le plaquer, ce qui se fait différemment, selon qu'on le va dire; on commencera par celuy qui provient de semence.

Quelques Auteurs sur les Jardins prétendent qu'on ne peut sûrement semer du gazon qu'à la fin de l'automne, & ils appuyent ce qu'ils avancent sur des raisons qui sentent n'avoir aucune expérience du contraire, puisqu'il est constant qu'on en peut semer avec succez depuis le mois de Mars jusqu'au commencement de l'hyver; il est vray que celuy qu'on seme pendant le hale ou les chaleurs de l'été veut qu'on l'arrose souvent, & dés que la graine a été mise en terre, c'est le moyen de la faire germer bien-tôt.

Mais pour parler plus amplement de la maniere de cultiver le gazon, il est bon d'abord en quelque endroit qu'on le mette, de dresser le terrein à la Besche, & de le passer au Rateau: il faut que la terre en soit bien meuble & bien épierée, si l'on veut qu'il y croisse heureusement; le gazon veut être semé épais, car plus il leve dru, plus il est beau.

Quelque précaution qu'on prenne à choisir la graine de gazon, elle est toûjours mêlée de semences d'autres plantes qui croissent pêle-méle; c'est pourquoy il est bon, quand il est un peu fort, de le faire soigneusement farcler, & d'arracher toutes les herbes qui ne sont point propres à faire du gazon: ce soin se prend une seule fois pour tout, mais aussi aprés cela, pourvû qu'on soigne dans les commençemens d'arroser ce gazon, il vient tres-beau, & fait plaisir à voir; il n'est pas besoin de l'inonder, comme il y en a qui le veulent, & c'est manque d'expérience là-dessus encore un coup, qu'ils raisonnent de la sorte.

Quelle est la bonne graine de Gazon.

LA meilleure graine de gazon, & celle qui le donne plus fin & plus touffu, est celle que les Grenetiers appellent *Graine de bas pré*, il est vray que lorsqu'elle est bien cultivée, le gazon qui en provient fait plaisir à voir, il y en a qui mêlent parmi un tiers de petit Trefle de Hollande sur ce gazon, mais on peut s'en passer si l'on veut.

Qu'on se garde bien de se servir de semence de pré ordinaire pour en esperer de beau gazon, & en former des tapis verds, qui flattent agréablement la vûë, l'herbe qui en provient ne jettant que de gros tuyaux qui choquent les yeux, outre qu'un tel gazon n'est jamais bien garni, & qu'il est sujet à se peler en peu de temps, quelque soin qu'on prenne de le bien cultiver.

Voicy encore une autre erreur dont sont imbus ceux qui ont écrit sur la maniere de cultiver le gazon : ils disent qu'il n'en faut jamais semer sur les talus ou les glacis, parce, ajoûtent-ils, qu'il s'éboule, & ne croît pas également par tout ; cela est vray quand ce gazon est semé par gens qui n'y entendent rien ; mais lorsque ce sont des Jardiniers qui sçavent leur métier, il n'y a rien de plus faux, l'expérience parle contre eux, il vient aussi beau que s'il avoit été plaqué ; & pour cela, quand vos talus sont bien unis & passez au Rateau, semez vôtre graine dessus le plus épais & le plus également qu'il est possible, couvrez-la de terre avec le Rateau, en tirant du côté d'en bas, mais dans le long du talus ou glacis, & quelquefois même en repoussant légerement la terre en haut, ne dédaignant pas quelquefois de mettre la main aux endroits où la graine paroît trop à découvert ; aprés cela, & par le secours des arrousemens, ce grain vient aussi beau que si on l'avoit plaqué : si l'on veut néanmoins en plaquer : voicy comment il s'y faut prendre.

On cherche d'abord un endroit où il y a de beau gazon, ou de belle pelouse, pour parler vulgairement ; on prend une Besche pour le tailler, on le couppe d'ordinaire quarrément à un pied & demy sur tout sens, & de l'épaisseur de deux pouces, cela fait, on transporte le gazon ainsi taillé au lieu où on le veut plaquer, ce qui se fait en cette maniere.

Plaquer le gazon & comment cela se fait, & de la méthode de le bien entretenir.

SI vous gazonnez des plattebandes ou autres pieces de jardin qui demandent des allignemens qui soient droits, vous dressez un cordeau, le long duquel vous plaquez vôtre gazon ; & pour y réüssir, vous le couppez en dessous avec un couteau si vous jugez qu'il soit trop épais ; s'il est trop large, vous ne prenez que ce que vous voulez, vous en couppez mêmes de petites bandes, si vous n'avez besoin que de cela, & quand vous avez plaqué un endroit juste, vous prenez vôtre battoir dont vous battez vôtre gazon ; on continuë ainsi jusqu'à ce qu'on ait achevé entierement la piece qu'on doit gazonner, puis on arrose amplement ce gazon, qui vient tres-bien, & fait un tres-bel effet quand il est bien choisi.

Lorsque le gazon est bien levé ; il ne reste plus qu'à l'entretenir, à quoy on réüssit, si on le fauche souvent ; on ne peut déterminer positivement combien de fois on le doit faire, tantôt quatre jusqu'à sept fois par an, s'il en est besoin ; c'est à la prudence du Jardinier à en décider : souvent aussi, si on n'y prend garde un peu de prés, ces Jardiniers ne le tondent que le moins qu'ils peuvent ; plus un gazon est fauché, plus l'herbe s'en épaissit, & devient plus belle. Il est bon, pour le bien faire garnir, de le battre avec la batte, ou de rouler par dessus un cylindre, aprés qu'on l'a coupé pour la premiere fois ; la méthode en est tres-bonne, & le gazon devient d'une beauté à charmer.

Un gazon négligé s'abâtardit bientôt ; il y croît des touffes d'herbes étrangeres qui le ruinent en peu de temps, le chiendent qui le domine le rend tout pelé, & tres-désagréable aux yeux ; si bien qu'au lieu de contribuer à orner un jardin, il le fait paroître tout-disgracieux. Si l'on voit que le gazon se dégarnisse en quelques endroits, il faut y répandre de la graine ; ces places languissantes ou mortes reverdissent, pourvû qu'on soigne de les arroser de temps en temps, principalement pendant la sécheresse. On est bien aise encore d'avertir, contre le sentiment de quelques Auteurs, que le gazon se seme pendant toute l'année, hors l'hyver, encore la graine se conserveroit-elle malgré le froid, & poussèroit au printemps.

Des Glacis, Talus, Rampes, Tapis verds, ou Pelouses.

PArmy les ouvrages qu'on fait de gazon, il y a les Talus, les Glacis, les Rampes, les Escaliers, & les Tapis ; le *Glacis* est une pente douce & insensible qu'on pratique dans un jardin pour entretenir les terres ; sa pente, pour n'être point trop roide, doit avoir six à sept pieds de long ; quand il est petit, & huit à neuf pour un grand ; on doit observer la même chose à l'égard du *Talus ;* il est vray qu'on confond souvent l'un pour l'autre, ils sont pourtant différens, en ce que le Talus est plus roide que le Glacis, qui doit être doux & imperceptible à la vûë.

Les *Rampes* sont de grands tapis de gazon en pente douce, on s'en sert pour accompagner une Cascade, ou pour raccorder deux inégalitez de terrein : les Rampes douces sans marches doivent être prises de loing pour ne point être trop roides ; les *Tapis* ou *Pelouses*, c'est la même chose, se placent dans les Cours & Avant-cours des maisons de campagne, Bosquets, Boulingrins & Parterres à l'Angloise : il n'est plus question à present que de parler des Escaliers qui peuvent entrer dans les jardins : voyons ce qu'il y faut observer.

Des Escaliers.

LEs Escaliers doivent être toûjours placez avantageusement, comme par exemple, en face des principaux allignemens, & non jamais dans des endroits dérobez ; ils ont encore tres-bonne grace au bas d'une allée de parterre ; la beauté des Escaliers de jardin consiste à être quarrez ; il faut aussi qu'ils soient doux, & qu'il y ait peu de marches ; ainsi leurs degrez peuvent

peuvent avoir quinze ou seize pouces de giron, sur six pouces de hauteur, compris trois lignes de pente que doit avoir chaque marche, pour empêcher que l'eau ne gâte les joints de recouvrement.

Les Rampes qui ont des marches ne doivent guéres en avoir que treize ou quinze, à moins qu'il n'y ait un palier de deux pas de largeur aussi long que le perron, qui quelquefois est retenu entre deux échifres, qui se terminent par des socles ou par des murs de terrasse.

Tout Escalier qu'on construit le long d'un Talus, Rampes ou Glacis, doit toûjours être à niveau du gazon, dans la pente ; & pour bien faire aussi, la derniere marche d'en bas ne doit l'exceder tout au plus que de trois ou quatre pouces : toutes ces remarques sont essentielles pour la beauté de ces escaliers, autrement ils frappent mal la vûë.

CHAPITRE XXXVI.

Des Bosquets, Salles, Sallons, Cabinets, Cloîtres, Galeries & Grottes en fait de Jardins d'Ornemens, avec la maniere d'en dresser de plusieurs façons, & de coupper artistement un Bois.

IL faut tomber d'accord qu'il n'y a rien qui releve plus un grand jardin d'Ornemens, que les Bosquets, Salles, Sallons, & autres pieces de cette sorte ; c'est par elles que les Parterres & les Boulingrins ont ce grand agrément qui flatte, & qui seroit comme insipide sans ces accompagnemens : venons d'abord aux Bosquets, & donnons toutes les idées necessaires à les rendre tres-agréables & de bon goût.

Des Bosquets.

LEs Bosquets, pour bien faire, doivent toûjours être placez dans un Jardin d'Ornemens, de maniere qu'ils ne cachent point la veuë ; car dérober les vûës à un jardin, c'est luy ôter un de ses plus beaux ornemens ; les Bosquets n'ont point de figures déterminées, on les varie selon que l'imagination nous en fournit le dessein ; tout ce qu'il y a néanmoins de plus essentiel, c'est de les percer d'Allées le plus qu'il est possible, & de les tenir bien dégagez d'ouvrages : un Bosquet qui en est trop chargé n'est qu'une confusion qui offusque les yeux.

Il y a des Bosquets de plusieurs sortes : les *Bosquets couverts*, & les *Bosquets découverts* ; les premiers qu'on appelle encore à compartimens, ont leurs Allées plantées de Tilleuls ou de Maroniers d'Inde, & sont couronnez d'une charmille ; couppée à trois pieds ou trois pieds & demy de haut c'est ce qui fait voir dehors tous les ornemens qu'il contient, & que lorsqu'on est dedans, on découvre dans le jardin tout ce qui est au dehors ; ces Bosquets font beaucoup valoir un Jardin, principalement quand il est bien situé ; c'est à dire, quand l'œil qui le perce ne trouve rien au de là qui le choque ; car lorsque cela arrive, il faut en élever la palissade plus haut. Leur difference.

Le dedans des Bosquets ordinairement est orné de Compartimens, & de tapis de gazon avec un sentier ratissé de deux pieds de largeur, tout autour de ces pieces & des palissades, on y met des Ifs par cimétrie, & le tout joint ensemble avec beaucoup d'art & de bon goût, fait un effet tout charmant.

On forme des Bosquets en quinconce, c'est à dire, dont les arbres sont plantez en échiquier; il y en a d'autres qui sont plantez à angles droits, ou bien en lignes paralleles; & toutes ces différentes figures dépendent de la fantaisie de l'Architecte en fait de jardin, & de la situation du lieu où l'on plante: ces Bosquets sont aussi ornez en dedans de Bassins & de Niches, avec des bancs tout au tour, si les moyens permettent qu'on en puisse faire la dépense.

Il se fait encore d'autres Bosquets dont les arbres sont élevez, dans certains bois de haute futaye qui sont en réserve, & qu'on ne taille pas parce qu'ils servent à la décoration d'une maison; on les appelle *Marmantaux*, ou *Bois de touche*: on pratique aussi dans ces sortes de bois des Salles, Sallons, Cabinets, Galeries, Cloîtres & jets d'eau; toutes ces pieces enrichissent bien un bois.

Il y a les Bosquets découverts en compartimens entrecoupez d'Allées qui aboutissent à des Cabinets, d'où l'on découvre des pieces d'eau qui sont au milieu du Bosquet: au lieu de ces pieces, on peut simplement n'y mettre que du gazon, auquel on donne telle figure qu'on veut.

Nous avons des Bosquets de bon goût, quoique simples; ces Bosquets sont touffus, percez en dedans en croix de saint André; il y a dans le fond de chaque Allée une Niche avec des bancs pour reposer; le milieu est garni d'un octogone parfait de gazon avec des Ifs tout au tour, une figure au milieu; on peut au lieu de ce gazon y mettre un Bassin, si l'on veut, enrichi de quelque figure, ou de quelque groupe qui jette de l'eau.

Nous avons, outre ces pieces de jardin, des Cabinets, Salles & Sallons; on fait des Salles de plusieurs manieres.

On peut situer une Salle dans un quarré long avec un Bassin dans le milieu, accompagné aux deux bouts de deux pieces de gazon circulaires; ces pieces sont entourées d'arbres & d'Ifs isolez, derriere lesquelles est une palissade à hauteur d'appuy, & de gazon en dehors.

Des Salles & Cabinets.

ON fait des Salles plantées de Tilleuls en quinconce, avec des Cabinets dans les quatre coins, & quatre Sallons ornez chacun dans le milieu d'un Bassin ou d'un gazon. Toutes ces pieces se communiquent l'une à l'autre par des enfilades d'arbres: on met, si l'on veut, dans le milieu de cette Salle un octogone en long, qui est un Bassin ou du gazon; il se fait encore des Salles de plusieurs sortes; c'est à l'Architecte à les imaginer comme il le jugera à propos.

Mais sans aller plus loing, expliquons par des figures les idées que nous venons de donner de tous ces ornemens de jardin.

Explication de la Planche XVIII.

1. Face de la Maison.
2. Parterre en deux pieces.
3. Jets d'eau différens.
4. Boulingrins.
5. Bosquets.
6. Salles de diverses façons.
7. Cabinets.
8. Sallons.
9. Parterre de gazon.

Des Cloîtres.

NOus avons aussi les Cloîtres qui servent d'un grand ornement aux jardins, mais il faut pour cela qu'ils soient spacieux : dans le milieu de ces Cloîtres on y pratique un octogone de gazon, entouré d'une Allée double, percée dans les enfilades des autres Allées, & des bancs avec des arbres isolez, plantez dans les quatre issuës ; on fait encore des Salles en Galeries, ou des berceaux formez par des arbres ou de berceaux de treillage, selon la dépense qu'on veut faire à ces sortes d'ouvrages.

Des Bois de Futaye percez.

LEs Bois de haute futaye sont anciens ou nouvellement plantez : & comme c'est un grand avantage de trouver un vieux plan, parce qu'on possede ce qui ne peut croître qu'avec bien du temps, il faut, lorsqu'il s'agit de les percer, en abattre le moins qu'on peut, soit pour en faire des Allées, des Routes ou des Bosquets. Si ces bois sont à claire voye en certains endroits, ce sont ces endroits qu'il faut choisir pour y pratiquer ces ornemens sans coupper beaucoup de bois, ny remuer quantité de terre, parce qu'il les faut accommoder sous différentes figures qui frappent toûjours agréablement les yeux, lorsqu'on sçait en profiter. Si au contraire on plante un jeune bois sur un terrein inégal, il faut planter les plus grands arbres dans les fonds, parce que les hauteurs conviennent aux Bosquets, afin qu'ils ayent de la vûë.

Le Bois de futaye se perce en étoile ou en patte d'oye ; il peut y avoir une Salle dans le milieu, ornée d'un Bassin ou d'une piece de gazon ; il faut pratiquer dans les coins quelques Cabinets ou Sallons avec des bancs pour se reposer, & faire en sorte que toutes les routes qui conduisent à ces pieces, aboutissent au centre, & que l'une enfile l'autre. Il se fait encore plusieurs autres desseins de futaye dont la varieté dépend de l'imagination de celuy qui les invente.

Des Grottes.

ON embellit encore les Jardins par de petits bâtimens appellez Grottes, qu'on imite de celles qui se trouvent dans les montagnes ; l'ordre qui les décore par dehors doit être rustique, & le dedans enrichi d'ornemens maritimes, de pétrifications, de glaçons, de masques & de festons de coquillages sans confusion, afin que tels bâtimens ne perdent point leur forme parmy la rocaille ; on les orne au ssi de figures & de fontaines, & elles doivent être exposées au Nord pour conserver la fraîcheur. La place des Grottes est dans les encognûres de jardin, dans les Cabinets des Bosquets, & dans les bois découpez.

De la Belle-veder.

De la Belle-veder.

UNe Belle-veder, signifie un lieu dont la vûe n'est point bornée, soit en rase campagne, soit en lieu élevé & éminent, qui découvre un paysage agréable ; ce mot est purement Italien : quelques-uns l'appellent *Beauvoir*, ou *Beauregard* ; & l'une & l'autre signification est la même chose. On pratique ces pieces dans des endroits de jardin où l'on veut se donner des vûës. Une Belle-veder est naturelle ou artificielle, c'est à dire, qu'on trouve pour faire la premiere des hauteurs ; en ce cas c'est un avantage tres-grand ; il n'y a plus qu'à pratiquer le terrein de maniere qu'il forme comme une espece de théatre embelli d'arbres & de gazon avec des bancs pour s'asseoir ; si l'on veut faire une Belle-veder artificielle, il faut transporter des terres comme si on vouloit faire une terrasse ; on ne songe guere à cet ornement dans un jardin ; à moins qu'on ne sache où transporter les terres qui y nuiroient, & qu'on n'ait quelque belle vûë à ménager.

Remarque sur les Cabinets.

On fait aussi des Cabinets de verdure ou de treillage détachez des Bosquets & autres pieces qui les renferment, nous parlerons des dernieres dans le Chapitre qui suit ; nous dirons seulement qu'il entre des Cabinets de treillage dans les Potagers, qui ne sont pas à la verité si beaux que ceux qui sont faits dans le goût de l'Architecture.

Des Portiques de verdure.

LEs Portiques ont quelque chose de bien agréable, quand ils sont bien conduits ; on en voit de beaux à Marly, ils sont construits partie de treillages & couverts d'ormes ; on fait de ces Portiques en aussi grande quantité qu'on en souhaite : voicy à peu prés comme on les bâtit.

On fait d'abord un choix d'ormes dont la tige soit droite, & la plus unie qu'il est possible, grosse presque comme le bras, & qui soient bien enracinez ; on plante ces Ormes à huit ou dix pieds l'un de l'autre le long du treillage qu'on a fait.

La seconde année que ces jeunes Ormes ont été plantez, on choisit entre les branches qu'ils ont poussé, celles qui s'élevent le mieux, & qui sont plus avantageusement placées pour bien dresser une colonne ; tout dépend de la conduite des branches des premieres années ; on guide pour cela les branches le long d'une perche qui est fichée à leur pied, & à mesure qu'ils croissent, d'année en année, on soigne toûjours de les conduire artistement de maniere qu'elles forment un Portique.

Sous ces Portiques, & dans toute leur étenduë regne pour l'ordinaire un Massif de gazon : entre chaque colonne, & sur une espece de petite platte-bande, on peut mettre des fleurs d'un côté, & de l'autre tirer une haye d'appuy de treillage d'un pied & demy seulement, & taillée au ciseau. Il n'ya rien de plus propre que ces Portiques pour cacher un mur depuis le ceintre jusqu'en bas ; le mur est couvert d'un treillage garni d'Ifs ou de charmilles, & le haut d'un autre treillage fait grossierement, & couvert de branches d'Ormes, ou de Tilleuls de Hollande dont on s'est servi pour faire ces Portiques. Voicy un plan des Ornemens dont on vient de parler.

Explication de la Planche XVIII.

1. Face de la maison.
2. Terrasses ornées de pots de fleurs & de quaisse.
3. Parterre en deux pieces.
4. Orangerie.
5. Bosquets.
6. Cloître.
7. Boulingrins.
8. Jets deau.
9. Bois de Futaye dans l'éloignement, & percez en Allées, avec des Cabinets, & un Boulingrin dans le milieu.
10. Salles de Maroniers d'Inde & autres ornemens différens.

CHAPITRE XXXVII.

Des différentes manieres de conduire les eaux dans les Jardins, des Bassins, de leur construction, & comment faire des jets d'eau tant en Cascades qu'autrement : breve Instruction sur les Eaux plattes.

IL n'y a rien de plus utile que l'eau dans les Jardins pour en arroser les plantes ; un Jardin sans eau est un corps sans ame, & où les plans ne font que languir ; c'est pourquoy on soigne toûjours de l'en fournir de quelque maniere que ce soit, l'expedient des Puits & des Cisternes est le plus commun, & celuy qui coûte le moins ; mais comme ce n'est point ces sortes de Bassins que nous recherchons icy, nous n'en dirons rien, en ayant assez amplement parlé dans le premier livre de nôtre Théatre ; ce sont les Fontaines & les autres eaux d'ornemens qui doivent faire la matiere de ce Chapitre.

Les Fontaines sont ou naturelles ou artificielles ; les premieres sont celles dont les eaux se creusent elles mêmes des routes à travers les rochers, les lits de terre différens & les mineraux, pour se conduire dans une décharge ou espece de Bassin qu'elles se forment elles-mêmes. Ce n'est pas encore à ces Fontaines que nous voulons nous arrêter, elles n'ont point assez d'agrémens dans un beau jardin pour les y ménager, ce sont les Fontaines artificielles dont nous voulons traiter, mais il faut pour cela trouver de l'eau qui y soit propre.

Nous ne nous amuserons point icy à détailler mille contes bleus que plusieurs Auteurs ont produits sur la maniere de trouver les eaux, elles ne peuvent rien établir pour nous d'avantageux, puisqu'il est constant que sans avoir égard à ces chimeres on trouve de l'eau par tout, sur les montagnes

Erreur sur la maniere de trouver de l'eau.

ainsi que dans les vallées ; ce que nous avançons icy n'est point faux, il se prouve assez tous les jours par les Fontaines naturelles qu'on trouve indifféremment en tous lieux ; mais il faut dire aussi que ces eaux ne sont pas toutes à nôtre portée, & que leur conduite est plus ou moins favorable au dessein que nous nous formons d'en tirer de l'eau.

Du Temps de chercher les Eaux.

AInsi donc on peut dire qu'en quelque endroit qu'on soit on peut creuser, & qu'on y trouvera de l'eau ; mais avant que d'en venir là, & que de creuser imprudemment, il faut examiner d'abord la situation de son terrein : s'il est élevé de maniere que quelque source d'eau qu'on pût trouver, ce seroit inutilement qu'on tenteroit de l'y faire monter, il n'y faut pas songer ; mais si l'assiette telle qu'elle soit, est dominée par quelque terrein, on peut sonder la source ; c'est ordinairement dans les mois d'Août, Septembre & Octobre que se font ces découvertes, parce que c'est dans ce temps que le volume en est plus petit, qu'on peut le mieux établir sur la quantité qu'on en peut tirer, au lieu que si cela se pratiquoit auparavant, on se tromperoit, ce qui n'est point d'une petite consequence.

Ce n'est pas le tout d'avoir trouvé une source, il faut voir à quelle profondeur est son lit, & sonder pour cela le terrein & l'eau, puis avec le niveau considerer si cette eau a assez de pente, ou pour faire un jet, ou une eau platte : dans le premier cas il est bon que le jet nourri du moins de trois ou quatre lignes, jette dix ou douze pieds de haut, autrement ce n'est qu'une pissotiere qui ne se voit point de loin, & qui ne mérite pas qu'on fasse aprés elle la dépense qui est nécessaire ; il vaut donc mieux en faire une piece platte, nous dirons comment cela se fait dans la suite.

Plus l'eau qu'on trouve est abondante, plus vîtement elle se précipite dans son cours, parce que la colonne qui en est plus pesante luy fait surmonter bien de petits obstacles qui l'arrêteroient en chemin, si cette eau n'étoit que médiocre ; la raison naturelle de ce raisonnement est toute plausible.

De ce qu'il faut faire quand on a trouvé une source.

SUpposez donc à present qu'on ait trouvé une source comme on la souhaite, c'est à dire, dont l'eau trouve une pente suffisante pour former un jet d'eau ; on la laisse couler sur son lit naturel jusqu'à l'endroit où l'on veut faire un Réservoir pour l'amasser en plus grande quantité ; & pour cela on ouvre une trenchée qu'on creuse jusqu'au terrein qui est de niveau à la source, & on construit une pierrée dans ce fond, afin que la trenchée étant comblée, n'arrête point le cours de l'eau ; cela fait, on bâtit le réservoir.

Des Réservoirs, & comment les faire.

QUand il est question de les faire, on évite une grande dépense, lorqu'il n'y a qu'à creuser dans le terrein où l'on veut amasser l'eau, & que le corps en est assez solide pour tenir l'eau, sans qu'il soit besoin d'autre secours, mais cela se rencontre rarement; s'il arrive aussi quelquefois qu'un Réservoir tienne bien l'eau naturellement, c'est qu'il en reçoit continuellement autant & plus qu'il ne s'en perd, & que même il dégorge par la trop grande quantité qui luy en vient. Quand cela est ainsi, il suffit bien souvent qu'un Réservoir s'entretienne toûjours plein, & même qu'il contienne toûjours de l'eau jusqu'à une certaine hauteur, quelle quantité qu'il en puisse perdre par des endroits inconnus; car pour lors il est inutile de faire de la dépense, puisque ce Réservoir en fournit autant qu'on en souhaite: mais il est rare de trouver de ces terreins heureux où la foüille suffit, il faut presque toûjours avoir recours à l'art.

Il faut user de prudence quand on creuse ces Réservoirs pour plusieurs raisons.

1°. On prend garde de ne le point creuser trop bas, c'est à dire, de ne point par trop de profondeur dérober de la pente que devroit avoir l'eau pour se porter au bassin; il est bon de faire principalement cette attention dans les lieux qui ne sont guéres élevez; car à quoy sert cette partie d'eau qui reste dans un Réservoir, faute d'avoir assez de pente pour couler, ou de couler sans produire un bel effet dans sa chûte?

2°. Il est bon aussi, aprés avoir examiné la pente du terrein, de donner de la profondeur à ce Réservoir le plus qu'il est possible, afin que contenant beaucoup d'eau, il ne se vuide pas si-tôt, & que la colonne de cette eau par sa pesanteur fasse monter les jets bien hauts.

3°. Qu'autant qu'on peut placer un Réservoir chez soy, c'est toûjours le meilleur, cela épargne le chagrin continuel de le voir tous les jours détruit par la malice des paysans; les Réservoirs se font de glaise, & sont bâtis d'ailleurs de murs ainsi qu'on le va dire.

De la Glaise, ce que c'est, & comment la choisir.

LA Glaise est une terre grasse qui se paîtrit aisément quand elle est moüillée, la meilleure est celle qui est bleuâtre, forte, tres-fine, douce au toucher, sans mélange de parties de marne, ou terre blanchâtre, terre franche ou d'un rouge brun, mais telle que les Potiers & les Tüilliers l'employent; ce n'est pas qu'on ne puisse faire un Réservoir de terre franche, & pour cela il faut augmenter l'épaisseur du conroy; il n'y a que pour les Bassins qu'il faut bien choisir cette Glaise.

La Glaise se met ordinairement dans le fond & au tour d'un Réservoir, à l'épaisseur de quinze ou dix-huit pouces. Cette quantité ne se borne pas là néanmoins, puisqu'on est obligé quelquefois d'en mettre davantage lorsqu'on connoît que l'eau se perd; il y a des Entrepreneurs qui n'en mettent que sept à huit pouces, mais c'est un abus dont il faut se parer à leur égard, & qui est tres-préjudiciable pour celuy qui fait faire ce Réservoir.

Avant que de faire entrer l'eau dans un Réservoir, on en foüille le fond de niveau, & l'on met aprés un bon conroy par dessus, épais comme on l'a dit, & pour élever tout au tour cette glaise, on dresse un petit mur à quinze ou dix-huit pouces, éloigné de la berge, & l'on remplit de Glaise cet espace que ces paîtrisseurs trépignent bien aux pieds en l'employant; cela fait, on couvre le conroy du fond d'un lit de sable, épais de deux pouces; puis on laisse venir l'eau dedans par dessus le bord par le moyen d'une rigole ou d'un tuyau qui prend l'eau plus haut que ce bord, ou bien on pose un tuyau sur le conroy du fond, au cas que l'eau viene d'un lieu plus élevé que le bord du Réservoir, ou du moins d'aussi haut, pour lors la colonne d'eau fait enfler le volume de celle qui est dans le Réservoir à mesure qu'elle y vient, & en donne suffisamment pour les bassins, & on le perce dans le fond du côté des bassins où l'on veut en conduire l'eau pour y faire joüer les jets; les boüillons d'eau, & les Cascades qu'on a construits exprés. Ce Réservoir doit être couvert par dessus d'une voute, s'il est possible, ou de tuile, & entourré de mur élevé de terre de six pieds. Dans les jardins en pente les bassins d'en haut servent de Réservoirs à ceux qui sont au dessous, cela est fort avantageux, quand le cas se trouve, on ne craint point de dépenser trop d'eau, puisque le bassin qui a donné le plaisir par son jet, fournit la même eau à un autre pour en faire la même chose: conduisons présentement cette eau des Réservoirs dans les pieces d'eau qui leur sont destinées.

De la maniere de conduire l'eau du Réservoir dans les Bassins, & comment poser les Tuyaux.

IL est bon de sçavoir premierement que la conduite d'une eau platte se fait différemment de celle qu'on veut forcer: dans le premier cas, on ne fait, si l'on veut, qu'une simple pierrée, quand la pente n'en est qu'insensible; si elle est un peu plus forte, & qu'on puisse y emboucher un Tuyau, cette conduite s'achevera de même jusqu'au bassin, en donnant seulement deux lignes de pente sur chaque toise de Tuyau. Les Tuyaux de grez sont propres pour cela, & il faut faire de vingt toises en vingt toises des puysards pour voir s'il n'arrive point d'inconveniens à la conduite, afin d'y remédier. Ces puysards sont des manieres de petits puits construits, dont la profondeur ne va que jusqu'aux Tuyaux, & au fond desquels il y a une petite auge de pierre avec une entaille par les deux bouts pour poser deux Tuyaux, dont l'un sert à décharger l'eau dans cette auge, & l'autre à la recevoir pour la porter aux autres, & continuer ainsi jusqu'au bassin.

Mais s'il faut que cette eau soit forcée, c'est à dire, qu'on veuille en faire un jet, on se servira pour lors de Tuyaux de plomb, ce sont les plus commodes; ce métail obéït comme on veut, on le fait descendre on monter, & on le tourne aisément, sans que cela puisse préjudicier à l'eau qui y coule. Il faut se servir de Tuyaux de plomb moulez, ils valent mieux que ceux qui ne sont que soudez.

Pour bien poser les Tuyaux soit de grez, soit de plomb, il faut 1°. Que le fond sur lequel on les pose soit solide, afin que lors qu'on vient à combler les tranchées, la terre qui les couvre ne brise point ceux de terre, ce qui arrive toûjours: ou ne fasse prendre à ceux de plomb un mauvais coude qui rallentiroit la force de l'eau, & en diminuëroit la colonne.

2. Si l'on veut qu'un Tuyau soit bien posé, & qu'on apprehende que le terrein ne s'affaisse, ce qu'on éprouve souvent dans les terres remuées, on fait dessus un petit massif de maçonnerie legere, épais seulement de trois pouces

pouces avec des menus moillons, ou bien on leur donne pour assiette le terrein même quand on en est sûr.

3. On emboite ces Tuyaux l'un dans l'autre, & on les joint ensemble, sçavoir les Tuyaux de plomb par des nœuds de soudure, & ceux de grez avec des nœuds de mastic faits avec de la filasse; il faut, pour bien faire, une livre de mastic à chaque nœud. Tuyaux plomb & de grez.

4. Quand ces Tuyaux sont ainsi posez, on les revêt d'une chemise de ciment de cinq à six pouces d'épaisseur, qu'il est bon de laisser sécher avant que de combler la tranchée : les conduites des Tuyaux de grez ne sont propres quasi que pour des eaux qui n'ont guéres de chûte ; car ils cassent pour peu que l'eau les force, cependant quand la colonne n'en est pas bien pesante, on peut s'en servir; ils sont sujets encore à des queuës de renard, qui les bouchent & les empéchent de couler, mais on a trouvé le moyen de les en débarrasser.

Les Tuyaux de fer dont on se sert aujourd'huy sont les meilleurs & les plus sûrs quand on a le moyen d'en employer; chaque Tuyau a trois pieds & demy de long, une bride à chaque bout, percée chacune aux quatre coins pour les attacher l'un à l'autre par des vis & des écrouës entre lesquelles on met des rondelles de cuir : si on trouve quelque endroit difficile à pratiquer, on se sert de rondelles & de croissans de plomb, & dans les coudes, robinets & soupapes, il faut y raccorder des Tuyaux de plomb. Tuyaux de fer.

On se sert aussi de Tuyaux de bois, ils sont pour l'ordinaire ou de bois de Chêne, ou de bois d'Aulne, le Chêne se conserve mieux que l'autre dans les terreins légérs, au lieu que l'Aulne n'est propre que dans les lieux marécageux & humides; car pour peu que ces Tuyaux manquent d'humidité, l'eau s'enfuit de tous côtez. La maniere de les poser consiste à les emboiter l'un dans l'autre, & à recouvrir les jointures, ou de poix, ou de mastic avec de la filasse. On suppose maintenant que les Tuyaux soient bien posez, que l'eau y coule tres-bien sans fuir de quelque côté que ce soit, ce qu'on éprouve en fermant l'embouchûre du dernier Tuyau du côté du bassin avec un tampon de bois, puis y mettant l'eau, on la laisse ainsi un jour ou deux, les Tuyaux à découvert, & l'on regarde par tout si rien ne s'en va. Quand tout est en bon état, on laisse couler cette eau dans le bassin ; c'est dont il faut parler à present, & instruire comment on doit les construire. Tuyaux de bois.

De la construction des Bassins, & comment les foüiller.

LEs bassins se construisent plus ou moins grands que les lieux où on les met permettent qu'ils ayent d'étenduë; ces pieces de jardin sont susceptibles de plusieurs figures, il y en a de ronds, d'octogones, de longs, d'ovales, de quarrez, & de quarrez longs cintrez, cela dépend du choix de celuy qui conduit l'entreprise; & pour donner une légére idée de la grandeur qu'on doit leur donner, quoyqu'indéterminée neanmoins, il est bon que les bassins ayent du rapport aux jets, car il n'y a rien qui frappe plus mal la vûë qu'un jet maigre & mince dans un grand bassin, & que d'en voir un gros & tres-élevé dans un petit.

Les proportions prises, ainsi qu'on l'a jugé à propos, on trace la place sur le terrein ; il y a quelques Observations à faire icy fort nécessaires. La premiere est, qu'outre le diametre que vous voulez donner à vôtre bassin, il faut encore le foüiller tout au tour, trois pieds du moins au delà, tant pour l'espace que doit contenir la glaise mise entre la berge & le mur flottant, ou mur de douve, que pour le mur, devant avoir chacun dix-huit pouces d'épaisseur.

Observations.

La seconde remarque qu'il faut faire est, que si le terrein où l'on foüille un bassin n'est point ferme, & que les berges par consequent n'ayent pas assez de solidité pour se maintenir, il convient élever tout au tour un petit mur épais d'un pied seulement bâti de mortier de terre, si bien que lorsque cela se rencontre, au lieu de foüiller un bassin tout au tour à trois pieds au delà de son diametre, on le foüillera à quatre.

Dans le fond de ce bassin doit aussi être un massif de moillon avec du mortier de terre épais de dix-huit pouces, qui doivent être comptez sur la hauteur de la foüille ; de maniere que pour avoir deux pieds & demy d'eau dans un bassin, il faut le creuser de six pieds, dont il faut diminuer dix-huit pouces de glaise dans le fond, six pouces de pavé, & les dix-huit pouces de massif dont on a parlé, le tout faisant trois pieds & demy d'espace occupé dans ce bassin, il n'en reste plus que deux pieds & demy pour l'eau ; cet exemple qu'on rapporte doit servir pour tous les bassins qu'on fait foüiller.

Autres Observations.

Si l'on se trouvoit dans un terrein qu'on auroit remué nouvellement, & qu'il fût à propos, pour la disposition du jardin, d'y foüiller un bassin, comme par exemple, si l'on avoit ôté un puits à la place duquel on voulût faire un jet d'eau, il faudroit dans le fond faire une espece de pilotis, des grils de charpente, ou platteformes, ou mettre des pieces de bois de Chêne en travers, soûtenuës les unes sur les autres, & éloignées de maniere que les moillons puissent poser dessus.

Si-tôt que le massif du fond, & que les murs de terrasses, s'il en est besoin, sont construits, on met la glaise dans le fond ; elle doit être bien paîtrie, & c'est à quoy il faut avoir l'œil. Cette glaise étant mise à l'épaisseur marquée, on trace dessus le mur flottant éloigné de la berge, ou mur de terrasse de dix-huit pouces ; ce mur flottant ou de douve doit avoir aussi dix-huit pouces, & pour fondement on pratique sur cette glaise une platteforme avec des racineaux de planches de batteau, ce qui se fait de la maniere qui suit.

Des Racineaux, & comment on les fait.

ON prend des planches épaisses de deux ou trois pouces, & de six de large, ou bien du chevron de quatre pouces d'épais, on les enfonce à fleur de glaise de quatre pieds en quatre pieds ou environ, en sorte que ces Racineaux débordent un peu des deux côtez du parement du mur, cela fait, on pose dessus des planches de batteau larges de dix-huit pouces, qu'on cloüë ou qu'on cheville sur les Racineaux, aprés quoy on éleve tout au tour un mur de moillon à niveau des berges, ou du mur de terrasse.

Ensuite on prend de la glaise toute paîtrie, dont on remplit l'intervale qui est entre le mur de terrasse & le mur de douve ; si ce mur-cy avoit six pieds de haut, on ne le construiroit qu'à moitié, afin que les glaiseurs pússent plus aisément jetter & paîtrir la glaise dans le fond du conroy ; cela fait, on répand environ un ou deux pouces d'épaisseur de sable dans tout le bassin, ou bien on le pave.

Le mur de douve se fait de bon moillon piqué pour plus de propreté, ou de caillou ou pierres de montagnes, qui ne sont point sujettes à s'écroûter dans l'eau, puis quand le bassin est parfait, on songe à y mettre l'eau ; mais avant que d'en parler, donnons des instructions sur la maniere de construire les bassins de ciment.

Des Bassins de ciment, & comment construits.

CEs Bassins-cy se construisent bien différemment des précédens, il n'y a pas tant de foüille à faire, à prendre les diametres égaux, parce que supposé qu'on veuille donner à un bassin quatre toises de diametre, & deux pieds & demy d'eau, il ne faut le foüiller en fond que de trois pieds dix pouces, & cinq toises quatre pouces dans le pourtour, parce qu'on ne met par tout que seize pouces tant de revêtement que de massif, moitié par moitié.

On fera le massif avec de petites pierres grosses comme le poing, mises lit par lit à chaux & à sable ; la doze de ce mortier doit étre un tiers de chaux & deux tiers de sable, le tout bien délayé ; il faut faire en sorte que les entredeux des pierres ne soient point remplis, afin que le ciment dont on revêtira le massif & les murs du pourtour s'y lie mieux.

Le ciment qu'on employe doit être tres-fin, & le mortier qu'on en fait tres-bien délayé ; il faut un tiers de chaux & deux tiers de ciment, le tout bien délayé à force de bras, & uni avec la truelle. Cet ouvrage demande beaucoup d'attention ; il faut ôter du mortier toutes les pailles & les ordures qui s'y trouvent ; ce n'est que par un beau temps qu'on doit travailler aux bassins de ciment, la pluye y étant fort contraire ; & pour leur donner le temps de sécher, il s'y faut prendre long-temps avant l'hyver.

Quand un bassin est revêtu, on prend de l'huile de Noix, ou du sang de Bœuf dont on frotte l'enduit pendant quatre ou cinq jours, cela empêche que le hale n'y pénétre, & qu'il ne se gerce ; cela fait on y met l'eau aussitôt, le ciment durcit dans l'eau de maniere qu'il ne se mine jamais quand une fois il est bien construit.

Des Bassins de plomb.

ON fait aussi des bassins de plomb, mais cela n'appartient qu'à de gros Seigneurs, la dépense en est trop grande ; & comme méme cela est trop rare, nous n'en dirons rien icy.

En faisant le plafond d'un bassin, il faut toûjours laisser une petite pente d'un côté, afin que l'eau s'écoule plus aisément depuis un bout jusqu'à l'autre quand on voudra vuider le bassin pour le nettoyer. Il faut aussi pour cela & dans le fond du côté où il panche le plus, y faire un trou de décharge

Observations sur les Bassins tant à ciment qu'à glaise.

où l'on met une soupape qu'on tient fermée, & qu'on ouvre quand on veut.

Les bords & la supercie d'un bassin, doivent être tenus bien de niveau, afin que tous les murs soient également couverts d'eau, & pour empêcher que le conroy du pourtour ne se séche, on le couvre, & les murs aussi d'une bordure de gazon qui en tient toute la largeur, tout cela releve beaucoup une piece d'eau quand elle est bien entenduë.

On observera toûjours à l'égard des décharges des bassins, tant de fond que de superficie de les faire plus grosses que petites, parce qu'elles sont sujettes à s'engorger malgré la précaution qu'on prend d'y mettre des crapaudines; les eaux de décharge se conduisent par des tuyaux de grez ou de bois, dans des pierrées, ou dans d'autres souterreins qu'on fait exprés pour les perdre. Si les bassins sont situez de maniere que l'eau de leur décharge puisse être utile à faire joüer un jet, on en fera la conduite comme on l'a dit.

Il ne suffit pas d'observer tout ce qu'on a dit des Réservoirs, des Bassins, & de la conduite de l'eau, il est encore essentiel de remarquer la proportion & la grosseur que doivent avoir les conduites & les tuyaux, par rapport aux jets qu'on veut avoir; c'est de ce point que dépend la beauté des eaux jaillissantes; ainsi donc voicy là dessus ce qu'il est bon de remarquer.

1. Que pour faire joüer un jet de quatre à cinq lignes de diametre dans le trou de l'ajûtage, il faut une conduite d'un pouce & demy de diametre.

2. Que pour un jet de six à sept lignes il faut une conduite de deux pouces; pour un jet de huit à neuf lignes, une conduite de trois pouces, & pour un gros jet d'un pouce de sortie, une conduite de quatre pouces de diametre, ainsi du reste à proportion.

3. Que la sortie des ajûtages doit être quatre fois moins grande que l'ouverture ou diametre des tuyaux de conduite; c'est une regle établie, par ce qu'il y a de gens les plus expérimentez en l'art des Fontaines: il y a des ajûtages de plusieurs sortes, on n'a qu'à choisir chez les Marchands.

4. Il importe peu que la conduite soit en droite ligne ou autrement pour faire que le jet d'eau s'éleve plus ou moins, pourvû que les tuyaux ne prennent point vent, & que l'eau vienne de haut; il faut néanmoins prendre garde que cette conduite ne soit point trop oblique, la colonne d'eau étant sujette alors de perdre beaucoup de son poids, ce qui diminuë la force d'un jet par le trop de frottement que l'eau fait dans les tuyaux, & s'il y a un tournant qu'on soit obligé de suivre, il faut prendre le cours d'un peu loin pour en adoucir la roideur.

5. Si ces conduites qu'on fait sont tres longues, comme de trois cens toises & davantage, il faut la faire de tuyaux de trois sortes de grosseurs, c'est à dire, les cent premieres toises seront de six pouces de diamettre, les cent qui suivent, de quatre pouces, & les cent autres de trois, ce rétressissement ramasse les forces que la colonne d'eau a perduës dans sa conduite qui est trop longue.

6. Supposé qu'il y aït plusieurs bassins dans un Jardin destinez pour des jets d'eau, il n'est pas besoin d'en tirer les conduites directement du Réservoir, la dépense en seroit trop grande; on se contente, lorsque cette conduite est proche des bassins, de la fourcher, c'est à dire, d'en tirer de l'eau

de maniere que cette conduite suffise pour donner de l'eau à tous ces jets sur une conduite de quatre pouces; par exemple, on branchera des tuyaux d'un pouce de diamettre sur un de six, les fourches seront de deux pouces, ainsi du reste, c'est par là qu'on trouve le secret de distribuer l'eau également par tout.

7. On remarquera encore qu'à la sortie du Réservoir une conduite doit avoir deux pouces de plus de diametre que le reste de la conduite; c'est à dire que si la conduite a quatre pouces, la soupape en doit avoir six d'ouverture; cette eau qui sort promptement, donne plus de poids à sa colonne, & par consequent fait que le jet en est plus fort.

8. On fait ordinairement un regard proche un bassin, qu'on garnit d'un robinet proportionné au diametre de la conduite, c'est à dire, qu'il y passe autant d'eau, autrement on diminuëroit la colonne d'eau qu'on auroit conduite jusques là.

9. On soude ordinairement une rondelle de plomb, ou un collet, comme on voudra dire, au tour du tuyau dans l'endroit du conroy ou massif du bassin où il passe; cette rondelle, qui est platte & large, arrête l'eau & l'empêche de se perdre.

10. Les tuyaux de conduite, lorsqu'ils sont parvenus jusques dans les bassins, doivent toûjours y être posez à découvert sur le plafond, & ne doivent jamais être engagez dans le pavé, parce qu'on remédie mieux alors aux fautes qui peuvent y survenir; ces tuyaux doivent passer au delà du tuyau qui fait le jet, environ de deux pieds, & être bouchez par un tampon de bois avec une rondelle de fer; ou par un tampon de cuivre à vis qu'il y faut souder; ces tampons servent à dégorger une conduite en les ôtant.

11. Le tuyau montant qui fait le jet, & que les Fontainiers appellent *Souche*, se soude ordinairement sur la conduite, & à la sommité de ce tuyau, on soude aussi l'écrouë sur lequel s'accroche l'ajûtage par le moyen de la vis.

12. On n'oublira point dans les conduites un peu longues, de mettre d'espace en espace des ventouses pour donner issuë à l'air qui est renfermé dans les tuyaux, & qui seroit capable de les faire crever sans cette précaution. Il faut aussi souder un robinet au bas d'une pente qui est trop roide à l'endroit où la conduite reprend son niveau, afin d'arrêter le poids de la colonne d'eau qui par sa trop grande pesanteur ruineroit en peu de temps les tuyaux.

13. On observera enfin que les tranchées au fond desquelles on pose les tuyaux soient profondes de deux ou trois pieds pour garantir de la gelée l'eau qu'ils contiennent; il faut toûjours qu'une conduite soit plûtôt dans des allées que dans des bois, dans des parterres ou autres endroits semblables qu'il faudroit culbuter, s'il arrivoit que quelque tuyau vint à manquer.

Des Réservoirs élevez.

NOus avons parlé des Réservoirs qu'on foüille en terre, en voicy d'autres qu'on appelle *Réservoirs élevez;* leur capacité n'est pas à beaucoup prés si grande que celle des premiers ; on en voit qui contiennent cent ou deux cens muids, il en peut avoir de quatre à cinq cens muids, mais ils sont rares.

On ne construit de ces Réservoirs que lorsqu'on n'a point d'eau assez élevée pour pouvoir en faire joüer : ils sont ordinairement soutenus par des piliers de pierre de taille, ou de bois de charpente, ou par des arcades sur lesquelles on pose de grosse charpente pour soûtenir le fond & les côtez qu'on revêtit de bonnes tables de plomb soudées l'une à l'autre. On voit dans des maisons de particuliers de ces Réservoirs qui n'ont pour lit qu'une cuve d'environ quinze, vingt ou vingt-cinq muids, d'où l'on tire de l'eau suffisamment pour la commodité d'une cuisine, ou d'un petit jardin où il y aura une pissotiere.

L'eau ne vient dans ces Réservoirs que par des machines hydrauliques, & pour cela on se sert de pompes à bras ou à cheval ; celles-cy donnent bien plus d'eau que les premieres, & ne fatiguent pas tant : on en voit même qui en amenent plus en une heure qu'une source n'en fourniroit en quatre.

Il y en a qui se servent de moulins pour élever les eaux ; ces moulins sont à eaux ou à vent, il n'importe, le secret en est merveilleux ; il seroit à souhaiter que la situation des lieux permît par tout qu'on le pût faire, & que les moyens des particuliers répondissent à leurs souhaits. Nous ne dirons rien icy de ces machines hydrauliques, on ne manque point d'Ouvriers expérimentez en cet art ; ainsi lorsqu'on veut en faire construire, il faut choisir les meilleurs.

Des Cascades, où les placer, & comment les construire, avec les ornemens qui leur conviennent.

IL est constant qu'il n'y a rien de plus beau que les jets d'eau dans les jardins ; outre les bassins dont on a parlé, on peut encore dans ceux qui ont beaucoup de pente y pratiquer des Cascades ; ces ornemens se placent ordinairement le long des rampes ou des escaliers, & dans les allées mêmes ; & ce qu'il y a de commode en cela, c'est que les bassins d'en haut fournissent de l'eau pour faire joüer ceux qui sont au dessous, soit par des décharges de fond ou de superficie, selon que l'occasion le permet. On construit les Cascades de plusieurs figures différentes : il y en a qui forment des buffets ou des nappes d'eau, des boüillons & des champignons, d'autres qui sont faites en gerbes, en jets, chandeliers, grilles, masques, autrement dits dégueuleux ou autres pieces que l'Architecte pour les eaux peut inventer.

Ces Cascades ont leurs ornemens particuliers, on les accompagne sur leurs bords de rocailles, de coquillages, de feüilles d'eau ou d'autres choses qui naiſſent naturellement ; on en voit qui ſont enrichies de Fleuves avec leurs urnes, de Nayades, de Nymphes, & de pluſieurs autres Figures qui conviennent aux eaux, ſoit par rapport à la fable ou à la réalité, l'une peut vomir de l'eau, l'autre en jetter par d'autres parties du corps ſelon qu'on peut ſe l'imaginer pour la plus grande décoration des Caſcades.

Nous ne parlons point icy pour les ſimples particuliers, ces ornemens de jardin ne regardent que les gros Seigneurs & ces Partiſans qui veulent aller de pair avec eux.

Des Eaux plattes.

IL ne nous reſte plus à parler icy que des Eaux plattes, c'eſt à dire, de celles qui ne jettent point, & dont la ſuperficie eſt toûjours unie ; il y a des baſſins d'eau platte, des canaux, & d'autres pieces bien plus étenduës; ces eaux néanmoins ſe conduiſent dans les jardins ou naturellement ou par artifice.

Les premieres épargnent bien de la dépenſe, mais leur lit eſt toûjours ſi brute qu'à moins qu'on n'en releve les bords du côté du jardin de quelques ornemens qui y conviennent, comme de gazon dans le deſſus, aprés en avoir ſoûtenu les berges d'un bon mur, telles pieces d'eau ne frappent pas agréablement la vûë : nous entendons icy ces grandes pieces d'eau qu'on peut mettre à l'extremité d'un jardin; car pour ces petits canaux qui n'ont que deux ou trois toiſes de large, & qu'on pratique, ſoit pour coupper des Jardins, ou pour en faire quelqu'autre ornement, leur lit doit toûjours être artiſtement accommodé.

Si ces pieces reçoivent leur eau en pente, il en faudra pratiquer des chûtes d'eſpace en eſpace, ou à leur extremité ſeulement, le bruit que font ces chûtes a quelque choſe qui flatte l'oreille, & pour plus de propreté il faut que leur baſſin ſoit conſtruit de glaiſe ou de ciment, ainſi que nous l'avons dit, & faire en ſorte par de petites digues qu'on dreſſe, que l'eau y ſoit toûjours comme dans le baſſin d'un jet d'eau, c'eſt ce qui en fait toute la beauté.

Si naturellement on ne peut avoir de l'eau dans un jardin pour l'orner d'eau platte, & qu'on découvre quelque ſource qui en puiſſe fournir, parce qu'elle n'aura pas aſſez de pente pour donner un jet, on la ménagera le plus qu'il ſera poſſible, & pour cela on y dreſſera une conduite de tuyaux de grez ſeulement, ſe contentant de toiſe en toiſe de leur donner deux lignes de pente.

Ces tuyaux ſont poſez, comme nous l'avons dit, avec des puiſards & des petites auges de pierre au bas pour retenir l'eau ; une conduite pour une eau platte n'eſt point ſujette à crever, parce qu'il n'y a rien qui la force, les tuyaux en ſont ainſi conduits juſques dans le baſſin qui luy eſt deſtiné où l'eau s'enfle ſelon que la peſanteur de ſa colonne le permet ; il ne faut pas eſperer que l'eau de ces baſſins vienne enraſer leur bord, principalement lorſqu'on eſt obligé de foüiller le baſſin un peu bas, pour s'accommoder à la pente de l'eau.

Mais enfin quoiqu'il en arrive, il faut avoir de l'eau comme on peut dans un jardin, ſoit d'ornement ou autre, l'eau a quelque choſe d'agréable qui y dégage tres-bien les différens objets qui s'y présentent, & comme nous l'avons déja dit, un jardin sans eau est presque un corps sans ame. Donnons icy le plan d'un Jardin orné de Bosquets, Parterres, Boulingrins, Cascades, Jets d'eau, differens Bassins de plusieurs sortes, & d'autres Ornemens qui contribuent à la magnificence des grands Jardins.

Explication de la Planche XXIII.

1. Face de la Maison.
2. Terrasses.
3. Cascades.
4. Différens Parterres.
5. Pieces d'eau.
6. Plusieurs Figures placées sur des piedestaux.
7. Bosquets avec jets d'eau dans des grottes.
8. Boulingrins.
9. Bois percez, & plusieurs autres Ornemens.

CHAPITRE XXXVIII.

Des Treillages tant simples que Treillages d'Ornemens, comme Cabinets, Berceaux & Portiques, accompagnez des Ornemens qui leur conviennent, avec d'autres pieces qui servent à décorer les Jardins.

Treillages simples.

NOus commencerons ce Chapitre par des Treillages simples ; afin de parvenir pied à pied à ceux qui se font avec ornemens. Les Treillages simples entrent dans les jardins de propreté, comme dans les Potagers ; c'est pourquoy on a cru faire plaisir que d'en parler.

Ces Treillages se dressent contre les murs, on y en forme de grandes palissades ; des hayes d'appuy de trois pieds ou trois pieds & demy de haut, & le bois dont ils sont composez, doit être de bois de quartier, ou de cœur de Chêne, chaque échalas doit avoir un pouce en quarré, & être bien plané.

Pour bien faire ce Treillage, on a des crochets de fer faits exprés qu'on scêle dans le mur à trois pieds de distance l'un de l'autre, & toûjours en échiquier, à commencer le premier rang à un pied prés de la superficie de la terre, & continuer jusqu'à un demy pied ou environ sous le larmier du mur.

Il y a des échalats de différentes longueurs, sçavoir de quatre pieds & demy, de six, sept, huit & neuf pieds, & l'on en prend de la grandeur qu'on souhaite, & selon que la hauteur du mur qu'on veut garnir le permet ; ces échalats se vendent à la botte, & chaque botte en contient vingt-cinq.

Les montans, autant qu'on le peut, doivent être d'une seule piece : le Treillage en est plus propre ; cependant, si la commodité ne le permet pas, on les fera de deux, mais il faut pour lors que ces échalats soient appointez proprement, ce qui se fait en applanissant & proportionnant juste les extremitez qu'on veut unir l'un à l'autre ; aprés cela on les lie bien serré avec du fil de fer qu'on tort avec des tenailles, avec la tête desquelles on en rabat aussi le nœud contre l'échalas.

Pour

Pour les traverses elles doivent être faites des échalas les plus forts, parce qu'elles soutiennent tout l'ouvrage, les quarrez ou les mailles de treillages doivent être de sept à huit pouces, ou de huit pouces sur neuf, ce sont ces treillages qui sont propres pour les fruits ; il y en a d'autres dont les mailles ne sont que de quatre à cinq pouces, on s'en sert ordinairement pour des Cabinets de jardin, & pour couvrir des murs.

Un Treillassier qui entend bien son métier doit toûjours avoir en main la mesure reglée pour les mailles ; & l'appliquer soigneusement chaque fois qu'il en fait une ; il faut laisser un bon pouce de jeu entre l'échalas & le mur, & il ne faut qu'un seul montant dans les encognûres des murailles pour joindre ensemble les deux treillages qui vont d'équerre ; s'il y en avoit deux cela choqueroit la vûë.

La derniere perfection d'un treillage consiste à être peint en verd, & pour cela, on luy donne une premiere couche de blanc de céruse, lorsqu'elle est séche, on y en met une de verd de gris, qu'on laisse aussi sécher, puis on y en met encore une troisiéme du méme verd.

Des Hayes d'appuy de Treillage.

Les Hayes d'appuy de treillage se font ordinairement de trois pieds ou trois pieds & demy de haut, les mailles ne s'y font qu'à huit pouces sur neuf de large, avec des poteaux de toise en toise, gros & ronds presque comme le bras, ou bien on prend pour cela du chevron avec une téte qu'on fait au dessus pour plus grande propreté ; il y en a qui font des entailles dans ces poteaux pour y placer l'échalas, d'autres qui n'en font point, la derniere méthode est la plus suivie ; voila ce qui regarde les treillages simples : passons maintenant à ceux qui tirent leur lustre de l'Architecture & des Ornemens dont ils sont accompagnez.

Des Berceaux.

Les Berceaux de treillages ornent beaucoup les jardins : il y en a de deux sortes, les naturels & les artificiels ; les premiers se forment par les branches entrelassées des arbres ; on se sert pour cela d'Ormes, de Tilleuls de Hollande avec de la Charmille dans le bas pour les garnir.

Ces pieces de jardin ne doivent point être trop élevées pour être plûtôt couvertes de verdure, & conserver la fraîcheur : il suffit qu'ils ayent de hauteur un tiers plus que de largeur, & que le ceintre en soit surbaissé.

Les Berceaux artificiels sont faits de treillages qui ont pour soutient des traverses, des montans, des cercles, barres de fer & arcboutans, l'échalas de bois de Chéne est celuy dont on se sert pour ces treillages ; l'industrie des Ouvriers en France en fait de treillage s'est poussée bien loin ; ils font avec ce bois des ornemens de jardin tres-magnifiques ; on en voit des Berceaux, des Galeries, des Cabinets, des Portiques, des Coquilles & des Niches, toutes ces pieces servent d'un tres-bel ornement dans les jardins.

Ces habiles Ouvriers les enrichissent de Pilastres, de Colonnes, Vases, Paneaux, Corniches, Frontons, Montans, Consoles, Couronnemens, Dôme,

Lanternes & autres Ornemens d'Architecture ; on laisse à ces Ouvriers les soins de bien ménager toutes ces beautez dans leurs ouvrages, & à y suivre une juste proportion.

On appelle berceau de treillage un ouvrage qui a une grande longueur ceintrée par le haut en forme de galerie ; c'est cette forme qui le distingue du cabinet, qui est pour l'ordinaire quarré, rond ou couppé à pan ; cette piece-cy se met dans les encognûres des petits jardins où elle accompagne un berceau dans les deux extremitez & au milieu. On garnit les berceaux de Chévrefeuille Commun ou Romain, ou de Jasmin : on en peut garnir le bas de Rosiers ; ainsi un petit jardin de Ville est terminé agréablement par un berceau qui luy donne un tres-bel aspect : voicy une Planche qui donne des Figures de tous les Ornemens dont on a parlé.

Explication de la Planche XXIV.

1. Treillage simple de mailles de huit pouces sur neuf.
2. Montans.
3. Traverses.
4. Mailles de huit pouces.
5. Treillage à mailles de quatre à cinq pouces.
6. Cabinets simples.
7. Berceau.
8. Vases.
9. Corniches.
10. Paneaux.
11. Montans.
12. Ceintre.
13. Cabinets.
14. Portiques.

L'Orangerie.

Comme l'Oranger est un des plus beaux ornemens de jardin à cause de sa fleur & de sa verdure qui résiste à l'hyver, on cherche à conserver cet arbre avec beaucoup de soin : on bâtit pour cela une Orangerie où l'on peut se promener l'hyver comme dans une galerie : on en voit presque dans tous les jardins, pour peu qu'ils soient considerables : les croisées de ce bâtiment doivent être exposées au midy, & bien fermées de chassis & de contre-chassis pendant l'hyver.

Les Figures & les Vases sont des Ornemens qui font encore beaucoup valoir un jardin. On voit chez les Grands des Bustes, des Termes posez sur des piedestaux, Scabellons, Socles, ou pied d'Ouche. Les Animaux, les Bas reliefs & les Masques qui accompagnent les Cascades, les Escaliers, & autres pieces de jardin contribuent encore beaucoup à le rendre magnifique.

On peut encore pratiquer des perspectives dans les jardins, elles sont propres pour cacher les murs de pignon, & les extrêmitez d'une grande allée. On les peint à huile ou à fresque, mais il faut soigner de les garantir de la pluye par un petit toît d'ardoise qu'on bâtit au dessus. On se sert aussi de grilles dans les enfilades des allées, qui, autant qu'on peut, ne doivent point borner la vûë. Les Caisses, les Pots de fleurs servent encore d'ornemens aux jardins, on les remplit de toutes sortes d'arbrisseaux ; on les place le long des terrasses ou à côté des parterres ; on en voit sur des Gradins, sur des Tablettes & murs de terrasses à la descente des escaliers ou sur des dez de pierre dans des plattebandes & bordures de gazon. Les Vases & les Pots dont on se sert pour la décoration des jardins sont ordinairement de fayance, il y en a de plusieurs grandeurs & de figures differentes, cette varieté plaît beaucoup, & rend un jardin tres-agréable à la vûë.

CHAPITRE XXXIX.

LE JARDIN DES FLEURS.

Qui enseigne la maniere de cultiver toutes sortes de Fleurs, Arbres, Arbustes & Abrisseaux qui servent à l'embellissement des Jardins.

NOus croirions nôtre Théatre d'Agriculture imparfait, s'il n'y avoit un Traité de la maniere de cultiver les Fleurs, Arbres, Arbustes & Arbrisseaux qu'on employe pour la décoration des Jardins : ces productions de la nature en font une partie du relief, & la varieté qu'on y remarque varie admirablement bien les endroits où on les place.

Pour cultiver les Fleurs dans les régles du Jardinage, il faut un Jardinier qui les entende : voicy à peu prés comment il seroit nécessaire de le choisir.

Du Jardinier Fleuriste & de ses qualitez.

IL est bon qu'un Jardinier qui se mêle de cultiver les Fleurs, soit soigneux, diligent & assidu aux devoirs que ces plantes exigent de luy ; il doit avoir un certain génie propre à cet exercice ; sans cela ses talens en cet art ne peuvent être que tres-foibles ; il doit éviter les excez du vin, un yvrogne ne fit jamais bien sa profession ; il faut qu'il soit matineux, qu'il s'étudie à connoître les Fleurs pour les sçavoir distinguer, afin de les cultiver chacune dans leur saison ; il doit être propre dans ce qu'il fait, avoir une connoissance particuliere des terres ausquelles on doit semer & planter toutes sortes de Fleurs, quand & comment il les faut cueillir.

Il doit, outre tout ce qu'on vient de dire, avoir sa provision d'outils nécessaires à sa profession ; il faut qu'il ait soin de les tenir toûjours en état de s'en servir au besoin, & que sa vigilance s'applique à prendre garde qu'il ne s'y en égare point.

De l'assiete d'un Jardin de Fleurs, des desseins qui luy conviennent, & de la terre qui luy est propre.

IL seroit bon qu'un Jardin pour les fleurs eût un peu de pente, afin de faciliter l'écoulement des eaux des pluyes, qui peuvent y séjourner trop long-temps sans cette précaution ; au reste on peut se servir d'un Jardin pour y cultiver des fleurs, en quelque situation qu'il puisse être, pourvû que la terre y soit propre, & qu'il y ait de l'eau : nous avons assez parlé de tout cela dans le Traité des Potagers pour en rien dire icy davantage.

Les compartimens des Jardins de l'espece dont nous parlons doivent être en planches quarrées & compassées de maniere que chacune puisse contenir plusieurs sortes de fleurs. On borde ordinairement ces compartimens de buis.

Si les Jardins sont petits, au lieu de bordures de buis, on se sert de briques bien cuites & bien ajustées; on les met de côté & non pas de plat, parce qu'elles forment ainsi un trait bien plus délié, & tiennent bien plus ferme en terre; ces briques ne doivent déborder de terre que de trois ou quatre travers de doigts tout au plus.

Quant à la qualité de la terre, elle doit être de deux sortes, l'une qui soit grasse & l'autre légére: la premiére convient aux racines, & l'autre aux oignons; il faut renouveller de terre les planches tous les trois ans, en ôter pour cela environ la hauteur d'un demy pied, & y en substituer d'autre; le temps le plus propre où l'on travaille le plus au jardin de fleurs est depuis l'équinoxe de Septembre jusqu'à la fin d'Octobre.

D'une certaine Régle pour planter les Fleurs tant en Pots, qu'autrement.

POur bien planter des Fleurs, & selon les régles que demande l'Art du Jardinage, il faut auparavant tirer sur une carte le dessein & le plan de son jardin, & à proportion qu'on plante les oignons & les racines dans les planches d'un parterre, on les marque comme celles qui sont sur la carte, afin de mieux connoître la qualité des fleurs qu'on a mises en chaque planche.

Et pour bien planter en chaque planche, creusez la terre à la profondeur d'un pied ou environ, jettez-la dans le sentier ou dans l'endroit le plus commode, remuez doucement celle du fond, de peur de déranger les bordures.

Ensuite criblez la terre au dessus de la planche, jusqu'à ce qu'elle soit de superficie juste, & l'ayant bien unie, plantez bien vos oignons à distances égales. Pour les ranger artistement, il faut auparavant marquer la terre avec la régle, & tirer des rigoles en long & en travers avec un petit plantoir, de maniere que ces traits imitent une grille; aprés cela on met les oignons dans les encognûres quatre doigts en terre, & éloignez l'un de l'autre de quatre bons doigts; cela fait on les recouvre: voilà comment on plante les fleurs en pleine terre; voyons la maniere de s'y comporter lorsque c'est en pot.

Pour planter des oignons en pots, ou bien une racine, il faut leur donner la terre qui leur convient, nous en avons déja parlé, & n'en planter qu'une en chaque pot, s'il est petit, & s'il peut en contenir davantage, on n'y en mettra que de la même espece, & on les plantera à quatre doigts du cordon du pot; quand les oignons sont plantez, on les met un peu à couvert du soleil pendant les premiers jours.

De la maniere de receüillir la graine de Fleurs, & quand les semer.

COmme on ne sçauroit multiplier la plûpart des fleurs sans le secours de la graine, & qu'il faut qu'elle soit bien nourrie pour bien végéter, on ne laisse ordinairement qu'une fleur ou deux à la plante, & toujours celles qui sont les plus belles & les plûtôt épanoüies, & quand la graine en est mûre, on la recüeille soigneusement pour la garder jusqu'en automne qu'on la seme. Ce n'est pas qu'il y a beaucoup de graines de fleurs qu'on seme aussi au printemps, c'est pourquoy le mois de Mars & celuy de Septembre sont ceux qui sont les plus recommandables pour semer les fleurs: Quant à la maniere, ce n'est pas un grand mystere, la pratique nous rend toujours assez habiles là dessus.

De la Saison pour transplanter les Fleurs, & des Arrosemens qui leur sont propres.

ON transplante les fleurs au printemps & en automne sans avoir égard à la lune en aucune maniere. Il faut en hyver garantir les plans du froid qui leur est préjudiciable, ce qui est tres-facile, principalement lorsqu'ils sont en pots; en été on les met dans un endroit où le soleil n'est pas ardent pour les deffendre de sa trop grande ardeur: les oignons qui viennent de graine ne se transplantent que lorsqu'ils ont deux ans.

On arrose les fleurs pendant tout l'été, aprés soleil couché, & le matin d'une eau tirée de longue main, si l'on en a, sinon on s'en sert de fraîchement puisée, sans s'arrêter aux raisonnemens chimériques que la plûpart de ceux qui ont traité des Fleurs ont écrit là dessus, toute eau est bonne à leur donner quant elles en ont besoin.

Ce n'est pas le tout que de planter & de semer des fleurs, il faut encore, outre les arrosemens, soigner à les sarcler, les méchantes herbes sont leurs ennemies mortelles; le temps le plus propre pour cela, c'est quand la terre n'est ny trop séche ny trop humide, & que les herbes malignes sont assez grandes pour pouvoir être arrachées.

Autres soins pour les fleurs.

Il faut encore veiller à les purger des animaux qui leur nuisent; tels sont les Chenilles, les Punaises vertes, les Cantarides, les Vers, les Fourmis, les Souris & les Taupes; les Jardiniers vigilans ont des secrets pour cela; & un curieux ne sçait que trop bien les détruire pour peu qu'il veuille s'en donner la peine.

Quand & comment tirer de terre les Oignons & les Racines.

ON tire de terre tous les trois ans les Oignons & les Racines des fleurs, le vray temps est depuis le commencement de Juin jusqu'à la fin d'Août. Il faut tirer d'abord les fleurs qui fleurissent les premieres, comme les *Narcisses* & les *Bassins*; & pour se bien acquiter de cet ouvrage.

On prend une petite pioche ou autre instrument avec lequel on ôte adroitement la terre des planches, à commencer par un bout, prenant garde que le fer de l'outil n'endommage l'oignon ny la racine, puis on démêle la terre de ce plan.

Les oignons étant tirez, on passe une seconde fois dans le même endroit, afin qu'il ne demeure rien qui dérange l'ordre & l'arrangement des autres oignons qu'on met aprés dans chaque planche.

Il ne faut point détacher les cayeux des gros oignons, on les laisse tous étendus à terre ou sur une table l'espace de huit jours, aprés quoy on les serre dans des paniers chaque espece à part.

Les racines se levent de même que les oignons, cela se pratique tous les ans, soit qu'elles soient en pots ou en pleine terre, à cause de la pourriture à laquelle elles sont sujetes. Quand elles sont séches, & avant que de les mettre dans les paniers, on en arrache toutes les languettes superfluës, & on conserve aprés les racines comme les oignons.

Les Renoncules se levent de terre si-tôt que leurs feüilles sont séches, & quand leurs racines ont été essorées, on les serre dans des boëtes.

La Culture de chaque Fleur en particulier.

L'Ache Royale. Sa culture.

L'*Ache Royale* veut une terre grasse, humide, & médiocrement du soleil, il y a la jaune & la blanche, elle se plante de la profondeur de trois doigts, & à un demy pied de distance, on la leve tous les trois ans pour en ôter les rejettons.

L'Amarantre. Sa culture.

On éléve les *Amarantes* sur couche, elles se sement au commencement d'Avril, on les couvre de cloches de verre pour les garantir de l'air froid qui leur est préjudiciable, & quand elles ont jetté deux pouces de haut, & qu'elles ont quatre ou cinq feüilles, on les fait petit à petit au grand air, en élevant les cloches sur des fourchettes. Si les nuits sont chaudes, on découvrira entierement la plante, puis le matin on la recouvrira à l'ordinaire, ce soin dure l'espace d'un mois ou six semaines.

Quand les Amarantes sont bien fortes, & que le temps est doux, c'est à dire environ à la fin de May ou au commencement de Juin, on les plante avec leur motte par un temps de pluye, s'il se peut.

Si l'on veut avoir des Amarantes plus tard on les seme en pleine terre bien amandée, ces plantes viennent mieux en des pots qu'en pleine terre. il faut bien les arroser; il est bon de les avoir tôt, afin que leur graine ait le temps de meurir, & pour cela on laisse cette graine dans sa fleur jusques aprés l'hyver qu'on l'égraine pour s'en servir au besoin.

Les Anemones. Leur culture.

L'*Anemone* veut une terre légére; c'est à dire une terre naturelle, bien criblée, & mêlée moitié terreau de couche, & il faut tous les ans renouveller la terre des Anemones, elles en croissent plus belles.

Il y en a qui plantent dés la saint Jean des Anemones qu'ils ont gardées de l'année précédente, & par ce moyen ils ont des fleurs en Automne, pourvû qu'elles soient plantées en bonne terre, & qu'elles ne manquent point d'eau pendant les grandes chaleurs.

D'autres les plantent plus tard au commencement d'Octobre; il faut les préserver de la gelée pendant l'hyver. Il ne faut les planter qu'à trois doigts avant en terre: elles sortent de terre pour l'ordinaire trois semaines aprés y avoir été mises, & lorsqu'un mois aprés on voit qu'il ne pousse rien dans les places où on les a placées, on regarnit ces vuides avec d'autres oignons qui sont restez.

La bulbe de l'Anemone se garde deux ou trois ans sans se replanter, & se conserve en bon état dans un lieu sec; si on plante des Anemones en pot au mois de Mars, on en a des fleurs aprés la saint Jean, pourvû qu'elles soient bien gouvernées.

Il ne faut pas se presser, quand on les plante en automne, de les couvrir de paille pour les garantir des gelées, il faut les y laisser un peu endurcir, & quand le temps est adouci, on leur donne de l'air.

On arrose les Anemones avec l'eau fraîchement tirée du puits, si l'on veut, on les déplante sitôt que leurs fanes sont séches, c'est l'indice qu'on doit consulter pour faire ce travail.

Les Anemones se sement dans une terre bien meuble & bien amandée, & de la nature de celles dont on a déja parlé, & pour les bien semer,

Mettez en dans un seau ce que vous avez envie d'en semer & juste sur du sable fort sec, ou de la fine terre de jardin, maniez & remaniez vôtre graine jusqu'à ce qu'elle soit entierement détachée, autrement les plans croîtroient trop drus.

Semez vôtre graine à claire voye, & quand vous en aurez semé environ une toise de large, couvrez-là de terre, crainte que le vent ne l'emporte, & continuez d'en agir de la sorte jusqu'à ce que vous ayez tout semé. C'est au mois d'Août qu'on seme les Anemones, il ne faut point manquer de les sarcler, & de les arroser au besoin.

Lorsque la graine d'Anemone a produit des oignons, comme de petits pois, on les déplante soigneusement, ou bien on jette la terre de leurs planches dans un crible où toute la terre passe, & les oignons restent, c'est le plus sûr expédient.

Cela fait on les met sécher avec leur fane, on les serre aprés pour les replanter en automne sur planche, & comme on l'a dit, on ne doit cüeillir la graine d'Anemone que lorsqu'elle quitte le reste de la tige, & qu'elle est prête à s'envoler ou à tomber.

Beauté des Anemones. Leur culture.

Une Anemone, pour être belle, doit être grosse & pommée, & il faut que la peluche fasse le dôme, comme le pavot, & qu'elle soit garnie de béquillons, que les grandes feuilles excedent tant soit peu la grosseur de la peluche. C'est un défaut quand ces feuilles sont pointuës ou étroites, les béquillons en doivent être arondis & larges; le cordon doit se faire voir, & ne point exceder les premiers béquillons.

Il y a de bien des sortes d'Anemones ausquelles on a donné différens noms, mais comme tout cela est arbitraire, il suffit de sçavoir comment on les cultive, qu'elle en est la beauté, & de les appeller aprés comme on voudra.

Les Bassins.

Il y a aussi des *Bassins* de diverses sortes & de différentes couleurs, ils veulent une terre de potager simplement, & beaucoup de soleil; il faut les planter de six doigts avant en terre à un demy pied l'un de l'autre; on les leve au bout de trois ans pour en ôter le peuple; on doit les sarcler soigneusement, & les arroser de même quand on le juge à propos.

De plusieurs autres fleurs. Leur culture.

Le *Boüillon de Constantinople* veut une terre grasse, sa racine se couppe par morceaux qu'on plante en pots au commencement du printemps, à la profondeur de deux doigts, il aime le grand chaud, & veut aussi qu'on l'arrose beaucoup; il faut le serrer en hyver pour le garantir des gelées; il faut en été le mettre à l'ombre quand il est en fleur, pour qu'elle dure plus long-temps, & qu'elle soit plus belle.

Les Clochettes.

Les *Clochettes*, que quelques-uns appellent *Narcisses sauvages*, se plaisent dans une terre à potager : elles veulent le grand soleil ; on les met à quatre doigts de profondeur en terre, & distantes d'un empan l'une de l'autre ; il faut les lever tous les trois ans pour les décharger de leurs cayeux. Les Clochettes sont trop sujettes à crever par les eaux, c'est pourquoy on couvre leurs boutons de cartes, & on les arrose médiocrement.

Le Cou de chameau.

Le *Cou de Chameau* est aussi une espece de Narcisse, appellé *Narcisse à la tête longue*, ou *Narcisse couronné*, il faut le planter en pot en terre grasse, luy donner peu de soleil, l'arroser dans le besoin, & le lever tous les trois ans pour le décharger de ses nouvelles productions. La *Consoude Royale* se cultive de même, excepté qu'il la faut lever tous les ans au mois de Fevrier; on l'appelle encore *Eperon de Chevalier*.

La Consoude Royale.

La Couronne Impériale.

Cette fleur se met en pleine terre dans les parterres, à quatre doigts de profondeur, il est bon de l'arroser de temps en temps, elle fait un bel effet où on la plante ; il est bon de la lever tous les ans au mois de Septembre pour en ôter le peuple, & la replanter aussi-tôt.

Le Cyclamen.

Le *Cyclamen*, autrement appellé *Pain de Pourceau*. Il y en a de deux sortes, le *Printanier* & l'*Automnal* ; le premier demande beaucoup de soleil, & l'autre veut l'ombre ; la terre grasse ou légére convient à tous deux ; on les plante en pots à deux doigts de profondeur, il ne faut les arroser que lorsqu'ils ont commencé à pousser ; les Cyclamens se multiplient aussi de graine.

L'*Eternelle*, l'*Ecarlate*, ou *Croix de Chevalier*, le *Dictame*, le *Fretilaire* & les *Gands* veulent une simple culture ; c'est à dire une terre à potager, & être mis en pots ou en pleine terre, & arrosez dans le besoin ; toutes ces plantes se perpétuent par le moyen de leur graine.

La Giroflée.

La *Géroflée* se multiplie de graine, elle se seme sur couche ou en pleine terre, pour être replantée en platebande où on la met jusqu'à ce qu'elle ait marqué, & quand on voit qu'elle a la fleur double, on la léve en pots pour la mettre pendant l'hyver dans la serre, afin que le froid ne la détruise point, c'est une belle fleur qui orne tres-bien un parterre.

Les Jacintes.

Les *Jacintes* sont de plusieurs sortes, ils viennent de bulbes, & croissent fort bien dans une terre à potager ; il faut les lever au bout de trois ans pour les décharger de leurs cayeux ; il y a des Jacintes qui veulent être plantez en pots, tels sont les *Jacintes des Indes* & celuy du *Perou*.

Les Jonquilles.

Nous avons les *Jonquilles doubles* & les *Jonquilles simples* ; les premieres sont fort estimées, & servent d'un bel ornement dans un parterre, l'autre y fait encore assez bien, mais on n'en fait pas tant de cas.

Les Jonquilles ne veulent qu'un soleil moderé, & demandent une terre substantielle, qui ne soit ny forte ny légére ; on les léve tous les trois ans pour les décharger de leurs cayeux ; la Jonquille double, jaune & blanche vient mieux en pots que sur planche ; la terre grasse & humide leur convient ; il faut arroser les Jonquilles quand leur terre est trop séche, cet arrosement néanmoins doit être léger.

On léve ces plantes pour en coupper les filets & le chevelu, ce qu'on fait au mois de Septembre ; on les replante aussi-tôt, parce que ces petits oignons sont fort susceptibles d'alteration ; on peut néanmoins les garder quelque

quelque temps, si on les enveloppe dans du papier, & qu'on les serre dans des boëtes, toutes ces Jonquilles se multiplient de bulbes.

On compte de plusieurs sortes *d'Iris*, sçavoir les Iris communs, les doubles, les simples, & ceux de Perse ; il y a aussi les Iris bulbeux qu'on reconnoît sous differens noms qu'on leur a imposé par rapport aux couleurs diverses, dont ils sont ornez, mais comme tout cela n'est que d'imagination, on n'en dira rien icy : venons à la culture. Les Iris.

Les Iris ordinaires aiment une terre à potager, médiocrement de soleil ; il faut les planter trois doigts avant en terre, & à pareille distance.

Il n'y a rien qui soit moins embarassant que le *Lis* pour sa culture ; il vient tres-bien en toutes sortes de terre ; on les met en bordures sur des plattebandes, ou ailleurs, ainsi qu'on s'avise. Sous le genre des Lis, on a réduit les *Martagons*, qui sont de plusieurs couleurs, & la *Couronne Impériale*; toutes ces fleurs demandent la même culture ; il en faut relever tous les deux ans les oignons pour ôter le grand nombre des cayeux qu'ils produisent. Les Lis. Les Martagons.

Les *Marguerites* sont assez communes pour en rien dire davantage pour les faire connoître ; elles se multiplient de touffes qu'on éclatte, elles viennent bien en toutes sortes de terres, on en fait des bordures & des pieces émaillées dans les Jardins d'Ornemens. Les Marguerites.

Le *Mollet d'Inde*, que quelques-uns appellent le Lentisque du Perou, veut être mis au grand soleil dans une terre forte, qu'il faut renouveller tous les ans ; il se plante en pot, & lorsqu'on le taille, il n'en faut coupper que les extremitez qui sont séches ; cette fleur épanoüit dans les mois d'Août & de Septembre. Le Mollet d'Inde.

Le *Muguet*, autrement dit, le *Lis des vallées*, est de deux sortes, le blanc & le rouge : cette plante croît bien à l'ombre en bonne terre, il faut la planter à trois doigts de profondeur ; on la léve rarement, parce que plus elle est pressée, mieux elle fleurit ; on la plante au mois de Décembre, en coupant proprement les rejettons qui se replantent aprés. Le Muguet.

Nous avons des *Narcisses* de plusieurs sortes & de différentes couleurs ; il s'en trouve de blancs, de jaunes, & de couleur de citron, de simples, de doubles, de grands, de petits, de hâtifs & de tardifs ausquels on a donné différens noms : toutes ces especes de Narcisses veulent être cultivées l'une comme l'autre ; elles se multiplient d'oignons ; toutes sortes de terres leur conviennent ; on met les Narcisses quatre doigts avant en terre, à un demy pied l'un de l'autre, on les léve tous les ans pour en ôter les cayeux. Il est encore de certains Narcisses rares, tels que le *Nompareil*, les *Narcisses d'Inde*, celuy de *Virginie*, & le *Narcisse de Jacob*, qui veulent être mis en pot dans une terre moitié terreau & moitié terre à potager ; on les arrose de temps en temps pour les mieux faire croître. Les Narcisses.

L'*Oeillet* se multiplie de graine, & se seme sur couche, il n'y a guéres de plantes où la nature se joüe plus que dans l'Oeillet, telle graine viendra d'un bel Oeillet, qu'on aura conservée exprés, qui souvent quand elle est semée, ne donne que des Oeillets simples, ou des Oeillets doubles, mais tres-communs ; c'est donc au hazard qu'on seme l'Oeillet, heureux celuy qui en découvre qui méritent la peine d'être cultivez. L'Oeillet.

Les beaux Oeillets se mettent en pots de médiocre grandeur ; plus étroits par le bas que par le haut, & percez par le bas pour servir d'écoulement aux eaux dont on les arrose; la terre pour l'Oeillet doit être les deux tiers de terreau de couche, & un tiers de terre à potager bien criblée, le tout mêlé ensemble, on en remplit un pot, puis on y met l'Oeillet provenu de graine ou de marcotte, cette voye-cy est la plus ordinaire: voicy ce que c'est que marcotter un pied d'Oeillet.

Quand & comment marcotter les Oeillets.

La véritable saison de marcotter les Oeillets, est depuis la my Juillet jusques au commencement d'Août que les premieres fleurs des Oeillets sont passées; quant à la maniere de le faire, voicy quelle elle est.

Prenez un canif, & aprés avoir accommodé la marcotte jusques au nœud le plus prés du pied de l'Oeillet, faites-y une incision au milieu qui n'en passe pas la moitié ou les deux tiers, puis en remontant le long de la tige, fendez cette tige un demy pouce de long; ensuite, la terre du pot étant bien labourée, couchez cette marcotte, arrêtez-la avec un petit crochet de bois pour la tenir toûjours en état, couvrez-là de terre, arrosez-la un peu, & la laissez aprés prendre racine.

Il ne suffit pas de ce premier arrosement, il faut encore arroser tous les jours les marcottes, mais avec discrétion; il faut sitôt qu'un pied d'Oeillet est marcotté, le mettre à l'ombre pendant trois ou quatre jours, aprés quoy on luy donne le soleil qu'il avoit auparavant: on prend garde vers la my-Septembre, si les marcottes ont pris racines. Un seul pied d'Oeillet donne quelquefois beaucoup de marcottes.

L'Oeillet se multiplie encore d'Oeilletons qu'on sépare de leur tige, & qu'on plante en pot pour les faire enraciner; ces Oeilletons sont proprement des boutures qu'on tire des pieds d'Oeillets; il faut fendre ces œilletons; les uns mettent dans la fente un grain d'orge ou d'avoine, & prétendent que par ce moyen l'Oeilleton en prend plûtôt racine. Quand on a planté ces Oeilletons, il est bon de les mettre à l'ombre pour leur faire prendre racine.

L'Oeillet est susceptible des fortes gelées, les petites ne luy causent aucun préjudice, & même il est bon, avant que de mettre les Oeillets dans la serre, de leur laisser éprouver quelques petites gelées, ils n'en vaudront que mieux, & n'en seront que plus forts pour résister à l'hyver.

Les arrosemens sont nécessaires à l'Oeillet, mais il faut qu'ils soient moderez; ceux qui ont des Oeillets en pots, les exposent les uns au grand soleil, les autres à l'exposition du levant seulement; les premiers veulent être arrosez plus fréquemment que les autres, autrement ils perissent dans peu.

A mesure que l'Oeillet pousse son dard, on a soin de ficher en terre de petites baguettes de coudre pour le soutenir; & pour cela, on l'y attache à l'aise avec du fil ou du petit jonc simplement; on met presque autant de baguettes qu'il y a de dards, c'est à dire de tiges qui jettent des boutons; si toutes les marcottes d'un œillet poussoient en dard, il faudroit, sitôt qu'on s'en apperçoit, en arrêter quelques-unes au second nœud, afin d'en pouvoir multiplier l'espece.

Comme les dards des œillets jettent souvent trop de boutons, il est bon de les en décharger de ce qu'on jugera de superflu, parce qu'autrement ce seroit alterer la plante & la fleur même; & pour bien faire, il faut toûjours ôter les boutons qui croissent dans le premier & le second nœud d'en bas.

Quand l'Oeillet est entierement épanoüi & fleuri, si l'on voit qu'il ne tourne pas bien ses feuilles, il faudra le peigner; c'est à dire, luy donner un meilleur ordre avec les doigts, & prendre garde néanmoins en faisant cet ouvrage, de n'en point ternir l'éclat: les Oeillets sont sujets à des infirmitez qui leur sont particulieres, & ausquelles on remedira selon que l'expérience l'aura appris.

De la beauté d'un Oeillet.

UN Oeillet, pour être beau, doit être large, & avoir du moins huit à neuf pouces de tour; il y en a qui en ont quatorze ou quinze; un Oeillet qui fait le dôme est plus beau que lorsqu'il est plat; quand le blanc est moucheté c'est un défaut, plus il est net, plus il est beau; les dentelures rendent un Oeillet désagréable, de même que lorsqu'il a les feuilles pointuës.

Plus la fleur est mêlée également de panaches & de couleurs, plus elle est belle; les gros panaches par quart ou moitié de feuilles sont plus beaux que les petites pieces; quand le panache n'est point tranché, ny imbibé, c'est toûjours le mieux; les pieces de panaches bien emportées, qui s'étendent depuis leur racine jusqu'à l'extrémité des feuilles de l'Oeillet, ont plus d'agrément que les pieces de panaches sans naissance.

Les *Oreilles d'Ours* sont de petites fleurs assez jolies, & qui méritent assez d'attention & les soins d'un curieux en fleurs; cette plante veut une terre moitié terreau, moitié terre ordinaire; elle se multiplie de graine; il faut s'attacher à en recüeillir des plus belles; c'est à dire, des Oreilles d'Ours qui ont les plus grandes cloches, qui sont les plus veloutées, & qui sont doubles. Les Oreilles d'Ours.

On seme les Oreilles d'Ours au commencement de Septembre; & pour y réüssir, ayez des pots de terre, remplissez-les de terre comme nous avons dit, pressez un peu cette terre, faites-y dessus des petites rigoles avec le dos d'un couteau seulement, jettez-y la graine à claire voye, couvrez-la de terre avec la main, bassinez-là d'eau & la laissez lever, vous mettrez aprés vos pots ou terrines à l'ombre.

La graine d'Oreilles d'Ours semée ainsi leve quelquefois avant l'hyver, mais ordinairement c'est vers la fin du printemps; il y en a quelquefois aussi qui ne leve que la seconde année, ainsi il ne faut pas s'impatienter.

Lorsque les Oreilles d'Ours sont fortes, & en état d'être plantées, on les met en planches ou dans des pots en quelque endroit frais du jardin. Si vos Oreilles d'Ours sont en pots, vous les mettrez dés le commencement du printemps au soleil levant ou couchant; on ne leur donne de l'eau que dans leur besoin, le trop d'humidité les fait languir.

Quand les Oreilles d'Ours sont en fleur, il faut avoir soin d'ôter des pots celles dont tous les œilletons poussent entierement purs, & à moins que ce ne soit une espece tres-rare, il ne faut pas planter le pied à part en pleine terre pour attendre qu'il repousse quelque œilleton panaché.

Nous avons dit que l'Oreille d'Ours se multiplioit de graine, il est vray, mais elle vient aussi d'œilletons ; on observera ce qui suit pour y bien réüssir.

S'il y a dans un pot un pied d'Oreille d'Ours, qui ait jetté plusieurs œilletons, il faut attendre pour s'en servir que la fleur soit passée, aprés cela, prenez vôtre pied d'Oreille d'Ours quand la terre ne sera point moüillée, secoüez-le de maniere qu'il n'y tienne plus de terre, partagez vôtre pied en autant de parties que vous y remarquerez d'œilletons qui sont forts, & faites de chaque œilleton une potée différente, il suffit d'un filet de racine à un œilleton pour le faire reprendre ; s'il y en a davantage, ce sera pour le mieux.

Il est aisé de faire en sorte que l'œilleton jette beaucoup de racines, parce que s'il ne se sépare pas aisément de luy-méme, on fend le navet de la plante par le milieu, aprés l'avoir couppé, on le plante jusqu'au collet, il n'y a que les feuilles qui doivent sortir : on arrose beaucoup ce nouveau plan, on laisse le pot à l'ombre pendant un mois, & on arrose beaucoup l'Oreile d'Ours, cela luy fait plûtôt prendre racine.

Le grand soleil fait fondre les Oreilles d'Ours, & les détruit entierement, c'est pourquoy il faut dans les grandes chaleurs les mettre à l'ombre ; cette plante ne craint point la gelée, on ne laisse pas néanmoins de mettre les pots dans quelque serre, crainte seulement de la pourriture.

Les Orchis. Les *Orchis*, & principalement *l'Orchis de Scrap* aime l'ombre & l'humidité, il luy faut une terre forte, cinq doigts de profondeur en terre, & autant de distance ; l'Orchis se leve rarement.

L'Ornithogalon. L'*Ornithogalon* se plait en un lieu exposé au soleil, & dans une terre à potager, il se multiplie de bulbe, qu'on leve tous les ans, parce qu'elle pullule beaucoup en pied. Cette plante vient aisément, ce qui fait que la culture n'en est pas difficile.

La Panache de Perse. La *Panache de Perse* vient d'oignon, on l'appelle autrement le *Lis de Suse ;* c'est au mois de Septembre qu'on le plante, on le tirre de terre tres-rarement, il se cultive au reste comme l'Ornithogalon ; la *Paralyse* demande les mêmes soins, il y a la simple & la double. (La Paralyse.)

La Grenadille. La *Grenadille*, autrement dite, *la Fleur de la Passion*, veut une terre à potager, elle se perpetuë de racine ; & pour la bien planter, il faut la courber de la profondeur de trois doigts, puis la couvrir de terre ; elle vient bien en pots ou en planches, il n'importe ; il faut les border avec des tuiles ; parce que cette plante, qui est fugitive, ne cherche qu'à tracer au loin dés qu'elle commence à pousser ; il est bon aussi de l'appuyer d'une petite perche à laquelle on la lie avec du fil.

Le Piment Royal. La Plumelle. Le *Piment Royal* fleurit au mois de May, il se multiplie de graine de même que la *Plumelle* ou *Comette*, & veulent être toutes cultivées comme la Géroflée.

Les Renoncules. Il y a une infinité de *Renoncules* de différentes sortes, on en voit de simples & de doubles ; celles-cy meritent entierement qu'un véritable Fleuriste curieux apporte toute l'application possible à les bien cultiver.

Et pour cela on commence à mettre tremper leurs griffes dans de l'eau pendant vingt-quatre heures : les Renoncules se plantent au mois de Septembre dans une terre grasse & humide, & mélée de poudrette ou de terreau de couche.

Pour les planter artistement, il faut les mettre deux doigts avant en terre, & à quatre de distance ; & pour les poser ainsi, on se sert d'un plantoir rond par le bout d'en bas ; cette plante veut le grand soleil, les lieux les plus ordinaires où on la met sont les plattebandes des parterres, les découpez & les planches qu'on dresse exprés dans les jardins de Fleurs ; on en éleve aussi en pots.

Ces plantes veulent être arrosées souvent, & être sarclées, parce qu'il n'y a rien qui les perde plus que les méchantes herbes.

De la beauté des Renoncules.

UNe Renoncule dont le fond est blanc avec des rayûres rouges & bien distinctes les unes des autres, est réputée pour être fort belle ; on fait encore cas de celles qui sont de couleur jaune, marquetées de rouge, ainsi que de celles qui sont de couleur de rose en dehors & blanches en dedans.

Les Renoncules qu'on estime le moins, sont les Pivoines dont la fleur est toute rouge, les blanches, les jaunes dorées, les jaunes pâles, les couleurs de citron, & les rouges brunes leur sont préférables.

Les *Tulipes* sont de plusieurs sortes ; il y en a des *Printanieres*, les *Meridionales* & les *Tardives* ; leurs couleurs sont aussi bien differentes ; mais sans nous arréter à ces particularitez, venons à la maniere de les cultiver. La Tulipe.

Cette plante se multiplie de graine & d'oignon ; dans le premier cas, on la seme depuis la my Octobre jusqu'à la fin du mois de Novembre dans une terre préparée exprés & mélée partie de terreau & partie de terre à potager bien criblée. Au mois de Mars que les Tulipes commencent à lever ; il faut soigner de les sarcler, & de les arroser de temps en temps pendant les grandes chaleurs ; ces jeunes plans demeurent ainsi deux ans en terre sans en sortir, aprés quoy on les leve pour les planter en planches ou sur des plattebandes à quatre doigts l'un de l'autre.

Il faut tous les ans relever les Tulipes lorsque leurs fanes sont séches, étant hors de terre, on les porte dans un lieu aëré, où pourtant le soleil ne donne point ; car ces oignons sont si tendres qu'il seroit à craindre que la chaleur ne les alterât trop.

De la beauté des Tulipes.

LEs belles Tulipes ont ordinairement six feüilles, trois dedans & trois dehors ; les premieres doivent être plus larges que les autres ; on estime une forme camuse dans une Tulipe, celle qui se termine en pointe n'est pas si belle.

Quand une Tulipe a sa forme & son verd médiocrement grand, c'est une bonne marque, ainsi que lorsque la largeur en est proportionnée, & que ce verd est un peu frisé ou accompagné de petites rayûres.

On ne peut rien dire d'une Tulipe qui paroît belle en entrant en fleur, il faut attendre deux ou trois jours aprés pour en juger certainement. Lorsqu'une Tulipe s'ouvre avec des feüilles renversées par dedans ou par dehors, on n'en fait point de cas, de même que lorsque ses feüilles sont trop minces.

Les Tulipes dont le calice a peu de dos, sont préférables à celles qui en ont beaucoup ; entre les Tulipes les plus estimées on estime beaucoup celles dont le coloris est lustré, & qui paroît une maniere de satin ; les rouges de couleur de feu à fond blanc, les panachées avec force nuances, & les jaunes panachées de gris, font un bel ornement dans un jardin.

Pour faire qu'une Tulipe soit parfaite, il faut que les étamines soient de couleur brune, & non pas jaune ; pour les Pivots il n'importe comme ils soient.

CHAPITRE XL.

LA BOTANIQUE.

Ou Description des Simples les plus utiles dans la Médecine pour s'en servir à la campagne en cas de besoin.

CE qui est contenu dans ce Chapitre est d'autant plus utile à la campagne, qu'on se trouve tous les jours en avoir besoin dans les médicamens, tant pour les hommes que pour les animaux. Il ne faut quelquefois que la vertu d'un simple pour sauver une personne d'un grand danger, & les plantes sont d'un grand secours pour soulager les chevaux & tout le bétail de mille infirmitez ausquelles il est tous les jours sujet : ça donc été dans cette pensée, & pour faire plaisir au public qu'on a inséré ce Traité dans cet ouvrage : voicy à peu prés les herbes dont on se sert le plus ordinairement pour cela.

L'Angelique. — L'*Angélique* est une plante dont les feuilles sont assez grandes, dentelées, rangées sur une côte branchuë, terminée par une seule feuille ; ses fleurs naissent au sommet des tiges en ombelles, de couleur blanche à cinq feuilles disposées en roses ; elle croît dans les lieux humides, en terre grasse. On confit au sucre sa côte & sa semence, & l'on en mange pour se préserver du mauvais air ; elle est d'ailleurs cordiale, stomacale, bonne pour les maux de tête, apéritive, sudorifique, vulnéraire, elle résiste au venin, on l'employe pour la peste, pour les fiévres malignes. (Ses proprietez.)

La Melisse. — La *Mélissé* est une plante dont les feüilles sont oblongues, assez larges, pointuës, rudes au toucher, couvertes de petits poils courts, dentelées en leurs bords, de couleur verte brune, luisante : on cultive cette plante dans les jardins ; elle fortifie le cœur, le cerveau, l'estomac, elle excite les mois aux femmes, on s'en sert dans l'apoplexie, dans l'épilepsie, dans les vertiges, & dans les fiévres malignes. (Ses proprietez.)

Le Melilot. — Le *Mélilot* est une plante dont les feüilles sont blanchâtres, frangées ou crenelées en leurs bords : elle a les fleurs petites, légumineuses, de couleur presque toûjours jaune, & quelquefois blanche. On se sert en médecine de toute la plante, mais sur tout de la fleur. Le Mélilot est émollient, discussif, résolutif, propre pour chasser les vents ; on l'employe dans la décoction des lavemens, dans les fomentations & dans les emplâtres. Ses proprietez.

La *Parietaire* est une plante commune, fort en usage dans la médecine ; elle a les feuilles oblongues, pointuës, veluës, rudes, s'attachant facilement aux habits ; elle croît dans les hayes & contre les murailles, elle est appéritive, détersive, émolliente, résolutive, propre pour la pierre, pour la gravelle, pour exciter l'urine, pour la colique nefrétique. La Parietaire. Ses proprietez.

L'*Aigremoine* est une plante dont les feuilles sont oblongues, molles, veluës, crenelées tout au tour, de couleur verde pâle : on la trouve le long des chemins contre les hayes, aux bords des prez. Elle est détersive & astringente, elle purifie le sang ; on l'employe dans les maladies du foye, pour les inflammations de la gorge, pour le flux de ventre ; elle entre dans les décoctions des lavemens astringens. L'Aigremoine. Ses proprietez.

La *Buglose* est une plante dont les feuilles sont longues & médiocrement larges, veluës, rudes au toucher, de couleur verde brune, luisante. On la cultive dans les Jardins, elle est d'un grand usage dans les boüillons elle est humectante, pectorale, elle adoucit les âcretez du sang, & le purifie, elle fortifie le cœur. La Buglose. Ses proprietez.

L'*Agripaume* est une plante dont les feuilles sont presque rondes, approchante de celles de l'Ortie, mais découpées profondément, d'un verd obscur ; elle croît aux lieux incultes, rudes, croissant contre les hayes & aux pieds des murs. Cette plante est atténuante, dessicative, détersive, cordiale, elle excite l'urine & les mois aux femmes, elle aide à l'accouchement, elle facilite la respiration, elle dissipe la palpitation & répare les esprits étant prise en poudre ou en décoction. L'Agripaume. Ses proprietez.

La *Centaurée* est une plante dont les feuilles sont grandes, oblongues, divisées en plusieurs parties, crenelées en leurs bords ; elle croît aux lieux montagneux, & rudes : sa racine est vulneraire, astringente, bonne pour le flux de ventre & les hémorragies ; elle leve les obstructions, elle excite l'urine. La Centaurée. Ses proprietez.

La *Camomille* a ses feüilles découpées fort menu, il y en a de deux especes, la premiere se trouve dans les champs aux lieux sabloneux, & l'autre se cultive dans les jardins ; elle a ses feuilles plus grandes & plus verdes que la premiere. L'une & l'autre Camomille sont émollientes, digestives, résolutives, adoucissantes, propres pour les vents, elles excitent les mois aux femmes, elles adoucissent les douleurs, elles fortifient ; on se sert de leurs fleurs dans les lavemens, dans les cataplâmes & dans les fomentations. La Camomille. Ses proprietez.

La *Germandrée* est une plante dont les feüilles sont petites, oblongues, fermes, veluës, dentelées comme celles du Chêne ; cette plante vient dans les lieux incultes, pierreux, montagneux, elle est appéritive, incisive, sudorifique & vulnéraire, elle léve les obstructions, elle excite les mois aux femmes, elle fortifie les jointures, & déterge les vieux ulceres. La Germandrée. Ses proprietez.

La *Coulevrée* est une plante dont il y a deux especes principales ; la premiere a ses feuilles semblables à celles de la vigne, excepté qu'elles sont La Coulevrée.

plus petites, veluës, rudes & blanchâtres ; l'autre croît de même, & viennent toutes deux dans les hayes & contre les murailles. On n'employe que la racine en médecine, & principalement celle de la premiere espece ; cette racine purge les sérositez par le ventre & par les urines, elle léve les obstructions, excite les mois aux femmes, & pousse l'arriere faix aprés l'accouchement.

Ses proprietez.

L'Ivette.

L'*Ivette* est une plante dont les feuilles sont oblongues, étroites, dentelées, veluës & blanchâtres. Cette plante est incisive, apéritive, vulnéraire, on l'employe dans la colique.

Ses proprietez.

La Croisette.

La *Croisette* est une plante dont les feuilles sont petites, veluës, longuettes, semblables à celles du grateron, elle croît aux bords des fossez & des ruisseaux sur les chemins. Elle est un peu astringeante, vulnéraire & propre pour les hernies étant prise en décoction.

Ses proprietez.

L'herbe aux Viperes.

L'*Herbe aux Viperes* appellée *Echium* est une plante dont les feuilles sont oblongues, étroites, veluës & rudes au toucher ; cette plante croît dans les champs, contre les murailles, le long des chemins, aux lieux sablonneux & stériles. Elle s'employe contre la morsure des Viperes, elle est humectante, émolliente, pectorale, elle adoucit les âcretez du sang, & cela le purifie.

Ses proprietez.

Pissenlis ou Dent de Lyon.

Le *Pissenlis* a des feuilles longues, médiocrement larges, rampantes à terre, découpées profondément comme celles de la chicorée sauvage, & se terminant en pointe ; cette plante n'est point rare, & il n'y a guéres de personnes qui ne la connoissent. Elle est détersive, appéritive & propre pour purifier le sang.

Ses proprietez.

Le Caille-lait.

Le *Caille-lait* a les feuilles oblongues, pointuës, verdes, sans poil, disposées en rayon au tour de la tige comme celles du grateron ; cette plante se trouve dans les hayes, dans les buissons. Elle est dessicative & astringeante, on l'employe pour le saignement du nez, pour guérir la gratelle, pour le cancer des mamelles ; elle fait aussi cailler le lait quand on l'y met tremper.

Ses proprietez.

L'Eupatoire.

L'*Eupatoire* est une plante dont les feuilles sont oblongues, pointuës, dentelées tout au tour, veluës, semblables à celles du chanvre ; cette plante croît aux lieux humides. Elle est apéritive, atténuante, astringente, vulnéraire ; elle provoque les mois aux femmes, employée en décoction & en fomentation, elle est spécifique pour les maladies du foye & de la ratte.

Ses proprietez.

La Jacée.

La *Iacée* est une plante dont les premieres feuilles ressemblent assez à celles de la chicorée, mais celles qui sont attachées aux tiges sont étroites, roides, un peu dures ; elle croît dans les prez & autres lieux herbeux & incultes. Elle est détersive, astringeante, vulnéraire, propre pour les ulcéres de la gorge & de la bouche, on s'en sert en gargarisme.

Ses proprietez.

La Mauve.

La *Mauve* est une plante dont les feuilles sont longues, rondes, dentelées, verdes en dessus, blanchâtres en dessous, veluës d'un & d'autre côté ; on la cultive dans les jardins. Ses fleurs sont humectantes, adoucissantes, émollientes, propres pour les hemorragies, pour les séchresses & ardeurs de la gorge, & pour les érésipelles.

Ses proprietez.

la Marjolaine.

La *Marjolaine* est une plante dont il y en a de deux especes, la premiere

miere a les feuilles petites presque rondes, molles, blanchâtres, d'une odeur aromatique, l'autre espece ne différe de la précédente, qu'en ce que ses feüilles sont plus petites; on cultive l'une & l'autre dans les jardins. Elles sont résolutives, vulnéraires, elles fortifient les nerfs, elles appaisent les douleurs de tête; on s'en sert dans l'apoplexie & les autres maladies du cerveau, on la fait prendre par la bouche en poudre, ou en infusion, ou en décoction. Ses proprietez.

La *Levesche* a les feuilles comme celles de l'Ache, excepté qu'elles sont plus grandes & plus amples, de couleur verde, brune & luisante, elle croît aux lieux ombrageux. Elle est incisive, appéritive, vulnéraire, elle excite les mois aux femmes, elle fortifie l'estomac, elle résiste au venin, & aide à la respiration. La Levesche. Ses proprietez.

La *Passerage* est une plante dont les feuilles d'en bas sont longues, un peu larges, dentelées, attachées par des queuës longues, les feuilles d'en haut qui tiennent aux branches sont petites, étroites, pointuës; elle croît entre les vieilles murailles & dans les lieux incultes; les Herboristes en cultivent dans leurs jardins. Cette plante est détersive, appéritive, incisive, propre pour le scorbut, pour exciter l'urine & les mois aux femmes, pour les obstructions de la ratte, étant prise en décoction; on en applique sur la morsure du chien enragé, on se sert de sa racine pour les douleurs de dents, & pour guérir la galle. La Passerage. Ses proprietez.

Le *Marrube* est un plante dont les feuilles sont presque rondes, ridées, dentelées en leurs bords, velüës, cotoneuses, blanchâtres, odorantes; on la trouve dans les lieux incultes. Elle est incisive, déterfive, apéritive, propre pour les obstructions de la ratte, du foye, de la matrice; on l'employe pour l'astme, pour faciliter l'accouchement, & la sortie de l'arriere-faix, elle résiste au venin. Le Marrube. Ses proprietez.

La *Mercuriale* est une plante qui a les feuilles oblongues, assez larges, pointuës, lissées, verdes, dentelées en leurs bords, elle se trouve le long des chemins, dans les vignobles, dans les cimetieres, le long des hayes, mais principalement dans les lieux humides. Cette plante est émolliente, laxative, apéritive, propre pour exciter les mois aux femmes, on l'employe dans les décoctions des lavemens & des fomentations. La Mercuriale. Ses proprietez

Le *Basilic* est une plante assez connuë, elle croît dans les jardins, elle rend une odeur agréable. Le Basilic est propre pour exciter les urines & les mois aux femmes, pour résister au venin, pour chasser les vents, aider à la respiration, & pour fortifier le cerveau & le cœur, il fortifie les nerfs, il est détersif, digestif & résolutif. Le Basilic. Ses proprietez.

La *Nicotiane* est une plante dont il y a trois especes principales; la prémiere a ses feüilles amples, sans queuë, veluës, un peu pointuës, nerveuses, de couleur verde pâle, glutineuses au toucher; toute la plante a une odeur forte. La Nicotiane.

La seconde espece a les feüilles étroites, pointuës & attachées aux tiges par des queuës, & la troisiéme espece a ses feuilles oblongues, grasses, de couleur verde brune, attachées à des queuës courtes; on cultive la Nicotianne dans les jardins. Elle purge par haut & par bas avec violence, on s'en sert dans l'apoplexie, dans la paralysie, dans la létargie, dans les suffocations utérines & dans l'astme. Ses proprietez.

La Mille-feuille.

La *Mille feuille* est une plante dont les feuilles sont découpées menu, presque semblables à celles de la Camomille, & representant comme une plume d'oiseau. La Mille-feuille est déterſive, vulnéraire, astringeante, dessicative, propre pour arrêter le cours de ventre, elle est propre pour guérir les playes & pour arrêter le sang quand on s'est blessé.

Ses proprietez.

Le Matricaire.

Le *Matricaire* est une plante dont les feuilles sont grandes, disposées en aîles, découpées profondément, & recoupées sur les bords, de couleur verde jaunâtre. Cette plante s'employe pour les maladies de matrice : Elle provoque les mois aux femmes, elle résout les duretez, elle incise, elle atténuë, elle chasse les vents, elle abbat les vapeurs, elle excite l'urine; on s'en sert en décoction par la bouche, en lavement & en fomentation.

Ses proprietez.

La Grassette.

La *Grassette* est une plante qui pousse des feuilles qui rampent à terre, oblongues, obtuses à leur extremité, graisseuses, polies, nettes, d'un verd pâle; cette plante croît dans les prez & dans les lieux humides. Elle est vulnéraire, déterſive, elle consolide les playes, étant écrasée, mêlée avec du beurre frais, & appliquée sur le mal.

Le Politric.

Le *Politric* est un des quatre capillaires, ses feuilles sont tres-petites, presque rondes, légérement crenelées, tendres, couvertes sur le dos d'un bon nombre de petits corps menus comme la poussiere; cette plante croît proche les fontaines, aux bords des ruisseaux, contre les vieilles murailles & sur les rochers; elle demeure verde pendant l'hyver. Elle est apéritive, pectorale, déterſive, propre pour les maladies de la ratte, & pour exciter les mois aux femmes.

Ses proprietez.

Le Plantin.

Le *Plantin* pousse des feuilles longues, pointuës & veluës; on trouve cette plante dans les lieux herbus, & frais, elle est déterſive, vulnénaire, astringente; on s'en sert pour les flux de ventre, pour les hemorragies & pour les maladies des yeux.

La Parietaire.

La *Parietaire* jette des feuilles oblongues, pointuës, veluës, rudes; elle croît dans les hayes & contre les murailles. Cette plante est apéritive, déterſive; émolliente, résolutive, propre pour la pierre & pour la gravelle; elle excite l'urine, on l'employe pour la colique néfrétique.

Ses proprietez.

Le Pavot.

Le *Pavot* est une plante fort commune, & que tout le monde connoît; on le cultive dans les jardins. Il excite à dormir, il calme les douleurs, il épaissit les sérositez âcres qui tombent sur la poitrine, il est astringeant, il abbat les vapeurs, il adoucit la toux étant pris en décoction ou en infusion; on employe aussi le Pavot en lavement.

Ses proprietez.

La Sauge.

La *Sauge* est de deux sortes, la grande & la petite, l'une & l'autre sont cultivées dans les jardins; la petite Sauge est la plus estimée & la meilleure. La Sauge est bonne pour le mal de tête, elle fortifie les nerfs & l'estomac, elle est résolutive, apéritive, on s'en sert intérieurement & extérieurement pour la paralysie, la létargie & l'apoplexie; on en mâche pour faire cracher, & on en prend en guise de thé.

Ses proprietez.

Le Laitron.

Le *Laitron* pousse des feuilles semblables à celles de la chicorée, de couleur verde, obscure & luisante, garnie d'épines, rudes & piquantes. Cette plante se trouve dans les jardins, dans les champs & dans les vignes. Le Laitron humecte, rafraîchit, il est apéritif, adoucissant : on s'en sert pour les inflammations du foye, de l'estomac, de la poitrine, il est bon pour pu-

Ses proprietez.

rifier le ſang, & pour augmenter le lait des Nourrices, étant pris en décoction.

Le Seneçon. Ses proprietez.

Le *Séneçon* pouſſe des feuilles oblongues, découpées, dentelées, rangées alternativement & attachées ſans queuë, ſe terminant en une pointe obtuſe, de couleur verde obſcure; cette plante croît dans les champs le long des chemins, dans les jardins. Elle eſt émolliente, humectante, rafraîchiſſantes, apéritive & vulnéraire; on s'en ſert en décoction par la bouche, en lavement & en fomention.

Le Boüillon blanc. Ses proprietez.

Le *Boüillon blanc* eſt une plante dont les feuilles ſont grandes, longues, larges, molles, veluës, cotoneuſes, blanches, les unes éparſes à terre, les autres attachées à leur tige alternativement. Cette plante croît dans les lieux ſabloneux, dans les champs, aux bords des chemins. Elle eſt déterſiſive, anodine, aſtringeante, réſolutive; elle arrête le cours de ventre; elle adoucit la douleur des hémorroides étant appliquée deſſus.

La Violette. Ses proprietez.

La *Violette* eſt une plante qui jette des feuilles preſque rondes, larges, dentelées en leurs bords, verdes, attachées à de longues queuës. Elle croît dans les jardins, dans les hayes, aux lieux ombrageux, le long des murailles. Les fleurs de cette plante ſont pectorales, cordiales, adouciſſantes, un peu laxatives; ſes feuilles ſont humectantes, émollientes, réſolutives, & ſa ſemence eſt purgative, la doſe eſt depuis une dragme juſqu'à trois.

Le Paſd'aſne ou Truſſilage. Ses proprietez.

Le *Paſd'aſne* que quelques-uns appellent *Truſſilage*, pouſſe des feuilles grandes, larges, anguleuſes, preſque rondes, verdes en deſſus, blanchâtres & cotoneuſes en deſſous. Elle croît aux lieux humides, aux bords des ruiſſeaux & des foſſez. Elle eſt pectorale & propre pour le rhume, pour exciter le crachat, pour déterger & adoucir les humeurs de la poitrine, & pour purifier le ſang; on employe en médecine ſes fleurs & ſa racine.

La Véronique. Ses proprietez.

La *Véronique* a ſes feüilles ſemblables à celles du Prunier, elles ſont veluës, dentelées en leurs bords. Cette plante croît aux lieux rudes, ſabloneux, pierreux, entre les hayes; on choiſit comme la meilleure celle qui croît aux pieds des Chênes. Elle eſt inciſive, atténuante, déterſive, vulnéraire, ſudorifique, propre pour purifier le ſang, pour les ulcéres de la poitrine & des poulmons, & pour réſiſter au venin.

La Saxifrage. Ses proprietez.

La *Saxifrage* pouſſe des feuilles preſque rondes, dentelées ou crenelées en leurs bords, un peu graſſes, blanches & attachées à des queuës médiocrement longues & veluës. Cette plante croît aux lieux herbeux, incultes, ſur des montagnes, aux vallées. Elle eſt apéritive, propre pour la pierre, pour les obſtructions, pour exciter les urines & les mois aux femmes étant priſe en décoction.

L'Orvale. Ses proprietez.

L'*Orvale* appellée autrement *Toute bonne*, pouſſe des feuilles qui ſont grandes, larges, veluës, blanchâtres, ridées, rudes, larges en leur baſe, légerement crenelées en leurs bords; on cultive cette plante dans les jardins. Elle eſt apéritive, propre pour exciter les mois aux femmes, pour faciliter l'accouchement étant priſe en décoction. Sa fleur étant infuſée dans du vin ou dans de la bierre, donne à ces liqueurs un goût qui approche de celuy du Muſcat.

La Salſepareille.

La *Salſepareille* eſt une racine qu'on nous apporte ſéche de la nouvelle Eſ-

Ses proprietez.

pagne, en branches grosses comme une plume à écrire, longues de six ou sept pouces; elle se vend chez les Apotiquaires ou Herboristes. Cette plante est sudorifique, dessicative, propre pour les Rhumatismes, la Goute sciatique, pour les sérositez, gonorhées; on en fait prendre en décoction, & quelque fois en poudre.

CHAPITRE XLI.

De quelques Infirmitez qui surviennent à l'homme, avec les Médicamens propres pour les guérir tres aisez à faire, & de peu de dépense.

IL est constant qu'il n'y a rien de plus cher que la santé; c'est un trésor inestimable, & à la recherche duquel on ne sçauroit trop faire attention. Tout le monde est persuadé de cette vérité; mais comme nos corps sont sujets à altération les uns plus que les autres à la vérité, & que les humeurs se dérangent souvent lorsqu'on y pense le moins, on a recours aux Médicamens qui leur sont propres.

Les Médicamens sont des composez qui changent la mauvaise disposition de nôtre corps en une meilleure; ils sont différens selon les préparations qu'ils reçoivent. Il y a les simples médicamens qui viennent d'eux mêmes sans que l'on les ait préparé; il y a des Médecins qui les estiment beaucoup, alleguant pour raison que la nature a trop aimé l'homme pour commettre à sa foible raison le soin de le guérir; qu'elle luy a donné des spécifiques pour chacune de ses indispositions, & qu'il est plus facile de connoître les spécifiques que d'inventer des mélanges & des proportions. Mais comme l'expérience jusques icy a combattu puissamment ces raisons, pour montrer que la nature ne nous a pas donné tout ce qui nous est nécessaire en cela; il a fallu que nôtre raison ait tiré d'elle ce qu'elle a jugé de plus propre pour nous guérir de nos infirmitez; ce qu'on en va dire icy ne pourra que faire plaisir à bien des gens, & principalement à ceux qui demeurent à la campagne, où l'on n'est pas toûjours à portée des Médecins ou des Apoticaires, ou bien, ou l'on est bien aise de préparer soy même les médicamens dont on a besoin.

Le mal de tête. Remedes.

Les Remédes pour les maux de tête sont aussi différens entre eux que les maladies pour lesquelles on les donne: pour les douleurs de tête qui sont produites par les acides volatiles, on ordonne intérieurement & extérieurement la Verveine, la Bétoine, les Roses, le Zedoaire, le Succin, la décoction de Café, de Thé, de Fleurs de Sureau & le Camfre. Si la douleur vient par un trop grand mouvement d'humeurs, on recommande la violette, les lis d'étang, l'ozeille, la jusquiame, le pavot, l'*opium*, le *solanum* & les esprits acides.

Et supposé que la douleur de tête provînt d'un sang un peu épaissi, & qui ne pourroit circuler, il seroit bon de se servir de décoction d'esquine, & de gayac, de préparations de sauge, de marjolaine, de romarin, de bétoine, de *flocas*, de lavande, de safran, ou d'autres aromatiques; on employe la verveine tant appliquée extérieurement que prise intérieurement.

Dans l'inflammation du blanc de l'œil, on se sert d'eau de Plantin, de cristal minéral, de nitre rafiné, d'alun, de blanc d'œuf, de vitriol blanc, de pommes aigres cuites, & de décoction de feüilles de Coignassier. Ces remedes qui agissent en resserrant les pores & en coagulant les matieres, qui par leur ferment causent l'inflammation, la diminuent d'abord, pourvu que ce mal ne soit point arrivé en hyver, ou par un vent froid, ou dans un temperamment extremément flegmatique: voicy d'autres remédes composez pour les yeux qui sont tres-spécifiques. Le mal des yeux. Leurs Remedes.

Prenez eau rose & eau de plantin de chacun une once, un gros de salpêtre rafiné, dissoudez le tout, & trempez des compresses en cette solution, que vous appliquerez sur l'œil. Collyre répercussif.

Il faut prendre un blanc d'œuf, l'agiter avec un morceau d'alun jusqu'à ce qu'il prenne de la consistance, puis l'appliquer. Autre.

Ayez de l'eau de fenoüil ou d'eufraise, de chacune deux onces, des trochisques albirasis & *crocus metallorum*, de chacun un gros, un demy gros d'aloës, & trente goutes d'esprit de vin camphré, faites une composition du tout & l'appliquez. Collyre résolutif.

Prenez eau de plantin & d'eufraise, de chacun une once, & demy gros de tuthie préparée; deux scrupules de sucre candy, & un scrupule de gomme arabique, mêlez le tout & en faites un remède que vous appliquerez sur l'œil. Collyre détersif & cicatrisant.

Vous prendrez deux gros d'aloës pulverisé, un gros & demy de *crocus metallorum*, un gros de sucre candy, quatre scrupules de tuthie préparée: vous mettrez le tout avec quatre onces de vin blanc, autant d'eau de fenoüil & deux de chélidoine, laissez macérer le tout pendant vingt-quatre heures, & vous vous en servirez en remuant la bouteille. Eau pour les Cataractes.

La Colique vient quelquefois par une matiere pituiteuse à demi coagulée, ou par un chile aigri & mal cuit; alors on se sert de carminatifs qui abondent en parties volatiles & sulphureuses, comme de gérofle, de la muscade, du soufre, du macis, de la semence d'anis, de fenoüil, de coriandre, de l'esprit de vin & autres: voicy un vin contre la colique venteuse. La Colique. Remedes.

Ayez du vin qui n'ait pas fermenté, c'est à dire, du moût du pressoir, mettez de la semence de Carui, de Daucus, de Cumin, de Fenoüil; mêlez toutes ces semences bien pulverisées, jettez-les dans le vin, & les y laissez fermenter, puis servez-vous de cette liqueur dans l'occasion; au lieu de moût on prend du vin ordinaire, dans lequel on fait boüillir ces semences, ce vin est admirable. Vin contre les coliques venteuses.

Prenez une chopine de vin d'Espagne; dissoudez-y une once de bénédicte laxative, & le donnez au malade. Lavement.

Prenez une chopine d'urine d'un homme qui boit du vin, & qui est sain, & y dissoudez une once de diaphénic. Autre pour les coliques pituiteuses.

Le syrop d'eau de vie, le tussilage, les capilaires, le pavot rouge & la véronique sont tres-spécifiques pour la toux; les remédes qui suivent y sont encore propres. La Toux. Remedes. Syrop.

Prenez deux onces de racines d'*Altea*, une poignée de feuilles de grande consoude, quinze jujubes, dix dattes sans noyaux; faites boüillir le tout dans une chopine d'eau, coulez-le, & y ajoûtez deux livres de sucre, & le faites cuire en consistance de syrop. Le malade en peut prendre dans le temps de la toux une petite cuillerée, ou bien en battre avec de l'eau pour sa boisson.

Autre.

Avec de l'eau de vie & du sucre on fera un syrop dont on usera, ou bien,

Ayez douze oignons blancs, ôtez leur peau, coupez-les par quartiers, faites-les boüillir dans une pinte d'eau réduite au tiers, passez le tout, prenez la décoction, mettez-y un quarteron de sucre, & faites cuire le tout en consistance de syrop; ce reméde est merveilleux.

La Fiévre. Remedes.

Comme il n'y a pas de maladies plus communes que la fiévre, il n'y en a pas aussi où l'on ait trouvé plus de remédes; mais ils sont tous si incertains qu'on ne sçauroit jamais là dessus bâtir un pronostic certain, parce qu'il y a des remédes qui agissent sur les uns, ou qui n'agissent pas sur d'autres: en voicy quelques-uns qui ont été éprouvez.

La petite centaurée, la gentianne, & l'imperatoire, l'écorce & la fleur de Pêcher, & la chicorée agissent en absorbant & émoussant les levains acides qui font fermenter le sang, on en peut faire des ptisannes, ou les laisser infuser dans l'eau.

Contre les Fiévres intermittantes ou Fiévres quartes. Fiévres continuës.

Il y en a dans les fiévres qui se servent avec succés de quelques goutes d'esprit volatile de sel ammoniac, ou de fleur de sel ammoniac; on s'en trouve fort bien dans les fiévres quartes; on peut dans le commencement des fiévres continuës, où souvent l'usage des purgatifs & des diaphorétiques est deffendu, se sevir de sels fixes mélaugez avec des sels acides, la potion fébrifuge que voicy est tres-bonne.

Potion fébrifuge.

Prenez un scrupule de sel de vitriol, un demy gros de sel d'absynte, & deux onces d'eau de chicorée, mêlez le tout, & le laissez infuser, puis vous en servez, ou bien,

Ayez de la corne de cerf brûlée depuis demy once jusqu'à une once, mettez la dans de l'eau de quelque plante rafraîchissante; ce reméde est propre pour toutes les fiévres.

Le Scorbut. Remédes.

Le Scorbut est une maladie tres-dangereuse, & se reconnoît par les ulcéres à la bouche, par les lassitudes des jambes, les taches noires, & les difficultez de respirer.

On se sert dans les commencemens d'alkalis fixes, comme d'antimoine diaphoretique, de safran de Mars, ou de corail préparé, ou bien de l'eau ou de l'esprit de *cochlearia*, ou de moutarde, ou bien on use de la ptisanne qui suit.

Ptisanne.

Prenez une poignée de *cochlearia*, de cresson & de fraisier, de chacun deux poignées, faites boüillir le tout en cinq pintes d'eau, coulez-le, & y ajoûtez deux gros de tartre martial soluble.

Syrop.

Prenez suc de *cochlearia*, autrement appellé *l'herbe aux cuilliers* & de cresson, de chacun une livre, demy livre de celuy de berle, demy once de sel fixe de tartre, & une livre & demy de sucre, faites cuire le tout en consistance de syrop: on prend une cuillerée de ce syrop qu'on bat dans un verre d'eau, ou de ptisanne faites avec de la sauge.

La pleurésie est un sang arrêté dans les muscles intercaustaux & dans les vaisseaux de la pleuvre ; ce sang qui y fermente irrite les membrannes du poulmon & de la trachée-arterre, ce qui cause la fiévre, la toux, le crachement de sang & la douleur de côté, la saignée est tres-recommandable dans les plurésies. La Pleurésie. Remedes.

Prenez des yeux d'écrevisses, & les faites cuire dans un verre de vin, puis les donnez à boire, ou bien. Potion.

Prenez du corail rouge, des noisettes, & de la machoire de brochet, faites-en une poudre, & en donnez un gros au malade dans quatre onces d'eau de pavot rouge.

Si le mal persevere plus de trois jours, vous ferez cuire un gros d'encens mâle dans la cavité que vous aurez faite dans une pomme de cour pendu, de sorte que la substance de la pomme se mêle avec l'encens, ensuite on fait manger cette pomme avec un peu de sucre candy, & l'on fait boire par dessus trois onces d'eau de chardon bénit, on fait bien couvrir le malade, & il suë.

Prenez une vingtaine d'oignons blancs, faites-les cuire dans de l'eau jusqu'à ce qu'ils soient en boüillie, ajoûtez-y un gros de poivre en poudre & demy gros de safran. On fait un premier cataplâme de la moitié, & quatre heures aprés, si la douleur continuë, on appliquera l'autre, le tout chaudement. Cataplâme.

M. Digbi ordonne pour cataplâme la moitié d'un pain sortant du four, avec de la thériaque ou de l'orvietan. Autre.

Il s'engendre souvent dans l'estomac & dans les boyaux des Vers, quand les fermens qui dissoudent les alimens n'ont pas assez de force pour trancher les œufs qui se rencontrent avec eux. Quand on veut tuer ces Vers on doit ôter les matieres qui empêchent les fermens d'agir ; l'aloës, la coloquinte, & la rhubarbe depuis six grains jusqu'à douze sont de tres-bons purgatifs ; il y a bien d'autres remédes qui tuënt les Vers, & qui ne purgent point. Contre les Vers. Remedes.

Le Mercure doux mélé à quelque purgatif en forme solide, produit des effets surprenans. Le Mercure crud seul peut même, étant avalé, tuer les Vers. On le peut faire boüillir dans l'eau sans le prendre en substance.

Les Lavemens avec l'eau & le sucre sont tres-bons, parce qu'on prétend que les Vers suivent cette liqueur, parce qu'ils l'aiment, ou bien,

Prenez de la sabine en poudre, mêlez-la avec la poudre de verre de Venise & du miel, puis faites-en un cataplâme, que vous appliquerez sur le nombril. Cataplâme.

La Dyssenterie est un flux de ventre sanglant avec des douleurs & des tranchées. On rend d'abord des raclûres de boyaux, & ensuite des glaires sanguinolentes. S'il y a des envies de vomir, on prend un demy gros ou deux scrupules d'*Ipecacuana* dans un boüillon. Si l'on remarque que la Dyssenterie ait quelque chose de malin, on se sert pour lors avec succés de poudre de Vipere, de membre de Cerf & de Taureau. La Dissenterie. Remedes.

On employe dans les ptisannes la corne de Cerf, l'ivoire, la pinprenelle, & dans les potions, les yeux d'écrevisses, les coraux & le succin. Il faut éviter dans les commencemens les astringens, parce qu'on empécheroit l'évacuation des matieres âcres.

Pour purgatifs, la rhubarbe, les mirabolans, & le *catholicum* double sont spécifiques. Les lavemens pour la Dyssenterie doivent être plus adoucissans que détergens ; on se sert pour les faire, de lait, d'un peu de sucre rouge, & de quelques jaunes d'œufs avec un peu de thérébentine & du miel rosat, ou bien on prend des boüillons de tripes.

Potion. Prenez de l'eau de plantin & de roses de chacun deux onces, mêlez-y un blanc d'œuf, battez bien le tout & l'avalez, ou bien,

Autre. Vous prendrez un gros de fleurs de Noyer pulvérisées, dissoudez-les en deux onces d'eau de Noix, & en une once d'eau de feüilles de Chêne, & donnez cette potion au malade.

Le mal de mere. Remedes. Dans le temps de l'accés, on présente au nez des femmes & des filles des drogues qui ont une odeur forte, comme l'esprit d'urine, l'*assa fœtida*, l'huile de papier, l'eau de la Reine de Hongrie, & autres ; on employe intérieurement le sel volatil de Vipere, de tartre ou de sel ammoniac, de camfre ou d'esprit de vin.

Eau. Prenez deux onces d'eau d'armoise, & de matricaire, demy gros de teinture de canelle, huit goutes de mirrhe, six goutes de castor, mêlez le tout, & le faites avaller au malade.

Les Fluxions. Remedes. On se sert dans les fluxions de remédes répercussifs pour empêcher les humeurs de séjourner en quelques parties, & les faire recouler dans les vaisseaux. On compte entre ces remédes l'eau froide, le vinaigre, l'oxicrat, la grenade, les jus de citron, le verjus, l'esprit de nître, l'alun & une infinité d'autres.

Cataplâme pour les bourses enflées. Prenez de la farine, de froment de seigle, d'orge & d'avoine, de chacune également, faites la cuire avec une quantité suffisante de décoction de plantin, ajoûtez-y une once de terre cimolée, & trois onces d'huile rosat, appliquez chaudement ce cataplâme.

Autre pour résoudre les fluxions. On prend des oignons de lis, on les fait cuire sous la cendre, on ôte les premieres feüilles ; on les applique sur le mal, quelquefois ils résoudent, quelquefois ils font venir à suppuration.

Les Loupes. Remedes. Voicy un emplâtre merveilleux pour les Loupes ; on prend pour cela deux onces de gomme ammoniac, on la fait dissoudre dans une suffisante quantité de vinaigre ; on y ajoûte une once & demy d'antimoine reduit en poudre tres-subtile, puis on fait un emplâtre du tout : cet emplâtre n'agit pas d'abord, il fait quelquefois élever des pustules, & tire quelques eaux ; ensuite on voit tout d'un coup la Loupe disparoître.

Les Tumeurs. Remédes. Pour faire venir une Tumeur en maturité, on se sert de maturatifs & d'émolliens, tels sont l'ail, l'oignon blanc & l'oignon de lis cuits sous la cendre, le levain avec le vieux oing de porc, l'huile de lis, l'onguent *martianum*, *diaschilum*, & autres. Quand la Tumeur est d'une matiere à venir aisément à suppuration, le lait où on a fait boüillir du savon de Venise est d'un grand secours, étant appliqué avec des linges, il amoindrit la douleur, dissipe les aigreurs, & fait percer l'abcés. On peut mêler dans les cataplâmes la guimauve, la mauve, la mercuriale, la branche ursine, la semence de fenugrec, & beaucoup d'huile.

La Brûlure. Remédes. Incontinent que la brûlure est faite, on doit tâcher d'embarasser les corpuscules

corpuſcules de feu, & empêcher leur action; c'eſt pourquoy on ſe ſert d'huiles, de farine, de graiſſes, d'oignons pilez & d'amidon.

S'il y a long-temps qu'on s'eſt brûlé, il faut appliquer chaudement les remedes dont on vient de parler, & y mêler l'eſprit de vin, & d'autres ſoufres volatils. Le vin eſt un remede pour les brûlures faites par des huiles boüillantes. On ſe ſert avec ſuccés de farine d'orge battuë avec un œuf, & un peu de ſel, cela empêche les bouteilles & les élevûres.

Onguent.

Prenez une demy once de cire neuve, faites-la fondre, & ajoûtez-y trois onces d'huile d'olive, & demy once de ſeconde écorce de ſureau; faites un onguent du tout, & vous en ſervez.

Autre.

Ayez des Naveaux ronds, pilez-les, ajoûtez-y de l'huile d'olive, du beurre ſalé & de la cire jaune, de chacun parties égales, & en faites un onguent. Il eſt admirable pour toutes les brûlures, particulierement pour ceux qui ſont bleſſez avec la poudre à canon.

La Gangrene. Remèdes.

La Gangrene vient d'une coagulation du ſang dans les vaiſſeaux de quelque partie; ce ſang ſe pourriſſant, fait pourrir les chairs. On doit remédier interieurement à la Gangrene par des remédes qui ſubtiliſant le ſang, luy donnent du mouvement, & le font pénétrer dans les parties extérieures, tels ſont la Thériaque, le *Diaſcordium*, l'Eſprit de vin camfré, & autres ſudorifiques.

Eau.

On prend des pierres à cautere faites avec de la leſſive de cendres de ſarment ou de coques d'œufs, on les fait diſſoudre dans de l'eau de vie, on méle cette diſſolution avec quantité d'eſprit de vin camphré, puis on en frotte les parties gangrenées.

Les Dartres. Remedes.

Il y a de deux ſortes de Dartres, les unes ſont vives & les autres farineuſes. Les premieres tiennent un peu dans l'épaiſſeur de la peau; ce ſont des obſtructions qui ſe ſont faites dans les rameaux capillaires, & pour les guérir, on doit ſe ſervir d'alkalis fixes, ou de ſoufres exaltez ſans ſels volatils; c'eſt pourquoy on recommande le ſucre & le magiſtere de Saturne, le ſel de tartre, l'huile de cade, le précipité blanc & rouge, la teinture d'antimoine, l'huile de papier & le lard extrémément vieux: voilà les remedes extérieurs, on peut purger intérieurement.

Les Dartres farineuſes viennent de quelques acides qui ſe ſont nichez dans le corps réticulaire, & qui diviſent la tiſſure de la ſurpeau, & la font tomber en farine. Tous les remedes des alkalis fixes ou volatils ſont excellens; ainſi on peut ſe ſervir de précipité blanc, de mercure doux, de ſucre de Saturne, du blanc raſis, de la tuthie préparée & autres.

Onguent pour les dartres vives.

Prenez un demy gros de ſtaphiſaigre, trois gros de mercure crud, de l'euphorbe, de l'ellébore blanc & noir, & du verdet ou verd de gris, de chacun demy once, de la pyrétre, du vitriol, du ſel & du ſoufre, de chacun deux gros, deux onces de thérebentine, une demy livre de ſain-doux; on fait un onguent de tout cela dont on ſe ſert.

La Galle. Remedes.

La Galle & Gratelle ne viennent que des ſels âcres & acides qui s'attachant à la peau y fixent le ſang & les humeurs qui y circulent, & y produiſent des puſtules. Pour y remédier on prend intérieurement des purgatifs comme ceux qui ſont préparez avec l'aloës, la confection hamec, le mercure doux, & toutes les préparations de mercure qu'on prend interieurement.

Extérieurement on se sert d'alkalis, la Patience & l'Aunée sont des simples merveilleux pour cela, ils emportent les Galles légéres, l'eau de forge & l'urine les guérissent souvent; on reconnoît que le tabac, le soufre & le mercure y sont plus efficaces que les autres; il faut les méler de beurre frais, afin que par leurs huiles ils embarassent les acides qui causent cette maladie.

Pomade. Prenez une once d'onguent rosat, un gros de précipité blanc, mélez-les ensemble & en frottez la galle; cette pomade n'a point de mauvaise odeur.

La Tigne. Remedes. Cette infirmité vient d'acides qui ont coagulé des matieres tartareuses dans la peau de la tête; on ne peut la guérir que par des alkalis puissans, comme l'urine, l'huile de tartre, mais souvent ces remedes sont inutils, parce qu'ils ne pénétrent point.

On a recours aux Cantarides avec le levain; on fait des emplâtres avec les gommes ammoniac, *galbanum*, *sagapenum*, *opoponax*, on se sert aussi d'emplâtres avec le mercure, ou de poix de Bourgogne ou de poix noire.

Onguent. Prenez deux onces de gomme ammoniac, une once & demy de vinaigre, autant de cire neuve, sept onces d'huile d'olive, du verd-de gris & du sel commun, de chacun deux gros & demy; faites fondre la gomme dans le vinaigre, & la cire dans l'huile chaude, mélez le tout, & ensuite incorporez-y la poudre de sel & de verd de gris, remuez-bien le tout jusqu'en consistance d'onguent.

Les Ecroüelles Remedes. On appelle Ecroüelles certaines tumeurs causées par des acides qui ont coagulé une lymphe dans quelques glandes de nôtre corps. Quand les Ecroüelles ne sont point ulcerées, on doit extremément purger & fondre les humeurs à proportion qu'on les purge: on réüssit parfaitement, si l'on se sert de mercure, soit dans les Pillules, soit avant les purgatifs, on donne le mercure crud, ou les pillules entrent.

Extérieurement on applique sur les tumeurs les emplâtres de mercure, on frotte avec de l'esprit de vin la tumeur, & l'on y applique l'emplâtre de savon. Quand les Ecroüelles sont ulcerées, on se sert de la grande scrophulaire en ptisanne, & pour emplâtre,

Emplâtre. Prenez une once de céruse, ajoûtez-y du mercure doux & du camfre pulverisé; de chacun un gros mélez le tout, & en faites une emplâtre que vous appliquerez.

Les Taches de la peau. Remedes. Pour ôter les taches de la peau, on se sert de remedes qui abondent en soufres volatils & en flegmes, sans y avoir beaucoup de sel, afin de ne pas irriter les humeurs qui sont dans la peau. On se sert avec succés d'eau de la Reine de Hongrie, d'eau de Fraise, d'eau de Limaçon, de Lait virginal.

Si les pores de la surpeau sont fort ouverts, & que les liqueurs qui sont dessous soient grossieres, on se sert de savon, d'huile de Noisette, ou d'huile de gland de Chêne.

Les Corps des pieds. Remedes. Quand on veut corroder la racine d'un corps, le plus sûr est de le couper, & de le séparer d'avec la chair vive, ou bien on se sert avec discrétion de sublimé corrosif & d'arsenic, qu'on applique comme on fait les pierres à cautére, mais comme ces caustiques sont d'ordinaire un peu trop violens, on réüssit mieux si on y employe la poudre de Savinier, incorporée dans un peu de diapalme. On peut encore ramollir les cors avec la gomme ammoniac, ou le *diabotanum*.

Les Poireaux ou Verruës. Remedes.

Les Poireaux, autrement dits Verruës, ne sont produits que par quelques humeurs fixées par quelques acides dans la membranne réticulaire de la peau. Pour y remédier on se sert de joubarbe, de l'herbe aux Verruës, de souci, de pourpier & de vieux lard. Si l'on veut des remedes qui grattent davantage, on employe l'esprit de nître, de pierre de vitriol, le sel avec l'ail ou l'oignon pilé, & la crotte de Chévre avec le vinaigre.

La Vermine. Remedes.

La Vermine arrive souvent aux enfans, & pour les en déranger, il n'y a rien de meilleur que les médicamens qui abondent en sels âcres, comme la coque de levant; la staphisaigre, la lessive faite avec les cendres de racines de Fougére, mais sur tout le mercure y est tres-spécifique.

Les Mules & les Angelûres. Remedes.

Les Mules & les Angelûres sont des indispositions de la peau, causées par des acides de l'air qui se sont filtrez & qui en ont écarté les fibres avec violence; on se sert pour les & guérir de remédes huileux, ou d'alkalis, comme de surpoint qu'on trouve chez les Corroyeurs, ou bien.

On prend de la graisse de poule & du lard qu'on fait fondre, en les approchant d'un fer rouge, & qu'on laisse tomber dans l'eau froide, afin qu'il se chargent d'un nître qui les rarefie, & les fait pénétrer. On y applique encore une vessie de porc grasse.

Quand aux alkalis, on se sert d'urine chaude dont on lave les parties angelées; le gros vin rouge où l'on a fait boüillir de la sauge l'espace de demy heure, y est encore tres-bon. Si les Angelûres sont ulcerées, il faut les frotter de blanc rasis ou de pompholis, qui se trouvent chez les Apotiquaires; on peut mêler à ces remedes un peu d'eau de vie pour empécher la gangrene.

Surdité d'oreille. Remedes.

La Surdité provient aux hommes par plusieurs causes différentes, celle qui vient par obstruction du conduit externe, se guérit en le débouchant. Si ce sont des corps étrangers, on les tire ou avec le tire fond, ou avec la curette, ou en faisant une incision au derriere de l'oreille. Quand c'est de la cire endurcie, on la doit faire sortir en nettoyant l'oreille avec une curette. Si elle est trop dure & trop attachée à la membranne interne, on l'amollit avec de l'eau tiede mêlée d'un peu d'esprit de vin, ou bien on y ajoûte l'huile d'amandes amére, de fiel des animaux, ou d'huile de Lin.

Quelquefois les glandes du conduit sont extremément tuméfiées; s'il y a inflammation, la saignée est le plus grand reméde, on la doit souvent réïterer. Si c'est au commencement qu'on voye que l'humeur soit épaisse, on doit se servir de résolutifs & de maturatifs, comme de cataplâmes avec l'oignon de lis, où l'on méle quelques gouttes d'esprit de vin & de fiel de bœuf.

Si l'humeur au contraire est subtile, & que la douleur soit violente, on fait d'abord des injections avec l'eau d'orge mélée d'un peu de miel, le lait y est tres-bon.

Les Bourdonnemens d'oreille. Remedes.

Pour les bourdonnemens d'oreille en se sert d'esprit de vin, d'essence de romarin, d'eau de la Reine de Hongrie, & de teinture de myrrhe.

Contre la surdité.

Prenez jus d'oignon une once, eau de vie autant, faites chauffer cette mixtion, & en mettez quelques gouttes dans l'oreille.

Autre.

Si la cire est épaissie, prenez la moitié d'une pomme de colloquinte, faites-la boüillir dans du vin blanc & de l'huile d'amandes améres jusqu'à ce que tout le vin soit consommé, ajoûtez quelque goutte de teinture de castor & de fiel de bœuf, & en mettez quelques gouttes dans l'oreille.

Contre les bruits d'oreille.

Prenez une once de coloquinte, du cumin & de la coriandre, de chacun deux onces, faites boüillir le tout en huile de rhuë, passez-la, ajoûtez-y une once d'eau de la Reine de Hongrie, & vous en servez.

Contre les douleurs d'oreille.

On prend une once d'huile d'amandes améres, deux gros de *laudanum* liquide, puis on en verse quelques gouttes dans l'oreille.

Les douleurs de dents. Remedes.

Si la dent est creuse, on peut mettre un petit coton trempé dans de l'huile de buis ou de gayac, qui empéchant leur froid, & les humeurs âcres d'agir, calment la douleur. On se sert encore pour cela de cloud de gérofle ou de son huile. Si le nerf est découvert, on y applique une goutte d'eau forte ou d'esprit de nître.

Si la douleur provient de quelque fluxion, on la détournera par un emplâtre de vessicatoires derriere l'oreille, ou en fumant du tabac.

Quand toutes les dents font mal, on prend une cuillerée de décoction de menthe, on y ajoûte quinze goutes d'esprit de vin camphré, on la tient chaudement dans la bouche, & la douleur se passe.

Les Chancres de la bouche. Remedes

Pour les chancres qui croissent à la bouche, on se sert de la pierre de vitriol, de l'aigre de soufre, de l'esprit de vitriol, & de l'esprit de nître. Quand on ne veut pas qu'ils agissent si puissamment, on méle l'aigre de soufre avec l'esprit de vitriol au miel de Narbonne, ou miel ordinaire, & on en frotte souvent les ulcéres avec un petit bâton, au bout duquel on a attaché un peu de coton. Quand on a fait une escare, on est deux ou trois jours sans toucher au mal, autrement on augmenteroit l'escare & l'ulcére.

On fait des gargarismes avec des vulnéraires, comme avec les feüilles de plantin, les sommitez de ronces, feüilles de roses, aigremoine, &c. où l'on méle le miel, le cristal minéral; l'alun ou le syrop de mûres, ou bien.

Prenez quinze gouttes d'esprit de soufre, avec demi cuillerée de miel, & en frottez le chancre. Pour le gargarisme, il se fait en cette maniere.

Gargarisme.

On prend une poignée d'aigremoine, autant de sommitez de ronces, trois pincées de feüilles de roses rouges, on fait boüillir le tout en une chopine d'eau commune, on y ajoûte un gros de cristal minéral, une once de syrop de mûres, & demi once de miel rosât, on coule le tout, & on s'en gargarise la bouche.

La Luette relâchée. Remédes.

La rélaxation de la luette se guérit avec des remedes astringeans, chauds & dessechans, capables de resserrer les fibres de la luette. On se sert pour cela de poivre en poudre, ou bien de moutarde, de roses & de noix de Cyprés.

Il ne nous reste plus à present dans cet Ouvrage que de parler des plaisirs dont on joüit à la campagne, pour récompense de tous les travaux qu'on s'y est donné jusques icy. Le corps veut le repos, & lorsqu'avec cela il se nourrit agréablement & avec prudence, il n'en vaut que mieux pour l'esprit; il ne sçauroit être toûjours tendu, il a besoin de relâche; & c'est principalement dans les plaisirs innocens de la campagne où il trouve suffisamment de quoy se délasser; ces plaisirs sont différens, comme nous l'allons faire voir dans le cinquiéme & dernier Livre de nôtre Nouveau Théatre d'Agriculture,

Fin du quatriéme Livre.

LE NOUVEAU THEATRE D'AGRICULTURE.

LIVRE CINQUIE'ME.

LES DELICES DE LA CAMPAGNE.

CHAPITRE I.

LA CUISINE.

Le Cuisinier Parfait, avec une Instruction de ce qu'il doit sçavoir pour bien servir une Table selon la quantité de Couverts qu'il y a.

ON suppose icy un Cuisinier qui tient lieu de Maître d'Hôtel, & qui ordonne dans la maison tous les Repas qui doivent s'y faire. Ce Cuisinier, pour être parfait, doit principalement avoir la propreté en recommandation ; & pour cela, il faut que le matin, sitôt qu'il entre en sa Cuisine, qu'il voye si tout y est en bon ordre, & si ses Tables & son Garde-manger sont bien propres & bien nettoyez. Il doit se connoître parfaitement bien en viandes, & les sçavoir déguiser de plusieurs manieres, mais sur tout au goût de son Maître. Il est encore de son ressort de sçavoir faire la Patisserie froide & chaude, comme aussi toutes sortes de Ragoûts &

Ce que c'est qu'un Cuisinier parfait.

Entremets chauds & froids, & de prendre garde à ne point faire de dégâts des choses dont il est le dépositaire.

Il est bon aussi qu'il sçache distribuer la desserte pour toutes les tables des domestiques de la maison, & qu'il ait soin de bien ménager les viandes qui restent du midy pour le soir, & du soir pour le lendemain matin, afin de faire le profit de la maison, en les employant souvent à en composer de petites Entrées. Il doit user prudemment du bois & du charbon, bien employer le lard, bien apprêter toutes sortes de poisson, œufs & légumes, & avoir soin de tenir toujours ses repas prêts aux heures qui luy sont prescrites. Il est tres-à propos aussi qu'il sçache ce que c'est que de servir une table à proportion des couverts qu'il y a : en voicy quelques modeles qui pourront luy en donner des idées suffisantes pour s'y rendre habile dans la pratique.

Service pour une Table de six couverts. Le Dîner.

Par exemple, si c'est chez une personne qui fasse figure, & pour une table de six couverts, il donnera pour premier service à dîner un grand potage & deux Entrées, pour le second un bon plat de Rôt, deux Salades, ou deux petits plats de Ragoûts ou d'Entremets, & quelquefois les quatre ensemble, selon que le Maître veut que cela soit ordonné, & pour le troisiéme service un plat de fruits & deux Compotes.

Le Souper.

Pour le souper, le premier service sera composé d'un plat de Rôt, de deux Entrées & de deux Salades, puis on sert à la place, si l'on veut, deux petits plats ou assiettes d'Entremets. A l'égard du fruit, on suit la même chose qu'à dîner.

Service pour une Table de douze couverts. Le dîner.

On servira d'abord un grand potage, quatre Entrées & deux assiettes flanquées selon que les saisons le permettront. Le second service consistera en un grand plat de Rôt, deux petits plats de Rôt, deux petits plats d'Entremets & deux Salades. Pour le troisiéme service, on donnera une grande corbeille de fruits & quatre petites corbeilles de confitures séches, & deux Compotes.

Le souper.

Le souper sera servi d'un grand plat de Rôt, accompagné de deux autres aussi de Rôt, deux petits plats d'Entremets & deux Salades. On peut y mêler parmy quelques ragoûts d'Entrée; à l'égard du fruit, ce sera de même qu'à dîner.

Tables servies plus magnifiquement. Le dîner.

Si l'on veut que ces Repas soient servis plus magnifiquement, parce qu'il y auroit plus de couverts. On peut servir à dîner plusieurs potages flanquez d'Entrées, & dehors d'œuvres. Pour le second service, il sera dans le milieu d'une grosse piece de Rôt accompagnée de deux plats de moyen Rôt, & flanquée de deux autres petits de petit Rôt. Dans les quatre autres flancs seront quatre Salades ou petits plats d'Entremets.

Si l'on veut que l'Entremets soit entier, le grand plat sera d'un pâté froid, ou d'un jambon, ou un plat en assiete d'Entremets froid, un plat moyen de gelée & du blanc manger dans un autre, les flancs seront garnis d'artichaux frits, tourtes ou crême, de petits plats d'Entremets chauds, & de quatre petits Ragoûts de moüelles, moüellons, truffes ou cardons, ou autres suivant la saison.

Quant au fruit, il y aura une grande Corbeille de fruits cruds, & deux moyennes servies au sec, c'est à dire de confitures séches, accompagnées de quatre porcelaines garnies de confitures liquides, & de quatre aſſietes hors d'œuvres qui ſeront de fraiſes, de framboiſes, de groſeilles rouges grenées, ou bien de fromages, de ramequins, de gaufres, de petit métier, ou de petites tourtes de fruits ou de crême, le tout ſuivant les ſaiſons.

Si c'eſt à ſouper, on donnera pour premier ſervice un grand plat de gros Rôt, ou une groſſe Entrée, accompagnée de deux plats de moyen Rôt, & de deux autres de petit Rôt dans les flancs, dans les quatre autres flancs, on ſervira quatre Entrées, & dans les quatre hors d'œuvres, quatre petites Salades. Le ſouper.

Au ſecond ſervice, on relevera les quatre Entrées, & l'on ſervira à la place quatre petits plats d'Entremets. Si l'on veut que l'Entremets ſoit entier, on ſe réglera ſur le précédent. A l'égard du deſſert, ce ſera comme à dîner, ou bien on le variera comme on le jugera à propos. En voilà aſſez pour regler d'autres Repas, ſelon qu'on ſouhaitte qu'ils ſoient ſervis plus ou moins magnifiquement.

Aprés avoir parlé d'Entremets, hors d'œuvres & Rôt, il eſt bon d'apprendre ce que c'eſt à ceux qui ne ſçavent pas ce que cela ſignifie en terme de Cuiſine. Une *Entrée* eſt un mets qui ſe ſert immédiatement aprés le potage, & avant tout autre mets. Voicy une Table d'Entrée ſervie à deux grandes Entrées dans le milieu, accompagnées de ſept petites, & ces plats ſont remplis de ce qui ſuit, c'eſt un ſouper. Entrée, ce que c'eſt.

Planche d'Entrée.

1. Grande Entrée d'une longe de veau en ragoût.
2. Autre grande Entrée de deux perdrix à la braiſe.
3. Une Compote de pigeons.
4. Une Poularde & laſt garaz.
5. Une Tourte de Pigeonneaux.
6. Lapreaux en Caſſerole.
7. Deux tranches de Bœuf roulées & farcies.
8. Deux Oiſeaux de Riviere farcis aux huitres.
9. Deux poulets gras aux truffes.

Le *Rôt* eſt le ſecond ſervice, c'eſt là que ſe ſervent les groſſes viandes rôties à la broche, c'eſt ce qui s'appelle, *gros Rôt*, le moyen *Rôt* ſont les volailles, & le *petit Rôt* les oiſeaux comme Grives, Becqueſigues, Bécaſſes, Bécaſſines & autres. Le Rôt, ce que c'eſt.

Planche de Rots.

A l'égard du Rôt il peut ſe ſervir en cette ſorte.

1. Un Aloyau pour grand plat flanqué de Grives.
2. Un gros Dinde.
3. Des Cailleteaux ou autres oiſeaux ſelon la ſaiſon.
4. Deux Levrauts.
5. Des Mauviettes.
6. Des Pigeonneaux de voliere.
7. Deux Faiſans.
8. Deux Lapins.
9. Deux Poulardes.
10. Deux Bécaſſes.
11. Une Salade de petites laituës.
12. Une Salade de célery.

L'entremets, ce que c'est. Les hors d'œuvres, ce que c'est.

L'*Entrémets* est ce qu'on sert entre le Rôt & le fruit ; il est composé de mets dont on parlera dans la suite. Il y a encore les *Hors d'œuvres*, qui sont les plats qui se servent aux trois premiers services, comme non nécessaires pour l'ordonnance & l'œconomie du Repas ; mais pour en augmenter le nombre, pouvant fort bien s'en passer, sans que pour cela ce Repas manquât dans les régles.

Planche d'Entremets.

La Table que voicy est un Entremets d'un grand plat dans le milieu, & de dix petits, sans compter quatre hors d'œuvres.

1. Un grand Pâté au jambon.
2. Tourte de Pâte croquante.
3. De Ris de veau à la Dauphine.
4. Une Tourte de blanc de Chapon.
5. Une Omelette au Jambon.
6. Champignons en Casserole.
7. Bignets de Pommes.
8. Foïes gras à la crêpine.
9. Oreille de Porc frite en pâte.

Hors d'œuvres.

Un Pain au Jambon.
Un de Crême brûlée.
Un de Poulets marinez.
Un de Filets de Poulardes au blanc.

On parlera du Fruit & de l'Ambigu à la fin du Traité de la Cuisine, & on en donnera des Planches.

CHAPITRE II.

On y apprend tout ce qui se peut servir dans toutes les saisons de l'année pour Entrée, Rôt, Entremets & hors d'Oeuvres tant en gras qu'en maigre.

OUtre toutes les connoissances qu'on vient d'établir, & qui regardent un Cuisinier, il faut encore qu'il sçache tous les mets qui se peuvent servir pendant toute l'année, afin de bien garnir une Table : voicy ce qu'il est bon de sçavoir sur cet article. Nous commencerons par le mois de Janvier ; ce mois nous fournit beaucoup de quoy enrichir des Repas, on peut en juger par ce qu'on va dire.

Table de tout ce qui se sert pendant le mois de Janvier.

ON sert en ce mois des Potages de différentes sortes. Nous ne parlerons icy que de ce qui concerne le gras, le maigre viendra aprés. Les Potages d'Alloüettes, de Perdrix, d'Oyes grasses aux Navets, & plusieurs autres, dont la base se prendra dans les viandes dont on va faire un détail.

Les

Les Agneaux.	Les Beccaſſines.	Les Poulets Dindes.
Les Poulets de grain.	Les Butors.	Les Poulardes.
Les Pluviers.	Les Bizets.	Les Ramiers.
Les Pigeons de voliere.	Les Cailles.	Les Sarcelles.
Les Perdrix.	Les Canards.	Les Tiers.
Les Allouettes.	Les Chapons gras.	Les Vaneaux.
Les Beccaſſes.	Les Chapons pailliers.	Les Cochons de lait.
Les Gelinotes de bois.	Les Lapins.	Le Veau.
Les Faiſans.	Les Levrauts.	Le Bœuf.
Les Oyes graſſes.	Les Mauviettes.	Le Mouton.

Ces viandes ſe ſervent auſſi dans les mois de Février & de Mars : voicy celles qui ſont de ſaiſon au mois d'Avril. Les Potages ont toûjours leur place ſur les Tables, on les aprête comme on veut, & avec les viandes qui ſont le plus du temps.

Les Agneaux.	Les Chevreaux.	Les Cochons de lait.
Les Dindons de l'année.	Les Faiſans.	Les Lapreaux.
Les Levrauts de Janvier.	Les Oiſons.	Les Marcaſſins.
Les Perdrix.	Les Pigeonneaux.	Les Poulets.
Les Ramereaux.		

Toutes ces viandes ſe ſervent auſſi dans les mois de May & de Juin. Pour ce qui concerne le mois de Juillet, on trouve pour garnir les Tables.

Les Becquefigues.	Les Cailleteaux.	Les Chaponeaux ou Poulets gras.
Le Cochon de lait.	Les Faiſans.	Les Levreaux.
Les Faiſandeaux.	Les Grives.	Les Perdreaux.
Les Marcaſſins.	Les Mauviettes.	Le Bœuf.
Les Pigeonneaux de voliere.	Les Poulardes de l'année.	Les Oiſons.
Le Veau.	Le Mouton.	Les Dindonneaux.
Les Ramereaux.		

Ces mêmes viandes ſont encore de ſaiſon dans les mois d'Août & de Septembre, ainſi que beaucoup de celles dont on a parlé dans les mois précédens. Il ne nous reſte plus que les trois derniers mois de l'année, qui ſont Octobre, Novembre & Décembre, pendant leſquels on mange les viandes que nous avons dit qui ſe ſervoient dans le mois de Janvier, voyez-y. Pour ce qui eſt des Repas en maigre, la nature ne nous a pas été moins favorable qu'en gras pour rendre nos Tables délicieuſes.

Table des Viandes qui ſe ſervent en maigre.

Les Aloſes.	La Barbuë.	Les Eperlans.
Les Congres.	Les Carlets.	Les Grenoüilles.

Ffff

Les Huitres.
Les Langouſtes.
Les Maquereaux frais & autres ſelon la ſaiſon.
Les Anguilles.
Les Dorades.
La Brême.
La Carpe.
Les Anchois.
Les Goujons.
Les Lamproies.
Les Limandes.
Les Merlans.
La Moruë fraîche & autre.
Les Ecreviſſes.
L'Aumar.
Le Brochet.
Les Perches.
Les Flais.
Les Harangs frais & autres ſelon la ſaiſon.
Les Maquereuſes.
La Merluche.
Les Moules.
Les Vives.
La Raïe.
Le Saumon.
Les Tortuës.
Les Soles.
Les Rougets.
Les Tanches.
Le Turbot.
Les Plies.
Les Sardines.
Le Thon mariné.

Il y a outre ces animaux aquatiques, les productions de la terre qui ſont encore d'un tres-grand ſecours dans les Repas, tels ſont.

Les Champignons.
Les Salſifix d'Eſpagne.
Les Cardes d'Artichaux.
Les Artichaux.
Les Haricots verds & autres.
Les Betteraves.
Les Morilles.
Les Salſifix communs.
Les Cardons d'Eſpagne.
Les Pois verds & autres.
Les Lentilles.
Les Choux fleurs.
Les Navets pour les Potages & les Ragoûts.
Les Truffes.
Les Epinars.
Les Aſperges.
Les Féves.
La Chicorée blanche.
Les Concombres.

Les Jardins, outre ces productions, nous donnent encore des plantes tant pour Salades, fournitures de Salades, que pour aſſaiſonnemens de viandes, nous avons.

Herbes Potageres.

La Poirée.
Les Choux pommez & autres.
L'Ozeille.
La Bonne-dame.
Les Brocolis pour la purée dans le Carême.
Les Epinars pour les farces, ainſi que l'Ozeille.
Les Poireaux.

Salades.

Les Laituës pommées de pluſieurs ſortes.
Le Pourpier.
La Chicorée blanche.
La Chicorée ſauvage blanchie.
Le Célery.
Le Creſſon alenois.
La Mâche.
La petite Laituë.
La Laituë Romaine.

Fournitures de Salades.

Le Cerfeüil.
L'Eſtragon.
La Pimprenelle.
La Corne de Cerf.
Le Baûme quand il eſt tendre.
La Ciboulette.
La Percepierre.
La Tripemadame.

La plûpart de toutes ces herbes s'employent également en Salades comme à la Cuiſine; nous avons encore les plantes qui ſervent à aſſaiſonner les Ragoûts, telles ſont le *Perſil*, la *Ciboule*, le *Thim*, la *Rocambole* & l'Ail pour ceux qui l'aiment.

Il ne suffit pas de sçavoir quelles viandes se servent en telle ou telle saison, il faut encore être instruit de celles dont sont composez les Entrées, le Rôt, les Entremets & les Hors d'œuvres selon les viandes des saisons.

Entrées en gras.

Pâté de Perdrix chaud.
Poularde aux Truffes.
Un Pâté chaud de Lapreaux.
Des Ris de Veau en ragoût.
Une Marinade de Poulets frits.
Agneau en ragoût.
Queuë de Mouton à la Suisse.
Allouettes en ragoût.
Andouilles de Porc.
Saucisses.
Boudin blanc.
Boudin noir.
Cochon de lait au blanc.
Eclanche de Mouton en ragoût.
Grillade de Poulet Dinde froid.
Hachis de blanc de Perdrix.
Quartier de Mouton farcy.
Poularde en ragoût.
Pigeons au basilic avec une farce.
Un Mitoron.
Un Poupeton farcy de Pigeonneaux.
Tourtes de Lapreaux ou de béatilles.
Pâtez chauds de toutes sortes.
Une piece de Bœuf avec un hachis par dessus.

Rôt.

Allouettes.
Beccasses.
Faisans.
Lapins.
Cailles.
Beccassines.
Bizets.
Canards.
Poulets de grain.
Pluviers.
Pigeons de voliere.
Chapons gras.
Chapons pailliers.
Gelinotes de bois.
Levreaux.
Oyes grasses.
Mauviettes.
Perdrix.
Poulets d'Inde.
Poularde.
Vanneaux.
Ramiers.
Sarcelles.

Hors d'œuvres.

Pigeons au basilic.
Poulets au Jambon.
Fricassée de Poulets à la crême.
Lapreaux rôtis coupez par moitié avec une ramolade par dessus.
Deux Hatelettes grillées.
Des pieds de Cochon à la sainte Menehoult.
De la Crême brûlée.
Des Morilles farcies.

Entremets.

Asperges en Salades.
Asperges à la crême, au jus de Mouton, ou au beurre blanc.
Truffes à la braise, au jus de Mouton & au court boüillon.
Tourtes de plusieurs sortes de confitures.
Pâté froid de quoi que ce soit.
Pâté de Jambon.
Artichaux apprêtez de quelque maniere que ce soit.
Bignets de plusieurs sortes.
Cardes d'Artichaux au blanc ou au jus de Mouton.
Champignons déguisez de toute maniere.
Choux fleurs.
Concombres.
Crêmes de plusieurs sortes.
Féves à la crême & au lard.
Hure de Sanglier.
Gelées de plusieurs sortes.
Foyes gras apprêtez de plusieurs manieres.
Jambon par tranches.
Langue de Bœuf farcie & parfumée.
Langue de Porc.
Oeufs de plusieurs manieres.
Mousserons & Morilles farcies ou frites.

Il y a encore une infinité d'autres mets de cette maniere, qui peuvent servir d'Entrée, d'Entremets & de Hors d'œuvres, on ne les a point placez icy, crainte d'ennuyer le Lecteur, qui pour en sçavoir davantage, aura recours à la Table des Matieres, où il en trouvera le détail. Parlons maintenant de ce qu'on sert en maigre pendant toute l'année.

Entrées en maigre.

Les Ecrevisses en ragoût.
LesCervelas de poisson.
Les Carpes en ragoût ou à la daube.
Brêmes en ragoût & roties.
Daubes de chair d'Anguilles.
Flais en casserole & frits.
Aloze.
Anguilles grillées à la sauce robert.
Barbuës en ragoût.
Brochet farci en fricassée, frit ou en pâte.
Harangs frais & autres.
Anguilles rôties.
Auguilles à la sauce blanche.
Barbottes en ragoût.
Carlets en ragoût.
Eperlans aux Anchois & en casserolle.
Huîtres sur le gril.
Langoustes en ragoût.
Lamproyes.
Maquereaux.
Moruë fraîche & autre.
Petits Pâtez au blanc.
Sardines.
Saumon en ragoût.
Solles grillées aux Anchois & autres ragoûts.
Limandes.
Merlans en casserole.
Moules à la sauce blanche.
Perches en ragoût.
Raïe frite.
Saucisses de poisson.
Tanches en ragoût.
Thon mariné sur le gril.
Tortuës en ragoût.
Macreuse au pot pourri.
Merluche.
Pâtez chauds de poisson.
Plies en ragoût.
Rougets en casserole.
Farcis ou en pâté.
Truites en ragoût.
Turbot en ragoût ou à l'huile.
Vives en ragoût.

On ajoûte, si l'on veut, à ces Entrées des épinars, des choux farcis, des pois & autres herbages & légumes selon les saisons. Pour le second service qui tient lieu de Rôt, on sert tous les poissons dont on vient de parler au court boüillon, ou sur le gril ou à la broche, les Pâtez de poisson ou des Tourtes, & l'on y mêle des pieces d'Entremets pour le gras, comme Champignons, Morilles & le reste. Il n'est plus question à present que de venir au travail & à la pratique.

CHAPITRE III.

Pratique de Cuisine, & premierement de la Viande de Boucherie, avec la maniere de la connoître piece par piece, & de l'apprêter du meilleur goût

Comme nous avons crû que connoître chaque piece de viande qui se vend à la boucherie, n'étoit pas une connoissance inutile à bien des gens qui se mêlent d'en acheter, & que même elle leur étoit tres nécessaire, nous sommes tombez dans ce détail le plus exactement qu'il nous a été possible ; & comme le Veau s'est d'abord offert à nôtre idée, c'est aussi celui dont nous parlerons le premier.

Le Veau a pour parties qui entrent en Cuisine la *Tête*, les *Pieds*, le *Cœur*, la *Ratte*, le *Poumon*, le *Foye*, la *Fraise*, les *Rognons*, les *Reins* & la *Langue*. Toutes ces parties se levent du dedans ; quand il est ouvert, & lorsqu'on le dissecte, on en tire les *Quartiers de dedans*, l'*Epaule*, le *Bout saigneux*, la *Poitrine*, le *Collet*, autrement dit le *Quarré*. Dans le quartier de derriere on leve la *Longe*, la *Roüelle*, & le *Jarret*. Toutes ces pieces se déguisent diversement, voyons comment cela se fait. Détail des parties du Veau.

La *Tête* de Veau se cuit au pot avec sel, poivre, thim, persil, ciboules & clous de gérofle, étant cuite, on la sert avec une vinaigrette, garnie tout au tour de persil verd haché, la *Fraise* se mange de même, ainsi que les *Pieds*. Le tête de Veau. La fraise & les pieds.

On peut mettre, si l'on veut, les pieds en ragoût, aprés les avoir fait cuire à l'eau, on les passe pour cela au beurre blanc en casserole avec un peu de boüillon, sel, poivre, & paquets de fines herbes, en suite on leur laisse prendre quelques boüillons, étant cuits, on lie la sauce avec un jaune d'œuf délayé avec du verjus, puis on les sert chaudement.

On fricasse le *Cœur*, la *Ratte* & le *Poulmon* ; & on les passe au roux, puis on y met environ un verre de vin, sel, poivre & fines herbes, ou de l'oignon frit. Le cœur, la ratte & le poulmon.

On pique le *Foye* avec de bons lardons, assaisonnez de sel & de poivre, on le met dans une casserole ou terrine, on le poudre de sel & de poivre, on l'étoupe bien, puis on le laisse suer à petit feu, afin qu'il rende plus de jus, on l'y laisse boüillir doucement & long-temps ; il est bon de frotter la terrine d'un peu de rocambole pour y donner une petite pointe, étant cuit, on le tire, on le couppe par tranche, & on le sert chaudement, le Foye de Veau cuit ainsi & mangé froid, est encore excellent. Foye de Veau en ragoût.

Il y en a avant que de faire cuire ainsi le Foye de Veau qui le mettent mariner dans du verjus, sel & poivre pendant trois heures, tout lardé qu'il est sur la fin de la cuisson il est bon d'y ajoûter un verre de vin.

D'autres le font rôtir à la broche, & le servent avec une ramolade faite du dégoût qui en est tombé, sel, poivre, vinaigre & une pointe d'échalotte, ou d'ail pour ceux qui l'aiment, ou de rocambole. Foye de Veau rôti.

L'*Epaule de Veau*, se mange rôtie, on l'arrose avec du beurre ou lard fondu pour la rendre plus délicate, on peut encore la panner, elle n'en est que meilleure, ou bien on la pique du même lard. Epaule de Veau.

Vous passez la *Poitrine* au roux dans la casserole avec du lard ou bon beurre, vous ôtez aprés vôtre lard, vous y mettez du boüillon, sel, poivre, clous de gérofle, & paquets de fines herbes avec champignons & culs d'artichaux ; étant cuite, on lie la sauce avec un peu du roux & farine qu'on fait frire dedans, puis on la sert. Poitrine de Veau en ragoût.

Pour rendre la Poitrine de Veau plus délicate, on la farcit entre la peau & les côtes, d'un hachis fait avec roüelles de Veau, moüelle de bœuf, lard, fines herbes, champignons, sel & poivre, puis on la laisse cuire, comme on a dit.

Quelques-uns font cuire la poitrine de Veau dans une casserole ou terrine avec boüillon & un verre de vin blanc ; étant cuite, ils passent des champignons à la poële avec le même lard où la poitrine a été passée, on y ajoûte un peu de farine, puis ils mettent le tout ensemble & le servent.

Poitrine de Veau marinée.

La Poitrine de Veau se marine dans le verjus, sel, poivre, clous, ciboules & laurier pendant deux heures, puis on la farine ou on la trempe dans une fine pâte pour la faire frire aprés en bonne friture; il faut auparavant que de la faire mariner qu'elle soit cuite au pot. On la mange encore couppée par morceaux en guise de petits poulets, voyez l'article cy-aprés.

En guise de petits poulets.

Longe de Veau en ragoût.

Lardez vôtre *Longe de Veau*, de gros lard bien assaisonné de sel ou de poivre, étant presque cuite à la broche, mettez-la en terrine ou casserole, ajoûtez-y du boüillon, un verre de vin blanc, & paquet de fines herbes, champignons, culs d'artichaux, le dégoût de la longe, & farine frite pour liaison, puis vous la servez garnie de côtelettes, fricandeaux, ou champignons frits.

Longe de Veau marinée.

La longe de Veau se mange aussi marinée, cela se fait comme on l'a dit à l'égard de la poitrine, & on la sert garnie, si l'on veut, de poulets marinez ou de côtelettes, avec persil frit; on fait un hachis du rognon de Veau pour omelette, nous en parlerons dans l'article des œufs.

Veau au bon homme.

On prend des tranches de Veau qu'on couppe un peu épaisses, on les larde de lardons assaisonnez de sel & de poivre; cela fait, on prend de petites bardes de lard qu'on range dans le fond d'une terrine ou casserole, puis on met les tranches par dessus; on fait cuire le tout sur un feu moderé dans le commencement, afin que la viande suë mieux : aprés qu'elle a sué, on luy fait prendre couleur des deux côtez, on y ajoûte un peu de farine; aprés cela on y met du boüillon clair, & on laisse cuire le tout doucement, étant cuit, on y met un filet de verjus, ou un jus de citron, puis on le tire, & on le sert chaudement.

Le Bœuf.

Le Bœuf a ses parties aussi bien que le Veau, mais comme il y en a qui ne méritent pas l'attention d'un Cuisinier, nous ne parlerons que de celles qui sont les plus en usage en Cuisine.

Langues de Bœuf en ragoût.

On a une ou plusieurs *langues de Bœuf*, on en ôte la gorge, & on les met sur la braise pour en pouvoir mieux ôter la peau. On les larde de gros lardons, bien assaisonnez, ensuite on prend un pot, qu'on garnit dans le fond de bardes de lard, on met dessus les langues entremêlées de petites tranches de Bœuf battuës & de tranches d'oignons, sel, poivre & fines herbes; on couvre bien le tout de bardes de lard, on étoupe le pot ensuite, puis on le met à la braise, feu dessus & feu dessous; tout cela doit cuire à feu lent & pendant huit à dix heures; ensuite, on tire ces langues séparément qu'on égoute de leur graisse; on les dresse dans un plat, puis on met par dessus un ragoût de Ris de Veau, champignons, le tout bien assaisonné & de bon goût; ce ragoût se sert garni de champignons frits ou de persil frit.

Langue de Bœuf parfumée.

Il faut faire saler les langues de Bœuf avant que de les parfumer; cela se fait ou dans un saloir ou dans un pot, on les y laisse pendant cinq à six jours, puis on les tire de la saumure, on les attache par le petit bout & on les range bien dans la cheminée, afin que la fumée les pénétre mieux;

il faut les laisser sécher ainsi, elles se conservent aprés tant qu'on veut.

Langues de Bœuf fourées.

Prenez des langues de Bœuf faites-les échauder seulement pour en pouvoir ôter la premiere peau, essuyez-les aprés, & ôtez un peu du gros bout, mettez-les saler à l'ordinaire pendant six ou sept jours, cela fait, prenez de la chemise de cochon; couppez-la suivant la longueur de vos langues, faites entrer chaque langue dans sa robe, aprés les avoir piquées de lard bien assaisonné, puis on les met à la cheminée comme les précédentes pour les laisser parfumer; aprés cela on les fait cuire dans de l'eau avec un peu de vin rouge, quelques ciboules, & clous de gérofle, étant cuites, on les sert par tranches ou entieres froides, & pour Entremets.

Langue de Bœuf rôtie.

La langue de Bœuf se mange encore rôtie, & pour cela on la fait boüillir au pot pour la peler, on ôte le gros bout, si l'on veut, on la pique de menu lard, ensuite on la met à la broche, étant cuite on la sert avec une ramolade, ou bien avec un ragoût de champignons & Ris de Veau, ou avec une simple vinaigrette, & le dégoût mêlé parmy.

Bœuf en ragoût.

Prenez une piece de Bœuf de poitrine, faites-la cuire en pot avec sel & poivre, étant à moitié cuite, lardez-la de gros lard bien assaisonné, mettez-la aprés dans une terrine ou casserole avec bardes de lard au fond, sel, poivre & bouquet de fines herbes, un peu de vin blanc & du boüillon; quand elle sera cuite, tirez-la au sec, rangez-la dans un plat, & mettez par dessus un ragoût de champignons, & rognons de mouton assaisonné d'un bon goût, puis vous la servirez chaudement.

Alloyau rôti.

L'Alloyau se sert rôti, mais pour être bon, il ne faut pas qu'il cuise trop, il y en a, quand il est tiré, qui le dépecent par morceaux, qui y font une sauce avec sel, poivre & eau seulement, & l'ayant fait boüillir sur le réchaud, y mettent un demy verre de vin, qu'ils laissent boüillir avec une pointe de rocambole.

Alloyau en ragoût.

Prenez un gros Alloyau, faites-le rôtir à moitié, tirez-le, mettez-le dans un pot avec bon boüillon, champignons, culs d'artichaux, rognons de moutons, sel, poivre, & paquet de fines herbes, laissez bien cuire le tout, étant cuit, liez la sauce avec un jus de Bœuf & farine frite, puis vous le tirez & le servez chaudement.

Alloyau farci.

L'Alloyau se sert encore farcy entre la peau & l'os; & pour cela on le fait cuire à moitié à la broche; on prend aprés la chair du milieu, qu'on hache menu, avec lard, graisse de Bœuf, fines herbes, sel & poivre, on en farcit l'Alloyau; il faut aprés coudre la peau, crainte que la farce ne tombe, aprés vous rembrochez vôtre Alloyau, & l'achevez de cuire, puis vous le servez.

D'autres font rôtir tout-à-fait l'Alloyau, puis le servent avec un ragoût de Ris de Veau, champignons, le tout assaisonné de bon goût.

Fricandeaux.

Pour faire des Fricandeaux, prenez des tranches de Bœuf, coupez-les fort menu, piquez-les de gros lardons & les assaisonnez de sel & poivre; ensuite, & lorsque vous en aurez fait plusieurs, comme par exemple, pour servir seulement de garniture, ou pour en faire un plat particulier, vous les rangerez dans une casserole ou terrine que vous couvrirez bien, & que vous mettrez sur la braise pour leur faire prendre d'abord couleur d'un côté, puis de l'autre.

Cela fait, on les tire, on en égoûte la graisse, & on les passe dans un petit roux avec lard fondu & un peu de farine pour lier la sauce, aprés cela on les assaisonne d'un jus de Mouton ou de Bœuf.

Fricandeaux farcis. On peut, si l'on veut, farcir les Fricandeaux de quelle farce qu'on jugera à propos, & qu'on rangera dans la casserole lit par lit, il faut frotter la farce d'œufs battus aprés l'avoir étenduë.

Bœuf à la mode. On se sert de grosses roüelles de Bœuf qu'on couppe par pieces, on les bat bien, on les larde de gros lard assaisonné, puis on le passe à la poële si l'on veut: mais pour le mieux, on le met tout frit dans la casserole ou terrine qu'on bouche soigneusement d'une serviette, on la met sur une braise tres-moderée, & on laisse ainsi suer le Bœuf jusqu'à ce qu'il ait rendu tout son jus, & lorsqu'il nage dedans on commence à luy donner le feu plus fort afin de le faire cuire, étant à moitié cuit, on y met un verre de vin, on le laisse bien boüillir, étant cuit on le tire avec un jus de citron par dessus. On peut y donner une pointe de rocambole qu'on écache dans le plat. Quelques-uns, avant que de mettre le Bœuf dans la casserole, prennent soin de le faire mariner.

Roulades de Bœuf. Prenez des tranches de Bœuf, applatissez-les sur une table, & mettez par dessus une farce composée de chair de Veau, moüelle de Bœuf, bon lard, champignons, fines herbes, sel & poivre avec quelques jaunes d'œuf.

Cela fait, roulez vos tranches, mettez-les en pot, bardez de lard dessus & dessous, puis vous les mettrez à la braise, laissez-les cuire & prendre belle couleur; étant cuites vous les tirez à part, vous les couppez en deux, les rangez dans un plat & les servez chaudement avec un ragoût de champignons par dessus.

Agneau. L'Agneau se sert roti tout entier, par quartier ou par moitié, la tête

Tête d'Agneau. d'Agneau se cuit dans un pot avec du boüillon assaisonné de sel, poivre, clous de gérofle & un bouquet de fines herbes; étant cuite on la sert avec un coulis de champignons par dessus; on fait ordinairement cuire les pieds avec la tête, & on sert en même temps le tout pour Entrées, ou bien elle se mange simplement à la vinaigrette, ou bien avec une sauce avec boüillon, sel, poivre & échalottes.

Pied d'Agneau farcis. On mange *les pieds d'Agneaux* farcis, on les fait bien cuire, on ôte l'os du milieu, puis on étend la peau qu'on farcit d'un hachis fait de chair d'Agneau du côté de la cuisse, ou morceau de roüelle de Veau, lard, moüelle de Bœuf, sel, poivre, fines herbes & champignons, le tout bien haché.

Cela fait, mettez de cette farce sur vos peaux étenduës, repliez-les un peu & les trempez dans des œufs battus, ensuite prenez-les & les faites frire avec lard ou sain-doux ou beurre affiné, puis vous les servirez avec persil frit, pour Entrées.

Langues de Mouton grillées. Les *Langues de Mouton* se servent grillées & bien pannées avec verjus, sel & poivre, ou bien aprés qu'elles sont cuites sur le gril, on les met un peu boüillir dans un ragoût de champignons, rognons de Mouton, tétine de vache, sel & poivre, le tout passé à la casserole avec bon beurre, & cuit à propos: on le sert ainsi pour Entrée.

Pieds de Mouton farcis. Les *Pieds de Mouton* se mangent farcis, cela se pratique comme aux pieds d'Agneau, & on les sert de même. On met aussi les pieds de Mouton à la sauce blanche; & pour cela on les passe à la poële avec lard fondu ou bon beurre

beurre, puis on y met un peu de boüillon du pot, ou de l'eau simplement, sel, poivre, persil & ciboules en paquet ou hachez menu, ensuite on fait boüillir le tout, & quand la sauce est réduite à moitié on la lie avec des jaunes d'œufs délayez avec du verjus ou de la crême de lait. Pieds de Mouton à la sauce blanche.

On la fait cuire au pot, on en ôte la peau, puis on la trempe dans une pâte à bignets, ensuite on la fait frire dans du sain-doux, lard fondu ou beurre affiné, on la sert aprés avec verjus & poivre blanc.

Otez-en la peau aprés qu'elle est cuite, pannez-la avec sel & poivre, & la frottez de blancs d'œufs, mettez-la aprés au four ou dans une tourtiere pour luy faire prendre couleur, & la servez chaudement. Queue de Mouton glacée.

Prenez un *Quarré de Mouton*, faites-le cuire dans une marmitte, trempez-le dans une pâte claire, faites-le frire ensuite en lard fondu, beurre affiné ou sain-doux, & le servez avec jus de citron ou verjus & poivre blanc. Quarré de Mouton frit.

On fait cuire *l'Eclanche* à la broche, on l'écorche aprés, & on ôte la chair qui est au tour de l'os sans les disjoindre; cette chair étant levée, on la hache fort menu avec sel, poivre, moüelle de bœuf, persil & quelques jaunes d'œufs; ensuite on en farcit l'Eclanche sur les os & on recouvre cette farce de la peau qu'on a levée de dessus la chair, observant de laisser passer le bout de l'os, aprés cela on met cette Eclanche au four, où on luy laisse prendre couleur, puis on la tire pour la servir chaudement. Eclanche farcie.

Battez-la bien, rompez-luy l'os du manche, & la laissez mariner aprés pendant trois ou quatre heures, aprés quoy vous la mettrez à moitié rôtir à la broche, étant ainsi rôtie empotez-la avec boüillon, sel, poivre, paquet de fines herbes & laurier, laissez boüillir le tout, & à moitié de la cuisson, mettez-y un verre de vin, étant cuite, tirez vôtre daube, que vous lierez avec farine frite dans du lard, puis vous la servirez. Eclanche à la daube.

Le *Cochon de lait* se mange rôti à la broche, aprés avoir été bien échaudé & vuidé proprement. On met dans le corps du sel & du poivre, & on l'arrose en cuisant avec beurre fondu, étant cuit, on le tire pour le servir chaudement. On peut le farcir avant que de le mettre à la broche, d'un hachis fait avec le foye, moüelle de bœuf, champignons, sel, poivre, persil & ciboulettes, le tout haché. Cela fait, on met ce hachis dans le corps du Cochon de lait qu'on ficelle, puis on le met cuire à la broche. Le Cochon de lait.

Vous l'enveloppez d'une serviette, aprés l'avoir assaisonné dans le corps de sel, poivre, clous de gérofle battu, & d'un brin de sauge, mettez-le aprés dans une poissonniere ou grand chauderon où il puisse tenir tout de son long avec boüillon, vin blanc, sel, poivre, laurier & clous de gérofle, laissez le boüillir; étant cuit, vous le tirez, vous l'ôtez de la serviette, & le dressez sur un plat couvert d'une autre serviette blanche pour le servir ensuite froidement ou chaudement, il n'importe. Cochon de lait à la daube.

Nous ne dirons rien icy du cochon gras, parce que les manieres dont on le peut masquer sont si communes qu'elles ne méritent pas qu'on y fasse attention. Il n'y a que le sang & les entrailles qui servent à faire du boudin, des andoüilles & des saucisses; voyons comme tout cela se fait.

Pour faire le *Boudin noir* il faut hacher de l'oignon bien menu, le passer à l'eau chaude, le tirer, puis le mêler avec le sang assaisonné de sel & de poi- Boudin noir.

vre, ensuite on couppe la panne bien menu & en suffisante quantité, on brouille bien le tout ensemble avec la main.

Cela fait on prend une boudinoire, qui est une espece d'entonnoir de fer blanc, on la met dans l'un des bouts du boyau, tandis que l'autre est lié avec du fil; on entonne le sang pêle mêle avec ce qui est dedans jusqu'à ce que le boyau soit plein, alors on lie encore cet autre bout avec du fil.

Il faut que tous les boyaux dont on se servira pour faire ce boudin soient bien lavez, dégraissez, & nettoyez de leurs ordures; si l'on veut y mettre du lait avec le sang, du persil & de la ciboule hachée, & y ajoûter une cuillerée de boüillon gras, il en sera plus délicat.

Quand tout le sang est employé, on prend ce qu'il y a de boyaux pleins, on les met dans un chauderon rempli d'eau, on les y fait boüillir, & à mesure qu'ils cuisent, on prend soin de les piquer avec une épingle pour éproüver s'ils sont cuits: si le sang en sort, leur cuisson n'est pas parfaite, au lieu que si c'est de la graisse, on ne balancera point à tirer le boudin.

Boudin blanc.

Le *Boudin blanc* se fait avec du blanc de volailles rôties & lait, un peu de panne de cochon, sel, poivre & oignons, le tout haché menu; aprés cela prenez cette farce, emplissez-en les boyaux, & faites vos boudins de la longueur que vous souhaiterez, ayant soin à chaque longueur de lier le bout avec du fil; ce boudin étant fait, on le met blanchir à l'eau & au lait parmy quelques tranches d'oignon, & l'ayant tiré sur une serviette, on le laisse refroidir: pour le servir il le faut faire griller sur du papier avec un feu médiocre de peur qu'il ne creve.

Saucisse.

Les *Saucisses* se font avec la chair & la panne de cochon, on la hache, on l'assaisonne de sel & de poivre, on y mêle un peu de persil, autres fines herbes & quelques échalottes. Si l'on veut qu'elles soient plus délicates, on y hache quelque estomac de volaille, un peu de jambon crud & de l'anis.

Le tout bien haché & bien assaisonné, on le lie de quelques jaunes d'œufs, on se sert de boyaux de Mouton, selon la grosseur dont on veut les Saucisses; & pour les servir on les fait griller sur du papier, ou bien on les passe à la poële dans du vin.

Andoüilles de porc.

Pour bien faire les *Andoüilles*, on fait boüillir les boyaux dans deux ou trois boüillons, puis on les tire, on les fend & on les couppe de la longueur qu'on veut que soient les Andoüilles; prenez ensuite du ventre de Cochon bien net & bien dégraissé, couppez cette viande par gros lardons longs comme vos Andoüilles, que vous formerez moitié boyaux, & moitié de cette chair, ayant auparavant soigné de les assaisonner de sel & de poivre.

Les Andoüilles étant formées, vous les revétissez des boyaux qui doivent leur servir de robbes ou de chemises, comme on voudra dire, qui doivent être bien nettoyées: on les met tremper quelque temps dans l'eau pour en ôter le goût naturel, qui est en quelque façon désagréable, ficelez bien les Andoüilles par un bout & les liez, afin qu'elles ne se défassent point.

Toutes les Andoüilles étant faites, on les empote l'une sur l'autre, on les sale à discretion, on les poivre, puis on bouche bien le pot; on le met à la braise pour laisser suer les Andoüilles; il faut qu'elles y soient depuis le matin jusqu'au soir, leur augmenter le feu petit à petit, & à mesure qu'elles rendent leur jus; ces Andoüilles cuites ainsi sont admirables.

On peut y ajoûter du boüillon du pot, clous de géroflé, & un oignon par tranches. Quand elles sont cuites on les laisse réfroidir dans leur boüillon, puis on les met griller comme le boudin blanc pour être servies en Entrées.

On apprête les *Pieds de Cochon* en cette maniere, on les met cuire au pot, jusqu'à ce qu'ils soient bien doüillets, on les tire & on les laisse réfroidir, ensuite on les fend, on les panne avec chapelûre ou mie de pain, sel & poivre; puis on les met ainsi rôtir sur le gril, & on les sert avec une sauce robert ou moutarde seule. Les pieds de Cochon grillez.

Pour les *Oreilles de Cochon*, on les déguise ainsi que les pieds, ou bien au lieu de les faire griller, on les couppe par tranches, on les passe à la poële avec un peu de beurre. On fricasse dans le même beurre de la ciboulle bien menuë, assaisonnée de sel, poivre muscade, vinaigre, & d'un peu de boüillon, & quand on veut servir, on y ajoûte de la moutarde, si on l'aime. Oreilles de Cochon à la sauce robert.

On peut empâter les oreilles de Cochon couppées comme on a dit, & les faire frire dans du sain-doux ou beurre affiné pour les servir avec poivre blanc & verjus, les pieds de Cochon se servent de même. Frittes.

Les *Jambons* se parfument comme les langues, aprés qu'on les a tirés du saloir, puis on les mange rôtis à la broche ou au four, ou bien cuits à l'eau & au vin dans un grand chauderon, avec sauge, thim, oignons piquez, & quelques peaux de citron. Jambons.

On fait des *Pâtez de jambon* en pâte bise, voyez à l'article de la pâtisserie comment cela se fait; on en déguise en *omelette*, & l'on s'en sert pour assaisonnement à d'autre ragoût.

CHAPITRE IV.

Des manieres differentes de déguiser toutes sortes de Volailles.

IL n'y a point d'Oiseaux qui soient plus en usage en Cuisine que ceux qu'on tire de la basse-cour, les Poules, Poulets, Chapons, Poulets Dinde & Pigeons; tout cela est d'un grand secours pour les tables, & se déguisent differemment, voyons comment.

Il faut prendre des *Petits Poulets* & les habiller proprement, les coupper par quartiers & les passer à la poële avec lard roux, qu'on ôte ensuite pour y mettre un peu de boüillon, ou de l'eau, sel, poivre & paquet de fines herbes ou persil haché menu; on laisse boüillir le tout jusqu'à ce qu'on juge que la sauce soit faite; aprés cela, & avant que de dresser ces Poulets, on y fait une liaison avec un peu de roux dans lequel on les a passé, & farine qu'on y fait frire. Poulets fricassez au roux.

On les passe à la poële, au beurre blanc, puis on y met du boüillon gras ou de l'eau, sel, poivre, fines herbes en paquet, on laisse boüillir le tout jusqu'à une consomption raisonnable qu'on lie avec deux jaunes d'œufs délayez avec du verjus, ou bien on y met de la crême douce avec un jaune d'œuf. Ce sont pour lors des *Poulets à la crême.* Poulets à la sauce blanche.

Poulets à la gibelotte. Vos Poulets étant couppez comme pour fricassée, vous les rangerez dans une casserolle, vous les passerez au lard, vous y mettrez un peu de boüillon, & un verre de vin rouge, sel, poivre, & fines herbes en paquet, laissez boüillir le tout, étant cuits, dressez-les & les servez chaudement; si vous y mêlez des champignons, & culs d'artichaux, le ragoût n'en sera que meilleur.

Poulets en compotte. Troussez vos Poulets & les passez au lard fort chaud dans la casserolle, laissez les bien rissoler, ensuite égoûtez-les, ôtez-en la graisse, mettez-y du boüillon, fines herbes, sel, poivre & clous de gérofle, laissez bien cuire & mitonner le tout; étant cuits, dressez vos Poulets aprés les avoir liez d'un jaune d'œuf avec du verjus & les servez.

Poulets marinez. On couppe les Poulets par quartiers, on les fait mariner au verjus ou vinaigre, sel, poivre, clous de gérofle & laurier, il faut les laisser ainsi pendant trois heures, ensuite on les trempe dans une pâte fort claire, puis on les frit au sain-doux, ou beurre affiné, étant frits on les sert.

Poulets en civet. Blanchissez vos Poulets à l'eau ou à la braise, il n'importe, coupez-les par quartiers & les passez au roux dans de bon lard, aprés cela, mettez-les en casserolle avec du boüillon ou de l'eau chaude, sel, poivre & autres assaisonnemens, laissez boüillir le tout, & à la moitié de la cuisson, ajoûtez-y un verre de vin avec une pointe de rocambole, étant cuits, servez vos Poulets garnis de persil frit.

Poulets à la jardiniere. On couppe les Poulets comme pour fricassée, on les passe au lard avec un peu de farine frite, puis on les dégraisse & on y met du boüillon, dans lequel on les fait boüillir, on y ajoûte des champignons, morilles ou mousserons, un verre de vin blanc avec des anchois hachez & un jus de Mouton ou de Bœuf pour les mieux nourrir. On laisse cuire ainsi les Poulets; étant cuits, on lie la sauce avec du roux dans lequel on les a passé, puis on les sert chaudement.

Poulets farcis. Commencez d'abord par faire un hachis avec roüelle de Veau, moüelle de Bœuf, champignons, sel, poivre, persil & un jaune d'œuf crud, hachez le tout menu & en farcissez vos Poulets dans le corps, passez-les au roux avec lard, laissez-leur prendre une belle couleur, faites les cuire en casserolle ou terrine avec boüillon gras, assaisonné de bon goût, aprés les avoir déguisez; ajoûtez-y des champignons, quelques Ris de Veau & culs d'artichaux, le tout étant cuit vous lierez la sauce avec jaunes d'œufs délayez dans du verjus, servez les chaudement.

Poulets à la braise. On prend des Poulets, on les fend sur le dos jusqu'au croupion, on les assaisonne de sel, poivre, ciboule, persil haché menu, on les empote bardez de lard dessous & dessus l'estomac en bas, on met le pot dans la braise feu dessus, & dessous; on laisse bien cuire le tout; étant cuit on tire les Poulets à part dans un plat, puis on les sert avec le jus qui en sort pardessus, ou ragoût de champignons; on peut, si l'on veut, farcir ces Poulets pour les mettre à la braise.

Chapon en ragoût. Prenez un Chapon, troussez-le, fendez-le sur le dos & luy cassez tous les os; cela fait, passez-le au lard dans une casserolle, laissez-l'y prendre couleur, ensuite on empote le Chapon bardé de lard dessus & dessous, & achevez le reste comme les Poulets & la braise, voyez-y.

Il faut avoir un Chapon bien choisi, le larder de moyen lard, bien assaisonné de sel & de poivre, envelopez-le aprés dans une serviette, empotez-le avec boüillon & bon vin, sel, poivre, clous de gérofle, écorce d'orange & laurier, on le laisse à moitié refroidir dans son boüillon, puis on le tire & on le sert pour Entremets. Chapon à a daube.

Les Chapons se servent *marinez*, *farcis*, & *en civet*; il faut consulter la dessus les articles des poulets déguisez ainsi, c'est la même chose.

Il faut trousser les Poulardes, leur mettre une barde de lard sur l'estomac & les laisser cuire ainsi à la broche; pendant qu'elles cuisent, on fait à part un ragoût de Ris de Veau, champignons, sel, poivre, paquet de fines herbes avec bon beurre & une liaison avec farine frite ou un bon coulis de Bœuf, cela fait, on prend les Poulardes rôties, on les dresse dans un plat, le ragoût par dessus, & on sert ces Poulardes chaudement. Poulardes mignones.

Les Poulardes au reste s'apprêtent de la même maniere que les Chapons, soit *à la daube*, *marinez* ou autrement, on peut là dessus consulter les articles.

Faites rôtir vos Poulardes, puis vous en tirerez la chair de l'estomac, hachez la menu avec du lard cuit, un morceau de jambon cuit, champignons, ciboule, persil, sel & poivre, une mie de pain trempée dans la crême, qui ait un peu mitonné sur le feu; le tout étant bien haché, mettez-y quelques jaunes d'œufs. Poulardes à la Duchesse.

Cette farce étant faite, vous en farcissez vos Poulardes sur l'arrête, vous les rangez dans une Tourtiere, vous les pannez par dessus, vous y passez du blanc d'œuf foüeté, & leur faites prendre couleur aprés dans le four, ensuite tirez vos Poulardes, rangez-les dans un plat, & les servez avec un ragoût de Ris de Veau & champignons par dessus, ou de champignons seulement, ou un coulis de champignons.

On met le *Poulet Dinde* à la daube; voyez ce qu'on en a dit à l'article du Chapon, & vous y conformez. Poulets Dinde à la daube.

Le Poulet Dinde se sert rôti, & se mange froid avec une sauce robert ou une ramolade avec capes, ciboules hachées, persil, sel, poivre, bonne huile d'olive, quelques rocamboles & un filet de vinaigre. On en fait rôtir sur le gril, si l'on veut, les cuisses & les aîles, cette ramolade peut servir à toutes sortes de volailles froides qui ont été rôties. Poulets Dinde rôti.

Cette daube se fait comme celle du chapon, voyez la page 604. on mange aussi les Oysons farcis & rôtis à la broche; on fait cette farce avec le foye, le cœur & fines herbes, sel & poivre; on la fait cuire en casserolle, puis on on en farcit l'Oyson dans le corps; on met aprés l'Oyson à la broche, on le laisse cuire; il est bon de le flamber de lard, s'il n'est pas gras, & quand il est rôti on le sert chaudement. Oyson à la daube. Oyson farci.

Mettez vôtre Oyson à la broche, tirez-le à demy cuit, & le mettez en casserolle ou dans une terrine ou un pot avec champignons, culs d'artichaux, bon boüillon, sel & poivre, quelques rocamboles & fines herbes, laissez boüillir le tout, étant cuit, assaisonnez-le d'une pointe de vinaigre, tirez-le & le servez. Oyson en ragoût.

On sert les Oyes comme les Oysons, on les sale quand elles sont grasses; & pour cela, on les couppe par quartiers qu'on met dans des pots de grez, on les mange ainsi en guise de salé. Oyes farcies.

Canards domestiquè en ragoût. Couppez vôtre Canard par quartiers, mettez le en casserolle, passez-le au lard, & luy faites prendre belle couleur, ôtez-en la graisse, & le faites cuire avec bon boüillon, sel, poivre, fines herbes en paquet, truffes & culs d'artichaux; ce ragoût étant à moitié cuit, on y met un verre de vin, on le laisse ainsi boüillir un peu, on y donne une pointe de vinaigre, on en lie la sauce avec un peu du roux & farine frite, puis on le tire; on peut accommoder les Canards comme les Oysons.

Pigeons en compotte. Ayez de bons Pigeons, troussez-les bien, passez-les au lard dans la casserolle pour leur faire prendre une belle couleur, ôtez-en la graisse, & y mettez de bon boüillon, sel, poivre, fines herbes en paquet, champignons & culs d'artichaux, laissez bien mitonner le tout jusqu'à ce que vous voyez que la sauce soit faite, étant cuite, tirez vôtre compote, liez la sauce avec un peu de roux & farine que vous y faites frire, ensuite servez-la chaudement.

Pigeons au Basilic. Faites une farce avec bon lard, persil, un peu de basilic, ciboulettes, sel & poivre, farcissez-en vos pigeons sur le dos entre chair & peau, ensuite mettez les cuire avec bon boüillon, sel, poivre & fines herbes, étant cuits, on les tire, on les trempe dans une pâte à bignets, puis on les frit au beurre affiné ou sain-doux, aprés quoy on les sert quand ils sont rissolez, & qu'ils ont belle couleur.

Pigeons au court boüillon. On prend de gros Pigeons, on les trousse proprement, on les empote avec vin blanc, verjus, sel, poivre, un peu d'eau, clous, laurier, paquet de fines herbes & orange séche, on les laisse cuire; étant cuits, on les tire, puis on les panne proprement, aprés cela on leur fait prendre couleur avec la péle rouge.

Pigeons farcis. Il faut avoir de bons Pigeons, les farcir d'un godiveau fait avec du lard crud, un morceau de Veau, moüelle de Bœuf, champignons, sel & poivre, avec persil, on hache bien le tout, qu'on lie avec deux jaunes d'œufs; cela fait, farcissez vos Pigeons dans le corps, ficelez les bien, crainte que la farine ne tombe. Il faut la faire cuire avant que de s'en servir, puis vous mettez ces Pigeons à la broche, vous les laissez rôtir, vous les dressez dans un plat avec un ragoût de champignons par dessus.

Pigeons à la braise. Il y en a qui prennent ces Pigeons ainsi farcis, qui les empotent avec bardes de lard dessus & dessous, bons assaisonnemens. Ils bouchent bien le pot & les font cuire doucement à la braise; étant cuits, ils les tirent, les pannent avec la chapelûre de pain, & leur font prendre couleur au four, ou avec une péle rouge, puis les servent avec le même ragoût.

Pigeons marinez. On sert aussi les Pigeons marinez, on ne dira rien là dessus davantage que ce qu'on en a dit à l'article des Poulets ainsi déguisez, voyez la page 603. & vous y reglez pour les Pigeons.

Pigeons à la crapaudine. Les Pigeons se mangent ainsi rôtis sur le gril, on les appelle *Pigeons à la crapaudine*, & pour cela on les fend par l'estomac; étant fendus on les assaisonne de sel, poivre & mie de pain, on les met griller, puis on les sert avec une vinaigrette rehaussée d'une pointe d'échalotte.

Pigeons fricassez. Il faut les coupper par gros morceaux, les passer à la poêle avec lard fondu ou bon beurre & farine frite, puis on les fait cuire avec bon boüillon, sel, poivre, clous & paquet de fines herbes, étant cuits, on les sert chaudement.

CHAPITRE V.

Des Oiseaux sauvages & aquatiques, avec la maniere de les déguiser en Cuisine.

C'Est icy où les goûts les plus délicats trouvent leur compte, & l'article qui nous fournit le plus de quoy tenir nos tables magnifiques & délicieuses, lorsqu'un Cuisinier sçait déguiser comme il faut les viandes qui y sont comprises ; & pour le sçavoir parfaitement, il n'y a qu'à lire les Instructions qu'on donne sur cette matiere. Mais avant que d'entrer en ce détail, disons comment on connoît qu'une Perdrix est bonne ou mauvaise.

Maniere de se connoître en Perdrix.

Le temps où les Perdrix ont le moins de fumet, est lorsqu'elles paissent le bled verd. Pour connoître une jeune Perdrix, il faut qu'elle ait le bec noir, la jambe menuë & brune ; c'est pourquoy les Rotisseurs, pour tromper ceux qui les achetent chez eux, leur brûlent ordinairement le haut du bec & les jambes, afin qu'on ne puisse pas connoître si elles sont vieilles.

Les mâles sont toûjours les plus délicats, & ceux qui ont le plus de fumet, pourvû qu'ils soient jeunes, & qu'ils ne soient point en amour. Les gris ont un petit cercle de duvet autour de l'œil, avec un demy cercle de plumes rougeatres à l'estomac, & les rouges ont un argot rouge à la jambe.

Quand l'œil d'une perdrix rouge est gros, luisant & comme vif, c'est une marque qu'elle est fraîche tuée, au lieu que s'il est terne ou obscur, & qu'il paroisse alteré, il est vieux tué : ceux qui veulent les garder longtemps, les mettent dans un tas de bled, ou bien à la cave ; il faut leur ôter le gros boyau, qui est la partie qui se corrompt le plûtôt.

Quelque vieille tuée que soit une Perdrix, pourvû qu'elle ne sente point le relan, & qu'elle ne porte point trop au nez, elle peut toûjours se manger.

Perdrix en ragoût.

Prenez une *Perdrix*, troussez-la, & la farcissez d'un godiveau fait avec chair de Veau ou blanc de volaille, lard, moüelle de Bœuf, sel, poivre, ciboules & persil, le tout bien haché ; vôtre Perdrix étant farcie, vous l'empotez bardée de lard dessus & dessous, paquet de fines herbes, sel & poivre, ensuite étoupez bien vôtre pot ; mettez-le entre deux braises, laissez cuire ainsi vôtre Perdrix, étant cuite, tirez-la aprés dans un plat, & la servez avec un ragoût de champignons & de Ris de Veau, ou de champignons seuls : on ne farcit point les Perdrix si l'on veut.

Perdrix aux Lentilles.

Faites cuire vos Perdrix comme on vient de dire, puis ayez des lentilles cuites à l'eau, mettez les en casserolle avec persil, ciboules hachées, bon beurre ou lard fondu, sel, poivre & boüillon gras, laissez-les boüillir doucement ; étant cuites, ajoûtez-y un jus de Mouton ou de Bœuf, & les servez chaudement.

Perdrix en capilotade.

Faites rôtir à demy vos Perdrix, tirez-les & les couppez par gros morceaux, mettez les en casserolle avec du vin, sel & autres épiceries, laissez-les cuire, servez-les aprés avec jus d'orange & pain rapé pour lier la sauce;

on mange auſſi les Perdrix rôties avec un jus d'orange en ſervant.

Perdreaux rôtis. On ſert les *Perdreaux* rôtis, piquez de menu lard avec un jus de citron en ſervant, ou une ſauce au verjus, ſel & poivre, on ne déguiſe gueres autrement ces oiſeaux.

Beccaſſes rôties. Prenez une ou pluſieurs *Beccaſſes*, habillez-les, paſſez-leur le bec à travers le corps par les côtez, & piquez-les de lard menu & les embrochez, mettez deſſous dans la lèchefrite des rôties pour recevoir le dégoût qui en tombe; étant rôties, ſervez-les avec verjus, ſel, & poivre, & faites enfler vos rôties dans cette ſauce avant que de dreſſer les Beccaſſes deſſus.

On les apprête en capilotade; & pour cela voyez l'article des Perdrix ſous ce même maſque, & ſuivez ce qu'on y a dit, vous pourrez lier la ſauce avec un coulis de Bœuf ou de Veau.

Beccaſſines en ragoût. Ayez des Beccaſſines bien habillées, fendez-les en deux ſans rien ôter du dedans, mettez-les en caſſerolle & leur y faites prendre couleur, puis mettez-y un peu de boüillon gras, ſel, poivre & fines herbes en paquet ou hachées, ajoûtez y des champignons & laiſſez bien mitonner le tout; étant cuit, ſervez ce ragoût avec un jus d'orange, on les mange auſſi rôties.

Les *Pluviers* ſe déguiſent de même que les Beccaſſines; on ne mange point autrement les *Vanneaux*, *Guignards*, *Merles*, *Etourneaux & Culs-blans*.

Grives rôties. Les *Grives* ſe ſervent rôties, on les flambe pour leur faire prendre couleur, on les panne avec rapûre de pain, puis on les ſert avec verjus, ſel, poivre, & une petite pointe d'échalotte ou de rocambole.

Alloüettes en ragoût. Ayez des Alloüettes, vuidez-les, mettez-les en caſſerolle ou terrine avec lard fondu & farine qu'on fait frire, laiſſez prendre belle couleur à vos Oiſeaux, ajoûtez-y du boüillon gras, ſel, poivre, fines herbes en paquet, quelques champignons, & un verre de vin, laiſſez-les y mitonner, & quand la ſauce ſera faite, nourriſſez ce ragoût avec un jus de Bœuf ou de Mouton, & le ſervez avec jus d'orange.

Alloüettes rôties. Si l'on veut manger les Alloüettes rôties, il ne faut pas les vuider, on les flambe comme les Grives, on les panne, & on les ſert avec verjus aſſaiſonné, & une pointe de rocambole.

Les Becquefigues rôties & en ragoût. Les *Becquefigues* ſe ſervent rôties & poudrées de pain rapé & de ſel, avec une ſauce comme deſſus, on peut, ſi l'on veut, les accommoder comme les Beccaſſines, voyez-y.

Les Ramiers. Les Ramiers s'apprêtent comme les Pigeons, il n'y a qu'à conſulter les articles, ou bien les manger rôtis, ſi l'on veut, avec une vinaigrette en ſervant.

Faiſans. Les Faiſans ſe déguiſent comme les Beccaſſes, ayez-y recours, ou bien on les ſert en capilotade ainſi que les Perdrix, l'article vous inſtruira comment cela ſe fait. On les mange rôtis piquez de menu lard avec un jus de citron en ſervant, ou verjus, ſel & poivre; les *Faiſandeaux* ne demandent point d'autres aprêts.

Faiſandeaux. Gelinotes de bois. Les *Gelinotes de bois* ſe mangent ainſi que les Perdrix, il faut conſulter l'article & s'y conformer.

Les Cailles en ragoût. Prenez des Cailles, fendez-les en deux par l'eſtomac, paſſez-les au lard dans une casserolle ou terrine, faites-y frire de la farine pour lier la sauce, ajoûtez-y bon boüillon gras, sel, poivre & paquet de fines herbes, champignons & culs d'artichaux, laissez cuire le tout, étant cuit, versez-y un jus de Mouton, avec un jus d'orange en servant.

On en sert déguisées autrement, & pour cela il faut recourir aux Perdrix, & se régler sur ce qui en a été dit; les cuisses se mangent rôties avec bardes de lard, ou piquées avec un jus d'orange pour sauce.

Les *Ortolans* s'assaisonnent comme les Cailles, on les mange rôtis, & on les arrose en cuisant d'un peu de lard fondu, ou bien on les flambe, on les panne avec rapûre de pain & du sel, puis on les sert avec un jus d'orange; on sert les *Mauviettes* comme les Cailles, excepté qu'on ne les vuide point quand on les fait rôtir, elles s'accommodent comme les Ortolans. Ortolans. Mauviettes.

Les *Canards sauvages* se mangent rôtis, on ne les pique point, mais on les flambe avec du lard; il ne faut pas qu'ils cuisent trop à la broche; étant rôtis, on les sert à la poivrade, ou bien avec une ramolade avec persil, ciboules, anchois & capes, le tout haché menu & mis dans un plat avec sel, poivre, bonne huile d'olive & vinaigre délayé avec le reste. Canards sauvages rôtis.

Prenez des Ris de Veau, truffes & champignons, persil, ciboules, sel & poivre, hachez le tout fort menu & le faites cuire; étant cuit, farcissez-en vos Canards, ficelez-les bien & les faites rôtir, ensuite servez-les avec un coulis de champignons; on peut apprêter de même bien d'autres Oiseaux de riviere. Canards farcis.

Prenez un Oye, habillez-le, mettez-le à la broche sans le piquer ny le barder, étant cuit, servez-le avec la même sauce qu'aux Canards sauvages. Les Oyes sauvages.

CHAPITRE VI.

Instructions sur la maniere d'apprêter le menu gibier & la haute venaison.

SOus le nom de menu gibier, on entend les *Lievres, Levreauts Lapins, & Lapreaux*, & sous celuy de venaison, le *Sanglier, Marcassin, Cerf, Chevreüil, Biche, Faon & Daims*. Il ne reste plus qu'à sçavoir quel masque on leur donne en cuisine.

Ayez un *Liévre*, habillez-le & le dépecez par morceaux, passez-le en casserolle dans du lard fondu, bon beurre affiné ou sain-doux & farine pour frire, dégraissez-le & le faites cuire aprés avec boüillon gras, vin rouge, sel, poivre, écorce d'orange séche & fines herbes en paquet; laissez bien boüillir le tout, faites cuire le foye à part, pilez-le bien, broüillez-le avec un peu de boüillon, passez cela à l'étamine, & le mettez dans vôtre civet: quand la sauce aura pris bonne consistance, vous tirerez vôtre civet & le servirez chaudement. Liévre en civet.

Le Liévre se mange rôti à la broche tout ensanglanté par dessus; étant rôti on le sert avec une vinaigrette.

Les *Levreauts* se mangent de toutes grandeurs, les meilleurs sont ceux qui Levreauts.

naissent en Janvier, & lors qu'ils sont demy ou de trois quarts. Quand un Levreau est dans sa parfaite grandeur, & qu'on doute qu'il soit vieux, on luy tire les oreilles; si la peau se relâche, c'est une marque qu'il est tendre, sinon, on juge qu'il est vieux; les Levreaux se servent comme le Liévre; il y en a qui les mangent à la sauce douce, garnis de marinade.

Lapins en casserolle. Vous prenez vos *Lapins*, vous les couppez par quartiers que vous lardez de gros lard, & les ayant passé à la poële, vous les mettez en casserolle ou terrine avec boüillon, un verre de vin blanc, bouquet de fines herbes, farine frite & assaisonnement de bon goût; on laisse cuire le tout à propos, puis on le sert avec jus d'orange.

Lapins en guise de petits Poulets. Lapreaux en ragoût. Vous les couppez par morceaux, vous fendez leur tête & les passez à la poële avec lard fondu, bon beurre frais & farine frite; au reste il faut se comporter comme à l'article des petits Poulets en fricassée, page 603. soit qu'on veuille les Lapins *au roux* ou *au blanc*. Les *Lapreaux* s'apprêtent de même que les Lapins en casserolle.

On fait des pâtez de Lapins & de Lapreaux, on en mange en tourte, & le tout chaudement pour entrée.

Le Sanglier. Le *Sanglier* se mange rôti à la broche, & se sert avec une poivrade ou jus d'orange.

Hure de Sanglier. Pour bien apprêter une hûre de Sanglier, on commence par en bien faire brûler le poil à feu clair pour le mieux ôter; & pour cela on le ratisse avec un couteau; cela fait, mettez-la dans un chauderon avec de l'eau, sel, poivre à discretion, feüilles de laurier, clous de gérofle, oignons piquez, romarin, panne de Cochon ou sain-doux & autres fines herbes, laissez cuire le tout; étant à moitié cuit, ajoûtez-y environ trois pintes de vin. Il faut que la hûre y boüille fortement & long-temps; étant cuite, on la tire de dessus le feu, on la laisse réfroidir dans son boüillon, puis on la dresse pour être servie froide en Entremets; la hûre aura un goût plus relevé, si on la sale quelque temps avant que de la faire cuire.

Jambons de Sanglier. Marcassin. On accommode les jambons de Sanglier comme ceux du Cochon ordinaire. Le *Marcassin* se déguise de même que le Sanglier. On appelle Marcassin un jeune Sanglier d'un an.

Cerf rôti. Le *Cerf* se sert rôti, aprés l'avoir fait mariner & piqué de lard, on l'arrose de sa marinade en cuisant; & pour sauce on y met une poivrade, ou le dégout qui en est sorti.

Cerf en civet. Lardez de gros lard la piece de Cerf que vous voulez apprêter, faites-la mariner, & l'accommodez aprés comme le Liévre. Il y en a qui mangent le Liévre à la sauce douce; on prend pour cela un verre de vinaigre sur un peu de sel, trois ou quatre clous entiers & un peu de citron, on la fait un peu boüillir, ensuite on la lie avec farine frite, & on l'assaisonne de poivre blanc & d'un jus d'orange.

La Biche. La *Biche* se sert de même que le Cerf.

Le Chevreüil. Le *Chevreüil* se rôtit comme le Cerf, & se sert avec les mêmes sauces; on peut encore en prendre la rate, la passer à la poële avec lard fondu & farine, la piler & la passer à l'étamine avec un peu de roux pour lier la sauce. Le Chevreuil se mange aussi en civet.

Daim. On peut manger le *Daim* rôti, comme le Cerf, mariné ou non mariné,

& avec les mêmes sauces, le civet luy convient aussi. Le *Faon* qui est son petit se déguise de même.

CHAPITRE VII.

Des differens Apprêts qui conviennent au Poisson, tant d'eau douce que de Mer.

LE Poisson est un excellent mets, il ne rend pas les tables moins délicates ny moins somptueuses que les viandes pour le gras; il a ses apprêts particuliers: voicy quels ils sont.

Prenez une grosse *Carpe*, vuidez-la, ne l'écaillez point, mettez-la dans une Poissonniere avec verjus, sel, poivre, clous de gérofle, laurier, oignons, un peu de vin & écorce d'orange séche, laissez-la bien boüillir; étant cuite, servez-la sur une serviete blanche, garnie de persil verd, & pour sauce une vinaigrette. Carpe au court-boüillon.

Etant écaillée & vuidée, on la taillade dessus le dos, on la frotte de bon beurre qu'on a fait fondre, & on la met sur le gril; étant grillée faites-y une sauce blanche avec bon beurre, sel, poivre & un filet de vinaigre. Il y en a qui pour sauce prennent les laites qu'ils passent au roux dans une casserolle avec farine, un peu de purée, ou eau seulement, sel, poivre, champignons & fines herbes en paquet, ils laissent bien cuire le tout, puis ils le servent par dessus la Carpe. Carpe rôtie.

Prenez une Carpe laitée, habillez-la, levez-luy la peau jusqu'à la queuë, laissez-la luy, faisant en sorte qu'elle tienne à la tête, aprés cela ôtez la chair & les arrêtes. Ensuite hachez cette chair menu, avec laites, persil, ciboules, champignons, sel, poivre & clous de gérofle en poudre, un peu de beurre & deux œufs battus; cela fait, remplissez-en la peau de vôtre Carpe, luy recousant le ventre pour luy faire prendre la forme d'une Carpe entiere: ensuite vous la mettez dans une tourtiere, aprés l'avoir bien frottée de beurre, feu dessus & dessous, ou bien au four; vous la retournez de temps en temps, afin qu'elle cuise également, vous la pannez bien étant presque cuite, puis aprés avoir ôté de la tourtiere tout le beurre, vous la dressez dans un plat avec un ragoût de champignons & de laites par dessus. Carpe à la Dauphine.

Prenez de la chair de Carpe, hachez-la bien avec champignons, culs d'artichaux, laites, sel, poivre, clous de gérofle battus & persil, metrez le tout en casserolle ou terrine avec bon beurre frais & purée, ou boüillon de lentilles: ou de poisson (on dira dans la suite comment cela se fait); laissez-le cuire doucement; vôtre hachis étant cuit, liez la sauce avec un jaune d'œuf & verjus. Carpe en hachis.

On sert la Carpe frite avec beurre affiné, on sçait comment cela se fait, on y ajoûte une sauce avec verjus, sel & poivre blanc. Carpe frite.

On prend une belle Carpe laitée, on l'habille & on la farcit dans le corps d'un hachis fait de chair d'Anguilles & de Carpe, persil, ciboule, sel, poivre & clous en poudre, avec deux jaunes d'œufs pour liaison; ensuite on met- Carpe farcie.

la Carpe en casserolle, on la passe au beurre blanc, on y ajoûte un peu de boüillon pour la faire cuire, avec bon assaisonnement, champignons & culs d'artichaux ; la Carpe étant cuite, on la sert chaudement.

Brochet. On distingue par noms les Brochets selon leur âge ; les petits s'appellent *Brochetons*, les moyens *Brochets*, & les gros *Quarreaux*.

Brochet au court-boüillon. Les Brochets de toute grandeur se mettent au court-boüillon, voyez ce qui en a été dit à la Carpe & vous y conformez.

Brochet mariné. On sert le Brochet mariné, on le couppe pour cela par tronçons ; on le met dans du verjus, sel, poivre & jus d'orange pendant deux ou trois heures ; étant mariné, on le frotte de beurre affiné ; on le frit, si l'on veut, sans être mariné, le poudrant seulement de farine, puis on le sert avec une sauce au verjus.

Brochet à la sauce blanche. On le fait cuire pour cela dans du vin blanc, un peu d'eau, sel, poivre, feuilles de laurier & clous de gérofle ; étant cuit, on le tire, on le dresse dans un plat avec une sauce blanche & bien liée par dessus.

Brochet à la daube. Couppez un Brochet par petits morceaux, passez-le au roux en casserolle avec des Navets & un peu de farine, on y met aprés cela un peu de purée, ou de boüillon de poisson ou de lentilles, sel, poivre, & paquet de fines herbes. On le laisse boüillir ainsi, on y ajoûte un verre de vin blanc à moitié de la cuisson, on le laisse encore bouillir ; étant cuit, on le dresse, & on le sert chaudement.

Brochet farci. On en agit de méme que pour la Carpe, excepté qu'on prend de la chair de Brochet au lieu de celle de Carpe : voilà tout ce qu'il y a de difference.

Brochet à la Dauphine. On peut encore manger le Brochet à la Dauphine en changeant seulement de chair pour le hachis, voyez page 611.

Brochet grillé. On fait griller le Brochet, ou sur le gril ou au four, aprés l'avoir tailladé, frotté de bon beurre frais, & assaisonné de sel & de poivre ; à mesure qu'il grille il faut le panner ; étant cuit, on le sert avec un ragoût de champignons, laites, foye de Brochet passez au brun, fines herbes, & un peu de capes ; vous laissez un peu mitonner vôtre Brochet dans le ragoût, & le servez aprés chaudement.

Perche à la sauce blanche. Les *Perches* se mangent à la sauce blanche, aprés les avoir fait cuire dans un demy court-boüillon, & leur avoir ôté la peau, ou bien aprés qu'elles sont cuites ; on les sert avec un petit ragoût de champignons qu'on met par dessus.

Brême rôtie. La *Brême* rôtie s'apprête comme la Carpe, consultez pour cela la page 611. on la mange encore à la sauce rousse, avec sel & poivre blanc ; on la sert aussi avec une farce à l'ozeille.

Barbeau au demi court-boüillon. Ayez un *Barbeau*, habillez-le & le dépoüillez de sa peau, faites-le cuire, avec vin, un peu d'eau, sel, poivre, orange séche & feüille de laurier ; étant cuit, dressez-le dans un plat, & le servez à la sauce blanche.

Anguille en ragoût. On prend des tronçons d'une ou plusieurs *Anguilles*, on les passe au beurre blanc dans la casserolle, puis on les fait cuire avec purée, ou boüillon de lentilles, sel, poivre, clous battus, bouquet de fines herbes, un verre de vin blanc, champignons & culs d'artichaux ; ce ragoût étant cuit, on lie la sauce avec un coulis de mie de pain trempée dans du boüillon & passée au tamis.

Anguille à la sauce brune.

Il faut passer vôtre Anguille au roux avec beurre & farine, puis on la fait cuire comme dessus hors la liaison qu'il en faut ôter.

Anguilles marinées.

L'Anguille se marine & se frit comme le Brochet, consultez l'article.

Anguille rôtie sur le gril.

On couppe l'Anguille par tronçons qu'on trempe en beurre fondu, on les poudre de sel & de poivre, on les met rôtir sur le gril; étant rôtis, on les sert à la sauce blanche relevée d'une pointe de vinaigre & de rocambole.

Anguilles fricassées.

Elles se déguisent comme les petits poulets; il faut coupper les Anguilles par morceaux raisonnables, & on les mange au roux ou au blanc.

Anguilles farcies.

Faites un godiveau de chair d'Anguille que vous hacherez bien menu, mêlez-y de la mie de pain & de la crême, broyez le tout ensemble, ajoûtez-y deux ou trois rocamboles, persil menu, sel & poivre; cela fait, farcissez vos Anguilles sur l'arrête à la place de la chair que vous aurez prise pour faire vôtre hachis, pannez-les de mie de pain & les mettez cuire au four dans une tourtiere, ayant pris belle couleur, servez-les avec un petit ragoût de champignons par dessus.

Lamproye.

Le *Lamproïe* se masque comme l'Anguille, il faut en garder le sang pour s'en servir comme on dira. Ce poisson se sert rôti & frit, on le mange à la sauce douce, étant rôti à la broche; cette sauce se fait avec vin rouge, beurre roux, sucre, sel & morceau de citron verd.

Lamproïes en ragoût.

Couppez vos Lamproïes par tronçons dans une casserolle, passez-les au roux avec bon beurre & farine, ajoûtez-y du boüillon de poisson, purée claire, ou boüillon de lentilles, un verre de vin, sel & poivre & fines herbes en paquet, faites boüillir le tout ensemble, ajoûtez-y le sang; étant cuits servez-les chaudement.

Tanches fricassées.

Il faut délimoner les *Tanches* & les vuider comme les autres poissons, les coupper par morceaux, & les apprêter comme l'Anguille en ragoût, tant au blanc qu'au roux.

Tanches en hachis.

On les mange aussi en hachis: voyez la Carpe sous ce déguisement, elle se frit aussi de la même maniere, & se farcit sans y rien observer d'avantage.

Les *Ecrevisses* se déguisent en Cuisine de differentes manieres, on les met en ragoût comme on le va dire.

Ecrevisses en ragoût.

Faites cuire des Ecrevisses à l'ordinaire, prenez-en les queuës, les pattes & le dedans du corps, passez-les au roux dans une casserolle avec bon beurre & lard fondu, farine, sel, poivre, clous de gérofle battu, bouquet de fines herbes, champignons, boüillon de poisson ou aux lentilles, ou purée claire. Laissez cuire le tout doucement; étant cuit, dressez-le & le servez chaudement.

On les passe au blanc, si l'on veut, avec beurre frais, & pour liaison, on y met des jaunes d'œufs délayez avec verjus. On mange encore les Ecrevisses à l'ordinaire; c'est à dire, on les fait cuire avec eau, un peu de vinaigre, sel & poivre.

Tortuës en guise de Poulets.

Pour les bien habiller, on leur couppe la tête & les pieds qu'on jette; on les mange en guise de petits Poulets fricassez, voyez l'article page 603.

Tortuës marinées.

Pour cela mettez-les tremper quelque temps dans du vinaigre, sel, poivre & ciboules; ensuite farinez-les, faites-les frire; étant frites, servez-les avec persil frit, orange & poivre blanc.

Truites au court-boüillon.

Les *Truites* se mangent au court-boüillon comme les Carpes, voyez l'article page 611.

Truites rissollées. Prenez des Truites, habillez-les, frottez-les de beurre fondu, pannez-les avec chapelûre de pain, sel & poivre, mettez-les dans une tourtiere feu dessus & dessous, ou bien au four, laissez-les y prendre belle couleur, & les tirez à sec, ensuite vous les mettrez dans un ragoût de champignons cuits à part, vous les y faites mitonner, les servez ensuite.

Truites marinées. On sert les Truites marinées & frites comme les autres Poissons ainsi masquez, & dont on a parlé.

Saumon frais rissollé. Le *Saumon* se coupe par tranches & se mange rissollé comme la Truite, consultez l'article, si on veut en faire un ragoût.

Saumon en ragoût. On prend une ou plusieurs tranches de Saumon, on les passe au roux dans une casserolle avec bon beurre & farine pour frire; ayant pris belle couleur; ajoûtez-y du boüillon de poisson ou de lentilles, champignons, culs d'artichaux, sel, poivre, paquet de fines herbes & le foye du Saumon délayé; quand ce ragoût est cuit à propos, on le sert chaudement pour Entrée: la hûre se déguise de même.

Saumon mariné. Le Saumon se mange mariné & frit comme plusieurs autres poissons; on le met rôtir sur le gril avec une sauce blanche, avec des anchoix hachez dedans, & un peu de son foye délayé.

Alose rôtie. On mange *l'Alose* rôtie sur le gril comme les autres poissons, aprés l'avoir habillée; & pour sauce, on prend de bon beurre, vinaigre & sel; on y met, si l'on veut, des groseilles verdes, ou du verjus de grain dans la saison.

Alose au court-boüillon. On la sert au court boüillon, ainsi qu'on l'a dit, au sujet de plusieurs autres poissons.

Plies grillées. Ce poisson se sert rôti sur le gril comme la Carpe: voyez page 611. puis on le sert avec sauce comme pour l'Alose, ou un ragoût de champignons qu'on jette par dessus.

Plies au court boüillon. On mange les Plies au court boüillon, & elles se servent avec jus d'orange & persil frit pour garniture.

Plies en casserolle. Passez-les au roux en casserolle avec bon beurre & farine pour liaison, mettez-y du boüillon de lentilles, champignons, sel, poivre, paquet de fines herbes & un peu de vin blanc, faites cuire le tout doucement; étant cuit, vous le tirez & le servez chaudement.

Plies frites. Les Plies se mangent frites, & pour cela on les poudre de farine & d'un peu de sel, & se servent ainsi avec persil frit pour garniture.

Le Carlet. Ce poisson de mer se sert en casserolle, au court-boüillon & frit ainsi que les Plies, voyez-y.

Les Limandes. Les apprêts dont on va parler pour la Sole, seront les mêmes dont il faudra se servir pour la *Limande*.

Sole frite. On sert la *Sole* frite poudrée de farine & de sel, puis on l'ouvre pour en ôter l'arrête; étant frite on luy fait une sauce blanche aux anchois, ou une sauce robert, ou bien un ragoût de champignons.

Soles farcies. On fait une farce de poisson bien assaisonnée avec champignons, sel, poivre, persil & bon beurre, le tout bien haché & manié ensemble, on en farcit les Soles en leur tirant l'arrête par dessus le dos; étant farcies vous les arrosez de beurre fondu, vous les pannez & les mettez en tourtiere frottées de beurre, feu dessus, feu dessous, ou au four pour leur faire prendre belle couleur.

La *Barbuë* se sert au court-boüillon comme les autres poissons; on la mange grillée, & pour cela, on la fait mariner, puis on la panne avec chapelûre de pain, sel & poivre, aprés l'avoir frottée de beurre fondu; on la met en tourtiere feu dessus & dessous, ou au four pour luy faire prendre belle couleur, ensuite on la sert seule, ou avec un ragoût de champignons par dessus. Barbuë au court-boüillon. Barbuë grillée.

Le *Turbot* se mange comme la Barbuë, les petits Turbots se servent rôtis sur le gril & frits ainsi que les Limandes. Turbot grillé.

Les *Rougets* se servent grillez comme la Barbuë, & rôtis sur le gril ainsi que les autres poissons, & pour sauce, on en passe les foyes à la casserolle avec bon beurre & rocambole, puis on les pile avec un peu de boüillon; ensuite on les passe à l'étamine, & l'on en met le dégout sous les Rougets avec sel, poivre & jus d'orange. Rougets.

Les Rougets se servent farcis ou en casserole, il faut voir les autres poisson déguisez de la sorte. La *Dorade* est susceptible des mêmes assaisonnemens. Dorade.

Les Vives se servent *rôties sur le gril* avec une sauce blanche assaisonnée de capes & d'anchois, ou avec l'oseille cuite & bien apprêtée avec bon beurre, persil, & autres assaisonnemens. Vives.

On frit les Vives, & on les sert accompagnées, si l'on veut, d'un ragoût de champignons, culs d'artichaux, sel & poivre, le tout bien préparé; on se contente, si l'on veut, d'un jus d'orange ou verjus avec sel & poivre blanc. Vives frites.

Prenez des *Maquereaux*, vuidez-les, & les mettez rôtir sur le gril; étant grillez, servez-les avec une sauce au roux, groseilles verdes & poivre blanc, ou bien on les sert avec un ragoût de champignons par dessus. Maquereaux grillez.

Ayez des Maquereaux, passez-les au roux dans une casserolle avec farine, laissez-leur prendre belle couleur, puis vous les ferez cuire avec bon boüillon de poisson ou purée claire, champignons, sel & poivre, étant cuits, tirez-les & les servez avec jus de citron. Maquereaux en ragoût.

La *Raye* se cuit à l'eau & se sert à la sauce rousse, elle est meilleure cuite au *court-boüillon*. Raye.

Il faut pour cela passer l'*Esturgeon* & des Navets au roux avec farine, lard fondu ou beurre, puis vous mettez le tout en casserolle avec boüillon du pot ou purée, sel, poivre & persil; étant cuit, vous le tirez. Esturgeon en haricot.

Ce poisson se sert au court bouillon, étant cuit on le dresse avec un ragoût de champignons par dessus. Esturgeon au court-boüillon.

Ayez une belle queuë de *Moruë* ou autre piece délicate, faites-la cuire dans du lait, tirez-la, frottez-la de beurre fondu, pannez-la bien, & la mettez cuire en tourtiere ou au four; ayant pris une belle couleur vous la dressez sur un plat avec un ragoût de champignons par dessus. Moruë en ragoût.

La Moruë se mange frite avec une sauce au verjus, sel & poivre blanc, ou jus d'orange. Moruë frite.

Le *Harang frais* se sert comme le Maquereau, on peut consulter l'article. Harang frais.

Les *Eperlans* se mangent frits ou rôtis sur le gril; dans le premier cas on les sert à la sauce rousse avec jus d'orange, & poivre blanc. Eperlans.

Ils se servent aussi en ragoût, voyez Saumon déguisé de cette maniere; on peut les mettre au court-boüillon & les servir sur une serviette avec une vinaigrette à part & garnis de persil verd. Eperlans en ragoût.

Macreuse. La Macreuse, qui est une espece de Canard sauvage, se déguise de même, c'est pourquoy il faut y avoir recours.

Anchois. Les Anchois sont d'un grand usage en Cuisine, on en fait des salades, & on les employe en plusieurs ragoûts, tant en gras qu'en maigre : on les met dessaler dans le vin avant que de s'en servir.

Huitres. Huitres grillées. On mange les *Huitres* cruës à déjeuner avec du poivre, elles entrent en beaucoup de ragoûts, on les sert grillées ; & pour cela on les ouvre, & on les assaisonne de sel, poivre, persil & ciboules hachées menu, & un petit morceau de beurre, puis on les referme, on les met aprés griller au four ou sur le gril ; il faut de temps en temps, quand elles seront découvertes, passer la pelle rouge par dessus.

Huitres à l'étuvée. On les met à l'étuvée, c'est le ragoût le plus commun, on les mange frites, aprés les avoir un peu poivrées & les avoir farinées ou trempées dans une pâte à bignets, ou bien on les fait mariner avant que de les frire.

Moules en ragoût. Ayez des *Moules*, ratissez-en bien tout le gravier qui y tient, lavez-les bien & les faites boüillir en eau, sel & persil, tirez-les & les ôtez de leurs coquilles, ensuite passez-les au blanc à la casserolle avec sel, poivre, persil, thim & ciboules hachées menu, ajoûtez-y leur boüillon, laissez-les cuire, & sur la fin de la cuisson, on y met des jaunes d'œufs délayez avec verjus, ou bien de la crême de lait pour lier la sauce.

On les fait au brun, si l'on veut, avec farine frite pour liaison au lieu d'œufs.

CHAPITRE VIII.

De quelques Ragoûts particuliers pour être servis en grand repas tant en gras qu'en maigre.

LEs Repas ne sont magnifiques qu'autant qu'ils sont variez, & cette varieté consiste dans les differens mets dont une table est couverte : en voicy quelques-uns qui sont des plus délicats.

Biberot de Perdrix. On prend l'estomac de plusieurs Perdrix aprés les avoir fait rôtir ; si on n'en a pas suffisamment, on se sert d'estomac de volaille, on les hache fort menu ; cela fait, on le met dans une casserolle avec bon jus & assaisonnement, on le laisse cuire à petit feu, prenant garde qu'il ne s'attache au fond ; on le passe à l'étamine, puis on le met dans un petit pot où il cuit aussi à petit feu, & de maniere qu'il ne soit ny trop liquide ny trop gras ; étant bien cuit, on le dresse dans une assiette ou deux, puis on le poudre avec la chapelûre de pain bien fine & on luy fait prendre couleur avec la pelle rouge ; on fait des Biberots de *Chapons*, *Poulardes* & autres Oiseaux de basse-court.

Boucons. Les *Boucons* se font avec roüelles de Veau coupées par tranches un peu longues & minces, on les applatit sur la table. Ayez de gros lardons de lard, & autant de jambon crud, rangez-les de travers sur vos tranches, poudrez-les d'un peu de persil & de ciboule avec sel & poivre ; vos tranches étant garnies roulez-les & les mettez à la braise : vos Boucons étant cuits, vous les dressez dans un plat sans graisse, & vous mettez par dessus un coulis de champignons.

Bouïllans. Quand on veut faire des *Boüillans*, on prend des estomacs de volailles rôties, moüelle de Bœuf, & gros comme un œuf de tétine, autant de lard & un peu de fines herbes, on hache bien le tout ; étant bien haché, on le met entre deux abaisses fines en moüillant légérement avec de l'eau celle de dessous. Il faut mettre cette farce par petits morceaux, éloignez raisonnablement l'un de l'autre; étant couverts, on enferme chaque morceau entre les deux pâtes avec le bout de ses doigts, & avec un fer propre à cela ; on les couppe l'un aprés l'autre, on met le dessus dessous, les dressant proprement ; ensuite on les fait cuire au four ; on sert les Boüillans pour Hors d'œuvres.

Brulofes. Prenez de la viande de Bœuf ou de Veau, couppez-la par tranches que vous battez, mettez-les dans une casserolle avec des bardes dessous, poudrez-les de persil & ciboules hachez, sel & poivre ; continuez de mettre ainsi vos tranches lit par lit jusqu'à la fin, couvrez-les de bardes de lard, mettez-les cuire à la braise dans un pot ou terrine feu dessus & dessous ; étant cuites, tirez-les à part dans un plat, versez-y un coulis de Perdrix & les servez chaudement pour Entrée. On peut, si l'on veut, garnir ces tranches d'un bon godiveau assaisonné de bon goût.

Hâtelettes. Ayez des Ris de Veau & les faites blanchir, couppez-les par petits morceaux avec des foyes & du petit lard blanchi, passez le tout au roux en casserolle, avec un peu de persil, ciboules, farine frite & bon assaisonnement ; étant presque cuit, en sorte qu'il y ait un peu de sauce, faites de petites hâtelettes ou brochettes de bois & y embrochez vos foyes, vos Ris de Veau avec de petit lard, trempez-les dans la sauce, & les ayant pannez, faites-les griller ou frire, & les servez pour Entremets.

CHAPITRE IX.

De tous les Potages qui se peuvent faire en Cuisine, tant en gras qu'en maigre.

LEs Potages ont servi de tout temps pour garnir les Tables, plus à la vérité pour les dîners que pour les soupers ; & comme le boüillon tant en gras qu'en maigre est le principal fondement de tous les Potages, qui ne sont excellens, qu'autant qu'ils sont bien nourris ; voicy comment on fait les boüillons pour les Potages gras.

Potages en gras.

Boüillon gras. AYez du Bœuf du meilleur endroit, comme tranches, cimier ou trumeau, jarret de Veau, queuë de Mouton ou quelques autres pieces, empotez-les avec eau, laissez-les boüillir à l'ordinaire, avec sel, poivre &

Potage au Chapon.

clous de gérofle, & si vous voulez faire un potage au Chapon, vous le mettez cuire dans vôtre pot avec les autres viandes, vous assaisonnerez ce potatage de tels herbages ou racines que vous voudrez, selon la saison : le tout étant cuit ensemble, vous dressez vôtre potage, vous le faites mitonner, & mettez vôtre Chapon au milieu avec vos racines tout au tour pour garniture, & un bon jus de Veau pour le nourrir.

On fait autrement si l'on veut, on fait cuire à part le principal boüillon, comme on l'a dit, & le Chapon dans un autre pot avec du premier boüillon, les racines & autres choses dont on veut l'assaisonner.

Si on veut servir un potage au Chapon farci, on fait un hachis avec chair de Veau, moüelle de Bœuf, bon lard, sel, poivre, clous de gérofle en poudre & fines herbes, vous en farcissez vôtre Chapon dans le corps, ou entre la peau & la chair, vous le mettez cuire comme on a dit & le servez de même.

C'est ainsi que se font les Potages de *Poulets*, *Poulardes*, *Poulets de grain & Dindonneaux*.

Potages aux Navets *Potage aux choux.*

Prenez des Navets, ratissez-les, couppez-les en dez ou en long & les passez au roux dans la poële avec lard fondu & un peu de farine, mettez-les cuire avec Chapon ou autre volaille. Pour les *Choux* on les empote avec la volaille étant couppez par quartiers; on nourrit, pour bien faire, ces potages d'un bon jus.

Potage de Pigeons.

On peut faire le potage de Pigeons comme les précédens, ou bien on larde ces Pigeons de gros lard, on les passe au roux avec lard fondu, on les y laisse prendre belle couleur, puis on les met dans un pot à part pour les faire cuire en bon boüillon. On se comporte de même pour les Potages de *Bizets*, *Ramiers*, *Faisans*, *Faisandeaux* & *Cailles*. Ces Potages ornent tres-bien une table & la font bien valoir.

Potage d'abatis d'Agneau.

On prend les pieds, la tête & le foye, on les met cuire dans un petit pot à part avec petit lard, sel, poivre, clous de gérofle & fines herbes; cet abatis étant cuit, on le dresse au milieu du Potage qu'on fait mitonner avec boüillon fait comme on l'a dit à l'article du Potage du Chapon, puis on nourrit cette soupe de bon jus. Les petites oyes de *Poulets Dindes* & *d'Oyes*, qui en sont proprement les abatis, peuvent se servir de même en Potage.

Potage au Canard. *Potage de Canard aux lentilles.*

Prenez un bon Canard domestique qui soit gras, faites-le rôtir à moitié, mettez-le cuire aprés en pot à part, comme le Chapon : on peut le farcir, si l'on veut, & le servir aux Navets, comme on l'a dit à l'article qui les regarde, ou bien aux Lentilles; & pour y réüssir,

On prend des Lentilles cuites, on les met en casserolle avec lard fondu, on les passe avec persil & ciboule hachée, on les met cuire aprés dans un pot à part avec du boüillon du pot, sel & poivre blanc, & quand on a fait mitonner le potage, on dresse les Lentilles par dessus, & le Canard au milieu; les Pigeons & autres volailles se peuvent ainsi servir en potage avec un jus de Bœuf.

Potage de Perdrix & de Cailles aux lentilles.

On n'observera rien autre chose pour les Potages de *Perdrix* & de *Cailles*, ils sont tres-excellens; la façon n'en est point difficile, & l'on peut à la campagne contenter son goût sans bien de la dépense.

On peut faire de tous les Oiseaux dont on vient de parler des potages à la purée verde à la saison, & pour cela on prend de gros pois verds avec leurs cosses, on les passe un peu à l'eau chaude avec persil, on les égoûte, puis on les pile bien dans un mortier avec mie de pain, imbibée de bon boüillon, aprés on en passe le tout à l'étamine, & on le met à part.

Ensuite on a des petits pois qu'on assaisonne comme pour manger; on met aprés mitonner la soupe avec le boüillon du grand pot, puis on verse la purée par dessus, les volailles au milieu, & le ragoût de pois tout par dessus.

Les Potages de Sarcelles se font de même que les soupes au Canard, on peut consulter l'article & s'y conformer. Potage de Sarcelle.

Potage en maigre.

NOus avons dit comment on faisoit le boüillon pour les Potages gras, il s'agit maintenant icy de dire la maniere de faire celuy pour les Potages en maigre; voyons ce que c'est, & commençons par celuy de poisson.

On fait ce boüillon avec les arrêtes, les têtes & les queuës des poissons qu'on désosse; si cela ne suffit pas, mettez-y-en quelques uns d'entiers, & sur tout quelques tronçons d'Anguilles, parce qu'elles ont la chair grasse, laissez bien cuire le tout dans un pot avec eau, beurre, sel & poivre, oignons piquez de clous de gérofle & paquet de fines herbes; étant bien cuit, on passe ce boüillon à l'étamine: on peut, si l'on veut, y ajoûter des queuës d'Ecrevisses pilées & passées aussi avec un verre de vin blanc; voilà ce boüillon dont on a tant parlé dans bien des apprêts du poisson, & où l'on renvoye. Bouillon de poisson.

Ce boüillon étant parfait, si c'est un potage de Carpe farcie, on s'y prend, pour la farcir, comme on l'a dit à la page 618. & aprés que le potage est mitonné avec le boüillon de poisson, on dresse la Carpe au milieu, puis on le sert chaudement. Potage de Carpe farcie.

Si c'est un potage de Brochet farcy, on le farcira comme il est enseigné à son article, page 612. puis on le dressera sur la soupe aprés qu'elle aura mitonné. Potage de Brochet farci.

On sert le Saumon frais en potage, & pour cela on commence par l'apprêter en ragoût comme il est marqué à la page 614. aprés cela on le dresse au milieu du potage, quand il est mitonné. Potage de Saumon frais.

Ces poissons, & tous les autres qu'on farcit se servent de même en potage; on observera de suivre en cela ce qui a été marqué sur les farces pour chacun en particulier, & la maniere de les apprêter, ensuite on se sert du boüillon de poisson, comme on a dit; on fait mitonner le potage, & on dresse les poissons au milieu. Potage de Soles & de Tanches.

On prend des croûtes de pain séchées au four, & si l'on veut faire un potage de *croûtes farcies de blanc de Chapon, d'estomacs de Perdrix*, ou d'autres Oiseaux propres pour les soupes; on aura recours à l'article de chaque Oiseau dont on aura besoin, & l'on verra comment les farces & hachis s'en font, cela observé, on en garnit les croûtes, aprés les avoir fait mitonner. Potage de croûtes farcies en gras.

Il faut observer que lorsqu'on dit de faire un hachis ou farce de blanc de quelque Oiseau que ce soit, on doit toûjours auparavant les faire rôtir à la broche, car la chair s'en léve alors plus aisément.

On agit au sujet des poissons comme pour la volaille & autres Oiseaux qui Potage de croûtes farcie en maigre.

entrent dans les potages; c'est à dire, on consulte les manieres d'en faire les farces ou hachis avant que d'en farcir les croûtes, puis on les sert tout de même.

On farcit aussi des *croûtes aux Lentilles* qu'on apprête ainsi qu'on l'a dit à l'article du Potage des Canards aux Lentilles, page 513. si vous en exceptez le lard, à la place duquel on se sert de beurre, si c'est en maigre.

Potage de Champignons.

Potage de mousserons & de morilles.

Pour faire un potage de champignons, on les met d'abord en ragoût, comme on le verra cy-aprés à son article; on fait à part une souppe au lait & persil; étant faite, on met tremper des croûtes, puis on met par dessus le ragoût de champignons. Les potages de Mousserons ou de Morilles se font de même, au lieu de lait, on peut se servir de boüillon de Lentilles cuites avec sel, poivre & racines de persil.

Potage d'asperges.

Ayez des Asperges, faites-les cuire en guise de petits pois; & pour cela, consultez l'article qui en parle, cela fait, vous dressez, vôtre ragoût sur des croûtes mitonnées dans une purée verde, comme on l'a enseigné cy-dessus, page 619.

Potage aux Amandes.

Prenez pour cela des Amandes, pilez-les bien dans un mortier, versez-y un peu de lait crainte qu'elles n'hüilent; étant bien pillées, passez-les à l'étamine, ou dans un linge, mettez ce qui en sort dans du lait, un peu de sel & sucre, achevez de cuire le tout, & quand il sera prêt à dresser, nourrissez ce potage de jaunes d'œufs délayez, & versez ce boüillon sur vos croûtes taillées minces: on peut raper du biscuit par dessus, & garnir le plat de croûtons frits.

Nous avons encore les Potages aux *Arroches*, *Feuilles de Poirées & Epinards*; pour les faire, on les met cuire dans un pot, avec purée claire, sel, poivre & clous battus; étant cuits, on dresse le boüillon sur des croûtes qu'on laisse mitonner, & les herbages par dessus.

Potage aux petits pois.

Pour y réüssir on fait cuire les petits pois comme nous le dirons, puis on prépare un boüillon avec du lait comme pour le potage de champignons; ensuite on dresse cette souppe, & on répand les petits pois par dessus.

Potage de Citroüille.

Pour le Potage de Citroüilles, on couppe ce fruit de Jardin par petits morceaux qu'on passe à la casserolle au beurre blanc, avec sel, poivre & persil haché menu; il faut laisser cuire la Citroüille en boüillie; étant cuite, on la met dans un pot de terre avec lait boüillant, vous l'y laissez prendre un boüillon ou deux, puis vous la dressez sur des souppes taillées à l'ordinaire; il y a encore plusieurs autres Potages tant en gras qu'en maigre, mais ils méritent si peu qu'on en donne des instructions, que nous avons cru les devoir passer sous silence.

CHAPITRE X.

Instructions faciles pour apprendre à déguiser les Oeufs de plusieurs manieres. Bignets de différentes sortes.

IL n'y a guéres de mets en Cuisine dont les masques soient plus différens & en plus grand nombre que ceux dont les Oeufs sont susceptibles : mais il y en a à la vérité qui sont si communs, qu'on n'a pas crû leur devoir donner place icy pour ne point embarasser le Lecteur de choses qui ne méritent point son attention : comme, par exemple, qu'est-il besoin de traiter des Oeufs à la coque, des Oeufs pochez au miroir, & de quantité d'autres qui sont si ordinaires dans les ménages ? Nous ne parlerons donc icy que de ceux qui peuvent contribuer à rendre une table délicate.

Oeufs à la fleur d'orange.

PRenez des Oeufs, cassez-les, battez-les bien avec un peu d'eau de fleur d'orange, & de sucre en poudre ; étant bien battus, versez-les dans une casserolle ou terrine sur un peu de beurre que vous aurez fait fondre, mettez-y un peu de sel, remuez bien le tout de peur qu'il ne s'attache au fond : vos œufs étant cuits, vous les dressez dans un plat, vous y rapez du sucre & les servez.

Oeufs à l'écorce d'orange.

ON casse des Oeufs dans un plat à part, on y met de la mie de pain trempée pendant deux heures dans du lait & passée à l'étamine, ou dans une passoire à petits trous, ajoûtez-y du sel & du sucre, un peu d'écorce de citron confite & hachée bien menu & de l'eau de fleur d'orange ; cela fait, on méle bien le tout, on le verse dans un autre plat où l'on aura fait fondre auparavant du bon beurre ; on le met sur le fourneau, & on laisse cuire les œufs ; étant cuits, on leur donne couleur avec une pelle rouge qu'on leur oppose, ensuite on les sert chaudement.

Oeufs à la Portugaise.

IL ne faut prendre que des jaunes d'œufs, les foüetter, puis mettre dedans du sucre fondu dans de l'eau de fleur d'orange, & y ajouter deux jus de citron & un peu de sel, battez bien le tout aprés sur le feu, & lorsque les œufs quitteront le plat, dressez-les, garnissez-les d'écorce de citron, & les servez chaudement.

Oeufs aux Amandes.

ON prend des Amandes pelées, on les pile dans un mortier avec un morceau d'écorce de citron confite, ensuite on fait cuire du sucre à part avec un peu d'eau, & quand il aura pris une consistance de syrop, on y met les amandes avec des jaunes d'œufs, on bat bien le tout, on le remuë jusqu'à ce qu'il quitte le poëlon, puis on le sert chaudement avec sucre rapé par dessus.

Oeufs pochez à la Princesse & autrement.

ON commence par mettre fondre du sucre qu'on cuit jusqu'à ce qu'il ait pris une consistance de syrop; on casse des œufs, dont on ne prend que des jaunes qu'on met l'un aprés l'autre dans une cuilliere à bouche, & qu'on tient ainsi dans le syrop jusqu'à ce qu'ils soient cuits : on en fait tant qu'on en veut de cette maniere, & lorsque le plat est remply, on les poudre de sucre, puis on les sert piquez d'écorce de citrons confits avec de l'eau de fleur d'orange, qu'on verse par dessus, autrement

Vous pochez vos œufs à l'ordinaire, ensuite vous prenez de l'oseille que vous pilez bien, & dont vous exprimez le jus que vous mettez dans un plat avec beurre, deux jaunes d'œufs cruds, sel & muscade; aprés cela, versez vôtre liaison sur vos œufs, & les servez chaudement.

Oeufs à la crême & autres manieres.

FAites cuire des œufs tout entiers en casserolle avec bon beurre; étant cuits, détachez-les & les rangez sur un plat, ayez ensuite de la crême de lait, mettez-y-en avec un peu de sel & de sucre, & les servez chaudement. On sert encore beaucoup d'œufs apprêtez de différentes manieres; tels sont,

Les *Oeufs à la Tripe*, qui sont assez ordinaires dans les ménages des plus bourgeois. Les *Oeufs à la Huguenotte*, parce qu'on y méle un jus de Mouton. Il y a encore les *Oeufs à l'Oseille*, qui est une farce qu'on met dessous. Les *Oeufs au Verjus* qu'on broüille avec cette liqueur; les *Oeufs au lait* & les *Oeufs hachez*; ceux-cy se font en cette maniere.

Prenez des œufs, faites-les durcir, hachez-les aprés & les faites cuire avec bon beurre, sel, poivre, persil menu; étant cuits, servez-les garnis, si vous voulez, de boulettes d'œufs frites, ou sans garnitures.

Pour faire les *Oeufs au Fromage*, on les déguise d'abord au miroir, puis on les couvre de Fromage rapé; ces œufs sont appellez autrement, *Oeufs à l'yvrogne*, parce qu'ils font trouver le vin bon.

On a encore en cuisine les *Oeufs frits*, qui ne sont pas bien difficiles à faire, & les *Oeufs farcis*. Pour réüssir en ceux-cy, on prend le cœur de quelques laituës, ou arroches, ou feuilles de belles cardes, ou enfin des épinards, chaque herbage selon sa saison, avec oseille, persil, cerfeüil, & un peu de champignons, si on en a seulement pour y donner goût. On hache bien le tout ensemble avec des jaunes d'œufs durs, sel & muscade ; on le passe au beurre dans la casserolle, on le laisse cuire, étant cuit, on y met de la crême de lait, on prend ensuite les blancs d'œufs, on les couppe par moitié, on les range sur la farce dans un plat, aprés les en avoir remplis, puis on les sert.

Omelette au sucre & d'autres manieres.

ON déguise encore des Oeufs en bien d'autres manieres ; il y a l'Omelette au sucre, qui se fait avec des œufs qu'on bat, & dans lesquels on met de l'écorce de citron confite, hachée menu, un peu de crême fraîche & du sel. Cette Omelette se fait à la poële avec bon beurre roux, on la poudre de sucre avant que de la dresser, ensuite on la dresse le côté risollé en dessus, puis on la sert chaudement.

On fait des *Omelettes aux épinards* & à *l'oseille*, il faut pour cela prendre de la farce de chacune de ces herbes, faite comme on le dira, les broüiller avec les œufs, & cuire l'Omelette à l'ordinaire.

Pour faire une *Omelette au rognon de Veau*,

Prenez un rognon, quand il est presque cuit à la broche ; ou aprés que la longe de Veau est tirée, hachez-le menu avec persil, ciboulettes, sel & poivre, étant bien haché, cassez des œufs environ une douzaine, broüillez-les bien avec vôtre hachis, en sorte que le tout soit bien mêlé, achevez aprés cela de faire cuire vôtre Omelette à la poële avec bon beurre roux. Il y en a qui ne mettent ny persil ny ciboulettes, mais qui l'assaisonnent d'écorce de citron hachée menu avec sucre, dont ils la poudrent, avant que de la servir.

Voicy comment on fait l'*Omelette aux champignons*. On met des champignons en ragoût, on les farcit, si l'on veut, de blancs de Chapon, de Ris de Veau, & d'autres choses de cette sorte passées aussi en ragoût ; si c'est en maigre, on se sert de hachis de poisson qu'on broüille parmy les œufs ; on acheve aprés l'Omelette comme les précédentes.

Bignets de différentes sortes.

COmme les Bignets sont du ressort de la Cuisine, on n'a pas jugé à propos de les placer ailleurs ; on en fait de plusieurs manieres : voicy les plus communs.

Prenez de la farine, du fromage moû, du lait, du vin blanc environ un bon verre, des œufs & du sel raisonnablement ; détrempez bien le tout en consistance de boüillie, puis faites cuire les Bignets en sain-doux, ou beurre affiné.

On fait des *Bignets aux Pommes* en trempant dans cette pâte des tranches de Pommes de reinettes, puis on les met l'une aprés l'autre avec une cuilliere dans la friture ; on prend soin de retourner ces Bignets quand ils ont pris une belle couleur d'un côté, afin qu'ils en prennent autant de l'autre, puis on les tire avec l'écumoire, ou quelque grande brochette de bois qui soit pointuë ; on les poudre de sucre quand ils sont bien égoutez, & on les sert aprés.

Bignets à l'Ecorce de citron & aux Amandes.

QUelques-uns pour faire de bons Bignets, les détrempent avec de la fleur de farine, des jaunes d'œufs, du lait, du sucre, & un peu de beurre filé avec de l'écorce de citron hachée menu, ils mêlent bien le tout ensemble, & font cuire leurs Bignets dans du sain-doux, ou de bon beurre affiné, & les servent poudrez de sucre, & bassinez d'eau de fleur d'orange ou d'eau rose pour ceux qui l'aiment; il faut les détremper trois heures avant que de les faire cuire.

Pour les *Bignets d'Amandes*,

On pile les Amandes aprés les avoir passées, on les mêle parmy la pâte destinée pour faire les Bignets; on y ajoûte de l'écorce de citron confite, pilée aussi & mêlée parmy les Amandes, du sucre en poudre & de l'eau de fleur d'orange; tout cela bien pratiqué, on frit les Bignets à l'ordinaire.

Au lieu de Pommes, on prend, si l'on veut, de la marmelade d'Abricots, de Prunes ou de Cerises, ou de ces fruits confits mêmes, quoique au liquide. Ces Bignets sont tres-délicats & se servent dans les grands repas. Ils font alors des plats d'Entremets tant en gras qu'en maigre.

CHAPITRE XI.

Comment apprêter toutes sortes de Racines, Herbages & Fruits de Jardin.

IL y a bien des choses dans ce Chapitre sur lesquelles nous passerons fort légérement & que par occasion, étant des mets des plus communs & que tout le monde sçait & habille à sa fantaisie; comme, par exemple les *Betteraves* qu'on mange *frites*, aprés les avoir trempées dans une pâte à Bignets, ou *fricassées* au roux avec une pointe de vinaigre; on mange aussi les *Betteraves en salade*, avec huile d'olive, & on les employe pour garnir quelques Entremets en maigre.

Carottes & Panais.

LEs Carottes & les Panais se servent *frits*, aprés qu'on les a fait cuire dans l'eau, & qu'elles sont bien mollettes, on les apprête à la *sauce blanche.*

Carottes à la Portugaise.

Ayez de belles Carottes, cuites comme on l'a dit, couppez-les par morceaux longs comme le tiers du doigt ou plus petits, ce sera encore mieux, mettez-les boüillir dans une casserolle, dans du sucre clarifié, soignez de les bien écumer, & quand elles auront assez pris sucre, ajoûtez-y un peu de sel & crême douce, ou jaunes d'œufs délayez avec eau de fleur d'orange, & les servez chaudement.

Ces Racines entrent dans les Potages gras, mais il les faut ratisser auparavant

paravant, étant cuites, elles servent de garniture sur les bords du plat.

Salsifix d'Espagne & communs.

LEs Salsifix d'Espagne, appellées autrement *Scorzonerre*, se ratissent d'abord, & on les jette à mesure dans l'eau fraîche où elles trempent quelques temps pour en ôter l'amertume; ensuite on les met cuire à l'eau, & on les mange à la sauce blanche avec une pointe de vinaigre; ou bien on les fait cuire en casserolle toutes mollettes avec moüelle de Bœuf ou lard couppé en dez, & du boüillon du pot, on les laisse ainsi mitonner.

Ensuite, quand on veut les servir, on les verse dans un pot, puis on y met un jus d'éclanche assaisonné d'un peu de sel & poivre, & d'un jus d'orange ou de citron avec de la muscade rapée par dessus.

On employe aussi les Salsifix d'Espagne dans les potages gras, c'est une des racines des plus excellentes que nous ayons. Les *Salsifix communs* se mangent frits & à la sauce blanche, avec vinaigre & crême douce, ils n'en sont que plus délicieux déguisez ainsi. Salsifix communs.

Des Raiponces & des Navets.

ON employe cette Racine dans les Potages, ainsi que les *Navets*; ceux-cy entrent encore pour assaisonnemens dans quelques ragoûts, comme Canards aux Navets & Oysons apprêtez de même, dans les haricots & quelques daubes.

Les Truffes.

ON les déguise en Cuisine de différentes manieres; la plus simple est de les faire cuire dans le vin, sel & poivre, puis les servir chaudement pour Entremets dans une serviette. On les cuit aussi au court-boüillon, puis on les pele, on les couppe aprés par roüelles, puis on les mange à la sauce blanche, ou à la moüelle de Bœuf, avec un peu de court-boüillon & un jus de gigot pour assaisonnement. Les Truffes servent aussi d'assaisonnemens pour ragoûts & tourtes de plusieurs façons.

Des Champignons en ragoût & de plusieurs autres manieres.

AYez de bons Champignons, bien choisis, épluchez-les, jettez-les dans l'eau claire, couppez-les en dez, & les faites boüillir d'abord pour rendre leur premiere eau, ensuite mettez-les en casserolle & les y passez au blanc, laissez-les-y boüillir assaisonnez de sel, poivre, autres épices & fines herbes; étant cuits, faites-y une liaison avec un peu de farine frite, ou jaunes d'œufs & verjus, puis servez-les chaudement.

Au lieu de cette liaison on y met du jus de Mouton, lorsque la sauce est suffisamment tarie; il faut, pour bien faire, dégraisser un peu ce ragoût, quand on juge qu'il y a trop de beurre.

On se sert de lard ou de moüelle de Bœuf au lieu de beurre pour passer les champignons. Il y en a qui ne font point boüillir les champignons dans l'eau avant que de les accommoder, & qui se contentent de les faire suer sur le réchaud, mais ils ont le goût trop fort de cette façon, & ils n'en sont pas si agréables au sentiment de bien des gens.

On mange les *Champignons rôtis* sur le gril ou au four avec un peu de beurre, sel & poivre qu'on met dedans. On appelle ces champignons à la campagne des *Champignons à la croque au sel.*

Pour faire des Champignons farcis,

Faites une farce avec chair de Veau, moüelle de Bœuf, & lard, sel, poivre & persil, hachez le tout bien menu, & en emplissez vos champignons, qui pour cela doivent être épluchez, ensuite rangez-les dans une terrine avec bon boüillon bien assaisonné, laissez-les bien cuire, étant cuits, tirez-les & les servez chaudement, soit pour garniture de potage ou ragoût, soit pour plat ordinaire, ou d'Entremets.

Quelques-uns font cuire d'abord leurs champignons tous entiers & leur farce à part, puis ils les en farcissent & les mettent ainsi prendre couleur au four. Si c'est en maigre, on fait un hachis de poisson bien assaisonné, & on en agit au reste comme dessus.

Les *Champignons frits* se préparent ainsi.

Epluchez vos champignons tous entiers, faites-les cuire en eau seulement, étant cuits, trempez-les dans une pâte claire faite avec farine & des œufs, poudrez-les d'un peu de sel, faites-les frire ensuite au beurre ou au sain-doux, servez-les aprés avec persil frit pour garniture, & un jus d'orange.

Les Champignons en Cuisine sont employez à bien des choses ; comme, par exemple à garnir des potages tant en gras qu'en maigre, & à assaisonner la plûpart des ragoûts.

Des Mousserons en ragoût.

AYez des Mousserons, épluchez-les, mettez-les en casserolle au beurre frais ou lard fondu avec poivre, sel, persil & ciboules en paquet, laissez-les un peu mitonner, mettez-y aprés de la créme douce pour lier la sauce, ou bien des jaunes d'œufs délayez avec un peu de verjus, ou simplement de la farine frite avec chapelûre de pain.

Des Morilles en ragoût

ON nettoye bien les Morilles de tout leur gravier, en les lavant en grande eau, on les mange comme les Champignons, c'est à dire, en ragoût, frites ou farcies ; elles sont d'usage pour les potages, ragoûts & pâtisserie, on en fait des Entremets.

Choux-Fleurs à la sauce blanche & autrement.

AYez des Choux-Fleurs, épluchez-les bien de toutes leurs feüilles, coupez-les à l'ordinaire, & les mettez boüillir en eau, sel & poivre ; étant cuits & bien amollis, faites-les égoûter, & mettez-les en casserolle avec beurre frais, sel & poivre & une pointe de vinaigre, laissez-les un peu mitonner à petit feu, aprés cela, tirez-les & les servez chaudement.

Il y en a, qui au lieu de beurre, font cuire leurs Choux-Fleurs dans du lard fondu avec bon assaisonnement, puis, lorsqu'ils sont prêts à servir sur table, ils y mettent un jus de Mouton & une pointe de vinaigre ; d'autres les mangent en salade avec bonne huile d'olive, sel & vinaigre.

Chou farci en gras & en maigre.

PRenez un Chou pommé, ôtez-luy les plus grandes feüilles, & ne luy laissez que ce que vous voulez qu'il ait de grosseur, faites-le boüillir à l'eau, ensuite tirez-le & le mettez égoûter ; étant un peu réfroidy, vous ouvrirez vôtre Chou jusqu'au cœur en écartant les feuilles, aprés quoy vous le farcirez de la maniere qui suit.

Prenez roüelle de Veau, lard, champignons, moüelle de Bœuf, sel, poivre & ciboulettes, hachez bien le tout ensemble ; étant bien haché, emplissez vôtre Chou, refermez-le, liez-le avec de la ficelle, & le mettez en un pot à part avec bon boüillon pour le faire cuire, nourri d'un bon jus de Bœuf, fines herbes & tranches d'oignon, sel & poivre.

Vôtre Chou étant cuit vous le dressez au milieu d'un plat, vos croutes tout au tour, faites-les mitonner avec d'autre boüillon, cela fait, servez-le garni de ce que vous voudrez, ou sans garniture.

D'autres servent ce Chou dans un plat sans pain ny boüillon, & mettent par dessus un ragoût de ce qu'ils s'avisent. Si c'est en maigre, vous faites vôtre farce de chair de poisson, avec bon assaisonnement, & le servez avec une souppe à la purée ou aux lentilles.

Epinards en farce.

ON prend des Epinards, on les nettoye, on les passe à l'eau, puis on les hache ; étant hachez fort menu, mettez-les en casserolle avec bon beurre, & en quantité suffisante, laissez-les boüillir, ou bien au lieu de beurre servez-vous de lard fondu, sel & poivre, & d'un peu de purée, si vous en avez, ou de crême douce, ou d'un jus de Mouton ; étant cuits vous les tirez & les servez chaudement avec croutons frits pour garnitures, si vous voulez les apprêter autrement, lorsque vos Epinards sont passez à l'eau & bien hachez,

Mettez-les en casserolle, faites-les-y cuire avec bon beurre, assaisonnez-les d'un peu de sucre, écorce de citron confite & deux macarons pilez, puis en les tirant, versez-y un peu d'eau de Fleur d'orange.

Cardes de Poirée à la sauce blanche & à la moüelle.

APrés avoir fait cuire les Cardes dans l'eau, & qu'elles sont bien mollettes, on les sert à la sauce blanche, ou bien on les fait cuire avec bon boüillon, & jus, moüelle de Bœuf & une liaison avec beurre roux & farine frite. Si c'est en maigre, on ôte le jus & la moüelle, & on les poudre de fromage rapé.

Cardons d'Espagne, & Cardes d'Artichaux à la sauce blanche & à la moüelle.

LEs Cardons d'Espagne se couppent par morceaux longs comme le doigt, on les épluche bien de leur premiere peau, on les lave & on les fait cuire à l'eau jusqu'à ce qu'ils soient amollis, ensuite on les met cuire, & on les assaisonne comme les Cardes de Poirée; les *Cardes d'Artichaux* se déguisent de même.

Concombres farcis.

PRenez des Concombres, vuidez-les, aprés les avoir pelez légérement, ensuite remplissez-les d'une farce faite avec roüelle de Veau, moüelle de Bœuf, champignons, persil, ciboule, sel, poivre & bonnes épices, hachez le tout ensemble & en emplissez vos Concombres, ensuite mettez-les cuire dans un pot avec boüillon gras, étant cuits, dressez-les au milieu de vôtre potage avec vos croûtes tout au tour, versez dessus vôtre bouillon, laissez bien mitonner le tout, & le servez aprés avec un jus de Bœuf.

Au lieu de Veau pour faire la farce, on peut prendre du blanc de quelque volaille ou autres Oiseaux qu'on veut, & pour les jours maigres, on se sert de chair de poisson, comme de Carpes, Tanches, Anguilles & Brochets, observant de faire cuire les Concombres en boüillon de poisson ou purée de pois verds: les Concombres se mangent encore fricassez à la sauce blanche, on les apprête en salade, & on les met sous une éclanche à la broche; tous ces apprêts sont faciles.

Artichaux frits & autrement.

PRenez des Artichaux, ôtez-en le foin, & les nétoyez bien, ensuite faites-les cuire à l'eau tant qu'ils soient amollis, étant cuits, trempez-les dans une pâte claire faite avec des œufs, ensuite faites-les frire & les servez avec persil frit pour garniture.

Pour les *Artichaux à la crême.*

On n'en prend pour cela que les culs qu'on fait amollir dans l'eau qu'on laisse boüillir, aprés on les passe au beurre dans la casserolle, ou avec lard, & un paquet de fines herbes, & ensuite mettez-y de la crême de lait, le tout assaisonné de bon goût; étant cuits, on les sert chaudement pour Entremets.

Les Artichaux entrent en la plûpart des ragoûts, & en font un des principaux assaisonnemens : on les mange aussi à la sauce blanche avec une pointe de vinaigre, c'est l'apprêt le plus ordinaire & que tout le monde sçait.

Asperges en petits pois.

ON prend des Asperges, on en couppe tout le verd par morceaux gros comme des pois, on les met en casserolle avec lard ou beurre, moüelle de Bœuf, sel, poivre & paquet de fines herbes; on laisse boüillir le tout ensemble; étant cuit, on le tire, puis on y met un peu de crême, ensuite on sert chaudement ces Asperges; elles se servent encore entieres à la sauce blanche avec une pointe de vinaigre.

Pois verds en casserolle & autrement.

AYez des Pois verds, mettez-les en casserolle avec bon beurre, un peu de persil ou sans persil, & du sel, laissez-les cuire à loisir, étant cuits, mettez-y un coulis verd de cosses de pois, c'est à dire un jus exprimé de ces cosses, aprés les avoir pilées, & un peu de sucre.

On n'y met point de sucre, si on veut, & au lieu de coulis on les assaisonne d'une crême douce, puis on les sert; quelques-uns y ajoûtent des cœurs de laitues pommées. Il y a encore les *Pois en cosse* qui sont merveilleux déguisez comme on vient de dire.

On fait de la purée de pois verds pour des potages maigres qui sont excellens, on s'en sert encore en bien des ragoûts, ainsi que nous l'avons fait remarquer.

Féves à la crême.

AYez des Féves tendres, fraisez-les, c'est à dire, ôtez-leur leur robbe, cela fait, passez-les à la poële avec bon beurre; étant bien frites, mettez-y un verre d'eau environ où vous aurez fait fondre du sel, ajoûtez-y un peu de sariette, & les laissez boüillir; ensuite on lie la sauce avec de la crême douce, puis on les sert chaudement.

Haricots à la crême.

ON prend des Haricots en cosse, on leur ôte certains filets qui joignent ces cosses, on les fait boüillir dans l'eau jusqu'à ce qu'ils soient bien amollis, puis on les passe au beurre blanc en casserolle, ensuite on y met sel, poivre & un peu de boüillon, on laisse cuire le tout; étant cuit on y met de la crême douce ou des jaunes d'œufs pour lier la sauce. On accommode de même les Haricots sans cosse.

CHAPITRE XII.

Des Coulis & Jus, & comment ils se font

IL n'y a rien qui nourrisse plus un ragoût & un potage qu'un bon Jus & qu'un coulis bien fait ; mais comme tout le monde ne sçait pas ce que c'est que Coulis & que Jus, ny comment ils se font, on a cru en devoir donner des instructions.

JUS.

Jus de Bœuf. PRenez un morceau de Bœuf qui n'ait point de graisse, couppez-le par tranches, & le mettez dans une terrine ou petit pot, que vous mettez sur un peu de feu, aprés l'avoir bien bouché de son couvercle, que vous empâtez ; laissez suer ainsi vôte Bœuf pendant deux heures de temps, tirez-en aprés le jus qui en sort, & vous en servez.

Jus de Mouton. On peut faire la méme chose pour *Jus de Mouton* & *de Veau*, ou bien on les fait rôtir à moitié à la broche, puis on les presse dans une presse.

Jus de Chapon. Prenez un bon Chapon paillier, faites-le rôtir à moitié ; étant rôti, pressez-le aprés l'avoir brisé, & le jus en sortira.

Jus de Champignons. Prenez des champignons, nettoyez-les bien, passez-les à la casserolle avec lard ou beurre, laissez-les bien roussir avec la farine ; cela fait, mettez-y du boüillon gras ou maigre, laissez-luy prendre un boüillon, passez le tout à la presse, & vous servez de ce qui en découlera ; ces jus sont fort utiles en Cuisine pour nourrir la plûpart des ragoûts & des potages qu'on sert.

Des Coulis de differentes sortes.

Coulis de Veau. IL faut avoir de la cuisse de Veau dont on tire le jus comme on a dit, ensuite prendre ce jus & mettre dedans des croûtes de pain séches & un peu de bon boüillon. Quand les croûtes sont imbibées, on passe le tout par l'étamine, puis on s'en sert, le coulis de Bœuf se fait de même.

Coulis de Bœuf.

Coulis de Poulardes. Faites rôtir une Poularde, étant rôtie, mettez-la dans un mortier, pilez-la bien, prenez ensuite des croûtes de pain, passez les au roux dans une casserolle & quelques fines herbes, cela fait, moüillez le tout d'un peu de boüillon, passez-le à l'étamine & vous en servez ; on pratique la même chose pour les *Coulis de Chapon, Perdrix, Beccasses, Pigeons & Canards.*

Coulis de Champignons. On en tire le jus, comme on a dit, on y laisse tremper des croûtons de pain ; étant bien trempez, on passe le tout à l'étamine, puis on s'en sert.

Coulis de lentilles. Prenez des croûtons, racines de persil, panais, oignons ou autres, passez-les au lard ou beurre roux, jettez-y vos croûtes & laissez bien roussir le tout ; cela fait, mêlez-y des lentilles cuites & un peu de boüillon, sel & poivre ; le tout étant bien imbibé on le passe à l'étamine, puis on s'en sert pour des potages tant gras que maigres. On peut faire des Coulis de petits pois verds de la même maniere ; il ne faut de ces derniers prendre que du boüillon clair. Coulis de pois verds.

Aprés avoir fait cuire des Ecrevisses dans l'eau on en prend les jambes & les cuisses, on les pile bien dans un mortier, on y ajoûte un peu de boüillon gras ou maigre selon le temps, ou purée claire, & une croûte de pain ; quand le tout est bien imbibé on le passe à l'étamine. Coulis d'Ecrevisses.

Les Coulis & les Jus servent en Cuisine pour nourrir les ragoûts & les potages, cela leur donne un relief extraordinaire.

On a parlé au commencement du Traité de la Cuisine de ce que c'étoit que les termes d'Entrées, de Rôt & d'Entremets, on s'est d'ailleurs expliqué là-dessus assez au long, soit par les viandes qu'on a dit qui devoient s'y servir, & autres choses qui les regardent ; on en a même donné des Planches, mais comme on sert encore des *Ambigus*, on a jugé à propos de dire aussi ce qu'on entend en Cuisine par ce mot, qui n'est autre chose qu'un grand repas servi en gras & en maigre avec le fruit, le tout en même temps, c'est pourquoy on l'appelle autrement une *Collation lardée.*

Voicy à peu prés une idée d'un Ambigu servi trés-proprement, & qui pourra servir d'instruction & de régle à ceux qui souhaiteront tomber dans le cas, & la planche qui suit achevera de remplir cette idée.

Figure d'un Ambigu servi.

1. C'est un Agneau entier ; on peut servir une autre grosse piece, si on veut.
2. Deux Corbeilles chargées de fruits ou d'oranges selon la saison.
3. Compote de Marons.
4. Compote de Poires.
5. Compote de Pommes.
6. Compote de Coins ; on peut varier ces Compotes selon la saison, on les sert ordinairement dans des *Jattes*, autrement dites *Compotieres.*
7. Une assiette de Marons.
8. Une Acolade de Lapreaux.
9. Une Assiette de Cerises.
10. Un Chapon à la braise.
11. Une Assiette de verjus.
12. Des Artichaux frits.
13. Un petit plat de quatre Perdrix.
14. Un Canard aux Navets.
15. Une Assiette de fromage de Parmesan ou autres selon la saison.
16. Une Tourte de Franchipane.
17. Une Tourte à l'Ecorce de Citron.
18. Un Gâteau feüilleté.
19. Un Pain au Jambon.
20. Un Plat de Ris de Veau.
21. Un plat de Foyes gras.
22. Une Assiette de verjus.
23. Une Tourte de blanc de Chapon.
24. Un Plat de filets de Poulardes à la crême.
25. Un plat de Bignets.

Figure d'un Ambigu.

On peut autrement, si on veut, varier ce service selon les saisons. Quant aux *Fruits*, qu'on appelle autrement *Dessert*, en voicy aussi une Planche avec son explication.

1. C'est une Corbeille d'Oranges.
2. Une Corbeille de fruits ; on peut : si on veut, les mettre toutes deux d'oranges ou de fruits selon la saison.
3. Marons glacez.
4. Fromage selon la saison.
5. Corbeille de Massepain.
6. Corbeille de Biscuits.
7. Cerises confites.
8. Coins confits.
9. Verjus confits.
20. Groseilles confites.
11. Compote de Poires.
12. Compote de Pommes.
13. Gâteau d'Amande.
15. Gâteau feüilleté.

Le Fruit est plus ou moins rempli selon que les saisons le permettent, & le tout à la fantaisie de celuy qui l'ordonne, & qu'on suppose être habile en son Art.

CHAPITRE XIII.

LA PATISSERIE.

Ou la maniere de sçavoir déguiser en pâte toutes sortes de viandes tant en gras qu'en maigre.

LA Patisserie est d'un grand secours pour les Tables, tant pour les Entrées que pour les Entremets, outre que c'est un amusement fort agréable pour des femmes bourgeoises à la Campagne, qui n'aiment pas mieux la Patisserie que lorsqu'elles la font elles-mêmes : commençons par les Biscuits.

Des Biscuits de plusieurs sortes.

Biscuit Royal. ON prend une livre de sucre, trois quarterons de la plus fine fleur de froment, & huit œufs, battez le tout ensemble dans un plat jusqu'à ce que cette pâte devienne en écume ; aprés cela dressez vos Biscuits dans des moûles de fer blanc bien frottez de beurre tout au tour, crainte que la pâte ne s'y attache, ensuite, & lorsque vous voudrez les mettre cuire, soupoudrez-les de sucre pour les glacer, leur donnant un feu doux dans le four.

Biscuits de Piedmont. Prenez trois œufs frais, battez-les long-temps, ajoûtez-y demy livre de sucre en poudre, continuez toûjours à battre ces œufs, & mettez dedans un quarteron de farine la plus fine, ensuite prenez un entonnoir à travers duquel vous ferez couler la pâte sur du papier beurré, placez les Biscuits un peu éloignez l'un de l'autre, crainte que venant à s'écarter, ils ne se mêlent ensemble ; pour les glacer vous prendrez moitié sucre, & moitié farine dont vous les soupoudrerez, aprés quoy vous leur donnerez le four à feu doux.

Biscuits de Savoye. On fabrique la pâte comme on l'a dit, & on remarquera seulement que les Biscuits de Savoye se forment plus grands, & qu'aprés qu'on les a tiré du du four, & lorsqu'ils sont un peu réfroidis, on les léve de dessus le papier, puis on les pose sur des rouleaux en long pour leur donner la forme d'une goutiere, aprés cela on les glace par dessus; on peut, si on veut, les ranger tout plats, cela dépend de la fantaisie.

Prenez une livre d'amandes douces, autant d'amandes améres, échaudez-les, pelez-les ensuite, & les pilez bien dans un mortier, ajoûtez-y à plusieurs fois deux blancs d'œufs battus; étant pilées, mêlez-y deux livres de sucre en poudre, remuez bien le tout ensemble à force de bras jusqu'à ce que la pâte se puisse manier, aprés cela, prenez cette pâte, passez-la au tamis en la pressant fortement avec la main; & de ce qui sera passé vous en formerez vos Biscuits, que vous mettrez sur du papier. Biscuits d'amandes.

Aprés que les Biscuits sont ainsi dressez, on les met sur une planche, & le couvercle du four par dessus avec du feu, afin de leur faire prendre couleur de ce côté: quand ils en ont assez pris, & qu'ils sont assez enflez, on ôte le feu, puis on détache les Biscuits le plus adroitement qu'il est possible, ensuite on les glace du côté qu'ils étoient posez, & on les sert.

Prenez des œufs frais dont vous tirerez les blancs, prenez-en trois pour l'employ d'une livre de sucre en poudre, vous les mettrez dans un mortier de marbre, vous les broüillerez petit à petit, y mélant de fois à autre du sucre en poudre, & un peu d'eau de fleur d'orange, continuez de remuer ainsi la pâte jusqu'à ce qu'elle s'épaississe & puisse faire un corps solide. Biscuit à la Fleur d'orange.

Cela fait, & vôtre pâte étant formée, dressez-la en petites boules ou en Biscuits. Si c'est en petites boules, roulez-les entre vos mains avec du sucre en poudre & les étendez sur du papier; si c'est en Biscuits, mettez cette pâte sur une table bien nette, & l'étendez avec le rouleau, soignant toûjours de la soupoudrer dessus & dessous, la changeant toûjours de place jusqu'à ce qu'elle soit environ de l'épaisseur d'un écu.

Ensuite couppez-les avec un couteau, & formez-en vos Biscuits de telle largeur & longueur qu'il vous plaira, mettez-les sur du papier blanc, un peu écartez l'un de l'autre, aprés cela faites-les cuire dans le four à feu médiocre.

C'est ainsi qu'on fait les Biscuits de *Jasmin & de Citron*; si on veut les rendre fort délicats, on peut leur donner une petite pointe d'ambre ou de musc en broyant la pâte dans un mortier de fonte, & du sucre en poudre à mesure qu'on broye ces parfums.

De la glace pour les Biscuits.

POur glacer les Biscuits, on prend du blanc d'œuf & du sucre en poudre, on bat bien le tout jusqu'à ce qu'il ait pris une consistance à peu prés comme de la boüillie, on étend cette glace sur les Biscuits avec la pointe d'un couteau: passons aux Macarons, & pour les faire bons.

Des Macarons.

PRenez une livre d'amandes douces pelées à l'eau chaude, pilez-les, en les arrosant avec de l'eau rose ou de celle de fleur d'orange, crainte qu'elles n'huilent ; étant pilées, mettez-y une livre de sucre en poudre, mêlez bien le tout à force de piler ; aprés cela faites cuire vôtre pâte à demy dans un poelon, ajoûtez-y quatre blancs d'œufs foüettez, retirez-la du feu, formez-en vos Macarons sur du papier blanc, pour aprés les achever de cuire au four à feu doux. Il faut glacer les Macarons avant que de les mettre cuire, & se servir de la glace propre aux Biscuits.

Des Echaudez.

Echaudez aux œufs.

ON prend une livre de farine & une douzaine & demy d'œufs ; & avant que de les détremper, il est bon de faire un petit levain d'environ un quart de litron de fleur de farine avec eau fort chaude, & de maniere cependant qu'on y puisse souffrir la main. Il ne faut qu'une heure pour le faire fermenter, pendant lequel temps on détrempe le reste de la farine avec les œufs ; le sel y doit être mis raisonnablement, une livre de beurre fondu, ou un peu moins même suffit : il faut bien fraiser la pâte avec la main, ou sous le rouleau, aprés quoy on façonne les Echaudez pour les plonger ensuite dans une eau presque boüillante : cela se doit faire promptement, & les retirer de même avec une écumoire jusqu'à deux ou trois fois, on les jette aussi autant de fois dans de l'eau fraîche.

Ensuite on les met égouter pendant une heure ou deux, on les range aprés dans un panier pour les porter à la cave ou autre lieu frais ; il s'y gardent trois ou quatre jours sans s'aigrir, d'où on les tire pour les faire cuire au four.

Echaudez au sel.

Les doses qu'on a marquées pour faire les Echaudez ne déterminent rien ; on peut plus ou moins & à proportion, employer chaque ingrédient qui y entre : ôtez le beurre & les œufs ; on fait ainsi les Echaudez au sel.

Des Gaufres.

Gaufres au sucre.

AYez huit œufs, une livre de sucre, autant de beurre fondu, mêlez bien le tout en le battant, ajoûtez-y trois quarterons de farine, délayez-la petit à petit avec vos œufs & vôtre sucre jusqu'à ce que cette pâte ait acquis un peu de consistance. Il faut d'abord en faire l'essai, afin de juger au goût si cette pâte est assez fine, sinon on y aioûte du sucre & du beurre.

Aprés qu'on a apprêté la pâte, on fait chauffer les fers ; étant chauds on les frotte de beurre frais fondu avec une plume ou autre chose, puis avec une cuilliere on verse de cette pâte, une bonne cuillerée à bouche suffit ; on remet les fers sur un feu clair pour cuire les gaufres, on les retourne ; étant cuites, on les tire, ainsi du reste.

Gaufres au fromage.

Prenez de la farine ce que vous jugez en avoir besoin, détrempez-la avec eau, lait, sel & fromage de gruyere en petits morceaux, une demy livre foisonne beaucoup ; on y fait filer, si on veut, un peu de beurre frais fondu, elles n'en sont que plus délicates ; il faut que cette pâte, quoique liquide, ait néanmoins un peu de corps, aprés cela on met cuire ces gaufres, comme on l'a dit.

Gâteaux de plusieurs façons.

PRenez un fromage mou, demy livre de beurre frais, presque un litron de farine, & du sel à proportion, détrempez le tout avec eau froide, paîtrissez le bien, pour aprés donner telle forme que vous voudrez à vôtre Gâteau. Gâteau mollet.

Il faut prendre de la fleur ce que vous en souhaitez, la détremper avec créme de lait pur battue long-temps auparavant avec la main. Sur une livre de farine, mettez demy livre de beurre, cette dose servira de régle pour le plus ou le moins de gâteaux qu'on voudra faire, ajoûtez à cette pâte un peu de fromage mou: il est bon qu'elle soit un peu ferme; & quand on l'a juge en bon état on en forme les gâteaux, qu'on dore aprés, & qu'on fait cuire ensuite. Autre sorte de gâteau.

Pour une livre de farine prenez demy livre de beurre & trois œufs dont il y en aura un sans blanc, aprés cela détrempez vôtre farine avec du lait froid, ensuite faites de cette pâte une abaisse avec le rouleau, aprés l'avoir pliée en quatre, & cela jusqu'à quatre fois, il ne faut pas y oublier le sel; cette pâte ainsi preparée, vous en mettrez au four pour essai, si elle est trop fine, repliez-la deux fois comme vous avez deja fait, formez vôtre gâteau & le mettez cuire. Gâteau ordinaire.

La pâte se fait comme la précédente, puis on en fait une abaisse pour former le gâteau sur lequel on étend de petits morceaux de fromage affiné avec du beurre. Gâteau vérolé ou galleux.

Il y en a, qui au lieu de lait, détrempent leur pâte simplement dans de l'eau, elle n'en est pas si pesante, & méme quand le beurre est bon, le gâteau en est plus délicat.

Prenez deux livres de farine ou environ, deux œufs, détrempez doucement le tout avec eau froide, faisant en sorte que la pâte soit un peu molle; ensuite prenez autant pesant de beurre que de pâte aprés l'avoir laissée un peu reposer, paîtrissez bien ce beurre avec cette pâte, qui doit en étre toute couverte, pliez la en trois, & rabattez les deux bouts de la largeur de deux doigts seulement; il suffit que le beurre soit enfermé; aprés cela applatissez cette pâte avec le rouleau, pliez-la en quatre & quatre fois, l'applatissant chaque fois, formez aprés cela vôtre gâteau & le mettez au four. Gâteau feüilleté.

Des Talemouses.

ON prend de la pâte feüilletée faite comme la précédente, un morceau au milieu duquel on met de la farce au fromage, dont on parlera dans la suite, on ferme par le haut cette Talemouse, qui doit étre triangulaire, observant seulement d'y laisser un peu paroître de cette farce pour la faire bouffir au four, & prendre couleur en cuisant.

Des Ratons.

PRenez une pâte faite comme pour gâteau, un morceau large deux fois comme un écu qu'on arrondit, & sur lequel on met de la farce au fromage, puis en ayant ce qu'on en souhaite, on les met cuire au four: il faut les servir chaudement pour les manger bons.

Des Tartes.

Tarte au fromage.

ON fait une pâte comme pour gâteau ordinaire dont vous ferez une abaisse sur laquelle vous étendrez une farce telle qu'est composée celle qui suit.

Farce au fromage.

Prenez du fromage mou, du beurre frais à proportion, c'est à la prudence du Patissier à juger de ce qu'il faut de farce pour garnir son abaisse, vous y ajoutez des œufs dont vous ne mettez que la moitié des blancs, & quelques cuillerées de fleur. Aprés cela détrempez le tout avec eau froide, si cette farce vous paroît trop fine; vous l'augmenterez d'un peu de fleur. Si au contraire elle est trop forte, mettez-y du beurre avec de l'eau. Si au lieu d'eau seulement on y méloit un peu de crême de lait, elle n'en seroit que plus délicate. Il y en a qui avec le fromage moû, ajoutent à cette farce du fromage de Gruyeres, ou d'autre fromage affiné, cela dépend du goût, mais pour lors il n'y faut point mettre de crême.

Tarte à la crême.

Vous faites l'abaisse de la même pâte que pour la Tarte précédente, à l'égard de la crême, elle se fait ainsi.

Ayez une pinte de lait, faites-la boüillir dans un poëlon, avec un bon morceau de sucre, deux blancs d'œufs bien foüettez, & un peu d'eau de fleur d'orange, remuez le tout jusqu'à ce qu'il soit un peu épais, ensuite laissez-le réfroidir, passez-le aprés dans une passoire à petits trous, pressez ce qui reste dans la passoire, & vous en servez pour mettre sur l'abaisse préparée; cela fait vous mettez cuire vôtre Tarte au four: on peut se passer d'eau de fleur d'orange.

Autre crême.

Pour faire une crême plus délicate, vous pelez une livre d'amandes aprés les avoir passées à l'eau, vous les pilez & les arrosez à mesure de bon lait, crainte qu'elles n'huilent, versez dessus une pinte de lait & remuez bien le tout, mettez-le aprés dans un poëlon, faites-l'y chauffer prêt à boüillir, ensuite passez-le au tamis en le pressant, prenez le lait qui en sort, mettez-le dans un poëlon avec un bon morceau de sucre, faites-le boüillir jusqu'à ce qu'il devienne un peu épais, aprés cela retirez vôtre crême, dressez-la sur vôtre abaisse, achevez de façonner vôtre Tarte, & la faites cuire.

Crême commune.

Prenez quatre œufs & les délayez dans un demy litron de crême, étant bien incorporez avec farine, vous y ajoûtez encore quatre œufs, les mettant l'un aprés l'autre à mesure que vous délayez le tout, ensuite mettez une pinte de lait sur le feu, & quand il commencera à boüillir, versez dedans par inclination l'appareil cy-dessus, le remuant continuellement de peur qu'il ne brûle, ajoûtez à tout cela un quarteron de bon beurre & une pincée de sel ; faites cuire aprés cette crême en la remuant toûjours ; étant cuite vous la dressez sur vôtre abaisse, vous façonnez vôtre Tarte, & la faites cuire.

Tarte à la royalle.

On fait la pâte comme les précédentes, si vous en exceptez le sucre en poudre qu'il faut y mettre en quantité raisonnable ; aprés cela on en forme une abaisse sur laquelle on met la crême qui suit.

Il faut prendre une pinte de lait, le faire boüillir jusqu'à ce qu'il s'épaississe, ensuite mettez du sucre en poudre, six jaunes d'œufs & un peu de beurre frais, laissez cuire cette crême ; étant cuite, dressez-la sur vôtre abaisse & la faites cuire.

Autre Tarte.

Prenez de la crême douce, une livre ou deux d'amandes bien pilées, mêlez le tout dans un poëlon, remuez-le bien, & le faites cuire à petit feu ; vôtre crême étant cuite, ce qui se remarque lorsqu'elle s'épaissit, prenez deux jaunes d'œufs, délayez-les avec un peu de sucre en poudre & les jettez aprés dans vôtre crême, à laquelle vous donnez encore quatre ou cinq boüillons, ensuite façonnez vôtre Tarte à l'ordinaire, & la mettez cuire ; vous pouvez si vous voulez, y mêler de l'écorce de citron.

Si vous voulez vous servir de ces mêmes crêmes pour faire des Tourtes, il ne tiendra qu'à vous, ces pieces de four ne changeront que de nom, en les mettant cuire en Tourtieres.

On se sert aussi de cette même pâte pour faire des abaisses pour Tourte au Verjus, aux Cerises & aux Groseilles, qui doivent être confites avant que de les employer ainsi.

Des Darioles.

LA pâte qui sert pour les Tartes s'employe aussi pour les abaisses des Darioles, Flancs ou Flanets, la crême se fait ainsi.

On détrempe de la farine pour ce qu'on a envie de faire de ces pieces de four ; il faut quatre œufs pour un litron de farine, une pinte de lait & du sel raisonnablement, on remuë bien le tout, puis on met cuire cette crême, ensuite on en garnit les abaisses qu'on fait cuire au four à feu doux ; on les sert chaudement avec un peu d'eau de fleur d'orange.

Des Flancs ou Flanets.

CEs sortes de patisseries se font de la même maniere, finon que la crême en est un peu plus farineuse.

Petits Choux.

PRenez des œufs ce que vous voudrez faire de petits Choux, ôtez-en la moitié des blancs, ayez de la fleur de froment, du fromage mou & du sel raisonnablement ; faites en sorte que vôtre pâte soit molle, ensuite couppez-la par petits pelotons, formez-en vos Choux & les mettez au four.

Du Poupelain.

LE Poupelain se fait avec la même pâte, on les forme fort plats, on les met au four sur du papier beurré; étant cuits, on les couppe par moitié & on les frotte en dedans de beurre frais fondu, leur en laissant prendre autant qu'ils peuvent s'en imbiber, puis on les poudre de sucre, & on les met au four pour les rafermir: quand on veut les tirer du four, on les rejoint les uns aux autres, observant encore de les poudrer de sucre par dessus, puis on les sert chaudement, ils veulent être mangez de même.

CHAPITRE XIV.

Des Pâtez & Tourtes tant en gras qu'en maigre pour Entrées ou Entremets.

Pâte bise.

CEtte pâte s'employe pour les Pâtez de venaison qu'on veut envoyer bien loin, elle résiste mieux au transport que si elle étoit plus fine: voicy comment on la fait.

On prend de la farine de seigle ce qu'on juge en avoir besoin, un peu de beurre & du sel si on veut, on la paîtrit avec de l'eau chaude jusqu'à ce qu'elle soit bien ferme; étant paîtrie on en fait une abaisse d'un bon pouce & demy d'épaisseur, on s'en sert pour les viandes qui suivent; mais comme il est nécessaire d'épices pour donner goût à toutes sortes de Pâtez & Tourtes, en voicy une composition dont il est bon d'avoir sa provision.

Des Epices pour assaisonner les Pâtez & Tourtes.

PRenez trois quarterons de poivre, un quarteron de gingembre, une once de clous de gérofle, & autant de canelle, battez bien le tout ensemble dans un mortier, passez-le au tamis & vous en servez. Comme cette épice sert d'assaisonnement à beaucoup d'autres ragoûts, on peut en faire une bonne quantité, & la conserver bien soigneusement dans des boëtes.

Pâtez de différentes sortes.

Pâté de Cerf.

QUelque piece de Cerf qu'on veuille mettre en pâte, il faut d'abord la faire mariner aprés qu'elle est un peu mortifiée; aprés cela lardez-la de gros lard, assaisonnez-la de sel & d'épice ordinaire, ensuite faites une abaisse de pâte bise, garnissez-la dans le fond de lard pilé, de laurier & de barde de lard, cela fait, façonnez vôtre Pâté, dorez-le, si vous voulez, & le mettez cuire au four.

Il faut trois ou quatre heures pour cela & soigner de le percer crainte qu'il ne créve, on bouche ce trou au sortir du four; cette maniere de faire des Pâtez ne se pratique guéres que pour les Pâtez d'envoy.

Pâté de Chevreüil.

Le Pâté de Chevreüil se fait de la même maniere à l'épice prés, dont on doit se servir avec prudence, on en agit de même pour les pâtez de *Sanglier*, *Daims*, *Faons*, *Liévres*, *Perdrix*, *Canards sauvages* & autre gibier.

On se sert de cette pâte pour les croûtes fines ; en voicy la façon : vous prenez de la fleur de froment ce que vous en avez besoin, du beurre à discrétion & du sel raisonnablement, vous détrempez cette farine jusqu'à ce que vôtre pâte soit bien liée ; ensuite vous en faites une abaisse : cette pâte en hyver doit être plus grasse qu'en été, c'est ce qui la rend bien maniable, & quand il fait froid, soignez de la couvrir, afin qu'elle s'en paîtrisse mieux. Pâte fine.

Cette pâte étant faite on en dresse une abaisse pour mettre le Liévre ainsi apprêté. Pâté de Liévre.

Vous le lardez de moyen lard, vous l'assaisonnez de bonnes épices, puis vous le mettez sur son abaisse garnie dans le fond de bardes de lard & de bon beurre éparpillé tout du long avec laurier ; il faut aussi avant que d'achever ce pâté, couvrir le dessus du Liévre de bardes de lard, puis on le façonne entiérement, on le dore avec des œufs battus, puis on le met cuire au four, il faut trois ou quatre heures pour cela.

Si on veut que ce pâté soit plus délicat, il faut prendre la chair d'un membre de Mouton, de bon lard, & hacher le tout ensemble avec bon assaisonnement & fines herbes ; ce hachis étant fait on met le Liévre au milieu de l'abaisse, le hachis tout au tour, puis on achéve le pâté à l'ordinaire, & on le fait cuire de même, on desosse le Liévre, si l'on veut, ou bien on le laisse tout entier. Pâté de Lievre en hachis.

C'est ainsi que se font les Pâtez de *Levreauts*, *Canards sauvages* ou *domestiques*, & de *Perdrix*.

Faites vôtre abaisse à l'ordinaire, ayez une Poitrine de Veau, mettez-la par morceaux, & piquez chaque morceau d'un moyen lardon pour les ranger aprés sur vôtre abaisse ; il faut les assaisonner de lard & de bonnes épices, fines herbes & laurier, champignons, culs d'artichaux, couvrir le tout de pâte fine, & le mettre cuire pendant deux heures ; étant cuit, vous coulez dans vôtre pâté une sauce blanche avec jaunes d'œufs & verjus. Pâté d'une poitrine de Veau.

On peut de cette maniere mettre en pâte toutes sortes d'autres endroits de Veau & les Lapins. Pâté de Lapin.

Ayez un Poulet Dinde, brisez-luy les os tant de l'estomac que du reste du corps, assaisonnez le dedans d'un peu d'épices & de sel, piquez-le de moyen lard, & l'étendez en cet état sur vôtre abaisse garnie de beurre & de bardes de lard, ou bien d'un godiveau avec des champignons, culs d'artichaux, lard pilé & assaisonnement de bon goût ; il faut que le Poulet Dinde hors sur le dessus, soit entouré de ce godiveau, aprés cela on ferme ce Pâté, & on le met cuire au four aprés l'avoir doré. Pâté de Poulet Dinde.

On peut faire, si on veut, ce Pâté comme celuy de la Poitrine de Veau, voyez l'article. Les Pâtez de *Chapon*, de *Poulardes* & d'autres volailles se façonnent encore ainsi.

Des Tourtes de plusieurs façons.

Ayez des Pigeonneaux, habillez-les, rangez-les sur une abaisse dans la Tourtiere, garnissez-les de Ris de Veau, champignons & menuës bea- Tourte de Pigeonneaux.

tilles, le tout avec bon assaisonnement & fines herbes ; il faut que le fond de l'abaisse soit garni de lard pilé ou fondu, & qu'elle soit d'une pâte un peu plus fine que pour les Pâtez ; il n'y a pour cela qu'à augmenter la dose du beurre ; vôtre Tourte étant cuite, vous y coulez un jus de citron ou de verjus en servant.

Les Tourtes de *Cailles*, *d'Alloüettes* & d'autres petits Oiseaux peuvent se faire de même maniere.

Tourte de Beatilles.

Vous prenez des Ris de Veau, Palais de Bœuf, Crêtes de Coq & autres choses de cette nature, vous les nettoyez soigneusement, vous les rangez dans vôtre Tourtiere & sur une abaisse dressée exprés, garnissez-la de champignons, truffes, morilles, culs d'artichaux, le tout selon la saison, ajoûtez-y de la moüelle de Bœuf, & assaisonnez cette Tourte de sel, poivre & épicerie à l'ordinaire, fines herbes, lard pilé & fondu, & d'un morceau de bon beurre, vous couvrirez vôtre Tourte d'une abaisse de même pâte que la premiere, vous la ferez cuire dans la Tourtiere, feu dessus & dessous, & la servirez avec jus de Mouton ou de citron, que vous y verserez par un trou que vous ferez.

C'est ainsi qu'on fait des Tourtes de *Langues de Mouton* & de *Bœuf*, observant de coupper celles-cy par tranches ; les *Ris de Veau* & *Abatis d'Oisons* ou d'autres Oiseaux de basse-cour se mettent ainsi en pâte.

Tourte d'Anguilles

Ecorchez vos Anguilles, ôtez-en l'arrête, hachez la chair avec fines herbes, champignons & bon beurre ; cela fait, étendez ce hachis sur une abaisse de pâte fine dans une Tourtiere, couvrez-la de la même pâte & la mettez cuire, comme la précédente, étant à demy cuite, mettez-y un verre de vin blanc, & en servant trois jaunes d'œufs délayez avec du verjus.

On peut se passer, si on veut, de hacher l'Anguille en la couppant par roüelle seulement, on l'assaisonnera de champignons, culs d'artichaux & bons assaisonnemens.

Tourtes de Tanches.

Cette Tourte se fait de même que la précédente, exceptez qu'il faut, avant que de rien faire délimoner ces poissons ; on peut ajoûter à son assaisonnement des laites de Carpes, si on en a.

Tourte de Soles.

On couppe les Soles par tronçons, avant que de les mettre sur l'abaisse, puis on les assaisonne ainsi que les Anguilles, & on les sert de même ; le *Saumon frais*, la *Carpe*, le *Brochet*, s'empâtent de même, & veulent tous être servis chaudement pour Entrée.

Tourte à l'écorce de Citron.

Prenez de l'écorce de citron confite, couppez-la par petits morceaux, hachez la menu, ou la pilez avec deux macarons & quelques amandes, mêlez-y un peu d'eau de fleur d'orange & de bon beurre, & faites du tout une farce ; cela fait, vous dressez vôtre abaisse en Tourtiere, vous y étendez vôtre farce, vous accommodez vôtre Tourte, vous la faites cuire ; étant cuite, vous la servez, aprés l'avoir poudrée de sucre.

Voilà de quoy se satisfaire en Patisserie, pour bien garnir une Table en toute saison, tant en Entrée qu'en Entremets : voyons à présent ce qui regarde le fruit ou dessert, & quels sont les secours en tout temps dont on peut se servir pour le rendre aussi agréable que délicieux.

CHAPITRE

CHAPITRE XV.

Les Confitures au sucre tant séches que liquides, & comment sécher les Fruits au naturel.

VOicy un Chapitre dont la matiere ordinairement interesse beaucoup les Dames, qui se plaisent non seulement de manger toutes sortes de fruits confits, mais encore de les déguiser ainsi elles-mêmes en plusieurs manieres; mais comme tout le monde n'est pas instruit dans la Confiture, voicy des Instructions qui feront plaisir là-dessus à ceux qui voudront s'en faire une profession, ou simplement un divertissement : & pour suivre l'ordre que la nature prescrit aux fruits pour leur maturité, nous commencerons par les fruits rouges.

CONFITURES LIQUIDES.

PRenez quatre livres de Cerises avec autant pesant de sucre concassé, jettez-y par dessus un verre d'eau, de peur que vôtre sucre ne s'attache au fond de la poële, & poussez vôtre fruit à bon feu égal, remuez bien vôtre poële une fois ou deux, afin que les Cerises se recouvrent de leur peau, jusqu'à ce que le Syrop soit fait; il ne faut point négliger son feu, autrement cette confiture languiroit, ce qui la feroit noircir, & ne luy donneroit pas un bel œil. Cerises confites.

Au lieu de mettre le sucre comme on vient de dire, on met les Cerises dans un sucre clarifié à la poële; il faut bien observer le point de leur véritable cuisson, & soigner de les bien écumer, puis vous les dressez; on leur donne une belle couleur, si on y ajoûte du jus de groseille & quelques framboises pour y donner goût, en y mêlant parmy un peu de ce fruit.

Les Cerises se confisent sans noyau & avec le noyau, les dernieres ne sont pas moins bonnes que les premieres, excepté qu'elles ne se servent pas si proprement; pour la façon de l'une & l'autre c'est la même chose.

On fait pour le ménage des Cerises à my sucre, qui sont d'un grand secours pour faire des Compotes en hyver, ou pour d'autres occasions non moins importantes. Cerises à my sucre.

Groseilles confites.

ON prend de belles Groseilles rouges ausquelles on ôte les queuës, on les met dans du sucre clarifié & déja un peu réduit en consistance de syrop, on les fait boüillir & on les écume.

Il faut ensuite les ôter de dessus le feu, & les laisser réfroidir pour les y mettre derechef, les faire boüillir & les écumer jusqu'à ce que le syrop soit devenu presqu'en gelée, ce qu'on remarque lorsque trempant une cuilliere dedans elle rougit; cela étant on ôte les Groseilles de dessus le feu, on les écume s'il en est besoin, & on les empote à l'ordinaire; il faut une livre de sucre pour une livre de fruit. On donne aussi le goût de framboise aux Groseilles, ainsi qu'on fait aux Cerises.

Framboïses confites.

LEs Framboises se confisent de même que les Groseilles, excepté qu'il ne faut pas qu'elles cuisent tant. On doit les choisir belles, fort peu mûres, bien entieres, & leur ôter la queuë.

Verjus confit.

ON confit le Verjus sans pepin ou avec les pepins, il se fait également bien d'une & d'autre façon : on choisit pour cela du *Bourdelais*, il faut le prendre beau, faire fremir de l'eau, & y jetter les grains, aprés les avoir détachez de leurs grappes; on les tire de l'eau quand ils commencent à monter, & aprés les avoir ôté de dessus le feu pour les mettre dans une autre eau fraîche.

Cela fait, mettez vôtre Verjus reverdir sur le feu pour le tirer & l'égoûter aprés, glissez-le ensuite dans du sucre clarifié, & qui a déja un peu boüilli, & l'y laissez jusqu'à ce qu'il veüille fremir; alors on le tourne bien avec l'écumoire, on l'écume de même, puis l'ayant remis sur le feu, & l'y ayant donné un boüillon couvert, on l'empote.

Abricots verds confits.

PRenez des Abricots verds encore tout tendres, & avant que le noyau en soit durcit, si vous les voulez faire sans les peler, il faut pour lors leur ôter le duvet, les mettre dans l'eau boüillante avec un peu de bon tartre, puis aprés on les essuye l'un aprés l'autre pour les confire ensuite en cette maniere.

On prend du sucre clarifié, on y met les Abricots, en sorte qu'ils baignent dedans, & on leur fait prendre sur le feu sept à huit boüillons, tirez-les & les laissez égoûter, ensuite remettez vos Abricots dans la poële, ajoûtez-y un peu de sucre clarifié, faites-les encore boüillir, & continuez ainsi jusqu'à trois ou quatre fois, & enfin à la derniere fois laissez cuire vos Abricots jusqu'à ce que le syrop soit parfait, ce qui se remarque lorsque le boüillon venant à s'abaisser, ne fait plus tant de mousse ou de boüteilles qu'au commencement, & par les goutes de syrop qu'on met sur une assiette, qui étant refroidies, ne doivent pas couler, ou doivent, lorsqu'on y touche avec le doigt, faire sentir une bonne consistance, & faire le filet.

Remarques sur la parfaite cuisson d'un syrop.

Cela observé, il faut ôter les Abricots de dessus le feu pour les mettre en pots, aprés les avoir bien écumez.

Amandes verdes confites.

C'Est ainsi qu'on confit les *Amandes* verdes : ces fruits ainsi déguisez sont merveilleux, & font d'autant plus de plaisir, qu'ils viennent dans un temps où les confitures commencent à être rares.

Ayez des Abricots bien choisis, pelez-les, ôtez-leur le noyau, faites ensuite boüillir de l'eau & les jettez dedans, & leur y donnez un bon boüillon, tirez-les & les mettez aprés dans l'eau fraîche. Abricots mûrs confits.

Il faut que tous les Abricots soient bien mollets, aprés cela on les met au sucre clarifié, & on les laisse boüillir jusqu'à ce qu'ils n'écument plus; étant écumez, vous les laissez réfroidir, vous les égoutez sur une passoire, tandis que d'ailleurs vôtre syrop cuit en consistance raisonnable, pour y jetter aprés les Abricots; il faut en augmenter le syrop de sucre clarifié, leur donner encore un boüillon, & les égoûter.

Il faut encore la derniere fois faire cuire le syrop à part, le pousser un peu plus fortement que le premier, aprés quoy vous glissez vôtre fruit auquel vous donnez un boüillon couvert pour le tirer aprés, l'écumer & le dresser dans des pots; il faut trois quarterons de sucre pour une livre de fruit.

Des Prunes confites.

LEs Prunes les plus excellentes pour confire, sont les *Perdrigon*, les *Mirabelles*, l'*Islevert*, les *Moyeux de Bourgogne*, la *Diaprée*, l'*Abricotée*, & le *Damas rouge*.

De quelques especes de Prunes qu'on prenne pour confire, il faut qu'elles ne commencent qu'à mûrir; ensuite on les pele & on les jette dans l'eau fraîche, pour aprés les mettre boüillir dans un autre eau qu'on aura fait chauffer auparavant.

Il faut les laisser ainsi sur un petit feu jusqu'à ce qu'elles commencent à verdir, ensuite on les ôte de dessus le feu, & on les laisse réfroidir dans leur eau, étant froides on les tire & on les met dans l'eau fraîche; aprés cela, on les met dans du sucre clarifié & cuit déja en une assez bonne consistance, on y glisse les prunes, aprés les avoir égoûtées de leur eau, ensuite on les fait boüillir à grand feu, on les écume, on les ôte de dessus le feu, & on les laisse réfroidir.

Remettez aprés cela vôtre poële sur le feu, faites boüillir vos prunes jusqu'à ce que le syrop ait acquis la cuisson parfaite, aprés quoy vous le tirez & le dressez dans des pots que vous couvrez de papier, quand vos Prunes sont réfroidies.

Il y en a qui ne pelent point les Prunes, & qui se contentent de les piquer d'une épingle à trois ou quatre endroits vers la queuë & sur le corps, pour les empêcher de se déchirer, & faire en sorte qu'elles prennent mieux sucre.

Des Pêches mûres confites.

LEs Pêches se confisent comme les Abricots, consultez l'article & vous y conformez.

Des Mûres confites.

LEs Mûres se doivent prendre un peu verdes pour se bien confire, autrement elles se tournent en marmelade ; il faut trois quarterons de sucre pour une livre de fruit, elles se font comme les Cerises, si vous en exceptez la cuisson qui n'est pas si longue à se perfectionner.

Poires confites.

LEs Poires bonnes à confire, sont le *Petit Rousselet*, la *Blanquette*, le *gros Muscat* & *l'Orange* ; les dernieres, parce qu'elles sont trop grosses, se confisent par quartiers, ou par moitié, afin de mieux prendre sucre, aprés les avoir passées à l'eau, mais pour mieux donner des instructions sur ces confitures,

Ayez du Rousselet, ou autres poires, de celles dont on vient de parler ; étant bien choisies, pelez-les promptement, laissez-leur la queuë, jettez-les dans l'eau fraîche, crainte qu'elles ne noircissent, ensuite mettez-les boüillir, tirez-les & les jettez dans l'eau fraîche, tandis que vous ferez d'ailleurs cuire vôtre sucre dans une poële. Pour une livre de fruit il faut une livre de sucre qu'on fait d'abord cuire un peu, pour y mettre ensuite le fruit ; laissez bien boüillir le tout, soignez de le bien écumer ; il ne faut pas tirer les Poires que leur cuisson ne soit parfaite, ce qu'on reconnoît par les marques qu'on en a données cy-dessus.

Les Poires étant cuites, on les met dans des terrines, ou bien on les laisse reposer trois ou quatre jours, afin que toute l'humidité du fruit se dissipe à l'air, & qu'il prenne sucre. Si aprés ce temps vous voyez cette eau surnager le syrop, vous pencherez vôtre terrine ; vous l'égouterez & remettrez vôtre confiture à la poële pour luy faire prendre un boüillon, puis on la tire, on la laisse un peu refroidir, & on l'empote pour la serrer aprés, & s'en servir au besoin ; on la laisse trois ou quatre jours sans la couvrir, afin qu'au bout de ce temps, s'il paroît encore quelque humidité, on soigne de l'égouter pour la couvrir ainsi.

Si du premier essay les Poires sont assez cuites aprés qu'on les a égoûtées, on se contente de les mettre chauffer en les remuant un peu avec l'écumoire ; on les tire aprés dans des pots, quand elles sont un peu refroidies ; on confit ainsi les *Pommes*.

Des Noix confites.

CHoisissez des Noix verdes & tendres, & avant que la coquille durcisse, pelez-les jusqu'au blanc, & les jettez à mesure dans l'eau fraîche ; aprés quoy vous les ferez boüillir à gros boüillons, jusqu'à ce qu'en les piquant avec une épingle elles n'y tiennent point, il est temps pour lors de les tirer, & de les mettre à l'eau fraîche, puis on les perce par le milieu pour y ficher un clou de gérofle ou de canelle couppée par petits morceaux, ou même de l'écorce de citron confite.

Cela fait, glissez vos Noix dans une espece de syrop clair & déja préparé, faites-leur y prendre plusieurs boüillons, & les laissez de repos environ une demie heure, remettez-les aprés sur un grand feu, faites prendre à leur syrop une bonne consistance, & quand vous jugerez qu'elles auront acquise leur parfaite cuisson, vous les dresserez dans des pots, & les serrerez pour vous en servir dans l'occasion.

Quelques-uns, pour donner du relief à cette confiture, y délayent un peu d'ambre, & en rendent ainsi le goût semblable aux Noix qui nous viennent de Roüen.

Des Coins confits.

PRenez des Coins qui soient mûrs, pelez-les & les couppez par quartiers, ôtez-en les trognons & mettez vôtre fruit dans l'eau fraîche, pour aprés le faire boüillir dans d'autre eau jusqu'à ce qu'il commence à s'amollir; ensuite il faut faire une décoction des pelûres, des trognons & de quelques parties d'autres Coins, la passer au tamis, ou à travers un linge, & s'en servir pour confire les Coins.

Il faut mettre du sucre dans cette décoction, l'y laisser clarifier & prendre une consistance de syrop, puis y mettre les Coins qu'on laisse boüillir à petit feu. Il est bon de les tenir couverts pour leur faire prendre couleur. Pour bien conduire ces Coins jusqu'à leur cuisson parfaite; on les ôte quelquefois de dessus le feu, puis on les y remet aprés qu'ils se sont un peu reposez, & cela jusqu'à ce que le syrop ait acquis une bonne consistance; aprés quoy on dresse les Coins dans des pots, puis on les couvre lorsqu'ils sont réfroidis. Pour donner une belle couleur aux Coins, on y ajoûte de la cochenille boüillie dans de l'eau avec de l'alun & de la crême de tartre passée aprés dans un linge blanc.

CONFITURES SECHES.

IL faut d'abord établir pour maxime que tout fruit qu'on met sécher doit auparavant avoir été mis au liquide; ainsi, cela supposé, & qu'on veuille avoir des Poires confites au sec, voicy la maniere de les faire.

Poires au sec & autres fruits confits de cette maniere.

SI-tôt que les Poires sont confites il faut leur faire prendre quelques boüillons plus que si l'on vouloit les garder au liquide, & les pousser jusqu'à ce que le syrop commence à prendre une consistance de conserve; ensuite on tire les Poires; on les met sur des ardoises ou des feüilles de fer blanc; il faut prendre garde qu'elles ne se touchent point l'une l'autre, puis on les porte à l'étuve pour les dessecher de ce qu'elles peuvent contenir d'humide, & pour cela on les met d'un côté, puis de l'autre, autant de fois qu'on le juge à propos, & jusqu'à ce que ce fruit soit bien sec.

Si on veut ne sécher les fruits qu'à mesure qu'on en a besoin, on prend des Poires confites au liquide, on en fait liquefier le syrop dans une terrine d'eau qu'on laisse boüillir sur le feu environ une demie heure, le fruit alors se détache aisément, puis on le met sur des ardoises pour le faire sécher à l'étuve.

Quand les Poires sont bien séches on les range proprement dans une boëte, mettant à chaque lit de fruit une feüille de papier; il ne faut pas que les Poires soient trop pressées l'une contre l'autre, crainte d'en ôter la glace, qui fait une partie de leur beauté.

Pommes au sec. Nous avons dit que les Pommes se confisoient comme les Poires, & pour cela, on prend des Pommes de reinette; il est vray que ce fruit ainsi masqué n'est pas une confiture d'un grand relief, mais au cas qu'on en veuille pour sécher, on se comportera de même qu'à l'égard des Poires.

Prunes au sec. On les confit au liquide sans peau ou avec leur peau, puis on les met sécher avec les mêmes précautions que les Poires, ensuite on les sert dans des boëtes.

Abricots verds au sec. Aprés avoir été mis au liquide, on n'a point d'autres mesures à prendre pour les faire sécher, que de les porter à l'étuve. Ceux qui confiront des Amandes se serviront des mêmes moyens pour les faire sécher; on conseille pour ce qui regarde l'un & l'autre de ces deux fruits, de les faire sécher si-tôt qu'ils sont confits, parce qu'ils sont tres-susceptibles de graisse, & qu'on ne sçauroit assez-tôt, à cause de cela, leur donner l'étuve.

Amandes au sec.

Abricots mûrs au sec. Ces Abricots se séchent comme les précédens; on les porte d'abord à l'étuve, aprés les avoir tiré de leur syrop, on les y laisse jusqu'au lendemain matin qu'on les retourne, & le soir même encore; il faut se donner ces soins à toutes sortes de fruits qu'on fait sécher jusqu'à ce qu'ils le soient parfaitement, ensuite on les met proprement dans des boëtes.

Pêches au sec. On fait sécher les Pêches & les Pavis comme les Abricots, il faut les mettre ensuite dans des boëtes garnies de papier blanc, aprés les avoir poudrées de sucre.

Cerises au sec. Vos Cerises étant confites vous les portez à l'étuve jusqu'au lendemain, vous les tirez pour les faire égouter, & les rangez aprés sur les ardoises; il faut les poudrer de sucre, elles en paroissent plus belles.

Groseilles au sec. On les confit en bouquets, étant confites, & aprés les avoir laissé reposer une nuit dans leur syrop, on les porte à l'étuve pour les faire sécher.

Noix blanches au sec. Les noix blanches demandent les mêmes précautions que les confitures dont on vient de parler.

Oranges au sec. Ayez des Oranges de Portugal, pelez-les fort légérement, puis si vous voulez les confire entieres, faites un trou à l'endroit de la queuë par où vous puissiez adroitement les vuider, ensuite mettez-les tremper dans l'eau à mesure que vous les pelez; faites-les boüillir dans cette eau pour en ôter l'amertume, changez-les plusieurs fois, & tant qu'elle ne soient plus ameres.

Aprés cela vous les tirez du feu, vous les jettez dans une autre eau tiede, puis vous aurez tout prêt du sucre clarifié dans lequel vous les mettrez, aprés leur avoir un peu laissé égouter leur eau. Il faut que les Oranges boüillent jusqu'à ce que le syrop ait pris une consistance de conserve. On doit toûjours les remuer avec une gache pendant qu'elles cuisent, & les retourner de temps en temps, aprés quoy on les tire; on leur laisse bien égouter le sucre qui est dedans pour les porter ensuite à l'étuve.

Les Oranges se confisent aussi en quartiers, on ne prescrit point icy la quantité du sucre clarifié qu'il faut pour confire ces fruits, il faut qu'ils nagent dedans, ce qui en reste, aprés qu'elles sont cuites, sert à autre chose.

On confit aussi des Zests d'orange, qui ne sont autre chose que la peau de ces fruits couppée comme par lardons; on les confit comme les Oranges, & on les fait sécher de même. Zests d'orange.

Les Citrons se confisent & se sechent ainsi que les Oranges, le sucre qui en reste peut servir à faire des conserves de Massepain, & des Noix verdes. Citrons au sec.

De la Maniere de sécher les fruits au naturel.

Les fruits séchez au naturel, c'est à dire, sans être confits auparavant, sont d'un tres-grand secours dans un ménage, & y apportent une grande douceur pour bien des petits mets qu'on en fait, principalement à la campagne où l'on a la commodité de les sécher: voicy quel en est le secret.

Prenez des Cerises bien mûres, bien grosses & non tournées, mettez-les sur des clayes, rangez-les côte à côte sans les entasser les unes sur les autres, laissez-y les queuës & les noyaux, ensuite mettez-les dans le four modérément chaud comme on le trouve aprés qu'on en a tiré le pain. Cerises séchées au four.

On les y laisse dans ce four tant qu'il a de la chaleur, on les tire aprés pour les changer de place afin qu'elles séchent de tous côtez; chauffez encore le four modérément, remettez-y vos fruits tant de fois que vous remarquerez qu'elles soient assez seches pour être gardées, aprés cela vous les laissez réfroidir en monceaux pendant un jour entier, puis vous les liez par bouquets, & les serrez aprés bien proprement.

On séche les Prunes de même que les Cerises; il faut les cüeillir trés-mûres; celles qui tombent d'elles-mêmes sont meilleures que les autres, parce qu'elles ont plus de chair, & sont d'un goût plus exquis: voicy les Prunes les plus excellentes pour faire des Pruneaux; les *Impériales*, les *Dattes*, *sainte Catherine*, *Diaprée*, *Perdrigon*, *Roche-corbon*, *Damas de toutes sortes*, sur tout celuy de Tours & le *saint Julien*. Prunes séchées au four.

Les Pêches se séchent comme les Prunes, mais il est bon de les cüeillir à l'arbre, car celles qui tombent, outre qu'elles sont trop mûres, elles se meurtrissent de maniere qu'elles ne séchent que tres-difficilement à ces endroits, qui ont toûjours quelque chose de désagréable au goût. Pêches séchées au four.

Avant que d'en ôter le noyau, vous les mettez une fois au four pour les amortir, puis vous les fendez proprement avec le couteau, vous en tirez le noyau, vous les ouvrez tout-à-fait & les applatissez sur une table bien nette, afin que les mettant au four; elles séchent également dedans & dehors; il faut aprés qu'on les a tirées du four la derniere fois, étant encore toutes chaudes, les refermer & les applatir.

Abricots sechez au four.

Les Abricots doivent aussi avoir acquis leur maturité quand on veut les mettre sécher, on ne les ouvre point pour leur ôter le noyau, on le pousse proprement par l'endroit de la queuë, & il en sort aisément; on ne les ouvre point non plus quand on les met au four, on se contente de les applatir.

Il y en a qui mettent à la place du noyau gros comme un pois de sucre, & qui les mettent dans une terrine pleine de lait, qu'ils enfournent quand le pain a pris couleur, & qu'ils ne tirent point du four que ce fruit ne soit réfroidi; aprés cela ils portent leurs Abricots à l'étuve & les y font sécher; étant secs ils les poudrent de sucre tout chaudement & les serrent deux jours aprés dans des boëtes garnies de papier; cette maniere de secher les Abricots les rend tres-excellens: on peut, si l'on veut, en faire de même à l'égard des Pêches.

Poires séchées au four.

Les Poires se sechent pelées & sans peler, la premiere maniere est la meilleure; en ce cas, on prend les peaux qu'on met avec les Poires dans un chauderon plein d'eau qu'on laisse boüillir jusqu'à ce que le fruit soit amolli. Il ne faut point leur ôter la queuë en les pelant.

Ensuite vous prenez vos Poires, vous les faites sécher comme les Prunes; reste à present à faire choix des fruits qu'on destine pour sécher. Il ne faut que des Poires cassantes, & de celles qui ont le plus d'odeur; comme par exemple en été on prend le *gros Muscat*, le *petit Rousselet*, le *Gratioli*, ou *Bon-chrêtien d'été*, ces fruits sont trés-bons secs pour faire des Compotes en Carême: en automne on se sert de *Messire-jean*, & pour Poires d'hyver, on employe le *Certeau*, le *Franc-réal*, le *Rateau* & le *Bon-chrêtien d'hyver*.

Autre Maniere de sécher les Poires.

PRenez des Poires, pelez-les proprement; si elles sont grosses, couppez-les par moitiez ou par quartiers, ôtez-en les trognons, mettez-les dans une terrine; les peaux par dessus, couvrez-les ensuite de pâte & les laissez cuire comme les Abricots, ensuite tirez-les & les rangez sur des ardoises aprés les avoir poudrées de sucre, aprés cela portez-les à l'étuve pour les sécher.

Il y en a qui prennent des Poires préparées, comme on a dit, qui les mettent dans l'eau avec leurs peaux, & du sucre environ une livre pour deux de fruit, ils laissent bien boüillir le tout jusqu'à ce que ces fruits soient amollis, puis ils les tirent, ils les mettent égouter, & les font sécher au four comme les autres.

Pommes sechées au four.

On séche ordinairement les Pommres avec leur peau, on les couppe par moitiez, & on ôte le trognon, on en fait boüillir quelques-unes pour en tirer la décoction, puis on met les autres dedans sur le feu pour les y faire amollir, aprés quoy on les séche à l'ordinaire.

Raisins séchez au four.

Les Raisins de toutes sortes, Chasselats, Muscats & autres, se séchent au four sur la claye de même que les Cerises.

CHAPITRE

CHAPITRE XVI.

Des Pâtes de fruits, Conserves & Massepains de toutes sortes.

PASTE DE POIRES.

PRenez des Poires de petit Rousselet ou autres qui soient cassantes tant d'été que d'hyver, mettez-les à la braise; étant cuites, prenez-en ce qui paroît grillé, & ce qu'il y a de plus cuit, passez-le au tamis en le pressant; aprés cela, mettez cette pâte dans du sucre clarifié, que vous ferez cuire à petit feu, soignant de le remuer continuellement, crainte qu'elle ne brûle & ne s'attache au fond; on continuë ainsi jusqu'à ce que cette pâte ait acquis sa parfaite cuisson, ce qui se connoît lorsqu'elle quitte la poële.

Ensuite tirez cette pâte, dressez-la sur des ardoises en guise de macarons, mettez-la sécher à l'étuve; il faut être soigneux de la retourner souvent, afin qu'elle seche comme il faut.

Pâte de Pommes.

AYez des Pommes de Reinette, ou du Courtpendu, couppez-les par moitié, ôtez-leur le trognon & les mettez boüillir dans de l'eau pour les amollir & les passez comme les Poires; étant passées, vous mettez aussi pesant de marmelade que de sucre, dans lequel, aprés qu'il est clarifié, on laisse cuire la pâte comme celle des Poires, on la dresse de même sur des ardoises, puis on la porte à l'étuve pour sécher.

Quelques-uns, pour rendre cette pâte délicate, pilent parmi cette marmelade quelques Abricots confits; ils passent le tout ensemble, & font ainsi une marmelade de Pommes qui est tres-excellente.

Pâte de Prunes.

AYez des Prunes, ôtez-en les noyaux, passez-les à l'eau sur le feu jusqu'à ce qu'elles soient amollies, ensuite égoutez-les, passez-les au tamis en les pressant, & mettez ce qui en sort dans un poëlon; on le fait cuire comme les pâtes précédentes, puis on les met sécher. Les *Mirabelles*, l'*Illevert*, & les *Perdrigons* sont les Prunes qui conviennent le mieux pour ces pâtes.

Pâte d'Abricots, de Pêches & de Cerises.

LA pâte d'Abricots se fait comme les autres; il ne faut que demy livre de sucre pour une livre de fruit, & ôter la peau aux endroits où elle paroît rouge. Si ce sont des Abricots verds, la dose du sucre sera de trois quarterons. La *Pâte de Pêches* se fait de même que les précédentes.

Prenez des Cerises bien mûres, passez-les à l'étamine, broyez-en les peaux dans un Mortier & les passez au tamis ; on méle tout ce qui en est sorti, on le met dans un poëlon avec du sucre clarifié, demy livre pour livre de fruit, & on laisse cuire cette pâte comme les autres : il y en a qui font boüillir ces Cerises dans l'eau, & qui les laisent égoûter aprés dans une passoire percée fort dru, puis ils mettent ce dégoût dans le poëlon, & le font cuire à l'ordinaire.

Pâte de Groseilles, de Framboises & de Verjus.

CEtte Pâte se fait comme celle de Cerises, aprés les avoir égrenées ; elle est merveilleuse.

Il faut pour cela que les Framboises soient bien mûres, on leur ôte les queuës, puis on les passe au tamis ; ensuite on façonne cette pâte comme celle de Cerises.

La pâte de *Verjus* se fait comme la précédente, elle est tres-excellente, lorsqu'on n'y a rien épargné des soins qu'elle exige.

DES CONSERVES.

Conserve de Violette.

PRenez des fleurs de Violette, broyez-les bien dans un mortier, tant que le tout soit si délié, qu'on n'y puisse plus remarquer aucune partie de feuilles ; cela fait, passez-les dans un linge, & en tirez le jus que vous mettrez dans un poëlon dans du sucre qui aura déja pris quelque consistance de syrop, mettez environ un verre d'eau sur une livre de sucre.

Quand le jus est mêlé avec le sucre, on le remuë avec la gache, on l'écume soigneusement, & on le laisse ainsi boüillir jusqu'à ce qu'il soit réduit en conserve, ce qui se connoît en trois manieres.

1. Quand en tournant & mêlant le sucre de tous côtez, on retire la gache sans l'égoûter que tres-peu, & que la serrant fortement avec la main, le syrop s'en va comme en filasse volante. 2. Lorsqu'ayant retourné le sucre, on laisse égoûter la gache, & que dans les dernieres goûtes qui tombent, il y reste comme un petit filet qui se rétressit en montant, se tortillant en maniere de queuë de Cochon. 3. Lorsqu'aprés avoir boüilli long-temps, on voit que le syrop s'épaissit, & qu'au lieu qu'il faisoit son boüillon au milieu, il se fait de tous côtez, mais plus lentement ; c'est alors qu'il faut tirer la conserve de dessus le feu, & la laisser tant soit peu réfroidir, aprés quoy on prend la composition pour la verser dans des moules de papier.

Il faut, lorsqu'elle est froide, ôter cette conserve de ces moules pour la coupper avec la pointe d'un couteau de telle maniere qu'on veut. S'il arrive qu'elle tienne au papier, on fait chauffer un petit aix sur lequel on pose les moules, cela détache la conserve qui se leve aprés fort aisément ; pour quatre livres de sucre, il faut un peu plus gros que le poing de fleurs de violettes pilées, jugez du reste à proportion.

Conserve de Rose.

AYez des Roses de Provins les plus rouges, faites-les sécher dans des sachets de papier au soleil ou au four, étant bien seches, pilez-les dans un mortier & les passez au tamis; ensuite prenez trois onces de cette poudre, détrempez-la dans le jus de quatre citrons bien clarifiez; faute de jus de citron, servez-vous de verjus: le tout étant bien délayé, vous le versez dans du sucre déja cuit en consistance de conserve, vous incorporez le tout avec la gache en le remuant fortement de tous côtez, jusqu'à ce que vôtre conserve ait pris couleur; lorsqu'il est question de la dresser, on la taille comme on veut; & si la conserve se réfroidit trop vîte, & qu'elle ne donne pas le loisir de la dresser, on met le poëlon sur un feu lent, pourvû qu'il chauffe un peu, & rende la conserve maniable, cela suffit.

Il faut prendre garde de ne point faire la pâte des Roses trop liquide, avant que de la mettre dans le sucre, car la conserve se décuiroit trop à cause du jus de citron; c'est assez qu'elle en soit un peu imbibée par tout, de maniere que cette pâte se puisse mettre en pelottes sans qu'elle coule; on ne fait guéres tout d'un coup de cette conserve, car plus elle est fraîche faite, plus elle est belle. On se contente d'avoir toûjours de la poudre de ces Roses en réserve, afin d'en pouvoir faire de la pâte quand on voudra.

Conserve de Fleur d'Orange & de Jasmin.

PRenez gros comme le poing de Fleurs d'Orange bien éplûchées de leurs boutons, hachez-les bien & les jettez dans du sucre cuit en consistance de conserve, on remuë bien le tout avec la gache, faisant en sorte que toute la composition soit également fournie par tout; il faut toûjours remuer jusqu'à ce que le sucre prenne par dessus, & forme une petite glace, aprés quoy on dresse la conserve comme les autres.

Quelques-uns au lieu de hacher la fleur d'Orange, la pilent dans un mortier & la mettent aprés dans le sucre pour achever leur conserve comme on l'a dit; *la conserve de Fleur de Jasmin* se fait de même.

Conserve de Framboises, de Groseilles & d'Epinevinette.

PRenez des Framboises, pressez-les légérement, tirez en le jus, mettez-le dans un verre & le laissez clarifier; vôtre sucre étant cuit en consistance de conserve & tiré de dessus le feu, versez ce jus dedans ce que vous jugerez à propos pour ne point décuire le sucre, étant faite vous la dressez à l'ordinaire.

La *Conserve de Groseilles* se fait comme les précédentes, pour rendre cette conserve plus belle, il y en a qui y mêlent un peu de jus de Cerises, cela leur donne un tres-bel œil, on fait aussi de la *Conserve d'Epinevinette*; c'est la même manœuvre que pour la précédente.

Conserve d'Orange.

PRenez des rapûres d'Orange, mettez-les dans de l'eau fraîche, crainte qu'elles ne noircissent, mettez-les infuser sur le feu pour en ôter l'amertume, réïterez-les à plusieurs fois jusqu'à ce qu'elles aient perdu leur goût amer. Cela fait, vous les mettez dans un linge blanc que vous tordez pour en faire sortir toute l'eau, ensuite vous versez vôtre rapûre dans une terrine, vous la sechez au feu en la maniant continuellement, crainte qu'elle ne s'attache à la terrine.

Quand cette conserve est presque séche, on la met dans du sucre cuit, comme on l'a dit, puis on l'acheve ainsi que les autres conserves; on peut y ajoûter un jus de citron & d'orange, aprés en avoir bien mêlé la poudre, cela fait beaucoup valoir cette conserve. Il faut sur deux livres de sucre mettre gros comme une balle à joüer à la longue paume de poudre d'Orange, & du jus à discrétion, & prendre garde de ne point trop décuire le sucre.

Conserve de Citron & de jus de Citron.

CEtte Conserve se fait de la même maniere que celle d'Orange, observant de raper non seulement de la peau jaune, mais encore de la chair jusqu'à la pulpe qui est en dedans, le jus de Citron n'y doit point être obmis.

La Conserve de jus de Citron se fait sans y mettre de la chair, elle n'a que l'acidité de ce fruit, ce qui fait qu'elle n'est pas si agréable que celle de rapûre, elle se fait au reste de même que les conserves dont on a parlé.

Conserves de Fleurs d'Orange & de Pistaches.

IL faut faire la conserve de Fleur d'Orange comme les précédentes, elle est admirable pour les défaillances de cœur.

Ayez des Pistaches, pelez-les à l'eau chaude, pilez-les dans un mortier, les arrosant avec de l'eau de fleur d'Orange, crainte qu'elles n'huilent; cela fait, mettez-les dans du sucre cuit en conserve, mêlez bien le tout ensemble jusqu'à ce que cette conserve soit parfaite, & la dressez.

On peut, si on l'aime, y ajoûter un peu de musc ou de l'ambre gris mêlé avec du sucre passé au tamis, cette conserve est tres-estimée.

Massepains de différentes sortes.

LA pâte de Massepain est un composé d'Amandes douces & améres, d'Avelines, de Pistaches, de Noyaux d'Abricots ou de Pêches; on y mêle, si l'on veut, des quatre semences froides. Pour faire le Massepain excellent.

Prenez une livre d'Amandes, passez-les à l'eau chaude, pelez-les & les jettez dans l'eau froide à mesure que vous les pelerez; ensuite retirez-les de cette eau, essuyez-les avec un linge bien sec, & les pilez aprés dans un mortier, arrosez-les d'eau rose en les pilant, ou pour le mieux d'eau de fleur d'orange, crainte qu'elles n'huilent, ce qui rend le Massepain désagréable.

Il faut en pilant les Amandes y ajoûter du sucre petit à petit, les bien incorporer, puis passer cette pâte au tamis, afin que s'il y restoit quelques morceaux d'amandes qui fussent trop gros, on les pilât encore.

Cette pâte étant apprêtée, vous la mettez à la poêle, vous la faites cuire à petit feu, jusqu'à ce qu'elle quitte le fond de la poêle, observant toûjours de tourner ce Massepain pour l'empêcher de brûler. Pour éprouver si le Massepain est cuit, on en prend un morceau, s'il a quelque petit goût de rôti, sa cuisson est parfaite, sinon on continuë toûjours à le remuer.

Etant cuit on le verse dans quelque vaisselle de fayance poudrée de sucre, afin que le Massepain ne s'y attache point, lorsqu'il est presque réfroidy, on le met aprés sur une table bien propre; on manie bien cette pâte, on l'étend sous le rouleau en maniere d'abaisse, & on luy donne aprés quelle figure on veut, c'est à dire, on en fait des Tourtes ou des petits Pains tout ronds; cela fait, mettez tout cela cuire au four moyennement chaud: pour faire prendre à vos Massepains une bonne couleur, tirez-les ensuite, & les glacez avec du sucre en poudre battu dans de l'eau rose ou eau de fleur d'orange; il faut que cette glace ait la consistance du miel.

Les Massepains étant ainsi glacez, on les remet au four pour cuire cette glace, & si-tôt qu'elle sera gonflée, vous les tirerez, les laisserez réfroidir, & les serrerez proprement dans des boëtes. Il y en a qui au lieu de méler du sucre en poudre avec les Amandes pilées, mettent ces Amandes dans du sucre déja réduit en syrop, mêlant bien le tout ensemble, & travaillant la pâte, comme il a été dit.

Losqu'on fait des Tourtes de Massepain, & aprés qu'elles ont pris couleur, on les glace à l'ordinaire, on les pique de pistaches par dessus, ou de lardons d'écorce de citron confite, puis on les remet au four pour les achever de cuire.

Des Massepains de Pistaches.

CE Massepain se fait comme le précédent, le *Massepain ordinaire* se fait ainsi. On prend une livre de sucre, autant pesant d'Amandes pilées, & on fait cuire la pâte à demy; étant presque réfroidie, on y ajoûte quatre blancs d'œufs foüettez, puis on fabrique le Massepain, comme on veut, pour le mettre cuire au four doux, on le glace avec du sucre & des blancs d'œufs battus qui forment de la mousse, & c'est là dessous qu'est l'eau dont on se sert pour cela.

Massepain d'Oranges.

IL faut préparer ses Amandes & son sucre, comme on l'a dit, prendre ensuite une demy liv. de chair d'orange confite liquide, égoûtez-en aprés le syrop, pilez cette chair & la mettez avec vos Amandes, travaillez-bien le tout ensemble, incorporez-le & le faites cuire dans un poëlon, en remuant toûjours le fond & les côtez, jusqu'à ce que vôtre pâte n'y tienne plus, ensuite glacez vos Massepains à l'ordinaire, & les fabriquez à vôtre fantaisie; le *Massepain de Citron* se travaille de même, & l'on prend pour y réüssir de la chair de Citron, ou de la Marmelade.

Massepains de Citron.

CHAPITRE XVII.

De la Maniere de faire des Gelées, & des Compotes de plusieurs façons.

GELE'E DE POMMES.

POur faire de la Gelée de Pommes, il les faut casser & les bien faire boüillir dans de l'eau, étant cuites, on les passe à travers un linge, & sur une pinte de ce jus, on met trois quarterons de ce sucre; on met boüillir le tout jusqu'à ce que le syrop ait acquis une bonne consistance, soignant toûjours de le bien remuer, & de l'écumer de même, puis vous tirez vôtre Gelée dans des pots.

On se sert pour cela de *Pommes de Courtpendu* ou de *Calville*, lorsqu'on veut que la Gelée soit rouge; & pour luy mieux faire prendre cette couleur, on laisse la Gelée couverte en cuisant, on bien on y mêle du vin vermeil, ou de la cochenille preparée; la *Gelée blanche* se fait avec les Pommes de Reinette, il ne faut point la couvrir en cuisant.

Gelée de Coins.

PRenez des Coins, coupez-les par quartiers, mettez-les cuire à l'eau jusqu'à ce qu'ils soient en marmelade, ensuite passez cette décoction dans un linge, prenez-la, mettez-la dans la poële avec du sucre déja clarifié & cuit un peu en consistance de syrop, & remuez bien le tout; il faut autant pesant de sucre que de décoction, & le laisser cuire jusqu'à ce qu'il soit converti en Gelée; il y en a, pour luy donner couleur, qui y mettent le vin vermeil ou la cochenille, comme on l'a dit, puis qui la dressent dans des boëtes. Si pendant l'année cette Gelée venoit à chancir ou à candir, il faudroit faire boüillir de l'eau claire & en verser par dessus, cela la rend belle comme si elle venoit d'être faite, cette Gelée est ce qu'on appelle proprement Cotignac d'Orleans.

Gelée de Cerises.

VOus préparez vos Cerises comme si vous vouliez les confire, & vous les mettez dans du sucre clarifié & déja un peu épaissi, puis vous les laissez cuire jusqu'à ce que le syrop ait pris une consistance de Gelée, ce qu'on remarque aisément, puis on tire ces Cerises, on les passe au tamis, pour aprés dresser le jus dans des pots; il faut aussi pesant de sucre que de fruits.

Il y en a qui tirent le jus des Cerises, qui le passent à travers un linge, & le mettent aprés dans du sucre déja un peu cuit, ils le font boüillir, ils l'écument en boüillant, & le laissent cuire aprés comme il faut; voicy comment on connoît quand la cuisson est parfaite.

Mettez des gouttes de ce syrop sur une assiette, laissez-les réfroidir; & si aprés cela ces gouttes s'enlevent sans y tenir, c'est signe que la gelée est assez cuite: il est bon pour donner couleur à la gelée de Cerises d'y mêler un peu de jus de groseilles.

Gelée de Verjus.

On prend du Verjus, on luy donne un boüillon dans l'eau, on le presse aprés dans un linge clair; on fait cuire d'ailleurs des Pommes dont on tire la décoction, qu'on mêle avec le Verjus, puis on le laisse cuire, & on en éprouve la cuisson, comme aux Cerises.

Gelée de Groseilles verdes.

Ayez de belles Groseilles bien choisies, ôtez-en les pepins & les passez à l'eau sur la fin, laissez-les y boüillir jusqu'à ce qu'elles soient un peu ramollies, ensuite jettez-les dans du sucre cuit à part, laissez-les y boüillir en les écumant jusqu'à ce que le syrop ait pris consistance de Gelée, puis vous les passez au tamis & les empotez aprés.

Cette Gelée se fait comme celle de Groseilles, il faut seulement observer, qu'on prend quatre livres de Framboises, deux de Groseilles & cinq livres de sucre, ainsi du reste à proportion. Gelée de Framboises & d'Epinevinette.

La *Gelée d'Epinevinette* se fait comme celle de Groseilles, vous pouvez consulter l'article.

LES COMPOTES.

On peu dire que les Compotes, principalement à la campagne, sont d'un tres-grand secours pour garnir un fruit, outre qu'elles donnent autant de satisfaction pour le goût, qu'elles font d'honneur sur une table: voicy la maniere de les faire.

Les Compotes de Poires.

Prenez des Poires, pelez-les & les mettez dans un pot de terre neuve à une livre de fruit il suffit d'un quarteron de sucre, ajoûtez-y de l'eau & de la canelle jusqu'à ce que le tout trempe, & un verre de vin vermeil à moitié de la cuisson, laissez boüillir ces Poires, les tenant toûjours bien couvertes, soignez de les remuer de temps en temps, crainte qu'elles ne s'attachent au pot, laissez-les cuire à part à petit feu jusqu'à ce que le syrop soit parfait.

Vous prenez des Poires, vous les mettez boüillir à grande eau jusqu'à ce qu'elles soient amollies; on les tire aprés, puis on les met à l'eau fraîche pour les peler ; étant pelées on les pique à la tête d'un clou de gérofle, qui autant qu'on le peut, doit pénétrer jusqu'au cœur ; aprés cela on les fait cuire dans de l'eau & du sucre, tant que le syrop ait pris une belle consistance, puis on les tire. Si ces Poires sont grosses, on les couppe par quartiers ou par moitiez, soignant de leur ôter le trognon. Il y en a d'autres qui les passent à la braise, qui les pelent aprés, puis qui les font cuire comme les précédentes.

Les Poires qui sont les plus en usage dans les Compotes pendant l'été, sont le *petit Rousselet*, les *Blanquettes*, & les *Muscates* ; en automne le *Bezid'hery*, & le *Messire-jean*, & en hyver le *Certeau*, le *Francréal*, le *Bonchretien d'hyver* & le *Rateau*.

Compote de Pommes.

PRenez des Pommes de Reinette, pelez-les & les couppez par moitiez, ôtez-en proprement le cœur, & les jettez à l'eau fraîche ; il faut aussi en prendre les pelûres, & de plusieurs autres Pommes aussi qu'on couppe par quartiers, & qu'on fait bien boüillir ; ces pelures étant cuites vous les passez avec la décoction à travers un linge, vous la mettez dans un poëlon avec un quarteron de sucre, on met dedans les moitiez de Pommes, on laisse boüillir le tout jusqu'à ce que le syrop se trouve fait, vous dressez ensuite vôtre Compote dans une jatte ou sur une assiette de fayance.

Si on prend des *Pommes de Calville*, il faut les coupper par moitiez, & les faire cuire, comme on a dit, excepté qu'on y ajoûte un verre de vin vermeil.

D'autres sans tant de façon, prennent des Pommes qu'ils pelent & qu'ils couppent par moitiez, ils les mettent ensuite dans un poëlon avec de l'eau & un quarteron de sucre, ils font boüillir le tout ensemble jusqu'à ce qu'ils voyent que le fruit soit cuit, puis ils le dressent dans des jattes avec le syrop par dessus. On prend la *Passe pomme blanche*, le *Calville d'été*, ou le *Rambour blanc*, dans la nouveauté des Pommes.

Compote de Prunes.

PRéparez d'abord vos Prunes comme si vous vouliez les confire, puis les ayant amollies dans l'eau, mettez-les dans du sucre clarifié, laissez-les boüillir jusqu'à ce qu'elles n'écument plus, & quand elles ont pris sucre, vous les dressez dans une jatte, le syrop par dessus ; on se sert des mêmes Prunes que pour les confitures.

Compotes d'Abricots verds & d'Amandes verdes.

ON commence d'abord par faire blanchir les Abricots comme on l'a dit aux confitures liquides, page 641. étant prêts à être mis au sucre clarifié, vous les y mettez, & sur deux cuillerées de sucre, il en faut une d'eau, & du tout autant qu'il en est besoin pour achever de cuire les Abricots, laissez-les dedans prendre sucre & acquerir sur le feu la cuisson qui leur convient; cela

cela fait, laissez-les réfroidir, & si vôtre fruit étant cuit tout-à-fait, n'a pas pris sa consistance à l'égard du syrop, vous achevez de la perfectionner à part, puis vous le dressez dans des Jattes ou Compotieres, le syrop par dessus. Les *Compotes d'Amandes vertes* se font de même que celles d'Abricots verds.

Compote d'Abricots jaunes & de Pêches.

AYez des Abricots & les pelez, ôtez-en le noyau & les faites un peu boüillir jusqu'à ce qu'ils montent & qu'ils soient amollis, cela fait, vous les tirez, & les mettez à l'eau fraîche, puis au sucre clarifié, faites les boüillir jusqu'à ce qu'ils n'écument plus, ensuite dressez-les à l'ordinaire.

La *Compote de Pêches* se fait de même que la précédente, il n'y a rien à observer davantage.

Compote de Cerises.

ON y laisse la moitié des queuës, on les choisit belles, puis on les met dans un poëlon avec un peu d'eau & du sucre qu'on fait fondre; environ demie livre de sucre suffit pour une livre de fruit, laissez aprés ce a boüillir vos Cerises, écumez-les bien pendant ce temps-là jusqu'à ce qu'elles s'amollissent, & qu'elles ayent pris assez sucre, ensuite on les dresse comme les autres.

Compote de Groseilles verdes.

PRenez de belles Groseilles verdes, passez-les à l'eau sur le feu quand l'eau est prête à boüillir, ôtez ce fruit de dessus le feu, tirez-le & le mettez sur un linge pour le laisser essuyer; ensuite mettez-le au sucre clarifié, demy livre de sucre pour litron de Groseilles, laissez boüillir le tout à boüillon couvert, jusqu'à ce que vous jugiez que vôtre compote soit achevée: il suffit sur la fin de la cuisson de la couvrir pour faire reverdir le fruit, puis le dresser à l'ordinaire & le servir chaudement.

Compote de Groseilles rouges.

AYez des Groseilles, égrenez-les, mettez-les dans du sucre clarifié, demy livre de sucre sur une de fruit, laissez-leur prendre un grand boüillon par dessus, & continuez de le faire cuire ainsi, ôtez-les aprés de dessus le feu, écumez-les, laissez-les un peu réfroidir & les dressez chaudement.

Compotes de Framboises & de Fraises.

CHoisissez de belles Framboises, qui ne soient point tout-à-fait mûres, mettez-les dans du sucre clarifié, laissez-les y un peu boüillir, & les dressez aprés dans une jatte; la *Compote de Fraises* se fait de même, excepté qu'il faut que ce fruit soit tout-à-fait mûr.

Compotes de Verjus & de Nêfles.

IL faut d'abord le préparer comme si on vouloit le confire, le mettre ensuite dans du sucre clarifié, l'y laisser prendre dix ou douze boüillons, puis ensuite le tirer & le servir chaudement.

Pour la *Compote de Nêfles*,

Prenez des Néfles, ôtez-en les aîles, puis faites roussir de bon beurre frais, passez-y vos Néfles dans une poële à confiture ou casserolle, laissez-les y bien boüillir, étant bien passées, dégraissez-les, mettez-y environ un demy septier de vin vermeil &du sucre à discretion, laissez bien boüillir le tout de maniere que le syrop soit en bonne consistance, ensuite dressez-les chaudement & les poudrez de sucre avant que de les servir, il y en a qui ne mettent point de beurre tout-à-fait.

Compote de Coins.

ON prend des Coins, on les enveloppe dans du papier, on les moüille & on les enterre sous la cendre chaude ou sous la braise pour les faire cuire; étant cuits, on les couppe par quartiers, on en ôte les trognons, on les met dans un poëlon avec de l'eau & du sucre, on les y fait boüillir jusqu'à ce que le syrop ait pris sa consistance, aprés cela on dresse cette Compote pour être servie chaudement.

CHAPITRE XVIII.

Où l'on apprend à faire les Confitures au moût, au miel, au cidre, au sel & au vinaigre.

DES CONFITURES AU MOUT.

LEs fruits qui sont en usage pour les Confitures au moût, vulgairement appellées *Cotignac*, sont les Poires d'hyver comme le *Rateau*, le *Certeau* & autres, les *Pommes* & les *Coins*: voicy comment on s'y prend pour y réüssir.

Prenez trois seaux de moût ou vin doux, si vous voulez, ou bien contentez-vous à moins, & reglez cela sur la quantité de fruits plus ou moins grande que vous avez à confire, mettez la liqueur dans une chaudiere, sur un feu toûjours clair, & qui doit battre également par dessous la chaudiere, laissez-la boüillir & réduire aux deux tiers, de maniere qu'ayant pris une bonne consistance, elle puisse confire le fruit pour être de garde.

Vos fruits, soit Pommes, Poires ou Coins, étant pelez, & les ayant déja auparavant fait boüillir dans l'eau pour les amollir un peu, vous les jettez dans vôtre moût, vous les y laissez cuire, soignant bien de les écumer, les faiſant boüillir juſqu'à ce que vous voyez que le ſyrop ſoit en bonne conſiſtance, ce qui ſe connoît en mettant quelques goûtes ſur une aſſiette ; ſi pour lors on les voit demeurer en rubis, & qu'elles ne coûlent point lorſqu'on panche cette aſſiette, c'eſt ſigne que le ſyrop eſt cuit, autrement il faudroit encore luy laiſſer prendre quelques boüillons.

Le Moût ne ſçauroit être pris trop doux, il y en a pour donner un relief à leur confiture, qui font un noüet avec du linge, & dans lequel ils mettent de la canelle & du clous de gérofle, qu'ils mettent dans le Cotignac pendant qu'il cuit ; on peut prendre indifféremment du vin blanc ou du vin rouge.

Du Raiſiné.

PRenez du Raiſin, égrenez-en ce que vous voulez en faire en Raiſiné, preſſez-le entre les mains, mettez les pelures & le jus dans un chauderon, écumez bien ce Raiſiné, ôtant le plus de pepins qu'il eſt poſſible pendant qu'il boût ſur un feu clair, laiſſez réduire le tout au tiers, obſervant de diminuer le feu à meſure que la liqueur s'épaiſſit ; il faut la remuer ſouvent avec une gache, crainte qu'elle ne brûle, étant réduite, on paſſe la compoſition à travers un linge, la preſſant fortement avec la main.

Cela fait, remettez vôtre Moût ſur le feu pour luy faire prendre quelque boüillons, le tournant continuellement juſqu'à ce que ſa conſiſtance ſoit parfaite, aprés cela tirez-le du feu, & le verſez dans des terrines, crainte qu'il ne prenne le goût d'airain ; étant à demy réfroidy on l'empote pour le conſerver & s'en ſervir au beſoin.

Il faut laiſſer les pots découverts pendant cinq à ſix jours, puis les couvrir de papier. Quand on viſite le Raiſiné, & qu'on voit que le papier eſt chancy, on l'ôte & on y en remet d'autre : on continuë ces ſoins juſqu'à ce que toute l'humidité ſoit évaporée ; alors il ne chancit plus, s'il eſt bien cuit, ſinon, on le fait recuir un peu, pour enſuite le couvrir à demeurer.

Il y en a qui pour faire du Raiſiné, prennent du Moût cuit comme on l'a dit, & dans lequel ils mettent cuire des grains de raiſin, l'une & l'autre façon eſt tres-bonne.

Confitures au Cidre.

ON confit auſſi toutes ſortes de fruits au Cidre de Poiré fait ſans eau, celuy de Pommes n'eſt pas aſſez doux pour être employé à cet uſage ; il faut, ainſi que le Moût, le faire boüillir d'abord, & le laiſſer réduire au tiers avant que d'y mettre le fruit, & au reſte agir de la méme maniere qu'à l'égard du vin doux.

Confitures au Miel.

TOus les fruits qui ſe confiſent au ſucre ſe peuvent auſſi confire au miel, ſoit Poires, Coins, Abricots, &c. & pour y réüſſir, il faut en cela ſe conduire par rapport à chaque fruit, ainſi qu'il a été marqué au Chapitre des Confitures liquides.

On choisit toûjours le meilleur miel pour faire les Confitures, il faut le clarifier; cette clarification se fait dans la poële sur le fourneau, soignant de bien écumer cette liqueur quand elle boût; c'est un des points principaux qui regardent la beauté de cette Confiture.

Le Miel étant clarifié, on en prend la dose qu'il convient pour le fruit, on l'y fait cuire avec les mêmes précautions qu'il a été dit pour le sucre. Pour connoître quand le miel est cuit en le clarifiant (il faut qu'il soit tel avant qu'on l'employe,) on prend un œuf de Poulle, on le met dessus, s'il enfonce, la cuisson du miel est imparfaite, s'il flotte c'est signe qu'il est cuit, & par consequent propre à être employé: le miel est fort sujet à brûler, si l'on ne soigne à le remuer jusqu'au fond avec une gache, il faut aussi qu'il cuise à petit feu.

CONFITURES AU VINAIGRE ET AU SEL.

Des Concombre confits.

ON prend pour confire de petits Concombres qu'on appelle *Cornichons*, ces Concombres sont toujours fort tendres, on en prend aussi d'autres qui sont plus gros.

On confit ceux-cy pelez, ou avec leur peau, la premiere façon est la meilleure, étant plus propres & plus blancs que les autres. Pour les Cornichons on ne les pele point; on ceüille ces Concombres dés le matin par un beau temps, & pour se les assurer bons, si on les a achetez, on les laisse passer la journée exposez au soleil pour les amortir un peu, afin qu'ils prennent mieux sel, perdant alors une partie de leur humidité.

On met aprés cela les Concombres pelez & ceux qui ne le sont pas dans des pots de grez, chacun à part, vous les y rangez proprement, les pressant le plus qu'il est possible l'un contre l'autre sans les froisser, vous jettez par dessus du sel à discretion & du vinaigre, de maniere qu'il surnage ces fruits, autrement il s'y feroit une moisissure qui gâteroit ceux qui ne trempent pas; cela fait, serrez-les dans un lieu qui ne soit ny chaud ny froid; il faut laisser ainsi les Concombres six semaines sans y toucher, afin qu'ils se confisent parfaitement.

Pourpier confit & autres Fruits de Jardin.

POur confire du Pourpier, il faut prendre de celuy qu'on a replanté pour avoir de la graine, parce qu'il est toûjours plus beau & plus gros que celuy qui est resté en place, aprés avoir été semé. Le vray temps de le ceüillir est quand il commence à fleurir, c'est le moyen de l'avoir bien tendre; si on attend plus tard, il devient trop dur: on le laisse amortir deux ou trois jours au soleil, puis on le met dans des pots de grez, on le sale, & on le moüille de vinaigre comme les Concombres.

Les *Capres*, la *Percepierre*, & l'*Estragon* se confisent de même; on confit aussi au vinaigre les *Fleurs de Genêts*, cela sert d'assaisonnement aux salades, & aux potages de Carême.

Fonds d'Artichaux confits au sel & à l'eau.

PRenez des Artichaux, ôtez le foin de dedans, aprés les avoir fait cuire à demy, & qu'ils sont réfroidis, laissez-les bien égouter, & les essuyez avec un linge; cela fait, vous les rangez dans des pots, vous répandez par dessus de l'eau bien salée, jusqu'à ce qu'on reconnoisse qu'en y mettant trop de sel, il ne puisse plus en fondre, & qu'il aille tout entier au fond; il faut que cette eau surnage les Artichaux, & couler par dessus du beurre fondu à la hauteur environ deux doigts, afin que l'air n'y puisse entrer; ce beurre étant réfroidy, on bouche les pots avec du papier, & on les serre en lieu de sûreté contre les Chats & les Rats.

La vraye saison pour saler les Artichaux est l'automne; il ne faut pas attendre qu'ils veulent fleurir pour les confire, parce qu'ils sont trop durs alors. On confit de même maniere les *Champignons, Asperges, Morilles & Mousserons.* Il faut au moins tous les mois visiter les pots, afin que s'il y paroissoit quelque chose de chanci, ou que quelqu'un perdît sa saumûre, on y apportât aussi-tôt du remede.

CHAPITRE IX.

Les Liqueurs de plusieurs sortes.

ROSSOLIS.

ON prend une pinte de bonne eau de vie, on la met dans une bouteille de verre avec douze clous de gérofle, trois brins de poivre long, un peu d'anis verd, & un peu de coriandre cassée, laissez tremper le tout environ deux heures, passez-le dans un linge, & faites cuire du sucre à soufler, dans lequel vous mettrez de l'eau de vie, soignant de bien remuer le tout avec une cuilliere.

Cela fait, passez cette liqueur à la chausse, ajoûtez-y une douzaine d'amandes douces cassées & non pelées; vôtre Rossolis étant distillé, vous le mettez en bouteilles.

Autrement.

FAites boüillir de l'eau, laissez-la réfroidir presque entierement, mettez dedans toutes sortes de fleurs odoriferantes, chacune en particulier selon la saison, éplúchez-les bien, ensorte qu'il n'y ait que la feüille, mettez-les infuser aussi chacune à part, cela fait, ôtez les fleurs de cette eau avec une écumoire, & les laissez égouter, mettez l'eau de chaque fleur dans une cruche; & sur trois pintes, mettez une pinte ou trois chopines d'esprit de vin, & trois chopines de sucre clarifié, ou trois livres pesant, c'est la même chose; ajoutez à tout cela la moitié d'un demy septier ou environ d'essence d'anis distillé, & autant d'essence de canelle.

Si la liqueur est trop sucrée, & qu'elle se trouve pâteuse, vous y ajoûterez un demy septier ou chopine de vin plus ou moins que vous voudrez qu'il soit fort. Pour empêcher que l'essence d'anis ne blanchisse le Rossolis, il faut la mêler avec l'esprit de vin avant que de la mettre dans l'eau, & si le Rossolis n'avoit pas assez d'odeur, ajoûtez-y deux cuillerées d'essence de fleurs, si vous en avez, avec une pincée de musc; tout cela pratiqué, vous le passez à la chausse, & le mettez ensuite dans des bouteilles que vous boucherez bien.

Du Populo.

LE Populo est un petit Rossolis fort leger & délicat, doux & facile à boire. Pour le faire vous prenez trois pintes d'eau, vous les faites boüillir, & lorsqu'elles sont réfroidies, vous y mettez une pinte d'esprit de vin, autant de sucre clarifié, un demy verre d'essence d'anis distillée, autant de celle de canelle, & si peu que rien de musc & d'ambre gris, passez le tout à la chausse, & vous en servez aprés.

Eau clairette.

PRenez six livres de Cerises qui soient belles & bien mûres, deux livres de Framboises, & autant de Groseilles, écrasez le tout ensemble; & sur une pinte de ce jus mettez une pinte d'eau de vie, une livre de sucre, ou trois quarterons, sept ou huit clous de gérofle concassez, autant de grains de poivre blanc, deux feuilles de Macie ou environ, & une pincée de coriandre concassée, mettez le tout infuser dans une cruche bien bouchée l'espace de deux ou trois jours, remuez-le de temps en temps pour faire fondre le sucre, passez-le à la chausse jusqu'à ce qu'il soit clair, & le mettez dans des bouteilles.

Ratafiat rouge & autre.

IL faut prendre de belles Cerises bien mûres, des Framboises & des Groseilles, un tiers seulement de ces derniers fruits, écrasez bien le tout ensemble, ou l'un aprés l'autre, pilez-les & les passez à travers d'un gros tamis ou linge clair; sur deux pintes de ce jus on met une pinte d'eau de vie, & pour chaque pinte, cinq ou six onces de sucre, un demy gros de canelle, trois ou quatre clous de gérofle, & quatre ou cinq grains de poivre blanc, vous mettez le tout infuser dans un vaisseau de terre ou de grez bien bouché, puis vous le passez à la chausse & vous le serrez.

Si on n'y veut que des Cerises, c'est toûjours la même dose; bien des gens font du Ratafiat de chaque fruit en particulier, mais c'est toûjours la même chose quant aux ingrédiens. Pour donner le goût de noyau au Ratafiat, il faut prendre quatre ou cinq livres de noyaux de Cerises, une livre ou deux de ceux d'Abricots, & piler le tout ensemble pour le jetter dans le vaisseau.

Sur une cruche de quatre pintes d'eau de vie, mettez infuser pendant deux fois vingt-quatre heures, un quarteron de noyaux de Cerises bien pilez, ou bien deux onces & demy de ceux d'Abricots, pilez avec la peau un demy gros de canelle, quatre clous de gérofle, une petite pincée de coriandre, une livre & trois onces de sucre, & cinq demy septiers d'eau boüillie aprés qu'elle est réfroidie; on mêle le tout, puis on le passe à la chausse pour le mettre aprés dans des boüteilles; cette liqueur s'appelle *Eau de Noyau.* Ratafiat blanc.

Du Caffé.

AYez du Caffé bien moulu, ensuite prenez une Caffetiere, versez-y la quantité d'eau que vous souhaitez, faites-la bien boüillir, & la retirez du feu pour y mettre du Caffé, un demy quarteron pour pinte d'eau, soignez de bien mêler le tout, laissez prendre dix ou douze boüillons à vôtre liqueur, laissez-la reposer ensuite pour faire tomber le marc au fond.

Ensuite servez vôtre Caffé & le vuidez dans des tasses par inclination, mettez-y du sucre ce que vous voulez, on le sert aussi au lait, au lieu d'y mettre de l'eau, c'est selon la fantaisie de ceux qui en prennent.

Eau Cordiale.

AYez une pinte de bonne eau de vie, une demy livre de belles Cerises, ausquelles vous ôterez les queuës, demy livre de sucre, un gros de canelle & autant de clous de gérofle, mettez le tout infuser au soleil pendant la canicule, dans une bouteille de verre bien bouchée avec du linge & du parchemin moüillé, il faut la renverser tous les jours afin de bien mêler le marc; aprés que cette liqueur a infusé pendant ce temps, on la laisse clarifier, on la passe, puis on la serre dans les bouteilles.

Eau de Framboises.

AYez des Framboises bien mûres, passez-les dans un linge & en tirez le jus que vous mettez dans une bouteille de verre que vous exposez au soleil jusqu'à ce que la liqueur soit clarifiée, aprés cela vous le versez doucement dans une autre vaisseau crainte de le troubler, vous en prenez un demy septier, que vous mettez dans un pot avec une pinte d'eau & un quarteron de sucre.

Il faut bien battre le tout ensemble, le versant d'un vaisseau dans un autre; cette eau étant ainsi agitée, on la passe dans un linge, on la met rafraîchir à la glace ou autrement, puis on s'en sert; *l'Eau de Fraises*, de *Cerises* & de *Groseilles rouges* se font de la même maniere.

Eau de Fleur d'Orange.

PRenez une poignée de Fleur d'Orange, mettez-les dans une pinte d'eau & un quarteron de sucre; battez bien cette eau ainsi que la précédente, joignez-y un quarteron de sucre, & quand l'eau aura pris l'odeur des fleurs, passez-les dans un linge, & la mettez rafraîchir à la glace; ainsi se font les *Eaux de Violette* & de *Jasmin d'Espagne.*

CHAPITRE XX.

Commerce général de toutes les Danrées qu'on recüeille à la campagne, avec une Instruction non seulement pour les vendre à propos, mais encore pour en faciliter le débit en quelque lieu que ce puisse être.

COmme on a éprouvé de tout temps que le Commerce étoit le soûtient des Empires, ceux qui habitérent les premiers la terre, ne furent pas long-temps sans s'appercevoir qu'ils avoient besoin du secours mutuel des uns des autres : les uns s'adonnoient à l'Agriculture, à nourrir des Bestiaux, d'autres inventérent les Arts les plus nécessaires à la societé civile, & en firent tout leur employ. Ceux-là eurent besoin d'habits, de logemens & d'outils à cultiver la terre, & ceux-cy d'alimens pour les soûtenir dans leurs travaux : tout cela servit entre eux à lier une societé fort étroite, l'un tirant de l'autre les choses dont il manquoit, soit en échange ou autrement. La campagne sans doute fournit le plus à établir ce Commerce, & c'est à ce qui en provient que nous nous arrêterons icy, laissant à traiter du reste à ceux qui sont tous les jours dans la pratique : & pour suivre l'ordre que nous nous sommes prescrit dans cet Ouvrage, nous commencerons par la Volaille.

Commerce de Volaille.

SOus le nom de *Volaille* nous comprenons tous les Oiseaux privez ou domestiques. Tels sont les Coqs ordinaires, les Poules, Poulardes, Chapons, Coqs & Poules Dinde, petits Poulets, Pigeons, Oyes, Oysons & Canards : Les petits Poulets se débitent dés le Printemps par ceux qui ont pris soin de mettre couver des Poules de bonne heure, on en mange jusqu'au mois d'Octobre, à cause qu'il y a des Poules qui en produisent bien plus tard les unes que les autres. Les Dindons suivent les Poulets de grain, on en voit dés le mois de Juin, & c'est le temps où ils se vendent le plus cherement ; les Poulardes sont en vente dés le mois d'Août jusqu'en Mars, ensuite viennent les Chapons, les Poulets & Poules Dindes qui se vendent pendant une petite partie de l'automne jusqu'au printemps ; tous ces animaux ne sont guéres utiles ailleurs qu'en cuisine & en Médecine, leurs plumes néanmoins servent aux pauvres gens à faire des lits, les grandes plumes de Poulets Dinde sont employées pour faire des balets dont on se sert pour épousseter les meubles.

Petits Poulets. — Dindons, Poulardes, Chapons, Poulets Dinde.

Le mois d'Août est le temps des Oysons, ainsi que le mois de Septembre, à la fin duquel on commence à vendre les Oyes jusqu'au Carême ; ces Oiseaux-cy, outre leur chair, sont recommandables par les fines plumes & le duvet qu'on en tire pour faire des lits, remplir des carreaux pour les Dames, des sieges de carrosse & des coussins ; les Oyes nous fournissent encore des plumes pour écrire, les meilleures viennent de Hollande, & pour les lits, ce sont les plumes qui nous viennent d'Allemagne qui sont les plus

Oysons. Oyes.

estimées

estimées ; ce n'est pas qu'il ne s'en débite beaucoup en France, mais elles ne sont pas si bonnes ; le duvet des Oyes est ce qui en est le plus cher, & on appelle ainsi les plumes qui sont le plus prés de la chair, elles sont plus petites & plus douces que les autres. Les plumes de Canards soit sauvages ou privez sont aussi d'usage pour remplir les coussins, les carreaux & les lits, & sont même bien plus fines & plus douces que celles d'Oyes, il fait bon en faire provision, c'est, comme on dit, de l'argent en barre.

Les Pigeons ont de tout temps été estimez ; & pour parler d'abord des Pigeons de Voliere, dont il y a aujourd'huy tant d'especes différentes ; le commerce en est bon quand on l'entend : ce n'est pas d'aujourd'huy que ces Oiseaux ont excité nôtre curiosité. Les anciens Romains sur toutes les autres nations, ont été les premiers qui ont fait connoître leur passion là-dessus, & Pline dit nettement que l'estime de plusieurs d'entre eux pour ces Pigeons alloit jusqu'à une espece de folie ; ils leur faisoient bâtir des Colombiers pour les y loger, avec cela de remarquable, que chaque espece de Pigeon avoit le sien en particulier : le nombre de ces curieux étoit si grand à Rome, que celuy des Pigeons pouvoit à peine y suffire, & qu'ils furent portez à un prix excessif. Lucius Anxius Chevalier Romain en vendit une paire jusqu'à cent soixante livres. Il y a toute apparence que dans un commerce si cher, il ne s'agissoit que de ces beaux & rares Pigeons, dont la beauté & la varieté des plumes portent encore nos curieux à n'être guéres plus moderez sur cela que les Romains.

Pigeons.

Plin. liv. 10. chap. 37.

Il y a des Pigeons dans toutes les parties du monde, mais ceux dont on fait le plus grand commerce, sont les *Bizets* ou Pigeons de Colombier. Le printemps où se fait la premiere volée, & vers l'automne que la seconde nous donne des Pigeonneaux, sont les deux saisons où le débit s'en fait : les uns amodient leur Colombier, & les autres portent ou envoyent leurs Pigeons au marché.

Pour les *Pigeons de Voliere*, on en a en tout temps, en hyver comme en été, selon qu'on prend soin de les nourrir ; il n'y a que la chair des Pigeons dont on fait de l'argent, leurs plumes ne sont propres qu'à jetter, quoiqu'on voye à la campagne des gens qui ne laissent pas que d'en amasser pour remplir des lits.

On ne doit point négliger de nourrir beaucoup de ces volailles, quelque éloigné des Villes qu'on puisse être, il y a par tout des Poulailliers ou Pourvoyeurs qui sçavent bien les aller chercher, & ils ne restent à leurs maîtres qu'autant qu'ils le veulent bien : passons à present aux bêtes à quatre pieds, animaux domestiques & vulgairement appellez *bestiaux*.

Commerce de Bêtes à cornes, sçavoir Bœufs, Vaches & Veaux.

LEs Bœufs qui sont, comme on sçait, les plus gros animaux de la Basse-cour, se vendent en tout temps lorsqu'ils sont gras & en bonne chair ; on les menne en Foire ou dans des Marchez particuliers, nous avons dit comment on les engraissoit. Les Bœufs rendent beaucoup d'argent aprés avoir rendu de grands services à la charruë ou au charroy. Le Bœuf est d'une si grande utilité pour l'Agriculture & pour servir de nourriture à l'homme,

Bœufs.

qu'on ne sçauroit en élever assez pour y suffire ; c'est la richesse d'une maison de campagne, & le Bœuf a toûjours été si recommandable, qu'Hesiode rapporte que de son temps l'on tenoit pour maxime qu'il suffisoit à l'homme d'avoir une maison pour se loger, une femme pour compagne & un Bœuf pour labourer.

Vaches. On se sert des Vaches presques aux mêmes usages, mais la vente n'en est pas si considerable, le temps où ces bestiaux bien gras sont plus fréquens, est la fin de l'automne qu'il faut les vendre, & n'en mettre que le moins qu'on peut en hyver. Pour les *Veaux*, quand il en vient en hyver, à la bonne heure, c'est le temps où on les vend plus cher, les Bouchers en bien des endroits ont soin de les aller chercher chez les particuliers, c'est de l'argent comptant quand ils sont gras, si mieux on n'aime les élever pour en avoir de gros bestiaux, soit Bœufs ou Vaches, il n'importe. Ceux qui commercent en bêtes à cornes vont les acheter maigres dans les Foires dés le mois de May pour les faire engraisser dans des pâturages ou autres endroits convenables pour cela : nous avons dit comment on pouvoit se connoître en Bœufs & en Vaches pour les bien choisir ; cette connoissance avec la maniere de les engraisser, sont les deux points sur lesquels roule principalement le commerce qu'on en fait, & sans lesquels on y perd son temps & son argent ; il faut aussi, pour n'y point être trompez, consulter les articles.

Veaux.

On donne aussi les Vaches à chetel ou à bail comme on voudra dire, celuy auquel on les donne les prend pour le prix de leur valeur, & s'oblige de les rendre en aussi bon état, ou la somme même, au cas que ces Vaches viennent à mourir : outre cela, pour l'interest de l'argent, le bailleur tous les ans a la moitié des Veaux qui en proviennent, trois livres de beurre & trois fromages, ou vingt sols. Il y en a dont la conscience bien moins délicate en matiere d'usure, prennent un écu tous les ans de chaque Vache, soit qu'elle fasse un Veau ou non ; ceux qui prennent ainsi des Vaches n'ont souvent pour raison que la crainte de n'en pouvoir trouver autrement dans leur nécessité pressante, & s'en chargent volontiers, le lait, le beurre & les fromages qu'ils en tirent, & dont ils sustentent leur ménage les font passer sur toutes sortes de considérations. Les Bœufs se donnent aussi à chetel, moyennant un écu par an : ceux-cy servent à la charruë & au charroy, quoique souvent on y employe aussi les Vaches, mais elles n'en valent pas mieux ; c'est pourquoy souvent on stipule dans les Baux, que les Vaches ne seront point employées au labourage. Ceux qui peuvent ne s'en servir que pour le laitage les engraissent bien plus aisément que les autres, & ces Vaches ne sont pas aussi si dangereuses à avorter. Il y en a qui prétendent que si la Vache ou le Bœuf vient à mourir, le preneur n'en doit supporter que la moitié de la perte. Il y a même eu quelque Réglement là-dessus ; si la Vache ou le Bœuf qu'on prend à chetel vient à engraisser, & qu'on les vende, le surplus du prix qu'ils ont coûté se partage par moitié entre le bailleur & le preneur.

Cuirs. On tire encore des Bœufs & des Vaches les *cuirs* dont il se fait un commerce avec les Marchands des lieux où ce bétail se tuë, ou avec les Forains

Cornes. c'est un argent comptant. Il y a aussi les *cornes* dont on se sert à plusieurs usages.

Commerce des Bêtes à laine.

LE Commerce de Moutons ou Brebis se fait en cette maniere. Il faut d'abord considerer la situation du lieu où l'on demeure, c'est à dire, s'il est fertile en bled, afin que ce bétail trouve de quoy glaner aprés la moisson, c'est la nourriture qui l'engraisse le plus; cela supposé, on va aux Foires dés le mois de May où l'on achete des Moutons ce qu'on juge en pouvoir gouverner; il faut les bien choisir & les mener aux champs comme on a dit dans l'article qui traite de la maniere de les engraisser, page 213. ce soin se continuë jusqu'à l'entrée de l'hyver, qu'il faut absolument les vendre pour les raisons qu'on en a dites, le gain qu'on fait dans ce commerce est considerable quand on s'y entend bien. Moutons.

Les Moutons & les Brebis qui proviennent de troupeaux qui sont d'ordinaire à a maison ne s'engraissent pas comme ceux dont on vient de parler, parce qu'il faudroit les vendre au même temps, ce qui dégarniroit les Bergeries, à moins qu'il n'y en eût un troupeau raisonnable qu'on voulût séparer & gouverner comme il a été dit. Ces bestiaux ordinaires ne laissent pas de prendre graisse, mais ce n'est pas en si grande abondance que les autres; ces Moutons & ces Brebis ne laissent pas que de se bien vendre soit à la maison ou en Foire.

On donne aussi le bétail à laine à chetel, ce ne sont ordinairement que des Brebis, celuy qui les prend est obligé à la fin de son bail, d'en rendre pareille quantité qu'on luy en a donné, & le profit qui en vient tous les ans tant des Agneaux que des Moutons, Brebis & laine, se partage par moitié; ce commerce est considerable quand il est bien conduit, qu'on a affaire à des gens fideles, & que la mortalité ne se jette point sur le troupeau.

On en vend aussi les Agneaux quand & selon qu'on le juge à propos, & qu'on est proche des grandes Villes. Il faut prendre garde de n'en point trop ôter crainte de dépeupler le troupeau dont ces jeunes animaux font l'esperance. Agneaux.

Les peaux de Mouton, de Brebis & d'Agneaux sont encore des marchandises qui se débitent tres-bien; elles sont fort utiles à bien des choses dans le monde, les Tanneurs, les Corroyeurs, & les Mégissiers, ne les laissent point, les Parcheminiers s'en fournissent aussi, & même on se sert à la maison de peaux de Mouton à bien des usages qui s'y presentent.

Commerce de la laine.

ET pour parler de la Laine qu'on tire des Moutons & des Brebis, il est constant que le profit en est tres-considerable. Il est des pays où elle est plus fine que dans d'autres, mais cela provient de l'air que ce bétail y respire & de la nourriture qu'il y prend. La Laine est de l'argent comptant quand on veut: les Laines les plus fines viennent du Berry, de Sologne, & de l'Isle de France: la Normandie, le Valentinois en Dauphiné & la Corbieres en Languedoc, nous en fournissent de tres-belles: nous ne parlerons point icy de laines d'Angleterre, & de Ségovie en Espagne qui surpassent toutes celles dont on a parlé : nous n'entrons en détail que des Laines de nôtre France où il s'en fait un débit fort considerable, l'usage de la laine s'étend sur bien des choses différentes, elles s'employent dans les Manufactures de Draps ; les Bonnetiers s'en servent, & c'est le fond de leur commerce ; on en fait dans les maisons, du Poulangis & de la Tiretaine, qui sont des étoffes dont s'habillent la plûpart des gens de la campagne. Il est encore bien d'autres Marchandises sous lesquelles on déguise la Laine, qui seroit trop long de rapporter icy & qui en occasionnent le commerce ; les Laines blanches sont toûjours plus estimées que les noires qui sont naturelles ; les Laines *d'Agneaux* s'employent encore fort bien & se vendent de méme.

Du profit qu'on peut tirer des graisses de Bœufs, Vaches & Moutons.

IL faut encore avoir soin de bien conserver les graisses de Mouton & de Bœuf, c'est à dire celles qui sont proprement le suif; car toutes les graisses indifféremment ne sont point propres pour cela ; le suif dans les animaux ne se trouve qu'aux extremitez des muscles & aux membranes, & on remarque toûjours qu'aprés qu il est fondu & réfroidy, il s'endurcit & se rompt facilement, au lieu que la graisse fonduë demeure toûjours molle & oleagineuse.

Toutes les chandelles dont on se sert sont faites de suif de Bœuf, & de celuy de Mouton mélé ensemble, ce dernier est plus blanc, & a plus de consistance que le premier ; on employe aussi l'un & l'autre de ces suifs à plusieurs autres usages, ce qui fait une partie considerable de son commerce ; c'est pourquoy on ne sçauroit étre trop soigneux de bien serrer le suif qu'on tire de ces bestiaux à la maison. Il y en a même à la campagne qui au lieu de le vendre en font de la chandelle pour leur provision.

Commerce des Boucs & des Chévres.

COmme au sentiment de tous ceux qui habitent la campagne, il y a beaucoup de convenance entre le bétail à laine & celuy-cy, quoiqu'il soit à poil, parce qu'on l'appelle *Béte-blanche* ainsi que le premier, nous en parlerons immédiatement aprés les Brebis. Les Chévres sont d'un grand avantage dans les pays sur tout où l'on en nourrit de grands troupeaux. Le lait qu'on en tire, & dont on fait d'excellens fromages, & leurs peaux ainsi que celles des Boucs font une partie du revenu de ces animaux ; il faut les vendre avant l'hyver, car si la gelée donne dessus, elle en diminuë de beaucoup le prix, c'est pourquoy on tuë les Chévres dés le commencement du mois d'Octobre quand elles sont grasses ; ces animaux donnent aussi de fort bon suif, qu'on mele aussi avec celuy de Bœuf & de Mouton.

Le débit des peaux de Chévres & de Boucs est considerable quand on a pris soin de les bien conserver en un lieu sec & aëré, non exposé au soleil, hors de la portée des dents des Chiens, des Chats & des Rats qui les endommagent beaucoup ; les peaux de Boucs servent à faire des vaisseaux pour transporter des huiles, ainsi que cela se pratique dans le Languedoc & dans la Provence. En Orient on navige sur des peaux de Bouc, on passe aussi de ces peaux pour s'en servir dans les habits, & tout cela en facilite le commerce & le rend important.

Commerce des Porcs & de ce qui en dépend.

LEs *Porcs* comme nous l'avons dit, sont nourris dans la campagne, dans les Forêts ou à l'Etable; la derniere maniere de les nourrir est celle qui coûte le plus, au lieu que selon les deux premieres ils vivent de racines ou de gland, cela ne cause aucune dépense, & c'est ce qu'il faut pour en bien faire le commerce. L'usage de mettre les Porcs au gland est fort ancien, & c'est aussi des lieux où il y a le plus de bois que nous viennent le plus grand nombre de Porcs; une Truye apporte beaucoup de profit à une maison par les petits Cochons de lait qu'elle produit, principalement quand elle est d'une belle race, telle Truye, comme on l'a dit, cochonne deux fois l'année & donne à chaque ventrée depuis dix jusqu'à quinze Cochons qu'on vend chacun un écu ou quatre livres lorsqu'ils n'ont que trois semaines ou un mois. Le temps de vendre les Cochons gras est sur la fin de l'automne que la Tuërie en est plus fréquente, jusqu'à Pasques. On tire le *Sain-doux* de ces animaux qui sert à plusieurs usages dans les ménages; on fait du *Vieux-oing* de sa graisse pour graisser les harnois du labourage, & il n'y a pas jusqu'à ses soyes qu'on ne recherche pour faire de gros pinceaux, des vergettes & autres chose de cette nature. Sain-doux, Vieux-oing.

Commerce des Oeufs, Beurre & Fromages.

LEs Oeufs, Beurre & Fromages sont un petit revenu dans une maison de campagne, le temps où ces danrées se vendent plus cherement, est depuis le mois de Novembre jusqu'au commencement du mois de Mars. Le Beurre du mois de May se doit toûjours fondre ou saller par une bonne œconomie, parce qu'étant ordinairement à bon marché dans ce mois, on le garde ainsi apprêté pour le vendre l'hyver, ou pendant le Carême, auquel temps le débit en est plus avantageux; on garde aussi les Oeufs pour les mieux vendre, nous avons dit comment cela se pratique à la page 121. Les Fromages se salent aussi pour être vendus depuis le mois de Novembre jusques à Pâques. Il est des endroits où les Coquetiers & les Beurriers vont ramasser tous les Oeufs ou le Beurre qu'ils trouvent dans les Villages qui sont éloignez des Villes, cela épargne aux particuliers la peine de les porter au marché.

Commerce des grains en général.

LE Commerce du bled a de tout temps été fort recommandable; les Rois & les Empereurs n'ont rien épargné à l'égard des Lois & des Ordonnances, pour en rendre l'établissement solide; mais comme tout ce qu'il y a de remarquable là-dessus ne nous regarde pas, & qu'il est question icy seule- Bled Froment, Seigle & Méteil.

ment de montrer l'avantage qu'on reçoit de l'Agriculture, par rapport aux grains qu'elle nous donne, & dont on fait un débit tres-considérable, nous dirons que lorsque le bled est dans le grenier, il faut d'abord soigner à l'y conserver; on a suffisamment parlé de ce soins à la page 373. on peut la consulter, reste donc à present de le vendre à propos; le temps où il est le plus cher est celuy qu'il faut choisir; il ne faut pourtant point attendre qu'une famine nous oblige d'ouvrir nos greniers, & d'en risquer une partie à être gâtée, pour vendre l'autre au prix du sang du peuple, il faut laisser cette maxime à ces gens détestez de Dieu & des hommes, à ces usuriers dont la mémoire est abominable à jamais; c'est ordinairement vers Pâques qu'il fait bon vendre son bled, ainsi que l'*Avoine* & l'*Orge* dont il se fait un gros débit, sur tout du dernier grain dans les lieux où la bierre est beaucoup en usage.

Avoine, Orge.

De la Vesce & des Pois.

LA Vesce se débite encore pour les Pigeons, les Pois sont un légume qui apporte beaucoup de profit, on les vend en verd & tous secs, ceux-cy se débitent en Carême, c'est la saison où on les recherche le plus, au lieu que les premiers se vendent en été & assez long-temps pour en faire de l'argent; on porte ces grains aux Marchez publics, ou ils se vendent à la maison, ou bien il y a des Blâtiers qui sont des Marchands de bled qui viennent l'acheter chez vous pour le revendre dans ces marchez. Il y a encore d'autres Marchands de bled qui en font un tres-gros commerce par le transport des Rivieres lorsqu'ils n'en sont point éloignez.

La bonne-foy qui doit regler ce commerce, n'est pas toûjours la guide de ces Blâteurs, qui souvent mélent & falcifient le bled; ils ont des secrets pour le faire renfler, le rendre frais & luy donner de la couleur & de la main: il est facile de discerner cette fraude, & lorsqu'on s'en est apperçû, il ne faut point les épargner, il y a des châtimens ordonnez pour ces falcificateurs.

Du Commerce des Chevaux.

NOus ne prétendons point icy traiter du Commerce de Chevaux qu'exercent les Maquignons dont la bonne-foy est toûjours des plus douteuses, nôtre but icy ne tend qu'à parler de celuy que les particuliers font à la campagne, & qui ne laisse pas que d'apporter beaucoup de profit. Il est vray qu'il faut avoir quelque connoissance des Chevaux pour n'y point être trompé, mais l'étude qu'on s'en fera, l'expérience qu'on en aura, jointe aux soins qu'on y pourra apporter suffira pour se rendre habile en cet art, outre que pour en être plus assuré, on consultera les Livres qui en auront le mieux traité.

Cela supposé, on achetera de jeunes Poulains de trois ans, bien choisis & propres au tirage ou à être montez, on les ménagera dans les travaux qui concernent leur exercice, & pour cela on aura quelques Chevaux qui y seront faits, & qui seront ceux qu'on fera le plus travailler; ces Chevaux serviront comme de guides à ces Poulains dans les instructions qu'on leur voudra donner; il est bon aussi d'avoir des Valets qui sachent les conduire sagement, & les gouverner de même; la bonne nourriture ne leur manquera point, & lorsqu'ils auront atteint cinq ou six ans & qu'ils seront dressez au charroy ou à la selle, on cherchera à les vendre pour en racheter d'autres, ausquels on donnera les mêmes soins. Ce petit Commerce est fort avantageux à ceux qui sçavent s'en mêler, & les dédommagent considerablement de beaucoup de petites pertes qui surviennent à la maison.

D'autres fort experimentez dans ce ménage achetent des Chevaux qui ne sont point en bonne chair, soit qu'ils ayent été attenuez de fatigue ou autrement, pourvû qu'ils n'ayent point d'ailleurs de ces défauts qui rendent les Chevaux tout-à fait mauvais, ils les traitent selon qu'ils le jugent à propos & les médicamentent de même; ils les nourrissent bien, & les ménagent au travail, puis quand ces Chevaux leur ont rendu quelques services, & qu'ils sont entierement refaits, ils les vendent; ainsi par ces soins continuels qu'on se donne aprés eux, & l'attache qu'on y prend on est toûjour bien attelé, & on se fait un argent qui survient à propos à mille autres besoins qui arrive tous les jours dans le ménage.

Autre Commerce de grains.

ON fait aussi un petit Commerce de *Millet*, c'est pourquoy où les tertes y sont propres, il est bon d'y en mettre un peu; ce grain sert à faire du pain, si l'on veut, c'est celuy de tous les pains qui est le plus pesant & qui s'enfle le plus en cuisant; on mange encore le Millet en guise de Ris, & ce grain convient fort à la nourriture de beaucoup d'Oiseaux, tous ces petits besoins le font rechercher. Millet.

La *Navette* n'est pas seulement utile pour nourrir les petits Oiseaux, on en tire encore de l'huile qui est tres-bonne à brûler & à plusieurs autres usages, & dont on fait un grand trafic. Elle est aujourd'huy d'un grand secours au defaut de l'huile de Noix, qui est fort rare par la perte qu'on a soufferte des Noyers que le grand hyver a détruits. Navette.

C'est le *Chenevy* qui produit le Chanvre, il sert de nourriture aux Oiseaux & à la volaille, on en fait de l'huile qui sert aux lampes & à quelques pauvres gens qui la mangent en potage. Le Chanvre qu'on en tire est le principal objet qu'on y envisage; on sçait combien le Chanvre est utile, soit par rapport à la toile qu'on en trame lorsqu'il est filé, soit à l'égard des cordages qu'on en fait tant pour servir aux Vaisseaux, Bateaux, aux Harnois, qu'à plusieurs autres choses où l'on sçait qu'il entre; le Commerce en est grand en bien des endroits, & on ne sçauroit en trop cultiver dans une maison de campagne. Chenevy.

Le *Lin* est une plante, des fibres ou filets de laquelle on fait cette toile fine qui en porte le nom; on se sert beaucoup de cette graine en Médecine, on fait aussi du fil de Lin qui est fort estimé; toutes ces choses qui le rendent tres-nécessaire à l'usage de l'homme font qu'on le recherche, plus néanmoins en vûë de sa toile & de son fil, que de toute autre chose. Dans les lieux où le commerce s'en fait, on ne sçauroit dire combien on en retire d'argent; si cette toile ne se vend point dans les maisons de campagne, on la fait ourdir, on l'employe en linge de table ou autre chose nécessaire pour se vêtir. Lin.

Commerce des Foins de toutes sortes.

LEs Foins sont encore un revenu tres-considerable d'un Domaine, on en compte de plusieurs sortes, sçavoir le foin ordinaire qu'on tire des prez; c'est de celuy-là qu'on fait le plus grand trafic, soit qu'on afferme les prez, ou qu'on le vende tout bottelé. Il s'en fait un grand débit à Paris où on l'amene de fort loing par bateaux; il y vient aussi par charroy des lieux circonvoisins: le Commerce s'en fait aussi dans la plûpart des autres Villes où ceux qui demeurent à la campagne les charient; quelques-uns vendent leur foin chez eux sans être obligez au charroy. Pour la *Luzerne* & le *Sain-foin* ils se consomment ordinairement à la maison pour la nourriture des bestiaux, & tiennent lieu par là d'autre nourriture qu'il faudroit leur fournir.

Luzerne, Sainfoin.

Commerce de Fruits de toutes sortes.

LEs Fruits qu'on tire d'un Jardin dédommagent bien-souvent leurs Maîtres de la dépense qu'ils font à les faire venir, principalement lorsque les particuliers sont proches des grandes Villes où le débit en est grand. Les *Pêches*, *Abricots*, *Prunes*, *Cerises* & *Poires d'été* veulent être vendus promptement; ces fruits dans les Provinces, si vous en exceptez les Cerises, ne font pas un gros argent, mais enfin lorsqu'on en a trop, il vaut mieux les vendre à quelque prix que ce soit que de les laisser perdre. Pour les Fruits d'automne & d'hyver, ils peuvent se transporter plus loing, sur tout les derniers, qui par leur chair qui est dure avant leur maturité, souffrent un long transport sans danger, quand ils sont conduits doucement & bien enfermez dans quelque vaisseau. Les premiers se doivent cueïllir un peu avant qu'ils soient mûrs, & par là on en peut mener par eau jusqu'à quarante lieuës. Ce Commerce se fait heureusement dans le temps que les Fruits sont rares, ce n'est pas que les fruits d'hyver se vendent toujours: pour ceux d'automne, ils demandent un peu plus de circonspection, au surplus il faut faire attention à la voiture par eau, qui pour ces sortes de danrées n'est pas ordinairement bien forte. Il vient des *Pommes* & des *Châtaignes* de fort loin à Paris, & dont le débit fait de bon argent; les fruits de la campagne qui sont prés des grandes Villes s'y voiturent sur des bêtes de sommes ou à dos dans des hottes qu'on porte.

Du Commerce du Bois.

CE Commerce-cy est plus considerable que pas uns de ceux dont on a parlé, il demande aussi bien plus de connoissances; voicy celles qu'on y doit avoir absolument, & sans lesquelles on ne fait que perdre son temps & son argent. Nous passerons icy légérement sur bien des articles de l'Ordonnance des Eaux & Forêts qui regardent ce Commerce, il suffit qu'on puisse y avoir recours & les lire attentivement, quand on voudra se mêler de faire débiter du bois; c'est le moyen de ne point tomber en faute.

Il

Il s'agit donc de sçavoir, aprés avoir consulté l'Ordonnance, qu'il faut avoir égard à l'assiette des bois, pour voir combien ils sont éloignez des Villes & des Ports où ils doivent être conduits, de quelle maniere ils façonneront leurs Marchandises pour en avoir le débit avec plus de facilité & moins de dépenses. Icy les Bois se débitent en fagots & en corde, là en coterêts, en charbon ou autrement; & comme ce n'est pas le tout que de débiter le Bois, & qu'il faut le voiturer, on aura égard aux charrois, & pour cela on examinera s'ils sont rares dans les lieux où les Bois sont situez, ou si on les a facilement, afin de faire la vente dans le temps marqué, ce qui va à de gros dommages & interêts contre celuy qui contrevient à cette close: il y va de la prudence & du sçavoir faire de celuy qui se méle du Commerce de Bois, de chercher toûjours à se dédommager par l'achat qu'il fait, d'une vente de quantité de faux frais qu'il est obligé de faire, plus en des endroits qu'en d'autres.

Les Ventes des Bois se font en sept manieres. Il y a 1. La vente des taillis qui se regle à dix années pour le moins, le débit s'en fait en fagots, coterêts, cordes, charbon, & autres marchandises.

2. La vente des baliveaux sur taillis, qui sont des arbres réservez dans les couppes ordinaires des taillis que l'Ordonnance permet de vendre aprés quarante ans.

3. La vente par éclaircissement; elle se fait dans les Bois taillis où il y a quantité de baliveaux qu'on a réservez par les couppes précédentes, & qu'on est obligé d'ôter.

4. La vente par pied d'arbre; elle s'entend assez sans autre explication; ce qui arrive lorsqu'il y a quantité de gros arbres dans un bois dont on craint le dépérissement, & qu'on vend pour en éviter la perte.

5. La vente de la futaye, qui est de deux sortes, sçavoir la basse futaye ou la futaye rabougrie, & la seconde est la haute & pleine futaye. Toutes ces sortes de bois se vendent par arpent ou par quantité de pieds d'arbres, mais c'est toûjours pour le mieux par arpent, parce qu'il n'y a point de different pour l'achat des bois.

6. La vente des Bois en récepage; elle ne se pratique guéres que dans les Forêts qui ont été brûlées ou gâtées par les bestiaux.

7. La vente des Bois chablis, qui sont les arbres abatus par les vents, & les bois de condamnation, forfaicture ou délit; ces ventes n'arrivent guéres que dans les grandes Forêts.

Des Connoissances qu'il faut avoir du Bois qu'on achette en grume sur pied.

UNe des précautions les plus essentielles à un Marchand de Bois, est de sçavoir se connoître au bois qu'il achette en grume, c'est à dire sans être équarris, & pour cela il faut qu'il visite les arbres qu'il veut acheter, qu'il en prenne les hauteurs & les grosseurs, & qu'il en fasse une inventaire tant des grosses pieces de bois que de la quantité des cordes qu'il en peut à peu prés tirer.

Examen plus particulier qu'on doit faire des Bois.

SI c'eſt une grande Forêt, & ſachant combien elle contient d'arpens, on la diviſe en cantons ou portions égales, d'environ chacun un quart & demy arpent, ou plus s'il eſt beſoin, & on en fait la ſupputation, cela aide beaucoup à ne point être trompé dans l'achat qu'on fait des ventes. La maniere de faire ces ſupputations eſt expliquée dans le Traité des Bois par Caron page 76.

Aprés le calcul fait tant des bois quarrez, que des cordes; il faut réfléchir ſur les frais qu'il convient faire pour l'exploitation du bois, tant pour les voitures, le cent du bois réduit à la piece, la corde à brûler ou à faire charbon, que pour l'abbatage, l'équariſſage, gardes de ventes & de ports & autres dépenſes qui ſont attachées à ce Commerce.

Lorſqu'on a bien examiné tout cela, on remarquera ſi c'eſt dans un pays où les bois ſont rares; c'eſt là ordinairement qu'on vend bien les fagots les bourrées, ramilles, coupeaux, ſouches, rechocages, & autres broutilles qui dédommagent d'une partie des faux frais.

Remarques ſur les Conventions des Marchez de Bois.

UN Marchand de Bois 1. doit toûjours demander ſuffiſamment du temps pour vuider la vente, afin de ne point ſe trouver ſurpris par les proprietaires qui l'obligeroient à les vuider à quelque prix que ce fût.

2. Il faut que tous les Marchez ſoient faits avec garantie de troubles qui peuvent ſurvenir à peine de tous dépens, dommages & interêts.

3. Si le Vendeur ſe réſerve des arbres ou baliveaux par luy marquez, il ſera ſtipulé qu'en cas qu'il en arrive rupture, l'Acheteur n'en ſera pas reſponſable, & ſi par malice les Ouvriers abatoient quelques-uns de ces arbres, ce ſeroit eux qui ſeroient tenus du dommage & non le Marchand.

4. S'il n'y a point de grands chemins auprés des ventes, & qu'il faille paſſer ſur les terres d'autruy pour les gagner, il ſera dit que le Vendeur livrera paſſage juſqu'au chemin qui conduit au Port ou autres lieux, au choix de l'Adjudicataire, ſans aucun trouble ny empêchement, ſur peine d'interêts.

5. Qu'il ſera permis de coupper les bois haut & bas en quelques ſaiſons que ce ſoit ſans aucune réſerve, & les faire débiter en telle ſorte d'ouvrage que l'Acheteur aviſera bon être; qu'il ſera auſſi permis de faire charbon & autres choſes généralement qui convient au débit des Bois.

6. Que la glandée appartiendra à l'Acheteur pendant le temps de ſon bail, & que par ce moyen aucun bétail n'y pourra entrer ſans ſa permiſſion.

7. Il ſera dit auſſi qu'à meſure qu'il défrichera les terres il luy ſera permis de labourer, enſemencer & faire la récolte pendant le temps du traité; il faut tâcher, pour bien faire, de mettre à pluſieurs termes & années le payement de ces Bois, & lorſque le marché eſt conclud, & qu'il ne s'agit plus que de l'execution, on ſe met en devoir de s'en acquiter.

S'il arrive que les ventes ſoient prés des Ports & éloignées de Paris, &

que les arbres soient beaux & bien droits, on tirera à l'écarissage le plus qu'on pourra, parce que ce bois est d'un meilleur débit que celuy de sciage, outre que les frais n'en sont pas si grands.

Tous les bois tortus doivent être équarris en courbes qui soient saines & sans nœuds, & pour lors la vente en est bonne & va vîte.

Dans les grandes Forêts il faut débiter le bois de plusieurs façons, c'est à dire faire de la fente qui consiste en latte tant quarrée que volice, échalats, merrein à futailles & contre-lattes, on débitera encore de plusieurs échantillons & épaisseurs, des membrures, chevrons, poteaux, solives, limons d'escaliers, goutieres, rets, cordes, coterêts, fagots & charbon.

Supposé que la fente soit garnie d'autre bois que de Chêne, & qu'on y trouve des Châtaigniers, Hêtres, Noyers, Poiriers, Aliziers, Cormiers, Nèfliers, Sauvageons, Aunes, Peupliers, Trembles, Tilleuls, Ormes, Frênes, Erables, Charmes & autres bois, on les débitera selon l'usage auquel ils sont propres : on parlera de tout cela en particulier, commençons par le débit du Chêne.

Débit du Chêne pour la fente.

LE bois de Chêne, pour rendre de bonne marchandise, doit être sans nœud ny roulûres; le *bois roulé* est celuy où les crues de chaque année n'ont point fait corps ensemble, & sont demeurées de leur épaisseur. Le bois de Chêne doit être de fil, celuy qui est tranché ne vaut rien, & on appelle bois tranché celuy qui a le fil de travers.

Il faut remarquer que les tronçons pour la fente se couppent au bout d'en bas de l'abatage, & que tout le corps de l'arbre n'est pas propre à fendre, reste à present à tomber dans le détail de chaque piece de bois dont nous avons parlé, & de marquer les longueurs, les épaisseurs & les largeurs qu'elles doivent avoir.

De la Latte quarrée, Latte volice & des Echalats.

ON débite la *Latte quarrée* de quatre pieds de long, & un pouce trois quarts ou deux pouces de large & deux à trois lignes d'épaisseur, il en faut cinquante à la botte.

La *Latte volice* doit avoir la même longueur, quatre à cinq pouces de large & trois lignes d'épaisseur, la botte en contient vingt-cinq.

Il y en a de plusieurs longueurs, sçavoir de 4. 5. 6. 7. jusqu'à quinze pieds de long, ceux de quatre pieds ne se tirent ordinairement que de la bille de la latte, qui ne peut se fendre que difficilement, cet échalas est pour la vigne, les bottes pour Paris sont composées de quarante échalats, & les autres de cinquante.

Les échalats de 6. 7. jusqu'à quinze pieds, dont on se sert pour faire des berceaux & d'autres treillages, quand ils sont beaux, droits & sans aubier, & d'un pouce en quarré, ont vingt-cinq échalats à la botte, & se vendent à proportion de leur longueur.

Du Merrein à Futailles.

IL s'en fait de différentes longueurs, selon la jauge du pays & l'usage auquel ils sont destinez ; le Merrein pour pipes, a quatre pieds de long, trois pieds pour le muid, & deux pieds & demy pour les bariques, demy queuës & feuillettes : chaque piece de Merrein s'appelle *Doëlle*, & doit avoir depuis quatre jusqu'à six ou sept pouces, de large ; celles au dessous de quatre pouces passent pour rebut. Il y a aussi l'*enfonçure* qui pour l'ordinaire a deux pieds de long & six pouces au moins de large, les pieces au dessous sont aussi mises aux rebuts ; toutes les Doëlles doivent avoir trois quarts de pouce d'épaisseur, & les fonds depuis sept jusqu'à neuf lignes.

On débite aussi le Chêne en *Eclisses* ou *Serches* pour faire des minots, seaux & autres mesures ; ceux des minots ont quatre à quatre pieds & demy de longueur, & pour les seaux trois pieds, l'enfonçûre des minots doit avoir dix-huit pouces en quarré, & un pied pour les seaux ; s'il reste des longueurs aprés la vente prise, qui ayent six pieds & davantage de longueur, on les fait équarrir pour les faire scier.

Du Bois de sciage.

ON appelle bois de sciage, celuy qu'on fait scier par les Scieurs de long ; & sous ce nom sont compris, la contre-latte, les planches, membrures, chevrons, poteaux & plusieurs autres pieces d'ouvrages.

Contre-latte. La *Contre-latte* a quatre à cinq pouces de large & un demy pouce d'épaisseur, on s'en sert pour couvrir en ardoise.

Planches. Les *Planches* sont de plusieurs épaisseurs & largeurs ; les plus ordinaires se débitent de treize lignes francs sciées d'épaisseur, & de douze pouces de large ; on en fait d'un pouce & demy d'épaisseur, & de douze pouces de large seulement : elles sont en usage pour les cuves ; celles de deux pouces d'épaisseur sont francs sciées de douze & treize pouces de large, & même il s'en débite jusqu'à seize pouces qui s'employent à faire des ais de trapes.

Membrures. On compte de deux sortes de *Membrures*, dont l'une a deux pouces d'épaisseur & l'autre trois pouces, toutes deux ont six pouces de large.

Chevrons. Les *Chevrons* sont sciez de trois à quatre pouces de grosseur sur tout sens, il s'en fait aussi de quatre pouces en quarré.

Poteaux. On débite les *Poteaux* depuis quatre jusqu'à six pouces de grosseur, ils sont d'usage pour les cloisons, pans de bois & autres ouvrages de pareille nature.

Solives. Pour les *Solives*, elles sont de cinq à sept pouces de grosseur, il faut qu'elles soient de bon bois pour résister à la pesanteur des planchers ; on fait aussi des *Solives de brin* qui ont cinq à sept pouces de grosseur, & depuis quinze pieds jusqu'à quatre toises de long, c'est pourquoy quand on trouve du bois de brin de cette longueur, on ne les scie point.

Limons & batans. Les *Limons* qui servent aux escaliers se débitent de méme, & les *Batans* aussi, ces pieces-cy s'employent pour construire les portes cocheres.

Goutières. Pour débiter les *Goutieres*, il faut sçavoir ménager le bois de brin qu'on prend pour cela ; si ce bois est sain par les deux bouts & bien droit, &

qu'il porte huit à neuf pouces d'équarrissage, on le fait scier en deux, de maniere que la scie passe d'un bout à l'autre au travers de deux angles.

Du Débit du Châtaigner.

LE bois de *Châtaigner* s'employe aussi pour les bâtimens; on en fait des *Cercles à cuves & à futailles* qui sont tres-bons; il se vent quantité de ce bois en échalats propres à faire des treillages. Cercles à cuves & à futailles.

Du Bois du Hêtre.

LE bois de Hêtre se débite en *Planches* larges de onze à douze pouces, & épaisses de treize lignes francs sciées; on en fait des *Poteaux* & des *Membrures*; les premiers ont quatre pouces en quarré sur tout sens, & depuis six jusqu'à dix pieds de longueur, & les autres ont deux pouces & ligne franc sciées d'épaisseur, & de large, 6. 7. ou 8. pouces, & depuis six jusqu'à douze pieds de longueur. Quand les Hêtres sont fort gros, on en scie des *Tables de Cuisine*, des *Etaux de Bouchers* depuis quatre jusqu'à sept pouces d'épaisseur, on débite encore le Hêtre en *Goberges*, pour servir aux Laïetiers & aux Bahûtiers. Planches, Poteaux & Membrures. Tables de cuisine, Etaux de Bouchers & Goberges.

Du Débit du Sapin.

LE *Sapin* se débite en *Solives*, & quatre & demy & de cinq toises de longueur & équarries depuis six jusqu'à dix pouces de grosseur : on en fait des *Planches* longues depuis huit jusqu'à douze pieds; ceux de six pieds ont trois quarts & demy d'épaisseur, & depuis dix pouces jusqu'à dix-huit de largeur; celles de huit pieds sont de pareille épaisseur, & de douze pouces de large, & celles depuis neuf jusqu'à douze pieds, d'un bon pied franc scié de large, & treize à quatorze lignes d'épaisseur : on en fait aussi des poûtres dans le pays où cet arbre croît. Solives. Planches.

Du Débit du Noyer.

ON débite le *Noyer* en *Poteaux*, *Planches* & *Membrures* de même largeur, longueur & épaisseur que le Hêtre; il faut que toutes ces pieces soient de bois bien net sans gersures ny roulûres; on en fait encore scier des *Tables* & la racine, quand elle est de beau bois, se débite en tronçons, les Ebénistes les recherchent beaucoup. Poteaux, Planches, Membrures. Tables. Tronçons.

Il faut voir si le Poirier est bien sain, & en faire des *Poteaux*, des *Membrures* & des *Planches* de même largeur que celles du Noyer. Débit du Poirier.

Du Débit du Cormier, Sauvageon, Nêflier & Alizier.

LE *Cormier*, *Nêflier*, *Sauvageon & Alizier* se débitent en chevilles & fuseaux pour les Roüets & Lanternes des moulins, de quatre pouces en quarré sur tout sens, & de seize pouces de longueur, leur branchage peut aussi servir pour le même effet, quand il est assez gros ; on employe aussi de ces bois pour faire des outils de Menuiserie.

Du Débit de l'Aune.

Tuyaux. Poteaux. Membrures. Sabots.

LE *Bois d'Aune*, quand il est bon & bien droit, se débite en *Tuyaux*, on s'en sert en pilotis, & on en fait des *Poteaux* de trois pouces en quarré, & des *Membrures* de deux pouces d'épaisseur, de 5. 7. & 8. pouces de largeur, dont les Tourneurs se servent ; on fait aussi des *Sabots* d'Aune, on vend ce bois en grosses perches propres aussi pour les Tourneurs.

Du Débit du Peuplier.

Volices. Planches.

LE *Peuplier* se débite ordinairement en volices depuis trois jusqu'à cinq pouces d'épaisseur, dix pouces de large & six pieds de long, on en débite aussi en *Planches* d'un bon pouce d'épaisseur, & de onze à douze pouces de large ; les Sculpteurs employent ce bois pour faire des Figures & autres ornemens.

Du Débit du Tilleul & du Tremble.

LE *Tilleul* & le *Tremble*, quand ils sont assez gros, se débitent en *Tables* depuis deux jusqu'à cinq pouces d'épaisseur ; ces bois servent à bien des Ouvriers ; on fait des *Sabots* de Tremble, & des *Talons* de souliers, les Sculpteurs se servent aussi de Tilleuls pour leurs ouvrages.

Du Débit de l'Orme.

L'*Orme* est un arbre fort recommandable pour son usage, & principalement pour le Charronage, on en fait des *Moyeux*, des Roüets, des *Essieux*, des *Empanons*, *Fléches*, *Gentes*, *Armons*, *Lisoirs*, *Moutons*, *Timons*, *Brancars*, &c.

Moyeux. Les Moyeux se débitent par tronçons de six pieds & demy de longueur & de douze pouces de diametre par le même bout, & s'il s'en trouve depuis douze jusqu'à seize pouces, on s'en sert pour des grosses roües de Charrettes ; il faut amener ces pieces de bois en grume, ainsi que celles pour les Essieux, qui doivent être de six pieds de long & de sept à huit pouces de diametre par le même bout.

Essieux.

Empanons. On fera les Empanons de même longueur, il n'est pas besoin qu'ils soient si gros.

Fleches. Les Fléches se débitent en grume, celles pour carrosses depuis dix jusqu'à douze pieds de longueur, & pour arcades depuis douze jusqu'à quinze pieds sans nœud, & d'un beau braquement.

Gentes. On débite les Gentes de deux pieds huit & dix pouces, jusqu'à deux, trois pieds de longueur ; c'est de ces pieces de bois dont on fait la circonference des roües.

Armons. Il faut amener les Armons en grume de six pieds de long & de huit à neuf pouces de diametre par le même bout ; les Armons d'arcades sont de quatre pieds & demy de long, & de neuf à dix pouces de grosseur.

Les Lisoirs se débitent à la scie, & ont six pieds & demy de long, & six à sept pouces de large sur quatre à cinq pouces d'épaisseur. Lisoirs.

On scie aussi les Moutons depuis six jusqu'à huit pouces de longueur, de cinq à six pouces de large, & de trois pouces d'épaisseur. Moutons.

Les Timons doivent avoir neuf pieds de long, treize pouces & demy en quarré par le même bout, & quatre pouces par le gros bout; l'Orme est un arbre dont on tire encore d'autres bois de sciage; tels sont par exemple les Brancards, mais cela ne regarde point les Marchands de bois, ce sont les Charrons qui les débitent eux-mêmes; on débite aussi l'Orme en tables, quand il est bien gros, comme de deux pieds ou deux pieds & demy d'équarrissage. Timons.

Du Débit du Frêne, de l'Erable & du Charme.

Les Charrons se servent encore du bois de *Frêne* pour des Timons, & des Moutons, on l'amene en grume depuis dix jusqu'à dix-huit pieds de longueur, & de huit à neuf pouces de diamettre; ce bois s'employe par les Armûriers, ainsi que l'*Erable* qu'on débite par *Cartelles* de 3. 4. & 5. pouces d'épaisseur: ce bois s'amene aussi en grume, & sert pareillement aux Armûriers.

Le bois de Charme est encore propre pour les Charrons, on le débite en essieux; les Faiseurs de formes le recherchent aussi, il faut l'amener en grume.

Comment voiturer les Bois.

On se sert de deux ou trois sortes de voitures pour mener les bois; la premiere est par charroy, la seconde par bateau, & la troisiéme par flotte; par charroy sont celles qui se font des ventes aux Ports par des chariots & charrettes, par des Chevaux ou des Bœufs; par Bateau, sont les bois qui sont obligez de monter la riviere; & par Flottes, les bois qui sont éloignez & qui descendent: voilà ce qu'on a jugé à propos d'écrire sur le Commerce général des Danrées qui croissent à la Campagne pour en sçavoir faire son profit. Et comme aprés bien des sueurs & des peines on est bien aise quelquefois d'y goûter quelque plaisir, voicy un Traité des Chasses qu'on y fait ordinairement: il est pris de bon lieu, le Foüilloux est assez connu pour en avoir trés-bien écrit; c'est pourquoy on espere que le Lecteur en sera content comme du reste de tout ce que contient cet Ouvrage.

CHAPITRE XXI.

Le Foüilloux Moderne, où l'on apprend à chasser à toutes sortes d'Animaux champêtres; avec un Traité des Chiens courans.

APrés avoir parcouru une longue carriere, nous voicy enfin aux Chasses, qui sont une partie des plaisirs qu'on prend à la Campagne; nous commencerons ce Chapitre par le Traité des Chiens courans, comme étant ceux dont on se sert plus volontiers pour ces sortes de divertissemens.

TRAITE' DES CHIENS COURANS.

Leur origine.

ON s'est servi il y a long-temps des Chiens courans pour chasser, & si l'on en croit un Auteur ancien, l'usage en étoit en regne dés le Siege de Troyes sous Enée: mais pour prendre cette origine de plus prés, on prétend que les premiers Chiens courans viennent de Bretagne, si vous en exceptez ceux qui sont blancs, dont la race nous vient d'abord de Barbarie; mais sans nous arrêter d'avantage à cette origine, nous passerons à d'autres choses qui sont plus essentielles.

Des Chiens blancs.

Leur naturel.

LEs Chiens blancs sont ordinairement beaux chasseurs, merveilleux à la quête & de haut nez; les Chasseurs ne les fatiguent point, & ne sont point sujets ny à se rompre parmy le grand nombre des Piqueurs, ny au bruit de tous les autres Chasseurs; ce sont ceux qui gardent mieux le change, & qui sont de meilleure créance; il faut cependant que les Piqueurs les accompagnent pour bien faire, & qu'ils les animent; ces Chiens ont la peau délicate, & craignent sur tout le froid.

Choix.

Les Chiens blancs qui naissent tous blancs sans aucunes autres marques, sont les meilleurs, ceux qui ont des marques fauves ne sont point encore mauvais; mais on ne fait guéres de cas de ceux qui sont marquetez de noir & de gris sale, parce qu'ils sont sujets à avoir les pieds gras & tendres; on voit quelquefois des Chiens courans qui sont tout noirs, on les estime alors beaucoup; mais à parler des Chiens en général; ils ne sont bons pour chasser que trois ans ou environ.

Des Chiens fauves.

LEs Chiens fauves sont courageux, de grande entreprise, de haut nez & Chiens qui gardent tres-bien le change, ils craignent plus les chaleurs que les précédens, & ils se rompent plutôt qu'eux parmy la foule des Piqueurs; ils sont d'ailleurs plus vîtes & plus ardens, ils sont d'un temperament

ment robuste, car ils ne craignent ny les eaux ny le froid, & courent sûrement & de grande hardiesse, ils sont beaux chasseurs pour le Cerf, opiniâtres à la vérité quand on les dresse, & plus difficiles à instruire que les blancs. Les meilleurs d'entre les Chiens fauves sont ceux qui ont le poil le plus ardent, & dont le front ou le cou sont marquetez d'une tache blanche; ceux qui tirent sur le jaune ne sont point estimez. On se sert pour Limiers de ces Chiens qui sont bien retroussez & des mieux argotez; les Chiens fauves ne sont bons que pour le Cerf, la chasse du Liévre, & de tous autres menu gibiers ne leur convient point.

Des Chiens gris.

QUant aux Chiens gris, ils chassent plus communément à toutes sortes de bêtes, les meilleurs parmy eux sont ceux qui sont gris sur l'échine & dont les jambes sont marquetées de rouge; cette race de Chiens en donne quelquefois de bons, qui ont le poil au dessus de l'échine d'un gris tirant sur le noir; ceux qui sont d'un gris argenté, ne sont pas si vîtes ny si vigoureux que les autres, ils sont sujets à prendre le change pour peu qu'une bête reste & tournoye, mais si elle tire païs, il est impossible de rien voir aprés de meilleur que ces Chiens, ils veulent principalement connoître la voix de leur maître & le son de son cor, & ils font pour luy quelque chose de plus que pour les autres.

Ils sont Chiens de grande fatigue, ils ne craignent ny le froid ny les eaux, & s'ils sentent une bête mal menée, & qu'elle se laisse approcher, ils ne l'abandonnent jamais qu'elle ne soit morte.

Des Signes d'un bon Chien & du secret pour en avoir de beaux.

IL faut qu'un Chien courant, pour être beau & bien bon, ait la tête d'une grosseur médiocre, & dont le museau soit plus long que camus; il doit avoir les nazeaux gros & ouverts, les oreilles larges & un peu épaisses, les reins courbez, le rable gros, & les hanches grosses & larges, les cuisses troussées & le jarret bien sûr, la queuë grosse prés des reins, la tête peu charnuë, le poil de dessous le ventre rude, les jambes grosses, la pate séche, faite comme la queuë d'un renard, & les ongles gros.

On ne voit guéres de Chiens retroussez qui soient vîtes, lorsqu'ils ont le derriere plus haut que le devant, le mâle doit être court & courbé, & la lice d'un corsage long.

Ceux qui veulent avoir de beaux Chiens doivent se munir de bonnes Lices qui soient de bonne race, fortes & bien proportionnées dans leurs membres, ayant les côtez & les flancs grands & larges. Il faut prendre garde de faire couvrir les Lices par de beaux & bons Chiens courans; car si on la laisse mâtiner, elle ne produit chose qui vaille; les jeunes Chiens sont préférables aux autres, parce qu'on prétend que ceux qui en proviennent sont plus vîtes & tres-ardens.

Quand les Lices sont pleines, & qu'elles commencent à avaller leur ventre, il ne faut plus les mener à la chasse, cela est préjudiciable aux petits qu'elles portent, & dangereux en chassant par les broussailles, qu'elles n'avortent : on se contente donc pour lors de les laisser aller par la cour sans être renfermées dans le chenil, parce qu'elles s'y ennuyroient & ne pourroient manger ; il faut du moins une fois le jour leur donner du potage.

Ceux qui veulent faire châtrer une Chienne doivent le faire avant qu'elle ait jamais porté, cette opération est un peu périlleuse, si l'on ne s'y prend adroitement, & qu'on ne sçache la faire. On se donnera bien de garde de la faire coupper lorsqu'elle est en chaleur ; car ce seroit l'exposer au danger de mourir, on attend pour cela que sa chaleur soit passée, & que ses petits Chiens commencent à se former dans son corps.

Des Saisons où les Chiens doivent naître pour être bons, & comment les élever quand ils sont jeunes.

LEs jeunes Chiens qui naissent à la fin d'Octobre, sont mal-aisez à élever, à cause de l'hyver qui approche, & que les laitages & les autres choses qui leur servent de nourriture en tout autre temps, commencent à manquer : les mois de Juillet & d'Août ont encore leur incommodité à cause des grandes chaleurs, des puces & autres vermines qui tourmentent ces petits Chiens, si bien que la meilleure saison pour les Chiens qui naissent c'est le mois de Mars, Avril ou May, l'air pour lors est temperé, & n'altere point leur tempéramment encore fort délicat.

Si néanmoins les jeunes Chiens naissent en hyver, il faut prendre un muid ou quelqu'autre vaisseau défoncé par un bout, puis mettre de la paille dedans, & coucher le muid en un endroit qui soit chaud ; il faut bien nourrir la mere de bon potage fait de chair de Bœuf ou de Mouton.

Lorsque les petits Chiens commencent un peu à manger, on leur donne du potage sans sel, dans lequel on met de la sauge, ou autres herbes, & s'il arrivoit par hazard que le poil leur tombât, il faudroit les frotter d'huile de noix & de miel mêlé ensemble. Pour les Chiens qui viennent pendant l'été, on doit les placer dans un lieu frais & obscur où les autres Chiens n'aillent point : quand les petits Chiens ont quinze jours, il faut leur coupper un nœud de la queuë pour en ôter un ver qui les maigrit beaucoup. Si-tôt qu'ils commencent à manger, on leur donne du lait de Vache tout chaud, celuy de Brebis ou de Chévre leur est encore propre ; il ne faut point songer à les mettre aux Villages qu'ils n'ayent deux mois, & encore faut-il que ces endroits soient éloignez des garennes ; leur nourriture doit être de laitage, de pain, & de toutes sortes d'autres potages qu'on fait à la campagne, le sang & les chairs de boucheries ne leur valent rien, ces alimens les rendent paresseux, & leur gâtent le nez, outre qu'étant ainsi nourris ils sont sujets à devenir galleux.

Quand les Chiens ont dix mois, on les tire de pension, & on les met au chenil avec les autres Chiens, puis on leur attache de petits billots de bois au cou pour leur apprendre à aller en couple ; le pain dont on les nourrit doit être un tiers froment, tiers orge & tiers seigle ; on leur donne quelquefois de la chair de Cheval, d'Ane ou de Mulet ; il y en a qui nourrissent les Chiens maigres qui courent le Liévre, de potage fait avec de la chair de Chévre, on de la tête de Bœuf parmy lequel on mêle quelquefois un peu de soufre pour les échauffer.

Des Qualitez d'un Valet de Chiens.

UN Valet de Chiens, ou toute autre personne qui veut en élever, doit être d'une humeur docile & patiente; il faut qu'il aime les Chiens naturellement, qu'il ait bon pied & bon vent. La premiere chose qu'il doit faire lorsqu'il est levé, c'est d'aller voir ses Chiens, les nétoyer, puis prendre son Cor, & en sonner quatre ou cinq mots le grêle, pour les appeller à luy & les réjoüir. Quand ces Chiens seront tous autour de luy, il les accouplera, les mâles avec les femelles, afin qu'ils ne se battent point, & les jeunes Chiens avec les Lices.

Cela fait, celuy qui conduit les Chiens remplit ses poches ou sa gibeciere de quelques friandises, comme de roties à la graisse, de pied de Chévres fricassez, & autres choses de cette nature, le tout doit être couppé par petits morceaux, puis il va se promener avec ses Chiens, avec d'autres personnes dans le même employ; le Valet de Chiens les appelle aprés luy, & les autres leur donnent de l'houssine pour les y faire aller; s'ils trouvent en se promenant quelques troupeaux de Moutons, & qu'il y ait de ces Chiens qui veulent courir dessus, il faut l'en empêcher, l'accoupler avec un Mouton, & le foüetter: il faut aussi les empêcher de courir aprés les Lapins, supposé qu'on les fasse passer dans quelque garenne.

Il est à propos de bouchonner les Chiens courans trois fois la semaine, cela suffit pour leur tenir le corps net, & aprés cela il faut que les Valets de Chiens leur apprennent à entendre le *forhus* tant du Cor que de la bouche.

Comment dresser les Chiens pour courrir le Cerf.

QUand les Chiens sont instruits au *forhus*, & qu'ils ont seize ou dix-huit mois, on commence à les dresser, on ne les menne alors qu'une fois la semaine aux champs, crainte de les trop affiler; il faut observer trois choses pour bien dresser des Chiens pour le Cerf. 1. De ne leur point faire courre une Biche; ny de leur en donner curée, parce que le sentiment du Cerf est bien different de celuy de la Biche. 2. C'est une tres-mauvaise maxime de dresser les Chiens dans les toiles, parce qu'un Cerf ne fait que tournoyer à leur vûë, & que s'il arrive aprés qu'ils le chassent hors des toiles, & qu'il s'en éloigne, les Chiens pour lors l'abandonnent. 3. Il ne faut jamais faire courre les Chiens le matin, parce que si on les accoutûme à l'aiguail, ils ne valent rien sur le haut du jour.

La meilleure saison pour instruire les Chiens à courre le Cerf, est lorsque celuy-cy est dans sa grande venaison, parce qu'il ne ruse point alors, & qu'il ne s'éloigne pas tant qu'il fait en Avril & en May; cela observé, on choisit une Forêt où les relais soient bien justes & à propos, puis on met tous les jeunes Chiens ensemble, avec quatre ou cinq des vieux pour les dresser.

On les mene ensuite au dernier relais, & on leur fait chasser le Cerf jusqu'où ils sont, afin qu'il soit las lorsqu'il arrive vers eux, alors on découple les vieux Chiens les premiers pour dresser les voyes du Cerf, aprés quoy on lâche les jeunes Chiens pour les y amuser, & si l'on voit que quelques-uns des premiers tirent derriere & s'amusent, il faut avec le foüet les faire avancer: en quelque endroit qu'on tuë le Cerf, il faut toûjours leur en donner curée.

Quelques Auteurs sont d'avis de dresser d'abord les Chiens pour le Liévre, avant que de les dresser pour le Cerf, parce, disent-ils, qu'ils apprennent toutes les ruses & hourvaris, qu'ils en sont plus obéïssans, qu'ils viennent plus volontiers à tous forhus, & que leurs nez s'affinent mieux en s'accoûtumant par les Chemins & par les campagnes; les Chiens étant dressez pour le Liévre ils le quittent bien-tôt pour poursuivre le Cerf.

CHAPITRE XXII.

La Chasse du Cerf.

DU RUT DES CERFS.

LEs Cerfs commencent à aller au Rut environ la my-Septembre, & cette chaleur leur dure deux mois. Plus ils sont vieux, plus ils sont amoureux & aimez des Biches, & vont plûtôt au Rut que les jeunes; c'est dans ce temps que les Cerfs sont fort aisez à tuer, parce qu'ils suivent les voyes par où les Biches auront passé.

Comment connoître les vieux Cerfs.

ON connoît les vieux Cerfs à leur voix, plus ils l'ont grosse & tremblante plus ils sont vieux; on remarque aussi par là s'ils ont été chassez, car alors ils mettent la gueule contre terre, & réent bas & gros, ce que les Cerfs de repos ne font pas, car ils lévent la tête en haut.

De la Meuë des Cerfs.

LEs Cerfs mûent & jettent leur tête en Février & en Mars, & ordinairement les vieux Cerfs le font plûtôt que les jeunes; s'il y en a quelqu'un qui ait été blessé au Rut ou autrement, il ne mûë pas si-tôt que les autres; ceux qui ont perdu leurs dentiers au rut, ne jettent jamais leur tête.

Quand les Cerfs ont mué ils commencent à se retirer, & à prendre leur buisson prés des gagnages, & de l'eau sur le bord des champs, afin d'aller aux légumes, aux bleds & autres viandis; il faut remarquer que les jeunes Cerfs ne prennent jamais de buisson qu'ils n'ayent porté leur troisiéme tête, qui est au quatriéme an, c'est alors qu'on les peut juger Cerfs de dix cors.

Aprés que les Cerfs ont mué, ils commencent dés le mois de Mars & d'Avril à pousser les bosses, & dés la my-Juin leurs têtes sont semées de ce qu'elles doivent porter toute l'année.

Des Têtes ou Ramûres des Cerfs.

LEs Cerfs ne portent leurs premieres Têtes qu'à leur deuxiéme année, & pour lors on les appelle *Dagues* : à leur tiers an, ils doivent porter quatre, six ou huit cornettes, à leur quart d'an ils en portent huit ou dix, à leur cinquiéme an ils en portent dix ou douze, à leur sixiéme, quatorze ou seize, & à leur septiéme an leurs Têtes sont sémées de ce qu'elles porteront jamais.

Quand ils ont le tour de la meule large & gros, bien pierré & prés de la tête, qu'ils ont la perche grosse, bien brunie & bien perlée, étant droite sans être tirée des andoüillers, ou qu'ils ont les goutieres grandes & larges; c'est une marque qu'ils sont vieux Cerfs : mais comme voilà des termes de Vénerie que tout le monde n'entend pas, on est bien aise de les faire entendre par la figure qui suit, qui est proprement un bois de Cerf.

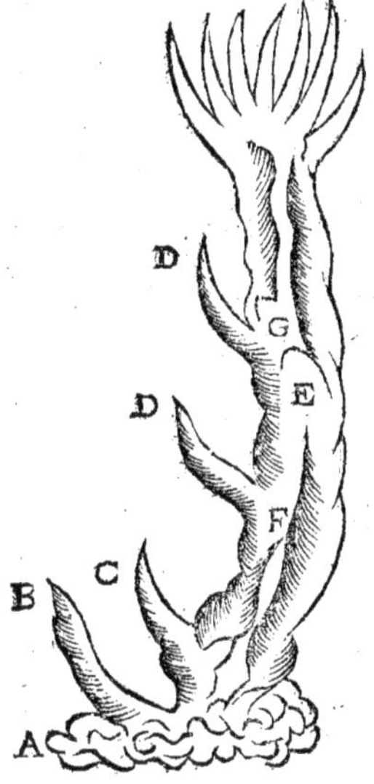

A. Meule.
B. Pierrure.
C. Andoüillers.
D. Surandoüillers.
D. Cors ou Chevillûres.
E. Couronne, Paumûre ou Trochûre, ces trois mots sont sinonimes.
F. Perches.
G. Goutieres.
H. Epois.

Les Têtes différent encore entre elles par l'arrangement des parties qui les composent, par exemple, on appelle *Tête couronnée* celles dont les épois sont placez au haut de la perche en maniere de couronne, la *Tête paumée* se nomme ainsi, parce que les Epois forment comme une main à la sommité de la perche; il y a la *Tête à Trochûre*, qui ne porte que trois ou quatre Epois, la *Tête enfourchée* s'appelle ainsi, parce qu'elle represente une fourche, & on nomme *Tête* simplement celle dont les andoüillers, chevillûres ou épois sont renversez.

Des Connoissances & Jugemens à l'égard des vieux Cerfs.

UN Cerf se connoît vieux par le pied, les portées, les abatûres, les foulûres, les fumées, les allûres & par les frayers. Les connoissances qu'on tire du pied du Cerf pour juger s'il est vieux, c'est lors que la sole en est grande, large & longue, que le talon en est gros & large, & que la comblette ou fente qui sépare le pied est large & ouverte ; la jambe d'un vieux Cerf est grosse, les os en sont gros & courts & non tranchants, la pince ronde & grosse : les vieux Cerfs sont ordinairement bien jointez.

Il faut remarquer outre cela que les vieux Cerfs en leurs allûres ne passent jamais le pied de derriere, au contraire il y a quatre doigs de distance, ils ont aussi le pied creux ; le jugement qu'on peut porter du pied d'une Biche est bien différent, parce qu'elle a ordinairement le pied long, étroit & creux avec des petits os tranchans, soit qu'elle soit vieille ou jeune, ce qui fait qu'on prend souvent l'un pour l'autre ; mais pour ne s'y point tromper, il faut s'attacher aux viandis, les Biches étant fort gourmandes & coupant en rond comme une Vache le bois qu'elles broutent.

Si on veut s'attacher aux fumées, c'est au mois d'Avril & de May qu'on les peut discerner, si elles sont larges, grosses & épaisses, & qu'elles jettent en plateaux, c'est signe que c'est un Cerf de dix cors.

Au mois de Juin & de Juillet, ils doivent jetter leurs fumées en grosses troches bien molles, & depuis la my-Juillet jusqu'à la fin d'Août, leurs fumées doivent être formées grosses & longues, nouées & bien martelées ; il faut remarquer qu'il y a difference entre les fumées du relevé du soir & celles du matin ; les premieres sont mieux moulées & digerées que les autres.

Jugement des Portées.

LE Veneur peut avoir connoissance de la tête des Cerfs pendant toute l'année par les *portées*, si vous en exceptez Mars, Avril, May & Juin qui est la saison où ils muënt, & qu'ils ont leurs têtes molles & en sang, mais lorsque leurs têtes commencent à durcir, & qu'ils ne craignent point de les froisser contre les branchages, on peut porter jugement de leurs portées.

Cela étant, le Veneur doit d'abord regarder aux entrées des Forts par où ils se rembûchent, & pricipalement dans les grands taillis de huit ou dix ans, où il verra par les routes que tiennent les Cerfs les branches tournées & heurtées des deux côtez, & en regardant la largeur de la tête il pourra voir si elle sera bien ouverte. S'il y a quelques clairieres dans le bois où le Cerf ait levé la tête de sa hauteur, il peut alors heurter du bout des épois à quelques branches séches qu'il peut rompre, & par ces marques on juge de la longueur & de la hauteur de la perche & de la tête d'un Cerf.

Jugement des Allûres, des Abatûres, des Foulûres & du Frayer.

ON peut connoître par les *Allûres*, si le Cerf est grand & long, & s'il est loin devant les Chiens ; tout Cerf qui a les Allûres longues, courre plus longuement que ceux qui les ont courtes, ils sont aussi plus vîtes, plus légers & de meilleure haleine.

Si l'on veut connoître si un Cerf est haut monté sur jambes, & s'il a le corps gros & épais, il faut regarder les Abatûres & Foulûres, c'est à dire, l'endroit par où il entre au fort, dans les fougeres & broussailles qu'il laisse entre ses jambes.

Les vieux Cerfs font leur *Frayer* aux jeunes arbres qu'on laisse dans les taillis, plus ils sont vieux plûtôt ils frayent, & quand on trouve le Frayer, on regarde la hauteur où les bouts de la paumiere auront touché, ce qui marque la hauteur de la tête du Cerf.

Comment quester le Cerf aux gagnages.

POur commencer par la saison où les Cerfs sortent du rut, qui est la fin du mois d'Octobre, on sçaura qu'ils vont au mois de Novembre dans les bruyeres pour viander les sommitez & les fleurs, & que c'est là par consequent qu'il faut les quêter; en Décembre ils se mettent en hardes, & se retirent au fond des Forêts pour se mettre à couvert des vents froids & des frimats; ils vont alors faire leurs viandis aux feüilles de ronces & des sureaux, & à d'autres choses qu'ils peuvent trouver, s'il nége, ils viandent la pointe de la mousse.

En Janvier ils laissent les hardes des méchantes bêtes, & s'attroupent trois ou quatre Cerfs ensemble, & se retirent sur les aîles des Forêts, & vont aux gagnages aux bleds; en Février & Mars les Cerfs vont viander les chatons des saules & des coudres, & les bleds verds, ils se séparent en ce mois pour aller chacun de côté & d'autres.

En Avril & May ils restent dans leurs buissons, & n'en sortent point qu'au commencement du rut, s'ils ne sont poursuivis; en Juin, Juillet & Août ils vont aux taillis & font leur viandis dans les bleds & autres grains qu'ils peuvent trouver, & c'est alors que les Cerfs sont dans leur grande venaison: en Septembre & Octobre ils laissent leurs buissons, & vont au rut, c'est alors qu'ils n'ont point de repos ny de viandis certains.

Comment aller quêter aux taillis avec le limier.

AVant que d'aller au bois, le Veneur doit prendre du vinaigre dans le creux de sa main, & en frotter les nazeaux de son Chien pour les luy déboucher, afin qu'il ait le nez meilleur, puis il s'en va au bois; il ne faut pas y être trop matin, & lorsqu'il est temps de se mettre en quête, il fait marcher son Chien devant luy, & prend les devans des taillis ou des Forêts; s'il rencontre un Cerf qui luy convienne, il faut qu'il regarde s'il va de bon temps ou non, & l'heure la plus sûre pour quêter le Cerf est lorsque l'éguail est tombé, c'est à dire, peu de temps aprés que le soleil est levé.

Quand donc le Veneur trouve un Cerf qui va de bon temps, il doit tenir son Chien de court, crainte qu'il ne fasse du bruit, outre qu'un Chien va mieux le matin quand il est ainsi conduit: aprés avoir connu quel Cerf c'est, il faut qu'il le rende au couvert, & qu'il le rembûche s'il est possible, ensuite il jettera ses brisées par haut & par bas, & pendant que son Chien est animé, il doit prendre ses devants & faire ses enceintes deux ou trois fois, l'une par les grandes voyes, & l'autre par le couvert.

S'il arrivoit que le Véneur trouvât deux ou trois entrées & autant de sorties, il doit considerer celles qui sont de meilleur temps, & si les sorties ne sont point de la nuit ; s'il se trouve embarassé, il faut qu'il prenne ses enceintes plus grandes, qu'il enferme dedans toutes les ruses, les entrées & les sorties du Cerf ; cela fait, il mettra son Chien dessus, & le fera, s'il est possible, fausser jusqu'au fort.

Des Quêtes du Cerf aux gagnages pour le voir à vûë.

IL faut regarder le soir avant que d'y aller quel païs les Cerfs relevent, si c'est dans les taillis, on considere par quel endroit on pourra venir le lendemain à bon vent, & on choisit un arbre sur le bord du taillis, d'où l'on peut voir à son aise toutes les bétes qui sont dedans.

Le lendemain on se léve deux heures avant le jour pour aller au bois, on laisse son Chien un peu éloigné à la garde d'une personne qui le tient ; aprés cela on s'en va à l'arbre, on monte dessus, & l'on regarde dans le taillis si l'on voit quelque Cerf qui plaise, on en considere la téte, & on reste sur l'arbre jusqu'à ce qu'il soit rembûché au fort, puis quand on voit qu'il est couvert on remarque l'endroit par où il entre.

Tout cela étant exactement observé, on descend sans faire bruit, & on va querir son Chien, puis une demie heure aprés on va faire son enceinte ; si l'on entend les Pies ou les Geays caqueter, c'est signe que le Cerf est debout, ainsi il faut s'arréter, & attendre que ce bruit soit passé.

Souvent les Cerfs qui sont rusez & qu'on a couru autrefois se recelent longuement sur eux sans sortir de leur fort, & font leurs viandis en quelques petits taillis & coupes dérobées qui sont au milieu des forts, ce qui leur arrive plus ordinairement en May ou en Juin qu'en toute autre saison.

Quand on trouve de ces Cerfs, & que le païs est fort rompu de ses vieilles erres, on prend les devants de tous côtez, & si on ne trouve point que le Cerf se soit en allé ny sorti de bon ou de vieux temps, on doit présumer en soy-même qu'il tient ferme & qu'il se recele sur luy dans le fort, alors il faut prendre le dessous du vent, & entrer dans le fort tenant son Chien de court en brossant le plus doucement qu'il est possible ; si l'on voit que le Chien sente quelque chose, & qu'à voir sa contenance il soit prés du Cerf, il faut se retirer en arriere de peur de le lancer, & aller chercher un autre endroit du bois plus clair pour entrer ; c'est environ sur les neuf heures du matin que cela se doit faire ; il ne faut pas entrer bien avant dans le fort, parce que les Cerfs restent quelquefois le long du trait de ces petits taillis dérobez ; il suffit d'avoir reçu par pied & levé les fumées du Cerf, tenant son Chien entre ses bras, & quand on est assez loin de là, on contrefait le Berger, ou l'on joüe de quelque instrument champêtre, crainte que le Cerf ne se lance : on reste une demie heure en cet état pour le laisser asſûrer, puis on refait son enceinte.

Comment

Comment quêter aux gagnages & requêter le Cerf.

IL faut aussi se lever matin pour quêter aux gagnages, & s'il arrive que le Cerf ait été chassé la veille, & qu'il n'ait pas été pris, on va le requêter, & pour cela il faut que ceux qui accompagnent les chiens, jettent une brisée aux dernieres voyes ou erres où ils ont laissé le Cerf, afin de le retourner quêter le lendemain dés la pointe du jour avec le Limier & les chiens de la meute.

Quand on est arrivé aux dernieres voyes où l'on aura mis quelque brisée, on se sépare, & celuy qui a le meilleur chien & de haut nez doit prendre le droit, & faire suivre son chien sur les routes en le tenant de court, & les autres prendre les devants au loin par les lieux qui leur seront les plus commodes pour le sentiment du chien; si par hazard celuy qui tient le Limier vient à lancer le Cerf, & qu'il trouve cinq ou six reposées l'une auprés de l'autre, il ne s'en étonnera pas.

Comment quêter le Cerf aux hautes Futayes.

QUand un Veneur ou autre personne va quêter le Cerf aux hautes Futayes, il faut avoir égard à deux choses, la premiere est la saison où l'on est, & la seconde les demeures de la Forêt; car si c'est en été, les Taons, les Mouches & les autres bestioles de cette nature chassent le Cerf des Futayes, & pour lors il se retire dans les petits forts prés des gagnages.

On met les relais selon les saisons & les couppes des taillis, car dans l'hyver que les Cerfs ont la tête dure, ils suivent les grands forts, & au printemps qu'ils l'ont molles & en sang, ils suivent les petits taillis, & les lieux les plus foibles qu'ils peuvent trouver. Comment mettre les relais.

Cela observé, on se leve dés le grand matin, on menne les relais sans faire bruit, on les laisse au pied de quelque arbre jusqu'à nouvel ordre, tandis que d'autres Chasseurs vont à trois, quatre ou cinq cens pas de là du côté où sera la chasse pour prêter l'oreille s'ils n'entendront rien, & pour voir le Cerf.

Celuy qui tient les chiens doit les mener de compagnie sur les voyes, leur faire suivre trois ou quatre pas le droit, puis en lâcher un, & si l'on voit qu'il dresse, découpler les autres & sonner pour chiens: si le Cerf étoit en harde avec d'autres bêtes, le Piqueur ou autre qui sera au relais doit piquer en tête pour essayer à séparer le Cerf; s'il se sépare, on découple d'abord les chiens sur les voyes; si par hazard les relais étoient sur le bord d'un étang, & que le Cerf y vînt, il faudroit le laisser baigner à son aise sans sonner mot, puis quand il est sorti on découple les chiens sur les voyes, on les suit, & on sonne aprés eux pour appeller de l'aide en brisant par tout, afin que si les chiens prennoient le change, & qu'ils s'écartassent de leur droite voye, on retournât à la derniere brisée pour requêter le Cerf; s'il y reste quelques chiens en arriere, il faut les appeller & les mener au devant de la meute, ou bien s'il n'y avoit guéres de relais, & qu'on vît que le Cerf s'en allât en quelque lieu où il n'y auroit guéres de change, & qu'il fût contraint de retourner sur ses pas, & qu'il y eût devant des chiens qui la soutinssent, alors on pourroit prendre les derniers chiens, & les garder pour son retour.

S'il arrivoit que le Piqueur étant à son relais vît passer un Cerf de dix cors, qu'il y ait aprés luy quatre ou cinq chiens, & qu'il n'entendît point les autres Piqueurs ny leurs cors, il regarderoit si le Cerf seroit halé, & quels seroient les chiens qui le chasseroient; s'il voyoit que ce fût de bons chiens de la meute, il sonneroit pour chiens tant qu'il pourroit pour appeller le secours, s'il ne venoit personne, il faut qu'il se mette aprés les chiens de la meute, & qu'il découple son relais, sonnant & appellant toûjours en jettant des brisées par où il passe, & sur les voyes du cerf: si au contraire le cerf n'étoit pas suivi de bons chiens de la meute, il faudroit se contenter de regarder les pays qu'ils prennent & les briser au bout de la vûë, afin que s'il entendoit la meute en défaut, il s'y en allât pour avertir que le cerf a passé à son relais: on peut aller le quêter & reprendre leurs voyes à la brisée du Piqueur.

Comment lancer le Cerf, & le donner aux Chiens.

ETant là on regarde quel est le pied du cerf, afin de le reconnoître au change, ensuite on s'écarte au tour du buisson pour voir le cerf, s'il est plossible, au partir du lancer afin de reconnoître le pélage & la façon de la tête, & quand celuy qui l'aura détourné verra la chasse auprés de luy avec les chiens de la meute, il doit se mettre devant tous les autres & frapper à route, criant avec tous les autres, *Voile-cy aller, voile-cy, va avant, voile-cy par les portées, rotte, rotte, rotte.*

Il faut prendre garde en chassant de ne point trop échauffer les chiens à la brisée, & que les chiens de la meute suivent les routes par où vont le Cerf & les Limiers, n'approchant pas cependant les Limiers & les Veneurs de plus de soixante pas, parce que si cela étoit autrement, les chiens de la meute romproient les erres & les voyes, ce qui seroit cause que le Veneur ne les pourroit redresser.

S'il arrivoit que le Limier, en faisant sa suite, fourvoyât les droites erres, il faudroit se retirer, & dire *hourva, horva*, & retourner chercher son droit, puis si l'on voit que le Limier redresse ses erres, le Veneur doit incontinent mettre le genou en terre pour reconnoître le pied du cerf & les portées, s'il reconnoît que c'est son droit, il faut qu'il crie, *Voile-cy aller, il dit vray, voile-cy aller le Cerf, rotte Valet, rotte, rotte*, & qu'il jette une brisée en cet endroit, tant pour les Veneurs qui viennent aprés luy que pour montrer à ceux qui amennent les chiens de la meute, que le cerf va là; si les chiens étoient trop loin, on crie, *approche les chiens*, ou bien on sonne deux fois du cor en brisant haut & bas par tout, afin que si l'on perd les voyes, on vienne rechercher la premiere brisée.

Si le Limier renouvelle les voyes, & qu'il commence à approcher du cerf, il faut que celuy qui le guide le tienne plus de court qu'auparavant de peur que s'il se lançoit d'effroy, que son chien ne le transportât au vent sur les erres, de sorte qu'il n'en pût voir la reposée, pour les reconnoître par les foulées ou autrement; mais s'il entendoit qu'on lançât le cerf ou qu'il trouvât le lit ou la reposée, il ne doit pas sonner si-tôt pour chiens, mais crier trois fois *garre, garre, garre*, & faire suivre son chien jusqu'à ce qu'il en puisse revoir à son aise.

Il y a des cerfs qui sont si malicieux qu'ils ne font que tournoyer au partir de leur lit pour chercher le change, il faut alors ne point sonner, & crier seulement *garre, garre, approche les chiens*, & faire suivre le Limier sur les erres environ de cinquante pas, mais quand le cerf commence à dresser par les fuites, & qu'on le reconnoît, on sonne pour les chiens en criant, *thya hillaud*, observant de mettre toûjours le Limier sur les erres, criant en sonnant jusqu'à ce que les chiens de la meute soient amenez à luy; & qu'on voye qu'ils commencent à dresser, alors on se mêle parmy les chiens pour les réjoüir & les animer.

Cela observé, celuy qui tient le Limier monte à cheval, s'en va au dessous du vent, & côtoye la meute pour lever les défauts, mais si le cerf venoit à donner le change, il faut aussi-tôt menacer & rompre les chiens, puis les accoupler & aller prendre les dernieres erres, chercher la reposée & frapper à route jusqu'à ce qu'ils ayent relancé leur cerf.

Comment prendre le Cerf à force.

POur bien sçavoir prendre le cerf à force, on doit toûjours suivre les chiens par la menée où ils vont sans s'en écarter, de peur de lancer le change, & afin de relever promptement les défauts. Quand on voit que le cerf a couru une heure & plus, qu'il dresse en s'éloignant pour se forpaisir; & que les chiens sont bien ameutez sur les erres, alors on peut approcher de plus prés que de cinquante pas en sonnant du cor trois mots à chaque fois.

Il est bon de sçavoir que lorsque le cerf se voit chassé par les chiens, il se défend d'eux, & leur donne le change de plusieurs manieres; il faut alors retourner avec le Limier ou les chiens de la meute, chercher les dernieres erres & brisées; parce qu'alors on ne sçauroit manquer de le relancer. S'il y a deux Piqueurs ensemble, l'un des deux les doit aller menacer & les rompre tandis que l'autre les appelle où s'est fait le défaut, qu'il foule fort en les appellant & les réjoüissant jusqu'à ce qu'ils ayent relancé son cerf: si l'on connoît que ce soit luy, on sonne trois fois du cor en criant & nommant le chien, *Voile-cy aller il dit vray, voile-cy aller le Cerf*; les autres personnes de la chasse doivent menacer les chiens, & les faire aller au cerf.

On voit souvent qu'en pareil cas les chiens tombent en défaut, ou qu'ils se séparent en deux ou trois meutes, il faut alors, si l'on voit que quelques-uns des jeunes chiens ne dressent pas sagement, que les vieux n'y soient point, & qu'on ait connu le droit, il faut dis-je regarder quels sont les meilleurs & les plus sûrs, aller à eux, jetter des brisées, & sonner en criant, *Voile-cy fuyant, il dit vray*, en nommant les chiens qui dresseront.

Les cerfs font leurs ruses ordinairement dans les chemins, parce que c'est là où les chiens perdent le plus le sentiment, si bien que lorsqu'on se trouve en défaut en ces endroits, & qu'on connoît que le cerf est allé &

venu sur luy, il faut crier aux chiens ; *Voile-cy hourvary*, défaire la ruse à l'œil, & leur aider toûjours jusqu'à ce qu'ils ayent trouvé la sortie des erres par où ils entrent dans le fort en les faisant requêter par les côtez des voyes & chemins, & non par le dedans : il faut jetter des brisées par tout, & réjoüir les chiens, & s'il y en a quelqu'un qui dresse, on doit aller à luy, & regarder ce que c'est, puis si l'on voit que c'est le droit, on sonne & on arrête les autres chiens, en nommant le chien, *ha Cleraud* ou *Miraut*.

Il est bon de sçavoir que lorsqu'un cerf est las & mal-mené, son dernier refuge est l'eau, & qu'il se laisse aller plus volontiers à son fil que de remonter, prenant garde de ne point toûcher aux branches des arbres, s'il y en a au tour, crainte de donner trop de sentiment aux chiens ; quand cela arrive, il faut user de prudence, jetter une brisée à l'entrée de l'eau, & regarder de quel côté le cerf a la tête tournée, puis faire entrer les chiens dans l'eau, qui en pourront prendre sentiment aux joncs & aux herbes qui seront dedans. Quand on reconnoît que les chiens en ont connoissance, on les appelle pour les faire sortir de l'eau, & les remettre en quête à dix ou douze pas du cor ; il faut toûjours se tenir prés de l'eau, car le cerf se cache quelquefois tout dans l'eau & fait d'autres ruses ; pour lors ayant toûjours l'œil en l'eau, & les chiens étant menez, comme on l'a dit, on observe par où le cerf en sort, afin de l'y faire requêter.

Les cerfs font encore bien d'autres ruses & hourvaris, soit dans les chemins soit dans les bois, & lorsqu'on les a démêlé, il faut bien prendre garde que les chiens ne prennent le contre-pied ; en ce cas, ainsi qu'en beaucoup d'autres où les cerfs rusent beaucoup, il faut prendre les enceintes de maniere que le cerf ne puisse échapper, si ce n'est par la faute des chiens ou des Chasseurs qui n'entendront point à les mener ; mais supposé que le cerf fût vigoureux, & que les chiens l'ayent abandonné à cause de la nuit, ou bien qu'ils fussent las & harassez, il faut remettre la partie au lendemain & briser pour cela les dernieres voyes pour laisser requêter.

De la maniere de sonner le Cor pour aller à la Chasse.

TOus ceux qui se mêlent de chasser ne sçavent pas sonner du Cor, ny parler aux chiens comme il faut, il est nécessaire néanmoins de s'entendre en pareille occasion, sans cela il n'y a que de la confusion à cette chasse ; & pour l'éviter, voicy ce qu'il faut suivre pour ne s'y point tromper, & pour cela on a donné les sons tous nottez.

1. Celuy qui veut appeller son compagnon avec le Cor, doit sonner ainsi un mot long.

Tran.

2. Les autres luy doivent répondre en cette maniere.

Tran.

3. Lorsqu'ils auront répondu, il doit redoubler deux fois de son Cor en cette sorte.

Tran, Tran.

4. Celuy qui veut appeller son compagnon de la voix doit houpper ainsi un mot bien long.

Houp

5. Celuy qui répond, doit répondre sur le même ton.

Houp, Houp.

Voilà comme les Veneurs & les Piqueurs se doivent appeller l'un l'autre tant du Cor que de la voix; il faut remarquer qu'à la chasse du cerf, pour s'appeller l'un l'autre tant du Cor que pour sonner pour chiens, il faut toûjours sonner du grêle & non pas du gros.

Comment sonner du Cor pour Chiens, & leur parler de la voix.

1. QUand les Piqueurs sont à la queuë des chiens bien ameutez, ils doivent souvent sonner du Cor, & à chaque coup trois mots de moyenne longueur.

Tran, Tran, Tran.

2. C'est aussi de la maniere qui suit que les Piqueurs qui sont aprés les chiens bien ameutez doivent leur parler.

Il va la chiens, il va la ha, il va la ha, il va la ha, ha, ha, ha.

3. Autre maniere de forhuer & de parler aux chiens avec la voix quand ils chassent & qu'ils sont ameutez.

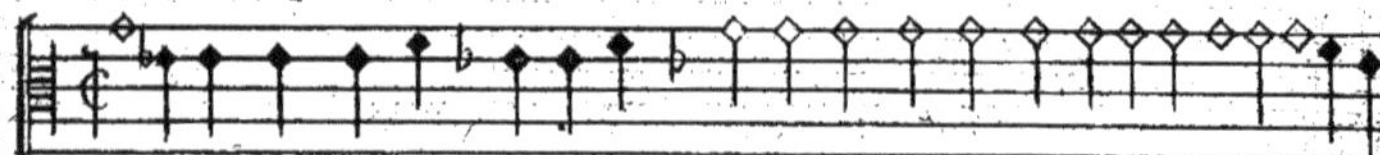

Hau il fuit la chiens, il fuit la, il fuit la ; la ira chiens, la ira, la ira, ha, ha, ha.
Outre ira chiens, outre ira, outre ira, ha, ha.

Comment sonner le Cor à vûë & parler aux Chiens.

4. SI les Piqueurs se trouvent au devant de la meute, & qu'ils voyent le Cerf, ils doivent forhuer & sonner du Cor à plusieurs fois, comme il suit.

Tran, Tran, Tran, Tran, Tran, Tran.

5. Quand les Piqueurs se trouvent devant les chiens, & qu'ils voyent le cerf, ils doivent le laisser passer, puis forhuer, & parler ainsi aux chiens.

Thia billaud, Thia billaud.

6. Les Piqueurs ne cesseront point de forhuer & de crier jusqu'à ce que les chiens soient venus à eux, aprés cela le Piqueur les doit laisser passer, & se mettre à la queuë en criant.

Passe le Cerf, passe, passe, passe, passe ha, ha, hau, ha, hau.

7. Quand le Cerf est dans l'eau ou qu'il l'a passée, il faut crier ainsi.

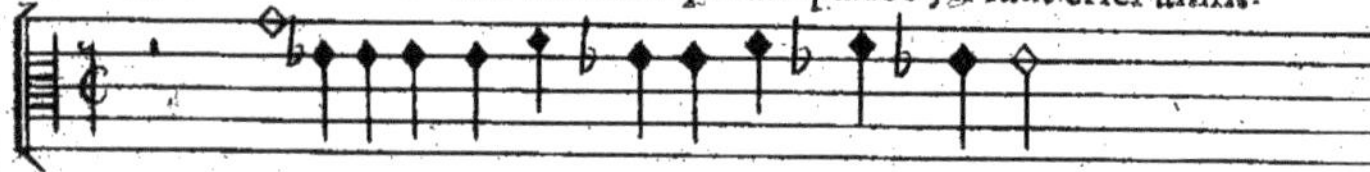

Au il bat l'eau chiens, il bat l'eau, il bat l'eau.

Comment sonner au défaut, & parler de la voix aux Chiens.

8. SI on veut faire retourner les chiens à quelque ruse ou hourvari, qu'on ait laissé les relais, ou que la meute soit en défaut, qu'il faille que le

Piqueur appelle les chiens, il faut qu'il sonne trois ou quatre fois pour assembler les chiens en cette sorte.

Tran, Tran, Tran, Tran, Tran, Tran.

9. Quand le Piqueur veut rapeller les chiens pour les faire retourner à luy, il doit ainsi les appeller de la voix.

Hourva à moy, theau, il suiticy.

10. Quand le cerf se forpaise, le Piqueur doit sonner du Cor deux sons longs en cette maniere.

Tran, Tran, Tran, Tran.

11. Si le Piqueur voit ses chiens en défaut, il doit ainsi parler à eux pour leur faire requêter le défaut, & pour les réjoüir.

Hau, où est-il allé le cerf, vais ladi, appelle, appelle, appelle.

12. Quand les chiens ont relevé le défaut, il faut parler à eux, & nommer par leur nom ceux qui dressent, & qui font la pointe du relief.

Cy suit à Miraud, à Brifaud, à Gerbaut.

Comment crier & forhuer & parler aux Chiens quand le Cerf a fait une ruse.

13. SI le Piqueur voit que le cerf ait fait une ruse en un chemin, il doit sonner du Cor un son long, & puis crier & appeller ses chiens, comme il est marqué.

Vaule cy horvari le cerf, vaule cy horvari, vaule cy horvary la voix.

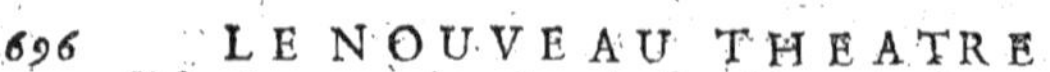

14. Si le piqueur voit qu'un de ses chiens transporte le cerf, & qu'il en voye les fautes, il doit crier ainsi en jettant une brisée.

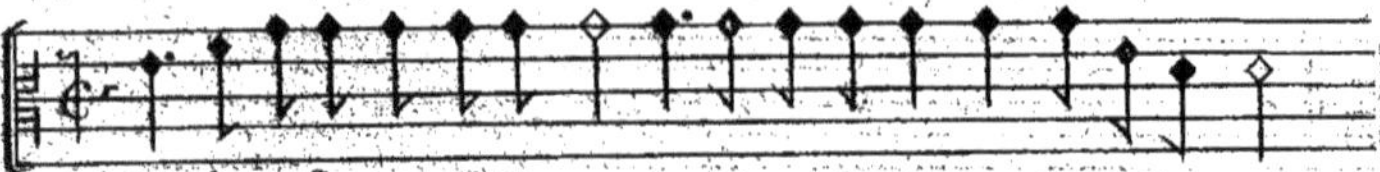

Vaule-cy fuyant, il dit vray, vaule-cy fuyant, vaule-cy fuyant.

Comme on doit sonner les abois, & parler aux Chiens de la voix.

15. QUand le cerf est aux bois, on doit sonner du Cor six ou sept tons fort vîtes & courts, & le dernier un peu plus long, & les repeter plusieurs fois.

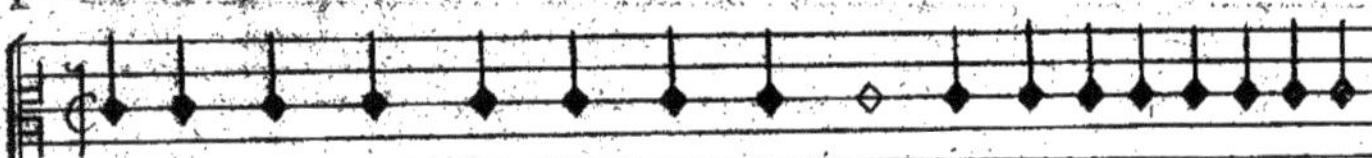

Tran, tran, tran, tran, tran, tran, tran, tran, tran, tran, tr. tr. tr. tr. tr. tr. tr.

16. Il faut ainsi parler aux chiens en pareille occasion.

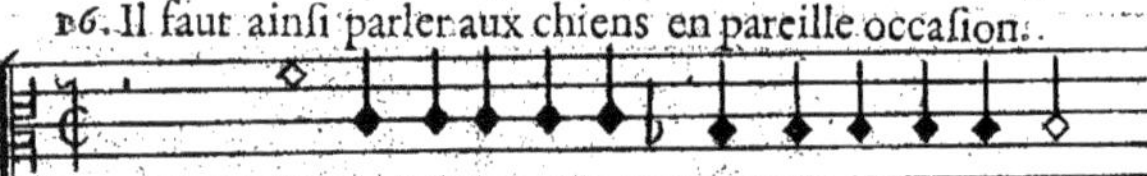

Hau, halle chiens, halle, halle, halle, halle.

Comment sonner la mort du Cerf, crier & appeller les Chiens.

17. QUand le cerf est pris tous les Piqueurs doivent sonner longuement en cette maniere.

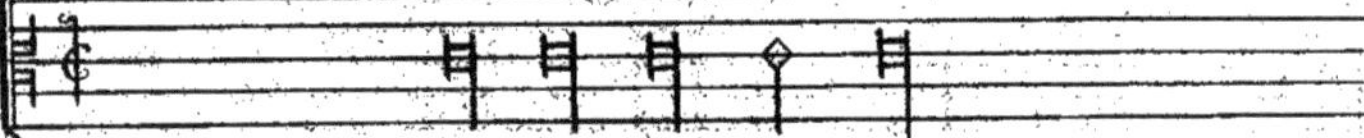

Tran, tran, tran, tran, tran.

18. C'est aussi en cette sorte que les Piqueurs doivent crier & appeller les chiens à la mort du cerf.

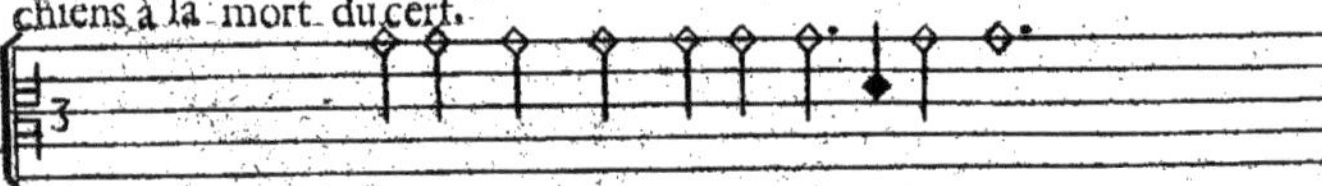

A la mort chiens, à la mort, à la mort.

Comment

Comment sonner la retraite, crier & appeller les Chiens quand la chasse est faite.

19. TOus les Piqueurs sonnent du Cor trois mots fort longs quand la chasse est finie, puis ils les redoublent par deux plus courts, & un tiers semblable aux deux premiers.

Tran, tran, tran, tran, tran, tran, tran.

20. On appelle de même les chiens à la retraite.

Theau chiens, theau, hau, haute, haute, thie, thie ha, ha, ha, ha, ha, ha.

Comment sonner pour la curée, & y forhuer les chiens de la voix.

21. QUand on appelle les chiens pour venir à la curée, il faut sonner comme il est marqué.

Tran, tran, tran, tran, tran, tran, tran, tran.

22. Quand on veut faire la curée aux chiens, il faut forhuer & crier ainsi jusqu'à ce qu'ils soient tous venus.

Theau le hau, theau le hau.

Comment parler aux chiens quand ils mangent la curée, & de ce qu'il leur faut faire.

23. QUand les chiens mangent la curée, il faut frapper de la main pour les réjoüir, & les appeller ainsi par leur nom.

Ha Miraud, ha Brisaut, ha Gerbaut.

Comment sonner aprés la curée, & pour ramener les chiens au chenil.

24. LOrsque la curée est mangée, on renverse le cuir du cerf sur les chiens, en leur montrant la tête du cerf, & sonnant comme aux abois en cette sorte.

25. Et lorsqu'enfin tout est fini, & qu'on veut s'en retourner, on sonne deux sons courts à chaque fois en cette maniere.

Voilà comment on sonne à la chasse du cerf, qu'on y crie, & qu'on appelle les chiens; ces instructions sont tres-necessaires à ceux qui conduisent une telle chasse; car sans cela on ne pourroit pas s'y entendre: passons maintenant à la maniere de tuer le cerf.

Comment tuer le cerf quand il est aux abois, & de ce qu'il faut faire d'ailleurs.

QUand le cerf est aux abois il est dangereux, principalement dans son rut; c'est pourquoy il faut alors user de prudence; s'il est dans l'eau, il faut se cacher avec les chiens pour l'en laisser sortir, puis aprés trouver l'occasion de luy donner quelque coup de fusil; si le cerf n'en veut pas sortir, & qu'il soit au milieu de cette eau, il faut prendre un bateau, aller à luy, le tuer de quelque coup d'épée ou autrement, puis quand il est mort, le pousser à bord & s'en saisir.

Comment défaire le Cerf, & faire la curée aux chiens.

LOrsque le cerf est pris, tous ceux qui sont de la chasse s'assemblent & on fait d'abord fouler le cerf aux chiens, ensuite on les accouple, aprés, quoy on fait la dissection de la bête morte, puis on en fait curée aux chiens, en cette sorte.

Il faut que les Limiers soient presens à la dissection, attachez néanmoins à quelque endroit séparément les uns des autres, crainte qu'ils ne se battent, ensuite on prend le massacre ou la tête du cerf avec le cœur, qu'on donne au Limier qui l'a détourné, cela fait, on dépece les autres parties du cerf pour les donner aux autres chiens; cette curée est bien meilleure chaude que lorsqu'elle est réfroidie, & pendant que les chiens mangent le tout, les Piqueurs sonnent du Cor pour les réjoüir.

CHAPITRE XXIII.

Comment chasser le Sanglier.

LE Sanglier est une bête pesante, qu'on ne doit chasser qu'avec des mâtins, par la crainte qu'on doit avoir qu'il ne tuë quelque chien courant lorsqu'on en met une meute aprés luy ; la chasse du cerf, comme on a vû, a ses termes particuliers, celle du Sanglier a aussi les siens qu'il est bon d'entendre pour le bien chasser.

Du jugement du pied, des boutis & du soüil.

ON connoît les vieux Sangliers aux *traces*, qui sont d'ordinaire grandes & larges, les *pinces* de la trace de devant sont rondes & grosses les *coupans* des traces usez, le *talon* large, les *gardes* grosses & ouvertes ; & dont il doit donner en terre sur le dur où il marche.

Quand le Sanglier fait ses *boutis* dans les hayes, on pourra connoître la grosseur & la longueur de sa hure, par rapport à la profondeur & la largeur de ses boutis ; on les connoît encore aux fraîcheurs où il va pour *vermeiller*.

On connoît un grand Sanglier par le *soüil* lorsqu'il est long, large, & grand ; on remarque encore sa grandeur aux entrées des forts, aux feüilles & aux herbes où le soüil touche ; parce que lorsqu'il en sort, il emporte la boüe sur luy qui marque les feüilles en entrant dedans, par lesquelles on peut juger de sa hauteur & de sa grosseur ; on juge aussi de la grandeur du Sanglier par la *bauge* qui est profonde, & par la fiente des *lesses* en terme de Venerie, lesquelles doivent être grosses & longues.

Comment chasser & prendre le Sanglier à force avec des chiens courans.

QUoique nous ayons dit que les mâtins convenoient mieux à cette chasse que les chiens courans par la perte qu'on craignoit de ceux-cy ; cependant, si l'on veut s'en servir pour prendre un Sanglier à force, voicy ce qu'il faudra y observer.

On ne doit jamais attaquer un Sanglier en son tiers an pour le prendre à force, parce qu'il court plus longuement qu'un cerf qui ne porte que six cornettes ; mais quand il a son quart d'an, on peut le prendre à force : voicy comment.

Quand le matin on détourne un Sanglier en son quart d'an, il faut regarder s'il s'est retiré de bonne heure au fort ; & quand il y veut demeurer, il fait toûjours sa ruse à l'entrée dans quelque route ou chemin, puis il entre dans son fort pour se mettre à la bauge ; ainsi le chasseur étant du matin au bois, il jugera des Sangliers, & dressera sa meute au laissez courre : il faut d'abord charger de chiens un grand Sanglier malicieux & de repos,

& qu'il y ait toûjours des Piqueurs mêlez parmy en le pressant le plus fort qu'il est possible pour l'affoiblir, autrement il reprend courage quand il est poursuivi ; il ne fait que tenir les abois & court sur tout ce qu'il voit devant luy.

Les relais dont on doit se servir pour cela doivent être composez de vieux chiens qui soient sages, les jeunes s'exposent trop au danger ; si néanmoins on avoit affaire à un Sanglier qui eût accoûtumé de prendre les campagnes & tirer pays, il ne faudroit luy donner que huit ou dix chiens, & mettre les autres aux relais à l'entrée du pays où il voudra aller, puis quand ils seront auprés du lieu où sera le sanglier, il faudra les écarter tout au tour allant droit à luy, & luy tirer quelque coup de fusil ou de pistolet, prenant garde aprés que le Sanglier ne se tourne & ne blesse quelqu'un des Chasseurs ou quelque Cheval.

CHAPITRE XXIV.

De la Chasse du Liévre.

LA chasse du Liévre est un des plus agréables divertissemens qu'on puisse prendre à la campagne, parce que ce plaisir se peut donner à toute heure, & à petits frais, outre qu'on voit toûjours courrir ses chiens devant soy.

Un Chasseur qui entend son métier, doit s'étudier aux ruses que font les Liévres lorsqu'on les chasse, & examiner d'abord quand il sort du logis, quel temps il fait ; s'il est pluvieux, le Liévre dresse & suit plus les chemins qu'en un autre temps, & s'il arrive dans quelque bois taillis, il n'entre point dedans, il se relaisse au bord & laisse passer les chiens ; étant passez il s'en retourne par où il est venu au pays où il a été poussé, ne voulant pas entrer dans le fort à cause du l'égail qui est parmy les bois.

Ainsi donc quand le temps est à la pluye, il faut demeurer à cent pas du bord par où le Liévre est venu, & appeller les chiens, il faut aussi regarder en quel lieu est le gîte du Liévre, & de quel vent il s'est caché, si c'est du vent de galerne, ou du nord, il ne fuira pas le nez dedans, mais le coroyera & luy tournera le derriere ; s'il fait son gîte en l'eau, c'est une marque qu'il est ladre, & c'est là aussi qu'il ruse. Il est bon de regarder le premier pays & cerne que le Liévre prend la premiere fois au partir du gîte quand il est poursuivi des chiens, tous les autres qu'il fera pendant le jour se trouveront par les mêmes endroits, si ce n'est quelque Liévre mâle qui soit venu de loin, ou bien que les chiens l'eussent si mal mené & lassé, qu'il fût contraint d'abandonner son pays & se forpaisser, ce que fait volontiers un Liévre qui a été chassé deux heures sans défaut.

Quand les chiens commencent à chasser le Liévre, ils ne font que tournoyer, passant cinq à six fois par le méme endroit & sur leurs mémes pas ; si les chiens courans manquent à prendre un Liévre un jour, il est bon de regarder le pays & les lieux par où il aura passé, car si on le retrouve une autre fois, & que les chiens le chassent, il passera par les mémes lieux & rusera comme il a fait le jour précédent ; c'est par là qu'on pourra connoître la malice & le pays où il voudra aller.

De l'Age des Liévres.

LEs Liévres ne vivent que sept ans pour le plus, & sur tout les mâles, & ils ont la malice que si le mâle & la femelle sont accouplez ensemble en un pays, ils ne souffrent jamais que d'autres Liévres étrangers y demeurent.

Il n'y a point d'animal plus fécond en ruses que le Liévre & quelquefois les chiens qui le chassent sont si surpris qu'ils ne font que lever la tête pour demander du secours; s'il arrive qu'on veuille faire retourner & revenir les chiens pour les faire entrer en quelque taillis ou fort, il faut les appeller en sonnant du cor un ton bien long, il ne faut jamais sonner en quête le grêle du cor, mais le gros tant qu'on voudra, si ce n'est qu'on veuille appeller les chiens à soy, ou bien qu'on les voulût faire retourner d'un pays pour aller en d'autre.

Quand prendre le Liévre à force.

LA saison pour prendre le Liévre à force avec les chiens courans commence à la my-Septembre, & finit à la my-Avril, à cause des fleurs & des grandes chaleurs, qui peu de temps aprés ôtent le sentiment aux chiens. Quand on veut aller à la chasse, il faut consulter le temps & la saison où l'on est, afin d'aller chercher le Liévre aux gagnages, comme aux bleds, aux avoines, aux prez & autres lieux.

Il est constant que les chiens ont plus de sentiment des viandis du Liévre, que lorsqu'il en sort pour aller en son gîte, quoiqu'il s'en aille de meilleur temps, & lorsqu'on voit qu'ils ont défait la nuit du Liévre au viandis, & qu'ils commencent à trouver la sortie par où il dresse pour aller à son gîte; il faut les laisser faire & aller doucement aprés eux, & si l'on voit qu'ils tombent en défaut, c'est signe que le Liévre a fait une ruse, & qu'il est allé & venu sur luy, & on crie alors, sans remuer d'où l'on est, *Hau où est-il allé, horva, à moy theau*; car si l'on avançoit vers eux, on les feroit passer au delà des erres du Liévre: il faut aussi les regarder faire, & les réjoüir de la bouche.

Il y a deux façons de prendre le Liévre à force, l'une se fait sans forhuer, suivant seulement les chiens par où ils vont sans abreger les ruses, & l'autre en regardant faire le premier cerne à un Liévre, puis lorsqu'on le reconnoît, & qu'on le tient en ses fuites, on va gagner les devans pour le voir à vûë, & en cet endroit; on forhuë les chiens en abrégeant leurs ruses.

Il y en a qui le prennent autrement, & qui dés qu'ils ont vu faire le premier cerne à un Liévre, & qu'ils ont connu le païs qu'il tient en ses fuites, ils vont gagner les devans pour le voir à vûë & forhuent leurs chiens en ce lieu en abregeant les ruses: quand les chiens sont ainsi dressez, ils sont de si bonne créance, qu'ils laissent leur droit pour aller au forhuë, ce qui fait que les Liévres ne courent pas long-temps devant eux.

De la Curée du Liévre, & comment la faire.

QUand le Liévre est pris on en sonne la mort en frottant les chiens avec la main, leur montrant le Liévre en disant, *va le mort*, puis on le prend & on l'ouvre pour le dépoüiller devant eux ; il faut leur ôter le pas, le poulmon & la peau qu'on attache à quelque arbre, crainte que les chiens ne mangent ces parties qui leur sont préjudiciables pour la santé.

Le Liévre étant habillé, on prend du pain, du fromage & autres friandises qu'on met dans le corps du Liévre, dont on ôte aussi les épaules & la tête pour donner aux jeunes chiens qui n'auront pas voulu approcher de la curée ; cela fait, on prend le Liévre, on l'attache à une corde par quatre ou cinq endroits, afin de faire tirer les chiens, & qu'un n'emporte pas tout, puis on le cache & on s'en va à cinq pas de là porter son forhuë ; pendant ce temps, on étend sur l'herbe le pain & le fromage brunis du sang du Liévre, desquels on défend aux chiens d'approcher avec la gaule.

Ensuite on commence à sonner pour chiens, on les menace, on les foüette avec la gaule en criant, *Ecoute à luy valet*, alors on leur montre le Liévre, le tenant le plus haut qu'on peut avec les mains, puis quand les chiens sont tout autour, on le jette au milieu d'eux & on leur laisse manger, il faut les mener boire aprés, avant que de les coupler, puis on les ramene au logis.

CHAPITRE XXV.

De quelle maniere on doit chasser aux Renards & aux Taissons.

CEtte chasse se fait avec les chiens de terre, autrement appellez *Bassets*, il y en a de deux espéces, l'un a les jambes torses & est pour l'ordinaire à court poil, & l'autre les a droites, & est couvert toûjours de gros poil comme les Barbets ; la premiere espece coule plus aisément en terre & est meilleure pour les bléreaux, parce qu'ils y tiennent plus long-temps ; l'autre espece sert à deux fins, courant sur terre comme chiens courans, & entrant plus hardiment en terre que les autres.

De la maniere de dresser les Chiens pour les Renards & Taissons.

QUand on veut chasser au Renard & au Taisson, il faut avoir des Bassets tout dressez pour cela, & se donner de garde de les traiter rudement dans le commencement qu'on les dresse ; il faut toûjours faire entrer un vieux basset devant un jeune : on peut dresser les Bassets, & les mettre à la chair en plusieurs manieres. 1. en la saison que les Renards & les Taissons ont leurs petits, on prend tous les vieux Bassets, on les laisse entrer en terre, puis lorsqu'ils commencent à aboyer, on doit tenir les jeunes auprés des trous un à un, de peur qu'ils ne se battent, & que cela ne leur empêche d'écouter les abois.

Aprés que les vieux Renards ou Taissons sont pris, & qu'il n'y a plus que les petits, il faut prendre tous les vieux Bassets & les coupler, puis laisser aller les jeunes, les encourageant lorsqu'ils sont en terre, en criant, *coule à luy Basset, coule à luy hou, prenez, prenez*, & lorsqu'il tient quelque petit Taisson ou Renardeau, on leur laisse étrangler dans le trou, prenant garde que la terre ne s'affaisse sur eux, ce qui leur nuiroit beaucoup.

Cela fait on prend ces petites bêtes mortes, on les emporte au logis où l'on en fricasse les foyes & le sang avec du fromage & de la graisse, pour en faire aprés curée aux chiens en leur montrant la tête de leur gibier, aprés que les Bassets ont mangé la curée, ou bien avant ce temps-là il faut les laver d'eau tiede avec du savon, pour faire tomber la terre dont ils seront couverts, autrement ils deviendroient galleux.

La seconde maniere de les dresser est toute differente de la premiere, car on fait prendre pour cela de vieux Renards ou Taissons tous vifs par les vieux Bassets & avec des tenailles propres à cela, on prend ces bêtes & on leur couppe toute la machoire de dessous sans toucher à celle de dessus, ensuite faites faire des trous en un pré qui soient assez larges, afin que les Bassets puissent s'y tourner & entrer deux tout de front, couvrant les trous de planches & de gazon; cela fait, mettez le Taisson dedans & lâchez tous les Bassets tant jeunes que vieux, les animant le mieux qu'il est possible, & quand ils auront assez aboyé, on donnera sept ou huit coups de bêche à côté pour les enhardir, ensuite on leve les planches à l'endroit où est le Taisson, on le prend avec les tenailles, on le tuë devant les chiens, ou bien on le fait étrangler par quelque Levrier pour leur en faire curée, il faut avoir du fromage dans sa gibeciere pour jetter aux chiens incontinent aprés que le Taisson est mort.

Comment bêcher la terre, & de quels outils on se sert pour chasser au Taisson & aux Renards.

CEux qui veulent se divertir à la chasse des Bassets, il faut qu'ils soient munis de tous les instrumens qui y sont necessaires; on doit avoir six à sept hommes qui soient robustes pour faire les trous, autant de bons Bassets qui ayent chacun un collier au cou, large de trois doigts & garni de sonnettes pour entrer dans les trous, afin que les Taissons s'aculent plûtôt, & que les colliers garantissent les chiens d'être blessez. Si-tôt qu'on verra les Taissons aculez & que les Bassets seront las & hors d'haleine, ou que les sonettes seront pleines de terre, on prendra les chiens & on leur ôtera leur colliers, & pour instrumens on a des Bêches, des Pioches, des Tarrieres de plusieurs façons pour ouvrir les terres, & des tenailles pour arracher & tirer les Taissons vifs qui sont dedans, une Pelle & quelque vaisseau pour y mettre de l'eau pour faire boire les chiens; muni de tout cet attirail, on s'en va au lieu destiné pour la chasse.

Maniere de lâcher les Bassets & bêcher les terres.

AVant que de lâcher les Bassets on doit considerer quels sont les trous & le lieu où ils sont situez, & où sont les aculs, autrement on ne feroit chose qui vaille, parce que si les terres étoient en pente, il faudroit mettre les Bassets du côté penchant, afin d'aculer les Taissons sur le haut du côteau, & où les trous ne sont pas si profonds, afin qu'on les bêche plus aisément. Si les trous au contraire étoient en une bute située en lieu plat & qu'ils fussent tous ronds, il faudroit mettre les Bassets aux trous qui sont les plus hauts.

Mais avant que de lâcher les Bassets en ces trous, il faut frapper dessus vingt ou trente coups d'une massuë, afin de faire déloger les Taissons du milieu des trous, & les faire descendre aux aculs; il faut toûjours lâcher deux ou trois Bassets, afin que dans leur furie ils puissent ébranler les Taissons qui sont ensemble, & les chasser aux aculs.

Si-tôt qu'on voit que ces bêtes sont aux abois en cet endroit, on frappe deux ou trois coups de massuë, & si les Taissons ne veulent point déloger, il faut percer la terre avec la tarriere pour les découvrir, & lorsqu'on le voit à l'acul, on ne perce point au droit où ils sont, mais toûjours à la voix du Basset; si l'on pouvoit, en creusant la terre, enfermer le chien par derriere, cela seroit fort bon; car si c'étoit par devant, les Taissons le pourroient battre.

Il faut prendre garde que les Taissons ne se couvrent point de terre, ce qu'ils font ordinairement quand ils sont aculez, ce qui fait que les Bassets sont quelquefois dessus & les perdent de vûë; si-tôt qu'on a découvert leur casmate, on prend les tenailles pour les arracher, mais il y a maniere de les prendre, parce que si on ne les prend qu'au corps, ils mordent & blessent les chiens quand on les tire dehors; si bien qu'il faut, pour les bien tirer du trou, se comporter en cette maniere.

On prend les tenailles, on les ouvre, & on leur en met la moitie dans la gueule, & l'autre moitié par dessous la machoire, puis on serre les tenailles; le Taisson étant tiré, on le met dans un sac, on l'emporte à la maison dans une cour fermée de murs, on l'y laisse aller, & l'on met aprés tous les Bassets; il est bon d'être botté à cette chasse, crainte que les Taissons venant à se jetter aux jambes, ils ne les blessent.

CHAPITRE XXVI.

De la Renne, ou Rangier, comment le chasser; Chasse du Daim & du Bouc sauvage & du Chevreüil.

LA Renne & le Rangier, comme on voudra l'appeller, est une bête qui ressemble au cerf, il a la tête différente & chevillée, il porte vingt cors

cors & quelquefois moins selon qu'il est vieux ; sa paumûre est grande comme celle du cerf, hors que les andoüillers de devant sont aussi paumez; quand on le chasse, il fuit à cause de sa grande charge qu'il porte sur la tête, mais aprés qu'il a courru un long espace de temps en faisant ses tours & frayant, il se met aux aculs contre un arbre, afin que rien ne puisse luy venir que devant luy ; cet animal met sa tête contre terre ; quand il est ainsi posté, on n'oseroit approcher pour le prendre à cause de sa tête qui luy couvre le corps. Si on va par derriere, au lieu que les cerfs frappent des andoüillers par dessous, le Rangier frappe des argots dessus, il n'est pas plus haut qu'un Daim, & jette sa fumée en troches ou en plateaux, il vit longtemps, on le prend à l'arc, aux filets & aux fosses, sa venaison est plus grande que celle d'un cerf en sa saison, & il va en rut aprés les cerfs, comme font les Daims.

Quand on veut chasser la Renne, il faut la quêter avec les chiens où l'on sçait que les bêtes rousses font leur demeure, & là on tend des filets selon les atours du bois ; le Rangier est une bête pesante à cause de sa tête qui est grande & haute, on chasse rarement cet animal à force ny avec les chiens.

Chasse du Daim.

LE Daim ressemble presque au cerf, excepté qu'il est plus petit, sa tête est garnie de grandes paumûres & de plus de cors que celle du cerf, il va aussi bien plûtôt au rut ; on ne fait point de suite de Limier au Daim, & on ne le quête point comme le cerf ; on le juge par le pied, il jette ses fumées differemment selon le temps & les viandis qu'il fait, mais plus souvent en troches qu'autrement.

Pour prendre le Daim on le quête avec cinq ou six bons chiens bien instruits, & s'ils trouvent le lieu où il a viandé le matin ou de relevée, ou la nuit, le Chasseur les doit laisser, & prendre garde qu'ils n'aillent le contre ongle.

La Chasse du Bouc sauvage.

LE Bouc sauvage est aussi grand que le cerf, excepté qu'il n'est pas si long ny si haut ; plus les cors ont de vails, plus ils viennent vieux. Le Bouc sauvage a une grande barbe, le poil brun & semblable à celuy d'un Loup ; son échine est marquée d'une raye noire, il a le ventre fauve, le derriere de même & les jambes noires ; ses pieds ressemblent à ceux des Boucs domestiques, il vit d'herbes & de foin, il jette ses fumées par troches au commencement du printemps, & aprés il les remuë formées de même que le cerf.

On juge le Bouc sauvage par les fumées quand elles sont en troches ou en fumées : il va au rut environ la Toussaint, & demeure un mois en sa chaleur, & quand elle est passée il se met en harde, & descend des hautes montagnes où il a demeuré tout l'été, tant à cause de la neige que parce qu'il ne trouve plus dequoy viander.

Le temps propre pour chasser le Bouc sauvage est environ vers la Tousfaints, il faut choisir la nuit qu'on veut le surprendre sur les hautes montagnes, & dans les cabanes où les Bergers couchent pour garder leur bétail, & l'on doit prévoir huit jours devant quels sont les faîtes des montagnes, les atours & les fuites; il faut faire des hayes & les dresser audevant des roches où les Boucs peuvent se sauver; si l'on ne peut faire de bruit par tout le rocher, il y faut poster des gens qui jetteront des pierres, puis on quête le Bouc avec un Limier, tout comme on fait pour le cerf; il suffit d'avoir dix ou douze chiens de meute, & faire quatre relais; car quand les chiens ont monté une montagne pendant la chaleur ils ne peuvent quêter ni chasser; le Bouc va se rendre aux petites rivieres, c'est pourquoy on doit y placer des relais, qu'on ne lâche qu'à vûë, cette chasse n'est pas bien difficile.

Chasse du Chevreüil.

LE Chevreüil est une bête assez commune & aisée à chasser, il entre en amour au mois d'Octobre, & son rut dure environ quinze jours, ce n'est qu'avec une chévre, & ils demeurent ensemble jusqu'à ce que la femelle ait faonné, alors elle se dérobe du mâle, & va mettre bas son petit bien loin; car le Chevreüil le tüeroit s'il le trouvoit, & quand le Faon est grand, qu'il peut vivre seul & s'enfuir, la Chévre alors va chercher son mâle.

Si-tôt que le Chevreüil est hors du rut, il jette sa tête & muë à la Toussaints lorsqu'il a deux ans, puis il refait sa tête veluë, & fraye ordinairement au mois de Mars: il n'y a point de saison à chasser le Chevreüil, car il n'a point de venaison; le Chevreüil fait bonne fuite & plus longue que les cerfs, on ne peut le juger par ses fumées, ny guéres par le pied.

Quand les Chiens chassent les Chevreüils, ils tournent leur pays & reviennent à eux, & lors qu'ils ne peuvent durer, ou que les Levriers les ont courus, ils font leur fuite bien longuement, & de maniere que les Chasseurs & les Chiens passeront dessus & à côté sans qu'ils partent. Le Chevreüil demeure aux forts buissons, dans les bruyeres, dans les joncs, sur les montagnes & dans les valées.

CHAPITRE XXVII.

Comment chasser le Loup.

LE Loup va au rut en Février, & demeure dans sa grande chaleur pendant dix ou douze jours. Quand on veut chasser au Loup, il faut chercher un bel endroit à une lieuë environ prés des Forêts où les Levriers le puissent courir; il est bon qu'il y ait de l'eau; ce lieu choisi, on prend de la charogne que quatre personnes montées à cheval traînent chacun à la queuë de leur cheval, puis qui la vont mettre sur le bord de cette eau où ils la laissent. Quand les Loups se relevront la nuit ils iront par les chemins de la Forêts, sentiront le train de la charogne, & marcheront jusqu'à ce qu'ils la trouvent, ils en mangeront tant qu'ils voudront.

Il faut aprés cela dés la pointe du jour aller au lieu où est la charogne, attacher son cheval bien loin de là au dessous du vent, puis approchant doucement de cette charogne, on regarde si l'on peut voir les Loups; s'il y en a, on se retire sans rien dire en s'écartant un peu, puis on monte sur un arbre pour voir où les Loups iront, & où ils demeurent.

Si on ne les voit point à la proye, il faut aller voir la charogne, & regarder si les Loups y ont touché, & s'ils ne sont point autour du buisson, on s'en revient aprés cela pour querir le Limier, puis on revient, on le met sur les voyes du Loup.

Le Loup se chasse avec les chiens courans, on le quête au mois de Janvier, on le trouve dans la campagne, au lieu qu'en Février, Mars & Avril les Loups quittent tout-à-fait les grands pays; les vieux Loups au mois de Février commencent à s'accoupler, il est mal-aisé alors de les détourner, parce qu'ils sont toujours sur pied; mais aussi lorsqu'on en rencontre, les chiens en ont quelquefois plusieurs à chasser, ce qui cause une telle confusion parmy eux, que souvent les Levriers n'en prennent qu'un à la course; la chasse du Loup ne se fait point pendant que les bleds sont trop hauts, parce qu'il est alors trop difficile à détourner, outre que les Levriers ne les peuvent courre.

Il faut aller quêter le Loup en Octobre, Novembre & Décembre avec des Limiers & des Levriers dans les grands fonds & dans les buissons ou dans quelques marais, & à la queuë d'un étang où il y aura bien des buttes de jonc; c'est au commencement de Septembre qu'on va relever les muës des Loups, & il faut faire chasser les chiens courans deux ou trois fois, afin de les mettre en haleine & en curée; les Loups en cette saison ne prennent point le change & sont plus faciles à détourner, parce qu'ils ne sont point si affamez que dans une autre saison.

On chasse le Loup aux chiens courans & aux Levriers, les premiers doivent être grands, longs & bien déchargez, si vous en exceptez quelques-uns qu'on met en lesse, & qui doivent être plus renforcez, les autres doivent être hardis & bien dressez; si ce sont des jeunes chiens il faut les flatter afin qu'ils ne se rebutent point; si les jeunes Loups sont déja un peu forts, il faut avant que de commencer la chasse, mener un relais de quatre ou cinq chiens dressez, ils aident beaucoup aux jeunes chiens, & les animent extremément. On parle toujours à ceux-cy, & on a soin de les rallier avec les autres qui chassent jusqu'à ce qu'on ait pris un jeune Loup, étant pris on le fait fouler par les vieux chiens pour exciter les jeunes à en faire la même chose; on prend le Loup, on leur montre en sonnant le grêle, & criant comme pour le cerf.

Quand on quête le Loup, & qu'on le voit, on crie, *la trace où piste du Loup*, ce qui se reconnoît par ses allûres & par ses fuites, ou bien par ses galées ou déchaussûres, on trouve quelquefois le Loup jusqu'à sa flatrûre, pour lors, lorsqu'on est au bois, & que le Limier a rencontré la voye du Loup, on leur crie *Velle-cy allé*, si le Loup va d'asturance; mais s'il est lancé, on luy dit, *Vele-cy allé, vele-cy allé*; quand le Levrier suit pour lancer le Loup, on luy dit, *Aprés l'amy, aprés harout, harout, hacli, hou, hou, harlou, harlou*; & aprés que le Loup est donné aux chiens, on crie, *S'en va, s'en va chiens, mes belots, harlou, harlou, outre vaut chiens, outre vaut*, & lorsqu'on le voit, on dit *Velle Loo.*

Comment chasser le Loup dans les Bois.

QUand on chasse le Loup dans les bois, & avant que de commencer la chasse, il faut y aller pour le détourner avec le Limier, auquel on crie quand il le rabat, *Vele-cy allè ;* & pour l'animer davantage au cas que le Loup aille d'assurance, on luy crie, *hou l'amy, hou aprés ;* mais si lon veut le revoir, on va auparavant dans la campagne, parce que les Loups, principalement en hyver, vont au hazard la nuit pour y trouver quelque bête morte, puis on va dans les forts des bois, où l'on perce cinq ou six buissons pour voir s'il ne s'y sera point repû ; s'il fait broüillard, ou que le temps soit orageux, c'est en vain qu'on croit détourner le Loup dans le bois, car il se tient alors plûtôt derriere une haye pour y épier les bestiaux : quand on le rembûche, il faut flatter le chien en battant haut & bas, quand on prend le contre-pied, on luy crie *Tiens à moy, velcy, velcy;* si aprés avoir bien quêté le Loup, on ne le trouve point; il faut regarder le pays pour voir de quel côté il en pourroit venir ; car souvent il reste des Loups à la campagne qui n'arrivent que tard au bois, & quand on entend par le bruit que font les Laboureurs ou les Bergers qu'il y en a un, & qu'il ne vient point à vous, on doit, si-tôt qu'on est tombé sur les voyes avec le Limier, dresser ses pas vers ceux qui font du bruit & les suivre jusqu'à ce qu'on ait trouvé le Loup entré dans sa quête, ou dans un fort où on le brise.

Prenez aprés cela les grands devants du buisson, afin de ne le pas passer; car il peut rester à vingt pas dans le bois pour écouter, sans être entré dans le fort, cela observé, revenez où vous avez jetté vos brisées pour en suivre la voïe le long du chemin, & le rembûcher dans le fort pour prendre encore aprés les devants, qu'on recommence par où on les a achevé, afin de changer le vent au Limier. Si le Loup par hazard est sorti, on le suit jusqu'à ce qu'on l'ait brisé. Il est bon d'être deux en cette chasse pour reconnoître le Loup, afin que pendant que l'un cherche des voyes pour trouver le rembûchement du Loup, l'autre prenne les grands devants pour voir s'il ne sort point du buisson.

Comment choisir la courre.

IL faut sçavoir bien choisir la courre dans la chasse du Loup, c'est un point de consequence, aussi bien que d'y sçavoir à propos placer les Levriers ; pour avoir cette connoissance, il en faut d'abord connoître la refuite, & s'en informer de quelques Laboureurs ou autres personnes qui frequentent les champs, ou bien s'en aller dans les grands pays de bois qui sont plus proches du lieu où le Loup est détourné, afin de faire la courre dans cette fuite, si le vent y est favorable, & y placer les Levriers ; le vent, pour être bon, doit toûjours venir du côté du buisson, parce qu'autrement le Loup qui a le nez fin, éventeroit les chiens & prendroit une autre route.

Il est nécessaire que le lieu où l'on fait la courre du Loup soit plat, & sans buissons, car une de ces choses suffiroit pour faire éloigner le Loup des Levriers qui le perdent de vûë, de maniere qu'ils ont peine aprés à le rejoindre : si néanmoins la courre se trouve dans un lieu moins propre, & qu'on ait le vent favorable, il faut laisser la pente dans l'enceinte, & placer les premiers Levriers au pied de la colline & le reste en haut, s'il s'y trouve des buissons, on observera de placer les cavaliers tout autour pour y pousser le Loup dans la courre, tirant quelque coup de pistolet en l'air, afin de l'obliger à percer plus vîte, & que l'animal ne puisse pas reconnoître la courre. Aprés qu'on a quêté le Loup de la maniere qu'on l'a dit, on place les défences autour de l'enceinte où il est, & les Levriers à la courre.

S'il arrive que le Loup soit détourné dans un buisson ou dans une queuë de grands pays, on tend des paneaux, si on le juge à propos, & on place en même temps les Levriers à la courre. Il faut que ces paneaux soient tendus lâches, afin que le Loup s'y embarrasse. Pour les Chasseurs ils seront autour du bois où le Loup est détourné, & du côté qu'on ne veut pas qu'il aille, afin qu'il donne dans les Levriers ; les gens de pied seront placez à six pas l'un de l'autre, la tête tournée du côté du bois ayant chacun un bâton à la main, & loin du bois de dix à douze pas.

A l'égard des Cavaliers, ils se placeront un peu plus loin, il est bon qu'ils tirent quelque coup de pistolet de temps en temps pour forcer le Loup à rentrer & le faire aller à la courre ; ceux qui tiennent les Levriers en lesse, seront cachez dans des loges faites exprés avec des branches d'arbres, hors deux hommes seulement qui en tiendront d'autres dans un fossé pour ne point être vûs du Loup.

Le Loup se prend aussi à force avec des chiens courans, mais il faut que ce soit un jeune Loup ; car quand il est vieux il sçait plusieurs pays, ce qui fait qu'il lasse les chiens sans qu'ils puissent le prendre, puis quand les chiens ont forcé le Loup & qu'ils sont pris, on en fait la curée pour les animer une autrefois à cette chasse ; on prend aussi les Loups aux pieges, à l'hameçon, au fusil, & au traquenard.

LA FAUCONNERIE.

CHAPITRE XXVIII.

Qui traite de ce que doit sçavoir un véritable Fauconnier.

IL y a deux sortes de personnes qui aiment le plaisir de la Fauconnerie; les uns sont ceux qui veulent avoir l'honneur de commander les équipages des grands Seigneurs, & les autres son les Gentils-hommes particuliers qui veulent avoir des équipages à eux: voicy les instructions nécessaires pour bien servir dans les Charges de la Fauconnerie, & ce qu'un Gentil-homme particulier doit faire pour n'avoir point de chagrins dans ses plaisirs.

Il faut qu'un Chef de vol connoisse les oyseaux, car sans cela il ne peut bien servir dans sa Charge, & dépendroit entierement de ses Fauconniers, qui ne chercheroient qu'à luy faire faire une dépense inutile par quantité d'oyseaux superflus, lesquels, s'ils venoient à bien réussir, en laisseroient tout l'honneur aux Fauconniers & non pas à luy.

Il faut pour les grands vols du Milan & du Heron avoir beaucoup de jeunes Milans & de Hérons, les faire des-airer dans les lieux les plus éloignez de la Cour, crainte de ruiner les plaisirs de ceux qui ont le moyen de faire & d'entretenir cette dépense, & les faire nourrir dans une chambre pour s'en servir, soit à dresser des jeunes oyseaux, soit à remettre les Volans, les Gerfauts étant d'un naturel à se rebuter aisément, & tres-faciles à remettre. On donnera dans la suite les moyens de nourrir tous ces oyseaux.

Pour bien tenir les oyseaux volans à la chair & en bon état, il est nécessaire de partager la moitié des équipages sous la conduite d'un maître Fauconnier, & les tenir dans les lieux où il y aura plus de Milans & de Hérons, & dans les lieux les plus éloignez des plaisirs, & les faire voler de deux jours l'un pour les maintenir à la chair; & quand ils auront été un mois, il faut les faire revenir, & renvoyer les autres pendant ce temps-là pour les rafraîchir, étant difficile de leur donner alors de bonnes curées, ce qui est absolument nécessaire pour faire les bons oyseaux.

On objectera à cela que la dépense est plus grande que si tout l'équipage étoit ensemble; mais pour celuy qui veut bien servir, la dépense ne doit être comptée pour rien.

Pour les Gentils-hommes particuliers, ils doivent consulter leur bien, pour ne se point engager dans des dépenses qu'ils ne pouroient soûtenir, & qui les mineroient s'ils n'y prenoient garde ; mais enfin s'ils sont assez puissans pour se donner ces plaisirs, il doivent premierement chercher un bon & un sage Fauconnier, le traiter selon son mérite, comme étant compagnon de ses plaisirs, & essayer, si cela se peut, à se faire Fauconnier sous luy, pour n'avoir pas le déplaisir de voir qu'il luy en fasse à croire là dessus ; & pour peu qu'on veuille s'appliquer à cet art, on apprend facilement à connoître les oyseaux, & la maniere de les tenir en état pour en avoir du plaisir. Il faut dans la Fauconnerie pratiquer beaucoup, & joindre aprés à l'expérience qu'on en a beaucoup de jugement ; c'est avec cela qu'on se rend habile Fauconnier, étant difficile d'ailleurs que l'on puisse écrire tous les accidens qui peuvent arriver aux oyseaux.

CHAPITRE XXIX.

Des Noms des Oyseaux de Fauconnerie dont on se sert en France, & qui s'appellent Oyseaux de Levre.

IL y a d'abord le Faucon, qui donne le nom à la Fauconnerie, le Gerfaut, le Sacre, le Lanier, l'Emerillon & le Hobreau. Il faut remarquer que le Tiercelet est le mâle, comme le Sacret & le Laneret sont aussi les mâles des Sacres & des Laniers. Il y a encore une autre espece d'oyseau nommé *Aleps*, qu'on n'a jamais vû ; mais Mercure Fauconnier de la Chambre sous Henry III. & Henry IV. dit en avoir vû, & les avoir gardé six ou sept muës ; il ajoûte que ce sont des oyseaux qui font leur diligence à la toise, qui viennent des Indes & qui se vendent en Espagne trois ou quatre cens écus sans être dressez. Leur taille est semblable à celle d'un Epervier, ils ont le vol de même que celuy d'un oyseau de poing, & sont tout d'une piece ; ils ont le derriere couleur d'ardoise, le devant de couleur de zinzolin, & la main comme un Epervier.

Tous ces oyseaux ont trois noms différens, ceux que l'on fait des airer dans la fin d'Avril & tout le mois de May, ou ceux que les Marchands apportent dans ce temps-là, se nomment *Oyseaux niais*, ceux que l'on prend depuis le commencement de Juin jusqu'à la fin de Juillet se nomment *Gentils*, & tous les autres qui se prennent depuis la fin de Juillet jusqu'à la fin de l'année, se nomment *Oyseaux de passage*, étant toutefois differens de taille & de pennage, suivant les contrées d'où ils viennent.

Tous ces oyseaux dans leurs premieres années se nomment *Sors*, & l'on ne compte les années des oyseaux que par la muë, & on dit *un Oyseau de deux muës*, de *quatre muës*, ainsi du reste.

Les oyseaux ont tous dix maîtresses pennes à chaque aîle, les uns en comptent douze, mais la vérité est que jusqu'à la sixiéme maîtresse penne, ce sont plûtôt de grands vanneaux que des maîtresses pennes, & l'on dit d'ordinaire quand les oyseaux commencent à muer, *il est sur la quinte* ; quand il a commencé à jetter la premiere penne, on dit, cet oyseau *est sur la quarte, sur la tierce, sur la longue* & *sur le cerceau*, qui est la derniere penne; ils ont douze pennes à la queuë, quelquefois treize.

On dit la tête d'un oyseau, les mahuttes, la couronne du bec, les mains, les serres d'un oyseau, la gorge, la mulette des oyseaux; quand on les paît, l'on dit, *donner bonne gorge, demy gorge, quart de gorge*, suivant que l'on les veut traiter; quand ils font leurs digestions, l'on dit, *a-t-il passé sa gorge, a-t-il induit, ne tient-il plus par en haut*, c'est là la gorge, la mulette est en bas; quand les oyseaux se vuident, l'on dit, *émeuti*, & c'est d'ordinaire par les émeus des oyseaux que l'on connoît leur santé.

Voicy les noms propres de ce qui sert pour dresser les oyseaux, le chaperon, le *leûre*, la *filiere* qui sert à mettre au bout des longes quand on commence à les dresser, l'on demande quand ils sont bien avancez de dresser, *s'ils sont hors de filiere*; ce que l'on met aux jambes des oyseaux pour les tenir sur le poing, se nomme *jets*, au bout desquels on met des petits anneaux qui se nomment *Vervelles*, sur lesquels l'on écrit le nom de ceux à qui sont les oyseaux.

CHAPITRE XXX.

Comment il faut choisir les Oyseaux.

ON compte de deux sortes de pennages à toutes sortes d'oyseaux, les uns blonds & égaux, les autres noirs & tout d'une piece; de ces deux pennages il s'en trouve de bons & de mauvais, il faut les choisir larges devant & derriere, les mahutes fort relevées, ayant la tête entre les deux épaules, le vol bien affilé, qui ne croise guéres, la queuë fort courte, les mains déliées, les serres fort longues & fermes, & on prend sur tous les oyseaux les plus pesans sur le poing, chacun selon leur grosseur: car par exemple un Gerfaut pese plus que son Tiercelet, & ainsi des autres, & tout oyseau, quand il est fort plein, est toûjours le meilleur.

Quand on fait desserrer les oyseaux de soy-même, il ne faut jamais les faire prendre qu'ils ne soient tout noirs, & qu'ils n'ayent poussé la moitié de la queuë, parce qu'ils commencent à connoître le vif, & qu'ils ne crient jamais; il faut les faire apporter chez soy avec toute la diligence possible, & les mettre dans un cabinet où il y ait deux fenêtres, l'une au soleil levant, & l'autre au couchant, que ces fenêtres soient fort larges, crainte qu'ils ne puissent gâter leur pennage, & qu'il y ait deux cages au dehors, afin que les oyseaux puissent y prendre le soleil; on met une petite perche dedans chaque cage, & des gazons, afin que les oyseaux s'y puissent reposer; on met aussi des perches dans le cabinet à couvert avec un baquet d'eau d'environ un pied & demy de hauteur; il faut changer l'eau qu'on leur donne à boire, du moins tous les deux jours; mettre du gravier de riviere & des petites pierres au tour du baquet, les garnir de jets, & de sonnettes assez larges avant que de les mettre dans le cabinet, les paître ponctuellement à sept heures

heures du matin, & à cinq heures du soir, & toûjours sur le poing, si l'on peut, pour leur faire connoître l'homme, c'est ainsi qu'ils seront à demy dressez quand on voudra s'en servir; on leur donne des petits chiens de lait, des chats, des souris hachez pour pât; & quand on manque de viande vive, on leur donne du Bœuf & du Mouton, & on casse un œuf dont on hache le jaune & le blanc avec la viande pour leur faire bien venir le pennage.

Quand les Marchands apportent des oyseaux de proye, il faut, aprés en avoir fait le prix, leur faire ôter le chaperon qu'ils ont, & qu'on nomme *Chaperon de rustre*, pour voir s'ils n'ont rien de gâté aux yeux; il faut leur faire ouvrir le bec, pour voir s'ils l'ont rouge ainsi que la langue, on prendra garde qu'il n'y ait point de chancre; on leur tâte la mulette pour voir si elle n'est point emplottée, & on doit les voir curer, s'il se peut, & sur tout les porter au vent pour éprouver s'ils s'y tiennent fermes, étant une des meilleures marques d'un oyseau qui se tient serré dans le vent; on parle des oyseaux en général; car en parlant de chaque vol en particulier, on dira ce qu'il faut pour les choisir en chaque espece.

Tous les oyseaux dont on vient de parler, ou niais, ou gentils, ou de passage, se dressent tous d'une même façon jusqu'à l'escarpe, à la réserve que l'on ne veille pas les oyseaux niais si long-temps que les passagers.

Si-tôt que vous avez choisi un oyseau, ou que vous l'avez fait prendre au filet, il faut le garnir de jets & de sonnettes, le porter trois jours & trois nuits sans quitter, n'y ayant rien qui fasse perdre la connoissance aux oyseaux comme le manque de dormir, essayer pendant ce temps-là à les paître tout couverts, & quand l'on verra qu'ils commenceront à se paître aisément les poivrer; il n'y a rien qui les adoucisse plûtôt, & qui les nétoye mieux des poux, des mittes, & d'autres vilenies qui les embarrassent; on les fait sécher auprés du feu, les découvrant de temps en temps avec un chaperon large pour leur faire la tête; & quand ils commenceront à pouvoir enjamber de dessus la perche sur la main qui est un grand pas fait on leur montre le leure dans la chambre & on les paît dessus; & quand on voit qu'ils commencent à connoître le leure, on les porte à la campagne avec la filiere bien attachée à leurs longes, & on leur augmente leur leçon, suivant que l'on voit qu'ils se déclarent; il est bon d'avoir toûjours un cheval & des chiens couplez pour leur apprendre à connoître l'un & l'autre; & quand ils commencent à venir au branle du leure de la longueur de la filiere, on les porte le matin au jardin sur la pierre, où auparavant que de les découvrir, on leur donne une bécade, puis une autre aprés les avoir découverts, ensuite on approche d'eux le plus doucement qu'il est possible, pour voir s'ils commencent à s'assurer, & l'on continuë ainsi jusqu'à ce qu'on voye qu'ils soient en état d'être mis hors de filiere: on soignera toûjours avant que de les mettre sur leur foy, de leur faire tuer une poule du pennage, & de la couleur à la volerie que vous les voudrez mettre.

CHAPITRE XXXI.

De la maniere de tenir toutes sortes d'Oyseaux en santé & en état de voler.

IL ne faut jamais donner grosse gorge aux Oyseaux, particulierement lorsque c'est de la grosse viande, ny de bête qui soit en rut, ny gorge sur gorge; & quand les oyseaux ont passé leur gorge par en haut, on doit attendre aussi qu'elle soit passée par le bas, n'y ayant rien qui fasse plûtôt mourir les oyseaux de proye que ce manque de soin.

Un Fauconnier bien avisé, doit regarder combien il a de pieces d'oyseaux à gouverner, & sur cela prendre autant d'étoupes qui luy en faut pour faire les cures pour toute l'année, emplir un pot de terre plus ou moins grand, selon la quantité d'oyseaux qu'il a, de bon vin blanc, y mettre quatre ou cinq poignées d'absynthe, avec vingt ou trente clous de gérofle, mettre l'absynthe & le clou dans un linge bien propre & bien cousu, & joindre le tout à la filasse & au vin, & le faire boüillir à petit feu jusqu'à ce que le vin soit presque tout consommé, tirer ensuite la filasse & la faire sécher dans un grenier ou dans une chambre sans feu ny sans soleil, puis on serre l'absynthe & le clou de gérofle qui pourront servir toute l'année. On pourra redoubler la doze, si l'on veut, lorsqu'on voudra curer les oyseaux, ce qui se pratique ordinairement quand on les voit menacez du rhume, des filandres, ou d'autres maladies, n'y ayant rien de si souverain pour leur santé que cette cure.

Il faut aussi qu'un bon Fauconnier ait sa chambre à part, dans laquelle il y ait un billot & un couperet pour hacher la viande à ses oyseaux, & qui ne serve qu'à luy. En paissant les oyseaux de proye il faut toûjours moüiller la viande en été d'eau froide & en hyver d'eau tiede.

Quand à la viande de boucherie, il faut qu'il n'y ait aucune graisse ny nerfs, le Bœuf seul à la continuë leur ôteroit le corps, mais le Bœuf & le Mouton, moitié l'un & moitié l'autre, est pour ces oyseaux une excellente nourriture: la jeune Poule fait le Fauconnier; le vieux Pigeon tout seul rend les oyseaux volans trop fiers & trop glorieux, si l'on continuë à leur en donner, si vous exceptez le temps qu'ils sont dans la muë, ou pendant les grands froids. Toute la science de la Fauconnerie ne consistant qu'à tenir les oyseaux pleins & en état, c'est à dire à bien voler & à donner du plaisir à leur Maître.

On commence la journée des oyseaux par le soir, on les fait tirer, on leur donne la cure séche avec une ou deux bécades, selon que l'on connoît le tempérament des oyseaux; on les met sur la perche, dans un lieu tempéré, & quand la chandelle est allumée, on les découvre pour leur faire connoître le monde & les chiens; il faut, s'il se peut, que la perche soit vis-à-vis la cheminée, afin que le matin on puisse mettre une bourée dans le feu, qui rende de la lumiere. On voit alors les oyseaux s'allonger, & faire large à la clarté du feu, & par là on connoît leur santé, ce qui se remarque aussi lorsqu'on va relever leur eure, & si la passant avec le doigt on voit que l'eau en est claire, c'est bon signe; il faut aussi la porter au nez pour sentir s'il n'y a point de mauvaise odeur; on examine les émeus de ces oyseaux pour voir s'ils sont bons, s'il n'y a point de jaune mêlé parmy, & par là on connoît leur santé ou leur maladie; il est bon aussi de les lever sur la perche, les faire tirer & leur donner une ou deux bécades en attendant qu'on les paisse; si ce n'est point jour de chasse, on leur donnera de huit jours en huit jours un peu d'eau de rubarbe dans laquelle on trempera la viande dont on les voudra paître, ce qui se fait ainsi.

On prend dans une écuelle de l'eau fraîche en été, & de l'eau tiede en hyver, puis un morceau de rubarbe qu'on frotte dans le plat où est l'eau jusqu'à ce qu'elle soit toute jaune, ensuite on prend du Bœuf de l'endroit le plus tendre, qu'on hache, si l'on veut, on le moüille dans cette eau, & si les oyseaux y vouloient prendre eux mêmes la viande, ce seroit encore mieux; cela leur nettoye le boyau, les purge des flegmes & des mauvaises humeurs ausquelles ils sont sujets, & ce remede est souverain pour prévenir tous les maux qui leur pourroient arriver.

On leur donne des pierres une fois ou deux la semaine, c'est un remede tout naturel qu'ils prennent eux-mémes quand ils sont en liberté, & de trois semaines en trois semaines, on leur donne une pillule grosse comme une petite féve dans la cure; mais il faut pour lors que les oyseaux ne tiennent ny par en haut ny par en bas, afin que leur remede opere sans leur pouvoir faire de mal; le remede dont on vient de parler se fait ainsi.

Il faut prendre une once de manne, une dragme d'aloës, une dragme de mirrhe, demy dragme de safran, autant d'agaric, six clous de géroffe, demy dragme de rubarbe pulverisée, mêler le tout ensemble, & en faire une masse, que vous enfermerez en une boëte, & vous en donnerez à vôtre oyseau, ainsi qu'on l'a dit; c'est un remede assuré pour le rhume, le choc, efforts, filandres & pour guérir les aiguilles.

CHAPITRE XXXII.

Comment il faut dresser les Oyseaux pour chaque vol.

LEs Gerfauts sont les véritables oyseaux pour le vol du Milan, on se sert quelquefois de Sacres, qui sont encore merveilleux quand ils se rencontrent bons. Il seroit avantageux d'avoir une couple d'oyseaux qui eussent déja volé pour Milan, afin qu'ils servissent de guides aux autres, & lorsqu'on a acheté des oyseaux propres à ce vol, on les poivre & on leur fait la tête avec un chaperon large pour ne les pas rebuter, ayant la tête naturellement difficile à faire. Les Flamans ont une bride d'un petit morceau de cuir dont ils leur lient tantôt une aîle, tantôt l'autre pour les empécher de se battre & de se renverser dessus le poing: & quand ces Oyseaux commencent à venir au leure avec la filiere, il faut les paître d'ordinaire deux à deux pour se faire connoître, parce qu'il arrive d'ordinaire à ce vol que les oyseaux se méprennent & se tiennent l'un l'autre, & quittent le Milan, qui est le plus grand désordre qui puisse arriver à ce vol-là. Quand on les juge en état de les mettre hors de filiere, il faut leur faire tuer une poule seulement du pennage de Milan pour commencer à les mettre à la chair, leur en faire bonne chere, & ne leur donner rien du tout le lendemain que le tiroir, & aprés leur montrer le Milan à terre, attaché avec une filiere; mais il faut auparavant avoir la précaution de rogner à cet oyseau-cy les serres & luy faire le bec tout le plus court que l'on pourra, de crainte qu'il ne blesse les oyseaux de proye, qui n'ont pas plûtôt lié le Milan qu'il faut leur mettre en toute diligence une poule à la main, la viande de Milan leur étant trés-dangereuse, & lorsqu'on connoîtra qu'ils iront au Milan de bonne grace, il faudra monter sur un arbre ou sur un moulin à vent pour leur donner le Milan, afin qu'ils commencent à le connoître parfaitement, quand on le leur fera voler de bonne guerre; on doit aussi attirer le Milan avec le Duc dans un lieu le plus commode qu'il soit possible, pour leur donner la premiere curée, les poules sont les vrayes nourritures pour ces sortes d'oyseaux, & pour les maintenir en état & en santé.

Pour le Vol pour Héron.

L'On fera la même chose que l'on fait aux oyseaux pour le Milan, & on se servira des mêmes Gerfauts & Sacrets, à la réserve qu'au lieu du Milan, l'on leur fait voir le Héron, aprés leur avoir toutefois fait tuer une poule approchante de la couleur de cet oyseau. On se servira du même arbre, ou moulin pour le leur faire voir en l'air dont on leur laissera manger la viande, étant merveilleuse pour la nourriture des oyseaux, on ne les fera voler que de deux jours l'un, on ne leur donnera rien du tout le jour qu'ils devront voler; on se contentera de leur faire bonne chere de la curée pour les perfectionner, & l'on essayera de leur faire prendre un Héron de juste guerre. Tous les Fauconniers sçavent que l'on n'attaque le Héron & le Milan que dans le vent, & que lorsqu'on trouve un Héron à terre, on luy donne un oyseau que l'on appelle *Hausse-pied*, pour le faire monter, il est bon même de tirer plusieurs coups de fusil pour obliger le Héron à monter plus diligemment.

Du Vol pour Corneille.

C'Est le plus aisé de tous les Vols à moins qu'on ne veüille dresser un vol qui soutienne, comme font les oyseaux pour riviere. Quand la Corneille est renduë dans les arbres, que les oyseaux soutiennent leur vol, on fait repartir la Corneille, qui allant d'arbre en arbre donne alors un extreme plaisir.

Les oyseaux propres à ce vol sont les Faucons, & quelquefois un Tiercelet de Gerfaut avec deux Faucons, & aprés avoir choisi des oyseaux propres à ce vol, il faut les assurer & les leurer, comme on a dit, puis leur faire tuer une poule noire, & attendre vers le soir à l'heure de les faire paître: on doit attirer la Corneille avec le Duc, ou au défaut du Duc, aller trouver un

Charetier Laboureur, où il y ait des Corneilles ; il seroit bon qu'il n'y en eût qu'une, & qu'on mît pied à terre, puis que se cachant derriere le Laboureur on jettât à la Corneille les oyseaux tout d'une main, & dans le vent.

Du Vol pour les Champs.

LEs oyseaux propres à ce Vol sont Faucons, Tiercelets de Faucons, Sacrets, Laniers & Lanerets, de tous les Vols celuy-cy est le plus difficile, parce qu'il faut que les oyseaux ayent creance seulement à l'homme & aux chiens, ne voyant rien en partant quand ils soutiennent. On les appelle *Oyseaux legers*, ce qui n'arrive pas aux autres vols : car en partant du poing, ils voyent leur gibier ; quand on a connu l'inclination des oyseaux d'aller en haut, & qu'ils sont leurez & assurez, & mis hors de filiere, il faut en les leurant cacher le leure, & leur faire tuer une poulete qui approche le plus de la couleur d'une Perdrix & leur en faire bonne chere ; il faut le lendemain avoir une Perdrix en vie cachée sous un chapeau, auquel on aura attaché une filiere pour pouvoir faire partir la Perdrix à propos : quand les oyseaux seront bien tournez, on verra qu'ils commenceront à connoître le gibier, il faut faire partir des Perdrix, essayer à les remarquer ; & quand on approchera du lieu où on les croit, on jettera les oyseaux, & on les fera suivre, & repartir les Perdrix pour leur en faire bonne chere. Il est bon d'avoir toûjours une Perdrix en vie dans la Fauconniere pour leur faire curée ; si par malheur les Perdrix qu'on a remarquées ne partoient pas, & quand on les verra bien à la chair, on jettera du poing les oyseaux, aprés une compagnie de Perdrix assez éloignée pour les obliger à monter & sauver les Perdrix, cela obligera les oyseaux à soutenir plus haut ; il faut tâcher de les servir promptement, & de leur faire bonne chere, jamais on ne prend plus d'une Perdrix au commencement pour donner à un oyseau léger jusqu'à ce qu'il soit bien à lac hair.

Pour les oyseaux qui volent de *poing en fort*, on leur fait tuër une Perdrix sous le chapeau, comme on a dit, pour lui faire connoître son gibier, puis on va chercher des Perdrix à la campagne proche d'une belle remise où on puisse donner plaisir aux oyseaux. Les Sacrets & les Laniers sont les plus propres à ce vol-là & les vrais oyseaux dont se servent les Gentils-hommes particuliers quand ce sont oyseaux de passage, Sacrets ou Laniers ; mais il est toûjours bon de leur faire rendre le double de la mulette avant que de les faire voler tout de bon : ces oyseaux veulent être portez au jardin le matin, & être baignez souvent.

Du Vol pour Riviere.

AYant choisi des Faucons de taille pour riviere, il les faut priver & leur faire la tête avec un vieux chaperon, les assurer, les tenir sur le poing, & ne les point quitter qu'ils ne soient gagnez, & qu'ils ne commencent à mettre le bec à la viande avec assurance, aprés cela on se retire à part, de maniere qu'ils ne voyent que le Fauconnier, on les met sur un banc ou autre chose pareille, leur ôtant le chaperon doucement, & leur faisant prendre la bécade auparavant qu'ils se soient reconnus en les leurant, & lorsqu'on leur parle; & c'est le secret, selon qu'ils sont assurez, de les faire sauter sur le poing. Ayant fait ce qu'on vient de dire pendant trois ou quatre jours, & lorsqu'on reconnoîtra leur assurance, on les fera porter au jardin sur la pierre, & aprés leur avoir ôté le chaperon, on leur donne la bécade auparavant qu'ils se soient reconnus, ce que vous ferez trois ou quatre fois pour les bien assurer, l'assurance étant la chose la plus nécessaire pour perfectionner un oyseau, & principalement lorsque c'est un Hagard. Il y a de deux sortes d'assurance, sçavoir à la chambre & au jardin, le jardin represente les champs, où quand on l'a perdu de vûë, on attend toûjours le Fauconnier en quelque temps qu'on aille à luy; s'il est bien assuré au jardin, ce qu'il ne fera pas quand il n'est assuré qu'à la chambre. Le premier point que doit observer un Fauconnier est de bien donner l'assurance à son oyseau; car sans assurance cet oyseau ne peut avoir de créance à son Maître & sans creance, il est du tout impossible qu'il fasse bien son devoir, ny qu'il donne du plaisir; il volera assez sans mesure ni ordre, quand on l'appellera pour le faire rentrer; mais il ne sçaura ce que c'est qu'on lui demandera; si bien donc, qu'aprés avoir bien assuré les oyseaux au jardin sur la pierre, il les faut tourner, & à chaque tour leur donner la bécade, puis les retirer tant qu'ils tirent à la longe pour venir à vous, aprés cela il les faut quitter & faire en sorte qu'ils ne voyent que peu de temps, ensuite on revient à eux en parlant; s'ils vous attendent le lendemain, vous les pouvez paître sur le leure, aprés cela les leurer entre deux hommes, & comme ils partiront sans doute au branle du leure, faites-leur tuër alors une poule, puis quelque jours aprés montez à cheval & leur en faites tuër une autre, vous les tournerez aprés en leurant & frappant du gand sur la botte, & lorsque vous verrez qu'ils n'auront point peur, vous pourrez alors les leurer sur leur foy; cela fait, il faut trouver une mare flache ou un ruisseau, & à l'heure du pât vous les pourez leurer, il faut que l'eau soit entre vous & eux, & qu'il y ait un garçon avec une baguette qui batte l'eau avec un oyseau de riviere à la main, & comme vous leur aurez laissé le leure vous leur ferez faire trois ou quatre tours en parlant à eux, puis lorsqu'ils seront bien tournez, faites-leur jetter l'oyseau de riviere bien à propos en criant *la, la, la, la*, puis donnez-leur en bonne gorgée, & leur continuez deux ou trois curées en cette façon; il faut aprés cela trouver à voler pour bon & jetter le premier de vos oyseaux, & aprés qu'il aura remis l'oyseau de riviere, vous luy jetterez le second Faucon; s'il arrive qu'ils forvident, il faut avoir l'oyseau de riviere à la main, & le jetter bien à propos en criant, comme il est dit cy-dessus, & ainsi continuer tant que vos oyseaux ayent pris, & qu'ils soient bien à la chair; aprés cela il faut jetter le premier qui est dressé, il servira de guide pour chasser le change & mener voler les autres, & quand ils seront bien à la chair & bien volans, & qu'ils auront pris leur gibier, vous le leur arracherez & les ferez retourner voler. C'est là la vraye science des oyseaux que l'on jette à mont, & qui soutiennent soit pour riviere, pour Pie ou pour les champs. Il faut sur toutes choses leur faire rendre le double de la mulette avant que de les mettre hors de filiere, & remarquer que toutes sortes d'oyseaux legers doivent être dressez de cette même façon.

Du Vol pour Pie.

LEs Tiercelets de Faucons sont propres à dresser pour le vol pour Pie, il les faut assurer & leurer comme on l'a dit cy-dessus à l'article du Faucon : étant leurez & duits à partir au branle du leure, il le leur faut cacher avoir une Pie à la main, les laisser tourner deux ou trois tours, & à leur retour leur jetter la Pie bien à propos, puis avoir de la chair d'un Pigeon vieux & leur en donner par dessous l'aîle de la Pie, il faut que cette chair soit bien masquée, afin que les Tiercelets ne voyent point le pennage, & aprés leur avoir donné deux ou trois curées, si vous trouvez la Pie en quelque lieu en beau voler, vous luy jetterez le Tiercelet le plus sage pour chasser le change & servir de guide : lorsqu'il aura fait deux ou trois tours, vous luy montrerez la Pie, & l'ayant remise il faudra jetter aprés les autres Tiercelets, la leur montrer chaudement, la leur faire prendre, s'il est possible, & leur donner trois curées avec la chair du vieux Pigeon, comme il est dit cy-dessus : une autre fois il faut jetter vôtre guide, quand il aura fait quatre ou cinq tours, jetter les autres & leur montrer la Pie avant qu'ils soient à leur volerie ; cela fait, laissez-les aller voler, & les faites prendre pour leur donner aprés trois ou quatre fois bonne curée, & quand ils seront bien à la chair, vous la leur ôterez pour les faire retourner voler, c'est là le moyen de les rendre de tres-bons oyseaux propres à voler pour Pie.

Du Vol de l'Hemerillon.

IL faut le leurer & assurer comme les autres oyseaux, & luy faire escape du gibier auquel vous les voulez mettre ; il vole pour le Pigeon sillé, pour le Perdreau, la Caille, l'Alloüette & le Merle, on le tient pour l'ordinaire dans un lieu chaud, en hyver il est nécessaire de luy mettre une peau de Liévre sur la perche, parce que le froid luy fait manger les mains.

Du Vol du Hobreau.

LE Hobreau se dresse comme les autres oyseaux, il est volontaire & libertin, & ne vole guere que ce qu'il peut emporter de luy même ; pour en avoir le plaisir, il faut le mettre avec un Laneret qui bloque, il l'arrêtera, car son inclination est d'être toûjours sur aîle. Il s'en retourne d'ordinaire au commencement d'Octobre, & ne revient qu'en Avril comme les Hirondelles, & ainsi il est difficile de luy faire passer l'hyver.

Le Vol pour Liévre.

LEs Gerfauts sont les oyseaux qu'on choisit pour ce vol, ils se dressent comme les autres oyseaux, & aprés leur avoir fait tuer une Poule pour leur faire connoître le vif, il faut avoir un Liévre en vie s'il se peut, à qui on aura cassé une jambe pour servir d'escape, & au défaut de Liévre en vie, on prend une peau de Liévre bien remplie de paille, on l'attache avec une corde fort longue aux sangles d'un cheval avec de la viande sur le dos de cette peau, on fait courir le cheval qui traînera la peau aprés luy, comme si le Liévre étoit vivant, on jette ensuite l'oyseau dessus, & on luy fait bonne chere, quand il l'a liée, croyant que c'est un Liévre.

CHAPITRE XXXII.

Ce qu'il faut faire pour retrouver les Oyseaux perdus, & ranimer ceux qui charient.

LEs Faucons & les Gerfauts font des fuites quelquefois de trois & quatre lieuës, & vont peu à l'effort, les Laniers & les Sacrets y vont ordinairement, à moins qu'on ne leur ait rendu quelque grand déplaisir : mais de quelque maniere que ce soit qu'ils soient égarez, il faut qu'il y ait quelqu'un qui demeure sur le lieu où l'oyseau aura monté à l'effort ou fait sa fuite, & là tourner tout autour pour voir si l'oyseau ne rentrera pas, les oyseaux ne manquant jamais de rentrer dans leur volerie quand ils sont en une bonne main : si on est plusieurs personnes à la chasse, il faut qu'il y en ait deux ou trois qui picquent aprés l'oyseau du côté qu'on l'aura vû tourner, en le leurant & le rappellant avec du vif toûjours tout prêt à luy donner, au moment qu'il rentrera pour luy donner créance, sans s'arrêter à le ramener à la volerie. Celui qui sera demeuré au lieu où l'oyseau sera perdu, fera la même chose : & ainsi pourvû que les oyseaux ayent été bien tenus au logis, difficilement en perdra-t'on.

Pour les Oyseaux qui charient.

LA grande faim & la gourmandise de quelques oyseaux, fait que quand ils ont pris une Perdrix & qu'ils vous voyent approcher ils fuyent & emportent leur gibier. Quelquefois aussi cela se fait pour avoir eu quelque déplaisir des chiens : c'est pourquoy il faut avoir un soin extrême de tenir ses chiens sages, de quelque maniere que ce soit. Quand un oyseau charie, au lieu de mettre pied à terre pour le reprendre, il faut luy jetter une Poule ou une Perdrix morte auprés de luy ; attacher toutesfois l'une ou l'autre avec une filiere : & comme il verra que vous luy donnez à manger au lieu de luy ôter, il vous attendra patiemment. Il faut le paître une fois ou deux en même temps sans le faire voler davantage pour luy faire perdre cette méchante habitude; car de le piquer au dessus & au dessous du vent, comme beaucoup de personnes font, c'est rüiner les chevaux & ne pas ôter le mal. Il arrive aussi qu'il y a des oyseaux si gourmands que si-tôt que vous les levez pour les paître, ils mettent la tête en bas, & se jettent hors du poing, crainte qu'on ne leur ôte la viande. Il faut les paître sur les curées à terre ; leur mettre le chaperon sans le serrer, afin qu'ils puissent manger commodement : on ne leur a point fait cela trois fois, qu'ils perdent leur méchante habitude. Il y a des oyseaux

oyseaux qui ne veulent voler que dans la plaine & dans le beau païs : il faut pour cela ne les jamais paître dans la plaine ; & quand ce seroit même avec un escap, on doit les faire paître dans le plus fort du bois. Vous n'aurez pas fait cela quatre ou cinq curées, que vos oyseaux voleront par tout.

Pour faire rendre le double de la Mulette aux Oyseaux.

IL y a de quatre ou cinq sortes de manieres pour faire rendre le double aux oyseaux de proye : la meilleure & celle qui manque le moins, est celle qui suit. Il faut tenir vos oyseaux en état, qu'ils ne tiennent ny par haut ny par bas, prendre une cure dans laquelle vous mettrez gros comme une petite féve de sel ammoniac, & une fois autant de sucre candi, donnez cette cure à l'oyseau, & le tenez un peu sur le poing jusqu'à ce qu'il ait mis bas cette cure ; il faut aprés le porter au jardin où il y ait un baquet plein d'eau devant luy, & demeurer jusqu'à ce que l'on voye qu'il commence à tirer au colier, & que le chaperon soit desserré tout prêt à lui ôter. Vous lui verrez rendre le double tout d'une piéce ; & l'eau qu'il a devant lui le secourera & le rafraîchira. Vous ne le paîtrez que deux heures aprés d'une cuisse de poulet toute chaude, ou d'une aîle de pigeonneau bien trempée, & ne lui en donnerez que demi-gorge. Vous remarquerez qu'aux Sacres & Laniers, il faut que la doze du sel ammoniac soit plus grosse qu'aux Faucons & qu'aux Tiercelets.

CHAPITRE XXXIII.

Des Maladies & Accidens qui arrivent aux Oyseaux de proye, avec les Remédes pour les en guérir.

DU RHUME.

POur le Rhume il faut purger les Oyseaux avec les pillules douces dont on parlera dans la suite, pendant trois matins, & les paître de viande trempée en huile d'amande douce un jour, & l'autre en eau de rhubarbe ; il faut leur donner dans la cure deux ou trois clous de gérofle concassez, avec un peu d'agaric, & continuer jusqu'à parfaite guérison, & si le mal ne cesse point, il faut prendre un peu d'aloës, de safran & d'hierapigra, seulement pour lier la pillule, & leur donner le tout le soir dans la cure.

Pillules douces propres à guérir les maladies des Oyseaux de proye, de quelque nature qu'elles soient.

PRenez un quarteron de lard à larder, couppez-le par moyens lardons, prenez un quarteron de moüelle de Boeuf, mettez le tout ensemble tremper dans de l'eau fraîche dans un pot pendant vingt-quatre heures, & changez l'eau quatre fois, puis mettez un bassin de terre sur un réchaud, & faites fondre l'un & l'autre à petit feu ; & quand il sera à demi-fondu, il faut y ajoûter de temps en temps un quarteron de sucre peu à peu, afin de lui donner lieu de se fondre ; & lorsqu'il commencera à se réfroidir, y joindre une dragme de safran battu, remuer le tout avec une spatule pour l'incorporer ensemble, ensuite mettez-le dans un petit pot de terre, couvrez-le bien de cuir & de papier, de crainte qu'il ne s'évante, ces pillules dureront trois à quatre ans sans se gâter ; & plus elles seront vieilles sans être moisies, plus salutaires elles deviendront ; on en donne la grosseur d'une petite féve à chaque oyseau le matin, quand il ne tient ni par haut ni par bas. Ce remede est général pour toutes les maladies qui arrivent dans le corps des oyseaux de quelque nature qu'ils soient ; & les jours d'entre deux qu'on n'aura pas donné ces pillules, qui se donnent de trois jours l'un, l'on trempera la viande des oyseaux, qui sera la plus friande & la plus douce, dans de l'huile d'amande douce tirée sans feu : observez qu'elle soit assez trempée pour que l'huile passe dans les narrines des oyseaux ; cela leur nettoye & leur purge la tête, quand leur mal vient de rhume, de choc, filandres, aiguilles, pantois & crac, qui sont toutes les maladies qui viennent aux oyseaux dans le corps, & que l'on ne peut pas prévoir : un bon Fauconnier qui aime ses oyseaux, & qui en a le même soin qu'une Nourrice a de son enfant nouveau né, ne craint point qu'il arrive jamais de désordre à ses oyseaux que par vieillesse & par accident ; mais quand on les néglige un jour seulement, & qu'on croit réparer les fautes qui se sont faites en leur donnant de grosses gorges, on les tuë au lieu de les guérir.

Remede pour la craye qui survient aux Oyseaux.

CE mal n'arrive jamais aux oyseaux bien tenus, & particulierement à ceux qui se servent tous les huit jours d'eau de rhubarbe ; mais en cas que le mal arrive, il faut prendre deux ou trois blancs d'œufs, selon la quantité d'oyseaux que vous avez, y mettre du sucre candi à proportion, bien battre le tout, afin qu'il se fonde plus aisément dans le blanc d'œuf, & y tremper la viande deux au trois jours de suite, immanquablement les oyseaux guériront de ce mal.

Pour les Filandres & les Aiguilles.

IL faut commencer à purger les oyseaux par les pillules dont on a donné la recette, prendre une gousse d'ail, en ôter le germe, & la remplir de safran, puis paître les oyseaux de viande trempée dans l'huile d'amande douce ou eau de rhubarbe ; & si les Filandres ou Aiguilles ne se dissipent point, il faut leur donner une de ces pillules dont on a parlé au commencement de ce Traité, & qui servent à maintenir les oyseaux en santé.

Pour le Crac.

IL faut purger les oyseaux comme dessus, & se servir des mêmes pillules douces, les paître de viande trempée dans de l'huile d'amande douce & d'eau de rhubarbe alternativement, leur donner une pillule, & de celle dont on a d'abord parlé; puis leur mettre dans la cure tantôt de la ruë, tantôt de l'absynthe; & si l'on voyoit que le mal fût au dehors attaché aux reins, il faudroit les frotter d'esprit de vin un peu tiede en cet endroit & sur le col, & où on jugera qu'ils auront de la douleur, ce mal venant autant d'un espece de rhumatisme que de toute autre chose, à moins qu'il n'y ait quelque effort, ou que les filandres & les aiguilles tourmentent trop les oyseaux, quoiqu'on espere que les remedes, dont on vient de faire mention, les guériront.

Pour le Chancre.

PUrgez les oyseaux comme on a dit, prenez du jus de citron & en lavez le Chancre; & lorsque vous verrez qu'il diminuëra, il faut prendre du syrop de mûre & leur en laver le mal, qui n'arrive aux oyseaux que manque de soin.

Pour les Oyseaux qui ont fait un grand effort par une Descente, & qui peuvent s'être blessez dans le corps.

IL faut prendre de la momie, la mettre dans un boyau de Poule ou de Pigeon, & le bien nettoyer, le faire avaller à l'oiseau malade pour lui faire jetter le sang qu'il peut avoir caillé dans le corps.

Pour le mal qui arrive aux yeux des Oyseaux.

SOit par accident ou par maladie, il faut se servir de blanc d'œuf & d'eau rose battus ensemble, avec un peu de tutie: ce remede opere tres-bien.

Pour les Oyseaux blessez par le Héron ou par le Milan.

IL faut leur laver la playe, & couper la plume tout au tour crainte qu'elle n'entre dedans, puis y mettre une petite tente trempée dans du baume ou dans de l'huile de mille-pertuis, laisser les oyseaux en repos, en un lieu où il ne fasse ny chaud ny froid, & leur faire bonne chére.

Pour les jambes & les mains enflées des Oyseaux.

IL faut commencer par purger les oyseaux de pillules douces, prendre une douzaine d'œufs & les faire durcir, en tirer les jaunes bien durs, les faire cuire dans une poële jusqu'à ce qu'ils deviennent tout noirs, en tirer l'huile qui en sortira, la mettre dans une petite bouteille, en prendre sept ou huit goutes à la fois, y joindre une goute d'eau rose & du vinaigre, que l'on incorporera avec l'huile d'œuf avec une plume, on en lave l'enflûre des mains ou des jambes des oyseaux jusqu'à la guérison : s'il leur venoit des petits clous sous les mains ou dessus, il faudroit prendre un peu de papier, l'allumer, brûler tout autour ces clous & les frotter de graisse de poule ou de chapon, c'est ainsi que les clous se guériront.

Pour la jambe ou l'aîle rompuë d'un Oyseau.

IL faut la remettre en son lieu le plus doucement & le plus adroitement que l'on peut, prendre une carte bien déliée ou un gros papier pour tenir l'une & l'autre en état, & de la poix noire, la faire fondre avec un peu de farine, en faire un emplâtre, en enveloper la blessûre, & la laisser jusqu'à ce qu'elle tombe d'elle même, la jambe & l'aîle se remettront immanquablement.

Pour les Pennes froissées des Oyseaux, avec les moyens de les renter.

QUand les Pennes des oyseaux de proye sont seulement froissées, il faut prendre de l'avoine & la faire boüillir dans un poëlon jusqu'à ce qu'elle soit toute en boüillie, renverser le tout dans une aiguiére & y mettre les Pennes froissées, qui se redresseront au même moment, ou tomberont d'elles-mêmes ; en cas qu'elles tombent, on les rente avec des aiguilles faites exprés, pointuës par les deux bouts, que l'on trempe un peu dans du vinaigre, du sel & du poivre pour les faire mieux tenir : & quand la Penne est rompuë dans le tuyau, on abat l'oiseau, & on la remet dans le tuyau, ou bien l'on fait deux petits trous avec un petit poinçon, & l'on prend de petites plumes pour servir de chevilles, en la même maniere que les Charpentiers rentent une piéce de bois ; il faut que les chevilles soient de long & de travers, & quand le tuyau est ôté tout-à-fait de l'aîle, l'on y met un grain d'orge dans le trou ; de crainte qu'il ne se bouche, & que la Penne ne s'éteigne.

Pour une Serre ôtée à un Oyseau.

IL faut prendre de la thérebentine de Venise, de la crotte de Chévre ou Brebis, & la mettre dans un morceau de cuir fait exprés pour mettre dans le doigt où la Serre est rompuë, & la Serre reviendra.

Pour mettre les Oyseaux en muë.

ON met les oiseaux de proye en muë en trois différentes manieres. Les niais, soit Faucons, soit Laniers, se muënt en cette sorte. On leur donne trois semaines ou un mois durant de l'huile d'amande douce dans laquelle il faut tremper leur viande, ou de l'huile d'olive battuë en trois ou quatre eaux différentes, de maniere que cette viande n'ait plus aucun goût d'huile ; on paît ainsi les oyseaux jusqu'à ce qu'ils soient extremément pleins; il faut les nourrir aprés de petits chiens de lait, de rats, de souris, & de toutes sortes de jeunes oyseaux, les poivrer avant que de les mettre à la muë, & leur faire rendre le double.

Les Faucons & les Laniers de passage se muënt sur la perche dans la chambre du Fauconnier. On fait la même chose à l'égard des niais. On leur met outre cela un baquet plein d'eau dans leur chambre de mois en mois, à la chandelle, pour les faire baigner, crainte qu'étant au jour, & se débattant trop, la graisse ne les étouffe. On leur donne à tous également, soit aux passagers sur la perche, soit aux niais, à manger à sept heures du matin, & à cinq heures du soir.

Les Gerfauts se muënt dans une chambre fort fraîche, couverts avec le chaperon de rustre, afin qu'ils puissent manger & curer facilement; il faut qu'ils soient attachez à un billot, & qu'il y ait deux gazons devant eux pour se reposer. On leur donne une grosse gorge par jour & rien plus, & un jour de la semaine on les laisse sans manger, auquel jour on leur ôte le chaperon de rustre pour voir s'il ne leur est point survenu quelque douleur aux yeux & au bec. On les poivre comme les autres avant que de les mettre à la muë; mais on ne leur fait pas rendre le double. Il est d'un extréme soin de regarder à tirer les oiseaux de la muë, & de leur laver peu à peu la viande, crainte qu'ils ne se dégoûtent, & qu'ils ne perdent l'appétit; manque de cette précaution il meurt plus d'oyseaux à la sortie de la mûë que dans un autre temps, & le tout manque de soin & de jugement. On ne commence à leur laver la viande que lorsqu'ils ont jetté le cerceau. La viande de chien, ou de rats, de souris, de petits chiens de lait, & de toute autre sorte d'animaux de lait, tous ces pâts sont propres pour la nourriture de la muë; quant à la viande de boucherie, de Bœuf & de Mouton, il faut y mettre trois ou quatre œufs cassez, les y mêler parmi, quand la viande est bien hachée; cela leur fait fleurir le pennage, comme s'ils étoient passagers: & si par malheur on manquoit de viande quelque jour de la semaine, il faudroit leur casser des œufs dans du lait, comme qui feroit des œufs au verjus & les en paître; les oyseaux de proye aiment fort ce pât, il leur est même une tres-bonne nourriture.

CHAPITRE XXXIV.

L'AUTOURSERIE.

LEs Autours, Tiercelets & Eperviers sont tres-différens des oyseaux dont on vient de parler; les premiers se nomment Oyseaux de leure, & ceux-cy se nomment Oyseaux de poing, c'est pourquoi on dit; *réclamer un oyseau de poing*, & non pas le leurer; on dit aussi, *le balay d'un oyseau de poing*, au lieu qu'on appelle la *queuë d'un oyseau de leure*. Les Autours ont dix pennes à chaque aîle, & au lieu de la tierce, de la longue & du cerceau aux autres oiseaux, ceux-cy ont trois cerceaux à chaque aîle. Ils sont extremément méfians, mais ils ont sur tout beaucoup de mémoire des maux qu'on leur peut avoir fait; car si un chien les a une fois détroussez, ils le reconnoîtront trois ans aprés, & le châtriront s'ils peuvent.

Dans les païs couverts où les Fauconniers vont à pied à la chasse, il n'y a point de meilleurs oiseaux que les Autours pour prendre beaucoup de Perdrix; & ailleurs on ne s'en sert guéres qu'aux Perdreaux, en attendant que les autres oyseaux soient sortis de la muë. Leur purgation ordinaire pour les mettre en appétit, est le beure frais venant de la barate, sans laver, avec un peu de sucre, ou de l'herbe appellée éclaire, que l'on leur donne de mois en mois, trempée dans l'eau. Il faut les choisir fort larges devant & derriere, qui ne croissent guére, les aîles assez ouvertes, la main longue & bien déliée, le col long, & la tête médiocrement grosse, la jambe courte & la cuisse plate & longue. On les muë comme les autres oyseaux niais dans un cabinet où il y ait des cages. Ceux qui pesent le plus quand on les achette, proportion & espece gardée, sont toûjours les meilleurs. L'on choisit d'ordinaire les plus petits Autours & les plus grands Tiercelets : les Eperviers sont la même chose, soit pour le choix, la nourriture, ou pour les mettre en état. L'on muë les uns & les autres comme l'on fait les Faucons niais, avec les mêmes précautions.

Les Autours branchiers passent encore pour être les meilleurs, quand ils sont bien dressez, & si-tôt qu'ils commencent à se percher, il faut les accoutumer sur le poing, & les faire voler de bonne heure aux Perdreaux dés le mois d'Août : en Septembre, on leur en fera voler deux ou trois tout au plus, & dans un temps frais ; on n'estime pas tant les Tiercelets d'Autours que les *formez* ; mais les *Fourcherets* valent mieux que tous. Il faut bien se donner de garde de leur donner à connoître la volaille ni les Pigeons, étant à craindre aprés cela qu'ils ne détruisent la basse-cour.

Les Autours de *passage* sont tres-bons pour les pays de montagnes où il y a des arbres. Il faut les chaperonner, ils en valent bien mieux à la difference des Autours *niais*. Les *passagers* ne partent point du poing ; & comme tous les Autours aiment à tirer, on a soin toûjours de les acharner au tiroir. Il ne faut pas que ce soit au soleil ny auprés du feu. Quand ces oyseaux ont tiré on les tient dans un endroit ni trop froid ni trop humide, & où le vent ne donne pas.

Il ne faut jamais abatre les Autours que dans un grand besoin, mais il est bon de les jardiner tous les matins au soleil, quand il n'y a point de vent, on les laisse deux heures en cet état sur la perche, aprés qu'ils ont pris leur pât ; c'est leur faire plaisir que de les baigner, & ces oyseaux pour se bien porter ne doivent point voler deux jours de suite, & s'ils se sont débatus sur la perche, il faut pour les délasser, les mettre dans un petit cabinet sans être attachez.

Lorsqu'on veut paître les Autours, on les acharne d'abord à un tiroir qui est sec : si on veut qu'un Autour donne du plaisir, il faut chercher à lui en faire, & pour cela on ne doit point lui faire voler plus d'une ou deux Perdrix qu'il ne soit bien animé. Quand il a volé, on ne le lâche point qu'il n'ait repris haleine, & qu'il ne se soit secoüé.

La bonne maxime de bien faire voler les Autours est de ne point les faire voler qu'à propos, c'est à dire, quand il ne fait point trop chaud ; car ils sont sujets alors de monter en essor, ou de gagner les arbres, d'où ils ne descendent point que la faim ne les presse.

Comment lâcher les Autours.

QU'on se donne bien de garde de lâcher les Autours de rebat, c'est à dire, de les tenir trop long-temps sans les lâcher. Il est à propos de retenir les Autours quand on sçait que les Perdrix sont trop fortes pour eux, & on doit suivre ces Perdrix pour les obliger à repartir.

Les chiens qu'on destine pour l'Autourserie ne doivent point être découplez que la rosée du matin ne soit passée; la rosée blanche en hyver est encore plus dangereuse que celle d'automne; il est bon pour qu'un Autour vole à souhait, de luy donner le loisir de guetter les Perdrix à la remise, il est alors bien plus ardent aprés elles, & les empiête bien mieux.

C'est encore un avantage pour les Autours, en ce qu'ils reprennent haleine avec bien plus de loisir, & qu'ils sont plus disposez pour le repart. Lorsqu'il y a des gens qui sçavent mal gouverner les Autours, ces oyseaux deviennent difficiles à affaiter, & il arrive souvent qu'étant naturellement capricieux, ils ne veulent plus descendre des arbres lorsqu'on les a lâchez: & crainte que cela n'arrive, la prudence veut qu'on porte avec soy une filiere longue de trois ou quatre toises, ou on aura eu la précaution d'attacher à un des bouts l'aîle d'une Perdrix morte, pour la traîner ensuite loin de l'oyseau, qui la voyant remuer, fond dessus aussi-tôt, & par ce moyen on vient à bout de reprendre l'Autour.

Il est nécessaire encore de sçavoir secourir l'Autour à la remise, & pour cela on s'y prend sans y aller étourdiment, car autrement il se releveroit si-tôt qu'il auroit volé. Il faut, outre ce qu'on vient de dire, chercher toûjours l'abry du vent quand on chasse avec les Autours, & si l'on chasse en plaine, & que le vent soit trop importun, le plus court expédient est de cesser de chasser, & de remettre la chasse à un autre jour; si le vent néanmoins n'est que médiocre, on peut continuer ce divertissement, & observer seulement de ne point chasser dans le fil du vent.

Les Autours qui volent bas sont ceux qui entrent le mieux au vent, car ceux qui s'élevent trop, se rebuttent aisément. S'il arrive qu'on chasse avec un Autour nouvellement pris, il ne faut pas le tenir long-temps, sans le faire voler; car alors il devient tout disgracieux, & ne donne aucun plaisir, & au cas que le mauvais temps ou autre chose en pût empêcher, on prendroit des Perdrix vives qu'on attacheroit au bout d'une filiere longue de douze à quinze pas, puis on y attacheroit l'Autour à l'autre bout, ensuite on prend cet équipage, on s'en va dans un lieu un peu spacieux, on y montre les Perdrix à l'Autour, qui tout d'un coup fond dessus. Il faut l'en laisser paître & prendre bonne gorgée; on fait cette manœuvre de trois jours en trois jours; aprés cela l'oyseau de proye prend des forces & s'affaite tout des mieux.

Si on veut faire voler l'Autour pour le Canard ou pour le Lapin, il faut qu'il soit des plus courageux, & choisir pour la volerie un lieu où il y ait des fossez & des Canards dedans qui soient sauvages: on observe d'abord où sont ces oyseaux, & si-tôt qu'on les a remarquez, on prend les devans le long du fossé avec l'Autour sur le poing, & quand on est vis-à-vis, il ne manque pas d'en partir; mais le Vautour aussi-tôt vole dessus, & en empiete toûjours quelqu'un. On affaite parfaitement les Autours à cette chasse en leur faisant voir quelquefois des Canards domestiques.

Quand c'est pour le vol du Lapin qu'on employe les Autours, il faut qu'ils soient tous dressez au poil, & qu'ils soient avides à la chair ; mais pour le mieux, on a un clapier chez soy où l'on prend des Lapins pendant toute l'année pour faire que les Autours connoissent ce gibier ; une chose qu'il y a à remarquer à l'égard des Autours, c'est qu'à la différence des autres oyseaux de proye ceux-cy font leur coup à la toise, c'est à dire tout d'une haleine, d'un seul trait d'aîle, & qu'ils sont toûjours plus prompts à partir du poing que les Faucons.

Des Maladies ausquelles les Autours sont sujets.

IL faut toûjours avoir soin de paître les Autours le matin aprés les avoir curé, autrement ils sont attaquez de la *boulimie*, qui est une défaillance tres-dangereuse pour ces oyseaux ; cette maladie leur survient plus volontiers pendant le froid que dans un autre temps.

Les Autours sont encore sujets à certain défaut, qui est de monter quand le chaud les presse, & sur tout lorsqu'ils sont beaucoup emplumez ; mais quand cela arrive, & pour ne point perdre son oyseau, on se couche à terre ayant toûjours les yeux sur l'oyseau, on observe où il descend, & comme la descente des Autours est toûjours sous le vent & sur les arbres qu'ils remarquent les plus proches, alors on les attend dessous ; & comme ils y tombent infailliblement, on les reprend sans peine.

CHAPITRE XXXV.

LA PESCHE.

APrés avoir parlé de bien des passe-temps qu'on prend à la campagne, qui consistent dans les différentes chasses qui s'y font ordinairement par les personnes qui les aiment, nous dirons quelque chose de la Pesche. Il y a peu d'Auteurs qui en ayent écrit, nous n'avons qu'Appianus qui a fait en grec un Traité de cet exercice, il est vrai qu'il est succinct, & qu'il n'y parle que des Poissons de mer.

Athenée & Pline ont bien dit quelque chose de la nature des Poissons ; mais on n'y lit rien de ce qui regarde la maniere de les prendre ; ainsi on peut dire que cette matiere jusques icy n'a été touchée que tres-légerement ; l'usage du Poisson a été de tout temps, & il y a même beaucoup de Nations qui n'usent que de cet aliment. Strabon dit même qu'il y en a qui font du pain de Poisson qu'ils paîtrissent avec un peu de levain pour le rendre plus léger.

Aristote dit qu'il fait bon pêcher quand le Poisson fraye, c'est à dire quand il est en amour, ce qui arrive quand il commence à faire chaud, & dans les endroits de l'eau les plus exposez au soleil, c'est pour lors, dit ce Philosophe,

Philosophe qu'on prend quantité de poisson, principalement lorsqu'on pêche quand le soleil se léve.

Le poisson en hyver se retire dans les guez, quelquefois dans la bourbe ou le sable, il y en a aussi qui se cachent dans les pierres. Dans le printemps & dans l'été ces animaux reviennent sur l'eau, & s'approchent dés que l'herbe commence à croître. Quant au temps de la péche, c'est en tout temps, si on veut; mais on prétend qu'elle est bien plus abondante en automne qu'en toute autre saison, & qu'il faut y aller incontinent aprés que le soleil est couché; car c'est alors, dit-on, que les poissons dorment & qu'on les prend plus aisément au feu. Il y a à la vérité des poissons qui se peschent en été, d'autres en hyver; les uns se plaisent en des endroits, & d'autres en d'autres.

On prétend, qu'ainsi que lorsqu'on chasse, il faut consulter le vent quand on pêche, que lorsqu'il est au midy, on doit mettre ses filets au nord, & qu'au contraire quand le vend du nord souffle, il faut les mettre au midy, ainsi du reste, & toûjours à contre-vent. Mais aprés cette petite digression sur la pêche, venons à la pratique.

Différentes manieres de prendre le poisson.

ON dit que l'odeur du *Ciclamen*, autrement dit, *pain de pourceau*, enyvre & étourdit les poissons, de maniere qu'on les prend à la main. Ce simple se trouve aisément dans la campagne, & il faut pour cela en mettre au bout d'une ligne; on prétend que la *jusquiame* ou *hennebane* opere le même effet.

On pêche le poisson à l'hameçon, & on se sert pour cela de vers qu'on pique au bout, les poissons qui en sont avides, ne les apperçoivent pas plûtôt qu'ils y courent, & voulant les engloutir, ils se trouvent pris sous l'appât qu'on leur a tendu. Le poisson se prend encore à la foüine, qui est un instrument de fer à trois pointes qu'on lance sur le poisson lorsqu'il dort dans l'eau; il faut pour cela qu'elle soit basse & bien claire, & être dans un batteau pour l'aller chercher; c'est ordinairement au soleil que le poisson se trouve endormi; il ne faut point faire de bruit à cette pêche; car le poisson a l'ouïe fort fine, & lorsqu'il entend le moindre bruit, il s'enfuit.

Le poisson se prend aussi aux filets, il y en a de plusieurs façons, mais comme nôtre sujet ne permet pas icy qu'on en traite, nous laisserons le Lecteur à s'en instruire d'ailleurs; & voyons icy comment chaque poisson se pesche.

Pêche des petits Poissons.

ON comprend sous ce nom le *Chabot*, le *Goujon*, la *Loche franche*, & le *Meunier*, les deux premiers se pêchent à la foüine sur le bord des Rivieres, lorsque l'eau est claire; on les trouve aussi sous des pierres qu'on léve doucement de dessus eux; & pour réüssir à cette pêche, il faut être botté, & que l'eau ne soit point profonde: on peut encore les prendre à la lune de cette maniere, & la vraye saison pour cela est depuis le mois de

Novembre jusqu'à Pâques ; ces Poissons ne se prennent point à l'hameçon. Pour la Loche & le Meunier, on les prend à la ligne, à laquelle on attache pour appât des grillots qu'on trouve par les champs, ou des grains de raisin ; on peut, si l'on veut, se servir de cervelle de bœuf. Le Meunier s'amorce à un petit poisson qu'on met au bout de l'hameçon, il accourt aussi aux vers qu'on prend sur des charognes.

Pêche de la Perche & de la Plie.

LA *Perche* qui est un poisson de riviere se pêche à l'amorce faite avec du foye de Chévre, il se prend aussi au filet. La *Plie* est un Poisson d'eau douce ainsi que de mer ; il faut que le temps soit calme quand on le pêche, & aller dans les rivieres où l'on passe à gué, & pour cela on se botte si l'eau est trop froide, sinon on y va pieds nuds, & dans les endroits où il y a du sable sur lequel on imprime ses pieds le plus profondément qu'il est possible, c'est dans ces trous que les Plies se mettent aprés qu'on s'est retiré, & qu'on les trouve quand on y revient.

Pêche du Brochet, du Saumon & du Barbeau.

LE *Saumon*, le *Brochet*, le *Barbeau* & autres gros Poissons de Riviere se pêchent au filet ou à la foüine ; pour la *Truite* qui est un poisson d'eau douce, elle se pêche à l'hameçon appâté de vers de terre, ou bien on va dans quelque ruisseau où l'on sçait qu'il y a de la Truite, on en détourne l'eau avec un bâtardeau, de maniere qu'on met le ruisseau à sec, & aprés cela il est aisé de prendre ce Poisson.

Pêche de la Carpe.

ON prend aussi les *Carpes* au filet & au tramail le long des crônes, on en pêche encore à la ligne ; & pour y réüssir il faut prendre des hameçons d'acier & des lignes de soye verde, fortes & grosses comme un fer d'aiguillette, les attacher à des gaules pliantes ; ces lignes doivent être garnies d'un morceau de liege éloigné de l'hameçon à proportion de la hauteur de l'eau, & de maniere que cette ligne étant jettée dedans, il y en trempe dans l'eau la longueur d'un pied avec l'hameçon & l'appât au bout. Il est bon que chaque ligne qu'on fait pour pêcher la Carpe ait cinq à six toises plus que les autres, sans qu'on prétende dire pour cela qu'il faille la jetter ainsi toute entiere, tant s'en faut qu'au contraire on doit l'entortiller autour de la gaule, & n'en laisser qu'autant qu'on juge à propos en avoir besoin pour pêcher d'abord, & aprés que la Carpe a donné à l'hameçon, & qu'on sent qu'elle veut s'échapper, on ne la violente point, mais détortillant petit à petit la ligne, on la laisse promener à son aise jusqu'à ce qu'elle se noye, ce qui arrive peu de temps aprés qu'elle est prise, puis on l'amene doucement à soy pour la prendre. Il est bon que l'endroit où on pêche la Carpe à la ligne soit uni, c'est à dire qu'il n'y ait ni pierres ni herbes, & que les bords de l'eau ne soient point trop escarpez.

Pêche de l'Anguille & de la Lamproye.

LEs *Anguilles* se prennent à la nasse, qui est une espece de filet, dans lequel on met pour appât les intestins de quelque animal ; on en pêche quelquefois à la foüine, lorsqu'elles sont dans la bourbe : voicy encore un autre secret dont on se sert pour pêcher l'Anguille.

On prend une javelle de sarment, on la noüe par les deux bouts les brins fort écartez l'un de l'autre, on la jette ensuite dans le fond de l'eau avec une grosse pierre pour l'y tenir arrêtée, ou bien on l'attache à un pieu, on la laisse en cet endroit pendant une nuit ou deux, puis aprés on tire cette javelle de l'eau, & on trouve dedans des Anguilles entrelassées & prises au sarment par les dents. Elian qui a écrit quelque chose de la Pêche, dit que pour pêcher les Anguilles il faut prendre un boyau de Mouton ou d'autre animal, long d'environ trois ou quatre coudées, le tenir de la main par un bout, & jetter l'autre dans l'eau, & inserer dans le bout qu'on tient un morceau de canne percée long d'un doigt seulement, l'Anguille qui voit cet appât y accourt d'abord, l'avalle avidemment, ensuite celuy qui pêche doit souffler dans la canne ; alors le boyau s'enfle, & pressant fortement le gosier de ce poisson, il le luy serre de maniere qu'elle en perd la respiration & qu'elle étouffe, & ne pouvant à cause de cela débarrasser ses dents du boyau, on l'amenne aisément à soy, puis on la prend. Pour la Lamproïe, elle se pêche à la nasse, & jamais au filet.

Pêche de la Tanche.

CE Poisson se pêche aux filets, à la nasse & à l'hameçon ; le véritable temps est le printemps & l'été, on n'en trouve pas tant en hyver & en automne ; la Tanche se trouve en abondance dans les Etangs & les lieux marécageux.

De plusieurs autres Secrets pour prendre toutes sortes de Poissons.

ON prétend que lorsqu'on frotte ses mains de suc de joubarbe, d'orties & d'ail, & qu'on les trempe ainsi dans l'eau, les Poissons y accourent aussi-tôt, & qu'on les prend aisément à la main ; le secret qui suit a le même effet : voicy quel il est. Prenez des feüilles de joubarbe, de baume domestique & sauvage, faites-les boüillir dans de la graisse de Cheval en consistance d'onguent, frottez-vous-en les mains, trempez-les ainsi dans l'eau où il y a du Poisson soit Riviere ou Etang, vous prendrez du Poisson sans peine avec vôtre main.

Quelques-uns prennent du suc de cette même joubarbe, le versent sur de l'ortie & de la quintefeüille, ils pilent le tout ensemble dans un mortier, puis ils se frottent les mains de cette composition, en jettent le marc dans l'eau, & se mettent aprés en état de prendre du Poisson en trempant leurs mains dans l'eau, tout le Poisson y accourt aussi-tôt, & le Pêcheur fait alors bonne pêche.

Les Pêcheurs de profession attirent le Poisson dans leurs filets de la maniere que voicy. Ils ramassent des vers luisans en été, c'est la saison qu'on les trouve, ils les font distiller à feu lent dans un vase de verre jusqu'à ce que l'eau en soit toute évaporée, ensuite ils prennent cette eau, ils la mettent dans une fiolle de verre, ils y mélent quatre onces de vif argent & bouchent bien cette fiolle, qu'ils prennent aprés pour la mettre dans leur filet, lorsqu'il est tendu, & l'on tient que cela y attire les poissons.

Le Poisson s'amasse encore dans un filet tendu, lorsqu'on y met des os de Porc salé dont on a tiré la chair, aprés qu'on les a fait cuire. Il y en a qui mettent dans leurs filets de l'appât odoriférant, & qui mettent tout autour cinq ou six fleurs d'une couleur bien vive, & suspendent le tout au milieu du filet.

D'autres, pour opérer le même effet, prennent de la chair de Levraut tout des plus venez, ils la font rôtir, & à mesure qu'elle cuit ils l'arrosent de miel, puis ils s'en servent comme d'appât en cette sorte; cette chair étant à demi cuite, ils en font des rôties avec du pain qu'ils mettent dans la lêchefrite sous le dégoût du Levraut, & quand ce rôt est cuit, & que les rôties sont bien imbibées, ils couppent le Levraut & les rôties par morceaux, & prennent le tout péle-mêle pour leur servir d'appât, qu'ils mettent dans leurs filets. Voicy un autre secret qu'on prétend tres-bon pour trouver des vers pour servir d'appât quand on veut pêcher.

Prenez environ un quarteron de noix verdes, dans le temps qu'elles sont encore sur l'arbre, rapez-les l'une aprés l'autre, ensuite mettez une brique dans un seau d'eau, ou une tuile, il n'importe, répandez dessus vôtre rapûre, laissez-la dans cette eau jusqu'à ce qu'elle ait pris l'amertume des noix, prenez cette eau, & vous en allez où vous croyez qu'il y a des vers, jettez de cette eau en cet endroit, & vous verrez pour lors les vers sortir de terre à milliers, ramassez-les aussi-tôt crainte qu'ils n'y rentrent. On se sert principalement de ces vers pour la ligne ou pour composer d'autres amorces dont on sçait que le poisson est avide.

Pêche des Ecrevisses & des Grenoüilles.

CE sont icy les Pêches ausquelles on s'adonne le plus volontiers à la campagne; & pour réüssir à la Pêche des *Ecrevisses*, il y en a qui prennent un Chien ou un Chat, ou un vieux Liévre, c'est pour le mieux, ils le mettent dans du fumier de Cheval durant huit jours, ensuite ils l'en tirent, ils le lient ensuite à une corde qu'ils attachent à une pierre ou piquet, puis ils mettent cet appât dans l'eau, l'y laissent jusqu'au lendemain, puis quand ils retournent à leur pêche, ils trouvent leur charogne toute environnée d'Ecrevisses dedans & dehors, ils les prennent & laissent leur Liévre en même état qu'auparavant; cela se fait tous les jours deux fois tant que la charogne subsiste, & pour faire qu'ils ne s'y perdent point d'Ecrevisses, on glisse dessous la charogne un panier dans lequel les Ecrevisses tombent, ou bien on fait autrement.

On prend un fagot d'épines ou de bois tortu, on met la charogne dans le milieu toutes les Ecrevisses s'y amassent, & pour lors on peut retirer ce fagot avec un crochet sans qu'il s'y en échappe aucune.

Quelques-uns prennent une vieille moruë qu'ils mettent pourrir dans du fumier pendant quinze jours, puis ils la mettent dans l'eau jusqu'au lendemain qu'ils la trouvent toute chargée d'Ecrevisses, on se sert d'un panier comme on a dit pour les ramasser.

Il y en a pour prendre quantité d'Ecrevisses, qui s'en vont à de petits ruisseaux où ils sçavent qu'il y en a beaucoup, ils en arrêtent l'eau par le moyen d'un bâtardeau, de maniere que le ruisseau est à sec; cela fait, on voit toutes les Ecrevisses qui sont sorties de leurs trous, & tomber à bas, ou on les prend à la main. D'autres se mettent dans l'eau, & les pêchent à la main qu'ils fourent dans les endroits où ils croyent qu'il y a des Ecrevisses.

Les *Grenoüilles* ne sont point difficiles à pêcher, les uns pour y réüssir mettent la nuit une chandelle sur le bord de l'eau où il y en a, cela les fait taire, puis ils y enfoncent en pot où on a enfermé un serpent d'eau, & tout d'un coup les Grenoüilles s'assemblent tout au tour, & on les prend aprés comme on veut.

Si on veut réüssir d'une autre maniere à prendre des Ecrevisses, il faut faire provision de torches de paille, les allumer, & aller plusieurs de compagnie à l'endroit qu'on sçait abonder en Grenoüilles; il est à propos qu'un ou deux de ceux qui pêchent se mettent dans l'eau tout nuds, & prennent un sac qu'ils mettent entre leurs jambes pour y mettre les Grenoüilles qu'ils prennent.

Tandis que ceux qui sont dans l'eau font leur devoir, les autres tiennent chacun une torche allumée à la main, & c'est par le moyen de cette lueur que les Grenoüilles accourent à milliers autour des Pêcheurs qui en prennent tant qu'ils veulent de cette maniere.

Le véritable temps pour pêcher les Grenoüilles est la nuit, quand elle est bien noire; cette pêche est tres-amusante à la campagne ainsi que tous les autres plaisirs qu'on y prend, & dont on a parlé dans cette derniere partie de ce Livre.

Voilà à present nôtre Théatre d'Agriculture dans sa perfection, il est vray qu'il s'y passe bien des scenes differentes; mais ce qu'on y trouve de particulier, c'est que tout y fait plaisir, tout y est avantageux; l'homme œconôme y trouve son compte, les Gens de distinction, les Bourgeois, & les personnes de la campagne s'y trouvent interessez: ainsi on peut dire que cet Ouvrage est un Livre utile & digne de l'application de tout le monde.

Fin du cinquiéme & dernier Livre.

TABLE DES MATIERES. PAR ALPHABETH.

A

B

C

H

I

L

M

N

O

P

R

S

T

V

Fin de la Table des Matieres.

www.ingramcontent.com/pod-product-compliance
Ingram Content Group UK Ltd.
Pitfield, Milton Keynes, MK11 3LW, UK
UKHW020300200726
13857UKWH00001B/43